Gesamtverzeichnis des deutschsprachigen Schrifttums (GV) 1700 – 1910

Bearbeitet unter der Leitung von
Hilmar Schmuck und Willi Gorzny
Bibliographische und redaktionelle Beratung:
Hans Popst und Rainer Schöller

134

Sep-Sik

K · G · Saur München · New York · London · Paris 1985

CIP-Kurztitelaufnahme der Deutschen Bibliothek

Gesamtverzeichnis des deutschsprachigen Schrifttums :
(GV). -- München, New York, London, Paris : Saur.
Bd. 1 -- 6 bearb. unter d. Leitung von Peter Geils
u. Willi Gorzny.
ISBN 3-598-30000-X

1700 – 1910 / bearb. unter d. Leitung von Hilmar
Schmuck u. Willi Gorzny. Bibliograph. u. red.
Beratung: Hans Popst u. Rainer Schöller

NE: Schmuck, Hilmar [Bearb.]

134. Sep - Sik. - 1985.

Techn. Realisierung und Druck: Norbert Gärtner, Mainz-Kastel
Binden: Karl Schaumann, Darmstadt
Printed in the Federal Republic of Germany
ISBN 3-598-30000-X (Gesamtwerk)

Separatabdruck naturwissenschaftlicher Abhandlungen aus den Schriften des zoologisch-botan. Vereins in Wien. Wien 856. (Braumüller.) gr. 8. (2 Bl., 91 S.) n. 10 ngr.

Separatabdruck naturwissenschaftlicher Abhandlungen aus den Schriften des zoologisch-botan. Vereins in Wien. gr. 8. (III und 91 S.) Wien 856, (Gerold's Sohn.) *

Separat-Abdruck des § 5 sammt der zugehörigen Beilage 3 der provisorischen Vorschrift über die Aufbringung der im Kriegsfalle erforderlichen Arbeiter. 4. (4 S.)
Wien: Hof-u.Staatsdruckerei 1889.

Separatabdruck der herzogl. Sachsen-Meiningen'schen redigirten Schiedsmannsordnung [Ministerialbekanntmachg. vom 1. Juli 1885, betr. die Redaktion der Schiedsmannsordng.], nebst prakt. Winken u. Formularen f. die Schiedsmänner v. e. Gerichtsbeamten. 8. (37 S.) Hildburghausen 886. Kesselring. n.n. — 50

(F) **Separat-Abdruck** des LXX. Stückes des Reichsgesetzblattes, enthaltend die Verordnung des Gesammtministeriums vom 19. Juli 1902, R.-G.-Bl. Nr. 145, betref. das Kanzlei-Hilfspersonal bei den staatlichen Behörden. 8°. (50 S.) K —.15
Wien: Hof-u.Staatsdruck. 1902.

Separatabdrücke. I. Milit.-Strafgesetzbuch. II. Verordnung ü. d. Kriegs-Artikel u. Disciplinar-Strafordnung. III. Vorschriften ü. d. Dienstweg u. d. Behandlung v. Beschwerden . . . München 1888.

Separat-Ausgabe der neuen österreichischen Gesetze mit Motiven und Erläuterungen, s. Gesetze, die neuen österreichischen, mit Motiven ꝛc.

Die wahre **Separation**, oder d. Wiedergeburt dargestellt in geistlichen und erbaulichen Versammlungs-Reden und Betrachtungen . . . gehalten in der Gemeinde der Separatisen-Ges. im Jahre 1830 [–1834]. 4 vol. Zoar, O., 1856 [–1860].

Separations-Büchlein oder Rathgeber für Alle, die in Preussen bei Separationen . . . beschäftigt sind. Stollberg 1846. V: *Schneitler, Carl.* (wa)

Separations-Büchlein, od. Rathgeber f. Alle, die in Preußen bei Separationen u. Gemeinheits-Theilungen betheiligt u. beschäftigt sind. 8. (11 1/2 B.) Stolberg 846, Kleinecke's Vrlgsh.*

Separations-Büchlein od. Rathgeber f. Alle, die in Preußen bei Gemeinheits-Theilungen und Separationen betheiligt und beschäftigt sind. Ein Handbuch für Feldmesser, Boniteure, Gemeinde-Vorstände ꝛc. (v. C. Schneitler). 2. nach Maßgabe der neueren Gesetze umgearb. Auflage. 8. (170 S.) Berlin 851, Hempel. n. 1/2 ℛ

Separationsgesetz für das Herzogthum Anhalt-Deßau. (Nebst dem Gesetz über die Ablösung der Natural- ꝛc. Zehnten, dem Gesetz über die Ablösung der Natural-Dienste und dem Gesetz über das Verfahren in Separations-, Zehnt- und Dienst-Ablösungs-Sachen.) 4. (76 S.) Deßau 848, Fritsche. *

Separationsgesetz, das, f. das Großherzogth. Mecklenburg-Strelitz vom 6. Febr. 1854. gr. 8. (18 S.) Friedland in Meckl. 890. Verl. d. Friedländer Boten. n. — 50

Separatismus, der bayerische, im deutschen Heerwesen, s. Zeit- und Streitfragen, militair.

Der bayerische Separatismus im deutschen Heerwesen. Leipzig 1872. 43 S.

Separatisten, die heutigen, gen. Stündeler, u. ihr fortwähr. Treiben. Der Tagesgesch. enthoben u. z. Beherzig. vorgelegt von e. Freunde vernünft. Christenthums. gr. 8. (1 1/2 B.) Burgdorf 836, Langlois.

Separatprototkoll zur 3. Sitzung der Militärcommission, gehalten in Frankfurt a. M. d. 17. 1. 1855 (über die Musterung der Contingente des Bundesheeres i. J. 1853). o. O. 1855. 4°

Separatprotokoll zur 19. Sitzung der Militärcommission, gehalten in Frankfurt a. M. den 23. Juni 1854 . . . über den Entwurf der in der Kriegsverfassung vorzunehmenden Änderungen. o. O. 1854. 4°.

Separat-Vota, Drei, von Mitgliedern der Gesetz-Kommission über das von derselben . . . berathene Ehescheidungs-Gesetz. [Berlin 1842.] V: *Sethe, Christoph Wilhelm Heinrich, von Grolman & Ernst Ludwig von Gerlach.* (BrMm)

Sephat Emeth. (Hebräisches Gebetbuch f. Schule u. Haus.) (127. Aufl.) 8. (IV S. u. 142 Doppels.) Rödelheim 900. M. Lehrberger & Co. Geb. — 70

— dasselbe. Ausg. B. (128. Aufl.) 8. (VIII S. u. 144 Doppels.) Ebd. 900. Geb. — 70

Sephat Jether. Beleuchtung dunkler Bibelstellen, insbesond. zur Vertheidigung R. Saadia's gegen R. Adonim Levita, genannt Dunasch ben Librat, von R. Abraham Ibn-Esra. Kritisch bearb. u. mit e. Commentar nebst Einleitung versehen v. G. H. Lippmann. Mit Vorw. v. J. M. Jost. gr. 8. (6 B.) Frankfurt a. M. 843. (Leer, Prätorius u. Seyde.) *

ספר בכורי יעקב על הלכות סוכה ולולב׳ הנתיו בעניי אנבי חד והצעיר באלפי יוקב בלאאמ אהרן עטלינבעו׳ 4. Hamburg 846, Herold. n. 2/3 ℛ

Sepher Birke Josef in Schulchan Aruch. Josef Karo commentarius locupletissimus ex edit. Livornense denuo editus. (In hebraischer Sprache.) IV Voll. Wien 859, 60. (Berlin, Adolf & Co.) Fol. (I.: 5 Bl., 270 S.; IV.: 116 S.) n. 8 ℛ

Sepher Birke Josef in Schulchan Aruch R. Josef Karo commentarius locupletissimus ex edit. Livornense denuo editus. (In hebr. Sprache.) 4 Voll. Fol. (Vol. 1. X und 272 S.) Wien 860. Berlin, Adolf und Comp. **

Sepher Hajaschar, enth. die Geschichte v. Anfang d. Schöpfung der Welt bis nach den Zeiten der Richter. Mit hinzugeg. Erzählungen, die in der Bibel sich nicht befinden. 8. Prag 840. Landau. (Leipzig, Fritzsche.) 5/8 ℛ

Sepher Hamedot. Berlin 1786. V: *Wessely, Naphtali Hartwig (Herz).* (MGT)

Sepher Jesirah. Das Buch der Schöpfung. Nach den sämmtl. Recensionen möglichst kritisch redigirter u. vocalisirter Text, nebst Uebersetzg., Varianten, Anmerkgn., Erklärgn. u. e. ausführl. Einleitg. v. Lazarus Goldschmidt. gr. 4. (VIII, 92 S.) Frankfurt a/M. 894. (J. Kauffmann.) n. 8. —

ספר מנחה הדשה כולל ספרי נביאים ראשונים מתורגם אשבנזית. ספר יהושע. gr. 8. Carlsruhe 837. (Bielefeld.) n. 1/4 ℛ

Sepher, Schimmusch Tehillim, od. Gebr. der Psalmen zum leibl. Wohl d. Menschen, e. Fragm. a. d. prakt. Kabbale ꝛc. v. G. Selig, mit Kupf. gr. 8. Berlin, Kunze. (Akadem. Buchh. in Frankf.) 788.

Sephor Schimmusch Thehillim, oder Gebrauch der Psalmen, übers. v. G. Selig. gr. 8. Berlin. 788. Jetzt Verlag von Köhler in Leipzig, auch Filitner in Frankfurt a. d. O.

Sepher Schimmusch Tehillim, od. Gebrauch der Psalmen zum leibl. Wohl der Menschen, ein Fragment, aus d. prakt. Kabbala rc. übersetzt von G. Selig. Mit Kpf. gr. 8. Berl. 788. (Sander; auch Köhler in Leipz.) 18 *gr*

Sepher Schimmusch Tehillim (== liber Hymnorum der Septuaginta), od. *Gebrauch der Psalmen* zum leiblichen Wohl d. Menschen. Aus d. prakt. Kabbala. Nebst e. Auszug aus einigen andern kabbalist. Schriften. Mit 5 Abbild. (auf 4 Taf.). Uebers. von *Gottfr. Selig*, lect. publ. Acad. Lips. 1788. Sammt dem hochgerühmten *Schem Hamphorasch*. Neuer Abdr. der alten Leipziger Ausgabe. Stuttgart, J. Scheible, 1849. Kl. 8⁰. 278 S. Ppb.

Sepher Schimmusch Tehillim, s. Raritäten, antiquarische.

Sepilli, Giuseppe

Seppilli, G., Anleitung zur experimentellen Untersuchung d. Hypnotismus, s.: Tamburini, A.

Sepilli, Giuseppe, die Functions-Localisation auf der Grosshirnrinde, s. Luciani, Luigi.

Sepp [Sachliches OW]

Sepp. | der kühne Wildschütz. | Eine wahre tyroler Begebenheit. | (Fig.: *Fliegende Fama*, 31 × 44) | Zu haben bei A. Kindel.
Kol.: Druck von C. H. Schultze in Gräfenheinichen.
o. J., 4 Bl. n. n., 176 × 102.
LBO Bänkelsängerlit. II, 44.

Sepp [Verfasser]

Sepp: Uber den Betrieb der Landwirtschaft in Bayern. München 1898.

Sepp, Die Handwerkerfrage. 8⁰. München 1881.

(Sepp): Das herzoglich bayerische Oeconomiegut Kaltenbrunn am Tegernsee. Münch. 1885. 15 S. P.

Sepp, Anton und Anton Böhm: Reisebeschreibung .... wie nemlichen dieselbe aus Hispanien in Paraquariam kommen und kurtzer Bericht der denckwürdigsten Sachen selbiger Landschaft .... [Hrsg.] von Gabriel Sepp. Th 1. 2. — Ingolstatt: de la Haye 1710—1712. 263 und 490 S.

Über das Alter des Floriankultus. Von Bernhard Sepp. Art. [1.] 2. *Augsburg 1900 01: Haus & Grabherr.* 2 Bde 8° [F.],
Aus: Beilage z. Augsb. Postzeitung 1900, No 47 49; 1901, No 37 38. [illegible]

Sepp, Bernh., d. Berechngn d. Todesjahres d. hl. Rupert. E. Beitrag zur Lösg. d. Rupertusfrage. [Aus: „Oberbayer. Archiv f. vaterländ. Geschichte".] gr. 8. (28 S.) München 896. (G. Franz' Verl.) n. — 50

— Maria Stuart's Briefwechsel m. Anthony Babington. Hrsg. v. B. S. gr. 8. (X, 83 S.) Ebend. 886. n. 2. —

Sepp, Bernhard: Die Felsenkuppel, ... u. d. übrigen Tempel Jerusalems, s. Sepp, Joh. Nep.

Sepp, B., u. Ludwigs, Fest-Reden zur Feier des diamantenen Priesterjubiläums unseres Hochw. Hrn. Bischofes Ignatius v. Senestrey, 19. III. 1902. 8. (62 S.) Regensburg (902). J. Habbel. n. — 20

Zur Florianslegende. Von Dr. Bernhard Sepp. *Augsburg 1899: Haas & Grabherr.* (28 S.) 8° [F.]
Aus: Beilage z. Augsburger Postzeitung. 1899. No 68, 69, 71 73. [illegible]

Älteste Geschichte von Altötting von Dr. Bernhard Sepp. k. Lycealprof. in Regensburg. (Als Ms. gedr.) *Stadtamhof 1901: J. & K. Mayr.* (43 S.) 8° [F.] [illegible]

— die bayerischen Herzoge aus dem Geschlechte der Agilulfinger u. die falschen Theodone. [Aus: „Oberbayer. Archiv".] gr. 8. (19 S.) Ebd. 897. n. — 40

—— die Zeuß'sche Hypothese über die Herkunft der Baiern. Eine krit. Untersuchung. Lex.-8. (48 S.) (Ebendas.) 882. *

— die Kassettenbriefe Maria Stuart's. Eine Erwiderg. auf Harry Bresslau's gleichnam. Replik in seinen „Beiträgen zur Geschichte Maria Stuart's", Histor. Ztschr., hrsg. v. H. v. Sybol, 52. Bd. Jhrg. 1884, S. 290—310. gr. 8. (20 S.) München 884. Lindauer. n. — 40

Sepp, B., incerti auctoris liber de origine gentis romanae. Mit Einleitung. 8. (XXIV, 52 S.) München 879, Rieger'sche Universitäts-Buchh. * 1 80

Incerti auctoris liber de origine gentis Romanae (fragmentum). Ad fidem codicis Bruxellensis qui exstat unicus denuo recensuit — Bernardus Sepp, ph. Dr. — 1885, Eichstadii, M. Daentler. — Pag. III—XV und 1—48.
Progr. Eichstätt, K. Gymn.

Sepp, Bernh., incerti auctoris liber de origine gentis romanae [fragmentum] ad fidem codicis Bruxellensis, qui extat unicus, denuo rec. B. S. gr. 8. (XV, 48 S.) Eichstätt 885, (Stillkrauth.) *

Zur Litteratur über das Lebensende Luthers. Von Dr. Bernhard Sepp. *Augsburg 1901: Haas & Grabherr.* (12 S.) 8° [F.]
Aus: Beil. d. Augsb. Postzeitung Nr. 69 v. 14 Dez. 1901 [illegible]

— Maria Stuart u. ihre Ankläger zu York, Westminster u. Hamptoncourt Oktbr. 1568—Jan. 1569. Eine Sammlg. v. Aktenstücken. gr. 8. (V, 167 S.) Ebend. 884. n. 4. —

—— der Originaltext der Cassettenbriefe der Königin Maria Stuart. Eine Erwiderung auf Mart. Philippson's Abhandlung: Les lettres de la Cassette. Revue hist. T. 34 S. 225—258, T. 35 S. 21—58. gr. 8. (41 S.) München 888, Lindauer'sche Buchh. *

Paul und Gebhard, die Gründer des Klosters St. Mang in Stadtamhof bei Regensburg. Ein Beitrag z. Kulturgesch. d. Mittelalters von Dr. B[ernhard] Sepp. *Stadtamhof [1895]: J. & K. Mayr.* (36 S.) 8° [F.]
Aus: Verhandlungen d. hist. Vereins d. Oberpfalz u. v. Regensburg. Bd. 46. [1895.] [illegible]

—— Process gegen Maria Stuart zu Fotheringay 14/24. und 15/25. Oktbr. 1586 und in der Sternkammer zu Westminster 25. Oktbr./4. Novbr. 1586. Nach den Akten dargestellt. gr. 8. (VI, 155 S.) Ebendas. 886. *

—— der Rücklass der unglücklichen Schottenkönigin Maria Stuart. gr. 8. (116 S. mit Abbild.) Ebendas. 885. *

Sepp, B., tabula paschalis annorum 300—2200 p. Chr. n. in usum scholarum ed. (2 S. auf Pappe.) qu. 4. Regensburg (906). A. Coppenrath's Verl. n. 1. —

— Tagebuch der unglücklichen Schottenkönigin Maria Stuart während ihres Aufenthaltes zu Glasgow vom 23—27. Jan. 1567, hrsg. gr. 8. (XII, 82 S. m. 1 Lichtdr.) München 882. Lindauer. n. 2. —

— Tagebuch der unglücklichen Schottenkönigin Maria Stuart während ihres Aufenthaltes zu Glasgow vom 23.—27. Jan. 1567. 2. Thl. [Beweis]. gr. 8. (VII, 65 S.) Ebend. 883. n. 1. 60 (1. u. 2.: n. 3. 60)

Vita S. Hrodberti Primigenia Authentica. Edidit Dr. Bernardus Sepp. — 1891, Pedeponti, ibid. — P. 3—62. Von 1892 an ist kein Programm mehr erschienen.
Progr. Regensburg, K. Lyzeum

Sepp, Bern., vita S. Hrodberti primigenia authentica. gr. 8. (62 S.) Regensburg 891. (A. Coppenrath's Verl.) n. 1. 60

— vita ss. Marini et Anniani. Ed. B. S. gr. 8. (36 S.) Ebd. 892. n. — 80

—— die Wanderung der Cimbern und Teutonen. Inaugural-Dissertation. gr. 8. (84 S.) München 882, (Th. Ackermann.) *

Sepp, Bonifaz

Sepp, P. B., Aphorismen zur lateinischen Stilistik. 12. (20 S.) Augsburg 891. (Kranzfelder.) n. — 40

Sepp, P. *Bonifaz* Aphorismen zur lateinischen Stilistik. 8 (S. 3—20). 1891. Dritte Auflage. 8 (24 S.). 1894.
Progr. Kgl. humanist. G. St. Stephan *Augsburg* 1891. 1894.
Nicht im Tauschverkehr.

Sepp, B[onif.], frustula. 100 latein. Spruchverse. 2. Ausg. qu. gr. 16. (16 S.) Augsburg 885, Kranzfelder'sche Buchh. *

Sepp, P. B.: Wichtige Gesundheitsregeln. 2. Aufl. Augsburg 1892. 19 S.

Sepp, P. B., Wichtige Gesundheitsregeln, nicht bloß d. Schülern, sondern auch d. Eltern u. treuen Pflegern d. Jugend in wohlmeinendster Absicht gewidmet, 3. Aufl., Augsburg 1892, 23 S., Kl.-8°.

Sepp, P. B., wichtige Gesundheitsregeln. 8. Aufl. (16 S.) 8. Augsburg 908. Kranzfelder. n. — 10

Lanx satura. Eine Auswahl von lateinischen und deutschen Versen, Sprüchen und Redensarten mit besonderer Berücksichtigung der Phraseologie des Cornelius Nepos und Julius Caesar. · Von P. B. Sepp, G.-P. · 1885, Augsburg, Ph. J. Pfeiffer. -- S. 1--160.
Progr. Augsburg bei St. Stephan
K. Lyceum

Sepp, *Bonifaz* [P., Prof.]: Lanx satura auctior. E. Sammlg v. latein. u. deutschen Versen, Sprüchen u. Redensarten. Augsburg, Druck v. Ph. J. Pfeiffer, 1894; 1 Bl., 200 S. 8.
Augsburg, k. humanist. G St. Stephan, P 1894*

—— lateinische Synonyma. 8. (24 S.) Ebendas. 886. *

Sepp, B. P., Lateinische Synonyma. 1887. 30 S.

—— Varia. Eine Sammlung latein. Verse, Sprüche und Redensarten mit besond. Berücksicht. der Phraseologie des Cornelius Nepos und Julius Caesar. 2. verm. und verb. Aufl. 8. (IV, 118 S.) Augsburg 881, Kranzfelder'sche Buchh. geb. *
1. Aufl. erschien anonym.

—— dass. — 3. verm. und verb. Aufl. gr. 8. (IV, 149 S.) Ebendas. 882. *M 1,20.; geb. *

—— Varia. Eine Auswahl von latein. und deutschen Versen, Sprüchen und Redensarten mit besond. Berücksicht. der Phraseologie des Cornelius Nepos und Julius Cäsar. 5. verm. Aufl. 8. (160 S.) Ebendas. 885. geb. **

Geschichte der Freiburger Gewerbebank, e. G. m. u. H. (Freiburg i. Br.). 1866—1906. Von Emil Sepp. — Freiburg i. Br. 1906: (Wagner). 46 S. 8°

Sepp, Gabriel (Hrsg.), s. Sepp, Anton: Reisebeschreibung ...

Sepp, Hans, appr. Arzt a. Kempten: Aus der II. gynäkolog. Klinik. Vorstand: Privatdozent Dr. J. A. Amann. Uebergreifen des Uteruskarzinoms auf die Beckenknochen. München 1904: Kastner & Callwey. (22 S.) 8°
München, Med. Fak., Ref. v. Winckel, Diss. v. 24. Okt. 1904
[Geb. 3. Jan. 80 Kempten; Wohnort: Kempten: Staatsangeh.: Bayern; Vorbildung: Gymn. Kempten Reife Juli 99; Studium: München 5, Kiel 1, München 3 S.; Coll. 30. Juli 04; Approb. 18. Juni 04.]

Bibliographie der bayerischen Kunstgeschichte bis Ende 1905 von Hermann Sepp, München. Straßburg: J. H. E. Heitz 1906. (IX, 345 S.) 8° = Studien z. deutschen Kunstgeschichte. H. 67. [04. 0631]

Sepp, Joh. Christ., Abbild. in- u. ausländ. Hölzer, sowohl v. Bäumen als Staudengewächsen. Mit 96 Kpf. gr. 4. Amsterdam, 1773. 49. 20

Sepp, Chr., Betrachtt. d. Wunder Gottes in den am wenigsten geachteten Geschöpfen; od. niederländ. Insekten 2c.; aus d. Holländ. v. N. G. Leske. 4 Hfte. Mit ill. Kpf. gr. 4. Leipz. 783—86. Beygang. 14 ℛ

— niederländ. Insekten. 2 Thle. in 100 illum. K. gr. 4. Amsterd. Sepp u. Sohn. 1

Sepp, Johann Nepomuk

Sepp, Joh.Nep. (wirkl.Name), s.a. Amort, der Jüngere, Eusebius (Pseud.)

— Ansiedelung kriegsgefang. Slaven od. Sklaven in Altbayern u. ihre letzten Spuren. gr. 8. (78 S. m. Bildn.) München 896. Handelsdruckerei u. Verlagsanstalt M. Poeßl. n. 2. —

[F.] Ansiedelung kriegsgefangener Slaven oder Sklaven in Altbayern und ihre letzten Spuren v. Dr. J[oh. Nepomuk] Sepp, kgl. Univprof. *München: M. Poessl 1897.* (2 Bl., 76 S., 1 Bl., 1 Portr.) 1 Bd 8. [96. 618]

Sepp, J. N., der bayerische Bauernkrieg m. den Schlachten v. Sendling u. Aidenbach. Mit 30 Bildern. 4 Lfgn. gr. 8. (VII, 648 S.) München 884. Kellerer's Buchh. à n. 2. —

—— Bayern und die neue Aera. 12 Kapitel über die heutige Rechtshandhabung und den socialen Krieg. 8°. München 1865.

Sepp, Joh. Nep., Beiträge zur Geschichte des bayerischen Oberlandes, s. Beiträge.

Sepp, Joh. Nep., Beiträge zur Geschichte des bayerischen Oberlandes. 4 Hefte. Augsburg 853, 54. Schmid. gr. 8. 19 ngr.
1. Heft. Die Wenden im Isarthal, oder über den Ursprung von Tölz, Scharnitz und Trausnitz. (47 S.) 4 ngr.
2. 3. Heft. Zur Naturgeschichte des Oberlandes. (112 S.) Jedes Heft 5 ngr.
4. Heft: Ueber die pelasgisch italiotische Urbevölkerung des Oberlandes und das bayerische Wälschland. (56 S.) 5 ngr.

Sepp, kritische Beiträge zum Leben Jesu u. zur neutest. Topographie Palästinas. gr. 8. Beilage: Neue Forschgn. üb. die Felsenkuppel in Jerusalem. Von Joh. u. Bernh. Sepp. 8. (175 S., VIII u. Beilage 28 S. m. e. Abbildg.) München 890. Lindauer. n. 3. —

Sepp v. Laßberg, Markos Bozaris. Trauerspiel in 5 Akten. (Den Bühnen gegenüber Mscr.) 8. (III und 123 S.) Mainz 860, Kirchheim. *

Sepp, Dr. (Joh. Nep.; geb. 17. Aug. 1816 zu Tölz in Ober-Bayern), Markos Botzaris. Trauerspiel in 5 Akten. Als Mspt. gedr. München 1860. Kl. 8°. Roth. Srsh. m. G.
In Versen. 2 Bll., 123 S. — Schaupl.: Griechenland. Zeit: 7. Novbr. 1822 bis 20. Aug. 1823.

Sepp, Denkschrift in Sache meiner Quiescirung. Ein Bild aus den Sitten- und Rechtszuständen der Gegenwart. gr. 8. (56 S.) München 868, Stahl. — 60

Sepp, J. N., Denkwürdigkeiten aus dem Bayeroberland od. 176 Geschichten vom Isarwinkel u. der Nachbarschaft. gr. 8. (XVI, 875 S. m. 1 Bildnis.) München 892. J. Lindauer. n. 3. —

Deutschland einst und jetzt. Mahnruf an d. Nation z. 25jähr. Jubelfeste d. Neugründung d. Kaiserreiches. Von Prof. Dr. J[ohann Nepomuk] Sepp in München. *München: J. F. Lehmann 1896.* (24 S.) 8° [F.] [04. 11782]

— Deutschland und der Vatikan. Staats- und Volksmännern, sowie Kirchenobern zur ernsten Erwägung. 8. (IV, 256 S.) München 872, Beck. * 2 —

Sepp, J. N., Deutschland u. der Vatikan. Staats- u. Volksmännern sowie Kirchenobern zur Erwägung. München, Ackermann, 1876, 8°, IV, 256 S., 2. Aufl., 2 Mk.

Vgl. dazu: Dr. Sepp u. das Berliner Laienkonzil vom J. 1869. Hist. pol. Bl. Bd. 69 (1872), S. 840 ff. Dr. Joh. Nep. Sepp u. das allgemeine Konzil. Katholik 1870, Bd. 1 S. 345—64, 421—57. (Eine Kennzeichnung der kirchl. Richtung u. Beurteilung der theol. Schriften Sepps.)

Sepp, Dr. J. N., *Deutschland u. der Vatikan.* Staats- u. Volksmännern, sowie Kirchenobern zur ernsten Erwägung. 2. Aufl. München, Theod. Ackermann, 1876. 8°. Eleg. roth. Hsrsb.

1 Bl., II—256 S. Einleit. u. 17 Cap., u. a.: War Petrus, war der alttestamentl. Hohepriester unfehlbar? — Missachtung der Deutschen in der Kirche. — Roms Allmacht u. Rückfall in's Heidenthum. — Erniedrigung des Episcopats. — Zur Charakteristik der Jesuiten. — Ruin d. kathol. Hochschulen. — Parlamentar. Marengo (der Unfehlbaren in der Meringer-Kirchenfrage) etc. etc.

Sepp, J. N., s.: Dürer, Albr., die geheime Offenbarung Johannis.

Sepp, J. N., neue hochwichtige Entdeckungen auf d. zweiten Palästinafahrt. Erwerbg. Kapharnaum's f. d. kath. Deutschland u. d. Johanniterspitals f. Preussen. gr. 8. (X, 368 u. 292 S. m. Illustr., Bildn. u. 2 Karten.) München 896. Regensburg, Verlagsanstalt vorm. G. J. Manz. erm. Preis n. 6. —

Sepp, Prof. J. N. u. Dr. Bernh., die *Felsenkuppel, eine justinianische Sophienkirche, und die übrigen Tempel Jerusalems.* Verurtheilung des altarabischen Ursprungs der sogen. *Omar-Moschee* durch das Architecten-Schiedsgericht in München. Mit einem Preisoffert von 3000 Piastern für den gegentheiligen Beweis. München, M. Kellerer's Verlag (F. de Crignis), 1882. Druck d. literar. Instituts von Dr. M. Huttler. Gr. 8°. Ppb.*)

XXIV—176 S. Lat. Lett. Mit Titelbild u. vielen Holzschnitten. „Herrn Grafen Adolph Frdr. v. Schack, dem hochedlen Kunstfreund u. Macen der Künstler, in aufrichtigster Ehrfurcht gewidmet."

Festschrift zur zweiten Jahrhundertwende der Schlacht bei Sendling. Von Prof. Dr. J[ohann] N[epomuk] **Sepp.** München 1905: Manz. 64 S. 8° [11. 3500

Sepp, Frankfurt das alte Askiburg beim Geographen v. Ravenna. Ein Beitrag zur deutschen Mythologie. 8. (71 S.) München 882. (Kellerer's Buchh.) n. 1. —

Sepp, Joh. Nep., Geschichte der Apostel vom Tode Jesu bis zur Zerstörung Jerusalems. Mit einer Vorrede über die Theologie der Zukunft. Schaffhausen, Hurter, jetzt Regensburg, Verl.-Anst., 1866, gr. 8°, LXVI u. 410 S., 2. Aufl., 5,60 Mk.

[J.] Görres. Von J(oh.) N(ep.) **Sepp** ... *Berlin: E. Hofmann & C. 1896.* (XV, 208 S., 1 Portr.) 1 Bd 8.
— **Geisteshelden.** Bd 23. (Sammlg IV. Bd 5.) [96. 1003

— Görres und seine Zeitgenossen 1776—1848. gr. 8. (XXXII, 607 S. mit 1 Facs. und Portr. in Lichtdr.) Nördlingen 877, Beck'sche Buchh. * 9 —

— Das Hebräerevangelium oder die Markus- u. Matthäusfrage u. ihre friedliche Lösung. München, Lentner, 1870, 8°, XII u. 110 S., 2 Mk.

— das Hebräer-Evangelium oder die Markus- und Matthäusfrage und ihre friedliche Lösung. gr. 8. (XII, 140 S.) München 870, Stahl. (*M. 2.) * 2 40

Sepp, Joh. Nep., Das Heidentum u. dessen Bedeutung für das Christentum. 3 Teile. Regensburg, Manz (jetzt Verlagsanst.), 1853, gr. 8°, 16 Mk.

1. Teil: Kosmische Theologie. Die Naturreligion u. der Polytheismus. VI, 526 S.
2. Teil: Der heidnische Opferdienst u. die Mysterienlehre. System des Pantheismus. VI, 506 S.
3. Teil: Der Heroenkult u. die Messiaden der Völker. Dualismus. Mit dem biblischen u. mythol. Universalregister. IV, 328 S.

— der Jägerwirth und die Sendlingerschlacht. Volksstück in 5 Akten, mit einem Vorspiel: „Die Haberfeldtreiber". 12. (16, 106 S.) München 882, (Fritsch.) *

Sepp, Joh. Der Jägerwirth u. die Sendlingerschlacht. Drama in 4 Akten. 2. Aufl. 12. (III, 107 S.) Münch. 891, Lindauer. * 1 —

— Jerusalem und das heilige Land oder Pilgerbuch nach Palästina, Syrien und Aegypten. 8 Lfgn. Lex.-8. 1. Bd. (XXXVIII und 781 S. mit eingedr. Holzschn. und 1 Holzschntaf.) 2. Bd. (XXVIII und 866 S. mit eingedr. Holzschn. und 1 Portr. in Stahlst.) Schaffhausen 862,63, Hurter'sche Buchh. [1.—7. Lfg. à * 1 Thlr. 15 Ngr., 8. Lfg. gratis.] *

Sepp, Joh. Nepom., Jerusalem und das hl. Land oder Pilgerbuch nach Palästina, Syrien und Ägypten. Mit 535 Illustrationen und 1 Karte von Palästina. Regensburg, Verl.-Anstalt, 1872—1875, Lex.-8°, 2 Bde, 2. gesichtete, verbess. u. verm. Aufl., 30 Mk.

Hiervon eine wohlfeile illustrierte Volksausgabe: 1878, 2 Bde, 8°, 18 Mk. (1. Auflage 1862.) Unter Benutzung der Forschungen von Niebuhr, Seetzen, Burckhardt, Schubert, Robinson, Strauß, Tobler u. a., sowie auf Grund eigener Beobachtungen auf seiner Palästina-Fahrt 1845—1846 und mehr als 20jährigen Studiums der Topographie Palästinas und der angrenzenden Länder bietet der Verfasser im vorliegenden Werke einen zuverlässigen Wegweiser für alle Orientpilger mit genauer Angabe alles dessen, was an Ort und Stelle geschehen, was zu sehen und was zu thun sei. Zugleich tritt er mit neuen Argumenten für die Echtheit so mancher alten, von neuern Forschern als unhaltbar verworfenen Tradition kräftig ein. In artistischer Beziehung überbietet das Werk die bis dahin (1862) erschienenen, besonders englischen und amerikanischen Schriften über den gleichen Gegenstand um ein Bedeutendes. Vgl. Litt. Handw. 1862, S. 17—18. (Wiener) Allgemeine Litt.-Ztg. 1872, Nr. 40.

Sepp, Jerusalem und das heilige Land. Pilgerbuch nach Palaestina, Syrien und Aegypten. 2 Bde. in 24 Lfgn. 2., durch architekton. und diplomat. Studien verm. Aufl. gr. 8. (XXV, 923; XII, 916 S. mit 550 Illustr. in eingedr. Holzschn. und 1 selbständ. Karte von Palaestina.) Schaffhausen 872—76, Hurter'sche Buchh. [Regensburg, Manz.] à Lfg. *M. 1,20. * 30 —

Sepp, Dr., Prof. der Geschichte an der Hochschule zu München etc. Jerusalem und das heilige Land. Pilgerbuch nach Palästina, Syrien und Aegypten. 2., durch architektonische und diplomatische Studien vermehrte Auflage, mit 550 Illustrationen und 1 selbstständigen Karte von Palästina. I. Bd. (Mit 1 Taf.) II. Bd. (Mit dem Portrait des Dr. Sepp und 1 Karte von Palästina.) (2 Bde.)
8. Schaffhausen, Regensburg 1873 u. 1876.

— Jerusalem und das heilige Land. Pilgerbuch nach Palästina, Syrien und Aegypten. Mit 550 Illustr. in eingedr. Holzschn. und 1 selbständ. Karte von Palästina. 2., gesichtete, verb. und verm. Aufl. Wohlfeile Volksausg. 24 Lfgn. oder 2 Bde. gr. 8. (XXV, 923; XII, 916 S.) Regensburg 878, Manz. à Lfg. 75 Pf. 18

Sepp, Karte von Palaestina. Altes und neues Onomasticon. Lithogr. und color. gr. Fol. Regensburg 876, Manz. * 2 —

Sepp, Joh. Nep., Plan von Palästina. Altes und neues Onomastikon. Beigabe zu Sepp, Jerusalem u. das hl. Land. Imp.-Fol. Regensburg, Verl.-Anstalt, 1881, 2 Mk.

Sepp, Dr. (Prof. Joh. Nep.), die *Kriegsthaten der Isarwinkler.* München. Ernst Stahl, 1874. Gr. 8°. Cart.*)

Titelholzsch. (Kaspar Winzerer von Tölz, Feldhptm. d. Landsknechte). XI—112 S., 1 Bl.

Kriegstaten der Oberländer. 2. Aufl. Mit 1 Bld. München 1895. 270 S.

Dr. Sepp. deutsches Parlamentsmitglied, Die Lage des Vaterlandes. Ansprache an seine Wähler. München, Chr. Kaiser, 1848. II, 80 S. 8°.

Sepp, Joh. Nep., das Leben Christi. Mit e. Vorrede von Jos. v. Görres. (In 3 Bdn.) 1—4. Thl. gr. 8. Regensburg, Manz. [1. (23¾ B.) 1 Thlr. 15 Ngr., 2. (29 B.) 843. 1 Thlr. 22½ Ngr., 3. (47 B. u. 1 Karte v. Palästina.) 44. 3 Thlr. 7½ Ngr., 4. (28 B.) 45. 1 Thlr. 15 Ngr.]

Thl. 2., 3. A. u. d. Ttl.: Evangelien-Harmonie 1. u. 2. Bd.

— 5. u. (letzter) Bd. Symbolik zum Leben Christi. — Der mythische Christus. — Der rationalistische Christus. Ein Denkmal des Protestantismus. — Die jüdischen Christus oder die Pseudomessiase. Anhang: Wissenschaftliche Evangelien-Critik. Nebst Universalregister über das ganze Werk. gr. 8. (80⅛ B.) Ebds. 846.

— dass. 5.—7. Bd. Schluß. A. u. d. T.: Symbolik zum Leben Christi. Der mythische Christus. Der rationalistische Christus. Die jüdischen Christus oder die Pseudomessiase. Anh.: Wissenschaftl. Evangelien-Kritik. Nebst Register über das ganze Werk. gr. 8. Ebend. 846. 4⅚ Thlr. 1—7. 12⅚ Thlr.

—— das Leben Jesu Christi. Mit einer spekulativen Abhandlung von Jos. v. Görres. I. Thl. 2 Abthlgn. (Chronologie des Lebens Jesu. — Uranologie.) 2. Aufl. gr. 8. (VI und 553 S.) Regensburg 853, Manz.

—— dass. — 2. Thl.: Evangelien-Harmonie. I Bd.: Die Jugendgeschichte Jesu. 2. Aufl. gr. 8. (IV und 202 S.) Ebds. 854.

Sepp, Joh. Nep., das Leben Jesu Christi. 2. Bd. 2. Thl. und 3–6. Bd. 2. Aufl. gr. 8. Regensburg, Manz.

Inhalt:

Bd. 2. Thl. 2. Evangelien-Harmonie. 2. Thl.: Der Lehrwandel Christi. 2. Aufl. (XL und 352 S.) 857. 1 Thlr. 25½ Ngr.
- 3. Der Lehrwandel Christi. 2. Aufl. (IV und 363 S.) 853. 1 Thlr. 21 Ngr.
- 4. Der Lehrwandel Christi. 2. Aufl. (VI und 366 S.) 858. 1 Thlr. 21 Ngr.
- 5. Der Lehrwandel Christi. 2. Aufl. (VIII und 648 S. mit 1 in Stahl gest. und ill. Karte von Palästina in gr. 4. und 1 Stnt.) 860. 2 Thlr. 24 Ngr.
- 6. Das Leiden Christi. 2. Aufl. (XL und 678 S.) 862. 3 Thlr. 6 Ngr.

1. Bd. 2 Abthlgn. und 2. Bd. 1. Thl. Ebendas. 1853. 54. 3 Thlr. 7½ Ngr.

—— das Leben Jesu Christi. 2. Aufl. Volks-(Titel-)Ausg. 6 Bde. gr. 8. Regensburg (853–60)65,66, Manz.

Inhalt:

Bd. 1. Die Jugendgeschichte Jesu. (VI und 553 S.) 27½ Ngr.
- 2. Der Lehrwandel Christi. Von der Taufe bis zum ersten Osterfeste. (XLIV und 554 S.) 1 Thlr. 25½ Ngr.
- 3. —— dass. — Vom ersten bis zum andern Osterfeste. (IV und 363 S.) 1 Thlr. 21 Ngr.
- 4. —— dass. — Vom zweiten bis zum dritten Osterfeste. (VI und 366 S.) 1 Thlr. 21 Ngr.
- 5. —— dass. — Vom dritten bis zum vierten Osterfeste. (VIII und 648 S. mit 1 ill. Karte von Palästina und 1 Stnt.) 2 Thlr. 24 Ngr.
- 6. —— dass. — Viertes Osterfest oder Todespascha bis zur Geistessendung am Pfingstfeste. (XL und 678 S.) 3 Thlr. 6 Ngr.

— u. Haneberg, das Leben Jesu. Streng auf Grundlage genauer Chronologie, Topographie u. universalhistor. Synoptik. IV., neubearb. Aufl. m. zahlr. Ansichten. 1. u. 2. Buch m. 40 Bildern. gr. 8. (IV, 230 S.) München 898. Regensburg, Verlagsanstalt vorm. G. J. Manz. n. 3.50

— u. Haneberg, das Leben Jesu. Wissenschaftlich u. auf Grundlage genauer Chronologie, Topographie u. universalhistor. Synoptik. 4. neu bearb. Aufl. m. zahlreichen Ansichten. 2.–5. Bd. gr. 8. Regensburg (Verlagsanstalt vorm. G. J. Manz). n. 22.50; (kplt. n. 26.—)

2. Lehrwandel Jesu vom ersten zum zweiten Osterfeste. (XV, 396 S.) 904. n. 4.—
3. Lehrwandel Christi vom 2. bis 3. Osterfeste. (416 S.) 900. n. 4.—
4. Lehrwandel Christi vom dritten Osterfeste bis zum Leidenspascha (727 S.) 901. n. 8.—
5. Leidensgeschichte Christi vom vierten Osterfeste od. Leidenspascha bis zur Geistessendung. (680 S.) 902. n. 6.50

Sepp, Johs. N., Leben und Thaten des Feldhauptmanns Kaspar v. Winzer, Obersten der Landsknechte, Burggrafen v. Dürnstein, Staatsmannes und Pflegers zu Tölz. Zur Enthüllung des Krieger-Monumentes mit dem erzenen Standbilde des goldenen Ritters. Tölz, am 26. Juni 1887. gr. 8. (VIII, VI, 99 S.) München 887, (Kellerer.) *

—— Ludwig Augustus, König von Bayern, s. Riebl, Otto.

—— Ludwig Augustus, König von Bayern und das Zeitalter der Wiedergeburt der Künste. gr. 8. (XVIII, 566 S. mit 1 Kpfrst.) Schaffhausen 869, Hurter'sche Buchh. [Regensburg, Manz.] * 6 —

Sepp, Joh. Nep., Ludwig Augustus, König v. Bayern u. das Zeitalter der Wiedergeburt der Künste. 2., verm. u. verb. Aufl. Mit 2 Bildnissen. (XIV, 965 S.) gr. 8. Regensburg 903. Verlagsanstalt vorm. G. J. Manz. n. 10.—

—— Berichtigungen und Erläuterungen dazu, s. Aus dem Leben und Wirken des Königs Maximilian Joseph I.

—— Meerfahrt nach Tyrus zur Ausgrabung der Kathedrale mit Barbarossa's Grab. Im Auftrag des Fürsten Reichskanzler unternommen. gr. 8. (XXIV, 382 S. mit Holzschn., 3 Lichtdr. und 1 lithogr. Karte.) Leipzig 879, Seemann. * 10 —

Sepp, J. N., Meerfahrt nach Tyrus zur Ausgrabung der Kathedrale mit Barbarossa's Grab. gr. 8. Leipzig 879, List und Francke. * 10 —

— der Metzger-Brunnensprung u. die Stierkämpfe. Antrag auf Wiedereinführg. d. Schwerttanzes. Vortrag, geh. am 3. Febr. 1893 im chem. Hörsaale zu München. gr. 8. (21 S.) München 893. (Ch. Kaiser.) — 15

—— der Militär-Flüchtling oder die Isarwinkler im Franzosenkrieg 1870. Tragi-Komödie in 3 Aufzügen. 8. (51 S.) München 886, (Lindauer'sche Buchh.) *

— die geheime Offenbarung Johannis, s.: Dürer, Albr.

— Orient u. Occident. 100 Kapitel üb. die Nachtseite der Natur, Zauberwerk u. Hexenwesen in alter u. neuer Zeit. (812 S.) gr. 8. Berlin 903. [C. A. Schwetschke & Sohn.] Leipzig, M. Altmann. n. 6. —

Sepp, Prof. Dr., Friedrich Overbeck. Gedächtnissrede in der Künstlerversammlung zu München. (S.-A. aus den Nrn. 359 u. 360 der Beilagen zur „Allgem. Zeitung".) Augsburg 1869. Buchdr. d. J. G. Cotta'schen Buchhdlg. 8°. 14 S. Cart.

Sepp, Joh. Nep., Kritische Reformentwürfe beginnend mit der Revision des Bibelkanons. Ehrerbietige Vorlage an das vatikanische Konzil. München, Lentnerische Buchh. (E. Stahl), 1870, 8°, 2. revid. Aufl. nebst 2 Xylographieen, 2,70 Mk.

—— kirchliche Reformentwürfe beginnend mit der Revision des Bibelkanons. Ehrerbietige Vorlage an das vatikan. Concil. gr. 8. (VIII, 176 S.) München 870, Stahl. * 2 40

—— dass. — 2. erweit. Aufl. gr. 8. (XXVIII, 221 S. mit 2 Xylogr. auf 1 Taf.) Ebendas. 870. (*M 2,40.) * 2 70

—— Die Religion der alten Deutschen u. ihr Fortbestand in Volkssagen, Aufzügen u. Festbräuchen bis zur Gegenwart. Mit durchgreif. Religions-Vergleichg. gr. 8. (XX, 419 S.) Ebd. 890. * 6 —

— Religionsgeschichte v. Oberbayern in der Heidenzeit, Periode d. Reformation u. Epoche d. Klosteraufhebg. gr. 8. (III, 309 S.) München 895. Regensburg, Verlagsanstalt vorm. G. J. Manz. n. 5. —

— altbayerischer Sagenschatz zur Bereicherung der indogermanischen Mythologie. Mit 7 (eingedr. Holzschn.-) Illustr. gr. 8. (XVI, 735 S.) München 876. Stahl. n. 8. —

Sepp, altbayerischer Sagenschatz zur Bereicherung der indogermanischen Mythologie. Neue (Titel-)Ausg. gr. 8. (XVI, 735 S. m. 7 Illustr.) München 893. O. Galler. 8. —

[S.] Altbayerischer Sagenschatz zur Bereicherung der indogermanischen Mythologie v. Prof. Dr. [Joh. Nepom.] Sepp. M. 7 Ill. Neue Ausg. *München: O. Galler [1896?].* (XVI, 735 S.) 1 Bd 8. [97. 328

— der Schäfflertanz u. sein unvordenkliches Alter. Vortrag, geh. am 24. Jan. 1893 im chem. Hörsaale zu München. gr. 8. (12 S.) München 893. (Ch. Kaiser.) — 15

— der Schmied v. Kochel. Bühnenstück in 5 Akten. 8. (64 S. m. Bildn.) München 898. Münchener Handelsdruckerei u. Verlagsanstalt M. Poeßl. n. 1. —

Sepp, Dr. J. N., Schmiedbalthes. Gelegentlich der Errichtung seines Monumentes. München 1900. 45 S.

—— die Schulfrage, s. Schulfrage.

AMORT d. Jüng., E(usebius), (d. i. Dr. *Joh. Nep. Sepp*), Staats- u. Kirchenzustände in Süddeutschland. Reformschrift. Mit 1 (freien) Kpf. München, Finsterlin, 1878. Kl. 8°. (Mk. 2,50.)
XLVII—253 S. Gegen Pfaffenherrschaft, Aberglauben, klerikale Habsucht, Messhandel, Madonnenspuk, moral. Kindermord, Nonnenmacherei u. s. w.

Sepp, Joh. Nepom., Neue architektonische Studien und historisch-topographische Forschungen in Palästina. Mit 70 Illustrationen in Holzschn. Würzburg, Stahel, 8°, 1867, XLIV u. 256 S., 5,70 Mk.
Erweiterter Abdruck der im (Würzburger) Chilianeum 1865, Bd. VII, veröffentlichten Aufsätze. — Recens. (Bonner) Theol. Litt.-Blatt 1868, S. 65—68 u. 104—107 (von Schegg). Theol. Quartalschr. 1867, S. 443 (von Himpel).

—— Thaten u. Lehren Jesu mit ihrer weltgeschichtlichen Beglaubigung. Unter eingehender Beziehung auf die jüngsten Werke von Renan und Strauß. Schaffhausen, Hurter, jetzt Regensburg, Verl.-Anst., 1864, gr. 8°, XVIII u. 470 S., 4,40 Mk.
Gegen Renan. Recens. Chilianeum, Bd. VI (1865), S. 449—453.

—— Kaiser Friedrich I. Barbarossa's Tod und Grab, s. Sammlung gemeinverständl. wissenschaftl. Vorträge.

Sepp, Kaiser Friedrich I. Barbarossas Tod u Grab. (Slg w. V. 330) Berlin 1879

—— die göttliche Tragödie oder Passion unseres Herrn und Heilandes Jesus Christus. 8. (VI, 168 S.) Augsburg 886, (Literar. Institut von Dr. M. Huttler.) *

—— s. Tragödie, die göttliche.

Sepp, Prof. Dr., Ursprung d. Glasmalerkunst im Kloster Tegernsee. M. Holzschnitten (dabei 4 blattgr.). München u. Leipzig 1878. Gr. 8°. Ppbd.
1 Bll., 109 S. Tit. m. Bordüre, Bl. 2 m. Zierleiste.

— Ursprung der Glasmaler-Kunst im Kloster Tegernsee. Festschrift bei Stiftung der Gedächtnißfenster am Erfindungsort der Glasmalerei zu Tegernsee. gr. 8. (109 S. m. eingedr. Holzschn.) München 880. J. de Crignis. n. 2. —

—— Ursprung der Glasmaler-Kunst im Kloster Tegernsee. Festschrift bei Stiftung der Gedächtnißfenster am Erfindungsort der Glasmalerei zu Tegernsee. gr. 8. (109 S. mit eingedr. Holzschn.) München 880, (Kellerer's Hofbuchh.) *

Verbrechen aus religiöser Manie und Ausbeutung des Stiftungswahnsinns. Staatspolit. sociale Reformschrift. Einer hohen Kgl. Staatsregierung ehrerbietigst unterbreitet. Selbsterlebtes von Amort d. Jüngeren [d. i. Joh. Nep. Sepp]. *München: M. Poessl 1897.* (100 S.) 8° [J.] [01 1115

Sepp, Joh. Öffentliche Verwahrung und lauter Protest Namens deutscher Künstler u. Kunstgelehrter wider die Verunzierung des Kölner Domes nach dem neuen Project fabrikmäss. Portalornamente. Dazu die 4000jähr. Geschichte der ehernen Thore. Würdigung d. Gothik entgegen der Renaissance. gr. 8. (95 S.) Berl. 889, (Lederer). 1 50

— ein Volk von zehn Millionen od. der Bayernstamm, Herkunft u. Ausbreitung üb. Oestreich, Kärnthen, Steyermark u. Tyrol. Kampfschrift wider Czechen u. Magyaren. 8. (XII, 248 S.) München 882. J. de Crignis. n. 3. —

Sepp, (Joh.): Ein Volk von zehn Millionen oder Der Bayernstamm. Herkunft und Ausbreitung über Oesterreich, Kärnthen, Steyermark und Tyrol. Kampfschr. wider Czechen und Magyaren. 2. verstärkte Aufl. — Mchn.: Fritsch 1882. XIV, 212 S. [1. Aufl. 1882.]

— Völkerbrauch bei Hochzeit, Geburt u. Tod. Beweis f. die Einheit d. Menschen-Geschlechtes u. die Urheimat Asien. 8. (176 S.) München 891. Literar. Institut Dr. M. Huttler. n. 2. —

—— wissenschaftliche Zurechtsetzung, s. Zurechtsetzung.

Sepp, Karl, Rechtsprakt. aus München: **Die Einheitlichkeit der Leibrente und ihre Wirkungen. (Nördlingen 1904: C. H. Beck.) (58 S.) 8° [J.]**
Erlangen, Jur. Fak., Diss. v. 1. Dez. 1903
[Geb. München; Wohnort: München; Staatsangeh.: Bayern; Rig. 1. Dez. 03.]

Sepp, K., Der Leibrentenvertrag nach dem bürgerlichen Gesetzbuch. Eine civilist Studie. (IV, 118 S.) 8. München '05, C. H. Beck. 3. —

Sepp, Simon [Dr.]: (Pyrrhonëische Studien '(Πυρρώνειοι λόγοι)'. [1:]) Die philosophische Richtung des Cornelius Celsus. E. Kapitel aus d. Gesch. d. pyrrhonischen Skepsis. — ([Folgt:] Pyrrhonëische Studien ... [2:] Untersuchungen auf dem Gebiete der Skepsis ...) [= Inaug.-Diss. v. Erlangen 1893.] Freising, Buchdr. v. A. Fellerer, 1893; 149 S. 8.
Freising, k. Humanist. G, P 1893*

Sepp, Theodor, Medizinalprakt.: **Aus d. Univ.-Kinderklinik in München. Klinische Beobachtungen über das Erythema infectiosum** ⟨Sticker⟩. München 1909: **Kastner & Callwey. 31 S. 8°**
München, Med. Diss. v. 25. Jan. 1910, Ref. v. Müller
[Geb. 8. Dez. 83 Tegernsee; Wohnort: München; Staatsangeh.: Bayern; Vorbildung: Wilhelms-Gymn. München Reife Juli 02; Studium: München 5, Kiel 1, München 1, Kiel 1, München 2 S.; Coll. 25. Jan. 10; Approb. 14. Jan. 10.] [U 10. 3587

Sepp von Laßberg, s. S e p p , Johann Nepomuk.

Seppälä, Matti Helenius-
s. **Helenius**-Seppälä. [10. 4674

Seppeler, Georg, Prof.: Die Familiennamen Bocholts. Mit Berücksichtigung der Umgegend für das 14. Jahrhundert. Ein Beitrag zur Etymologie und Bedeutungslehre der deutschen Familiennamen. Bocholt 1905: J. & A. Temming. (52 S.) 8°
Bocholt, st. G OP 1905 (409)

Seppeler, Georg, Prof.: **Die Familiennamen Bocholts. Mit Berücksichtigung der Umgegend f. d. 14. Jahrh. Ein Beitrag z. Etymologie u. Bedeutungslehre d. deutschen Familiennamen. Forts. (T. 2.) Bocholt 1906: J. & A. Temming. (53—92 S.) 8° ¶ (Forts. d. P-Beil. 1905.)**
Bocholt, st. G OP 1906 (422)

Seppeler, Georg, Prof.: Die Familiennamen Bocholts. Mit Berücksichtigung der Umgegend für das 14. Jahrhundert. Ein Beitrag zur Etymologie und Bedeutungslehre der deutschen Familiennamen. Bocholt 1907: J. & A. Temming. (93—132.) 8° ¶ [Forts. d. P-Beil. 1905. 06.]
Bocholt, st. G OP 1907 (423)

Seppeler, Georg: Die Familiennamen Bocholts. Mit Berücks. d. Umgegend f. d. 14. Jahrh. Ein Beitr. z. Etymologie u. Bedeutungslehre d. deutschen Familiennamen. ⟨Forts.⟩ Bocholt 1908: Temming. S. 133—164. 8° ¶ [Forts. d. P-Beil. 1905—07.]
Bocholt, st. G OP 1908 (444)** [S 08. 451

Seppeler, Georg: Die Familiennamen Bocholts. Mit Berücks. d. Umgegend f. d. 14. Jh. Ein Beitr. z. Etymologie u. Bedeutungslehre d. deutschen Familiennamen. ⟨Schluss.⟩ Bocholt 1909: Temming. S. 165—204. 8° ¶ [Forts. d. P-Beil. 1905—08.]
Bocholt, st. G OP 1909 (461) [S 09. 430

Seppelt, Franz Xaver, Kaplan an d. **Stadtpfarrkirche zu Neiße: Der Kampf der Bettelorden an der Universität Paris in der Mitte des 13. Jahrhunderts. T. 2. Der äußere Verlauf des Kampfes.** Breslau 1907: **R. Nischkowsky. (65 S.) 8° ¶ (Erscheint in: Kirchengeschichtl. Abhandlungen, hrsg. v. M. Sdralek, Bd 6, 1908 S. 73—140; T. 1 ebenda Bd 3 S. 197—241.)**
Breslau, Kath.-theol. Fak., Ref. Sdralek, Diss. v. 30. Okt. 1907
[Geb. 13. Jan. 83 Breslau; Wohnort: Breslau; Staatsangeh.: Preußen; Vorbildung: Matthias-Gymn. Breslau Reife O. 02; Studium: Breslau 7, München 1 S.; Rig. 25. Okt. 07.]

Seppen v. Eppishausen, Meister, (Frhrr. Jos. v. Laßberg,) ein schön kurzweilig Gedicht von einem Riesen, ans Licht gestellt 1829, gedruckt 1830.

Sepphoris und Rom. Historischer Roman aus dem 4. Jh. 1866
s. Philippson, Ludwig [Verf.]

Sepsi-Mártonos, s. Gyujtó v. Sepsi-Mártonos.

Die praktische Lösung von Feldbefestigungs-Aufgaben. Fünf Beispiele in applikatorischer Weise auf kriegsgeschichtlicher Grundlage dargestellt von Georg Gyujtó. v. Sepsi-Mártonos und Oskar Bolberitz. Mit 4 Skizzen-Tafeln. Wien und Leipzig. 1901. Braumüller. 8°. IV. 86 S. mit 4 Tafeln.

Sepsi-Szent György [Schlagwort]

Sepsi Sz. György — Treffen bei — am 23. Juli 1849. 28,800. Oe. Z. 1860.

Septali, Lud., Opera politica. 4. Venedig. (Ulm, Stettin.) 753.

de Septchênes, Jean, Jacquemin der Freimaurer od. d. geheim. Gesellschaften in Frankreich, ihre Tendenzen, polit. u. socialen Zwecke, histor. Ueberlieferungen, Rituale, Gebräuche, Erkennungszeichen, Ausartungen, Mißbräuche und verbrecherischen Umtriebe, nebst Darstellung der Organisation der französischen Arbeiterverbindungen u. Gesellschaften. 8. (342 S.) Grimma 848, Verlags-Comptoir. 1 ℳ — 2. (Titel-) Aufl. 8. (342 S.) Ebd. (848) 852. ½ ℳ

September, der dritte, 1843 in Athen. Von einem Augenzeugen beschrieben u. mit den betreff. Actenstücken begleitet. gr. 8. (4½ B. u. 1 Tab.) Leipzig 843, Brockhaus. *

September, Der Funfzehnte, 1805 in Dorpat. Dorpat 1805. H: *Morgenstern, Joh. Carl Simon von.* (R-N) (GGr) (Ky)

September, der Monat, geweiht durch Betrachtungen auf alle Tage dieses Monats, s.: Monate, die 12, des Jahres.

September, Der rothe, zu Zürich. Zürich [1881]. V: *Attenhofer, Eduard.* (Cat. d. Stadtbibl. Zürich. Zürich 1864—97.)

September, Der 7te, 1830. [Braunschweig 1830?] V: *Römer, Julie.* (Mitth. Dr. H. Bäsecke.)

(September, S.) Zur Propaganda der national-konstitutionellen Partei. Von einem freimüthigen Widersacher der Revolution. Anhang: wählen oder nicht wählen? Berlin, G. Reimer 1849. XIV 71 S. 8.

September, S., zur Propaganda der national-konstitutionellen Partei, s. Zur.

Die Septemberbibel. Das Neue Testament deutsch von Martin Luther. Nachbildung der zu Wittenberg 1522 erschienenen ersten Ausgabe zum vierhundertjährigen Geburtstage Luthers. Mit einer Einleitung von Julius Köstlin. (Deutsche Drucke älterer Zeit in Nachbildungen, herausgegeben von Wilhelm Scherer. I.) Berlin 1883. Fol.

Septemberbibel, die, s.a. Drucke, deutsche, älterer Zeit in Nachbildungen.

Septembervertrag, der, und die gegenwärtige Situation in Hannover. gr. 8. (32 S.) Leipzig 848, Brockhaus. n. 4 ngr

Septembre. Le 29 s' ou Un article du Véridique ([de Georg] Essinger) accusé et défendu devant le tribunal d'appel du Canton de Fribourg le 9 mars 1832. 8. Fribourg, en Suisse.

Epistolarum catholicarum septenarius. Gr. et lat. cum scholiis J. B. Carpzovii. Hal. 790. 8. 16 gr.

SEPTENNA, das ist siebentägige Andacht zu denen sieben Schmerzen der allerseligsten Mutter Gottes Maria. Ofen 1840 o. Dr. 92 S. 2 t. - 180 mm

Septimius Paulus, od. das letzte Geheimniß d. Eleusin. Priesters, herausgeg. v. Bouterweck. 2 Thle. 8. Halle, Renger. 795.

Septimius, Paulus, oder das letzte Geheimnis des eleusinischen Priesters. Halle 1795. Reutlingen 1801. V: *Bouterwek, Friedrich.* (Kl)

Septimus Storar, d. frommen, Leben, Schicksale u. lehrreiches Ende, v. K. G. Cramer, m. K. 8. Leipz. Fleischer. 806.

Die Septuaginta-Papyri und andere altchristliche Texte der Heidelberger Papyrus-Sammlung. Hrsg. ... von D. Adolf Deißmann, Prof., Heidelberg. Mit 60 Taf. Heidelberg: C. Winter 1905. (IX, 107 S.) 4°
= Veröffentlichungen aus d. Heidelberger Papyrus-Sammlung. 1.

Septuaginta-Studien. Hrsg. v. Alfr. Rahlfs. 1. Heft. gr. 8. Göttingen 904. Vandenhoeck & Ruprecht. n. 2.80
Studien zu den Königsbüchern. Von A. Rahlfs. (88 S.)

Septuaginta-Studien. Hrsg. v. Alfr. Rahlfs. 2. Heft. gr. 8. Göttingen, Vandenhoeck & Ruprecht. 8.—
2. Der Text des Septuaginta-Psalters. Von A. Rahlfs. Nebst e. Anh.: Griechische Psalterfragmente aus Oberägypten nach Abschriften v. W. E. Crum. (256 S.) 907.
1. Heft. Ebd. 904. 2.80

Sepulchrum gloriosum aeterna virtutum memoria adornatum . . . Bambergae 1746. V: *Sebastiani, Joseph.* (Jes)

Sepúlveda, Rodolfo, europäische Handelskorrespondenz, s.: Wolff, A.

Sequanus, H., Gedichte. 8. Götting. 824. Rosenbusch. (Laufer in Leipz.) 12 gr

Sequentiae ineditae, s.: Analecta, hymnica medii aevi.

[Ser, P., u. Ischu, Ch.], Kurze Geschichte der syrischen Christen. Uebersetzt von Paul Tietze. Berlin o. J.

Sera, Leo G., auf den Spuren des Lebens. Studien üb. Natur u. Gesellschaft. (Autoris. deutsche Ausg. v. R. Schoener.) (XXIV, 281 S.) 8. Berlin (909). Oesterheld & Co. 6.—; geb. 7.50

Serachja, R., ben Isaac ben Schealtiel, imre daath. Commentar über die Sprüche Salomo's. Nach einem Mscr. der Münchener Universitätsbibliothek hrsg. von J. Schwarz. gr. 8. (VI, 86 S.) Wien 871. (Cöln, Hafferburg und Mann.) * 2 50

Serafina. Trsp. v. Vulpius. 8. Halle, Heller. (Ruff.) 789.

Serafina, Trauerspiel in fünf Aufz. Halle 1790. V. *Vulpius, Christian August.* (EE)

Serafine; eine Klostergesch., herausgeg. v. Winkopp, m. K. 8. Gera, Beckmann. 785.

Serafini, Filippo

Serafini, Phil., der Telegraf in seiner Beziehung zum bürgerlichen u. Handelsrechte. Uebersetzt aus dem Italien. von Leone Roncali. Wien 865. Manz' Verl. gr. 8. (VIII, 78 S.) n. 16 ngr

Serail, das indische, oder Mußestunden eines Nuwab. Darstellungen u. Erzähll. aus d. Orient. 3 Thle. gr. 12. Stuttg. 827, Franckh.

Das indische Serail oder Mußestunden eines Nuwab. Vom Verf. des Pandurang Hari, oder Denkwürdigkeiten eines Hindu. Aus dem Engl. Bd 1-3. 1828
s.a. Hockley, William Browne [Verf.]

Serail, der indische, od. Mußestunden eines Nuwab; v. Verf. des „Pandurang Hari, od. Denkwürdigkt. eines Hindu". 3 Bde. gr. 12. Stuttg. 828. (Brodhag). 4 ℳ

Serail und hohe Pforte, hsg. von ***. Wien 1879. V: *Schweiger-Lerchenfeld, Amand Freih v.* (Kürschner, Dtsch. Litt.-Kal. 30, 1530.)

Serail und Hohe Pforte. Enthüllungen über die jüngsten Ereignisse in Stambul. Nach Orig.-Aufzeichnungen und Documenten bearb. und hrsg. von ***. gr. 8. (VI, 392 S. mit 2 facs. Briefen.) Wien 879, Hartleben's Verlag. 5 40

SERAIL, Der verauctionirte. Lustspiel in 1 Aufzuge. Berlin, bey Carl Ludw. Hartmann. 1796. 8°. (4 Mk. 50 Pfg., Bernh. Liebisch, Lpz., 1908.)
54 S., 1 Bl. Verlag d. Firma. „Der Schauplatz ist im Usbekschen Pallaste." — Fehlt in Kayser's Schsp.-Verz.

Serail, das verauctionirte. Lustsp. v. Müchler. 8. Berlin, Hartmann. (Steinacker in Leipz.) 797.

SERAILKABALEN oder Intriguen aus dem Innern eines der angesehensten Harems. Mit TKpf. Konstantinopel (Leipzig, Joachim) 1801. 8°. ($^2/_3$ Rthl.) Sehr selten! (1 fl. 12 xr. Scheible, vor 1870; 4 Mk. 50 Pfg., Hldr., nicht rein, A. Bielefeld, 1892; jetzt theurer!)

Serano, Ada, das Brautkleid. 16. (148 S.) Gütersloh 875, Bertelsmann. * 1 —

Serano, Ada, Erinnerungen einer alten Frau. Meinen jungen Freundinnen erzählt. 8. (99 S. mit 1 Holzschn.) Gütersloh 874, Bertelsmann's Verlag. 1 20

Serão, Mathilde, Achtung Schildwache! Terno secco, s.: Engelhorn's allgemeine Roman-Bibliothek.

Serão, Matilde, Akazienblüte, s.: Bibliothek der fremden Zungen.

— Blüthe der Leidenschaft. Novellen. Autoris. Uebertragg. v. A. Friedmann. 2. Aufl. 8. (XV, 248 S.) Breslau 890. [Schottländer.] Schlesische Verlags-Anstalt. n. 4. —; geb. n. 5. —

Es lebe das Leben! Roman von Matilde **Serao** (jetzt: Scarfoglio). (Berechtigte Übertr. aus d. Italien. von Maria Gagliardi.) Berlin: S. Fischer 1910. 480 S. 8°

Serao, Mathilde, fahr' wohl, mein Lieb!, s.: Collection Hartleben, 6. Jahrg., 13. Bd.

— Giovannino od. den Tod! Dreißig Prozent, s.: Engelhorn's Romanbibliothek.

Serao, Mathilde, Riccardo Joanna's Leben u. Abenteuer. Roman. Einzig berecht. Übersetzg. aus dem Italien. von Max v. Weißenthurn. 8. (331 S.) München 901. A. Langen. n. 3.50; geb. n. 4.50

Serao, Matilde, Liebesbriefe, s.: Bibliothek berühmter Autoren.

Serao, Mathilde, die Märtyrer der Phantasie. Roman. Autoris. deutsche Uebertragg. v. Hulda Meister. 8. (471 S.) Jena 886. Costenoble. n. 6. —

— Schlaraffenland. Neapolitanischer Sittenroman. Aus dem Ital. übers. v. K. Manfred. 2. Aufl. (492 S.) 8. Stuttgart 904. Deutsche Verlags-Anstalt. 5. —; geb. 6. —

Nach der Verzeihung. Roman von Matilde **Serao**. (Übertr. von M. Gagliardi.) Berlin: S. Fischer 1908. (384 S.) 8° [F.] 108, 13644

Serapeum. Zeitschrift f. Bibliothekwissenschaft, Handschriftenkunde u. ält. Litteratur. Im Vereine mit Bibliothekaren u. Litteraturfreunden hrsg, v. Rob. Naumann. 1. Jahrg. 1840. 26 Nrn., 2. u. 3. Jahrg. 1841 u. 42 à 24 Nrn. (à 1—2 Bog. u. Stnt.) Nebst Intelligenzblatt u. Tabn. gr. 8. Leipzig, T. O. Weigel. à J. *

Serapeum. Zeitschrift f. Bibliothekwissenschaft, Handschriftenkunde u. ältere Literatur. Hrsg. v. Rob. Naumann. 4—8. Jahrg. 1843—47. à 24 Nrn. (Bog.) Mit Lithogr., Tabellen u. Intelligenzblatt. gr. 8. Leipzig, T. O. Weigel. à Jahrg.
1—3. Jahrg. 1840—42. Ebendas. à J. * 4 Thlr. 15 Ngr.

Serapeum. Zeitschrift für Bibliothekwissenschaft, Handschriftenkunde und ältere Literatur. Hrsg. von Rob. Naumann. 9—13. Jahrg. 1848—52. à Jahrg. 24 Nrn. (à 1—2 Bog.) Mit Stnt. gr. 8. Leipzig, T. O. Weigel. à Jahrg. *
1—8. Jahrg. 1840—47. Ebendas. à Jahrg. * 4 Thlr. 15 Ngr.

Serapeum. Zeitschrift für Bibliothekwissenschaft, Handschriftenkunde und ältere Litteratur. Im Vereine mit Bibliothekaren und Literaturfreunden hrsg. von Rob. Naumann. 14—17. Jahrg. 1853—56. à Jahrg. 24 Nrn. (à 1—2 Bog.) Mit Abbildungen. gr. 8. Leipzig, T. O. Weigel. à Jahrg. *

Serapeum. Zeitschrift für Bibliothekwissenschaft, Handschriftenkunde und ältere Litteratur. Im Vereine mit Bibliothekaren und Litteraturfreunden hrsg. von Rob. Naumann. 18—22. Jahrg. 1857—61. à Jahrg. 24 Nrn. (à 1—2 Bog.) Mit Abbildungen. gr. 8. Leipzig, T. O. Weigel. à Jahrg. *

Serapeum. Zeitschrift für Bibliothekwissenschaft, Handschriftenkunde und ältere Literatur. Im Vereine mit Bibliothekaren und Litteraturfreunden hrsg. von Rob. Naumann. 23.—28. Jahrg. 1862—67. à Jahrg. 24 Nrn. (à 1—2 Bog.) Mit Abbild. gr. 8. Leipzig, T. O. Weigel. à Jahrg. *

Serapeum. Zeitschrift für Bibliothekwissenschaft, Handschriftenkunde und ältere Litteratur. Im Vereine mit Bibliothekaren und Litteraturfreunden hrsg. von Rob. Naumann. 29.—31. Jahrg. 1868—1870. à Jahrg. 24 Nrn. (à 1—2 Bog.) Mit Abbildungen. gr. 8. Leipzig, T. O. Weigel. à Jahrg. (*M. 13,50.) * 13 60

Serapeum. Zeitschrift für Bibliothekwissenschaft, Handschriftenkunde u. ältere Litteratur.
[1] Reg. üb. Jg 1–12. O. O. 1840–1851.
[2] Reg. zu Bd 13–24, zsgest. von J. G. M. Graesse. Leipzig 1866.
[3] A classified Index to the Serapeum by R. Proctor. London 1897.

Serapeum der Stolzeschen Stenographie od. sachlich geordnetes Verzeichniss des seither erschienen Literaturwerke der Stolze'schen Stenographie. Hrsg. v. dem academ. Stenographenvereine Stolziana zu Leipzig. 8. (31 S.) Berlin 874. Mittler & Sohn. n. — 60

Seraphim, Pater, eine Klostergeschichte. Rom [Bremen] 1804. V: *Bispink, Franz Heinrich (Benevenutus)* [?]. (Rass) (BGE) (Wr)

Seraphim, Pater; od. das Mönchswesen. 8. Frankf. 804. Fr. Wilmans. 10 gr

Seraphim, R. P., Ordo historicus passionis D. N. J. C. concinnatus ex textu evangelico. Ac redimitus aurea sanctorum corona patrum. Adjecta insuper appendice pro coronide. Tournai 866. Casterman. gr. 8. (VIII, 211 S.) n. 1 ℳ

Seraphim, August [aus Kurland]: Des Obersten Both Anschlag auf Livland '(1639)' und sein Zusammenhang mit der allgemeinen Politik der Zeit. E. Beitr. z. Geschichte Kurfürst Georg Wilhelms v. Brandenburg ... Königsberg i. Pr., Druck v. M. Liedtke, 1895; 2 Bl., 123, VIII S., 2 Bl. 8.
Königsberg, Phil. Fak., Inaug.-Diss. v. 10. Juni 1895

Seraphim, Aug., d. Obersten Both Anschlag auf Livland (1639) u. s. Zusammenhang m. d. allgem. Politik d. Zeit. E. Beitrag zur Geschichte Kurfürst Georg Wilhelms v. Brandenburg. gr. 8. (123 u. VIII S.) Königsberg 895. (W. Koch.) n. 1.50

Seraphim, August: Die Geschichte des Herzogtums Kurland (1561—1795). 2. verm. Aufl. — Reval: Kluge 1904. 371 S. mit 1 Bilde und 1 Personen- und Ortsregister. (Seraphim, Ernst: Livländische Geschichte. Bd. 3.) [1. Aufl. 1896.]

Seraphim, A[ugust]: Handschriften-Katalog der Stadtbibliothek Königsberg i. Pr. Unter Mitw. von Dr. Paul Rhode bearb. Königsberg i. Pr.: Beyer in Komm. 1909. V, 411 S. 8°
(Mitteilungen aus d. Stadtbibliothek zu Königsberg i. Pr. 1.)

Seraphim, Aug., Kur-Liv-Estländer auf der Universität Königsberg i. Pr. Ein Beitrag zur balt. Bildungsgeschichte. [Aus: „Mittheilgn. etc. der Gesellsch. f. Geschichte u. Alterthumskde. der Ostseeprovinzen Russlands".] gr. 8. (261 S.) Riga 893. (Mitau, F. Besthorn.) n. 3. —

Seraphim, August: Eine Schwester des Grossen Kurfürsten *Luise Charlotte*, Markgräfin v. Brandenburg, Herzogin v. Kurland (1617—1676). Bln '01. 152 S. (Quellen u. Untersuchgn z. Gesch. d. Hauses Hohenzollern. 2.)

Seraphim, Aug., **eine Schwester des Gr. Kurfürsten Luise** Charlotte, Markgräfin **v. Brandenburg**, Herzogin v. **Kurland**, s.a. Quellen- u. Untersuchungen zur Geschichte des Hauses Hohenzollern. II.

Seraphim, Aug., s.: Monatsschrift, altpreussische.

— s.: Urkundenbuch, preußisches.

Seraphim, August: Aus d. kurländischen Vergangenheit, s. Seraphim, Ernst.

Seraphim, August: Aus Kurlands herzogl. Zeit, s. Seraphim, Ernst.

Seraphim, Ernst, malerische Ansichten aus Livland, Estland, Kurland. Ein Jubiläums-Album aus Anlass des 700jähr. Bestehens der Stadt Riga. Mit ca. 375 Abbildgn. nach photograph. Aufnahmen. qu. gr. 4. (250 S.) Riga 901. J. Deubner. Geb. in Leinw. n. 20.—

Seraphim, Ernst, aus der Arbeit e. baltischen Journalisten (1892—1910). (XI, 414 S.) gr. 8. Riga 911. Jonck & Poliewsky. 6. —

Seraphim, Ernst, s.: Bibliothek livländ. Geschichte.

Seraphim, Ernst (Hrsg.), s. Böttcher, Bernh.: Die Kolonne Ihrer Majestät.

Baltische Geschichte im Grundriss. Von Dr. E(rnst) **Seraphim**. Mit 1 Karte v. K. v. Löwis of Menar. Reval: F. Kluge 1908. (418 S.) 8° [F.] 08. 3376 3

Geschichte von Livland. Von Dr. Ernst **Seraphim**. Bd 1. Gotha: F. A. Perthes 1906. 8° [F.]
= Landesgeschichten, Deutsche. Werk 7, Bd 1.
= **Staatengeschichte**, Allgemeine. Abt. 3, Werk 7, Bd 1. 05. 14048

Seraphim, Ernst, Geschichte Liv-, Est- u. Kurlands von der „Aufsegelung" des Landes bis zur Einverleibung in das russische Reich. Eine populäre Darstellg. Mit 6 Bildern, 1 Karte u. e. Personen- u. Sachregister. (In 2 Bdn.) 1. Bd.: Die Zeit bis zum Untergang livländ. Selbständigkeit. gr. 8. (VIII, 425 S.) Reval 895. F. Kluge. n. 6. 50; geb. in Halbfrz. n. 8. 50

— Geschichte Liv-, Est- u. Kurlands von der „Aufsegelg." d. Landes bis zur Einverleibung in d. russische Reich. E. populäre Darstellg. M. 7 Bild., 1 Karte u. e. Personen- u. Sachregister. 2 Bde. in 3 Tln. gr. 8. Reval, F. Kluge. n. 14. 50; geb. n. 18. 50
I. Die Zeit bis zum Untergang livländ. Selbständigkeit. 2., vielfach umgearb. Aufl. (VIII, 485 S.) 897. n. 6. 50; geb. n. 8. 50
II. 1. Die Provinzialgeschichte bis zur Unterwerfg. unter Rußland. Von Ernst Seraphim. 896. 2. Kurland unter d. Herzögen. Von Aug. Seraphim. (VI, 715 S.) 896. n. 8. —; geb. n. 10. —

— livländische Geschichte von der „Aufsegelung" der Lande bis zur Einverleibung in das russische Reich. Ein Hausbuch. Mit 7 Bildern, 1 Karte u. zwei Personen- u. Ortsregistern. 2. u. 3. Bd. gr. 8. Reval, F. Kluge. n. 10.—; geb. in Leinw. n. 13. — (1—3.: n. 16. 50; geb. n. 19.—)
2. Die Provinzialgeschichte bis zur Unterwerfung unter Rußland. 2., verm. u. umgearb. Aufl. (V, 593 S. m. 8 Taf. u. 1 farb. Karte.) 901. n. 5,50; geb. n. 7. —
3. Die Geschichte des Herzogt. Kurland (1561—1795) v. Aug. Seraphim. Mit 1 Bilde u. e. Personen- u. Ortsregister. 2., verm. Aufl. (VII, 371 S.) 904. n. 4. 50; geb. n. 6. —

— im neuen Jahrhundert. Baltische Rückblicke u. Ausblicke. 8. (68 S.) Riga 902. Jonck & Poliewsky. n. 1. 50

[F.] Der Feldoberst Klaus Kursell und seine Zeit. E. Bild Ehstlands in d. ersten Zeit schwedischer Herrschaft dargest. v. Dr. **Ernst Seraphim**. *Reval: F. Kluge 1897.* (X S., 2 Bl., 168 S., 3 Bl. Stammtaf.) 1 Bd 8.
= **Bibliothek** Livländischer **Geschichte**. Bd 1. 97. 1699

Seraphim, Ernst, u. Aug. Seraphim, aus der kurländischen Vergangenheit. Bilder u. Gestalten d. 17. Jahrh. gr. 8. (355 S.) Stuttgart 898. J. G. Cotta Nachf. n. 6. —

Seraphim, Ernst: Die Wiedereröffnung der dt. Schule in Livland, s.a. Freymann, Karl

— s.a. Wiedereröffnung, die, der deutschen Schule in Livland.

— u. Aug. Seraphim, aus Kurlands herzoglicher Zeit. Gestalten u. Bilder. Zwei Fürstengestalten d. XVII. Jahrh. gr. 8. (VII, 248 S.) Mitau 892. E. Behre's Verl. n. 5.—

— u. Aug. Seraphim, aus Kurlands herzoglicher Zeit. Gestalten u. Bilder. gr. 8. (VII, 248 S.) Mitau 892. Riga, C. J. Sichmann. erm. Pr. n. 4.—

Seraphim, Ferd., der Einfluß der Bestimmungen des Allerhöchst bestätigten Reichsrathsgutachtens vom 3. Juni 1886 auf die summarischen Processe, den Nachlaßedictalproceß und den Concursproceß der Ostseeprovinzen. 8. (34 S.) Mitau 886, [Felsko.] Besthorn. *

Seraphim, Ferd., zur Lehre vom Eigenthumserwerbe durch Verbindung und Verarbeitung beweglicher Sachen nach dem Rechte der Ostseeprovinzen, mit besond. Berücksicht. der einschläg. Bestimmungen des preuß. Rechts. 8. (III, 61 S.) Hamburg 881, Behre's Verlag. *

Seraphim, Ferd., **das kurländische Notherbenrecht. Eine exegetisch-dogmatische Abhandlung. gr. 8. (VI und 184 S.) Dorpat 859. (Mitau, Reyher'sche Verlagsbuchh.)**

Seraphim, Richard: Zur **Lehre** von der Prozeßvollmacht im Vergleich mit der Vollmacht und dem Auftrage des Bürgerlichen Gesetzbuches. *Greifswald 1904: J. Abel.* (82 S.) 8° [F.]
Greifswald, Jur. Diss. v. [4. Juli] 1904

Seraphim, Thdr., über die Abrogation des Piltenschen Rechts. gr. 8. (26 S.) Riga 861, Kummel. *

Seraphimoff, B.: Angenäherte Elemente..., s. Backlund, Oskar.

Seraphin, Frz., moderne Walpurgisnacht. Didactisches Gedicht. 8. (99 S.) Hannover 882. Schmorl & v. Seefeld. 1. 50

Seraphin, Friedrich Wilhelm: Die Bedeutung der Antike für die Gegenwart. 26 S. 4.
Honterus-Gymn. u. verb. Lehranstalten *Brassó* (Kronstadt) 1909.
I. Der praktische Nutzen. II. Der Bildungswert. III. Der Kulturwert.
Progr.

Seraphin, Frdr. Wilh., die Bedeutung der Antike f. die Gegenwart. Progr. (26 S.) Lex. 8. Kronstadt 909. (G. A. Seraphin.) — 75

Seraphin, Frdr. Wilh., die Einwanderer. Historischer Roman. (472 S.) 8. Hermannstadt (904). G. A. Seraphin. n. 5. —; geb. in Leinw. n. 6. —

Seraphin, Friedrich Wilhelm: Eine Kronstädter Handschrift des Jacobus de Voragine. [Sermones de tempore.] 14 S., 1 Taf. 4. Ev. Gymn. A. B. u. verb. Lehranstalten *Kronstadt* 1901.
Progr.

Seraphin, Fr. Wilh. Kronstädter Schulen vor der Reformation. (Aus: „Archiv des Vereins für siebenbürgische Landeskunde". Neue Folge. XXIII. Bd. 3. Heft.)

Seraphin, Friedrich Wilhelm: Über Schulreisen in großem Stil. S. 15—24. 4.
Progr. Honterus-Gymn. u. verb. Lehranstalten *Brassó (Kronstadt)* 1906.
Zuerst in der „Akademischen Turnzeitung, Zeitschrift des V.-C. des Verbandes der Turnerschaften auf deutschen Hochschulen", Jahrg. XXII (1906), Heft 21. 22.

Seraphin, Carl Römisches Badeleben. 4 (S. 3—39).
Progr. Ev. G. A. B. *Schässburg* 1891.

Seraphin, Carl, Aus der Vergangenheit des Schäßburger Männerturnvereins, z. 30jähr. Stiftungsfest, Schäßburg 1898, 50 S., 8°.

Seraphina. (V. 8235.) 1. u. 2. Aufl. Minden 1886. — A. Friedmann ist bloss der auf dem Titel genannte Verf. des Vorworts. Der Verf. wird mit *,* angedeutet. Auch fehlt unter den bei Brü *2, 281f. aufgeführten Schriften F.'s die ‚Seraphina'. (DARP)

Seraphina. Eine Erzählung zwischen Wellen und Wogen von *,*. Mit einem Vorwort von Alfr. Friedmann. 1. und 2. Aufl. 12. (V, 92 S.) Minden 886, [Bruns's Verlag.] Rosenbaum und Hart. *

Seraphina. Eine Erzählung zwischen Wellen u. Wogen v. *,*. Mit e. Vorwort v. Alfr. Friedmann. 3. (Titel-) Aufl. 12. (V, 92 S.) Berlin 889. Rosenbaum & Hart. n. 1. —

Seraphine. Eine histor. Erzähl. 3 Thle. Der Beruf. — Die Mission. — Die Siegespalme. 12. (17¾ B.) Aachen 840, Cremersche Buchh.
Aus: Wohlf. kathol. Bibliothek ꝛc., besond. abgedruckt.

Seraphine. Eine Erzählung von U. F. v. M. 2 Bde. in 3 Abthlgn. 8. (390 u. 691 S.) Leipzig 881. Böhme. n. 10. —

Seraphini a Vicenza, lehrreiche Sittenpredigten, od. auserles. Predigten; aus d. Italien. übers. von Wunib. Reichenberger. 3 Thle. Fol. Münch. 767. Ost.

Seraphinodichassa, der Liebling Citherens oder die Weltweisen in Sizilien. Eine Romanaske aus dem 18. und 19. Jahrhundert. Eisenberg 1804. V: *Gerle, Wolfg. Adolph.* (BGE VII*, 288)

Seraphino, der Liebling Citherens, oder Die Weltweisen in Sicilien. Eine Romaneske aus dem 18. u. 19. Jh. Eisenberg: Schöne 1809. 8°
TB. 196.

Seraphino di Massa, der Günstling Cytherens, oder die Weltweisen in Sicilien. 2. Aufl. Eisenberg 1809. V: *Gerle, Wolfgang Adolph.* (GGr IX, 132)

Seraphinus, eine weltberühmte Arznei gegen alle Krankheiten f. Arm u. Reich od. Die Arbeit in jedem Stand u. Beruf, f.: Zu Lehr u. Wehr. 10. Bochn.

Seraphus I. (Pseud.), s. Assing

Serapion a S. Andrea, F., Carmel und Manresa, zehntägige Exercitien. 8. (VIII, 384 S.) Wien 874, Mayer und Comp. * 2 40

—— Skapulier-Büchlein der Karmeliten-Bruderschaft. 8. (XII, 180 S.) Graz 869, Moser. * — 60

Serapion, Fr. a S. Andrea Corsini, Scapulier-Büchlein der Karmeliter-Bruderschaft. 2. umgearbeitete Aufl. 8. (XII, 204 S.) — .40
Graz: Moser 1891.

Serapionsbrüder, die, gesammelte Erzählungen und Mährchen von E. T. A. Hoffmann. 4 Thle. 8. Berlin, Reimer. 819 bis 821. à 2 Rthlr. 12 Gr.

Seras: Las Seras d'Unviern (Die Winterabende)
① Fegls per promoziun della scola e della agricoltura (Blätter zur Förderung der Schule und der Landwirtschaft) ⑤ 18. 11. 1866—3. 4. 1867 (10 Nummern) ⑥ 8° ⑦ monatlich 2× ⑧ Glion (Ilanz): Vollmar & Manetsch ⑩ Vollmar und Manetsch ⑪ Deplazes J. Ant., Lehrer, Surrhein-Sumvitg ⑫ kath.-konservativ ⑬ BGSZ 1229 ⑭ Ch: K; Di: Kb; Be: L.

Serbe, s.: Mess-Adressbuch.

Serben, die, an der Adria. Ihre Typen u. Trachten. (In ca. 12 Liefgn.) 1. u. 2. Liefg. Leipzig 870. Brockhaus. Fol. Jede Liefg. (5 Chromolith.) n. 2 ₰

Serben, die, an der Adria. Ihre Typen u. Trachten. 3—8. Lfg. Fol. (à 5 chromolith. Taf.) Leipzig 871—74. Brockhaus. à n. 6. —

Serben, die, an der Adria. Ihre Typen und Trachten. 9. Lfg. Fol. (5 Chromolithogr.) Leipzig 878, Brockhaus. * 6 —
1.—8. Lfg. Ebendas. 1870—74. à *ℳ 6.

— **die, u. die orientalische Frage.** Von einem Serben. Bautzen 865. Leipzig, Schmaler & Pech. gr. 8. (24 S.) n. 5 ngr.

Serben, Fr. Gtthrd., († d. 2. Aug. 1797.) s. **Denina,** üb. die Schicksale d. Literatur.

Serbenfrage, die, u. der **Hochverratsprozess** in Agram. Von A—Z. (65 S.) gr. 8. Wien, C. W. Stern. 1909. 1. 50.

Serbes, les, de Hongrie, leur histoire, leurs priviléges, leur église, leur état politique et social. 2 parties. Lex.-8. Prag, Dr. Grégr und Dattel. [1re partie. (S. 1—160.) 873. *M 4.; 2e partie. (S. 161—474.) 874. *M 8.] * 12 —

Serbie, la, après le bombardement de Belgrade. Par un Serbe. Lex.-8. (31 S.) Paris et Leipzig 862, Franck. *

Serbie, la, après le bombardement de Belgrade. Par un Serbe. Paris 862. Vieweg. Lex.-8. (31 S.) n. 8 ngr.

Serbien [Sachliches OW]

Serbien. Bestimmungen üb. die Tara. [Aus: „Deut. Handels-Archiv".] (8 S.) Lex.-8. Berlin, E. S. Mittler & Sohn. 1908. —. 30.

Serbien, Russland und die Türkei. Berlin 1843. V: *Philippi, J.* (EngG)

Serbien, Rußland u. die Türkei. 8. (8⅞ B.) Berlin 843, Schröder's Verl. *

Serbien [Schlagwort]

— s. a.: Balkan-Halbinsel, Scheda u. Steinhauser. — Eisenbahnkarten.

— s. a.: Bosnien. — Generalkarten. Flemming.

Serbien, s.: Generalkarten. — Makedonien.

— s.: Hand- u. Reisekarten. 48.

Serbien — Generalkarte der Vojwodschaft — und des Temescher Banates, dann der 4 Gränzregimenter Peterwardeiner, Deutsch-Illyrisch- und Roman-Banater, endlich des Titler Gränz-Bataillons etc., red. u. gez. von Em. v. Friedberg, Hauptm. 1853. 288,000. 4 Bl.

Serbien. General-Karte d. Königr. Serbien. Bearb. u. hrsg. vom kgl. serb. grossen Generalstabe. 9 grosse Blätter, à 53×58 cm, u. 8 Klappen, 1 : 200,000, m. Plan v. Belgrad, 1 : 50,000. (In serb. Sprache.) Farbendr. Belgrad 893. (Wien, Artaria & Co.) n. 25. —

Serbien. Handtke, F., General-Karte v. Serbien u. Montenegro. 1 : 600,000. 3. Aufl. Farbendr. Imp.-Fol. Glogau 890. Flemming. n. 1. —

— Handtke, F., General-Karte v. Serbien u. Montenegro. 1 : 600,000. 4. Aufl. Farbendr. 63×73 cm. Glogau 891. C. Flemming. n. 1. —

Serbien. Handtke, F., General-Karte v. Serbien u. Montenegro. 1 : 600,000. 5. Aufl. 63 × 73 cm. Farbendr. Glogau 895. C. Flemming. n. 1. —

— Karte, topographische, des Königr. Serbien. Hrsg. vom serb. grossen Generalstab. 1 : 75,000. Bl. A. 3—5; B. 1, 4, 6, 7; D. 5, 8; E. 2, 7, 8; G. 2—6; I. 2—4, 12; J. 2—4; K. 2, 4, 7—9; L. 8, 9; V. 1—7; Ž. 1—4, 8; Z. 2—4, 9. à 35,5×39 cm. Photolith. u. Farbendr. Belgrad 888—894. (Wien, Artaria & Co.) à n. 1. 20; grosser Zeichenschlüssel dazu n. 5. —
A. 3. Losnica. — 4. Crča. — 5. Stolač.
B. 1. Mitrovica. — 4. Ljubovija. — 6. Zlatibor Pl. — 7. Uvac.
D. 5. G. Vilanovac. — 8. Raška.
E. 2. Smederevo. — 7. Trstenik. — 8. Brus.
G. 2. Obrenovac. — 3. Ub. — 4. Mionika. — 5. Čačak. — 6. Aril.
I. 2. Dobra. — 3. Majdanbeck. — 4. Žagubica. — 12. Davidovac.
J. 2. Tekija. — 3. D. Milanovac. — 4. Delijovan.
K. 2. Kladovo. — 4. Negotin. — 7. Sv. Nikola. — 8. Temska. — 9. Pirat.
L. 8. Tri Kladenka. — 9. Rzana.
V. 1. Drenovac. — 2. Sabac. — 3. Kamenika. — 4. Valjevo. — 5. Kosjarici. — 6. Užice. — 7. Murtenjca Pl.
Ž. 1. Ram. — 2. Pažarevac. — 3. Žabare. — 4. Svilnajak. — 8. Jankova. Klisura.
Z. 2. Gradiste. — 3. Petrovac. — 4. Kornjaka. Klisura. — 9. Žilmi Poick.

— Karte, topographische, d. Königr. Serbien, hrsg. v. der kartograph. Abthlg. d. grossen kgl. serb. Generalstabes. 1 : 75,000. Blatt B 3, 5, D 1—4, 6, 7, E 3—6, 9, G 7, 8, I 5—11, J 5—12, K 3, 5, 10, S 5, 9, 10, Z 5—8, 10, 11. Lith. qu. gr. Fol. Belgrad 889. 890. (Wien, Artaria & Co.) à n. 1. 20
B 3. Jedar. — 5. Kosjeriči. — D 1. Belgrad. — 2. Avala. — 3. Sopot. — 4. Aranjelovar. — 6. Kraljevo. — 7. Studenice. — E 3. Palanka. — 4. Racs. — 5. Kragujevac. — 6. Cukojevac. — 9. Pilatovica. — G 7. Ivaclea. — 8. Golja planina. — I 5. Banja Breslow. — 6. Boljevac. — 7. Banja-Aleksinac. — 8. Niš. — 9. Leskovač. — 10. Veternica. — 11. Vranja. — J 5. Zaječar. — 6. Novi-han. — 7. Knaževač. — 8. Bela-Palanka. — 9. Cuva-Planina. — 10. Vlasolince. — 11. Vlasinja. — 12. Babina-poljana. — K 3. Brza-Palanka. — 5. Rajač. — 10. Dašuani-kladenac. — S 5. Jagodina. — 9. Kuršumlje. — 10. Poduljove. — Z 5. Rabanica Man. — 6. Paračin. — 7. Aleksinac. — 8. Prokupije. — 10. Mrkonj. — 11. Svirzi.

— Karte, topographische, des Königr. Serbien. Hrsg. vom serb. grossen Generalstab. 1 : 75,000. (Nomenclatur in serb. Sprache.) Bl. A. 1, 2; B. 2; K. 6. u. Ž 6, 7. à 35,5 × 39 cm. Photolith. u. Farbendr. Belgrad. (Wien, Artaria & Co.) 895. à n. 1. 20
A. 1. Granica. — 2. Lešnica. — B. 2. Cenbrdô. — K. 6. Kula. — Ž. 6. Varvarin. — Kruševac.

— Lay, Fel., culturhistorisch-etnografischer Atlas d. Königr. Serbien. Subventioniert vom königl. serb. Ministerium f. Volkswirthschaft. (In serb., französ. u. deutscher Sprache.) 1. u. 2. Lfg. gr. 4. (à 10 farb. Taf. m. 2 Bl. Text.) Belgrad 891. (Wien, Gerold & Co.) à n.n. 6. —

Serbien. Peucker, Karl, Generalkarte v. Serbien u. Montenegro. Auf Grundlage v. Scheda II. Ausg. bearb. 1 : 864,000. 57×59,5 cm. Farbdr. Mit Beikarte: „Bocce di Cattaro" u. montenegrin. Grenzland, 1 : 825,000, 26,5×21 cm, Farbdr., u. m. Tabellen über Landeseinteilg. u. Bevölkerg., wirtschafts-geograph. Verhältnisse, Eisenbahnen, Heerwesen. Wien 909. Artaria & Co. 2.—; auf Leinw. n 3. 40

Servien, Bosnien — Charte von — und dem grösten Theile von Illirien. Nach bisher noch unbenützten Aufnahmen bearbeitet und als Fortsetzung der Charte des Herrn Obristen Lipsky von Szedlicsna in 4 Sect. gezeichnet von J. Riedl. Wien 1810. Im Verlage des Kunst- und Industrie-Comptoirs. Gestochen von Fr. Reisser. 1 : 500,000. 4 Bl.

Serbien. Spezialkarte, neue, v. Serbien. Nach der Specialkarte des königl. serb. Generalstabes. 1 : 75,000. Zone 27, Col. 21, Zone 28, Col. 21—26, Zone 29, Col. 22—26, Zone 30, Col. 22—26, Zone 31, Col. 22—26, Zone 32, Col. 22—27 u. Zone 33, Col. 23 u. 25—27. à 38,5×54 cm. Photolith. Wien (901. 902). (R. Lechner's Sort.) à n.n. 1.—
XXVII. 21. Prnjavor. — XXVIII. 21. Krupanj. — 22. Valjevo. — 23. Arangjelovac. — 24. Palanka. — 25. Petrovac. — 26. Dulnji Milanovac. — XXIX. 22. Gornja Toplica. — 23. Gornji Milanovac. — 24. Kragujevac. — 25. Žagubica. — 26. Zlot. — XXX. 22. Užice. — 23. Čačak. — 24. Jagodina. — 25. Paraćin. — 26. Zaječar. — XXXI. 22. Ivanjica. — 23. Kraljevo. — 24. Kruševac. — 25. Aleksinac. — 26. Knjaževna. — XXXII. 22. Bratljevo u. Sjenica. — 23. Raška. — 24. Brus. — 25. Težica. — 26. Niš. — 27. Temska. — XXXIII. 23. Novipazar. — 25. Prokuplje. — 26. Bela Palanka. — 27. Pirot.

Serbien. S t e i n h a u s e r, A.: Generalkarte d. Königreiches, mit d. angrenzenden Gebieten v. Bulgarien, Bosnien sowie m. Theilen d. anstossenden türkischen Vilajets. Massstab. 1:864.000. Gr.-Qu.-Fol. Tonfarbendr. Wien: Artaria & Co 1885.

S e r b i n, A., neues vollständiges Orts-Lexicon. Enthaltend: sämmtl. europ. und aussereurop. Städte, Flecken und Dörfer, welche für den Verkehr einige Bedeutung haben, nebst genauer Angabe ihrer Lage und besonderer Hervorhebung derjenigen Orte, in welchen sich Post-Anstalten befinden. 1. Lfg. 4. (S. 1—80.) Stettin 853, Nagel.

Serbin, A. Neues vollständiges O r t s - L e x i k o n, enthaltend: sämmtliche europäische und aussereuropäische Städte, Flecken und Dörfer, welche für den Verkehr einige Bedeutung haben. nebst genauer Angabe ihrer Lage und besonderer Hervorhebung derjenigen Orte, in welchen sich Post-Anstalten befinden. (1. Lieferung.)
8. Stettin 1854.

Serbin, Albert [aus Görlitz '(Schles.)']: Bemerkungen Strabos über den Vulkanismus und Beschreibung der den Griechen bekannten vulkanischen Gebiete. E. Beitr. z. phys. Geogr. d. Griechen ... Berlin, Buchdr. A. Sayffaerth, 1893: 63 S. 8.
Erlangen, Phil. Fak., Inaug.-Diss. v. 1893

Serbin, Alb., Bemerkungen Strabos üb. den Vulkanismus u. Beschreibung der den Griechen bekannten vulkanischen Gebiete. Ein Beitrag zur phys. Geographie der Griechen. Diss. gr. 8. (68 S.) Berlin 898. (Leipzig, G. Fock.) n. 1. 20

Serbisch (für Deutsche). Mit genauer Angabe d. Aussprache. Bonn, Leipzig: C. Georgi [1897]. (32 S.) 8° [Umschlagt.]
= **Kuntze**, Polyglott. [21.] [illegible]

Serborum per Hungariam constitutorum ordinationes ecclesiasticae. Sive sparsim sive nondum editae, nunc primum collectae cura ac studio Ludov. Petit, Congr. Aug. (Sp. 497—956.) 41,5×27,5 cm. Paris 910. H. Welter. nn 60.—
Sonderabdruck aus: „Concil. general. Tom. XXXIX".

Serceambi, ausgewählte Novellen, s.: Bibliothek, italienische.

Serce, Jac., Abhandl. von Wunderwerken, übers. von J. C. Rambach. 8. Rostock, Koppe. 749.

Sercey, Comte de, Grammaire et vocabulaire de la langue mongole, s.: Vitale, Baron.

Serck, Julius: B e i t r a g zur Kenntniss des Delphinins in chemischer und physiologischer Beziehung. Diss. Dorpat., 1874. 85 S. 8°

Serda, Rudolf [aus Wadern]: Beiträge zur Kenntniss der Pyrotritarsäure. ... Strassburg, Univ.-Buchdr. v. J. H. Ed. Heitz (Heitz & Mündel), 1889; 50 S. 8°
Strassburg, Math.-Naturw. Fak., Inaug.-Diss. v. 1889

S e r e b r e n i k o f f, Nadina. Über die bakterienfeindlichen und konservierenden Eigenschaften einiger Aufbewahrungsmittel der animalen Lymphe, mit besonderer Berücksichtigung der Aufbewahrung der L' in den Tropen. Aus dem Institute zur Erforschung der Infektionskrankheiten in Bern .... (Diss. Phil. Bern.) Sonderabdruck aus Archiv für Schiffs- und Tropenhygiene, Band 14, 1910. IV + II S. + S. 429—456. 8. Leipzig, Johann Ambrosius Barth, [1910].

S e r e b r j a k o f f C[laudia]. Über Involution der normalen und hyperplastischen Rachenmandel. Diss. Med. Bern. [Mit Figuren.] (Sonder-Abdruck aus dem Archiv für Laryngologie. Bd. 18. Heft 3.) II + 15 S. gr.-8. Bern [Berlin, A. Hirschwald], November 1906.

Jos. S e r e d i diss. inaug. histor. med. sistens mentem legum Mosaicarum circa sanitatem publicam. Vienn. 1816. 8.

S e r e b i n s k y, Tarasius, Ordnung, nach welcher diejenigen, welche nie rechtgläubig waren, sondern von Kind auf außerhalb der Orthodoxen Kirche erzogen wurden, die wahre Taufe aber im Namen des Vaters und des Sohnes und des heiligen Geistes haben, und zum Orthodoxen Glauben kommen, aufgenommen werden sollen. Aus dem Slavischen in's Deutsche übersetzt. gr. 8. (16 S.) Berlin 868, Gaertner. * — 30

S e r e b i n s k y, Tarasius, über die Ursachen des Unterschiedes in der Zeit der Osterfeier zwischen den orientalischen und occidentalischen Christen. gr. 8. (19 S. in deutscher, französ., italien. und russ. Sprache.) Berlin 863, G. Schultze. *

Seredyński, Wladisl., s.: Scriptores rerum polonicarum.

S e r e n a. Trauersp. 8. Frkft. Gebhardt u. K. (a. Stage in Augsb.) 767.

Serena; ein bürgerl. Trspl.; aus d. Französ. 8. Augsb. 776 b. Jenisch u. St. 2 gr. Wien 776. Trattner. 2 gr.

Serena, oder der gekränkte weibliche Stolz, eine Geschichte von J. F. Keppler, mit Kupf. 8. Wien, 783. Gerold. 10 fr.

Serena, (Karol. de la Motte-Fouqué), drei Mährchen. 12. Berl. 806. Dümmler.

S e r e n a; drey Mährchen. 12. Berlin, Hitzig. 806.

Serenaden, acht, vom Verf. d. Maitags (Chr. Fr. Raßmann). 8. Halberst. 795.

Serenaden, Acht, vom Verf. des Maytags. Hamburg 1795. V: *Rassmann, Christian Friedrich.* (MGT) (Ky)

Serenaden und Phantasien eines Friesischen Sängers. München 1828. V: *Harring, Harro Paul.* (LS 1. Nachtr. S. 706)

Serenata bey der Ehe-Verbindung Monsieur Lastrops mit Mademoiselle Dunten . . . Hamburg 17?? V: *Weichmann, Chn Frdr.* (Cat. d. Stadtbibl. Zürich. Zürich 1864—97.)

Serenata über Friedensburg . . . Kopenhagen o. J. V: *Hoe von Hoenegg, Joh. Joach.* (Collin, Anonymer. Kiobenh. 1869.)

Sereni, Iac., dictionarium Anglo-Suecico-latinum. 4. maj. Hamb. 734.

Sereni, Jak., English and Swedish Dictionary. gr. 4. Leipz. 757. (Brockhaus). 5 ß

— english and swedish **Dictionary.** gr. 4. Lps. Iunius. (Gleditsch.) 757.

— Zeugnisse der Heiden von Jesu. 8. Götting. 758. Kübler. 6 gl.

Serenina. Ein weibl. Nebenstück zu Werthers Leiden. 8. Lpz. Pott. (Ruff in Halle.) 789.

SERENINA. Amor omnia vincit. (Pikante Wertheriade in Briefen.) Mit gestoch. Titel in hübscher Bordüre. Leipzig, in der Waltherischen Buchhandlung 1789. 8°. (4 Mk. H. Lesser, Breslau, 1875; jetzt theurer!)
Roman einer Coquette, die zuletzt einen Selbstmord versucht. 4 Bll. (incl. 3 Bll. Zuschrift „An Laura", unterz. — —*tt*.), 196 S., 1 Bl. Verbess. — Selten!

Serenus, in arte voluptas? Drei Kapitel aus dem Münchener Kunstleben. gr. 8. (43 S.) München 898. (Staegmeyr.) n. — 75

— **Albus**, s.: Niedergang, d. drohende, d. preuß. Richterstandes.

Sereni Antinoensis opuscula. Ed. et Latine interpretatus est J[ohan] L[udvig] Heiberg, . . . Prof. Hauniensis. *Lipsiae: In aedibus B. G. Teubneri 1896.* (XIX, 303 S.) 1 Bd 8.
(Bibliotheca scriptorum Graec. et Rom. Teubneriana.)

Serenus v. Antissa, über den Schnitt des Cylinders. Aus dem Griech. von E. Nizze. gr. 4. (29 S. mit 4 lithogr. Figurentaf.) Stralsund 860, Hingst. Thlr.

—— über den Schnitt des Kegels. Aus dem Griech. von E. Nizze. gr. 4. (40 S. mit 4 lithogr. Fig.-Taf.) Stralsund 861, Hingst.

Serenus Samonicus, Quintus: De medicina praecepta saluberrima. Textum recensuit, lectionis varietatem, notas interpretum selectiores suasque adiecit Johann Christian Gottlieb Ackermann. 48 S., 175 S., gbd.

Lipsiae: Müller 1786
(Scriptores, Parabilium medicamentorum, antiqui. Tom.1)

Sereni, Quinti Sammonici, de medicina praecepta saluberrima. Textum recens., lectionis varietatem, notas interpretum selectiores suasquae adiecit Jh. Chr. Gli. Ackermann. 8maj. Leipz. 786. (Joachim). 20 gl.

Sererhard, Nicolaus. Einfalte Delineation aller Gemeinden gemeiner dreien Bünden nach der Ordnung der Hochgerichten eines jeden Bunds..., Samt beigefügten etwelchen Merkwürdigkeiten der Natur, durch N. S.... beschrieben... im Jahr... 1742. (Nach dem Manuscript zum ersten Male herausgegeben. 3 Hefte.) 8. Cur (1871–)1872.
Bündnerische Geschichtschreiber und Chronisten ... Publikation 8.

Seréxhe, Léon: Die Verletzung fremder Geheimnisse. Karlsruhe i. B. 1906: G. Braun. (98 S.) 8° ¶ [Aus: Freib. Abhandlungen a. d. Gebiete d. öff. Rechts].
Freiburg i. B., Rechts- u. staatsw. Fak., Ref. v. Rohland, Diss. v. 1906
[Geb. 24. Okt. 78 Sourbrodt, Reg.-Bez. Aachen; Wohnort: Géromont-Malmédy; Staatsangeh.: Preußen und Baden; Vorbildung: Gymn. Münstereifel; Studium: Bonn 2, Freiburg i. B. 8 S.; Rig. 18. Dez. 05.]

Die Verletzung fremder Geheimnisse. Von Dr. Léon **Seréxhe**. Karlsruhe i. B.: G. Braun 1906. (98 S.) 8°
— **Abhandlungen**, Freiburger, aus d. Geb. d. öffentl. Rechts. H. 7.

Serf, Paul: Hydroelektrische Analogien. 4 (30 S.).
Städt. G. u. Rsch. u. verbund. kgl. Seminar *Düsseldorf* 1897
Progr.

Serf, Paul [aus Köln]: Ueber die Integration der Differentialgleichungen eines neuen hydrodynamischen Problems. . . . Bonn, Univ.-Buchdr. v. Carl Georgi, 1890; 1 Bl. + 47 + 1 S. + 9 Bl. u. 1 Taf. 8°
Bonn, Phil. Fak., Inaug.-Diss. v. 6. Aug. 1890

Serf, Val.: Über die Bewegung eines materiellen Punktes auf der Oberfläche eines homogenen Rotations-Ellipsoids in Folge der von der Masse des letzteren nach dem Newtonschen Gesetze auf ihn ausgeübten Anziehung. 21 S.– Köln Fr. W., Progr. 1860.

Serf, V., Leitfaden für den geometrischen Unterricht, s. Feld, A.

Serf, V.: Uebungsbuch f. d. Unterr. in d. Arithmetik u. Algebra, s. Feld, A.

Serffling, G. C., de annuli pronubi antiquitate judaica. Altenb. 1759. 4.

Serfling, Gust. Die nordisch-germanische Mythologie und der Mythus von Thor. 28 S. **Progr.** *Plauen* 1882

Sergeant, Der alte. Leben des Schlesiers Johann Friedrich Löffler. Breslau 1836. V: *Rieck, Gust.* (Nent)

Sergeant, der alte, Leben d. Schlesiers Johann Friedrich Löffler. Ein Beitr. z. Gesch. d. Zeitgenossen. 1. Abthl.: v. 1768—1795. 2. Abthl.: von 1796—1836. gr. 8. (30½ B. u. L's. Bildn.) Breslau 836, Graß, Barth u. Comp.

Sergeant, der deutsche, unter den Sarden, oder: Aufenthalt eines Großherzogl. Sächs. Weimar. Militärs in Sardinien vom J. 1810 bis 1817. Mit geschichtl., statist. rc. Anmerkk. des Herausgebers u. 1 ill. Kpf. 8. Leipz. 831. Köhler. 20 gl.

Sergeant, Adeline, Dicky u. seine Freunde. Deutsche autoris. Ausg. v. E. v. Maetzenhausen. 8. (96 S. m. 2 Holzschn.) Hamburg 885. Agentur d. Rauhen Hauses. cart. n. — 50

– dasselbe, s.: Für den Feierabend.

Sergeleff, Anna, der Geschlechtstrieb. Die Idealisierung. Die Liebe. gr. 8. (IV, 98 S.) Leipzig (899). [W. Friedrich.] M. Altmann. n. 2.—

Sergejenko, P., Grischa, s.: Novellen, russische.

Sergejenko, P., wie Leo Tolstoi lebt u. arbeitet. Erinnerungen. Deutsch v. Heinr. Stümcke. Mit 15 Abbildgn. u. 2 Fcsms. gr. 8. (81 S.) Leipzig (900). G. Wigand. n. 2.—; geb. n. 3.—

Sergel, Albert

Sergel, Alb., Dideldumdei! Verse f. die Kleinen. Mit Bildern von Hans v. Volkmann u. Kompositionen v. Engelb. Humperdinck. (31 S. m. farb. Abb.) 30,5×23 cm. Reutlingen (910). Enßlin & Laiblin. Kart. 2. 50

— Im Heimathafen. Ein Gedichtbuch der Liebe. 1. u. 2. Aufl. (VI, 68 S.) 8. Rostock 909. Berlin, C. J. E. Volkmann Nachf. 2.—; geb. in Leinw. 3.—

— jenseits der Strasse. Gedichte u. Stimmgn. 2. Aufl. (129 S.) 8. Ebd. 906. n. 2. 50; geb. in Leinw. n. 3. 20

— Marienburg, s.: Volborth, Eug. v.

Sergel, Albert: Oehlenschläger in seinen persönlichen Beziehungen zu Goethe, Tieck und Hebbel. Nebst e. Oehlenschläger-Bibliographie. Rostock 1907: C. J. E. Volckmann. (144 S.) 8°
Rostock, Phil. Fak., Ref. Golther, Diss. v. 29. Juli 1907
[Geb. 4. Nov. 76 Peine; Wohnort: Rostock; Staatsangeh.: Preußen; Vorbildung: Gymn. Hildesheim Reife O. 97; Studium: Freiburg i. B. 2, München 2, Göttingen 6, Greifswald 2, Rostock 3 S.; Rig. 26. Juli 07.]

Ringelreihen. Kindergedichte von Albert **Sergel**. Rostock: C. J. E. Volckmann Nachf. 1907. (86 S.) 8° [F.] 08. 11274

— Ringelreihen. Kindergedichte. 2. u. 3. Tauf. (86 S.) 8. Ebd. 907. 1.—; geb. in Leinw. 2. —

Sergel, Alb., Sehnen u. Suchen. Gedichte. 1.—3. Aufl. (172 S.) 8. Rostock 904. 905. C. J. E. Volckmann Nachf. n. 2. 50; geb. in Leinw. n. 3. 50

— Sehnen u. Suchen. Gedichte. 6. Aufl. (172 S.) 8. Ebd. 910. 2.50; geb. in Leinw. 3. 50

— Tausendschön, s.: Lebensbücher d. Jugend. (Düsel, Frdr.)

Sergent, Ant., Dizionario della lingua italiana. Compilato sui dizionarii Tramater, d'Alberti, Manuzzi etc. Con copiose aggiunte cavate dal dizionario dei sinonimi della lingua ital. per Nicc. Tommaseo e i segni della pronunzia Toscana. 8. (XXXII und 1341 S.) Triest 861, Coen.

Serger, F., Tabellen zur Berechnung der Zinsen von 30000 Mark Kapital herab bis zu 10 Pfennigen auf die Zeit von 5 Jahren bis zu 1 Tage nach den Sätzen von 2, 3, $3\frac{1}{3}$, $3\frac{1}{2}$, 4, $4\frac{1}{2}$, 5 und 6 Procente. gr. 4. (33 S.) Neu-Ruppin 875, [Held.] Howe's Buchh. * 2 50

Serger, Frz. Erman., vollständ. Diarium von den merkwürd. Vorfällen, welche sich bei d. Kurfürstentag, Wahl u. Krönung Josephs II., röm. Königs, ergeben. 1r Abschn. Fol. Mainz 767.

Serger, Franc. Erwin.: Ihr. Röm. Königl. Maj. Josephi II. Wahlcapitulation; auf churf. gnäd. Specialbefehl nach d. Originalien pflichtm. z. fleissigsten collationirt u. s. w. *Mainz*, 764. 4. In der Hospitals-Buchdruckerei.

Serger, Hermann, Apotheker, Assist. am Inst. f. Pharm. u. Nahrungsmittelchemie d. Univ. Jena: Über Extraktum Tanaceti. Leipzig-Reudnitz 1909: Hoffmann. 65 S. 8°
Jena, Phil. Diss. v. 10. Aug. 1909, Ref. Matthes
[Geb. 7. Sept. 83 Pretzsch a. E.; Wohnort: Stettin; Staatsangeh.: Preußen; Vorbildung: Gymn. Stettin Reife O. 01; Studium: Jena 12 S.; Rig. 11. Juni 09.] [U 09. 2224

Serger, Maria Matthias Anton (Mainz) A. S. 596/5

Disquisitio inauguralis canonica de capitulis clausis ecclesiarum tam cathedralium, quam collegiatarum in Germania. Präs. Franz Anton Dürr.
Mainz (Haeffner) 23. XII. 1763. 140 S. 32443

Serger, Theodor Carl Friedrich [App. Arzt aus Aken a. Elbe]: Neun neue Fälle von Assimilation des Atlas an das Hinterhaupt. . . . Halle a. S. Druck v. Gundlach & Eggers, 1888: 2 Bl. + 14 S. + 1 Bl. u. 3 Taf. 4°
Halle, Med. Fak., Inaug.-Diss. v. 18. Dez. 1888

G[iuseppe] **Sergi**. Ursprung und Verbreitung des mittelländischen Stammes [Origine e diffusione della stirpe mediterranea]. Mit 30 Abb., 2 Kt. u. 1 Anh.: Die Arier in Italien. Autor. Übers. von Dr. A. Byhan. Leipzig: Friedrich 1897. VIII, 163 S. 8° 11. 7317 11

Sergiewskaja, Elisa. Ueber multiple Hirn-Rückenmarksclerose. Diss. Med. Univ. Zürich. *Kopftitel:* Aus der mediz. Universitätsklinik in Zürich ⟨Direktor: Professor Dr. H[ermann] Eichhorst⟩. 51 S. 8. Zürich, J. J. Meier, 1907.

Sergiewskaja, Sophie. Zur Kenntnis des p-Nitrostilben. Diss. Phil. [II.]Univ. Zürich. 65 S. 8. Zürich, Gebr. Leemann & Co., 1910.

Sergius of Adhorbâijân, s.: Wahlî.

SERGIUS, Paulus
Seb. Kneipp als Pfarrer von Wörishofen und Kirchenrenovator. Eine Blume der Liebe auf das frühe Grab Kneipp's für seine Pfarrkinder und Verehrer. 1899. Zu beziehen durch die Kurbuchhandlung von P. Schön, Wörishofen und Kaufbeuren.

Serguéyeff, M. S. J. N., Ebauche de philosophie médicale. gr. 8. (71 S.) Paris et Leipzig 862, Franck. *

Serguéyeff, M. S. J. N., Ebauche de philosophie médicale. Paris 862. Vieweg. gr. 8. (71 S.)

Benedix. Gerhard Seriander's Kurzer Begriff von der heutigen hochteutschen Rechtschreiberey und Briefstellung, wie auch von der so edlen höchstnöthigen Rechenkunst durch *Chrysostomum Erdmann Schrötern.* Nürnb. 8. 1739.

Sericoser, die chirurg.-medicin. Akademie in Dresden, u. die Reform des sächs. Medicinalwesens. gr. 8. Dresden 845, Adler u. Dietze. n. 6 ngl

Serien, numismatisch-genealogische. [Münzcabinet des Prinzen Alexander v. Hessen.] Nr. 51. gr. 8. (XV, 274 S.) Darmstadt 889. (Bergstraesser.) n. 8. —
Frühere Bände s. unter Münzkabinet, hessisches u. mainzisches, sowie unter Catalog d. hess. Münzcabinets.

Serien-Block-Kalender .50
Wien: Engel 1890.

Series Abbatum monasterii O. S. B. ad S. Petrum Salisburgi. [Salisburgi 1865.] V: *Jung, Amand von.* (Hr)

Series aureae bullae Carolinae. Jenae 1706. V: *Lyncker, Nicolaus Christoph Reichsfrh. von.* (EB)

Series Digestorum, in tabellis. Giessae 1706. V: *Hert, Johann Nicolaus.* (Schletter, Handb. d. jurist. Litt. Grimma 1843. S. 50.)

Series facti et juris circa erectionem novi episcopatus Fuldensis . . . Moguntiae 1753. V: *Ostein, Johann Friedrich Carl.* (BrMm)

Series fundationis Lucensis et abbatum ejusdem. Znaim 1738. V: *Chmel, Otto P.* (Mathias Koch, Reise nach Mähren Ms)

Series fundationis et abbatum ecclesiae Lucensis. S. l. 177? V: *Chmel, Otto.* (EB)

Series Imperatorum Orientis, a translato in Carolum M. Occidente . . . Graecii 1729. V: *Andrian, Carl.* (Jes) (So)

Series Romanorum Imperatorum Honoribus Reverendorum, Religiosorum, Praenobilium, Nobilium D. D. . . . Graecii 1729. V: *Andrian, Carl.* (Jes) (So)

Series medicaminum. — Diese Series umfaßt sämmtl. Arzneimittel, welche bei Apotheken-Visitationen Gegenstand einer Revision werden können. Fol. Berl. 832. (Plahn). 6 gr

Series medicaminum. — Diese Series umfasst sämmtl. Arzneimittel, welche bei Apotheken-Visitationen Gegenstand e. Revision werden können. Fol. (8 B.) Berlin 832, (Schultze.)

Series medicaminum. Umfasst: Sämmtliche Arzneimittel, welche bei Apotheken-Visitationen Gegenstand einer Revision werden können. Fol. (6 Bog.) Berlin 848, Decker-sche geheime Ober-Hofbuchdr. (A. Hirschwald 847. * 4 Ngr.) **

Series medicaminum. Sammlung der in den deutschen Staaten auf dem Wege der Verordnung vorgeschriebenen Verzeichnisse derjenigen Arzneimittel, welche in den Apotheken vorräthig gehalten werden müssen. Nebst Verzeichniss aller von der Pharmacopoea germanica recipirten Arzneimittel in Beziehung zu Tabula B und Tabula C derselben Pharmacopöe. Ein Hülfsmittel für Revisoren der Apotheken. 8. (V, 297 S.) Berlin 874, Springer's Verlag. *

— numismatica principum elect. Palatinorum, aevi inc. Verelst. fol. maj. Mannh. Löffler. 775.

Series, Ominosa rerum in praesentibus ratisbonensibus comitiis gestarum. S. l. 17?? V: *Venator, Balthasar & Georg Becht.* (Jöch)

Series ordinationum. Ex pontificale Romano . . . Landish. 1829. V: *Wiedemann, Georg Frdr.* (Schmal) (Ky)

Series ordinationum. Ex Pontif. Romano. In us. ordinandor. (Ed. G. Fr. Wiedemann.) 12. ($2\frac{1}{2}$ B.) Landishuti 829, Thomann. Thlr.

Series Romanorum Pontificum, laureatis Honoribus . . . Joannis Guilielmi à Pureib . . . Graecii 1728. V: *Andrian, Carl.* (Jes) (So)

Series, Professorum theologiae Giessiensium. Giessae [1818]. V: *Nebel, Ernst Ldw. Wilh.* (Hauptkat. d. Univ.-Bibl. Tübingen. K. S. 6.)

Series Regum Angliae. Graecii 1731. V: *Andrian, Carl.* (So) (Jes)

Series Regum Daniae et Norwegiae. Graecii 1734. V: *Andrian, Carl* (So) (Jes)

Series Regum et Ducum Bohemiae . . . Graecii 1734. V: *Andrian, Carl.* (So) (Jes)

Series regum Galliae laureatis honoribus . . . Ferdinandi Cajetani L. B. à Gablkhoven . . . Graecii 1731. V: *Andrian, Carl.* (Jes) (So)

Series regum Hispaniae . . . Graecii 1730. V: *Andrian, Carl.* (Jes) (So)

Series regum Hungariae . . . Graecii 1733. V: *Andrian, Carl.* (Jes) (So)

Series regum Italiae . . . Graecii 1732. V: *Andrian, Carl.* (Jes) (So)

Series Regum Lusitaniae. Graecii 173? V: *Andrian, Carl.* (So)

Series Regum Poloniae . . . Graecii 1733. V: *Andrian, Carl.* (Jes) (So)

Series regum Sueciae. Graecii 1734. V: *Andrian, Carl.* (Jes) (So)

Series for the young. Copyright edition. Vol. 1—5. gr. 16. Leipzig 860. 61, B. Tauchnitz. à Vol. * 15 Ngr. *
geb. à Vol. ** $22\frac{1}{2}$ Ngr. ** [illegible]

Inhalt:

Vol. 1. Kenneth; or, the rear-guard of the grand army. By the author of „The heir of Redclyffe" etc. (327 S. mit 1 Holzschnt.)
» 2. Ruth and her friends. A story for girls. (300 S. mit 1 Holzschnt.)
» 3. Our year: a child's book, in prose and verse. By the author of „John Halifax, gentleman." Illustrated by Clarence Dobell. (IX und 227 S. mit eingedr. Holzschn. und 13 Holzschnt.)
» 4. Charlesworth, Maria Louisa, ministering children: a tale dedicated to childhood. (VIII und 352 S. mit 1 Holzschnt.)
» 5. The little duke or Richard the fearless. Ben Sylvester's word. By the author of „The heir of Redcliffe." With a frontispiece by B. Plockhorst. (274 S.)

Series for the young. Copyright edition. Vol. 6—13. gr. 16. Leipzig, B. Tauchnitz. à Vol. *
geb. mit Goldschn. à Vol. ** –

Inhalt:

Vol. 6. The Stockesley secret. By the author of „The heir of Redclyffe." With a frontispiece by B. Plockhorst. (282 S.) 862.
» 7. Tales from Shakespeare. By Charles and Mary Lamb. With the portr. of Shakespeare. (IX und 345 S.) 863.
» 8. Countess Kate. By the author of „The heir of Redclyffe." (266 S. mit 1 Holzschntaf.) 864.
Vol. 9. Three tales for boys. By the author of „John Halifax, gentleman." With a frontispiece by B. Plockhorst. (331 S.) 864.
» 10. 11. A book of golden deeds of all times and all lands; gathered and narrated by the author of „The heir of Redclyffe." 2 vols. With 2 frontispieces by B. Plockhorst. (XVI und 588 S.) 865.
» 12. Moral tales by Maria Edgeworth. With 1 frontispiece by B. Plockhorst. (336 S.) 866.
» 13. Friarswood post-office. By the author of „The heir of Redclyffe." (Miss Yonge.) (280 S. mit 1 Holzschntaf.) 867.

Vol. 1—5. Ebendas. 1860,61. * 2 Thlr. 15 Ngr.; geb. ** 3 Thlr. $22\frac{1}{2}$ Ngr.

Series for the young. Copyright edit. Vol. 14—23. gr. 16. Leipzig, B. Tauchnitz. à Vol. (*ℳ 1,50.) * geb. mit Goldschn. à Vol. (**ℳ 2,25.) **

Inhalt:

Vol. 14. Craik, Georgiana M., Cousin Trix and her welcome Tales. With a frontispiece by B. Plockhorst (in Holzschn.). (272 S.) 868.
» 15. Three Tales for Girls. By the Author of „John Halifax, Gentleman". With a frontispiece (in Holzschn.) by B. Plockhorst.). (302 S.) 869.
» 16. Yonge, Charlotte M., Henriotta's Wish; or, Domineering. A tale. With a frontispiece (in Holzschn.) by Plockhorst. (320 S.) 870.
» 17. —— Kings of England. A History for the young. With frontispiece (in Holzschn.). (318 S.) 871. (1870?)
» 18. 19. Edgeworth, Maria, Popular Tales. 2 vols. (335 S. mit 1 Holzschntaf.; 328 S.) 871.
» 20. Yonge, Charlotte M., The Lances of Lynwood; the Pigeon Pie. (312 S. mit 1 Holzschntaf.) 872.
» 21. Yonge, Miss (author of „the Heir of Redcliffe"), P's. and Q's.; Leonard the Lion-heart; the Railroad Children. (296 S.) 873.
» 22. Wood, Henry, William Allair, or running away to sea. With a frontispiece from a drawing by F. Gilbert. (286 S.) 874.
» 23. Montgomery, Florence, The Town Crier, to which is added the Children with the Indian-Rubber Ball. A Christmas Story-Book for young children. (223 S.) 874.

Series for the Young. Copyright edition. Vol. 24.—27. gr. 16. Leipzig, B. Tauchnitz. à Vol. * 1 60

Inhalt:

Vol. 24. Yonge, Charlotte M., Aunt Charlottes' stories of English history. With a frontispiece (woodcut) by B. Blockhorst. (288 S.) 875.
» 25. Barker, Lady, Stories about. With frontispiece (woodcut). (288 S.) 876.
» 26. Kavanagh, Bridget and Julia, The pearl fountain and other fairy tales. With a (phototyp.) frontispiece by B. Blockhorst. (270 S.) 877.
» 27. Marryat, Captain, Masterman Ready; or, the wreck of the Pacific. Written for young people. With frontispiece (woodcut). (352 S. mit 1 Plan.)

Series for the Young. Copyright edition. Vol. 28—30. 12. Leipzig, B. Tauchnitz. à vol. *

Inhalt:

Vol. 28. Yonge, Charlotte M., Bye-Words. A collection of tales new and old. With a frontispiece (woodcut) by B. Plockhorst. (280 S.) 880.
» 29. —— Lads and Lasses of Langley; Sowing and Sewing. With a frontispiece (woodcut) by B. Plockhorst. (287 S.) 882.
» 30. Marshall, Emma, Rex and Regina; or the song of the river. With illustrations. (287 S.) 883.

Sérieux, Armand, unter strenger Hand. Eine Sammlg. authent. Briefe v. Anhängern der körperl. Züchtigg. Hrsg. u. m. e. Vorwort versehen. (VIII, 100 S.) gr. 8. Leipzig (906). Leipziger Verlag. n. 3.—

Sérieux, Armand, unter strenger Hand. Eine Sammlung authent. Briefe v. Anhängern der körperlichen Züchtigg. Hrsg. u. m. e. Vorwort versehen. Neue Folge. (VIII, 101 S.) gr. 8. Leipzig 907. Leipz. Verlag. 3.—

SÉRIEUX, Armand. Unter ſtrenger Hand. Eine Sammlung authentiſcher Briefe von Anhängern der körperlichen Züchtigung. Herausgegeben und mit einem Vorwort verſehen. Neue Folge. Leipzig, Leipziger Verlag (um 1907). 8°.
Beſchlagnahmt: Z. f. B. 1914, Beibl. S. 386.
Verb. d. Ldg. Düſſeldorf 2 J. 415/08.

(Serieys.) Polit. u. milit. Denkwürdigkeiten zur Geschichte der franz. Revolution. Aus d. Frz. 2 Bd. 1799.

(SERIG.) Auswahl deutscher Lieder mit ein- und mehrstimmigen Weisen. [Wo man singt, da lass dich ruhig nieder! Böse Menschen haben keine Lieder.] 7. stark verm. Aufl. Leipzig, Serig'sche Buchhdlg., 1850. 12°. (12 Mk., Lwd., Bernh. Liebisch, Leipzig, 1911:)

Telemach. Ein *musikalisches Schauspiel*, so auf gnädigsten Befehl Sr. Churfl. Durchl. *Carl Theodor*, ... , im *neuen Opera-Haus* zur Faschingszeit im Jahre 1780. aufgeführt worden. Aus dem Italien. übers. von *A. G. v. T. Z. S.* (*Ant. Graf v. Törring zu Seefeld*). Die Dichtkunst ist von Herrn Grafen *Serimann*. Die Musik von dem Herrn *Paul Grua*, Sr. Churfl. Durchleucht Capellmeister. (Nur Text, deutsch u. italien.) München, gedr. bey Frz. Jos. Thuille. Kl. 8°. (3 Bll. ausgebess. u. etw. fleckig.) Hübscher Ppb.
145 S. — Nicht häufig!

Sering, Friedrich Wilhelm

Sering, Fr. W., kurze Anleitung zum Gesangunterricht in der Volksschule. Gütersloh 857. Bertelsmann. gr. 8. (74 S.) n. 10 ngr.

Sering, Fr. Wilh., Anleitung zum Gesangunterricht in der Volksschule. 1. Aufl. 1857. und 2., verm. Aufl. gr. 8. (VI und 136 S.) Gütersloh 861, Bertelsmann. *

Sering, F. W., kurze theoretisch-praktische Anleitung für rationelle Behandlung des Gesangunterrichts in Elementar- und Mittelschulen. gr. 8. (VIII, 61 S.) Leipzig 879, Merseburger. * 1 20

Sering, F. W., kurze theoretisch-praktische Anleitung zu rationeller Erteilung des Gesangunterrichts an Elementar- und Mittelschulen. 2. verb. Aufl. gr. 8. (X, 62 S.) Leipzig 886, Merseburger. *

—— Auswahl von Gesängen für Gymnasien und Realschulen. Mit Berücksicht. der Stimmen jeder Entwicklungsstufe angemessen gesetzt und bearb. Op. 105. 7 Hefte. gr. 8. Lahr, Schauenburg's Verlag. * 5 20

Inhalt:

Heft 1. Lieder für die Vorklassen. (46 S.) 878. * 60 Pf.
» 2. Lieder für die unteren Klassen. (55 S.) 878. * 60 Pf.
» 3. Drei- und vierstimmige Gesänge für 2 Sopran und 1 bis 2 Altstimmen oder für 2 Tenor- und 1 bis 2 Baßstimmen. (57 S.) 879. * 60 Pf.
» 4. Chorklasse. Geistliche Gesänge für Diskant, Alt, Tenor und Baß. (81 S.) 878. * 80 Pf.
» 5. Chorklasse. Geistliche Gesänge für Diskant, Alt, Tenor und Baß. (62 S.) 878. * 80 Pf.
» 6. Chorklasse. Weltliche Gesänge für Diskant, Alt, Tenor und Baß. (110 S.) 878. *ℳ 1.
» 7. Patriotische zwei-, drei- und vierstimmige Gesänge für Diskant- und Altstimmen oder für Tenor- und Baßstimmen, sowie für vierstimmigen gemischten Chor. Ergänzung zu den Heften 1—6. (67 S.) 879. * 80 Pf.

Sering, F. W., Auswahl von Gesängen für Gymnasien und Realschulen. Mit Berücksicht. der Stimmen jeder Entwickelungsstufe angemessen gesetzt und bearb. Op. 105. 6. Heft: Chorklasse. Weltl. Gesänge für Diskant, Alt, Tenor und Baß. 2. verb. Aufl. gr. 8. (110 S.) Lahr 880, Schauenburg. *
1., 3., 4., 5. und 7. Heft. Ebendas. 1878. ℳ 3,60. — 2. Heft u. d. T.: Lieder für die unteren Klassen. 2. verm. Aufl. (55 S.) 880. * 60 Pf.

Sering, F. W. Auswahl von Gesängen für Gymnasien u. Realschulen. Mit Berücksicht. der Stimmen jeder Entwickelungsstufe angemessen gesetzt u. bearb. Op. 105 [1—7]. Vollständig in 7 Heften. 1.—4. u. 6. u. 7. Heft. gr. 8. Lahr, Schauenburg. * 4 40
1. Heft.: Lieder für Vorklassen. 5. Aufl. (48 S.) 890. * — 60.
2. Heft.: Lieder f. die unteren Klassen. 6. verm. Aufl. (58 S.) 891. * — 60.
3. Heft: Dreistimmige Gesänge für 2 Sopranstimmen u. 1 Altstimme, oder für 2 Tenor- u. 1 Baßstimme. 4. Aufl. (76 S.) 892. * — 60.
4. Heft: Chorklasse. Geistliche Gesänge für Discant, Alt, Tenor u. Baß. 2. Aufl. (81 S.) 884. * — 80.
6. Heft: Chorklasse. Weltliche Gesänge für Discant, Alt, Tenor u. Baß. 4. Aufl. (110 S.) 887. * 1 —.
7. Heft: Patriotische zwei-, drei- u. vierstimmige Gesänge für Discant u. Altstimmen oder für Tenor- u. Baßstimmen, sowie für vierstimmigen gem. Chor. Ergänzg. zu den Heften 1 bis 6. 2. Aufl. (68 S.) 893. * — 80.
5. Heft. Ebd. 1878. * — 80.

Sering, F. W., Auswahl v. Gesängen f. Gymnasien u. Realschulen. Mit Berücksicht. der Stimmen jeder Entwickelungsstufe angemessen gesetzt u. bearb. Op. 105 (in 7 Hftn.). 1.—3. u. 7. Hft. gr. 8. Lahr, M. Schauenburg. n. 2. 60
1. Lieder f. die Vorklassen. 6. unveränd. Aufl. (48 S.) 894. n. — 60
2. Lieder f. die unteren Klassen. 7., verm. Aufl. (58 S.) 894. n. — 60
3. Dreistimmige Gesänge f. 2 Sopranstimmen u. 1 Altstimme od. f. 2 Tenorstimmen u. 1 Baßstimme. 4., verb. Aufl. (76 S.) 892. n. — 60
7. Patriotische 2-, 3- u. 4stimmige Gesänge f. Diskant- u. Altstimmen od. f. Tenor- u. Baßstimmen, sowie f. 4stimmigen gem. Chor. Ergänzung zu den Hftn. I—VI. 2., verb. Aufl. (68 S.) 893. n. — 80

Sering, F. W., Auswahl v. Gesängen f. Gymnasien u. Realschulen. Mit Berücksicht. d. Stimmen jeder Entwickelungsstufe angemessen gesetzt u. bearb. Op. 105 (1—7). (In 7 Hftn.) 1., 2., 4., 6. u. 7. Hft. gr. 8. Lahr, M. Schauenburg. n. 3. 80

1. Lieder f. d. Vorklassen. 7., unveränd. Aufl. (48 S.) 897. n. —60
2. Lieder f. d. unt. Klassen. 8., verb. Aufl. (58 S.) 898. n. — 60
4. Chorklasse. Geistl. Gesänge f. Diskant, Alt, Tenor u. Baß. 2., verb. Aufl. (61 S.) 884. n. — 80
6. Chorklasse. Weltl. Gesänge f. Diskant, Alt, Tenor u. Baß. 4., verb. Aufl. (112 S.) 887. n. 1. —
7. Patriot. 2-, 3- u. 4 stimm. Gesänge f. Diskant- u. Altstimmen od. f. Tenor- u. Baßstimmen, sowie f. 4 stimm. gem. Chor. Ergänzg. zu d. Hftn. 1—6. 3., verb. Aufl. (68 S.) 898. n. — 80

Sering, F. W., Auswahl v. Gesängen f. Gymnasien u. Realschulen. Mit Berücksicht. der Stimmen jeder Entwickelungsstufe angemessen gesetzt u. bearb. Op. 105. (1—7). (In 7 Heften.) I.—III., VI. u. VII. Heft. gr. 8. Lahr, M. Schauenburg. n. 3. 60

I. Lieder f. die Vorklassen. 9., verb. Aufl. (48 S.) 904. — 60
II. Lieder f. d. unt. Klassen. 10., verb. Aufl. (58 S.) 904. — 60
III. Dreistimmige Gesänge f. 2 Sopranstimmen u. 1 Altstimme od. f. 2 Tenorstimmen u. 1 Baßstimme. 6., verb. Aufl. (76 S.) (904.) — 60
VI. Chorklasse. Weltliche Gesänge f. Diskant, Alt, Tenor u. Baß. 7., verb. Aufl. (128 S.) 906. 1. —
VII. Patriotische 2-, 3- u. 4stimmige Gesänge f. Diskant- u. Altstimmen od. f. Tenor- u. Baßstimmen, sowie f. 4stimm. gem. Chor. Ergänzungen zu den Heften 1 bis VI. 4., verb. Aufl. (68 S.) — 80

Sering, Friedr. Wilh., die Choralfiguration, theoretisch-practisch, [Choralfigurationen von J. S. Bach, dem Verf. und andern Compositionen] für das Studium und den Gebrauch beim Gottesdienst. qu. Fol. (VIII, 91 S.) Gütersloh 868, Bertelsmann's Verlag. *

Sering, F(riedr.) W(ilh.), Choral-Melodien in gereinigter Lesart, mit Hinzufügung der ursprüngl., theils zwei-, theils dreistimmig bearb. und im h. Auftrage der k. Regierung zu Stralsund hrsg. 2 Hefte. (à 24 S.) 12. Gütersloh 856, Bertelsmann. **

—— die Choral-Melodien des Normal-Lehrplans für die evangel. Schulen von Elsaß-Lothringen mit zwei- und dreistimmigem Tonsatze. Ausg. A. Text nach dem Gesangbuche für Christen Augsburg. Confession. 8. (32 S.) Straßburg 882, Schmidt's Universitäts-Buchh. **

—— dass. — Ausg. B. Text nach dem Gesangbuche für die evangelischen Gemeinden in Elsaß-Lothringen. 8. (25 S.) Ebendas. 882. *

—— Chorbuch. Gemischte Chöre in inhaltl. und chronolog. Folge für Gymnasien und Realschulen. Den Stimmen der Chorsänger angemessen bearb. Op. 117. 8. (X, 255 S.) Lahr 882, Schauenburg. geb. *

— Chorbuch. Gemischte Chöre in inhaltl. u. chronolog. Folge f. Gymnasien u. Realschulen. Den Stimmen der Chorsänger angemessen bearb. Op. 117. 7. Aufl. 8. (XII, 284 S.) Ebd. 889. geb. n. 1. 80

—— Chorbuch. [Vierstimmig.] Gemischte Chöre in inhaltl. u. chronologischer Folge f. Gymnasien u. Realschulen. Den Stimmen d. Chorsänger angemessen bearb. Op. 117. 9. verb. Aufl. 8. (X, 388 S.) Ebd. 892. geb. * 1 80
2.—8. Aufl. Ebd. 1883—91.

— Chorbuch. (Vierstimmig.) Gemischte Chöre in inhaltl. u. chronolog. Folge f. Gymnasien, Realgymnasien u. Oberrealschulen. Den Stimmen der Chorsänger angemessen bearb. Op. 117. 10. unveränd. Aufl. 12. (X, 388 S.) Ebd. 893. Geb. in Leinw. n. 1. 80

— Chorbuch. (233 vierstimm. Chöre.) Gemischte Chöre in inhaltl. u. chronolog. Folge f. Gymnasien, Realgymnasien u. Oberrealschulen. D. Stimmen d. Chorsänger angemessen bearb. Op. 117. 13., unveränd Aufl. 8. (X, 404 S.) Lahr 898. M. Schauenburg. Geb. in Leinw. n. 1. 80

Sering, F. W., Chorbuch. (233 vierstimm. Chöre.) Gemischte Chöre in inhaltl. u. chronolog. Folge f. Gymnasien, Realgymnasien u. Oberrealschulen. Den Stimmen der Chorsänger angemessen bearb. Op. 117. 16., verb. Aufl. 8. (X, 416 S.) Lahr 901. M. Schauenburg. Geb. in Leinw. n. 1. 80

— Chorbuch. (233 vierstimm. Chöre.) Gemischte Chöre in inhaltl. u. chronolog. Folge f. Gymnasien, Realgymnasien u. Oberrealschulen. Den Stimmen der Chorsänger angemessen bearb. Op. 117. 21 u. 22. Aufl. (X, 416 S.) tl. 8. Ebd. 906. Geb. n. 1. 80

Sering, Frdr. Wilh., Chorbuch. (233 vierstimm. Chöre.) Gemischte Chöre in inhaltl. u. chronolog. Folge f. Gymnasien, Realgymnasien u. Oberrealschulen. Den Stimmen der Chorsänger angemessen bearb. Op. 117. 26.—28.. Aufl. (X, 416 S.) tl. 8. Lahr 909. M. Schauenburg. Geb. 1. 80

—— Chorbuch [2- u. 3stimmig] f. die Unter- u. Mittelklassen der Gymnasien u. Realschulen. Mit eingeh. Berücksicht. d. Bildungsstandes u. der Stimmen dieser Entwicklungsstufe bearb. Op. 128. 8°. (VIII, 174 S.) Ebd. 892. geb. * 1 —

— dasselbe (2- u. 3 stimmig) f. die Unter- u. Mittelklassen der Gymnasien u. Realschulen. Mit Berücksicht. der Stimmen dieser Entwickelungsstufe bearb. Op. 128. 2., verb. Aufl. 8. (VIII, 174 S.) Ebd. 894. Geb. in Leinw. n. 1. —

Sering, F. W., zwei- u. dreistimmiges Chorbuch f. d. Unter- u. Mittelklassen d. Gymnasien u. Realschulen. Mit Berücksicht. d. Stimmen dieser Entwickelungsstufe bearb. Op. 128. 3., verb. Aufl. 8. (VIII, 174 S.) Ebd. 897. Geb. in Leinw. n. 1. —

— zwei- u. dreistimmiges Chorbuch für die Unter- u. Mittelklassen der Gymnasien u. Realschulen. Mit Berücksicht. der Stimmen dieser Entwicklungsstufe bearb. Op. 128. 6. verb. Aufl. 8. (VIII, 174 S.) Ebd. 902. Geb. in Leinw. n. 1. —

—— Chorgesänge für Präparanden-Anstalten. Den Stimmen der Präparanden (Sopran, Alt, Kontra-Alt, Tenor, Bariton u. Baß) angemessen dreistimmig gesetzt. Op. 119. 6. Aufl. 8. (IV, 76 S.) Lpz. 892, C. F. W. Siegel. * — 60; geb. * — 80

— Chorgesänge f. Präparanden-Anstalten. Den Stimmen der Präparanden (Sopran, Alt, Kontra-Alt, Tenor, Bariton u. Baß) angemessen 3 stimmig gesetzt. Op. 119. 7., verb. Aufl. 8. (IV, 76 S.) Leipzig 894. C. F. W. Siegel. n. — 60; geb. n. — 80

— Chorgesänge f. Präparanden-Anst. D. Stimmen d. Präparanden (Sopran, Alt, Kontra-Alt, Tenor, Bariton u. Baß) angemessen 3 stimmig gesetzt. Op. 119. 9., verb. Aufl. 8. (IV, 76 S.) Leipzig 897. C. F. W. Siegel. n. — 60

— Chorgesänge f. Präparanden-Anstalten. Den Stimmen der Präparanden (Sopran, Alt, Kontra-Alt, Tenor, Bariton u. Baß) angemessen 3stimmig gesetzt. Op. 119. 13. Aufl. 8. (IV, 76 S.) Leipzig (902). C. F. W. Siegel. n. — 60; kart. n. — 80

—— Concordia. Eine Auswahl deutscher Lieder für mehrstimm. Männergesang bearb. und den Lehrervereinen, Seminaren, Liedertafeln rc. gewidmet. 1. Lfg. 2., verm. und verb. Aufl. und 2—4. Lfg. (à 32 S.) gr. 8. Magdeburg 861, Heinrichshofen'sche Buchh. à Lfg. 5 Ngr.

—— Deutschlands Ehrentage von 1870 und 1871 in Ton und Wort. Lieder für Schule und Haus, zwei-, drei und vierstimmig. Op. 68. 2 Hefte. 8. (à Heft 32 S.) Leipzig 861, Merseburger. à Heft 25 Pf.

— Deutschlands Ehrentage von 1870 in Ton u. Wort. Lieder für Schule u. Haus, zwei-, drei- u. vierstimmig. 1. Heft. Leipzig 870. Merseburger. 8. (32 S.) 2½ ngr.

Sering, Frdr. Wilh., Deutschlands Ehrentage v. 1870 u. 1871 in Ton u. Wort. Lieder f. Schule u. Haus, zwei-, drei- u. vierstimmig. op. 68. 2. Hft. 8. (32 S.) Leipzig 871. Merseburger. (h) — 25

— der Elementar-Gesangunterricht. (Bedeutung, Aufgabe, ihre Begründung u. Lösung.) Mit besonderer Berücksichtigung der ein-, zwei- u. mehrklass. Volksschule verf. 3. verm. u. verb. Aufl. Gütersloh 868. Bertelsmann's Verl. gr. 8. (VIII, 150 S.) n. 20 ngr.

— der Elementar-Gesangunterricht. [Bedeutung; Aufgabe, ihre Begründg. u. Lösg.] Mit besond. Berücksicht. der 1, 2. u. mehrklass. Volksschule verfaßt u. den Lehrern u. Seminaristen gewidmet. 4. verb. Aufl. Hierzu: „Erstes Notenbuch" f. die Hand der Schüler. Ausg. A. [umfassend] u. B. [kurz]. gr. 8. (XII, 150 S.) Gütersloh 873. Bertelsmann's Verl. n. 2. —

—— der Elementar-Gesangunterricht, seine Bedeutung und Aufgabe, Begründung der Aufgabe und ihre Lösung. Mit besond. Berücksicht. der ein-, zwei- und mehrklassigen Elementarschule, sowie der Mittelschule verfaßt und den Lehrern und Seminaristen gewidmet. 5. verb. Aufl. gr. 8. (VIII, 112 S.) Gütersloh 884, Bertelsmann. *

Sering, Friedrich Wilh. [Hrsg.], s. Euterpe.

—— zwei- und dreistimmige Festgesänge für die Schule. Den Stimmen von Chor-Sopran und Alt angemessen gesetzt. Op. 114. 2 Hefte. 8. Straßburg 881, Schmidt's Universitäts-Buchh. [1. Heft. (50 S.) * 40 Pf.; 2. Heft. (66 S.) * 50 Pf.] *

—— Gesänge für die Chorklassen [Oberklassen] höherer Töchterschulen, sowie für Pensionate und Lehrerinnen-Seminare. Der Stimmenentwicklung angemessen gesetzt. Bd. IIa und IIb. 8. Lahr 885, Schauenburg. à Bd. * ℳ 1.—. *

Inhalt:
a. 158 Gesänge. Op. 121. (202 S.)
b. 150 Gesänge. Op. 122. (203 S.)

—— Gesänge f. die Chorklassen [Oberklassen] höherer Mädchenschulen, sowie f. Pensionate u. Lehrerinnen-Seminare. Bd. IIa. 158 Gesänge. Op. 121. 3. Aufl. 8. (201 S.) Ebd. 891. * 1 —
Den I. Bd. bilden die nachstehenden „Lieder f. d. Unter- u. Mittelklassen".

— Gesänge f. die Chorklassen (Oberklassen) höherer Mädchenschulen, sowie f. Pensionate u. Lehrerinnen-Seminare. Der Stimmenentwicklg. angemessen gesetzt. Bd. IIa. 158 Gesänge. Op. 121. 4. Aufl. 8. (200 S.) Ebd. 893. n. 1. —

— Gesänge f. d. Chorklassen (Oberklassen) höh. Mädchenschulen, sow. für Pensionate u. Lehrerinnen-Seminare. D. Stimmenentwicklg. angemessen gesetzt. Bd. IIa. 158 Gesänge. Op. 121. 6. Aufl. 8. (II, 201 S.) Lahr 897. M. Schauenburg. n. 1. —

— dasselbe. Bd. IIb. 151 Gesänge. Op. 122. 3. Aufl. 8. (209 S.) Ebd. 898. n. 1. —

— Gesänge f. die Chorklassen (Oberklassen) höherer Mädchenschulen, sowie f. Pensionate u. Lehrerinnen-Seminare. Der Stimmenentwicklg. angemessen gesetzt. Bd. IIa. 158 Gesänge. Op. 121. 7. Aufl. 8. (II, 201 S.) Lahr 900. M. Schauenburg. n. 1. —

— Gesänge f. die Chorklassen (Oberklassen) höherer Mädchenschulen, sowie f. Pensionate u. Lehrerinnen-Seminare. Der Stimmenentwicklg. angemessen gesetzt. Bd. IIa u. b. kl. 8. Ebd. 906. à n. 1. —
IIa. 158 Gesänge. Op. 121. 9. Aufl. (II, 201 S.)
IIb. 151 Gesänge. Op. 122. 5. Aufl. (208 S.)

Sering, F. W., mehrstimmige Gesänge für die oberen Klassen höherer Töchterschulen [Pensionate], sowie für Lehrerinnen-Seminare evangel. und kathol. Bekenntnisses. 5 Hefte. Op. 90, 91, 92, 95, 97. gr. 8. (à 32 S.) Straßburg 875, Schultz und Comp. à Heft * 60 Pf. * 3 —

—— mehrstimmige Gesänge für die oberen Klassen höherer Töchterschulen [Pensionate], sowie für Lehrerinnen-Seminare evangel. und kathol. Bekenntnisses. 1.—3. Heft. 2. Aufl. Op. 90—92. gr. 8. (à Heft 32 S.) Straßburg 883, Schultz und Comp. à Heft * 60 Pf. *
4. und 5. Heft. Ebendas. 1875. à * 60 Pf.

—— mehrstimmige Gesänge für die oberen Klassen höherer Töchterschulen [Pensionate], sowie für Lehrerinnen-Seminarien evangel. und kathol. Bekenntnisses. 2. und 3. Heft. 3. verb. Aufl. gr. 8. Straßburg 888, [Schultz und Comp., Verlag.] Straßburger Druckerei und Verlagsanstalt. [2. Heft. Op. 91. (32 S.); 3. Heft. Op. 92. (32 S.)] à Heft * 60 Pf. * 1 20
1., 4. und 5. Heft. Ebendas. 1875—83. à Heft * 60 Pf.

— mehrstimmige Gesänge f. die oberen Klassen höherer Mädchenschulen (Pensionate), sowie f. Lehrerinnen-Seminarien evangel. u. kathol. Bekenntnisses. 2. Hft. Op. 91. 4., verm. Aufl. gr. 8. (37 S.) Straßburg 894. Straßburger Druckerei u. Verlagsanstalt. n. — 60

— mehrstimmige Gesänge für d. oberen Klassen höh. Mädchenschulen (Pensionate), sow. f. Lehrerinnen-Seminare. 1. Hft. Op. 90. 5., verm. u. verb. Aufl. gr. 8. (36 S.) Straßburg 896. Straßburger Druckerei u. Verlagsanst. n. — 60

Sering, F. W., Gesänge für Progymnasien, Prorealgymnasien, Realschulen und höhere Bürgerschulen. Unter sorgfältigster Berücksicht. der Stimmen jeder Entwicklungsstufe angemessen gesetzt und bearb. Op. 115. [In 4 Heften.] Heft 1, 2, 3a und 3b. 8. Lahr 885, Schauenburg. [Heft 1. (50 S.) * 40 Pf.; Heft 2. (72 S.) * 60 Pf.; Heft 3a und b. (148; 163 S.) à Heft * 80 Pf.] * 2 60

— Gesänge f. Progymnasien, Prorealgymnasien, Realschulen und höhere Bürgerschulen. Op. 115 [1—4.] Vollständig in 4 Heften. Heft III a b. 2. verb. Aufl. 8. Lahr 890, Schauenburg. à Heft * — 80; * 1 60
III a. 130 dreistimmige Lieder [Sopran I, II u. Alt] für kleinere Chorklassen. (148 S.)
III b. 90 vierstimmige Gesänge [Sopran I, II, Alt u. Bariton] f. größere Chorklassen. (164 S.)
Heft I u. II. Ebd. 1885. * — 40 u. * — 60.

— Gesänge f. Progymnasien, Prorealgymnasien, Realschulen u. höhere Bürgerschulen. Unter sorgfältigster Berücksicht. der Stimmen jeder Entwicklungsstufe angemessen gesetzt u. bearb. Op. 115 (1—4). (In 4 Hftn.) Hft. II u. IIIa u. b. 3., verb. Aufl. 8. Lahr 894. M. Schauenburg. n. 2. 20
II. 100 Gesänge f. die Unterklassen. (72 S.) n. — 60
IIIa. 130 dreistimmige Gesänge (Sopran I, II u. Alt) f. kleinere Chorklassen. (150 S.) n. — 80
IIIb. 91 vierstimmige Gesänge (Sopran I, II, Alt u. Bariton) f. größere Chorklassen. (166 S.) n. — 80

— dasselbe f. Progymnasien, Prorealgymnasien, Realschulen u. höh. Bürgerschulen. Unt. sorgfältigster Berücksicht. d. Stimmen jeder Entwicklungsstufe angemessen gesetzt u. bearb. Op. 115. (In 4 Hftn.) Hft. 1., 3a u. b. 8. Ebd. n. 2. —
1. (100 Lieder.) Vorklassen. 2. Aufl. (50 S.) 895. n. — 40
3a. 137 dreistimm. Gesänge (Sopran I, II u. Alt) f. klein. Chorklassen. 4., verm. Aufl. (160 S.) 898. n. — 80
3b. 98 vierstimm. Gesänge (Sopran I, II, Alt u. Bariton) f. größ. Chorklassen. 4. Aufl. (176 S.) 897. n. — 80

— Gesänge für Progymnasien, Prorealgymnasien, Realschulen u. höhere Bürgerschulen. Unter sorgfältigster Berücksicht. der Stimmen jeder Entwicklungsstufe angemessen gesetzt u. bearb. Op. 115. (1—4.) (In 4 Hftn.) Hft. 1. 2. 3a u. 3b. Lahr 900. M. Schauenburg. n. 3.20
1. (100 Lieder.) Vorklassen. Abtlg. I. 1. Schulj. (Einstimmig.) Abtlg. II. 2. u. 3. Schulj. (Einstimmig, bei späterer Wiederholung zweistimmig.) 2. Aufl. (48 S.) (899.) n. —40
2. 100 Gesänge f. die Unterklasse. 4., verb. Aufl. (72 S.) 897. n. —60
3a. 187 dreistimm. Gesänge (Sopran I, II u. Alt) für kleinere Chorklassen. (Mit u. ohne Anh. v. 30 dreistimm. Chorälen zu gleichem Preise.) 5. verm. Aufl. (II, 161 S.) 902. n. —80
3b. 160 4stimm. Gesänge (Sopran I, II, Alt u. Bariton) für größere Chorklassen. 5. verm. Aufl. (II, 280 S.) 900. Geb. n. 1.40

Sering, F. W., Gesänge f. Progymnasien, Prorealgymnasien, Realschulen u. höhere Bürgerschulen. Unter sorgfältigster Berücksicht. der Stimmen jeder Entwicklungsstufe angemessen gesetzt u. bearb. Op. 115. (1—4.) (In 4 Heften.) Hft. 1. 2. 3b. 8. Lahr, M. Schauenburg. n. 2.40
1. (100 Lieder.) Vorklassen. Abtlg. I. 1. Schulj. (Einstimmig.) Abtlg. II. 2. u. 3. Schulj. (Einstimmig, bei spätern Wiederholgn. zweistimmig.) 3. Aufl. (48 S.) (903.) n. —40
2. 100 Gesänge f. die Unterklassen. 6., verb. Aufl. (72 S.) 904. n. —60
3b. 160 4stimm. Gesänge (Sopran I, II, Alt u. Bariton) für größere Chorklassen. 7. Aufl. (II, 280 S.) 906. Geb. n. 1.40

— Gesangschule für Männerstimmen, Chor und Solo, theoretisch-praktisch. Gütersloh 863. Bertelsmann. gr. 8. (VII, 222 S.) n. 24 ngr.

—— Gesangschule f. Präparanden-Anstalten. Op. 118. 4. Aufl. gr. 8. (VIII, 40 S.) Ebd. 891. * 1 20; geb. * 1 45

— Gesangschule f. Präparanden-Anstalten. Op. 118. 5. Aufl. Lex.-8. (VIII, 40 S.) Leipzig 898. C. F. W. Siegel. n. 1.20; geb. n.n. 1.45

— Gesangschule f. Präparanden-Anstalten. Op. 118. 6. Aufl. Lex.-8. (VI, 40 S.) Leipzig 895. C. F. W. Siegel. n. 1.20

Sering, F. W., Gesangschule für Präparanden-Anstalten. Op. 118. 9. Aufl. Lex.-8. (VI, 40 S.) Leipzig (900). C. F. W. Siegel. n. 1.20; geb. n.n. 1.45

—— theoretisch-praktische Gesangschule für Männerstimmen, Chor und Solo, namentlich für Lehrer-Seminare. Op. 93. gr. 8. (VIII, 95 S.) Magdeburg 876, Heinrichshofen's Verlag. * 2 —

—— theoretisch-praktische Gesangs-Studien für die Chorklassen der Gymnasien und Realschulen, sowie für gemischte Chöre überhaupt. Op. 108. Lex.-8. (IV, 80 S.) Leipzig 880, Klinkhardt. *

—— dass. — für Sopran, Alt, Tenor und Baß, Chor und Solo, namentlich für gemischte Chöre. 2. Aufl. Lex.-8. (IV, 80 S.) Ebendas. 884. *

— vollständige Gesangs-Studien für die oberen Klassen [Chorklassen] höherer Töchterschulen, Pensionate u. Lehrerinnen-Seminare, sowie für Frauen-Chöre überhaupt. Op. 109. Lex.-8. (IV, 46 S.) Leipzig 880. Klinkhardt. n. 1. 20

—— theoretisch-praktische, nach pädagogischen Grundsätzen geordnete Gesang-Studien für Sopran und Alt, Chor und Solo, namentlich für Frauen-Chöre. 2. Aufl. Lex.-8. (IV, 46 S.) Ebendas. 884. *

—— Gesangswerk für höhere Töchterschulen, Pensionate und Lehrerinnen-Seminare. 2 Bde. gr. 8. Straßburg 877, Schultz und Comp. * 4 80
Inhalt:
Bd. 1. Lieder für die unteren und mittleren Klassen höherer Töchterschulen. (96 S.) *M 1,80.
„ 2. Mehrstimmige Gesänge für die oberen Klassen höherer Töchterschulen, Pensionate, sowie für Lehrerinnen-Seminare evangel. und kathol. Bekenntnisses. (160 S.) *M 3.

—— der Gesang-Unterricht an Präparanden-Anstalten. gr. 8. (16 S.) Leipzig 885, C. F. W. Siegel's Musikalienh. * — 60

Gloria in excelsis Deo. Alte u. neue Weihnachtslieder f. 1 u. 2 Singstimmen in mittl. Tonlage mit Begleitung d. Klaviers, d. Harmoniums oder d. Orgel bearb. von Prof. F[riedr.] W[ilh.] Sering. Opus 129. 2. Aufl. *Gütersloh: C. Bertelsmann [1902].* (24 S.) 4° [F. u. Ant.] [03. 451 6

— Harmonielehre. Zunächst zum Gebrauch in Seminarien. gr. 8. (XII, 260 S.) Magdeburg 870. Heinrichshofen. 2. 50

— kurzgefaßte Harmonielehre f. Lehrerseminare, Lehrer, Organisten u. Freunde der Tonkunst. 2., verb. Aufl. gr. 8. (X, 136 S.) Lahr (899). M. Schauenburg. n. 2. 20

—— preußische Kron- und Vaterlandslieder für vierstimmigen Männergesang (Op. 28.) 2 Hefte. gr. 8. (II, 26 und 36 S.) Magdeburg 856, Heinrichshofen'sche Buchh. [1. Heft 3 Ngr.; 2. Heft. 5 Ngr.]

—— die Kunst des Gesanges in der Elementarschule, Mittelschule, höheren Töchterschule, Realschule, im Gymnasium, Lehrer- und Lehrerinnen-Seminar oder vollständ. Methodik des Gesangunterrichts, nach erprobten und bewährten wissenschaftl. sowie künstler. Principien vers. gr. 8. (IX, 198 S.) Leipzig 879, Merseburger. * 2 80

—— Lehrer-Sängerrunde. Männerchöre für Lehrer-Conferenzen und Lehrer-Seminare. Op. 111. 8. (V, 266 S.) Lahr 881, Schauenburg. cart. * geb. in Leinw. *

—— Lehrer-Sängerrunde. Männerchöre für Lehrer-Konferenzen und Lehrer-Seminare. Op. 111. 2. verb. Aufl. 8. (V, 280 S.) Lahr 887, Schauenburg. cart. * 2 — geb. * 2 80

— Lehrer-Sängerrunde. Männerchöre f. Lehrer-Konferenzen u. Lehrer-Seminare. Op. 111. 3., verm. Aufl. 12. (V, 296 S.) Ebd. 899. Kart. n. 2. —

— Lehrer-Sängerrunde. Männerchöre f. Lehrer-Konferenzen u. Lehrer-Seminare. Op. 111. 4. Aufl. (V, 296 S.) 8. Ebd. (905). Geb. in Leinw. n. 2. —

— vollständiger theoretisch-praktischer Lehrgang des Schulunterrichts im Singen nach Noten. Für die Hand der Schüler in Gymnasien, Realschulen, höheren Töchterschulen, Mittelschulen u. mehrklass. Volksschulen. Op. 106. 8. (IV, 70 S.) Leipzig 879. Merseburger. n. — 60

—— vollständiger theoretisch-praktischer Lehrgang des Schulunterrichts im Singen nach Noten. Für die Hand der Schüler in Gymnasien, Realschulen, höheren Töchterschulen, Mittelschulen und mehrklass. Volksschulen. Op. 106. 2. verb. Aufl. 8. (IV, 70 S.) Leipzig 886, Merseburger. * — 60

—— Vollständiger theoretisch-praktischer Lehrgang d. Schulunterrichtes im Singen nach Noten. Für die Hand der Schüler in Gymnasien, Realschulen, höheren Töchterschulen, Mittelschulen u. mehrklass. Volksschulen. Op. 106. 3. verb. Aufl. 8. (IV, 70 S.) Lpz. 892, Merseburger. * — 60

— vollständ. theoretisch-praktischer Lehrgang des Schulunterrichts im Singen nach Noten. Für die Hand der Schüler in Gymnasien, Realschulen, höh. Töchterschulen, Mittelschulen u. mehrklass. Volksschulen. Op. 106. 4. Aufl. 8. (IV, 70 S.) Leipzig 901. C. Merseburger. n. — 60

—— Lieder für die unteren Klassen höherer Töchterschulen. Gewählt und den Stimmverhältnissen entsprechend gesetzt. Op. 96. gr. 8. (32 S.) Straßburg 876, Schultz und Comp. * — 60

Sering, F. W., Lieder für die unteren Klassen höherer Töchterschulen. Op. 96. 2. verb. Aufl. gr. 8. (32 S.) Straßburg 881, Schultz und Comp. * — 60

— **Lieder f. die unteren Klassen höherer Mädchenschulen. Gewählt u. den Stimmverhältnissen entsprechend gesetzt. 5., verb. Aufl. Op. 96. gr. 8. (32 S.) Straßburg 893. Straßburger Druckerei u. Verlagsanstalt. n. — 60**

— Lieder f. die unteren Klassen höherer Mädchenschulen Gewählt u. den Stimmenverhältnissen entsprechend gesetzt. 6. verb. Aufl. Op. 96. gr. 8. (32 S.) Straßburg (901). Straßburger Druckerei u. Verlagsanstalt. n. — 60

— Lieder f. die unteren Klassen höh. Mädchenschulen. Gewählt u. den Stimmenverhältnissen entsprechend gesetzt. 8. Aufl. Op. 96. (32 S.) 8. Straßburg 908. Straßburger Druckerei u. Verlagsanstalt. n — 60

—— Lieder fürs Turnen und für Turnfahrten. Zum Gebrauche an Gymnasien, Realschulen, höhern Töchterschulen und gehobenen Elementarschulen gewählt und leicht singbar zweistimmig gesetzt. 8. (104 S.) Leipzig 885, M. Hesse's Verlag. * — 50

—— Lieder für die Unter- und Mittelklassen höherer Töchterschulen. Den Forderungen eines planvoll gegliederten Unterrichts entsprechend geordnet und den Stimmen der Schülerinnen angemessen gesetzt. 8. (106 S.) Lahr 885, Schauenburg. * — 60

Sering, F. W. Lieder f. d. Unter- u. Mittelklassen höherer Töchterschulen. Op. 116. [210 Lieder.] 3. Aufl. 8. (104 S.) Lahr 889, Schauenburg. * — 60

— Lieder f. die Unter- u. Mittelklassen höherer Töchterschulen. Den Forderungen e. planvoll gegliederten Unterrichts entsprech. geordnet u. d. Stimmen d. Schülerinnen angemessen gesetzt. Op. 116. [210 Lieder.] 3. Aufl. 8. (105 S.) Ebd. 890. n. — 60

— **Lieder f. die Unter- u. Mittelklassen höherer Mädchenschulen. Den Fordergn. e. planvoll gegliederten Unterrichts entsprechend geordnet u. den Stimmen der Schülerinnen angemessen gesetzt. Op. 116. (210 Lieder.) 4. Aufl. 8. (106 S.) Lahr 893. M. Schauenburg. n. — 60**

— Lieder für d. Unter- u. Mittelklassen höh. Mädchenschulen. Den Fordergn. e. planvoll geglied. Unterrichts entsprechend geordn. u. d. Stimmen d. Schülerinnen angemessen gesetzt. Op. 116. (210 Lieder.) 5. Aufl. 8. (106 S.) Lahr 896. M. Schauenburg. n. — 60

— Lieder f. die Unter- u. Mittelklassen höh. Mädchenschulen. Den Fordergn. e. planvoll gegliederten Unterrichts entsprechend geordnet u. den Stimmen der Schülerinnen angemessen gesetzt. Op. 116. (210 Lieder.) 9. verb. Aufl. 8. (106 S.) Lahr 902. M. Schauenburg. n. — 60

— Lieder f. die Unter- u. Mittelklassen höh. Mädchenschulen. Den Fordergn. e. planvoll gegliederten Unterrichts entsprechend geordnet u. den Stimmen der Schülerinnen angemessen gesetzt. Op. 116. (210 Lieder.) 10., verb. Aufl. (106 S.) 8. Ebd. 904. n. — 60

— Lieder f. die Unter- u. Mittelklassen höh. Mädchenschulen. Den Fordergn. e. planvoll gegliederten Unterrichts entsprechend geordnet u. den Stimmen der Schülerinnen angemessen gesetzt. Op. 116. (210 Lieder.) 12. Aufl. (106 S.) 8. Lahr 907. M. Schauenburg. — 60

— Lieder-Auswahl f. die mittleren Klassen höherer Töchterschulen. Mit Berücksicht. der Stimmen dieser Entwickelungsstufe theils 2-, theils 3stimmig gesetzt. Op. 98. 1. u. 2. Hft. gr. 8. (à 32 S.) Ebend. 876. à n. — 60

—— Lieder-Auswahl für die mittleren Klassen höherer Töchterschulen. Mit Berücksicht. der Stimmen dieser Entwickelungsstufe zweistimmig gesetzt. 2. verb. Aufl. Op. 98. 2 Hefte. gr. 8. (à Heft 32 S.) Ebendas. 881,82. à Heft * 60 Pf. * 1 20

—— Lieder-Auswahl für die mittleren Klassen höherer Töchterschulen. Mit Berücksicht. der Stimmen dieser Entwickelungsstufe zweistimmig gesetzt. Op. 98. 1. und 2. Heft. gr. 8. Straßburg, [Schultz und Comp., Verlag.] Straßburger Druckerei und Verlagsanstalt. [1. Heft. 4. verb. Aufl. (32 S.) 886; 2. Heft. 3. verb. Aufl. (32 S.) 888.] à Heft * 60 Pf. * 1 20

— **dasselbe f. die mittleren Klassen höherer Mädchenschulen. Mit Berücksicht. der Stimmen dieser Entwickelungsstufe teils 2-, teils 3stimmig gesetzt. Op. 98. 2. Hft. 4., verb. Aufl. gr. 8. (32 S.) Ebd. 893. n. — 60**

Sering, F. W., Lieder-Auswahl f. die mittleren Klassen höherer Mädchenschulen. Mit Berücksicht. der Stimmen dieser Entwickelungsstufe 2stimmig gesetzt. 6., verb. Aufl. Op. 98. 1. Hft. gr. 8. (32 S.) Straßburg 894. Straßburger Druckerei u. Verlagsanstalt. n. — 60

— Lieder-Auswahl f. die mittleren Klassen höherer Mädchenschulen. Mit Berücksicht. der Stimmen dieser Entwickelungsstufe zweistimmig gesetzt. Op. 98. 1. u. 2. Hft. gr. 8. (à 32 S.) Ebd. à n. — 60
1. 8. verb. Aufl. (901.) — 2. 6. verb. Aufl. (900.)

— Lieder-Auswahl f. die mittleren Klassen höherer Mädchenschulen. Mit Berücksichtig. der Stimmen dieser Entwickelungsstufe zweistimmig gesetzt. Op. 98. 1. Heft. 10. verb. Aufl. (32 S.) 8. Straßburg (906). Straßburger Druckerei u. Verlagsanstalt. n. — 60

Sering, F. W., geistliches Liederbuch. Vierstimmig für Sopran, Alt, Tenor und Baß, sowie auch für eine Singstimme mit Clavierbegleitung. 3 Hefte. 4. (XV und 144 S.) Gütersloh 863, Bertelsmann. [1. und 2. Heft à * 8 Ngr., 3. Heft * 10 Ngr.] *

—— geistliches Liederbuch. Vierstimmig für Sopran, Alt, Tenor und Baß, sowie auch für eine Singstimme mit Klavierbegleitung. 2. verm. Aufl. 4. (XVI, 144 S.) Gütersloh 882, Bertelsmann. 3 20
3. Aufl. u. d. T.: Missionsharfe, große.

—— Liederbuch in systematischer Ordnung für drei- und mehrklassige Volksschulen, sowie für Mittelschulen. Op. 107. 5 Hefte. 8. Leipzig 879, Merseburger. * 1 80

Inhalt:

Heft 1. Stufe 1 der Mittelschule. Unterstufe der mehrklass. Volksschule. (IV, 24 S.) * 20 Pf.
„ 2. Stufe 2 der Mittelschule. Mittelstufe der mehrklass. Volksschule. (IV, 36 S.) * 40 Pf.
„ 3. Stufe 3 der Mittelschule. Oberstufe der mehrklass. Volksschule. (IV, 47 S.) * 40 Pf.
„ 4. Gesänge für die Oberstufe der Mittelschule. (IV, 48 S.) * 40 Pf.
„ 5. Patriotische Lieder als Anhang zu den Heften 1—4. (IV, 44 S.) * 40 Pf.

— **Liederbuch in systematischer Ordnung f. drei- u. mehrklassige Volksschulen sowie f. Mittelschulen. Op. 107, 1—5. 1.—3. Hft. Neue Aufl. 8. Leipzig 901. C. Merseburger. n. — 70**

1. Stufe 1 der Mittelschule. Unterstufe der mehrklass. Volksschule. (IV, 24 S.) n. — 16
2. Stufe 2 der Mittelschule. Mittelstufe der mehrklass. Volksschule. (IV, 36 S.) n. — 24
3. Stufe 3 der Mittelschule. Oberstufe der mehrklass. Volksschule. (IV, 47 S.) n. — 30

— Liederbuch in systematischer Ordnung f. drei- u. mehrklass. Volksschulen, sowie f. Mittelschulen. Op. 107, 1—5. III. Heft. Stufe 3 der Mittelschule. Oberstufe der mehrklass. Volksschule. 3. Aufl. (IV, 47 S.) kl. 8. Leipzig 907. C. Merseburger. — 30

—— Liederbuch für ein-, zwei- und dreiklassige Volksschulen. 2 Hefte. 8. Lahr 883, Schauenburg. * — 85

Inhalt:
Heft 1. Unter- und Mittelstufe. (25 S.) * 15 Pf.
" 2. Oberstufe. (34 S.) * 20 Pf.

— Liederkranz f. die Chorklassen der Gymnasien u. Realschulen. Vierstimmige geistl. u. weltl. Gesänge [Discant, Alt, Tenor u. Baß], gewählt u. unter sorgfältigster Berücksicht. der Stimmen bearb. 4. Hft. 2. Aufl. 8. (92 S.) Straßburg 884. Schmidt. cart. n.n. — 70

—— Elsaß-Lothringischer Liederkranz. Auswahl ein- und mehrstimm. Lieder für Schule und Haus. 5 Hefte. 8. Straßburg 872—74, Schmidt. *

Inhalt:
Heft 1. Lieder für die Unterstufe. 1.—5. Aufl. (24 S.) * 25 Pf.
" 2. Lieder für die Mittelstufe. 1.—6. Aufl. (25 S.) * 25 Pf.
" 3. Lieder für die Oberstufe. 1.—8. Aufl. (30 S.) * 35 Pf.
" 4. 5. Für die oberen und mittleren Klassen der Gymnasien und Realschulen. Vierstimmige geistl. und weltl. Gesänge [Discant, Alt, Tenor und Baß]. (à Heft 32 S.) à Heft * 50 Pf.

—— Elsaß-Lothringischer Liederkranz. Auswahl ein- und mehrstimmiger Lieder für Schule und Haus. 1.—3. Heft. 8. Straßburg 874—79, Schmidt's Universitäts-Buchh. * — 70

Inhalt:
Heft 1. Lieder für die Unterstufe. 6.—11. Aufl. (24 S.) * 20 Pf.
" 2. Lieder für die Mittelstufe. 7.—13. Aufl. (24 S.) * 20 Pf.
" 3. Lieder für die Oberstufe. 4.—9. Aufl. (33 S.) * 30 Pf.
4. und 5. (Schluß-)Heft. Ebendas. à * 50 Pf.

—— elsaß-lothringischer Liederkranz. Auswahl ein- und mehrstimmiger Lieder für Schule und Haus. Op. 87. 4 Hefte. 8. Straßburg, Schmidt's Universitäts-Buchh. * 1 40

Inhalt:
Heft 1. Lieder für die Unterstufe. 12.—15. Aufl. (24 S.) 882—84. * 20 Pf.
" 2. Lieder für die Mittelstufe. 14.—17. Aufl. (24 S.) 881—84. * 20 Pf.
" 3. Lieder für die Oberstufe. 10.—15. Aufl. (32 S.) 880—84. * 30 Pf.
" 4. Liederkranz für die Chorklassen der Gymnasien und Realschulen. Vierstimmige geistl. und weltl. Gesänge [Discant, Alt, Tenor und Baß], gewählt und unter sorgfältigster Berücksicht. der Stimmen bearb. 2. verb. Aufl. (92 S.) 884. cart. ** 70 Pf.

—— elsaß-lothringischer Liederkranz. Auswahl ein- und mehrstimm. Lieder für Schule und Haus. Op. 87, 1—3. 3 Hefte. 8. Straßburg, Schmidt's Universitäts-Buchh. ** — 70

Inhalt:
Heft 1. Unterstufe. 15. Aufl. (24 S.) 885. * 20 Pf.
" 2. Mittelstufe. 18. unveränd. Aufl. (24 S.) 886. * 20 Pf.
" 3. Oberstufe. 16. verb. Aufl. (33 S.) 886. ** 30 Pf.

— elsaß-lothringischer Liederkranz. Auswahl ein- u. mehrstimm. Lieder f. Schule u. Haus. Op. 87 [1—3]. 3 Hfte. 8. Straßburg 889. Schmidt's Univ.-Buchhandlg. n.n. — 70
1. Unterstufe. 19. Aufl. (28 S.) n. — 20
2. Mittelstufe. 20., unveränd. Aufl. (24 S.) n. — 20
3. Oberstufe. 19., verb. Aufl. (33 S.) n.n. — 30

—— Elsaß-lothringischer Liederkranz. Auswahl ein- u. mehrstimm. Lieder f. Schule u. Haus. Op. 87, 1—3. 3 Hefte. 8. Straßb. 891, [Schmidt]. Bull. ** — 70
1. Unterstufe. 20. Aufl. (28 S.) * — 20.
2. Mittelstufe. 21. Aufl. (24 S.) * — 20.
3. Oberstufe. 21. Aufl. (36 S.) ** — 30.

— elsaß-lothringischer Liederkranz. Auswahl ein- u. mehrstimm. Lieder f. Schule u. Haus. Op. 87, 1—3. 3 Hfte. 8. Straßburg 896. F. Bull. n. — 70
1. Lieder f. d. Unterstufe. 22. Aufl. (28 S.) n. — 20
2. Lieder f. d. Mittelstufe. 25., unveränd. Aufl. (24 S.) n. — 20
3. Lieder f. d. Oberstufe. 25., durch e. Anh. verm. Aufl. (31 S.) n. — 30

— elsaß-lothringischer Liederkranz. Auswahl ein- u. mehrstimm. Lieder f. Schule u. Haus. Op. 87, 1—3. 3 Hfte. 8. Straßburg, F. Bull. n.n. — 70
1. Lieder f. die Unterstufe. 23., verb. Aufl. (28 S.) 898. n. — 20
2. Lieder f. die Mittelstufe. 28., verb. Aufl. (24 S.) 899. n. — 20
3. Lieder f. die Oberstufe. 28., verb. Aufl. (39 S.) 899. n.n. — 30

— elsaß-lothringischer Liederkranz. Auswahl ein- u. mehrstimm. Lieder f. Schule u. Haus. Op. 87, 1—3. II. u. III. Heft. 8. Straßburg, F. Bull. n.n. — 50
II. Lieder f. die Mittelstufe. 32., verb. Aufl. (24 S.) 905. — 20
III. Lieder f. die Oberstufe. 31. verb. Aufl. (40 S.) 904. n. — 30

— Elsaß-lothringischer Liederkranz. Auswahl ein- u. mehrstimm. Lieder f. Schule u. Haus. Op. 87, 1—3. 8. Straßburg, F. Bull. nn — 70
I. Lieder f. die Unterstufe. 25., verb. Aufl. (28 S.) 906. — 20
II. Lieder f. die Mittelstufe. 35., verb. Aufl. (24 S.) 908. — 20
III. Lieder f. die Oberstufe. 35., verb. Aufl. (40 S.) 909. nn — 30

— Liedersammlung f. drei- u. mehrklassige Volksschulen. 3 Hfte. 8. Lahr 884. Schauenburg. n. — 55
1. Unterstufe. (24 S.) n. — 15
2. Mittelstufe. (26 S.) n. — 15
3. Oberstufe. (41 S.) n. — 25

— Liedersammlung f. 3- u. mehrklass. Volksschulen, darunter d. durch Verfügg. hoh. Schulbehörden z. Einübg. vorgeschrieb. Lieder. D. Stimmen d. Schüler angemess. gesetzt. 2. u. 3. Hft. 8. Lahr, M. Schauenburg. n. — 40
2. Mittelstufe. 2. u. 3. Aufl. (26 S.) 886. 95. n. — 15
3. Oberstufe. 2. Aufl. (42 S.) 887. n. — 25

— Liedersammlung f. 3- u. mehrklassige Volksschulen, darunter die v. hohen Schulbehörden empfohlenen Lieder. 1. Hft.: 65 Lieder. Unterstufe. 2. Aufl. 8. (24 S.) Lahr 893. M. Schauenburg. n. — 15

— Liedersammlung f. drei- u. mehrklassige Volksschulen, darunter die durch Verfügung hoher Schulbehörden zur Einübung vorgeschriebenen Lieder. Den Stimmen der Schüler angemessen gesetzt. II. Heft. 62 Lieder. Mittelstufe. 5. verm. Aufl. (32 S.) 11. 8. Lahr (909). M. Schauenburg. — 15

—— Männerchöre aus alter und neuer Zeit in chronologischer Folge vom 15. Jahrh. bis heute. Für höhere Lehranstalten gewählt, geordnet und zum Teil harmonisiert. Op. 113. 2 Bde. 8. Ebendas. 882. cart. * 2 —

Inhalt:
Bd. 1. Geistliche Männerchöre. (VII, 180 S.) * M 1,25.; geb. * M 1,50.
" 2. Choräle. (VIII, 66 S.) * 75 Pf.

— Männerchöre aus alter u. neuer Zeit in chronolog. Folge v. 16. Jahrh. bis heute. Für höh. Schulanst. gew., geordnet u. z. Tl. harmonisiert. Op. 113. 3 Bd. Weltl. Männerchöre. 2., verb. Aufl. 8. (VIII, 210 S.) Ebd. 895. Geb. in Leinw. n.n. 1 55

—— allgemeine Musiklehre in ihrer Begrenzung auf das Notwendigste für Lehrer und Schüler in jedem Zweige musikal. Unterrichts. gr. 8. (V, 52 S.) Ebendas. 881. * — 80

—— allgemeine Musiklehre in ihrer Begrenzung auf das Notwendigste für Lehrer und Schüler in jedem Zweige musikalischen Unterrichts. 2. verb. Aufl. gr. 8. (VI, 54 S.) Lahr. 887, Schauenburg. * — 80

— allgemeine Musiklehre in ihrer Beziehung auf das Notwendigste f. Lehrer u. Schüler in jedem Zweige musikalischen Unterrichts. 3., verb. Aufl. gr. 8. (VI, 54 S.) Ebd. 893. n. — 80

— allgem. Musiklehre in ihrer Begrenzg. auf d. Notwendigste f. Lehrer u. Schüler in jedem Zweige musikal. Unterrichts. 4., verb. Aufl. gr. 8. (VI, 54 S.) Ebd. 898. n. — 80

— allgemeine Musiklehre in ihrer Begrenzung auf das Notwendigste f. Lehrer u. Schüler in jedem Zweige musikalischen Unterrichts. Hrsg. v. K. Kühn. 5., verb. Aufl. gr. 8. (VI, 54 S.) Lahr (902). M. Schauenburg. n. — 80

Allgemeine Musiklehre in ihrer Begrenzung auf das Notwendigste für Lehrer und Schüler in jedem Zweige musikalischen Unterrichts. Von Prof. F[riedrich] W[ilhelm] Sering, Kgl. Musikdir. 6. Aufl. Lahr: M. Schauenburg [1908]. (54 S.) 8° [F.] 1908

— erstes Notenbuch für Schüler der Elementarstufe im Gesangunterricht. Ebend. 868. 8. (40 S.) n. 3 ngr.

—— dass. — Ausg. für elsäßische Schulen. 8. (32 S.) Ebendas. 871. * .

— 1. Notenbuch f. Schüler der Elementarstufe im Gesangunterricht. (Gehört zur 4. Aufl. des „Elementar-Gesangunterrichts" vom Verf.) Ausg. A. 12. (40 S.) Gütersloh 877. C. Bertelsmann. n. — 30

—— Erstes Notenbuch. Die unentbehrlichsten Übungen für den Unterricht im Singen nach Noten. Ausgabe B. 6. Aufl. 8. (34 S.) Gütersloh 891, Bertelsmann. * — 25

— dasselbe. Die unentbehrlichsten Übungen f. den Unterricht im Singen nach Noten. Ausg. B. 7. Aufl. 12. (34 S.) Ebd. 892. n. — 25

Erstes Notenbuch. Die unentbehrlichsten Übungen f. d. Unterr. im Singen nach Noten. Von Prof. Friedr. Wilh. Sering. (Ausg. B.) 9. Aufl. Gütersloh: C. Bertelsmann [1907]. (34 S.) 8° [F.] 1908

— 12 Notentabellen für den Gesangunterricht in Volksschulen u. Mittelschulen. Imp.-Fol. Strassburg 878. Schultz & Co. In Mappe. n. 8. —

—— der theoretisch-praktische Organist. 1. Stufe. Hundert leicht ausführbare Orgel-Präludien zu allen Chorälen in Dur und Moll mit theoret. Einleitungen. gr. Lex.-8. (40 S.) Erfurt 861, Körner's Verlag.

— der theoretisch-praktische Organist. 6 Hefte. Erfurt 862, 63. Körner's Verlag. 4.

—— der theoretisch-praktische Organist. 2.—6. Heft. hoch 4. Erfurt 862,63, Körner's Verlag.

Inhalt:

Heft 2—4. 224 Modulationen von allen Dur- und Moll-Tonarten nach nahen und entfernten Verwandten, 130 Orgelvorspiele von verschied. Meistern, zu allen Chorälen in Dur und Moll, mit theoret. Einleitungen. 3 Hefte. (115 S.) à Heft 12 Ngr. 1 Thlr. 6 Ngr.

„ 5. Choral-Präludien A. mit freien Motiven. — B. mit Choral-Motiven, von verschied. Componisten, für das Studium und den Gebrauch beim Gottesdienste, mit theoret. Einleitung. (IV und 72 S.) 24 Ngr.

„ 6. Die Kirchentöne. Die Theorie der Kirchentöne und contrapunkt. Studien kurz dargestellt und in Verbindung mit Choral-Präludien in den Kirchentonarten hrsg. (IV und 105 S.) * 1 Thlr. 15 Ngr.

1. Heft. Ebendas. 1861. 12 Ngr.

—— elsaß-lothringisches Schul-Liederbuch. Gesammt-Ausg. der Choral-Melodien und Volkslieder des Normal-Lehrplans für die evangel. Elementarschulen in Elsaß-Lothringen. Ausg. A. Text der Choral-Melodien nach dem Gesangbuche für Christen Augsburg. Confession. 8. (34, 22 S.) Straßburg 882, Schmidt's Universitäts-Buchh. ** — 50

—— dass. — Ausg. B. Text der Choral-Melodien nach dem Gesangbuche für die evangel. Gemeinden in Elsaß-Lothringen. 8. (26, 22 S.) Ebendas. 882. * — 40

— Volkslieder. Für die Stimmen der Präparanden-Anstalten angemessen gesetzt. Op. 120. 4., verb. Aufl. 8. (IV, 46 S.) Leipzig (899). C. F. W. Siegel. n. — 50; kart. n. — 70

Sering, Fr. W., Volkslieder nach den Forderungen der dreiklassigen Volksschule geordnet und im h. Auftrage der K. Regierung zu Stralsund herausg. 1. Heft: Für die Unter- und Mittelklasse. — 2. Heft: Für die Oberklasse. Gütersloh 856. Bertelsmann. 12. Jedes Heft (à 24 S.) n. 1 ngr.

— f. d. Volkslieder, nach d. Fordergn. d. dreiklass. Volksschule geordnet.

— hundert d. besten deutschen Volkslieder u. geistlichen Lieder f. d. Mittel- u. Oberstufe einfacher Schulverhältnisse. In naturgemäßer Tonhöhe u. leicht singbarem zweistimm. Tonsatze [die geistl. Lieder m. e. event. anwendbaren 3. Stimme] bearb. u. f. die Hand d. Schüler hrsg. 8. (66 S.) Lahr 887. Schauenburg. n. — 30

— 166 der besten deutschen Volkslieder u. geistlichen Lieder f. die Mittel- u. Oberstufe der Volksschule, darunter die durch Verfügung hoher Schulbehörden zur Einübung vorgeschriebenen Lieder. In angemessener Tonhöhe u. leicht singbarem zweistimm. Tonsatze (die geistl. Gesänge m. e. event. anwendbaren 3. Stimme) bearb. 2. Aufl. 8. (II, 104 S.) Lahr 894. M. Schauenburg. n. — 30

— 173 d. besten deutschen Volkslieder u. geistl. Lieder f. d. Mittel- u. Oberstufe der Volksschule, darunter die durch Verfügg. hoh. Schulbehörden zur Einübg. vorgeschrieb. Lieder. In angemess. Tonhöhe u. leicht singbarem 2stimm. Tonsatze (d. geistl. Gesänge m. e. event. anwendbaren 3. Stimme) bearb. 3. Aufl. 8. (IV, 113 S.) Ebd. 897. — 30

— 183 der besten deutschen Volkslieder u. geistlichen Lieder f. die Mittel- u. Oberstufe der Volksschule, darunter die durch Verfügg. hoher Schulbehörden zur Einübung vorgeschrieb. Lieder. In angemess. Tonhöhe u. leicht singbarem 2stimm. Tonsatze (die geistl. Gesänge m. e. event. anwendbaren 3. Stimme) bearb. 4. verb. u. verm. Aufl. 8. (III, 120 S.) Lahr (900). M. Schauenburg. n. — 35

— 183 der besten deutschen Volkslieder u. geistlichen Lieder f. die Mittel- u. Oberstufe der Volksschule, darunter die durch Verfügg. hoher Schulbehörden zur Einübg. vorgeschriebenen Lieder. In angemessener Tonhöhe u. leicht singbarem 2stimm. Tonsatze (die geistl. Gesänge m. e. event. anwendbaren 3. Stimme) bearb. 5. Aufl. v. Rob. Linnarz. (120 S.) 8. Lahr (903). M. Schauenburg. n. — 35

—— Volkslieder für vierstimmigen Männergesang hrsg. (Op. 30.) gr. 8. (32 S.) Magdeburg 856, Heinrichshofen'sche Buchh.

—— die Volkslieder des Normal-Lehrplans für die Elementarschulen von Elsaß-Lothringen, in systemat. Ordnung hrsg. Op. 116. 1.—5. verb. Aufl. 8. (20 S.) Ebendas. 881—85. * — 20

— die Volkslieder des Normal-Lehrplans für die Elementarschulen von Elsaß-Lothringen, in systematischer Ordnung hrsg. Op. 116. 2., verb. Aufl. 8. (20 S.) Ebend. 882. n. — 20

—— die Volkslieder des Normal-Lehrplans für die Elementarschulen von Elsaß-Lothringen, in systemat. Ordnung hrsg. 6. und 7. Aufl. 8. (20 S.) Straßburg 886,88, Schmidt's Universitäts-Buchh. * — 20

—— Die Volkslieder d. Normal-Lehrplans f. die Elementarschulen v. Elsaß-Lothringen, in systemat. Ordng. hrsg. 11. Aufl. 8. (20 S.) Straßb. 892, [Schmidt]. Bull. * — 20

— die Volkslieder d. Normal-Lehrplans f. die Elementarschulen v. Elsaß-Lothringen in systematischer Ordnung. 14. Aufl. 8. (22 S.) Straßburg 894. F. Bull. n. — 20

— d. Volkslieder d. Normal-Lehrplans f. d. Elementarschulen v. Elsaß-Lothringen, in systemat. Anordng. hrsg. 16. Aufl. 8. (20 S.) Ebd. 896. n. — 20

— die Volkslieder des Normal-Lehrplans f. die Elementarschulen v. Elsaß-Lothringen, in systematischer Anordnung hrsg. 21. Aufl. 8. (20 S.) Straßburg 900. F. Bull. n. — 20

— die Volkslieder des Normal-Lehrplans f. die Elementarschulen v. Elsaß-Lothringen in systemat. Ordng. hrsg. 27. Aufl. (20 S.) 8. Ebd. 905. n. — 20

— Die Volkslieder des Normal-Lehrplans f. die Elementarschulen v. Elsaß-Lothringen, in systemat. Ordng. hrsg. 32. Aufl. (20 S.) 8. Straßburg 909. F. Bull. — 20

Sering, F. W., Vorstufe zur Harmonielehre f. Seminar-Aspiranten. 5., verb. Aufl. gr. 8. (VI, 82 S.) Halle 896. H. Schroedel. n. 1. 20

— Vorstufe zur Harmonielehre f. Seminar-Aspiranten. 6. verb. Aufl. Hrsg. v. Johs. Emilius. (VI, 82 S.) gr. 8. Halle (908). H. Schroedel. 1. 20

Sering, Max, Arbeiter-Ausschüsse in der deutschen Industrie, s.: Schriften d. Vereins f. Socialpolitik. 46.

Sering, Prof. Dr. Max,
Arbeiterfrage und Kolonisation in den östlichen Provinzen Preussens. Rede zur Vorfeier des Geburtstages Sr. Majestät des Kaisers und Königs in der Königl. landwirtschaftl. Hochschule zu Berlin am 26. Jan. 1892 geh. (Aus: „Deutsche landwirthsch. Presse".) gr. 8°. Berlin, P. Parey, 1892. (28 S.)

Sering u. v. Cetto. Die Bedeut. d. landwirtsch. Bevölkerung f. d. Wehrkraft d. Dtsch. Reiches. Berlin 1902.

Sering, Max: Die preussischen Eisenzölle 1818—1833 mit einer historischen Einleitung. Leipzig, Duncker & Humblot, 1881. 8. 61 S.

Sering, Max: Erbrecht und Agrarverfassung in Schleswig-Holstein auf geschichtlicher Grundlage mit Beiträgen von Rudolf Lerch [u. a.]. Mit 2 Kt. Berlin: Parey 1908. XXX, 588, ⟨180⟩ S. 4°
(Die Vererbung d. ländl. Grundbesitze im Kgr. Preussen. Bd 2, T. 2.)
(Landwirtschaftliche Jahrbücher. Bd. 37, Erg. Bd 5.)

Sering, Max, Erbrecht u. Agrarverfassung in Schleswig-Holstein, m. Beiträgen v. Rud. Lerch, Pet. Petersen u. Osk. Büchner, s.: Jahrbücher, landwirtschaftliche.

— dasselbe, s.: Vererbung, die, des ländlichen Grundbesitzes im Königr. Preussen.

— s.: Forschungen, staats- u. sozialwissenschaftliche.

Sering, Max: Das Genossenschaftswesen und die Entwicklung der Preussischen Central-Genossenschafts-Kasse. Berlin 1897. = Landwirtschaftliche Jahrbücher. Bd 26, Erg.- Bd 1.

Sering, Max, Geschichte der preussisch-deutschen Eisenzölle von 1818 bis zur Gegenwart, s. Forschungen, staats- und socialwissenschaftliche. III, 4.

Sering, Max, s.: Handels- u. Machtpolitik.

Sering, Max: Die innere Kolonisation im östl. Deutschland. — Lpz: Duncker & Humblot 1893. IX, 330 S. (Schriften des Vereins für Sozialpolitik. Bd 56.)

— die innere Kolonisation im östlichen Deutschland, s.: Schriften d. Vereins f. Socialpolitik.

Sering, Max, die landwirthschaftliche Konkurrenz Nordamerikas in Gegenwart und Zukunft. Landwirthschaft, Kolonisation und Verkehrswesen in den Vereinigten Staaten und in Britisch-Nordamerika. Auf Grund von Reisen und Studien dargestellt. gr. 8. (XXVI, 759 S. mit 1 Karte in Farbendr.) Leipzig 887, Duncker und Humblot. * 15 —

— Die Lage der Landwirtschaft in der östl. Hälfte der preussischen Monarchie. Denkschrift als Mscr. gedruckt. 4°. Berlin 1891.

— s.: Moselland, das, u. die westdeutsche Eisenindustrie.

Sering, Max, über Reichstagsauflösung u. Kolonialpolitik, s.: Schmoller, Gust.

— Das Sinken der Getreidepreise und die Konkurrenz des Auslandes. 4 Vorlesungen. gr. 8°. Berlin, F. Telge, 1894. (55 S.)

Sering, Max, s.: Vererbung, die, des ländlichen Grundbesitzes im Königr. Preussen.

— Die Verteilung des Grundbesitzes u. die Abwanderg. vom Lande. Rede, geh. im kgl. preuss. Landes-Ökonomie-Kollegium am 11. II. 1910. Mit statist. Tab. u. 3 (farb.) lith. Karten. (94 S.) Lex. 8. Berlin 910. P. Parey. 2. 50
Sonderabdr. a.: „Verhandlgn. d. kgl. Landes-Ökon.-Kolleg."

Seringe, d. Marquisin v., e. Scene aus d. französ. Revolut. v. Lemaire. 8. Lpz. Sommer. 799.

Seringe, N[icolas-]C[harles]. Essai d'une monographie des saules de la Suisse. [Avec 3 planches.] 8. Berne 1815.

Seringe, Nicolas-Charles: Mélanges Botaniques. Berne, etc., 1818–31. 2 vols. 8°

Seringe, Nicolas-Charles. Musée Helvétique d'histoire-naturelle. ⟨Partie botanique.⟩ Ou Collection de mémoires, monographies, notices botaniques; avec 16 [*i. e.* 17] planches sur cuivre ou lithographiées. Tome 1er [seul paru]. (Livraison 1–6.) 4. Genève. Berne 1823.

Seringe, N. C., Museum der Naturgeschichte Helveticns, oder Beschreibung der seltensten und merkwürdigsten Pflanzen der Schweiz. 1s bis 4s Heft. Mit illum. u. schwarz. Kupf. gr. 8. Bern, Burgdorfer. Schmid in Leipzig. 818 — 20. Rthlr.

Seringe, (N. C.,) Museum d. Naturgeschichte Helvetiens. (Botanische Abthlg.) Oder Beschreibung u. Abbildung d. seltensten od. merkwürdigsten Pflanzen d. Schweiz. 1e — 5e Lieferung in 12 Heften. gr. 4. Bern 818 — 23, Burgdorfer.

[Lied.] Den geliebten besuchenden Br Brn.·. gewidmet! [Unterz.:] Seringhaus. o. O. u. J. 1 Bl. 8° [Kopftit.] Ohne Noten: „Osten, Westen, Süd' und Norden . . ." 140.

Seringhaus, August, prakt. Arzt a. Mühlenbeck b. Berlin: Ueber sechs Fälle von epidemischer Cerebrospinalmeningitis mit besonderer Berücksichtigung der Serotherapie. Leipzig 1907: B. Georgi. (34 S.) 8°
Leipzig, Med. Fak., Ref. Hoffmann, Diss. v. 12. Juli 1907
[Geb. 17. März 76 Mülheim a. d. R.; Wohnort: Mühlenbeck b. Berlin; Staatsangeh.: Preußen; Vorbildung: Gymn. Moers Reife M. 94; Studium: Bonn 6, Marburg 4 S.; Coll. 17. Juni 07; Approb. 16. Juni 03.]

Serini, Hermann, aus Zweibruecken: **Rangvorbehalt und Zwischenhypothek.** *Muenchen: J. Schweitzer 1900.* (XI, 57 S.) 8°
Erlangen, Jur. Diss. v. 10. Juli 1900

Serini, Otto, die Schriftkürzung. Ein Lehrbuch zum Schulgebrauch u. zum Selbstunterricht. gr. 8. (80 S.) Frankfurt a/M. 886. Diesterweg. n. 2. —

Serini, Ph. J., Andeutungen über Gesetzgebung und Rechtspflege in den deutschen Rheinprovinzen, insbesond. in der königl. bayer. Pfalz. 2. Abthl.: Die älteren Statutarrechte und früheren Territorialverhältnisse der königl. bayer. Pfalz, nach der früheren Territorialeintheilung vor dem Ausbruche der französ. Revolution, und eine Fortsetzung der chronolog. Zusammenstellung verschied. Entscheidungen des k. Cassations- und Revisions-Hofes für die Pfalz zu München, sowie des k. Appellationsgerichts zu Zweibrücken. Lex.-8. (VIII und 207 S.) Landau 861. Kaußler. *
1. Abthl. Mannheim 1848, [Rotter.] * 2 Thlr. 5 Ngr.

Serini, Ph. J., chronolog. Zusammenstellung der während der provisor. französ. Verwaltung in den deutschen Rheinlanden publicirten Gesetze u. Uebersicht der daselbst bestandenen alten Statutarrechte, nebst Angabe der früheren Territorialverhältnisse. Mit 1 (in Kpfr. gest. u. color.) Uebersichtskarte (in Fol.) Lex. 8. (302 S.) Mannheim 848, Schwan & Götz. n. 2⅙ ℳ

v. *Serionne*, Jos. Accar., la liberté de penser et d'écrire. II Vols. gr. 8. Wien 775. Grüffer. 1 ℳ 8 ℔

— l'Ordre moral, ou le d veloppement des principales loix de la nature. II Vol. 8. Augsb. Stage. 780.

— la richesse de l'Angleterre. 8. Wien 773.

— situation de la politique actuelle de l'Europe considérée rélativement à l'ordre moral. 8. Augsb. 781. v. Jenisch u. St. 8 ℔

Seriosus, s. Pfau, **Karl Frdr.**

Seriosus, s.: Kommissionäre uns. Herren Leipziger.

Serjour, Bruderliebe. Schspl. in 1 A., s. T. Fr. v. Ehrimfeld.

Serklaide, eine von der Belagerung Magdeburgs ausgehende u. mit der Schlacht bei Breitenfeld sich endende Handlung. 8. Lemgo 788. Meyer. 20 ℔

Serklaide, eine von der Belagerung Magdeburgs ausgehende . . . Handlung. Lemgo 1788. V: *Rathleff, Ernst Lorenz Michael.* (MI.)

Serko Alfred: Der Begriff des Wesens bei Spinoza. II. 1902 PN 1552 Diss. Wien, Univ.

SERKO, Milan: Vergleichend-anatomische Untersuchungen eines fossilen Koniferenzapfens und fossilen Holzes. - Wien 1906. 51 S. (Hdschr.) - Diss. Phil. Fak. - (Österr. Bot. Z. Bd. 59 m. geänd. Titel)

Serkowitz, Louise, Elisabeth. Historisch-romant. Erzählg. M. vielen bunten u. schwarzen Bilder-Beilagen. 79 Hfte. 8. (2524 S.) Dresden (896). R. H. Dietrich. à Hft. — 10

Serkowski, St., Grundriss der Semiotik des Harns. Für prakt. Aerzte. (80 S. m. 6 Abbildgn.) Lex.-8. Berlin 905. S. Karger. n. 1.50

SERLO, der hellblaue Bund, eine abentheuerliche Geschichte von *K. G. F. S.* (d. i. *Karl Gust. Frdr. Schwalbe*). Braunschweig, Schröder, 1799. 8°.
Anon.-Lex. IV. p. 79 (nach Kayser u. Meusel).

Serlo, od. d. hellblaue Bund; eine abenteuerliche Gesch. 8. Braunschw. Schröder. 799.

Serlo, Albert

Serlo, Alb., Beitrag zur Geschichte des schlesischen Bergbaues in den letzten 100 Jahren. Festschrift zur Feier des 100jähr. Bestehens des königl. Oberbergamtes zu Breslau am 5. Juni 1869. Berlin 869. Ernst & Korn. gr. 4. (IV, 155 S. mit 2 chromolith. Taff. in gr. 4. u. qu. Fol.) n. 1 ℳ 25 ngr.

—— Bergbau und Hüttenwesen, s. Bericht, amtlicher, über die Wiener Weltausstellung im J. 1873.

Serlo und C. Stölzel. Bergbau und Hüttenwesen auf der Wiener Ausstellung. Braunschweig 1874.

Serlo, Dr. A., Leitfaden zur Bergbaukunde. 3. verbess. u. bis auf die neueste Zeit ergänzte Aufl. Mit 640 Holzschn. im Text und 23 lith. Tfln. Berlin 1877. 2 Bde. 8°.

Serlo, Alb., Leitfaden zur Bergbaukunde. 3. verb. und bis auf die neueste Zeit ergänzte Aufl. Mit 640 in den Text gedr. Holzschn. und 28 lithogr. Taf. 2 Bde. gr. 8. (XVIII, 711; VIII, 535 S.) Berlin 878, Springer. *
1. und 2. Aufl. vgl. **Lottner, Heinr.**

Serlo, Alb., Leitfaden zur Bergbaukunde. 4. verb. u. bis auf die neueste Zeit ergänzte Aufl. Mit 745 in den Text gedr. Holzschn. u. 32 lith. Taf. 2 Bde. Lex.-8. (XIX, 841 u. VIII, 606 S.) Berlin 884. Springer.

—— Ergänzungsband zum Leitfaden der Bergbaukunde, s. Lottner.

Serlo, Martin Ludwig

Serlo, Mart. Ludw. (geb. Schemnsel 11. 12. 1792): De aqua minerali in pago Neomarchiae Gleissen nuper detecta. Berolini (1817) (42 S.) 8°
Berlin, Med. Diss. v. 21. Febr. 1817

Serlo, Max, der Doppelgänger. Ein Sylvestertraum. 16. (64 S.) Berlin 854, Springer's Verlag. Thlr.

Serlo, … De … conductarum infantibus adhibendarum. …
Berlin, Med. Diss. v. … Apr. 1816

Serlo, Moritz Ludwig

Serlo, Maur. Ludov. (geb. Schermeisel): Monstrorum extremitatibus carentium exempla tria. Berolini (1826). (26 S.) 8°
Berlin, Med. Diss. v. 18. Aug. 1826.

Liste der königlich preussischen **Bergassessoren.** Hrsg. von Walter Serlo, Bergmeister zu Metz. *Berlin: W. Ernst & Sohn 1902.* (X, 216 S.) 8° […. 3639]

Sermage, Graf Jean Pierre, Reseda. (Gedichte, Erzählungen, Schauspiele rc.) 2 Thle. 8. Wien 819. (Heubner). 2 ℳ 6 ℔

SERMAGE, JOSEPH (KARL JOHANN PETER) GRAF VON SZOMSZÉDVÁR: Trauerrede bei Gelegenheit der feierlichen Exequien des Maximilian Verhovacz Bischof von und zu Agram am 7. May 1828. Agram 1828: Franz Suppan. 5 f. - 4°

Sermage, Rich. Graf, im Exil, s.: Weber's mod. Bibliothek.

Sermage, Rich. Graf. Die Verlassenen. Roman. 8. (IV, 219 S.) [Lpz. 889, Elischer Nachf.] Graz, Leykam. [* 4 —] * 1 50

Serman, Chava. Über eine neue Methode der Transplantation des Schilddrüsengewebes. Diss. Med. Bern. [Mit 1 Tafel. Sep.-Abdr. aus: Deutsche Zeitschrift für Chirurgie, Band 96.] 27 S. 8. Leipzig, F. C. W. Vogel, 1909.

Sermes, Carla, Dorothea. Schausp. in 4 Akten. 12. (104 S.) Paderborn 896. F. Schöningh. n. 1. —; geb. n. 2. —

Sermes, Carla, Excelsior. Festspiel in 1 Vorspiel u. 3 Akten. 16. (47 S.) Paderborn 894. Bonifacius-Druckerei. — 75

— Frieden. Schausp. in 3 Akten. 12. (64 S.)
Pad.:Schöningh 1896. geb. n. 1. 60

— Geburtstagsscherz in 1 Akte. 12. (8 S.) Münster 893. A. Russell. n. — 50

Sermes, Carla. Muttersegen, s. Theater f. die kathol. weibl. Jugend.

Muttersegen. Theaterstück f. Kinder in 3 Akten. Von Carla Sermes. 2. Aufl. *Paderborn: F. Schöningh [1903].* (35 S.) 8° [F.]
— Theater f. d. weibliche Jugend. 5. [04. 1498

— Notburga. Religiöses Schauspiel in 3 Akten. 8. (29 S.) Ebd. 898. n. — 70

Die Silberkrönchen: Kinder-Märchenspiel in 3 Akten z. Silber-Hochzeit Ihrer Kais. Maj. gedichtet von M. C[arla] Sermes. Musik von W. Leinweber. Düsseldorf: L. Schwann [1905]. (31 S.) 8° [F.] [06. 9600

Sermo in primo solenni academiae scientiarum imperial. conventu d. 17. Decembr. 1725. publice recitatus. 4. Petersb. 726.

— panegyricus in solenni academ. scientiarum imperial. conventu d. 5. May 1731. publice recitatus. 4. ibidem.

Sermo panegyricus D. Joanni Theologorum Patrono dictus. Viennae 1742. V: *Khell von Khellburg, Joseph.* (Jes)

SERMO, Dr. jur., Du sollst nicht begehren deines Nächsten Weib! Der Ehebruch und seine Bedeutung in juristischer und moralischer Hinsicht. (190*.) 8⁰. (1 Mk. 50 Pfg. O. Rauthe, 1909, ohne Angabe von Ort und Jahr.)

Inhalt: Der erlaubte Ehebruch früherer Zeiten und bei Naturvölkern. — Jus primae noctis. (Das Recht der ersten Nacht.) — Die Zeit Ludwig XIV. — Das moderne Zeitalter. — Der verheiratete Mann als Ehebrecher. — Die Frau als Ehebrecherin. — Der unverheiratete Ehebrecher. — Prostitution und Ehebruch. — Das französische Lustspiel, eine Schule des Ehebruchs. — Gesetzliche Bestimmungen und Strafen. — Der Nachweis des Ehebruchs ist schwierig. — Detektiv-Institute und wie dieselben arbeiten. — Die Ueberführung. — Bestrafung des schuldigen Teiles. — Interessante Fälle.

Sermo, der Ehebruch u. seine Folgen in moralischer u. rechtlicher Beleuchtung. Eine Kultur- u. Sittenstudie der Jetztzeit m. besond. Berücksicht. der deutschen Verhältnisse. (79 S.) 8. Oranienburg (909). Orania-Verlag. 2. —

Sermon sur la fête séculaire de la reformation et sur la fête annuelle du refuge. gr. 8. Berl. 818. (Gädicke). 4 g.

Sermon prononcé le Dim. de Pentecôte aprèsmidi dans le Temple de Berlin sur le Texte ordonné par la Cour pour la Solemnité de la Paix. Signée à Teschen le 13. Mai 1779. Berlin, Imprimé chez Charles Frederic Rellstab.

Sermon, R. P. C. L. C., von der Verleumdung, aus dem Französischen übersetzt. 1710. Ü: *Eschenbach, Andreas Christian.* (will I, 361)

Sermond, H., Anleitung zur Ertheilung d. Zeichen-Unterrichtes in der Volksschule. Nach den Grundsätzen der ministeriellen allgemeinen Bestimmgn. vom 15. Oktbr. 1872 ausgearb. u. m. 24 (lith.) Taf. (in qu. 4.) f. das Netz- u. stigmograph. Zeichnen, als die Vorstufe d. Freihandzeichnens, versehen. 8. (40 S.) Halle 875. Anton. n. 1 60

Sermond, H. Bilder aus der deutschen u. brandenburgisch-preußischen Geschichte f. die Oberstufe katholischer Volksschulen. Mit besond. Berücksicht. d. deutschen Kulturlebens und der Bestrebgn. der preuß. Könige um die Wohlfahrt ihrer Unterthanen. gr. 8. (56 S. m. 34 Abbildgn. u. 8 Geschichtskarten.) Lpz. 892, Ed. Peter. * — 30; cart. ** — 40

—— desgl. — f. Schülerinnen der Oberstufe katholischer Volksschulen. Mit besond. Berücksicht. edler Frauengestalten und kulturgeschichtlich wicht. Zustände u. Begebenheiten, sowie der ministeriellen Bestimmgn. v. 18. Oktbr. 1890. gr. 8. (64 S. m. 33 Abbildgn. u. 3 Geschichtskarten.) Ebd. 891. * — 40; cart. * — 50

—— Elementar--Musiklehre für Präparandenanstalten und Schullehrer-Seminare, sowie für jeden angehenden Musiker. Nach den Grundsätzen der „allgemeinen Bestimmungen" verf. 8. (VI, 71 S.) Leipzig 877, Merseburger.

— Handbuch f. den Turn-Unterricht in Elementar- u. höheren Schulen. Mit 24 in den Text gedr. Figuren. gr. 8. (XIII, 98 S.) Freiburg 872. Herder. 1. —; cart. 1. 20

Sermond, H., Hand-Fibel. Mit Zugrundelegung der im ministeriellen Auftrage hrsg. „Regeln für die deutsche Rechtschreibung zum Gebrauche in den preuß. Schulen" bearb. 2 Tle. 8. Düsseldorf, Schwann'sche Verlagsh. ** — 90

Inhalt:

Tl. 1. Schreib-Lese-Unterricht für die Unterklassen der Volksschule. Erstes Schuljahr. Ausg. A. Mit methodologischen Winken und Erläuterungen für den Lehrer. (84 S. mit vielen in den Text gedr. Fig.) 880. geb. 50 Pf. — Ausg. B. Für die Hand des Schülers. 1. Aufl. (64 S.) 880; 2. Aufl. (61 S.) 884. ** 40 Pf.

" 2. Erstes Lesebüchlein für die Unterklassen der Volksschule. Enthaltend: Kleine kindl. Lesestücke zur Förderung der Lesefertigkeit. Zweites Schuljahr. [In Halbtagsschulen zweites und drittes Schuljahr.] 1. und 2. Aufl. (72 S.) 880,82. ** 40 Pf.

Sermond, H., Hand-Fibel. 1. Tl. Schreib-Lese-Unterricht f. die Unterklassen der Volksschule. 1. Schuljahr. Mit vielen in den Text gedr. Fig. Ausg. B. Für die Hand d. Schülers. 3. Aufl. 8. (61 S.) Düsseldorf 885. Schwann. geb. n.n. — 40

—— dass. — 2. Tl.: Erstes Lesebüchlein für die Unterklassen der Volksschule. Enthaltend: Kleine kindliche Lesestücke zur Förderung der Lesefertigkeit. Zweites Schuljahr. [In Halbtagsschulen zweites und drittes Schuljahr.] 3. und 4. Aufl. 8. (72 S.) Ebendas. 886,87. geb. ** — 40

Sermond, H., Hand-Fibel. 1. Tl.: Schreib-Lese-Unterricht f. die Unterklassen der Volksschule. Erstes Schuljahr. Ausg. B. Für die Hand d. Schülers. 5. Aufl. 8. (61 S. m. vielen in d. Text gedr. Fig.) Düsseldorf 888. Schwann. geb. n.n. — 40

—— Methodologische Winke und Erläuterungen zum 1. Theile der Handfibel. 8. (19 S.) Ebendas. 888. * — 20

Sermond, H., Hand-Fibel. 2 Tle. gr. 8. Düsseldorf 896. L. Schwann. Geb. à n.n. — 40
1. Schreib-Lese-Unterricht für die Unterklassen d. Volksschule. 1. Schulj. 10. Aufl. (81 S. m. Abb.)
2. Erstes Lesebüchlein f. d. Unterklassen d. Volksschule. Enth.: Kleine kindl. Lesestücke zur Förderg. d. Lesefertigkeit. 2. Schulj. (In Halbtagsschulen 2. u. 3. Schulj.) 8. Aufl. (72 S.)

—— Liederbuch für katholische Volksschulen. Im Anschluß an die im Auftrage des königl. Provinzial-Schulkollegiums zu Münster hrsg. Lesebücher für kathol. Volksschulen der Provinz Westfalen und die danach für die Provinzen Hannover, Hessen-Nassau, Rheinprovinz, Sachsen und Schlesien bearb. Ausgaben, unter Berücksicht. auch der Liedertexte anderer Lesebücher zusammengestellt. 3 Hefte. 8. Ebendas. 886. * 1 5

Inhalt:
Heft 1. Für die Unterstufe. (IV, 28 S.) * 25 Pf.
„ 2. Für die Mittelstufe. (IV, 55 S.) * 35 Pf.
„ 3. Für die Oberstufe. (VIII, 92 S.) * 45 Pf.

— **Liederbuch f. Volks- u. Mittelschulen**, s.: **Bartholomäus, W.**

Sermond, H., Realienbuch für katholische Elementarschulen, s. **Lettau, H.**

—— Sammlung beliebter deutscher Volkslieder für Schule, Haus und Leben, mit Berücksicht. beliebter elsäss. Lieder und Sagen. Nebst einem Anhang, enth. das „Wichtigste aus der allgemeinen Musiklehre für Elementarschulen" und einer Anzahl „Treffübungen im Gesange". Nach pädagog. Grundsätzen zusammengestellt. 2 Hefte. 8. Köln und Neuß [Düsseldorf] 871. Schwann's Verlag. *

Inhalt:
Heft 1. Zunächst für Unter- und Mittelklassen der Elementarschulen. (48 S.) * 33 Pf.
„ 2. Zunächst für Oberklassen der Elementarschulen. (77 S.) * 40 Pf.

—— Sammlung beliebter deutscher Volkslieder für Schule, Haus und Leben. Nebst einem Anhang, enth. das Wichtigste aus der allgemeinen Musiklehre für Elementarschulen und einer Anzahl Treffübungen im Gesang. Nach pädagog. Grundsätzen zusammengestellt. 2 Hefte. 2. Aufl. 8. Köln und Neuß 876. Schwann. *

Inhalt:
Heft 1. Zunächst für Unter- und Mittelklassen der Elementarschulen. (IV, 48 S.) * 35 Pf.
„ 2. Zunächst für Oberklassen der Elementarschulen. (75 S.) * 40 Pf.

—— Sammlung beliebter deutscher Volkslieder für Schule, Haus und Leben. Nebst einem Anhang, enthaltend das Wichtigste aus der allgemeinen Musiklehre für Elementarschulen und eine Anzahl Treffübungen im Gesange. Nach pädagogischen Grundsätzen zusammengestellt. 2 Hefte. Zunächst für Unter- und Mittelklassen der Elementarschulen. 4. Aufl. 8. Düsseldorf 881,84, Schwann'sche Verlagsh. [1. Heft. (IV, 48 S.) * 35 Pf.; 2. Heft. (IV, 75 S.) * 40 Pf.] * — 75

—— Sammlung beliebter deutscher Volkslieder für Schule, Haus und Leben. Nebst einem Anhang, enthaltend das Wichtigste aus der allgemeinen Musiklehre für Elementarschulen und eine Anzahl Treffübungen im Gesange. Nach pädagog. Grundsätzen zusammengestellt. 1. Heft. Zunächst für Unter- und Mittelklassen der Elementarschulen. 5. Aufl. 8. (IV, 48 S.) Düsseldorf 885, Schwann. * — 35

—— dass. — Nebst einer kurzen Anleitung für die Ertheilung des Gesangunterrichtes in Elementarschulen. Nach pädagog. Grundsätzen zusammengestellt. 2. Heft. Zunächst für Oberklassen der Elementarschulen. 5. Aufl. 8. (IV, 75 S.) Ebendas. 885. * — 40
6. und 7. Aufl. u. d. T.:

—— Sammlung beliebter deutscher Volkslieder für Schule, Haus und Leben. Nebst einer kurzen Anleitung für die Erteilung des Gesangunterrichtes in der Volksschule. Nach pädagog. Grundsätzen zusammengestellt. 2. Heft: Für die Oberstufe. 6. und 7. Aufl. 8. (IV, 74 S.) Ebendas. 886,88. * — 40

— dasselbe. 2. Hft. Für die Oberstufe. 7. Aufl. 8. (IV u. S. 33—74.) Ebd. 888. n. — 40

— Sammlung beliebter deutscher Volkslieder f. Schule, Haus u. Leben. Nebst e. Anh., enth. das Wichtigste aus der allgemeinen Musiklehre f. Elementarschulen u. e. Anzahl Treffübgn. im Gesange. Nach pädagog. Grundsätzen zusammengestellt. 1. Hft. Zunächst f. Unter- u. Mittelklassen d. Elementarschulen. 6. Aufl. 8. (V, 48 S.) Ebd. 889. n. — 35

—— Sammlung beliebter deutscher Volkslieder f. Schule, Haus und Leben. Nebst e. Anh., enth. d. Wichtigste aus der allgem. Musiklehre f. Elementarschulen u. e. Anzahl Treffübgn. im Gesange. 2 Hefte. Düsseldorf, Schwann. [1. Heft. 7. Aufl. (IV, 48 S.) 890. * — 35; 2. Heft. 8. Aufl. (IV, 74 S.) 888. * — 40.] * — 75

Sermond, H., Sammlung beliebter deutscher Volkslieder f. Schule, Haus u. Leben. Nach pädagog. Grundsätzen zusammengestellt. 2 Hfte. 8. Düsseldorf 894. L. Schwann. n. — 75
1. Zunächst f. Unter- u. Mittelklassen der Elementarschulen. Nebst e. Anh., enth. das Wichtigste aus der allgemeinen Musiklehre f. Elementarschulen u. e. Anzahl Treffübgn. im Gesange. 9. Aufl. (48 S.) n. — 35
2. Für die Oberstufe. Nebst e. kurzen Anleitg. f. die Erteilg. des Gesangunterrichtes in der Volksschule. 8. Aufl. (74 S.) n. — 40

Sermonem Hilarii Litomericensis ad senatum populumque Piznensem, s. *Hilarii.*

Sermonen im Ersten Semester des neunzehnten Jahrhunderts. Zunächst für das Jahr 1802. Jena 1801. H: *Feuerbach, Paul Johann Anselm.* (Sauer, Säculardichtungen. Berlin 1901. S. 619.)

Sermonen im ersten Semester des 19ten Jahrhunderts, zunächst f. das Jahr 1802. 8. Jena 802. Gabler. (Knobloch in Leipz.) 9 gr.

Sermones

— Acad. in conventu publico ao. 1725, 26. 1745 et 49. praelecti. 4. Petersburg. Academ. (Hartknoch, Lipsiae.)

Sermones in solenni academiae scientiarum imperialis conventu d. 29. April. 1742. publice recitati. 4. maj. Petersburg.

Sermonis latini origines cum suis derivatis etc. 8. Zürich 782. Orell.

Sermonis, Latini, vetustioris reliquiae selectae. Recueil publié par A. E. Egger. gr. in-8. (28¾ B.) Paris 843. Leipzig, Michelsen. Thlr. *

Sermons sur l'amour de la patrie ... Berlin 1793. V: *Ancillon, Jean Pierre Fréd.* (winer)

Sermons sur les chapitres IX. X. et XI. de l'epitre de S. Paul aux Romains ... Hamb. 1735. V: *Brucker, Philippe Adam.* (schr)

Sermons choisis de l'église française réfugiée de Berlin. I. Partie. gr. in-8. (20½ B.) Berlin 845, Alex. Duncker. *

Sermons out of church, s.: Collection of brit. authors.

Sermons, deux, l'un sur la providence, l'autre sur le pardon des injure, prononcés pr. un auteur illustre. 8. Götting. 760. Dieterich. 5 gr

Sermons sur le séc. Jubilé de la Paix de la Religion, prononcés à Erlang. 4. Erl. 756.

Sermons du XIIe siècle en vieux provençal. Publiés d'après le ms. 3548 B de la Bibliothèque Nationale par Frederick Armitage. 8. (LVIII, 121 S.) Heilbronn 881, (Gebr. Henninger.) * 3 —

— sur divers textes de l'écriture saincte de S. F. J. Rau. III Vols. gr. 8. Leyd. 809, 10. Luchtmans.

— sur div. textes de l'Ecriture sainte p. feu S. F. Rau. Tom. I. et II. gr. 8. Leide. (Weidmann à Leipz.) 809. 810.

Sernander, Rutger, Entwurf e. Monographie der europäischen Myrmekochoren. (Kungl. svenska vetenskapsakademiens handlingar. 41. Bd. Nr. 7.) (IV, 410 S. m. 29 Fig. u. 11 Taf) 4. Uppsala 906. (Berlin, R. Friedländer & Sohn.) n.n. 21. —

Entwurf einer Monographie der europäischen Myrmekochoren von Rutger Sernander. Mit 11 Taf. u. 29 Textfig. Uppsala & Stockholm 1906: Almqvist & Wiksell. (410 S.) 4°
= Handlingar. K. Svenska Vetenskapsakademiens. N.F. Bd 41, No 7. [illegible]

Den skandinaviska vegetationens spridningsbiologi. Zur Verbreitungsbiologie d. skandinav. Pflanzenwelt. Mit e. deutschen Résumé. Med 32 afb. Af Dr. Rutger Sernander, Upsala. *Berlin: R. Friedländer in Komm.; Upsala: Lundequist (1901).* (IV, 459 S.) 8° [illegible]

B. Sernatinger. De particula γάρ. I. Abt. 72 S.
Derselbe. De particula γάρ. II. Abt. 64 S.
Rastatt, P 1874. 1875

Sernatinger, Herm., „Anno 1489". Ein Festspiel aus Bräunlingens Vergangenheit. Mit histor. Einleitg. von Eug. Balzer. (122 S.) 8. Stuttgart 905. A. Bonz & Co. n. 2. —

Sernatinger, Herm., ehem. Benediktinerabtei- u. nunmehr. Pfarrkirche zu Schwarzach (Baden). 12. (IV, 25 S. m. Abb. u. Titelbild.) Offenburg 896. (H. Haßler Nachf.) n. — 50

Sernau, Friedrich Moritz: De terra vegetabili inprimis substrati ejus anorganici origine.
Halle-Wittenberg, Phil. Diss. v. 3. Apr. 1846
Geb. [Brehna (Kr. Bitterfeld) 3. 2. 1821]
Ms. fehlt.

Sernau, Gottfried Lebrecht (Brehna) A. S. 580/42

De ratione interpretandi privilegia nundinarum sollemnius disputatio. Präs. Georg Stephan Wiesand. Leipzig (Langenheim) 24. V. 1764. 31 S.

W. v.: Präs. 32444

Serneo, Janko, u. Janez Sumper. Nauk o gospodinjstvu. Slovenski Bučelarček. V Celovcu, typ. Blaznik in Laibach, 1871. 141 S.

Sernest, (Dr.,) das Wunderrecept, oder sicheres Mittel zur Verlängerung des Lebens, u. zur Erhaltung u. Befestigung der Gesundheit. 3. Aufl. 8. Wien 843. (Tauer u. Sohn.) (Leipzig, Kummer.) Verklebt 1/4 ₰

Sernftal [Schlagwort]

Sernfthal. Reliefkarte vom Sernfthal, Ct. Glarus, nach dem Rheine u. der Linth. Hrsg. vom Verkehrs-Verein Sernfthal (Engi—Matt—Elm). Verkehrsbureau in Engi. 36,5×45,5 cm. Farbdr. Mit illustr. Text auf der Rückseite. Engi 899. (Glarus, Baeschlin.) n. — 60

Sernftalbahn. Die S'-B'. [Erbaut durch die] Maschinenfabrik Oerlikon, Oerlikon bei Zürich. [Illustriert.] Sonder-Abdruck aus der »Schweizerischen Bauzeitung«. Band 46, Nr. 20 und 21 — November 1905. II + 8 S. 4. (Zürich, Jean Frey, 1905.)

Sernftal-Bahn, die. (8 S. m. Abbildgn.) 4. Zürich 905. Rascher & Co. n. — 40
Sonderabdruck aus: „Schweiz. Bauzeitg."

Serno: Zum deutschen Unterricht. 14 S.– Landsberg a/W.; Progr. 1868.

Serno, F. H. Aug., der Tag des letzten Passamahles Jesu Christi. Ein harmonistischer Versuch. gr. 8. (IV und 83 S.) Berlin 859, Oehmigke's Verlag.

[Umschlagt.:] Serno, Johannes [aus Cottbus]: Über das Auftreten und das Verhalten der Salpetersäure in den Pflanzen ... (Aus: Landw. Jahrb. XVIII.) Berlin, P. Parey, 1889; 877—905 S. 8.
Erlangen, Phil. Fak., Inaug.-Diss. v. 4. Juni 1889

Serno, Otto, a. Prödel bei Gaschwitz: (Aus der medizinischen Klinik zu Jena.) Über die Beziehungen zwischen Schwangerschaft, Wochenbett und Tuberkulose. Jena 1906: A. Kämpfe. (59 S.) 8°
Jena, Med. Fak., Ref. Stintzing, Diss. v. 2. Mai 1907
(Geb. 26. Aug. 81 Tomaschow; Wohnort: Gaschwitz; Staatsangeh.: Sachsen; Vorbildung: Thomassch. Leipzig Reife O. 01; Studium: Leipzig 4, Jena 2, Leipzig 1, Jena 2 S.; Coll. 21. Dez. 05; Approb. 2. Mai 07.)

Serno-Solowiewitsch, Unsere russischen Angelegenheiten. Antwort auf den Artikel des Herrn Herzen: „Die Ordnung herrscht." Aus dem Russischen übersetzt von S. L. Borkheim. 8°. Leipzig 1871.

Serno-Solowjewitsch, A., praktische russische Grammatik für Deutsche. gr. 8. (VI und 250 S.) Reval 853, Kluge's Verlag. *

Serno-Solowjewitsch, A., praktische russische Grammatik für Deutsche. 2., verb. und verm. Aufl. gr. 8. (VIII und 287 S.) Reval 858, Kluge's Verlag. *

Serno-Solowjewitsch, A., praktische russische Grammatik f. Deutsche. 5. verb. Aufl. gr. 8. (VIII, 237 S.) Reval 873. Kluge. n. 3. —

Serno-Solowjewitsch, A., praktische russische Grammatik für Deutsche. 6. verb. Aufl. gr. 8. (VIII, 237 S.) Reval 880, Kluge's Verlag. * 3 —

Серно-Соловьевичъ, Н., Окончательное рѣшеніе крестьянскаго вопроса. (Serno-Solowjewitsch, N., entscheidende Lösung der Bauernfrage.) gr. 8. (84 S.) Berlin 861, F. Schneider. *

Sernoff, d. Lehre Lombroso's u. ihre anatom. Grundlagen im Lichte moderner Forschg. Deutsch v. R. Weinberg. [Aus: „Biolog. Centralbl."] gr. 8. (40 S.) Leipzig 896. A. Georgi. n. 1. —

Sernow, Karl

Sernow, K., Bestimmungen betr. d. Prüfg. d. Läufe u. Verschlüsse d. Handfeuerwaffen, nebst Uebersicht d. in- u. ausländ. Prüfungszeichen für Handfeuerwaffen, nach d darüber erlass. Gesetzen u. Verordngn. ꝛc. zusammengest. u. hrsg. z. Handgebr. f. Polizeibehörden u. Polizeibeamte, für Waffenhändler u. and. Interessenten, sowie schließl. f. Gerichtsbehörden u. Justizbeamte. 2. Aufl. 12. (III, III, 21 S. m. ca. 100 Stempelzeichen.) Staßfurt 895. (R. Weicke.) n. 1. —

Sernow, K., reichsgesetzliche Bestimmungen betr. d. Prüfung der Läufe u. Verschlüsse der Handfeuerwaffen, nebst Uebersicht der in- u. ausländ. Prüfungszeichen f. Handfeuerwaffen, nach den darüber erlassenen Gesetzen u. Verordnungen ꝛc. zusammengestellt u. hrsg. zum Handgebrauch f. Polizeibehörden u. Polizeibeamte, f. Waffenhändler u. andere Interessenten, sowie schließlich f. Gerichtsbehörden u. Justizbeamte. 3., vervollständ. Aufl. 12. (XVII, 29 S.) Magdeburg 899. (Neustettin, F. A. Eckstein.) n. 1. —

Sernow, [Karl] : Reichsgesetzliche Bestimmungen betr. die Prüfung der Läufe und Verschlüsse der Handfeuerwaffen. 3. vervollst. Aufl. Magdeburg 1899: R. Hesse & Co. (XVII, 29 S.) 8°

Sernow, K., Militaria. Handbuch f. das Verhalten bei Natural- u. Quartierleistgn. f. die deutsche bewaffnete Macht im Frieden. Zum Gebrauch f. Jedermann aus dem Volke bearb. auf Grund bezl. zur Zeit gült. gesetzl. Bestimmgn. 8. (VIII, 47 S.) Hildburghausen 892. (Kesselring.) n. — 50

— Militaria. Handbuch f. d. Verhalten in Militärersatz- u. Kontroll-Angelegenheiten. Zum Gebrauch f. wehr- u. militärdienstpflicht. Personen v. 17 bis 45 Jahren bearb. auf Grund v. zur Zeit gült. gesetzl. Bestimmgn. das deutsche Heerwesen betr. 8. (VIII, 60 S.) Hildburghausen 892. (Neustettin. F. A. Eckstein.) n. — 50

Sero, J., Fegfeuer. Schausp. in 5 Aufzgn. 8. (75 S.) Wien 895. (Leipzig, Literar. Anstalt, A. Schulze.) n. 2. 50

Sero, J., e. Vision. Gedenkspiel in 1 Aufzuge. gr. 8. (IV, 40 S.) Wien 888. Braumüller. n. 1. —

Sero, Os., der Fall Wilde u. das Problem der Homosexualität. E. Prozeß u. e. Interview. gr. 8. (89 S.) Leipzig 896. M. Spohr. n. 1. 50

Sero, Os., der Fall Wilde u. das Problem der Homosexualität. Ein Prozeß u. e. Interview. 2. Aufl. gr. 8. (89 S.) Leipzig 901. M. Spohr. n. 1. 50

Serofani: „Kurze Handlungsgeschichte der Europäischen Nationen", nach dem italienischen übersetzt von Hagenbruch, Erfurt 1805. — Vorh.: Industrie- und Handelskammer Leipzig.

Serog, Max, Assistenzarzt d. Klinik f. psych. u. nervöse Krankh.: Aus d. Klinik f. psych. u. nervöse Krankh. d. Univ. Gießen. Versuche über die Beziehungen zwischen Epilepsie und Alkoholwirkung. Halle a. S.: Marhold 1908. 48 S. 8° ¶(Aus: Klinik f. psych. u. nerv. Krankh. Bd 3, H. 3.)
Gießen, Med. Diss. v. 24. Febr. 1909, Ref. Sommer
[Geb. 9. Mai 83 Breslau; Wohnort: Gießen; Staatsangeh.: Preußen; Vorbildung: König-Wilhelms-Gymn. Breslau Reife O. 01; Studium: Breslau 5, Wien 1, Breslau 4 S.; Coll. 28. Febr. 08; Approb. 1. Okt. 07.] [U 09. 1124

Seroux d'Agincourt, Jean Baptiste Louis Georges

Seroux d'Agincourt, J. B. L. G., Denkmäler der Architectur, Sculptur u. Malerei vom IV. bis zum XVI. Jahrhundert. In 3335 Abbild. auf 328 Kpfrt. Nebst Einleitungen u. erläut. Texten. Revid. von A. Ferd. v. Quast. 3 Abth. Roy.-Fol. (328 Kpfrt. u. 39¾ B. Text. 4.) Frankfurt a. M. 845, Metteniue. *

Seroux d'Agincourt, J. B. L. G., Denkmäler der Architectur, Sculptur u. Malerei vom IV. bis zum XVI. Jahrh. In 3335 Abbild. auf 328 Kupfertaf. Gesammelt u. zusammengestellt. Nebst erläut. Texten. Revid. v. A. Fd. v. Quast. 3 Abthl. Roy.-Fol. (328 Kupfertaf. u. Text.) Frankfurt a/M. 845,46, Metteniue. n. 12 ℛ

Seroux d'Agincourt, Histoire de l'art par les monumens. voyez Histoires.

Seroux d'Agincourt, J. B. L. G., Sammlung v. Denkmälern d. Architectur, s. Sammlung.

(de Serpa Pinto, Alexandre): Serpa Pinto's Wanderung quer durch Afrika vom Atlantischen zum Indischen Ocean durch bisher grösstentheils gänzlich unbekannte Länder, die Entdeckung der grossen Nebenflüsse des Zambesi, nach des Reisenden eigenen Schilderungen frei übersetzt von H. von Wobeser. Mit 24 Tonbildern, über 100 Holzschnitten im Text, einer grossen und 13 kleinen Karten. Einzige autorisirte Ausgabe. Bd. 1. 2. Leipzig 1881. 2 Bde. XIV, 352; VI, 334 S. 8°.

In Fritz Reuter sinen Gaard'n oder Hinstörp, noch en Dahler! Plattdeutsches Charakterbild mit Gesang in 2 Akten nach e. wahren Begebenheit von Johann **Meyer**. Musik von Claudius Serpenthien. Kiel 1896. (46 S.) 8° [F.] [07. 15937 B

Serpentin-vert, conte nouveau tiré des Contes des Fées. 12. Coblenz, Hölscher. 2 ℛ

Serpentin-Actien-Gesellschaft, die, zu *Zöblitz* im sächs. Erzgebirge (gegr. 1864). Fabrik von Gefässen etc. in Serpentin. O. O. u. J. (Gedr. Marienberg, A. Engelmann u. Sohn.) — *A. E.*: Zöblitz im Aug. 1881, *F. Winkelmann*, Director. 8°. Cart.
23 S. u. 1 Zettel Err.

SERPHIOTIS, Aristides (Hydra/Griechenl.): De cholera morbo. (Titel nach der Urkunde) 31.5.1851 - Urk; F 67
Diss. Ingolst.-Landsh.-Mchn.

Serpieri, A., die mechanischen, elektrostatischen und elektromagnetischen absoluten Maasse, mit Anwendung auf mehrfache Aufgaben elementar abgehandelt. Aus dem Italienischen übertr. von R. v. Reichenbach. Autoris. Ausg. gr. 8. (X, 129 S.) Wien 885, Hartleben. * 3 —

Serpieri, A., das elektrische Potential oder Grundzüge der Elektrostatik. Die neuere Theorie der elektr. Erscheinungen in elementarer Darstellung. Aus dem Italien. in's Deutsche übertr. von R. v. Reichenbach. Autoris. Ausg. gr. 8. (XII, 243 S. mit 44 Abbild.) Wien 884, Hartleben's Verlag. * 3 —

Serpilius, Geo., Lebensbeschr. d. bibl. Scribenten. 8. Regensb. Bader. 721.

Serpilius, Samuel Wilhelm (Ödenburg) A. S. 27 2/13

Dissertatio theologica qua theion theologorum seu quod in studiis et muneribus sacris divinum est ... proponitur ... Präs. Gustav Georg Zeltner. Altdorf (Kohles) IV. 1730. 84 S.

Gew. : Stadt Ödenburg.
W. v. : Präs. 32447

Serpollet [Pseudon.] s. Amans, Paul.

Serr, Herm. Osteoplastische Methode der Fussgelenks-Arthrectomie. Diss. gr. 8. (16 S. m. 1 Abbildg.) Lpz. 889. (Bern, Körber.) * — 40
Aus: Zeitschr. f. Chirurgie, besonders abgedruckt.

Serr, H. Osteoplastische Methode der Fussgelenks-Arthrectomie. (Sonderdr.). Gr. in-8°. 16 S. (Bern, Huber & Co.). 1890.

Serra Commentarior. de bello sarmatico lib. un. 8maj. Tübing. 812. v. Cotta. 12 ℛ

Serra, Federico

Serra, F. Zur Kenntnis einiger Diphenylnaphtylmethanderivate. — Untersuchungen über einige Derivate des Butylnaphtalins. In 8°. 47 S. Basel, (Georg & Co.). These. 1895.

Serra, Frz., apparatus synonymorum, epithetorum, phrasium historiarum etc. 4. Vien. (Endter, Norimb.) 701.

Serra-Osetl, v., Elementar-Buch z. gründl. u. prakt. Erlernung d. französ. Aussprache, f. d. ersten Unterr. in Schulen, so wie z. Selbstunterr. schon Geübterer. Auf e. neue u. sehr faßl. Weise bearb. nach d. besten Grammatikern Frankreichs u. besond. nach dem „Dictionnaire d. Schwierigkeiten d. französ. Sprache", v. Laveaux. gr. 12. (3½ B.) Dresden 840, [Bromme's Brlsh.]

de Serra-Osetl, Chevalier, l'Etranger à Dresde, ou notices très intéressantes sur cette capitale, unies à des avis importans pour rendre son séjour, sous tous les rapports, agréable. Avec 1 carte. 18. Dresde 841, Walther. n. ½ ℛ

—— l'Etranger à Dresde, ou notices très intéressantes sur cette capitale, unies à des avis importans pour rendre son séjour, sous tous les rapports, agréable. 18. (144 Seit. u. 1 Karte.) Dresde 841. [Stoutgart, libr. de Hoffmann.] *

—— der kleine Italiener, od. d. Kunst, d. italien. Sprache ohne Lehrer auf e. leichte u. ganz neue Art in einigen Tagen theoret. u. prakt. zu erlernen; nebst e. Samm. d. in d. italien. Dichtern am häuf. vorkomm. poet. Ausdrücke zc. gr. 12. (5 B.) Dresden 838, [Bromme's Brlsh.] Thlr.

Serra-Oseti, v., der kleine Spanier, oder die Kunst, die spanische Sprache ohne Lehrer auf eine leichte u. ganz neue Art in einigen Tagen theoret. u. prakt. zu erlernen, nach den neuesten Regeln der span. Akademie bearb. gr. 12. (8 B.) Dresden 843, Bromme's Brlgsh.

Serraglio, il piccolo, di belve primo istradamento alla lettura. Con 8 incisioni miniate. br. 8. (16 S.) Triest 857, Coen.

Serrai, J. A., de claris Catechistis ad Ferdinandum IV. regem Lib. III. 8. Leipz. 777. Hilscher; (auch Gerold in Wien). 12 𝔤𝔯

Serrano, R., Grammaire espagnole, s.: Sauer, Ch. M.

Serrao, Teodoro, Pinsel u. Meißel, s.: Engelhorn's Romanbibliothek, 12. Jahrg.

Serrarius, N. Moguntiacarum rerum libri V. c. tab. Moguntiae 1604. ed. aucta G. C. Joannis. 3 v. fol. Francofurti 1722 -27.

Serrato, A. B. Della, Reise nach Belgien über Aachen. Unterhaltendes und pract. Handbuch. Nebst einer Karte, einer Tabelle über die Preise u. Dauer der Eisenbahnfahrten und einem Kataloge der Gemälde des Museums zu Brüssel. 12. Münster 844. (Regensburg.) n. ⅔ ℛ

Serrazanetti, Giulio, die Wasserschutzbauten. Praktische Normen f. die Anwendung seines privilegirten Systemes. 2., vom Verf. verm. u. verb. Aufl. Uebers. v. K. H. Schmidle. (241 S. m. Abbildgn. u. Bildnis.) gr. 8. Bologna 903. Leipzig, M. Rübe. n. 3. 50

Serre, s.a. Laserre.

Serre, Jakobine la, od. d. wunderbare Erscheinung; e. Rom. in 4 Büch. 2 Thle. 8. Coburg, Sinner. 801.

Serre, Jean Puget de la

Serre, Joh. de la, Grabstätte d. weltl. Ergötzlichkeiten. 8. Regensb. Bader. (Montag u. W.) 754.

Serre, Jean Puget de la, Süsse Todes-Gedancken, verdeutscht durch G. Lohmann, Hamburg (1732) siehe Gottfried Lohmann.

— süße Todesgedanken. 12. Lpz. Deer. 758.

J[ohann] J[akob] J[osef] Serre, Abhandlung über die Flüsse und Entzündungen, von denen die Geschwulsten oder Zahnfleischgeschwüre herrühren; ... Wien & Leipzig: Stahel 1791. XVI, 272 S. 8°

Serre, Jh. Jak. Jos., († ...) Abhandl. üb. die Flüsse u. Entzündungen, die durch Geschwülste od. Zahnfleisch-Geschwülste herrühren. Mit 4 Kpf. gr. 8. Wien 791. (Schaumburg u. C.) 20 𝔤𝔯

Serre, Jh. Jak. Jos., prakt. Darstellung aller Operationen der Zahnarzneikunst nebst Anwendung der Instrumente derselben, mit 32 Kpfrt. gr. 8. Berlin 804. (Fr. Fleischer in Leipz.) 4½ ℛ

— prakt. Darstell. aller Operationen der Zahnarzneikunst, nebst Anwendung der Instrumente derselben zc. Mit 32 Kpft. gr. 8. Berl. 804. (Köchly). 2 ℛ

— Darstell. all. Operationen d. Zahnarzneykunst, nebst Anwend. der Instrumente derselben zc. mit 32 K. gr. 8. Berlin. Lagarde. 804.

J[ohann] J[akob] J[osef] Serre, Geschichte oder Abhandlung der Zahnschmerzen des schönen Geschlechts in ihrer Schwangerschaft. Wien: Kurzbek 1788. XXVIII, 131 S. 8°

— Geschichte od. Abhandl. d. Zahnschmerzen d. schönen Geschlechts in ihrer Schwangerschaft. gr. 8. Wien, Kurzböck. (Camesina.) 789.

— Geschichte oder Abhandl. der Zahnschmerzen des schönen Geschlechts in ihrer Schwangerschaft. gr. 8. Wien 789. (Heubner). 12 𝔤𝔯

— tägl. Vorsichtsmaaßregeln, die Zähne u. das Zahnfleisch stets rein u. gesund zu halten. 8. Berl. 812. ...

Serre, M., der schnell u. sicher heilende Civil- u. Militär-Wundarzt, od. Anleit., nach d. Regeln der jetzt v. den größten Wundärzten angenomm. Methode: „der schnellen unmittelbaren Wiedervereinigung der Wunden" (Réunion immédiate) weniger schmerzhaft alle mögliche chirurg. Operationen auszuführen, u. die dadurch entstand. Wunden viel schneller als bisher zu heilen. Durch e. Menge prakt., in d. großen Hospitälern Frankreichs beobacht. Fälle erläutert. gr. 8. (28½ B. u. 3 Stnt.) Ilmenau 831, [Weimar,] Voigt.

Die | Kraft der Unschuld | oder die | Kirchhofs-Linde | auf dem | Sct. Gertruden-Kirchhof zu Oldenburg. | In deutscher Sage und Dichtung. | Zusammengestellt von Serres. (= *Nro.* 162).
Kol.: Druck und Verlag von R. Bardtenschlager in Reutlingen.
o. J., 40 S., 163 × 110, U.-Fig.: *Linde und Kirchhof*, 77 × 84.
LBS d. D. oct K 3515.

Serres, A. W. de, eiserner Oberbau, dreitheiliges Langschwellen-System de Serre und Battig. Darstellung seiner Eigenthümlichkeit, seiner Verwendung im Eisenbahnwesen, in der Industrie und im Bergbau, seiner Vorzüge in techn. und ökonom. Beziehung. Deutscher Text von M. Pollitzer. Fol. (V, 126 S. mit vielen in den Text eingedr. Holzschn. und 30 lithogr. Taf. in Fol.) Wien 879, Lehmann und Wentzel. *

Serres, A. W. de, eiserner Oberbau, dreitheiliges Langschwellen-System de Serres u. Battig. Darstellung seiner Eigenthümlichkeit, seiner Verwendung im Eisenbahnwesen, in der Industrie u. im Bergbau, seiner Vorzüge in technischer u. ökonomischer Beziehung. Deutscher Text von M. Pollitzer. Mit vielen in den Text eingedr. Holzschn. u. 30 (lith.) Taf. in Fol. Fol. (V, 126 S.) Wien 879. Spielhagen & Schurich. n. 12. —

Serres, Antoine: Im Interesse unserer deutschen katholischen Lehrer. Eine Artikelserie über die Bedeutung des katholischen Lehrers hierzulande. Erschienen im „Katholischen Westen" und in der „Luxemburger Gazette". Dubuque, Jowa [1894]. 26 S. 8°

Serres, C. M. Die Entwicklung der organischen Formen. Eine Übersicht mit besonderer Berücksichtigung des Pflanzenreichs. 34 S. Progr. *Minden* 1884.

(de **Serres**, Jean.) Vie de Gaspard de Coligny, seigneur de Châtillon, admiral de France. Trad. du latin par D. L. H. 4. Amsterdam 1643. — à laquelle sont adiousté ses mémoires sur ce qui se passa au siége de St. Quentin en l'an 1557. 2 p. (143, 88) 12. Leyde 1643. — Trad. par C. W. Dassdorf. 8. Dresde 1783.

de **Serres**, (M.,) üb. d. Augen d. Insekten. Aus d. Franz. v. J. F. Dieffenbach. gr. 8. Berlin 826, Enslin.

Serres, Marcel de, Die Kosmogonie des Moses im Vergleiche mit den geologischen Thatsachen. Aus dem Französischen übersetzt von Fr. X. Steck. Tübingen, Laupp, 1841, 8°, XIV, 224 S., 3,40 Mk.

Serret, le famiglie, s. Emporeo drammatico.

Serret, das Urtheil der Welt, s. Both's, L. W., Bühnen-Repertoir des Auslandes.

Serret, Ernst, Wiedergefunden. Roman. Aus dem Französ. 2 Bde. Autorif. Ausg. (Welt-Bibliothek.) Berlin 867. R. Lesser. 8. (220 S.) Jeder Bd. n. 20 *ngr.*

Serret, Ernst, Wiedergefunden. Roman. Aus dem Französ. Autorisirte Ausg. 2 Bde. Neue (Titel-)Ausg. [Welt-Bibliothek.] 8. (120; 100 S.) Berlin (867)70, Lesser. [Leipzig, Schulze und Comp.]

Serret, Josef Alfred

Serret, J. A., Handbuch der höheren Algebra. Deutsch bearb. von G. Wertheim. 2 Bde. Leipzig 868. Teubner. gr. 8. (VIII, 508 u. VIII, 540 S.) Jeder Bd. n. 2 ℳ 20 *ngr.*

Serret, J. A., Handbuch der höheren Algebra. Deutsche Uebersetzung von G. Wertheim. 2 Bde. 2. Aufl. gr. 8. Leipzig, Teubner. [1. Bd. (VIII, 528 S.) 878. *ℳ 9.; 2. Bd. (VIII, 574 S.) 879. *ℳ 10.] *

Serret, J. A., Lehrbuch der Differential- und Integralrechnung. Mit Genehmigung des Verf. deutsch bearb. von Axel Harnack. 1. Bd.: Differentialrechnung. gr. 8. (X, 567 S. mit in den Text gedr. Fig.) Leipzig 884, Teubner. * 10 —

Serret, Lehrbuch der Differential- und Integralrechnung. Mit Genehmigung des Verf. deutch bearb. von Axel Harnack. Mit in den Text gedr. Fig. 2. Bd. in 2 Hälften. gr. 8. Leipzig 885, Teubner. à Hälfte *ℳ 7.20. * 14 40

Inhalt:

Hälfte 1. Integralrechnung. (VIII, 380 S.)
» 2. Differentialgleichungen. (VI, 388 S.)
1. Bd. Ebendas. 1884. *ℳ 10.—.

Serret, J.-A., Lehrbuch der Differential- u. Integral-Rechnung. M. Genehmigg. d. Verf. deutsch bearb. v. Axel Harnack. 2., durchgeseh. Aufl. v. G. Bohlmann. 1. Bd. Differentialrechng. gr. 8. (XVI, 570 S. m. 85 Fig.) Leipzig 897. B. G. Teubner. n. 10. —

Serret, J.-A., Lehrbuch der Differential- u. Integral-Rechnung. Mit Genehmigg. des Verf. deutsch bearb. v. Axel Harnack. 2., durchgeseh. Aufl., m. Unterstützg. v. H. Liebmann u. E. Zermelo hrsg. v. Geo. Bohlmann. 2. Bd. Integralrechnung. gr. 8. (XII, 428 S. m. 55 Fig.) Leipzig 899. B. G. Teubner. n. 8. —

— **dasselbe. 2., durchgeseh. Aufl., hrsg. v. Geo. Bohlmann. III. Bd., 1. Lfg. Differentialgleichungen, hrsg. v. G. Bohlmann u. E. Zermelo. gr. 8. (S. 1—304 m. 10 Fig.) Ebd. 903.** n. 6. —
I. Bd. Ebd. 897. n. 10. —.

— **dasselbe.** Mit Genehmigg. des Verf. deutsch bearb. v. Axel Harnack. 2., durchgeseh. Aufl., hrsg. v. Geo. Bohlmann u. Ernst Zermelo. III. Bd., 2. (Schluss-)Lfg. Differentialgleichungen u. Variationsrechng., hrsg. v. G. Bohlmann u. E. Zermelo. (XII u. S. 305—479 m. 8 Fig.) gr. 8. Leipzig 904. B. G. Teubner. n. 3. — (III. Bd. n. 9. —; geb. n. 10. —; vollst. n. 27. —; geb. n. 30. —)

Serret, J. A., Lehrbuch der Differential- u. Integralrechnung. Nach Axel Harnacks Uebersetzg. 3. Aufl. Neu bearb. v. Geo. Scheffers. 1 Bd. Differentialrechnung. (XVI, 624 S. m. 70 Fig.) gr. 8. Leipzig 906. B. G. Teubner. n. 12. —; geb. in Leinw. n. 13. —

Serret, J. A., Lehrbuch der Differential- u. Integralrechnung. Nach Axel Harnacks Übersetzg. 3 Bde. gr. 8. Leipzig, B. G. Teubner. à 12.—; geb. in Leinw. à 13. —

1. Differentialrechnung. 4. u. 5. Aufl., bearb. v. Geo. Scheffers. (XVI, 626 S. m. 70 Fig.) 908.
2. Integralrechnung. 3. Aufl. Neu bearb. v. Geo. Scheffers. (XIV, 586 S. m. 105 Fig.) 907.
3. Differentialgleichungen u. Variationsrechng. 3. Aufl. Neu bearb. v. Geo. Scheffers. (XII, 658 S. m. 63 Fig.) 909.

Serristori, Conte L.: Saggio d'un atlante statistico dell' Italia. Vienna 1833. 16 S. 4 Krt., 3 Tb. 4°. [F 6112

Serrius, (Ab.) Elementarbuch u. Erklärung d. engl. Sprache. Nach Seidenstückers Methode. 8. Erfurt 822, Keyser.

Serrius, Ad., Eloa. Weihestunden d. Andacht u. d. Gebets. 16. (11 B. u. Titlkpfr.) Frankfurt a. M. 850, Sauerländer.

— prakt. Lehr- u. Uebungsbuch zur gleichzeit. Erlernung d. engl. u. französ. Sprache. Eine Samml. v. Gesprächen, Anekdoten u. Uebungsaufgaben, nach einer die Fortschritte d. Anfängers schnell u. gründlich fördernden Methode. gr. 8. Meißen 831. Gödsche. 20 Gr.

—— prakt. Lehr- u. Uebungsbuch zur gleichzeit. Erlernung d. engl. u. franz. Sprache. Eine Samml. v. Gesprächen, Anekdoten u. Uebungsaufgaben, nach e. die Fortschritte d. Anfängers schnell u. gründl. fördernden Lehrmethode. gr. 8. (9½ B.) Meißen 831. [Leipzig, Rostosky u. Jackowitz.]

Serrius, Ad., Nautilia, oder der Christ auf dem Meere. Geistes- u. Herzenserhebungen für gebildete Seefahrer u. Seereisende. Mit Titelkpfr. 16. Leipzig 834. (Reclam.) n. 3/4 ß Rostock, Oeberg. n. 5/8 ß

Serrius, Ad., der Schifferfreund. Briefe, wie sie im Geschäftsleben d. Schiffers vorkommen, nebst gottgeweihten Betrachtungen auf Land u. Meer f. Seefahrer u. Seereisende. 16. (11½ B.) Rostock 839, (Oeberg.) *

Serrius, (Dr. A. E.,) das Wort d. Herrn in Stunden d. Gebets u. d. Erbauung. Mit 1 Kpfr. 8. Meißen 824, Gödsche.

Serrius, Frz. Carl, wissenschaftl. Entwickelung üb. Ursprung u. Bedeutung d. griech. Casus. gr. 8. (7½ B.) Rostock 839, Oeberg.

Serrius, Frz. Carl, Predigt am 15. Sonntage nach Trin. 1859, als am Buß- und Bettage, gehalten in der St. Jacobi-Kirche zu Rostock. Rostock 859. Stiller. gr. 8. (20 S.) 3 ngr.

Serrius, Frz. Carl, Reformationspredigt. Am 20. Sonntage nach Trin. 1859, als am Reformationsfeste, gehalten in der St.-Jacobi-Kirche zu Rostock. gr. 8. (16 S.) Rostock 859, Stiller'sche Hofbuchh. Thlr.

——, M. Joachim Schlüter, od. d. Reformation in Rostock. N. d. Quellen bearb. gr. 8. (3³/₄ B.) Rostock 840, Schmidtchen. *

Serrure, Constant Philip

Serrure, C. P., s. 1) **Jeu, le,** d'Esmorée. 2) le **Livre** de Baudoyn.

Serrure, C. P., notice sur le cabinet monétaire de S. A. le Prince de Ligne etc. gr. 8. (444 S. und 1 Stnt.) Gand 847. (Bonn, Marcus.) *

Serrurier, L., Bibliothèque japonaise. Catalogue raisonné des livres et des manuscrits japonais enrégistrés à la bibliothèque de l'université de Leyde. Lex.-8. (XIII, 298 S.) Leiden 896. Buchh. u. Druckerei vorm. E. J. Brill. n.n. 15. —

Sers, Edmund, appr. Arzt aus München: Zur Kasuistik der akuten Bromoformvergiftungen. Erlangen 1904: Junge & Sohn. (60 S.) 8°
Erlangen, Med. Fak., Ref. Penzoldt, Diss. v. 28. Juni 1904
[Geb. München; Staatsangeh.: Bayern.]

Sersawy, Viktor

Sersawy, Vict., die Fundamente der Determinanten-Theorie. Zum Gebrauch für das erste Studium bearb. gr. 8. (41 S.) Wien 878, Seidel und Sohn. *

Sersawy, Vict., die Integration der partiellen Differentialgleichungen. Grundlinien einer allgemeinen Integrationsmethode. gr. 4. (104 S.) Wien 884, (Gerold's Sohn.) * 5 20
Aus: Denkschriften der k. Akademie der Wissenschaften, besonders abgedruckt.

Sersawy, Vict., über den Zusammenhang zwischen den vollständigen Integralen und der allgemeinen Lösung bei partiellen Differentialgleichungen höherer Ordnung. Imp.-4. (34 S.) Wien 886, (Tempsky.) * 1 80
Aus: Denkschriften der k. Akademie der Wissenschaften, besonders abgedruckt.

Serta, Hartoliana. Lex.-8. (314 S. m. Abb. u. Bildn.) Wien 896. F. Tempsky. n. 10. —

v. Sertenthall, Jh. Rep., s. Noch einmal.

Serth, Ernst, Das Alpenland zum Gebrauche als Wandkarte. M. 1:475000. Stuttgart [1876?] 4 Bll. . . . . (Br. Mus.)

Serth, Ernst, Die Eisenbahnen Deutschlands und der angrenzenden Länder, mit genauer Angabe aller deutschen Gesellschaftsbahnen durch besondere Zeichen und Farben. Lith. u. kolor. Stuttgart, Krais & Hoffmann, 1863. gr. Fol.

—— Eisenbahnkarte von Deutschland u. den angrenzenden Ländern. M. 1 : 2800000. Stuttgart, Krais & Hoffmann, 1866. Imp.-Fol. Chromolith.
——, —— Neue Ausg. Stuttgart, Exped. der Freya, 1868. Imp.-Fol. . . . (Br. Mus.)
——, —— Ebenda [1871]. . . . . (Br. Mus.)
——, —— M. 1 : 200000. Stuttgart, Schaber, 1880. gr. qu.-Fol. Chromolith.

Serth, E., Eisenbahn-Karte von Deutschland und den angrenzenden Ländern mit Angabe der Entfernungen in Kilometer. 1 : 2,000,000. Chromolithogr. qu. gr. Fol. Stuttgart 880, Schaber. 1 20

Serth, E. Neueste Eisenbahnkarte v. Deutschland u. den angrenzenden Ländern mit Angabe der Entfernungen in Kilometern. 1 : 2,000,000. 27. verb. Aufl. Farbendr. 52×63 cm. Kaiserslautern 892, Gotthold. * 1 —

Serth, E., Handels- und Produkten-Karte der Erde. Fol. Stuttgart 875, Maier. *

—— Handels- und Produktenkarte der Erde. Ausg. 1887. Lithogr. Imp-Fol. Ebendas. 886. In Mappe * 4 —

Serth, E. Handels- u. Produktenkarte der Erde. Mit Angabe der Dampferlinien, der unterseeischen Kabel etc., sowie der Sitze der deutschen u. österreich.-ungar. Konsulate. Neu bearb. v. Osw. Meinke. 1 : 54,600,000. Farbendr. 64 × 92 cm. Stuttg. 891, J. Maier Sep.-Cto. In Mappe * 3 —
Auf Leinw. * 6 —; m. Stäben * 7 —

Serth, E: Handels- und Produktenkarte der Erde. Neu bearb. von O. Meinke. Stuttgart (1892?) Fol.

Serth, E. Neueste Hand- u. Reise-Karte von Süd-Deutschland (Bayern, Württemberg, Baden, Elsass-Lothringen, Rhein-Provinz, Süd-Hessen). 1 : 860,000. 15. verb. Aufl. Lithogr. u. color. 46×69 cm. Kaiserslautern 892, Gotthold. * 1 50

—— Neueste Hand- und Reisekarte von Südwest-Deutschland (Württemberg, Baden, Elsass-Lothringen, Pfalz u. Süd-Hessen) m. Specialkarten v. Vogesen, Schwarzwald, Schwäb. Alb, Haardt u. Odenwald. 1 : 860,000. 15. verb. Aufl. Farbendr. 43×62 cm. Ebd. 892. * 1 50

Serth, E., Hand- und Reisekarte von Bayern, Württemberg, Baden, Elsass-Lothringen. 1 : 860,000. Nach officiellen Quellen gezeichnet. Fol. Stuttgart 874, Serth. 1 —

—— Hand- und Reisekarte von Württemberg, Baden, Elsass-Lothringen, Rheinpfalz- und Südhessen mit folg. Beikarten: Vogesen, Schwarzwald, Schwäb. Alb, Haardt und Odenwald. 1 : 860,000. Nach officiellen Quellen gezeichnet. Fol. Stuttgart: Serth 1874.

—— Karte von Südbaiern, Tirol und den angrenzenden Theilen von Salzburg, Kärnten und Ober-Italien. 1 : 800.000. Nachgetragen bis 1875. Fol. Ebendas. 875. *

—— Karte zur Handels-Geographie. Nach den besten Hand- und Lehrbüchern der Handelsgeographie bearb. und hrsg. 1.—4. Bl. Fol. Stuttgart, Serth.

Inhalt:

Bl. 1. Karte der Erde enth.: die Handelsproducte aller Länder der Erde, die Stapelplätze und Ausfuhrhäfen mit ihren Hauptausfuhrartikeln, alle aussereuropäischen kaiserl. deutschen Consulate, ferner die Dampfbootverbindungen, Ueberlandtelegraph u. s. w. 1873. 75 Pf. Neue Ausg. 874. * ℳ 1.
» 2. Karte von Europa enth.: eine Uebersicht des Handels und der Gross-Industrie Europas, nebst Bezeichnung ihrer Hauptsitze, sodann die kaiserl. deutschen Consulate, die Eisenbahn- und Dampfschiffverbindungen etc. 873. 75 Pf.
» 3. Karte von Deutschland enth.: Uebersicht des Handels und der Industrie, Eisenbahnen etc. 873. 75 Pf.
» 4. Karte der Erde enth.: Colonieen, politische Eintheilung, Consulate, Dampfschiffverbindung etc. 873. 75 Pf.

Serth, E., Karten zur Handels-Geographie. Nach den besten Hand- und Lehrbüchern der Handels-Geographie entworfen. Stuttgart [1879].

Serth, E., Karten zur Handels-Geographie. Bl. I—IV. Chromolithogr. qu. gr. Fol. [Stuttgart 880, Schaber'sche Buchh.] Würzburg, Stürmer's Verlag. à Bl. 1 —

Inhalt:

I. Producten-Karte der Erde, enthaltend die Handelsproducte aller Länder der Erde, die Stapelplätze und Ausfuhrhäfen mit ihren Hauptausfuhrartikeln. — II. Karte von Europa, enthaltend eine Uebersicht des Handels und der Gross-Industrie Europas, nebst Bezeichnung ihrer Hauptsitze, sodann die kaiserlich deutschen Consulate, die Eisenbahn- und Dampfschiffverbindungen etc. — III. Karte von Deutschland, enthaltend eine Uebersicht des Handels und der Industrie, Eisenbahnen etc. — IV. Karte der Erde, enthaltend Colonien, polit. Eintheilung, Consulate, Dampfschiffverbindung etc.

—— Post- und Eisenbahnkarte von Deutschland und den angrenzenden Ländern ... Verb. 1 : 2000000. Stuttgart [1873?] . . . . (Br. Mus.)
——, —— Ebda. [1874?] . . . . (Br. Mus.)
——, —— Ebda. [1876?] . . . . (Br. Mus.)

Serth, Ernst, Reisekarte von Südbaiern, Nord- und Mittel-Tirol und den angrenzenden Theilen von Salzburg und Kärnten. Fol. München 872, Lindauer'sche Buchh.

Serth, E., Schulatlas über alle Theile der Erde. 24 Karten. qu. gr. 4. Stuttgart 869, Metzler's Verlag. cart. 1 —

Serth, E. Schulhandkarte v. Baden, Württemberg u. Hohenzollern. 4. verb. Aufl. Farbendr. 35×22,5 cm. Kaiserslautern 891, Gotthold. — 90

Serth, E., Schulwandkarte der Erde in Merkator's Projection. 6 Bl. Fol. Stuttgart 874, Maier. *ℳ 8.; aufgez. * 13 40

Serth, E., Schulwandkarte der Erde in Mercators Projektion. 6 Bl. Chromolithogr. Imp.-Fol. Stuttgart 886, Maier, Sep.-Cto. * 8 —

Serth E, Schulwandkarte der Erde in Mercators Projektion. Revidiert von O Meinke. auf Leinwand mit Stäben. Stuttgart (1899)

Serth's, E., Special- und Reise-Karte der Rhön. Eine Beigabe zu Spiess, die Rhön. Fol. Würzburg 868, Stuber. In Carton * 1 50

Serth, Ernst, Südbaiern, das nördliche und mittlere Tirol u. die angrenzenden Theile von Salzburg. Verh. 1 : 800000. München, Stuttgart. [1868?] . . . . . . (Br. Mus.)

Sertillanges, A. D., O. S. Dom., Kunst u. Moral, s.: Wissenschaft u. Religion. 6. Hft.

— s.: Livre d'or, le.

Sertoli, Enrico, über die Entwicklung der Lymphdrüsen. Lex.-8. (14 S. mit 2 chromolithogr. Taf. in 4.) Wien 866, (Gerold's Sohn.) *
Aus: Sitzungsberichte der k. Akademie der Wissenschaften, besonders abgedruckt.

SERTOR, Abbate. Das Conclave von MDCCLXXIV (1774). Ein Drama f. die Musik, welches im Carneval des 1775 sten Jahren auf dem Theater delle Dame aufgeführt werden soll. Den Damen dieses Theaters zugeeignet. (Aus d. Italien. übers. von F. A. M. v. Castillon.) (Italien. u. deutsch.) Mit Titelvignette. Rom Bey Cracas. Im Zeichen d. Verschwiegenheit. (Nürnberg, Felßecker). O. J. (1774). 8⁰. (In Wien, Stadtbibl.) (6 Kr. Gilhofer & Ranschburg, Wien, 1904; 30 Mk. [!], tadellos, Paul Alicke, Dresden, 1909.)
Rarl — Heftige Satyre gegen d. röm. Curie und das Conclave (in welchem der Cardinal Braschi unter dem Namen Pius VI. zum Papst gewählt wurde), welche dem Verfasser langjähr. Gefangenschaft eintrug. — Weller, fing. Dr. I. p. 107; Grasse II. p. 246; Anon.-Lex. I. p. 341 (nach Hayn u. Weller).

Vgl. Sertovi.

Sertorius. Trsv. v. Giesebrecht. 8. Bremen, Müller.

Sertorius, Orakelspiel oder die Kunst, durch Punktiren zu erfahren, wie alt man wird, wann u. wen man heirathet rc. rc. 8. Nordhausen 837. Müller. 1/12 ℛ

Sertorius, Adolf [Aus Kitzingen Assist. am Botan. Laborat. d. Univ.]: Beiträge zur Kenntnis der Anatomie der Cornaceæ ... (Aus: Bull. de l'Herbier Boissier, Vol. I. 1893.) Genève, imprim. Romet, 1893; 1 Bl., 469—639 S. 8.
München, Phil. Fak., Inaug.-Diss. v. 1894

CONCLAVE, Das, von 1774. Ein Drama für die Musik welches im Carneval des 1775 sten Jahres auf dem Theater delle Dame aufgeführet werden soll. Den Damen dieses Theaters zugeeignet (vom Abbate *Sertovi*). (Italien. u. deutsch.) (Uebers. von F. A. M. v. Castillon.) Rom, bey Cracas, im Zeichen der Verschwiegenheit (Nürnberg, Felssecker). O. J. 8⁰. (In Marburg, Univbibl.) (6 Kr. Gilhofer & Ranschburg, Wien, 1904.)
Heftige Satyre gegen die römische Curie, welche dem Verfasser langjährige Gefangenschaft eintrug. (Anon.-Lex. I. p. 341 (nach Hayn u. Weller).

Vgl. Sertor.

Sertum botanicum, Collection choisie de Plantes les plus remarquables par leur élégance, leur éclat ou leur utilité, dédiée à la Reine, par une Société de Botanistes, et dirigée par M. P. C. van Geel. Livr. 1—42. Fol. Mit 252 ill. Steintaf. Brüssel 828—30. (Barth in Leipz.) (à Livr. 2 ℛ 16 𝔤ℊ) 112 ℛ

Sertum Cabulicum, enumeratio plantarum quas in itinere inter Dera — Ghazee — Kahn et Cabul, mensib. Majo et Junio 1833 coll. Mart. Honigberger. Accedunt novar. vel minus cognitar. stirpium icones et descriptiones auctoribus Steph. Endlicher et Ed. Fenzl. Fasc. I. 4maj. (4 Kpfrt. u. 1 B. Text.) Vindobonae ..., Rohrmann. *

Sertum Nabericum. Collectum a philologis batavis ad celebrandam diem festum XVI^{um} mensis iulii anni MCMVIII. (VI, 460 S.) Lex. 8. Leiden 908. Buchh. u. Druckerei vorm. E. J. Brill. nn 10. —

Sertum Petropolitanum s. Icones et descriptiones plantarum, quae in horto botanico imperiali Petropolitano floruerunt. Decas II. Edi curavit C. A. Meyer. Petropoli 852. (Lipsiae, Voss.) gr. Fol. (VII, 17 S. u. 16 lith. Taf., wovon 10 color.)
Decas I. Ebend. 846. s. Fischer, F. E. L., et C. A. Meyer.

Sertürner, Friedrich Wilhelm, s. Annalen f. d. Universalsystem der Elemente.

—— dringende Aufforderung an d. deutsche Vaterland, in Beziehung d. oriental. Brechruhr; od.: Zugabe z. 2. Aufl. der Blicke in d. verhängnissvolle Gegenwart etc. 8. (4½ B.) Göttingen 831, Vandenhoeck u. Ruprecht.
Vgl. dess. „weitere Entwickelung etc."

Sertürner, Friedr., einige Belehrungen f. d. gebild. u. gelehrte Publikum, üb. d. gegenwärt. Zustand d. Heilkunde u. d. Naturwissenschaft im Allgem., mit besond. Rücksicht auf das gemeine Leben u. d. häusl. Wohlfahrt, als eine Erläuterung seiner literar. Anzeige. gr. 8. (4¾ B.) Göttingen 838, Vandenhoeck u. Ruprecht.

—— Blicke in d. verhängnissvolle Gegenwart u. Zukunft, od. Beruhigung u. Rath f. Alle, welche d. Gefahren u. Unfälle fürchten, die durch d. mannigfachen Krankheiten uns. Zeit üb. d. Kindes- u. Mannesalter verhängt werden. 8. (2 B.) Göttingen 831, Vandenhoeck u. Ruprecht.

— kurze Darstell. einiger Erfahrr. über Elementar-Attraction, mindermächtige Säuren u. Alkalien, Weinsäuren, Opium rc. 8. Götting. 820. Vandenhöck u. R. 16 𝔤ℊ

— Einladung an Staatsbehörden u. Gesundheitsbeamte, hinsichtl. der Anwendung eines neuen u. sichern Heilverfahrens bei den meisten bedeutenden rc. Volkskrankheiten. 8. Götting. 826. Vandenhöck u. R. 2 𝔤ℊ

— Entdeckungen und Berichtigungen im Gebiete der Chemie und Physik, oder Grundlinien eines umfassenden Lehrgebäudes der Chemie. 1r Theil. Mit 2 lithogr. Tafeln. gr. 8. Göttingen, Vandenhoek und R. 820.
Auch unter dem Titel:
System der chemischen Physik. 1r Band.

— Entdeckungen u. Berichtigungen im Gebiete der Chemie u. Physik, oder Grundlinien eines umfassenden Lehrgebäudes d. Chemie u. ihres physikal. Theils. 2r Bd. A. u. d. T.: System d. chem. Physik. 2r Bd. Mit 1 lithogr. Tafel. gr. 8. Götting. 822, Vandenhöck u. R. 3 6

—— weitere Entwickelung d. neuen zuversichtl. Schutzmethode gegen d. Cholera, u. der Ansicht üb. ihren höchstwahrscheinl. Ursprung. 8. (1½ B.) Göttingen 831, Vandenhoeck u. Ruprecht.
Nachtrag zu dess. „dringende Aufforderung etc."

Sertz, Hans

Sertz, H., kurze Einführung in die Chemie. (22 S.) gr. 8. Helmstedt 907. F. Richter. — 70

— Kurzer systematischer Gang der qualitativen Analyse u. Uebersicht der Reaktionen der wichtigsten Metalle. (16 S.) gr. 8. Ebd. 907. — 50

Sertz, Hans [aus Nürnberg]: Verhalten von Formalin gegen Eiweisskörper, Gelatine und Peptone, sowie Verwendung desselben bei der Untersuchung von Nahrungs- und Genussmitteln ... Ansbach, Druck v. C. Brügel & Sohn, *1896*; 1 Bl., 31 S. 8.
Erlangen, Phil. Fak., Inaug.-Diss. v. 30. Juli 1895

Servaas de Bruin, duitsch woordenbook in 2 deelen. (I. Duitsch-Hollandsch. II. Hollandsch-Duitsch.) Naar de nieuwste bronnen samengesteld. Nieuwe uitgave. 8. (VI, 1196 u. 676 S.) Zutphen 887. W. J. Thieme & Cie. Geb. in Halbldr. n.n. 8. 20

Servaas de Bruin, duitsch woordenboek in 2 deelen. (I. Duitsch-Hollandsch. II. Hollandsch-Duitsch.) Naar de nieuwste bronnen samengesteld. Nieuwe uitg. 8. (VI, 1196 u. 585 S.) Zutphen 895. W. J. Thiene & Co. Geb. in 1 Leinw.-Bd. n.n. 8. 20

Servacs, Fr.J.J.: Anleitung zur Geburtshülfe für Hebammen. 302 S., gbd., 2 Taf.

Leipzig: 1810
Vgl. S e r v a e s , Fr.J.J.

Servaes, Z., Der Thomasstahl in seiner Bedeutung als Schienenmaterial. Düsseldorf, 1893. 31 S.

Servaes, Fr. J. J., vgl. S e r v a c s , Fr. J. J.

Servaes, Fr. J. J., Anleit. zur Geburtshülfe; f. Hebammen entworfen. Mit 2 Kpft. gr. 8. Leipz. 810. Hinrichs. 1 ß

Servaes, Franz

Servaes, Frz., Jungfer Ambrosia. Ein Lustspiel in 4 Akten. (194 S.) 8. München (905). R. Piper & Co. n. 2. —

Albrecht Dürer von Franz **Servaes**. Mit 2 Photograv. u. 14 Vollbild. (Berlin) Bard, Marquardt & Co. [1905]. (65 S.) 8°
— **Kunst**, Die. Bd 42. [05. 8633

— **Jehuda Epstein, s.: Künstler,** jüdische.

(Theodor Fontane. Von Franz **Servaes**. *Berlin & Leipzig: Schuster & Loeffler [1904]*. (71 S.) 8°
— **Dichtung**, Die. Bd 24. [04. 16309

Servaes, Frz., Theodor **Fontane. Ein litterar. Porträt.** 8. (40 S.) Berlin 900. **Schuster & Loeffler.** 1. 50
Sonderabdruck aus: „Pan".

Franz **Servaes**. Gährungen. Aus d. Leben unserer Zeit. Dresden & Leipzig: C. Reißner 1898. (472 S.) 8° [F.] [98. 14148

Goethe am Ausgang des Jahrhunderts. Von Franz **Servaes**. *Berlin: S. Fischer 1897*. (4 Bl., 48 S.) 1 Bd 8. [97. 1338

Ion, der Apollonide. Musikalisches Drama in 3 Aufz. nach [Charles Marie] Leconte de Lisle. Musik von Franz **Servais**. Deutsche Übers. von A. Brunnemann. *Berlin, Köln, Leipzig: A. Ahn 1898*. (32 S.) 8°
— **Operntext-Bibliothek,** Ahn's. No 72. [00. 9498

— die Karraborrier. 5 abenteuerl. Geschichten aus e. fernen Inselreich. (344 S.) 8. Leipzig 903. Berlin, H. Seemann Nachf. n. 4. —

Heinrich v. Kleist von Franz **Servaes**. *Leipzig, Berlin, Wien: E. A. Seemann 1902*. (160 S.) 4°(8°) [F.]
— **Dichter** u. Darsteller. 9. [03. 658 2

— **Max Klinger, s.a. Kunst, die, 4. Bd.**

Max Klinger. Von Franz **Servaes**. Mit 2 Photograv. u. 10 Vollbildern. 2. veränd. Aufl. *Berlin: J. Bard [1902]*. (103 S.) 8°
— **Kunst**, Die. Bd 4. [03. 8003

Servaes, Franz. Max Klinger. (Berlin 1904.) 8°.
(D. Kunst, hrsg. von Rich. *Muther*. Bd 4.)

Max Klinger von Franz **Servaes**. 4. unveränd. Aufl. Mit 2 Photograv. u. 10 Vollbild. Berlin: Marquardt & Co. [1908]. (63 S.) 8°
— **Kunst**, Die. Bd 4. [08. 17560

Servaes, Frz., Berliner Kunstfrühling 1893. gr. 8. (VIII, 87 S.) Berlin 893. Speyer & Peters. n. 1. 20

Servaes, Frz., s. Lyrik, deutsche.

Servaes, F. Die Poetik Gottscheds u. d. Schweizer. Literarhistorisch untersucht. Gr. in-8°, IX u. 178 S. Strassburg, Karl J. Trübner. 1887. 4 70
*** „Quellen und Forschungen zur Sprach- und Kulturgeschichte der germanischen Völker", herausgegeben von *B. ten Brink, E. Martin, E. Schmidt.* 60. Heft.

Servaes, F., die Poetik Gottsched's u. der Schweizer, s.a. Quellen u. Forschungen zur Sprach- u. Culturgeschichte der germanischen Völker.

— Praeludien. Ein Essaybuch. gr. 8. (VII, 414 S.) Berlin 899. Schuster & Loeffler. 5. —; geb. 6. 50

S e r v a e s, Franz. Giovanni Segantini. Sein Leben und sein Werk. Hrg. vom k. k. Ministerium für Kultus und Unterricht. Text verfasst von Franz Servaes. Mit 63 Kunstbeilagen [Tafeln, sowie einer Schlussvignette: Porträt]. IV + 135 S. quer-fol. Wien, Martin Gerlach & Co, 1902. [geb. M. 100. —, *seit 15. XII. 02* M. 150. —]

S e r v a e s, Franz. Giovanni Segantini. Sein Leben und sein Werk. Vom Verfasser revidierte Volksausgabe. [Mit 24 Tafeln.] VIII + 275 [+ 4] S. 8. Leipzig, Klinkhardt & Biermann, 1907. (M. 6. 50, geb. 8. —)
(Bücher der Kunst. Eine Sammlung ausgezeichneter Werke über alte und moderne K'. Band 1.)

— Giovanni Segantini, s.a. B ü c h e r, der Kunst.

Giovanni Segantini. Sein Leben u. s. Werk von Franz **Servaes**. Vom Verf. rev. Volksausg. 2. unveränd. Aufl. Leipzig: Klinkhardt & Biermann 1908. 274 S. 8° [10. 16126 5

Shakespeare. Von Franz **Servaes**. Berlin & Leipzig: Schuster & Loeffler [1906]. 80 S. 8°
(Die Dichtung. Bd 39.) [10. 5390 11

— **Shakespeare, s.a. Dichtung, die, 39. Bd.**

[F.] Franz **Servaes**. Stickluft. Drama in 3 Aufz. ... M. Vignette v. Fidus. *Berlin: Schuster & Loeffler 1896*. (102 S.) 1 Bd 8. [96. 8740

— der neue Tag. Drama in 3 Akten. (79 S.) gr. 8. Leipzig 903. Berlin, H. Seemann Nachf. n. 2. —

Hans Thoma von Dr. Franz **Servaes**. *(Berlin: Gose & Tetzlaff 1900.)* (20 S.) 8° [F.]
— **Essays, Moderne,** z. Kunst u. Litteratur. H. 3. [01. 800

— s.: Work, das, des Edvard Munch.

Wien. Briefe an e. Freundin in Berlin von Franz **Servaes**. Buchschmuck von Hermine Heller-Ostersetzer. Leipzig: Klinkhardt & Biermann [1908]. (134 S.) 8° [F.]
— **Stätten** d. Kultur. Bd 8.

— Michael De Ruyters Witwerjahre. Der Roman e. Lebensdilettanten. (405 S.) 8. Berlin 909. E. Fleischel & Co. 5.—; geb. 6. 50

Anders Zorn von Franz **Servaes**. Mit 93 Abb. Bielefeld & Leipzig: Velhagen & Klasing 1910. 103 S. 4°(8°)
(Künstler-Monographien. 102.) [11. 1898

— Anders Zorn. s. d. Künstler-Monographien.

Servaes, Franciscus Fridericus: De conglutinatione in externo uteri orificio posita. Halis Saxonum (1853): Mueller. 14 S. 8° (4°)
Halle-Wittenberg, Med. Diss. v. 6. Juni 1853
Geb. Düsseldorf 7. 4. 1830. V.

Servais, Bernard Euchère, u. Philippe Servais: V e r z e i c h n i s und Abbildungen der auf der Weilerbacher Hütte von Philipp und Bernard Servais fabrizirten verbesserten Ackergerätschaften. Echternach: D. Burg 1852 – 2,13 S. 8°

v. Servais, C. M., französ. ABC-Buch, od. erste Anleit., die französ. Sprache durch die leichteste Methode zu lehren. gr. 8. Wien 815. Ant. Doll. 12 gr

— Anfangsgründe der französ. Sprache, in einer faßl. Darstell. der einfachen Regeln, mit e. Samml. v. Wörtern, Gesprächen u. Erzählungen. 8. Frankf. a. M. 804. (Boselli). 6 gr

— Anfangsgründe d. franz. S p r a c h e, in e. faßl. Darstellung der einf. Regeln, mit einer Sammlung von Wörtern, Gesprächen u. Erzählungen. 8. Frankf. Varrentrapp und W. 804.

— Anleit., die französ. Sprache bald zu erlernen. Mit e. Samml. v. Wörtern u. e. Auswahl von Gesprächen rc. 8. Frkf. a. M. 815. (Boselli). 6 gr

Servais, C. M. de, d i a l o g u e s français et allem. propres à apprendre les differ. expressions figurées et les idiotismes les plus usitées de la langue française. gr. 8. à Vienne, Doll. (Leipzig, Liebeskind.) 817.

— franz. G r a m m a t i k nach d. leichtesten u. faßlichsten Methode durch viele Beispiele u. Aufgaben erläutert. Umgearbeit. durch eine Gesellschaft von Gelehrten. gr. 8. Wien, Camesina. 814.

— französ. Grammatik nach d. leichtesten u. faßlichst. Methode durch viele Beispiele u. Aufgaben erläutert. Umgearb. durch eine Gesellschaft von Gelehrten. gr. 8. Wien 814, auch 817. (Volke). 1 ℛ 8 gr Hbg. Pr. 18 gr

S e r v a i s, C. M. v., die Kunst B r i e f e zu wechseln, deutsch u. franz. 2 Thle. (hat a. d. Tit. l'art de la Correspondance etc.) gr. 8. Frkf. Eßlinger. 805.
Vgl. K u n s t , ...

— la Mythologie des Dames, ou traité de l'histoire des Dieux de la fable. 12. Wien 813. (Volke). 1 ℛ 8 gr

— französ. Rhetorik, oder gründl. Anleit. zum höhern Styl u. zur Beredtsamkeit der französisch. Sprache. gr. 8. Wien 816. Ant. Doll. 2 ℛ Hbg. Pr. 1 ℛ 8 gr

— vollständ. Sammlung gleichlaut. und gleichbedeut. französ. W ö r t e r, Gallicismen, Redensarten, Sprüchwörter rc. n. dem Diction. de l'Acad. etc. bearbeitet. gr. 8. Ebendas. 805.

— vollständ. Samml. gleichlautender u. gleichbedeutender französ. Wörter, Gallicismen, Redensarten, Sprüchwörter rc. rc., nach dem Dictionnaire de l'Academie etc. bearb. gr. 8. Frankf. a. M. 815. (Boselli). 2 ℛ 8 gr

— franz. S p r a c h l e h r e n. d. leicht. und faßl. Methode, durch Beyspiele und viele Aufgaben erläutert. gr. 8. Ebendas. 804.

Servais, Lambert Joseph Emmanuel: A n t w o r t an den Kanzler des Norddeutschen Bundes. Luxemburg 1870. – 4°

Servais, Lambert Joseph Emmanuel, u. Michel Weyer: B e r i c h t über den Stand der Gemeinde-Angelegenheiten der Stadt Luxemburg, dem Gemeinderath abgestattet, in Gemässheit des Art. 20 des Gesetzes vom 24. Februar 1843. (Verwaltungs-Periode 1875-bis 1876.) Luxemburg: J. Joris [1877]. 26 S. 4°

Servais, Lambert Joseph Emmanuel, u. Michel Weyer: B e r i c h t über den Stand der Gemeinde-Angelegenheiten der Stadt Luxemburg, dem Gemeinderath abgestattet, in Gemässheit des Art. 20 des Gesetzes vom 24. Februar 1843. (Jahrg. 1876.) Luxemburg: J. Joris [1877]. – 21 S. 4°

Servais, Lambert Joseph Emmanuel, u. Michel Weyer: B e r i c h t über den Stand der Gemeinde-Angelegenheiten der Stadt Luxemburg, dem Gemeinderath abgestattet, in Gemässheit des Art. 20 des Gesetzes vom 24. Februar 1843. (Jahrg. 1877.) Luxemburg: J. Joris [1878]. – 19 S. 4°

Servais, Lambert Joseph Emmanuel, u. Michel Weyer: B e r i c h t über den Stand der Gemeinde-Angelegenheiten der Stadt Luxemburg, dem Gemeinderath abgestattet, in Gemässheit des Art. 20 des Gesetzes vom 24. Februar 1843. (Jahrg. 1878.) Luxemburg: L. Schamburger [1879]. – 23 S. 4°

Servais, Lambert Joseph Emmanuel, u. Michel Weyer: B e r i c h t über den Stand der Gemeinde-Angelegenheiten der Stadt Luxemburg, dem Gemeinderath abgestattet, in Gemässheit des Art. 20 des Gesetzes vom 24. Februar 1843. (Jahrg. 1879.) Luxemburg: L. Schamburger [1880]. – 21 S. 4°

Servais, Lambert Joseph Emmanuel, u. Michel Weyer: B e r i c h t über den Stand der Gemeinde-Angelegenheiten der Stadt Luxemburg, dem Gemeinderath abgestattet, in Gemässheit des Art. 20 des Gesetzes vom 24. Februar 1843. (Jahrg. 1880.) Luxemburg: L. Schamburger [1881]. – 24 S. 4°

Servais, Lambert Joseph Emmanuel, u. Michel Weyer: B e r i c h t über den Stand der Gemeinde-Angelegenheiten der Stadt Luxemburg, dem Gemeinderath abgestattet, in Gemässheit des Art. 20 des Gesetzes vom 24. Februar 1843. (Jahrg. 1881.) Luxemburg: Jos. Beffort [1882]. – 25 S. 4°

Servais, Lambert Joseph Emmanuel, u. Michel Weyer: B e r i c h t über den Stand der Gemeinde-Angelegenheiten der Stadt Luxemburg, dem Gemeinderath abgestattet, in Gemässheit des Art. 20 des Gesetzes vom 24. Februar 1843. (Jahrg. 1882.) Luxemburg: L. Schamburger [1883]. – 22 S. 4°

Servais, Lambert Joseph Emmanuel, u. Michel Weyer: B e r i c h t über den Stand der Gemeinde-Angelegenheiten der Stadt Luxemburg, dem Gemeinderath abgestattet, in Gemässheit des Art. 20 des Gesetzes vom 24. Februar 1843. (Jahrg. 1883.) Luxemburg: L. Schamburger [1884]. – 23 S. 4°

Servais, Lambert Joseph Emmanuel, u. Michel Weyer: B e r i c h t über den Stand der Gemeinde-Angelegenheiten der Stadt Luxemburg, dem Gemeinderath abgestattet, in Gemässheit des Art. 20 des Gesetzes vom 24. Februar 1843. (Jahrg. 1884.) Luxemburg: L. Schamburger [1885]. – 25 S. 4°

Servais, Lambert Joseph Emmanuel, u. Michel Weyer: Bericht über den Stand der Gemeinde-Angelegenheiten der Stadt Luxemburg, dem Gemeinderath abgestattet, in Gemässheit des Art. 20 des Gesetzes vom 24. Februar 1843. (Jahrg. 1885.) Luxemburg: Jos. Beffort [1886]. – 25 S. 4°

Servais, Lambert Joseph Emmanuel, u. Michel Weyer: Bericht über den Stand der Gemeinde-Angelegenheiten der Stadt Luxemburg, dem Gemeinderath abgestattet, in Gemässheit des Art. 20 des Gesetzes vom 24. Februar 1843. (Jahrg. 1886.) Luxemburg: Jos. Beffort [1887]. – 38 S. 4°

Servais, Lambert Joseph Emmanuel, u. Michel Weyer: Bericht über den Stand der Gemeinde-Angelegenheiten der Stadt Luxemburg, dem Gemeinderath abgestattet, in Gemässheit des Art. 20 des Gesetzes vom 24. Februar 1843. (Jahrg. 1887.) Luxemburg: Jos. Beffort [1888]. – 28 S. 4°

Servais, Lambert Joseph Emmanuel, u. Michel Weyer: Bericht über den Stand der Gemeinde-Angelegenheiten der Stadt Luxemburg, dem Gemeinderath abgestattet, in Gemässheit des Art. 20 des Gesetzes vom 24. Februar 1843. (Jahrg. 1888.) Luxemburg: Jos. Beffort [1889]. – 28 S. 4°

Servais, Philippe: Verzeichnis und Abbildungen der... Ackergerätschaften, s. Servais, Bernard Euchère

Servan, Gedanken über die französ. Gesetze, nebst Anmerkk. über die Folter; aus dem Französisch. 8. Bern 782. Haller. 14 gr

Servan, J. M. A. de, Oeuvres choisies. 2 Tomes. gr. 8. Liège, Collardin. 819.

Servati, Erich [d. i. Heinrich Sautier]

— Anmerkk. über das Journal: Der Freimüthige. 8. Freiburg 784. Wagner. 16 gr

Apologie der ersten Frage: Warum soll ich ein Freimåurer werden? Beyl. zu dem Bruchstücke zur Geschichte deutscher Freymåurerey gegen Franz Jos. Bob von Erich Servati [d. i. Heinr. Sautier]. Basel: Flick 1787. XVI, 158 S. 8°

[Dasselbe.] Halle: Francke 1788. XVI, 158 S. 8°
cf. D. neuesten Religionsbegebenheiten. 12 (1789) S. 337.
Kl. 2033. Gegen die 4 Schreiben an Erich Servati von F. J. Bob. Der 1. Teil eine Übers. von Larudans Francs-Maçons écrasés 1747. 25.

Servati, Erich, (Hnr. Sautier,) Apologie der ersten Frage, warum soll ich Freimaurer werden? gegen Hrn. Frz. Jos. Bob. 8. Halle 788. (N. A.) 797. Anton. 9 gr

— ländl. Briefwechsel, von den vorderöstreich. Kirchenreformatoren. 8. Freiburg 785. Wagner. 12 gr

— Bruchstücke zur Geschichte der deutschen Freimaurerei an sn. Freund W**. 8. Basel 787. Flick. (Neukirch). 1 ₰

— wider den Freimüthigen. 8. o. O. 785.

— warum soll ich Freimaurer werden? 8. Basel 786. Flick. 14 gr. Thurneisen. 9 gr

Servatius, Max. Untersuchungen über die Involution des Rinderuterus vom klinischen Standpunkt aus. Diss. Vet.-Med. Bern. Mit 12 Abbildungen [auf 8 Tafeln] und 3 Figuren im Text. 71 S. 8. Hannover, M. & H. Schaper, 1909.

Servatiuslegende, s. Greifeld, Oskar.

Servatus Lupus v. Ferrières, Biographie, s. Sprotte, Frz.

Servatus, Otto, Johannes der Täufer. 12. (86 S.) Leipzig 898. Fr. Richter. n. 1. —

Servatus, Otto. Simon v. Kyrene. Ein Passionsspiel. 12. (57 S.) Lpz. 891, Fr. Richter. * — 75; geb. m. G. * 1 50

Servé, Friedrich, approb. Arzt aus Hagenau (Els.): Zur Beurteilung der neueren Ansichten über die Entstehung der Zwillingsschwangerschaft. *Strassburg i. E. 1900: C. & J. Goeller.* (36 S.) 8°
Strassburg, Med. Diss. v. 1900

Servé, *Martin* [pr. Arzt Metz (Lothr.)]: Die Ptosis und ihre chirurgische Behandlung ... Strassburg i. E., Buchdr. C. Goeller, 1894; 33 S. 8.
Strassburg, Med. Fak., Inaug.-Diss. v. 1894

Serventois et sottes chansons couronnés à Valenciennes, tirés des Manuscrits de la Bibliothèque du Roi. 3e édit., revue, corrigée avec soin sur le Manuscrit, et augmentée d'un dialogue en dialecte rouchi du XVIe siècle. (Avec une Explication des mots.) (Mit Vignetten.) Lex.-8. Paris 834. Mercklein) 2 ₰

Servet, Mich., s. Tollin, H.
Vgl.: Villanovanus, M.

Servet, Michael. Trauerspiel in fünf Akten. Bremen 1849. V: *Nagel, Carl August Wilhelm.* (Ky)

Servet, Michael. Trauerspiel in 5 Acten (von C. A. Wilh. Nagel). 8. (185 S.) Bremen 849, Geisler. 1/2 ₰

Servetus, Mich., Historia c. praef. I. L. Mosheim. 4. Helmst. Weygand. 737.

— christianismi restitutio. 8. maj. Nürnb. Bauer et M. (Schneider.) 791.

Michael **Servets** Wiederherstellung des Christentums [Christianismi restitutio]. Bd 1–3. Wiesbaden: Ch. Limbarth 1892–96. 3 Bde 8° [F.]
1 — Sieben Bücher über d. Dreieinigkeit [De trinitatis erroribus libri]. Zum erstenmal übers. durch Dr. Bernhard Spieß. 1892. (323 S.)
2 — Drei Bücher über d. Glauben u. d. Gerechtigkeit d. Reiches Christi. welche die Gerechtigkeit d. Gesetzes übertrifft. u. über d. Liebe [De fide et justitia regni Christi legis justitiam superantis et de charitate libri tres]. Vier Bücher über d. Wiedergeburt von oben u. über d. Reich d. Widerchrists [De regeneratione superna, et de regno Antichristi. Libri quatuor]. Zum erstenmal übers. durch Dr. B. Spieß. 1895.
3 (Erg.Bd) — De mysterio trinitatis et veterum disciplina ad Phil. Melanchthonem et eius collegas apologia, im Orig. hrsg. von Dr. B. Spieß. 1896. [07. 17827

Servet's, Mich., Wiederherstellung des Christentums. 3 Bde. gr. 8. Wiesbaden, Ch. Limbarth, Verl. n. 11.20
1. 7 Bücher üb. d. Dreieinigkeit, z. erstenmal übers. durch Bernh. Spieß. 2. (Titel-)Ausg. (323 S.) (892) 895. n. 5. —
2. 3 Bücher üb. d. Glauben u. d. Gerechtigkeit d. Reiches Christi, welche d. Gerechtigkeit d. Gesetzes übertrifft, u. üb. d. Liebe. 4 Bücher üb. die Wiedergeburt v. oben u. üb. das Reich d. Widerchrists, z. erstenmal übers. v. Bernh. Spieß. (X, 304 S.) 895. n. 5. —
3. (Ergänzungsbd.) De mysterio trinitatis et veterum disciplina ad Philippum Melanchthonem et eius collegas apologia, im Orig.-Text hrsg. v. Bernh. Spiess. (60 S.) 896. n. 1. 20

Service en Campagne pour l'armée franç. Vien. Geistinger.

Service commémoratif célébré dans l'église réformée française de Francfort s/M. Le 20 Mars 1892, à l'occasion du décès de M. le pasteur Louis Bonnet.... Précédé d'une notice biographique. Sermon... (par) E[ugène] Robert. Discours... (de M.) Ch[arles] Correvon. [Avec portrait hors texte.] 8. Francfort s/M. 1892.

Service des hôpitaux des armées. [1.2.] Hannovre 1757. 1 Bd

[1:] (Extrait du règlement général, concernant le service des hôpitaux militaires du 1.Janvier 1747. Pour servir d'instruction au directeurs des hôpitaux...)

[2:] (Extrait de l'ordenance du roy, portant règlement général, concernant les hôpitaux militaires du 1.Janvier 1747. Pour servir d'instruction à faire connoître aux nouveaux médecins chirurgiens- majors...)

Service des Postes et Télégraphes. Tél' ⟨et Téléphones⟩. ⟨Supplément.⟩ Rédigé par la Direction des Télégraphes suisses. VIII + 19 p. 8. Berne, K. J. Wyss, 1906. [fr. —. 60]
Ausg. B mit französ. Titeln.

Service solennel célébré le 3. Mai 1825 à l'occasion de la bénédiction du Drapeau conféré par Sa Majesté le Roi au Bataillon des Tirailleurs de la Garde. gr. 8. Berl. 825. Mittler. 4 ggr

Service du train. (VIII, 72 S.) kl. 8. Frauenfeld 909. Huber & Co. nn — 65

Service-Gebühren und deren Verrechnung. Auf Grundlage der Circular-Verordnung des hohen k. k. Kriegsministeriums vom 16. Sept. 1861 dargestellt und erläutert. 8. (31 S.) Wien 861, Heubner.

Servière, Joseph: Die Behandlung und Verbesserung der Weine so wie die Fabrikation des Champagners, Aepfelweins, der Branntweine und Liqueure, des Biers, Essigs und aller geistigen Flüssigkeiten, oder die Getränke-Kunde auf der höchsten Stufe der Vollkommenheit. 2., verm. Aufl. Mit Zeichn. Frankfurt a.M.: Streng 1831. XVIII, 294 S. -- Frei 100*
1. Aufl. u.d.T.: Serviere: Die Getränke-Kunde oder theoretisch-praktische Anleitung .... 1824. --

Servière, Jos., das Ganze der Bierbrauerei u. Bierkellerei-Wirthschaft rc. 8. Ilmenau 826. Voigt. 12 ggr

--- Ders. Die Getränke-Kunde oder theoretisch-praktische Anleitung zur naturhistorischen Kenntniß, Zubereitung, Verbesserung und Erhaltung aller trinkbaren, besonders spirituösen Flüssigkeiten. ... Mit Zeichn. Frankfurt a.M.: Streng 1824. XX, 2[illegible]7 S. -- 17*
2. Aufl. u.d.T.: Serviere: Die Behandlung und Verbesserung der Weine .... 1831. --

Serviere, Joseph: Der Hausvater im Wein- und Bierkeller oder guten Rath, wie man alle Arten von Rhein-, Pfälzer-, Franken- und französischen Weinen, desgleichen alle Sorten von Bieren auf dem Lager behandeln, abwarten, auffüllen und abziehen soll, so daß sie sich gut halten und stets verbessern. Ilmenau: Voigt 1829. V, 64 S. -- 21*.100.107

Servière, Jos., der Hausvater im Wein- und Bierkeller oder guter Rath, wie man alle Arten von Weinen u. alle Sorten von Bieren behandeln rc. soll. 2. Ausg. Mit 1 lith. Tafel. 16. Weimar 842, Voigt. 1/3 Thlr

--- Ders. Der theoretische und praktische Kellermeister oder Die Erkennung, Erzeugung, Behandlung und Erhaltung aller trinkbaren Flüssigkeiten; nebst einer neuen Theorie über Branntweinbrennerey, Bier- und Essig-Brauerey. Mit 3 Kupfern. Frankfurt a.M.: Gebhard & Körber 1809. 224 S. -- 36*
--- Dass. 2., mit einem Anhang verm. Aufl. Ebd. 1811. XI, 284 S., 3 Tab. -- 1.17*.107*
--- Dass. 3., umgearb. Aufl. Ebd. 1817. VIII, 316 S. -- 1.21*.43.121. Frei 100*
Rüd.*

Serviere, J., der theoretisch-praktische Kellermeister, oder die Erkennung, Erzeugung, Behandlung und Erhaltung aller trinkbaren Flüssigkeiten, nebst einer neuen Theorie über Bier- und Essigbrauerey. 3te, umgearb. mit der Abbild. u. Beschreib. eines ganz neuen Apparats zum Branntweinbrennen u. s. w. verm. Aufl. gr. 8. Frankfurt a. M., Gebhard und Korber. 817.

—— der theoret. u. prakt. Kellermeister, od. d. Erkennung, Erzeugung, Behandl. u. Erhalt. aller trinkbaren Flüssigkeiten; nebst e. neuen Theorie üb. Branntweinbrennerei, Bier- u. Essigbrauerei. 4., völlig umgearb. u. mit d. neuesten Entdeckungen verm. Aufl. gr. 8. (23 B. u. 3 Stnt. gr. 4.) Frankfurt a. M. 828, Gebhardt u. Körber.

— der theoretische u. prakt. Kellermeister, oder die Erkennung, Erzeugung, Behandlung u. Erhaltung aller trinkbaren Flüssigkeiten; nebst einer neuen Theorie über Branntweinbrennerei, Bier- und Essig-Brauerei. 4. Ausg. gr. 8. (Mit 3 Steintaf.) Frankfurt a/M. 842, Gebhard u. Körber. 1 1/8 Thlr

Serviere, Jos., Oenologie, od. theoret.-prakt. Lehre v. d. Kultur, d. Erzeugung etc. d. Weine etc., u. Gewinnung sämmtl. Obstweine etc. Mit 11 Vign. 8. (Ilmenau), 1827. Weimar, Voigt. — 22½

— Osmann, der Feind der Vorurtheile, od. d. Tausendkünstler auf d. Lande; ein histor.-polit.-ökonom.-physikal.-philosoph.-astronom. u. moralisches Werk rc. 1r Bd. gr. 8. Frkf. a. M. 814. Guilhaumann. 18 ggr

— Pyrotechnie, oder die Lehre von der Entstehung, vom vortheilhaftesten Gebrauche, von der nützlichsten Anwendung und gänzlichen Beherrschung des Feuers in allen Verhältnissen des bürgerlichen Lebens. 1r Theil. gr. 8. Frankfurt a. M., Bock. 821.

— — 2r Bd. gr. 8. Ebend. 821.
Auch unter dem Titel:
Schutz und Schirm vor Feuer und Brand.

— Pyrotechnie, od. die Lehre von der Entstehung, vom vortheilhaftest. Gebrauche, von der nützlichst. Anwendung u. gänzl. Beherrschung des Feuers in allen Verhältnissen des bürgerl. Lebens. 1r Thl. gr. 8. Frankf. a. M. 821. (Imm. Müller in Leipz.) 20 ggr 2r Bd. A. u. d. T.: Schutz u. Schirm vor Feuer u. Brand. gr. 8. Ebd. 821. 16 ggr

— der Scheidekünstler im Brau- u. Brennhause. Ein nützl. Handbuch f. Bierbrauer, Essigbrauer, Branntweinbrenner u. Dekonomen. Mit e. Vorrede v. J. H. M. Poppe. Mit Kpf. gr. 8. Frankf. a. M. 816. Fr. Wilmans. 1 Thlr 12 ggr

— Versuch e. Beantwort. der Frage: Wie können die Deutschen das Joch des engl. Kunst-Monopols abwerfen. gr. 8. Frankf. a. M. 817. Fr. Wilmans. 12 ggr

SERVIES, (Jaques Roergas) de (1679—1727). — Leben der Gemahlinnen der ersten zwölff Römischen Kayser, sonderlich aus dem Geschlecht Cæsar; in welchen die geheime INTRIGUEN derselbigen bescheiden entdecket, zugleich aber auch die wichtigste Stücke der römischen Historie selbiger Zeit erzählet worden; auß denen alten griech. u. latein. Geschicht-Schreibern genommen .... mit histor. u. critischen Anmerckungen .... versehen, durch Herrn DE SERVIES. Aus d. Frantzös. übers. .... 3 Thle. Augspurg, bey Dav. Rav. Raym. Mertz, u. Joh. Jac. Mayer, 1724—26. 8⁰. (In Berlin: Rl 7580.) Zieml. zahm. (2 fl. 48 xr. Th. Ackermann, München, vor 1875, 20 Kr., nur Th. 1—2, Halm & Goldmann, 1907.)

I: Tit. (roth u. schwarz), 19 Bll. Vorr., 1 genealog. Tabelle, 300 S.

II: Tit. u. S. 301—570, nebst 18 Bll. Addenda, Emendanda u. doppeltes Reg.

III: Tit. (roth u. schwarz): „Leben der Gemahlinnen der Römischen Kayser etc.", 18 Bll. Vorr., 344 S. u. 12 Bll. dopp. Reg.

Orig.: Les femmes des douze Césars (ou les Impératrices romaines), histoire de leur vie et leurs intrigues secrètes, par *de Servies*. 3 vols. Paris 1718. 12⁰. — Amsterdam, Du Villard & Changuion, 1721. 12⁰. (In Düsseldorf, Kgl. Landesbibl., u. in Wolfenb.) (1⅓ Rthl. Scheible, c. 1870.) — 4 ème éd. Amsterd. 1722. 12⁰. (In München.)

Italien. Uebersetzg.: Le imperadrici roman., ovvero la storia della vita, trad. dal franc. da Nonnanuci. 3 voll. Venetia 1734—50. 8⁰. (1 fl. 80 xr. Carl Greif, Wien, 1899; jetzt theurer!)

Serviez, Jacques Roergas de. Leben der Gemahlinnen der ersten zwölf Kaiser aus dem Geschlechte Cäsars: a. d. Franz. . . . Augsburg 1724—26. Ü: *Brucker, Jacob.* (ML)

Servin, ..., üb. die peinl. Gesetzgebung; aus d. Französ. von Th. Cr. Grauer. gr. 8. Nürnb. 786. Felssecker. 1 ꝑ 8 gr

— de la législation criminelle. gr. 8. Basel. 782. Schweighäuser. 1 ꝑ 8 gr

— manuel de jurisprudence naturelle ou exposition des loix naturelles etc. 12. Paris 784. (Schweighäuser in Basel). 20 gr

Servisbestimmungen aus Anlaß d. Bordkommandos u. Unterbringung auf Kasernenschiffen. 8. (6 S.) Berlin (900). E. S. Mittler & Sohn. — 10

Servis-Tarif für sämmtliche Garnison-Orte der königlich preußischen Armee. (Vom 30. Juni 1852.) gr. 8. (X und 276 S.) Berlin 852, Deckersche geheime Ober-Hofbuchdr. **

Servistarif u. Klasseneintheilung d. Orte. Berlin 1879.

Servistarif und Klasseneinteilung der Orte. Ausgegeben durch Gesetz v. 6. Juli 1904. *Berlin: E. S. Mittler & Sohn 1904.* (33 S.) 8° [F.-D.V.E. No 24] [04-14318

Servis-Tarif und Classen-Eintheilung der Orte im Königreich Bayern. Vom 17. Dezember 1874. München. 1874. 8°
Dass. Ebda. 1904.

Servis-Tarif und **Klassifikation** für sämmtliche Ortschaften im Staatengebiete des norddeutschen Bundes vom 21. Decbr. 1867. gr. 8. (80 S.) Berlin 867, v. Decker'sche Geh. Ober-Hofbuchdr. *

Servis-Tarif und Orts-Klassifikation vom 1. April 1879 ab zur Quartierleistung für die bewaffnete Macht während des Friedenszustandes und für den Wohnungsgeld-Zuschuß der Deutschen Reichs- und Preußischen Staatsbeamten. Reichsgesetz vom 3. Aug. 1878. Nach amtl. Quellen bearb. gr. 8. (59 S.) Magdeburg 878, E. Baensch. *

— für das Selbstmiether- bezw. Natural-Quartier, nebst der Orts-Klassen-Eintheilung. gr. 8. (66 S.) Berlin 879. Bath. n. — 40

Servis-Tarif f. das Selbstmiether- bezw. Natural-Quartier, nebst der Orts-Klassen-Eintheilung. gr. 8. (23 S.) Berl. 889, Mittler u. Sohn. — 30

Servistarif nebst d. Verzeichniß d. einz. Stellen d. Landheeres u. d. Marine, welche unt. A 1 bis 9 d. Servistarifs fallen, u. Klasseneintheilg. d. Orte. Ausg. durch Gesetz v. 26. VII. 1897. (Reichs-Gesetzblatt, S. 619.) 8. (71 S.) Berlin 897. E. S. Mittler & Sohn. n. — 40; kart. n. — 55

Servisvorschrift. München 1899.

Servisvorschrift f. das preußische Heer. (Servisvorschrift.) S. V. 8. (VIII, 107 S.)
Berlin: Mittler & Sohn 1899.

Servius Grammaticus, Maurus Honoratus

— **centimetrum ex vetustissimis exemplaribus correctum.** 8maj. Leyd. 789. Luchtmans. (Weidmann in Leipz.) 6 gr

— **Grammatici ars de centum metris e cod. veter. correcta** ed. F. N. Klein. 4. Confluent. 825. (Progr. 24 S.)

Servii, (M.,) Commentarii in Virgilium. Ad fidem codd. Guelferbyt. aliorumque recens. et potior. variis lect. indicibusque copiosiss. instrux. H. A. Lion. Vol. I et II. 8 maj. Gottingae 825, Vandenhöck et R. à 2 Rthl.

Servii, Mauri Honorati, Commentarii in Virgilium. Ad fidem codd. Guelferbyt. aliorumque recens. et potior. variis lect. indicibusque copiosiss. instrux. H. A. Lion. Vol. I. et II. 8maj. Gotting. 826. Vandenhöck u. R. (à 2 ꝑ) 4 ꝑ Schrbp. 5 ꝑ

Servius Casselanus (i. e. Servii commentarii in Verg. Aeneid. lib. I. II. e cod. Casselano editi a T. Bergk. 5 Tle. Pr. 1843—45. 31, 34, 31, 34, 42 S. 4°. à 1.20

— Comment. Verg. Aen. lib. I, 189—200 ed. G. Thilo. Pr. 1856. 22 S. 4°.

— S. Grammatici in Vergilii Georg. lib. I, 1—100 comment. ed. G. Thilo. Pr. 1866. 27 S. 4°. 1.50

Servii, Grammatici, qui feruntur in Vergilii Aeneidos libros I—III commentarii. Rec. Geo. Thilo. gr. 8. (VI, 458 S.) Leipzig 878, Teubner. *

Servii Grammatici qui feruntur in Vergilii carmina commentarii recensuerunt Geo. Thilo et Herm. Hagen. Vol. I. Fasc. 2: In Aeneidos libros IV et V commentarii. gr. 8. (XCVIII, S. 459—660.) Leipzig 881, Teubner. * 10 —
Vol. I. Fasc. 1. Ebendas. 1878. * M 14.
—— dass. — Vol. II. 2 Fasc. gr. 8. Ebendas. à Fasc. * M 10. * 20 —
Inhalt:
Fasc. 1. In Aeneidos libros VI—VIII commentarii. (S. 1—306.) 883.
» 2. In Aeneidos libros IX—XII commentarii. (X, S. 307—650.) 884.

Servii grammatici qui feruntur in Vergilii carmina commentarii, recensuerunt G. Thilo et H. Hagen. Vol. III, fasc. I. In Bucolica et Georgica commentarii. gr. 8. (XX, 360 S.) Leipzig 887. Teubner. n. 10. 40 (I—III, 1.: n. 54. 40)

Servii Grammatici qui feruntur in Vergilii carmina commentarii. Recensuerunt Georg. Thilo et Herm. Hagen. Vol. III. fasc. II. Appendix Serviana. Ceteros praeter Servium et scholia Bernensia Vergilii commentatores continens, recensuit Herm. Hagen. gr. 8. (XIII, 540 S.) Leipzig 902. B. G. Teubner. n. 20.—; (I-III, 2. n. 74. 40)

Servii commentarius in artem Donati, s. Grammatici latini.

Servius et aliorum, Opera grammatica, s.: Codices graeci et latini.

Servius von Spoletto, Peter, von d. Sympathie u. Heilung d. Wunden ohne Berührung. 8. Leipz. 815. Joachim. 1 ꝑ 4 gr

Servos, Aloys, cand. oec. pol.: Die **Entwickelung** des landwirtschaftlichen Genossenschaftswesens in der Rheinprovinz. *(Meseritz [1901]: P. Matthias.)* (136 S.) 8° [Ant. u. F.]
Tübingen, Staatswiss. Diss. v. 1901

Servos, Aloys, die Entwickelung des landwirtschaftlichen Genossenschaftswesens in der Rheinprovinz. Diss. gr. 8. (136 S.) Meseritz (901). (C. Haug.) n. 1. —

Servus duorum Dominorum comoedia . . . [Aug. Vind. et Ingolst. 1760.] V: *Neumayr, Franz.* (JES)

Servus piger evangelicus Meditatio De neglectu salutis . . . proposita . . . Neoburgi 1758. V: *Schnell, Johann Nepomuk.* (Jes)

SERVUS, Alfons

Böhmisch. Lehr- und Lernbehelf für die k. u. k. Cadettenschulen. Verfasst von Dr. Alfons Servus. 1. und 2. Theil. Wien. 1900. Seidel & Sohn. Gr.-8°. IV, 19, 44 S. K 2.40

Servus, Arminius: Untersuchungen über die Bahn und die Störungen der Himmelskörper mit Zugrundelegung des Weber'schen electrodynamischen Gesetzes. Halis Saxonum 1885: (Schade in Berlin). 47 S. 4°
Halle-Wittenberg, Phil. Diss. v. [26. März] 1885
Geb. Halle a. d. S. 3. 6. 1858. V.

Servus, Hermann

Servus, Herm., d. Gefahren d. Alkoholgenusses. Ein Mahnruf an d. deutsche Volk. gr. 8. (34 S.) Berlin 897. C. Staude. n. — 50

Servus, H., die analytische Geometrie der Ebene. Zum Gebrauch an höh. Lehranstalten, sowie zum Selbststudium dargestellt u. m. vielen Aufgaben versehen. Mit zahlr. Fig. im Texte. gr. 8. (IV, 128 S.) Leipzig 890. Teubner. n. 1. 60

Servus, H., die Geschichte des Fernrohrs bis auf die neueste Zeit. gr. 8. (VII, 135 S. mit 8 in den Text gedr. Abbild.) Berlin 886, Springer. *

Servus, Hermann [Dr.]: Neue Grundlagen der Meteorologie. (Th. 1. — Soll vollst. in Buchform ersch.) Berlin, R. Gaertner, 1897; 24 S. 4.
Berlin, Friedrichs-RG, OP 1897 (95)

—— Ausführliches Lehrbuch der Stereometrie u. sphärischen Trigonometrie. Zum Gebrauch an höheren Lehranstalten und zum Selbststudium. Mit zahlreichen Fig. im Texte. In 2 Teilen, f. Unter- u. Obersekunda u. Prima. 8. Ebd. cart. * 2 80
1. Von der Lage der Linien u. Ebenen im Raume. Von den körperl. Ecken. (V, 48 S.) 890. * — 80.
2. Prisma, Parallelepipedon, Pyramide, Kegel, Cylinder u. Kugel. Von den regulären Körpern u. Polyedern. Die sphär. Trigonometrie. (IV, 144 S.) 891. * 2 —.

— ausführliches Lehrbuch der Stereometrie u. sphärischen Trigonometrie. Zum Gebrauch an höheren Lehranstalten u. zum Selbststudium. Mit zahlr. Fig. im Texte. In 2 Teilen, f. Unter- u. Obersekunda. I. Tl. 8. Ebd. 891. cart. n. — 80
Von der Lage der Linien u. Ebenen im Raume. Von den körperlichen Ecken. (V, 48 S.)

— Lehrbuch d. ebenen Trigonometrie. Zum Gebrauch an höh. Lehranst. sow. z. Selbststudium. gr. 8. (IV, 94 S.) Berlin 897. Friedberg & Mode. n. 1. 50

— trigonometrisches Nachschlagebuch. E. Sammlg. trigonometr. Formeln z. Gebrauch f. Mathematiker, Techniker, Ingenieure, Landmesser, Elektrotechniker u. s. w. (Tl. II d. Lehrbuches d. ebenen Trigonometrie.) gr. 8. (IV, 106 S.) Ebd. 897. n. 2. —

— **Regeln d. Arithmetik u. Algebra zum Gebrauch an höh. Lehranstalten sow. zum Selbstunterricht.** 2 Tle. gr. 8. Berlin, O. Salle. n. 3. 80
1. Unter-Tertia, Ober-Tertia u. Unter-Secunda. (VI, 130 S.) 896. n. 1. 40
2. Ober-Secunda u. Prima. (III, 235 S.) 897. n. 2. 40

—— Sammlung von Aufgaben aus der Arithmetik und Algebra für Gymnasien, Realgymnasien und höhere Bürgerschulen. 1.—3. Heft. 8. Leipzig 888, Teubner. cart.
Inhalt:
Heft 1. Addition, Subtraktion, Multiplikation, Division. (IV, 47 S.) 60 Pf.
" 2. Quadrierung und Kubierung von Summen, Zerlegung in Faktoren, Heben der Brüche, Proportionen, der größte gemeinschaftliche Faktor, das kleinste gemeinschaftliche Vielfache, Addition und Subtraktion von Brüchen, die Quadratwurzel, die Kubikwurzel. (51 S.) 60 Pf.
" 3. Potenzierung, Radicierung, Logarithmierung. (94 S.) 75 Pf.

Servus, H. Sammlung v. Aufgaben aus der Arithmetik u. Algebra f. Gymnasien, Realgymnasien u. höhere Bürgerschulen. 4. Heft. gr. 8. (78 S.) Lpz. 889, Teubner. cart. — 75
1.—3. Heft. Ebd. 1888. cart. * 1 95.

Servus, Hermann: Die Störungen der Atmosphäre und des Erdinnern durch Sonne und Mond. Neue Grundlagen der Meteorologie. Teil II. 18 S. 4. Friedrichs-Realgymn. *Berlin* 1901 (102).
Progr.

Servus, Herm., die Störungen der Atmosphäre u. des Erdinnern durch Sonne u. Mond. Neue Grundlagen der Meteorologie. 2. Tl. Progr. 4. (18 S.) Berlin 901. [R. Gaertner.] **Weidmann. n. 1. —**

— Witterungs-Prognosen f. d. J. 1898. 12. (20 S.) Berlin, C. Staude. n. — 50

— **Witterungs-Prognosen f. d. J. 1899—1902. 12. (à 27 S. m. 1 Fig.) Berlin, C. Staude. à n. — 50**

Serwas, Peter

Serwas, Pet., des Glaubens Abgründe. Trauerspiel (aus d. Mittelalter) in 4 Aufzügen. gr. 8. (100 S.) Bamberg (902). Handelsdruckerei u. Verlagsh. 1. 20

Serwas, Pet., poetische Ansichtskartengrüße aus Heimat u. Ferne. Orig.-Dichtgn. (32 S.) 16. Reutlingen (908). R. Bardtenschlager. — 10

— Faschingslust. Neue heitere Lieder (nach angegebenen Melodien) u. Vorträge f. karnevalist. Sitzgn. u. sonst. feuchtfröhl. Veranstaltgn. Orig.-Dichtgn. (95 S.) 8. Ebd. (907). — 50

Serwas, Pet., in fröhlicher Gesellschaft, s.: Wallner's Universum des Witzes.

Serwas, Pet., in fröhlicher Gesellschaft. Heitere, gesell. Lieder, Kuplets, Deklamationen, ergötzl. Bühnenstücke u. humorist. Erzählgn. Orig.-Dichtgn. 2 Bde. 8. Erfurt (899). F. Bartholomäus. à 1. 50
1. 3. Aufl. (VII, 222 S.) — 2. (VII, 195 S.)

In fröhlicher Gesellschaft. Heitere, gesellige Lieder, Deklamationen, Kuplets, komische Szenen u. ergötzliche Bühnenstücke. Orig.-Dichtungen von **Peter Serwas**. 3. Aufl. Bd 1. 2. *Erfurt: F. Bartholomäus [1900].* 2 Bde 8° [F.] [60. 43-4

— gesellige Lieder, nebst heiteren Dichtgn. u. Reden zur Hebg. d. Frohsinns u. der Faschingslust. 8. (IV, 75 S.) Neuwied 892. (Heuser's Verl.) n. 1. —

— **humoristische Postkartenverse f. alle Gelegenheiten Daheim u. in der Ferne. Orig.-Dichtgn. 16. (32 S.) Reutlingen (902). R. Bardtenschlager. — 15**

— Der heitere Telegrammdichter. Glückwunschverse u. sonst. Begrüßgn. in knapper Form f. Depeschen u. Postkarten. Ein Ratgeber bei allen festl. Gelegenheiten. Orig.-Dichtungen. (96 S.) kl. 8. Ebd. (909). — 50

Serwas, Pet., Urfidel! Der Humorist am lust. Vereins- u. Familienabend. Humorist. Vorträge u. Couplet-Lieder (m. Angabe der Melodien) f. Herren u. Damen. (96 S.) kl. 8. Reutlingen (906). R. Bardtenschlager. — 40

Serwatowski, K. Walerjana, Wykład Pisma Swietego Nowego Zakonu. Tom. I. Oddział I. II. gr. 8. Wieden 844, w tłoczni O. O. Mechytarzystow. 1 Thlr 8¾ ngr — Tom. II. Oddział I—III. gr. 8. Ebend. 844, 45. (I. ⅜ Thlr II. ⅝ Thlr) 1 Thlr III. 5/12 Thlr — Tom. III. Czesc I. II. Mit 1 Karte. Ebend. 845. 1 Thlr 8¾ ngr

— dass. Tom. IV. A. u. d. T.: Wykład dziejów apostolskich. gr. 8. Ebend. 846. ¾ Thlr

— dass. Tom. V. (Dział I.) gr. 8. Ebend. 846. 5/12 Thlr (I—V. 1.: 5⅙ Thlr)

Serz, Georg

Serz, Geo., Anleitung zum richtigen u. geschmackvollen Plan- u. Landcharten-Zeichnen. 24 Kpfrt. 16. Nürnberg 843, Friedr. Campe. *

Serz, Geo., Anleitung zum richtigen und geschmackvollen Plan- und Landcharten-Zeichnen. 24 in Stahl gest. Vorlegeblätter. qu. gr. 16. Nürnberg 851, Lotzbeck.

Serz, Georg Thomas

Serz, Geo. Thom., († d. 15. Febr. 1803.) figmentum de anima humana ante subter terra existente, quam corpori conjungeretur, Ebrais falso attribut. 4. Nürnb. 792. Stein. 2 gr

— Handbuch der griech. u. latein. Sprüchwörter. gr. 8. Nürnb. Stiebner. (Barth in Lpz.) 792.

Serz, G. Th., Deutsche Idiotismen, Provincialismen, Volksausdrücke, sprüchwörtliche und andere Redensarten, in entsprechendes Latein übergetragen. Nürnb. 797. 8. 10 gr.

— deutsche Idiotismen rc. in entsprechendes Latein übergetragen. gr. 8. Nürnb. 797. Schneider u. W. 12 gr

Serz, Georg Thomas (Hersbruck) A. S. 1349/33

Vera macrocosmi et microcosmi eaque inter se comparata notio. Präs. Georg Andreas Will. Altdorf (Meyer) 17. III. 1756. 16 S. 32448

Serz, Sigm., Wandkarte von Bayern, Württemberg und Baden. Zum Gebrauche für Schulen. M. 1 : 400000. Nürnberg, Serz & Co., 1871—72. Imp.-Fol. 6 Bll. Kupferst. u. kol.

Serz, Sigm., Wandkarte von Bayern, Württemberg und Baden. Zum Gebrauche für Schulen. 1 : 400,000. 6 Bl. Fol. Nürnberg 872, Serz und Comp. * 6 —

Sesar, Eduard: Ueber Caries und Necrose des Beckens. *Würzburg 1898: A. Boegler.* (62 S.) 8°
Würzburg, Med. Diss. v. 1898

Sesauniczky, f. *Sezauniczky*.

Sesemann, Gust., Cypressen und Trauerweiden. Eine Sammlung von Inschriften auf Grabdenkmale. Eisenach 863. (Baerecke.) 16. (56 S.) 7½ ngr

Sesemann, J. P., theolog. Lutheri evangel., Erklärung d. Evang. aus Luthers Postille. 4. Lauban. 722.

Sesemann, Lydia, aus Wiborg, Finnland: Ueber Dibenzylessigsäure und eine neue Synthese der Homotoluylsäure. [S. A. aus: Vierteljahrsschrift der Naturforsch. Ges. in Zür., Bd 19, S. 1—26]. Zür. Zürcher u. Furrer Dr. 1874. 28 S. 8°.
Zürich, Phil. Diss. [v. 15. Mai 1874].

Sesostris Pharao von Mizraim. Eine Geschichte der Urwelt. Bremen 1796—1797. V: *Röhling, Johann Christoph.* (BGE VII², 293)

Sesostris Pharao von Mizraim, eine Geschichte der Urwelt, 2 Theile, mit Kupf. 8. Bremen, 796. 97. Wilmans. 3 Rthl. 3 ggl.

Sesostris Pharao von Mizraim. Eine Geschichte der Urwelt. Bremen 1796—98. V: *Böhling, Johann Christoph.* (HS) »1797—98« (Ky)

Sesostris, Pharao von Mizraim. Eine Gesch. d. Urwelt. 3 Thle. 8. Brem. Willmanns. (Müller.) 796—98. (à 1 Rthlr. 16 gr.)

Sesostris, Pharao v. Mizraim. (v. Jh. Chp. Röhling). 3 Thle. 8. Gießen 797, 98. (Ferber).

(**Sessa.**) Le Pompe. Libro Secondo ... (Druckerzeichen der Erben des Marchio Sessa.) In Venetia 1562.
Faksimile-Nachbildung. Wien, Comm. Verlag von F. Paterno's Nachf. 1879.
Tit., 2 S. Tit., 79 Bl. Abb. 8°
1. Ausg. 1560.

Sessa, Karl Borr. Alex, († d. 4. Decbr. 1813.), f. Unser Verkehr.

Sessa, K. B. A., unser Verkehr, f. Universal-Bibliothek.

— unser Verkehr. Posse in 1 Aufzuge. — Solbrig, C. F., die Dorfschule. Posse in 1 Akt. Die Judenschaft in der Klemme. Posse in 1 Akt. Neue wohlf. Ausg. Leipzig 868. Dpl. 16. (124 S.) n. 2 ngr

Sesse, W(alther), prakt. Arzt in Göttingen: Ueber zwei Fälle von Synostose der Patella. (Mit 2 Abb.) Göttingen 1905: W. F. Kaestner. (33 S.) 8°
Göttingen, Med. Fak., Ref. Ribbert, Diss. v. 27. Jan. 1905
[Geb. 2. Jan. 79 Ackendorf b. Magdeburg; Wohnort: Göttingen; Staatsangeh.: Preußen; Vorbildung: Gymn. Göttingen Reife O. 98; Studium: Göttingen 9 S.; Coll. 21. Dez. 04; Approb. 3. Aug. 05.]

Sesselmann, B., premier livre de lecture, d'écriture et d'instruction allemande. A l'usage de la maison et des écoles. 8. (IV und 59 S.) Leipzig 861, Brockhaus. *

Sesselmann, B., premier livre de lecture, d'écriture et d'instruction allemande. A l'usage de la maison et des écoles. 2me—4me édit. 8. (IV, 59 S.) Leipzig 870—74, Brockhaus. *

Sesselmann, B., premier livre de lecture, d'écriture et d'instruction allemande à l'usage de la maison et des écoles. 5e édit. 8. (IV, 59 S.) Leipzig 876, Brockhaus. *

Sesselmann, B., second livre de lecture, de version et d'instruction allemande à l'usage des familles et des écoles françaises pouvant servir de thèmes aux élèves allemands. 8. (VII und 134 S.) Leipzig 865, Brockhaus. *
Premier livre, Ebendas. 1861. * 6 Ngr.

—— second livre de lecture, de version et d'instruction allemande à l'usage des familles et des écoles françaises pouvant servir de thèmes aux élèves allemands. 2me et 3me édit. revue et corrigée. 8. (IV, 136 S.) Ebendas. 870. 74. *

Besselmann, B., second livre de lecture, de version et d'instruction allemande à l'usage des familles et des écoles françaises, pouvant servir de thêmes aux élèves allemands. 4. éd. 8. (VIII, 136 S.) Leipzig 878. Brockhaus. n. 1. 20

— méthode de lecture ou syllabaire allemand. 8. (48 S.) Ebend. 874. n. — 60

Sessi. Triest 1806. V: *Kollmann, Ignatius.* (GGr)

Sessing, J., Bleibe deiner Kirche treu. Etliche Fingerzeige. 8. (32 S.) Stuttgart 882, Buchh. der Evangel. Gesellschaft. * — 15

Sessing, J., bleibe deiner Kirche treu. Etliche Fingerzeige. 2. Aufl. 8. (24 S.) Stuttgart 886, Buchh. der Evangel. Gesellschaft. *

Sessing, J., Civilehe u. kirchliche Trauung. Ein Vortrag, geh. auf der Diöcesansynode Balingen 1874. gr. 8. (36 S.) Nördlingen 874. Beck. — 50

Sessio quarta Concilii Tridentini vindicata seu introductio in scripturas deuterocanonicas veteris testamenti in tres partes divisa per Aloisium Vincenzi Sammaurensem. Pars I—III. 8maj. (37 B.) Romae 842, 44. (Monachii, Franz.) *

Session, die erste, des deutschen Zollparlaments (27. April — 23. Mai 1868.) Drei Wochen in Berlin. Aus dem Tagebuche eines süddeutschen Abgeordneten. München 868. Fritsch. gr. 8. (XXXVI, 186 S.) n. 26 ngr.

Session, die letzte, der preußischen Kammern. gr. 8. (48 S.) Leipzig 855, Hirzel.

Sessous, George, aus Berlin: Über die bei der Düngung mit Ammoniaksalzen entstehenden Stickstoffverluste. *Berlin [1903]: G. Bernstein.* (59 S.) 8°
Jena, Phil. Diss. v. (18. Dez.) 1903

Sessous, Henri, Assistenzarzt an d. Kgl. med. Univ.-Klinik zu Halle a. S.: Über die therapeutische Verwendung des Jodipin. *Halle a. S. 1900: E. Karras.* (20 S.) 8°
Halle, Med. Diss. v. 3. Apr. 1900

Seßtröm, N. G., u. J. J. Berzelius, über das Vanadium, ein neues Metall; entdeckt u. beschrieben; aus d. Schwed. übers. (Aus Schweiggers Jahrb. d. Chemie ꝛc. abgedr.) gr. 8. Halle 831. Anton. 6 gGr.

Sestal, J. F., und F. v. Scherb, militärische Beschreibung des Paschalik's Hercegowina und des Fürstenth. Crnagora sammt (lithogr.) Karte (in Imp.-Fol.) gr. 8. (VI und 89 S.) Wien 862, (Dirnböck's Buchh.)

Sestak, J. F. u. F. v. Scherb. Militärische Beschreibung des Paschaliks Hercegovina und des Fürtenthums Crnagora. 2. Aufl. Wien 1862. 8°.

Sester, Franz, Die wirtschaftliche Lage der hausindustriellen Handmaschinenarbeit in der Schweiz. 8°. Heidelberg 1899.

Sester, Franz: Die wirtschaftliche Lage der hausindustriellen Handmaschinensticker in der Ostschweiz. *Bonn 1903: C. Georgi.* (98 S.) 8°
Heidelberg, Phil. Diss. v. 1903

Sester, Jos., das Kirchenpatronatrecht im Groshherzogl. Baden, s.: Gönner, Rich.

Sester, W., Glaubenskampf, s. Glaubenskampf.

Sestier, F., s. Chomel's, A. F., Vorles. über Pneumonie.

Sestili, I., s.: Bibliophoros.

Sestili, Joach., in summam theologicam S. Thomae Aquinatis I^a. P^e. Q. XII. A. I. De naturali intelligentis animae capacitate atque appetitu intuendi divinam essentiam. Theologica disquisitio. gr. 8. (239 S.) Rom 896. (Spithoever.) n.n. 2. 80

Sestini, Domenico. Beschreibung des Kanals von Konstantinopel, des dasigen Wein-, Acker- und Garten-Baues und der Jagd der Türken. Uebersetzt von C. J. Jagemann. 8. Hamburg 1786.

— **Beschreib. des Kanals von Konstantinopel; aus d. Italien. v. C. J. Jagemann. gr. 8. Hamb. 786. Bohn. 8 gGr.**

— Briefe über Sicilien und die Türkey. Leipz. 780. 2 Thle. 8. 1 rthl.

Sestini, (A.) Dom., Briefe a. Sicilien u. d. Türkey, an s. Freunde, a. d. Ital. 2 Bde. 8. Leipzig, Fritsch. 781—783.

Sestini, Dom., Briefe aus Sicilien u. der Türkei, an seine Freunde; aus d. Italien. von J. J. Volckmann. 2 Bde. 8. Leipz. 781—83. (Hahn). 23 gGr.

— catalogus nummorum vet. Musei Arigoniani. Fol. Berl. 805. Reimer. 2 Thlr. 12 gGr. (Th. Brandenburg das.) 2 Thlr.

— Classes generales geographiae numismaticae. 2 Part. 4. Lips. Gleditsch. 788—800.

— classes generales geographiae numismaticae seu monetae urbium, populorum et regum ordine geographico et chronologico dispos. II Systema Eckhelianum et in duas partes divis. 4. Leipz. 797. (Brockhaus). 1 Thlr. 16 gGr.

— classes generales geographiae numismaticae seu moneta veterum urbium, populorum et regum ordine geographico et chronologico descripta. 4. Florenz 821. (Wien, Volke). 4 Thlr. 16 gGr.

Sestini, Dom., descriptio selectiorum numismatum in aere maximi moduli e Museo olim Abbatis de Camps etc. 4. Berl. 808. (Schlesinger). 1 Thlr. 8 gGr.

— descriptio Nummorum veterum ex Museis Ainslie, Bellini, Bondacca, Borgia, Verita etc. c. multis iconibus nec non animadversiones in opus Eckhelianum, cui titulus doctrina nummor. veter. etc. c. fig. 4. Lips. Gleditsch. 795.

Sestini, Dom., Descrizione d'alcune medaglie Greche del museo del signore Carlo d'Ottavio Fontana di Trieste. Gel. 1827. 71 S. 4°. 1.20

Sestini, Domenico. Descrizione delle medaglie greche e romane del fù Genkowitz. Berlino 1809. 4°.

— Descrizione delle medaglie Greche e Romane. 8. Berlin, Amelang. (Besson) 809.

— **Descrizione delle Medaglie Ispane appartenenti alla Lusitania, alla Bettica, e alla Tarragonese che si conservano nel Museo Hedervariano. 4. Firenze 818. (Schlesinger in Berl.) 5 Thlr. 20 gGr.**

— Descrizione degli Stateri antichi illustrati con le Medaglie in 4. Firenze. 817. (Berlin, Schlesinger.).

—Dissertazione sopra le Medaglie antiche relative alla Confederazione degli Achei, 4. Milano 817. (Schlesinger in Berl.) 1 ℛ 8 𝒢

—Illustrazione di un Vaso antico di Vetro, ritrovato in un sepolcro presso l'antica Populonia. 4. Firenze 812. (Schlesinger in Berl.) 2 ℛ 20 𝒢

Sestini, Dom., Lettera Critica all' Estensore del Libro intitolato: Catalogus Numorum Veterum Graecorum et Latinorum Musei Regis Daniae. Hafniae. 816. Tom. 5. in 4. (Berlin, Schlesinger.) Rthlr.

Sestini, Abb. Dom., Lettere e dissertazioni numismatiche sopra alcune medaglie rare della collez. Ainslie. Cum figg. Rom. Lips. Livorn. 789. 90. 4 Tom. 4. 2 rthl. 16 gr. – Di altri Musei. Tom. V. Rom. 794. 3 rthl. — Del museo Knobelsdorf. Tom. VI. Berlin 804. 3 rthl. — Del museo nazionale di Francia. Tom. VII. Berl. 805. — Del museo regio di Berlino. Tom. VIII. Ibid. 805. 4 rthl. — Del museo ducale di Gotha. Tom. IX. Ib. 806. 4. 1 rthl. 18 gr. Zusammen also 9 Bände.

Sestini, Domenico. Lettere e dissertazioni numismatiche. Tom. 1- 8: sopra alcune medaglie rare della collezione Ainslieana, Tom. 9: descrizione di alcune medaglie rare del museo ducale di Gotha relativamente alla collezione di Petriccioli con la continuazione di altre medaglie del museo nazionale di Francia. 3 Bde. Livorno, Roma, Berlino 1789–1806. 4°.

— — Lettere e dissertazioni numismatiche, ossia descrizione di alcune Medaglie rare etc. Vol. VI — IX. 4maj. Berlin. 804. Jetzt Verlag von Reimer, auch Ebend.

—Lettere e dissertazioni numismatiche ossia descrizione di alcune Medagli rare del Museo Gothano. 4. Berl. 806. (Schlesinger). 1 ℛ 18 𝒢

— T. 7. Lettere etc. Medaglie rare del Museo nazionale di Francia secondo i getti datici dal Mionnet. — Tmo. 8. Lettere etc. Medaglie rare del Museo Regio di Berlino e di altri musei con più la critica sopra altre descritteci da vari autori, c. tav. 4. Berlin, Quien. (Dunker et H.) 805.

— Lettere e dissertazioni numismatiche, le quali servir possono di continuazione ai nove tomi già editi. in 4. Tomo I — VII. Milano e Firenze. 815 — 820. (Berlin, Schlesinger.) Ogni Tomo a 3 Rthlr., insieme –

—Lettere e dissertazioni numismatiche ossia descrizione di alcune Medaglie rare del Museo Knobelsdorff, con tav. Neue Aufl. 4. (Berl.) 826. Schlesinger. 18 𝒢

—Medaglie rare del Museo nazionale di Francia secondo i getti datici dal Mionnet. 4. 804. (Berl., Schlesinger). 2 ℛ 16 𝒢

—Medaglie rare del Museo regio di Berlino et di altri musei con più la critica sopra altre descritteci da vari autori, con tav. 4. Berl. 804. (Schlesinger). 1 ℛ 8 𝒢

—Osservazioni sopra una Medaglia d'Eropo III. re di Macedonio etc. 4. Rom 794. (Kummer in Leipz.) 1 ℛ

–Viaggi e opusculi diversi, c. fig. 8maj. Berl. 807. (Reimer). 2 ℛ

— Viaggi e opusculi diversi, c. fig. 8maj. Berol. Realschulbuchh. 807.

— Viaggio da Constantinopoli a Bassora. 4. Vien. Gräffer. 786.

—Viaggio da Constantinopoli a Bukaresti. 8. Rom 794. (Sommerbrodt in Berl.) 1 ℛ 8 𝒢

—Viaggio curioso-scientifico-antiquario per la Valachia, Transilvania e Ungheria fino a Vienna. 8. Firenze 816. (Schlesinger in Berl.) 1 ℛ 18 𝒢

Sestini, (A.) Dom., Viaggio di ritorno da Bassora a Constantinopoli. 4. Vienna, Gräffer. 780. Rthlr.

Das Fechten mit dem Florett und dem Säbel auf Hieb und Stich, nach d. ital. System d. Prof. Cav. Ferdinando Masiello bearb. von Luigi Sestini, Dir. zu Berlin. Ins Deutsche übertr. von [Otto] v. Kiesenwetter, Rittm. a. D. Mit 103 Zeichn. von T. Plaskuda-Berlin. *Berlin: W. Ißleib (1903).* (247 S.) 8° [F.] [04. 15893

Sestrencewicz de Bohusz, s. Siestrzencewicz.

Setälä, Emil Nestor (Hrsg.), s. Forschungen, Finnisch-ugrische

Setälä, E. N., zur Geschichte d. Tempus- u. Modusstammbildung in d. finnisch-ugrischen Sprachen, s.: Journal de la société finno-ougrienne, II.

— Zur Herkunft u. Chronologie der älteren germanischen Lehnwörter in den ostseefinnischen Sprachen. (Journal de la société finno-ougrienne XXIII, 1.) (50 S.) Lex. 8. Helsingfors 906. (Leipzig, O. Harrassowitz.) nn 2. —

— s.: Literaturen u. Sprachen, die osteuropäischen u. slawischen.

— über Quantitätswechsel im Finnisch-Ugrischen. Vorläuf. Mitteilg. [Aus: „Journal de la soc. finno-ougrienne".] gr. 8. (53 S.) Helsingfors 896. (Leipzig, O. Harrassowitz.) n.n. 1. 60

— über die Sprachrichtigkeit. Mit besond. Berücksicht. des finn. Sprachgebrauchs. (S. 19—79.) gr. 8. Helsingfors 904. (Leipzig, O. Harrassowitz.) n.n. 2. —
Sonderabdruck aus: „Finnisch-ugr. Forschgn."

Setau, D. L.

— Einleit. in die franz. Sprache, 1r Thl. z. Gebrauch beym mündl. Unterricht d. Anfänger. gr. 8. Leipzig, Schwickert. 781.

— — dess. 2r Thl. d. grammatikal. Handbuch. gr. 8. Ebendas. 784.

Setau, D. L., französische Sprachlehre f. d. Deutschen. 8. Leipz. Crusius. (F. C. W. Vogel) 787. — 22

Setels, Werner Franz Konrad (Jülich) U. S. Giessen 1707, 2

Dissertatio inauguralis juridica de jure circa cautelam socini.
Giessen (Vulpius) 11. X. 1707. 27 S. 32450

Setels, Werner Franz Konrad (Jülich) A. S. 14/21

Dissertatio inauguralis juridica de jure circa cautelam socini. Ed. altera.
Giessen (Vulpius) 1714. 27 S.

Diss. 11. X. 1707. 32451

SETH, JOHANN: Lob und Pflichtrede auf das verborgene Geheimniß der Allerheiligsten Dreyfaltigkeit an dem hohen Titularfeste des Barfüsserordens und dessen hochlöbl. englischen Erzbruderschaft der allerheiligsten Dreyfaltigkeit; bey Bestätigung der Würdenswahlen zu Kleinmariazell im Jahre 1777 vorgetragen. Ofen 1777. Gedr. bey Katharina Landerinn, Wittwe. 8 S. - 220 mm

Sethe, Christoph Wilhelm Heinrich

— urkundl. Entwicklung d. Natur der Leibgewinnegüter u. Widerlegung der von dem Hrn. Reg.-Rath Mallinkrodt darüber im Westphäl. Anzeiger vorgetragenen irrigen Behauptungen; nebst den im Westphäl. Anzeiger gewechselten Schriften u. einiger bisher noch ungedr. für jene Zeitschrift bestimmt gewes. Bemerkk. des Hrn. Landrichters Müller zu Werden. 8. Düsseld. 810. Schreiner. 2 ℛ 4 gℛ

Sethe, Ritter Cph. Wlh. Hnr., die Gerichtsverfassung u. das gerichtl. Verfahren in den königl. Preuß. Rheinprovinzen. 8. Berl. 820. Hayn. 12 gℛ

Sethe, Eduard, Referendar: Die gemeinschaftliche Aktie im Gesellschaftsvermögen einer offenen Handelsgesellschaft. Borna-Leipzig 1910: Noske. VII, 52 S. 8°
Leipzig, Jur. Diss. v. 18. März 1910
[Geb. 13. März 84 Kassel; Wohnort: Kassel; Staatsangeh.: Preußen; Vorbildung: Wilhelms-Gymn. Kassel Reife M. 02; Studium: Lausanne 1, Breslau 4, München 1, Marburg 2 S.; Rig. 24. Nov. 06.] [U 10. 2890

Sethe, Edu.: **Ein Wort der Vertheidigung von E[du.] Sethe. Als Ms. gedr. [Leipzig 1892: Findel.] 64 S. 8° [Umschlagtit.]**
Betr. Sethes Entlassung aus der Loge zur Eintracht u. Standhaftigkeit, Kassel. 137.

Sethe, Franz, a. Osnabrück: Das deutsche N. T. in der Hs. Z^b 43 der Fürstlich Stolbergschen Bibliothek zu Wernigerode. Greifswald 1907: F. W. Kunike. (74 S.) 8°
Greifswald, Phil. Fak., Ref. Reifferscheid, Diss. v. 15. April 1907
[Geb. 24. Febr. 81 Osnabrück; Wohnort: Greifswald; Staatsangeh.: Preußen; Vorbildung: Gymn. Osnabrück Reife O. 02; Studium: Freiburg i. B. 1, Münster 4, Greifswald 3 S.; Rig. 1. Aug. 06.]

Sethe, Kurt (Heinrich)

Sethe, Curtius Henricus [Berolinensis]: De Aleph prosthetico in lingua Aegyptiaca verbi formis praeposito ... (Einl. zu des Verf. Formenlehre d. aegypt. Verbums.) Berolini, typ. expr. G. Schade, *1892;* 2 Bl., 40 autogr. S., 1 Bl. 4.
Berlin, Phil. Fak., Inaug.-Diss. v. 14. März 1892

Beiträge zur ältesten Geschichte Ägyptens von Kurt **Sethe**. Mit e. Beitrag von Eduard Meyer (Prof., [Berlin]). (In 2 Hälften.) Leipzig: J. C. Hinrichs 19(03-)05. (147 S.) 4°
= Untersuchungen z. Geschichte u. Altertumskunde Ägyptens. 3. [05. 1143

Sethe, Kurt, ein Bruchstück altägyptischer Annalen, s.: Schäfer, Heinr.

— Denkmäler aus Aegypten u. Aethiopien, s.: Lepsius, C. Rich.

Dodekaschoinos, Das Zwölfmeilenland an der Grenze von Aegypten und Nubien von Kurth **Sethe**. *Leipzig: J. C. Hinrichs 1901.* (36 S.) 4°
— Untersuchungen z. Gesch. u. Altertumskunde Aegyptens. 2,3. [01. 13538

Die Einsetzung des Veziers unter der 18. Dynastie. Inschrift im Grabe des Rech-mi-re' zu Schech Abd el Gurna. Neu hrsg. u. erkl. von Kurt **Sethe** Mit 1 Taf. Leipzig: Hinrichs 1909. 68 S. 4°
(Untersuchungen z. Geschichte u. Altertumskunde Aegyptens. Bd 5, H. 2) [09. 13368

— eine ägyptische Expedition nach dem Libanon im 15. Jahrh. v. Chr. (8 S.) Lex.-8. Berlin 906. (G. Reimer.) n. — 60
Sonderabdruck aus: „Sitzungsber. d. preuss. Akad. d. Wiss."

Imhotep der Asklepios der Aegypter. Ein vergötterter Mensch aus d. Zeit d. Königs Doser von Kurt **Sethe**. *Leipzig: J. C. Hinrichs 1902.* (26 S.) 4°
= Untersuchungen z. Gesch. u. Altertumskunde Aegyptens. 2, 4. [02. 9155

Sethe, Kurt, s.: **Lepsius,** C. Rich., Denkmäler aus **Aegypten u. Aethiopien.**

Sethe, Kurt (Hrsg.), s.a. Pyramidentexte, Die altägyptischen, ...

— Die altägyptischen Pyramidentexte, nach den Papierabdrücken u. Photographien des Berliner Museums neu hrsg. u. erläutert. 1.—6. Lfg. Lex. 8. Leipzig, J.C.Hinrichs'Verl. Subskr.-Pr. bis 31. XII. 1908 80.—; vom 1. I. 1909 an 94. —
1. (S. 1—240 in Autogr.) 908. Subskr.-Pr. bis 31. XII. 1908. 18. —
2. I. Bd. Text. 1. Hälfte. Spruch 1—468 (Pyr. 1—905). 2. Lfg. (XIII u. S. 241—508 in Autogr.) 908. Subskr.-Pr. bis 31. XII. 1908 21.— (I. Bd. vollst. 39.—; vom 1. I. 1909 an: 46.50; geb. 47.50)
3. (II. Bd. S. 1—120 in Autogr.) 908. Subskr.-Pr. bis 31. XII. 1908 9.—; vom 1. I. 1909 an 10. 50
4. (II. Bd. S. 121—240 in Autogr.) 909. Subskr.-Pr. bis 31. XII. 1908: 9.—; vom 1. I. 1909 an: 10. 50
5. 6. (II. Bd. IV u. S. 241—543 u. Ergänzgn. zum I. Bd. 2 Bl. in Autogr.) 910. Subskr.-Pr. bis 31. XII. 1908: 23.—; vom 1. I. 1909 an: 27.50 (II. Bd. vollst. 41.—; geb. 43.—; bezw. 48.50; geb. 50. 50)

— Quellenstudien zur galloromanischen Epik. (VII, 395 S.) gr. 8. Leipzig 904. O. Harrassowitz. n. 9. —

Sesostris von Kurt **Sethe**. *Leipzig: J. C. Hinrichs 1900.* (24 S.) 4°
— Untersuchungen z. Gesch. u. Altertumskunde Aegyptens. 2, 1. [01. 1037

— Untersuchungen zur Geschichte u. Altertumskunde Aegyptens. 1. Hft. gr. 4. Leipzig 896. J. C. Hinrichs' Verl. n. 24. —
Die Thronwirren unt. d. Nachfolgern Königs Thutmosis' I., ihr Verlauf u. ihre Bedeutg. — D. Prinzenliste v. Medinet Habu u. d. Reihenfolge d. ersten Könige d. 20. Dynastie. (VI, 199 S., wovon 65 autogr.)

Sethe, Kurt, s.: Urkunden des ägyptischen Altertums.

Urkunden der 18. Dynastie. Bearb von Kurt Sethe. 1. Leipzig: J. C. Hinrichs 1905. 4°
— **Urkunden** d. aegypt. Altertums. Bd 4, H. 1. [05. 14073

Urkunden des Alten Reichs. Bearb. von Kurt Sethe. 1. 2. *Leipzig: J. C. Hinrichs 1903.* 2 Bde 4°
— **Urkunden** d. aegyptischen Altertums. Bd 1, H. 1. 2. [03. 10530

— das ägyptische Verbum im Altägyptischen, Neuägyptischen u. Koptischen. 3 Bde. gr. 4. Leipzig, J. C. Hinrichs' Verl. Kart. n. 66. —
1. Laut- u. Stammeslehre. (XXXV, 292 S.) 899.
2. Formenlehre u. Syntax d. Verbalformen. (XI, 469 S.) 899.
3. Indices. (IV, 119 S.) 902.

Sethos, des egyptisch. Königs, Gesch., a. d. Franz. v. Matth. Claudius. 2 Bde. 8. Breslau, Löwe. (Sommer in Lpz.) 794.

Setina, Ottom., Schlüssel zur Berechnung der allgemeinen Erwerbsteuer. Fol. (III, 102 S.) Wien 902. Hof- u. Staatsdruckerei. n. 3. —

Setma et Guly. Histoire de deux jeunes Turques. Imité de l'allemand. 12. (Mit 1 Lithogr.) Strasbourg 844, Vve. Levrault. $6^1/_4$ *n*ℛ col. $^1/_4$ ℛ

Setma, das türk. Mädchen. Eine Erzähl. f. Christenkinder v. Verf. des „armen Heinrich" (Chr. Gtl. Barth). 12. ($5^1/_2$ B. u. 3 Holzschn.) Stuttgart 831, (Steinkopf.)

Setma, das türkische Mädchen ... Eine Erzählung ... 3. Aufl. Stuttgart 1841. V: *Barth, Chn Glob.* (Ky)

Setma, das türkische Mädchen. Eine Erzählung f. Christenkinder v. Verf. des „armen Heinrich." 3. verb. Aufl. 12. Stuttgart 841, J. F. Steinkopf. n. 1/6 ₰

Setma, das türkische Mädchen. Eine Erzählung für Christenkinder v. Verfasser des „armen Heinrich" (C. G. Barth). 4. Aufl. 12. (118 S.) Stuttgart 852, J. F. Steinkopf. n. 1/6 ₰

Setma, das türkische Mädchen. Eine Erzählung für Christenkinder. Vom Verf. des „armen Heinrich" (C. G. Barth). 5. Aufl. 16. (103 S.) Stuttgart 869, J. F. Steinkopf.

Setmor, Christiane, Liebesgabe einer Kinderfreundin. 8. (164 S.) Hamburg 847, Herold in Comm. In Engl. Einb. n. 24 ngr

Seton, Anna Elise, die erste barmherzige Schwester in den vereinigten Staaten von Nordamerika. s. a. Trösteinsamkeit, katholische.

Seton, Anna Elise, die erste barmherzige Schwester in den Vereinigten Staaten von Nordamerika. Mainz 1859. V: *White.* (Ky)

Seton Thompson, s.: Thompson, Ernst Seton.

SETSCHENOW, J.
Absorption der Kohlensäure durch Salzlösungen. St. Petersburg, 1876. 4to.

Setschenow, J., üb. die Absorption der Kohlensäure durch Salzlösungen, s. a. Mémoires de l'académie impériale des sciences de St. Pétersbourg.

Setschenow, J., üb. den Absorptionscoefficienten der Kohlensäure in den zu diesem Gase indifferenten Salzlösungen, s. a. Mémoires de l'académie impériale des sciences de St.-Pétersbourg.

Ueber die Absorptionscoefficienten der Kohlensäure in den zu diesem Gase indifferenten Salzlösungen. St. Petersburg, 1886.

Setschenow, J.: Beitrag zu einer künftigen Physiologie der Alkoholwirkung. St. Petersburg. 1880.

Setschenow, J., Beiträge zur Pneumatologie des Blutes. Mit 1 (lith.) Taf. u. 1 Holzschn. (Aus den Sitzungsber. d. k. Akad. d. Wiss.) Wien 859. Gerold in Comm. gr. 8. (29 S.) n. 5 ngr.

Setschenow, J., die Kohlensäure des Blutes, s. Mémoires de l'Académie impériale des sciences de St.-Pétersbourg.

Setschenow, J., Ueber die Constitution der Salz-Lösungen auf Grund ihres Verhaltens zur Kohlensäure. Moskau 1889.

Setschenow, J., über die elektrische u. chemische Reizung der sensiblen Rückenmarksnerven des Frosches. Graz 868. Leuschner & Lubensky. gr. 8. (69 S.) u. 15 ngr.

Setschenow, J., physiologische Studien über die Hemmungsmechanismen für die Reflexthätigkeit des Rückenmarks im Gehirne des Frosches. gr. 8. (51 S. mit eingedr. Holzschn.) Berlin 863, A. Hirschwald. *

—— und B. Paschutin, neue Versuche am Hirn und Rückenmark des Frosches. gr. 8. (IV und 96 S.) Berlin 865, A. Hirschwald. *

Setschenow, J., Weiteres üb. das Anwachsen der Absorptionscoefficienten v. CO_2 in den Salzlösungen, s. a. Mémoires de l'académie impériale des sciences de St.-Pétersbourg.

Weiteres über das Anwachsen der Absorptionscoefficienten von Kohlensäure in den Salzlösungen. St. Petersburg, 1887.

Setser, Ier., de juramentis. lib. V. 4. Colon. Meyner 736.

Settegast, Anton Franz

Settegast, Ant. Frz., epitome historica febrium putridarum a 1754 nascent. in 1773 perseverant. 8. Colon. Rommerskirchen. 774.

— institutiones medicae ad motuum leges, ordines, mores, harmoniam et therapiae ministerium instruentes ad securiorem curationum basin ac ad praevidendas et praecavendas morborum crises nec non ad stabiliendas firmas crisium leges etc. II Ptes. 8. Frkf. a. M. 768. Esslinger. (Schäfer). 20 gr

— Nebenstunden d. Arzneygelahrheit üb. jetzt regier. bös. art. allgem. Faulfieber. 8. Cöln, Simon.

— praelectiones medicae theoretico-practicae. IV Vol. 8. Colon. Rommerskirchen. 775.

Schreibp.

— Abhandl. von d. Viehseuche. 8. Cöln, Simon.

Bienencatechismus für meine Landsleute in Preussen. Darinnen ihnen deutlich in Fragen und Antworten die Kunst gelehret wird, von Bienen mit geringer Mühe grossen Nutzen zu erlangen von D. G. SETTEGAST, Mitglied der königlich Ostpreussisch Mohrungschen physikalisch-ökonomischen Gesellschaft. Mit Kupfern. Königsberg, 1796. Herausgegeben von obgedachter Gesellschaft und im Verlage der Hartungschen Buchhandlung. 8°.

Settegast, Franz

Settegast, F. Benoit de Sainte-More. — Eine sprachliche Untersuchung über die Identität der Verfasser des „Roman de Troie" und der „Chronique des Ducs de Normandie". Hab. Leipzig 1876. 76 S.

Settegast, Frz., Benoit de Sainte-More. Eine sprachliche Untersuchg. üb. die Identität der Verfasser d. „Roman de Troie" u. der „Chronique des Ducs de Normandie." gr. 8. (75 S.) Breslau 876. Korn. n. 1. 50

Settegast, Frz., s.: Dante Allighieri, göttliche Komödie.

Settegast, F., die Ehre in d. Liedern der Troubadours. gr. 8. (46 S.) Leipzig 887. Veit & Co. n. 1. 35

Antike Elemente im altfranzösischen Merowingerzyklus nebst e. Anh. über den Chevalier au Lion von Franz **Settegast**, Prof., Leipzig. Leipzig: O. Harrassowitz 1907. (86 S.) 8° 07. 15658

Floovant und Julian nebst e. Anh. über d. Oktaviansage von F[ranz] **Settegast**. Halle a. S.: M. Niemeyer 1906. (67 S.) 8°
— **Zeitschrift** f. romanische Philologie. Beihefte. 9. 06. 14500 8

Settegast, Franz (geb. Lehrhof-Ragnit in Ostpr. 4. 2. 1858): Die Trichotomie. Berlin (1882). (34 S.) 8°
Berlin, Med. Diss. v. 31. Okt. 1882

Settegast, F. Hartmann's „Iwein" verglichen mit seiner altfranzösischen Quelle. Diss. Marburg 1873. 32 S.

Quellenstudien zur galloromanischen Epik von Franz **Settegast**, Prof., Leipzig. *Leipzig: O. Harrassowitz 1904.* (395 S.) 8° 04. 13291

Die Sachsenkriege des französischen Volksepos. Auf ihre geschichtl. Quellen untersucht von Franz **Settegast**, Prof., Leipzig. Leipzig: O. Harrassowitz 1908. (VII, 70 S.) 8° 08. 10163

SETTEGAST, HANS. Beiträge zur quantitativen Spectralanalyse. Tübingen, 1878.

Settegast, Hans, illustriertes Handbuch des Gartenbaues. Ein Hand-, Lehr- u. Nachschlagebuch aus der Praxis f. die Praxis. Mit vielen Abbildgn., Modellen u. farb. Schädlings- u. Blumentafeln nach farb. Natur-Photographien. (In 3 Abtlgn.) 1. Abtlg. (464 S.) Lex. 8. Leipzig (910). J. J. Arnd. Für vollst. 20. —

Settegast, Hans. Was soll unser Sohn werden? 3. Aufl. 12. (27 S.) Köstritz 891. (Gera, Bauch.) * — 50

Settegast, Hans, was soll unser Sohn werden? 4. Aufl. 12. (47 S.) Gera 893. G. Leutzsch. n. — 50

— Was soll unser Sohn werden? 2. Aufl. (64 S. m. 1 Taf.) 8. Köstritz 906. C. Seifert. — 25

Settegast, Henry (Otto)

— die Bekämpfung des Wassermangels der Pflanzen durch richtige Bodenbearbeitung. Vortrag, geh. am 10. Novbr. 1893. gr. 8. (20 S.) Dresden 894. G. Schönfeld. n. — 40

Settegast, Henry, die Neilson'sche Erntemethode. Vortrag, gehalten in der Oekonom. Gesellschaft im Königr. Sachsen, Dresden, am 15. Dezbr. 1882. gr. 8. (15 S.) Dresden 883, Schönfeld's Verlagsb. **

Settegast, Henry. Die Grundsätze d. Pflanzenschutzes. Vortrag, geh. im Vortrags-Cyklus f. prakt. Landwirthe in Leipzig am 6. Febr. 1891. gr. 8. (10 S.) Lpz. 891, (H. Voigt). * — 20
Aus: Frühlings landwirthschaftl. Zeitg., besonders abgedruckt.

— die Lehre v. d. Landwirtschaft. Method. Lehrgang zur fachwissenschaftl. Ausbildg. prakt. Landwirte. Unter Mitwirkg. hervorrag. Fachmänner hrsg. 1. 11. Hft. Lex.-8. (346 S. m. Abb.) Leipzig 897—898. M. Schäfer. à Hft. n. — 50

— die Lehre von der Landwirtschaft. Methodischer Lehrgang zur fachwissenschaftl. Ausbildg. prakt. Landwirte. Unter Mitwirkg. hervorrag. Fachmänner hrsg. von S., nach dessen Tode fortgeführt v. Frdr. Falke. 12.—26. Hft. Lex.-8. (515 S. m. Abbildgn.) Leipzig 899—902. M. Schäfer. à n. — 50

Settegast, Henry, die Lehre v. der Landwirtschaft. Methodischer Lehrgang zur fachwissenschaftl. Ausbildg. prakt. Landwirte. Unter Mitwirkg. hervorrag. Fachmänner hrsg. von S., nach dessen Tode fortgeführt von Frdr. Falke. 27.—45. Heft. (624 S. m. Abbildgn. u. 2 farb. Taf.) Lex.-8. Leipzig (903—906). M. Schäfer. à n. — 50

Settegast, Henry, die Lehre v. der Landwirtschaft. Methodischer Lehrgang zur fachwissenschaftl. Ausbildg. prakt. Landwirte. Unter Mitwirkg. hervorrag. Fachmänner hrsg. v. S., nach dessen Tode fortgeführt v. Frdr. Falke. 46.—59. Heft. (464 S. m. Abbildgn.) Lex. 8. Leipzig (907—10). M. Schäfer. à — 50

— dasselbe. 1. Bd. Lex.-8. Ebd. 904. n. 7. —
Die landwirtschaftl. Betriebslehre. Ein Handbuch f. den prakt. Landwirt sowie f. Studierende u. Lehrer der Landwirtschaft. (VI, 426 S.)

— dasselbe. 3. Bd. Lex. 8. Ebd. 3.—; geb. n 4. —
Die Tierzuchtlehre. Ein Handbuch f. den prakt. Landwirt sowie f. Studierende u. Lehrer der Landwirtschaft. (VIII, 167 S.) 909.

— die landwirthschaftlichen Sämereien u. der Samenbau. Anleitung f. Landwirthe, Forstwirthe u. Gärtner zur Werthschätzg. u. Gewinng. der Sämereien. gr. 8. (XII, 390 S. m. 112 Abbildgn. u. 1 farb. Taf.) Leipzig 892. Chr. Herm. Tauchnitz, früher T. O. Weigel Nachf. n. 8. —; geb. in Leinw. n. 9. —

— Rosalie Schönfließ. Das Charakterbild e. deutschen Frau. Vortrag, geh. an e. Vortragsabende f. Schwestern in der Loge Apollo zu Leipzig. 8. (34 S.) Leipzig 894. M. Hesse. n. — 50

— s.: Shorthorn-Herdbuch, deutsches.

Settegast, Henry (Otto), Untersuchungen über das Verhältniss der Thierzucht zum Ackerbau im Betriebe der Landwirthschaft, mit specieller Berücksicht. deutscher Verhältnisse. Inaugural-Dissertation. gr. 8. (62 S.) Leipzig 879, (Rossberg'sche Buchh.) *

—— die Werthbestimmung des Getreides als Gebrauchs- und Handelswaare. Versuch zur Aufstellung eines Bonitirungssystems der Körnerfrüchte. Habilitationsschrift. gr. 8. (75 S. mit 1 Tab. und 1 Stnt.) Leipzig 884, (Fock.) *

Settegast, Hermann

Altenfest. 6. Oktober 1889. [Unterz.:] H[erm.] S[ettegast]. [Berlin 1889.] 1 Bl. 8°. [Kopftit.] [Lith.]
„Wer hat dich, mein Bruderbund . . .“ 358a.

Settegast, H., Anleitung zur Wirthschaftsführung auf größeren Landgütern mit besonderer Berücksichtigung der Lage des ländlichen Arbeiters. Ein Beitrag zur landwirthschaftl. Betriebslehre. 8. (VIII u. 143 S.) Oppeln 848. (Breslau, Graß, Barth & Co. Sort.) n. 2/3 ß

Ansprache des Br. [Herm.] Settegast, bei der Feier des Tages Johanni 1897 in der Gr. Loge von Preussen, gen. Kaiser Friedrich zur Bundestreue [in Berlin]. [Berlin 1897.] 3 S. 8° [Kopftit.]
Abgedr. in: BstF. 6 (1897) S. 108—111.
Ermahnung an die Brr, an der Entwicklung der Frmrei mitzuarbeiten. 25 a.

Ansprache des [Br. Herm.] Settegast bei der Johannisfeier der vereinigten drei Berliner Johannis-Logen der Gr. Loge von Preussen, gen. Kaiser Friedrich zur Bundestreue. [1895.] [Berlin 1895: Lette-Verein.] 4 S. 8° [Kopftit.]
Abgedr. in: BstF. 4 (1895) S. 118—122; O. 20 (1895) S. 218—221; Führer 23 (1895—1896) No 22; Settegast, H.: D. deutsch. Frmrei Gegenwart u. Zukunft. 1897 S. 208—217; Settegast, H.: Gesamm. frmrische Schriften. Berlin 1904 S. 209—217.

Settegast-Proskau, H., die Arbeit in der Landwirthschaft. Sep.-Abdr. aus dem 3. Bde. des Gesammtwerkes „Die Landwirthschaft und ihr Betrieb“. gr. 8. (VI, 231 S.) Breslau 880. Korn. * 4 —

Settegast, H., die Arbeiterfrage in der Landwirthschaft. Vortrag geh. in der General-Versammlg. sämmtl. centralisirter landwirthschaftl. Vereine Schlesiens am 9. April 1872. 8. (16 S.) Breslau 872. Korn. — 30

Settegast H, Aufgaben und Leistungen der modernen Tierzucht. (Sammlung gemeinverständlicher wissenschaftlicher Vorträge 106) Berlin 1870

Settegast, H., Aufgaben u. Leistungen der modernen Thierzucht, s. Sammlung gemeinverständl. wissenschaftl. Vorträge.

[Aufruf.] [Unterz.:] H[erm.] Settegast. [Dat.:] Berlin 11. Juli 1892. [Berlin 1892: Buchdruckerei Actien-Ges.] 2 Bl. 4°.

Aufforderung z. Beitritt zur Grossl. „Kaiser Friedrich zur Bundestreue" und Grundgesetz dieser. 358a.

Settegast, Herm., s.: Bausteine.

Settegast, H., Betrachtungen über Gegenwart und Zukunft der deutschen Merino-Wollproduktion. 8. (15 S.) Berlin 887, Parey. *

Settegast, H., der Betrieb der Landwirthschaft in Proskau und die höhere landwirthschaftliche Lehranstalt daselbst. Lex.-8. (IV und 139 S. mit 16 lithogr., chromolithogr. und 1 Holzschnt. in Lex.-8., gr. 4. und Fol. und 2 Tab. in qu. gr. Fol.) Berlin 856, Bosselmann. *

—— bildliche Darstellung des Baues und der Eigenschaften der Merinowolle. Mit erläut. Text. 4. (12 S. mit 4 Chromolithogr.) Berlin 869, Wiegandt, Hempel und Parey. cart. *

Settegast, H. Der Darwinismus in seinem Verhältniß zur Naturforschung, Religion u. Freimaurerei. gr. 8. (31 S.) Berl. 889, Parey. * 1 —

Denkschrift, betreffend die Frage der „Anerkennung" der Gr. Loge von Preussen, gen. Kaiser Friedrich zur Bundestreue. [Unterz.:] H[erm.] Settegast. [Berlin 1894: Lette-Verein.] 8 S. 8° [Umschlagtit.]

Aus: BstF. 3 (1894) S. 94—102. 25a.

—— Erlebtes u. Erstrebtes. 8. (XII, 323 S.) Berl. 892, Puttkammer u. Mühlbrecht. * 5 —; geb. in Leinw. * 6 —

— fünfundzwanzig Jahre Fortschritt auf dem Gebiete der Landwirthschaft. Festrede geh. in der Aula der Akademie Proskau bei der Feier ihres 25jähr. Jubiläums. gr. 8. (21 S.) Ebend. 872. n. — 75

Settegast, Herman [illegible] (geb. Ragnit in Ostpr. [illegible]): Ueber Foetus compressus. Berlin (1872). (32 S.) 8°
Berlin, Med. Diss. v. 9. Aug. 1872

Die Freimaurerei in ihrer Bedeutung für den Fortschritt der Kultur und die Befestigung der Staatswohlfahrt. Vortrag des Br. [Herm.] Settegast in der geselligen Vereinigung mit profanen Freunden. [Berlin 1897.] 9 S. 8° [Umschlagtit.]

Aus: BstF. 6 (1897) S. 9—18.
Abgedr. in: Settegast, H.: Der deutsch. Frmrei Gegenwart u. Zukunft. 1897 S. 287 bis 303; Settegast, H.: Gesammelte frmrische Schriften. Berlin 1904 S. 287—303. 25a.

Die deutsche Freimaurerei, ihr Wesen, ihre Ziele und Zukunft im Hinblick auf den freimaurerischen Nothstand in Preussen. Von H[erm.] Settegast. Berlin: Goldschmidt 1892. VIII, 59 S. 8°

[Dasselbe.] 2. Aufl. Ebendas. 1892. VIII, 59 S. 8°

[Dasselbe.] 3. Aufl. Ebendas. 1892. VIII, 59 S. 8°

[Dasselbe.] 4. Aufl. Ebendas. 1892. VIII, 59 S. 8°

[Dasselbe.] 5. Aufl. Ebendas. 1892. VIII, 59 S. 8°

[Dasselbe.] 6. Aufl. Ebendas. 1892. XVI, 59 S. 8°

[Dasselbe.] 7. Aufl. Ebendas. 1894. XII, 59 S. 8°

[Dasselbe.] 8. Aufl.

in: Settegast, H.: D. deutschen Frmrei Gegenwart u. Zukunft. 1897 S. 31—110; Settegast, H.: Gesamm. frmrische Schriften. Berlin 1904 S. 31—110.
Recens: f. 1. Aufl.: Bh. 35 (1892) S. 247—248 (G. Maier); FZ. 46 (1892) S. 254 (K. Pilz); f. 5. Aufl.: Bbl. 6 (1892) S. 343—351 (E. Kelmann); L. 15 (1892) S. 120 (B. Cramer).
cf. Al. 18 (1892) S. 206—208 (H. Hagen); HL. 25 (1892) S. 2048—2050 (O. Meissner); Z. 22 (1892) S. 49—50; SL. 13 (1893) S. 9—13 (L. Fensch).

[Neubearb. der 8. Aufl. u. d. Tit.:]
Die deutsche Freimaurerei, ihre Grundlagen, ihre Ziele für Freimaurer und Nichtfreimaurer dargest. von Herm. Settegast. 8. neubearb. Aufl. mit Anh.: Der Darwinismus in seinem Verhältnis zur Naturforschung, Religion und Freimaurerei. Mit dem Bildn. des Verf. Berlin: Unger 1908. XVI, 134 S. 8°

Auszug in: H. 20 (1909) No 24.
cf. Z. 37 (1906—1907) S. 556 (H. Glücksmann); BstF. 16 (1907) S. 145—150 (A. Feld); Brh. 4 (1907) S. 163 (W. Kunis); Bbl. 21 (1907) S. 667 (G. Diercks); FZ. 61 (1907) S. 353 (R. Bachmann); L. 30 (1907) S. 324 (P. Fischer); S. 14 (1907) S. 101 (F. Rackhorst); DrL. 38 (1907—1908) S. 25 (G. v. Gersdorff); Al. 34 (1908) S. 78 (H. Keller); R. 36 (1909) S. 71—72 (G. Schauerhammer).

Settegast, Herm.: Vierzig Jahre Freimaurerei. Von H[erm.] Settegast. [Berlin 1895: Lette-Verein.] 8 S. 8°
Abgedr. in: BstF. 4 (1895) S. 21—26; Bh. 38 (1895) S. 28—30; Settegast, H.: D. deutschen Frmrei Gegenwart u. Zukunft. 1897 S. 219 bis 228; Settegast, H.: Gesamm. frmrische Schriften. Berlin. 1904 S. 219—228.
Holländ. Übers. in: MW. Ser. 5 Jg. 5 (1895) S. 121—126.
Verf. blickt auf sein mrisches Leben zurück u. legt seine Ansicht vom Inhalt u. Zweck der Frmrei dar. 25 a.

Die Grosse Freimaurerloge von Preussen, gen. Kaiser Friedrich zur Bundestreue. Von H[erm.] Settegast. Berlin: Goldschmidt 1893. 31 S. 8°
Abgedr. in: Settegast, H.: D. deutsch. Frmrei Gegenwart u. Zukunft. 1897 S. 111 bis 129.
Auszug in: Settegast, H.: Gesamm. frmrische Schriften. Berlin 1904 S. 111—129. cf. HL. 26 (1893) S. 2088—2090 (F. W. Buck). 23.

—— die landwirthschaftliche Fütterungslehre. Eine Anleitung zur zweckmäss. Ernährung und Fütterung der landwirthschaftl. Hausthiere. 8. (VIII, 383 S. mit Abbild. in eingedr. Holzschn., gezeichnet von A. Toller.) Breslau 872, Korn. geb. * 6 —

Settegast H.: Die landwirthschaftliche Fütterungslehre ... Bresl. 1872. 383 S. Fig. 8o.
-- — 5. Aufl. Neu bearb. u. verm. v. H. Weiske. Sst. 1888. 324 S. Fig. 4o.
(=: Die Thierzucht 5. Aufl. ... Bd. 2). 418.

Der deutschen Freimaurerei Gegenwart und Zukunft. Gesammelte freimaurerische Schriften, Vorträge und Ansprachen für Freimaurer und Nichtfreimaurer. Von H[erm.] Settegast. Mit d. Bildn. d. Verf. Berlin: Goldschmidt 1897. XI, 308 S. 8°
Recens: Bh. 40 (1897) S. 336 (C. Gotthold); BstF. 5 (1897) S. 97—99; L. 20 (1897) S. 144; O. 22 (1897) S. 213—215, abgedr. in: BstF. 6 (1897) S. 173—176.
cf. Z. 27 (1897) S. 59—60 (M. Amster); FT. 8 (1901) S. 21—22 (A. J. Lange).
[N. Aufl. u. d. Tit.:]
Gesammelte freimaurerische Schriften für Freimaurer und Nichtfreimaurer von Herm. Settegast. Neu unveränd. Ausg. von „Der deutschen Freimaurerei Gegenwart und Zukunft". Mit d. Bildn. d. Verf. Berlin: Unger 1904. XI, 308 S. 8°

Das Geheimniss, das christliche Princip und die Hochgrade in der Freimaurerei. Von H[erm.] Settegast. Berlin: Goldschmidt 1893. 27 S. 8°

[Dasselbe.] 2. Aufl. Ebendas. 1893. 27 S. 8°

[Dasselbe.] u. d. Tit.: „Mehr Licht!" Das Geheimniss ... Die vorliegende Schrift ist f. Frmr. u. Nichtfrmr. bestimmt. 3. verm. Aufl. Ebendas. 1896. 36 S. 8°
Abdr. in: Settegast, H.: D. dtschen Frmrei Gegenwart u. Zukunft. 1897 S. 131—161; Settegast, H.: Gesammelte frmrische Schriften. Berlin 1904 S. 131—161.
Recens: BstF. 5 (1896) S. 33—34. cf. L. 19 (1896) S. 56.

Der deutsche Grosslogenbund und die Gr. Loge von Preussen, gen. Kaiser Friedrich zur Bundestreue. [Unterz.:] H[erm.] Settegast. [Berlin 1894.] 7 S. 8° [Kopftit.] 25 a.

Settegast, Herm. s. a. Herdbuch, deutsches.

—— und A. Krocker, deutsches Heerdbuch. Ein Verzeichniss von Individuen und Zuchten edler Thiere Deutschlands. 1. Bd. 1. Aufl. 1865. * 1 Thlr. 10 Ngr. und 2., unveränd. (Titel-)Ausg. Mit einer Einleitung: Rückblick auf die histor. Entwickelung der deutschen Thierzucht von H. Settegast. Lex.-8. (LXXX und 156 S.) Berlin 868, Wiegandt und Hempel. *

Settegast, H., und A. Krocker, deutsches Heerdbuch. Ein Verzeichniss von Individuen und Zuchten edler Thiere Deutschlands. 2. Bd. Lex.-8. (VI und 201 S. mit 4 lithogr. Beilagen in Tondr.) Berlin 868, Wiegandt und Hempel. *

—— und A. Krocker, deutsches Heerdbuch. Verzeichniss von Individuen und Zuchten edler Thiere. 3. Bd. gr. 8. (181 S. mit 6 xylograph. Beilagen.) Berlin 871, Wiegandt, Hempel und Parey. * 7 —

— u. Paul Parey, deutsches Heerdbuch. Verzeichniss v. Individuen u. Zuchten edler Thiere. 4. Bd. gr. 8. (185 S.) Berlin 875. Wiegandt, Hempel & Parey. n. 6. —; (I—IV.: n. 26. —)

Settegast, Hermann, Referendar in Limburg a. d. Lahn: Die Höchsthypothek des Bürgerlichen Gesetzbuchs für das Deutsche Reich. Borna-Leipzig 1905: R. Noske. (VIII, 44 S.) 8° [A.]
Leipzig, Jur. Fak., Diss. v. 8. Juli 1905
[Geb. 11. Okt. 81 Coblenz; Wohnort: Limburg a. L.; Staatsangeh.: Preußen; Vorbildung: Gymn. Konitz W.-Pr. Reife O. 00; Studium: Freiburg i. B. 1, München 2, Berlin 1, Bonn 2 S.; Rig. 28. Sept. 03.]

SETTEGAST, H.: Holzungen und Wald. - Breslau 1875. 34 S.

Settegast, H., der Idealismus u. die deutsche Landwirthschaft. 8. (VI, 131 S.) Breslau 886. Korn. n. 2. —; geb. n. 3. —

Ideen und Plan zu einer Reform des deutschen Grosslogenbundes. Eine Kritik der Abhandlung: „Zur Förderung der Einigung in der deutschen Freimaurerei", von [Karl] Gerhardt. Von H[erm.] Settegast. Berlin: Goldschmidt [1896]. 10 S. 8°
Abgedr. in: Settegast, H.: D. deutsch. Frmrei Gegenwart u. Zukunft. 1897 S. 271 bis 286; Settegast, H.: Gesamm. frm.-rische Schriften. Berlin 1904 S. 271—286.
cf. Bk. 16 (1897) No 52 (M. Corens). 23. 25.

Settegast, H., die Landwirthschaft und ihr Betrieb. (In 3 Bdn.) 1. Bd. 3 Lfgn. 1. und 2. unveränd. Aufl. gr. 8. (XIV, 362 S.) Breslau 874.75, Korn. à Lfg. *M. 2. * 6 —

Settegast-Proskau, H., die Landwirthschaft und ihr Betrieb. 4.—9. (Schluß-)Lfg. oder 2. und 3. Bd. gr. 8. (V, 365; IV, 308 S.) Breslau 876—79, Korn. à Lfg. * M 2. * compl. * M 18.; geb. *
1.—3. Lfg. Ebendas. 1874,75. à *M 2.

— dasselbe. 1. u. 2. Bd. A. u. d. T.: Die Organisation der Wirthschaft. 2., unveränd. Aufl. gr. 8. (V, 365 S.) Ebend. 880. n. 6. —

— die Landwirthschaft u. ihr Betrieb. 3. Aufl. gr. 8. (XV, 607 S.) Ebend. 885. n. 10. —; geb. n. n. 12. —

—— die deutsche Landwirthschaft vom kulturgeschichtlichen Standpunkte. gr. 8. (38 S.) Berlin 884, Parey. * 1 —
Aus: Landwirthschaftliche Jahrbücher, besonders abgedruckt.

Settegast-Proskau, H., die Lehre der Thierzucht, vertreten in der zootechn. Abtheilung des Museums der kgl. landwirthschaftl. Hochschule in Berlin durch Sammlungen, systematisch geordnet, zusammengestellt und erläutert. 1. und 2. Aufl. Mit 36 (eingedr.) Orig.-Holzschn. nach Zeichnungen von G. Mützel und Sperling geschnitten von K. Jahrmargt, zur Veranschaulichung der Haupt-Typen des Pferdes, Rindes, Schafes und Schweines. gr. 8. (III, 71 S.) Berlin 883, Parey. *

—— die Lehre der Thierzucht, vertreten in der zootechn. Abtheilung des Museums der königl. landwirthschaftl. Hochschule in Berlin durch Sammlungen, systematisch geordnet, zusammengestellt und erläutert. 3. verm. Aufl. gr. 8. (IX, 74 S. mit 48 Orig.-Holzschn. nach Zeichnungen von G. Mützel und Sperling, zur Veranschaulichung der Haupt-Typen des Pferdes, Rindes, Schafes und Schweines.) Berlin 888, Parey. *

— „mehr Licht!" D. Geheimniß, d. christl. Princip u. d. Hochgrade in d. Freimaurerei. 3., verm. Aufl. gr. 8. (36 S.) Berlin 896. E. Goldschmidt. n. — 50

Settegast, H., die landwirthschaftliche Akademie Proskau. Unter Mitwirkung der Lehrer der Akademie geschildert. Berlin 864. Wiegandt & Hempel. Lex.-8. (VIII, 72 S.) n. 15 ngr.

Rede, gehalten am Johannisfeste 1889 von [Herm.] Settegast. [Berlin 1889: Langenscheidt.] 7 S. 8⁰ [Kopftit.]
Abgedr. in: MitthR. 1889—1890 S. 3—9.
cf. Bh. 32 (1889) S. 239 (Sincerus).
Mrischer Rückblick auf die letzten zwei Jahre, Ermunterung zum Priestertum im Geiste Joh. d. T. 23. 25.

Rede gehalten am Johannistage 1889 von [Hermann] Settegast. o. O. [1899]. 7 S. 8⁰. [Kopftit.] 21.

Settegast, Dr. H., Referat in der 4. Plenarversammlung des Congresses deutscher Land- und Forstwirthe 1872 zu München über die Frage: „Lassen sich weitere Lohnsysteme als die bisher üblich gewesenen und lässt sich insbesondere die Antheilwirthschaft den ländlichen Arbeitern gegenüber durchführen? 8⁰. München 1872.

— eine landwirthschaftl. Reise durch England. Parallele zwischen der engl. Landwirthschaft und der Deutschlands. gr. 8. (VIII u. 124 S.) Breslau 852, Graß, Barth & Co. Sort. in Comm. n. ²/₃ ₰

— gesammelte freimaurerische Schriften f. Freimaurer u. Nichtfreimaurer. Neue unveränd. [Titel-]Ausg. v. „Der deutschen Freimaurerei Gegenwart u. Zukunft". (XI, 308 S. m. Bildnis.) gr. 8. Berlin [897]. 904. A. Unger. n. 3. —; geb. n. 4. —

—— Schultz-Lupitz und kein Ende. Ein Wort zur Verständigung über die Anwendung der Lehre Liebig's in der modernen Ersatzwirthschaft. gr. 8. (36 S.) Berlin 883, Parey. *
Aus: Deutsche landwirthschaftliche Presse, besonders abgedruckt.

—— Schultz-Lupitz und Prof. Märcker als Ausleger und Vertheidiger des Lupitzismus. Eine Antikritik. 8. (15 S.) Bremen 883, Heinsius. *
Aus: Milch-Zeitung, besonders abgedruckt.

Der Sieg liberaler Freimaurerei in Preussen. [Von Hermann Settegast.] [Berlin 1893: Berliner Buchdruckerei-Actien-Gesellschaft.] 1 Bl. 4⁰. [Kopftit.] 21.

—— System der Acker-Klassifikation. Tabelle. qu. gr. Fol. Breslau 885, Korn. *
Aus: Die Landwirthschaft und ihr Betrieb, besonders abgedruckt.

Settegast's, H., Taschenbuch f. Freimaurer. Jahr 1900. Hrsg. von der Grossen Loge von Preussen, genannt Kaiser Friedrich zur Bundestreue. gr. 16. (48 S.) Berlin, E. Goldschmidt. Geb. n. — 60

— u. Baron v. Gorizzutti, landwirthschaftliches Thierracen-Album. Photographirt auf der Weltausstellung zu Wien 1873 v. H. Schnaebeli. 12 Lfgn. qu. Fol. Berlin 873. Schnaebeli. 272. 25
1. Lfg. (11 Blatt.) 24. 75. — 2.-12. Lfg. (à 10 Blatt.) à 22. 50

— — u. v. Gorizutti, Landwirtschaftliches Tierrassenalbum. Photographiert auf der Weltausstellung zu Wien 1875 von H. Schnaebeli. 12 Liefgn. Fol. Berlin. Schnaebeli. M. 272.25
1. Lieferung (11 Blatt). M. 24.75
2.—12. Lieferung (à 10 Blatt). M. 22.50

—— s. a. Schnaebeli, H., Thier-Album.

—— die Thierzucht. Mit 134 Abbild., nach der Natur gezeichnet von Rob. Kretschmer, geschn. von Rich. Illner. 1. Aufl. (XIII, 506 S.) 1868.; 2. Aufl. (XVI, 520 S.) 1869. M 15., und 3. Aufl. Lex.-8. (XLVIII, 396 S. mit 5 Holzschntaf. und eingedr. Holzschn.) Breslau 872, Korn. * 12 —
geb. 14 —
Vgl.: Biber, A., kritische Skizzen.

Settegast-Proskau, H., die Thierzucht. In 2 Bdn. 4., neu bearb. Aufl. Lex.-8. Breslau 878. Korn. n. 21. —; geb. n. 26. 50
1. Die Züchtungslehre. Mit 174 (eingedr. Holzschn.-) Abbildungen, gezeichnet von Rob. Kretschmer u. G. Mützel. (XXXV, 449 S.) n. 15. —; geb. n. 18. —
2. Die Fütterungslehre. Neu bearb. u. verm. von Hugo Weiske. Mit 26 (eingedr. Holzschn.-) Abbildungen, gezeichnet von A. Toller. (IX, 289 S.) n. 6. —; geb. n. 8. 50

—— die Thierzucht. In 2 Bdn. 5. neu bearb. Aufl. Lex.-8. Ebendas. 888. *M 21.—.; geb. *
Inhalt:
Bd. 1. Die Züchtungslehre. (XVIII, 460 S. mit 198 Abbild. und 5 Rassebilder-Taf., gez. von R. Kretschmer und G. Mützel.) *M 15.—; geb. *M 18.—
» 2. Die Fütterungslehre. Neu bearb. und vermehrt von Hugo Weiske. (VIII, 324 S. mit 26 Abbild., gez. von A. Toller und Rob. Kretschmer.) *M 6.—; geb. *M 8.50.

– über Thierzüchtung und die dabei zur Anwendung kommenden Grundsätze. Berlin 859. Bosselmann. (Wiegandt & Hempel.) gr. 8. (67 S.) n. 10 ngr.

—— der landwirthschaftliche Unterricht. gr. 8. (48 S.) Breslau 873, Korn. * 1

– die deutsche Viehzucht, ihr Werden, Wachsen u. gegenwärtiger Standpunkt. gr. 8. (XXXIV, 190 S. m. 44 Abbildgn.) Berlin 890. Parey. n. 5. –

– Die deutsche Viehzucht, ihr Wirken, Wachsen u. gegenwärtiger Standpunkt. Mit 44 Abb. (XXXIV., 190 S.) Berlin 91. Parey. M. 4.

—— die Viehzucht Frankreichs und die internationale Thierschau zu Paris 1878. Bericht, erstattet Sr. Exc. dem kgl. preuss. Minister der landwirthschaftlichen Angelegenheiten Hrn. Dr. Friedenthal. Lex.-8. (48 S.) Berlin 879, [Wiegandt, Hempel und Parey.] Parey. *

Was die deutsche Freimaurerei noch retten kann. Ideen und Plan zu einer Reform des deutschen Grosslogenbundes. Von H[erm.] Settegast. Berlin: Goldschmidt 1896. 32 S. 8⁰

S. 1–25 abgedr. in: Settegast, H.: D. deutsch. Frmrei Gegenwart u. Zukunft. 1897 S. 249–270.
Recens: BstF. 5 (1896) S. 115–116 (H. Lissauer); Bbl. 10 (1896) S. 433–491 (K. Gerhardt); FZ. 50 (1896) S. 199–200 (K. Pilz).
cf. Bk. 15 (1896) No 49; L. 19 (1896) S. 104; Z. 26 (1896) S. 113–114 (M. Amster).
Erw. Ausg. in 3 Abt. in: Settegast, H.: D. deutsch. Frmrei Gegenwart u. Zukunft. 1897 S. 229–286; Settegast, H.: Gesamm. frmrische Schriften. Berlin 1904 S. 229–286.
Abt. 1 zuerst erschienen in: BstF. 6 (1896) S. 131–145.

Was vermag die Freimaurerei für den Fortschritt der Cultur und für die Staatswohlfahrt zu leisten? Vortrag, gehalten in den vier vereinigten Logen der Grossen Loge von Preussen, gen. Royal York zur Freundschaft [in Berlin], am 15. Jan. 1885 von [Herm.] Settegast. Ms. f. Frmr. Berlin 1885: [Kayssler & Co.]. 10 S. 8⁰

Abgedr. in: Bh. 28 (1885) S. 97–100; Al. 11 (1885) S. 206–207.
Tt. 2191 a.

–· welche Richtung ist der Schafzucht Norddeutschlands der Concurrenz des Auslandes gegenüber zu geben? Breslau 869. Korn. 8. (54 S.) n. 15 ngr.

Woher — wohin? Eine freimaurerische Betrachtung. Von H[erm.] Settegast. Berlin: Goldschmidt 1895. 32 S. 8⁰ [Umschlagtit.]

[Dasselbe.] 2. Aufl. Ebendas. 1895. 32 S. 8⁰

Abgedr. in: Settegast, H.: D. deutsch Frmrei Gegenwart u. Zukunft. 1897 S. 163 bis 195; Settegast, H.: Gesamm. frmrische Schriften. Berlin 1904 S. 163–195.
Recens: BstF. 4 (1895) S. 162–163.
cf. Bbl. 9 (1895) S. 501–502; S. 2 (1895) No 13 (J. G. Findel).
Mitteil. üb. Werden, Wollen, Wirken, Zweck u. Ziele der Grloge Kaiser Friedrich z. Bundestreue.

Ein letztes Wort vor der Entscheidung auf dem Grosslogentage in Hamburg. [Unterz.:] H[erm.] Settegast. [Berlin 1894.] 4 S. 8⁰ [Kopftit.]

Abgedr. in: BstF. 3 (1894) S. 105–108.
Betr. die Frage der Anerkennung der Grloge Kaiser Friedrich z. Bundestreue durch den deutschen Grlogenbund. 23.

—— die Zucht des Negrettischafes und die Schäfereien Mecklenburgs. gr. 8. (64 S. mit 4 chromolithogr. Taf. Abbild. und 1 lithogr. Stammbaumtaf. in Fol.) Berlin 861, [Wiegandt und Hempel.] *
Aus: Annalen der Landwirthschaft, besonders abgedruckt.

(Settegast, J. A. C.): Über die Nothwendigkeit der Verbesserung der Rinder-Zucht in den Königl. Preuss. Provinzen am Rheine... Koblenz 1816. VIII, 152 S.

Settegast, J. M., s. **Analecta** medica.

Settegast, Otto

Settegast, O., Beschreibung und Abbildung einer russischen Dreschmaschine, die durch jeden geschickten Schirrarbeiter angefertigt werden kann, in 12 Stunden mit 2 Ochsen u. 4 Menschen 80 Scheffel Getreide drischt, u. dabei die Gewinnung von gutem Langstroh erzielt. gr. 8. Königsberg 839. Bon. Verklebt. 1/2 ₰

Settegast, Otto, die Durchwinterung der Kartoffeln, so wie Vorsichtsmaßregeln bei Versendungen in großen Massen. 8. (Mit 1 lith. Taf.) Gumbinnen 845. (Bönig.) n. 1/3 ₰

Settekorn, Johann Friedr. (geb. Quedlinburg 9. 1. 1844): Ueber den exanthematischen Typhus. Berlin (1868). (32 S.) 8°
Berlin, Med. Diss. v. 8. Febr. 1868

Was haben wir von der römischen Kirche zu halten? Entweder – oder! Von E. Johann to **Settel**. Barmen: D. B. Wiemann (1889). (36 S.) 8° [F.]
= **Streitschriften**, Freundschaftliche. No 22.

Settele, H. J., welche hygienischen Vorsichtsmassregeln kann man vom Friseur verlangen? (55 S.) gr. 8. München 903. Seitz & Schauer. n. — 80

Settelle, Ferdinand Emanuel (Regensburg)
A. S. 214/26

Dissertatio juridica de testium minus idoneorum habilitate. Präs. Johann Christian Schroeter. Jena (Werther) VII. 1711. 23 S.

Gew.: Stadt Regensburg. 32452

Settembrini, Luigi, Erinnerungen aus meinem Leben. Mit e. Vorrede v. Francesco de Sanctis. 2 Bde. Nach der 9. italien. Ausg. deutsch v. E. Kirchner. Autoris. Ausg. 8. (III, 329 u. 349 S.) Berlin 892. S. Cronbach. n. 10.–

Settembrini, Luigi, Erinnerungen aus meinem Leben. M. e. Vorrede v. Francesco de Sanctis. 2 Tle. in 1 Bde. Nach d. 9. italien. Aufl. deutsch v. E. Kirchner. 2., wohlf. autor. [Titel-] Ausg. 8. (III, 329 u. 349 S.) Berlin (892) 898. S. Cronbach. n. 6. —

Settenhofer, Berthold

— kann Richard Wagner's Musik Zukunftsmusik werden? Eine musikal. Studie. 8. (16 S.) Ebend. 873. n. — 50

Settenhofer, Berth., die Schule Nieder-Oesterreichs u. ihre Lehrer. Nach den obwalt. Verhältnissen geschildert. 8. (32 S.) Wien 872. (Ficht.) n. — 40

Settgast, Johannes [aus Demmin]: **Ein Fall von Erythema nodosum.** . . . Greifswald, Druck v. J. Abel, 1890; 27 S. 8°
Greifswald, Med. Fak., Inaug.-Diss. v. 2. Dez. 1890

Settgast, Carl [pr. Arzt aus Demmin]: Über die Leistung der Iridectomie bei Glaucom. . . . Greifswald, Druck v. J. Abel, 1890; 30 S. 8°
Greifswald, Med. Fak., Inaug.-Diss. v. 16. Dez. 1890

Settimana, la, politica, letteraria, scientifica e artistica. Italien. Zeitung für Deutsche [zu Unterrichtszwecken]. Hrsgbr.: C. M. Sauer. 1a—3a annata 1880—1882. à Jahrg. 52 Nrn. (Bog.) Fol. Freising, Datterer. à Jahrg. *

—— dass. — Redig. von Gius. Schmid-Ferrari. 4. Jahrg. 1883. 52 Nrn. (Bog.) gr. 4. Ebendas. *

—— dass. — 5. Jahrg. 1884. 52 Nrn. (Bog.) gr. 4. [Freising, Datterer.] München, Rieger'sche Universitäts-Buchh. *

Settimana, la, politica, letteraria, scientifica e artistica. Italien. Zeitung für Deutsche [zu Unterrichts- und Fortbildungszwecken]. Redact. und Hrsgbr.: Gius. Schmid-Ferrari. 6.—9. Jahrg. 1885—1888. à Jahrg. 52 Nrn. (Bog.) gr. 4. München, Rieger'sche Universitäts-Buchh. à Jahrg. *

Settimana, la, politica, letterária, scientifica e artistica. Italienische Zeitg. f. Deutsche [zu Unterrichts- u. Fortbildungszwecken]. Redact. u. Hrsgbr.: Gius. Schmid-Ferrari. 10.—13. Jahrg. 1889—1892. à Jahrg. 52 Nrn. (Bog.) gr. 4. Münch., Rieger. à Jahrg. * 7 —

Settimana, la, política, letterária scientifica e artistica. Italienische Zeitg. f. Deutsche [zu Unterrichts- u. Fortbildungszwecken]. Red. u. Hrsg.: Guis. Schmid-Ferrari. 12.—15. Jahrg. 1891—1894. à 52 Nrn. (Bog.) gr. 4. München, M. Rieger. à Jahrg. n. 7. —

Settimana, la, politica, letterária, scientifica e artistica. Italien. Zeitg. f. Deutsche (zu Unterrichts- u Fortbildungszwecken). Red. u. Hrsg.: Gius. Schmid-Ferrari. 16.—19. Jahrg. 1895—1898. à 52 Nrn. (Bog.) gr. 4. München, M. Rieger. à Jahrg. n. 7. —
Kann auch vierteljährlich bezogen werden.

Settimana, la, política, letterária, scientífica e artística. Italienische Zeitg. für Deutsche (zu Unterrichts- u. Fortbildungszwecken). Red. u. Hrsg.: Gius. Schmid-Ferrari. 20.—23. Jahrg. 1899—1902. à 52 Nrn. gr. 4. (à ca. 8 S.) München, M. Rieger. à Jahrg. n. 7. —

Settimana, la, política, letterária, scientifica e artística. Italienische Zeitg. f. Deutsche (zu Unterrichts- u. Fortbildungszwecken). Red. u. Hrsg.: Gius. Schmid-Ferrari. 24.—27. Jahrg. 1903—1906. à 52 Nrn. (à Jhrg. V, 416 S.) gr. 4. München, M. Rieger. à Jhrg. n. 8. —

Settimana, la, politica, letterária, scientifica e artistica. Italienische Ztg. f. Deutsche (zu Unterrichts- u. Fortbildungszwecken). Red. u. Hrsg.: Gius. Schmidt-Ferrari. 28.—31. Jahrg. 1907—1910. à 52 Nrn. (à Jahrg. 416 S.) Lex. 8. München, M. Rieger. à Jahrg. 8. —

La Settimana Sanctificata dal vero cristiano ossia facile modo di sanctificare la settimana secondo lo spirito della chiesa cattolica, preceduto da molti esercizii di pietà. Mit 2 Bildern. In-32°, 400 S. Einsiedeln, Benziger. 1883. — 75

Settinger, M., Ein wichtiges Kapitel, betr. die rechte Benützung des Wahlrechtes u. der übrigen staatsbürgerlichen Rechte. (32 S.) 16. Warnsdorf '06, A. Opitz. —. 08.
„Volksaufklärung" Nr. 98.

Settlement, das, im Busch. Eine Erzählg. aus der einheim. Missions-Geschichte in Amerika. 16. (112 S.) Cleveland 871. (Philadelphia, Schäfer & Koradi.) geb. n. — 80

Settler, Frz., Tagebuch in Liedern. (48 S.) 8. Leipzig 904. Modernes Verlagsbureau. n. 1. 20

Settmacher, G., s.: Lehrmittel-Sammler, der.

SETTNER, Emmanuel: De peccato in Spiritum sanctum. — (1848) 30 S. 2° (Handschr.) Diss. 79
Diss. Wien, Univ.

SETWIN, Johannes: De Concilio Illiberitano. — (1851) 56 S. 8° (Handschr.)
Diss. Wien, Univ. Diss. 119

Setwin, Joannes B., hermeneuticae biblicae institutiones theoretico-practicae secundum philologiae regulam ad analogiam fidei ecclesiae Romanae catholicae in compendium collatae. gr. 8. (XVI, 216 S.) Wien 872. Braumüller. n. 4. —

Setz, Max, die Grundzüge d. modernen Krankenhausbaues, s.: Praxis, technische. 2.

Setzensack, J. G., Mustertabellen der deutschen Declination u. Conjugation. 8. Salzb. Mayr. 796.

Setzensack, J. G., s. Mustertabellen...

Setzepfandt, Rich., Bilder u. Erzählungen aus der allgemeinen u. deutschen Geschichte, s.: Holdermann, Karl.

— Magdeburg, s.: Städtebilder u. Landschaften aus aller Welt.

Setzer, Alois, faßliches Formel- und Rechnenbuch nebst Einschluß vieler wichtiger Schlüsselzahlen. Ein Hilfsbuch für Schüler in Mittel-, Handels- und Gewerbeschulen, wie auch zum Selbstunterricht für angehende, praktische Rechner. Mit 36 eingedr. Holzschn. und einem Anhang von 17 Taf. Wels 861. Haas. 8. (IV, 463 S.) 1 ₰ 7½ ngr.

Setzer, Alois, Welser Schnell-Rechner im gewöhnlichen Verkehr. Ein Universal-Rechnungs-Handbuch zur bequemen Umrechng. der alten Maße in die neuen u. der neuen Maße in die alten m. Preisumrechngn. in 5 Tln. I. u. II. Heft. kl. 8. Wels 876. J. Haas. Kart. à n. — 40
I. Pfund u. Kilo od. unser neues Gewicht. 2. Aufl., vollständig umgearb. v. A. E. Seibert. 4. rev. Aufl. (S. 1—64.)
II. Fuß u. Meter od. unser neues Lang-Maß. Enth. die Umrechng. der sämmtl. alten Langmaße in neue u. der neuen in alte. Weiters Preisumrechnungstabellen u. zahlreiche Beispiele aus dem tägl. Leben. 2. vollständig umgearb. Aufl. Bearb. v. A. E. Seibert. (S. 65—122.)

Setzer, Alois, der neue Uebergangsrechner in die metrischen Maße und Gewichte und der Waarenpreis übertragen zu demselben. 1869. kl. 8. (33 S.) Wels, Haas. 36 kr.

Setzer, C. H., Hand-Adressbuch über alle Handlungshäuser u. Fabriken in Süddeutschland. Heilbronn 1827. gr. 8.

Setzer, (C. H.,) Hand-Addreßbuch, s. Hand-Addreßbuch...

Setzer, Eugen [app. Apotheker aus Stuttgart]: **Beiträge zur Kenntniss des ortho- und ana-Amido-Chinolin sowie des ana-Nitro-Carbostyril ... Freiburg i. B., Univ.-Buchdr. v. Ch. Lehmann,** 1895; 71 S. 8.
Freiburg i. B., Phil. Fak., Inaug.-Diss. v. 1895

Setzer, Frz., die Leidensgeschichte d. Herrn Jesu Christi. Fastenpredigten geh. im Jahre 1850. gr. 8. (173 S.) Wien 874. Mayer & Co. n. 2. 40

Setzer, G., Abhandlungen aus dem Civilrecht. I. Ueber die Verabredung der Schrift, insbesondere von der l. 17 cod. de fide instrumentorum. Bremen 860. (Setzer.) gr. 8. (76 S.) n. 10 ngr.

Der Arbeiterverrat beim oberbayerischen Bergarbeiter-Streik. Ein Rückblick auf d. Lohnbewegung d. Bergarbeiter in Hausham, Penzberg u. Umgebung, Nov. u. Dez. 1910. Geschrieben von Jos. **Setzer.** Mit e. Nachw. von F. Husemann. München: Auer (1910). 32 S. 8° [11. 4049

Setzer, Kurt, Referendar in Colditz ⟨Sachsen⟩: **Das Recht der Handelsmäkler.** Rötha 1908: G. Apitz. (58 S.) 8° [F.]
Leipzig, Jur. Fak., Diss. v. 21. Febr. 1908
[Geb. 23. Jan. 80 Klingenthal; Wohnort: Colditz; Staatsangeh.: Sachsen; Vorbildung: Gymn. Schneeberg Reife O. 01; Studium: Freiburg i. B. 1, Leipzig 7 S.; Rig. 23. Febr. 06.]

SETZER, Wilhelm (Kriegsfeld): (Titel nicht festgestellt)
26.7.1872 - Chr 1871/72,21
Diss. Ingolst.-Landsh.-Mchn.

Setzke, Edgar: Die B e f e s t i g u n g aneinanderpassender Knochenflächen mittelst pfriemenartiger Stahlnudeln . . . Greifswald: Druck v. Julius Abel 1888. 30 S. 8°
Greifswald, Med. Fak., Inaug.-Diss. v. 20. Dez. 1888

Setzmaschine, die, u. ihre soziale Bedeutung f. das Buchdruckgewerbe. 1.—10. Taus. gr. 8. (15 S.) Berlin 899. R. Schwarz. n. — 80

Seubelt, Georg Friedrich Ludwig [aus Eichfeld '(Unterfr.)']: **Die Erwerbs- und Wirtschafts-Genossenschaft — insbes. d. Rechte d. einzelnen Genossenschafter — verglichen mit der Aktien-Gesellschaft ... Gerolzhofen, Buchdr. v. Ph. S. Huller,** 1896; 56 S., 2 Bl. 8.
Erlangen, Jur. Fak., Inaug.-Diss. v. Dez. 1895

Seuberlich, Danyel (Hrsg.), s. A l m a n a c h , Eyn feyner kleyner, Vol schönerr echterr ljblicherr Volksljeder,. . .

Nachrichten über die Familie Seuberlich. Gesammelt von Erich Seuberlich. Riga 1905: W. F. Häcker. (20 S.) 8° [F.]
Aus: Rigasche Stadtblätter. 1905, No 12–14.

Notizen über Wendens Bürger bis zum Jahre 1773. Nach d. Kirchenbuch d. Stadt Wenden in Livland u. Pastor Heinrich Baumanns Manuskripten gesammelt von Erich **Seuberlich.** (Papiermühle, S.-A. [1906]: Gebr. Vogt.) (XII, 52, XII S.) 8° [08. 1185

Seuberlich, Fritz, poetische Kleinigkeiten. Gedichte. 8. (XI, 193 S.) Riga 901. N. Kymmel's Sort. n. 2. 80

Seuberlich, Oskar [pr. Arzt zu Hemer]: **Ueber Neuralgieen bei croupöser Pneumonie ... Jena, Frommannsche Hof-Buchdr.,** 1894; 19 S. 8.
Jena, Med. Fak., Inaug.-Diss. v. [4. Sept.] 1894

Seuberlich, Rudolf

Seuberlich, Rud., wilder Garten. Neue Gedichte. 8. (IV, 136 S.) Riga 881. Kymmel. n. 3. —; geb. n. 4. 60

— eine tolle Geschichte, s.: Kühling's, A., Album f. Liebhaberbühnen.

Seuberlich, Rud., Señor Knuckbuckbuck. Eine lustige Sommergeschichte. (30 S.) 12. 4. Riga 903. N. Kymmel's Sort. n. — 80

Seuberlich, Rud., Compositionen ohne Noten. 8. (IV, 143 S.) Riga 896. N. Kymmel's Sort. n. 2. 20

Lieder und Gedichte von Rudolf **Seuberlich.** 2. Aufl. *Riga: N. Kymmel 1898.* (IV, 142 S.) 8° [F.]
— **Seuberlich**: Meine Muse. Th. 1.

— meine Muse. 2 Thle. 8. Riga 878. Kymmel. à n. 2. 25; cplt. geb. n. 6. —
1. Lieder u. Gedichte. (IV, 144 S.)
2. Baltische Schnurren. (III, 107 S.)

Seuberlich, Rudolf: Meine Muse. T. 1. 2. Riga 1894—1902.

Meine Muse ... von Rudolf **Seuberlich.** Th. 1. 2. Aufl. *Riga: N. Kymmel 1898.* 8° [F.]

Seuberlich, Rud., baltische Schnurren. 2. Folge. 1. u. 2. Taus. 8. (VIII, 142 S.) Riga 894. N. Kymmel's Sort. n. 2. 20 (1 u. 2.: n. 4. 45)

Seuberlich, Rudolf: Baltische Schnurren. Folge (1:) 3. Aufl. 2. 3. Riga 1894—1902. (Seuberlich: Meine Muse. 2.)

Baltische Schnurren von Rudolf **Seuberlich.** [Folge 1.] *Riga: N. Kymmel 1898.* 8° [F.]
— **Seuberlich**: Meine Muse. Th. 2.

Seuberlich, Rud., baltische Schnurren (3. Folge). Allerlei Schnurren. 8. (IV, 109 S.) Riga 902. N. Kymmel's Sort. n. 2. —; geb. n. 3. —

Estnische Schnurren und andere schnurrige Sachen in Vers u. Prosa von Rudolf **Seuberlich.** Riga: N. Kymmel 1905. (IV, 148 S.) 8° [F.] [06. 9030

— estnische Schnurren u. andere schnurrige Sachen in Vers u. Prosa. (IV, 148 S.) 8. Ebd. 906. n. 2. 20

Seuberlich, Rud., aus alter u. neuer Zeit. Orig.-Gedichte u. Übersetzgn. (VI, 167 S.) 8. Riga (907). N. Kymmel. 2.60

Seüberlich, Friedrich Günther (Frankenhausen)
A. S. 1280/9

Dissertatio inauguralis medica, de quinta essentia regni vegetabilis, sive de melle, vom Honig.
Präs. Johann Friedrich de Pre.
Erfurt (Grosch) 30. VIII. 1720. 31 S. 32455

Seubert, A [Übers.]
s. Almqvist, C. J. L.: Der Königin Juwelenschmuck. 1846.

Seubert, A., die Elementartaktik der Infanterie in ihrer Anwendung. gr. 8. (VIII und 104 S.) Stuttgart 860. Aue.

Seubert, A., Ergänzungsband zu Fr. Müllers neuestem Künstler-Lexicon, s. Müller, Fr.

Seubert, A., die Kriegführung der Dänen in Jütland, dargestellt an General Rye's Rückzug im J. 1849. Nach den Vorträgen des königl. dän. Majors im Generalstab Carl Beck bearb. gr. 8. (IV und 160 S. mit 1 lithogr. Specialkarte in gr. 4.) Darmstadt 864, Zernin.

Seubert, A., s. Künstlerlexicon, allgemeines.

Seubert, A., Allgemeines Künstlerlexikon oder Leben und Werke der berühmtesten bildenden Künstler. 2. Aufl. Stuttgart 1878/79. 8°. Bd. 1: A—F. Nebst Nachträgen. Bd. 2: G—N. Nebst Nachträgen. Bd. 3: O—Z. Nebst Nachträgen.

Seubert, A., *allgemeines Künstler-Lexicon*, od. Leben u. Werke der berühmtesten bildenden Künstler. 2. umgearb. u. ergänzte Aufl. Neue unveränd. Ausgabe. 3 Bde. Frankfurt a. M., literar. Anstalt (Rütten & Loening). 1882. Gr. 8⁰. Eleg Hchgrbde.
I XV—588 S II 1 Bl, 658 S. III VI—689 S — Abbildungen von Monogrammen auf d. Rändern — Frühere Ausg. ibid. 1879. III

S(eubert), A. v. Prinzipien der Kriegskunst. Bd 1—3. Leipzig 1874—76. 4⁰. (Bd 3: Verm. Jähns.)

Seubert, A., die See. Unterhaltende u. belehrende Beschreibung des Meeres, seiner natürlichen Beschaffenheit, seiner Bewohner, seiner klimatischen und Vegetations-Verhältnisse; Notizen über Schifffahrt u. überseeische Entdeckungen sammt Erzählungen u. Skizzen v. See-Abenteuern u. Schiffbrüchen. 1. Bd. mit Holzschn. gr. 16. Stuttg. 845, Becher. n. 1 ℔

— s. Spuren d. Gottheit.

—— die Taktik in Beispielen mit besond. Berücksicht. der Ortsgefechte und angelehnt an „Berneck's Elemente der Taktik." gr. 12. (XVI und 456 S. mit eingedr. Holzschn.) Stuttgart 857, [Aue.] *

Seubert, A. v., die Taktik der Gegenwart in Beispielen aus den Feldzügen der letzten 16 Jahre u. angelehnt an die Taktik v. Meckel [Perizonius, 6. Aufl.] gr. 8. (XII, 304 S.) Berlin 875. Mittler & Sohn. n. 5. —

Seubert, A. v., die Württemberger im Schwarzwald im Aug. 1870. [Aus: „Militär-Wochenblatt".] 8. (54 S.) Berlin 879. Mittler & Sohn. n. — 80

Seubert, Adolf

[Seubert Adf] Die Sterne Schwabens Stuttgart Schweizerbart 1856.

Seubert, Adph., das Königreich Würtemberg. Eine statist. Skizze. gr. 8. (162 S.) Leipzig 855, Hübner. *
Aus: O. Hübner's Jahrbuch für Volkswirthschaft und Statistik, 3. Jahrg., besonders abgedruckt.

Seubert, C. Josef

Seubert, C. J., die schriftlichen Aufsätze im Handelsverkehre mit Ausschluß der Correspondenz. gr. 8. (V und 213 S. mit 5 Tab. in Imp.-4., Fol. und qu. Fol.) Würzburg 857, Stahel'sche Buchh. *

Seubert, C. Joseph „Johann Georg Büsch, Professor der Mathematik am Gymnasium und Director der Handels-Akademie in Hamburg". Ein kurzer Lebensabriss. pg. 3—23. 4⁰. F. E. Thein.
Wurzburg, Progr. 1860/61

— Lehrbuch der Handelswissenschaft. Würzburg 858. Stahel. gr. 8. (IV, 176 S.) n. 24 ngr.

Seubert, C. J., Lehrbuch der Handelswissenschaft. 2. Aufl. gr. 8. (VI und 166 S.) Würzburg 864, Stahel'sche Buchh. *

Seubert, C. L., üb. Gemeinwohl, Staatswohl, Völkerglück u. Politik. 8. Tübing. 817. Laupp. 4 gr

Christian Andreas Seubert

De Herniis et felicis curationis herniae incarceratae et intestini sphacelo corripti observatione. Helmstadii (1795:) Fleckeisen. XIX S. 8⁰
Helmstedt, Med. Diss. v. 5. Nov. 1795

Seubert, Fr., s. Anleitung zum Figuren-Zeichnen.

Seubert, Friedr., s. G o k , Carl Friedr. v.: Die Weinrebe ...

Seubert, G. C.

— Antrittspredigt in d. Garnisonkirche zu Stuttgart, am 23. Febr. 1823. 8. Stuttg. 823. Steinkopf. 2 gr

Seubert, G. C., christl. Ermunterungen in schwieriger Zeit. Eine Auswahl aus den in d. J. 1830—32 gehalt. kirchl. Vorträgen. gr. 8. (42¼ B.) Stuttgart 833, [Beck u. Fränkel.]

— die christl.-protestant. Kirche in Deutschland, eine kirchlich-statist. Zeitschrift, zunächst in Beziehung auf Würtemberg. 1s—3s Hft. gr. 8. Stuttg. 822—27. Steinkopf. (à 12 gr) 1 ℔ 12 gr

—— Predigten auf alle Sonn- u. Festtage d. Jahres. (1. Jahrg.) 2 Thle. gr. 8. (73½ B.) Stuttgart 827, [Brodhag.]

—— dass. 2. Jahrg. 2 Thle. gr. 8. Stuttgart, [Beck u. Fränkel.] [1. (28 B.) 833., 2. (29½ B.) 834. à 1 Thlr. 16 Gr.]

Seubert, G. C. v., Predigten auf alle Sonn- u. Festtage d. Jahres. Neue Samml., aus dess. Nachlaß hrsg. (v. Gust. Plieninger). 2 Thle. gr. 8. (36¼ u. 33¾ B.) Stuttgart 836, Metzler'sche Buchh. à 1⅓ Thlr.

— Leben und Wirken, hieraus abgedruckt, s. Plieninger, G.

—— Sammlung einiger Passions- u. Kasual-Predigten. gr. 8. (25¼ B.) Stuttgart 835, (Beck u. Fränkel.)

J.. A.. **Seubert**: Ob Schelling? ob Schmitt? od. Schelling's u. Schmitt's Offenbarungsphilos. m. einand. verglichen u. gewürdigt. *Mainz*, Wirth. 845. gr8⁰ 9 gr [Bezieht sich auf: Hrn. Jos. **Schmitt's** Ur-Offenbarung, od.: d. grossen Lehren d. Christenth., nachgewiesen in d. Sagen u. Urkunden d. ältesten Völker, vorzügl. in d. kanon. Büchern d. Chinesen. *Landsh.* (*Regensb.*), Manz. 834. gr8⁰ 2 ℔ 6 gr]

Seubert, Johann Friedrich (Stuttgart) A. S. 236/8

Disputatio juridica, proponens collationis juris civilis Romani, cum recessibus imperii Rom. Germ. maxime per differentias principes sectionem IIX.
Präs. Michael Grass.
Tübingen (Sigmund) 6. IV. 1716. 36 S. 32453

Seubert, Karl, über das Atomgewicht des Iridiums. Inaugural-Dissertation. gr. 8. (51 S.) Tübingen 878, (Fues'sche Sortimentsh.) *

Seubert, K., die Atomgewichte der Elemente, s. a. Meyer, L.

Seubert, Karl, die **Atomgewichte der Elemente. Nach den** Beschlüssen **der Atomgewichts-Kommission der** deutschen chem. **Gesellschaft. gr. 8. (3 S.) Leipzig** 898. Breitkopf & **Härtel.** n. — 25;
in Plakatform (2 Taf. à 68,5×90,5 cm.) n. 1. —

Seubert, K. [Cont'd.]
Atomgewichte der Elemente. Nach den Beschlüssen der Atomge wichts-Commission der Deutschen Chemischen Gesellschaft. Leipzig, 1902. Two leaves. Folio.

Seubert, Karl, internationale Atomgewichte v. 1903. Nach den Beschlüssen der internat. Atomgewichts-Kommission hrsg. Norm: O — 16. (2 Bl.) 68×91 cm. Leipzig 903. Breitkopf & Härtel. n. 1. —

— dasselbe. Norm: H = 1. (2 Bl.) 68×91 cm. Ebd. 903. n. 1. —

Seubert, Karl, internationale Atomgewichte. Nach d. Festsetzg. des internationalen Atomgewichts-Ausschusses hrsg. (2 Bl.) 68,5×92,5 cm. Leipzig 909. Breitkopf & Härtel. 1. —

— anorganische Chemie, s.: Remsen, Ira.

— Einleitung in das Studium der Chemie, s.: Remsen, Jra.

—— und M. Seubert, Handbuch der allgemeinen Waarenkunde, s. Bibliothek der gesammten Handelswissenschaften.

Seubert, Karl, u. Mor. **Seubert,** Handbuch der allgemeinen Warenkunde für das Selbststudium, wie für den öffentlichen Unterricht. 2. Aufl. Nach dem Tode des Verf. neu bearb. von Karl Seubert. (In ca. 10 Lfgn.) 1. u. 2. Lfg. gr. 8. (1. Bd. S. 1—160.) Stuttgart 882. Maier. à n. 1. —

— u. Mor. Seubert, Handbuch der allgemeinen Warenkunde f. das Selbststudium, wie f. den öffentlichen Unterricht. 2. Aufl. Nach dem Tode der Verf. neu bearb. v. Karl Seubert. 3—13. [Schluß-]Lfg. gr. 8. (1. Bd. XVII u. S. 161—453 u. 2. Bd. XVI, 500 S.) Stuttgart 883. Maier. à n. 1. —

Seubert, Karl, d. natürliche System d. Elemente, s.: Meyer, Loth.

Seubert, L., der Halsband-Prozeß, s. Bergson's Eisenbahnbücher.

Seubert, Ludwig Rudolf

Seubert, Ldw. Rud., († d. 22. Novbr. 1790.) kurzer Auszug aus der Lehre von der Hebammenkunst. 8. Ulm 770. Bartholomäi. (Stettin). 6 gr.

— Diss. pathologia et therapia generalis malorum, exteros plerosque Lutetiae Parisiorum degentes diversimode affligentium. 4. Tübing. 756.

— Diss. de signis puerperii fallacibus. 4. Tübing. 758.

Seubert, Max

Seubert. Die erste Belagerung und Einnahme von Mannheim i. J. 1622. Mannheim 1888. 8°.

Seubert, M. Die Schlacht bei Wimpfen (6. V. 1622) u. die 400 Pforzheimer. Mit 1 Bl. Mannheim 1885. 32 S.

Seubert. Die Schlacht bei Wimpfen und die 400 Pforzheimer. Mannheim 1885. 8°. (Sammlung von Vorträgen gehalten im Mannheimer Altertumsverein. Ser. 1. Nr 2.)

Verzeichnis der in der Sammlung des Mannheimer Altertumsvereins befindlichen Pfälzischen und Badischen Münzen und Medaillen aufgestellt von [Max] **Seubert.** Major z. D. Mit 6 Lichtdrucktaf. *Mannheim: Altertumsver. 1900.* (214 S.) 8°
= Altertumsverein. Mannheimer. Kataloge. N. F. Bd. 1.

Seubert, Verzeichnis der in der Sammlung des Mannheimer Altertumsvereins befindlichen pfälz. u. bad. Münzen u. Medaillen, s. Kataloge der Sammlungen des Mannheimer Altertumsvereins. N. F. 1.

Seubert, Maximil. Carl Wilhelm: De functionibus radicum anteriorum et posteriorum nervorum spinalium commentatio ... Carlsruhae et Badae 1833. XII, 84 S.

Seubert, Max. Car. Guil., de functionibus radicum anteriorum et posterior. nervor. spinalium. Commentat. praemorn. 8maj. (6 B.) Carlsruhae 833, Marx. Thlr

Seubert, Michael, aus Poppenhausen ⟨Baden⟩: Über Spinalganglienerkrankung bei Herpes zoster. *Würzburg 1903: C. J. Becker.* (26 S.) 8°
Würzburg, Med. Diss. v. 1903

Seubert, Moritz

— s. Endlicher, St., et Martius, Flora Brasiliensis.

Seubert, Mor., Excursionsflora für das Grossherzogth. Baden. 8. (LIV und 244 S.) Stuttgart 863, Engelhorn. cart.

Seubert, Mor., Excursionsflora f. das Großherzogth. Baden. 2. verm. u. verb. Aufl. 8. (L, 258 S.) Stuttgart 875. Ulmer. geb. n. 3. —

Seubert's, M., Excursionsflora für das Großherzogthum Baden. 3. Aufl., hrsg. von K. Prantl. 8. (VII, 376 S.) Stuttgart 880. Ulmer. cart. n. 3. 50

Seubert's, M., Exkursionsflora für das Großherzogt. Baden. 4. Aufl., hrsg. von K. Prantl. 8. (VIII, 420 S.) Stuttgart 885, Ulmer. *M 3.—.; geb. **

Seubert's, M., Exkursionsflora f. das Grossherzogth. Baden. 1. u. 2. Aufl. v. M. Seubert. 3. u. 4. Aufl., bearb. v. K. Prantl. 5. Aufl., bearb. v. Ludw. Klein. 12. (VI, 42 u. 434 S.) Stuttgart 891. E. Ulmer. n. 4. —; geb. in Leinw. n.n. 4. 50

Seubert, M., Exkursionsflora f. das Grossherzogt. Baden. 1. u. 2. Aufl. v. S. 3. u. 4. Aufl. bearb. v. K. Prantl. 5. Aufl. bearb. v. L. Klein. 6. Aufl. bearb. v. Ludw. Klein. (VIII, 44 u. 454 S.) kl. 8. Stuttgart 905. E. Ulmer. n. 4. —; geb. in Leinw. n.n. 4. 50

—— Excursionsflora für das südwestliche Deutschland. 16. (LVI und 282 S.) Ravensburg 868, Ulmer. * geb. * *

Seubert, Mor., Excursionsflora für Süddeutschland. 2. Aufl. der Excursionsflora für das südwestl. Deutschland. gr. 16. (LVIII, 318 S.) Stuttgart 878, Ulmer. *M 3.; geb. *

—— Excursionsflora für Mittel- und Norddeutschland. gr. 16. (LX, 322 S.) Ravensburg [Stuttgart] 869, Ulmer. * 3 —
geb. * * 3 5

Seubert, Mauritius, Flora Azorica, quam ex collectionibus schedisque Hochstetteri patris et filii elaboravit et tabulis XV propria manu aeri incisis illustravit. 4maj. Bonnae 844, Marcus. n. $2^2/_3$ Thlr

Seubert, Mor., Grundriß der Botanik. Zum Schulgebrauche bearb. Mit vielen in den Text gedr. Holzschn. Leipzig 868. C. F. Winter. 8. (IV, 151 S.) n. 12 ngr

—— Grundriß der Botanik. Zum Schulgebrauch bearb. 2. Aufl. (IV, 151 S.) 1871, und 3. verm. Aufl. gr. 8. (IV, 165 S. mit vielen in den Text eingedr. Holzschn.) Leipzig 874, C. F. Winter'sche Verlagsh. 1 2

—— Grundriß der Botanik. Zum Schulgebrauch bearb. 4. Aufl. gr. 8. (IV, 164 S. mit vielen in den Text eingedr. Holzschn.) Leipzig 877, C. F. Winter'sche Verlagsh. *

—— Grundriß der Botanik. Zum Schulgebrauch und als Grundlage für Vorlesungen an höheren Lehranstalten bearb. von W. v. Ahles. 5. Aufl. gr. 8. (VI, 289 S. mit vielen in den Text eingedr. Holzschn.) Leipzig 883, C. F. Winter'sche Verlagsh. *

Seubert, Moritz: H a n d b u c h der allgem. Warenkunde, s., S e u b e r t , Karl.

Seubert, Mor., Lehrbuch der gesammten Pflanzenkunde zum Unterricht an höheren Lehranstalten, sowie zum Selbststudium. Lex.-8. (VI und 410 S. mit vielen in den Text eingedr. Holzschn.) Stuttgart 853. [Leipzig, Winter'sche Vrlgsh.]

Seubert, Mor., Lehrbuch der gesammten Pflanzenkunde. Stuttgart 853. J. B. Müller. (VI, 410 S.) 2 ⅌. — 2. verb. u. verm. Aufl. Mit vielen in den Text gedr. Holzschn. Leipzig 858. C. F. Winter. gr. 8. (IV, 454 S.) n. 2 ⅌.

— Lehrbuch der gesammten Pflanzenkunde. 3. verb. u. verm. Aufl. Mit vielen in den Text eingedr. Holzschn. Leipzig 861. C. F. Winter. gr. 8. (IV, 460 S.) n. 2 ⅌

—— **Lehrbuch der gesammten Pflanzenkunde. 4., verb. und verm. Aufl. gr. 8. (IV und 488 S. mit vielen in den Text eingedr. Holzschn.) Leipzig 866, C. F. Winter'sche Verlagsh.** *

—— Lehrbuch der gesammten Pflanzenkunde. 5. Aufl. (IV, 500 S.) 1870, und 6. durchgeseh. Aufl. gr. 8. (IV, 511 S. mit vielen in den Text eingedr. Holzschn.) Ebendas. 874. * 6 —

Seubert's, M., Lehrbuch der gesammten Pflanzenkunde, bearb. von W. v. Ahles. 7. durchges. und verm. Aufl. gr. 8. (VI, 621 S. mit vielen in den Text eingedr. Holzschn.) Leipzig 887, C. F. Winter'sche Verlagsh. *

— **Elatinarum monographia, s. Acta nova phys.-med. Acad. Caes. Leopold. Carol. XXI. Prs. I.**

—— **Naturgeschichte des Pflanzenreichs, s. a. Volks-Naturgeschichte.**

Seubert M.: Naturgeschichte d. Pflanzenreichs. 2 Th. (1 Vol.). Stuttg. 1853. Fig. 2 Tvl. (1 kol.).
(= Volks-Naturgeschichte d. drei Reiche ... Bd. 2).

Seubert, Mor., die Pflanzenkunde, gemeinfaßlich dargestellt. 2 Bde. in 4 Liefrgn. [Praktische Lehrbücher. 8 u. 9. Bd.] 8. 1. Bd.: Allgemeine Botanik. 2 Lfgn. (294 S. m. eingedr. Holzschnitten u. 1 Taf.) 2. Bd.: Specielle Botanik. 2 Lfgn. (IV u. 358 S. mit eingedr. Holzschn. u. 2 lith. Taf.) Stuttgart 849. 50, Müller. (à 18 ngr) 2 ⅌ 12 ngr — 2. durchges. Abdr. 2 Bde. 8. (1: VIII u. 294 S. m. eingedr. Holzschn. 2: VIII u. 358 S. m. eingedr. Holzschn. u. 2 lith. Taf. wovon 1 col.) Ebd. 851. 2 ⅌ 12 ngr

— **die Pflanzenkunde in populärer Darstellung, mit besonderer Berücksichtigung der ökonomisch-, technisch- und medizinisch-wichtigen Pflanzen. Ein Lehrbuch für höhere Unterrichtsanstalten, sowie zum Selbststudium. Mit 2 Steindrucktaf. u. 510 in den Text eingedr. Holzschn. 3. verm. rc. Aufl. Stuttgart 855. J. B. Müller. (Leipzig, C. F. Winter.) gr. 8. (IV, 510 S.) 2 ⅌.**

—— die **Pflanzenkunde in populärer Darstellung mit besond. Berücksicht. der forstlich-, ökonomisch-, technisch- und medicinisch-wichtigen Pflanzen. Ein Lehrbuch für höhere Unterrichtsanstalten, sowie zum Selbststudium. 4., verm. und verb. Aufl. gr. 8. (IV und 591 S. mit zahlreichen in den Text gedr. Holzschn.) Leipzig 861, C. F. Winter'sche Verlagsh.** *

—— die Pflanzenkunde in populärer Darstellung mit besond. Berücksichtigung der forstlich-, ökonomisch-, technisch- und medicinisch-wichtigen Pflanzen. Ein Lehrbuch für höhere Unterrichtsanstalten, sowie zum Selbststudium. 5., verm. und verb. Aufl. gr. 8. (IV und 596 S. mit zahlreichen in den Text eingedr. Holzschn.) Leipzig 867, C. F. Winter'sche Verlagsh. *

—— die Pflanzenkunde in populärer Darstellung mit besond. Berücksicht. der forstlich-, ökonomisch-, technisch- und medicinisch-wichtigen Pflanzen. Ein Lehr- und Handbuch für höhere Unterrichtsanstalten und zum Selbststudium. 6. durchgeseh. und verm. Aufl. gr. 8. (IV, 609 S. mit zahlreichen in den Text eingedr. Holzschn.) Leipzig 875, C. F. Winter'sche Verlagsh. * 6 60

Seubert, Mauritius (geb. am 2 Juni 1818 in Karlsruhe): Symbolae ad erinacei Europaei anatomen ... Acced. tab. II lith. Bonnae, typ. C. Georgii 1841. VI, 18 S., 1 Bl., 2 Taf. 4.
Bonn, Phil. Fak., Diss. v. 11 Jan. 1841

Seubert, Mauritius (geb. am 2 Juni 1818 in Karlsruhe): Theses controversae ... Bonnae, typ. C. Georgii 1841. 2 Bl. 4.
Bonn, Phil. Fak., Thes. v. 11 Jan. 1841

Seubert, Otto: Der B a u t i s c h l e r , s. K i c k , W.

Seubert, O., s.: Bautischler, der praktische.

Seubert, Otto, der **Dekorateur,** s.: **Kick,** Wilh.

— **Maurer- u. Steinmetz-Arbeiten. Vorlageblätter zum Unterricht im Fachzeichnen f. Angehörige des Maurer- u. Steinmetzgewerbes, sowie f. Bautechniker. gr. Fol. (40 Taf. m. 1 Bl. Text.) Stuttgart 893. K. Wittwer's Verl. In Mappe. n. 25. —**

— **einfache Möbel,**
— **der Möbel- u. Bautischler,**
— **Mustersammlung f. Möbeltischler,**
— **Mustersammlung f. Schlosser,**
s.: Kick, W.

Seubert, Otto: Kunstgeschichtliche Plaudereien. [1—3.] Helmstedt 1905—1908: Schmidt. 8° ¶ [1. 2. nachträgl. geliefert.] [1.] 1905. [2.] 1906. [3.] 1908.
Helmstedt, st. HM OP 1905.** 1906 [129]**. 1908 [138] [S 08. 452

— **feine Sitzmöbel,** s.: **Kick,** Wilh.

Seubert, Otto: Der T a p e z i e r , s. K i c k , W.

Seubert, Otto, Vorlagen zum Unterricht im Fachzeichnen für Bau- und Möbelschreiner, Drechsler und Glaser. Im Auftrag der königl. württemberg. Commission für die Fortbildungsschulen bearb. 10 Lfgn. gr. Fol. (42 zum Theil farb. Stnt. mit Text.) Stuttgart 884,85, Nitzschke. à Lfg. * ℳ 4,50. *

— **Zimmer-Arbeiten.** Vorlageblätter f. Bauhandwerker u. techn. Schulen. gr. Fol. (35 Taf. m. 1 Bl. Text.) Stuttgart 891. K. Wittwer's Verl. In Mappe. n. 25. —

Seubert, Reinhold, Gedichte. 8. (88 S.) Ulm 847, Gebr. Nübling.

Seubert, Robert: Über die D a r m v e r ä n d e r u n g e n bei Typhus abdominalis. Tübingen: F. Pietzcker 1897. (45 S.) 8°
Freiburg i. B., Med. Diss. v. 1897

Seubert, Th., der **Decorateur,** s.: **Kolb,** H.

Seubert, T., s.: **Reise-Studien,** architekton., aus Würzburg.

Seuberth, Johann Lorenz (Burgkunstadt) A. S. 600/7

Dissertatio inauguralis juridica de eo, an serenissimis S. R. I. vicariis ... competat ius, comitia imperii universalia indicendi, aut ea, quae vivo imperatore augustissimo fuere, prorogandi ?
Präs. Ignaz Christoph Lorber von Störchen.
Bamberg (Klietsch) 7. IV. 1759. 84 S. 32454

Seuche, die verderbliche, der Selbstbefleckung. Wohlgemeinte u. ernste Mahnungen f. Neuconfirmirte, nebst einigen einleitenden Bemerkungen, Erfahrungen u. pädagogischen Winken. Für Eltern, Erzieher u. Volksschullehrer. 8. Grimma 846, Verlags-Comptoir. 3 ngr

Seuchen, Über die, und Krankheiten des Hornviehes, die Ursachen ihrer Entstehung, ihre Kennzeichen u. die Mittel dawider. 8. München 09. Fleischmann. M. 1.15

Seuchen, üb. die, u. Krankheiten des Rindviehes. 8. Münch. 810. (Fleischmann). 9 gl.

de Seue, C.: Windrosen des südlichen Norwegens. Universitätsprogramm für das erste Semester 1876 herausgegeben von Henrik Mohn. Mit 40 lithographirten Tafeln. Kristiania 1876. 4. 40 S. |F 2160

Anleitung zur Durchführung von Versuchen an Dampfmaschinen und Dampfkesseln. Zugleich Hilfsbuch f. d. Unterr. in Maschinenlaboratorien techn. Schulen. Von Franz **Seufert**, Ing., Stettin. Mit 36 Text-, fig. Berlin: J. Springer 1906. (63 S.) 8° [07. 3050

Seufert, Frz., Anleitung zur Durchführung v. Versuchen an Dampfmaschinen u. Dampfkesseln. Zugleich Hilfsbuch f. den Unterricht in Maschinenlaboratorien techn. Lehranstalten. 2., erweit. Aufl. (VI, 81 S. m. 40 Fig.) 8. Berlin 909. J. Springer. Geb. in Leinw. 2. —

— Dampfkessel, Dampfmaschinen u. andere Wärmekraftmaschinen. Ein Lehrbuch zum Selbststudium u. zum Gebrauch an techn. Lehranstalten. 8. Aufl. (des T. Schwartze'schen Katechismus), vollständig neu bearb. (XII, 345 S. m. 408 Abbildgn. u. 5 Taf.) gr. 8. Leipzig 909. J. J. Weber. Geb. in Leinw. 9. —

Seufert, Otto: Kritische Untersuchungen über den Ersatz der Ehrlich'schen Diazoreaktion durch die Russo'sche Methylenblaureaktion. Heidelberg 1906: J. Hörning. (26 S.) 8°
Heidelberg, Med. Fak., Ref. Erb, Diss. v. 2. Juli 1906
[Geb. 14. März 78 Höpfingen, Amt Buchen; Staatsangeh.: Baden; Vorbildung: Gymn. Bruchsal Reife M. 97; Studium: Freiburg i. B. 7, Heidelberg 11 S.; Approb. 2. Juni 06.]

Seufert, Wilhelm

Seufert, W., Katechismus der Armenpflege. 12. (124 S.) Karlsruhe 892. J. J. Reiff. Geb. in Leinw. n. 1. —

Seufert, Wilh., der Ursprung und die Bedeutung des Apostolates in der christlichen Kirche der ersten zwei Jahrhunderte. Eine kritisch-histor. Untersuchung auf Grund der Schriften des Neuen Testaments und der weiteren christl. Literatur. Eine von der Haager Gesellschaft zur Vertheidigung der christl. Religion gekrönte Preisschrift. gr. 8. (VIII, 162 S.) Leiden 887, Brill. **

— die Wiederherstellung der kirchlichen Armenpflege. Den Vertretern der Kirchengemeinden ans Herz gelegt. gr. 8. (63 S.) Zell i/W. 894. H. Specht. n. 1. —

Wesen und Entwicklungsgang des schwäbischen Dialekts und der schwäbischen Mundartdichtung von G. **Seuffer** jun. Mit e. Biogr. d. schwäb. Dialektdichters Prof. Gustav Seuffer von D. Koch. Nebst e. Portr. Seuffers. Bayreuth: B. Seligsberg 1908. (16 S.) 8° [07. 16916

Seuffer, *Gustav (Heinrich)* Festspiel zum Regierungs-Jubiläum Sr. Majestät des Königs Karl von Württemberg am 25. Juni 1889. 8 (15 S.). **Progr.** Rg. u. Realanstalt *Ulm* 1889.

Seuffer, G., Hellauf, Schwobeland! Schwäbische Gedichte. 16. (XII, 280 S.) Stuttgart 879, Metzler'sche Buchh. *
geb. *

Seuffer, G., Hellauf, Schwobeland! Schwäbische Gedichte. 16. Stuttgart 879. Ulm, Ebner'sche Buchh. * 3 —
geb. * 4 —

[F.] Hellauf, Schwobaland! Schwäb. Gedichte v. G[ustav] Seuffer. 2., verb. u. verm. Aufl. *Ulm: J. Ebner [1896].* (XIV, 280 S.) 1 Bd 8.

Seuffer, Gust., 's Schwobaland in Lied und Wort, s. Weitbrecht, R.

Seuffer, G., Ulm, sein Münster u. seine Umgebung, s.: Osiander, W.

— in Ulm, um Ulm, um Ulm rum. 8. (XI, 196 S.) Ulm 887, Ebner'sche Buchh. geb. *

Seuffer, G., s. Volks-Naturgeschichte.

Seufferheld, Adolf (Ludwig Wilhelm)

Seufferheld, Ad., d. Anwendg. d. Elektrizität im landwirtschaftl. Betriebe, aus eig. Erfahrg. mitgeteilt. M. 21 in d. Text gedr. Holzschn. gr. 8. (IV, 42 S.) Stuttgart 899. E. Ulmer. n. 1. —

Seufferheld, (A[dolf Ludw. Wilh.]): Der Hausgarten. *Sigmaringen 1903: M. Liehner.* (S. 1—15.) 8° [F.]
Sigmaringen, Hohenzollernsche Ackerbau-S u. landwirtschaftl. Winter-S auf der Domäne Bauhof, P 1903**

Seufferheld, (A[dolf]): Genossenschaftliche Viehverwertung. Sigmaringen (1908): Lutz. S. 3—13. 8° ¶[Nachträglich geliefert.]
Sigmaringen, Hohenzollernsche Ackerbau- u. LWS P 1908** [S 09. 440

Seufferheld, C., die Bekämpfung des Traubenwicklers, s.: Lüstner, G.

Seufferheld, C.,
— s.: Mitteilungen üb. Weinbau u. Kellerwirtschaft.

Seufferheld, F., lyrische Nachklänge aus den J. 1848 bis 1850. 8. (72 S.) Windsheim 851. (Nürnberg, Korn'sche Buchh.) **

Seufferheld, Friedrich, Assistent d. Med. Universitäts-Poliklinik zu Jena: Über den Unterschied im physikalischen Verhalten beider Lungenspitzen. Würzburg 1907: A. Stuber. (19 S.) 8° ¶(Sonderabdruck aus: Beiträge zur Klinik der Tuberkulose Bd 7 H. 1.)
Jena, Med. Fak., Ref. Gerhardt, Diss. v. 22. Febr. 1907
[Geb. 7. Aug. 79 Weinsberg; Wohnort: Jena; Staatsangeh.: Württemberg; Vorbildung: Karls-Gymn. Heilbronn Reife Juli 96; Studium: Tübingen 6, Halle 3, München 7 S.; Coll. 20. Dez. 06; Approb. 17. Juli 03.]

Seufferheld, Kasimir Christoph (Ansbach) F, zn:1

Dissertatio inauguralis medica de catarrhi cum rheumatismo affinitate.
Erlangen (Hilpert) 25. IX. 1800. 46 S.

Gew.: Georg Friedrich Rudolph Seufferheld (Vater). 32462

Seufferheld, Wilhelm Nikolaus (Schwäb.-Hall) Misc. 313/3

Dissertatio inauguralis medica de morbis bibonum.
Altdorf (Kohles) 28. VI. 1720. 16 S. 32463

Seuffert, s.a. Seifart

Seuffert, s.a. Seifert

Seuffert, s.a. Seiffert

Seuffert, Balthasar (Nürnberg) Altd. Phs. 27/49

Collegii metaphysici disputatio IV. de actu.
Präs. Johann Paul Felwinger.
Altdorf (Scherff) o. J. S. 88-101. 32464

Seuffert, Bernhard

— Wielands Abderiten. Vortrag. gr. 8. (52 S.)
Berl.:Weidmann 1878.

(Seuffert, Bernhard.) [Besprechung von:] Hirzel, Ludwig. [Christoph Martin] Wieland und Martin und Regula Künzli. Ungedruckte Briefe und wiederaufgefundene Aktenstücke. Leipzig... 1891.... (SA.) 8. (Berlin 1896.)

Seuffert, Bernh., der Dichter des Oberon, s.: Sammlung gemeinnütziger Vorträge.

— s.: Freundesgaben f. Carl August Hugo Burkhardt.

Seuffert, Bernh., Klein und Schiller. gr. 8. (12 S.) Würzburg 851, Stahel'sche Universitäts-Buchh. *
Aus: Festschrift für Ludwig Urlichs, zur Feier seines 25jährigen Wirkens an der Universität Würzburg, besonders abgedruckt.

Seuffert, Bernh., s.: Krones, Franz v., z. 19. Novbr. 1895.

Seuffert, B. Die Legende von der Pfalzgräfin Genovefa. Hab. Würzburg 1877. 85 S. Progr.

Seuffert, B., s.: Litteraturdenkmale, deutsche, d. 18. u. 19. Jahrh.

Seuffert, Bernh., Maler Müller. Im Anhang Mittheilungen aus Müllers Nachlaß. Lex.-8. (VIII, 639 S.) Berlin 877, Weidmann'sche Buchh. *

—— Maler Müller. 2. (Titel-)Ausg. gr. 8. (VIII, 303 S.) Berlin 881, Weidmann'sche Buchh. *

Prolegomena zu einer Wieland-Ausgabe. Im Auftr. d. Deutschen Komm. entworfen von Prof. Dr. Bernhard Seuffert in Graz. *Berlin: Akad. d. Wiss. 1904.* (76 S.) 4°
Aus: Abhandlungen d. Kgl. Preuß. Akad. d. Wiss. 1904, Anh.

— dasselbe. III. IV. Im Auftrage der deutschen Kommission entworfen. (61 S.) Lex.-8. Ebd. 905. n. 2.50.
2 Sonderabdrucke aus: „Abhandlgn. d. preuss. Akad. d. Wiss., Anh."

Seuffert, Bernh., Prolegomena zu e. Wieland-Ausgabe. V u. VI. Im Auftrage der deutschen Kommission entworfen. (97 S.) Lex. 8. Berlin 909. G. Reimer. 8.50
V. (67 S.) 909. 4.—. — VI. (110 S.) 909. 4.50.
Sonderabdr. aus: „Abhandlgn. d. preuss. Akad. d. Wiss., Anh."

— s.: Studien, Grazer, zur deutschen Philologie.

Teplitz in Goethes Novelle. Von Bernhard Seuffert. *Weimar: H. Böhlaus Nachf. 1903.* (38 S.) 8° [F.]

Seuffert, Bernh., s. Vierteljahrsschrift für Litteraturgeschichte.

Seuffert, Bernh., u. P. Weizsäcker, Vorträge, geh. bei der Wieland-Feier in Biberach a. Riß am 3. IX. 1907. (30 S.) 8. Biberach (908). Dorn. —50

Seuffert, Ernst Ritter von, appr. Arzt a. München: Welche Krankheitszustände kennt die Bibel und was berichtet sie über deren Bekämpfung? München 1905: C. Wolf. (100 S.) 8°
München, Med. Fak., Ref. v. Winckel, Diss. v. 15. Dez. 1905
[Geb. 2. Juni 79 München; Wohnort: München; Staatsangeh.: Bayern; Vorbildung: Luitpold-Gymn. München Reife Juli 98; Studium: München 15 S.; Coll. 15. Dez. 05; Approb. 15. Juli 03.]

Seuffert, Ernst August

Seuffert, zu L. 57 D de legatis I, s.: Festgabe für J. J. W. v. Planck.

Seuffert, Ernst August (Bearb.), s. Seuffert, Johann Adam: Prakt. Pandektenrecht. 4. Aufl.

SEUFFERT, Ernst August (Würzburg): Das gesetzliche Veräusserungsverbot bei Singular- und Universalvermächtnissen nach römischen Rechte.- München: Cotta 1854. 3 Bl.,136 S.
6.4.1854 - Urk (Titel: De alienatione bonorum legato vel fideicommisso obnoxiorum prohibita.); F 49 Diss. Ingolst.-Landsh.-Mchn.

Seuffert, G. C., Grundzüge d. christl. Glaubens, s. Grundzüge.

SEUFFERT, Georg Karl Leopold (München): De negotiatione frumentaria in Bavaria. (Titel nach der Urkunde) Diss. Ingolst.-Landsh.-Mchn.
3.5.1855 - Urk; F 49

Seuffert, Dr. G. K. L., Statistik des Getreide- u. Viktualienhandels im Königreich Bayern mit Berücksichtigung des Auslandes. Nach amtlichen Quellen. München 1857. med. 8°.

Seuffert, Geo. Karl Leop., Streitfragen aus den Erkenntnissen des Obersten Gerichtshofes des Königreichs Bayern in Competenzconflicten zwischen den Gerichten und Verwaltungs-Behörden vom 3. 1851 bis zum Schlusse des Verwaltungsjahres 1857/58. Für den pract. Gebrauch bearb. (VIII, 75 S.) n. 12 ngr. — 2. verm. Aufl. München 858. Giel. gr. 8. (VIII, 106 S.) n. 16 ngr.

Seuffert, Geo. Carl Leop., Streitfragen aus den Erkenntnissen des obersten Gerichtshofes des Königr. Bayern in Competenzconflicten zwischen den Gerichten und Verwaltungs-Behörden vom 3. 1851 bis zum Schlusse des Verwaltungsjahres 1857/58. Für den pract. Gebrauch bearb. 1. Aufl. * 12 Ngr. und 2., verm. Aufl. gr. 8. (VIII und 106 S.) München 858, [Gummi.] *

Seuffert, Geo. Carl Leop., Streitfragen aus den Erkenntnissen des obersten Gerichtshofes des Königr. Bayern 2c. 1. Nachtrag zur 1. Aufl.: Erkenntnisse vom 12. Mai bis 1. Oktbr. 1858. gr. 8. (86 S.) München 858, [Gummi.] Thlr. *

Seuffert, Geo. Karl Leop., Streitfragen aus den Erkenntnissen des obersten Gerichtshofes des Königreichs Bayern in Competenzconflicten zwischen Gerichten und Verwaltungs-Behörden. Für den practischen Gebrauch bearb. 2. Nachtrag zur 2., zugleich 3. Nachtrag zur 1. Aufl. Erkenntnisse aus dem Verwaltungsjahre vom 1. Oktober 1859 bis 30. September 1860. Mit einem Generalregister. München 860. Giel. (Gummi.) gr. 8. (60 S.) n. 8 ngr.

Seuffert, Geo. Karl Leop., Streitfragen aus den Erkenntnissen des obersten Gerichtshofes des Königreichs Bayern in Competenzconflicten zwischen Gerichten u. Verwaltungsbehörden. Für den prakt. Gebrauch bearb. 3. Nachtrag zur 2., zugleich 4. Nachtrag zur ersten Aufl. Erkenntnisse aus den zwei Verwaltungsjahren vom 1. Octbr. 1860 bis 30. Septbr. 1862. Mit einem Generalregister. München 870. Gummi. gr. 8. (80 S.) n. 10 ngr.

Seuffert, Geo. Karl Leop., Streitfragen aus den Erkenntnissen des obersten Gerichtshofes des Königr. Bayerns in Competenzconflicten zwischen Gerichten und Verwaltungsbehörden. Für den prakt. Gebrauch bearb. 3. Nachtrag zur 2., zugleich 4. Nachtrag zur 1. Aufl. Erkenntnisse aus den zwei Verwaltungsjahren vom 1. Oktbr. 1860 bis 30. Septbr. 1862. Mit einem Generalregister. gr. 8. (80 S.) München 870, Beck. * 1 —
—— dass. — 4. Nachtrag zur 2., zugleich 5. Nachtrag zur 1. Aufl. Erkenntnisse Nr. 167—298 aus den Verwaltungsjahren vom 1. Oktbr. 1862 bis 31. Decbr. 1869. Mit einem Generalregister. gr. 8. (371 S.) Ebendas. 870. * 4 50

Seuffert, Hermann

Seuffert, Herm., Anarchismus u. Strafrecht. gr. 8. (IV, 219 S.) Berlin 899. O. Liebmann. n. 4.50

Die Bewegung im Strafrechte während der letzten dreißig Jahre. Vortrag, geh. 1901 von Dr. Hermann Seuffert, Prof. in Bonn. ⟨In erw. Umfang z. Druck gebr.⟩ *Dresden: v. Zahn & Jaensch 1901.* (71 S.) 8° [F.]
— Jahrbuch d. Gehe-Stiftung zu Dresden. Bd 7, [3.] [o3. 14161]

Seuffert, Herm., Erörterungen über die Besetzung der Schöffengerichte und Schwurgerichte nach dem deutschen Gerichtsverfassungsgesetze. gr. 8. (III, 92 S.) Breslau 879, Schletter's Verlag. *

Seuffert, Herm.: Der Faust- u. Forderungspfandgläubiger im Konkurse des Pfandgebers. Hab.-Schr. München 1861.

Seuffert, Herm., über einige Grundfragen des Strafrechts. Rede, bei Antritt des Rektorats am 15. Oktbr. 1885 gehalten. gr. 8. (44 S.) Breslau 886, Schletter'sche Buchh. *

—— Mittheilungen aus dem Entwurfe eines Strafgesetzbuches für Italien, s. Festschrift, zum 50jähr. Doctorjubiläum des wirkl. Geh. Oberjustizr. Herrn Prof. Dr. Rudolf v. Gneist.

Seuffert, Herm., Mitteilungen aus dem Entwurfe e. Strafgesetzbuches f. Italien (1887). [Aus: „Festschrift f. R. v. Gneist".] gr. 8. (S. 71—222.) Breslau 893. Schletter. n. 3.—

SEUFFERT, Hermann (Ansbach): Die Reformatio in pejus im neueren, insbesondere bayerischen Strafprozesse.- München: Kaiser 1861. VII,120 S.
27.2.1861 - Urk (Titel: De reformatione in pejus in processu criminali recenti, inprimis Bavarico.); F 49
Diss. Ingolst.-Landsh.-Mchn.

Seuffert, Herm., üb. Schwurgerichte u. Schöffengerichte. gr. 8. (84 S.) München 873. Kaiser. n. 1. 50

— ein neues Strafgesetzbuch f. Deutschland. gr. 8. (III, 87 S.) München 902. C. H. Beck. n. 2. —

— die Strafgesetzgebung im Deutschen Reiche. [Aus: „Strafgesetzgebg. d. Gegenwart".] Lex.-8. (112 S.) Berlin 894. O. Liebmann. n. 4. —

Untersuchungen über die örtliche Verteilung der Verbrechen im Deutschen Reiche. Von Dr. Hermann Seuffert, weil. Prof. Aus d. nachgelassenen Papieren d. Verf. zsgest. u. erg. von Dr. Edmund Friedeberg, Amtsr. Breslau: Schletter 1906. (189 S.) 8°
— Abhandlungen, Strafrechtliche. H. 75. [o6. 19188 6]

Seuffert, Herm., was will, was wirkt, was soll die staatliche Strafe? Rede, geh. bei d. Antritt des Rektorates d. rhein. Friedrich-Wilhelms-Universität am 18. Oktbr. 1896. gr. 8. (31 S.) Bonn 897. F. Cohen. n. — 50

Seuffert, Herm., ein Wort in der Staatsanwaltschaftsfrage. München 865. Kaiser. gr. 8. (18 S.) 3 ngr.

Seuffert, Johann Adam

Seuffert, Joh. Adam, gesamm. rechtswissenschaftl. Abhandlungen. 8. (11½ B.) Erlangen 837, Palm u. Enke. 15 Gr., Blnp.

Seuffert, Johann Adam, s. Alcaeus metrisch übersetzt.

Seuffert, Joh. Adam, Archiv für Entscheidungen der obersten Gerichte ꝛc., s. Archiv.

Seuffert's, Joh. Adam, Archiv für Entscheidungen der obersten Gerichte in den deutschen Staaten. 16. u. 17. Bd. à 3 Hefte (à 10 Bgn.). Herausg. von A. F. W. Preusser. München 63. 864, Literar.-artist. Anstalt. gr. 8. Jedes Heft n. 22 ngr.

—— dass. — Systematisches und alphabetisches Register über Bd. 11—15, mit einem Anh.: chronologisch-alphabet. Verzeichniß der bei dem Oberappellationsgericht zu Lubeck verhandelten, in Bd. 1—15 mitgetheilten Rechtssachen. gr. 8. (229 S.) [Ebendas.] 864. *

Seuffert's, Joh. Adam, Archiv der Entscheidungen der obersten Gerichte in den deutschen Staaten. 18—24. Bd. Hersg. von A. F. W. Preußer. à Bd. 3 Hefte (à ca. 160 S.). München 865—70. (Oldenbourg.) Jedes Heft n. 22 ngr.

—— dass. — Hrsg. von A. F. W. Preußer. Systematisches und alphabet. Register über Bd. 16—20. gr. 8. (206 S.) [Ebendas.] 868. *

— — Systematisches u. alphabetisches Register über Bd. 1—4. Angefertigt von J. Bremer. 1. Heft. Ebend. 870. Lex.-8. (128 S.) 1 ₰ 6 ngr.

— dasselbe. Systematisches u. alphabet. Generalregister üb. Bd. 1—4. Angefertigt v. J. Bremer. 2—4. Hft. Lex.-8. (XV u. S. 129—384.) Ebend. 871. n. 8. 40 (cplt.: 9. —)

—— dass. — Systematisches und alphabet. General-Register über Bd. I—XX. Angefertigt von J. Bremer. 4 Hefte. gr. 8. Ebendas. 870—72. [1. Heft. (S. 1—272.) *M.* 3,60.; 2. Heft. (S. 273—380.) *M.* 2,40.; 3. Heft. (S. 381—604.) **M.* 3.; 4. Heft. (S. 605—805.) **M.* 3.] * 12 —
—— dass. — Neuer unveränd. Abdr. 4 Hefte. Lex.-8. Ebendas. 870,71. [1. Heft. (S. 1—128.) *M.* 3,60.; 2. Heft. (XV, S. 129—182.) **M.* 2,40.; 3. Heft. (S. 183—278.) **M.* 3.; 4. Heft. (S. 279—384.) **M.* 3.] * 12 —
—— dass. — Systematisches und alphabet. General-Register über Bd. XXI—XXV. Angefertigt von J. Bremer. 1. und 2. Heft. gr. 8. (S. 1—302.) Ebendas. 872,73. à Heft **M.* 2. * 4 —

— — Neuer unveränd. Abdr. 1—38. Heft. Ebend. 866—70. Lex.-8. [1. Bd. (IV, 944 S.), 2. Bd. (991 S.), 3. Bd. (1050 S.), 4. Bd. (1056 S.), 5. Bd. (S. 1—480.)] Jedes Heft n. 22 ngr.

— dasselbe. Neuer unveränd. Abdr. 39—48. Hft. Lex.-8. (5. Bd. S. 481—1084 u. Register 157 S.) München 871. 72. Oldenbourg. à n. 1. 80

—— dass. — 47. und 48. Heft. Systematisches Register zu Bd. V. Lex.-8. (157 S.) Ebendas. 872,73. à Heft **M.* 1,80. *

— dasselbe. 49—63. Hft. Lex.-8. (6. Bd. S. 1—1190.) Ebend. 872—76. à n. 2. 20

—— dass. — Neuer unveränderter Abdr. 64. und 65. Heft. Lex.-8. (Alphabetisches und systematisches Register zu Bd. 6 [Heft 49—63] S. 1—156.) Ebendas. 877. à Heft **M.* 2,20. *
1.—6. Bd. und Register 64. und 65. Heft. (**M.* 184,60.) **M.* 83,40.

Seuffert's, J. A., Archiv der Entscheidungen der obersten Gerichte in den deutschen Staaten. 25—30. Bd. Hrsg. v. A. F. W. Preusser. à 3 Hfte. gr. 8. (à Hft. ca. 160 S.) München 871—75. Oldenbourg. à Jahrg. n. 6. 60

— dasselbe. Neue Folge 1. Bd. Der ganzen Reihe 31. Bd. 4 Hfte. Lex.-8. (1. Hft. 128 S.) Ebend. 876. n. 8. 80

Seuffert's, J. A., Archiv für Entscheidungen der obersten Gerichte in den deutschen Staaten. Hrsg. von A. F. W. Preusser. Systematisches u. alphabetisches Register über Bd. 26—30. Angefertigt von C. de Fontenay. 1. u. 2. Hft. gr. 8. (324 S.) München 877. 78. Oldenbourg. à n. 2. 20

Seuffert's, J. A., Archiv für Entscheidungen der obersten Gerichte in den deutschen Staaten. Neue Folge. 2—7. Bd. Der ganzen Reihe 32—37. Bd. à 4 Hfte. Lex.-8. (à Hft. 128 S.) München 877—82. Oldenbourg. à Bd. n. 8. 80

— dasselbe. Systematisches u. alphabet. General-Register über Bd. I—V der neuen Folge des Archivs. Systematisches u. alphabetisches Register. Verf. von A. C. J. Schmid. Lex.-8. (331 S.) Ebend. 881. n. 5. 70

Seuffert's, J. A., Archiv f. Entscheidungen der obersten Gerichte in den deutschen Staaten. Hrsg. v. H. F. Schütt. Neue Folge. 8—11. Bd. Der ganzen Reihe 38—41. Bd. à 4 Hefte. Lex.-8. (à Hft. ca. 128 S.) München 883—86. Oldenbourg. à Bd. n. 8. 80

—— dass. — Systematisches und alphabetisches General-Register über Bd. VI—X der Neuen Folge des Archivs. Verfaßt von A. C. J. Schmid. Lex.-8. (294 S.) Ebendas. 886. *

Seuffert's, J. A., Archiv f. Entscheidungen der obersten Gerichte in den deutschen Staaten. Hrsg. v. H. F. Schütt. Neue Folge, 12.—15. Bd. Der ganzen Reihe 42.—45. Bd. à 4 Hfte. Lex.-8. (à Hft. ca. 128 S.) München 887—890. Oldenbourg. à Bd. n. 8. 80

Seuffert's, J. A., Archiv f. Entscheidungen der obersten Gerichte in den deutschen Staaten. Systematisches und alphabet. General-Register üb. Bd. XI—XV der Neuen Folge d. Archivs. Verf. v. H. F. Schütt. 2 Hefte. Lex.-8. Münch., Oldenbourg. * 6 —
1. Systematisches Register. (S. 1—178.) 891. * 3 50.
2. Alphabetisches Register. (S. 179—358.) 892. * 2 50.

Seuffert's, J. A., Archiv f. Entscheidungen der obersten Gerichte in den deutschen Staaten. Hrsg. v. H. F. Schütt. Neue Folge. 16.—18. Bd. Der ganzen Reihe 46.—48. Bd. à 4 Hfte. (à ca. 8 Bog.) Lex.-8. München 891. 892. R. Oldenbourg. à Bd. n. 8. 80

— dasselbe. Neue Folge 19. u. 20. Bd. Der ganzen Reihe 49. u. 50. Bd. à 4 Hfte. (à ca. 8 Bog.) Lex.-8. München 893—895. R. Oldenbourg. à Bd. n. 8. 80

— dasselbe. Systematisches u. alphabet. General-Register üb. Bd. 16—20 d. neuen Folge, Bd. 46—50 d. ganzen Reihe. Verf. v. H. F. Schütt. Lex.-8. (380 S.) Ebd. 895. n. 6. —

— dasselbe. General-Register üb. Bd. 21—50. Angefertigt v. H. F. Schütt. Systemat. Thl. 4 Lfgn. Lex.-8. (XV, 416 S.) Ebd. 897. à Lfg. n. 2. 50

— dasselbe. 5.—8. (Schluß-)Lfg. Alphabet. Teil m. Anh. 5 Lfgn. Lex.-8. (S. 113—362.) Ebd. 897. à Lfg. n. 2. 50

Seuffert's, J. A., Archiv f. Entscheidgn. d. obersten Gerichte in d. deutschen Staaten. Hrsg. v. H. F. Schütt. Neue Folge. 21.—23. Bd. Der ganzen Reihe 51.—53. Bd. à 4 Hfte. (à ca. 8 Bog.) Lex.-8. München 896—897. R. Oldenbourg. à Bd. n. 8. 80

— dasselbe. Hrsg. v. H. F. Schütt. Neue Folge. 24. u. 25. Bd. Der ganzen Reihe 54. u. 55. Bd. à 4 Hfte. Lex.-8. (IV, 508 u. IV, 508 S.) Ebd. 899. 900. à Bd. n. 8. 80

— dasselbe. Systematisches u. alphabet. General-Register über Bd. XXI—XXV der neuen Folge des Archivs. Verf. v. H. F. Schütt. gr. 8. (297 S.) Ebd. 900. n. 6.—

Seuffert's, J. A., Archiv f. Entscheidungen der obersten Gerichte in den deutschen Staaten. 3., ausgewählte Ausg. 6 Bde. (Der ganzen Reihe Bd. 1—55.) Hrsg. von H. F. Schütt. Nebst: Systematisches u. alphabet. General-Register zu denjenigen in Bd. I—LV enth. Entscheidgn., welche für die Rechtsprechg. nach dem neuen Rechte verwertbar sind. Unter Mitarbeit hervorrag. Juristen angefertigt von H. F. Schütt. Lex.-8. (VII, 1012; VII, 1136; IV, 1136; V, 1298; IV, 1362; IV, 1319 u. XIII, 281 S.) München 901. R. Oldenbourg. Geb. in Leinw. n. 95. —; Register allein. (XIII, 281 S.) Geh. n. 15. —

— dasselbe. Neue, 3. Folge 1.—3. Bd. (Der ganzen Reihe 56.—58. Bd.) Hrsg. v. H. F. Schütt. à 12 Hfte. Lex.-8. (IV, 512; IV, 511; IV, 513 u. 12 S.) Ebd. 900—902. à Bd. n. 9. —

Seuffert's, J. A., Archiv f. Entscheidungen der obersten Gerichte in den deutschen Staaten. Neue, 3. Folge 4. bis 6. Bd. (Der ganzen Reihe 59.—61. Bd.) Hrsg. v. H. F. Schütt. à 12 Hefte. (515, 512 u. 512 S.) Lex.-8. München 904—906. R. Oldenbourg. à Bd. n. 9. —

— dasselbe. General-Register zu Bd. 1—5 der 3. Folge (Bd. 56—60 des ganzen Werkes. Verf. v. H. F. Schütt. (VII, 235 S.) Lex.-8. Ebd. 906. n. 5. —

Seuffert's, J. A., Archiv f. Entscheidungen d. oberst. Gerichte in den deutschen Staaten. Hrsg. v. H. F. Schütt. 3. Folge. 7.—10. Bd. (Der ganzen Reihe 62.—65. Bd.) à 12 Hefte. (515, 513, 513 u. 515 S.) Lex. 8. München 907—10. R. Oldenbourg. à Bd. 9.—; geb. n 10. 50

Seuffert, J. A., das Baurecht, die Reallasten u. das Näherrecht. Nach d. bayer. Gesetzgebung z. Behufe f. Vorlesungen dargestellt. Würzburg, Stahel, 1819. 8°. Ppbd.
X—140 S.

— Beitrag z. Lehre v. Weiderechte. 8. 822. (Stahel in Würzburg.)

— Beitr. zur Gesetzgebung, insbesondere für Baiern. gr. 8. Würzb. 823.

Seuffert, J. A.: Beyträge zur Lösung einiger römischrechtlichen Controversen. Huldigungsschr. d. Jur.-Fak. Würzburg am 16. 2. 1824. Würzburg 1824.

Seuffert, Joh. Adam, einige Bemerkungen üb. d. Codicillar clausel u. d. Auslegung letzter Willen, veranlaßt durch d. Stadelischen Beerbungsfall. gr. 8. (4½ B.) Würzburg 828 Stahel.

_ Steinbühl, Justus (d. i. *Johann Adam Seuffert*), Patriotische Betrachtungen im Gefolge der Münchener Fastnacht. 1. (einz.) Heft. 1847. 8°. (80 Pfg. Süddeutsches Antiqu., München, 1907, ohne Ortsangabe.)

Seuffert, Joh. Ad., Blätter für Rechtsanwendung ꝛc., s. d. Blätter.

—— Blätter für Rechtsanwendung zunächst in Bayern. Redact.: Friedr. Steppes. 32. Jahrg. 1867. 26 Nrn. (Bog.) gr. 8. Erlangen, Palm und Enke. *

—— dass. — Ergänzungsblätter zum 31. und 32. Jahrg. 26 Nrn. (Bog.) gr. 8. Ebendas. 867. *

—— Blätter für Rechtsanwendung zunächst in Bayern. Redact.: Friedr. Steppes, 33.—36. Jahrg. 1868—1871. à Jahrg. 26 Nrn. (Bog.) gr. 8. Erlangen, Palm und Enke. à Jahrg. * 6 —

—— dass. — Redact.: Steppes und K. Hettich. 37. und 38. Jahrg. 1872 und 1873. à Jahrg. 26 Nrn. (Bog.) gr. 8. Ebendas. à Jahrg. * 6 —

—— dass. — Redact.: K. Hettich. 39. und 40. Jahrg. 1874 und 1875. à Jahrg. 26 Nrn. (Bog.) gr. 8. Ebendas. à Jahrg. * 6 —

— dass. — 2. Ergänzungsbd. Nr. 1—13. 8. (Bog.) Ebendas. 870. * 3 —

— dass. — Ergänzungsblatt. Redact.: K. Hettig. 39. Jahrg. 1874. 3 Nrn. (Bog.) gr. 8. Ebendas. * — 80

— dass. — Beilagenheft zu Bd. 24, enth.: Repertorium zu den Landtagsverhandlungen über die bayer. Civilprozeßordnung vom 29. April 1869, bearb. von J. Juch und M. Hutter und hrsg. von Fr. Steppes. gr. 8. (X, 158 S.) Ebendas. 869. * 2 40

— dass. — alphabetisches und systemat. Register zu den Blättern für Rechtsanwendung zu Bd. 21—30. gr. 8. (252 S.) Ebendas. 868. * 3 60

— dass. — zu Bd. 31—35 und 1. Ergänzungsbd. gr. 8. (16 S.) Ebendas. 873. * 2 40

1.—40. Bd. (1836—75) nebst Ergänzungen und Registern. *ℳ 165,60.

— Blätter für Rechtsanwendung zunächst in Bayern. Redact.: K. Hettich. 41.—44. Jahrg. 1876—1879. à Jahrg. 26 Nrn. (Bog.) gr. 8. Erlangen, Palm und Enke. à Jahrg. * 6 —

— dass. — 40. Jahrg. 1875. Ergänzungsblatt. 10 Nrn. gr. 8. (à Nr. 16 S.) Ebendas. à Nr. * 24 Pf. * 2 40

— dass. — 41. Jahrg. 1876. Ergänzungsblatt. 10 Nrn. gr. 8. (à Nr. 16 S.) Ebendas. à Nr. * 24 Pf. * 2 40

— dass. — 42. Jahrg. 1877. Ergänzungsblätter. 9 Nrn. (Bog.) gr. 8. Ebendas. 1877/78. à Nr. * 24 Pf. * 2 16

— dass. — 43. Jahrg. 1878. Ergänzungsblätter. 5 Nrn. (Bog.) gr. 8. Ebendas. 1879 à Nr. * 24 Pf. * 1 20

— dass. — Alphabetisches und systematisches Register über die Bde. XI—XX der neuen Folge, Bd. XXXI—XL der gesammten Folge und den Ergänzungsbd. I und II hiezu. gr. 8. (376 S.) Ebendas. 876. * 6 —

— Blätter für Rechtsanwendung zunächst in Bayern. Redact.: K. Hettich. 45.—49. Jahrg. 1880—1884. à Jahrg. 26 Nrn. (Bog.) gr. 8. Erlangen, Palm und Enke. à Jahrg. *

— dasselbe. Alphabetisches u. systematisches Register über die Bde. XXI—XXV der neuen Folge, Bd. XLI · XLV der gesammten Folge. gr. 8. (188 S.) Ebend. 880. n. 3. —

— dass. — Alphabetisches und systemat. Register über die Bde. XXI—XXV der neuen Folge, Bd. XLI—XLV der gesammten Folge. gr. 8. (188 S.) Ebendas. 881. *

— dasselbe. 45. Jahrg. 1880. Ergänzungsblätter. 9 Nrn. (B.) gr. 8. Ebend. 880. 81. n. 2. 16

— dass. — 3. und 4. Ergänzungsbd. à Bd. 26 Nrn. (Ergänzungsblätter). (Bog.) gr. 8. Ebendas. 881,84. à Bd. *

— dasselbe. 48. Jahrg. 1883. Ergänzungsblatt. Nr. 1—4. gr. 8. (Nr. 1. S. 417—432.) Ebend. 883. n. 1. —

— Blätter für Rechtsanwendung zunächst in Bayern. Redig. von K. v. Hettich. 50. Jahrg. 1885. 26 Nrn. (Bog.) gr. 8. Erlangen, Palm und Enke. *

— dass. — 5. Ergänzungsband. 26 Nrn. (Bog.) gr. 8. Ebendas. 885. *

— dass. — Alphabetisches und systemat. Register über die Bde. XXI—XXX der Neuen Folge, Bd. XLI—L der gesammten Folge, nebst den Ergänzungsbänden III und IV hiezu. gr. 8. (373 S.) Ebendas. 886. *

— dass. — Redig. von Jul. Staudinger. 51.—53. Jahrg. 1886—1888. à Jahrg. 26 Nrn. (Bog.) gr. 8. Ebendas. à Jahrg. *

— dass. — 51. Jahrg. oder Neue Folge. 31. Bd. Ergänzungsblatt. 9 Nrn. (Bog.) gr. 8. Ebendas. 886. *

Seuffert's, J. A., Blätter f. Rechtsanwendung zunächst in Bayern. Red.: J. v. Staudinger. 6.—9. Ergänzungsband. à 26 Nrn. (B.) gr. 8. Erlangen 887—890. Palm & Enke. à Bd. n. 6. —

— Blätter f. Rechtsanwendung zunächst in Bayern. Redact.: Jul. v. Staudinger. 54.—57. Jahrg. Neue Folge, 34.—37. Bd. 1889—1892. à Bd. 26 Nrn. (Bog.) gr. 8. Erlangen, Palm u. Enke. à Jahrg. * 6 —

— Blätter f. Rechtsanwendung zunächst in Bayern. Red.: Jul. v. Staudinger. 56.—59. Jahrg. Neue Folge 36.—39. Bd. 1891—1894. à 26 Nrn. (Bog.) gr. 8. Erlangen, Palm & Enke. à Jahrg. n. 6. —

— dasselbe. 10.—12. Ergänzungsbd. à 26 Nrn. (Bog.) gr. 8. Ebd. 891—894. à Bd. n. 6. —

— Blätter f. Rechtsanwendg. zunächst in Bayern. Red.: Jul. v. Staudinger. 60.—62. Jahrg. Neue Folge. 40.—42. Bd. 1895—1897. à 26 Nrn. (Bog.) gr. 8. Erlangen, Palm & Enke. à Jahrg. n. 6. —

— dasselbe. 63. u. 64. Jahrg. 1898—1899. à 26 Nrn. (à ca. 24 S.) gr. 8. Ebd. à Jahrg. n. 12. —

— dasselbe. 13.—15. Ergänzungsbd. à 26 Nrn. (Bog.) gr. 8. Ebd. 895—897. à Bd. n. 6. —

Weitere Ergänzungsbände sind nicht erschienen.

— dasselbe, gegründet v. Joh. Adam Seuffert u. Chrn. Carl Glück. Alphabet., systemat. u. chronolog. Register üb. d. Bde. XXXI—XL d. neuen Folge, Bd. LI—LX d. ges. Folge, nebst d. Ergänzungsbdn. V bis XIII hiezu. gr. 8. (IX, 292 S.) Ebd. 896. n. 6. —

— Blätter f. Rechtsanwendung. Hrsg. v. Jul. v. Staudinger. 65.—67. Jahrg. 1900—1902. à 26 Nrn. gr. 8. (à ca. 24 S.) Erlangen, Palm & Enke. à Jahrg. n. 12. —

— Blätter f. Rechtsanwendung. Unter Mitwirkg. v. Karl Osthelder u. Th. Engelmann hrsg. u. red. v. Karl Mareis. 68.—71. Jahrg. 1903—1906. à 26 Nrn. (à ca. 24 S.) gr. 8. Nürnberg, U. E. Sebald. à Jhrg. n. 12. —

Erschien bis Ende 1905 noch in Erlangen.

— Blätter f. Rechtsanwendung. Hrsg. v. Karl Kober u. Th. Engelmann. 72.—75. Jahrg. 1907—1910. à 24 Nrn. (75. Jahrg. XXVII, 792 S.) gr. 8. Nürnberg, U. E. Sebald. à Jahrg. 12. —; Vorzugspreis f. Rechtspraktikanten u. Studierende 9. —

Seuffert, J. A., Blumen griech. Lyriker auf deutschen Boden verpflanzt. 1s Beet. 12. Würzb. Herausg. 811.

— Erörterungen einzelner Lehren des römischen Privatrechts, zum Gebrauch seiner Pandektenvorlesungen nach A. Schweppe's Leitfaden. 1ste und 2te Abth. gr. 8. Würzburg, Stahel. 820. (1ste Abth. 21 Gr. 2te Abth. 18 Gr.)

Seuffert, J. Ad.: Erläuterungen zu den Lehren des Erbrechts u. der Wiedereinsetzung in den vorigen Stand. Zum Behufe s. Vorles. nach *Schweppe's* Leitfaden. *Würzburg*, Stahel. 820. 8. (9 Gr.)

Seuffert, Joh. Adam: Erörterungen einzelner Lehren des Römischen Privatrechtes, zum Gebrauche seiner Pandekten-Vorles. nach Albr. Schweppes Leitfaden. Abth. 1. 2. Würzburg 1820. 21. 2 Bde

Seuffert, J[oh.] A[dam]: Civilistische Erörterungen. Prog. Würzburg 1820.

[Inhalt:]

1. Ueber die Beweislast bey der Negatorienklage.
2. Vom Zahlungstermin in Bezug auf den Executionsprozeß.
3. Kleinere Aufsätze.

— civilist. Erörterungen. gr. 8. Würzb. 820, 21. Stahel. 8 ℛ

— über den volksthüml. Geist im polit. Leben der griech. Freistaaten. 8. Götting. 815. Vandenhöck u. R. 8 gr.

— Kommentar üb. die bayer. Gerichtsordnung. (Codex juris bavarici judiciarii de anno 1753.) 4 Bde. (2 u. 3 in Verbind. mit *J. J. Lauk* verfasst.) Auch m. d. Tit.: *Handbuch d. deutsch. Civilprocesses* auf d. Grundlage u. nach d. Ordnung d. *bayer. Gesetzgebung.*) Erlangen 1836—44. Gr. 8⁰. Hfrzbde., etw. gebraucht.
1: XII—322 S., 1 S. Err. 2: XII—350 S. 3: XII—394 S., 1 S. Err. 4: X—407 S.

—— Handbuch d. deutschen Civilprozesses auf d. Grundlage u. nach d. Ordnung d. bayer. Gesetzgebung, fortges. in Verbind. mit Joh. Jak. Lauk. 1. u. 2. Bd. — A. u. d. T.: Kommentar üb. d. bayer. Gerichtsordn. (Codex juris bavarici judiciarii de an. 1753). 1. u. 2. Bd. gr. 8. Erlangen, Palm u. Enke. [1. (21 B.) 836. 1¼ Thlr., 2. (23 B.) 841. 1⅞ Thlr.]

—— Handbuch des deutschen Civilprozesses auf der Grundlage u. nach der Ordnung der bayer. Gesetzgebung, fortgesetzt in Verbindung m. Joh. Jak. Lauk. 3. Bd. A. u. d. Ttl.: Kommentar über die bayerische Gerichtsordnung. (Codex juris bavarici judiciarii de anno 1753.) 3. Bd. gr. 8. (25½ B.) Erlangen 842, Palm u. Enke.

—— dass. 4. Bd. 1. Abthl. A. u. d. Ttl.: Kommentar üb. die bayerische Gerichtsordnung. (Codex juris bavarici judiciarii de anno 1753.) 4. Bd. 1. Abthl. gr. 8. (14 B.) Ebds. 844.
1. u. 2. Bd. Ebendas. 1836, 41. 3 Thlr. 18¾ Ngr.

Seuffert, Joh. Adam, Handbuch des deutschen Civilprozesses auf der Grundlage und nach der Ordnung der bayerischen Gesetzgebung. A. u. d. T.: Kommentar über die bayerische Gerichtsordnung (Codex juris bavarici judiciarii de anno 1753). 1. Bd. 2. Aufl. Unter Mitwirkung des Verf. bearb. von Karl Brater. Erlangen 853. Palm u. Enke. gr. 8. (XXII, 407 S.) n. 2 ₰. 12 ngr.

Seuffert, Joh. Adam, Kommentar über die bayerische Gerichtsordnung, (Codex juris bavarici judiciarii de a. 1753.) 1. Bd. 2. Aufl. Unter Mitwirkung des Verf. bearb. von Carl Brater. A. u. d. T.: Handbuch des deutschen Civilprozesses auf der Grundlage und nach der Ordnung der bayer. Gesetzgebung. 1. Bd. 2. Aufl. gr. 8. (XXII und 407 S.) Erlangen 854, Palm und Enke. *

—— dass. — fortgesetzt in Verbindung mit Joh. Jak. Lauk. 2. Bd. 2. Aufl. und 3. Bd. gr. 8. Ebds. [Bd. 2. (XVI und 452 S.) 3. (XV und 482 S.) 855—56.] *

— — fortges. in Verbindung mit Joh. Jak. Lauk. 2. Aufl. 2—4. Bd. Mit dem Bildnisse J. A. Seuffert's (in Stahlst.). Erlangen 856—58. Palm u. Enke. gr. 8. (2. Bd.: XVI, 452 S.; 3. Bd.: XV, 482 S.; 4. Bd.: XIX, 533 S.) n. 8 ₰. 12 ngr.

—— Lehrbuch des praktischen Pandektenrechts. 3 Bde. gr. 8. *Würzb.*, Stahel. 825. (4 Thl. 8 Gr.)

Seuffert, Joh. Adam, prakt. Pandektenrecht. 2. verb. Aufl. 3 Bde. in 6 Lfgn. gr. 8. (1. Bd. XXII u. 300 S. 2. Bd. XII u. 364 S. 3. Bd. XII u. 367 S.) Würzburg 847—49, Stahel'sche Buchh. (à 27 ngr) 5 ₰ 12

—— praktisches Pandektenrecht. 2., verb. Aufl. 3 Bde. gr. 8. Würzburg, Stahel'sche Buchh. [1. (XXI und 300 S.) 848., 2. (XII und 364 S.) 849., 3. (XII und 367 S.) 849. à Bd. 1 Thlr. 24 Ngr.]

Seuffert, Joh. Ad. (geb. zu Würzburg, d. 15. März 1794, † 1857), praktisches Pandektenrecht. 3 Bde. (in 1). 3. verm. u. verbess. Aufl. Würzburg 1852. Gr. 8⁰. Einige Bleistiftstriche u. Randnoten. Auf dem Vorsatzbl. *Savigny's* Portr. aufgeklebt. Hlwdb.
1: XXIV—319 S. 2: XX—409 S., 1 Bl. Err. 3: XIV—445 S.
Ed. I. ib. 1825; rep. ib. 1848—49. III; vierte Aufl. ib. 1860—72. III. — Seuffert war 1831 zweiter Präsident der bayer. Kammer d. Abgeordneten.

—— praktisches Pandektenrecht. 4. Aufl. Nach dem Tode des Verf. besorgt von E. A. Seuffert. (In 3 Bdn.) 1. Bd. gr. 8. (XXIII und 808 S.) Würzburg 860, Stahel'sche Buchh. *

—— praktisches Pandektenrecht. 4. Aufl. Nach dem Tode des Verf. besorgt von E. A. Seuffert. 2. Bd. 2 Abthlgn. gr. 8. Würzburg, Stahel'sche Buchh. [1. Abthl. (S. 1—184.) 863. * 1 Thlr., 2. Abthl. (XIII und S. 183—461.) 867. * 24 Ngr.] *
1. Bd. Ebendas. 1860. * 1 Thlr. 26 Ngr.

— praktisches Pandektenrecht. 4. Aufl. Nach dem Tode d. Verf. besorgt v. E. A. Seuffert. 3. Bd. gr. 8. (XVI, 512 S.) Würzburg 870. Stahel. n. 5. — (cplt.: n. 16. —)

— 4. Aufl. von E. A. Seuffert. Bd 1—3. 1860—72.

—— sind Bürgermeister u. Magistrats-Räthe, so wie Vorsteher u. Ausschußmitglieder der Ruralgemeinden, wenn sie zu Abgeordneten gewählt werden, die Bewilligung d. Königs nachzusuchen verbunden? beantwortet. gr. 8. . . . Würzburg 830, Stahel.

— die deutschen Verfassungsreformen. Patriotische Reden und Betrachtungen. [Aus der Allgem. Zeitung abgedr., mit Zusätzen.] gr. 8. (VI u. 106 S.) München 848, Kaiser. n. ⅓ ₰

—— Versuche in gebund. Rede. (Gedichte.) 16. (8¼ B.) Erlangen 837, Palm u. Enke.

Seuffert, Johann Michael

SEUFFERT, Joh. Mich.: Programma de damno per ferarum incursus in agris, pratis, vineisque dato, ab eo, cui jus venandi competit, ex juris germanici praescriptis resarciendo. - Wirceburgi 1788. 35 S.

— Progr. De damno per ferarum incursus in agris, pratis, vineisque dato, cui jus venandi competit, ex juris germanici praescript. resarciendo. 8maj. Würzb. 788. Rienner. 2 gr.

SEUFFERT, Joh. Mich.: Operae venatoriae ad territoriales quatenus referendae sint? Programma circa rem venatoriam secundum, quo ad audiendas praelectiones invitat. - Wirceburgi 1790. 68 S.

— Operae venatoriae ad territoriales quatenus referendae sint? 8. maj. Würzb. Rienner. 793.

— d. Recht d. peinl. Angeklagten, s. Richter auszuschließen. 8. Nürnb. Felsecker. 787.

— von d. Rechte des peinl. Angeklagten, seinen Richter auszuschließen. 8. Nürnb. 788. Felssecker. 3 gr.

Seuffert, Johann Michael, s. Uebersicht der dem Hochstift Würzburg ... zugefügten Beeinträchtigungen.

Seuffert, J. Mch.: „Von dem Verhältnisse des Staats und der Diener des Staats gegen einander, im rechtlichen und politischen Verstande", Würzburg 1793 (Riemer).

— von dem Verhältnisse des Staats u. der Diener des Staats gegen einander im rechtl. u. polit. Verstande. gr. 8. Würzb. 793. (Weschè in Frkf. a. M.)

Seuffert, J. M. von, vom Verhältniß des Staats und der Diener des Staats ꝛc. gr. 8. Würzb. 793. Jetzt Göbhardt in Bamberg.

v. Seuffert, Jh. Mch., Versuch e. Geschichte des deutschen Adels in den hohen Erz- u. Domkapiteln. gr. 8. Frkf. a. M. 790. Andreä. 14 gr

Seuffert, Lothar

Seuffert L, das Autorrecht an litterarischen Erzeugnissen. (Slg wiss.V.186) Berlin 1873

Seuffert, L., das Autorrecht an literarischen Erzeugnissen, s. Sammlung gemeinverständl. wissenschaftl. Vorträge.

Seuffert, Loth., zur Geschichte und Dogmatik des deutschen Konkursrechts. 1. Abtl.: Die Rechtsverhältnisse der Aktivmasse. gr. 8. (III, 182 S.) München 888, Beck'sche Verlagsh. * 2 80

— zur Geschichte der obligatorischen Verträge. Dogmengeschichtliche Untersuchungen. gr. 8. (VII, 170 S.) Nördlingen 881. Beck. n. 4. —

— Konstantins Gesetze u. das Christentum. Festrede zur Feier d. 309. Stiftungstages der königl. Julius-Maximilians-Universität, geh. am 2. Jan. 1891. hoch 4. (22 S.) Würzb. 891, (Herz). * 1 —

Seuffert, Loth.: Die allgemeinen Grundsätze des Obligationenrechts in dem Entwurfe eines BGB. für das Deutsche Reich. Berlin 1889.
(Beiträge z. Erl. u. Beurth. d. Entw. e. BGB. hrsg. von Bekker. H. 11.)

— Die allgemeinen Grundsätze d. Obligationenrechts, s. Beiträge z. Erläuterg. u. Beurtheilg. d. Entwurfes e. bürgerl. Gesetzbuches.

— Kommentar zur Civilprozeßordnung f. das Deutsche Reich u. zum Einführungsgesetze vom 30. Jan. 1877. 6., umgearb. Aufl. gr. 8. (XXIV, 1071 S.) München 893. C. H. Beck. n. 22. —; geb. n.n. 24. 50

Seuffert, Loth., Kommentar zur Civilprozeßordnung f. d. Deutsche Reich u. z. Einführungsgesetze v. 30. Jan. 1877. 7., verb. Aufl. gr. 8. (XXII, 1111 S.) München 895. C. H. Beck. n. 22. —; geb. in Halbfrz. n.n. 24. 50

Seuffert, Loth., Kommentar zur Civilprozeßordnung in der Fassung der Bekanntmachung vom 20. V. 1898, nebst den Einführungsgesetzen. 8., neu bearb. Aufl. 2 Bde. gr. 8. (XXVIII, 706 u. X, 827 S.) München 901—903. C. H. Beck. n. 32. —; geb. in Halbfrz. n.n. 36. —

Kommentar zur Civilprozessordnung in der Fassung der Bekanntmachung vom 20. Mai 1898 nebst d. Einführungsgesetzen. Von Dr. Lothar **Seuffert**, Prof. in München. 8., neu bearb. Aufl. (In 4 Lfgen.) Bd 1. 2. *München: C. H. Beck 1902–03.* 2 Bde 8° [F.] [03. 6091]

Seuffert, Loth., Kommentar zur Civilprozeßordnung in der Fassung der Bekanntmachung vom 20. V. 1898, nebst den Einführungsgesetzen. 9., neu bearb. Aufl. 2 Bde. (XXX, 688 u. XI, 815 S.) gr. 8. München 904. 905. C. H. Beck. n. 33. 60; geb. in Halbfrz n.n. 38. — ; Nachtrag, enth. die Novelle zur Civilprozeßordng. vom 5. VI. 1905 nebst Erläutergn. (9 S.) 905. n. - 30

Kommentar zur Civilprozeßordnung in d. Fassung d. Bekanntmachung v. 20. Mai 1898 mit d. Änderungen d. Novelle v. 5. Juni 1905 nebst d. Einführungsgesetzen von Dr. Lothar **Seuffert**, Prof. in München. 10., neu bearb. Aufl. Bd 1. 2. München: C. H. Beck 1907–08. 2 Bde 8° [F.]
1. §§ 1–510.
2. §§ 511–1048. Einführungsgesetz. Nachtr., Reg. [08. 1610] 6

Seuffert, Loth. v., Kommentar zur Civilprozeßordnung in der Fassung der Bekanntmachung vom 20. V. 1898 mit den Änderungen der Novelle vom 5. VI. 1905, nebst den Einführungsgesetzen. 10., neu bearb. Aufl. 2 Bde. Lex. 8. München, C. H. Beck. 36.—; geb. in Leinw. 41. —
1. (XXIX, 724 S.) 907. 16.50; geb. 19. —
2. (IV, 874 S.) 908. 19.50; geb. 22. —

Kommentar zur Zivilprozessordnung in d. Fassung d. Bekanntmachung v. 20. Mai 1898 mit d. Änderungen d. Novellen v. 5. Juni 1905, v. 1. Juni 1909 u. v. 22. Mai 1910 nebst d. Einführungsgesetzen von Dr. Lothar v. **Seuffert**, Prof. 11. neu bearb. Aufl. Bd 1. 2. München: C. H. Beck 1910–11. 8° [11. 3691]

— dasselbe in der Fassung der Bekanntmachung vom 20. V. 1898 mit den Änderungen der Novellen vom 5. VI. 1905, 1. VI. 1909 u. 22. V. 1910 nebst d. Einführungsgesetzen. 11., neu bearb. Aufl. 1.—9. Lfg. (1. Bd. XXX, 753 S. u. 2. Bd. S. 1—640.) Lex. 8. Ebd. 910. à Lfg. 3.60; (1. Bd. kplt. 18.—; geb. in Leinw. 20.—)

— dasselbe, Register, s.: Blätter f. Rechtsanwendung.

Seuffert, Lothar: Deutsches Konkursprozessrecht. M. e. Reg. Leipzig: Duncker & Humblot 1899. (XX, 483 S.) 8°
= Handbuch, Systemat., d. Deutschen Rechtswissenschaft. Abt. 9. T. 3.

Seuffert, Lothar, die Lehre von der Ratihabition der Rechtsgeschäfte. Civilistische Abhandlung. gr. 8. (VII, 160 S.) Würzburg 868, Stahel'sche Buchh. *

— Der Loskauf v. Sklaven m. ihrem Geld, s.: Festschrift für die juristische Fakultät in Giessen.

— s.: Rechtswissenschaft, systematische.

Seuffert, Loth.: Civilprozeßordnung für das Deutsche Reich nebst dem Einführungsgesetze vom 30. Jan. 1877. Nördlingen 1879.
(Die Justizgesetze f. d. Dt. Reich mit Erl.)
— 2. Aufl. 1883.
— 3. Aufl. 1886.
— 4. Aufl. 1889.
— 5. Aufl. München 1890.
— 7. Aufl. [u. d. Tit.:] Kommentar z. Civilprozeßordnung. 1895.

Seuffert, Lothar, Civilprozeßordnung für das Deutsche Reich nebst Einführungsgesetz. Textausg. mit Einleitung, kurzen Noten und Sachregister. 16. (XV, 299 S.) Nördlingen 877, Beck'sche Buchh. cart. * 2 —
— dass. — nebst dem Einführungsgesetze vom 30. Jan. 1877 erläutert. gr. 8. (XXXVI, 912 S.) Ebendas. 879. * 16 —
— dass. — s. Justizgesetze, die, für das Deutsche Reich, mit Erläuterungen.

— dasselbe. Textausgabe mit Einleitung, Noten u. Verweisungen auf das Gerichtskostengesetz, die Gebührenordnungen u. auf die Ausführungsgesetze aller Bundesstaaten. 3 Aufl. 16. (XVI, 313 S.) Ebend. 880. cart. n. 2 —

Seuffert, Lothar, Civilprozeßordnung für das Deutsche Reich, nebst dem Einführungsgesetze vom 30. Jan. 1877, erläutert. 2. umgearb. Aufl. 2 Hälften. gr. 8. Nördlingen 883, Beck'sche Buchh. [1. Hälfte. (S. 1—512.) * M 8.; 2. Hälfte. (XXX, S. 513—1049.) * M 9.] *
geb. *

— dasselbe. Textausgabe m. Einleitg., Noten u. Verweisgn. auf das Gerichtskostengesetz, die Gebührenordngn. u. auf die Ausführungsgesetze aller Bundesstaaten. 4. Aufl. 16. (XVI, 327 S.) Ebend. 884. cart. n. 2. —

Seuffert, Loth., Civilprozeßordnung für das Deutsche Reich, nebst dem Einführungsgesetze vom 30. Jan. 1877. Erläutert. 3. umgearb. Aufl. gr. 8. (XXIV, 963 S.) [Nördlingen 885.] München, Beck'sche Verlagsh. *
geb. *

Seuffert, L., Civilprozeßordnung f. das Deutsche Reich, nebst dem Einführungsgesetze vom 30. Jan. 1877. Erläutert. 4., umgearb. Aufl. 6 Lfgn. gr. 8. (XXIV, 1006 S.) Nördlingen 888. München, Beck. n. 20. 50; geb. n.n. 23. —

— dass. — Textausgabe mit Einleitung, Noten und Verweisungen auf das Gerichtskostengesetz, die Gebührenordnungen und auf die Ausführungsgesetze aller Bundesstaaten. 5. Aufl. gr. 16. (XVI, 330 S.) Ebendas. 888. cart. *

Seuffert, Loth. Civilprozeßordnung f. das Deutsche Reich, nebst dem Einführungsgesetze vom 30. Jan. 1877, erläutert. 5. umgearb. Aufl. Lex.-8. (XXIV, 1030 S.) Münch. 890, Beck. * 20 50; geb. ** 23 50

Seuffert, Loth., Civilprozeßordnung f. das Deutsche Reich vom 30. Jan. 1877, nebst Einführungsgesetz. Textausg. m. Anmerkgn. u. den einschläg. Teilen des Gerichtsverfassungsgesetzes. 6., verm. Aufl. gr. 16. (VII, 347 S.) München 895. C. H. Beck. Kart. n. 2. —

Seuffert, Otto, aus München: **Ueber das ε-Lacton der 2,6-Dimethyloctan-3-olsäure. — Ueber Bromierungsprodukte des Menthons.** *München 1900: Kastner & Lossen.* (52 S.) 8°
München, Phil. Diss. v. 1900

Seuffert, Philipp, Reichsgesetz über den Verkehr m. Kraftfahrzeugen v. 3. V. 1909 nebst den Vollzugsvorschriften des Bundesrates, von Preußen u. Bayern, sowie dem internationalen Abkommen. Textausgabe m. Anmerkgn. (Schweitzer's Textausg. m. Anmerkgn.) (VIII, 240 S.) kl.8. München 910. J. Schweitzer Verl. Geb. in Lw. 3.—

Seuffert, Rudolf Wilhelm: Über Derivate der p.Aminobenzoesäure und Acylverbindungen der Salicylsäure und deren Anhydride. Nördlingen 1910: Beck. VIII, 77 S. 8°
München, Phil. Diss. v. 25. Febr. 1910, Ref. v. Baeyer
[Geb. 14. Dez. 84 Erlangen; Wohnort: München; Staatsangeh.: Bayern; Vorbildung: Wilhelms-Gymn. München Reife Juli 02; Studium: München 15 S.; Rig. 25. Febr. 10.] [U 10. 3700

Seuffert, Theodor [aus Würzburg]: **Klinische Beiträge über die Beziehungen der Grosshirnrinde zu Kehlkopf und Rachen.** ... Würzburg, Becker's Univ.-Buchdr., 1889; 24 S. + 1 Bl. 8°
Würzburg, Med. Fak., Inaug.-Diss. v. 1889

Seuffert, Vitus Ernst „Julius Echter von Mespelbrunn, Bischof von Würzburg und Herzog von Franken in seiner Wirksamkeit für die katholische Kirche in Franken". pg. 2—28. 4°. C. A. Zürn.
Würzburg, Progr. 1852/53

ANDÄCHTIGE Seufzer auf jeden Tag zu der jungfräulichen Mutter Maria, dem Heile der Kranken um ein glückliches Verscheiden im Herrn. Mit 12 Bildern. Pest 1861: Alois Bucsánszky. 52 S. - kl. 8°
- Dass. Budapest o. J.: Koloman Rózsa u. Frau Buchdruckerei A.G.

(U.-Titel:) Anmuthige Seufzer | zu den | trost- und gnadenvollen 7 heil. Zufluchten. | *(Text.)*
Kol.: Reutlingen 1837. | mit censuramtlicher Erlaubniß | gedruckt bei C. F. Bofinger | und zu haben bei Philipp Thumb, | Buchbinder in Altdorf.
4 S. n. n., 135 × 85.
Diöz.-B. Rottenburg.

Seufzer, Elend, Wehe und Klagen a. d. jetzige Welt. 8. Frankfurt, Diez. 792.

Seufzer und Gebeth über die gegenwärtigen gefahrvollen Kriegszeiten. Zürich [1792]. V: *Lavater, Johann Kaspar.* (schstr S. 127)

INBRÜNSTIGE Seufzer zu den drey glorwürdigsten Namen Jesus, Maria, Joseph. Mein Testament soll seyn am End Jesus, Maria, Joseph. Oedenburg 1808: Jos. Ant. Sieß

SEUFZER eines Kranken. Magyarkimle (Ungarisch-Kimling) o. J.: Buchdruckerei zur Verbreitung guter Schriften. (8 S.) - 1450 mm

SEUFZER aus Oesterreich und seinen Provinzen (von *Charles Sealsfield* = *Carl Postl*). Leipzig 1834. 8°. (14 Mk., etwas stockfl., B. Liebisch, Lpz., 1911:)
Sehr selten, da das Werk sogleich nach Erscheinen confisciert wurde. — Anon.-Lex. IV. p. 80 (nach: Koch, M., Studien zur vergleichenden Litteraturgeschichte. Bd. 1.).

Seufzer aus Oestreich u. seinen Provinzen. (Von A. J. Groß-Hoffinger.) gr. 12. (7½ B.) Leipzig 834, Literar. Museum.

Seufzer, Johann Rössners ... Aus dem Reiche der Todten, aufsteigende, ... O. O. 1725. V: *Hannenberg, Gottfried.* (Jes)

Seufzer. Vaterländische S' eines Geringen. Allen schweizerischen Jesuiten-Gegnern gewidmet in der ernsten Zeit des Jahres Anfang 1845. 8. *o. O.* [1845].

Seufzer-Schatzkästlein eines mit Gott verbundenen Herzens, das Feuer der himmlischen Liebe unter allen äußern Umständen zu unterhalten. Nebst einem ABC für die Kinder Gottes rc. 19. Aufl. qu. 32. (192 S.) Reutlingen 850, Kurtz'sche Buchh.

Seul, Mittheilungen üb. die statistischen Verhältnisse d. Kreises Neuß am Ende d. J. 1871. gr. 4. (50 S.) Köln u. Neuß 873. Schwann. n. 1. 50

Seul: Provinzial-Feuerversicherungs-Anstalt der Rheinprovinz in Düsseldorf. Nach 50jähr. Wirksamkeit. Düsseldorf 1886.

Seul, die Trennung der Schule von der Kirche in ihrem Wesen und ihren Folgen betrachtet. gr. 8. (120 S.) Köln 850, Bachem. n. 12 ngr

Seul, C., das allgemeine Concil und die Frage der Unfehlbarkeit des Papstes. Ein Wort zur Aufklärung. 8. (88 S.) Soest [Münster] 870, Nasse's Verlag. *

Seul, P.J.: Bedburg und seine Geschichte. 46 S. – Bedburg, 1854.

Seul, P. J, üb. d. Entwickelung u. d. gegenwärt. Zustand d. höh. Schulwesens in Preußen. Ein Beitr. z. Würdigung d. Schrift d. Hrn. Dr. Lorinser „zum Schutze d. Gesundheit in den Schulen". gr. 8. (3½ B.) Coblenz 836, Hölscher.

Seul, P. J., De ludis gymuicis veterum dissertatio. part. I. Pr. 1883. 10 S. 4°.

Seul, P. J. Das Maifeld und die Kirche zu Lonnig. Eine histor. topogr. Untersuchung. (Im Anhange: Architekt. Bemerkungen über die Kirche zu Lonnig, nebst Zeichnungen von dem Bauinspector v. Lassaulx) 36 S. . . . .
Coblenz, Progr. 1840

—— das Maifeld u. d. Kirche zu Lonnig. Nebst architecton. Bemerkn. üb. d. Baureste d. Kirche zu Lonnig von v. Lassault. gr. 4. (5 B. u. 2 Stnt.) Coblenz 840, (Hölscher.)

Seul, P. J. Rede über die Pietät, gehalten am 15. October 1844. 11 S.
Bedburg, Progr. 1846

Seul, P. J., Gymnastische Übungen und Spiele für höhere Schulen, Coblenz 1834.
Neue m. Liedern vers. Ausg. —, 1837, 16°. 2 Bde.

Seul, P. J.: Gymnastische Übungen und Spiele geordnet für höhere Schulen. Neue Ausg. Koblenz 1837. 130 S.

——— gymnast. Uebungen, Spiele u. Lieder, geord. f. höh. Schulen. Neue, verm. Ausg. 32. (156 Seit.) Coblenz 837, Hölscher.

Seulen, Dr., üb. d. Ursachen u. Wirkungen des Zurückbleibens d. Nachgeburt. gr. 8. Frkf. a. M. 825. Varrentrapp. 8 gl

Seulen, F., Schul-Vorschriften. 1—4. Hft. 2. Aufl. qu. schmal gr. 8. (à 25 lith. Bl.) Aachen 878—80. Barth. à n. — 30

Seulen, F., Schul-Vorschriften. 4 Hefte. 2. Aufl. qu. schmal gr. 8. (à Heft 25 lithogr. Bl.) Aachen 878—881, Barth. à Heft * 30 Pf. * 1 20
Die 1. Aufl. erschien im Selbstverlag.

Seulen, F., Schreibvorlagen. 1., 2. u. 4. Heft. qu. 16. Aachen, G. Schmidt. à n.n. — 35
1. 11. Aufl. (26 Bl.) 905. — 2. 14. Aufl. (25 Bl.) (905.) — 4. 12. Aufl. (25 Bl.) 901.

Seulen, Franz: Verfassungsänderungen nach preußischem und Reichsrecht. Krefeld 1902: W. Greven. (67 S.) 8°
Rostock, Jur. Diss. v. [10. Okt.] 1902

Seulen, Henr. Franc. (geb. Vorst im Rheinl. 30. 9. 1837): De lithiasi et lithotripsia. Berolini (1860). (32 S.) 8°
Berlin, Med. Diss. v. 6. Aug. 1860

Seulenbuch, od. Architectur. Fol. Nürnb.

Seume, Cholera-Merkbüchlein für Jedermann. Prakt. Winke zur Erkennung, Vorbeugung und Behandlung [Selbsthilfe] der Cholera. Nebst Anhang: Cholera-Apotheke und Anweisung zur Desinfection. Auf Grund umfassender Erfahrung in den Cholerajahren 1865 und 1866 gegeben. 8. (35 S.) Glauchau 884, Peschke. *

Seume, Herm., de sententiis consecutivis graecis. Dissertatio inauguralis. gr. 8. (66 S.) Göttingen 883, (Peppmüller.) *

Seume, J. H., Gewissensüberzeugung von d. göttl. Autorität d. heil. Schrift. 8. Nürnb. Gepner. 735.

— Lexikon, od. deutl. Anweis. zur deutschen Orthographie. 8. Frankf. 733.

Seume, Johann Gottfried

Seume, J. G., s.: Hempel's Klassiker-Bibliothek.

— Abschied u. Vermächtniß; nebst e. biograph. Skizze von demselben, v. W. L. (Lohmann). 8. Goslar 812. Lohmann. (Andrä in Leipz.) 4 Gr.

— Apokryphen, s. unten: Spatziergang rc., 3r Thl.

Seume, J. G. über Bewaffnung.
Leipzig 1804. 124 S.

— üb. Bewaffnung. 8. Leipz. 804. Hartknoch. 14 Gr. Holl. P. 18 Gr.

— zwei Briefe üb. die Veränderumgen in Rußland seit der Thronbesteigung Pauls I. gr. 8. Leipz. 797. Göschen. 9 Gr.

Seume, Jh. Gf., u. J. Rud. Herm. Gittermann, 2 romant. Erzählungen, 8. Frankf. 802. Fr. Wilmans.

— u. Gittermanns, zwey romant. Erzählungen, s. Erzählungen.

Seume, J. G., Gedichte, s. Universal-Bibliothek Nr. 1431—1433.

— Gedichte. gr. 8. Riga 801. 2e A. 804. 3e A. 810. 4e verb. u. verm. Aufl. hrsgg. von C. A. H. Clodius. 814. Unveränd. Abdr. 822. Leipz., Hartknoch. 2 ₰ Mit d. Bildn. d. Verfass.

Seume, Johann Gottfr.
Gedichte. 4. Aufl. Leipz. 1815. H: *Clodius, Christian August Heinrich.* (GGr)

Seume, J. G., Gedichte, 4te Ausg. gr. 8. Leipz. Hartknoch. 815.
mit dem Bildniß.
— — Velinp.

Seume, Jh. Gttfr., Gedichte. 5. verm. Ausg. Mit 1 Stahlst. 16. Leipz. 843, Hartknoch. In Leinw. geb. m. Goldschn. 1¾ ₰

—— sämmtliche Gedichte. gr. 16. (252 S.)
Berlin: Hempel 1879. geb. * 1 50

— über Glückseligkeit u. Ehre; e. Gedicht. Mit e. Vorrede v. G. C. Großheim. 8. Cassel 816. ... (Soll zuerst in Warschau 1793 erschienen seyn.)

Seume's, J. G., Herzensergießungen, Lebensregeln rc., s. Triumph der Lebensweisheit.

Seume, J. G. Herzensergiessungen, Lebensregeln und Sittensprüche ... Leipzig 1811. H: *Michaelis, Christian Friedrich.* (MGT) (NN) »1820« (Ky)

Seume, J. G., Herzensergießungen, Lebensregeln, Kraft- u. Sinnsprüche f. Deutsche. 8. Leipz. Joachim. 814. Rthlr.

Seume, Johann Gottfried, s. Journal f. deutsche Frauen.

— Kampf gegen Morbona, bey d. Genesung niedergeschrie-ben. (a. d. Gedichten) gr. 8. Leipz. Bruder u. Hoffmann. 809.

— Kampf gegen Morbona, bei der Genesung niedergeschrieben. (Aus den Gedichten.) gr. 8. Leipz. 809. (Schönian in Elberfeld). 4 Gr.

Seume, J. G., Kampf gegen Morbona. Neue A. gr. 8. Elberfeld, Büschler. 817.

Ueber das Leben und den Karakter der Kaiserin von Russland Katharina II. Mit Freymüthigkeit un Unparteylichkeit (von *Johann Gottfr. Seume*) Altona (Leipzig, Göschen) 1797. 8°. (5 Mk. E. Frensdorff, 1905; 12 Mk., schönes Expl., Friedr. Meyer, Lpz., 1906.) (Im British Museum.)
Weller, fing. Druckorte; Planer & Reissmann, Seume. Lpz. 1898. S. 706; Anon.-Lex. IV. p. 202.

Vgl. Leben, ...

— Leben u. Gedichte. Speyer, Kolb. 12 Gr. Velinp. 20 Gr.

Seume, J. G., mein Leben, s.: Bibliothek d. Gesamt-Litteratur d. In- u. Auslandes.

Seume, J. G., mein Leben, } s. Meyer's Volksbücher.

— dasselbe. s.: Universal-Bibliothek.

Seume, J. G., mein Leben, — mein Sommer, — Spaziergang nach Syrakus im J. 1802, s. National-Bibliothek sämmtlicher deutschen Classiker.

— Mein Leben. *Leipzig: Georg Joachim Göschen 1813. 285 S.* [2971a

— mein Leben. Als Anhang: Fortsetzung von Seume: Mein Leben, mitgetheilt v. C. A. H. Clodius. gr. 16. (106 S.) Berlin 879. Hempel. geb. n. — 80

[—] Mein Leben, von Johann Gottfried Seume. *Edited with an introduction and notes by* **J. Henry** Senger. *Boston, Mass.: Guin & Co.; The Athenaeum Press 1899. pp. VII. 136.*

Seume, J. G., Miltiades. Trspl. in 5 A. gr. 8. Leipz. 808. Hartknoch. 16 gr

— ein Nachlaß moral.-religiösen Inhalts. 8. Leipz. 811. Göschen. Schrbp. 1 ₰ 4 gr (A. u. d. T.: kurzes Pflichten- u. Sittenbuch f. Landleute 2c.)

Seume, J. G. Einige Nachrichten über die Vorfälle in Polen im Jahre 1794. Leipzig 1796. 8°.

— Nachrr. über die Vorfälle in Polen 1794, nebst e. Anh. von Gedichten. 8. Leipz. 796. (Cnobloch). 18 gr

— Nachr. üb. die Vorfälle in Pohlen 1794, u. ein. Anh. von Gedichten. 8. Leipz. Martini. 796.

— Obolen, enthalt. Rhapsodien, Anekdoten, Gedichte 2c. 2 Thle. 8. Leipz. 796—98. (Cnobloch). 1 ₰ 5 gr

— Obolen, enthalt. Rhapsodien, Anekdoten, Gedichte 2c. 2 Thle. 8. Leipzig, Martini. 796–798. (1. 15 gr. II. 14 gr.)

– s. Percival, Beschreib. d. Vorgebirgs d. guten Hoffnung.

— Prüfung u. Bestimmung junger Leute zum Militär. 8. Warschau 793.

— u. Münchhausen, Rückerinnerungen, enth. Gedichte. 8. Frankf. Varrentrapp u. W. 797.

— u. Münchhausen, Rückerinnerungen. Neue Ausgabe. 16. Frankf. 823, Varrentrapp.

— gesammelte Schriften; hrsgg. v. J. P. Zimmermann. 5 Bde. gr. 8. Wiesb. 822—25. Schellenberg

— gesammelte Schriften, herausgeg. v. J. P. Zimmermann. 5 Bde. gr. 8 Wiesbaden 823—25, Schellenberg.

— mein Sommer 1805, s.: Meyer's Volksbücher.

— mein Sommer 1806. gr. 8. Hamb. (Leipz.) 807. 2e A. 815. Steinacker. 1 ₰ 12 gr

— mein Sommer 1805. gr. 8. Leipz. Steinacker. 815.

Seume, Joh. Gfried., († d. 13. Juni 1810), mein Sommer im J. 1805. 16. (293 S.) Leipzig 851, Hartknoch. n. 1 ₰; in Engl. Einband mit Goldschn. n. 1⅓ ₰

—— mein Sommer 1805. gr. 16. (160 S.) Berlin 879, Hempel. geb. * 1 —

—— Spaziergang nach Syrakus, s. Bibliothek der deutschen Nationalliteratur. — Universal-Bibliothek.
Vgl.: Buchner, W.

— Spaziergang nach Syrakus im J. 1802. gr. 8. Braunschw. u. Leipz. 803. 2e verb. Ausg. 805. 3e Aufl. in 3 Theilen. (3r Thl. A. u. d. T.: Apokryphen, enthalt. Anmerkk. u. Zusätze zur Charakteristik des Verfassers u. dessen literar. Nachlaß.) gr. 8. Leipz. 811. Hartknoch. 3 ₰ Velinp. 5 ₰ 12 gr 4e neu durchgeseh. Ausg., mit Anmerkk. von Clodius. 1r u. 2r Thl. Mit 1 Kpf. gr. 8. Ebd. 817. 2 ₰ 8 gr Ohne Kpf. 2 ₰ 3r Thl. A. u. d. T.: Apokryphen von J. G. Seume, nebst dessen übrigem literarisch. Nachlaß 2c. Neue verm. Aufl. gr. 8. Ebd. 820. 1 ₰ 8 gr

— Spaziergang nach Syrakus im J. 1802. 3te mit Anmerk. u. Zusätzen z. Charakteristik des Verf. u. mit dess. liter. Nachlaß verm. Aufl. 3 Thle. gr. 8. Leipz. Hartknoch. 811.
engl. Velinp.
Der 3te Thl. f. die Besitzer d. ältern Aufl. auch unt. d. besond. Titel:
Seume, J. G., Apokryphen nebst dessen übrigen liter. Nachlasse 2c.
geglätt. Velinp.

— Spaziergang nach Syrakus. 1r u. 2r Thl. 4te neu durchgesehene Ausgabe, mit Anmerk. 2c. von Clodius. gr. 8. Mit 1 Kupf. 8. Dresden, Hartknoch. 817.
Ohne Kupfer.
3r Theil auch unter dem Titel:
Apokryphen von J. G. Seume, nebst dessen übrigem literarischen Nachlaß 2c. Neue verm. Aufl. gr. 8. Leipzig, Hartknoch. 820.

Seume, Joh. Gottfr., Spaziergang nach Syrakus. 2 Thle. 16. (623 S. und 1 Stahlst.) Leipzig 851, Hartknoch. Thlr. *

—— Spaziergang nach Syrakus im J. 1802. 2 Thle. gr. 16. (166; 176 S.) geb. in 1 Bd. * 1 80
Berlin: Hempel 1879.

Seume, Johann Gottfried, s. Honorie Warren.

Seume, J. G., prosaische und poetische Werke. 10 Thle. gr. 16. Berlin 879, Hempel. geb. in 4 Bde. (* M 12.) * 7 50
Inhalt:
Thl. 1. Mein Leben, nebst der Fortsetzung von Clodius. (106 S.)
» 2. 3. Spaziergang nach Syrakus im J. 1802. (166; 176 S.)
» 4. Mein Sommer 1805. (160 S.)
» 5. Gedichte. (252 S.)
» 6. Das polnische Mädchen; Adelaide; Die Weinlese; Miltiades; Der Schatz. (168 S.)
» 7. Obolen; Apokryphen; Bruchstück einer Predigt; Die Impertinenzen. (263 S.)
» 8. Pflichten- und Sittenbuch für Landleute. (127 S.)
» 9. Vorfälle in Polen im J. 1794; Briefe über die Veränderungen in Rußland seit der Thronbesteigung Paul's I.; Ueber das Leben und den Charakter Katharina's II.; Anekdoten zur Charakterschilderung Suwarow's. (207 S.)
» 10. Belagerung, Eroberung und Zerstörung von Platää; Rede des Ybläsiers Patroklos in Athen; Arma veterum cum nostris comparata; Ueber Bewaffnung; Praefatio ad fasciculum observationum et conjecturarum in locos Plutarchi difficiliores nebst deutscher Uebersetzung; Vermischte kleinere Aufsätze; Prüfung und Bestimmung junger Leute zum Militär; Gedicht-Nachlese. (230 S.)

—— dass. — s. National-Bibliothek sämmtlicher deutschen Classiker.

Seume, (J. G.,) sämmtl. Werke. 12 Bde. (Neue Taschen-ausg.) Leipz. 826, Hartknoch. Prän.-Pr.

Seume's, Jh. Gfr., sämmtliche Werke. Herausg. u. mit einem Vorworte begleitet von Dr. Ad. Wagner. Einzig rechtmäßige Gesammt-Ausg. in Einem Bande. (2 Lfrgg.) Mit Bildniß d. Verf. u. fac simile. schm. gr. 4. Leipz. 835. Hartknoch. n. 4 ₰ — 2e Ausg. in Einem Bande. 3 Lfrgg. schmal gr. 4. Ebd. 837. Subscr.-Pr. 3 ₰

Seume, J. G., sämmtl. Werke. Hrsg. u. mit e. Vorw. begl. v. Adv. Wagner. In 1 Bde. 1. rechtmäß. Gesammt-Ausg. (2 Lfgn.) 835. * 4 Thlr., u. 2., rechtm. Ges.-A. (3 Lfgn.) Schmal gr. 4. (à 36¼ B., S's. Bildn. u. Facsim.) Leipzig 837, Hartknoch.

—— dass. 8 Bde. (od. 4 Lfgn.) 3. A. ... 4., rechtm. Ges.-Ausg. 16. (142¾ B.) Ebds. 839.

Seume's, Joh. Gfried., sämmtliche Werke. 4. Gesammtausg. in 8 Bdn. (oder 15 Lfgn.) gr. 16. (XII und 1665 S.) Leipzig 853, Hartknoch. Thlr. *

Seume's, J. G., sämmtliche Werke. 5. rechtmäßige Gesammt-ausg. in 8 Bdn. Mit dem Bildniß Seume's (in Stahlst.). Leipzig 853. Hartknoch. 16. (1. Bd.: 2 Bl., 357 S.; 2. Bd.: 2 Bl., 238 S.; 3. Bd.: 2 Bl., 263 S.; 4. Bd.: 3 Bl., 289 S.; 5. Bd.: 2 Bl., 244 S.; 6. Bd.: 2 Bl., 260 S.; 7. Bd.: VI, 362 S.; 8. Bd.: 2 Bl., 236 S.) n. 2 ₰. 20 ngr.

Seume's, J. G., sämmtliche Werke. 6., rechtmäß. Gesammtausg. in 8 Bdn. oder 16 Lfgn. 16. (XII und 2250 S. mit Portr. in Stahlst.) Leipzig 863, Hartknoch. à Lfg. * 4 Ngr. *

— dass. — Volks-(Titel-)Ausg. 8 Bde. in 16 Lfgn. 16. (XII und 2250 S. mit Portr. in Stahlst.) Ebendas. (863)68. à Lfg. 3 Ngr.

Seume, Th., das allgemeine Königl. Sächs. Berggesetz vom 16. Juni 1868, nebst Ausführungsverordnung vom 2. Decbr. 1868 und den hauptsächl., auf das Bergwesen bezügl. neueren Vorschriften. Zum Handgebrauche zusammengestellt und mit Sachregister versehen. 8. (III, 268 S.) Zwickau 883, Bär. cart. *

Seume, Th., das allgemeine sächsische Berggesetz vom 16. Juni 1868. 8. Zwickau 883. Leipzig, Feliz. cart. * 2 80

Seume secundus: Das Fahrrad und die Volksmoral, zugl. e. Vorschlag z. Einführung einer staatl. Fahrradsteuer. Eine Abendunterhaltung. Gr.-Lichterfelde: v. Piper [1899]. (45 S.) 8°

Seume secundus s. u. **Fahrrad, das, u. d. Volksmoral.**

Seumnich, üb. die **Verbindung** d. Churfürstenth. Hannov. m. England. 8. Hamburg, Nestler. 803.

— Vertheidigung wider die Bemerkk. eines ungenannten Hannoveraners; die vorherige Schrift betreffend. 8. Hamb. 803. Nestler u. M. 4 gr

Seunig, Frz., über Irrenanstalten, deren Begründung u. Einrichtung. Lex.-8. (3 B.) Wien 844, Kaulfuss Wwe., Prandel u. Comp. —

Seunig, Vinzenz: Der Gauriel-Dichter als Nachahmer Hartmanns von Aue. (Beiträge zu einer literarhistorischen Würdigung.) 20 S. 8. Progr. K. k. Staats-Gymn. *Triest* 1909.

SEUNIG, Vinzenz: Untersuchungen zum „Gauriel von Muntabel". — 1902. III, 138 Bl. Diss. Graz, Univ.

Seunik, : Die Vögel des Trebević. 11. Serajewo 88. Progr.

Seunik, J., u. Steph. R. Dellé, Daphne Blagayana Freier. [Aus: Wissenschaftl. Mittheilgn. aus Bosnien u. d. Hercegovina" 1. Bd.] Lex.-8. (5 S. m. 1 Abbildg.) Wien 893. (C. Gerold's Sohn.) n. — 40

SEIPEL, Melar(Rauten): Zur Casuistik der Trichterbrust.- München: Ernst 1887. 29 S. 20.12.1886 - Chr 1886/87,12; Jv 1886/87,189 (Prom.-Datum: 1887)
Diss. Ingolst.-Landsh.-Mchn.

Seupel, Johann Friedrich (Altenburg) A. S. 214/3

Disputatio juridica inauguralis, de jure domini in praedio serviente. Präs. Heinrich Bodinus. Halle (Krebs) XII. 1705. 23 S.

Gew.: Heinrich Hildebrand von Einsidel, Georg Doehler.
W. v.: Präs. 32471

Seure, E., prakt. Handbuch der Handels-Korrespondenz, s.: Rhode, F. L.

Seurich, Paul, über Schulgärten, s.: **Abhandlungen**, pädagogische. N. F. V. 7.

Seurig, G(eorg): Über sieben Fälle von ausgedehnter, autochthoner Aortenthrombose. München: Steinicke 1910. 23 S. 8° München, Med. Diss. v. 19. April 1910, Ref. v. Angerer
[Geb. 14. Sept. 81 Riesa; Wohnort: Freising; Staatsangeh.: Sachsen; Vorbildung: Kreuz-Gymn. Dresden Reife O. 00; Studium: Phil. Genf 1, Med. Kiel 1, Leipzig 4, Bern 2, München 4 S.; Coll. 19. April 10; Approb. 28. Febr. 10.] [U 10. 3588

Seuron, Anna, Graf Leo Tolstoi. Intimes aus seinem Leben. Hrsg. u. m. e. Einleitg. versehen v. Eug. Zabel. gr. 8. (VI, 172 S. m. Bildnis.) Berlin 895. S. Cronbach. n. 2. —

Seuse, Heinrich, s. Mystiker, Deutsche.

Seuse's, Heinr., Schriften, nach den ältesten Handschriften in jetziger Schriftsprache vollständig hrsg. von Fr. Heinr. Seuse Denifle. 1. Bd.: Deutsche Schriften. 1. Abthl.: Seuses Exemplar. 2 Hälften. 8. München, Literar. Institut von Dr. M. Huttler. [1. Hälfte. (IV, S. 1—224.) 876. * M 4.; 2. Hälfte. (S. 225—504.) 878. * M 5.] * 9 —

Seuse's, des sel. Heinr., Schriften. 1. Bd.: Deutsche Schriften. Hrsg. von Heinr. Seuse Denifle. 1. Abthl.: Seuse's Exemplar. III. 8. (XXX, S. 505—644.) Augsburg 880, [Literar. Institut von Dr. M. Huttler.] Haugg. *
1. und 2. Hälfte. Ebendas. 1876,78. * M 9.

— deutsche Schriften. Im Auftrag der württemberg. Kommission f. Landesgeschichte hrsg. v. Karl Bihlmeyer. (XVII, 163 u. 628 S.) gr. 8. Stuttgart 907. W. Kohlhammer. 15. —

Seuß, R. C., Übungen für das Vereins- und Massenturnen; ebenfalls: Vorläufige Bestimmungen für das 30. Bundesturnfest des Nordamerikanischen Turnerbundes Cincinnati, Ohio, 23.—27. 6. 1909, 44 S., Quer-4°.

Seustius, Gustav, s. Senstius, Gustav.

SEUTE, Dr. R., Alwin der Kühne, oder treue Liebe siegt. Romantische Darstellung. Leipzig 1830. 8°.
Wildmoser's (München) Leihbibl.-Cat. no. 13,153.

Seute, R., Alwin der Kühne, oder treue Liebe siegt. 8. Leipzig 830. (Berlin, Bade.) 3/4 ß

Seute, R., Alwin der Kühne, od.: treue Liebe siegt. Romant. Darstellung. 8. (10¼ B.) Leipzig 830, Glück.

Seutemann, Karl: Lindens Entwicklung und die Finanzverhältnisse der Stadtgemeinde in den Jahren 1885 bis 1907. Eine statist. Denkschrift. Auf Veranlass. d. Magistr. d. Stadt Linden unter Mitw. d. Bürgermeisters [Hermann] Lodemann bearb. Linden: Oppermann & Niehus 1907. 85 S. 4° [Umschlagt.]

Das bebaute und unbebaute private Grundeigentum in Dresden und die Berufs- und Einkommensverhältnisse der Eigentümer. Nach einer auf d. J. 1901 bezügl. statist. Untersuchung. (Im direkt. Auftr. bearb. von Dr. Karl **Seutemann**.) *Dresden: v. Zahn & Jaensch 1901.* (31 S.) 4°(8°) [J.]
— **Mitteilungen** d. Statistischen Amtes d. Stadt Dresden. H. 14.

Seutemann, Karl [Dr.]: Kindersterblichkeit sozialer Bevölkerungsgruppen insbes. im preuss. Staate u. seinen Provinzen. (= Beiträge z. Geschichte d. Bevölkerg in Deutschland seit d. Anfange dieses Jhs hrsg. v. Frdr. Jul. Neumann, Bd V.) Tübingen, H. Laupp, 1894; VI S., 1 Bl., 167 S., 14 Tab. 8.
Tübingen, Staatswiss. Fak., Inaug.-Diss. v. 1894

Seutemann, Karl, Kindersterblichkeit sozialer Bevölkerungsgruppen, insbesondere im preussischen Staate u. seinen Provinzen, s. u. Beiträge zur Geschichte der Bevölkerung in Deutschland.

Seutemann, Karl, die Preise in der Städtestatistik, s.: Festgaben f. Friedrich Julius Neumann.

Die deutsche Städtestatistik am Beginne des Jahres 1903 dargest. nach d. Veröffentlichungen d. Statist. Aemter deutscher Städte. Beitrag d. Statist. Amtes d. Stadt Dresden f. d. Deutsche Städteausstellung in Dresden 1903. (Verf.: K[arl] **Seutemann**.) *Tübingen: H. Laupp 1903.* (VII, 122 S.) 8°
— **Archiv**, Allgemeines statistisches. Bd 6. Erg.H.

Die Deutsche Wohnungsstatistik, ihr gegenwärtiger Stand u. ihre Bedeutung f. d. Wohnungsreform. Von Dr. Karl **Seutemann**. *Göttingen: Vandenhoeck & Ruprecht 1902.* (52 S.) 8° [J.]
— **Wohnungsfrage**, Die, u. das Reich. H. 6.

Seuthe, G., Hülfsbuch f. Gebäudetaxation zu Feuerversicherungs-Zwecken. Jahrg. 1893. qu. 12. (356 S.) Jena, G. Fischer. Geb. in Leinw. n. 2. 40

— dasselbe. (Jahrg. 1894/95.) qu. 8. (354 S.) Ebd. Geb. in Leinw. n. 2. 40

Seutin, Baron, der abnehmbare unveränderliche Verband, oder vollständige Darstellung der Anwendung des Pappverbandes bei der Behandlung der einfachen od. complicirten Fracturen, der Luxationen und Verdrehungen, der Amputationen etc. Mit 110 in den Text eingedr. Abbildgn. (in Holzschn.) Aus dem Französ. v. C. G. Burger. Lex. 8. (235 S.) Stuttgart 851, Rieger. 1 ₰

Seutter, Albrecht Karl

Seutter, Albr. Karl, Germania seraphico-observans seu provinciae fratrum minorum strictioris observantiae, in Germania sitae, ... Aug. Vind., o. J. Fol. Kupf. u. kol. (D.)

Plan der Bataille, so den 26. July anno 1757 (bey Hastenbeck) zwischen der Französischen Armee, unter dem Commando des Herrn Feld-Marschalls d'Etrées und der Hanöverisch Alliirten von dem Herrn Herzog von Cumberland commandirten Armee zu Faveur der Ersten ausgefallen ist, herausgegeben von Albrecht Carl Seutter, Kayserl. Geographo in Augsburg. O. M. 1 Bl.

Seutter, A. C. Circuli Misnici praefecturae quattuor cum Nossensi, Oschazensi et Wurcena geographica et topographica accuratione plenissime descriptae. Augsburg 1760. 1 Bl. c. K. v.

Seutter (von Lötzen), Albrecht Ludwig von

Seutter. A. L. v. (Vice-Präs. u. Finanz-Director d. k. b. Regierung des Rheinkreises etc.), die *Besteuerung der Völker*, rechts- u. geldwissenschaftlich untersucht. Speyer 1828. Gedr. b. Jos. Frdr. Kranzbühler sen. 8°. Ppb.*)
1 Bll., IV—254 S. (253 ist Druckf.). IV S. Nachrede. 1 Bl. Err.

Seutter, Albr. Ludw. v., die Besteuerung d. Völker. Rechts- u. geldwissenschaftl. untersucht. gr. 8. (17 B.) Speyer 828. (Heidelberg, A. Oswald.)

Seutter, Albrecht Ludwig von, s. Besteuerung, Über, in Würtemberg.

Seutter, A. L. v., Darstellung d. Grundprincipien d. mögl. Hauptlandwirthschaftssysteme.. gr. 8. Lübeck, Bohn. (Niemann u. N.) 800..

Seutter, A. L. von, Darstellung d. Grundprincipien d. möglichen Hauptlandwirthschaftssysteme, d. Bedingungen ihrer Anwendung u. des Erfolgs derselben in d. Ackereintheil. Ackerbenutzung 2c. Ein Beitrag z. richtigen Beurtheilung v. Thaer's Schrift: üb. die engl. Landwirthschaft. N. Ausgabe. gr. 8. Leipz. Hinrichs. 813.

—— die Forst-Polizei-Straf-Gesetzgebung wissenschaftl. begründet, mit d. Kritik üb. den von d. Kgl. Bayer. Staats-Regierung an d. Reichs-Stände übergeb. Entwurf e. Forst-Straf-Gesetzes f. d. Bayer. Rheinkreis. gr. 8. (10½ B.) Mannheim 831, Schwan u. Götz.

SEUTTER, Albrecht Ludwig v.: Die Forst-Polizei-Straf-Gesetzgebung wissenschaftlich begründet, mit der Kritik über den von der Kgl. Baierischen Staats-Regierung an die Reichs-Stände übergebenen Entwurf eines Forst-Straf-Gesetzes für den Baierischen Rhein-Kreis. - Mannheim 1831. 158 S.

Seutter von Lötzen, Albrecht Ludwig von: „Ueber die allgemeine Getraide-Theuerung im Jahre 1816. Eine staats- und nationalökonomische Abhandlung", Regensburg 1817 (Montag & W.). — Vorh.: Preuß. Staatsbibl. Berlin.

von Seutter von Lötzen, Albrecht Ludwig: „Versuch einer Darstellung der höheren Landwirthschaftswissenschaft für Kameralisten, Oekonomen und Oekonomieverwalter", Lübeck 1801 (Bohn). Mit neuem Titel Leipzig 1813 (Hinrichs).

Seutter Eduard: Über das Additionsprodukt von Papaverin und Orthonitrobenzylchlorid.
S. 97. IIb. 848 . . . . sgr.
Separatabdruck

Seutter, Eduard: Über das Additionsprodukt von Papaverin mit Phenacylbromid.
Separatabdruck aus: Sitzungsber. d. Kais. Akad. d. Wissensch. in Wien. Bd. 97. IIb. S. 899.

Seutter G, Festschr. z. 50j. Gründungsfeier d. Techn. Vereins Augsburg 1895. (23 S) Augsburg 1895

Seutter (von Lötzen), Johann Georg von

SEUTTER, Johann Georg v.: Abriß der gegenwärtigen Forst-Verfassung Württembergs nebst Darlegung einiger bis jetzt für die Administration erhaltenen Resultate. - Stuttgart 1820. 65 S.

SEUTTER, Johann Georg Frhr. v.: Anleitung zur Anlage und Behandlung der Saam- und Baumschulen. - Ulm 1807. VIII, 127 S.

v. Seutter v. Lötzen, Ritter Jh. Geo., zur Anlage u. Behandl. der Samen-Baumschulen. 4. Ulm 807. Beck. (J. Ebner). 14 gr.

— Anleit. z. Anlage u. Behandl. d. Samen- u. Baumschulen. 4. Ulm, 1809. (Ebner.) — 17½

SEUTTER, Johann Georg Frhr. v.: Bemerkungen über den Vortrag des Herrn Vice-Präsidenten Zahn, die Forstorganisation betreffend. - Stuttgart 1820. 81 S.

SEUTTER, Johann Georg Frhr. v.: Ueber den Bestand und die Behauptung des Forst-Regales. - Heidelberg, Leipzig 1824. 96 S.

Seutter von Lötzen, Johann Georg Ritter von: „Ueber den Bestand und die Behauptung des Forst-Regals", Heidelberg 1824 (Groos).

— Dienst-Instruktionen f. das kön. Baier. Forstpersonale. Mit Tabellen. Fol. Ulm 807. Ebner. 7 ₰

SEUTTER, Johann Georg v.: Über die Einführung der Hack-Wald-Wirthschaft in einigen Gegenden des Königreichs Württemberg mit besonderer Beziehung auf die Abhandlung: Prüfung der Cottaischen Baumfeldwirthschaft nach Theorie und Erfahrung von J. Chr. Hundeshagen. Tübingen 1820. - Stuttgart 1820. VIII, 43 S.

SEUTTER, Johann Georg v.: Entwurf der Grundsätze, nach welchen der Bestand sämmtlicher Waldungen der Reichs-Stadt Ulmischer Herrschaft aufgenommen und ihre jährliche Benutzung regulirt werden kann. - Ulm 1797. 36 S., 2 Tab.

— Entwurf der Grundsätze üb. den Bestand u. jährl. Benutzung sämmtl. Ulmischer Waldungen. gr. 8. Ulm 797. Stettin. 8 gr.

Seutter J. G. v.: Forstbotanik od. Beschreibung aller im Freyen d. deutschen Klimas vegetirenden Holzpflanzen. ... Ulm 1810. 552 S.
(=: Vollständiges Handbuch d. Forstwirthschaft. Th. 1. Bd. 2).

— Ulmische Forstordnung, nebst Instruction f. die Jäger u. Holzwärter. Fol. Ebend. 803.
Vgl. Forstordnung, ...

Seutter, Johann Georg von, s. Getreidehandel: Über den, im nördl. u. südl. Deutschland.

SEUTTER, Johann Georg v.: Grundsätze der Werths-Bestimmung der Waldungen und ihre Anwendung zu Würdigung des Werthes der Forstwirthschaft eines Staates. - Ulm 1814. 219 S.

von Seutter von Lötzen, Ritter Johann Georg: „Grundsätze der Werthbestimmung der Waldungen und ihre Anwendung zur Würdigung des Werths der Forstwirthschaft eines Staats", Ulm 1814 (Stettin).

SEUTTER, Johann Georg Frhr. v.: Vollständiges Handbuch der Forstwissenschaft. - Ulm 1808 u. 1810. 2 Tl. - Tl. 1: Allgemeine Ansicht der Forstwirthschaft und Regeln der Holzzucht und Holzverwerthung. 764 S. - Tl. 2: Forstbotanik oder Beschreibung aller im Freyen des deutschen Klimas vegetirenden Holzpflanzen. 552 S., 1 Tab.

von Seutter von Lötzen, Ritter Johann Georg: „Vollständiges Handbuch der Forstwissenschaft", 1. Teil (auch u. d. T.: „Allgemeine Ansicht der Forstwissenschaft, Holzzucht und Holzverwerthung"), Ulm 1808 (Stettin); 2. Teil (auch u. d. T.: „Forstbotanik, oder Beschreibung aller im Freien des deutschen Klimas vegetirenden Holzpflanzen . . . ."), ebenda 1810.

Seutter von Lötzen, Ritter Johann Georg von: „Ueber das bisherige Sinken der Getreidepreise und die Mittel, demselbigen entgegenzuwirken; vorzüglich in Beziehung auf Deutschland", Ulm 1825 (Stettin).

Seutter v. Lötzen, Ritter Jh. Geo. v. Die Staatswirthschaft auf der Grundlage der Nationalökonomie, in ihrer Anwendung auf innere Staatsverwaltung und die Begründung eines gerechten Auflage-Systems. 3 Bde. gr. 8°. Ulm, Stettin, 1823.

— die Staatswirthschaft auf der Grundlage der National-Oekonomie, in ihrer Anwendung auf innere Staatsverwaltung, u. die Begründung eines gerechten Auflage-Systems. 3 Bde. gr. 8. Ulm 823, Stettin.

— Tariff zur Preisbestimmung der Bau- u. Werkholzstämme. Mit 1 Kpf. gr. Fol. Ulm 806. Becker. (Ebner). 3 ß 20 ℛ

Seuter v, über die gegenwärtige Teuerung der Brotfrüchte und anderer Lebensmittel, ihre Ursachen und die Mittel zu ihrer Verhütung. Ulm 1817

— s. Theuerung, Üb. die gegenwärtige, der Brodfrüchte.

— Theorie der Erzeugung u. Verwendung des Düngers u. seiner Surrogate. 8. Ulm 819. Ebner. 12 ℛ

SEUTTER, Johann Georg Frhr. v.: Versuch einer Darstellung der allgemeinen Grundsätze der Forstwirthschaft nach ihren Verhältnissen zu der Staats-, Cammeral- und Landwirthschaft nebst einigen Bemerkungen über die Folgen der Veräusserung der Staats- und Vertheilung der Gemeindswaldungen. - Ulm 1804. XXIV, 570 S.

— Versuch e. Darstell. der allgem. Grundsätze der Forstwissenschaft. 8. Ulm 804. Becker. (J. Ebner). 1 ß 20 ℛ

SEUTTER, Johann Georg Frhr. v.: Über die Verwaltung von Staats-Domänen sowie der Domanialgefälle und Rechte. - Ulm 1825. Stettin. XII, 183 S.

SEUTTER, Johann Georg Frhr. v.: Über Wachsthum, Bewirthschaftung und Behandlung der Buchwaldungen. - Ulm 1799. 143 S.

— üb. Wachsthum, Bewirthschaftung u. Behandlung der Buchwaldungen ꝛc. gr. 8. Ulm 799. Stettin. 9 ℛ

Seutter, Johann Matthaeus (Ulm) A. S. 215/14

Disputatio inauguralis iuridica de testamento analphabeti.
Altdorf (Kohles) XII. 1710. 24 S. 32477

Seutter, Carl A., der Mixologist. Illustriertes intern. Getränke-Buch. (103 S. m. Abbildgn.) 8. Leipzig 909. P. M. Blüher. nn 2.—; geb. 3.—

Seutter, Matthäus

Moguntinus — Archiepiscopatus et Electoratus — ut et Comitatus Uterque Catimelibocens etc. accuratissime delineatae per Mattheum Seutter. Aug. Vind. 1728?
1 : 350,000. 1 Bl.

Seutter, Math., Martis arca et alon per tractum Rheni, Mosellae ac Mosae . . . designata caelo et studio M. Seutteri. Augusta [Vind.] o. J. [1730?] Fol. Kupf. u. kol. (Br. Mus.; D.)

Seutterus, Matthaeus („Sac. Cæs. Maj. Geogr."), *Atlas Minor*, præcipua Orbis Terrarum imperia, regna et provincias, Germaniæ potissimum, tabellis LXV (*nicht* LXVI) exacte delineatis sistens, usui militiæ ducum ac peregrinantium maxime accommodatus. Aug. Vindel., s. a. (c. 1730). Qu.-Fol. Orig.-Ldrb. m. Lederriemen-Verschluss u. Titel in Schwarzpressung auf der Vorderdecke.

Frontisp. (zieml. ungeschickt color.), 15 unpag. Bll. (à 2 Col.) „Einleitung zu dem so anmuthig- als nutzlichen Studio der Geographie", 1 Bl. Register über die 65 Nrn. (letzte das „Heilige Land"). Die gestoch. Titel u. Erklärungen der einzelnen Karten in meist reich ornament. u. figurirten Umrahmungen.

Seutter, M. Circulus Bavariae in suas quasque ditiones tam cum finitimis, quam insertis regionibus accuratissime divisus. Augsburg. 1 Bl. c. K. v.

Seutter, Math., Saxoniae Inferioris Circulus, juxta principatus et status suos, accurate delineatus, cura et stilo M. Seutteri. [Augsburg 1730?] . . . . (Br. Mus.)

Seutter, Math., Saxoniae Superioris Circulus, ob oculos sistens Ducatum et Electoratum Saxoniae, Marchionatum Misniae, Landgraviatum Thuringiae . . . accurate delineatus. [Augsburg 1725?] . . . . (Br. Mus.)

Seutter, Math., Circulus Suevicus, in quo Ducatus Wirtenbergensis cum reliquis Statibus et Provinciis . . . proponitur. [Augsburg 1725?] . . . . (Br. Mus.)

Seutter, Math., Circulus Westphalicus in suas provincias et ditiones accurate distinctus . . . cura et caelo M. Seutteri. Aug. Vindel. [1730?] . . . . (Br. Mus.)

Seutter, Matt. (Hrsg.), s. Cölln am Rhein ...

Seutter, Math. Insula Corsica. Augsburg. 1 Bl. c. K. v.

—— Cursus Rheni supra Argentoratum et regiones adjacentes. [Augsburg 1740?]

Regionis Ludovicianae vel Gallice Louisianae ol. Canadae et Floridae — Accurata delineatio celeberrima in Septentrionali America descriptae quae hodie nomine fluminis Mississippi vel St. Louis per colonias et navigationes Gallorum ob immensas opes et adfluentiam magis magisque inclarescit ex fide dignis: Itinerariis consignata et in lucem edita cura et manu Matthaei Seutteri, Chalcog. Augustan. Aug. Vindelicorum 1732?
1 : 12,000,000. 1 Bl.

Seutter, M. Accuratissima delineatio geographica dioecesis ac praefecturae Dresdensis. 1 Bl. c. K. v.

Maris Caspii — Nova et accuratissima — hactenus maximam partem nobis non satis cogniti ac Regionum adjacentium Delineat. jussu Invictissimi Principis Petri Alexii Filii Magnum Russorum Imper. ingenti labore et max. sumptibus perfecta, et ex Autograph. in lucem edita per Matth. Seutter August. Vindel. im Verlag bey Joh. Mich. Probst 1771. 1: 2,000,000. 1 Bl.

Deserta Syriae Aegypti, Thebaidis, Arabiae etc. ubi accurate notata sunt loca inhabitata per Sanctos Patres Anachoretas, exhibita a Matth. Seutter. Gottfrid Rogg. del. S. Histor. Karten, Alt. Geographie v. Egypten. 1 : 4,000,000.
1 Bl.

Seutter, M. Electoratus sive Marchia Brandenburgensis. Augsburg 1 Bl. c. K. v.

Seutter, M. Topographischer Entwurf der Königlich Grossbritannischen Vestung und Universitäts-Statt Göttingen mit den umliegenden Feldern, Bergen und Gegenden. Augsburg. 1 Bl. c. K. v.

Seutter, M. Flaggen aller Seefahrenden Potenzen und Nationen. Augsburg (c. 1750). 4°.

—— Math., Germania Augustiniana, exhibens provincias ord. Fr. Fr. Eremit. S. Augustini una cum monasteriis et residentiis ad assistentiam generalem utriusque Germaniae, Bohemiae, . . . pertinentibus. N. A. H. auct. M. Seutter sc. Augustae Vindel. [1740?] . . . . (Br. Mus.; D.)

Seutter, Math., Historia Imperii Romano-Germanici, nec non finitimarum regionum in mappa exhibita, . . . [Mit] Erklärung deren Figuren, so sich in der Historischen Land-Charten von Teutschland, und deren angraenzenden Ländern befinden. Aug. Vindel. [1746?] . . . . (Br. Mus.)

Ichnographia munitissimae Arcis Otzakoff quae Ao. 1737 die 3. July auspiciis supremi Campi Mareschalli Comitis de Münnich ab exercitu Russorum vi occupata. Aeri incisa et excusa à Matth. Seuttero. Aug. Vindelicor.
1 : 14,000. 1 Bl.

Icon. Synoptica Sac. Rom. Imp. Electorum Ducum Principum. Matth. Seutter fecit aqua forti. Joh. Seutter del. Aug. Vind. 1728? Ohne Maasstab. 1 Bl.

Seutter, Matth. Imperium Romano-Germanicum in suos circulos, electoratus et status divisum. Augsburg. 1 Bl. c. K. v.

Maynz eine sehr alte und anjezo veste Haupt- und Residenz-Statt des Ertz-Bischoffs und Churfürsten gleiches Nahmens herausgegeben von Matth. Seutter, Kayserl. May. Geogr. in Augspurg. 1728? Ohne M. 1 Bl.

Rhenani — Mappa circuli — superioris in quo oculis sistuntur Landgr. Hasso-Cassel, Darmstadiens: etc. cura et stilo Matthaeo Seutter. 1: 1,225,000. 1 Bl.

—— Mappa Circuli Rhenani Superioris, in quo oculis sistuntur Landgraviatus Hasso-Cassellanus, Darmstadiensis, Rhenofeldensis, Abbatia Fuldensis, Principatus Waldeckensis ... Aug. Vind. [1730?] . . . . (Br. Mus.)

Seutter, Math., Mappa geographica indicans quibus in locis per totam Germaniam bello tricennali Rex Sueciae Gustavus Adolphus, ejusque Confoderati felicia ut plurimum proelia comiserint, quas urbes tenuerint et a. 1648 amore pacis vi tractatuum Westphalicorum restituere promiserint. Augustae Vindel[icorum 1710?] (Br. Mus.; D.)

Misniae — Marchionatus — primaria Elector. Saxoniae provincia, in Circulos suos subdivisus etc. Matth. Seutter. August. Vindel. 1: 430,000. 1 Bl.

Seuter, Math., philosophiae universae origines et successiones ad praesens seculum. fol. maj. 753.

Seutter, Matthäus, in Augspurg, Ein Orlog- oder grosses Kriegs-Schiff nach seinen vornehmsten Theilen und Zugehörungen von aussen und innen accurat abgezeichnet.

—— Palatinatus Inferior, sive Electoratus Palatinus ad Rhenum, cum adjacentibus Archi-Episcopatu Moguntino Episcopat. Spirensi et Wormatiensi ... [Augsburg 1725?] . . . . (Br. Mus.; D.)

Seutter, M. Poloniae regnum et Magni Ducatus Lithuaniae delineatio. Augsburg. 1 Bl. c. K. v.

Seutter, M., Rhenus per tres tabellas delineatus cum finitimis fortificatis urbibus, arcibus in forma et aliis Territoriis ad Rhenum adjacentibus... [Augsburg 1735?] 3 Bll.

Pontificum Romanorum series Chronologica. Augsburg verfertigt und verlegts Matth. Seutter. Joh Seutter delin. Ohne M. 1 Bl.

Stadt-Zeiger — curioser — zu denen vornehmsten Städten in Teutschland, auch einige der berühmtesten Städten in Europa, wie weit solche von einander entlegen. Excusa per Mattheum Seutter, Chalc. August Vind. 1731? 1 Bl.

Stamm-Baum — Dem Durchlauchtigsten Churfürsten und Herrn Maximilian Emanuel etc. Seinem gnädigsten Churfürsten und Herrn übergiebt in tiefster Submission Diesen neu inventirt und mit eigener Hand in Kupfer gestochenen Chur- und Hoch Fürstl. Bayerischen — Als unterthänigster Mattheus Seutter, Kupferstecher in Augsburg. Gottfried Rogg delineavit. Matth. Seutter invent. et sculps. 1 Bl.

Stamm-Baum — Neu Inventirt. Genealogischer — der Griechisch. Kayser, welche theils zu Constantinopel, theils zu Trapezunt residiret. Desgleichen ein Stammbaum der Türkischen Kayser etc. Ins Kupfer gebracht und verlegt von Matth. Seutter in Augsburg. 1 Bl.

Neu Inventierter Stamm Baum aller Könige in Dänemark von Anfang dieses Reichs bis auf heut zu Tag glücklichst regierende Königliche Majestät Fridericum IV. Verfertigt u. hrgg. v. Matth. **Seutter**, Kupferst. in Augssburg. o. J. (nach 1706 und vor 1730). Kupferst. kolor. 1 Bl. Fol. 60/54 cm.

Seutter, Matthäus: Stammbaum etc. des Fürsten und Herrn Herrn Carl des VII. erwählten Römischen Kaiser etc. 1740? 1 Bl.

Würtenbergischer Stammbaum — Hochfürstlich — Matthaeus Seutter. Augsburg. 1 Bl.

Seutter, Matthäus: Gli Stati del sommo pontefice, chiamati il patrimonio di S^to^. Pietro. Augsburg. 1 Bl. c. K. v.

— Synopsis Circuli Rhenani Inferioris, sive Electorum Rheni, exhibens Archi-Episcopatum Moguntinum, Coloniensem, Trevirensem, et Palatinatum Rheni ... ob oculos posita. Aug. Vind. [1730?] . . . . (Br. Mus.)

Seutter, Matthäus: Novissima tabella magni ducatus Hetruriae. Augsburg. 1 Bl. c. K. v.

Mediolanensis et Mantuanus, item Ditio Veneta — Tabula Geographica in qua integri Ducatus — etc. Matth. Seutter etc. 1: 820,000. 1 Bl.

Seütter, Mattheus. [Theaterfigurinen.] [Augsburg,] Jeremias Wolff excudit [um 1730] 4 Taf. in Kupferst. 4°.

Seutter. Theatrum belli per Italiam ao 1734. 3 f.

Ertz-Hauses Oesterreich — Vorstellung des von vielen Seculis her in den höchsten Dignit. der Welt Preiswürdigst Florierenden Stamm-Baums des Allerdurchlauchtigsten — von Seinem Uhralten Ursprung bis auf gegenwärtige Zeiten etc. v. Matth. Seutter, Kupferstecher in Augsburg. 1 Bl.

[Russ.] [Taras Grigor'evič] **Ševčenko. Marija.** Berlin: G. Štejnic (1904). (36 S.) 8°
[Auf d. Umschl.:] Schewtschenko. Marie.
(Sobranie lučšich russkich proizvedenij. Č. 95.) [illegible]

Ševčik, Frz., das Dezimalrechnen gründlich und leichtfaßlich erklärt mit besonderer Berücksichtigung aller dabei möglichen Abkürzungen und Vortheile, als auch Anwendung desselben auf die neue österreichische Münzwährung, versehen mit einer reichen Auswahl von Uebungs- und praktischen Beispielen für den Selbstunterricht als auch zum Gebrauche in Schulen. Wien 858. Wallishausser. gr. 8. (VIII, 103 S.) n. 14 ngr.

Sève, M. Denkwürdigkeiten eines Militärgeistlichen. Erzählungen aus dem Garnisons-, Kriegs- und Hospitalleben. A. d. Franz. von F. A. Baumgart. 3 Thle. (486) 8. Regensburg 1855. 3,75.

Sève, M., Erinnerungen eines Militairgeistlichen. Aus dem Französ. übers. von F. A. Baumgart. 3 Thle. (Die Garnison. — Das Schlachtfeld. — Das Hospital.) 8. (486 S.) Regensburg 855, Manz.

Seve, M., Denkwürdigkeiten eines Militärgeistlichen. Erzählungen aus dem Garnisons-, Kriegs- und Hospitalleben. Aus dem Französ. übers. von F. A. Baumgart. 3 Thle. 2. (Titel-) Ausg. 8. (486 S.) Regensburg (855)65, Manz.

Sevé, P., ein Körbchen mit Lesefrüchten für alle Jahres- und Kirchen-Zeiten zur Zerstreuung, auch zur Sammlung. gr. 16. (XVI und 127 S.) Krems 851. (Leipzig, Steinacker.)

Sevegnani, Dr. — Die neue Mineral-Schwimm- und Badeanstalt zu Baden nächst Wien. Zur Erinnerung für die Besucher derselben und zur weiteren Bekanntmachung dieser Anstalt im In- und Auslande wahrheitsgetreu geschildert von — —. Zweite, mit vielen Zusätzen und Krankheitsgeschichten vermehrte Auflage. Mit 2 Ansichten. 8. (32 S.) Wien. Gedruckt bei Karl Ueberreuter. 1853.

Sevel, Friedrich Christian (Kopenhagen) A. S. 138/6

Dissertatio iuridica inauguralis sistens notitiam iuris feudalis Dano Norvegici.
Präs. Christian Gottlieb Buder.
Jena (Schill) 23. X. 1745. 47 S.

Gew.: Johann Ludwig von Holstein.
W. v.: Präs., I. C. Wyse. 32478

Seven, vermischte franz. Aufsätze, m. Noten. 8. Hannov. Hahn. 717.

Seveneick, Joan. Bern.: De amaurosi. Berolini (1817). (27 S.) 8°
Berlin. Med. Diss. v. 8. Nov. 1817

Sevenig, Josef

Sevenig, Jos., Johann Beck, s.: Heidelmann's, A., Theaterbibliothek.

Sevenig, Joseph: B e r i c h t über Leben und Wirken des Luxemburger Gesellen-Vereins sowie des von den Gesellen patronierten Lehrlings-Vereins. 34. Vereinsjahr. Von Juli 1897 bis Juli 1898. Luxemburg: St. Paul.-Druck [1898]. – 16 S. 8°

Sevenig, Joseph: B e r i c h t über Leben und Wirken des Luxemburger Gesellen-Vereins sowie des von den Gesellen patronierten Lehrlings-Vereins. 35. Vereinsjahr. Von Juli 1898 bis Juli 1899. Luxemburg: St. Paul.-Druck [1899]. – 16 S. 8°

Sevenig, Joseph: B e r i c h t über Leben und Wirken des Luxemburger Gesellen-Vereins sowie des von den Gesellen patronierten Lehrlings-Vereins. 36. Vereinsjahr. Von Juli 1899 bis Juli 1900. Luxemburg: St. Paul.-Druck [1900]. – 16 S. 8°

Sevenig, Joseph: Der Luxemburger G e s e l l e n - V e r e i n. Ein Handbüchlein für die ehrsamen Meister, Gesellen und Lehrlinge. Luxemburg: St. Paul.-Ges. 1899. – 32 S. 8°

In der Gewalt des Revolutionärs. Drama aus d. Zeit d. franz. Revolution von Jos. **Sevenig.** Bonn: A. Heidelmann [1905]. (54 S.) 8° [F.]
= **Theaterbibliothek,** A. Heidelmann's. H. 146. [06. 2690

Sevenig, Jos., In der Gewalt des Revolutionärs, s.a. Heidelmann's, A., Theaterbibliothek.

— Don Pedro de Gomez, s.: Heidelmann's, A., Theaterbibliothek. (Losfaraues, E.)

Gregorio, das Opfer des Piraten. Schauspiel in 4 Aufz. von Josef Sevenig. *Bonn: A. Heidelmann [1901].* (45 S.) 8° [F.]
= Theaterbibliothek, A. Heidelmann's. H. 50.

Sevenig, Jos., Gregorio, das Opfer des Piraten, s.a. Heidelmann's, A., Theaterbibliothek.

Sevenig, Joseph: Das 35. S t i f t u n g s f e s t des Luxemburger Gesellenvereines. Luxemburg: St. Paul.-Ges. 1899. – 19 S. 8°

Francis Tregian, Ein Bild aus Englands trüben Tagen. Drama in 5 Akten von Jos. **Sevenig,** Gesellenpräs. *Bonn: A. Heidelmann [1903].* (52 S.) 8°
= **Theaterbibliothek, A. Heidelmann's.** H. 87.

— Francis Tregian, s.a. Heidelmann's, A., Theaterbibliothek.

Die Umsturzmänner. Soziales Drama aus d. deutschen Arbeiterbewegung in 4 Aufz. mit Gesangeinlagen von Jos. **Sevenig,** Gesellenpräses. Mus. von Gustav Kahnt. Düsseldorf: Deiters (1906). (55 S.) 8° [F.]
= **Dilettanten-Bühne,** Die. H. 18. [07. 13382

Sevenig, Nicolas: B i l d u n g s g e h a l t der deutschen Sprache in seiner Verwertung beim Unterricht auf Gymnasien. Diekirch: J.-A. Schroell [1886]. – 15 S. 4°

Sevenig, Nicolas: Die verwandten H a u p t p e r s o n e n in R. Hamerlings „Ahasver in Rom" und Goethes „Faust". Diekirch: Justin Schroell 1891. – 41 S. 4°

Schiller als dramatischer Dichter im Urteil von Otto Ludwig. Eine psychol.-literar. Untersuchung. Von N[ikolaus] **Sevenig,** Prof. Diekirch 1905: Schroell. 41 S. 4° [05. 13714 B

Sevenig, Nicolas: S i e g f r i e d und Melusine. Dramatisirte Volkssage in drei Abtheilungen von Nikolaus Welter. (Berlin. Concordia. Deutsche Verlags-Anstalt.) Angezeigt. Luxemburg: St. Paul.-Ges. 1899. – 34 S. 8°

Sevenig, Nicolas: Aus alten T a g e n. Balladen und Romanzen aus Luxemburgs Sagen und Geschichte von Nikolaus Welter. Angezeigt. Separatabdruck aus dem „Luxemburger Wort". Luxemburg: St. Paul.-Ges. 1900. – 15 S. 8°

Seventornen, Alex. v., Lessing in Wolfenbüttel. Authentische Beiträge zum Leben Lessings. 1. Bdchn. A. u. d. T.: Ein Nachmittag auf dem Weghause. 8. (VII, 146 S.) Leipzig 883, Wartig's Verlag. *

S e v e r, . Le Sénégal. Conférence faite à la Société de géographie de Berne, le 15 novembre 1883. [Avec 1 carte.] E. 8. Berne 1884.

Sevér, J o s e f. Beiträge zur österreichischen Gymnasial-Pädagogik mit besonderer Berücksichtigung der Pflege moderner Sprachen. Klgft., St. Hermagoras-Druck., 1895. 88 S.

Severa, Josef, Das österreichische Aichwesen in der Gegenwart und dessen Reform. Ein Mahnwort an unsere Abgeordneten- und Verwaltungskreise. 8. (84 S.)
Pilsen: Steinhauser 1889.

Gläbbeker Humor. Gedichte, Lieder u. Erzählungen in plattdeutscher u. hochdeutscher Mundart von Hub. **Severen** jun. Bdch. 1. M.Gladbach: F. Kerlé [1908]. 8° [F.] **(485)** [08. 10603 B

Severin: Aphorismen über Glauben und Wissen. 17 S. – Progr. Arnsberg 1858.

Severin: Deutsche Aufgaben und poetische Ergötzlichkeiten. 18 S. – Glogau Ev., Progr. 1851.

Severin Ueber den wahren innern Beruf zum Studiren. 15 S.
Glogau, c., Progr. 1830

[SEVERIN, (Pater)]
Erklärung und Bericht von der Anruffung des H. Martyrers Donati, wunderthätigen Schutz-Patron gegen Donner- Blitz- und Hagel-Wetter, in der Kirch deren P. P. Capucineren zu Arl; allwo ein merck-würdiger Particul von denen Reliquien dieses großen Heiligen aufbehalten, und eine sehr löb- und nützliche, von Ihre Päbstl. Heil. Bened. XIV. mit vielen Ablässen begnadeten und von dem hochwürd. Herrn Weyh-Bischoff des Ertz-Bischtumbs Trier approbierte Brudderschaft, zu dessen Ehren zu ewigen Zeiten aufgerichtet ist. Abziehlend: zur Erhaltung seines hochmögenden Schutzes in allerhand zufallenden Gefährlichkeiten des Leibs und der Seelen: bevorab zur Anwendung der schädlichen Blitz- Donner- und Hagel-Wetteren: Allen und jeden Christgläubigen zu ihrem Seelen-Trost und Nutzen mit auserlesenen Gebetteren und Andachts-Übungen vorgestellt, durch einen Prediger des Capuc. Ord. Mit Erlaubnis der Oberen. (Dritter Theil). [Lützemburg: Erben Andreae Chevalier 1752].
90,5 S., kl-8° (16°), mit 1 Abb.

[SEVERIN, (Pater)]
Erklärung und Historischer Bericht von dem Ursprung und der andächtigen Verehrung der glorwürdigsten Jungfrau Maria in der Kirch deren PP. Capuzineren zu Arl. Lützemburg, bey Andreas Chevalier, 1742. Mit Erlaubnis der geistlichen Obern.
XI, 208 S., 8°.

[SEVERIN, (Pater)]
Erklärung und Historischer Bericht | Von dem Ursprung der andächtigen Verehrung | der Glorwürdigen Jungfrauen | MARIAE, | In der Kirch deren PP. Capucineren zu Arl: | Und dessen Königlichen, | Mit Stationen des Bitteren Leydens | JESU-CHRISTI gezierten, | und zu gemelter Kirch auffgerichteten Creutz-Weegs: | Sambt einem Bericht von der Andacht | zum Göttlichen Hertzen [sic] JESU: | Wie auch von Anruffung des H. Martyrers Donat, | Patrons gegen Wetter-Gefahren: | Und so dann von den dreyen HH. hochlöb- und | nutzlichen, approbirten, mit Ablässen begnadeten, | Neu-auffgerichteten Bruderschafften; . . . Gedruckt zu Lutzembourg, | Bey Andream Chevalier, Ihro König. | Maj. Buchdrucker und Buchhandler 1743. | Cum speciali Approbatione Superiorum. |
XL, 208, 216, 8, 104 S. (davon die letzten 104 S. unter eigenem Titelblatt), mit 1 Kupfer, kl-8° (160 × 95 mm).

SEVERIN, (Pater)
Erklärung und Bericht von der andächtigen Verehrung der glorwürdigsten Himmels-Königin und Mutter Gottes Mariä, In der Kirch deren PP. Capucinern zu Arl, und von der hoch-löb- und nützlichen, von Ihre Päbstl. Heil. Bened. XIV. mit vielen Ablassen begnadeten von dem Hochw. Herren Weyh-Bischoff des Ertz-Bischtumb: Trier approbierten, und in selbiger Kirch unter dem Titel des Schutzes Mariä, Patronin der Stadt Arl, zu ewigen Zeiten eingesetzten Bruderschaft. Allen und jeden, der Freundschaft Gottes und Mariä theilhaftig zu werden, begierigen Seelen, zum höchsten Trost und Nutzen, mit auserlesenen Gebetteren und Andachtsübungen vorgestellt, durch einen Prediger des Capuciner-Ordens. (Zweyter Theil). [Lützemburg: Erben Andreae Chevalier 1752].
XL, 208, 8 S., mit 1 Abb., 8°.

[SEVERIN, (Pater)]
Erklärung und historischer Beweis von dem Ursprung der andächtigen Verehrung der glorwürdigsten Jungfrauen Mariae, in der Kirchen deren Ehrw. PP. Capucinern zu Arl, und des königlichen Creutz-Weges mit Stationen des bitteren Leydens Unseres Herrn und Heilandes Jesu Christi gezieret ... Erster Theil. Gedruckt zu Lutzemburg bey Andr. Chevalier, Ihrer K. und Cath. Majestät Buchdrucker und Buchhändler, 1740.
Kl-8° (12°).

[SEVERIN, (Pater)]
Erklärung und historischer Bericht von dem königlichen Creutzweg mit Stationen des bitteren Leydens unseres Herrn Jesu Christi gezieret, zur Aufsteigung in den Kirchen deren Ehrw. PP. Capuzinern zu Arl aufgerichtet ... Zweyter Theil. Gedruckt zu Lutzemburg bey André Chevalier ... 1740.
Kl-8° (12°).

Severin — Ueber die Klage, daß unbefangene Fröhlichkeit großentheils bei der heutigen Jugend vermißt werde. 14 S. . . . . .
Glogau, c., Progr. 1835

Ders. — Sind die Gymnasien für das Gedeihen eines jeden einzelnen ihrer Zöglinge verantwortlich? Eine Schulrede. 14 S. .
Glogau, c., Progr. 1840

Severin — Über das Streben nach Selbstständigkeit, welches sich bei jungen Leuten auf den Gymnasien zu offenbaren pflegt. 12 S.
Glogau, Ev., Progr. 1846

Severin — Einige Worte üb. d. Maßstab, nach welchem gelehrte Anstalten beurtheilt zu werden pflegen. 16 S. . . . . .
Progr. Glogau e. 1825

Severin, F., s. A. V. Arnault, Auswahl.

Severin, F. (Bearb.), s. A r n a u l t , Antoine Vincent: Lucretia.

Severin, F. (Bearb.), s. A r n a u l t , Antoine Vincent: Marius zu Minturnä.

Severin, F. (Bearb.), s. A r n a u l t , Antoine Vincent: Quintus Cincinnatus.

Severin, F. (Bearb.), s. A r n a u l t , Antoine Vincent: Sämmtliche Schauspiele.

Severin F.: Untersuchungen üb. das Mundepithel bei Säugethieren m. Bezug auf Verhornung, Regeneration u. Art d. Nervenendigung. Gekr. Preisschr. Inaug.-Diss. Kiel 1885. 25 S.

Severin, G., catalogue général des Hémiptères, s.: **Lethierry, L.**

Severin, Gustav, Beiträge zur Exstirpation von Milztumoren. Diss. Würzburg 1887, Stahelsche Univ.-Buchh. 8°. 37 S.

Severin, Henry H., über die Anatomie der Gespenstheuschrecke, Diapheromera femorata, Say, s.: Marshall, Wm.

Severin, Hilarius, krit. Condolenzbriefe, s. Condolenzbriefe.

Severin, J., das Attentat, s.: Novellen-Sammlung. 101—104. Bdchn.

— Hennig Brabant, s.: Novellen-Sammlung. 92—100. Bdchn.

Severin, J., Luigia Sanfelice, s. Novellen-Sammlung, 46—49. Bdchn.

— Verrath u. Liebe, s.: Novellen-Sammlung. 70 u. 71. Bdchn.

Severin, J. H. (vgl. S e v e r i n u s , Johannes)

—Breviarium historiae Hungaricae, a prima gentis origine ad memoriam nostram perductae. Prs. I. Praemissa est epistola Jh. Glo. Böhmii. 8. Leipz. 769.

Severin, **J. H., conspectus historiae Hungaricae, a prima gentis origine ad memoriam nostram productae. II Tomi. 8. Presb. 775. Löwe. (List in Berl.) 10 gr**

Severin, I. H., conspectus historiae Hungaricae, a prima gentis origine ad memoriam nostram productae. II Tmi. 8. Presburg, Löwe. (Sommer, Lips.) 775.

— fundamenta historiae civilis c. append. geographica. 8. Posonii, Löwe. 775.

— Pannonia veterum monumentis illustrata c. Dacia Tibissana. 8. Leipz. 770. (W. Nauck). 12 gr

— Pannonia veterum monumentis illustrata c. Dacia Tibissana. 8. Lips. Sommer. 770.

—— Pannonia vetus monumentis illustrata cum Dacia Tibissana. Lips. 771. 8. 12 gr.

— tentamen zoologiae Hungaricae seu historia animalium quorum magnam partem alit Hungaria. 8. Posonii, Löwe. 779.

Severin, Johanna. Der gute Berggeist. Den Kindern dargereicht vom Verein für Verbreitung guter Schriften, Basel. [Mit illustriertem Umschlag.] IV + 39 S. 8. (Basel, Emil Birkhäuser, Dezember 1906.) (fr. —.05)
Verein für Verbreitung guter Schriften, Basel. B [Weihnachtsgabe]. 16.

Severin, Joseph Bernhard, Assist. an d. Med. Klinik Giessen: **Aus d. med. Univ.-Klinik zu Giessen. Experimentelle Untersuchungen über die Ausscheidung von N-haltigen Substanzen der Parotis bei nephrektomierten Hunden.** Giessen 1908: v. Münchow. 19 S. 8°
Gießen, Med. Diss. v. 9. Nov. 1908, Ref. Voit
[Geb. 28. Jan. 81 Cöln; Wohnort: Honnef; Staatsangeh.: Preußen; Vorbildung: Kaiser-Wilhelms-Gymn. Cöln Reife O. 01; Studium: Bonn 4, Greifswald 5 S.; Coll. 17. Juli 07; Approb. 16. Febr. 06.] [U 09. 1135

Severin, Jules (Ulrich), die rote Ente, s: Geschichten, intime.

Severin, Justus [Pseud.]
s. Mützelburg, Adolf

Severin, Carl, aus Pasewalk: **Heinrich der Vogler und seine Vorbilder.** *Halle a. S. 1899: C. A. Kaemmerer & Co.* (114 S.) 8°
Halle, Phil. Diss. v. 1899

Severin, Cl. A., die Reichs-Stempel-Abgaben aus dem Gesetze vom 29. Mai [bezw. 3. Juni] 1885 [Börsensteuer-Gesetz], nebst den dazu ergangenen Erlassen u. Gerichtsentscheidungen. gr. 8. (VIII, 119 S. m. 1 Tab.) Paderborn 890. F. Schöningh. n. 2.40; geb. n. 3.—

Severin, Cl. A., die preußischen Stempelabgaben aus dem Gesetze vom 7. März 1822, nebst den ergänzenden bezw. abändernden Erlassen. Zusammengestellt und hrsg. gr. 8. (IV, 606 S.) Paderborn 886, F. Schöningh. * 12 —

— die preußischen Stempelabgaben aus dem Gesetze vom 7. März 1822, nebst den ergänz. bezw. abänd. Erlassen. Zusammengestellt u. hrsg. Nachtragshft., enth. d. Abändergn. u. Erlasse bis zur Gegenwart. gr. 8. (III u. S. 607—670.) Ebd. 890. n. 1. —
(Hauptwerk u. Nachtragshft.: n. 13. —)

Severin, C. A. Die preussischen Stempelabgaben aus dem Gesetze vom 7. März 1822 nebst den ergänzenden bezw. abändernden Erlassen. Nebst Nachtragsheft. Paderborn und Münster 1887/90.

Severin, C. A., die preußische Stempelsteuergesetzgebung auf Grund der bestehenden Gesetze, Verordnungen und Erlasse erläutert und ergänzt. 1. und 2. Heft. gr. 8. Berlin 875, Vahlen. cart. *

Inhalt:

Heft 1. Das Gesetz vom 5. Mai 1872, betr. die Stempelabgaben von gewissen bei dem Grundbuchamte anzubringenden Anträgen auf Grund der bestehenden Gesetze, Verordnungen und Erlasse, mit Stempel-Tabellen nach Mark- und Thaler-Rechnung erläutert und ergänzt. (42 S.) *ℳ 1.

" 2. Das Gesetz vom 30. Mai 1873, betr. die Erbschaftssteuer. Mit Tabellen zur Berechnung nach Thaler- und Markwährung hrsg. (V, 104 S.) *ℳ 2.

Severin, C. A., die preußische Stempelsteuergesetzgebung ergänzt und erläutert. 3. (Schluß-)Heft: Das Gesetz vom 10. Juni 1869, betr. die Wechselstempelsteuer, mit den dazu ergangenen Erlassen und gerichtl. Entscheidungen nebst Tarif für den geschäftlichen und amtl. Gebrauch hrsg. gr. 8. (VII, 93 S.) Berlin 876, Vahlen. cart. * 2 —
1. und 2. Heft. Ebendas. 1875. *ℳ 3.

Severin, Klemens

Severin, Clem., Bau u. Konstruktion e. Dynamomaschine zu 45 Glühlampen je zu 16 Normalkerzen, s.: Bibliothek, polytechnische.

Severin, Clem., Konstruktion f. zwei verschied. Typen Dynamo-Gleichstrom-Maschinen v. 275 u. 5500 Watt, e. Wechselstrom-Maschine von 1000—1500 Watt, nebst Berechng. e. Nebenschluss-Gleichstrom-Maschine nach den v. Hrn. Professor Weiler im 1. Tl. der polytechn. Bibliothek gegebenen Regeln, m. kurzer Beschreibg. e. elektr. Licht-Anlage. (Mit 4 Abbildgn., 6 Fig.-Taf., 1 Kurventaf., Bezugsquellen etc.) 2. umgearb. u. verm. Aufl. gr. 8. (III, 53 S.) Magdeburg 900. Faber'sche Buchdr. n. 6. —; geb. n. 6. 50

Severin, C: Wie ich mir eine kleine Dynamomaschine zu 12 Glühlampen und später eine größere zu 45 Glühlampen je zu 16 Normalkerzen nach den von Weiler gegebenen Regeln und Anweisungen selbst erbaute. (Magdeburg 1894.) Anh.: W. Weiler: Berechnung einer Gleichstrommaschine für Beleuchtung, einer Gleichstrommaschine für Galvanoplastik und zweier kleiner Elektromotoren. Magdeburg 1894

Severin, Ludw., Führer in die Umgebung von Bad Wildungen. gr. 8. (VIII, 37 S. mit 1 Ansicht von Wildungen und 1 Karte.) Bad Wildungen 887, Sachtleben Nachf. * — 75

Severin, Ludw., Führer in d. Umgebung v. Bad Wildungen. 2. Aufl. gr. 8. (VIII, 37 S. m. 1 Karte.) Wildungen 890. Pusch. n.n. — 75

Severin, Ludw., Führer in die Umgebung v. Bad Wildungen. 3. Aufl. gr. 8. (IX, 36 S.) Bad Wildungen 894. P. Pusch. n.n. — 75

Severin, Ludw., Führer in die Umgebung von Bad Wildungen. 4. Aufl. in vollst. Umarbeitg. M. e. neuen (farb.) Karte. gr. 8. (X, 44 S.) Wildungen 898. P. Pusch. n. 1. —

Severin, Ludw., Führer in die Umgebung von Bad Wildungen. 5. Aufl. in vollständ. Umarbeitg. Mit e. neuen Karte. gr. 8. (XI, 46 S.) Wildungen 901. P. Pusch. n. 1. —

Severin, Marta, „Lola". Roman. (116 S.) 8. Leipzig-Gohlis 910. Raschwitz, B. Volger. 2. —

Severin, V. E.: Beitrag zur Lehre von der Entzündung. Diss. Dorpat. 1871. 68 S. mit einer lithographirten Tafel. 8°

SEVERIN v. Leyden (ps.), Miss Bianca, die Dompteuse, eine masochistische Novelle. Hamburg, Verlag von M. Jacobson. 1900. 8°. (Mk. 4—.) (3 Mk. Taussig, 1906.)
— — Dasselbe. Ebd., o. J. 8°. (Mk. 3—.) (1 Mk. Gust. Pietzsch, Dresden, 1909.)
— — Dasselbe. Ebd. 1902. 8°. (3 Mk. Taussig, 1906.)
— — Dasselbe. Ebd. 1903. 8°. (3 Mk. Max Harrwitz, 1904.)

— — Erziehungshiebe. Mit Illustrationen. Innentitel: Fräulein Hochmuts Erniedrigungen.) Preßburg, Hermann Hartleb (um 1910). 8°.
Verb. d. Ldg. I Berlin 38 J. 431/11.

— Eine Herrin. Hamburg, J. G. Nissen (um 1900). 8°.
Verb. d. Ldg. I Berlin 3 E. M. 101/04.

Vgl. Herrin, Eine.

— Pelz und Peitsche. Roman-Zyklus. (Bd. I: Frau Herrin. Roman.) Pressburg, Herm. Hartleb. O. J. (c. 1908). Gr. 8°. 174 S. (incl. Doppeltit.). Lat. Lett.
Ekelhafter masochistischer Blödsinn!

Vgl. Pelz u. Peitsche.

Severini, A., Astrologia giapponese, s. Atsume Gusa.

Severini, prof. A., notizie di astrologia giapponese, raccolte da libri originali. Av. 3 tableaux. IV, 168 pp. in-4. Genève et Bâle, H. Georg. 1875.
*** Extrait de l'Atsume Gusa, publié p. F. Turrettini.**

Severini, (Hil.,) Meletemata de invisibili sacri baptismi materia. Berol. 826, Burchhardt.

Severinus [Pseud.], s. Neuhaus, Samuel

Der Katalog des Sortimenterbundes. Was nützen unsere Weihnachtskataloge u. was können sie fürder nützen? (Verf.: Severinus.) (*Königsberg i. Pr.: Akad. Buchh. [1903].*) (6 S.) 8° [Kopft. F.] 104 3390

Severinus, s. Katalog, der, des Sortimenterbundes.

Der Sortimenterbund. (Verf.: Sevorinus.) (*Königsberg i. Pr.: Akad. Buchh. [1902].*) (8 S.) 8° [Kopft. F.] 104 3391

Severinus s. a. Sortimenterbund, der.

Severinus, A., was wir wollen. Ein Wort zum preuß. Kulturkampf. gr. 8. (23 S.) Leipzig 886. Leuckart. n. — 60

Severinus, Anic. Mart. Torq., 5 Bücher vom Troste, s. Boethius.

Severinus, G.: Der Oktober Rosenkranz-Monat u. der November Armenseelen-Monat, s. Zu Lehr u. Wehr. 13.

Severinus, Ioannes: Pannonia veterum monumentis illustrata cum Dacia Tibissana. Lipsiae 1770. 379 S. 8°. [C 7305

Vgl. Severin, J. H.

Severinus de Monzambano (Sam. v. Pufendorf), de statu imperii germanici, hrsg. von Fritz Salomon, s.: Quellen u. Studien zur Verfassungsgeschichte des Deutschen Reiches in Mittelalter u. Neuzeit. III, 4.

Severinus von Monzambano, über die Verfassung des deutschen Reichs, s. Bibliothek, historisch-politische.

Severinus-Kalender, katholischer — für alle Kronländer der österreichischen Monarchie auf das Jahr nach Christi Geburt 1857. Herausgegeben vom Severinus-Vereine. Wien, 1856. Druck von Anton Schweiger. Zu haben in der Expedition des „Volksfreundes." (96 S. 8.)

Severinus-Kalender, katholischer, für alle Kronländer der österreich. Monarchie für die J. 1857—62. Hrsg. vom Severinus-Vereine. 1—6. Jahrg. gr. 8. (à Jahrg. 96 S. mit 1 Holzschnt.) Wien, (Mayer und Comp.) à Jahrg.

Severinus-Kalender, katholischer, für alle Kronländer der österreich. Monarchie auf die Jahre nach der Geburt Christi 1863—67. 7.—11. Jahrg. 8. (à Jahrg. ca. 100 S.) Wien, Severinus-Verein. à Jahrg. *

Severinus-Kalender, katholischer, für alle Stände der österreichisch-ungar. Monarchie für das Schaltjahr nach der Geburt Jesu Christi 1872. 16. Jahrg. 8. (XI, 140 S. mit 1 Holzschntaf.) Wien 871, Mayer und Comp.

de Severitate disciplinae Portensis. (scrips. Prof. Lange.) 4. Merseb. 821, Kobitsch.

Severo-Jocosum. Zum 150jähr. Jubiläum der Universität Erlangen. Die wahre Klugheit derer Herren Studenten, bey angestellter Conversation auf Universitäten ihren Lebenswandel honett u. richtig zu führen. Unveränderter Abdr. des 1755 in Leipzig erschienenen Originals. gr. 4. (8 S.) Erlangen 893. Th. Blaesing. n. — 50

Severolus, Hercules, De concilio Tridentino commentarius, ed. Seb. Merkle, s.: Concilium Tridentinum.

Severserenus s.: Gesetz, das letzte, der Kulturmenschheit.

Severserenus: Aus der Sprechstunde des Anwalts. Forensische u. kriminell-sexuelle Studien. Hannover: M. & H. Schaper 1902. (185 S.) 8⁰

Severus

Severi Iatrosophistae de Clysteribus liber. Ad fid. Cod. Ms. unici Florentini primum Graece ed. Frid. Reinhold Dietz. 8maj. Regimontii Pruss. 836. Fratres Borntraeger. n. 1/3 ß

Severus Ben el Moqaffa', Historia patriarcharum alexandrinorum, ed Chr. Ferd. Seybold, s.: Corpus scriptorum christianorum orientalium. 3. IX. 2.

Severi Sancti, Carmen bucolicum etc., s. Clementis, Alex.

Severi Sancti, *Carmen de mortibus boum.*
— — Cum praef. ed. D. Richter. Hamb. 747. 4.

Severus [Pseudon.] s.a. Ruess, Wilhelm.

— P. Gregorius Girard. Ein Charakter- und Lebensbild. 8. (16 S.) St. Gallen 853, Huber und Comp.

Severus, der Eidgenossen Heldentage. Epische Bilder. Mit einer lyrischen Zugabe. gr. 16. (VII und 101 S.) St. Gallen 854, Huber und Comp. *

Severus, Dr. (ps.), Licht in's Dunkel der Verhüllung: Das wahre Lebens- und Charakterbild der Gräfin von Kielmansegge-Schönberg. Aus ganz zuverlässigen Quellen. Dresden 1863. 8⁰. (1 Mk. der Vorige, 1895.)

Severus, Licht in's Dunkel der Verhüllung. Das wahre Lebens- und Charakterbild der Gräfin v. Kielmannsegge-Schönberg. Mit Abdruck von ihr selbst geschriebener Briefe. Aus ganz zuverlässigen Quellen. Dresden 863. L. Wolf. Lex.-8. (44 S.) n. 8 ngr.

— die Schweiz nach ihrer Vergangenheit und Gegenwart. Studien. 8. (IV und 188 S.) St. Gallen 853, Huber und Comp. *

Severus, die Volksschule unserer Zeit, als Elementar- u. Fortbildungsschule, und was ihr Noth thut. Eine Denkschrift. gr. 8. (44 S.) St. Gallen 851, Huber & Co. 6 ngr

Severus, A. W. P., unerschöpflicher Trostbaum rc. 8. Würzb. ... Stahel. 6 ß

Severus, Cornelius: Der Aetna, s.a. Lucilius Junior.

Severus, Corn., Aetna, übers. von C. A. Schmidt. 8. Braunschw. Waisenh. (Schulbuchhdl.) 769.

Severus, Franz Ignaz [Pseud.], s.a. Schweser, Christoph Heinrich [wirkl. Name]

SEVERUS, Franc. Ign., Praxis aurea, casus juridico-practicos .... exhibens .... D. i. Gülden Praxis von .... wichtigen Streit-Fällen. Centuria I. Nürnberg 1714. 4⁰.

Severus, Frz. Ign., Praxis aurea, od. güldene Praxis, darinn. wicht. Streitfälle vorkommen. 1s u. 2s Hundert. 4. Nürnb. Schneider u. W. 714.

— Schatzkammer auserles. Gerichtsfälle, 3 Hundert. 4. Nürnberg. 709. 10.

— Promptuarium selectorum casuum jurid.-pract.: D. i. Der ausgerüsteten Schatz-Kammer .... erstes Zweyhundert. Ibid. 1707. 4⁰.
— — Dasselbe. 1.—4. Hundert. Ibid. 1714—29. 4⁰.

Severus, Heinrich: Prostitution und Staatsgewalt. — Dresden: Weiske 1899. 55 S. 8⁰

Severus, Johs., Verklungener Sang. Gedichte. (74 S.) gr. 8. Leipzig 909. Reform-Verlag. 1.50; geb. 2.50

Severus, Justus. Das letzte Stündchen in London oder Wilm, Lude Vieldieb und Metterlich im letzten Gespräch am 14. Mai 1848. Zum Besten eines zu gründenden Fonds für Reisekosten von Verstoßenen und Zurückberufenen und irrefahrenden Ex. Ex. Berlin, Selbstverlag 1848. 8 S. 8.

Severus, Justus Redivivus. Blätter zur Aufklärung über luzernerische Zustände. 1. [einziges Heft]: Das Polizeiregiment Hodel. Nach offiziellen Akten dargestellt von J' S' R'. 8. (Luzern) *o. J.* [1885/87].

Severus, Mart., der Notstand des deutschen Unterrichtes in den oberen Klassen unserer höheren Schulen. Eine Schrift f. Lehrer u. Laien. (III, 67 S.) 8. Leipzig 906. P. Eger. 1. —

Severus, Severin, ein Duell im Jahre 2000. Aus d. Engl. übers. v. prakt. Historiker Juvenalis Martial. gr. 8. (43 S.) Leipzig 897. W. Friedrich. n. — 60

Severy, M. L., John Darrows Tod, s.: Luy' Kriminal- u. Detektiv-Romane.

Severzow, Astur brevipes, nouv. espèce Russe, siehe: Bulletin de la Société Imp. des naturalistes de Moscou, tome XXIII. 2. partie.

Beiträge zur Kenntniß der Radiolaria-Acanthometrea. Von Dr. W. Schewiakoff [Vladimir Timofeevič Ševjakov]. Mit 4 Taf. *St.-Pétersbourg: Acad. Imp. d. Sciences 1902.* (40 S.) 4⁰
— Mémoires de l'Académie Impériale d. sciences de St.-Pétersbourg. Sér. 8. Cl. phys.-math. Vol. 12, No 10.

Ševič (Maksimović), Milan [aus Neusatz (Südungarn)]: Dositheus Obradović Ein serbischer Aufklärer des XVIII. Jahrhunderts. . . . Neusatz, Druck v. A. Pajović, 1889; 59 S. + 1 Bl. 8°
Leipzig, Phil. Fak., Inaug.-Diss. v. 25. März 1889

Ševič, M., Dositheus Obradović, e. serbischer Aufklärer d. XVIII. Jahrh. gr. 8. (52 S.) Neusatz 889. (Leipzig, Zangenberg & Himly.) n. 1. —

Sévigné, Marie de Rabutin-Chantal, Marquise de

v. Sevigné, Marquise, Briefe, mit Erläuterr. von Jak. v. Mauvillon. 12, Braunschw. 765. Schröder. 16 gl

Sevigné, Marquise de, ausgewählte Briefe, s.: Collection Spemann.

— Briefe an ihre Tochter, zum erstenmal verdeutscht. 3 Bde. 8. Brandenb. 818. Wiesike. (à 1 ∤ 16 gl) 5 ∤

Sévigné, Mme. de, Choix de lettres, s. Peschier, A., le coeur d'une mère.

Sévigné, Marie Marquise de. Esprit oder Gedanken, Nachrichten, Erzählungen . . . Frankfurt 1761. Ü: *Dörrien, Catharina Helene.* (Ky)

Sévigné, Mad. de, lettres, s.: Prosateurs français.

— Lettres choisies, avec des notes grammaticales par Levisac. 12. Braunschw. 810. Pluchart. 1 ∤ 4 gl

Sévigné, Mme. de, Lettres choisies. Nouv. édition revue par M. l'Abbé Allemand. Für höhere Töchterschulen so wie zur Privat-Lectüre. Mit einem Wörterbuche. 8. (VI und 198 S.) Quedlinburg 847, Basse.

Sevigné, Marquise de, Lettres à la Comtesse de Grignan sa fille. X Vol. 12. Dresden, Walther. 782. Rthlr.

— — les mêmes, XI Vol. av. portr. 8. Paris. (Varrentrapp et W. à Francf.) 806.

— — nouvelles, II Vol. 8. Dresd. Walther. 755.

— — — couvertes. gr. 12. Francf. Esslinger. 775.

— Pensées de Mad. de, voyez Pensées.

Sevin, Strafgefangener Dr. theol. Hermann. gr. 8. (112 S.) Ueberlingen 895. Selbstverlag. n — 60

Sevin, Hermann

Sevin, Herm., und Karl Lattner, die Anlage und Errichtung von Wohnhäusern für je eine Arbeiterfamilie. Fol. (24 Sp. mit eingedr. Fig.) Berlin 883, Engelmann. 1 50
Aus: Deutsches Baugewerks-Blatt, besonders abgedruckt.

Hermann Sevin. a. Ansprache am Kaisertag. b. Die Schulbankfrage. S. 17—28 des Programms. Überlingen, P 1878

Sevin, Herm., der erste Bischof v. Konstanz. (104 S.) 8. Ueberlingen 905. A. Schoy. n n. 2. —

Sevin, Herm., zur Chronologie des Lebens Jesu nach den Synoptikern. Eine Dissertation. 8. (52 S.) Heidelberg 870, (K. Groos.) *

Sevin, Herm., Chronologie d. Lebens Jesu. 2. gänzlich umgearb. Aufl. gr. 8. (169 S.) Tübingen 874. Laupp. n. 2. 50

Sevin, Herm., Chronologie des Lebens Jesu. 2. Aufl. 8. Tübingen 874. Freiburg i. Br., Mohr. * 2 50

— synoptische Erklärung der drei ersten Evangelien. gr. 8. (XIV, 360 S.) Wiesbaden 873. Niedner. n. 6. —

— die drei ältesten Evangelien in Eins gearbeitet. Mannheim 867. Schneider. gr. 16. (XVI, 144 S.) 9 ngr

Sevin, Herm., die drei ersten Evangelien synoptisch zusammengestellt. Lex.-8. (VIII und 240 S.) Wiesbaden 866, Niedner. *

Sevin, (Th.) Herm., Geschichts-Lesebuch, aus den Orig.-Berichten zusammengestellt. 1.—3. Thl. gr. 8. Mannheim, Bensheimer. * 6 —
Inhalt:
Thl. 1. Die Völker des Ostens. (V, 123 S.) 877. *M 1.
» 2. Die Hellenen. (VII, 371 S. mit 2 chromolithogr. Karten.) (VII, 371 S.) 877. (*M 3.) *M 2.
» 3. Die Römer. (VII, 581 S. mit 1 chromolithogr. Karte.) 878. (*M 5.) *M 3.

Sevin, Herm., Geschichts-Lesebuch aus den Originalberichten zusammengestellt. 4. Thl.: Das Mittelalter. 8. (XIX, 640 S. mit 1 Karte.) Mannheim 881, Bensheimer. *
compl. 4 Bde. geb. in 3 Bde. *
1.—3. Thl. Ebendas. 1877,78. *M 6.

Sevin, Herm., Ueberlinger Geschlechterbuch, s.: Hahn, Geo.

Sevin, Herm., Gold und Blut oder wie kann die gegenwärtige Notlage des deutschen Nährstandes, insbesondere des Landwirts, des Handwerkers, des Fabrikarbeiters, auf gesetzl. Wege wieder abgeschafft werden? Rede, am 23. Aug. 1885 in der Tonhalle zu Villingen gehalten. gr. 8. (40 S.) Freiburg i. Br. 885, Herder'sche Verlagsh. * — 60

Sevin, Herm. Überlinger Häuserbuch. gr. 8. (IV, 127 S. m. 1 Lichtdruck-Taf.) Überlingen 890, (Schoy). geb. * 4 —

HERMANN SEVIN, Die Herren von Neckarsteinach. Vortrag gehalten im Heidelberger Schlossverein am 27. December 1875. Separatabdruck aus den »Studien der evangelisch-protestantischen Geistlichen des Grossherzogthums Baden.« Karlsruhe. 1876. G. Braun'sche Hofbuchhandlung. 8°.

— evangelischer Katechismus, enthltd. den vom großh. badischen evangelischen Oberkirchenrath vorgeschriebenen Memorirstoff mit kurzem Text u. zwei Anhängen. Lahr 869. Schauenburg. gr. 16. (IV, 56 S.) n. 2 ngr

Sevin, H. Semitische u. indogermanische Rechts-Begriffe. Eine volkswirtschaftlich-ortsgeschichtl. Studie. gr. 8. (16 S.) Lpz. 889, H. Beyer. — 30
Aus: Antisemit. Correspondenz, besonders abgedruckt.

— semitische u. indogermanische Rechts-Begriffe. Eine volkswirtschaftlich-ortsgeschichtl. Studie. [Aus: „Antisemit. Correspondenz".] gr. 8. (16 S.) Leipzig 889. Th. Fritsch. — 30

Sevin, Hermann (Bearb.), s. Sevin, Ludwig: Elemente der dt. Grammatik ... 3. Aufl. ff.

— die deutsche Sprache in der Volksschule. Vortrag, geh. auf der Lehrervereinsconferenz Heidelberg-Mannheim am 4. Dezbr. 1875. 8. (22 S.) Mannheim 876. Bensheimer. n. — 40

Sevin, Herm., Kaiser Rotbarts Fronhof Ueberlingen. 4. (85 S. m. 2 Taf. u. 2 [1 farb.] Plänen.) Ueberlingen 900. Selbstverlag. n.n. 6. —
Sonderabdruck aus: „Linzgaubote".

— Ursprung der alten Linzgauer Pfarrsprengel. (18 S.) gr. 8. Ebd. 905. n. 1. —

— die Verwerthung d. deutschen Sagenstoffs im Geschichtsunterricht der Volksschule. Ein pädagog. Versuch. gr. 8. (66 S.) Tübingen 875. Laupp. n. 1.—
Jetzt: Freiburg: Mohr.

Sevin, Ludwig

Sevin, Ludw., Abriß der Geschichte für höhere Mädchenschulen, s.: Andrä, J. C.

Sevin, Ludw., Abriß d. Weltgeschichte, s.: Andrä, J. C.

Vaterländischer Schriftenverband (V. S. V.). Die Bedeutung des Vaterländischen in Haus, Schule und in der Oeffentlichkeit. Von Dr. Ludwig Sevin. Vortrag geh. 1910. Berlin: Schriftenverband 1910. 14 S. 8°
(Flugschriften des V. S. V. 6.) [11. 4718

— Bilder aus der neueren Geschichte auf Grund der geschichtl. Quellen. Dem deutschen Volke namentlich auch der akadem. Jugend, sowie den vaterländ. Vereinen gewidmet. 1. Tl.: Das Zeitalter des Großen Kurfürsten nebst dem Zeitraum der Gründg. des preuß. Königtums. Hauptsächlich nach Pufendorf (De rebus gestis Friderici Wilhelmi Magni etc.); auch m. Benützg. der „Urkunden u. Aktenstücke zur Geschichte des Kurfürsten Friedrich Wilhelm ꝛc."; nebst Ranke „Über d. Epochen d. neueren Geschichte". (VI, 106 S.) 8. Berlin (910). Liebheit & Thiesen. — 90

Sevin, L., Elementarbuch der englischen Sprache, nach der analyt. Methode bearb. 1. 2. Tl. gr. 8. Karlsruhe 888. 889. J. Bielefeld's Verl. n. 3. 40
1. (IV, 111 S.) n. 1.—. — 2. (IV, 238 S.) n. 2. 40.

— Elementarbuch der englischen Sprache, nach der analyt. Methode bearb. 1. u. 2. Tl. gr. 8. Karlsruhe 902. Freiburg i/B., J. Bielefeld. Geb. in Leinw. n. 4. 60
1. Lautlehre; der einfache Satz nebst der regelmäß. Formenlehre. 2., völlig umgearb. Aufl. (IV, 166 S.) 902. n. 1. 80
2. 2. völlig umgearb. Aufl. (VIII, 228 S.) 905. n. 2. 80

Sevin, Ludw., Elemente der deutschen Grammatik für die Unterklassen der Mittelschulen. 2. Aufl. 8. (32 S.) Pforzheim 872. Riecker. *

Sevin, Ludw., Elemente der deutschen Grammatik f. die Unterklassen höherer Lehranstalten. 3. Aufl erweitert durch e. Anh.: Wortbildungslehre, bearb. v. Herm. Sevin. gr. 8. (36 S.) Pforzheim 875. Riecker. n. — 50

Sevin, Ludw., Elemente der deutschen Grammatik für die Unterklassen höherer Lehranstalten. 4. Aufl., erweitert durch zwei Anhänge: I. Wortbildungslehre [von Herm. Sevin]. II. Aufgabensammlung. 8. (44 S.) Pforzheim 878, Riecker's Buchh. — 60

Sevin, Ludw., Elemente der deutschen Grammatik für die Unterklassen höheren Lehranstalten. Mit 2 Anhängen: I. Wortbildungslehre [von Herm. Sevin]; II. Aufgabensammlung. 5. Aufl. (47 S.) 1880; 6. Aufl. gr. 8. (45 S.) Pforzheim 883, Riecker's Buchh. * — 60

—— Elemente der deutschen Grammatik für die Unterrichtsklassen höherer Lehranstalten. Mit 2 Anhängen: I. Wortbildungslehre [von Herm. Sevin]; II. Aufgabensammlung. 7. Aufl. gr. 8. (V, 56 S.) Tauberbischofsheim 888, Lang. * — 85

— Elemente d. deutschen Grammatik f. d. Unterklassen höh. Lehranstalten. 8. Aufl. gr. 8. (IV, 54 S.) Karlsruhe 895. J. Lang. n. — 85

— Elemente der deutschen Grammatik f. die Unterklassen höherer Lehranstalten. 10. Aufl. gr. 8. (IV, 54 S.) Karlsruhe 902. J. Lang. n. — 85

— Elemente der deutschen Grammatik f. die Unterklassen höherer Lehranstalten. 11. Aufl. (IV, 50 S.) 8. Karlsruhe 904. J. Lang. n. — 85

— Elemente der deutschen Grammatik für die Unterklassen höherer Lehranstalten. 13. Aufl. (in neuer Bearbeitg.). (IV, 60 S.) 8. Karlsruhe 908. J. Lang. — 85

— Elemente der deutschen Poetik f. h. Bürger- u. Töchter-Schulen. gr. 8. (32 S.) Ebend. 876. n. — 50

— Elemente der deutschen Poetik für höh. Bürger- u. Töchterschulen. 2. Aufl. gr. 8. (32 S.) Ebend. 879. n. — 50

Sevin, Ludw., Elemente der deutschen Poetik. 3. Aufl. gr. 8. (34 S.) Karlsruhe 894. J. Lang. n. — 50

— Erzählungen aus der deutschen Geschichte, — Erzählungen aus der Weltgeschichte, } s. Andrä, J.C.

— s.: Goethe's ältere Zeitgenossen.

— Grundriß der Weltgeschichte, s.: Andrä, J. C.

— Lehrbuch d. Weltgeschichte, s.: Andrä, J. C.

— kurzer Lehrgang der Geschichte f. höhere Mädchenschulen, s.: Andrä, J. C.

— Leitfaden der deutschen Geschichte, s. Andrä, J. C.

Sevin, Ludw., Literaturgeschichtliches Lesebuch, s.: Auswahl für die Schule aus den größeren Werken deutscher Dichter.

—— englische Leseschule und Elementar-Grammatik. 2 Thle. 8. Tauberbischofsheim 880, Lang. [1. Thl. (52 S.) * 40 Pf.; 2. Thl. (VII, 179 S.) * M 1,60.] cart. * 2 —

— s.: Meisterwerke der deutschen Litteratur.

— geschichtliches Quellenbuch. E. Sammlg. v. Quellenschriften f. d. Schulgebrauch. 8 Bdchn. 8. Leipzig, R. Voigtländer. à n. — 60
1. Die Völker d. Morgenlandes u. d. Hellenen bis z. Ende der Perserkriege. (80 S.) 895.
2. Die Hellenen seit d. Ende d. Perserkriege (bis zum Tode Alexanders d. Gr.) (80 S.) 895.
3. Die Römer nebst d. Anfängen d. Germanen (bis 375 n. Chr.). (88 S.) 895.
4. Völkerwanderg., Frankenreich u. Anfänge d. deutschen Reiches (bis z. J. 919). (80 S.) 895.
5. D. deutsche Reich unt. d. sächsischen, d. fränkischen u. d. hohenstauf. Kaisern (919—1254). (80 S.) 896.
6. Vom Mittelalter zur Neuzeit (1254—1556). (84 S.) 896.
7. Vom Ende Karls V. bis z. Regierungsantritt Friedrichs d. Großen (1556—1740). (79 S.) 896.
8. Vom Regierungsantritt Friedrichs d. Großen bis z. Wiedererstehen d. deutschen Reiches (1740—1871). (112 S.) 896.

— geschichtliches Quellenbuch. Eine Sammlg. v. Quellenschriften f. den Schulgebrauch. 1.—4. Bdchn. 8. Leipzig, R. Voigtländer. à n. — 60
1. Die Völker des Morgenlandes u. die Hellenen bis zum Ende der Perserkriege 2. Aufl. (80 S.) 901.
2. Die Hellenen seit dem Ende der Perserkriege (bis zum Tode Alexanders d. Gr.). 2. Aufl. (80 S.) 902.
3. Die Römer nebst den Anfängen der Germanen (bis 375 n. Chr.) 2. Aufl. (88 S.) 902.
4. Völkerwanderung, Frankenreich u. Anfänge des deutschen Reiches (bis z. J. 919). 2. Aufl. 8. (80 S.) 902.

— geschichtliches Quellenbuch. Eine Sammlg. v. Quellenschriften f. den Schulgebrauch. 5.—10. Bdchn. 8. Leipzig, R. Voigtländer. à n. — 40

5. Das Deutsche Reich unter den sächsischen, den fränkischen u. den hohenstauf. Kaisern (919—1254). 2. Aufl. (80 S.) 903.
6. Vom Mittelalter zur Neuzeit (1254—1556). 2. Aufl. (80 S.) 903.
7. Vom Ausgang Karls V. bis zum westfälischen Frieden (1556—1648). 2. Aufl. (72 S.) 903.
8. Vom westfäl. Frieden bis zum Regierungsantritt Friedrichs des Großen (1648—1740). 2. Aufl. (80 S.) 903.
9. Vom Regierungsantritt Friedrichs des Großen bis zum Frieden von Tilsit (1740—1807). 2. Aufl. (80 S.) 903.
10. Vom Frieden v. Tilsit bis zum Wiedererstehen des Deutschen Reiches (1807—1871). 2. Aufl. (84 S.) 903.

— Geschichtl. Quellenbuch. Eine Sammlg. v. Quellenschriften, für den Schulgebrauch hrsg. 1.—7., 9. u. 10. Bdchn. 8. Leipzig, R. Voigtländer. à — 60

1. Die Völker des Morgenlandes u. die Hellenen bis zum Ende der Perserkriege. 4. Aufl. (80 S.) 909.
2. Die Hellenen seit dem Ende der Perserkriege (bis zum Tode Alexanders d. Gr.) 4. Aufl. (80 S.) 910.
3. Die Römer nebst den Anfängen der Germanen (bis 375 n. Chr.). 4. Aufl. (85 S.) 910.
4. Völkerwanderung, Frankreich u. Anfänge des Deutschen Reiches bis z. J. 919. 4. Aufl. (80 S.) 910.
5. Das Deutsche Reich unter den sächs., den fränk. u. d. hohenstauf. Kaisern (919—1254). 4. Aufl. (80 S.) 910.
6. Vom Mittelalter zur Neuzeit (1254—1556). 3. Aufl. (80 S.) 907.
7. Vom Ausgang Karls V. bis zum westfälischen Frieden (1556—1648). 3. Aufl. (85 S.) 908.
9. Vom Regierungsantritt Friedrichs des Großen bis zum Niedergang Napoleons (1740—1812). 3. Aufl. (83 S.) 909.
10. Vom deutschen Befreiungskrieg bis zum Tode Kaiser Wilhelms I. (1813—1888). 3. Aufl. (83 S.) 909.

Sevin, Ludwig, aus Konstanz: Das System der preußischen Geheimpolitik vom August 1790 bis zum Mai 1791. *Berlin: A. Duncker 1903.* (46 S.) 8° ¶(Erscheint vollst. in: Quellen u. Untersuchungen zur Gesch. d. Hauses Hohenzollern.)
Heidelberg, Phil. Diss. v. 1903

Sevin, L., kurzes System der französischen Grammatik für die untersten Klassen der höheren Bürgerschulen u. für erweiterte Volksschulen (zum Gebrauch neben den sogen. „praktischen" Elementarbüchern von Ahn, Seyerlen u. a.) Pforzheim 868. (Riecker.) gr. 8. (IV, 40 S.) 7½ ngr.

—— das Ur-Evangelium und die ältesten Sammlungen der Aussprüche Jesu, nach den neuesten Resultaten der Wissenschaft in deutscher Uebersetzung zusammengestellt für gebildete Laien. gr. 8. (VIII, 79 S.) Müllheim i. Bad. 875, Schmidt. *

— Vorstufe zu d. Elementarbuch d. engl. Sprache. Engl. Lautlehre in Beispielen. M. 2 Anhängen: I. Questions and answers v. Phil. Lenz. II. Lieder zum Singen. gr. 8. (32 S.) Karlsruhe 896. J. Bielefeld's Verl. Kart. n. — 30

Vaterländischer Schriftenverband (V. S. V.). Wird Deutschland durch seine 'Rüstungen' wirtschaftlich geschädigt? Hemmen sie seine kulturelle Entwicklung? Ein Fehdehandschuh allen, die es behaupten. Von Dr. Ludwig **Sevin**. Berlin: Schriftenverband 1910. 11 S. 8°
(Flugschriften des V. S. V. 11.) [11. 4783]

Das Zeitalter des Großen Kurfürsten nebst d. Zeitraum d. Gründung d. preuß. Königtums. Von Ludwig **Sevin**. Hauptsächl. nach Pufendorf (De rebus gestis Friderici Wilhelmi Magni etc.); auch m. Benützung d. 'Urkunden u. Aktenstücke z. Geschichte d. Kurfürsten Friedrich Wilhelm etc.' nebst Ranke 'Über die Epochen d. neueren Geschichte.' Berlin: Liebheit & Thiesen [1910]. VI, 100 S. [illegible]
(Sevin: Bilder aus d. neueren Geschichte. T. 1.) [10. 1913]

Sevin, Otto: **Beitrag** zur Kenntnis von sieben- und mehrgliedrigen heteroatomigen Ringen. *Heidelberg 1902: K. Rößler.* (54 S.) 8°
Heidelberg, Naturw.-math. Diss. v. 1902

Sevoy, Frz. Hyac., Geist d. Kirche; od. d. Pflichten d. Klerus. A. d. Franz. v. K. Zwickenpflug. 4 Bde. gr. 8. (87 B.) Regensburg 841, Manz.

Sevrac, Hubert von, ein Roman aus dem achtzehnten Jahrhundert, aus dem Engl. der Mistriß Robinson, 1r Theil, 8. Halle, 797. Ruff. 1 Rthl.

Sevrac, Hubert von, e. Rom. aus d. 18ten Jahrh., a. dem Engl. d. Miß Robinson. 2 Thle. 8. Halle, Ruff 797. 98. (I. 1 Rthlr. II. 20 gr.)

Sevrin, Charles Augustin, s. Sewrin, Charles Augustin.

Sewald, Joh. Fr., Reise von Halle nach Venedig in Begleitung d. Kanzlers D. Aug. Herm. Niemeyer u. d. Kanonicus Aug. Lafontaine. Humorist. bearb. v. G. M. S. Fischer. 8. (10 B. u. ill. Titkpfr.) Halle 833, Bachran u. Dietlein jun. (Leipzig, Lauffer.)

Seward, A. W. M., Gespräche eines Vaters mit seinen Kindern üb. das heil. Land, od. Geographie v. Palästina in Unterredungen, mit beständ. Hinweisung auf die heil. Schrift, u. m. vielen lehrreichen Bemerkungen rc. 12. (Mit 1 Kärtchen.) Hamburg 846, Nestler u. Melle. n. ⅓ ₰

Permo-carboniferous plants and vertebrates from Kashmir. By A[lbert] C[harles] **Seward**, Lecturer, Cambridge, and A[rthur] Smith Woodward, Brit. Mus. Pl. 8 to 10. Calcutta: Off. of the Geol. Survey; Berlin: Friedländer & Sohn 1905. (13 S.) 4° [Umschlagt.]
— **Memoirs** of the Geological Survey of India. Palaeontologia Indica. N. S. Vol. 2, No 2. [07 [illegible]]

Seward, Theodore F., geistige Erkenntnis od. Bibel-Sonnenschein. Das geistige Evangelium Jesu Christi. Ins Deutsche übers. v. A. M. (XIV, 194 S.) 8. Leipzig (904). Lotus-Verlag. n. 3. —; geb. n. 4. —

— wie wir Gott können lernen. Die Bedeutung der christlich wissenschaftl. Bewegg. Ins Deutsche übers. v. A. M. (XV, 90 S.) 8. Ebd. (905). n. 2. —; geb. n. 3. —

Seward, Will. H., der Telegraph um die Erde. Zur Verbindung der östl. u. westl. Halbkugel in der Richtung über Moskau, den Amur, die Behringstrasse, brittisch Columbia u. Californien. Aus dem Engl. übers. von Cl. Gerke. Hamburg 865. O. Meissner. gr. 8. (60 S. mit 1 lith. Karte in 4.) 12 ngr.

Seward Journal: 1899 – Dec. 3, 1931.
1899 – 1912 as Nebraska Deutsche Farmerzeitung.
1913 – June 1918 Deutsches Journal.
1899 – June 1918 published in German.
1918 – 1931, English
Seward, NE

Sewel, Will., Geschichte von d. Ursprunge, Zunehmen u. Fortgange d. Quaker bis auf d. Regierung Georgs II. a. d. Engl. Fol. Leipz. (Frommann in Jena.). 742.

Sewell, Mrs., des Vaters Fürsorge. Eine Erzählung für Jung und Alt. Aus dem Engl. übers. von J. Clark. 1. und 2. Aufl. gr. 16. (32 S.) Basel 878,79, Spittler. * — 20

— dasselbe. 2. Aufl. 12. (32 S.) Ebend. 880. n. — 30

— — die letzten Worte der Mutter, s. Beispiele des Guten in Erzählungen und Lebensbildern.

Sewell, Anna, black beauty, hrsg. v. Heinr. Saure, s.: Authors, modern English. VIII.

Sewell, Anna, black beauty, s.: Schulbibliothek, französische u. englische.

— „Raabe". Die Lebensgeschichte e. Pferdes, v. ihm selbst erzählt. Nach „Black Beauty", Autobiography of a Horse. 187. Tausend., aus dem Engl. frei übers. u. bearb. 8. (106 S. m. 1 Abbildg.) Leipzig 894. P. Hobbing. n. — 80

Sewell, A., „Rabe". D. Lebensgeschichte e. Pferdes, v. ihm selbst erzählt. Für deutsche Leser bearb. Uebersetzg. v. „Black Beauty", Autobiography of a Horse. 2., durchgeseh. Aufl. (3.—5. Taus.) 8. (III, 144 S. m. Titelbild.) Stuttgart 896. Hobbing & Büchle. n. — 80; kart. n. 1. —

— „Rabe". Die Lebensgeschichte e. Pferdes, v. ihm selbst erzählt. Uebersetzung v. „Black Beauty", f. deutsche Leser frei bearb. 5. Abdr. (9. u. 10. Taus.) Feine Ausg. m. 8 Abbildgn. im Text u. 12 v. Karl Wagner gezeichneten Tafelbildern. gr. 8. (IV, 144 S.) Stuttgart 902. Hobbing & Büchle. Geb. in Leinw. n. 2. —

Sewell, A., „Rabe". Die Lebensgeschichte e. Pferdes, v. ihm selbst erzählt. Deutsche Bearb. der engl. Schrift: „Black Beauty". 6. Abdr. (11.—20. Taus.) (III, 144 S. m. 3 Abb.) 8. Stuttgart (902). Darmstadt, P. Hobbing. n. — 50; kart. m. 4 Vollbildern n. 1. —

Sewell, A., „Rabe". Lebensgeschichte e. Pferdes, v. ihm selbst erzählt. Deutsche Bearbeitg. v. S's. Schrift: „Black beauty" durch M. v. Kraut. 7. durchgeseh. Abdr. (21.—25. Taus.), m. 2 kleinen u. 12 ganzseit. Abbildgn., gezeichnet v. Karl Wagner. (IV, 148 S.) 8. Darmstadt (910). Steglitz, P. Hobbing. 1.—; geb. 1. 60

Sewell, A., schön Schwarzhärchen. Lebensbeschreibung e. Pferdes. Nach der 28. Aufl. d. Originals übertr. v. Wilh. Engelbrecht. 8. (VI, 216 S.) Dresden 891. Brandner. n. 1. 75; geb. n.n. 2. 50

Sewell, Clare, und Alb. Pell, Bericht über den Agrikulturzustand der Vereinigten Staaten und Kanada. Uebers. von E. C. Madden. Vorbemerkung von H. Thiel. gr. 8. (140 S.) Berlin 881, Parey. * 4 —
Aus: Landwirthschaftliche Jahrbücher, besonders abgedruckt.

Sewell, Elizabeth M.

Sewell, E. M. Milda Herzen's Erfahrungen im Dienst. Übers. von Fanny Birndt. 8. (235 S.) [Dresd. 891.] Charlottenb., Brandner. * 1 75; geb. * 2 60

Sewell, E., Amy Herbert, s. Collection of British authors.

— Emmy Herbert. Jüngeren Töchtern gewidmet. Eingeleitet von G. H. v. Schubert. 2. Aufl. Stuttgart 858. J. F. Steinkopf. 8. (421 S.) 1 ℛ.

—— the journal of a home life, s. Collection of British authors.

Sewell, E., after Life, s. Collection of British Authors.

Sewell's, E., ausgewählte Schriften. Eingeleitet von G. H. v. Schubert. 1. und 2. Bd. 8. Stuttgart, J. F. Steinkopf. à Bd. 1 Thlr.

Inhalt:
Bd. 1. Emmy Herbert. Jüngeren Töchtern gewidmet. (421 S.) 858.
" 2. Tante Sarah oder Lebens-Erfahrungen. (382 S.) 860.

Sewell's, E., ausgewählte Schriften. Eingeleitet von G. H. v. Schubert. Aus d. Engl. 1—5. Bd. Stuttgart, J. F. Steinkopf. 8. 4 ℛ 18 ngr.
1. Bd.: Emmy Herbert. Jüngeren Töchtern gewidmet. 3. Aufl. 864. (423 S.) 1 ℛ
2. Bd.: Tante Sarah oder Lebens-Erfahrungen. 860. — 2. unveränd. Aufl. 862. (382 S.) 1 ℛ
3. Bd.: Gertrud oder stiller Einfluß. (481 S.) 1863.
4. Bd.: Das Pfarrhaus zu Laneton. Eine Erzählung für jüngere Töchter. 864. (169 S.) 12 ngr.
5. Bd.: Ursula. Eine Dorfgeschichte. 865. (527 S.) 1 ℛ 6 ngr.

Sewell's, E., ausgewählte Schriften. Eingeleitet von G. H. v. Schubert. Von der Verf. autoris. deutsche Uebertragung. 1—4. 6—10. Bd. Stuttgart, J. F. Steinkopf. 8. 9 ℛ 12 ngr.
1. Bd. Emmy Herbert. Jüngeren Töchtern gewidmet. 4. Aufl. (423 S.) 1870. 1 ℛ
2. Bd. Tante Sarah oder Lebens-Erfahrungen. 3., unveränd. Aufl. (382 S.) 866. 1 ℛ
3. Bd. Gertrud oder stiller Einfluß. Eine Erzählung. 2. Aufl. (462 S.) 867. 1 ℛ
4. Bd. 1. Abthl. Das Pfarrhaus zu Laneton. 1. Thl.: Zu Hause. Eine Erzählung für jüngere Töchter. 2. Aufl. (168 S.) 866. 12 ngr.
4. Bd. 2. Abthl. — 2. Thl.: Das Institut. Eine Erzählung für jüngere Töchter. (174 S.) 866. 12 ngr.
6. Bd. Katharina Ashton. Eine Erzählung. (440 S.) 866. 1 ℛ
7. Bd. Ein Blick in die Welt. Eine Erzählung. (312 S.) 867. 24 ngr.
8. Bd. Ein Tagebuch aus dem häuslichen Leben. 1. Thl. Erzählung. (300 S.) 868. 24 ngr.
9. Bd. Entwickelungen. Fortsetzung des Tagebuchs aus dem häuslichen Leben. Eine Erzählung. (390 S.) 869. 1 ℛ
10. Bd. Schloß Cleve. Eine Erzählung. (410 S.) 869. 1 ℛ

Sewell's, Elis. M., ausgewählte Schriften. Eingeleitet v. G. H. v. Schubert. Von der Verf. autoris. deutsche Uebertragg. 11. Bd. 8. Stuttgart 875. J. F. Steinkopf. 4. —; geb. n. 5. — (1—11: 32. 80)
Ivors od. die Cousinen. Eine Erzählg. (472 S.)

Sewell's, Elis., ausgewählte Schriften. Eingeleitet von G. H. v. Schubert. Von der Verf. autoris. deutsche Uebertragung. 1. Bd.: Emmy Herbert. Jüngeren Töchtern gewidmet. 5. Aufl. 8. (423 S.) Stuttgart 884, J. F. Steinkopf. 3 —
geb. * 4 —

Sewell's, Elis., ausgewählte Schriften. Eingeleitet von G. H. v. Schubert. Von der Verfasserin autoris. deutsche Uebertragung. 4. Bd.: Das Pfarrhaus zu Laneton. Eine Erzählung für jüngere Töchter. 2. Aufl. 8. (341 S.) Stuttgart 885, J. F. Steinkopf. ℳ 2.40.; geb. * 3 40
1.—3. und 5.—11. Bd. Ebendas. 1864—1884. * ℳ 30.40.; geb. * ℳ 40.40.

Sewell's, Elis., ausgewählte Schriften. Eingeleitet von G. H. v. Schubert. 2. Bd. 8. Stuttgart 894. J. F. Steinkopf. Geb. in Leinw. n. 4. —
Tante Sarah od. Lebenserfahrungen. 4. Aufl. (387 S.)

— Ursula, s. Collection of British authors.

Sewell, Margaret: Von welchen Bedingungen ist eine wirksame Armenpflege abhängig? Vortr., geh. zu Bristol vor e. Versammlung von Armenpflegerinnen. Autor. Übers. v. Jeannette Schwerin. — Berlin: Dümmler 1897. 16 S. 8°

Seweloh, Karl, Ueber Gemeinheits-Theilungen im Allgemeinen und in bes. Rücksicht für die dabei angestellten Feldmesser. Mit 5 Kpf. gr. 8°. Hildesheim, Gerstenberg, 1805.

SEWELOH, Karl: Gränzrevision und Gränzregulirung in rechtlicher und mathematischer Hinsicht bearbeitet. - Fulda 1808. 200 S., 1 Kt.

Seweloh, C., Gränzrevision u. Gränzregulirung in rechtl. u. mathemat. Hinsicht, mit 2 Chart. 8. Weimar, Ind. Comt. 812.

Seweloh, C., Grenzrevision und Grenzregulirung rc. s.
Ist jetzt Verlag von Gebr. Hahn in Hannover

Sewen, M., Studien üb. die Zukunft d. Geldwesens. gr. 8. (VIII, 91 S.) Leipzig 892. Duncker & Humblot. n. 2. —

Sewening, Joan. Christian. (geb. Bielefeld 1826): De uteri gangraena. Berolini (1850). (27 S.) 8°
Berlin, Med. Diss. v. 16. Mai 1850

Sewera, Ernst Zur lexikalischen Bedeutung der mhd. Partikel ge-. Im Anhang ein Verbalverzeichnis. [Verzeichnis der bei Wolfram vorkommenden mit ge- componierten Verba]. (Umschlagtitel: Über die Partikel ge- vor Verben. (Schluſs.)) 8 (29 S.).
Progr. K. k. Staats-G. *Ried* 1891.

—: Zur Formenlehre der griechischen Schulgrammatik. (Schluſs.) 8 (20 S.). Progr. K. k. Staats-G. *Ried* 1896. 1897.

Sewera, Ernst Über die Partikel *ge-* vor Verben in der Sprache Wolframs von Eschenbach. (Umschlagtitel: Über die Partikel *ge-* vor Verben.) 8 (19 S.). Progr. Staats-G. *Ried* 1890.

Sewera, Ernst: Katalog der Lehrer-Bibliothek. 8 (59 S.).
Progr. K. k. Staats-G. *Ried* 1898.

Sewera, Ernst: Katalog der Lehrerbibliothek des k. k. Staats-Gymnasiums zu Linz. IV. Teil: XI—XVII. (Schluß.) 1905. 1 Bl.. 28 S. 8. Progr. K. k. Staats-Gymn. *Linz* 1901. 1905.

Sewera, Ernst (Hrsg.), s. Lysias: Reden gegen Eratosthenes u. über d. Ölbaum.

Sewera, Ernst Professor Victor Schaller. Nekrolog. 8 (S. 15—17).
Progr. K. k. Staats-G. *Ried* 1893.

Sewera Ernst: Zu den Verbalformen der griech. Schulgrammatik. 35. Ried. 96.
Progr.

Sewera, Theodor

Geschichte des d. Communal-UG. zu Gaya vom Jahre 1869 bis 1887 v. Th. Sewera. 14. 1887.
Progr.

Sewera Theodor: Geschichte des R. G. zu Prachatitz. 70. Prachatitz 97.
Progr.

Sewera Theodor: Zur Lehre vom Quotienten. 19. Prachatitz 01.
Progr.

Sewera Th.: Theorie der ebenen rationalen Curven III. Ordnung. I. Th. 17 mit 44 Fig. Brünn I.881. II. Theil. 11 m. 1 Tafel. Gaya887.
Progr.

Sewertzow, A. N., üb. einige Eigenthümlichkeiten in der Entwicklung u. im Bau d. Schädels v. Pelobates fuscus. [Aus: „Bulletin de la soc. imp. des naturalistes de Moscou".] gr. 8. (18 S. m. 11 Fig.) Moskau 891. (Berlin, R. Friedländer & Sohn.) n. 1. 50

Sewertzoff, A., d. Entwickelg. d. Occipitalregion der niederen Vertebraten im Zusammenhang m. d. Frage üb. d. Metamerie d. Kopfes. [Aus: „Bullet de la soc. imp. des naturalistes de Moscou".] gr. 8. (99 S. m. Abb. u. 2 farb. Taf) Moskau 895. (Berlin, R. Friedländer & Sohn.) n.n. 5. —

Sewertzoff, A. N., Studien zur Entwickelungsgeschichte des Wirbelthierkopfes. I. Die Metamerie des Kopfes des electr. Rochen. gr. 8. (S. 197—445 m. 4 Taf.) Moskau 898. (Berlin, R. Friedländer & Sohn.) n.n. 6.—
Sonderabdruck aus: „Bull. des natur. de Moscou".

Seweryna, G., Słowo o poświęceniu. 16. Poznań 845. (Leipzig, Brockhaus u. Avenarius.) n. 1/2 ℛ

Sewerzow, Nikolai Alexejewitsch

(Sewerzow, N.): N. Sewerzow's Erforschung des Thian-schan-Gebirgs-Systems 1867. Nebst kartographischer Darstellung desselben Gebietes und der See'nzone des Balkasch-Alakul und Siebenstromlandes nach den Originalen und offiziellen russischen Aufnahmen von August Petermann. 1. u. 2. Hälfte. Mit je einer chromolithographirten Karte. Gotha 1875. 1 Bd. VI. 50 S., 1 Krt.; (II). 102 S., 1 Krt. = Ergänzungshefte zu Petermann's Geographischen Mittheilungen. No. 42 u. 43. 8°. [Z 25

Sewerzow's, N., Erforschung d. Thian-Schan-Gebirgssystems, s. a. Mittheilungen aus J. Perthes' geograph. Anstalt.

Sewett, Arth., s. a.: Brausewetter, Arth.

Sewett, Arth. (Arth. Brausewetter), der Armenpastor. Ein sozialer Roman. 8. (227 S.) Dresden 899. E. Reißner. n. 3. —; geb. n. 4. —

Die Eisrose. Novellen von Arthur Sewett [d. i. Brausewetter]. Berlin: E. Fleischel & Co. 1907. (212 S.) 8° [F.] 07. 118

— Die Eisrose. Novellen. 2. Aufl. (VII, 212 S.) 8. Berlin 907. E. Fleischel & Co. 2. –; geb. 3. —

Sewett, Arth., das Glück u. and. Novellen. 8. (VII, 223 S.) Leipzig 898. E. Keil's Nachf. 3. —; geb. in Leinw. n. 4. —

Sewett, Arth. (Arth. Brausewetter), die Halbseele. Roman in 2 Büchern. 2 Tle. in 1 Bd. (227 u. 207 S.) 8. Berlin 903. O. Janke. n. 4. —

— die Kirche siegt! Roman. (296 S.) 8. Ebd. (904.) n. 3. —

— Die Kirche siegt, neue Ausg., s.: Brausewetter, Arth.

— Königin Lear. Roman. 2 Tle. in 1 Bde. (238 u. 152 S.) 8. Ebd. (905). n. 4. —

— Königin Lear, neue Ausg., s.: Brausewetter, Arth.

— zwei Welten. Roman. gr. 8. (239 S.) Ebd. 902. n. 3. —; geb. n. 4. —

Sewill's, Henry, Irregularität und Krankheiten der Zähne. Deutsch von Aug. Kühner. gr. 8. (V, 75 S. mit 18 eingedr. Holzschn.) Berlin 870, Hirschwald. *

Sewing Machine World: 1888t—1891t
Quarterly trade journal, published in English, German, French and Spanish. Large quarto, each issue 32–40 pages. Circulation: 1890, 10,000. Published by Emile James, 1888—91.
New York, NY

Sewrin, Charles Augustin

BRICK Bolding, oder Was ist das Leben? Ein englisch-fransösisch-italienischer Roman (nach d. Französ des *C. A. B. Sewrin* von Carl Ludw. Methusalem Müller). 2 Thle. Mit Titelkpfrn. (von G. Boettger sen.). Leipzig, bey Salomo Lincke. 1800. 8°.
1: TK., VI—239 S. 2: TK., 1 Bl., 232 S. — Freien Inhalts u. sehr selten! (Fehlt im Anon.-Lex.)
Orig.: Brick Bolding ou qu'est-ce que la vie. Roman Anglo-Franco-Italien. 3 tomes. Avec 3 frontisp. curieux (n. signés). A Paris, Cailleau, an VIII. (1800.) 16°. (6 Mk. 50 Pfg. [seulement t. 1 et 3] Hugendubel, München, c. 1903.) 173, 152, 151 pp. (de plus 1 page d'avis de l'éditeur).
— — Dasselbe, titulo: Neuer fransösisch-italienisch-englischer Robinson oder Geschichte eines Abentheuers (sic!) durch Zufälle und Schicksale. 2 Thle. Carlsruhe 1801. 8°. 239+230 Seiten.

Sewerin, ..., die Franziskaner in M.; aus d. Französ. 8. Nürnb. 804. Felssecker.

Sevrin (= Sewrin). — Die Franziskaner zu M*** eine wahre Begebenheit. Aus d. Französ. des *Sevrin* (!) übersetzt. Frankfurt und Leipzig 1805. 8°. Rar!
Gmähle's Leihbibl.-Cat. in München, Nr. 4903.

Sewrin, d. Freunde Heinrichs IV. (d'Aubigné, Sully, Biron u. Mornay) a. d. Franz. m. Kpf. 3 Bde. 8. Leipzig, Schiegg. 806.

Sewrin, Ch. Aug. Die Freunde Heinrichs IV., T. A. d'Aubigné. Sully, Biron und P. de Mornay. A. d. Französ. von Joh. Ant. Wigesner. 3 Bde. 8. Leipzig 1806. — 3 Bde. 8. ib. 1810.

Sevrin, Charles Augustin. Die Freunde Heinrich des Vierten; a. d. Franz. . . . Leipzig 1806. Ü: *Gessner, Joh. Ant. Wilh.* (Ky) (MGT)

Sewrin, d. Freunde Heinrichs IV. 3 Bde. m. Portr. neue Ausg. 8. Leipz. Schlegg. 811.

Sewrin, jadis et aujourd'hui. Op. buffon en 1 A. 8. Rudolst. 811 Hofbuchh. 4 gr

Sewrin, Charles Augustin: Neuer . . . Robinson, s. Sewrin: Brick Bolding.

Sex, Mr., sur la fortification permanente pour servir à la construction d'un front de fortification sur le terrain. Nouv. édit. avec fig. et 1 Atlas. gr. 4. St. Petersb. 819. Pluchart. 6 ℛ

Sexau, Richard: Der Tod im deutschen Drama des 17. und 18. Jahrhunderts (von Gryphius bis zum Sturm und Drang). Ein Beitrag zur Literaturgeschichte. Bern 1906. IV + 120 S. 8°. S.-A. a. d. Untersuchungen zur neueren Sprach- und Literaturgeschichte. Heft 9. [30. XI. 05.]
Bern, Phil. Diss. 1906/1907.

Sexau, Richard. Der Tod im Deutschen Drama des 17. und 18. Jahrhunderts ⟨von Gryphius bis zum Sturm und Drang⟩. Ein Beitrag zur Literaturgeschichte. 8.
Ausg. A (Teil-Ausg.): Diss. Phil. Bern ... von R'S'. IV + 120 S. Bern, Buchdr. Büchler & Co., 1906.
Ausg. B: ... von Dr. R'S'. XVI + 262 S. Bern, Verlag A. Francke, 1906. (fr. 6.50.) — Untersuchungen zur neueren Sprach- und Literaturgeschichte. Hrg. von Professor Dr. Oskar F[ranz] Walzel. Heft 9....

Sexauer, Alb., Anna. Aus dem Tagebuch eines jungen Deutschen. (91 S.) 8. Strassburg 906. J. Singer. n. 2. —

Sexauer, Fritz, s.: Für Naturfreunde.

Sexauer, Fritz, pract. Arzt aus Hachenburg ⟨Westerwald⟩: Eine Continuitäts-Resection bei einem Fall von Oberarmsarcom. *Bonn 1899: C. Georgi.* (27 S.) 8°
Bonn, Med. Diss. v. [4. Aug.] 1899

— Vom „Welträtsel Mensch!" Eine popul. Studie. (111 S.) gr. 8. Ebd. 909. 1.50

— Unseren Söhnen! Worte der Aufklärg. (45 S.) 8. Stuttgart 909. M. Kielmann. — 80

Sexauer, Hermann: Der Sprachgebrauch des Romanschriftstellers Achilles Tatius. Karlsruhe 1899: G. Braun. (78 S.) 8°
Heidelberg, Phil. Diss. v. [12. Jan.] 1899

Sexstetter, Ägidius

Sexstetter, Aeg., Beyträge z. Geschichte der böhm. u. mährisch. Brüder od. Herrnhuter. gr. 8. Prag, Mangold. 781.

Sexstetter, Aeg., Beitr. zur Geschichte der Böhm. u. Mähr. Brüder od. Herrnhuter. gr. 8. Prag 782. Mangold. 16 gr

Sexstetter, Ägidius, Gründliche Darstellung christlicher Glaubenswahrheiten zur heilsamen Warnung vor der überhandnehmenden heutigen Freidenkerei und den französischen Ausschweifungen. Prag. Buchler, 1794. 8°. 271 S.

— — dasselbe. gr. 8. Fulda. (Stahel in Würzb.) 797.

— exercitatio juridica de eo, quod merae est facultatis. 4. Prag 763.

— doctrinae probabilioris theoria et praxis in sacro poenitentiae tribunali ad systema redacta. 8. Prag 771.

Sextener Dolomiten [Schlagwort]

Sextener Dolomiten, s.: Alpen. Detailkarten.

Sextet, das schnurrige, od.: Lachen erregender Wettstreit nationaler Witzfunken, Aus- u. Einfälle, Anekdoten, Naivitäten, Späße, Bonmots u. allerlei, das Zwerchfell erschütt. Possen u. Schnaken rc. An's Licht gestellt durch Semper Lustig rc. 8. ($10^{1}/_{2}$ B.) Leipzig 836, [Jackowitz.] Thlr.

Sexton, Georg (London)
Hollingsworth and modern poetry.
London 1858. vorh. British Museum
Dr. phil. Giessen 4.9.1858.
[lt. Dekanatsbuch zur Promotion eingereicht.]

Sextro, Bernhard: Abraham a Sancta Clara. E. Skizze. Sigmaringen, M. Liehner'sche Hofbuchdr., 1896; 1—26 S., 1 Portr. 4.
Sigmaringen, k. kath. G, MP 1896 (470)

Sextro, [Bernhard]: [Ansprache an den neu eintretenden Direktor Franz Hester.] S. 31—33. 4.
Progr. Kgl. kath. Gymn. *Sigmaringen* 1909 (629).

Sextroh, H. J., an ex argumentis externis Lucae evang. inspiratio possit probari? Hal. 1789. 4.

Sextroh (Sextro), Heinrich Ph.

— Abriß d. Geschichte Jesu aus den Evangelien Matthäus, Markus, Lukas u. Johannes. gr. 4. Götting. 785. Dieterich. 6 gr

Sextro od. Sextroh, Hnr. Ph., religiöses Andenken an d. verewigte Sophie Charlotte, Königin v. Großbritanien rc., die am 17. Nov. 1818 ihre irdische Laufbahn vollendete. 4. Hannov., (Helwing). 8 gr

— üb. die Beförder. des prakt. Studiums der Geschichte Jesu. gr. 8. Götting. 785. Dieterich. 2 gr

— ein Bekenntniß u. Gelübde f. junge Christen. 8. Königsb. 817.

Sextro oder Sextroh, Hnr. Ph., Ueber die Bildung der Jugend zur Industrie; ein Fragment. 8°. Göttingen, Dieterich, 1785.

— Confirmationshandlung in der Schloßkirche zu Hannover rc. (Aus d. neuen Beitr. zur Kenntniß u. Verbesserung des Kirchen- u. Schulwesens. 1r Bd. 2s Hft. besond. abgedruckt). 8. Hannov. 809. Hahn. 6 gr

— über Materialien zum Religionsvortrage an Kranke. 8. Götting. 782. Dieterich. 2 gr

— üb. Pflicht, Beruf u. Verdienst des Predigers. gr. 8. Götting. 786. Vandenhöck u. R. 2 gr

— Reden an Christen, auf besond. Veranlassungen gehalten. gr. 8. Helmst. 790.

— Progr. Super sententia Christi de Vet. Testament. auctoritate. 8maj. Helmst. 792. Fleckeisen. 6 gr

Sextroh, H. P., die Stimme d. Religion in e. entscheidungsvollen Zeit. Eine Predigt. gr. 8. Hannov. Gebr. Hahn. 815.

— üb. prakt. Vorbereitungsanstalten zum Predigtamte. 8. Götting. 783. Dieterich. 5 gr

— was soll die Beherzigung des Verdienstes u. d. Tugend eines Verstorbenen wirken? Ein Religionsvortrag. gr. 8. Helmst. 797. Fleckeisen. 2 gl

— Zusage d. Confirmanden. verm. Aufl. gr. 8. Helmst. 794. Fleckeisen. 3 gl

Sextus, od. üb. die absolute Erkenntniß v. Schelling; ein Gespräch (von Fr. Berg). gr. 8. Würzb. 804. (Felssecker in Nürnb.) 12 gl

Sextus Empiricus, od. Skepticismus d. Griechen, s. J. G. Buhle.

Sextus Empirikus, s. Hartenstein, Carl.

Sextus Empiricus, Pyrrhoneïsche Grundzüge, s. Bibliothek, philosophische.

Sextus Empiricus. Adversus Mathematicos, decem modorum ἐποχῆς seu Dubitationis .... refutatio. Regiomonti 1734. H: *Thomson, Jacob.* (AarK)

Sextus, Empir., opera omnia graece et latin, c. not. H. Stephani e codicibus manuscriptis contulit, version. emendavit et animadvers. ac. not. add. I. A. Fabricius. fol. Lips. 718.

Sexti, (Empir.) Opera, ex recens. Fabricii, curavit et Commentario illustrav. J. G. Mund. Vol. I. Pars I. 4. Halle 796, Verl. v. Reinicke u. C.

Sexti Empirici Opera graece et latine. Pyrrhoniarum institutionum lib. III. c. Henr. Stephani versione et notis. Contra Mathematicos sive disciplinarum professores, lib. VI. contra Philosophos lib. V. cum versione Gentiani Herveti. Graeca ex Mss. codicibus castigavit, versiones emend. supplevitque et toti operi notas add. Io. Alb. Fabricius. Edit. emend. II Ti. Pyrrhonias institutiones. — Libros contra Mathematicos cont. 8maj. (80 B.) Lipsiae 840, (neu. Ttl. 842.) [T. O. Weigel.]

Sextus Empiricus ex recensione Immanuelis Bekkeri. 8maj. (51¼ B.) Berolini 842, G. Reimer.

Sextus Placitus Papyriensis: De medicamentis ex animalibus liber. Ex recensione et cum notis Johann Christian Gottlieb Ackermann. 112 S., gbd.

Norimbergae et Altorfii: Monath 1788 (Scriptores, Parabilium medicamentorum, antiqui. Tom.2)

Sextus Pythagoricus

Sexti Pythagorici sententiae, s. Gnomica.

Sexti sententiarum recensiones latinam graecam syriacas conjunctim exhibuit Joa. Gildemeister. gr. 8. (LVI, 107 S.) Bonn 873. A. Marcus. n. 4. —

Index scholarvm, qvae svmmis avspiciis Regis Avgvstissimi Gvilelmi II Imperatoris Germanici in vniversitate Fridericia Gvilelmia Rhenana per m. hib. a. 1891—92 ... pvblice privatimqve habebvntvr. — Insunt Sexti Pythagorici sententiae cum appendicibus ab Antonio Elter editae, pars I Sexti sent. 1—451 cum versione Rufini. [Pars II: Einladgsprogr. z. Feier d. Geburtst. S. M. d. Kaisers 1892.] Bonnae, ex C. Georgi typogr. acad., 1891; XXVIII, 15 S., 4 Bl. 4.

Natalicia Regis Avgvstissimi Gvilelmi II Imperatoris Germanici ab vniversitate Fridericia Gvilelmia Rhenana d. XXVII m. Ian. a. 1892 ... pvblice concelebranda indicvnt vniversitatis rector et senatvs. — Insunt Sexti Pythagorici sententiae cum appendicibus ab Antonio Elter editae, pars II Sexti app. s. 452—610 et Clitarchi epitome. [Pars I: Ind. schol. 1891/92.] Bonnae, ex C. Georgi typogr. acad., 1892; 1 Bl., XXXI—XLIII S. 4.

Sexualleben, das, d. Naturvölker. I. Bd. gr. 8. Leipzig (908). Leipziger Verlag. 8. —
Das Sexualleben der Australier u. Ozeanier. Von B. Schidlof. (XVI, 314 S.)

Sexualleben, das, u. d. Pessimismus. II. Neue Beiträge zu Kurnig's Neo-Nihilismus. Dialoge u. Fragmente. gr. 8. (II, 45 S.) Leipzig 898. M. Spohr. n. 1. —

Sexualpädagogik. Verhandlungen d. 3. Kongresses d. Deutschen Gesellsch. z. Bekämpfung d. Geschlechtskrankh. in Mannheim 1907 hrsg. v. Vorstande d. Gesellschaft. Leipzig: J. A. Barth 1907. (XII, 320 S.) 8°
— Zeitschrift z. Bekämpfung d. Geschlechtskrankheiten. Bd 7. (07. 1176)

Sexual-Probleme. Der Zeitschrift „Mutterschutz“ neue Folge. Jg. 4. Hrsg. v. Max Marcuse. — Frankfurt: Sauerländer 1908. 8°
Anfang u. d. T.: Mutterschutz.
Forts. u. d. T.: Zeitschrift f. Sexualwissenschaft u. Sexualpolitik.

Sexual-Probleme. Der Zeitschr. „Mutterschutz“ neue Folge. Hrsg. u. Schriftleiter: Max Marcuse. 4. Jahrg. 1908. 12 Hefte. (à ca. 60 S.) 8. Frankfurt a/M., J. D. Sauerländer. 6. —

— dasselbe. Zeitschrift f. Sexualwissenschaft u. Sexualpolitik. (Der Zeitschrift „Mutterschutz“ u. der „Zeitschrift f. Sexualwissenschaft“ neue Folge.) Hrsg. u. Schriftleitg.: Max Marcuse. Unter stând. Mitarbeit v.: M. Alsberg, E. Baars, Eduard Bernstein u. a. 5. u. 6. Jahrg. 1909 u. 1910. 12 Hefte. (à ca. 80 S.) 8. Ebd. à Jahrg. 8. —

Sexualreform. Beiblatt zu „Geschlecht u. Gesellschaft“. Hrsg.: Karl Vanselow. Red.: Wilh. Brönner. 1. Jahrg. Oktbr. 1905—Septbr. 1906. 12 Hefte. (IV, 496 S.) gr. 8. Berlin, Verlag der Schönheit. Geb. n. 3. —

Sexualreform, Fortsetzg., s.: Geschlecht u. Gesellschaft.

Seyb, Karl, a. St. Ingbert: Über Bauchdeckengeschwülste speciell über desmoide. Würzburg 1905: F. Staudenraus. (40 S.) 8° Würzburg, Med. Fak., Ref. Hofmeier, Diss. v. 24. Sept. 1905
[Geb. 17. Aug. 76 St. Ingbert; Wohnort: Grünewald b. Wittlich; Staatsangeh.: Bayern; Vorbildung: Gymn. Neustadt a. H. Reife 95; Studium: Berlin 3, Kiel 3. Würzburg 8 S.; Coll. 18. Juli 05; Approb. 5. Dez. 05.]

Seyband, Eduard

Seyband, Ed., die neue Anwendung des C-Schlüssels im 3. Zwischenraume. Zur Notirung für den Tenor, ferner für Viola, Cello, Zither, Guitarre und verschiedene andere Instrumente. 8. (15 S.) Kempten 887, (Kösel'sche Buchh.) * — 30

Seybel, Emil. [Wien 1883.]
V: *Zimmermann Ritt. von Göllheim, Carl.* (EB)

Seybel, Adf., Anwendung des Falkenburg'schen Diagrammes auf die Construction der einfachen u. Doppelschieber-Steuerungen. gr. 8. (IV, 87 S. m. 14 Taf.) Berlin 893, J. Springer. n. 4. —

Seybel, Alfred [app. Arzt aus Altbreisach, Baden]: Ueber einen Fall von Neuroma verum des Rückenmarks in Verbindung mit Spondylitis und tuberkulöser Meningitis ... Freiburg i. B., Buchdr. v. Ch. Ströcker, 1894; 39 S. 8.
Freiburg i. B., Med. Fak., Inaug.-Diss. v. 1894

Seybel Georg: Das Weimarer Hoftheater unter Goethes Leitung m. b. Ber. der Statistik. M. 1910 PN 3054 Diss. Innsbruck, Univ.

Seybel, Georg [aus Offenburg (Baden)]: Zur Kenntnis der Jod-Derivate aus ortho-Oxy-Chinolin und ortho-Oxy-para-Methyl-Chinolin ... Freiburg i. B., F. Wagner'sche Buchdr., 1897; 73 S. 8.
Freiburg i. B., Phil. Fak., Inaug.-Diss. v. 1897

Seybert, A., Chemische Untersuchung des Chrysoberylls aus Brasilien und von Haddam. [1824.] (S. 5385)

Seybert, Adam: Ueber die Fäulniss des Bluts im lebenden thierischen Koerper. Aus d. Engl. übers. von W. Davidson. Berlin 1798. 112 S.

Seybert, A., üb. die Fäulniß d. Bluts in lebenden thierischen Körpern, a. d. Engl. von Davidson. 8. Berl. Braun. (Sommer in Leipz.) 798.

Seybert, Adm., üb. die Fäulniß des Blutes in lebenden thier. Körpern; aus d. Engl. v. W. Davidson. 8. Berl. 798. Mit N. Tit. 8. Leipz. 805. Hinrichs. 10 gr (a. W. Nauck).

Seybert, A., Abhandlung über die Fäulniß des Bluts im lebenden thierischen Körper. A. d. Engl. übers. Neue Aufl. 8. (Berlin, Oehmigke in Comm.) 816. Rthlr.

Seyberth, Ad.: Die Lorelei. Wiesbaden, Gymn., Progr. 1863.

Seyberth, Ad.: Die Loreleisage. (Forts. v. 1863.) 25 S. – Wiesbaden, G., Progr. 1872.

Seyberth, Johann (Frankfurt/M.) A. S. 330/35

Dissertatio inauguralis iuridica de crimine suspecti.
Präs. Justus Henning Böhmer.
Halle (Grunert) V. 1730. 57 S. 32479

Seyberth, Johann (Frankfurt/M.) A. S. 136/6

Dissertatio inauguralis iuridica de crimine suspecti.
Präs. Justus Henning Boehmer. Rec.
Halle (Grunert) 1738. 57 S.

Diss. V. 1730. 32480

Seyberth, Johann Philipp (Nassau) A. S. 751/30

Disputatio inauguralis juridica, de judicio principis juxta solam facti veritatem. Präs. Samuel Stryk.
Halle (Krebs) IV. 1707. 44 S. 32482

Seyberth, Johann Philipp (Nassau) 4°Jur. XII, 26c/25

Disputatio XXV. de judicio principis juxta solam facti veritatem. Präs. Samuel Stryk.
In: Stryk: Dissertationum iuridicarum Hallensium vol. II. Leipzig, Frankfurt (Foerster) 1720. S. 925-956.

Diss. Halle IV. 1707. 32483

Seyberth, Johann Philipp (Nassau) A. S. 774/11

Paradoxa iuris, maxime publici.
Präs. Johann Peter Ludewig.
Halle (Krebs) III. 1707. 30 S. 32481

Seyberth, Johann Philipp (Nassau) A. S. 318/1

Paradoxa iuris, maxime publici.
Präs. Johann Peter Ludewig.
Halle (Hendel) 1731. 30 S.

Diss. III. 1707. 32484

Seyberth, L[udwig], appr. Arzt a. Höchst a. M.: Ueber ein verjauchtes Uterusmyom mit Ausgang in Septicopyämie. München 1905: Kastner & Callwey. (26 S.) 8°
München, Med. Fak., Ref. v. Bollinger, Diss. v. 14. Apr. 1905
[Geb. 10. Apr. 78 Höchst a. M.; Wohnort: Höchst; Staatsangeh.: Hessen; Vorbildung: Gymn. Montabaur Reife Aug. 97; Studium: Gießen 1, Kiel 5, München 4 S.; Coll. 31. Jan. 05; Approb. 17. Juli 03.]

Seyberth, Philipp Heinrich

Differtat. inaugur. jurid. de reditu annuo praesertim vitali tontina ac fiscis viduarum, quam publico examini submittit *Philippus Heinricus Seyberth* Nassoicus. Goettingae litteris Barmeierianis. 4. 132 S. 1767.

Seyberth, P. H., de Reditu annuo praesertim Vitali Tontina et fiscis Viduarum Lib. 4. Francof. Andreä. 768.

Seyberth, Richard [app. Arzt aus Wiesbaden]: Ein Fall von Epiphysenabsprengung am oberen Radiusende mit konsekutiver Entwicklung eines Cubitus valgus ... Wiesbaden, J. F. Bergmann, 1896; 23 S., 1 Taf. 8.
Würzburg, Med. Fak., Inaug.-Diss. v. 1896

Seyberth, Robert [aus Wiesbaden]: Über einige Abkömmlinge des Cuminaldehyds ... Berlin, Druck v. M. Oldenbourg, 1892; 47 S., 1 Bl. 8.
Berlin, Phil. Fak., Inaug.-Diss. v. 6. Okt. 1892

Seybold, Cattina v., aus warmen bunten Ländern. (VI, 226 S.) 8. München 909. C. H. Beck. Geb. in Leinw. 3. 50

Seybold, Christian

Seybold, Chrn., mein Abschiedsgruß an meine liebe Gemeinde. Abschiedspredigt über Apostelgeschichte 20, 32, gehalten am Sonntag Jubilate, den 15. April 1883 in der St. Johannis-Kirche zu Ansbach. gr. 8. (8 S.) Ansbach 883, Junge. * — 20

Seybold, Chrn., evangelische Hauspostille. Predigten üb. die Evangelien u. Episteln auf alle Sonn- u. Festtage d. Kirchenjahrs. Mit e. einleit. Vorwort von A. v. Stählin. 2 Bde. gr. 8. München 898. C. H. Beck. à n. 3. 50; geb. in Leinw. à n. 4. 50; auch in Lfgn. à n. — 25
1. Evangelien-Predigten. (XVI, 371 S.) — 2. Epistel-Predigten. (392 S.)

Seybold, Chrn., heraus auf den Berg vor den Herrn! Predigt üb. 1. König. 19, 11 geh. am Sonntag Quasimodogeniti bei der Confirmationsfeier in der St. Johanniskirche zu Ansbach. Als Anh.: Kurze Anreden an die Confirmanden. gr. 8. (13 S.) Ansbach 872. Junge. n. — 20

Seybold, C., Rede bei der feierlichen Enthüllung der Gedenktafel rc., s. Caselmann, H. W.

Seybold, Christian Friedrich (Hrsg.), s. Corpus scriptorum christian. orient. 3. IX. 2.: Severus ben el Moqaffa: Hist. patriarch. Alexandr.

— s. a. Geschichte v. Sul u. Schumul.

Seybold, Christian Friedrich: (Hrsg.): Geschichte von Sul und Schumul, s. a. Alf laila wa-laila

— s. Glossarium latino-arabicum.

Glossarium latino-arabicum. Von C[hristian] F[riedr.] Seybold. Hälfte 1. *Weimar: E. Felber 1898.* 8.
= Zeitschrift f. Assyriologie u. verwandte Gebiete. Ergänzgsh. 1 5.

Seybold, Chrn. Frdr., brevis linguae Guarani grammatica hispanice a rev. patre Jesuita Paulo Restivo secundum libros Antonii Ruiz de Montoya et Simonis Bandini in Paraquaria a. MDCCXVIII composita et „breve noticia de la lengua Guarani" inscripta sub auspiciis augustissimi domini Petri II., Brasiliae imperatoris, ex unico, qui notus est, s. Maj. codico manuscripto edita et publici juris facta, necnon praefatione instructa opera et studiis Ch. F. S. gr. 8. (XII, 81 S.) Stuttgart 890. Kohlhammer. n. 10. —

Seybold, Chrn. Friedr. Brevis linguae Guarani grammatica hispanice a rev. patre Jesuita Paulo Restivo secundum libros Antonii Ruiz de Montoya et Simonis Bandini in Paraquaria a. MDCCXVIII composita et „breve noticia de la lengua Guarani" inscripta sub auspiciis augustissimi domini Petri II., Brasiliae imperatoris, ex unico, qui notus est, s. Maj. codice manuscripto edita et publici juris facta, necnon praefatione instructa opera et studiis Ch. F. S. gr. 8. (XI, 81 S.) Ebd. 891. * 10 —

Seybold, Chrn. Friedr. Linguae Guarani grammatica, hispanice a rev. patre Jesuita Paulo Restivo secundum libros Antonii Ruiz de Montoya, Simonis Bandini aliorumque adjecto particularum lexico a. MDCCXXIV in civitate Sanctae Mariae Majoris ed. et „Arte de la lengua Guarani" inscripta sub auspiciis et impensis illustrissimi Domini Petri Principis Saxo-Coburgensis Gothensis ex unico quod in Europa noscitur ejusdem serenissimi principis exemplari redimpressa, necnon praefatione notisque instructa opera et studiis Ch. F. S. gr. 8. (XIV, 330 S.) Stuttg. 892, Kohlhammer. * 10 —

Seybold, C. F., s.: Ibn al Atîr's Kunja-Wörterbuch

Seybold, Christian, Dr., o. Prof. d. semit. Spr.: Die Drusenschrift: Kitâb Alnoqaṭ Waldawâir 'Das Buch der Punkte und Kreise'. Nach d. Tübinger u. Münchener Codex hrsg., mit Einl., Facs. u. Anhängen versehen. *Kirchhain N.-L. 1902: M. Schmersow.* (XV, 96 S.) 4°
Tübingen, Einladungsprogr. zum Geburtstage d. Königs 1902

Seybold, Chrn. Frdr., die Drusenschrift: Kitâb Alnoqaṭ Waldawâir „Das Buch der Punkte u. Kreise". Nach dem Tübinger u. Münchener Codex hrsg., m. Einleitg., Fcsm. u. Anhängen versehen. gr. 4. (VII—XV u. 96 S. m. Fig. u. 1 Taf.) Leipzig 902. [M. Spirgatis.] Halle a/S., R. Haupt. n. 8. —

—, s.: Sujûṭî. Galâl al-dîn al-Sujûṭî's al Šamârîḫ fî 'ilm al-Ta'rîḫ.

Seybold, Christian, Dr., ord. Prof. der semit. Sprachen: Verzeichnis der arabischen Handschriften der Königlichen Universitätsbibliothek zu Tübingen. I. Tübingen 1907: G. Schnürlen. (VIII, 96 S.) 4°
Tübingen, Verz. d. Promotionen in d. phil. Fak. 1903—1904

— lexicon Hispano-Guaranicum „Vocabulario de la lengua Guaraní" inscriptum a rev. patre Jesuita Paulo Restivo secundum vocabularium Antonii Ruiz de Montoya a. MDCCXXII in civitate S. Mariae Majoris denuo editum et adauctum, sub auspiciis Augustissimi Domini Petri II. Brasiliae imperatoris posthac curantibus illustrissimi ejusdem haeredibus ex unico qui noscitur Imperatoris Beatissimi exemplari redimpressum necnon praefatione notisque instructum opera et studiis Ch. F. S. gr. 8. (XI, 545 S.) Ebd. 893. n. 15. —

— die vorromanischen Volkssprachen der romanischen Länder, s.: Windisch, E.

Seybold, David Christoph

Seybold, D.C. (Hrsg.), s. A b h a n d l u n g e n über den gegenwärtigen Zustand der Politik u. Kriegskunst.

Seybold, David Christoph, s. A c h i l l e s : Tat. Leukippe.

[Seybold, Dav. Christ]. *Ephemerischer Almanach* der neueren Zeiten für die Liebhaber der Geschichte besonders für Jünglinge. [1. u. 2. Jahrgang]. 2 Bde. Basel, J. J. Thurneysen, 1782/83. XII S. 6 Bl. (Kalender). 344 S. XII S. 6 Bl. (Kalender, verbunden) 312 S. 8°. Brosch., alter def. Umschl., unbeschn. 22.—
Wohl alles Erschienene dieses interessanten Kalenders, der für jeden Tag eine historische Begebenheit oder biographische Notiz, die mit dem Datum in Zusammenhang stehen, verzeichnet. — Teilw. leicht fl.

Seybold, David Christoph, s. A l m a n a c h , Ephemerischer, der neueren Zeiten, für die Liebhaber der Geschichte. . .

— Anthologia historico-graeco-latina sen excerpta ex histor. graecis et romanis scriptoribus in us. scholarum. 8. Leipz. 777. Weygand. 16 gr.

Seybold, Dav. Cph., († d. 10. Febr. 1804.) Anthologia Romana poëtica eaque in usum juventutis. 8. Leipz. 778. Hertel. 12 gr.

Seybold, Dav. Chr. Die Belagerung Binns, verglichen mit der Belagerung von Ptolemais. 4. Pirmasenz 1785.

– s. B e o b a c h t u n g e n üb. den Orient.

— chrestomathia poëtico-graeco-latina. 8. Lemgo 775. Meyer. 8 gr.

— deutsche Chrestomathie für Jünglinge z. Bildung des Herzens u. Geschmacks, s. Chrestomathie.

— Einleit. in die griech. u. röm. Mythologie der alten Schriftsteller, f. Jünglinge, mit antiken Kpf. 8. Leipz. 779. 2e A. 784. 3e A. ... 4e A. 797. Nürnb., Campe. 1 ₰ 8 gr.

Seybold, Dav. Chr., Einleitung in die griech. u. röm. Mythologie d. alten Schriftsteller, f. Jünglinge, mit antiken Kupf. 3te verb. Aufl. 8. Nürnb. Campe.

— Einleit. in die griech. u. röm. Mythologie der alten Schriftsteller f. Jünglinge, m. antiken Kpf. 8. Leipz. Hertel. 747.

Seybold, Über d. Eunuch d. Terenz. Buchsw. 786-88. 4 Progr. 4.

– s. E u r i p i d e s : Alceste.

– s. G e o g r a p h i e , Geschichte. . .

Seybold, David Christoph soll auch Verfasser der Fr. Bernritter zugeschriebenen „G e s c h i c h t e wie der Teufel ... " sein. Vgl. G e s c h i c h t e , Sonder- u. wunderbare, wie der Teufel ...

GLIMPF- und Schimpfreden des Momus (von *David Christoph Seybold,* 1747—1804). Mit Titelvign. Winterthur, in der Steinerschen Buchhandlung. 1797. 8°. XVI—212 S. Zahm. (3 Mk. Julius Neumann, Magdeb., 1907; 7 Mk., schönes Expl., Oscar Rauthe, Friedenau-Berlin, 1908.)
Anon.-Lex. II. p. 228 (nach Meusel u. Strieder).

Vgl. G l i m p f r e d e n...

— Glimpf- u. Schmähreden d. Momus nebst ein. Rede des Archias, aus d. Griech. 8. Winterthur, Steiner. 797. Rthlr.

— historisches Handbuch 1r 2r s. ephemerischer Almanach d. neuern Zeit rc. f. 1782. 83.

— historisches Handbuch f. alle Tage im Jahre, hauptsächl. den Jünglingen gewidmet, für 1788 u. 89. 8. Reutlingen, Montag. 788-89. (à 1 Rthlr.)

— — dasselbe f. 1792. 8. Ebend. 792.

— histor. Handbuch f. alle Tage im Jahre, hauptsächlich den Jünglingen gewidmet. 5 Thle. 8. Reutling. 788—89. Montag. 4 ℔ 18 ß Register üb. d. 1n—5n Jahrg. (v. G. E. Penker). 8. Altdorf 794. Monath u. K. 4 ß

— Register üb. den 1n bis 5n Jahrg. d. Almanachs u. Handbuchs. 8. Altdorf. (Grattenauer in Nürnb.) 794.

— histor. Handbuch 6r Jahrg. ist dessen Taschenbuch.

HARTMANN, eine Wirtembergische (zahme) Klostergeschichte (von *Dav. Chp. Seybold*, 1747—1804), hrsg. von W . . . . . . n (d. i. Wilh. Ludw. Wekhrlin). Mit Titelvignette. Leipzig, Weygand, 1778. 8°. (3 Mk. 50 Pfg. Jul. Neumann, Magdeburg, 1907.)

Enth. die Jugendgeschichte des Dichters G. D. Hartmann. Goedeke IV, 218, 51, 6.

Vgl. Hartmann, ...

— — Dasselbe. (Nachdruck.) Frankfurt und Leipzig (Tübingen) 1778. 8°.

Gradmann, das gelehrte Schwaben. S. 622—24.

Seybold, Dav. Cph., s. Hirten, die.

(**Seybold, Dav. Chr.**) Joseph II., eine Skizze. 8. Leipzig (Strasburg) 1786.

Vgl. Joseph II.

Seybold, Progr. I et II. in L. IV. Aeneidos Virgilii. Grünst. 778. 4. Buchsw. 783. 4.

– s. Lucianus: Opuscula.

— Lusus ingenii et verborum in animi remiss. 8. Strassb. 792. König. 10 ß

Seybold, Dav. Chr., Magazin für Frauenzimmer, s. Magazin, Neues, ...

– s. Neujahrsgeschenke für Kinder.

– s. Nothanker: Predigten.

Seybold, Dav. Cph., Diss. super Odyssea Homerica. 4. Tübing. 767. N. A. 4. Halle 769. Curt. (Lane in Berl.) 3 ß

Seybold, D. C., Super Odyssea Homerica. 1769. 78 S.

— Progr. de ὁπλομαχίᾳ Aineis et Ulyssis. Wormat. 777. 4.

– s. Philostratus.

– s. Plautus: Der großsprech. Officier.

– s. Plautus: Trinummus.

– s. Polybius: Geschichte.

— drei Reden. 8. Basel 782. Thurneisen. 3 ß

LUCIANS neueste Reisen oder wahrhafte Geschichten (von *David Christoph Seybold*). Alethopel (Tübingen, Cotta) 1791. 8°. 4 Bll., 353 S. (In Berlin: Yy 7571; in München 2 Expll.: P. o. germ. 1147 od. 1147 c.) (5 Mk. L. Rosenthal, 1907; 18 Mk., wegen entdeckter Zugehörigkeit zur Werther-Litt., Max Perl's Berliner Octob.-Auct. 1907, no. 338.)

REIZENSTEIN, Die Geschichte eines deutschen Officiers (von *David Christoph Seybold*). 2 Bde. Mit 4 Kpfrn. u. 1 Titelvignette (nach Chodowiecki von Meil u. Geyser gestoch.). Leipzig, Weygand, 1778—79. Kl. 8°. (4 Mk. 50 Pfg. Beck, Nördl., 1888; 7 Mk. 50 Pfg. Baer & Co., 1894.)

Vgl. Geschichte Reizensteins.

— Schreiben über den Homer an die Freunde der Griech. Litteratur. Eisen. 772. 8.

— kleinere Schriften vermischt. Inhalts. 1r Thl. 8. Lemgo, Meyer. 792.

Selbstbiographie Joh. Valentin Andreä's aus dem Ms. übers. und mit Anmerk. und Beil. begleitet von [David Christoph] Seybold. Winterthur: Steiner 1799. IX, 392 S. 8°
(Seybold, D. Chr.: Selbstbiogr. berühmter Männer. 2.)

Recens: ALZ. 1799 Sp. 684—688.

Kl. 2418. Latein. hrsg. u. d. Tit.: Andreae vita ab ipso conscripta ed. Rheinwalt. Berlin 1849.

— Selbstbiographien merkwürd. Männer v. sich selbst, ein Pendant zu Müllers Bekenntnissen. 2 Bde. 8. Winterthur, Steiner. 796–97. (à 1 Rthlr. 8 gr.)

— histor. Taschenbuch auf alle Tage im Jahre, f. öffentl. Lehrer u. Hofmeister z. Bildung ihrer Zöglinge. 8. Ebend. 797.

— Vergleichung Virgils und Homers, nebst einigen Bemerkungen zur Erklärung und Critik des erstern. Progr. Pirmasenz 789. 4.

WANDERSCHAFT eines Journalisten (von *David Christoph Seybold*). Buxtehude (Jena) 1771.

— was der Mensch ist? u. was er sein kann? eine akadem. Rede. 8. Tübing. 796.

— wie selbst der Geist d. Zeit das Studium d. Alten dringend empfehle: e. Rede. 8. Tübing. 799.

– s. Xenophon: Gastmahl.

Seybold, David Christoph (Hrsg.), s. Zuschauer, Der Rheinische.

Seybold, Franz von

v. Seybold, Frz., vollständ. Darstellung sämmtl. Verhältnisse des anwaltschaftlichen Amtes, und der sich hieraus ergebenden Grundlagen einer Anwalts-Ordnung nebst Gebühren-Regulativ. gr. 8. (66, 38 u. 54 S.) München 847, Franz. 26 ngl

Seybold, Frz. v., Grundriß der allgemeinen Grundsätze des Notariats-Institutes nebst einer systemat. Darstellung desselben nach dem unveränd. Texte des Gesetzes vom 10. Novbr. 1861. 8. (VIII und 120 S.) München 862, Franz'sche Buchh.

—— Grundriß der allgemeinen Grundsätze des Notariats-Institutes nebst einer Zusammenstellung der betreff. Artikel des den Kammern vorgelegten und größtentheils vereinbarten Gesetzentwurfes einer Notariats-Ordnung für die bayer. Landestheile diesseits des Rheins in der einem Lehrbuche entsprechenden Reihenfolge. gr. 8. (XXIV und 112 S.) München 851, Franz.

Seybold, Frz. v., das Institut der Aemter. Ein Beitrag zum allgem. Staatsrechte. gr. 8. (62 S.) München 854. (Augsburg, Pilon und Comp.)

—— Magistratur und Advokatur, oder die Stellung dieser beiden Organe der Legislatur zu einander und zur Staatsregierung. Ein Beitrag zu einer Advokaten-Ordnung. gr. 8. (54 S.) München 847, Franz.

—— Natur und Wesen des Beurkundungs-Institutes und die Grundbedingungen seiner Wirksamkeit. Ein Beitrag zur Physiologie der Rechtspflege. gr. 8. (40 S.) München 865, Franz'sche Buchh.

Seybold, Frz. v., das Notariat nach den Bestimmungen der gegenwärtig bestehenden bayerischen Gerichts-Ordnung vom J. 1753 und der beiden Gesetze vom 1. Juli 1856 über Gerichtsorganisation und executorische Urkunden. gr. 8. (45 S.) München 857, (Lindauer'sche Buchh.) *

Seybold, Frz. v., das Notariats-Institut und seine Gegner. gr. 8. (39 S.) München 869, Neuburger und Kolb.

— die Organisation des Notariates im Zusammenhange mit dem Hypotheken-Institute, namentlich in Bayern. gr. 8. (15 S.) München 849. (Franz.) 4 ngr

—— die Rückwirkung der bevorstehenden Reformen der Rechtspflege auf die Mitglieder des Advokaten-Standes. gr. 8. (72 S.) München 857, (Lindauer'sche Buchh.) *

Seybold, Friedrich, s. Aufstand, Der, von Strasburg.

– s. v. Balzac: Erzählende Schriften.

Seybold, Friedr., süddeutsche polit. Blätter. (1. B.) gr. 8. (22 B.) Stuttgart 828, [Brodhag.]

– s. Brandstiftungen.

Seybold, Fr., Bruchstücke aus den Schriften eines Gefangenen. gr. 8. Stuttgart 833. (Gaul u. Tonger in Cöln.) 1 1/2 ß

—— Bruchstücke aus d. Schriften eines Gefangenen. gr. 8. (21 B.) Stuttgart 833, Schweizerbart.

Seybold, Friedrich

Der Camisarde. Hist. Roman. Th. 1.2.
Stuttgart: Hoffmann 1829. 8°

—— der Camisarde, ein histor. Roman. 2 Thle. gr. 12. (25 B.) Stuttgart 829, [Weise u. Stoppani.]

Seybold, Friedr., der Erbe von Toggenburg, od. d. erste Bürgerkrieg d. Schweizer. Histor. Roman. 2 Thle. 8. (37 B.) Stuttgart 835, Schweizerbart'sche Buchh.

—— Erzählungen u. Novellen, s. Maja, 3. Bd.

Seybold, Friedrich. Europa und die Türkey. In historisch-politisch-militärischen Darstellungen. (6 Hefte in 1 Bd.) 8. Stuttgart 1828.

(——) Kaspar Hauser &c., s. Hauser.

– s. Hugo, V.: Ausgewählte Schriften. – Dess. classische Werke.

– s. Lesage: Werke, 6. 7. Bd.

Seybold, Friedrich

Novellen.
Aarau: Sauerländer 1833. 357 S. 8°

— Novellen: Der Vendeer. — Der Renegat. — Rache bis in den Tod. — Der Kampf um die Hirtenbraut. — Die Antipoden. schmal 12. Aarau 833. Sauerländer. 1 1/3 ß

— Olla Potrida. gr. 12. Rotweil 834 (Leipz., Köhler.) 1 1/3 ß

——, Olla Potrida. gr. 12. (14½ B.) Rotweil 834, (Herder.)

Seybold, Friedrich: Olla Potrida. Rottweil: Willmann 1834.
Inhalt: Verteidigungsschrift des Verf. der Erinnerungen aus Paris. Die nicht prostituirte Kammer; Prozess der Tribüne gg. die Deputirten. Bruchstücke aus den Erinnerungen aus Paris. Reminiscenzen eines württembergischen Constituirenden. 1819.

—— der Patriot. Ein kom. Roman. 8. (22½ B.) München 830. [Stuttgart, Hallberger.]

— Republikaner u. Royalisten. Histor.-romant. Sittengemälde aus d. französ. Revolution. 2 Bde. 8. Stuttg. 832. Scheible.

—— Republikaner u. Royalisten. Histor.-romant. Sittengemälde aus d. franz. Revolution. 2 Thle. 8. (38 B.) Stuttgart 833, Scheible.

—— das Testament. Lustsp., s. Testament.

Seybold, J., Darstellung des Handwerks- und Gewerbwesens im Königr. Baiern, nach den darüber bestehenden Verordnungen. Nebst einem Anhang von Formularen zu aufzunehmenden Protokollen über Handwerks- und Gewerbsgegenstände. gr. 8°. Hof, Grau, 1825.

SEYBOLD, JAC(OBUS) S. J.: Lob- und Ehren-Rede von dem Seeligen Petro Forrerio, Reform. und Gen. Can. Reg. als an welchem Fräulein Maria Theresia von Philippik, und Caroline von Versail, auf allergnädigste Benennung Ihro Römischen Kayserlichen Königlichen Majestät Mariä Theresiä unter Anführung der Hochgebohrnen Gräfin Antonia von Erdödy das zweyte und erste Probjahr angetretten haben, in dem Closter deren Regul. Canonissinen S. Augustini de la Congregation de Notre Dame in Preßburg verfasset und vorgetragen von P. Jac. Seybold. Pressburg 1755. Gedruckt bey Joh Mich. Landerer. 13 S. - 4°

Seybold, Johann Georg

— Selectiora adagia latino-germanica in gratiam et usum scholasticae juventutis... collecta. Nürnberg, W. M. Endter, 1711. 12°. *Gestoch. Frontispiz nach D. Zweifel (Tischgesellschaft, Wagen- und Schiffsverkehr etc.* [auf dem Neckar?]). 392 S., 55 Bl., Titel in Rot und Schwarz. Etwas benutzter u. berieb. Pbd. d. Z.

Ziemlich selten. FdF. 612. S., der „letzte der bedeutenden Sprichwortsammler der Renaissance" (ADB.) stützt sich zwar auf seine mannigfachen Vorgänger, verleiht aber seiner Sammlung, nicht zuletzt auf Grund der Sprache seiner schwäbischen Heimat, ein originelles Gepräge.

Seybold, J. G., selectiora adagia latino-germanica in gratiam et usum scholasticae inventutis. 12. Norimberg. Stein. 747.

— Beschreib. der Laster, f. die Schuljugend zur Uebung in der latein. Sprache. 8. Nürnb. 768. Stein. 4 ggr

— — Beschreibung der Tugenden und Laster. 2 Thle. Ebd. 1763. 8°.

— Beschreib. der Tugenden, welche von allen Menschen auszuüben, f. die Schuljugend z. Uebung in der latein. Sprache. 8. Nürnb. 763. Stein. 4 ggr

— selectiora quaedam colloquia latino-germanica. 8. ibid. 722.

— compendium grammat. latinae. 8. Norimb. Stein. 714.

Seybold, Jh. Geo., erneuerter Donat. 8. Nürnb. 750. Endter. 6 ggr

Seybold, Johann Georg. Erneuerte und verbesserte lateinische Grammatik. Nürnberg 1777. H: *Sattler, Johann Paul.* (MGT) (Ky)

— erneuerte u. verbess. latein. Grammatik (v. J. P. Sattler). 8. Nürnb. 777. Stein. 14 ggr

— officina scholastica, neue Schulofficin. 8. Ebend. 710.

SEYBOLD, Joh. Georg („Gymn. Hall-Svev. Collega"), Officina virtutum et vitiorum, lat. u. deutsch. Nürn. 1700. 8°. 21 Bog.
Bibl. Ludovici (bibliop.) nominalis curiosa Vitemb. 1705.
— — Dasselbe, tit.: Officina virtutum et vitiorum: Tugend- und Laster-Schule. Ebd. 1720.

— minor silvula phrasium linguae latinae. 12. ibid. 716.

— Tyrocinium nomenclatoris lat. germ. 8. ibid. 705.

Seybold, Johann Jakob

Seybold, [Joh. Jak.]: Beitrag zur Beleuchtung des Entwurfs eines neuen Schulgesetzes für Württemberg. Stuttgart: Steinkopf 1836.

Seybold, (J. J.,) der rechte Geist in d. Volksschule, oder Anleitung zu e. christl. Schul-Unterricht in e. Ausz. aus Krummachers Volksschule. 8. Stuttg. 826, Steinkopf.

Seybold, Jul., Geschichte d. Grenadierreg. Königin Olga, s.: Niethammer, Geo. v.

Seybold, Karl, das Gesammtversicherungsgesetz. Entwurf e. die gesammte Arbeiterversicherg. umfass. u. vereinfach. Gesetzes, nebst Erläutergn. gr. 8. (58 S.) Straßburg 894. (W. Heinrich.) n. — 80

Seybold, Carl, approb. Tierarzt aus Stuttgart: **Aus d. pathol. Institut zu Giessen.** Über das **Melanom.** *Giessen 1899: v. Münchow.* (36 S.) 8°
Giessen, Veterinär-med. Diss. v. 1899

SEYBOLD, Karl: Die land- und forstwirthschaftliche Unfallversicherung zum Gebrauch in Elsass-Lothringen in Fragen und Antworten gemeinverständlich dargest. - Strassburg 1892. 43 S. - 2. Aufl. ebd. 1892

Seybold, Leonh., Gedichte für Lehrer, Eltern, Erzieher, Schul- und Jugend-Freunde. gr. 8. (96 S.) Mindelheim 869. (Würzburg, Stahel'sche Buchh.) *

Seybold, Louis. Akron's Datum vor 50 Jahren u früher ... Akron, 1906.

Seybold, W. C., Ideen zur Theologie und Staatsverfassung des höhern Alterthums. Tübing. 820. 8. 14 gr.

Seybold, W. C., Ideen z. Theologie u. höhern Staatsverfassung d. höhern Alterthums. 8. Tübing. 820. Osiander. 14 gr.

Seybold. Wilhelm [aus Landau, Pfalz]: Ueber den Einfluss räumlicher Faktoren auf den Prozess der Alkylierung. Zürich 1904. 65 S. 8°. [26. III. 04.]
Zürich. Phil. Diss. II. S. 1903/1904.

Seybold, Wilhelm. Über den Einfluss räumlicher Faktoren auf den Prozess der Abkylierung. Diss. Phil. [II.] Univ. Zürich. 65 S. 8. Zürich, Orell Füssli, 1904.

Seybold, Wlh., d. umgekehrte Faust, od. Frosch's Jugendjahre. 18 Bdchen. 8. Heidelb. 816. Oswald.

— Amalie Welserin. 8. Heidelb., Pfähler.

Seyboth, Adolf

Seyboth, Ad., et. C. Binder, Album de l'exposition militaire de la société des amis des arts de Strasbourg (fondée en 1832). 33 planches en phototypie avec texte explicatif (25 S.) Fol. Strasbourg 904. Leipzig, K. W. Hiersemann. n. 90. —

Seyboth, A., s.: Ansichten d. alten Strassburg.

Seyboth, Ad., Costumes des femmes de Strasbourg [XVIIe et XVIIIe siècles]. 46 planches (lithogr.), dessinées d'après des documents de l'époque. kl. 4. (4 S. Text.) Strassburg 880, Schultz und Comp. In Mappe * 20 —
Vergriffen.

— Costumes strasbourgeois [hommes] [XVIe, XVIIe et XVIIIe siècles]. 54 planches dessinées d'après des documents de l'époque. kl. 4. (12 S.) (Ebendas.) 881. In Mappe * 16 —

— Essai historique sur l'organisation du service des incendies et du corps des sapeurs-pompiers de la ville de Strasbourg depuis le XVe siècle jusqu'à nos jours. Avec 4 planches chromo-lithogr. [uniformes de 1872—1881]. 4. (VIII, 52 S.) (Ebendas.) 883. * 3 —

— s.: Kunstdenkmale, elsässische u. lothring.

Seyboth, Ad., s.: Kunstdenkmäler, elsäss. u. lothring.

— **s.: Souvenirs du vieux Strasbourg.**

Seyboth, Adph., das alte Strassburg vom 13. Jahrh. bis zum J. 1870. Geschichtliche Topographie, nach den Urkunden u. Chroniken bearb. Imp.-4. (XVI, 331 S. m. eingedr. Abbildgn. u. 44 Taf.) Strassburg i/E. 890. Heitz. n.n. 15. —

Seyboth, Balthasar David (Schwäb.-Hall) A. S. 321/39

De summi monarchiae in imperio Romano Germanico successore seu rege Romano vivente imperator electo dissertatio.
Altdorf (Meyer) 1. X. 1736. 26 S. 32485

Seyboth, J.: Catalog von 6943 Sternen für die Epoche 1885, o aus den Beobachtungen von H. Romberg in d. J. 1881–1894. St. Petersbourg 1909: Acad. Imper. d. sc. 175 S. 2°
(Publications de l'observatoire central Nicolas. Ser. 2. Vol. 7, 2.)

Seyboth, J., Catalog v. 6943 Sternen f. die Epoche 1885.0 aus den Beobachtungen v. H. Romberg in den J. 1881—1894, s.a. Publications de l'observatoire central Nicolas. II, 7. II.

Catalog von 781 Zodiacalsternen für Aequinoctium und Epoche 1895.0 Nach Beobachtungen von M. Ditschenko bearb. von J. Seyboth. *St.-Pétersbourg 1903: Acad. Imp. des Sciences.* (148 S.) 2° (4°)
— Publications de l'Observatoire central Nicolas. Sér. 2, vol. 9, 3.

Mittlere Oerter von 6943 Sternen für 1885.0 aus den Beobachtungen von H. Romberg in d. J. 1881–1894. Bearb. von J. **Seyboth.** 1. St.-Pétersbourg 1910: Acad. imp. d. sciences. 4°
(Publications de l'Observatoire central Nicolas. Sér. 2. Vol. 7, 1.) [11. 9292 1]

— Mittlere Oerter v. 6943 Sternen f. 1885. 0 aus den Beobachtungen v. H. Romberg in den J. 1881—1894, s.a. Publications de l'observatoire central Nicolas. II, VII, I.

Seyboth, J., Resultate aus d. Zonenbeobachtgn. am Meridiankreise d. Moskauer Sternwarte, s.: Romberg, H.

Seyboth, Johann Wilhelm (Schweinfurt) Altd. Thl. 2/40

Peri tes orthodoxias sive de recta in theologicis sententia. Präs. Johann Michael Langius.
Altdorf (Meyer) 27. IV. 1701. 24 S.

W. v.: Präs., Johann Christoph Sturm, Georg Paul Rötenbeck, Johann Gottl. Carpzov, Theodor Anselm Gleiss. 32487

Seyboth, Johann Wilhelm (Schweinfurt) Altd. Phs. 46/42

Dissertatio philosophica inauguralis de tempestatibus generatim et speciatim de quaestione: utrum sagae easdem ciere possint ?
Präs. Johann Christoph Sturm.
Altdorf (Meyer) 27. VI. 1701. 16 S.

Gew.: Wolffgang Adam Schöpff, Johann Lorenz Praetorius, Johann Heinrich Schmidt, Johann Matthaeus Englert.
W. v.: Daniel Wilhelm Moller, De St. Valentin. 32488

Seybt, (Chrstn.) David, Altarreden zur Confirmation junger Christen. gr. 8. (VI und 192 S.) Bautzen 847, Helfer. *

—— Christus, der rechte Versöhner. Predigt am 1. Bußtage 1848 gehalten. gr. 8. (15 S.) Bautzen 848, Helfer.

—— daß die Sache des Protestantismus Sache aller Menschenfreunde auf Erden ist. Predigt am Reformationsfeste 1844 gehalten. gr. 8. (1 B.) Bautzen, [Helfer.] 1844. *

Seybt, Dav., der unschätzbare Friede, der unserer Kirche vor 300 Jahren zu Theil geworden ist. Predigt zur 300jähr. Jubelfeier des augsburger Religionsfriedens, gehalten am 16. Trinitatissonnt. 1855. gr. 8. (15 S.) Bautzen 855, Helfer.

—— meine Gedanken über Dr. Rupp und seine Ausstoßung aus dem Gustav-Adolf-Vereine. Ein Wort zunächst an die Glieder des bautzner Local-Vereins. gr. 8. (18 S.) Bautzen 847, Helfer.

Seybt, Dav., Ist der Geist, der gegenwärtig die Kirche bewegt, ein heil. Geist? Predigt am ersten Pfingstfeiertage 1845. gr. 8. Bautzen 845, Helfer. 3 ngl

Seybt, Dav., die lebendige Kirche. Predigt am 16. Sonntage nach Trinitatis 1868. gr. 8. (12 S.) Bautzen 868, (Rühl.) *

Seybt, Dav., die lebendige Kirche. Predigt am 16. Sonntage nach Trinitatis 1868. Bautzen 868. Weller. gr. 8. (12 S.) n. 2 ngr

—— die Leiden des armen Volkes. Predigt am VII. Trinitatis-Sonnt. 1849 gehalten. gr. 8. (15 S.) Bautzen 849, Helfer.

—— Mahnungen zum Festhalten an den Geboten Gottes. Predigt am 4. Epiphanias-Sonnt. 1852 zu Bautzen gehalten. gr. 8. (15 S.) Bautzen 852, Helfer.

— Nur in der Rückkehr zu Christo liegt das Heil der Kirche. Predigt am Reformationsfeste 1840. gr. 8. Bautzen 840, Helfer. n. 4 ngl

—— Predigten. Neue Sammlung. Lex.-8. (22 B.) Bautzen 844, [Helfer.] *

— Predigten. Neue Sammlung. Lex.-8. Bautzen 844, Schulze'sche Buchh. n. 1½ ℛ

Seybt, (Chrstn.) Dav., ausgewählte Predigten (geh. v. 1833–40.) gr. 8. (29¼ B.) Budissin, (Helfer.) *

Seybt, Dav., Predigten auf das ganze Jahr. Nach seiner Emeritirg. hrsg. 2 Thle. in 1 Bde. gr. 8. (XII, 290 u. IV, 288 S.) Bautzen 875. Rühl. n. 6. —

—— was bringen wir heute, nach überstandener Noth und wiedererlangtem Segen? Predigt am Erntedankfeste 1847. gr. 8. (16 S.) Bautzen 847, (Helfer.) *

Seybt, Dav., wofür müssen heute nach glorreich erkämpften Frieden, alle deutschen Herzen schlagen? Predigt am Tage der allgemeinen Friedensfeier den 18. Juni 1871 geh. in der Petrikirche zu Bautzen. gr. 8. (15 S.) Bautzen 871. Rühl. — 30

—— ein offenes Wort über die ernste Zeit, in der wir leben. Predigt am 15. Sonnt. n. Trin. 1845 zur Jahresfeier der Constitution gehalten. gr. 8. (1 B.) Altenburg, Helbig. (Bautzen, Helfer.) *

— ein offnes Wort über die ernste Zeit, in der wir leben. Predigt am 15. Sonnt. n. Trin. 1845 zur Jahresfeier der Constitution gehalten. gr. 8. Altenburg 845, Helbig. (Bautzen, Schulze'sche Buchh.) n. 4 ngl

— Worte an den Gräbern lieber Todten. Bautzen 867. (Leipzig, Schmaler & Pech.) 8. (VII, 122 S.) n. 20 ngr

—— über die Wünsche u. Bestrebungen, die sich gegenwärtig in unsrer Kirche zu erkennen geben. Predigt am Reformationsfeste 1845 gehalten. 8. (1 B.) Bautzen 845, [Helfer.] *

— über die Wünsche u. Bestrebungen, die sich gegenwärtig in unsrer Kirche zu erkennen geben. Predigt am Reformationsfeste 1845 gehalten. 8. Bautzen 845, Schulze'sche B. n. 4 ngl

Seybt, Julius

Seybt, Jul., s. Boz sämmtl. Werke, 55. Thl. — Faucher, L., England in seinen ꝛc. Constitutionen. — de Gerando, A., Siebenbürgen u. seine Bewohner. — Hood, Th., ausgewählte Romane. — Sammlung d. neuern u. besten Romane der Franzosen, Briten, Italiener, Spanier, Schweden u. Dänen. — Shelley, P. B., poet. Werke.

Seybt, Julius [Übers.]
s. Dickens, Ch.: Boz' Sämmtliche Werke. 1847 – 1849.

Seybt, J., Kaiserbüchlein. Mit 52 Holzschn., die Kaiserbilder im Frankfurter Römer darstellend. 8. (376 S.) Leipzig 852, G. Wigand. 1 ℛ; in Engl. Einb. n. 1⅓ ℛ

Seybt, Jul. Bernh., s. Mariotti, L., Italien.

Seyd [Sachliches OW]

Seyd christl. gesinnt. Nothwendige Belehrung u. dringende Ermahnung an alle Christen. Aus d. Engl. 8. Stuttg. 826, Steinkopf.

Seyd der Bestimmung eingedenk! e. Gespräch bey der Prüfung der Hartungschen Töchterschule. 8. Berlin, Dieterici, 803.

— geistlich gesinnt. Nothwendige Belehrung u. Ermahnung alle alle Christen. 8. Leipz. 827, Tauchnitz. — 16

Seyd gerecht! Bitte des Publikums an die Landesbehörden u. Landstände, welche Kriegssteuern vertheilen. 8. Magdeb. Creutz. 807.

Seyd [Verfasser]

Seyd, Ernst, Bemerkungen üb. das vom Bundesrathe vorgeschlagene neue deutsche Münzgesetz. 8. (47 S.) Elberfeld 871. Baedeker in Comm. — 75

— die wahren Grundsätze d. Banknotenwesens, der Irrthum der Peel'schen Akte u. das Verderbliche d. deutschen Bankgesetzentwurfes volkswirthschaftlich u. technisch nachgewiesen. gr. 8. (128 S.) Leipzig 875. Hartung & Sohn. 2. 25

Seyd, Ernst, der Hauptirrthum in der Goldwährung. Nebst krit. Bemerkungen über Dr. Soetbeer's Schriften. gr. 8. (V, 66 S. mit 1 graph. Taf. in Farbendr.) Rudolstadt 880, Hartung und Sohn. * 1 50

Seyd, Ernst, die „innere" Kontingentirung der Banknoten und der neue Entwurf über die Reichsbank. Als Anhang zu: „Die wahren Grundsätze des Banknotenwesens, der Irrthum der Peel'schen Akte und das Verderbliche des deutschen Bankgesetzentwurfes volkswirthschaftlich und technisch nachgewiesen". gr. 8. (53 S.) [Leipzig 875.] Rudolstadt, Hartung und Sohn. 1 50

—— das London Bank-, Check- und Clearinghouse-System, nebst Winken für seine Einführung in Deutschland. Nach der 3. engl. Ausg. deutsch bearb. von Otto Sjöström. gr. 8. (VIII, 48 S.) Leipzig 874, Hartung und Sohn.

— die Münz-, Währungs- u. Bankfragen in Deutschland. gr. 8. (III, 204 S.) Elberfeld 871. Baedeker. n. 2. 40

Seyd, Klemens

Seyd, Clem., Antrittspredigt, s. a. Hermann, R., Abschiedspredigt.

Seyd, C., Antrittspredigt, u. Hermann, Abschiedspredigt. gr. 8. Wesel 840. Prinz. n. 1/8 ℔

— Predigt über Römer 8, 10 u. 11. gr. 8. Meurs 837. Dolln. (Wesel, Prinz.) 1/12 ℔

—— die Seligkeit d. Volkes Gottes. Pred. üb. Ev. Luc. 12, v. 32, geh. im Nov. 1836. gr. 8. (1 B.) Meurs 840, Dolle.

Seyd, Wilhelm

Seyd, Wilh., Beitrag zur Characteristik u. Würdigung der deutschen Strophen. Lex.-8. (VIII, 144 S.) Berlin 874. Moeser. n. 2. —

Seyd, Willy: Zur Biologie von Selaginella. Jena 1910: Frommann. 38 S. 8°
Jena, Phil. Diss. v. 2. Juli 1910, Ref. Stahl
[Geb. 15. April 87 Meiningen; Wohnort: Meiningen; Staatsangeh.: Sachsen-Meiningen; Vorbildung: Realgymn. Meiningen Reife M. 06; Studium: München 2, Freiburg i. B. 2, Jena 3 S.; Rig. 20. Jan. 10.] [U 10. 2374

Seyda [Schlagwort]

Seyda, s.: Preussen. Messtischblätter.

Seyda [Verfasser]

Seyda, Anton *(geb. Lobsens in Pos. 25. 4. 1858)*: Ueber Sulfosäuren des Hydrochinons. Breslau (1883). (48 S.) 8° *[Im Buchhandel: 1883 bei Köhler in Breslau.]*
Breslau, Phil. Diss. v. 3. März 1883

Seyda, Maryan: Zur Heilung des Formmangels durch Auflassung. *Posen 1904: B. Milski.* (58 S.) 8°
Rostock, Jur. Diss. v. [10. Mai] 1904

Seyde, Franz: Beiträge zur Kenntnis der Sulfitreaktion. 1906. 94 S. 8°
¶ Ausz. in: Journal f. prakt. Chemie. Bd 183. N. F. Bd 75. 1907.
Dresden, Dr.-Ing.-Diss. v. 19. 7. 1906

Seydel's Führer durch die technische Litteratur. Abth.: Mechanik u. Maschinenbaukunde, das Berg-, Hütten- u. Salinenwesen, die Patent- u. Gewerbe-Gesetzgebg., sowie die Physik u. Elektrotechnik. 12. Aufl. 12. (IV, 252 S.) Berlin 894. Polytechn. Buchh. n. 1. —

Seydel's Führer durch d. neuere deutsche technische Litteratur. 7 Nrn. 8. (M. eingedr. Bildn.) Berlin 898. Polytechn. Buchh. A. Seydel. n.n. 5. —
in 1 Leinw.-Bd. n.n. 6. —

1. Theoret. Mechanik u. Maschinenbaukunde. Anschliess. Eisenhüttenkunde u. Metallgewinng., sow. Technologie d. Metalle. 15., vollst. neu bearb. Aufl. (IV, 126 S.) n.n. 1. —
2. Mechan. Technologie, Metall-, Holz-, Papier-, Textil-, Glas-Industrie, Keramik, Müllerei etc., nebst e. Anh.: Gewerbl. Rechtspflege, Haftpflicht-, Fabriken- u. Gewerbegesetzgebg., Gesetze z. Schutz d. gewerbl. Eigenthums. (3. Aufl.) (IV, 92 S.) n.n. — 75
3. Textil-Industrie, Spinnerei, Weberei, Wirkerei, Seiden-Industrie, Flachs- u. Hanfcultur, sow. d. Appretur, Bleicherei, Färberei u. Wäscherei u. verw. Gebiete. M. e. ausführl. Sach- u. Namen-Register. 4., verb. Aufl. (III, 40 S.) n.n. — 50
4. Theoret. Physik u. Elektrotechnik. Letztere umfass. d. Elektrotechnik in allen ihren Anwendgn., vorzügl. d. elektr. Beleuchtg. u. d. elektr. Kraftübertragg., sow. Telegraphen-Technik. 6., vollst. neu bearb. Aufl. (IV, 91 S.) n.n. — 75
5. Bergbau- u. Hüttenkunde, einschliessl. d. Gewinng. d. Baumaterialien, d. Brenn- u. Beleuchtungsstoffe, sow. d. Geologie, Mineralogie u. verw. Gebiete. 3., vollst. neu bearb. Aufl. (IV, 76 S.) n.n. — 75
6. Feuerungs- u. Beleuchtungstechnik. Wärmelehre u. mechan. Wärmetheorie. Technologie d. Brennmaterialien u. Beleuchtungsstoffe. Feuerungsanlagen. Heizg. u. Ventilation. Gastechnik u. Acetylenbeleuchtg. Anschliess.: Feuerlöschwesen. 3., vollst. neu bearb. Aufl. (38 S.) n.n. — 50
7. Chemie u. chem. Technologie, Chemie d. Nahrungs-, Genuss- u. Gebrauchsmittel, sow. Pharmacie u. Drogenkunde. M. e. ausführl. alphabet. Sachregister. 8., verb. Aufl. (IV, 85 S.)

Seydel's Führer durch die technische Litteratur. 8. u. 11.—14. Bd. 8. (Mit eingedr. Bildnissen.) Berlin, Polytechn. Buchh. A. Seydel. n.n. 3. 60;
Nr. 11—14 in 1 Leinw.-Bd. n.n. 4. —

8. Photographische Litteratur der Neuzeit. Verzeichnis der in d. letzten 20 Jahren erschienenen Lehr- u. Handbücher f. Berufsphotographen u. Amateure, f. Reproduktionstechniker, sowie f. Künstler u. Gelehrte, welche sich der Photographie bei ihren Arbeiten bedienen. Mit e. Anh.: Die Litteratur der graph. Künste. 3. verm. Aufl. m. e. ausführl. Sach- u. Namenregister. (44 S.) 898. n.n. — 50
11. Hochbauwesen einschliesslich d. vorzüglichsten Vorlagenwerke f. die verschiedenen Zwecke der Architektur. Eingeleitet durch die Litteratur der Mathematik, der Baumechanik u. des Vermessungswesens. Nebst e. alphabet. Autoren-, Sach- u. Ortsverzeichnis. 10. Aufl. (IV, 104 S.) 899. n.n. 1. —
12. Bau- u. Ingenieurwissenschaft sowie Vermessungswesen. Mit e. Anh.: Mineralogie, Geologie, Gesteins- u. Bodenkunde, sowie e. ausführl. Sach- u. Namenverzeichnis. 8. verm. Aufl. (IV, 168 S.) 899. n.n. 1. —
13. Eisenbahn-Litteratur der Neuzeit, Eisenbahnbau. Eisenbahn-Maschinentechnik. Eisenbahn-Betrieb. Eisenbahn-Verwaltung. Eisenbahnrecht u. Transportwesen. Nebst ausführl. Sach- u. Namen-Verzeichnis. (IV, 102 S.) 898. n.n. — 60
14. Verkehrswesen d. Neuzeit. Verkehr auf Land- u. Wasserstrassen u. Schiffahrt. Marine- u. Seewesen. Luftschiffahrt u. Flugtechnik. Nebst ausführl. Sach- u. Namen-Verzeichnis. (II, 36 S.) 899. n.n. — 50

Seydel's Führer durch die technische Literatur. II. Abteilg. Führer durch die neuere Literatur der reinen u. angewandten Chemie, der Nahrungsmittel-Chemie, der chem. Technologie, der Chemie der Genuss- u. Gebrauchsmittel, sowie d. Pharmacie u. Drogenkunde. 11. verm. Aufl. (VIII, 198 S.) kl. 8. Berlin 908. Polytechn. Buchh. A. Seydel. 2. —

— dasselbe. Verzeichnis der wichtigsten literar. Erscheingn. aller techn. Wissenschaften u. deren Hilfswissenschaften. Mit Berücksicht. der Kunst u. des Kunstgewerbes, der gewerbl. Rechtspflege etc. 23. Aufl. Herbst 1907. (128 S.) kl. 8. Ebd. — 75

Seydel's deutscher Geschäfts-Kalender auf das J. 1884. (1. Jahrg.) Notizbuch für Kaufleute und Banquiers, wie auch für Gewerbetreibende und Fabrikanten. 16. (VIII, 164 S.) Berlin 883, Polytechn. Buchhandlung. geb. 1 50
Nicht weiter erschienen.

Seydel's Katalog der Turn-, Sport- u. Spiel-Litteratur. gr. 8. (96 S. m. Illustr.) Berlin 896. A. Seydel, Verl. n. 1. —

Seydel, üb. die Reinigung der städtischen Abwässer. Vortrag. [Aus: „Schriften d. physikal.-ökonom. Gesellsch. in Königsberg".] gr. 4. (4 S.) Königsberg i/Pr. 892. W. Koch. n. — 20

(v. Seydel.) Versuch e. militair. Geschichte des bayerschen Erbfolgekrieges v. J. 1778. 3 Bd. 8. Königsberg 1781. 7,00.

Seydel, A., allgemeine Depositalordnung in ihrer jetzigen Geltung. gr. 8. (VIII und 168 S.) Breslau 864, Kern's Verlag.

Seydel, A., Methodik des Volksschulunterrichts, s.: Schwochow, H.

Seydel, Agnes, u. Käthe Seydel, Batik-Arbeiten. (28 S. m. Abbildgn. u. 8 Musterbog.) Lex. 8. Leipzig (909). Verlag der Deutschen Modenzeitg. 1. 50.

— — Flachstich-Arbeiten, s.: Handarbeitsbücher der „Deutschen Moden-Zeitung".

— — Kerb- u. Blumenschnitt-Arbeiten, s.: Handarbeitsbücher der „Deutschen Moden-Zeitung".

— — Metall-Einlage-Arbeiten (Marketerie). Mit 90 Abbildgn. u. 4 Beilagen. (32 S.) Lex. 8. Leipzig (909). Verlag der Deutschen Moden-Zeitg. 1. 50

Seydel, Alb., die Literatur der kaufmännischen Wissenschaften. Verzeichniß der besten neuesten Werke über Handel- und Gewerberecht, Wechselrecht, Handelswissenschaft rc. 12. (57 S.) Berlin 887, Polytechn. Buchhandlung. — 30

Seydel, A: Special-Catalog für Bau- und Jngenieurfach einschließlich aller Hülfswissenschaften. 4. Aufl. Berlin 1880

Seydel, A: Special-Catalog für Bau- und Jngenieurfach einschließlich aller Hülfswissenschaften. 5. Aufl. Berlin 1884

Seydel, A: Special-Catalog für Chemie, Pharmacie, chemische Technologie und Photochemie. 2. Aufl. Berlin 1877

Seydel, A: Special-Catalog für Chemie, Pharmacie, chemische Technologie und Photochemie. 3. Aufl. Berlin 1880

Seydel, A: Special-Catalog für Chemie, Pharmacie, chemische Technologie und Photochemie. 4. Aufl. Berlin 1884

Seydel, A: Special-Catalog für Chemie, Pharmacie, chemische Technologie und Photochemie. 5. Aufl. Berlin 1886

Seydel, A. Specialkatalog f. mechanische Technologie, mechan. Kleingewerbe, Müllerei, Maschinenbaukunde und Berg- Hütten- und Salinenwesen, einschl. aller Hülfswissenschaften. 8. A. Berlin 1884.

Seydel, Alb., s.: Verzeichniß neuerer Lehr- u. Handbücher rc. f. Gewerbetreibende rc.

Seydel, Arnim. (geb. Eliguth bei Neumarkt in Schles. 12. 1. 1821): De hydrophobia contagiosa. Berolini (1843). (32 S.) 8°
Berlin, Med. Diss. v. 16. Aug. 1843

Seydel, Arnold

Die humanitären Bestrebungen der Gegenwart, ihr Segen und ihre Gefahren. Vortrag zum Besten der Wilhelmsstiftung der Loge Royal York zu Berlin, gehalten am 5. März 1897 von A. Seydel. Als Ms. gedruckt. [Berlin 1897.] 24 S. 8° 25 a.

[F.] Die humanitären Bestrebungen der Gegenwart, ihr Segen u. ihre Gefahren. Vortrag v. A. Seydel, Pred. ... in Berlin. *Berlin: Puttkammer & Mühlbrecht 1897.* (24 S.) 1 Bd 8. [97. 3:11

Seydel, christliches Glauben u. Leben. Ein Leitfaden f. den Konfirmandenunterricht, in Anlehng. an d. kleinen Katechismus Luthers hrsg. (VIII, 88 S.) 8. Berlin (909). Schriftenvertriebsanstalt. — 50

Jesus Christus im Lichte modernen Denkens. Religiöse Reden z. Belehrung f. jedermann. Von Arn[old] Seydel, Pred. in Berlin. *Berlin: A. Duncker 1900.* (X, 174 S.) 8° [F.] [00. 9555

Ⓑ Seydel, Arn., Jesus Christus. 900. (KBL 32.) Jetzt: Charlottenburg, A. Glaue.

Ist eine Aenderung der Abendmahlsfeier ratsam, so daß an Stelle des gemeinschaftlichen Kelches Einzelkelche gebraucht werden? Vortrag, 1904 in e. Versammlung von Mitgliedern d. St. Nicolai-Gemeinde in Berlin geh. von [Arnold] Seydel, Archidiaconus. *Berlin: Selbstverl. (1904).* (16 S.) 8° [F.] [04. 3599

Seydel, Arnold, ist e. Aenderung der Abendmahlsfeier ratsam, so daß an Stelle des gemeinschaftlichen Kelches Einzelkelche gebraucht werden? Vortrag, am 20. I. 1904 in der Aula der berlin. Gymnasiums zum grauen Kloster in e. Versammlg. v. Mitgliedern der St. Nikolai-Gemeinde in Berlin geh. (16 S.) gr. 8. Berlin (904). (H. N. Mecklenburg.) n. — 20

— Unterricht in der christlichen Religion auf heilsgeschichtl. Grundlage. In Anlehng. an den kleinen Katechismus Luthers f. die oberen Klassen höh. Lehranstalten u. Mittelschulen, f. Lehrerseminare, f. den Konfirmandenunterricht u. zur Selbstunterweisg. f. die christl. Gemeinde bearb. (VIII, 221 S.) gr. 8. Leipzig 904. B. G. Teubner. n. 2. 60; geb. n. 3. 20

[F.] Wie gewinnt die evangelische Kirche ihre verlorenen Glieder wieder? E. bedeutsame Frage f. Kirche u. Schule, aus d. Praxis beleuchtet u. beantwortet v. A. Seydel, Prediger ... in Berlin. *Berlin: A. Haack 1895.* (47 S.) 1 Bd 8. [96. 3465

Seydel, C., Abenteuer in Kalifornien, s. Volks-Erzählungen, kleine.

Seydel, C. Behandlung poetischer Sprachstücke zu stylistischen Zwecken. gr. 8. (IV, 140 S.) Leipzig 870, Brandstetter. (*M. 1,25.) *

—— die Dankbarkeit eines Indianers, s. Jugendbibliothek, neue.

—— Die Dankbarkeit e. Indianers. — Talelah, der weiße Häuptling, s. Bibliothek interessanter Erzählungen.

Seydel, C., Hermanfried u. Amalberga, s.: Bibliothek interessanter Erzählungen.

—— Hermanfried und Amalberga. Eine Erzählung aus der thüring. Vorzeit für die reifere Jugend. 8. (127 S. mit 1 Chromolithogr.) Mülheim 881, Bagel's Verlagsh. cart. 1 —

Seydel, C., Mittheilungen aus der Geschichte Rüdersdorf's u. der benachbarten Ortschaften. gr. 8. (XIII, 74 S.) Rüdersdorf 870. (Berlin, Wasmuth.) n. 1. 20

Seydel, C., eine Nacht im Urwalde, s. Volks-Erzählungen, kleine.

— der Seelenverkäufer am Red-River, s.: Bibliothek interessanter Erzählungen.

— Seliko, der dankbare Afrikaner, s.: Bibliothek interessanter Erzählungen.

Seydel, C., Seliko, der dankbare Afrikaner. E. Erzählg. 8. (110 S. m. 4 Farbdr.) Mühlheim a/R. 897. J. Bagel. Geb. 1. 20

Seydel, C., Stoffe zu deutschen Aufsätzen auf Grund poetischer Sprachstücke. Für gehobene Bürger- u. Mittelschulen. 8. (IV, 222 S.) Langensalza 884. Schulbuchh. 1. 80

—— Talekah, der weiße Häuptling, s. Jugendbibliothek, neue.

Seydel, C., der Ungerechten Treiben findet seinen Richter, s.: Sammlung beliebter Jugendschriften Bd. 4.

— der Ungerechten Treiben findet seinen Richter. Eine histor. Erzählg. 12. (103 S. m. 4 Stahlst.) Stuttgart 890. Schmidt & Spring. cart. — 75

Seydel, Carl, s. S e y d e l , Karl.

Seydel, Curt, s. S e y d e l , Kurt.

Seydel, Emil: Aus d. Zool. Inst. d. Univ. Tübingen. Untersuchungen über den Byssusapparat der Lamellibranchiaten. Naumburg a. S. 1909: Lippert. S. 466—582. 8° ¶(Aus: Zool. Jahrbücher. Bd 27. Abt. f. Anat.)
Tübingen, Naturw. Diss. v. 3. Dez. 1908, Ref. Blochmann
[Geb. 31. Mai 85 Heidenheim a. Brenz; Wohnort: Heidenheim; Staatsangeh.: Württemberg; Vorbildung: Oberrealsch. Ulm Reife Juli 03; Studium: Tübingen 9 S.; Coll. 3. Dez. 08.] [U 09. 4016

(Aus Deutsch-Südwestafrika.) Eine Namib-Expedition m. Schilderung d. Gewohnheiten u. Rechtsanschauungen d. Namib-Buschleute. Hrsg. von Ernst **Seydel**. Hierzu e. Skizze. Borna-Leipzig 1910: Noske. 29 S. 8° [11. 3301

Seydel, F., die Choleragefahr und die Eisenbahnen. Mit Benutzung amtl. Materials. Verm. Abdruck aus dem Archiv für Eisenbahnwesen. gr. 8. (28 S.) Berlin 887, C. Heymanns Verlag. * — 50

Seydel, F., Gesetz vom 21. Juli 1852 betr. die Dienstvergehen der nichtrichterlichen Beamten, die Versetzung derselben auf eine andere Stelle oder in den Ruhestand und seine Ergänzungen, erläutert. gr. 8. (VIII, 351 S.) Berlin 883, C. Heymann's Verlag. *M 6.; geb. * 7 50

Seydel, F., Gesetz vom 21. Juli 1852 betr. die Dicastvergehen der nichtrichterlichen Beamten, die Versetzung derselben auf e. andere Stelle od. in den Ruhestand u. seine Ergänzungen, erläutert. 2. Aufl. gr. 8. (VIII, 375 S.) Berlin 894. C. Heymanns Verl. n. 7. —; geb. n. 8. —

Seydel, F., das Gesetz über die Enteignung von Grundeigenthum vom 11. Juni 1874. Mit Benutzung der Akten des königl. Ministeriums der öffentl. Arbeiten und in besond. Berücksicht. der in der Ministerial-Instanz ergangenen Entscheidungen für den prakt. Gebrauch erläutert. gr. 8. (V, 184 S.) Berlin 882, C. Heymann's Verlag. * 4 —

—— das Gesetz über die Enteignung von Grundeigenthum vom 11. Juni 1874. Mit Benutzung der Akten des königl. Ministeriums der öffentl. Arbeiten für den praktischen Gebrauch erläutert. 2. neu bearb. Aufl. gr. 8. (VIII, 284 S.) Ebendas. 887. *M 6.—; geb. * 7 50

Seydel, F., das Gesetz üb. die Enteignung v. Grundeigentum vom 11. VI. 1874. Mit Benutzg. der Akten des königl. Ministeriums der öffentlichen Arbeiten f. den prakt. Gebrauch erläutert. 3. neu bearb. Aufl. (XII, 312 S.) gr. 8. Berlin 903. C. Heymann. n. 7. 50; geb. n.n. 8. 50

Seydel, F., der Kapitalist im Hypothekenverkehr und Subhastationsverfahren; ein Handbuch zum pract. Gebrauche für alle Diejenigen, welche ihr Vermögen gegen hypothekar. Sicherheit anlegen, insbesondere für Vormünder und Curatoren, für Verwalter 2c. bei Ausleihung und Einziehung der Kapitalien, nebst den erforderl. Formularen zu Gesuchen, Klagen 2c. 8. (VI und 53 S.) Glogau 851, Flemming's Verlag.

Seydel, F. S.

Seydell, S. F., k. preuss. Major etc. Abhandlung über die Einrichtung und den Gebrauch des k l e i n e n G e w e h r e s. (Mit 1 Kupfertaf.) (310 S.) 8. Berlin 1811.

Zeydell, F. S., Abhandl. üb. die Einricht. u. den Gebrauch des kleinen Feuergewehrs. Mit 1 Kpf. gr. 8. Berl. 811. Voß. 1 ℛ 8 gℊ

Seydel, F. S., s. A n l e i t . z. Vorpostendienst.

– s. A u f g a b e n , 125, f. Anfänger d. Taktik.

(Seydel.) Beyträge zur Kriegskunst in Fragmenten über verschiedene taktische Gegenstände. 5 Hfte. 8. Königsberg 1802--17:
Vgl. B e i t r ä g e ...

(Seydel, Obrist.) Beiträge zur Kriegskunst. 5 Hefte. 8. Königsberg 1820.

Seydel, F. Neue Lectionen der preussischen Festungskrieger in den Holländischen, Französischen und Polnischen Revolutionskriegen, bei Angriff und Vertheidigung fester Plätze in dem Zeitraume von 1763 1795. (26 B.) 8. Züllichau 1823 6,00.

Materialien zur Taktik, Strategie u. strategischen Fortifikation, nebst Nachrichten u. Glossen über diese Künste. (Von Seydel).
Leipzig 1819. 93 S.

Seydel, F. S. Kurzgefasste Nachricht von der Schlacht bei Kunersdorf. — (36.) 8. Frankfurt a. O. 1811. 0,50.

— kurze Nachr. von d. Schlacht von Kunnersdorf, nebst e. wichtigen Vorfällen vor u. nach der Schlacht. 8. Frankf. a. d. O. 811. Academ. B. 4 gℊ

Seydel, F. S., k. preuss. Oberst. Nachrichten über vaterländische F e s t u n g e n und F e s t u n g s k r i e g e, von Eroberung und Behauptung der Stadt Brandenburg, bis auf gegenwärtige Zeiten (789—1763.) (3 Bde.) 8. Leipzig und Züllichau 1818—1821.

Seydel, F. S. Nachrichten über vaterländische Festungen u. Festungskriege in Italien, am Rhein, in d. Niederlanden, Pommern, Brandenburg, Schlesien, Böhmen, Mähren, Sachsen, v. Eroberung u. Behauptung der Stadt Brandenburg bis auf die gegenwärtigen Zeiten. 4 Bde. 8. M. Plän. Züllichau u. Leipzig 1818–24. 23,00.

—Nachr. üb. vaterländ. Festungen u. Festungskriege. 4 Thle. gr. 8. Züllichau 819—24. (Michelsen in Leipz.) 8 ℛ (2r Thl. A. u. d. T.: prakt. Bildungsschule der preuß. Festungskrieger bei Angriff u. Vertheidigung fester Plätze in Italien, am Rhein, in den Niederlanden, Pommern, Schlesien, Böhmen, Mähren u. Sachsen. 3r Thl. A. u. d. T.: prakt. Uebungen d. Festungskriege bei Angriff u. Vertheidigung fester Plätze 2c. od. Anmerkk. u. Fragen üb. strateg. u. taktischen Gebrauch d. festen Plätze begleitet. 4r Thl. mit 1 Plan. Auch u. d. T.: neues Lexicon der preuß. Festungskrieger 2c., von 1763—1805. 824.)

Seydel, (F. S.) Nachr. üb. vaterländische Festungen u. Festungskriege, von Eroberung u. Behauptung der Stadt Brandenburg bis auf gegenwärtige Zeiten. 4r Thl. mit 1 Plan. A. u. d. T.: neues Lexicon der preuß. Festungskrieger 2c., von 1763—1705. gr. 8. Züllichau 824, Darnemann. 2 Rthl. – 1r—4r Thl. 818—24.

– s. S c h ü t z e n d i e n s t , Der, f. Jäger.

Seydel, Ferdinand

Seydel, Ferd., der Führer auf den Gräbern der in Augsburg Verstorbenen, u. Samml. aller Inschriften d. Kirchhofes d. Katholiken in Augsburg. 8. (44½ B.) Augsburg 840, Rieger'sche Buchh.

Seydel, Fritz, Referendar in Altona: Die Einwilligung des Verletzten. Blankenese 1907: J. Kröger. (VII, 33 S.) 8°
Rostock, Jur. Fak., Ref. Matthiaß, Diss. v. 25. Mai 1907

Seydel, Fritz [aus Karschau in Schles.]: Über die Verbrennungen und ihre Behandlung ... Berlin, Buchdr. v. G. Schade, *1894;* 29 S., 1 Bl. 8.
Berlin, Med. Fak., Inaug.-Diss. v. 16. Febr. 1894

Seydel, Georg

Seydel, Geo., das Hohelied in 31 Liedern verdeutscht. (30 S.) kl. 8. Kiel 906. R. Cordes. n. 1. 20

Seydel, Gerhard

Seydel, Gerardus, Lipsiensis: Symbolae ad doctrinae Graecorum harmonicae historiam. Lipsiae 1907: Borna, R. Noske. (111 S.) 8°
Leipzig, Phil. Fak., Ref. Bethe-Lipsius, Diss. v. 10. April 1907
[Geb. 11. Juli 81 Leipzig-Gohlis; Wohnort: Leipzig-Gohlis; Staatsangeh.: Sachsen; Vorbildung: König-Albert-Gymn. Leipzig Reife O. 01; Studium: Leipzig 12 S.; Rig. 31. Jan. 07.]

Seydel, Gustav

Seydel, Gust., der Blasenkatarrh und seine Behandlung, mit Zugrundlegung der Civiale'schen Abhandlung, nach fremden u. eigenen Erfahrungen dargestellt. gr. 8. Dresden u. Leipzig 843, Arnoldische Buchh. 1 1/6 ℳ

—— die Harnbeschwerden, ihre Ursachen u. Wirkungen, sowie ihre Behandlung. Zur Belehrung f. gebildete Nichtärzte. 12. (8 B.) Dresden u. Leipzig 844, Arnoldische Buchh. *

Seydel, Gust., die Harnbeschwerden, ihre Ursachen und Wirkungen, sowie ihre Behandlung. Zur Belehrung für gebildete Nichtärzte. 3., verb. Aufl. 8. (VIII und 178 S.) Dresden 860, Arnoldische Buchh. *

Seydel, Gust., die Harnbeschwerden, ihre Ursachen und Wirkungen, sowie ihre Behandlung. Zur Belehrung für Kranke. 4. Aufl., neu bearb. von J. Edm. Güntz. gr. 8. (VI, 154 S.) Leipzig 881, Arnoldische Buchh. * 2 —

Seydel, Gust., die Harnbeschwerden, ihre Ursachen und Wirkungen, sowie ihre Behandlung. Zur Belehrung für Kranke. Neu bearb. von J. Edm. Güntz. 5. unveränd. Aufl. 8. (VI, 154 S.) Leipzig, 886, Arnoldische Buchh. * 2 —

Seydel, Gust., die natürl. u. künstl. Heilwässer von Vichy, als e. wicht. Mittel geg. Krankheiten d. Urinwerkzeuge, namentl. Stein, Gries u. Blasenkatarrh, sowie geg. Unterleibsübel, Gicht etc. N. d. franz. Originalquellen u. eigenen Beobachtn. u. Versuchen mit dem Struve'schen Vichy-Wasser dargestellt. 8. (10 1/2 B.) Dresden u. Leipzig 841, Arnoldische Buchh.

—— die natürlichen u. künstlichen Heilwässer von Vichy, als ein wichtiges Mittel gegen Unterleibsübel, Harnbeschwerden etc. Nach d. französ. Originalquellen, sowie eigenen Beobachtungen u. Versuchen dargestellt. 2., mit einem Nachtrage verm. Aufl. 8. (12 1/2 B) Dresden u. Leipzig 844, Arnoldische Buchh. *

Seydel, Gust., die Stricturen der Harnröhre und deren Behandlung. gr. 8. (VIII und 210 S. mit 3 Stnt. in Fol.) Dresden 854, Arnoldische Buchh. *

Seydel, Hans, mit Theodor Fontane durch die Mark Brandenburg. Orig.-Radiergn. 1. Folge. Havelland. Potsdam u. Umgebg. (10 Bl.) qu. Fol. (2 Bl. Text.) Fol. Berlin-Charlottenburg (903). Amelang'sche Buch- u. Kunsth. In Leinw.-Mappe n. 25. —

Seydel, Hermann

Seydel, (Theophil. Augustus) Herm. (geb. Neudorf in d. Neum. 7. 12. 1816): De chlorosi. Berolini (1840). (31 S.) 8°
Berlin, Med. Diss. v. 20. Juli 1840

Seydel, Johann Gottlieb (Zittau) A. S. 605/58

Termini 1. 2. c. D. resc. vendit. Dissertatio.
Präs. Heinrich Gottfried Nauer.
Leipzig (Büttner) 23. IV. 1776. 8 S. 32490

Seydel, Johann Samuel (Schmiedeberg) A. S. 1115/2

Dissertatio inauguralis medica de syncretismi medici utilitate et necessitate.
Präs. Christian Gottfried Stentzel.
Wittenberg (Gerdes) 13. XII. 1734. 54 S. 32491

Seydel, K. J., Leitfaden der gerichtlichen Medicin f. Studirende u. Ärzte. gr. 8. (VIII, 296 S.) Berlin 895. S. Karger. n. 6. —; geb. n. 7. —

Seydel, Karl

Seydel, K., Antiseptik u. Trepanation. Lex.-8. (VII, 176 S.) München 886. H. Müller. (L. Finsterlin's Sort.) n. 3. 80

Seydel, Karl: Über den Einfluss der Fortschritte des Waffenwesens auf die Kriegschirurgie in den letzten 2 Jahrzehnten. Vortrag, gehalten in der Milit. Gesellschaft München, am 18. Dezember 1891. München (1891). 8°

Seydel, Dr. K. über den Einfluß der Fortschritte des Waffenwesens auf die Kriegschirurgie in den letzten 2 Jahrzehnten. München 1892. 17 S.

SEYDEL, Carl (München): Zwölf Fälle von Genu valgum.- München 1879.
8.7.1878 - Urk (Titel: De genu valgo.); Chr 1878/79,11
Diss. Ingolst.-Landsh.-Mchn.

Seydel Die erste Hilfeleistung bei Unglücksfällen in den Bergen. 16. (43 S. m. 6 Abbildgn.) Münch. 892, Lehmann. geb. * — 80

Seydel, Karl, die erste Hilfeleistung bei Unglücksfällen in den Bergen. 1. u. 2. Aufl. 92. (43 S. m. 6 Abbildgn.) München 893. J. F. Lehmann's Verl. Kart. n. — 50

—— dass. — Für den Führercurs der Alpenvereinssektion München bearb. 32. (40 S. m. 7 Abbildgn.) Münch. 892, (Lindauer). geb. * — 50

SEYDEL, Karl (Straubing): De ictero.- Straubingae: Lern 1838. 16 S.
16.7.1838 - Urk; P 63
Diss. Ingolst.-Landsh.-Mchn.

— Lehrbuch der Kriegschirurgie. (Bibliothek des Arztes.) gr. 8. (XII, 288 S. m. 176 Abbildgn.) Stuttgart 898. F. Enke. n. 8. —

Seydel, Karl, Lehrbuch der Kriegschirurgie. (Bibliothek des Arztes. Eine Sammlung medizin. Lehrbücher f. Studierende u. Praktiker.) 2. Aufl. (XII, 391 S. m. 271 Abbildg.) Lex.-8. Stuttgart 905. F. Enke. n. 10. —; geb. in Leinw. n. 11. 20

Seydel, Carl, Reden die in Berlin nicht gehalten wurden. I.—III. Den Wahlmännern des Saalkreises gewidmet. gr. 8. (28 S.) Berlin 848, Besser'sche Sortimentsb. *

Seydel, Carl, Reden die in Berlin nicht gehalten wurden. I—III. Den Wahlmännern des Saalkreises gewidmet. gr. 8. (28 S.) Berlin 848, Hertz. n. 1/6 ℳ

Seydel, Käthe, s. Seydel, Agnes u. Käthe Seydel.

Seydel, Curt, aus Berlin: Synthesen des 3-, 5-, 6-Tri-Methoxy-Phenanthrens <Methyl-Thebaols> und des 2-Methoxy-Phenanthrens. *Berlin (1902): E. Ebering.* (44 S.) 8°
Berlin, Phil. Diss. v. 22. Febr. 1902

SEYDEL, Leo: Der Torf und seine rationelle Verwerthung als Radicalmittel gegen Moorbrennen und Auswanderung. - Berlin o. J. 100 S.

Seydel L. der Torf u s. Verwertung als Radikalmittel gegen Moorbrennen. Berlin 1873

Seydel, Maria, aus dem Tagebuch e. jungen Mutter. [Aus: „Die Kinderstube".] gr. 8. (41 S.) Berlin (899). Verlag des Fröbel-Oberlin-Vereins. n. 1.—

Seydel, Martin

— Kurze Anleitung .... (Abc der Gesangskunst.) 2. Auflage. Leipzig 1865.

— Aphorismen aus dem Gesangsleben. (Didaktisches, Humoristisches, Polemisches.) Leipzig 1865.

— Die Aussprache des Italienischen im Gesange. Nürnberg 1860.

Seydel, Mart., Elemente der Stimmbildung u. Sprechkunst. Zugleich als Vorbereitg. f. den Gesang. (16 S.) 8. Leipzig 910. Röder & Schunke. — 60

— **Deutscher Glaube.** Ein Gedicht in neun Gesängen. (87 S.) kl. 8. Leipzig 909. J. C. Hinrichs' Verl. 1.20; geb. in Leinw. 2. —

— **Grundfragen der Stimmkunde.** Für Sänger u. Sprecher dargestellt. (69 S. m. Titelbild.) 8. Leipzig 909. C. F. Kahnt Nachf. 1. —

— Katechismus der Gesangskunst. 5. Auflage. Leipzig 1894.

— Vollständiges Lehrbuch der Gesangskunst. Magdeburg und St. Luis mo. 1858.

Seydel, Mart., Leutzsch, Natur u. Geschichte unseres Ortes. Fest-Ansprache, geh. auf dem Kommers zur Einweihg. des Rathauses am 18. VI. 1904 u. im Auftrage des Gemeinderates zu Leutzsch hrsg. (18 S. m. 5. Taf.) gr. 8. Leutzsch (904). Leipzig, Roßberg'sche Buchh. n.n. — 60

Seydel, *Hugo* Martin [aus Leipzig-Gohlis]: Arthur Schopenhauers Metaphysik der Musik ... (Erschien vollst. 1895 im gl. Verl.) Leipzig, Druck v. Breitkopf & Härtel, 1894; 2 Bl., 84 S., 1 Bl. 8.
Leipzig, Phil. Fak., Inaug.-Diss. v. [20. Dez.] 1894

Seydel, Mart., Arthur Schopenhauers Metaphysik d. Musik. E. krit. Versuch. gr. 8. (VII, 123 S.) Leipzig 895. Breitkopf & Härtel n. 2. 50

Seydel, Mart., über Stimme u. Sprache u. wie man sie gebrauchen soll. Ein Beitrag zur Theorie der Stimmbildg. u. Vortragskunst. 8. (24 S.) Leipzig 902. (Roßberg'sche Buchh.) n. — 50
Sonderabdruck aus: „Leipziger Zeitung, wissensch. Beilage".

Seydel, Max v., staatsrechtliche u. politische Abhandlungen. gr. 8. (IV, 247 S.) Freiburg i/B. 893. J. C. B. Mohr. n. 4. 80

Seydel, Max v., staatsrechtliche u. politische Abhandlungen. Neue Folge, nach des Verf. Tode hrsg. v. Karl Krazeisen. Mit e. Bilde Max v. Seydels in Heliogr. gr. 8. (VIII, 348 S.) Tübingen 902. J. C. B. Mohr. n. 6. 60

— s.: **Annalen des Deutschen Reichs.**

Seydel M, über Budgetrecht. (Zeit- und Streitfragen N F 62) Hamburg 1889

Seydel, Max. Ueber Budgetrecht, s. Zeit- u. Streit-Fragen, deutsche.

Seydel, Max, das Budgetrecht des bayer. Landtages und das Verfassungs-Verständniss von 1843, s. **Festgabe zum Doktor Jubiläum für J. J. W. v. Planck.**

Der Fruchterwerb auf Grund des Gestattungsgeschäftes nach § 956, 957 BGB. von Dr. Max **Seydel.** Breslau: M. & H. Marcus 1907. (VIII, 52 S.) 8°
= **Studien** z. Erläuterung d. Bürgerl. Rechts. H. 24. [07. 13190 6

Seydel, Max v. (Max Schlierbach), Gedichte. 2., verm. Ausg. gr. 16. (VIII, 193 S.) Tübingen 900. J. C. B. Mohr. Kart. n. 3. —

— **neue Gedichte.** 2., verm. Ausg. gr. 16. (X, 294 S.) Ebd. 900. Kart. n. 4. —

Seydel, Max, Referendar in Halle a. S.: Das Gestattungsgeschäft des § 956 B.G.B. Halle a. S. 1907 (Breslau: H. Fleischmann). (35 S.) 8° ¶ (Erscheint demnächst vollst. in: 'Studien zur Erläuterung des Bürgerlichen Rechts' (Verl. v. M. & H. Marcus, Breslau) u. d. T.: Der Fruchterwerb auf Grund des Gestattungsgeschäftes nach §§ 956, 957 B.G.B.)
Halle, Jur. Fak., Ref. v. Blume, Diss. v. 23. April 1907
[Geb. 12. Sept. 83 Neumühle b. Zeitz; Wohnort: Halle a. S.; Staatsangeh.: Preußen; Vorbildung: Stifts-Gymn. Zeitz Reife O. 02; Studium: Tübingen 4, Halle 2 S.; Rig. 15. Febr. 07.]

Seydel, Max, das Gewerbe-Polizeirecht nach der Reichs-Gewerbeordnung. Mit einem Anhang, den Text der Gewerbeordnung enthaltend. gr. 8. (VIII, 193 S.) Leipzig 881, Hirth. * 8 —
Aus: Annalen des Deutschen Reichs, besonders abgedruckt.

— **das Gewerbe-Polizeirecht nach d. Reichs-Gewerbeordnung.** Mit d. Text d. Gewerbeordnung. gr. 8. (VIII, 193 S.) Leipzig 881. [Hirth.] München, J. Schweitzer Sort. n. 3. —

— **Gewerbepolizeirecht, Neubearbeitg.,** s.: **Schecher, Karl Ludw.**

Grundriß zu Vorlesungen über Deutsches Reichsstaatsrecht von Dr. Max v. **Seydel,** Prof. Freiburg i. B. & Leipzig: J. C. B. Mohr 1896. (III, 124 S.) 8° [F.] [06. 1398 11

—— **Grundriß zu Vorlesungen über bayerisches Staatsrecht.** gr. 8. (IV, 216 S.) München 883, Literar.-artist. Anstalt. * 4 80

Seydel, Max. Grundriß zu Vorlesungen über bayerisches Staatsrecht. 8. Münch. 883, Bassermann. * 4 80

Grundriß zu Vorlesungen über Bayerisches Staatsrecht von Dr. Max **Seydel,** Prof., München. 2. verm. Aufl. Freiburg i. B. & Leipzig: J. C. B. Mohr (München 1892 (auf d. Umschl.: 1890)). (IV, 242 S.) 8° [F.] [08. 901 11

—— **Grundriß zu Vorlesungen über bayerisches Verwaltungsrecht.** gr. 8. (IV, 209 S.) Ebendas. 883. * 4 80

— **Grundriß zu Vorlesungen üb. bayerisches Verwaltungsrecht.** 2., verm. Aufl. gr. 8. (IV, 224 S.) München 892. Fr. Bassermann. n. 4. 80

—— **Grundzüge einer allgemeinen Staatslehre.** gr. 8. (VII, 104 S.) Ebendas. 873. *

— s.: **Handbuch des öffentlichen Rechts der Gegenwart in Monographien.**

— **bayerisches Kirchen-Staatsrecht.** [Aus: „Bayer. Staatsrecht", Bd. VI.] gr. 8. (IV, 356 S.) Freiburg i/B. 892. J. C. B. Mohr. n. 7. 40

Seydel, Max, Commentar zur Verfassungs-Urkunde f. das deutsche Reich. gr. 8. (XVI, 294 S.) Würzburg 873. Stuber. n. 3. 60

[F.] Commentar zur Verfassungs-Urkunde für das Deutsche Reich. Von **Max v. Seydel.** 2., umgearb. Aufl. (In 2 Abth.) *Freiburg i. B. & Leipzig: J. C. B. Mohr 1897.* (VII, 456 S.) 1 Bd 8. [97. 1897

—— die gemeinrechtliche Lehre vom macedonianischen Senatsbeschlusse. gr. 8. (III, 59 S.) Würzburg 869, Stahel'sche Buchh. *

— das Recht der Arbeiterversicherung in seiner Anwendg. auf Bayern, systematisch dargestellt. [Aus: „Bayer. Staatsrecht".] gr. 8. (VI, 146 S.) Freiburg i/Br. 890. J. C. B. Mohr. n. 2. —

— das Recht d. Gesundheitsverwaltung in Bayern, systematisch dargestellt. [Aus: „Bayer. Staatsrecht".] gr. 8. (IV, 51 S.) Ebd. 890. n. 1. —

Seydel, Max, das Recht der Regentschaft in Bayern. gr. 8. (57 S.) München 886, Literar.-artist. Anstalt. * 1 20

Seydel, Max, *Bayerisches Staatsrecht.* Bd. 1—3. München, literar.-artist. Anstalt (Theod. Riedel), 1884, 85, 87. Gr. 8⁰. Eleg. Haaffianbde.
1: IX—658 S. 2: V—581 S. 3: VI—660 S.

—— bayerisches Staatsrecht. 2. Bd. und 3. Bd. 2 Abthlgn. gr. 8. [München 885, Literar.-artist. Anstalt.] Freiburg i. Br., Mohr. [2. Bd. (V, 581 S.) 885. *ℳ 10.80.; 3. Bd. 1. Abthl. (IV, S. 1—320) 886. *ℳ 6.—.; 3. Bd. 2. Abthl. (VI, IV, S. 321—660) 887. *ℳ 6.40.] * 23 20
1. Bd. Ebendas. 1884. *ℳ 12.—.

—— dass. — 1.—3. Bd. 2. unveränd. Abdr. gr. 8. (IX, 658; V, 581; VI, 660 S.) Freiburg i. Br. 887, Mohr. * 40 —

— bayerisches Staatsrecht. 3. Bd. 2. Abthlg., 4. Bd. u. 5. Bd. 1. Abthlg. gr. 8. Ebd. n. 28. 40 (I—V, 1.: n. 62. —)
III, 2. (VI, IV u. S. 321—660.) 887. n. 6. 40. — IV. (VI, 653 S.) 889. n. 14. —. — V, 1. (V, 392 S.) 890. n. 8. —.

Seydel, Max v., bayerisches Staatsrecht. 5. Bd. 2. Abth., 6. Bd. 2 Abthlgn. u. 7. (Schluß-)Bd. gr. 8. Freiburg i/B., J. C. B. Mohr. n. 28. 80; (kplt.: n. 90. 80)
5, II. (VII, V u. S. 393—741.) 891. n. 7. 40. — 6, I. (IV, 350 u. VI S.) 892. n. 7. 40. — 6, II. (V u. S. 351—582.) 893. n. 5. —. — 7. (V, 410 S.) 894. n. 9. —.
Die 1. Abth. des 5. Bds. ist vergriffen. Eine neue Aufl. v. einzelnen Bdn. erscheint nicht.

— bayerisches Staatsrecht. 2., durchgeseh. Aufl. in 3 Bdn. u. 1 Registerbd. Lex.-8. (XVI, 670; XII, 728; XI, 740 u. VIII, 372 S.) Freiburg i/B. 895. 96. Tübingen, J. C. B. Mohr. n. 70. —; geb. n.n. 80. —
Erschien auch in 32 Lfgn. à n. 2. —.

— das Staatsrecht d. Königr. Bayern, s. Handbuch d. öffentlichen Rechts.

— das Staatsrecht des Königr. Bayern. 2., verb. u. verm. Aufl. (Handbuch d. öffentl. Rechts II. 4.) gr. 8. (VIII, 348 S.) Ebd. 894. n. 9. —; geb. n.n. 10. —

Das Staatsrecht des Königreichs Bayern. Von Dr. Max v. Seydel, Prof. München. 3. Aufl. Nach des Verf. Tode hrsg. von Dr. Josef Graßmann, Legat.R. *Tübingen & Leipzig: J. C. B. Mohr 1903.* (XII, 381 S.) 4⁰(8⁰)
= Handbuch d. Oeffentl. Rechts. Bd 2, Abt. 4. [03. 14339

— die rechtliche Stellung d. Lehrer an den bayerischen Realschulen. Ein Gutachten. [Aus: „Blätter f. d. bayer. Realschulwesen".] gr. 8. (21 S.) Augsburg 887. Rieger. n. — 40

— s.: Vierteljahrsschrift, krit., f. Gesetzgebg. u. Rechtswissenschaft.

— Vorträge aus dem allgemeinen Staatsrecht. (IV, 96 S.) gr. 8. München 903. J. Schweitzer Verl. n. 2. 40
Sonderabdruck aus: „Annalen des Deutschen Reichs".

Seydel, Otto, üb. Entwickelungsvorgänge an der Nasenhöhle u. am Mundhöhlendache v. Echidna, s.: Denkschriften d. medicin.-naturwiss. Gesellschaft zu Jena.

Seydel, O., Namen- u. Sachregister, s.: Jahrbuch, morpholog.

— üb. d. Nasenhöhle u. d. Jacobson'sche Organ d. Land- u. Sumpfschildkröten, s.: Festschrift z. 70. Geburtstage v. Carl Gegenbaur.

Seydel, Otto [aus Berlin]: Über die Nasenhöhle der höheren Säugethiere und des Menschen. . . . (Aus: Morphol. Jahrb. Bd. XVII. H. 1.) Leipzig, W. Engelmann, 1891; 60 S., 3 Taf. 8⁰
Heidelberg, Med. Fak., Inaug.-Diss. v. [29. Jul.] 1890

Geschichte des Rittergutes und Dorfes Limbach in Sachsen. Nach Urkunden bearb. von Paul Seydel, Lehrer. Mit Adelswappen u. Siegeln, sowie Plänen u. Abb. Dresden: v. Zahn & Jaensch 1908. (XVIII, 491 S.) 8⁰ [F.] [08. 14441

Seydel, Paul, dä Glocke, ä Gedicht in eberarzgebärgscher Schproache. Eifälle und Barschmooß noach Schiller. 8. (15 S.) Potschappel 881, (Engelmann.) * — 50

Seydel, Paul, die Heimat im Lichte der Weltgeschichte, } s.: Fritzsching, Paul.
— Heimatkunde von Limbach, }

Seydel, Paul, die labialen Verschlusslaute d. Deutschen u. Französischen experimentell untersucht. Mit 2 Taf., mehreren Fig. im Text u. e. Anh. (32 S.) gr. 8. Breslau 908. G. P. Aderholz. 1. —
Sonderabdruck aus: „Jahresber. d. schles. Gesellsch. f. vaterl. Cultur".

Seydel, Paul: Experimentelle Versuche über die labialen Verschlusslaute im Deutschen und Französischen mit besonderer Berücksichtigung methodischer Fragen. (Im experimentell-sprachwissenschaftlichen Laboratorium d. Breslauer Univ.). Kap. 1 bis 3. Breslau 1908: H. Fleischmann. (69 S.) 8⁰ ¶ (Kap. 4 wird anderswo veröffentlicht.)
Breslau, Phil. Fak., Ref. Appel, Diss. v. 14. März 1908
[Geb. 1. Juli 82 Ober-Wüstegiersdorf (Schlesien); Wohnort: Breslau; Staatsangeb.: Preußen; Vorbildung: Realgymn. Reichenbach in Schl. Reife O. 01; Studium: Breslau 14 S.; Rig. 15. Jan. 08.]

Seydel R, Modernes Ornamentzeichnen. Motivenschatz. (30 T) fol Plauen (1903)

Seydel R u A Hempel, d. Pflanze d. Heimat i. Zeichenunterr. (20 T m. Text) fol Plauen 1898

Seydel, Rudolf

Seydel, Rud., Buddha und Christus, s. Bücherei, deutsche.

—— die Buddha-Legende und das Leben Jesu nach den Evangelien. Erneute Prüfung ihres gegenseitigen Verhältnisses. gr. 8. (84 S.) Leipzig 884, O. Schulze. * 2 —

Die Buddha-Legende und das Leben Jesu nach den Evangelien. Erneute Prüfg ihres gegenseitigen Verhältnisses v. Rudolf Seydel, † Prof. a. d. Univ. Leipzig. 2. Aufl. m. ergänz. Anm. v. Dr. phil. Martin Seydel. *Weimar: E. Felber 1897.* (XVI, 140 S.) 1 Bd 8. [97. 7032

Seydel, R., vom Christenthum Christi. 4 Vorträge. 8. (VIII, 103 S.) Berlin 889. G. Reimer. n. 1. 80

Seydel, Rudf., Ethik oder Wissenschaft vom Seinsollenden. Neu begründet und im Umrisse ausgeführt. [Eingeschaltet: eine bisher ungedr. Abhandlung von Ch. H. Weisse.] gr. 8. (XI, 386 S.) Leipzig 874, Breitkopf und Härtel. * 9 —

Seydel, Rud., das Evangelium von Jesu in seinen Verhältnissen zu Buddha-Sage u. Buddha-Lehre, m. fortlauf. Rücksicht auf andere Religionskreise untersucht. Mit 2 Registern. gr. 8. (VIII, 361 S.) Leipzig 882. Breitkopf & Härtel. n. 8. —

—— das Evangelium von Jesu in seinen Verhältnissen zu Buddha-Sage und Buddha-Lehre, mit fortlaufender Rücksicht auf andere Religionskreise untersucht. Mit 2 Registern. gr. 8. (VIII, 361 S.) Leipzig 883, Breitkopf und Härtel. * 8 —

Seydel, Rud., der Fortschritt der Metaphysik unter den ältesten ionischen Philosophen. Eine geschichtphilosophische Studie. Leipzig 861. Breitkopf & Härtel. gr. 8. (VII, 68 S.) 10 ngr.

Seydel, R., Der Fortschritt der Metaphysik innerhalb der Schule des jonischen Hylozoismus. Hab. 1860. 68 S. 1.—

—— über Glaube und Unglaube. Mit Beziehung auf David Strauß und Paul Heyse. Vortrag, gehalten in den Protestantenvereinen zu Leipzig und Dresden im Winter 1873/74. 1.—3. Aufl. gr. 8. (22 S.) Dresden 874, Kaufmann. * — 50

Katholicismus und Freimaurerei. Ein Wort zur Entgegnung auf die vom Frh. [Wilh. Emman.] v. Ketteler, Bischof von Mainz wider den Freimaurerbund erhobenen Anklagen. Von Rud. Seydel. Leipzig: Luppe 1862. 24 S. 8⁰

[Dasselbe.] 2. Aufl. Ebendas. 1862. 24 S. 8⁰

[Dasselbe.] 2. Aufl. m. e. Nachw.: Erwiderung auf v. Ketteler's neueste Schrift: „Kann ein gläubiger Christ Frmr sein? Leipzig: Förster & Findel 1865. 38 S. 8⁰
Recens. f. 1. Aufl.: ⁰Elberfelder Ztg. 1862 No 231, abgedr. in: Bh. 5 (1862) S. 349 bis 350; ⁰Mitteldeutsche Volksztg. 1862 No 184, abgedr. in: Bh. 5 (1862) S. 350; vgl. auch ebendas. S. 230 (J. G. Findel); L. 21 (1862) S. 346—347.
f. 2. Aufl.: FZ. 19 (1865) S. 308—311 (Brüggemann) 339—341.
cf. Bh 8 (1865) S. 324—326 (J. G. Findel).
Tt. 1786. Darstellung des Wesens der Frmrei u des Verhältnisses des Mrbundes zur kathol. Kirche, sowie des Unterschiedes von Bekenntnis- u. Gesinnungsgemeinschaften.

— Logik oder Wissenschaft vom Wissen mit Berücksichtigung des Verhältnisses zwischen Philosophie u. Theologie im Umrisse dargestellt. Leipzig 866. Breitkopf & Härtel. 8. (X, 181 S.) 1 ⅓

Maurerlied. Nach Hoffmann v. Fallersleben. [Von Rud. Seydel. Leipzig 1860: Vollrath.] 1 Bl. 8⁰ [Kopftit.]
Abgedr. in: Bh. 3 (1860) S. 304.
Tt. 2598. Ohne Noten: „Was kümmern uns des Kaufmann's Waarenballen, . . .“

[Dasselbe u. d. Tit.:]
Zur Feier des 19. Oct. 1860. Maurerlied. Nach Hoffmann v. Fallersleben. [Altenburg 1860: Hofbuchdr.] 1 Bl. 8⁰ [Kopftit.]
Ohne Noten.

Seydel, Rud., der deutsche Protestantenverein. Rede zur Eröffnung der öffentlichen Versammlungen des „deutschen Protestantenvereins“ in Leipzig gehalten am 1. Novbr. 1867 im großen Saale der 1. Bürgerschule zu Leipzig. gr. 8. (15 S.) Leipzig 867, Breitkopf und Härtel.

Reden über Freimaurerei an denkende Nicht-Maurer. [Von Rud. Seydel.] Leipzig: Luppe 1859. VIII, 238 S. 8⁰
[Dasselbe.] 2. Aufl. Ebendas. 1860. VIII, 238 S. 8⁰.
Recens f. 1. Aufl.: Bh. 2 (1859) S. 141—142 (A. Schlönbach), 204—205, 210—212, 219—221 (Weisse); FZ. 13 (1859) S. 175 bis 176; ⁰Prot. Kirchenztg. 1859 Nr 20 (Chr. H. Weisse); T. 5 (1859) S. 71—72, abgedr. in: Bh. 3 (1860) S. 70—71; L. 17 (1859) S. 191 bis 192 (Th. Merzdorf), abgedr. in: Bh. 3 (1860) S. 53—54; A. 21 (1859—1860) S. 342 bis 344; f. 2. Aufl.: Bh. 3 (1860) S. 222 (J. G. Findel).
Tt. 1784—1785. 5 Reden, welche d. Frmrei, von ihrer philos. Seite betrachtet, den Nichtmrn zugänglich machen wollen.

—— die Religion und die Religionen. Vorträge gehalten im deutschen Protestanten-Verein zu Leipzig. gr. 8. (IX, 275 S.) Leipzig 872, Findel. * 3 —

Seydel, Rud., Religion und Wissenschaft. Gesammelte Reden und Abhandlungen. gr. 8. (IX, 417 S.) Breslau 887, Schottländer. *ℳ 7.50.; geb. ** 9 —

Seydel, Rud., Religionsphilosophie im Umriss. Mit historisch-krit. Einleitg. üb. die Religionsphilosophie seit Kant. Nach des Verf. Tode hrsg. v. Paul Wilh. Schmiedel. Nebst e. Verzeichniss der wissenschaftl. Publicationen des Verf. gr. 8. (XIX, 396 S.) Freiburg i/B. 893. J. C. B. Mohr. n. 9.—; geb. in Halbfrz. n.n. 11.—

—— Der Schlüssel zum objektiven Erkennen. Gegen Kant und F. A. Lange. gr. 8. (VII, 166 S.) [Halle 889.] Lpz., Pfeffer. * 2 25
Aus: Zeitschr. f. Philos. u. philos. Kritik, besonders abgedruckt.

Seydel, Rud., Schopenhauers philosophisches System dargestellt u. beurtheilt. (Gekrönte Preisschrift.) Leipzig 857. Breitkopf u. Härtel. gr. 8. (VIII, 116 S.) 15 ngr.

—— Christian Hermann Weiße. Ein Nekrolog, vorgetragen in einer Versammlung von Mitgliedern des deutschen Protestantenvereins, Dresden am 5. Octbr. 1866. gr. 8. (26 S.) Leipzig 866, Breitkopf und Härtel.

—— Widerlegung des Materialismus und der mechanischen Weltansicht. Ein Vortrag. 8. (34 S.) Berlin 873, Henschel. [München, Th. Ackermann.] * — 60

Seydel, Siegfried: Über den Zusammenhang zwischen Farbe und Konstitution einiger ungesättigter cyklischer Ketone, Ketonderivate und einiger Fulgide. Weida i. Th. 1909: Thomas & Hubert. 100 S. 8⁰
Leipzig, Phil. Diss. v. 1. Febr. 1910, Ref. Hantzsch, Beckmann
[Geb. 6. Jan. 85; Crimmitschau; Wohnort: Crimmitschau; Staatsangeh.: Sachsen; Vorbildung: Gewerbeakad. Chemnitz Reife M. 04; Studium: Leipzig 8 S.; Rig. 16. Dez. 09.] [U 10. 3243

Seydel, Walther: Studien zur Kritik Wipos. *Breslau 1898: E. Trewendt.* (88 S.) 8⁰
Breslau, Phil. Diss. v. 12. Mai 1898

Seydel, Woldem., Vaticinium Obadjae secundum textum hebraicum et chaldaicum Jonathae interpretationem ratione habita translationis Alexandrinae comparatum et illustratum. Commentatio critico-exegetica. [Dissertatio inauguralis.] gr. 8. (64 S.) Leipzig 869, Matthes. * 1 50

Seydel, *Georg Karl* **Wolfgang [aus Leipzig-Gohlis]: Meister Stolle nach der Jenaer Handschrift... Leipzig-Reudnitz, Druck v. O. Schmidt, 1892; 96 S. 8.**
Leipzig, Phil. Fak., Inaug.-Diss. v. [30. Mai] 1892

Seydeler, Georg *Hermann Ferdinand* **[app. Arzt]: Die Bedeutung des Wasserstoffsuperoxyds als blutstillendes Mittel. Geschichte u. Zusammenstellg d. wichtigsten u. gebräuchlichsten Haemostatica... Leipzig, Druck v. A. Edelmann, Univ.-Buchdr.,** *1897;* **22 S., 1 Bl. 8.**
Leipzig, Med. Fak., Inaug.-Diss. v. 16. Juli 1897

Seydeler, Car. Dav. (geb. Schweinitz bei Grünberg in Schles. 24. 4. 1822): De oculi structura hominis animaliumque mammalium. Berolini (1847). (20 S.) 8°
Berlin, Med. Diss. v. 4. Okt. 1847

Seydeler, R. Nekrothermometrie. (S.-A.) O. J.

Seydeler, Rob. Dav. (geb. Saabor in Schles. 30. 6. 1828): De trichiasi, perversa corporis secretione. Berolini (1852). (30 S.) 8°
Berlin, Med. Diss. v. 6. Aug. 1852

Seydell, s. Seydel.

Seydelmann, Karl

Seydelmann's Leben u. Wirken, (nebst einer dramaturgischen Abhandlung über den Künstler.) Mit Benutzung u. Veröffentlichung des handschriftlichen Nachlasses und der Briefe desselben dargestellt von Hnr. Thdr. Rötscher. gr. 8. Berlin 845, A. Duncker. 2 ℛ

Seydelmann, Karl, Blätter der Erinnerung für Freunde und Verehrer des Verewigten. 8. Berlin 843, Voß'sche B. n. 1/4 ℛ

— der Jude, s. Bühnen-Repertoir, Bd. XIV.

Seydelmann, Wilh., Aehrenkranz. Eine Sammlung der geist- und gemüthreichsten Stellen aus den Werken der berühmtesten Autoren der Vergangenheit und Gegenwart. Breslau 855. Kern. 16. (XVI, 212 S.) 22 1/2 ngr

Seyder, Raym., s.: Archiv der Freistunden-Bewegung.

Seydewitz, Damm de: De permutatione. Halae (1868): Hendel. X, 52 S. 8°
Halle-Wittenberg, Jur. Diss. v. 6. Juli 1868
Geb. Reichenbach (Lausitz) 26. 5. 1845. V.

Seydewitz, F. v., Preussens Rechte bezüglich des Landes und der Festung Luxemburg. gr. 8. (40 S.) Berlin 867, F. Schneider. [Weber.]

Seydewitz, Franz

Seydewitz, Frz., die Belagerung v. Heiligenstadt durch sechs Fürsten u. sieben Grafen im J. 1404. Ein dramat. Gedicht. gr. 8. (9 B.) Heiligenstadt 839, (Delion.)

Seydewitz, F. **De curvarum contactu et de maximis et minimis generaliter et seorsum a calculo differentiali. 34 S.**
Heiligenstadt, Progr. 1835

Seydewitz, Franz: De ellipsi minima dato quadrangulo circumscripta. 20 S. u. Figurent.
Heiligenstadt, Progr. 1848

Seydewitz, Franz, Stellvertreter für die deutsche Nationalversammlung in Frankfurt, Drei politische Reden, vor den Wahlmännern und Urwählern des Heiligenstädter- und Worbiser Kreises gehalten. Heiligenstadt, Fr. Delion, 1848. 31 S. 8°.

—— Sammlung trigonometr. Aufgaben, nebst Auflösungen, Berechnungen u. Uebungsbeispielen, u. e. kurzen Darstell. d. ebenen Trigonometrie. Zum Gebr. f. Gymnasien u. Realschulen. gr. 8. (15 1/2 B. u. 4 Stnt.) Heiligenstadt 830, Delion.

Seydewitz, Franz Theorie der periodisch homologen Punkte, Graden und Ebenen in Bezug auf das System dreier Kegelschnitte, welche einen vierten doppelt berühren und auf das von vier Flächen der zweiten Ordnung oder Klasse, welche eine fünfte einhüllen. 42 S. u. Figurent.
Heiligenstadt, Progr. 1842

Seydewitz, Frz., das Wesen d. involutorischen Gebilde in d. Ebene als gemeinschaftl. Princip individueller Eigenschaften d. Figuren. 1. Thl. enth.: die Theorie d. projectivischen u. involutorischen Gebilde, die ein- u. d. umgeschrieb. Vielecke, nebst den bekannten erweiterten Aufgaben des Pappus, der Theilung der Strecken u. Winkel ꝛc. Mit 5 lith. Taf. gr. 8. Heiligenstadt 846, Delion. 1 ℛ

Seydewitz, Friedrich von

Seydewitz, v., die ersten 25 Jahre d. Königs-Ulanen-Regiments [1. Hannoverschen] Nr. 13. Mit dem Bildniß Sr. Maj. d. Kaisers u. Königs (in Photolith.), 1 (farb.) Uniformbilde, 2 Schlachtenbildern, 1 Marschkarte, 4 Skizzen u. 1 Facs. gr. 8. (VIII, 265 S.) Berlin 891. H. Peters. Geb. in Leinw. n.n. 6. —

[F.] Die ersten 25 Jahre des Königs-Ulanen-Regiments (1. Hannoverschen) Nr. 13 m. einem bis in d. Gegenw. reichenden Nachtr. v. F[riedrich] v. Seydewitz ... Major ... à la suite d. Reg., ... M. 1 Bildn. ... d. Kaisers ... 2 Uniformbild., 2 Schlachtenbild., 10 weiteren Abb., 1 Marschkt., 7 Sk. u. 1 Facs. 2. verm. u. bericht. Aufl. *Berlin: H. Peters 1897.* (1 Portr., VIII, 315 S., 13 Taf., 1 Facs.) 1 Bd 8. [98. 1169

Seydewitz, Hans v. Abschieds-Predigt, üb. 1. Korinther 15, 1—10 geh. zu Frankfurt a. M. gr. 8. (14 S.) Frankf. a. M. 890, Brechert. — 20

— Antritts-Predigt, üb. Epheser 3, 14—21 geh. am 17. Sonntag nach Trinitatis, 28. Septbr. 1890 in der Lutherkirche zu Leipzig. gr. 8. (10 S.) Leipzig 890. Wallmann. n. — 25

Seydewitz, H. v., Antritts-Predigt, geh. in der Weißfrauenkirche zu Frankfurt a/M. am 3. Sonntag n. Tr., den 13. Juni 1875. Vorausgeht Einführungs-Rede v. G. E. Steitz. gr. 8. (18 S.) Frankfurt a/M. 875. Diesterweg. n. — 50

Seydewitz, Hans v., Festrede, geh. am Sonntag, den 28. Aug. 1892 zur Einweihung d. neuen Saales des „Vereinshauses Westend". gr. 8. (15 S.) Frankfurt a/M. 892. K. Brechert. n. — 25

— Gustav-Adolfs-Predigt, s.: Streeh.

— halt' im Gedächtniß Jesum Christ. Predigten. 8. (VII, 198 S.) Frankfurt a/M. 890. Evangelische Buchhandlg., Elsiepen & Lange. n. 3. —; geb. n. 4. —; m. Goldschn. n. 4. 20

[F.] Die Herrlichkeit Jesu in der Familie. Predigt über Ev. Johannis 2, 1—11, geh. am 2. Sonntage nach Epiphanias v. Hans v. Seydowitz, Pfarrer in Leipzig. *Halle a. S.: E. Strien [1899].* (11 S.) 1 Bd 8.
= Predigt-Hausschatz, Evangelischer. No 6. [99. 1740

Seydewitz, Hans v., von dem Jubellied über den Juwel der Sonntagsschule. Festpredigt, bei dem deutschen Sonntagsschul-Jubiläum zu Berlin am 8. Oktbr. 1888 in St. Nikolai gehalten. gr. 8. (13 S.) Berlin 888, (Evangel. Bücherverein.) * — 20

— die innere Mission u. die Gebildeten. Vortrag, geh. zu Dresden am 18. IV. 1899. gr. 8. (21 S.) Leipzig 899. J. C. Hinrichs' Verl. n. — 40

Seydewitz, Hans v., zwei Predigten, gehalten am Reformationsfest 1881 den XX. Sonntag nach Trinitatis über Matthäus 22, 1—14 und am Frankfurter Buß- und Bettag Freitag, 25. Novbr. 1881 über Klagel. Jerem. 3, 39—42. gr. 8. (16 S.) [Frankfurt a. M. 882, Schriftenniederlage des Evangel. Vereins.] Stuttgart und Calw, Vereinsbuchhandlung. * — 20

Seydewitz, Hans v., zwei Predigten, gehalten am Reformationsfest und am Bußtag. 8. Frankfurt a. M. 882. Leipzig, Wilh. Weber. [20 Pf.] * — 10

—— wer ist gebildet? Vortrag. gr. 8. (19 S.) Frankfurt a. M. 888, Brechert. — 25

Seydewitz, Otto Hermann, a. Forst i. L.: **Experimentelle Untersuchungen über die Veränderungen der Tränendrüse nach Durchschneidung der Ausführungsgänge.** Leipzig: W. Engelmann 1905. (16 S.) 8° ¶ **Aus: v. Graefe's** Archiv für Ophthalmologie. Bd 62, H. 1.
Greifswald, Med. Fak., Ref. Schirmer, Diss. v. 27. Sept. 1905
[Geb. 17. Mai 80 Forst i. d. Lausitz; Wohnort: Forst; Staatsangeh.: Preußen; Vorbildung: Gymn. Kottbus Reife O. 98; Studium: Greifswald 4, Erlangen 1, Greifswald 5 S.; Coll. 8. Juni 05; Approb. 13. März 03.]

Seydewitz, Paul v., s. Codex d. im Königr. Sachsen geltenden Kirchen- u. Schulrechts.

Seydewitz, P. v., die neueren Kirchengesetze für das Königr. Sachsen und die damit in Verbindung stehenden Verordnungen. Unter Berücksicht. der Synodal- und Landtagsverhandlungen mit Erläuterungen hrsg. Mit einem Sachregister. 8. (VIII, 204 S.) Leipzig 877, Roßberg'sche Buchh. * 1 50

Seydewitz, P. v., das königl. Volksschulgesetz vom 26. April 1873, nebst Ausführungsverordnung zu demselben vom 25. Aug. 1874 und den damit in Zusammenhang stehenden Gesetzen und Verordnungen. Mit erläut. Anmerkungen und Sachregister hrsg. 8. (VIII, 457 S.) Leipzig 888, Roßberg'sche Buchh. *ℳ 3.60.; geb. * 4 20

Seydewitz, P. v., das königl. sächs. Volksschulgesetz v. 26. Apr. 1873, nebst Ausführungsverordnung zu dems. v. 25. Aug. 1874 u. den damit in Zusammenhang steh. Gesetzen u. Verordngn. M. erläut. Anmerkgn. u. Sachregister. 2. Aufl., besorgt v. Kockel u. Kretzschmar. 8. (XI, 475 S.) Leipzig 896. Roßberg. n. 8. 60; geb. in Leinw. n. 4. 20

Seydewitz, P. v., das königl. sächs. Volksschulgesetz. 3. Aufl. v. Kockel u. Kretzschmar, s. Handbibliothek, Leipz. jurist.

Seydewitz, P[aul] von: Das Königlich Sächsische Volksschulgesetz vom 26. April 1873 nebst Ausführungsverordnung zu demselben v. 25. Aug. 1874 u. den damit in Zusammenhang stehenden Gesetzen u. Verordnungen. M. erläut. Anmerk. u. Sachreg. hrsg. 3. Aufl. besorgt von [Franz Wilhelm] Kockel, u. [Joh. Frdr.] Kretschmar. Leipzig: Rossberg 1899. (IX, 484 S.) 8°
= Handausgabe Kgl. Sächs. Gesetze. Bd 38.

Seydl, Ernst: Also sprach Zarathustra. Eine Nietzsche-Studie. Hamm i. W.: Breer & Thiemann 1902. (30 S.) 8°
= Broschüren, Frankfurter zeitgemässe. N. F. Bd 21, H. 9.

Seydl, Ernst, und Heinr. Seydl, die typischen Bauten des Kleingrundbesitzes in Böhmen. Gesammelt und erläutert. Fol. (10 Stnt. mit 17 S. deutschem und böhm. Text.) Wien 878. (Berlin, Czihatzky.) * 5 —

SEYDL, Ernestus: Benedictio Jacobi (Gen. 49, 2—27). — (1901) 113 Bl. 4° (Handschr.) Diss. 795
Diss. Wien, Univ.

Seydl, Ernst: Das ewige Gesetz in seiner Bedeutung für die physische und sittliche Weltordnung. Wien: Mayer & Co. 1902. (98 S.) 8°
= Studien, Theologische, d. Leo-Gesellschaft. 2.

Leo Nikolajewitsch Tolstois Leben und Lehre. Von Dr. Ernst **Seydl**, Prof. an d. Wiener Univ. *Hamm i. W.: Breer & Thiemann 1904.* (32 S.) 8° [F.]
= **Broschüren**, Frankfurter zeitgemäße. N. F. Bd 23, H. 8. [04. 1004]

Seydl, Heinrich: Die typischen Bauten des Kleingrundbesitzes in Böhmen, s. Seydl, Ernst.

Seydler, Anton

Seydler, A. auf falscher Fährte, s. Volks-Erzählungen, kleine.

Auf falscher Fährte. Kriminal-Erzählung von Anton **Seydler**. Mülheim a. d. Ruhr: J. Bagel [1906]. (64 S.) 8° [F.] [06. 1903]

Seydler, Ant., Hildebrand und Hadubrand. Ein dramat. Gedicht in einem Aufzug. Nach dem Hildebrandslied. gr. 8. (15 S.) Graz 870, Moser. * — 30

—— Siegesfest um Mitternacht. Ein Gedicht. 8. (13 S.) Graz 872, Selbstverlag. * — 40

Seydler, Ant., s.: Volks-Erzählungen, kleine.

Seydler, August

Seydler, A. Ausdehnung der Legrange'schen Behandlung des Dreikörper-Problems, s. Abhandlungen der mathematisch-naturwissenschaftl. Classe der böhmischen Gesellschaft der Wissenschaften.

Seydler, A., Ausdehnung der Legrange'schen Behandlung d. Dreikörper-Problems auf das Vierkörper-Problem. gr. 4. (20 S.) Prag 885. Calve. n. — 60

Seydler, Aug., üb. die Bahn der Dione [106]. [Aus: „Sitzungsber. d. k. Akad. d. Wiss."] Lex.-8. (9 S.) Wien 872. (Gerold's Sohn.) n. — 20

Seydler, Aug., über die Bahn der Dione (106). Lex.-8. (9 S.) Wien 877, (Gerold's Sohn.) **
Aus: Sitzungsberichte der k. Akademie der Wissenschaften, besonders abgedruckt.

— über die Bahn d. 1. Kometen vom Jahre 1870. [Aus: „Sitzungsber. d. k. Akad. d. Wiss."] Lex.-8. (8 S.) Ebend. 871. n. — 20

Seydler, A., Bahnbestimmung d. Cometen 1890. I. [Aus: „Abhandlgn. d. k. böhm. Gesellsch. d. Wiss."] gr. 4. (13 S.) Prag 891. (F. Řivnáč.) n. — 60

—— Elemente des Kometen II, 1869. [Entdeckt von Tempel 1869. Octbr. II.] Lex.-8. (2 S.) (Ebendas.) 871. — 15
aus: Sitzungsberichte der k. Akademie der Wissenschaften, besonders abgedruckt.

Seydler, A., über einige neue Formen der Integrale des Zwei- und Dreikörperproblems. Lex.-8. (22 S.) Wien 884, (Gerold's Sohn.) ** — 45
Aus: Sitzungsberichte der k. Akademie der Wissenschaften, besonders abgedruckt.

Seydler, A. Über die Spannungstheorie der elektrostatischen Erscheinungen. Prag 1884.

—— Untersuchungen über verschiedene mögliche Formen des Kraftgesetzes zwischen Massentheilchen, s. Abhandlungen der mathematisch-naturwissenschaftl. Classe der k. böhm. Gesellschaft der Wissenschaften.

Christ[ianus] Aenotheus Seydler Analecta pharmacognostica. Halae (1815:) Grunert. 32 S. 8°
Halle, Med. Diss. v. 24. Juni 1815

Eisenbahn-Karte des nordöstlichen Deutschland. [Maßst. etwa 1:830000.] Nebst Angabe der Entfernungen in Km. nach d. neuesten Quellen entw. u. gez. von Ernst **Seydler**. Graudenz: J. Gaebel 1895; (Lith. Gebr. Zeuner, Danzig). (1 Kartenbl. 65×50 cm.) 8° [95. 1006] 10

Seydler, Fr., Verzeichnis der in den Kreisen Braunsberg u. Heiligenbeil der Prov. Ostpreussen wildwachsenden Phanerogamen u. Gefässkryptogamen. [Aus: „Schriften d. physik.-ökonom. Gesellsch. zu Königsberg".] gr. 4. (45 S.) Königsberg i/Pr. 891. (W. Koch.) n. 1. 40

Seydler, Ludwig Carl, Abwehr gegen die maßlosen Angriffe d. Hrn. Franz Witt, Redacteurs der „Fliegenden Blätter f. kathol. Kirchenmusik" u. der „Musica sacra" contra Bischöfe, Componisten u. Chorregenten in Oesterreich, Ungarn u. Böhmen. Allen Kennern u. Freunden der kirchl. Tonkunst gewidmet. gr. 8. (15 S.) Graz 876. Verl. Leykam-Josefsthal in Comm. n.n. — 40

Seydler, Ludw. Carl, der hypothesirte S. Stehlin'sche Choral, oder Beleuchtung der von demselben herausgegebenen Choralllehre nach den Grundgesetzen des mittelalterl. Tonsystems. Ein Beitrag zur Kenntniß des Choral-Systems. gr. 8. (20 S.) Graz 869, Moser. * — 30
Aus: Luxemburger „Cäcilia", besonders abgedruckt.

Seydler, Ldw. Karl, Feyerklänge z. Ehre Gottes u. d. Heiligen. Eine Samml. geistl. Lieder zum Gebrauch in Kirchen, Seminarien u. Klöstern. Für 4 Singstimmen. 5 Hfte. (4 Stimmen und Partitur.) 16. Grätz 845, Ferstl. (Leipzig, Kummer.) 5/6 ₰

Seydler, Ludw. Carl, Feierklänge zur Ehre Gottes und der Heiligen. Eine Sammlung geistlicher Lieder zum Gebrauche in Kirchen, Schulen, Seminarien und Klöstern; für vier Singstimmen. 1. Heft. 4 Stimmen und Partitur. 2. Aufl. 16. (à Stimme 28 S. und Partitur 40 S.) Grätz 855(56,) Ferstl'sche Buchh.

Seydler, Ludw. Carl, Feierklänge zur Ehre Gottes und der Heiligen. Eine Sammlung geistl. Lieder zum Gebrauche in Kirchen, Schulen, Seminarien und Klöstern; für vier Singstimmen. 1. Heft. 2. Aufl. 16. (Partitur 40 S. und 4 Stimmen, à 28 S.) Graz 856(59), Ferstl'sche Buchh. *

Seydler, Ludw. Carl, *Domorganist etc. zu Graz.* Feierklänge zur Ehre Gottes und der Heiligen. Eine Sammlung geistl. Lieder zum Gebrauche in Kirchen, Seminarien, Schulen und Klöstern für 4 Singstimmen. II. Heft. 1., 2., 3., 4. Stimme und Partitur (5 Heftchen). *Graz* 1858. Verl. v. *Fr. Ferstl (C. Tendler.)* 24, 23, 23, 23, 46 S. Mit Text und Noten. 12°.

Seydler, Ludw. Carl, Feierklänge zur Ehre Gottes und der Heiligen. Eine Sammlung geistl. Lieder zum Gebrauche in Kirchen, Seminarien, Schulen und Klöstern, für vier Singstimmen. 2. Heft. gr. 16. (Partitur 46 S. und 4 Stimmen à 23 S.) Graz 858, (Wießner.) *
1. Heft. Ebendas. 1856, Ferstl'sche Buchh. * 16 Ngr.

Seydler, Ludwig Karl — Hymnen zur Frohnleichnams-Prozession für vier Singstimmen. Komponirt von — —. Soprano, Alto, Tenore, Basso. Wien und Grätz, 1856. Mechitharisten-Buchdruckerei in Wien. Verlag von Karl Tendler's Kunst- und Musikalienhandlung. (16 Bl. 8.)

Seydler, Ludw. Carl, Maiblüthen. Ein vollständ. Andachtsbuch in tägl. Gebeten und Gesängen nebst Beicht- und Communiongebeten zur Feier des Marienmonats. 2. Aufl. gr. 16. (III und 120 S.) Graz 860, Wießner. geb. Thlr. *

Seydler, Ludw. Carl, Maiblüten. Gebete u. Gesänge zur Feier des Marien-Monates. Neu bearb. v. Ant. Seydler. gr. 16. (95 S.) Graz 898. U. Moser. Geb. in Leinw. n. — 70

Seydler, R. O., Hilfsbuch f. die Bürcau-Assistenten-Prüfung beim Magistrat zu Berlin. gr. 8. (VII, 167 S.) Berlin 902. (J. M. Spaeth.) n.n. 3. 60; geb. n.n. 4. 50

Seydler, Dr. Richard Oskar, Die Mittel der Kindergarten-Erziehung. Zweck, Bedeutung und Anwendung derselben. gr. 8. (43 S.) Wien, Pichler's Witwe & Sohn. 1867. 30 kr.

— das Wesen des Kindergartens. Vortrag gehalten im Auftrage des Wiener Volkserziehungsvereins. Wien 869. Beck'sche Univ.-Buchh. gr. 8. (IV, 27 S.) n. 5 ngr.

Seydler, Rich. Osk., das Wesen des Kindergartens. Vortrag gehalten im Auftrage des Wiener Volkserziehungsvereins. gr. 8. (IV, 27 S.) Wien 869, Hölder. * — 50

Seydler, Theodor

Zur Geschichte der Loge Archimedes zum sächsischen Bunde im Or. Schneeberg. Festschrift zur Feier des 100jährigen Bestehens am 7. Febr. 1909. [Von Theod. Seydler u. Jacobi.] [Leipzig 1909: Zechel.] 42 S. 6 Taf. 8°
cf. L. 32 (1909) S. 95—96 (P. Fischer) BZC. 38 (1909) S. 275—276 (F. Kneisner) Nebst Verzeichn. der M. v. St. 430

Seydler, Th., Material für den Unterricht in der Harmonielehre, zunächst für Seminarien bearb. 1.—3. Heft. gr. 8. Leipzig 885, Breitkopf und Härtel. [1. Heft. (31 S.) * 50 Pf.; 2. Heft. (49 S.) * 80 Pf.; 3. Heft. (51 S.) * 80 Pf.] cart. * 2 10

—— und Br. Dost, Material für den Unterricht in der Harmonielehre, zunächst für Seminarien bearb. 4.—6. Heft. Bearb. von Br. Dost. gr. 8. Ebendas. [4. Heft. (74 S.) 886. cart. * ℳ 1.20.; 5. Heft. (45 S.) 887. cart. * 80 Pf.; 6. Heft. (40 S.) 887. cart. * 80 Pf.] cart. * 2 80

Seydler, Th., u. Br. Dost, Material f. den Unterricht in der Harmonielehre, zunächst f. Seminarien bearb. 2. verb. Aufl. gr. 8. Lpz., Breitkopf u. Härtel. [1. Heft. (31 S.) 890. *

Seydler, Th., u. Br. Dost, Material f. den Unterricht in der Harmonielehre, zunächst f. Seminarien bearb. (1—3. v. S., 4—6. v. D.) 2. u. 4. Hft. gr. 8. Leipzig, Breitkopf & Härtel. Kart. n. 2. —
2. 2., verb. Aufl. (51 S.) 892. n. — 80. — 4. 2., durchgeseh. Aufl. (74 S.) 894. n. 1. 20.

Seydler, Th., u. Br. **Dost, Material f.** d. Unterricht in d. Harmonielehre, zunächst f. Seminarien. (Hft. 1—3 v. S., Hft. 4—8 v. D.) 1. Hft. 3., verb. Aufl. gr. 8. (32 S.) Leipzig 898. Breitkopf & Härtel. Kart. n. — 50

Seydler, Th., u. Br. **Dost, Material f. den Unterricht in der Harmonielehre, zunächst f. Seminarien. (Hft. 1—3 v. S., Hft. 4—6 v. D.) 2. u. 5. Hft. gr. 8. Leipzig, Breitkopf & Härtel. Kart. à n. — 80**
2. 3. verb. Aufl. (51 S.) 900. — 5. 2. verb. Aufl. (45 S.) 901.

Seydler, Th., u. Br. **Dost,** Material f. den Unterricht in der Harmonielehre, zunächst f. Seminarien. (Heft 1—3 v. S., Heft 4—8 v. D.) I.—IV. u. VI. Heft. gr. 8. Leipzig, Breitkopf & Härtel. Kart. n. 4. 10
I. 4. Aufl. (32 S.) 902. n. — 50
II. 4. Aufl. (52 S.) 901. n. — 80
III. 3., verb. Aufl. (52 S.) 904. n. — 80
IV. 3. durchgeseh. Aufl. (74 S.) 904. n. 1. 20
VI. 2. verb. u. verm. Aufl. (III, 44 S.) 904. n. — 80

Seydler, Th., Material f. d. Unterricht in d. Harmonielehre, zunächst f. Seminarien bearb. 8. Heft. 4. Aufl. (52 S.) 8. Leipzig 908. Breitkopf & Härtel. Kart. — 80

— u. Br. **Dost, Material f. d. Unterricht in d. Harmonielehre, zunächst f. Seminarien bearb. I. u. V. Heft.** 8. Ebd. 910. Geb. 1. 30
I. 7. Aufl., bearb. v. S. (82 S.) Geb. — 50
V. 3. verb. Aufl., bearb. v. D. (45 S.) Geb. — 80

Seydlitz [Sachliches OW]

Seydlitz, Friedrich Wilhelm v., königlich preussischer General der Cavallerie (1721—1773) . . . Kassel 1882. V: *Buxbaum, Emil.* (KA)

Seydlitz, Friedrich Wilhelm v., königl. preuß. General der Cavallerie. Der deutschen Reiterei gewidmet von einem deutschen Reiteroffizier. gr. 8. (VII, 174 S. mit 3 zum Theil farb. Stnt., 5 Photogr. und 3 lithogr. und color. Karten.) Kassel 882, Kay. *

Seydlitz und Julia; ein militärisches Trauerspiel in fünf Aufzügen . . . Leipzig 1801. V: *Kühne, Christian Frdr. Gottlob.* (Ky) (MGT)

Seydlitz und Julia; ein militair. Trspl. in 5 A. v. F. B. Z. (Chr. Fr. Glo. Kühne). 8. Leipz. 801.

Seydlitz und das Kürassier-Regiment v. Seydlitz [Magdeburgisches] Nr. 7. Eine Regiments-Geschichte, zusammengestellt f. die Unteroffiziere u. Mannschaften zum 25. März 1890, dem 75jähr. Stiftungstage des Regiments. 8. (III, 54 S. m. 4 Bildern in Lichtdr. und 3 Kartenskizzen.) Quedlinb. 890, Vieweg.
* 1 —; cart. * 1 20; geb. * 1 75

Seydlitz [Verfasser]

Seydlitz, s.a. Seidlitz

Seydlitz, üb. d. **Cholera-Epidemie in St. Petersburg,** s. Mittheilungen etc.

Seydlitz. Die Dampfgewehre und Dampfgeschütze. Beihft. z. „Milit.-Wochenblatt". Berlin 1871.

Seydlitz, v., f.: **Regeln** der Feuer-Leitung der Feld- u. Gebirgs-Batterie.

— **Reglement** f. das Geschütz- u. Batterie-Exerzieren der russischen Feldartillerie m. Einleitung u. Mitteilungen d. Übersetzers üb. das Material der russischen Feldartillerie u. m. den Schußtafeln der drei russischen Feldgeschütze. Aus dem Russ. übers. durch v. S. 8. (154 S.) Dresden 893. C. Höckner's Sort. n. 2. 50

Seydlitz, v. Die Schießregeln der russischen Feldartillerie v. J. 1891. Aus d. Russ. übers. 8. (33 S.) Dresd. 892, Höckner's Sort. * — 60

Ueber das Verhältniss des Symbols in der Freimaurerei. Vortrag, gehalten in der g. u. v. □ z. g[oldnen] Apfel in Dresden, am 7. März 1861. Von v. **Seydlitz.** Leipzig [1861]: Vollrath. 16 S. 8° [Umschlagtit.]
Aus: FZ. 15 (1861) S. 201—206. 193.

Seydlitz, Wrangel und der Major v. Luck. 8. (29 S.) Berlin 854, Mittler und Sohn. *

Seydlitz, A. v., Gedanken aus der Gabe d. Sehers. 6 Thle. in 1 Bde. 8. (VII, 288 S.) Leipzig 892. O. Mutze. n. 4. —; geb. n. 5. 50

Seydlitz, v., zwei Gedanken-Eingebungen aus der Welt Gottes I. Enthüllung der Ur-Geschichte des deutschen Volkes bis zu seinem Eintritt in das Licht der Weltgeschichte. — II. Wanderfahrten deutscher Wanderströme im Beginn des 2. Jahrtausends der deutschen Volks-Geschichte. gr. 8. (110 S.) Leipzig 899. A. Strauch. n. 2. —

v. Seydlitz, (Generalmajor) Ant. Florian Fr., Tagebuch des königl. preuß. Armeecorps unter Befehl des General-Lieut. v. York, im Feldzuge von 1812. 2 Bde. Mit 2 Karten. gr. 8. Berl. 823, Mittler.

Seydlitz, A. v. Handbuch der Artillerie. übig der neuest. <3.> Ausg. des „Aide-mémoire à l'usage des officiers d'artillerie". Mit Abb. Glogau 1859. 1048 S.

Seydlitz, **Chr. Gli., († d. 5. Jan. 1808.) epistola ad commilitones, de spuria sentiendi in religione potissimum etc.** 8. Kopenh. 778. Proft. 10 gr

Seydlitz, Christian Gottlieb [Praes.], s. Kornrumpf, Jo. Valent.: De conjunctione seu nexu rerum morali. Diss. philos. II.

— **tractatus de moralitate actionum liberarum tam objectiva** etc. 8. Kopenh. 763. Proft. 5 gr

— **üb. die Untersuchung d. Wahren u. Irrigen.** 8. Leipz. Jacobäer. 787.

— **üb. die Untersuchung des Wahren u. Irrigen.** 8. Leipz. 778. 2e A. 787. (Aue in Altena. 12 gr

Seydlitz, Ernst von

Seydlitz, E. v., Geographie. 18. Bearbeitung. Ausg. A.: Grundzüge der Geographie. Eine Vorstufe zu der kleinen [B.] und der größeren Ausg. [C.] der E. v. Seydlitz'schen Schul-Geographie. Illustr. durch 21 in den Text gedr. Kartenskizzen und einen Illustrationsanhang, 16 Formationsbilder und typ. Landschaften enthaltend. gr. 8. (IV, 73 S.) Breslau 880, Hirt. * — 75
—— dass. — 19. Bearbeitung, unter Mitwirkung vieler hervorragender Fachmänner besorgt von Simon. Illustr. durch 21 in den Text gedr. Kartenskizzen und einen Illustrationsanhang, 14 Formationsbilder und typ. Landschaften enthaltend. gr. 8. (IV, 73 S.) Ebendas. 881. * — 75
—— dass. — 19. Bearbeitung. 1. für Oesterreich-Ungarn. Sep.-Ausg. für Oesterreich-Ungarn, bearb. von R. Perkmann. Illustr. durch 50 Karten und erläut. Holzschn. gr. 8. (92 S.) Ebendas. 881. * 1 —

— dasselbe. Special-Ausg. f. Österreich-Ungarn, bearb. v. R. Perkmann. Illustriert durch 51 Karten u. erläut. Holzschn. 19. Bearbeitg., 2. f. Österreich-Ungarn. gr. 8. (96 S.) Ebend. 884. n. 1. —

Seydlitz, E. v., Geographie. [In 3 Ausgaben.] Ausg. A.: Grundzüge der Geographie. Eine Vorstufe zu der kleinen [B.] und der größeren Ausg. [C.]. Illustr. durch 45 in den Text gedr. Kartenskizzen und erläut. Holzschn., sowie einem Bilderanhang, 23 Formationsbilder und typ. Landschaften enthaltend. 20. Bearbeitung, unter Mitwirkung vieler hervorragender Fachmänner besorgt von E. Oehlmann. gr. 8. (103 S.) Breslau 885, F. Hirt. * — 75

Seydlitz, E. v., Geographie. Ausg. A: Grundzüge der Geographie. Eine Vorstufe zu der kleinen (B) u. der größeren Ausg. (C). 21. Bearbeitg., unter Mitwirkg. vieler hervorrag. Fachmänner hrsg. v. E. Oehlmann. gr. 8. (127 S. m. eingedr. Illustr. u. Karten.) Breslau 889. F. Hirt. geb. n. 1. —

Seydlitz', E. v., Geographie. (In 4 Ausgaben.) Ausg. A.: Grundzüge der Geographie. Eine Vorstufe zu der kleinen [B] u. der größeren Ausg. [C]. Ausgestattet m. 66 in den Text gedr. Karten u. erläut. Holzschn., sowie e. Anh. v. 21 Bildern. 22. Bearbeitg., unter Mitwirkg. vieler hervorrag. Fachmänner hrsg. v. E. Oehlmann. gr. 8. (127 S.) Breslau 892. F. Hirt. Geb. n. 1. —

— dasselbe. Sonder-Ausg. f. Österreich-Ungarn, bearb. v. R. Perkmann. Ausgestattet m. 46 Karten u. erläut. Holzschn. 20. Bearbeitg., 3. f. Österreich-Ungarn. gr. 8. (104 S.) Ebd. 892. n. 1. —

Seydlitz', E. v., Geographie. (In 5 Ausgaben.) Ausg. A: Grundzüge d. Geographie. E. Vorstufe zu d. kleinen (B) u. d. größeren Ausg. (C). Ausgestattet m. 66 in d. Text gedr. Karten u. erläut. Holzschn., sow. e. Anh. v. 21 Bild. 23. Bearbeitg. (1. bis 26. Taus.), unt. Mitwirkg. vieler hervorrag. Fachmänner hrsg. v. E. Oehlmann. gr. 8. (127 S.) Breslau 897. F. Hirt. Geb. n. 1. —

E[rnst] v. **Seydlitzsche Geographie.** Ausg. A: Grundzüge der Geographie. Eine Vorstufe zu der mittleren ⟨B⟩ u. der grössten Ausgabe ⟨C⟩. Mit 66 in d. Text gedr. Karten u. erläut. Holzschn., sowie e. Anh. von 21 Bild. 23. Bearb. Durchges. Neudr. Unter Mitwirk. vieler hervorrag. Fachmänner besorgt von Prof. Dr. E[rnst] Oehlmann. *Breslau: F. Hirt 1899.* (127 S.) 8° [F.] [99. 6479

Seydlitz', E. v., Geographie. (In 5 Ausgaben.) Ausg. A. Grundzüge der Geographie. Eine Vorstufe zu der mittleren (B) u. der größten Ausg. (C). Mit 66 in den Text gedr. Karten u. erläut. Holzschn., sowie e. Anh. v. 22 Bildern. 24. Bearbeitg. (1. bis 31. Taus.) Unter Mitwirkg. vieler hervorrag. Fachmänner besorgt v. E. Oehlmann. gr. 8. (128 S.) Breslau 901. F. Hirt. Geb. n. 1. —

E[rnst] v. **Seydlitzsche Geographie.** Ausg. A.: Grundzüge der Geographie. Eine Vorstufe zu d. mittleren ⟨B⟩ u. d. größten Ausg. ⟨C⟩. Mit 66 Karten u. erl. Holzschn., 1 Farbentaf., sowie e. Anh. von 22 Bildern. 24. Bearb. Durchges. Neudr. ⟨32. bis 73. Taus.⟩ Unter Mitw. vieler Fachmänner besorgt von Prof. Dr. E[rnst] Oehlmann. Breslau: F. Hirt 1904. (128 S.) 8° [F.] [06. 968

E[rnst] v. **Seydlitz**: Geographie. Ausg. A: Grundzüge. Für höh. Lehranst. bearb. von Oberl. R[ichard] Tronnier. 25. Bearb. Mit 32 Fig. u. Bild., 5 Taf. u. e. Anh. von 48 Bild. Breslau: F. Hirt 1908. (120, 32 S.) 8° [F.] [08. 6329

Seydlitz, E. v., Geographie. Ausg. A: Grundzüge. Für höh. Lehranstalten bearb. v. R. Tronnier. 25. Bearbeitg. (Durchgeseh. Neudr.) Mit 32 Fig. u. Bildern im Text, 5 farb. Taf. u. e. Anh. v. 48 Bildern in Photographiedruck. (120 u. 32 S.) gr. 8. Breslau 910. F. Hirt. Geb. 1.25

—— dass. — Ausg. B.: Kleine Schul-Geographie. 18. Bearbeitung. Illustr. durch 56 in den Text gedr. Kartenskizzen und erläut. Abbild., sowie einen Illustrationsanhang, 26 Formationsbilder und typ. Landschaften enthaltend. gr. 8. (XXXII, 183 S.) Ebendas. 880. * 2 —

— dasselbe. B.: Kleine Schul-Geographie. Illustrirt durch 55 in den Text gedr. Kartenskizzen u. erläut. Abbildungen, sowie einen Illustr.-Anh., 24 Formationsbilder u. typ. Landschaften enth. 19. Bearbeitung, unter Mitwirkung vieler hervorrag. Fachmänner besorgt v. Simon. gr. 8. (XXXII, 183 S.) Ebend. 881. n. 2. —

Seydlitz, E. v., Geographie. Ausg. B.: Kleine Schul-Geographie. 19. Bearbeitung; 2. für Oesterreich-Ungarn. Special-Ausg. für Oesterreich-Ungarn, bearb. von R. Perkmann. Illustr. durch 85 Karten und erläut. Holzschn. gr. 8. (249 S.) Ebendas. 884. *

—— dass. — Ausg. B.: Kleine Schul-Geographie. Illustr. durch 62 in den Text gedr. bunte und schwarze Kartenskizzen und erläut. Holzschn., sowie einem Illustr.-Anhang, 51 Formationsbilder und typ. Landschaften enthaltend. 20. Bearbeitung, unter Mitwirkung vieler hervorragender Fachmänner besorgt von Simon und E. Oehlmann. gr. 8. (VIII, 285 S.) Ebendas. 885. * 2 —

—— dass. — Ausgestattet mit 62 in den Text gedr. bunten und schwarzen Kartenskizzen und erläut. Holzschn., sowie einem Bilderanhange, 51 Formationsbilder und typ. Landschaften enthaltend. 20. Bearbeitung, unter Mitwirkung vieler hervorragender Fachmänner besorgt vor Simon und E. Oehlmann. 4. durchges. Neudruck. gr. 8. (VIII, 285 S.) Breslau 888. F. Hirt. *

— dasselbe. Ausg. B: Kleine Schul-Geographie. Ausgestattet m. 62 in den Text gedr. bunten u. schwarzen Kartenskizzen u. erläut. Holzschn., sowie e. Bilderanhange, 51 Formationsbilder u. typ. Landschaften enth. 20. Bearbeitg., unter Mitwirkg. vieler hervorrag. Fachmänner besorgt v. Simon u. E. Oehlmann. 5., durchgeseh. Neudruck. gr. 8. (VIII, 285 S.) Ebd. 889. n. 2. —

— dasselbe. Ausg. B: Kleine Schul-Geographie. Sonder-Ausg. f. Österreich-Ungarn, bearb. v. R. Perkmann. Ausgestattet m. 59 Karten u. erläut. Holzschn. 20. Bearbeitg., 3. f. Österreich-Ungarn. gr. 8. (271 S.) Ebd. 889. n. 2. 40

— dasselbe. Ausg. B.: Kleine Schul-Geographie. Ausgestattet m. 93 in den Text gedr. bunten u. schwarzen Karten u. erläut. Holzschn., sowie e. Bilderanh. v. 31 Landschaften u. Hausformen. 21. Bearbeitg., unter Mitwirkg. vieler hervorrag. Fachmänner besorgt v. E. Oehlmann. gr. 8. (VIII, 327 S.) Ebd. 892. Geb. in Leinw. n. 2. 50

[F.] E[rnst] v. **Seydlitzsche Geographie.** In fünf Ausgaben. Ausg. B: Kleine Schul-Geographie. Ausgestattet m. 93 ... Kt. u. erl. Holzschn., sowie e. Anh. v. 33 Landschafts- u. Hausformenbild. u. e. Verkehrskunde m. 3 Kt. 21. Bearb. Durchges. Neudr. ⟨114. bis 164. Taus.⟩ ... besorgt von Dr. E[rnst] Oehlmann. *Breslau: F. Hirt 1897.* (VIII, 343 S.) 1 Bd 8. [97. 3379

E[rnst] v. **Seydlitzsche** Geographie. Ausg. B.: Kleine Schul-Geographie. Ausgestattet mit 93 Karten u. erl. Holzschn., 33 Landschafts- u. Hausformenbildern. 21. Bearb. Durchges. Neudr. Unter Mitw. vieler Fachmänner bes. von E[rnst] Oehlmann. Breslau: F. Hirt 1899. (VIII, 343 S.) 8°

E[rnst] v. **Seydlitzsche Geographie.** Ausg. B.: Kleines Lehrbuch d. Geographie. Ausgestattet mit 112 Karten, sowie erl. Abb., 5 Taf. u. 44 typischen Darst. 22. Bearb. Unter Mitw. vieler hervorrag. Fachmänner besorgt von Prof. Dr. E[rnst] Oehlmann. *Breslau: F. Hirt 1902.* (X, 370 S.) 8° [F.] [03. 1833

— dasselbe. Ausg. B: Kleine Schul-Geographie. Ausgestattet m. 112 in den Text eingefügten bunten u. schwarzen Karten, sowie erläut. Abbildgn., 5 farb. Taf. u. 46 typ Darstellgn. 22. Bearbeitg. Durchgeseh. Neudr. (41. bis 90. Taus.) Unter Mitwirkg. vieler Fachmänner besorgt v. E. Oehlmann. (XII, 372 S.) gr. 8. Ebd. 903. Geb. in Leinw. n. 3. —

— dasselbe. Ausg. B: Kleines Lehrbuch der Geographie. Ausgestattet m. 112 in den Text eingefügten bunten u. schwarzen Karten sowie erläut. Abbildgn., 5 farb. Taf. u. 46 typ. Darstellgn. 22. Bearbeitung. 3., durchgeseh. Neudr. Unter Mitwirkg. vieler Fachmänner besorgt v. E. Oehlmann. (XII, 372 S.) gr. 8. Ebd. 908. Geb. 3. —

Seydlitz, E[rnst] von. Geographie. Ausgabe B: Kleines Lehrbuch. Für höhere Lehranstalten bearb. von Professor Dr. A[dolf] Rohrmann. 23. Bearbeitung. Mit 95 Bildern und Figuren im Text, 21 farbigen Tafeln und einem Anhang von 116 Bildern in Photographiedruck. XX + 316 + *Bilder-Anhang* 72 [+ *Register* 12] S. 8. Breslau, Ferdinand Hirt, 1908. (geb. M. 3.—)

—— dass. — Ausg. C.: Größere Schul-Geographie. Illustr. durch 106 in den Text gedr. Kartenskizzen und erläut. Abbild., sowie einen Illustrationsanhang, 37 Formationsbilder und typ. Landschaften enthaltend. gr. 8. (VIII, 389 S.) Ebendas. 880. *

— dasselbe. C.: Größere Schul-Geographie. Illustrirt durch 113 in den Text gedr. Kartenskizzen u. erläut. Abbildungen, sowie einen Illustrations-Anhang, 35 Formationsbilder u. typ. Landschaften enth. 19. Bearbeitung, unter Mitwirkung vieler hervorrag. Fachmänner besorgt v. Simon. gr. 8. (VIII, 64 u. 389 S.) Ebend. 881. n. 3. 75

— dasselbe. Ausg. C.: Größere Schul-Geographie. Illustriert durch 113 in den Text gedr. Kartenskizzen u. erläut. Abbildgn., sowie e. Illustrations-Anh., 35 Formationsbilder u. typische Landschaften enth. 19. Bearbeitg. [2. Abdr.], unter Mitwirkg. vieler hervorrag. Fachmänner besorgt v. Simon. gr. 8. (VII, 64 u. 389 S.) Ebend. 884. n. 3. 75

— dasselbe. Ausg. C: Größere Schul-Geographie. Ausgestattet m. 135 in den Text gedr. Karten u. erläut. Abbildgn., sowie 5 Karten in Farbendr. Dazu e. Anh. v. 62 Landschafts- u. Kulturbildern. 20. Bearbeitg., unter Mitwirkg. vieler hervorrag. Fachmänner besorgt v. E. Oehlmann u. Simon. 3., durchgeseh. Neudr. gr. 8. (XVI, 542 S.) Ebd. 890. geb. n. 4. 25

Seydlitz', E. v., Geographie. (In 4 Ausgaben.) Ausg. C.: Größere Schulgeographie. 21. Bearbeitg., unter Mitwirkg. vieler hervorrag. Fachmänner besorgt v. E. Oehlmann. gr. 8. (XVI, 542 S. m. 134 Karten u. Abbildgn. im Text, 5 Karten in Farbendr. u. e. Anh. v. 62 Landschafts- u. Kulturbildern.) Breslau 892. F. Hirt. Geb. n. 4. 25

[F.] E[rnst] v. **Seydlitzsche** Geographie. In 5 Ausgaben. C: Grössere Schul-Geographie. Ausgestattet m. 134 in d. Text gedr. Kt. u. erläut. Abb., sowie 5 Kt. in Farbendr. Dazu e. Anh. v. 62 Landschafts- u. Kulturbild. 21. Bearbeitg, durchges. Neudr. '(27. bis 32. Taus.)'. Unter Mitw. vieler hervorrag. Fachmänner besorgt v. Dr. E[rnst] Oehlmann. *Breslau: F. Hirt 1897.* (XVI, 542 S., 2 Ktnbl.) 1 Bd 8. [97. 39..

— dasselbe. Ausg. C: Größte Ausg. Ausgestattet m. 227 Karten u. erläut. Abb., sow. 5 Karten u. 8 Taf. in vielfachem Farbendruck. 22. Bearbeitg., unt. Mitwirkg. vieler hervorrag. Fachmänner besorgt v. E. Oehlmann. gr. 8. (XVI, 608 S.) Ebd. 899.
Geb. in Leinw. n. 5. 25; in Halbfrz. n. 6. —

E[rnst] v. **Seydlitzsche** Geographie. Ausg. C. Grosses Lehrbuch der Geographie. Ausgestattet mit 284 Karten u. erl. Abb. sowie 4 Karten u. 9 Taf. 23. Bearb. Unter Mitw. vieler Fachmänner besorgt von Prof. Dr. E[rnst] Oehlmann. *Breslau: F. Hirt 1902.* (XVI, 684 S.) 8° [F.] [o3. 28..

Seydlitz, E[rnst] v[on]. E. v. Seydlitzsche Geographie. Ausgabe C: Grosses Lehrbuch der G'. Ausgestattet mit 284 Karten und erläuternden Abbildungen in Schwarzdruck sowie 4 Karten und 9 Tafeln in vielfachem Farbendruck. 24. Bearbeitung. Unter Mitwirkung vieler Fachmänner besorgt von Professor Dr. E[rnst] Oehlmann.... XVI + 684 S. 8. Breslau, Ferdinand Hirt, 1905. [geb. M. 5. 25]

— Lehrbuch der Geographie, Ausg. C., Ueberarbeitg., s.: Schunke, H., Länderkunde f. höhere Lehranstalten.

— dasselbe. Ausg. D.: In 6 Hftn. auf Grund der neuen preuß. Lehrpläne bearb. v. E. Oehlmann u. F. M. Schröter. gr. 8. Ebd. n. 4. 5
1. Deutschland (Unterstufe), nebst weiterer Einführung in das Verständnis des Reliefs, des Globus u. der Karten. (Lehrstoff der Quinta.) (4.—13. Taus.) (48 S. m. 34 z. Tl. farb. Abbildgn.) 894. n. — 50
2. Europa ohne Deutschland. (Unterstufe.) (Lehrstoff der Quarta.) (4.—13. Taus.) (48 S. m. 3 Karten u. 17 Abbildgn.) 891. n. — 50
3. Politische Landeskunde des Deutschen Reiches. (Oberstufe.) Die außereurop. Erdteile. (Lehrstoff der Untertertia.) (4.—11. Taus.) (96 S. m. 42 Karten u. Abbildgn.) 894. n. — 80
4. Physische Landeskunde Deutschlands. (Oberstufe.) Die deutschen Kolonieen. (Lehrstoff der Obertertia.) (4.—11. Taus.) (64 S. m. 39 Karten u. Abbildgn.) 894. n. — 60
5. Europa ohne Deutschland. (Oberstufe.) Verkehrskunde. Elementare mathemat. Erdkunde. Allgemeine Erdkunde. (Lehrstoff der Untersekunda u. nach Bedarf der folg. Klassen.) (112 S. m. 49 Karten u. Abbildgn.) 893. n. — 85
6. Lehrstoff der Sexta. Für den Gebrauch des Lehrers. (78 S. m. 40 Abbildgn. u. Karten.) 895. n. — 80

— dasselbe. Ausg. D. In 6 Hftn. auf Grund d. neuen preuß. Lehrpläne bearb. v. E. Oehlmann u. F. M. Schröter.) 6 Hfte. gr. 8. Ebd. n. 4 05
1. Deutschland (Unterstufe), nebst weit. Einführung in d. Verständnis d. Reliefs, d. Globus u. d. Karten. (Lehrstoff d. Quinta.) 4. Ster.-Aufl. (24.—33. Taus.) (48 S. m. 34 Abb.) 897. n. — 50
2. Europa ohne Deutschland. Unterstufe. (Lehrstoff d. Quarta.) 4. Ster.-Aufl. (24.—33. Taus.) (48 S. m. 17 Abb. u. 3 Karten.) 898. n. — 50
3. Polit. Landeskunde des Deutschen Reiches. (Oberstufe.) Die außereurop. Erdteile. (Lehrstoff d. Untertertia.) M. 42 Karten u. Abb. 3. Ster.-Aufl. (12. bis 22. Taus.) (96 S.) 896. n. — 80
4. Physische Landeskunde Deutschlands. (Oberstufe.) D. deutschen Kolonien. (Lehrstoff der Obertertia.) 3. Ster.-Aufl. (12.—21. Taus.) (64 S. m. 39 Karten u. Abb.) 897. n. — 60
5. Europa ohne Deutschland (Oberstufe). Verkehrskunde. Elementare mathemat. Erdkunde. Allgem. Erdkunde. (Lehrstoff d. Untersekunda u. nach Bedarf d. folg. Klassen.) M. 49 Karten u. Abb. 3. Ster.-Aufl. (10. bis 15. Taus.) (112 S.) 897. n. — 85
6. Lehrstoff d. Sexta. Für d. Gebrauch d. Lehrers. 2., durchgeseh. Aufl. (4.—9. Taus.) (78 S. m. 40 Abb. u. Karten.) 897. n. — 80

— dasselbe. Ausg. D. In 6 Hftn. auf Grund der preuß. Lehrpläne v. 1892 bearb. von E. Oehlmann u. F. M. Schröter. gr. 8. Ebd. n. 4.05
1. Deutschland (Unterstufe), nebst weiterer Einführung in das Verständnis des Reliefs, des Globus u. der Karten. (Lehrstoff der Quinta.) 6. Ster.-Aufl. (56.—57. Taus.) Mit 34 Abbildgn. (48 S.) 901. n. — 50
2. Europa ohne Deutschland. Unterstufe. (Lehrstoff der Quarta.) Mit 3 Karten u. 17 Abbildgn. 6. Ster.-Aufl. (45.—51. Taus.) (48 S.) 901. n. — 50
3. Politische Landeskunde des deutschen Reiches. (Oberstufe.) Die außereurop. Erdteile. (Lehrstoff der Untertertia.) Mit 42 Karten u. Abbildgn. 5. Ster.-Aufl. (33.—37. Taus.) (96 S.) 900. n. — 80
4. Physische Landeskunde Deutschlands. (Oberstufe.) Die deutschen Kolonieen. (Lehrstoff der Obertertia.) 5. Ster.-Aufl. (29.—32. Taus.) (64 S. m. 39 Karten u. Abb.) 900. n. — 60
5. Europa ohne Deutschland (Oberstufe). Verkehrskunde. Elementare mathemat. Erdkunde. Allgemeine Erdkunde. (Lehrstoff der Untersekunda u. nach Bedarf der folg. Klassen.) Mit 49 Karten u. Abbildgn. 5. Ster.-Aufl. (22.—27. Taus.) (112 S.) 901. n. — 85
6. Lehrstoff der Sexta. Für den Gebrauch des Lehrers. Mit 40 Abbildgn. u. Karten. 3., durchgeseh. Aufl. (10.—14. Taus.) (78 S.) 900. n. — 80

Seydlitz', E. v., Geographie. (In 5 Ausgaben). Ausg. D. Auf Grund der preuß. Lehrpläne v. 1901 in 5 Schülerheften u. 1 Lehrerheft bearb. v. E. Oehlmann, A. Rohrmann u. F. M. Schröter. 1.—4. Hft. gr. 8. Breslau, F. Hirt. n. 2.80
1. Länderkunde Mitteleuropas, insbesondere d. Deutschen Reiches (Unterstufe). Weitere Anleitg. zum Verständnisse des Globus u. der Karten, sowie des Reliefs. (Lehrstoff der Quinta.) Mit 36 schwarzen u. farb. Abbildgn. 7. Aufl. (58.—70. Taus.) (52 S.) 902. n. — 50
2. Europa ohne das Deutsche Reich. (Lehrstoff der Quarta.) Mit 18 Abbildgn. in Schwarzdr. 7. Aufl. (52.—63. Taus.) (64 S.) 902. n. — 50
3. Die außereuropäischen Erdteile. — Die deutschen Kolonien. (Lehrstoff der Untertertia.) 6. Aufl. (44.—51. Taus. (112 S. m. 42 Abbildgn.) 902. n. — 80
4. Landeskunde des Deutschen Reiches. (Lehrstoff der Obertertia.) Mit 33 Abbildgn. in Schwarzdr. 6. Aufl. (37.—42. Taus.) (128 S.) 902. n. 1. —

E[rnst] v. **Seydlitzsche** Geographie. Ausg. D. in 5 Schülerh. u. 1 Lehrerh. hrsg. von Prof. Dr. E[rnst] Oehlmann u. Prof. Dr. F[ranz] M[artin] Schröter. Auf Grund d. preuß. Lehrpläne von 1901 umgearb. von Prof. Dr. A[dolf] Rohrmann. 8. Aufl. H. 1. Breslau: F. Hirt 1904. 8° [Umschlagt. F.] [06. 949

— dasselbe. Ausg. D in 6 Schülerheften u. 1 Lehrhefte. Auf Grund der preuß. Lehrpläne v. 1901 neu bearb. v. A. Rohrmann. 8. Ebd. n. 5. 35

1. Länderkunde Mitteleuropas, insbesondere des Deutschen Reiches. Anleitung zum Verständnis des Globus u. der Karten sowie des Reliefs. (Lehrstoff der Quinta.) Mit 42 teilweise farb. Abbildgn. u. 1 Farbentaf.: „Die Hauptformen der Erdoberfläche". 9. Aufl. (126. bis 159. Tauf.) (80 S.) 906. Kart. n. — 60
2. Europa ohne das Deutsche Reich. (Lehrstoff der Quarta.) Mit 18 Abbildgn. in Schwarzdr. 9. Aufl. (91.—121. Tauf.) (64 S.) 906. n. — 50
3. Die außereuropäischen Erdteile. — Die deutschen Kolonien. (Lehrstoff der Untertertia.) Mit 42 Abbildgn. in Schwarzdr. 7. Aufl. (62.—86. Tauf.) (112 S.) 904. n. — 80
4. Landeskunde des Deutschen Reiches. (Lehrstoff der Obertertia.) Mit 33 Abbildgn. in Schwarzdr. 7. Aufl. (43.—67. Tauf.) (128 S.) 904. Kart. n. 1. —
5. Europa ohne das Deutsche Reich (Oberstufe). Elementare mathem. Erdkunde. Verkehrskunde. (Lehrstoff der Untersekunda.) Mit 37 Karten u. Abbildgn. 6. Aufl. (38.—50. Tauf.) (182 S.) 903. n. — 85
6. Lehrstoff der Sexta. Für den Gebrauch des Lehrers. Mit 151 Karten u. Abbildgn. 5. Aufl. (22.—27. Tauf.) (80 S.) 906. Kart. n. — 80
7. Grundzüge der allgemeinen Erdkunde. — Verkehrskunde. (Lehrstoff der oberen Klassen.) Mit 52 Karten u. Abbildgn. in Schwarzdr. (88 S.) 901. Kart. n. — 80

E[rnst] v. **Seydlitz** Geographie. Ausg. D in 7 H. Für höh. Lehranst. bearb. von Prof. Dr. A[dolf] Rohrmann. 10. Aufl. H. 1. Breslau: F. Hirt 1907. 8° [F.] fol. 3278

— dasselbe. Ausg. D: in 7 Heften. Für höh. Lehranstalten bearb. v. A. Rohrmann. 8. Ebd. nn 6. 30

1. Länderkunde Mitteleuropas, insbesondere des Deutschen Reiches. Globus-, Karten- u. Reliefkunde. Mit 28 teilweise farb. Karten u. Profilen im Text. 7 farb. Taf. u. e. Anh. von 35 Bildern im Photographiedr. 11. Aufl. (72 u. 24 S.) 910. nn — 70
2. Europa ohne das Deutsche Reich. Mit 5 Karten u. Profilen im Text, 8 farb. Taf. u. e. Anh. v. 46 Bildern in Photographiedr. 11. Aufl. (56 u. 32 S.) 910. — 70
3. Die außereurop. Erdteile. Die deutschen Kolonien. Mit 20 Karten u. Profilen im Text, 7 farb. Taf. u. e. Anh. v. 50 Bildern in Photographiedr. 9. Aufl. (20 u. 32 S.) 910. — 85
4. Landeskunde des Deutschen Reiches. Mit 22 Karten u. Profilen im Text, 3 farb. Taf. u. e. Anh. v. 42 Bildern in Photographiedr. 8. Aufl. (95 u. 24 S.) 907. 1. —
5. Europa ohne das Deutsche Reich. Elementare mathemat. Erdkunde. Verkehrsgeographie. Mit 24 Karten u. Profilen im Text, 1 farb. Taf. u. e. Anh. v. 24 Bildern in Photographiedr. 8. Aufl. (114 u. 16 S.) 910. 00
6. Grundbegriffe der Erdkunde. Anfangsgründe der Länderkunde. Reise um die Erde. Mit 66 Bildern u. Fig. im Text sowie 4 farb. Taf. 6. Aufl. (88 S.) 910. — 90
7. Allgemeine Erdkunde. Verkehrsgeographie. Das Deutsche Reich u. die Erdteile. 10 Lesestücke aus der geograph. Litteratur. Bilder zur Siedlungskunde. Mit 117 Bildern, erläut. Karten u. Profilen sowie 1 farb. Taf. 3. Aufl. (136 u. 16 S.) 910. 1. 25

— dasselbe. Ausg. E. Für höhere Mädchenschulen. In 4 Hftn. auf Grund d. neuen preuß. Lehrplans v. 1894 bearb. v. Paul Gockisch. gr. 8. Ebd. n. 3. 60

1. Lehrstoff d. 5. Klasse. (5. Schulj.) Deutschland (Mittelstufe) nebst weit. Einführg. in d. Verständnis d. Kartenbilder. M. 36 Karten u. Abb. 4. Aufl. (21. bis 32. Tauf.) (63 S.) 898. n. — 60
2. Lehrstoff d. 6. Schulj. (4. Klasse.) Europa ohne Deutschland u. d. außereurop. Mittelmeerländer. M. 26 Abb. u. Karten. 4. Aufl. (19. bis 29. Tauf.) (64 S.) 898. n. — 60
3. Lehrstoff d. 3. Klasse. (7. Schulj.) D. außereurop. Erdteile. M. 49 Abb. u. Karten. 3., durchgeseh. Aufl. (9. bis 17. Tauf.) (96 S.) 897. n. — 80
4. Lehrstoff der 2. u. 1. Klasse. (8. u. 9. bezw. 10. Schuljahr.) Europa (Oberstufe). Mathematische Erdkunde. Verkehrs- u. Handelswege. M. 57 Abb. u. Karten. 2., durchgeseh. Aufl. (7. bis 14. Tauf.) (184 S.) 897. n. 1. 60

E[rnst] v. **Seydlitz**sche Geographie. Ausg. E. Für höh. Mädchenschulen u. verwandte Anst. In 5 Heften (auf Grund d. preuss. Lehrplans von 1894) bearb. von Paul Gockisch. H. 1–5. Mit Karten u. Abb. *Breslau: F. Hirt 1899–1900.* 5 Bde. 8° [F.]

1. Deutschl. (Mittelstufe) nebst Einführung in d. Verständnis d. Kartenbilder 5., durchges. Aufl. 1900.
2. Europa ohne Deutschl. u. d. aussereurop. Mittelmeerländer. 5. Aufl. 1899.
3. Die aussereurop. Erdteile. 5. Aufl. 1899.
4. Lehrstoff d. 8. u. 9., bezw. 10. Schuljahrs. (2. u. 1. Kl.) Europa. (Oberstufe). Mathem. Erdkunde. Verkehrs- u. Handelswege. 3. Aufl. 1899.
5. Lehrb. f. d. beiden ersten Jahre d. erkundl. Unterr. 1900. fol. 1884

— dasselbe. Ausg. E. Für höhere Mädchenschulen u. verwandte Anstalten. In 4 Hftn. u. 1 Lehrerheft. Bearb. v. Paul Gockisch. gr. 8. Ebd. n. 5. 10

1. Deutschland (Mittelstufe), nebst weiterer Einführung in das Verständnis der Kartenbilder. Mit 36 Abbildgn. u. Karten. 6., durchgeseh. Aufl. (49.—60. Tauf.) (63 S.) 902. n. — 60
2. Europa ohne Deutschland u. die außereuropäischen Mittelmeerländer. Mit 26 Abbildgn. u. Karten. 6., durchgeseh. Aufl. (42.—52. Tauf.) (64 S.) 901. n. — 60
3. Die außereuropäischen Erdteile. Mit 49 Abbildgn. u. Karten. 6., durchgeseh. Aufl. (41.—59. Tauf.) (96 S.) 902. n. — 80
4. Europa (Oberstufe). Mathematische Erdkunde, Verkehrs- und Handelswege. Mit 57 Abbildgn. u. Karten. 5., durchgeseh. Aufl. (36.—49. Tauf.) (IV, 184 S.) 902. n. 1. 60

Lehrerheft. Lehrbuch f. die beiden ersten Jahre des erdkundlichen Unterrichts. Mit 57 Abbildgn. u. Karten. (128 S.) 900. n. 1. 50

E[rnst] v. **Seydlitz**sche Geographie. Ausg. E. Für höh. Mädchenschulen u. verwandte Anst. In 4 Schülerheften u. 1 Lehrerheft. Bearb. v. Paul Gockisch. 7., durchges. Aufl. H. 1. Breslau: F. Hirt 1904. 8° [F.] fol. 378

Seydlitz', E. v., Geographie. (In 5 Ausgaben.) Ausg. E: Für höhere Mädchenschulen u. verwandte Anstalten. In 4 Schülerheften u. 1 Lehrerheft. Bearb. v. Paul Gockisch. 1.—4. Heft. 8. Breslau, F. Hirt. n. 3. 60

1. Deutschland (Mittelstufe), nebst weiterer Einführung in das Verständnis der Kartenbilder. Mit 36 teilweise farb. Karten u. Abbildgn. sowie 1 Farbentaf.: „Die Hauptformen der Erdoberfläche". 8., verb. Aufl. (101.—137. Tauf.) (64 S.) 906. n. — 60
2. Europa ohne Deutschland u. d. außereurop. Mittelmeerländer. Mit 26 Abbildgn. u. Karten. 8., durchgeseh. Aufl. (71. bis 96. Tauf.) (64 S.) 901. Kart. n. — 60
3. Die außereuropäischen Erdteile. Mit 49 Abbildgn. u. Karten. 7., durchgeseh. Aufl. (60.—92. Tauf.) ([illegible] S.) 901. n. — 80
4. Europa (Oberstufe). Mathematische Erdkunde, Verkehrs- u. Handelswege. Mit 57 Abbildgn. u. Karten. 6., durchgeseh. Aufl. (50.—74. Tauf.) (IV, 184 S.) 901. Geb. n. 1. 60

— dasselbe. Ausg. E: Neubearbeitg. in 7 Heften. Für höh. Mädchenschulen bearb. v. Paul Gockisch. 8. Ebd. Kart. 6. 50

1. Geographische Grundbegriffe u. ihre Darstellung. Übersicht der Erdteile u. Weltmeere. Mit 54 teilweise farb. Karten, Profilen u. Bildern im Text sowie 6 farb. Taf. 2. Aufl. (Unveränd. Neudr. der 1. Aufl.) (64 S.) 910. — 75
2. Länderkunde v. Mittel- u. Westeuropa unter besond. Berücksicht. des Deutschen Reiches. Mit 9 Karten u. Profilen im Text, 9 farb. Taf. sowie e. Anh. v. 47 Bildern in Photographiedr. 2. Aufl. (Unveränd. Neudr. der 1. Aufl.) (72 u. 32 S.) 910. [illegible]
3. Länderkunde v. Nord-, Ost- u. Südeuropa. Erweiterung der allgemeinen Erdkunde. Mit 48 schemat. Darstellgn., Karten u. Profilen im Text, 3 farb. Taf. sowie e. Anh. v. 23 Bild. in Photographiedr. 2. Aufl. (62 u. 16 S.) 910. — 75
4. Die außereuropäischen Erdteile. Mit 16 Karten, Profilen u. Bildern im Text, 9 farb. Taf. sowie e. Anh. v. 50 Bild. in Photographiedr. 2. Aufl. (104 u. 32 S.) 910. 1. —
5. Länderkunde v. Europa m. Ausnahme des Deutsch. Reiches. Die koloniale Stellg. der europ. Mächte. Mit 17 Karten u. Profilen im Text, 3 farb. Taf. u. e. Anh. v. 37 Bildern in Photographiedr. (112 u. 24 S.) 909. Kart. 1. —
6. Deutschland (Oberstufe). Mathematische u. astronom. Erdkunde. Wiederholung der außereurop. Erdteile. Handels- u. Verkehrsgeographie. Mit 20 Karten, Profilen u. Fig. im Text, e. Anh. v. 87 Bildern in Photographiedr. u. 3 farb. Taf.) (128 u. 21 S.) 909. Kart. 1. —
7. Allgemeine Erdkunde. Ausführliche Behandlung e. Abschnittes der Länderkunde. Mit 69 Bildern, Fig. u. Karten im Text. (80 S.) 909. 1. —

— dasselbe. Anfangsgründe der Geographie, bearb. v. Paul Gockisch. Eine Vorstufe zu der f. höhere Mädchenschulen bestimmten Ausgabe E. Mit 28 teilweise farb. Karten u. Abbildgn. sowie 1 Farbentaf.: „Die Hauptformen der Erdoberfläche". (48 S.) 8. Ebd. 906. Kart. n. — 60

— dasselbe. Anfangsgründe der Geographie, bearb. v. Paul Gockisch. Eine Vorstufe zu der f. höhere Mädchenschulen bestimmten Ausg. E. Mit 28 teilweise farb. Karten u. Abbildgn. sowie 1 Farbentaf.: „Die Hauptformen der Erdoberfläche". 2., durchgeseh. Aufl. (48 S.) 8. Ebd. 908. Kart. — 60

— dasselbe. Ausg. G: in 5 Heften u. 1 Ergänzungshefte. Für höh. Lehranstalten bearb. v. A. Rohrmann. Vorstufe: Lehrstoff der Sexta. Grundbegriffe der Erdkunde. Anfangsgründe der Länderkunde. Reise um die Erde. Mit 66 Bildern u. Fig. im Text sowie 4 farb. Taf. (88 S.) 8. Ebd. 910. — 90

Seydlitz, E. v., Geographie. Ausg. G: in 5 Heften u. 1 Ergänzungshefte. Für höh. Lehranstalten bearb. v. A. Rohrmann. 8. Breslau 910. F. Hirt. nn 5.60

1. Lehrstoff der Quinta. Länderkunde Mitteleuropas, insbesond. des Deutschen Reiches. Anleitung zum Verständnis des Globus u. der Karten, sowie des Reliefs. Mit 26 teils farb. Karten u. Profilen im Text, 7 farb. Taf. u. e. Anh. v. 35 Bildern in Photographiedr. (72 u. 24 S.) 907. Kart. — 70
2. Lehrstoff der Quarta. Europa, ohne das Deutsche Reich. Mit 5 Karten u. Profilen im Text, 8 farb. Taf. u. e. Anh. v. 46 Bildern in Photographiedr. (52 u. 32 S.) 907. Kart. — 70
3. Lehrstoff der Untertertia. Die außereurop. Erdteile. Die deutschen Kolonien. Mit 13 Karten u. Profilen im Text, 6 farb. Taf. u. e. Anh. v. 50 Bildern in Photographiedr. 2. Aufl. (80 u. 32 S.) 910. — 80
4. Lehrstoff der Obertertia. Landeskunde d. Deutschen Reiches. Mit 22 Karten u. Profilen im Text, 3 farb. Taf. u. e. Anh. v. 42 Bildern in Photographiedr. (96 u. 24 S.) 907. Kart. 1. —
5. Lehrstoff der Untersekunda. Europa ohne das Deutsche Reich. Elementare mathemat. Erdkunde. Verkehrsgeographie. Mit 1 farb. Taf., 18 Karten u. Profilen im Text u. e. Anh. v. 24 Bild. in Photographiedr. 2. Aufl. (92 u. 16 S.) 910. Kart. — 90

Ergänzungsheft: Lehrstoff der oberen Klassen. Ausgewählte Abschnitte der allgemeinen Erdkunde. Mit e. farb. Taf., 52 erläut. Karten, Profilen u. Bildern. im Text. (52 S.) 907. Kart. — 60

Seydlitz, Ernst v., Grundzüge der Geographie. Ein Leitfaden für den Anfangs-Unterricht in der Erdkunde. 16. durchweg verb. und erweit. Aufl. Vorstufe zur kleinen und größeren Ausg. der v. Seydlitz'schen Schul-Geographie. Illustrirt durch 21 in den Text gedr. (Holzschn.-)Illustr. gr. 8. (VI, 56 S.) Breslau 876, F. Hirt. *

— Grundzüge der Geographie. Ein Leitfaden für den Anfangs-Unterricht in der Erdkunde. 17., verb. u. erweit. Aufl. Vorstufe zur kleinen u. größeren Ausg. der v. Seydlitz'schen Schulgeographie. Illustr. durch 21 in den Text gedr. Kartenskizzen. Nebst einem geographisch-geschichtl. Orts-Namen- u. Sach-Register. gr.8. (VI, 64 S.) Ebend. 878. n. — 75
18.Aufl.ff.s.:Seydlitz: Geographie. Ausg.A.

Seydlitz, E[rnst] von. Handbuch der Geographie. Jubiläums-Ausgabe. «Der Grosse Seydlitz». 25. Bearbeitung, unter Mitwirkung vieler Fachmänner besorgt von Professor Dr. E[rnst] Oehlmann.... Mit 400 Figuren, Karten, Profilen und Landschaftsbildern in Schwarz- und Photographiedruck, 4 farbigen Karten und 30 farb' Tafeln [sowie 2 Tabellen]. XVI + 844 S. 8. Breslau, Ferdinand Hirt, 1908. [geb. M. 6. 50]

Seydlitz, Ernst v., Leitfaden d. Geographie 1. u. 2. Curs., nach d. neusten Angaben bearb. Ein Elementarb. f. d. Schul-Unterr. 2., verb. Aufl. 8. (18½ B. u. 1 Tab.) Breslau 836, Schulz u. Comp.

—— dass. (m. d. Zusatz:) Ein Buch f. Schule u. Haus. 3., wesentl. verb. Aufl. 8. (16¾ B.) Breslau 842, [Hirt's Verl.]

Seydlitz, Ernst v., Leitfaden der Geographie. Ein Buch f. Schule u. Haus. 3. Ausg. 842. 15 Ngr. u. 4., verb. Ausg. 8. (à 16¾ B.) Breslau 846, Hirt's Verlag. —

v. Seydlitz, Ernst, Leitfaden der Geographie. Ein Buch für Schule u. Haus. 5. bis auf die Gegenwart fortgeführte und unter Berücksichtigung der neuesten Forschungen verb. u. bereicherte Ausg. Nebst einem vollständigen Namen-Register. gr. 8. (XII u. 242 S.) Breslau 849, Hirt. — 6. wesentlich verb. u. bereicherte Ausg. Mit 5 kleinen in den Text gedr. Karten (in Holzschn.) gr. 8. (304 S.) Ebd. 852. n. 7/12 ₰

Seydlitz, Ernst v., Leitfaden für den Unterricht in der Geographie. 7., wesentlich verb. Aufl. Bearb. von Ferd. Gleim. Nebst einem vollständ. Namen-Verzeichnisse. gr. 8. (VIII und 304 S. mit 12 in den Text gedr. Skizzen in Holzschn.) Breslau 854, Hirt's Verlag. * -

Seydlitz, Ernst v., Schul-Geographie. 8. Bearbeitung des Leitfadens für den geographischen Unterricht. (Von Schirrmacher.) Mit 19 in den Text gedr. Skizzen (Holzschn.). Breslau 857. Hirt. gr. 8. (3 Bl., 233 S.) n. 17½ ngr.

Seydlitz, Ernst von. Schul-Geographie. 8. Bearbeitung . . . Breslau 1857. H: *Schirrmacher, Frdr.* (Ky)

Seydlitz, Ernst v., Schul-Geographie. 9. Bearb. Mit 20 Holzschn. 860. (VIII, 233 S.) n. 20 ngr. — 10., wesentlich verb. u. verm. Bearb. des Leitfadens für den geographischen Unterricht. Mit 48 in den Text gedr. Abbildgn. u. geographischen Skizzen (in Holzschn.). Breslau 862. Hirt. gr. 8. (VIII, 283 S.) n. 22½ ngr.

Seydlitz, Ernst v., Schul-Geographie. 11. Bearbeitung der größeren Ausg. des Leitfadens für den geograph. Unterricht. Mit 55 in den Text gedr. Abbildungen u. geograph. Skizzen. Neue Ausg., erweitert durch einen Anh.: Deutschland in seiner gegenwärtigen Gestaltung. Nebst 4 geograph. Skizzen (in Holzschn.). Breslau 867. Hirt's Verl. gr. 8. (VIII, 316 S.) n. 25 ngr.; cart. n. 27½ ngr. Der Anh. apart. (24 S.) n. 2 ngr.

Seydlitz, Ernst v., Schul-Geographie. 12., allseitig verb. und verm. Bearbeitung des Leitfadens für den geograph. Unterricht. Größere Ausg. Illustrirt durch 63 erläut. Abbild. (in eingedr. Holzschn.) und theils verb., theils neu hinzugegebene geograph. Skizzen. Mit einem geographisch-geschichtl. Namen- und Sach-Register. gr. 8. (XLV, 276 S.) Breslau 868, Hirt's Verlag. * 2 75

—— dass. — Größere Ausg. des Leitfadens für den geograph. Unterricht. 13. Bearbeitung. Mit einer Darstellung Deutschlands in seiner Neugestaltung wie der reichsunmittelbaren Länder Elsaß und Deutsch-Lothringen. Illustrirt durch 80 erläuternde Abbild. und theils verb., theils neu hinzugegebene geograph. Skizzen (in eingedr. Holzschn.). Nebst einem geographisch-geschichtl. Namen- und Sach-Register. gr. 8. (XXVIII, 304 S.) Ebendas. 871. 2 75

—— dass. — 14. Bearbeitung. 1873. *M. 3., und 15. wesentlich verb. und verm. Bearbeitung. Unter Berücksicht. der neuesten Volkszählungen und Nebeneinanderstellung der neuen und alten Maße. Illustr. durch 82 geograph. Skizzen und erläut. Abbild. (in eingedr. Holzschn.). Nebst einem geographisch-geschichtl. Namen- und Sach-Register. gr. 8. (XXVIII, 336 S.) Ebendas. 874. 3 50

—— Schul-Geographie. 16. vielseitig vervollkommnete und bereich. Aufl. Unter Berücksicht. der Ergebnisse der jüngsten Volkszählungen. Illustrirt durch 80 Kartenskizzen und 18 erläut. Abbild. (in eingedr. Holzschn.). Nebst einem geographisch-geschichtlichen Namen- und Sach-Register. gr. 8. (VII, 368 S.) Ebendas. 876. *

— Schulgeographie. 17., wesentlich vervollkommnete u. bereich. Aufl. Illustrirt durch 105 (eingedr.) Kartenskizzen u. erläut. Abbildungen. Nebst einem geographisch-geschichtlichen Orts-Namen- u. Sach-Register. gr.8. (VII, 368 S.) Ebend. 878. n. 3. 75
18.Aufl.ff.s.Seydlitz:Geographie. Ausg.C.

—— kleine Schul-Geographie. Kleinere Ausg. der 10. und 11. Bearbeitung des Leitfadens für den geograph. Unterricht. Mit 34 in den Text gedr. Abbild. und geograph. Skizzen (in Holzschn.). Neue Ausg., erweitert durch einen Anh.: Deutschland in seiner gegenwärt. Gestaltung. Nebst 4 geograph. Skizzen (in Holzschn.). gr. 8. (IV und 178 S.) Breslau 862,67, Hirt's Verlag. * — cart. *

—— kleine Schul-Geographie. Kleinere Ausg. der 12. allseitig verb. und verm. Bearbeitung des Leitfadens für den geograph. Unterricht. Illustrirt durch 39 erläut. Abbild. und theils verb., theils neu hinzugegebene geograph. Skizzen (in eingedr. Holzschn.). Mit einem geographisch-geschichtl. Namen- und Sach-Register. gr. 8. (VIII, 152 S.) Ebendas. 868. * 1 50

Seydlitz, Ernst v., kleine Schul-Geographie. Kleinere Ausg. des Leitfadens für den geograph. Unterricht. 13. Bearbeitung. Mit einer Darstellung Deutschlands in seiner Neugestaltung, wie der reichsunmittelbaren Länder Elsaß und Deutsch-Lothringen. Illustrirt durch 34 erläut. (eingedr.) Abbild. und theils verb., theils neu hinzugegebene geograph. Skizzen. Nebst einem geographisch-geschichtl. Namen- und Sach-Register. gr. 8. (IV, 156 S.) Breslau 871, Hirt's Verlag. * 1 50

—— dass. — 14. Bearbeitung. Illustrirt durch 39 geograph. Skizzen. (XX, 140 S.) 1873. *ℳ 1,60., und 15. wesentlich verb. und verm. Bearbeitung unter Berücksicht. der neuesten Volkszählungen und Nebeneinanderstellung der neuen und alten Maße. Illustrirt durch 41 Kartenskizzen und erläut. Abbild. (in eingedr. Holzschn.). Nebst einem geographisch-geschichtl. Namen- und Sach-Register. gr. 8. (XX, 144 S.) Ebendas. 874. * 1 75

—— kleine Schul-Geographie. 16. wesentlich verb. und verm. Aufl. Unter Berücksicht. der Ergebnisse der jüngsten Volkszählungen. Illustrirt durch 43 Kartenskizzen und 8 erläut. Abbild. (in eingedr. Holzschn.). Nebst einem geographisch-geschichtl. Namen- und Sach-Register. gr. 8. (VII, 168 S.) Ebendas. 876. *

— kleine Schul-Geographie. 17., vielseitig verb. u. verm. Aufl. Illustrirt durch 54 (eingedr.) Kartenskizzen u. erläut. Abbildungen. Nebst einem geographisch-geschichtlichen Orts-Namen- u. Sachregister. gr. 8. (XXXII, 168 S.) Ebend. 878. n. 2. —

18.Aufl.ff.s.:Seydlitz: Geographie. Ausg.B.

Seydlitz, Fr. v., nordische Reiseskizzen. Mit e. (autogr.) Karte. gr. 8. (263 S.) Dresden 883. Burdach. n. 3. 60; geb. n. 5. —

Seydlitz, G., das Militär-Pensionsgesetz vom 27. Juni 1871 nebst dem Abänderungs- u. Ergänzungsgesetz vom 4. April u. den Ausführungs-Bestimmgn vom 9. Mai 1874. Sorgfältig rev. Text m. vergleich. Anmerkgn. u. Sachregister. 8. (47 S.) Berlin 874. Grosser. n. 1. —

Seydlitz (G.). Die Darwin'sche Theorie. Elf Vorlesungen über die Entstehung der Thiere und Pflanzen durch Naturzüchtung. Dorpat 1871. 8.

Seydlitz, Georg von

Seydlitz, G. v., Brenner und Semmering, s. Grieben's Reise-Bibliothek.

Seydlitz, G. v., kleiner Führer durch den Schwarzwald, s.: Lorenz' Reiseführer.

Seydlitz, Geo. v., Prüfen u. Irren. Roman. 2 Bde. 8. (261 u. 247 S.) Görlitz 880. Vierling. 7. —

Von dem Reichthum und der Liebe. 2 Novellen. Von Georg von Seydlitz [d.i. Georg Seydlitz-Kurzhagen]. München: Callwey 1890. 311 S. 8°

Seydlitz, G. v., Touristen-Führer für den Schwarzwald, nebst Odenwald, Höhgau, Bodensee, Kaiserstuhl und Eingangs-Routen von Frankfurt, Darmstadt, Heidelberg, Karlsruhe, Basel, Konstanz, Stuttgart, Sigmaringen etc. Mit 1 Special-Karte, 1 Routen-Karte und Stadtplänen von Karlsruhe und Freiburg. 5. durchweg neu bearb. und verm. Aufl. 12. (VIII, 333 S.) Metz 881, Deutsche Buchhandlung. geb. *

Seydlitz, G. v., neuester Touristen-Führer durch den Schwarzwald und Höhgau bis zum Bodensee, Kaiserstuhl, nebst den einführenden Eisenbahn-Routen von Frankfurt, Karlsruhe, Basel, Konstanz, Stuttgart und den neuesten Gebirgsbahnen. 6. durchweg neu bearb. und verm. Aufl. 8. (XX, 370 S. mit 7 Special-Kärtchen, einer Routen- und Uebersichts-Karte und 2 Stadtplänen, 2 Panoramen und zahlreichen Abbild.) Metz 887, Lang. geb. *

Seydlitz, G. v., neuester Touristen-Führer durch den Schwarzwald u. Höhgau bis zum Bodensee, Kaiserstuhl, nebst den einführ. Eisenbahn-Routen v. Frankfurt, Heidelberg, Karlsruhe, Basel, Konstanz, Stuttgart, u. den neuesten Gebirgsbahnen. Mit 7 Special-Kärtchen, 1 Routen- u. Uebersichts-Karte u. 2 Stadtplänen, 2 Panoramen u. zahlreichen Abbildgn. 6., durchweg neu bearb. u. verm. Aufl. Neue bis 1891 rev. Ausg. 12. (VIII, V—XX u. 370 S.) Leipzig 891. G. Lang. Geb. in Leinw. n. 4. 50

Seydlitz, G. von. Neuester Touristen-Führer durch den Schwarzwald u. Höhgau etc. Kleinere Ausg. 7. Aufl. 12. (IX, 217 S. m. 1 Karte, 7 Kärtchen u. 2 Plänen.) Ebd. 892. geb. * 2 —

Seydlitz, G. v., der Schwarzwald, d. Hogau bis z. Bodensee, u. der Kaiserstuhl. Kleinere Ausg. Mit 10 Karten u. 2 Plänen. 8. Aufl., unt. Mitwirkg. vieler Sektionen des S. V. neu bearb. v. Ernst Bader. 12. (XVI, 189 S.) Freiburg i/B. 897. Lorenz & Waetzel. Geb. in Leinw. n. 2. —

Seydlitz, G. v., der Schwarzwald, Bergstrasse, Neckarthal, der Hegau bis zum Bodensee, der Kaiserstuhl u. Strassburg. Mit 11 Karten, 3 Stadtplänen u. 1 Alpenpanorama. 9. Aufl., unter Mitwirkg. fast sämtl. Sektionen des Schwarzwaldvereins neu bearb. v. Ernst Bader. 2. Ausg. 12. (XVI, 287 S.) Freiburg i/B. 900. F. P. Lorenz. Geb. in Leinw. n. 2. —

Seydlitz, G[eorg] von. Der Schwarzwald, Bergstrasse, Neckartal, der Hegau bis zum Bodensee, der Kaiserstuhl und Strassburg. Mit 14 Karten und 8 Stadtplänen [wovon 13 Tafeln]. 10. Aufl., unter Mitwirkung fast sämtlicher Sektionen des Schwarzwaldvereins neu bearb. von Ernst Bader. XVI + 328 + *Inseratenteil* 72 + *Verlags-Verz.* 16 S. Freiburg i. Breisgau u. Leipzig, Fr. Paul Lorenz, 1903. (geb. M. 2. —)
Kollektion Lorenz.

Seydlitz, G[eorg] von. Der Schwarzwald, Bergstrasse, Neckartal, der Hegau bis zum Bodensee, der Kaiserstuhl und Strassburg. Mit 18 Karten und 8 Stadtplänen [wovon 17 Tafeln]. 11. Aufl., unter Mitwirkung des Schwarzwaldvereins bearb. von Ernst Bader. 6 + X + 366 + *Inseratenteil* VI + 128 S. 8. Freiburg i. B. und Leipzig, Fr. Paul Lorenz, 1905—1906. (geb. M. 2. —)
Kollektion Lorenz.

Seydlitz, G[eorg] von. Der Schwarzwald, Bergstrasse, Neckartal, der Hegau bis zum Bodensee, der Kaiserstuhl und Strassburg. Mit 19 Karten und 8 Stadtplänen [wovon 18 Tafeln]. 12. Aufl., unter Mitwirkung des Schwarzwaldvereins neu bearbeitet. 8 + 288 + *Inseratenteil* 104 S. 8. Freiburg i. Br. u. Leipzig, Fr. Paul Lorenz, 1907—1908. ([cart.] M. 2. —)
Lorenz' Reiseführer.

— Der Schwarzwald, s.a. Lorenz' Reiseführer.

—— Touristen-Führer für die Vogesen, nebst den angränzenden Eisenbahnen des Reichslandes und Frankreichs und den an ihnen liegenden Städten und Ortschaften. 2. Aufl., durchweg neu bearb. und verm. unter Mitwirkung aller Sectionen und vieler einzelnen Mitglieder des Vogesenclubs, vorzüglich des Herrn Ed. Hering. Mit 5 Special-Karten [revid. durch Euting], 1 Routen-Karte und Plänen von Strassburg, Metz und dem Ottilienberge. 12. (LXIV, 217 S.) Ebendas. 881. geb. *

Seydlitz, G. v., Touristen-Führer f. die Vogesen, nebst den angrenz. Eisenbahnen d. Reichslandes u. Frankreichs und den an ihnen lieg. Städten u. Ortschaften. 2. Aufl., durchweg neu bearb. u. verm. unter Mitwirkg. aller Sectionen u. vieler einzelnen Mitglieder d. Vogesen-Clubs, vorzüglich d. Hrn. Ed. Hering, Ehrenpräsidenten d. Vogesenclubs. Neue bis 1886 rev. Ausg. Mit 5 Spezial-Karten [rev. durch Hrn. Euting], 1 Routen-Karte u. Plänen v. Strassburg, Metz u. dem Ottilienberge. 8. (LXIV, 217 S.) Metz 886. Lang. geb. n. 3. —

—— Venedig, Mailand, Verona und die oberitalienischen Seen, s. Grieben's Reise-Bibliothek.

— Venus Anadyomene. Eine Künstler-Novelle. 12. (VIII, 149 S.) Ebd. 889. n. 2. 50

Seydlitz, G. v., neuer Wegweiser durch den Schwarzwald nebst Odenwald, Hegau bis zum Bodensee, Eingangs-Routen und den Städten: Frankfurt, Mainz, Wiesbaden, Darmstadt, Mannheim etc. etc. gr. 16. (XXXIV, 264 S. mit 2 lithogr. Routen-Karten in 4. und Fol.) Freiburg i. Br. 870, Schmidt. geb. * 2 40

Seydlitz, G. v., neuer Wegweiser durch den Schwarzwald nebst Odenwald, Hegau bis zum Bodensee, Eingangs-Routen u. den Städten: Frankfurt, Mainz, Wiesbaden etc. Mit e. (lith.) Routenkarte (in Fol.) 2. neu bearb. u. verm. Aufl. gr. 16. (XX, 293 S.) Freiburg i. B. 872. Schmidt. geb. n. 2. 80

—— neuer Wegweiser durch den Schwarzwald nebst Odenwald, Hegau, Bodensee, Eingangs-Routen und den Städten Frankfurt, Mainz, Wiesbaden etc. 3. und 4. neu bearb. und verm. Aufl. gr. 16. (XXIV, 347 S. mit 1 lithogr. Routen-Karte in gr. Fol.) [Freiburg i. Br. 876, Expedition von Seydlitz' Wegweiser.] Metz, Deutsche Buchh.
5.Aufl.ff.s.Seydlitz:Touristenführer f.d.Schwarzwald,...

—— neuer Wegweiser durch die Vogesen, nebst den Eisenbahnen des Reichslandes und des französ. Abhanges, so wie den an ihnen liegenden Städten und Ortschaften. gr. 16. (XL, 176 S. mit 1 lithogr. Routen-Karte in gr. Fol.) Ebendas. 876. geb. *
2.Aufl.s.Seydlitz:Touristenführer f. d.Vogesen,...

— von der Weibererziehung. Drei Novellen. 8. (VIII, 349 S.) Ebd. 890. n. 4. —

Seydlitz, Johann August

Seydlitz, Joh. Aug., geistl. Reden, od. verklärte Herrlichkeit Christi üb. d. Brief Pauli an die Hebräer. 2 Thle. 8. Copenhag. Proft. 743.

— evangelische Zeugnisse. 4 Thle. 8. Copenhag. Rothe. 738.

Seydlitz, Jh. Aug., († d. 22. Jan. 1751.) 1e bis 3e Fortsetz. (zu den evangel. Zeugnissen. 4 Thle. 8. Kopenh. 738. Rothe. 1 ♂) 8. Kopenh. 748—52. Proft. 16 ℊ

v. Seydlitz, Karl, s. Magdeburg, d. Regierungsbezirk.

Seydlitz, R. von. Zu Franz Liszts Ehren. Ungedruckte Originalbriefe an G. Frhrn. von Seydlitz. [Aus: „Die Gesellschaft", XVIII. Jahrgang (1902), Heft 20.]

von Seydlitz, R. Freiherr: Die Orientfahrt des Ritter von Harff. Beiträge zu einer Kritik seiner Reisebeschreibung. Weimar 1890. 53 S., 1 Krt. = Ergänzungsheft zur Zeitschrift für wissenschaftliche Geographie. No. 2. 8°. [Z 35

Seydlitz, Frhr. R. v., die Orientfahrt d. Ritter A. v. Harff, s. Zeitschrift f. wissenschaftliche Geographie.

Seydlitz, R. v., deutsche Schützenchronik, s.: Voths-Wegener.

Seydlitz, Reinhardt Frhr. von

Seydlitz, R. v., Pierre's Ehe. Psychologisches Problem. 12. (133 S.) München (901). A. Schupp. Geb. in Leinw. n. 1. —

— Goldfliege. Roman. Mit 61 Illustr. v. F. Wahle. gr. 8. (360 S.) München 892. Münchener Kunst- u. Verlagsanstalt Dr. E. Albert & Co. n. 8. —; geb. in Leinw. n. 10. —

— der Kasl vom Hollerbräu. Roman aus der Münchener Brauwelt. 8. (343 S.) Ebd. 892. n. 4. —

Seydlitz, R. Frhr. v., d. Kasl vom Hollerbräu. Roman aus der Münchener Brauwelt. 2. Aufl. (Neue [Titel-] Ausg.) 8. (343 S.) Berlin (895) 897. Schuster & Loeffler. n. 3. —; geb. n. 4. —

Seydlitz, R. v. Der rosa Congreß. Roman. 8. (281 S.) Berl. 891, [Dominik]. Fontane u. Comp. * 3 —

[F.] In Licht und Sonne. Novellen v. R[einhardt] F[rh]. v. Seydlitz. *Berlin: F. Fontane & C. 1897.* (2 Bl., 180 S., 1 Bl.) 1 Bd 8. (Fontane's 2-Mark-Bücher.) [97. 1870

Seydlitz u. Kurzbach, Frhr v.: Zur Beurtheilung der Frage über die Zulassung der Posener Abgeordneten in die deutsche konstituierende Reichs-Versammlung. (Frankfurt a. M. 1848.) 8° *[Kopftit.]*

Seydlitz-Kurzbach, Hans von: Die Sprache der altfranzösischen Liederhandschrift Nr. 389 der Stadtbibliothek zu Bern. *Halle a. S. 1898: E. Karras.* (88 S.) 8°
Halle, Phil. Diss. v. 29. Juli 1898

Seydlitz-Kurzbach, Hans v., die Sprache der altfranzösischen Liederhandschrift Nr. 389 der Stadtbibliothek zu Bern. Diss. gr. 8. (88 S.) Halle 898. (M. Niemeyer.) n. 2. —

Seydlitz u. Kurzbach, R.

— Personalverzeichniss der jetzt lebenden Mitglieder nebst ihrer Abstammung und kurzen geschichtlichen Bemerkungen über den Zusammenhang der einzelnen Linien des Geschlechts unter sich. Düsseldorf 1888. 8.

Seydlitz-Kurzhagen, Georg von, s. Seydlitz, Georg von

Seydlitz und Ludwigsdorf, Curt von, Regierungsreferendar in Schlochau: Wie wird beim Bestehen der westfälischen Gütergemeinschaft der Ehegatte beerbt, der nach Inkrafttreten des Bürgerlichen Gesetzbuchs zuerst verstirbt? Borna-Leipzig 1907: R. Noske. (VII, 48 S.) 8°
Leipzig, Jur. Fak., Diss. v. 13. Juni 1907
[Geb. 9. Apr. 77 Liegnitz; Wohnort: Schlochau W.-Pr.; Staatsangeh.: Preußen; Vorbildung: Klostersch. Roßleben Reife O. 98; Studium: Göttingen 2, Leipzig 2, Breslau 5, Berlin 1, Münster 2 S.; Rig. 9. Apr. 04.]

Seydliz, Jo Christian (Crimmitzschau) A. S. 1388/26

De comparatione philosophiae gentilis cum Scriptura sacra et religionis Christianae dogmatibus caute instituendis.
Präs. Jakob Brucker.
Jena (Heller) 11. IX. 1719. 23 S.

W. v. : Präs. 32492

Seyerlein, Ludwig, prakt. Arzt: Ueber Verdoppelung der Gebärmutter mit besonderer Berücksichtigung des uterus septus. Leipzig 1906: B. Georgi. (74 S.) 8°
Leipzig, Med. Fak., Ref. Zweifel, Diss. v. 3. Dez. 1906
[Geb. 2. Juni 78 Nabburg, Oberpfalz; Wohnort: Leipzig; Staatsangeh.: Bayern; Vorbildung: Gymn. Straubing Reife Juli 97; Studium: Erlangen 4, München 2, Straßburg 2, Erlangen 3 S.; Coll. 12. Dez. 01; Approb. 21. Juli 03.]

Seyerlen, J., die Anfangsgründe d. französ. Sprache f. Schüler aus d. Gewerbestande. gr. 8. (12¼ B.) Stuttgart 837, Beck u. Fränkel.

Seyerlen, J., Elementarbuch der französ. Sprache nach Seidenstücker-[Ahn]'schen Grundsätzen als Vorschule zu d. französ. Chrestomathie von Gruner u. Wildermuth. gr. 8. (X u. 246 S.) Stuttgart 849, Ebner & Seubert. — 3. mit einem französisch-deutschen und einem deutsch-französischen Wörterbuche verm. Aufl. gr. 8. (X u. 270 S.) Ebd. 852. n. 16 ngr

Seyerlen, J., Elementarbuch der französischen Sprache nach Seidenstücker (Ahn)'schen Grundsätzen als Vorschule zu der französ. Chrestomathie von Gruner und Wildermuth bearb. 4. Aufl. gr. 8. (X und 278 S.) Stuttgart 854, Metzler'sche Buchh. Verlags-Conto. *
Ausg. für israelit. Schulen *

Seyerlen, J., Elementarbuch der französischen Sprache nach Seidenstücker (Ahn)'schen Grundsätzen als Vorschule zu der französ. Chrestomathie von Gruner u. Wildermuth bearb. 5. unveränd. Aufl. Stuttgart 857. Metzler. gr. 8. (X, 278 S.) n. 16 ngr.

Seyerlen, J., Elementarbuch der französischen Sprache nach Seidenstücker [Ahn]'schen Grundsätzen als Vorschule zu der französischen Chrestomathie von Gruner u. Wildermuth bearb. 7. unveränd. Aufl. Stuttgart 859. Metzler. gr. 8. (X, 278 S.) n. 16 ngr.

Seyerlen, J., Elementarbuch der französischen Sprache nach Seidenstücker[Ahn]'schen Grundsätzen als Vorschule zu der französischen Chrestomathie von Gruner und Wildermuth bearb. 11. unveränd. Aufl. gr. 8. (X, 278 S.) Stuttgart 871, Metzler's Verlag. (M. 1,80.) 1 40
Ausg. für israelitische Schulen 1 50

— Lehr- u. Uebungsbuch für den ersten Unterricht in der französ. Sprache, als Einleitung in die Grammatik; methodisch bearbeitet u. zunächst für Realschulen bestimmt. gr. 8. Stuttgart 834. (Beck u. Fränkel.) 7/12 Thlr — 2e verb. u. mit einer Sammlung deutscher Beispiele u. einem deutschen Wörter-Verzeichnisse verm. Aufl. gr. 8. Ebd. 837. 7/12 Thlr

—— Lehr- u. Uebungsbuch f. d. ersten Unterr. in d. französ. Sprache, als Einleit. in d. Grammatik; method. bearb. u. zunächst f. Realschulen bestimmt. 2., verb. u. verm. Aufl. gr. 8. (18½ B.) Stuttgart 838, Beck u. Fränkel.

Seyerlen, J., Lehr- u. Uebungsbuch für den ersten Unterricht in der französ. Sprache, als Einleitung in die Grammatik; methodisch bearb. und zunächst für Realschulen bestimmt. 3. verb. Aufl. gr. 8. Stuttgart 843, Beck u. Fränkel. 3/4 Thlr

Seyerlen, J., Materialien zum Übersetzen aus dem Deutschen in's Französische mit einer Zusammenstellung sämmtl. grammat. Regeln und einem vollständ. Wörterverzeichnisse. Für mittlere Classen bearb. gr. 8. (IV und 327 S.) Stuttgart 863, Metzler's Verlag. *

—— zusammenhängende Übungsstücke zum Übersetzen aus dem Deutschen ins Französische. Als Anh. zu seinem „Elementarbuch der französ. Sprache". gr. 8. (IV und 58 S.) Stuttgart 862, Metzler's Verlag. *

—— Vorschule der französischen Sprache. Mit besond. Rücksicht auf Förderung der formalen Bildungszwecke systematisch bearb. gr. 8. (VIII und 288 S.) Stuttgart 865, Metzler's Verlag. *

— Vorschule der französischen Sprache. Mit besond. Rück: auf Förderg. der formalen Bildungszwecke systematisch bearb. 2. Aufl. (VIII, 299 S.) Ebend. 872. n. 2. 20

Seyerlen, Max, prakt. Arzt: Bericht über 235 in der Jenaischen Frauenklinik in den Jahren 1888—1898 ausgeführte Ovariotomien. *Jena 1900: G. Neuenhahn.* (44 S.) 8°
Jena, Med. Diss. v. (19. Juli) 1900

Seyerlen, Rud., über Bedeutung und Aufgabe der Predigt der Gegenwart. Akademische Antrittsrede gehalten zu Jena den 13. Novbr. 1875. gr. 8. (32 S.) Tübingen 876, (Fues'sche Sortimentsh.) *

Seyerlen, Rudolf, Dr., o. ö. Prof. d. Theol., d. Z. Prorektor: Die gegenseitigen Beziehungen zwischen abendländischer und morgenländischer Wissenschaft mit besonderer Rücksicht auf Salomon ibn Gebirol und seine philosophische Bedeutung. (Enthält ausserdem: I. Preisarbeiten. II. Aus d. Personalchronik d. Univ. vom J. 1898/99.) *Jena 1899: G. Neuenhahn.* (S. 1—41.) 4°
Jena, Rede bei d. akadem. Preisverteilung 1899

— dasselbe, s.: Vorträge, populär-wissenschaftl. über Juden u. Judentum. II. III.

Seyerlen, Rud., s. Bluntschli, J. C., Denkwürdiges aus meinem Leben.

Seyerlen, Rudf., Entstehung und erste Schicksale der Christengemeinde in Rom. Eine kirchengeschichtl. Monographie. gr. 8. (IV, 67 S.) Tübingen 874, Fues'sche Sortimentsh. * 1 50

Seyerlen, Rud., Frdr. Rohmer's Leben u. wissenschaftlicher Entwicklungsgang, s.: Bluntschli, Joh. Casp.

Seyerlen, Rud., Wissenschaft vom Menschen, s. Rohmer's, Friedr., Wissenschaft und Leben.

Seyfang, Rolf: Quellen und Vorbilder des Epos 'Gaufrey'. Borna-Leipzig 1908: Noske. 100 S. 8°
Tübingen, Phil. Diss. v. 12. Aug. 1908, Ref. Voretzsch
[Geb. 15. Sept. 83 Lauffen a. N.; Wohnort: Göppingen; Staatsangeh.: Württemberg; Vorbildung: Ev.-theol. Sem. Blaubeuren Reife M. 01; Studium: Tübingen 10 S.; Coll. 5. Aug. 07.] [U 09. 3964

Seyfart, s.a. Seifart

Seyfart, Dan., biblia mystico-emblematico-historica in imaginibus, od. Sinnbilder üb. die ganze heil. Schrift. 8. Frankfurt. 705.

— singularia evangelica, od. auserles. u. besond. Andachten üb. die Sonn- u. Festtagsevangelien. 8. Jena. 706.

Seyfart, C., neues deutsches u. franz. ABC- u. Lesebuch ic. 8. Augsb. Kranzfelder. 806.

Seyfart, G., Verhütung u. Heilung der Lungenschwindsucht durch Erweiterung des Brustkastens u. Wiedergeburt d. Athmungs-Werkzeuge, nebst e. Anweisung, tuberkulöse u. skrophulöse Krankheiten in d. Entstehung auf einfachem mechanischem Wege zu heilen. gr. 8. Berlin 846, Heymann. 1/2 Thlr

Seyfart, Johann Adolph (Tanneberg) A. S. 1157/8

Decas I. observationum anatomicarum. Dissertatio I.
Präs. Adam Brendel.
Wittenberg (Finkel) 17. VIII. 1716. 38 S. 32495

Seyfart, Johann Friedrich

Seyfart, Jh. Fr. (Sohn), († d. 30. Juli 1786.) Beantwortung dreier Staatsfragen. 8. Nürnb. 756.

Seyfart, Johann Friedrich, s. Beschreib. d. Festung Gibraltar, der Insel Minorka ...

Seyfart, J. F., Histor.-geneal. Beschreibung des hochadeligen Geschlechts von Gohr. Mit Wappentfl. Weissenfels 1769. 8.

— histor.-genealog. Beschreib. des adelichen Geschlechts v. Gohr 8. Leipz. 769. Heinsius. 3 gr

— histor.-geograph. Beschreib. der Balearischen u. Pithyusischen Inseln. 2 Thle. 4. (Nürnb.) 754. Felssecker. 8 gr

Seyfart, Joh. Fr., Beschreib. d. balearischen Inseln. 2 Thle. 4. Nürnb. Felsecker. 757. Rthlr.

Seyfart, Johann Friedrich [Praes.], s. Caunitz, Joh. Christian: De compensatione expensarum inter litigantes.

Seyfart, Johann Friedrich (Halle) A. S. 835/17

Dissertatio inauguralis. Differentiae iuris Romani et Germanici in dote et donatione propter nuptias, Heurath=Gut und Gegen=vermächtnüs.
Präs. Johann Peter von Ludewig.
Halle (Krottendorff) 22. X. 1721. 36 S.

Gew.: Christoph von Katsch. 32496

Seyfart, Johann Friedrich (Halle) A. S. 7/17

Dissertatio inauguralis. Differentiae iuris Romani et Germanici in dote et donatione propter nuptias, Heurath=Gut und Gegen=vermächtnüs.
Präs. Johann Peter von Ludewig.
Halle (Krottendorff) 1736. 36 S.

Diss. 22. X. 1721.
Gew.: Christoph von Katsch. 32497

EHEVERBINDUNG, Die selbstgewählte, oder (Prozess-) Geschichte der Fräulein von N. (von *Joh. Friedr. Seyfart*). Erlangen 1753. 8°, (Expl. in Dresden.)
Anon.-Lex. I. p. 6 (nach Meusel). —

Eheverbindung, Die selbst gewehlte (!), oder wahrhafte Geschichte der Fräulein von R* (von *Joh. Friedr. Seyfart*). (Motto: 4 Versz. aus Haller.) ERLANGEN (o. Adresse) 1755. 8°. (In Dresden: Lit. Germ. rec. C. 935.)
Name des Verfassers im Anon.-Lex. II. p. 6 (nach Meusel).

Seyfart, Johann Friedrich. Entwurf einer allerneuesten Beschreibung des Königreichs Böhmen. In welchem von dieses Landes geographischen, physikalischen, politischen, historischen, wie auch topographischen Beschaffenheit und den dahin gehörigen Schriftstellern in 6 Abschnitten kurze und zuverlässige Nachricht gegeben wird. 4. Frankfurt und Leipzig 1757.

— Entwurf einer allerneuesten Beschreib. des Königr. Böhmen 2c. 4. Nürnb. 757. Felssecker. 4 gl.

Seyfart, Joh. Friedr.: Formular-Buch, worin alle zu dem processu ordinario gehörige Schriften [usw.] angewiesen werden. 2. Aufl. Halle im Magd. 1756.

Seyfart, Johan Friederich: Algemeine Geschichte der Erdbeben. 392 S., gbd.

Frankfurt u.Leipzig: Felßecker 1756

— allgem. Geschichte der Erdbeben, von Anfang der Welt bis 1756. nebst Abhandl. üb. ihre Entstehung. 8. (Nürnb.) 756. Felssecker. 8 gl.

— Geschichte des seit 1756 in Deutschland u. dessen angränzenden Ländern geführten Krieges, in welcher nicht allein alle merkwürd. Kriegsbegebenheiten mit unpartheiischer Feder beschrieben u. durch beygefügte richtige Abrisse aller Belagerungen, Schlachten 2c. erläutert, sondern auch von den vornehmsten Generals u. andern in diesem Kriege bekannt gewordenen Personen die Lebens- u. merkwürdigen Umstände angeführt werden. 6 Bde. Mit Kpf. 4. Frankf. u. Leipz. 758 — 765. (Rummer).

S(eyfart), J. F. Geschichte des im 1756. und 1757. Jahre in Teutschland . . . geführten Krieges. (Bd 1.) Frankfurt 1758. 8°.
Dass. 2. Aufl. u. d. T.: Geschichte des seit 1756 in Deutschland geführten Krieges. (Bd 1–14.) 1759—65.

S[eyfart], J[ohann] F[riedrich]. Kurzgefassete Geschichte aller Königlichen Preussischen Regimenter, welche bis in den Februar 1759 fortgesetzet, mit einem in Kupfer gestochenen und nach den Farben der Kleidung gemahlten Verzeichniß der sämmtlichen Armee versehen, und aus der Französischen Urschrift übersezt, auch vermehrt worden, von J. F. S. Frankfurt und Leipzig 1759.
186 S.; 1 Taf. in Kupferst.
Tit. der franz. Originalausg.: Mémoires pour servir à l'histoire de l'armée prussienne, Amsterdam 1759.
Neue Aufl. Nürnberg 1760 u. 1792.

—. Kurzgefassete Geschichte aller königlichen preußischen Regimenter, zur Erklärung der illuminirten Abbildungen derselben. Bey dieser vierten Auflage bis ans Ende des Jahres 1769 fortgesezt, und mit der jetzigen Generalität vermehret. Nürnberg, in der Raspischen Handlung 1770.
162 S. 8°.
Die vorliegende 4. Aufl. erschien mit besonderer Beziehung auf die gleichzeitige Ausg. von Schmalen, Accurate Vorstellung der sämtlichen Königl. Preuss. Armee.

—. Kurzgefassete Geschichte aller königlich-preussischen Regimenter, zur Erklärung der illuminirten Abbildungen derselben. Nürnberg, in der Raspischen Handlung 1783.
108 S., 2 Bl. 8°.
Neue gekürzte Aufl. der vorhergehenden Schrift.

Vgl. G e s c h i c h t e ,...

Seyfart, Joh. Friedr., Unpartheyische Geschichte des Bayerschen Erbfolgekrieges in welcher nicht allein aus allen bey Gelegenheit desselben erschienenen Staatsschriften Auszüge geliefert u. von allen kriegerischen Vorfällen die beyderseitigen Berichte angeführet, sondern auch in den Anmerkungen alle vorkommenden Städte, Dörfer etc. beschrieben und die Lebensumstände der merkwürdigsten Personen . . . beygebracht worden. Zuverlässige Nachrichten . . . Stück (1)—11. Leipzig (1779) 1780. 8. (Darin d. Vorrede zur 2. Aufl. datirt von 1782.)

Unpartheyische Geschichte des bayerschen Erbfolgekriegs. (Von J. F. Seyfart.) Leipzig 1780. 990 S. — 2. verm. Aufl. 1781.
(Frühere Aufl. : Zuverlaessige Nachrichten 2c.)

— **Handbuch der neuesten Genealogien. 8. Nürnb. 768.**

– s. J o a c h i m , J. F.: Münzkabinet.

Leben des Grafen von Brühl (von *Johann Friedrich Seyfart*). Augsburg 1764. 8°. (In München in duplo.)
Anon.-Lex. III. p. 15 (nach Meusel u. Kayser).

Vgl. L e b e n...

(Seyfart, Joh. Frdr.) Leben des Admirals John Byng, aus zuverlässigen englischen Nachrichten gezogen. 8. Nürnberg 1757.

Vgl. L e b e n...

– s. L e b e n Jh. Wilke's.

(Seyfart, Joh. Frdr.) Kurzgefasste Lebens- und Regierungsgeschichte der Kaiserin Maria Theresia. 8. Leipzig 1781.

Vgl. L e b e n s g e s c h i c h t e ,...

Seyfart, Johann Friedrich, k. preuss. Regierungs-Referendarius. Lebens- und Regierungsgeschichte des Allerdurchlauchtigsten Kaisers Franz I. (Mit 1 Portrait.) 8. Nürnberg 1766.

Vgl. L e b e n s g e s c h i c h t e ,...

(Seyfart, Joh. Frdr.) Lebens- und Regierungsgeschichte Friedrichs des Andern, Königs in Preussen. 9 Bde. 8. Frankfurt und Leipzig 1759—70. — N. Ausg. 3 Bde. 8. Leipzig 1784—88.

— Lebens- und Regierungs-Geschichte Friedrichs des andern Königs in Preussen. Mit Beylagen (Anmerk., Titelk., Tabellen und dem Bilde Friedrichs d. Gr.). Theil 1. Die Geschichte der ersten sechs Regierungs-Jahre, nemlich von 1740 bis zu Ende 1745. Theil 2. Die Geschichte der J. von 1746 bis zu Ende 1760. Th 3. Leipzig 1784. 86. 88.
(nur Th.1 u.2 von Seyfart).
Vgl. L e b e n s g e s c h i c h t e,...

(Seyfart, J. F.) Zuverlässige Nachrichten von dem über die bayersche Erbfolge entstandenen Kriege. Stück 1—11. Leipzig 1778—80. 8°.
Dass. 2. Aufl. u. d. T.: Unpartheyische Geschichte des bayer. Erbfolgekrieges. 1781.

Vgl. N a c h r i c h t e n,...

Seyfart, Jh. Fr. (Vater), († ...) deutscher Reichsproceß, nebst beigefügten Abkürzungen d. Prozesses aus d. in d. königl preuß. Landen eingeführten Codice Fridericiano. 4. Halle 738. 2e Ausg. 756. Waisenhaus-B. 2 ♂ 12 gl.

Seyfart, Joh. Friedr.: Teutscher Reichs-Proceß nebst beygefügten Abkürtzungen des processus aus dem in denen Königl. Preuss. Landen eingeführten Codice Fridericiano. 2. Aufl. Halle im Magd. 1756.

SEYFART, J. Fr. (Vater): Samml. einiger Vertheidigungsschriften in peinl. Fällen, nebst einigen andern rechtl. Bedenken u. Abhandlungen herausg. v. seinem Sohne J. Fr. SEYFART. *Halle*. 770. (Laue in *Berlin*.) 8.

— Samml. einig. Vertheidigungsschriften in peinl. Fällen. 8. Halle, Curt. 770.

– s. Schröter, Ph. v.: Kriegsgeschichte.

— gegenwärt. Staat v. England rc. 8. Nürnb. 756. Felssecker. 18 gr.

SEYFART, JOH. FRIEDR. Gegenwärtiger Staat von Enggelland, darinnen nicht allein die alte und neue Geschichte . . . sondern auch von dessen gegenwärtigen Staats Verfassung Macht, Handlung etc. zuverläßige Nachricht gegeben wird. Frankfurt & Leipzig, Fellßeckers Erben, 1757. Kl. 8°. 11 Bl. 850 S. 2 Bl. Ld. d. Z.

— gegenwärt. Staat von Holland; darin die alte u. neuere Geschichte dieses Landes abgehandelt rc. wird. 8. Nürnb. 756. Felssecker. 18 gr.

– s. Stimme der Natur.

– s. Voltaire: Geheime Briefe.

– s. Wappenbuch d. durchlaucht. Welt.

Seyfart, Just., der Befreier Griechenlands, eine wirkliche Anekdote. Operette in 2 Abtheil. mit Ballet. 8. Berl. 827. Stuhr. 6 gr.

Seyfart, Just., neuentdeckter oberster Grundsatz d. Metaphysik zur Vereinigung der vollendeten Philosophie mit d. Glauben. gr. 8. Dresd. 820. (Hilscher). 8 gr.

— das Reich Gottes auf Erden. gr. 8. Leipz. 830. (Hartmann).

Just. Seyfart: Staat, Kirche u. Philosophie. *Berl.*, Dietericl. (Stuhr. B. in Comm.) 826. gr8°

Seyfart, Karl Fr.

— diplomat. Nachrr. von dem ehemal. Jungfrauenkloster Marienpforte zu Sitzerode bei Torgau. 4. Torgau 773. Müller. 6 gr.

Seyfart, Karl Fr., († d. 22. März 1796.) ossilegium S. Bennonis episcopi quondam Misnensis; seu vita et acta ipsius, veterum monumentis ac diplomatum reliquiis illustrata. 4. Münch. 765. Otto. 10 gr.

Seyfart, Walther, Rechtsanw.: Über den Verfall einer noch nicht freigewordenen Sicherheit im Strafprozesse. Borna-Leipzig 1909: Noske. VI, 45 S. 8°

Leipzig, Jur. Diss. v. 21. Dez. 1909

[Geb. 19. April 81 Greiz; Wohnort: Greiz; Staatsangeh.: Reuß ä. L.; Vorbildung: Gymn. Greiz Reife O. 99; Studium: Tübingen 2, Berlin 1, Leipzig 5 S.; Rig. 25. Febr. 03.] [U 10. 2891

Seyfarth, Arthur

Seyfarth, Arth., Album edler Rasse-Hunde. (30. Aufl.) (40 S. m. Abbildgn.) qu. gr. 8. Köstritz (901). (C. Seifert.) n. 2. —

Seyfarth, Arth., der Hund, seine Erziehg., Pflege, Dressur u. rationelle Behandlg. in Krankheitsfällen, m. besond. Berücksicht. der zu Jagdzwecken verwandten Racen. Auf Grund 20jährig. Erfahrg. 10. Aufl. 8. (VI, 64 S.) Köstritz 885. (Gera, Burow.) n. — 60; geb. n. — 90

– Der Hund u. seine Rassen. Anleitung zur Kenntniss der Hunderassen, der rationellen Zucht, Erziehg., Pflege, Dressur u. Heilg. der Krankheiten. 6. Aufl. (X, 226 S. m. 40 Taf.) gr. 8. Ebd. 898. Geb. in Leinw. n. 6. —

Seyfarth, Christian Ernst (Mühltroff) A. S. 1162/41

Dissertatio medica physiologiam urinae exhibens. Präs. Ernst Heinrich Wedel. Jena (Krebs) I. 1703. 24 S.

Gew.: Georg Wolffgang Wedel, Johann Christoph Zopff. 32498

Seyfarth, Erich: Fränkische Reichsversammlungen unter Karl dem Großen und Ludwig dem Frommen. Borna-Leipzig 1910: Noske. IX, 129 S. 8°

Leipzig, Phil. Diss. v. 10. Mai 1910, Ref. Seeliger, Lamprecht

Seyfarth, Heinrich

Seyfarth, Heinr., praktisches Christentum. Neue verm. Aufl. der Werberufe f. die Arbeit der inneren Mission. gr. 8. (IV, 218 S.) Leipzig 901. Dresden, F. Richter. n. 2. —

Seyfarth, Heinrich [aus Gotha]: Louis de la Forge und seine Stellung im Occasionalismus . . . . Jena, Frommannsche Buchdr. (Hermann Pohle), 1887; 1 Bl. + 59 S. 8°

Jena, Phil. Fak., Inaug.-Diss. v. 1887

Seyfarth, H., Louis de la Forge u. seine Stellung im Occasionalismus. Ein Beitrag zur Geschichte der Philosophie. gr. 8. (V, 59 S.) Gotha 887. Behrend. n. 1. 60

Seyfarth, Heinr., hinter eisernen Gittern. E. Blick in d. Verbrecherwelt. Zuchthausstudien. gr. 8. (IV, 142 S.) Leipzig 898. Fr. Richter. n. 2. —

Seyfarth, H., aus dem Leben u. den Werken des Prinzen Emil v. Schoenaich-Carolath. (68 S.) kl. 8. Leipzig 909. F. Eckardt. 1. —

Die Not der Entlassenen und ein Versuch sie zu lindern. Vortrag über d. Ziele u. d. Tätigkeit d. Deutschen Hilfsvereins f. entlassene Gefangene geh. 1906 in Frankfurt a. M. von Dr. H[einrich] **Seyfarth**, Pastor. Hamburg (1908). 29 S. 8° [11. 14789

Heinz vom Berge [d. i. Heinrich **Seyfarth**]: Schatten. Ein Menschenschicksal. Roman. Wiesbaden: Behrend 1909. 246 S. 8°

Die Tätigkeit des deutschen Hilfsvereins für entlassene Gefangene. Vortrag geh. auf d. Generalversamml. d. Verbandes d. deutschen Schutzvereine in Halle a. S. von Dr. phil. H[einrich] **Seyfarth**, Pastor. Sep.-Abdr. (Karlsruhe) 1905: (Malsch & Vogel). (20 S.) 8°

— **Jahresbericht** d. deutschen Hilfsvereins f. entlassene Gefangene zu Hamburg. 1. 1903/04. [Beil.] [05. 13878 8

Seyfarth, Heinr., Werberufe f. die Arbeit der inneren Mission. 8. (VI, 135 S.) Leipzig 894. F. Richter. n. 1. 20

Seyfarth, Heinrich: Werberufe f. d. Arbeit d. innern Mission. Neue Aufl. 1904
s. Seyfarth: Prakt. Christentum. [09. 9483

Seyfarth, *Franz* **Hermann: Der syntaktische Gebrauch des Verbums in dem Cædmon beigelegten angelsächsischen Gedicht von der Genesis. Ein Beitrag zur angelsächsischen Grammatik. . . . (Theil 1.) Leipzig, Druck v. E. Freter, 1891; 50 S., 1 Bl. 8°**
Leipzig, Phil. Fak., Inaug.-Diss. v. [22. März] 1891

Seyfarth, (Hermann): Katalog der deutschen Aufsatzbibliothek des städt. Realgymnasiums zu Altena in Westf. Altena (1909): Kord-Ruwisch. 26 S. 8°
Altena, st. RG OP 1909 (494)** [S 09. 441

Seyfarth, Karl: Die didaktische Behandlung der lateinischen Infinitivkonstruktionen auf der Mittelstufe. Ein Lehrgang aus d. Praxis. Landsberg a. d. Warthe 1910: Dermietzel & Schmidt. 22 S. 4°
Landsberg a. d. W., k. G u. R OP 1910 (94) [S 10. 414

Seyfarth, Karl: Die didaktische Behandlung der lateinischen Participialkonstruktionen auf der Mittelstufe. Ein Lehrgang aus d. Praxis. Landsberg a. W. 1909: Dermietzel & Schmidt. S. 106—117. 8°
Landsberg a. W., k. G u. R, in Festschr. z. 50j. Jubil. T. 2. OP 1909 (93)** [S 09. 442

Seyfarth, Karl: Beiträge zur Methodik des deutschen Unterrichts. *Landsberg a. d. W. 1898: Dermietzel & Schmidt.* (24 S.) 4° ¶ (Theil 1.)
Landsberg a. d. W., k. G m. Realkl., OP 1898 (80)

Seyfarth, Karl, Beiträge zur Methodik d. deutschen Unterrichts. Progr. 4. (24 S.) Landsberg a/W. 898. (Leipzig, Buchh. G. Fock.) n. 1.—

— Kaisertage. 8 Schulreden. E. Beitrag zur Feier d. 100. Geburtstages Kaiser Wilhelms I. 8. (52 S.) Landsberg a/W. 897. (F. Schaeffer & Co.) n. —80

Seyfarth, Reinhard

Seyfarth, Rhard., alphabetisch geordnetes Repertorium zu der Instruktion für Gerichtsvollzieher des Königr. Sachsen, nebst einem Anhang, die damit in Verbindung stehenden Verordnungen betr. Zum Handgebrauch für Gerichtsbeamte, Rechtsanwälte und Gerichtsvollzieher hrsg. 8. (VIII, 128 S.) Plauen 880, Hohmann's Verlag. *

Seyfarth, Walter: Der Egeran und die ihn begleitenden Kontakterscheinungen von Göpfersgrün und Haslau, sowie einige verwandte Vorkommnisse. München 1909: Wolf. 38 S. 4° ¶ (Aus: Geognost. Jahreshefte. Jg. 21. 1908.)
Leipzig, Phil. Diss. v. 30. Aug. 1909, Ref. Zirkel, Credner
[Geb. 25. Okt. 84 Leipzig; Wohnort: Leipzig; Staatsangeh.: Sachsen; Vorbildung: Thomassch. Leipzig Reife O. 04; Studium: Freiburg i. B. 1, Leipzig 7 S.; Rig. 18. Mai 09.] [U 10. 3214

Seyfert, s.a. S e i f e r t

Seyfert, zur Feuerbestattungsfrage. Vortrag, geh. auf der sächs. kirchl. Konferenz zu Chemnitz am 4. X. 1899. 8. (24 S.) Leipzig (900). G. Wigand. n. —40
Sonderabdruck aus: „Neues sächs. Kirchenblatt".

Seyfert, A., Feyerstunden über Luzerns Umgebungen. 8. Luzern. 820.

[F.] Der Auswanderer. Prakt. Winke u. Ratschläge nach e. Erläuterg üb. Auswanderungsziele u. bes. Süd-Brasilien. Nach eigenen Erfahrgn v. Alfred Seyfort. 2. Aufl. *Berlin: F. Wesemann [1896].* (2 Bl., 85 S., 1 Bl) 1 Bd 8. [97. 4667

Seyfert, Bernhard

Seyfert, Bernh., Bilder zur Geschichte m. besond. Betonung der Kunstgeschichte. Bilderanh. zu Neubauers Lehrbuch der Geschichte. 2., sehr verm. Aufl. 497 Abb. m. erläut. Text u. e. ausführl. Schlagwortregister. (204 S.) Lex. 8. Halle 909. Buchh. des Waisenhauses. Kart. 4.—; geb. 4.80

Geschichtliche Erzählungen für die Unterklassen höherer Lehranstalten von Dr. Bernhard **Seyfert**. Halle a. S.: Waisenhaus 1908. (123 S.) 8° [F.]
— **Neubauer**, Friedrich: Lehrbuch d. Geschichte f. höh. Lehranst. Vorstufe. [07. 18230 3

— Geschichtliche Erzählungen f. die Unterklassen höh. Lehranstalten im Königr. Sachsen. Vorstufe zu Neubauer-Seyfert, Lehrbuch der Geschichte. (158 S.) gr. 8. Ebd. 908. Geb. 2. —

— Erzählungen aus der antiken Sage u. Geschichte. (47 S.) 8. Ebd. 908. —80

— Geschichtsbuch f. Anfänger. (160 u. 82 S. m. 54 Abb.) gr. 8. Ebd. 910. Geb. in Leinw. 2. —

— Geschichtl. Hilfsbuch f. Mittelschulen. Nach den Bestimmgn. vom 3. II. 1910 bearb. I. u. II. Heft. 8. Ebd. 910. Geb. 2. —
I. Für die 5. Klasse. (78 u. 16 S. m. 35 Abb.) Geb. 1. —
II. Für die 4. Klasse. (76 u. 16 S. m. 33 Abb.) Geb. 1. —

Seyfert, B., s.: Kulturtechniker, der.

— Lehrbuch der Geschichte f. sächs. Realschulen, s.: Neubauer, Frdr.

Seyfert, *Max* Bernhard [aus Chemnitz]: Das musikalisch-volkstümliche Lied von 1770—1800 ... (Aus: Vierteljahrsschr. f. Musikwiss., 1894.) Leipzig, Druck v. Breitkopf & Härtel, 1894; 1 Bl., 70 S., 1 Bl. 8.
Leipzig, Phil. Fak., Inaug.-Diss. v. [20. Apr.] 1894

Sammlung socialdemokratischer Lieder. Hrsg. von C. E. Seyfert. 2 Hefte. 8°. Leipzig s. a.

Seyfert, Er. Josef Alex., s. O r d e n s r e g e l n der Piaristen.

Seyfert, Er. Jos. Alex., († . . .) auf Geschichte u. Kritik gegründete latein. Sprachlehre. 5 Bde. gr. 8. Brandenb. 798—802. (Lauffer in Leipz.) 3 ₰ 12 ℋ

Seyfert, E. J. A., auf Geschichte u. Kritik gegründete latein. Sprachlehre. 5 Bde. gr. 8. Brandenb. Leich. (v. Schütz in Magdeburg.) 804. (I. II. à 18 gr. III. IV. à 12 gr. V. 1 Rthlr.)

— abgekürzte latein. Sprachlehre. 8. Brandenb. 804. 2e A. 806. (Lauffer in Leipz.) 10 ℋ

— Abgekürzte latein. Sprachlehre. Brandenb. 804. 8. 10 gr. Ausg. 2. Magdeb. 810. 8. 10 gr.

S[eyfert], F. C.: Auch ein paar Worte über Ascendenten-Succession in Familien-Fideicommißen u. Lehen. o. O. 1793.

Seyfert, Fr., und Reinhold Strobel, Brandpredigten am 14. p. Trin. 1859 auf dem Friedhofe zu Oelsnitz gehalten. gr. 8. (15 S.) Plauen 859. (Leipzig, Hinrichs'sche Sortimentsbuchh.) * *

Seyfert, Friedrich [Assist. d. Moor-Versuchsstat. in Bremen]: Das Wasser im Flutgebiete der Weser. E. chem.-geolog. Untersuchg ... Bremen, M. Nössler's Buchdr., 1893; 2 Bl., 56 S., 2 Taf., 2 Tab. 8.
Rostock, Phil. Fak., Inaug.-Diss. v. [2. Aug.] 1893

Seyfert, Georg: **Beiträge zur mikroskopischen Anatomie und zur Entwicklungsgeschichte der blinden Anhänge des Darmkanals bei Kaninchen, Taube und Sperling. M. 2 Taf.** *Leipzig-R. 1897: O. Schmidt.* (65 S. mit Taf.) 8°
Leipzig, Phil. Diss. v. [16. Sept.] 1897

Seyfert, Johann

Seyfert, Joh., gräfliche Ahnentabelle. 3 Thle. Fol. Regensb. 716–19.

— Genealogie hochadel. Eltern u. Kinder. 12. 724.

Seyfert, Johannes: Das gemeindliche Submissionswesen. Eine Untersuchung und Kritik über den gegenwärtigen Stand der Submissionsfrage in den deutschen Gemeinden. Weida i. Th. 1907: Thomas & Hubert. (108 S.) 8°
Freiburg i. B., Rechts- u. staatsw. Fak., Ref. v. Schulze-Gävernitz, Diss. v. 1907
[Geb. 14. März 81 Leipzig; Wohnort: Leipzig; Staatsangeh.: Sachsen; Vorbildung: Realgymn.; Rig. 29. Juli 07.]

Seyfert, Johann Chr., s. Seyffert, Johann Chr.

Seyfert, Carl, k. u. k. Hauptmann im Corps Artillerie-Regimente Prinz von Lobkowitz Nr. 13. Grundzüge der Heeres-Ergänzung, der Heeres- und Armee-Organisation. Für den Unterricht an Corps-Offiziers-Schulen, dann zum Selbststudium und zum Gebrauche bei Kriegsspielen und taktischen Arbeiten. Mit 15 Tabellen.
8. Agram 1899.

Seyfert, Karl Andreas (Halle) A. S. 229/9

De jure investiendi status imperii, Germanici Romani, Von Reichs=Belehnungen. Präs. Peter Müller. Jena (Ehrich) 1706. 32 S.

Diss. VII. 1685.
W. v.: Präs., Christian Lud. Ferdinand von Oeynhausen. 32504

Seyfert, Karl Andreas (Halle) A. S. 19/24

De jure investiendi statis imperii, Germanici Romani, Von Reichs=Belehnungen. Präs. Peter Müller. Ed. 3. Jena (Heller) 1731. 32 S.

Diss. VII. 1685.
W. v.: Präs., Christian Ludwig Ferdinand von Oeynhausen. 32505

Seyfert, Karl Jakob, s.a. Seyffert, Karl Jakob

Seyfert, Karl Jak., Magazin f. das deutsche Staats u. Lehnrecht. 4 Thle. 8. Wetzlar 785–91. Winkler. 2 ℳ 8 ℊ

Seyfert, Richard

Seyfert, R., die Arbeitskunde in der Volks- u. allgem. Fortbildungsschule. E. Vorschlag zur Vereinheitlichg. d. Naturlehre, Chemie, Mineralogie, Technologie u. s. w. 1. Doppel-Aufl. gr. 8. (IV, 241 S.) Leipzig 896. E. Wunderlich. n. 2. 40

— dasselbe. 3., verm. u. verb. Aufl. gr. 8 (XVI, 301 S.) Ebd. 898. n. 3. —; geb. n. 3. 60

Seyfert, Rich., die Arbeitskunde in der Volks- u. allgemeinen Fortbildungsschule. Ein Vorschlag zur Vereinheitlichg. der Naturlehre, Chemie, Mineralogie, Technologie rc. 4. verm. u. verb. Aufl. gr. 8. (XV, 318 S.) Leipzig 902. E. Wunderlich. n. 3. —; geb. n. 3. 60

Seyfert, Rich., die Arbeitskunde in der Volks- u. allgemeinen Fortbildungsschule. Ein Vorschlag zur Vereinheitlichg. der Naturlehre, Chemie, Mineralogie, Technologie usw. 5., verm. u. verb. Aufl. (XV, 336 S.) gr. 8. Leipzig 906. E. Wunderlich. n. 3. —; geb. n. 3. 60

Seyfert, Rich., die Arbeitskunde in der Volks- u. Fortbildungsschule. Ein Vorschlag zur Vereinheitlichung der Naturlehre, Chemie, Mineralogie, Technologie usw. 6. u. 7. verm. u. verb. Aufl. (XIV, 336 S.) gr. 8. Leipzig 909. E. Wunderlich. 3.—; geb. 3.60

Seyfert, Richard: Ueber die **Auffassung einfachster Raumformen.** Mit 1 Taf. *Leipzig: W. Engelmann 1902.* (28 S.) 8° ¶(Aus: Wundts Philos. Studien, Bd 18, H. 2. — Forts. einer ebd. Bd 14 veröff. Untersuchung.)
Leipzig, Phil. Diss. v. [12. Sept.] 1902

— der Aufsatz im Lichte der Lehrplanidee. gr. 8. (38 S.) Ebd. 900. n. — 40
Sonderabdruck aus: „Deutsche Schulpraxis".

— Der Aufsatz im Lichte der Lehrplanidee. 2., verm. Aufl. (44 S.) gr. 8. Ebd. 907. — 80
Veränd. Sonderabdr. aus: „Deut. Schulpraxis".

— Die Ausbildung f. den Fortbildungs- u. Gewerbeschuldienst. Umschau u. Anreggn. f. Behörden, Lehrer u. Lehrerinnen. Im Auftrage des sächs. Fortbildungsschulvereins bearb. (54 S.) gr. 8. Ebd. 908. — 80

Seyfert, Rich., zur **Erziehung der Jünglinge aus dem Volke. Vorschläge zur Ausfüllg. e. verhängnisvollen Lücke im Erziehungsplane. gr. 8. (IV, 33 S.) Leipzig 901. E. Wunderlich.** n. — 50

Seyfert, Rich., Gedankenausdruck u. Unterrichtsform im Lichte der Lehrplanidee, s.: Bausteine zur Volksschulpädagogik.

— die pädagogische Idee in ihrer allgemeinen Bedeutung. Ein erweiterter Vortrag (52 S.) gr. 8. Ebd. 904. n. — 60

Die Landschaftsschilderung. Ein fachwiss. u. psychogenet. Problem, dargest. an d. heimatkundl. Literatur über d. Königr. Sachsen. Von Dr. Richard **Seyfert.** Sem. Oberl. *Leipzig: E. Wunderlich 1903.* (IV, 113 S.) 8°
[03. 8148]

— Lehrplan f. den **deutschen Sprachunterricht.** Vom deutschen Lehrerverein **preisgekrönt. gr. 8. (37 S.) Ebd. 901.** n. — 40

— **Lehrplan** f. den deutschen Sprachunterricht. Erweiterte, vom deutschen Lehrerverein gekrönte Preisschrift. 2. verm. Aufl. (III, 60 S.) gr. 8. Ebd. 904. n. — 60

— zum Lehrplane. (64 S.) gr. 8. Leipzig 904. A. Hahn. n. — 75
Sonderabdruck aus: „Leipz. Lehrerztg."

Seyfert, Rich., der gesamte Lehrstoff des naturkundlichen Unterrichts. Eine Darstellung der Gliederung und Behandlung des gesamten naturkundl. Unterrichts in Entwürfen und Plänen für einfache und gegliederte Volksschulen. gr. 8. (VI, 170 S.) Leipzig 888, Wunderlich. *ℳ 2.—; geb. *

— der gesamte Lehrstoff d. naturkundlichen Unterrichts. Eine Darstellg. der Gliederg. u. Behandlg. d. gesamten naturkundl. Unterrichts in Entwürfen u. Plänen f. einfache u. gegliederte Volksschulen. gr. 8. (XII, 240 S. m. 2 Taf.) Leipzig 893. E. Wunderlich. n. 2. 80; geb. n. 3. 40

— der gesamte Lehrstoff des naturkundlichen Unterrichts. Eine Darstellg. der Gliederg. u. Behandlg. des gesamten naturkundl. Unterrichts in Entwürfen u. Plänen f. einfache u. gegliederte Volksschulen. 3., verm. Aufl. gr. 8. (VII, 300 S.) Ebd. 899. n. 3. —; geb. n. 3. 60

— Der gesamte Lehrstoff des naturkundl. Unterrichts. Eine Darstellg. der Gliederg. u. Behandlg. des gesamten naturkundl. Unterrichts in Entwürfen u. Plänen f. einf. u. geglied. Volksschulen. 4., verm. Aufl. (VIII, 311 S.) gr. 8. Ebd. 908. 3.—; geb. 3.60

— Leitfäden od. nicht, s.: Bausteine zur Volksschulpädagogik.

Seyfert, Rich. Menschenkunde u. Gesundheitslehre. Präparationen. gr. 8. (VIII, 167 S.) Lpz. 890, Wunderlich. * 2 —

— Menschenkunde u. Gesundheitslehre. Präparationen. 2., verb. Aufl. gr. 8. (VIII, 192 S.) Ebd. 897. n. 2. —; geb. n. 2. 50

— Menschenkunde u. Gesundheitslehre. Präparationen. 3. Aufl. gr. 8. (XII, 193 S.) Ebd. 902. n. 2. —; geb. n. 2. 50

Seyfert, Rich., Menschenkunde u. Gesundheitslehre. Präparationen. 4. verb. Aufl. (XII, 208 S.) gr. 8. Leipzig 908. E. Wunderlich. 2.—; geb. n 2.50

— Naturbeobachtungen. Aufgabensammlung (f. die Schüler). 2 Hfte. gr. 8. (à 32 S.) Leipzig 892. E. Wunderlich. à n. — 30
1. Naturbeobachtungen im Garten, in Haus u. Hof — auf Feld u. Wiese u. Stellen, die sich nicht zum Anbau eignen.
2. — dasselbe im Walde — am u. im Flusse u. Teiche.

— dasselbe. Aufgabensammlung u. Anweisg. f. planmäß. Naturbeobachtg. in der Volksschule. gr. 8. (32, 32 u. 32 S. m. 2 Taf.) Ebd. 892. n. 1. 20

— Naturbeobachtungen. Aufgabensammlung u. Anweisg. f. planmäß. Naturbeobachtg. in der Volksschule. 2., verb. Aufl. gr. 8. (39, 32 u. 32 S.) Ebd. 900. n. 1. 20; geb. n. 1. 60

— dasselbe. 1. u. 2. Heft. 3. Aufl. (à 34 S.) gr. 8. Ebd. 904. à n. — 30
1. Naturbeobachtungen im Garten, in Haus u. Hof — auf Feld u. Wiese u. Stellen, die sich nicht zum Anbau eignen.
2. Naturbeobachtungen im Walde — am u. im Flusse u. Teiche.

— Naturbeobachtungen. Aufgabensammlung u. Anweisg. f. planmäß. Naturbeobachtg. in der Volksschule. 3., verb. Aufl. (39, 34 u. 34 S.) gr. 8. Leipzig 905. E. Wunderlich. n. 1. 20; geb. n. 1. 60

— (Natur-)Beobachtungshefte. Ausg. A. u. B. 4. Ebd. 892. n.n. — 32
A. Oberstufe. (32 S.) n.n. — 20. — B. Unterstufe. (20 S.) n.n. — 12.

— die Organisation der Volksschule auf psychologischer Grundlage, s.: Bausteine zur Volksschulpädagogik.

— Schulpraxis. Methodik d. Volksschule, s.: Sammlung Göschen.

— Uebungs- u. Lernstoff f. die neue deutsche Rechtschreibung in den ersten 4 Schuljahren. (16 S.) 8. Leipzig 903. E. Wunderlich. n. — 20

— Uebungs- u. Lesestoff f. die Rechtschreibung in den ersten vier Schuljahren. 8. (16 S.) Leipzig 900. E. Wunderlich. n. — 20

Seyfert, Rich., die Unterrichtslektion als didaktische Kunstform. Praktische Ratschläge u. Proben f. die Alltagsarbeit u. f. Lehrproben. 1. u. 2. Aufl. (IV, 241 S.) gr. 8. Leipzig 904. E. Wunderlich. n. 2. 40; geb. n. 3. —

— Die Unterrichtslektion als didakt. Kunstform. Praktische Ratschläge u. Proben f. die Alltagsarbeit u. f. Lehrproben. 3., verm. Aufl. (IV, 267 S.) gr. 8. Leipzig 909. E. Wunderlich. 2.40; geb. 3. —

Volkserziehung. Kritiken und Vorschläge von [Rich.] Seyfert. Gekr. Preisschr. Berlin-Zehlendorf: Zimmer-Haus 1910. VII, 141 S. 8°
[Umschlagtit.:] Lebenserziehung . . . Hrsg.: Friedr. Zimmer. Wunder, Berlin.

— Volkserziehung, s. a. Lebenserziehung.

— Vorschläge zur Reform der Lehrerbildung. (III, 80 S.) gr. 8. Ebd. 905. n. — 80

— kritischer Wegweiser durch das Gebiet der Anschauungs- u. Lehrmittel. Unter Mitwirkg. vieler Fachleute hrsg. 12. (112 S.) Leipzig 895. E. Wunderlich. — 80

Seyfert, Robert [app. Arzt aus Nordhausen a. H.]: Beiträge zur Operation des intraocularen Cysticercus .... (Aus: Graefe's Arch. f. Ophthalmol. XXXVIII. Bd., 2. Abth.) Leipzig, W. Engelmann, 1892; 32 S. 8.
Heidelberg, Med. Fak., Inaug.-Diss. v. [29. Febr.] 1892

Seyfert, Wilhelm [aus Eisleben]: Ueber Dermoidcysten des Ovariums im Anschluss an drei selbst beobachtete Fälle. ... Würzburg, Druck d. Ferdinand Röhrl'schen Buchdr., 1890; 27 + 1 S. 8°
Würzburg, Med. Fak., Inaug.-Diss. v. 1890

Seyfert v. Tennecker, s. Tennecker.

Seyfert v. Tennecker. Das Artillerie- und Armee-Fuhrwesen.' Leipzig 1826. 8°.

VALENTINS Begebenheiten, ein komischer Roman. Von dem Verfasser der Lebensbeschreibung der mecklenburgischen Stute Amante (so!). (Vf.: *Seyfert von Tennecker.*) 2 Bdchn. Mit 1 TKpfr. Leipzig und Rostock 1805. 8°. (6 Mk., unsauberes Expl., Südd. Antiqu., München, 1907.)
Anon.-Lex. I. p. 149 (nach Kayser) hat „Rostock, o. J."

Seyferth, August (Hermann)

Seyferth, Dr., Die verschiedenen Rauchverbrennungseinrichtungen. Mit 17 lithogr. Tfln. (Aus den Mittheilungen des sächsischen Ingenieur-Vereins 1860.) Dresden 1860. mod. 8°.

Seyferth, Aug., die verschiedenen Rauchverbrennungs-Einrichtungen, s. Mittheilungen des sächsischen Ingenieur-Vereines.

SEYFERTH, AUGUST (HERMANN). Die Verbindungen der Metalle mit Stickstoff. Göttingen, 1854.

Seyferth, Emil F., illustrirtes Handbuch der praktischen Fussbekleidungskunst. Zum Gebrauche für Jedermann vom Fach, insbesondere auch für den Unterricht in Schuhmacher-Fachschulen und Lehrwerkstätten. 17 Lfgn. gr. 8. (VII, 246 S. mit vielen Zeichnungen, Mustertaf. und Stnt.) Hamburg 881—83, Kramer. à Lfg. 60 Pf.

Seyferth, E. F., illustrirtes Handbuch der praktischen Fußbekleidungskunst. Zum Gebrauche f. Jedermann vom Fach, insbesondere auch f. den Unterricht in Schuhmacher-Fachschulen u. Lehrwerkstätten. Mit vielen Zeichngn. u. 17 großen Mustertaf. Neue bill. Ausg. 17 Hfte. gr. 8. (246 S. m. Illustr.) Hamburg 887. Kramer. à Hft. — 40

Seyferth, Eugen, Gerichtsaccessist aus Auerbach (Hessen): Inwiefern sind die Strafgesetze eines deutschen Einzelstaates ausserhalb desselben anwendbar? *(Altenburg) 1900: (Pierer).* (38 S.) 8°
Giessen, Jur. Diss. v. 1900

Seyferth, J. Ghl., Nachr. v. Erbauung u. Zurichtung d. feinen Flachses ic. gr. 8. Dresden, Walther. 780.

Seyferth, Johann Wilhelm Otto A. S. 297/19

Iura hominis bicipitis Rechte eines zweyköpffigen Menschen. Präs. Johann Christian Hedler. Wittenberg (Schlomach) V. 1750. 24 S. 32506

Seyferth, Karl Robert

Seyferth, Car. Rob. (geb. Langensalza 27. 9. 1833): Nonnulla de monstris, adjectis duabus partus historiis cum foetuum sectionibus. Berolini (1859). (31 S.) 8°
Berlin, Med. Diss. v. 2. Mai 1859

Seyferth, Paul, Leitfaden der Erdkunde f. höhere Lehranstalten. 3 Tle. gr. 8. Langensalza, H. Beyer & Söhne. Geb. in Leinw. n. 4. —
1. Lehrstoff f. Quinta, Quarta, Untertertia. Mit zahlr. Profilen u. graph. Taf. (VI. 154 S.) 902. n. 1. 60
2. Lehrstoff f. Obertertia u. Untersekunda. Mit zahlr. Profilen u. graph. Taf. (IV, 168 S.) 903. n. 1. 60
3. Lehrstoff f. die Oberklassen. Mit 14 Abb. (VI, 66 S.) 903. n. — 80

Seyferth, Paul [aus Langensalza]: Sprache und Metrik des mittelenglischen strophischen Gedichtes „Le Morte Arthur" und sein Verhältnis zu „The Lyfe of Ipomydon" ... [Erschien vollst. als No 6 von: Berliner Beitr. z. german. u. roman. Philol., German. Abt.] Berlin, C. Vogts Buchdr., *1894*; 42 S., 1 Bl. 8.
Berlin, Phil. Fak., Inaug.-Diss. v. 19. Dez. 1894

Sprache und Metrik des mittelenglischen strophischen Gedichtes 'Le Morte Arthur' u. s. Verhältn. zu 'The lyfe of Ipomydon'. Von Dr. Paul **Seyferth**. *Berlin: C. Vogt 1895.* [S. 1—42 erschien als Berl. Diss. 1894.] (79 S.) 1 Bd 8.
— **Beiträge**, Berliner, z. germanischen u. roman. Philologie. [No] VIII. German. Abt. No 6. [97. 4948

Seyff, Anton. Das österreichische Cassenwesen bildlich dargestellt und beschrieben. gr. 8°. Wien, Braumüller, 1841.

Seyff, Ant., das österreich. Cassen-System, bildl. dargest. u. beschrieben. gr. 8. (10 B. u. 1 Stnt.) Wien 841, (Braumüller u. Seidel.)

Seyff, Ant., die Landwirthschaftschule in ihrem ganzen Umfange. Nebst einem Anhange über die Anlage neuer Dörfer Ein leicht faßlicher Unterricht für die reifere Jugend und zur Selbstbelehrung für Jedermann. 8. (IV und 311 S. mit 15 ill. und 5 schw. Zinktaf.) Wien 851, Dirnböck.

Seyff, Ant., die Landwirthschaftsschule. Eine systemat. geordnete Belehrung über die gesammten Zweige des Acker- und Wiesenbaues, der Viehzucht der Thierheilkunde ꝛc. Nebst einem Anhang über die Anlage von Dörfern und Gehegen. Zur Selbstbelehrung für Jedermann, insbesond. für angehende Landwirthe und für die reifere Jugend. 2. (Titel-)Aufl. 8. (VI und 311 S. mit mehr als 100 zum Theil ill. Abbild. auf 20 Kpfrt.) Wien (851)57, Dirnböck.

Seyffardt, Johan Lodevijk Karel Frederik

Seyffardt, J. L. K. F., Gedichte. gr. 16. (IV u. 175 S.) Elberfeld 851, (Iserlohn) Bädeker. n. 1 ₰; in Engl. Einb. mit Goldschn. n. 1½ ₰

Seyffardt, J. L. K. F., die Geusen. Epische Dichtung. Hrsg. von Emil Palleske. Elberfeld 860. Bädeker. 16. (3 Bl., 110 S.) n. 15 ngr.

[F.] Die Geusen. Bilder aus d. niederländ. Befreiungskampfe. Epische Dichtg v. J(ohan) L(odevijk) K(arel) F(rederik) **Seyffardt**. Hrsg. v. Emil Palleske '(1860)', aufs neue besorgt v. Karl Menne. *Halle a. S.: O. Hendel (1898).* (XIV S., 1 Bl., 88 S.) 1 Bd 8.
— **Bibliothek** d. Gesamtlitteratur d. In- u. Auslandes. No 1129. 1130. [98. 8976

Seyffardt, Ludwig Friedrich

Die Entwickelung des Simultanschul-Wesens in der Stadt Crefeld im Auftr. d. lib. Schulver. f. Rheinl. u. Westf. dargest. von L[udwig] F[riedrich] **Seyffardt** in Crefeld. Bonn 1881: C. Georgi. (79 S.) 8° [F.]
— [**Schriften** d. Liberalen Schulvereins Rheinlands u. Westf. No 1.] [06. 3360

Seyffardt, L. F., die Entwickelung des Simultanschul-Wesens in der Stadt Crefeld, im Auftrage des liberalen Schulvereins für Rheinland und Westfalen dargestellt. gr. 8. (79 S.) Bonn 881, (Strauß.) *

Seyffardt, Ludw. Frdr., Erinnerungen. Nach dem Tode des Verf. in seinem Auftrag überreicht. gr. 8. (X, 613 S.) Leipzig 900. Duncker & Humblot. Geb. in Halbfrz. n. 18.—

Seyffardt, L. F., die Schule und das praktische Leben, s. Schriften des liberalen Schulvereins Rheinlands und Westfalens.

Seyffardt, L. F., die katholische Volksschule am Niederrhein unter geistlicher Leitung. gr. 8. (36 S.) Krefeld 876, Kramer und Baum. *

— die katholische Volksschule am Niederrhein unter geistlicher Leitung. gr. 8. (86 S.) Krefeld 877. Kramer & Baum. n. — 60

Seyffart, A., Predigt üb. Ev. Joh. 12, v. 36 u. 37. gr. 8. (1 B.) Leipzig 837, Friese.

Seyffart, Chr. Mch., Handbuch zur Beihülfe der Herren Collecteurs u. and. Personen, welche eine geschwinde Uebersicht ihrer in d. Lotterie erhalt. Gewinnste zu haben wünschen. 8. Dresd. 793. 2e A. 806. 3e A. 812. Verf. 8 gr

— Handbuch zur Beyhülfe der Lotterie-Collecteurs. 8. Ebend. 796.

Seyffart, C. M., Handbuch z. Beihülfe d. Herren Collecteurs u. and. Personen, welche eine geschwinde Uebersicht ihrer in d. Lotterie erhalt. Gewinnste zu haben wünschen. 2te Aufl. 8. Dresd. Verf. 812.

— der in mancherlei Fächern unterrichtende u. belehrende Kaufmann. 3 Thle. gr. 8. Dresd. 794—96. Verf. 2 ₰

— der in manchen Fällen unterricht. Kaufmann. 5 Thle. 8. Dresden, Autor. 795. (à 16 gr.)

Seyffart, Gottlieb August (Schweikershain) A. S. 577/28b

Quaestio iuris controversi quantum valeat pactum ut dos remaneat apud maritum. Präs. Christian Heinrich Breuning. Leipzig (Langenheim) 20. III. 1773. 8 S. 32509

Seyffart, Johannes

Seyffart, J., Kesselhaus- u. Kalkofen-Kontrole. Genaue Anweisg. zur Handhabg. der Hempel'schen Apparate bei Untersuchg. d. Rauchgase u. d. Kalkofengase, sow. zur Ausführung calorimetr. Heizwertbestimmgn., nebst ein. Kapiteln üb. Verbrennungs-Wärme, theoret. u. prakt. Heizeffekt. Zum Gebrauch f. Chemiker u. Feuerungs-Techniker. Mit e. Vorwort v. Walth. Hempel. gr. 8. (118 S. m. 25 Abb.) Magdeburg 898. Schallehn & Wollbrück.
Geb. in Leinw. n. 5.—

Kesselhaus- und Kalkofen-Kontrolle auf Grund gasometrischer, kalorimetrischer etc. Untersuchungen. Für Ingenieure ... Mit 30 Abb. Von Dr. J[ohannes] **Seyffart**. Mit e. Vorw. von Prof. Dr. Walther Hempel. 2. bedeutend verm. Aufl. *Magdeburg & Wien: Schallehn & Wollbrück 1904.* (XII, 152 S.) 8° (o3. 15757)

Seyffart, Johannes [aus Annaberg i/Erzgeb.]: **Neue Methode zur Bestimmung der Rotations-Dispersion circular polarisirender Substanzen.** ... Leipzig, Johann Ambrosius Barth, 1889; 68 S. u. 1 Taf. 8°
Erlangen, Phil. Fak., Inaug.-Diss. v. 1889

Seyffart, Karl

Wohlausgeführte Jungfer-ANATOMIE, Darinnen Unterschiedliche Meinungen von dem Ursprung und eigentlichen Bedeutungen des Wortes Jungfrau artlich angeführet und entdecket worden. Worauf auch beschrieben sind Die neuen und wunderlichen Kleidungs-Trachten, der Jungfern, Nebenst etlichen Sprüch-Wörtern, und andern ihren üblichen Sitten und Gebräuchen in wohl-lautende, Verse verfasset. (Verfasser: *Karl Seyffart*.) Alles sehr lustig und wohl zulesen. Gedruckt im itzigen Jahr (1638). 4°. (In Berlin: Yz 371, mit 3 Beibdn.)

— — Dasselbe. O. O. u. J. (c. 1730), titulo: Die Frauenzimmer ohne Maske, enth. die Jungfern-Anatomie etc., von Philantropos.
Weller, Annalen II. p. 485.

Seyffarth, s.a. Seifart

Seyffarth, s.a. Seifert

Seyffarth, der römische Kaiserpalast in Trier. [Aus: „Westdeutsche Zeitschr. f. Geschichte u. Kunst".] gr. 8. (17 S. m. 1 Taf.) Trier 893. F. Lintz. n. — 50

Seyffarth, C. v., Modell der zeichner. Darstellung f. e. freistehendes, bürgerl. Einfamilienhaus, dargestellt durch Zeichnungen, im Massstab 1 : 100. Zum Gebrauche beim Unterrichte im Entwerfen u. Veranschlagen an Baugewerk- und techn. Mittelschulen, sowie zum Privatstudium f. Bauschüler. 15 farb. Taf. m. erklär. Text. gr. 4. (IV S.) Leipzig 901. B. F. Voigt.
In Mappe 6.—

Seyffarth, Christian Ernst (Mühltroff) A. S. 848/20

Dissertatio inauguralis medica aegram retentione secundinarum laborantem sistens.
Präs. Johann Hadrian Slevogt.
Jena (Krebs) 2. VIII. 1704. 16 S.

Gew.: Stadt Lippstadt. 32512

SEYFFARTH, Friedrich Karl: Theoretisch-practisches Examinatorium über die gesammte Forstwissenschaft. Eine Hilfsquelle für junge Forstpraktikanten. - München 1816. 284 S. Tl. 1

Seyffarth, Fr. Karl, theoret.-prakt. Examinatorium üb. die gesammte Forstwissensch. 1r Thl. gr. 8. Münch. 817. (Fleischmann). 20 gr.

Die Preussische Gesinde-Ordnung vom 8. November 1810 unter der Herrschaft des Deutschen Bürgerlichen Gesetzbuchs. Von Fritz **Seyffarth**, Landrichter. *Berlin: O. Häring 1900.* (VIII, 89 S.) 8° [F.]
Gesetze d. Königr. Preussen in kurzgef. Kommentaren. 2. (ев. 15665)

Seyffarth, Gustav. Die Allgemeinheit der Sündflut. Mount Vernon, NY, 1881.

Seyffarth, Gust., üb. d. Begriff, den Umfang u. die Anordnung d. Hermeneutik des N. Testam. gr. 8. Leipz. 824. Reclam. 4 gr.

— Beitrr. z. Kenntniß d. Literatur, Kunst, Mythologie u. Geschichte d. alt. Aeapptens. 16 Heft Mit 4 Steintaf. gr. 4. Leipz. 826, Barth. Französ. Pap. 1 Rthl. 8 gr. Velin, P.

Seyffarth, Gust., Beitraege zur Kenntniss d. Literatur, Kunst, Mythologie u. Geschichte d. alten Aegypten. 2—5. Hft. — A. u. d. T.: Systema astronomiae Aegyptiacae quadripartitum: (2. Hft.: Conspectus astronom. Aegyptior. mathemat. et apotelesmat.) — (3. Hft.: Pantheon Aegyptiacum, sive symbolice Aegyptior. astronom.) — (4. Hft.: Observationes Aegyptior. astronom. hieroglyph. descriptae in Zodiaco Tentyritico, tabula Isiaca sive Bembina, Monolitho Amosis Parisino, Sarcophago Sethi Londinensi, Sarcophago Ramessis Parisino papyrisque funeralibus annis 1832, 1693, 1631, 1104 a. Ch.; 37, 54, 137 p. Ch. cum Corollariis chronolog., histor., mytholog., philolog., exeget., astronom. et palaeographicis.) — (5. Hft: Lexicon astronomicohieroglyphicum cum permultis fig. hieroglyph. impressis. Acced. Index universalis. 4 maj. (60 B. u. 10 Stnt. Roy.-Fol.) Lipsiae 833, Barth. 9 Thlr., Schwzrvlnp. Thlr.

Seyffarth, Gust., Beiträge zur Kenntniß der Literatur, Kunst, Mythologie u. Geschichte des alten Aegypten. 6s Hft. A. u. d. T.: Unser Alphabet, ein Abbild des Thierkreises mit der Constellation der sieben Planeten ☽ ☿ ♀ ☉ ♂ ♃ ♄ am 7. Sept. des Jahres 3446 vor Christus angeblich zu Ende der Sündfluth, wahrscheinlich nach eigenen Beobachtungen Noah's. Erste Grundlage zu einer wahren Chronologie und Culturgeschichte aller Völker. Mit 1 lithogr. Tafel. gr. 4. Leipzig 834. Barth. $^3/_4$ Thlr. Velinp. 1 Thlr. geglätt. Schweizervelinp. $1^1/_4$ Thlr.

Seyffarth, Gust., Beitraege zur Kenntniss d. Literatur, Kunst, Mythologie u. Geschichte d. alten Aegypten. 7. Hft. — A. u. d. T.: Alphabeta genuina Aegyptiorum numeris ipsor. hieroglyphicis, hieraticis demoticisque conservata nec non Asianorum literis Persarum, Medorum Assyriorumque cuneoformibus, Zendicis, Pehluicis et Sanscritis subjecta. Accedit dissertatio de mensuris in S. S. Memoratis per antiquas ulnas aegyptiacas Taurinensem, Parisinam, Lugdunensem illustratis. gr. 4. ($21^3/_4$ B. u. 6 Schriftaf. auf 5 Bl.) Leipzig 840, Barth. $4^1/_3$ Thlr., Schw.-Vlnp.
1—6. Hft. Ebendas. 1826—34. $11^1/_6$ Thlr., Vlnp. $14^5/_6$ Thlr.

Seyffarth, Gust., s.a. Alphabeta genuina Aegyptiorum.

Seyffarth, G(ust.), Berichtigungen der römischen, griechischen, persischen, ägyptischen, hebräischen Geschichte und Zeitrechnung, Mythologie und alten Religionsgeschichte auf Grund neuer histor. und astronom. Hülfsmittel. gr. 8. (XVI und 264 S. nebst 1 xylogr. Taf. in qu. gr. 4.) Leipzig 855, Baumgärtner's Buchh. Thlr.

[Seyffarth, Gustav:] Unumstösslicher Beweis dass im Jahre 3446 vor Christus am 7. September die Sündfluth geendet habe und die Alphabete aller Völker erfunden worden seien. Ein Beitrag zur Kirchengeschichte des alten Testamentes und zur Vierten Säcularfeier des Typendruckes. Leipzig 1840.

(Seyffarth, Gust.,) unumstösslicher Beweis etc., s. Beweis.

Seyffarth, Gust., Chronologia sacra. Untersuchungen über das Geburtsjahr des Herrn u. die Zeitrechnung des alten u. neuen Testamentes. gr. 8. ($25^3/_4$ B.) Leipzig 846. Barth.

— **brevis defensio Hieroglyphices inventae a Fr. A. W. Spohn et G. Seiffarth. gr. 4. Leipz. 827. Barth. Französ. Velinp. 9 gr.**

— Grammatica aegyptiaca. Erste Anleitung zum Uebersetzen altägypt. Literaturwerke nebst der Geschichte des Hieroglyphenschlüssels. gr. 8. (XLVI und 121 S. mit 92 lithogr. S.) Gotha 855. F. A. Perthes.

—— die Grundsätze der Mythologie u. der alten Religionsgeschichte sowie der hieroglyph. Systeme de Sacy's, Palin's, Young's, Spohn's, Champollion's, Janelli's u. des Verfassers. Eine berichtigende Beil. zu der Schrift des Prof. Dr. Movers: Untersuchungen über die Religion der Phönizier u. zu dessen Antikritik. gr. 8. (19 B.) Leipzig 843, Barth.

Seyffarth, G., der amerikanische Kalendermann. Kurze Erklärung unseres Kalenders und seiner Bedeutung für alle Jahre. 8. (48 S.) New-York 868. (Philadelphia, Schäfer und Koradi.) *

— üb. die ursprüngl. Laute d. hebr. Buchstaben. Ein Beitr. z. Dialektologie der Semit. Völker. gr. 8. Lpz. 824. Reclam. 3 gℓ

— Memoria Fr. A. Guil. Spohnii, Philos. Dr. etc. Acced. imago Spohnii lithograph. 4maj. Leipz. 825. Weidmann. 14 gℓ

Seyffarth, Gust., das tausendjährige Reich im Lichte der Offenbarungen des Alten und Neuen Testaments, mit Rücksicht auf den neuesten Chiliasmus. gr. 12. (IV und 68 S.) New-York 860. (Philadelphia, Schäfer und Koradi.) *

— replique aux objections de Mr. J. F. Chambollion: le jeune système hiéroglyphique de M. M. F. A. Spohn et G. Seyffarth. gr. 8. Leipz. 827. Barth. 9 gℓ

— Rudimenta hieroglyphices, accedunt explicationes speciminum hieroglyphicorum, glossarium atque alphabeta, c. 36 tabb. lithograph. 4maj. Leipz. 826. Barth. 10 ⁄ 12 gℓ. Geglätt. Schweiz. Velinp. 13 ⁄ 12 gℓ

—— theologische Schriften der alten Aegypter nach dem turiner Papyrus zum ersten Male übersetzt. Nebst Erklärung der zweisprachigen Inschriften des Steins von Rosette, des flaminischen Obelisken, des Thores von Philae, der Tafel von Abydos, der Wand von Karnak und anderer. gr. 8. (VIII und 120 S.) Gotha 855, F. A. Perthes. *

Seyffarth, Gustav: De hieroglyphica Aegyptiorum scriptura disseruit ... Lipsiae 1825.

Seyffarth, (G.,) de sonis literarum Graecarum tum genuinis tum adoptinis libri duo. Acced. commentatio de literis Graecarum subinde usitatis Dissert, index et tabulae duae cum epistola God. Hermanni. 8 maj. Lips. 824, W. Vogel. 5 Rthl 8 gr. Ch. scriptor. Rthlr.

Seyffarth, Gustav: Über die Sonnen- und Mond finsternisse der Alten. [SA. aus Archiv für Philologie und Pädagogik.] [Leipzig 1848.]

Seyffarth, Gustav, s. Spohn, F. A. W.: De lingua ...

—— Uebersicht neuer Entdeckungen in der biblischen Zeitrechnung, allgemeinen Weltgeschichte und aegyptischen Alterthumskunde, nebst Uebersetzung des ersten heil. Buches der alten Aegypter. gr. 12. (216 S.) New-York 857. Philadelphia, Schäfer und Koradi. geb. *

—— die wahre Zeitrechnung des Alten Testamentes, nebst einer Zeittafel zum Neuen Testamente. Ein Hülfsbüchlein für christl. Bibelleser. gr. 16. (116 S.) St. Louis, Mo. 1857. (Philadelphia, Schäfer und Koradi.) *

Seyffarth, Jo. Albert (Weissenfels) A. S. 62/23

Dissertatio iuridica de damno fatali in caupona contingente. Präs. Abrahm Kaestner. Leipzig (Richter) 16. VIII. 1743. 38 S.

Gew.: August Iust. 32513

Seyffarth, Ludwig Wilhelm

Seyffarth, L. W., s.: Chronik, allgemeine, d. Volksschulwesens.

— Johann Amos Comenius nach seinem Leben u. seiner pädagog. Bedeutg. Nebst e. Anh., enth. Auszüge aus drei nichtpädagog. Schriften: der Panegersia, dem Testament der sterbenden Mutter, dem Unum necessarium, — e. Verzeichniß der pädagog. Werke d. Comenius, sowie einige Schriften üb. denselben. 2. verm. Aufl. gr. 8. (140 S.) Leipzig 871. Siegismund & Volkening. n. 1. 60

Seyffarth, L. W., Johann Amos Comenius nach seinem Leben und seiner pädagogischen Bedeutung. Nebst einem Anhang, enthaltend Auszüge aus drei nichtpädagogischen Schriften: der Panegersia, dem Testament der sterbenden Mutter, dem Unum necessarium, einem Verzeichnis der pädagog. Werke des Comenius, sowie einiger Schriften über denselben. 3. verm. und verb. Aufl. gr. 8. (143 S.) Leipzig 883, Siegismund und Volkening. *ℳ 1,60.; geb. *

—— s. Diesterweg's Wegweiser.

Seyffarth, L. W., die Dorfschulen. Ein Beitrag zur Geschichte der Pädagogik. gr. 8. (VII und 92 S.) Berlin 867, Guttentag. *

Seyffarth, L. W., Erklärungen zu den Bildern aus d. biblischen Geschichte f. d. Anschauungs-Unterricht. Nach d. Holzschnitten v. Julius Schnorr v. Carolsfeld. 2 Hfte. gr. 8. Leipzig 897. G. Wigand. à — 30
1. Altes Testament. (Blatt 1—15.) (24 S.)
2. Neues Testament. (Blatt 16—30.) (30 S.)

—— Dr. Martin Luther's kleiner Katechismus nebst 180 Sprüchen, nach den einzelnen Lehrstücken geordnet und mit Angabe der Betonung versehen. 3. Aufl. 8. (46 S.) Berlin 874, Springer's Verlag. — 30
Ausg. für Lehrer. Mit einem Vorwort. (49 S.) — 30

— Dr. Martin Luther's kleiner Katechismus, nebst 180 Sprüchen, nach den einzelnen Lehrstücken geordnet u. mit Angabe der Betonung versehen. 4. Aufl. 8. (46 S.) Berlin 879. Springer. — 30

Seyffarth, L. W., Martin Luther's kleiner Katechismus, nebst 180 Sprüchen, nach den einzelnen Lehrstücken geordnet u. m. Angabe der Betong. versehen. 5. Aufl. 8. (46 S.) Berlin 887. Springer. — 30

Seyffarth, L. W., Dr. Martin Luthers kleiner Katechismus nebst 180 Sprüchen, nach den einzelnen Lehrstücken geordnet u. m. Angabe der Betonung versehen. 6. Aufl. 8. (46 S.) Berlin 899. J. Springer. — 30

—— s. Luther's kleiner Katechismus.

[F.] Frau Pestalozzi, Anna geb. Schulthess. E. Lebensbild, entworfen v. L. Wilhelm Seyffarth, Oberpfarrer in Liegnitz. *Liegnitz: C. Seyffarth 1896.* (40 S.) 1 Bd 8. (96. 150)

[F.] Pestalozzi in seiner weltgeschichtlichen Bedeutung. Nach Vortr. z. Feier des 150. Geburtst. Pestalozzi's ... v. L. W[ilh.] Seyffarth, Oberpfarrer in Liegnitz. *Liegnitz: C. Seyffarth 1896.* (58 S.) 1 Bd 8. (96. 150)

— Joh. Heinr. Pestalozzi, s.: Sammelmappe, pädagog.

—— Johann Heinrich Pestalozzi. Nach seinem Leben und aus seinen Schriften dargestellt. 1.—5. Aufl. gr. 8. (VIII, 211 S.) Leipzig 872—74, Siegismund und Volkening. * 1 50

Seyffarth, L. W., Johann Heinrich Pestalozzi. Nach seinem Leben und aus seinen Schriften dargestellt. 6. (Titel-)Aufl. gr. 8. (211 S.) Leipzig (873)76, Siegismund und Volkening. *

Seyffarth, L[udwig] W[ilhelm]. Johann Heinrich Pestalozzi. Nach seinem Leben und aus seinen Schriften dargestellt. 6. Aufl. 8. Leipzig 1876.
(Biographische Bibliothek. Band 6)

Seyffarth, L[udwig] W[ilhelm]. Johann Heinrich Pestalozzi. Nach seinem Leben und aus seinen Schriften dargestellt. Neue erweiterte und nach den neuesten Forschungen berichtigte Ausgabe. XII + 256 S. 8. Leipzig, Siegismund & Volkening, 1904. (M. 3. --, geb. 3. 80 u. 4. 20)
Pädagogische Studien. Eine Sammlung wichtiger und zeitgemässer Abhandlungen, Vorträge &c für Erziehung und Unterricht. Hrg. von L Mittenzwey.... Heft 21: J' H' P' von Dr. L. W. Seyffarth. 8. Aufl.

Seyffarth, L. W., Pestalozzi in Preußen. Vortrag, geh. auf der Liegnitzer Gau-Lehrerversammlg. in Bunzlau, den 2. Juni 1894. 2. Aufl. gr. 8. (III, 70 S.) Liegnitz 894. C. Seyffarth. n. — 80

Seyffarth, L[udwig] W[ilhelm]. (Johann Heinrich) Pestalozzi in Preussen. Vortrag, gehalten auf der Liegnitzer Gau-Lehrerversammlung in Bunzlau, den 2. Juni 1894. 3. vermehrte Aufl. 8. Liegnitz 1895.

— Pestalozzi u. Anna Schultheß. Vortrag, geh. auf der Festversammlg. d. Berliner Lehrervereins zur Vorfeier v. Pestalozzi's 150. Geburtstage aufgrund d. bisher noch nicht veröffentl. Briefwechsels zwischen Pestalozzi u. s. Braut. gr. 8. (28 S.) Ebd. 895. n. — 50

Seyffarth, L[udwig] W[ilhelm]. ([Johann] H[einrich]) Pestalozzi und Anna Schulthess. Vortrag, gehalten auf der Festversammlung des Berliner Lehrervereins zur Vorfeier von Pestalozzi's 150. Geburtstage aufgrund des bisher noch nicht veröffentlichten Briefwechsels zwischen P' und seiner Braut. 8. Liegnitz.
[1. Aufl.] 1895 — 2 Aufl. 1896

Seyffarth, L[udwig] W[ilhelm]. [Johann Heinrich] Pestalozzi, ein Vater und Anwalt der Armen. Vortrag, gehalten auf dem Schlesischen Lehrertage in Liegnitz zur 25jährigen Jubelfeier des Schlesischen Pestalozzi-Vereins, den 3. Juni 1895. 8. Liegnitz.
[1 Aufl.] 1895 — 2. Aufl 1896.

— Pestalozzi, e. Vater u. Anwalt d. Armen. Vortrag, geh. auf dem schles. Lehrertage in Liegnitz zur 25jähr. Jubelfeier d. schles. Pestalozzi-Vereins, d. 3. Juni 1895. 2. Aufl. gr. 8. (39 S.) Liegnitz 896. C. Seyffarth. n. — 50

— s.: Pestalozzi-Studien.

—— die paritätische Schule. Ein Wort der Verständigung über das Verhältniß der Volksschule zu den Konfessionen. gr. 8. (81 S.) Liegnitz 880, Krumbhaar.

Seyffarth, L. W. Zum Schulgesetz. Betrachtgn. u. Vorschläge. gr. 8. (87 S.) Liegnitz 890, Seyffarth. * 1 —

—— die Seminarien für Volksschullehrer. Eine historisch-pädagog. Skizze. gr. 8. (IX, 90 S.) Berlin 869, Springer's Verlag. (*M 1,75.) * 1 60

—— die Stadtschulen. Betrachtungen und Vorschläge. gr. 8. (V und 57 S.) Berlin 867, Guttentag. *

—— die deutsche Volksschule. Eine Denkschrift. Im Auftrage und nach den Berathungen des Vorstandes des Landesvereins der preuß. Volksschullehrer hrsg. 1. und 2. Aufl. 8. (78 S.) Berlin 873, Henschel. [München, Th. Ackermann.] *

Seyffarth, Otto: Zwei Fälle von retrograder Sondierung des Oesophagus bei Narbenstrikturen. Leipzig 1903: B. Georgi. (34 S.) 8°
Leipzig, Med. Diss. v. (22. Juli) 1903

Seyffarth, Traugott August

Seyffarth, Traug. Aug., († d. 13. April 1831.) ein Beitr. z. Special-Charakteristik d. Johanneischen Schriften, besond. d. Johann. Evangeliums. gr. 8. Leipz. 823. Reclam. 1 ℳ 12 gl.

Seyffarth, T. A., de epistolae, quae dicitur ad Hebraeos indole maxime peculiari. 8maj. Lips., Reclam. 821.

— Lehrbuch z. Vortrage d. Religion in christl. Bürger- u. Landschulen. 3 Thle. 8. Leipz. 817. Cnobloch. 9 gl.

— de locis Novi Testamenti communibus rite constituendis. 4. Dresd. 789. Breitkopf. 10 gl.

Seyffarth, Traugott August, s. Luther, Martin: Religionsunterricht

— Uebersetz. u. Erklär. der gewöhnl. Episteln und Evangelien an allen bey uns üblich. Sonn- u. Festtagen. 7 Hfte. gr. 8. Leipz. Crusius. (F. C. W. Vogel) 792–97. (I—III. à 12 gr. IV. 16 gr. V. VI. à 18 gr. VII. 20 gr.)

— Uebersetzung u. Erklär. der gewöhnl. Episteln u. Evangelien an allen bei uns übl. Sonn- u. Festtagen. 7 Hfte. gr. 8. Leipz. 792—97. W. Vogel. 4 ℳ 12 gl. Erster prakt. Anh. hierzu. 16 u. 26 Hft. (A. u. d. T.: Prakt. Anweis. zu e. fruchtbaren Einrichtung der gewöhnl. Sonn- u. Festtägl. Frühpredigten. 2 Hfte.) gr. 8. Ebd. 798, 99. (à 1 ℳ) 2 ℳ Zweiter prakt. Anh. 16 u. 26 Hft. A. u. d. T.: Prakt. Anweis. zu e. fruchtbaren Einrichtung d. Predigten üb. Sonn- u. Festtägl. Episteln. 2 Hfte.) gr. 8. Ebd. 801—3. 1 ℳ 21 gl.

— einige Winke üb. d. Geist der Mäßigung in Bürger u. Landschulen. 8. Freiberg 822. Graz u. G. 9 gl.

Seyffarth, W., Verbi Latini et Francogallici inter se comparatio. Gotha, G., 1856. 21 S. 4. Progr.

Seyffarth, W., Geographische Karte des Deutschen Reiches in farbigem Tapetendruck. Gernsbach o. J. ca 1875? 3 Bll.

Seyffarth, Wilh., allgemeine Arithmetik u. Algebra. Zum Gebrauche an höheren Lehranstalten, insbesondere in den mittleren u. oberen Klassen der Lehrerseminare hrsg. gr. 8. (119 S.) Dresden 902. Bleyl & Kaemmerer. n.n. 1. 60; geb. n.n. 1. 85

Seyffarth, Wilh., allgemeine Arithmetik u. Algebra. Zum Gebrauche an höh. Lehranstalten hrsg. 2. Aufl. (VIII, 128 S.) gr. 8. Dresden 904. Bleyl & Kaemmerer. n. 1. 60; geb. in Leinw. n.n. 1. 85

Seyffarth, Wilh., allgemeine Arithmetik u. Algebra. Zum Gebrauche an höheren Lehranstalten hrsg. 3. Aufl. (VIII, 142 S. m. Fig.) gr. 8. Dresden-Blasewitz 907. Bleyl & Kaemmerer. 1.90; geb. n 2. 30

— Methodisch geordnete Sammlung v. Aufgaben aus der Elementar-Arithmetik, s.: Bardey, E.

— Trigonometrie. Zum Gebrauche an höheren Lehranstalten u. zum Selbstunterricht. (90 S. m. Fig.) gr. 8. Dresden-Blasewitz 907. Bleyl & Kaemmerer. 1.25; geb. n 1. 60

Seyffarth, Woldemar, Andronikos. 3 Thle. 8. (64 B.) Leipzig 834, Kollmann.

—— bunte Briefe 1832. 2 Thle. gr. 12. (22⅛ B.) Altenburg 833, [Pierer.]

Seyffarth, Woldemar, Briefe aus London. 2 Thle. 8. Altenburg, Pierer. [1. (20 B.) 841. 1½ Thlr., 2. (17 B.) 842. 1⅓ Thlr.] Thlr.

——, Dick Brown, ein Gemälde aus London. 8. (24¾ B.) Stuttgart u. Tübingen 836, Cotta'sche Buchh.

— England und Wales mit ihren Bewohnern, s.: Europa, seine Länder u. ihre Bewohner. 2. Bdchn.

—— 29 Federstriche aus England. 8. (19¾ B.) Altenburg 839, Pierer.

Seyffarth, Woldm., de finibus circa jus decidendi, quo vota majora in comitiis utuntur. recte regundis. 4maj. Leipz. 818. (List in Berl.)

Seyffarth, W., de finibus circa jus decidendi, quo vota majora in comitiis utuntur, recte regundis. 4maj. Lips., Sommer. 818.

Seyffarth, Woldemar, Führer durch London u. Umgegend. Mit einem (lith. u. color.) Plane von London (in Fol.) 12. (VI u. 263 S.) Leipzig 851, Brockhaus. In Engl. Einband. n. 1⅓ ₰

Seyffarth, Woldem., Lob und Tadel über Gesehenes 1855—1857. 2 Thle. 8. (VI und 694 S.) Gotha 857. [Leipzig, Bernitzsch.]

Seyffarth, Woldemar, Lob und Tadel über Gesehenes 1855—1858. 2 Thle. Gotha 857. Scheube. 8. (2 Bl., 276; 2 Bl., 418 S.) 2 ₰. 20 ngr.

— London, seine Bewohner rc., s.: Europa, seine Länder u. ihre Bewohner. 1. Bdchn.

Seyffarth, Woldem., Reisefrüchte aus 1857 u. 1858. Leipzig 859. Wiedemann. 8. (2 Bl., 296 S.) n. 1 ₰ 20 ngr.

—— meine Reisetage in Deutschland, Frankreich, Italien u. d. Schweiz. 4 Thle. 8. Leipzig 832, [Böhme.] [1. u. 2. (39½ B. incl. 1 Tab.) 2 Thlr. 12 Gr., 3. u. 4. (47 B. u. 2 Tab.) 3 Thlr.]

— meine Reisetage in Deutschland, Frankreich, Italien u. der Schweiz. 4 Thle. 8. Leipz. 832. Hartmann. 5 ₰ 12 gr.

— Städte u. Inseln von England und Wales, s.: Europa, seine Länder u. ihre Bewohner. 3. Bdchn.

Seyffarth, Woldemar, die Universal-Ausstellung in Paris Mai bis Oktbr. 1855. gr. 8. (III und 47 S.) Gotha 855, Scheube. *

—— Wahrnehmungen in Paris 1853 und 1854. gr. 8. (VII und 274 S.) Gotha 855, Scheube. *

Seyffer, s.a. Seifer

Seyffer, Beschreibung d. Kgl. Landhauses Rosenstein. 8. (4 B. u. 3 lith. Beil.) Stuttgart 831, Cotta.
Aus den „Würtemberg. Jahrbüchern rc." abgedruckt.

Seyffer, A., Gegenden aus Würtemberg, mit kurzer Erklärung. qu. Fol. Stuttgart, Sattler. 819.

Seyffer, Karl Felix v. De altitudine speculae astronomicae regiae, quae prope Monachium est, supra mare etc. München 1808. 4.

— de altitudine speculae astronomicae regiae, prope Monachium. gr. 4. Münch. 809. (G. Franz). 4 gr

Seyffer, Karl Felix v. Bestimmung der Länge von Göttingen, Gotha, Danzig, Berlin und Harefeld aus der Sonnenfinsterniss vom 5. Sept. 1793. Göttingen 1794. 4.

Seyffer, Karl Fel., († d. 17. Sept. 1822.) Bestimmung der Länge v. Göttingen rc. 4. Götting. 794. Dieterich. 3 gr

— elementa et phaenomena eclipsis lunae totalis d. 27. Febr. 1812. gr. 4. Münch. 814. (G. Franz). 4 gr

— elementa et phaenomena eclips. solis calend. Febr. 1813. gr. 4. Münch. 814. (G. Franz). 2 gr

Expofitio et dilucidatio libri quinti elementorum Euclidis. Cujus partem primam rectore univerfitatis Eberhardinae Carol. Magnificent. fereniff. atque clementiff. duce et domino dom. Carolo duce Wirtembergiae et Tecciae regnante Rel. Rel. Praefide *Chrift. Frid. Pfleiderer* .... pro rite confequentis magifterii philofophici honoribus publice ad difputandum proponunt *Carol. Felix Seyffer* Bizfeldenfis, *Immanuel David Mauchart* Tubingenfis. Tubingae, typis Schrammianis. 4. 30 Seit. m. Fig.
1782.

— super longitudine geogr. ejusd. speculae etc. gr. 4. Münch. 809 u. 10. (G. Franz). 20 gr

— de positu basis et retis triangulorum etc. per totam Bojoariam porrectorum etc. gr. 4. Münch. 813. (Franz). 1 ₰

Seyffer, Otto Ernst Jul., geschichtl. Darstellung des Galvanismus. [Erweiterte Ausarbeitung einer im Jahre 1844 von der philosoph. Facult. zu Heidelberg gekrönten Preisschrift.] gr. 8. (XXIV u. 638 S.) Stuttgart 848, Cotta. 3 ₰

Seyfferd, Heinrich Christoph (Arnstadt) A. S. 1289/1

Paradoxon medicum quod sit in marte quicquid quaerunt medentes. Präs. Johann Andreas Fischer. Erfurt (Grosch) 16. III. 1718. 32 S.

W. v.: Georg Christoph Petri, Präs., Johann Friedrich de Pré. 32514

Seyfferdt, Joseph Prosper, s.a. Seyffert, Joseph Prosper.

Seyfferdt, Jos. Prosp., Besitz u. Ertheilung d. Friedens. Eine Primizrede. 8. Preßb. 787.

— das dies irae, dies illa, aus d. lateinischen Liturgie in eben so viel Sylben übers. 8. Wien 796.

— fünf liturgische Gesänge v. Abendmahl-Sakramente. Aus dem Latein. in eben so viele Sylben übers. 8. Wien 797.

— das dreifache Opfer, am Feste d. Stifters d. Piaristenordens, Joseph v. Kalasanz. 8. Wien 792.

— die Pflichten einer Glaubensheerde, vorgestellt am Feste der Mährischen Landesapostel Cyrillus u. Methodius. 8. Wien 783.

— Selectae preces orantis animae christianae. 4. Presb. 787.

— zwei Säulen d. Kirche Jesu, ein Bild z. Besserung d. gefallenen Christen. Eine Sittenrede auf d. Fest d. heil. Apostel Petrus u. Paulus. 8. Brünn 784.

Seyfferdt, Jos. Prosp., der Tod des Gerechten, geschildert an Felix v. Valois des Trinitatierordens. 8. Wien 782.

Seyfferdt, Otto Johs., der Herr ist mein Hirte. Predigt üb. Psalm 23, 1—4, geh. den 4. III. 1900, als an dem Tage der Ordination in der Kirche zu Bockau (Ephorie Schneeberg). 8. (16 S.) Diesdorf (900). (Berlin, Deutsche ev. Buch- u. Tractatgesellschaft.) n. — 20

Seyffert, s.a. Seifart

Seyffert, s.a. Seifert

Seyffert, s.a. Seiffert

Nachtrag, dritter — zum Haupt-Katalog der Seyffert'schen Leihbibliothek enthaltend 835 Bände und zwar die Nummern von 3383 bis 4217, auch nebst diesen noch 61 große Bände Zeitschriften. Ausgegeben am 1. Januar 1856. Reichenberg, 1856. Buchdr. des Rudolf Gerzabek. (76 S. 8.)

Seyffert, A., illustr. Tierheilkunde, s.: Lampe, M. A.

Seyffert, Adolf

Seyffert, Adf., 9 totale Dammdefecte, in der gynäkolog. Klinik zu Jena nach G. Simon operirt. gr. 8. (22 S.) Jena 884. (Pohle.) n. — 80

Seyffert, Anna, s.a. Seyffert-Klinger, Anna.

Seyffert, Anna, das Geheimnis derer v. Treßburg, s.a. Weichert's Wochen-Bibliothek. 79.

Das Geheimnis derer von Tressburg. Roman von Anna Seyffert. Mit 3 Vollbild. *Berlin: A. Weichert [1899].* (90 S.) 8°
— Wochen-Bibliothek, Weichert's. Bd 79.

(F) Das Geheimnis derer von Tressburg. Roman von Anna Seyffert. Mit 3 Vollbildern. [Weichert's illustrirter Familienschatz. Bd. 79.] Wien. [1900.] In Comm. Derflinger & Fischer. 8°. 96 S. K —.80

— die Tochter des Kommerzienrates, s.a. Weichert's Wochen-Bibliothek. 67.

(F) Die Tochter des Commerzienrathes. Roman von Anna Seyffert. [Weichert's Illustrirter Familienschatz Bd. 67.] Wien [1899.] In Comm. Derflinger & Fischer. 8°. 95 S. mit 3 Tafeln.

Seyffert, Antonius: Quaestiones criticae de codicibus Sophoclis recte aestimandis. Halis Saxonum (1863): Orphanotropheum. 42 S. 8°
Halle-Wittenberg, Phil. Diss. v. 22. Dez. 1863
Geb. Brandenburg 4. 7. 1840. V.
Im Buchhandel Halle: Waisenhaus 1864.

Seyffert: De Electrae Sophocleae versibus aliquot comm. 22 S.–Brandenburg G., Progr. 1868

Seyffert, Christian David (Kröbern/Sa.) A-S. 272/31

Disputatio historico-moralis de nummis in ore defunctorum repertis.
Präs. Christian Ehrenfried Seyffert (Bruder).
Leipzig (Brandenburger) 26. I. 1709. 24 S.
32516

Seyffert, Christian Ehrenfried: „Tractatus historico moralis de nummis in ore defunctorum repertis", Dresdae et Lipsiae 1712. — Vorh.: Bibl. des Oberlandesgerichts Celle (1 an Tc. 558).

Seyffert, Christian Ehrenfried [Praes.], s. Seyffert, Christian David: De nummis in ore defunctorum repertis.

Seyffert, David

Seyffert, Dav., die Geburtshülfe bei den Kühen, od. d. prakt. Hülfsleistungen beim Kalben d. Kühe, f. Landwirthe, angeh. Thierärzte u. Viehzüchter bearb. 8. (3 B.) Grimma 838, Verlags-Comptoir. *

Seyffert, C. W., Darstellung u. Preisaufgabe des Strohbaues u. der Strohflechterei. Zur Verwendung f. Prämien als Aufmunterung f. Strohproducenten u. für Diejenigen, welche mit Erfolg den Anbau des Strohes aus italienischem Saamen versuchen. gr. 8. (1½ B.) Dresden 846, (Kori'sche Buchh.) *

Seyffert, C. W., Darstellung und Preisaufgabe des Strohbaues und der Strohflechterei. gr. 8. (IV u. 20 S.) Dresden 847, Kori in Comm. n. 1/6 ℳ

Seyffert, Herman

Seyffert, Herm., Allotria. 300 Vexir-Scherze, Streichholzaufgaben, Kartenkunststücke, Salonmagie, Schattenspiele, Zeichen-, Zahlen-, Papierstreifen-Scherze, Wetten, Buchstaben-, Bilder-, Worträthsel, Unterschiede, Aehnlichkeiten, Geheimschrift u. A. 8. (88 S. m. Illustr.) Leipzig 898. A. F. Schlöffel. n. 1. 50

Seyffert, Herm., Allotria. 300 Vexir-Scherze: Streichholzaufgaben, Kartenkunststücke, Salonmagie, Schattenspiele, Zeichen-, Zahlen-, Papierstreifen-Scherze, Wetten, Buchstaben-, Bilder-, Worträthsel, arithmet., geometr., physikal., grapholog. Aufgaben, Scherzfragen, Unterschiede, Aehnlichkeiten, Geheimschrift u. A. 4.—9. Taus. 8. (111 S. m. Illustr.) Leipzig (900). A. F. Schlöffel. n. 1. 50

Seyffert, Herm., Allotria. 300 Vexir-Scherze: Streichholzaufgaben, Kartenkunststücke, Salonmagie. Schattenspiele, Zeichen-, Zahlen-, Papierstreifen-Scherze, Wetten, Buchstaben-, Bilder-, Worträtsel, arithmet., geometr., physikal., grapholog Aufgaben, Scherzfragen, Unterschiede, Aehnlichkeiten u. a. 3. Aufl. (112 S. m. Abbildgn.) 8. Leipzig (905). A. F. Schlöffel. 1. 50

— Mister Hagenbeck-Pascha m. s. afrikan. Zwergen-Truppe, s.: Fastnachts-Bühne.

— Berliner Lasterhöhlen. Sittenbilder aus der Reichshauptstadt. gr. 8. (75 S.) Berlin (902). A. Dressel. n. — 70

Seyffert, Herm., s.: Meinung, freie.

Seyffert, Herm., klassische Muster-Aufführungen v. Drama u. Oper m. verfrühten Schlüssen, s.: Fastnachts-Bühne.

Seyffert, Herm., sofort Chinesisch sprechen ohne Lehrer, s.: Collection „Sofort".

Herman Seyffert. Versink! Aus d. Carrière e. Frauenarztes. *Berlin: H. A. Weber [1904].* (140 S.) 8° [04. 7050

Herman Seyffert. Versink'! Aus d. Carrière e. Frauenarztes. Berlin: H. A. Weber [1905]. (140 S.) 8° [05. 14019

Seyffert, Herman: Volkslieder ....s. Fastnachtsbühne.

— großes Witz- u. Anekdotenbuch. Ein humorist. Hausschatz f. lachlustige Leute. 8. (192 S. m. Abb.) Berlin 897. Verlag d. litterar. Agentur (C. Georgi). n. 1. —

Seyffert, Herm., großes illustr. Witz- u. Anekdotenbuch. Ein humorist. Hausschatz f. lachlust. Leute. 16.—20. Taus. (191 S. m. Abbildgn.) 8. Berlin (910). J. Gnadenfeld & Co. 1. —

Seyffert, J., Schul-Vorschriften zum Selbstunterr. im Schönschreiben in deutsch. Currentschrift, nebst e. Alphabet gothischer Schriftzüge. Lithogr. Fol. (6 B.) Danzig 837, (Homann's Kunsth.)

—— dies. in engl. Currentschrift, nebst e. Alphabet röm. Schriftzüge. Lith. Fol. (6⅓ B.) Danzig 837, (Homann's Kunsth.)

Seyffert, Johannes [approb. Arzt aus Halle a. S.]: Ueber die primaere Bauchfelltuberculose .... Halle a. S., Hofbuchdr. v. C. A. Kaemmerer & Co., 1887; 34 S. + 1 Bl. 8°
Halle, Med. Fak., Inaug.-Diss. v. 17. Nov. 1887

Seyffert, Johannes, über die primaere Bauchfelltuberculose. Diss. Halle 1887, Lippertsche Buchh. 8°. 34 S.

Seyffertus, Joh.: „Classicum belli sacri adversus Hug. Grotium papistam ab omnibus Lutheranis suscipiendi, decantatum 3. vice rec.", Halae Magdeb. 1729. — Vorh.: Bibl. des Kammergerichts Berlin — Lc. 586³.

Seyffert, Joh., Bildliche Darstellung zur Übersicht aller, von aussen am Pferde möglichst ersichtlich gemachten Fehler u. Krankheiten. — Die Konturen der Pferde von Ad. Hess dargestellt; die Krankheitsformen von Ad. Tilch. Imp.-Fol. 3 Taf. (18 S.) Deutsch, franz. u. englisch. 4°. Wien 42. Gerolds S. M. 8.40

Seyffert, Johann Adolph (Annaberg) A. S. 1288/8

Dissertatio inauguralis medico-forensis qua vulnus cerebri sclopetarium septima demum hebdomade absolute lethale ... exponit. Präs. Abraham Vater.
Wittenberg (Gerdes) 6. VI. 1722. 24 S. 32518

Seyffert, Johann Chr.

— neue Abend-Andachten auf alle Tage im Jahre. 2 Thle. gr. 8. Ebend. 805.
Vgl. Abendandachten, ...

Seyfert, richtiger Seyffert, Jh. Chr., einige Amtsvorträge. 8. Bresl. 781. W. G. Korn. 12 gr

Seyfert, J. C., Andachten bey der heil. Nachtmahlsfeyer. 2 Samml. N. Aufl. Leipzig, Jacobäer. 818.
Vgl. Andachten...

Seyffert, J. C. Annalen der Stadt und Festung Küstrin. 8. Küstrin 1801.

Seyffert, Johann Chr., s. Beiträge zur Lesung der heil. Schrift.

– s. Dunov: Land- Kirchen- Matricul.

— neues homilet. Magazin, od. Predigten üb. verschied. Texte. gr. 8. Leipz. 791. (Aue in Altona). 20 gr

— neue Morgen-Andachten auf alle Tage im Jahre. 2 Thle. gr. 8. Leipz. Jacobäer. 805.
Schreibv.
Vgl. Morgenandachten, ...

— Predigten, Homilien und Gelegenheitsreden. gr. 8. Küstrin, Oehmigke. (Müller in Berlin.) 791.

— Predigten, Homilien u. Gelegenheitsreden. gr. 8. Küstrin 791. (Stuhr in Berl.) 1 Rthlr

Seyffert, Johann Christoph (Glauchau) A. S. 1183/2

Dissertatio inauguralis medica theoretico-practica de dysenteria Pannonica Von der Darm- oder Blut-Ruhr. Präs. Johann Juncker.
Halle (Hilliger) VI. 1732. 35 S.

W. v.: Präs., Johann Christ. Ehrlich. 32519

Seyffert, Johann Gotthelf (Dresden) A. S. 151/20

Dissertatio de culpa ab uno collegarum commissa a toto collegio praestanda.
Präs. Johann Florens Rivinus.
Leipzig (Breitkopf) 20. XII. 1742. 28 S.

Gew.: Bernhard von Zech. 32520

SEYFFERT, JOS(EPH) PROSPER: Besitz und Ertheilung des Friedens. Eine Sittenrede am ersten Sonntage nach Ostern, an welchen Hr. Domin. Benedict ... aus dem Neusohler Kirchensprengel in der k. k. Schloßkirche des General-Seminariums zu Presburg, sein erstes feyerliches Meßopfer gehalten. Im Jahre 1787, den 1. April 1787. (Preßburg) 1787. Gedruckt mit Patzkoischen Schriften. 32 S. - 8°
Vgl. Seyfferdt, Joseph Prosper.

Seyffert, Karl Beiträge zum griechischen Elementarunterricht. 25 S. Progr. G. Potsdam 1878.

Seyffertus Carolus: *De Taciti in Germania scribenda consilio. 55 S. 2°
Halle-Wittenberg, Phil. Diss. v. 20. März 1868
Geb. [Dessau (Anhalt) 8. 12. 1844]

Seyffert, Karl, die griechischen unregelmäßigen Verba tabellarisch für den Schulgebrauch zusammengestellt. gr. 8. (32 S.) Dessau 877, Barth's Hofbuchh. *

Seyffert, Karl, die griechischen unregelmäßigen Verba, tabellarisch f. den Schulgebrauch zusammengestellt. 4. Aufl. gr. 8. (32 S.) Dessau 882. Barth. n. — 40

Seyffert, K. die griechischen unregelmäßigen Verba, tabellarisch f. den Schulgebrauch zusammengestellt. 5. Aufl. 8. (32 S.) Dessau 887. Baumann. n. — 40

Seyffert, Karl, d. griech. unregelmäß. Verba, tabellar. f. d. Schulgebrauch zusammengest. 6. Aufl. 8. (32 S.) Dessau 898. P. Baumann. Kart. n. — 40

Seyffert, Karl Jakob, s.a. Seyfert, Karl Jakob.

SEYFFERT, K. Jac. (n. a.): Magazin f. d. deutsche Staats- u. Lehnrecht. *Wetzlar*, Winkler. 785—91. 4 Thle. 8. (2 Thl. 8 Gr.)

Seyffert, L. H., s. Mittheilungen von Ansichten d. kathol. Kirche betreff., u. setze hinzu: (v. L. H. Seyffert).

Seyffert, M. A.

—— und H. Busch, lateinische Elementar-Grammatik, bearb. nach der Grammatik von Ellendt-Seyffert. gr. 8. (79 S.) Berlin 884, Weidmann'sche Buchh. cart. *

Seyffert, M. A., und W. Fries, lateinische Elementar-Grammatik, bearb. nach der Grammatik von Ellendt-Seyffert. 2. und 3. verb. Aufl. gr. 8. (III, 79 S.) Berlin 886,88, Weidmann'sche Buchh. cart. *

Seyffert, M. A., u. W. Fries, lateinische Elementar-Grammatik, bearb. nach der Grammatik v. Ellendt-Seyffert. 4., verb. Aufl. gr. 8. (III, 79 S.) Berlin 889. Weidmann. cart. n. — 60

Seyffert, M. A., u. W. Fries. Lateinische Elementar-Grammatik, bearb. nach d. Grammatik v. Ellendt-Seyffert. 6. Aufl. gr. 8. (III, 72 S.) Berl. 892, Weidmann. cart. * — 60
4. u. 5. Aufl. Ebd. 1889,91.

— u. W. Fries, lateinische Elementar-Grammatik, bearb. nach der Grammatik v. Ellendt-Seyffert. 7. Aufl. gr. 8. (III, 71 S.) Berlin 894. Weidmann. Kart. n. — 60

— u. W. Fries, lateinische Elementar-Grammatik, bearb. nach d. Grammatik v. Ellendt-Seyffert. 8. Aufl. gr. 8. (III, 71 S.) Berlin 896. Weidmann. Kart. n. — 60

— u. W. Fries, latein. Elementar-Grammatik, bearb. nach der Grammatik v. Ellendt-Seyffert. 10. Aufl. gr. 8. (III, 73 S.) Berlin 902. Weidmann. Kart. n. — 60

— u. W. Fries, lateinische Elementar-Grammatik, bearb. nach der Grammatik v. Ellendt-Seyffert. 11. Aufl. (III, 73 S.) 8. Berlin 906. Weidmann. Kart. n. — 60

Seyffert, M. A., latein. Grammatik, s.: Ellendt-Seyffert.

Seyffert, Moritz (L.)

Seyffert, Mor., s. Thdr. Echtermeyer.
— Anthologie aus neueren Latein. Dichtern,

—— Aretalogus, sive epigrammata et sententiae nostratium poetarum latine reddita. 16maj. (5½ B.) Brandeburgi 841, Müller.

Seyffert, M. (Primaner). Arminio Schmidtio gratulatur. XIX. Nov. 2 S. Wittenberg, Progr. 1825

Seyffert, Mor., praktische Beispiele zu der Chrie und deren Theilen zum Uebersetzen in das Lateinische. Für die oberste Bildungsstufe der Gymnasien. gr. 8. (54 S.) Leipzig 859, Holtze.

— s. Carmina aliquot Goethii.

—— Carmina latina, s. a. Carmina latina.

Seyffert, Mor., carmina latina. De poetis alienigenis maxime germanicis convertit etc. Lipsiae 857. Holtze. 16. (VIII, 224 S.) 1 ₰.

Seyffert, M. Carmina Quaedam Rückerti Latine Reddita. 26 S. Brandenburg, G., Progr. 1842

Seyffert, Moritz, s. Caesar, C. J.: Comment. de bello Gallico.

Seyffert, Mor. (L.), s. Ciceronis Laelius.

—— s. Ellendt's, Friedr., lateinische Grammatik.

Seyffert, Mor. Epistola critica ad Carolum Halmium de Ciceronis pro P. Sulla et pro P. Sestio orationibus ab ipso editis. 51 S. Berlin, J.G., Progr. 1848

Seyffert, Mor. (L.), epistola critica ad Car. Halmium de Ciceronis pro P. Sulla et pro P. Sestio orationibus ab ipso editis. gr. 4. (66 S.) Brandenburgi 848. Müller (jetzt: Leipzig, Holtze.) ½ ₰

—— Hauptregeln der griechischen Syntax. Als Anhang der griech. Formenlehre von Carl Franke. gr. 8. (38 S.) Berlin 861, Springer's Verlag. *

— Hauptregeln der griechischen Syntax. Als Anhang der griechischen Formenlehre von Dr. Carl Franke. 861. — 2. Aufl. 862. — 3., durchgeseh. Aufl. Berlin 865. J. Springer. gr. 8. (45 S.) n. 5 ngr.

Seyffert, Mor., Hauptregeln der griechischen Syntax. Als Anh. der griechischen Formenlehre von Dr. Carl Franke. 4. u. 5. durchgeseh. Aufl. Berlin 867, 69. Springer's Verl. gr. 8. (46 S) n. 5 ngr.

Seyffert, Mor., Hauptregeln der griechischen Syntax. Als Anh. der griech. Formenlehre von Carl Franke. 5.—7. Aufl. 1869—73. * 50 Pf., und 8. verb. Aufl. gr. 8. (46 S.) Berlin 874, Springer's Verlag. *

Seyffert, Mor., Hauptregeln der griechischen Syntax. Als Anh. der griech. Formenlehre v. Carl Franke. 6. durchgeseh. Aufl. gr. 8. (46 S.) Berlin 871. Springer's Verl. n. — 50

— 9. verb. Aufl., besorgt von Alb. v. Bamberg. gr. 8. (46 S.) Ebend. 876. n. — 60

Seyffert, Mor., Hauptregeln der griechischen Syntax. Als Anh. der griech. Formenlehre von Karl Franke. 10. Aufl., besorgt von Alb. v. Bamberg. gr. 8. (48 S.) Berlin 877. Springer. — 60

—— dass. — 11. und 12. Aufl. gr. 8. (IV, 58 S) Ebendas. 878,79. cart. *

Seyffert, Mor., Hauptregeln der griechischen Syntax, s. a. Bamberg, Alb. v., griechische Schulgrammatik. II.

Dr. Moritz Seyffert's Hauptregeln der griechischen Syntax. Als Anhang d. griech. Formenlehre von Dr. Carl Franke. Bearb. von Albert v. Bamberg. 25. Aufl. *Berlin: J. Springer 1896.* (XI, 81 S.) 8° [J.]
— Bamberg, Albert v.: Griech. Schulgrammatik. 2. [95. 11137 S

[J.] Dr. Moritz Seyffert's Hauptregeln der griechischen Syntax. Als Anh. d. griech. Formenlehre v. Dr. Carl Franke. Bearb. v. Dr. Albert v. Bamberg, ... Dir. ... zu Gotha. 26. Aufl. *Berlin: J. Springer 1898.* (XI, 81 S.) 1 Bd 8.
— Bamberg, Albert v.: Griech. Schulgrammatik. Tl II. [98. 6919

Dass. 28. Aufl. Ebda. 1901.

Dr. Moritz Seyffert's Hauptregeln der griechischen Syntax. Als Anh. d. griech. Formenlehre von Dr. Carl Franke. Bearb. von Dr. Albert v. Bamberg, Dir. zu Gotha. 29. Aufl. Berlin: J. Springer 1904. (XI, 81 S.) 8° [J.]
— Bamberg, Albert v.: Griechische Schulgrammatik. 2. [05. 1180

Dr. Moritz Seyffert's Hauptregeln der griechischen Syntax. Als Anh. d. griech. Formenlehre von Dr. Carl Franke, bearb. von Dr. Albert v. Bamberg, Dir. 30. Aufl. Berlin: J. Springer 1906. (XI, 81 S.) 8° [J.]
— Bamberg, Albert v.: Griech. Schulgrammatik. T. 2. [06. 19495

Seyffert, Mor. (L.), griechisches Lesebuch f. Secunda, enthalt. Xenophons Memoiren u. Lucians Traum. Anacharsis, Demonax, Timon u. Jupiter Tragoedus. (2 Abthl.) 8. (23 B.) Brandenburg 842, Müller.

—— griechisches Lesebuch für Secunda. 2. Aufl. 8. (XI und 354 S.) Leipzig 857, Holtze.

Seyffert, Mor. (L.), Lesestücke aus griechischen und lateinischen Schriftstellern. Zum Privatstudium oder auch zum öffentl. Gebrauch für die oberen Classen der Gymnasien zusammengestellt. gr. 8. (XV und 212 S.) Leipzig 854, Holtze.

—— Lesestücke aus griechischen und lateinischen Schriftstellern. Für die mittleren und oberen Klassen der Gymnasien zusammengestellt. 2., verb. Aufl. gr. 8. (XVI und 214 S.) Leipzig 861, Holtze.

—— Lesestücke aus griechischen und lateinischen Schriftstellern. Für die mittleren und oberen Klassen der Gymnasien. 3., durchgeseh. Aufl. gr. 8. (XV und 214 S.) Leipzig 866, Holtze.

— Lesestücke aus griechischen u. lateinischen Schriftstellern f. die mittleren u. oberen Klassen der Gymnasien zusammengestellt. 4., durchgeseh. Aufl. gr. 8. (XVIII, 214 S.) Leipzig 872. Holtze. 2. 25

—— Lesestücke aus griechischen und lateinischen Schriftstellern für die mittleren und oberen Klassen der Gymnasien zusammengestellt. 5. durchgeseh. Aufl. gr. 8. (XVIII, 214 S.) Leipzig 876, Holtze.

—— Lesestücke aus griechischen und lateinischen Schriftstellern. Für die mittleren und oberen Klassen der Gymnasien zusammengestellt. 6. und 7. durchges. Aufl. gr. 8. (XVIII, 214 S.) Leipzig 880,84, Holtze.

— Lesestücke aus griechischen u. lateinischen Schriftstellern. Für die mittleren u. oberen Klassen der Gymnasien zusammengestellt. 8., durchgeseh. Aufl. gr. 8. (XVIII, 214 S.) Leipzig 888. Holtze. 2. 40

—— Lesestücke aus griechischen u. lateinischen Schriftstellern. Für die mittleren u. oberen Klassen der Gymnasien zusammengestellt. 9. durchgeseh. Aufl. gr. 8. (XVIII, 214 S.) Lpz. 891, Holtze's Nachf. * 2 40

Seyffert, Mor., Lesestücke aus griech. u. latein. Schriftstellern f. d. mittl. u. oberen Klassen d. Gymnasien. 10., durchgeseh. Aufl. gr. 8. (XVI, 214 S.) Leipzig 897. O. Holtze's Nachf. n. 2. 40

– s. Lucianus: Traum.

—— Materialien z. Uebersetzen aus d. Deutschen ins Lateinische aus neueren latein. Schriftstellern gezogen u. f. die oberste Bildungsstufe d. Gymnasien bearb. Als Anh. zur Palaestra Ciceroniana desselb. Verf. gr. 8. (12 B.) Brandenburg 844, Müller. —

— Materialien zum Uebersetzen aus dem Deutschen ins Lateinische. Für die oberste Bildungsstufe der Gymnasien bearb. 2. Aufl. Leipzig 856. Holtze. gr. 8. (VIII, 210 S.) 22½ ngr

Seyffert, Mor., Materialien zum Uebersetzen aus dem Deutschen ins Lateinische. Für die oberste Bildungsstufe der Gymnasien bearb. 3. Aufl. 1863. und 4. Aufl. gr. 8. (VIII und 210 S.) Leipzig 867, Holtze.

—— Materialien zum Uebersetzen aus dem Deutschen in's Lateinische. Für die oberste Bildungsstufe der Gymnasien. 6. unveränd. Aufl. gr. 8. (VI, 210 S.) Ebendas. 874.

—— Materialien zum Uebersetzen aus dem Deutschen in's Lateinische. Für die oberste Bildungsstufe der Gymnasien. 7. Aufl. 8. (VI, 210 S.) Ebendas. 877. *

— Materialien zum Uebersetzen aus dem Deutschen in's Lateinische. Für die oberste Bildungsstufe der Gymnasien bearb. 8. Aufl. gr. 8. (VI, 210 S.) Ebend. 880. 2. 40

— Materialien zum Übersetzen aus dem Deutschen in's Lateinische. Für die oberste Bildungsstufe der Gymnasien bearb. 9. Aufl. gr. 8. (VI, 210 S.) Ebend. 884. 2. 40

—— Materialien zum Übersetzen aus dem Deutschen ins Lateinische. Für die oberste Bildungsstufe der Gymnasien. 10. Aufl. 8. (VI, 210 S.) Ebd. 892. * 2 40

—— s. Ellendt, J. E., Materialien zum Uebersetzen aus dem Lateinischen ins Deutsche.

Seyffert, Mor. (L.), Palaestra Ciceroniana. Materialien zu lateinischen Stilübungen für die oberste Bildungsstufe der Gymnasien. gr. 8. Brandenburg 841, Müller. 1 ℳ 4 ngr

— Palaestra Ciceroniana. Materialien zu latein. Stilübungen f. die oberste Bildungsstufe der Gymnasien. 2. verb. u. verm. Aufl. gr. 8. (XVI u. 328 S.) Ebd. 847. — 3. durchges. Aufl. gr. 12. (XVI u. 328 S.) Ebd. 852 (jetzt: Leipzig, Holtze.) 1⅓ ℳ

Seyffert, Mor., Palaestra Ciceroniana. Deutsche Originalstücke zum Uebersetzen in das Lateinische in Cicero's Schreibart. 4., verb. Aufl. gr. 8. (XVI und 343 S.) Leipzig 859, Holtze. Thlr.

—— Palaestra Ciceroniana. Deutsche Originalstücke zum Uebersetzen in das Latein. in Cicero's Schreibart. 5. Aufl. gr. 8. (XVI und 352 S.) Leipzig 865, Holtze.

—— Palaestra Ciceroniana. Deutsche Originalstücke zum Uebersetzen in das Lateinische in Cicero's Schreibart. 6. Aufl. 1870. ℳ 3,60., und 7. Aufl. gr. 8. (XIV, 353 S.) Ebendas. 875.

—— Palaestra Ciceroniana. Deutsche Orig.-Stücke zum Übersetzen in das Lateinische in Cicero's Schreibart. 8. Aufl. gr. 8. (XIV, 358 S.) Ebendas. 883.

—— Palaestra Musarum, s. a. Echtermeyer, Th.

— palaestra musarum. Materialien zur Einübung der gewöhnlicheren Metra und Erlernung der poetischen Sprache der Römer. 1. Thl. der Hexameter und das Distichon. 2. verb. Aufl. Halle 855. Buchhdlg. des Waisenhauses. gr. 8. (X, 132 S.) 15 ngr

—— Palaestra musarum. Materialien zur Einübung der gewöhnlicheren Metra und Erlernung der poet. Sprache der Römer. 1. Thl.: Der Hexameter und das Distichon. 4. Aufl. gr. 8. (XII und 163 S.) Halle 860,61, Buchhandlung des Waisenhauses.

—— Palaestra musarum. Materialien zur Einübung der gewöhnlicheren Metra und Erlernung der poet. Sprache der Römer. 1. Thl.: Der Hexameter und das Distichon. 5. Aufl. 1864. und 6. Aufl. gr. 8. (X und 153 S.) Halle 868 Buchh. des Waisenhauses.

— Palaestra musarum. Materialien zur Einübung der gewöhnlicheren Metra u. Erlernung der poet. Sprache der Römer. 1. Thl.: Der Hexameter u. das Distichon. 6. Aufl. Halle 869. Buchh. des Waisenhauses. gr. 8. (X, 153 S.) 15 ngr

—— Palaestra Musarum. Materialien zur Einübung der gewöhnlicheren Metra und Erlernung der poet. Sprache der Römer. 1. Thl.: Der Hexameter und das Distichon. 7. Aufl. gr. 8. (X, 154 S.) Halle 872, Buchh. des Waisenhauses.

—— Palaestra musarum. Materialien zur Einübung der gewöhnlicheren Metra und Erlernung der poet. Sprache der Römer. Fortgesetzt von Rich. Habenicht. 1. Thl.: Das Hexameter und das Distichon. 8. Aufl. gr. 8. (X, 154 S.) Halle 877, Buchh. des Waisenhauses. *
2. Thl. (2 Abthlgn.) Ebendas. 1834,35. * ℳ 4.

—— Palaestra musarum. Materialien zur Einübung der gewöhnlicheren Metra und Erlernung der poet. Sprache der Römer. Fortgesetzt von Rich. Habenicht. 1. Tl.: Der Hexameter und das Distichon. 9. Aufl. gr. 8. (X, 154 S.) Halle 882, Buchh. des Waisenhauses. *
2. Thl. (2 Abthlgn.) Ebendas. 1834,35. * ℳ 4.

—— das Privatstudium in seiner pädagog. Bedeutung. Eine Skizze als Beitrag zur Kritik unserer heutigen Gymnasien. br. gr. 8. (62 S.) Brandenburg 852. [Leipzig, Holtze.] *

—— Progymnasmata. Anleitung zur latein. Composition in prakt. Beispielen zu der Chrie und deren Theilen. Für die oberste Bildungsstufe der Gymnasien. gr. 8. (VIII und 205 S.) Leipzig 859, Holtze.

—— Progymnasmata. Anleitung zur latein. Composition in prakt. Beispielen zu der Chrie und deren Theilen. Für die oberste Bildungsstufe der Gymnasien. 2., verb. Aufl. gr. 8. (VIII und 205 S.) Leipzig 864, Holtze.

—— Progymnasmata. Anleitung zur latein. Composition in prakt. Beispielen zu der Chrie und deren Theilen. Für die oberste Bildungsstufe der Gymnasien. 3. Aufl. gr. 8. (VIII, 196 S.) Leizig 870, Holtze.

—— Progymnasmata. Anleitung zur latein. Composition in prakt. Beispielen zu der Chrie und deren Theilen. Für die oberste Bildungsstufe der Gymnasien. 4. durchgeseh. Aufl. gr. 8. (VIII, 196 S.) Leipzig 877, Holtze. *

Seyffert, Mor., Progymnasmata. Anleitung zur latein. Komposition in prakt. Beispielen zu der Chrie u. deren Teilen. Für die oberste Bildungsstufe der Gymnasien. 5. Aufl. gr. 8. (VIII, 196 S.) Leipzig 886. Holtze. n. 2. 40

Seyffertus, Mauritius: De duplici recensione Iphigeniae Aulidensis quaestiuncula. Halis Saxonum (1831): Orphanotropheum. 44 S. 8°
Halle-Wittenberg, Phil. Diss. v. 4. [vielmehr: 8.] Juni 1831
Geb. [Wittenberg 19. 3. 1809]
Im Buchhandel Halle: Waisenhaus 1831.

—— Scholae latinae. Beiträge zu einer method. Praxis der latein. Stil- und Compositionsübungen. 1. Thl.: Die Formen der tractatio. gr. 8. (X und 222 S.) Leipzig 854(55,) Holtze.

—— Scholae latinae. Beiträge zu einer method. Praxis der latein. Stil- und Compositionsübungen. 2. Thl.: Die Chrie, das Hauptstück der alten Schultechnik. gr. 8. (XI und 255 S.) Leipzig 857. Holtze.
1. Thl. Ebendas. 1854. 1 Thlr. 5 Ngr.

—— Scholae latinae. Beiträge zu einer method. Praxis der latein. Stil- und Compositionsübungen. 2 Thle. gr. 8. Leipzig, Holtze.
Inhalt:
Thl. 1.. Die Formen der tractatio. 2., verb. Aufl. (XIV und 226 S.) 863. 1 Thlr. 5 Ngr.
" 2. Die Chrie, das Hauptstück der alten Schultechnik. 2., bericht. Aufl. gr. 8. (XI und 264 S.) 865. 1 Thlr. 10 Ngr.

– scholae latinae. Beiträge zu einer method. Praxis der latein. Stil- u. Compositionsübungen. 1. Thl.: die Formen der tractatio. 3. Aufl. Ebend. 870. gr. 8. (XIV, 234 S.) 1 ₰ 5 ngr

– scholae latinae. Beiträge zu e. method. Praxis der latein. Stil- u. Compositionsübgn. 2. Thl.: Die Chrie, das Hauptstück der alten Schultechnik. 3. Aufl. gr. 8. (XIII, 264 S.) Leipzig 872. Holtze. 4. —

– scholae latinae. Beiträge zu einer method. Praxis der latein. Stil- u. Compositionsübungen. 1. Thl. Die Formen der tractatio. 4. Aufl. gr. 8. (XIV, 234 S.) Ebend. 878. 3. 60

Seyffert's, Mor., scholae latinae. Beiträge zu einer methodischen Praxis der latein. Stil- und Kompositionsübungen. 2. Tl.: Die Chrie, das Hauptstück der alten Schultechnik. 4. Aufl. gr. 8. (XII, 264 S.) Leipzig 887, Holtze.
1. Thl. Ebendas. 1878. *ℳ 3.60.

—— Uebersetzung einiger Stücke aus der Palaestra Ciceroniana. gr. 8. (47 S.) Leipzig 859, Holtze. *

— Uebersetzung einiger Stücke aus der Palaestra Ciceroniana. 2. Aufl. gr. 8. (46 S.) Ebend. 876. n. — 80

Seyffert, M. Uebersetzungs- und Erklärungs-Proben. (Enth. latein. metr. Uebersetzungen von Schiller: Ring des Polycr., Kraniche des Ibyc. u. a.; auch mehrere Proben lat. pros. Uebersetzungen, und Erklärung von Virg. Aen. IV, 56—89, und des Prooem. zu Cic. Brutus, endlich miscel. crit.) 72 S.
Halle, P., Progr. 1837

— Uebungsbuch zum Uebersetzen aus dem Deutschen in das Griechische in Anschluß an Xenophons Anabasis für die mittleren und oberen Gymnasialklassen bearb. Berlin 865. J. Springer. gr. 8. (VIII, 245 S.) n. 24 ngr

—— Uebungsbuch zum Uebersetzen aus dem Deutschen in das Griechische im Anschluß an Xenophons Anabasis für die mittleren und oberen Gymnasialklassen bearb. 1. Aufl. 1865. und 2., durchgeseh. Aufl. gr. 8. (VIII und 254 S.) Berlin 867, Springer's Verlag. *

—— Uebungsbuch zum Uebersetzen aus dem Deutschen in das Griechische im Anschluß an Xenophons Anabasis für die mittleren und oberen Gymnasialklassen bearb. 3. Aufl. 1870, und 4. durchgeseh. Aufl. gr. 8. (VIII, 276 S.) Berlin 873, Springer's Verlag. *

—— Uebungsbuch zum Uebersetzen aus dem Deutschen in das Griechische in Anschluß an Xenophons Anabasis für die mittleren und oberen Gymnasialklassen. 5. Aufl., besorgt von Alb. v. Bamberg. gr. 8. (VIII, 276 S.) Berlin 876, Springer. *

— Uebungsbuch zum Uebersetzen aus dem Deutschen in das Griechische, im Anschluß an Xenophons Anabasis für die mittleren u. oberen Gymnasialklassen bearb. 6. Aufl., durchgesehen u. verm. von Alb. v. Bamberg. gr. 8. (VIII, 240 S.) Berlin 879. Springer. n. 2. 40

—— Übungsbuch zum Übersetzen aus dem Deutschen in das Griechische. Durchges. und erweit. von Alb. v. Bamberg. 7. Aufl. 2 Tle. gr. 8. Berlin 881, Springer. *
Inhalt:
Tl. 1. Beispiele zur attischen Formenlehre. (IV, 96 S.) *ℳ 1.
" 2. Beispiele zur Syntax und zusammenhängende Übungsstücke. (VIII, 199 S.) *ℳ 2.

—— dass. — 8. um ein Wörterverzeichnis verm. Aufl. 2 Tle. gr. 8. Ebendas. 884. *
Inhalt:
Tl. 1. Beispiele zur attischen Formenlehre. (IV, 132 S.) *ℳ 1,20.
" 2. Beispiele zur Syntax und zusammenhängende Übungsstücke. (VIII, 231 S.) *ℳ 2.

—— Übungsbuch zum Übersetzen aus dem Deutschen in das Griechische. Durchges. und erweitert von Alb. von Bamberg. 2 Tle. gr. 8. Berlin, Springer. *
Inhalt:
Tl. 1. Beispiele zur attischen Formenlehre. 9. durchges. Aufl. (VI, 129 S.) 888. *ℳ 1.20.
" 2. Beispiele zur Syntax und zusammenhängende Übungsstücke. 9. durchges. und verm. Aufl. (X, 238 S.) 887. *ℳ 2.--.

-- Übungsbuch zum Übersetzen aus dem Deutschen in das Griechische. Durchgeseh. u. erweitert von A. v. Bamberg. 2 Tle. gr. 8. Berlin, Springer. n. 3. 20
1. Beispiele zur attischen Formenlehre. 9., durchgeseh. Aufl. (VI, 129 S.) 888. n. 1. 20
2. Beispiele zur Syntax u. zusammenhängende Übungsstücke. 10., durchgeseh. Aufl. (X, 238 S.) 889. n. 2. —

—— Übungsbuch zum Übersetzen aus dem Deutschen in d. Griechische. Durchgesehen u. erweitert von Alb. v. Bamberg. 2. Tl.: Beispiele zur Syntax u. zusammenhäng. Übungsstücke. 11. Aufl. gr. 8. (X, 238 S.) Berl. 892, Springer. * 2 —
1. Tl. Ebd. 1888. * 1 20.

Seyffert, Mor., Uebungsbuch z. Uebersetzen aus d. Deutschen in das Griechische. Durchges. u. erweit. von Alb. v. Bamberg. 2 Tle. gr. 8. Berlin, J. Springer. n. 3. 20
1. Beispiele zur attischen Formenlehre. 10., durchgeseh. Aufl. (V, 129 S.) 893. n. 1. 20
2. Beispiel zur Syntax u. zusammenhäng. Uebungsstücke. 12., verb. Aufl. (XII, 250 S.) 897. n. 2. —

-- Uebungsbuch zum Uebersetzen aus dem Deutschen in das Griechische. Durchgesehen u. erweit. von Alb. v. Bamberg. 2. Tl.: Beispiel zur Syntax u. zusammenhäng. Uebungsstücke. 13. verb. Aufl. (XII, 167 u. 85 S.) gr. 8. Berlin 902. J. Springer. n. 2. —

— Übungsbuch zum Übersetzen aus dem Deutschen in das Griechische. Durchgesehen u. bearb. von Alb. v. Bamberg. 2. Tl.: Beispiele zur Syntax u. zusammenhäng. Übungsstücke. 14. durchgeseh. Aufl. (XII, 167 u. 85 S.) gr. 8. Berlin 907. J. Springer. 2. —

—— Uebungsbuch z. Uebersetzen aus d. Deutschen in's Latein. f. Secunda. gr. 8. (15 B.) Brandenburg 846, Müller. —

—— Uebungsbuch zum Uebersetzen aus dem Deutschen ins Lateinische für Secunda. 2., durchgeseh. und mit einem Anhange verm. Aufl. gr. 8. (XIV und 242 S.) Brandenburg 849, Müller. -

— Uebungsbuch zum Uebersetzen aus dem Deutschen ins Lateinische für Secunda. 3. Aufl. 1853. Brandenburg. und 4., durchgeseh. Aufl. gr. 8. (XVI und 346 S.) Leipzig 856, Holtze.

— Uebungsbuch zum Uebersetzen aus dem Deutschen ins Lateinische für Secunda. 5. Aufl. 1858. und 6., durchgeseh. Aufl. gr. 8. (XVI und 346 S.) Leipzig 861, Holtze.

— Uebungsbuch zum Uebersetzen aus dem Deutschen ins Lateinische für Secunda. 7. Aufl. 1864. und 8., durchgeseh. Aufl. gr. 8. (XVI und 346 S.) Leipzig 866, Holtze.

— Uebungsbuch zum Uebersetzen aus dem Deutschen ins Lateinische für Secunda. 9. Aufl. 1869, und 10. durchgeseh. Aufl. gr. 8. (XVI, 346 S.) Leipzig 872, Holtze.

— Uebungsbuch zum Uebersetzen aus dem Deutschen in's Lateinische für Secunda. 11. und 12. Aufl. 8. (XVI, 346 S.) Leipzig 875,78, Holtze.

— Übungsbuch zum Übersetzen aus dem Deutschen in's Lateinische für Secunda. 13. Aufl. 8. (XVI, 346 S.) Leipzig 882, Holtze.

Seyffert, Dr. Moritz, Uebungsbuch zum Uebersetzen aus dem Deutschen ins Lateinische für Secunda. 14. Auflage. Leipzig 1887. C. Holtze. (Min.-Erl. 5. März 1890. Z. 3465.) Geh. 1.80

Seyffert, Dr. Moritz, Uebungsbuch zum Uebersetzen aus dem Deutschen ins Lateinische für Secunda und Prima. 15. Auflage. Leipzig 1895. Holtze's Nachfolger. (Min.-Erl. vom 20. October 1895, Z. 24615.) Geh. 1.80

– s. Xenophon: Memoiren.

Seyffert, O., Amoretten, s.: **Universal-Malvorlagen** Nr. 66.

Seyffert, O., Amoretten, Blumen, Kartuschen, Vögel. Fol. (8 Lichtdr.-Taf.) Dresden 893. W. Hoffmann. n.n. 4. —

Seyffert, O., s.: Künstler-Steinzeichnungen f. die sächs. Volksschule.

Seyffert, O., 20 farbige Vorlagen f. das Freihand- u. geometrische Zeichnen, s.: Großberger, V.

Seyffert, Oscar (Unterarzt im 5. Rheinischen Inf.-Reg. Nr. 65 u. am K. Charité-Krankenhause): Beitrag zur Kenntniss der sich an Verletzungen und Erschütterungen anschliessenden Neurosen .... Berlin, Gedr. bei L. Schumacher, 1885: 32 S. 8°.
Berlin, Med. Fak., Inaug.-Diss. v. 14. Nov. 1885.

Seyffert, Oscar, Beitrag zur Kenntniss der sich an Verletzungen und Erschütterungen anschliessenden Neurosen. Diss. Berlin 1885, Mayer & Müller. 8°. 32 S.

Seyffert, O., Geschichte der röm. Litteratur, s.: **Kopp,W.**

Seyffert, Osk., s.: Jahresbericht üb. etc. classische Altertumswissenschaft.

— Jahresbericht üb. Plautus 1886 – 89, 1890 – 94. 2 Tle. S.-A. 1-90 u. 1895. 91 u. 125 S. 2.50

Seyffert, Osk., Lexikon der klassischen Altertumskunde. Kulturgeschichte der Griechen und Römer. Mythologie und Religion, Litteratur, Kunst und Altertümer des Staats- und Privatlebens. Mit 343 (eingedr. Holzschn.-)Abbild. und 1 (chromolithogr.) Plan der Ausgrabungen von Olympia. 8. (VIII, 732 S.) Leipzig 882, Bibliograph. Institut. *ℳ 7.; geb. *

Seyffert, Osk., s. Munk, Ed., Geschichte der röm. Literatur.

Seyffert, (Aug.) Osc. (geb. Crossen a. O. 23. 1. 1841): Quaestionum metricarum particula: de Bacchiacorum versuum usu Plautino. Berolini (1864). (46 S.) 8°
Berlin, Phil. Diss. v. 2. Juli 1864

Seyffert, Osc., quaestionum metricarum particula: de bacchiacorum versuum usu Plautino. Dissertatio inauguralis. gr. 8. (48 S.) Berlin 864, (Calvary und Comp.) *

Seyffert, O., Studia Plautina. 4. (31 S.) Berlin 874. (Calvary & Co.) n. 1. 20

— s.: Studien, Berliner, f. classische Philologie u. Archaeologie.

Seyffert, Osk., s.: **Sylvius, Francisc. de le Boë. de phtisi.**

Seyffert, O., s.: Volkstrachten u. Bauernhäuser, sächsische.

Von der Wiege bis zum Grabe. Ein Beitrag z. sächs. Volkskunst. Im Auftr. d. Ver. f. sächs. Volkskunde hrsg. von Prof. Oskar **Seyffert.** 72 Taf. Wien: Gerlach & Wiedling [1905]. (6 S.) 4° 1c4. 1956

Seyffert, Osk., von der Wiege bis zum Grabe. Ein Beitrag zur sächs. Volkskunst. Im Auftrag des Vereins f. sächs. Volkskunde hrsg. 72 Taf. in Bunt- u. Schwarzdr. (6 S. Text.) Lex.-8. Wien (906). Gerlach & Wiedling. In Umschlag n. 20. –

— s.: Wochenschrift, Berliner philologische.

Seyffert, Otto August

Seyffert, O. A., Schiller-Album, s. **Schiller-Album.**

Seyffert, P. D. B., Specimen inaug. de annis climactericis. 4. Berl. Lange. 790.

— commant. de Pinguedine. 4, ibid. 796.

Seyffert, Paul, appr. Arzt: Ueber die **Aetiologie,** den Sitz und den klinischen Verlauf primaerer Vaginalcarcinome, und die Erfolge nach Operationen. *Leipsig 1901: B. Georgi.* (48 S.) 8°
Leipzig, Med. Diss. v. (28. März) 1901

Seyffert, Paul, approb. **Arzt aus Brandenburg a. H.: Über die Prognose der Coloncarcinome.** *Halle a. S. 1902: C. A. Kaemmerer & Co.* (20 S.) 8°
Halle, Med. Diss. v. 13. Aug. 1902

Seyffert, Paulus [Brandenburgensis]: Quaestiones ad Augusti bella Germanorum criticae. Pars I. (De clade Lolliana et de Drusi bellis.) . . . Erlangen, *typ. soc. typograph. Vratislaviensium,* **1887;** 32 S. 8°
Erlangen, Phil. Fak., Inaug.-Diss. v. 1887

Seyffert, Raimund

Seyffert, Raim., Emendationes Taciteae. Fasc. I. Annales. 8maj. (5½ B.) Berolini 843, G. Reimer.

Seyffert, Raim. Loci aliquot in Taciti Agricola emendati et illustrati. 18 S.
Kreuznach, Progr. 1845

Seyffert, Raim.: Scholia ad Horatii satiras. (Enthält folgende Stellen: I. 5, 1-6. 34-36. 97-101. I. 6. 26 - 29. 49 - 52. 104 - 106. 111 - 112. 122. I. 10., 40 - 42. 43 - 44. 67 - 71. II. 5, 88 - 98. II. 6, 16 - 39. Od. III. 5, 13 - 16.) 32 S. Kreuznach, Progr. 1856.

Seyffert, Raimund, Scholia ad Horatii satiras. Fasc. I. 4maj. (33 S.) Crucenaci 856, Voigtländer. *

Seyffert, Richard [pract. Arzt aus Ostpreussen]: Zur Pathologie der Gallengänge. Cyste des Ductus choledochus, operativ behandelt .... Greifswald, Druck v. Carl Sell, 1888: 32 S. + 2 Bl. 8°
Greifswald, Med. Fak., Inaug.-Diss. v. 2. Jun. 1888

Seyffert, Rich., St. Petersburg u. Moskau, s.: Projections-Vorträge. 64. Heft.

Seyffert, Walter

Seyffert, Gualtherus: De Xenophontis Agesilao quaestiones. Gottingae 1909: Dieterich. 64 S. 8°
Göttingen, Phil. Diss. v. 27. April 1909, Ref. Schwartz-Leo
[Geb. 9. Aug. 85 Potsdam; Wohnort: Potsdam; Staatsangeh.: Preußen; Vorbildung: Gymn. Potsdam Reife M. 03; Studium: Berlin 5, Göttingen 5 S.; Rig. 17. Febr. 09.] [U 09. 1402

Seyffert-Klinger, Anna, s.a. Seyffert, Anna.

Seyffert-Klinger, Frau Anna, s. a.: Trystedt, A. v.

Seyffert-Klinger, A., Käthchens Geheimnis, s.: Weber's moderne Bibliothek.

— die Perlen der Großmutter, s.: Weber's moderne Bibliothek.

Seyffert-Klinger, Anna, der silberne Pfeil, s.: Weber's moderne Bibliothek.

Die Rache der Verschmähten. Ich will richten! 2 Kriminal-Erzählungen von A[nna] Seyffert-Klinger. Mit 3 Vollbildern. *Berlin: A. Weichert [1902].* (96 S.) 8° [F.]
— Wochen-Bibliothek, Weichert's. Bd 130. [03. 8536

— die Rache der Verschmähten. Ich will richten!, s.a. Weichert's Wochenbibliothek.

— umsonst gebüßt, s.: Weber's moderne Bibliothek.

— Vergeltung, s.: Weichert's Wochen-Bibliothek

Seyfferth, A., d. Hund, s. Bau, s. innern Organe. Bildl. Darstellg. m. kurzem Text. Zeichngn. nach Angabe des Verf. qu. 4. (84 Sp. m. Abb. u. 1 farb. Phantom.) Fürth 897. G. Löwensohn. Kart. 2. —

— d. Krankheiten d. Rindes. Erkenng. u. Behandlg. d. hauptsächlichsten Rinderkrankheiten. qu. 4. (40 Sp.) Ebd. 895. Kart. — 50

Seyfferth, A., Die Krankheiten des Rindes. qu. 4°. (40 Sp.) Fürth 95. (G. Fock, Leipzig.) Kart. M. —.50

— d. Rind, s. Bau, s. inneren Organe. Bildl. Darstellg. m. kurzem Text. qu. 4. (68 Sp. m. 1 farb. Phantom.) Ebd. 895. Kart. 2. —

— d. Schaf, s. Bau, s. inn. Organe. Bildl. Darstellg. m. kurzem Text, nebst Besprechung der hauptsächlichsten Schafkrankheiten. qu. 4. (88 Sp. m. Abb. u. 1 farb. Phantom.) Ebd. 896. Kart. 2. —

— das Schwein, s. Bau, s. inn. Organe. Bildl. Darstellg. m. kurzem Text. Zeichngn. nach Angabe d. Verf. qu. 4. (83 S. m. Abb. u. 1 farb. Phantom.) Ebd. 898. Kart. 2. —

Seyfferth, Erich, a. Leipzig: Zur Kenntnis des 4-Methylpyrazols. Jena 1907: A. Kämpfe. (49 S.) 8°
Jena, Phil. Fak., Ref. Knorr, Diss. v. 11. Juli 1907
[Geb. 18. Mai 81 Leipzig; Wohnort: Leipzig; Staatsangeh.: Sachsen; Vorbildung: Realgymn. Leipzig Reife O. 01; Studium: Leipzig 2, Göttingen 1, Berlin 1, Jena 3 S.; Rig. 7. März 07.]

Seyfferth, Eugen [aus Leipzig]: Zur Kenntniss der Picolinsäure und Nicotinsäure .... Leipzig, Druck v. Metzger u. Wittig, 1886: 26 + 1 S. 8°.
Leipzig, Phil. Fak., Inaug.-Diss. v. 19. Jul. 1886.

Seyfferth, Eug., zur Kenntniss der Picolinsäure und Nicotinsäure. Diss. Leipzig 1886, Gustav Fock. 8°. 26 S.

Seyfferth, Fel., Gesetz gegen den unlauteren Wettbewerb vom 7. VI. 1909, s.: Handbibliothek, juristische.

Seyfferth, Felix, bacc. iur., Amtsgerichtsreferendar in Chemnitz: Der Schutz des Bürgen gegenüber dem Gläubiger nach dem deutschen Bürgerlichen Gesetzbuche. Borna-Leipzig 1905: R. Noske. (VI, 74 S.) 8°
Leipzig, Jur. Fak., Diss. v. 31. Juli 1905
[Geb. 18. Mai 78 Leipzig-Sellerhausen; Wohnort: Leipzig-Anger; Staatsangeh.: Sachsen; Vorbildung: Nikolaigymn. Leipzig Reife O. 99; Studium: Leipzig 6 S.; Rig. 20. Juni 03.]

Seyfferth, Hermann Andreas (Sundhausen) A. S. 1271/2

Dissertatio inauguralis medica de casu herniae scrotalis, gangraena et passione iliaca comitibus.
Präs. Johann Philipp Eysel.
Erfurt (Grosch) 12. IV. 1717. 20 S. 32521

Seyfferth, J. A., praktische Anleitung zur Buchführung f. Gewerbetreibende. Zum Gebrauch in Fortbildungsschulen bearb. gr. 8. (107 S.) Nürnberg 902. C. Koch. n. — 90

Seyfferth, J. A., Atlas der biblischen Länder für Volks- und Mittelschulen. Zum Gebrauch beim Unterricht in der bibl. Geschichte für die Hand der Schüler bearb. gr. 8. (4 chromolithogr. Karten in gr. 4.) Hof 876, Büching. cart. * — 50

Seyfferth, J. A., Atlas der biblischen Länder f. Volks- u. Mittelschulen. Zum Gebrauch beim Unterricht in der bibl. Geschichte f. die Hand der Schüler bearb. gr. 8. (4 chromolith. Karten in gr. 4.) Hof 877. Büching. n. — 50

Seyfferth, J. A., Aufgaben zur Bearbeitung in Fortbildungs- und Sonntagsschulen. Geschäftlicher Aufsatz, geschäftl. Rechnen und gewerbl. Buchführung. Auszug aus Materialien für den Unterricht in Fortbildungsschulen. 8. (47 S.) Hof 877. Büching's Verlag. *

— deutsche Aufsätze f. die Mittelklassen der Volksschule. gr. 8. (VI, 100 S.) Leipzig 899. E. Wunderlich. n. 1. —; geb. n. 1. 20

— dasselbe f. die Oberklassen der Volksschule. gr. 8. (XIV, 289 S.) Ebd. 900. n. 2.40; geb. n. 2.80

— Briefe u. Geschäftsaufsätze im Gewerbebetrieb. Für Fortbildungsschulen sowie f. die Oberklassen der Volksschulen bearb. 4. Aufl. gr. 8. (112 S.) Nürnberg 902. C. Koch. n. 1. —

Seyfferth, J. A., Liederbuch für deutsche Lehrer, s. Seitz, Karl.

—— Materialien für den Unterricht in Fortbildungsschulen. 4 Abthlgn. 8. Ebendas. à Abthl. * 75 Pf. *
Inhalt:
Abthl. 1. Die Grundzüge des Wechselwesens. (75 S. mit 3 Wechselformularen. 875.
„ 2. Gewerbliche Buchführung. (80 S.) 876.
„ 3. Der geschäftliche Aufsatz. (IV, 108 S.) 876.
„ 4. Das geschäftliche Rechnen. (78 S. 877.

Seyfferth, J. A., Materialien f. den Unterricht in Fortbildungsschulen. 1. u. 3. Abtlg. Nürnberg, Büching. à n. — 75
1. Die Grundlagen des Wechselwesens. 2. Aufl. (VI, 48 S. m. 3 Formularen.) 885.
3. Der geschäftliche Aufsatz. 3. Aufl. (IV, 92 S.) 886.

— Materialien f. den Unterricht in Fortbildungsschulen. 3. Abtlg. Der geschäftl. Aufsatz. 3. Aufl. 8. (IV, 92 S.) Nürnberg 888. Büching. n. — 75

Seyfferth, Rechenschule, s.: Lieb.

Seyfferth, J. A., Rechtschreibübungen f. die Mittel- u. Oberklassen der Volksschule. 1. Abtlg.: Regeln u. Uebungsstoffe zur Befestigg. derselben. Nach den v. den deutschen Bundesregiergn. u. Oesterreich f. das gesamte deutsche Sprachgebiet vereinbarten Bestimmgn. bearb. 2. Abtlg.: Zusammenhängende Diktate. (IV, 79 u. VI, 70 S.) gr. 8. Kronach 904. C. Link. n. 2. —

— Sätze u. Regeln f. Interpunktion u. Silbentrennung. Nach den amtl. Bestimmgn. zusammengestellt. gr. 8. (28 S.) Nürnberg 890. Korn. n.n. — 25

Seyfferth, J. A., Sprachübungen für die Volksschule. [Grammatik, Orthographie und Stil.] Im Anschluß an den oberfränk. Kreislehrplan für die Hand der Schüler bearb. A. Ausg. für geteilte Schulen. 7 Hefte. 8. Hof 880—85, [Grau und Comp.] Lion. * 1 45

Inhalt:
Heft 1. [1. Schuljahr.] 1. und 2. Aufl. (24 S.) * 20 Pf.
" 2. [2. Schuljahr.] 6.—17. Aufl. (32 S.) * 20 Pf.
" 3. [3. Schuljahr.] 6.—15. Aufl. (56 S.) * 20 Pf.
" 4. [4. Schuljahr.] 2.—13. Aufl. (64 S.) * 20 Pf.
" 5. [5. Schuljahr.] 2.—9. Aufl. (72 S.) * 20 Pf.
" 6. [6. Schuljahr.] 2.—5. Aufl. (58 S.) * 20 Pf.
" 7. [7. Schuljahr.] 2.—4. Aufl. (88 S.) * 25 Pf.

— Sprachübungen f. die Volksschule. [Grammatik, Orthographie u. Stil.] Im Anschluß an den oberfränk. Kreislehrplan f. die Hand der Schüler bearb. A. Ausg. f. geteilte Schulen. 1—6. Hft. 8. Hof, Lion. à n. — 20
1. 2. Aufl. (24 S.) 883. — 2. 19. Aufl. (32 S.) 886. — 3. 19. Aufl. (56 S.) 886. — 4. 15. Aufl. (64 S.) 886. — 5. 10. Aufl. (72 S.) 884. — 6. 7. Aufl. (68 S.) 886.

— Sprachübungen f. die Volksschule. [Grammatik, Orthographie u. Stil.] Im Anschluß an den oberfränk. Kreislehrplan f. die Hand der Schüler bearb. A. Ausg. f. geteilte Schulen. 7 Hfte. 8. Hof, Lion. n. 1. 45
1. [1. Schulj.] 4. Aufl. (24 S.) 889. n. — 20. — 2. [2. Schulj.] 27. Aufl. (32 S.) 889. n. — 20. — 3. [3. Schulj.] 29. Aufl. (56 S.) 890. n. — 20. — 4. [4. Schulj.] 23. Aufl. (64 S.) 890. n. — 20. — 5. [5. Schulj.] 16. Aufl. (72 S.) 889. n. — 20. — 6. [6. Schulj.] 10. Aufl. (68 S.) 886. n. — 20. — 7. [7. Schulj.] 8. Aufl. (88 S.) 889. n. — 25.

— Sprachübungen f. die Volksschule. [Grammatik, Orthographie u. Stil.] Im Anschluß an den oberfränk. Kreislehrplan für die Schüler bearb. A. Ausg. f. geteilte Schulen. 7 Hefte. 8. Hof 889—91, Lion. 1.—6. Heft à * — 20; 7. * — 25; * 1 45
1. Heft. 1. Schulj. 6. Aufl. (24 S.) — 2. Heft. 2. Schulj. 32. Aufl. (32 S.) — 3. Heft. 3. Schulj. 32. Aufl. (56 S.) — 4. Heft. 4. Schulj. 25. Aufl. (64 S.) — 5. Heft. 5. Schulj. 18. Aufl. (72 S.) — 6. Heft. 6. Schulj. 11. Aufl. (68 S.) — 7. Heft. 7. Schulj. 8. Aufl. (88 S.)

Seyfferth, J. A., Sprachübungen für die Volksschule [Grammatik, Orthographie u. Stil]. Im Anschluß an den oberfränk. Kreislehrplan f. die Hand der Schüler bearb. A. Ausgabe f. geteilte Schulen. 7 Hfte. 8. Hof 893. R. Lion. n. 1. 45
1. 1. Schulj. 7. Aufl. (24 S.) n. — 20. — 2. 2. Schulj. 36. Aufl. (32 S.) n. — 20. — 3. 3. Schulj. 36. Aufl. (56 S.) n. — 20. — 4. 4. Schulj. 29. Aufl. (64 S.) n. — 20. — 5. 5. Schulj. 21. Aufl. (72 S.) n. — 20. — 6. 6. Schulj. 13. Aufl. (68 S.) n. — 20. — 7. 7. Schulj. 10. Aufl. (88 S.) n. — 25.

Seyfferth, J. A., Sprachübungen für die Volksschule (Grammatik, Orthographie u. Stil.) Im Anschluß an d. oberfränk. Kreislehrplan f. d. Hand d. Schüler bearb. A. Ausg. f. geteilte Schulen. 7 Hfte. 8. Hof, R. Lion. n. 1. 45

1. 1. Schulj. 11.—15. Aufl. (24 S.) 896. n. — 20
2. 2. Schulj. 48. u. 49. Aufl. (32 S.) 898. n. — 20
3. 3. Schulj. 46. u. 47. Aufl. (56 S.) 898. n. — 20
4. 4. Schulj. 38. Aufl. (64 S.) 898. n. — 20
5. 5. Schulj. 28. Aufl. (72 S.) 898. n. — 20
6. 6. Schulj. 16.—19. Aufl. (68 S.) 896. n. — 20
7. 7. Schulj. 13.—16. Aufl. (88 S.) 896. n. — 25

— Sprachübungen f. die Volksschule. (Grammatik, Orthographie u. Stil.) Im Anschluß an den oberfränk. Kreislehrplan f. die Hand der Schüler bearb. A. Ausg. für geteilte Schulen. 7 Hfte. 8. Hof, R. Lion. n. 1. 45
I. 1. Schulj. 16.—23. Aufl. (24 S.) (902.) n. — 20
II. 2. Schulj. 51.—60. Aufl. (32 S.) (902.) n. — 20
III. 3. Schulj. 52.—58. Aufl. (56 S.) (902.) n. — 20
IV. 4. Schulj. 44.—47. Aufl. (64 S.) (900.) n. — 20
V. 5. Schulj. 30.—37. Aufl. (72 S.) (902.) n. — 20
VI. 6. Schulj. 22. u. 23. Aufl. (68 S.) (902.) n. — 20
VII. 7. Schulj. 17.—24. Aufl. (88 S.) 902. n. — 25

— Sprachübungen f. die Volksschule. (Grammatik, Orthographie u. Stil.) Im Anschluß an den oberfränk. Kreislehrplan f. die Hand der Schüler bearb. A. Ausg. f. geteilte Schulen. 7 Hefte. kl. 8. Hof (904). R. Lion. n. 1. 45

I. 1. Schulj. 24. Aufl. (24 S.) n. — 20
II. 2. Schulj. 66. Aufl. (32 S.) n. — 20
III. 3. Schulj. 61. Aufl. (56 S.) n. — 20
IV. 4. Schulj. 53. Aufl. (64 S.) n. — 20
V. 5. Schulj. 39. Aufl. (72 S.) n. — 20
VI. 6. Schulj. 24. Aufl. (68 S.) n. — 20
VII. 7. Schulj. 27. Aufl. (88 S.) n. — 25

Seyfferth, J. A., Sprachübungen für die Volksschule. [Orthographie, Grammatik und Stil.] Im Anschluß an den oberfränkischen Kreislehrplan für die Hand der Schüler bearb. B. Ausg. für getheilte Schulen. 3 Hefte. 8. Hof 878, Grau und Comp. * 1 60

Inhalt:
Heft 1. Unterklasse. [2. und 3. Schuljahr.] (80 S.) * 40 Pf.
" 2. 1. Abthl. [4. Schuljahr.] (48 S.) * 30 Pf.; 2. Abthl. [5. Schuljahr.] (48 S.) * 30 Pf.
" 3. 1. Abthl. [6. Schuljahr.] (48 S.) * 30 Pf.; 2. Abthl. [7. Schuljahr.] (64 S.) * 30 Pf.

— dass. — B. Ausg. für getheilte Schulen. 6 Hefte. 8. Ebendas. à Heft * 20 Pf.

Inhalt:
Heft 1. [2. Schuljahr.] 2. und 3. Aufl. (32 S.) 879.
" 2. [3. Schuljahr.] 2. und 3. Aufl. (48 S.) 879.
" 3—6. [4., 5., 6. und 7. Schuljahr.] (48; 48; 48; 64 S.) 878.

— Sprachübungen für die Volksschule. [Orthographie, Grammatik und Stil.] Im Anschluß an den oberfränk. Kreislehrplan für die Hand der Schüler bearb. B. Ausg. für ungetheilte Schulen. 3 Hefte. 8. Hof, Grau und Comp.

Inhalt:
Heft 1. Unterklasse [2. und 3. Schuljahr]. 1.—3. Aufl. (32 S.) 878,79. * 20 Pf.
" 2. Mittelklasse [4. und 5. Schuljahr]. (80 S.) 878. * 30 Pf.
" 3. Oberklasse [6. und 7. Schuljahr]. 1. und 2. Aufl. (90 S.) 878,79. * 30 Pf.

Seyfferth, J. A., Sprachübungen für die Volksschule. [Grammatik, Orthographie und Stil.] Im Anschluß an den oberfränk. Kreislehrplan für die Hand der Schüler bearb. B. Ausg. für ungeteilte Schulen. 3 Hefte. 8. Ebendas. 880—85. * — 70

Inhalt:
Heft 1. Unterklasse [2. und 3. Schuljahr]. 2.—29. Aufl. (40 S.) * 20 Pf.
" 2. Mittelklasse [4. und 5. Schuljahr]. 2.—26. Aufl. (80 S.) * 25 Pf.
" 3. Oberklasse [6. und 7. Schuljahr]. 2.—17. Aufl. (96 S.) * 25 Pf.

— dass. — B. Ausg. für ungeteilte Schulen. 3 Hefte. 8. Ebendas. 885—88. *

Inhalt:
Heft 1. Unterklasse [2. und 3. Schuljahr]. 30.—49. Aufl. (40 S.) * 20 Pf.
" 2. Mittelklasse [4. und 5. Schuljahr]. 27.—42. Aufl. (80 S.) * 25 Pf.
" 3. Oberklasse [6. und 7. Schuljahr]. 18.—29. Aufl. (96 S.) * 25 Pf.

— dasselbe. B. Ausg. f. ungeteilte Schulen. 3 Hfte. 8. Ebd. n. — 70
1. Unterklasse. 59. Aufl. (40 S.) 890. n. — 20. — 2. Mittelklasse. 51. Aufl. (80 S.) 890. n. — 25. — 3. Oberklasse. 38. Aufl. (96 S.) 890. n. — 25.

— dass. B. Ausg. für ungeteilte Schulen. 3 Hefte. 8. Ebd. 891. * — 70
1. Heft. Unterklasse. 67. Aufl. (40 S.) * — 20. — 2. Heft. Mittelklasse. 58. Aufl. (80 S.) * — 25. — 3. Heft. Oberklasse. 42. Aufl. (96 S.) * — 25.

— **dasselbe. B. Ausg. f. ungeteilte Schulen. 3 Hfte. 8. Ebd. 893.** n. — 70
1. Unterklasse. 79. Aufl. (40 S.) n. — 20. — 2. Mittelklasse. 68. Aufl. (80 S.) n. — 25. — 3. Oberklasse. (49. Aufl.) (96 S.) n. — 25.

— dasselbe. B. Ausg. f. ungeteilte Schulen. 3 Hfte. 8. Ebd. 898. n. — 70
1. Unterklasse. 107.—109. Aufl. (à 40 S.) n. — 20
2. Mittelklasse. 92.—94. Aufl. (à 80 S.) n. — 25
3. Oberklasse. 69. u. 70. Aufl. (à 96 S.) n. — 25

— dasselbe. B. Ausg. für ungeteilte Schulen. 3 Hfte. 8. Ebd. (902). n. — 70
1. Unterklasse. 128.—131. Aufl. (40 S.) n. — 20
2. Mittelklasse. 109.—114. Aufl. (80 S.) n. — 25
3. Oberklasse. 81.—83. Aufl. (96 S.) n. — 25

Seyfferth, J. A., Sprachübungen für die Volksschule. (Grammatik, Orthographie u. Stil.) Im Anschluß an den oberfränk. Kreislehrplan f. die Hand der Schüler bearb. B. Ausg. f. ungeteilte Schulen. 3 Hefte. 8. Hof (904). R. Lion. n. — 70
1. Unterklasse. 143. Aufl. (40 S.) n. — 20
2. Mittelklasse. 63. Aufl. (80 S.) n. — 25
3. Oberklasse. 90. Aufl. (96 S.) n. — 25

—— Übungen zur Befestigung der durch die allerhöchste Ministerial-Entscheidung vom 21. Septbr. 1879 für die bayer. Schulen vorgeschriebenen Rechtschreibung. [Beigabe zu den „Sprachübungen".] 1.—14. Aufl. 8. (8 S.) Ebendas. 880. * — 5

—— Übungsstoffe für die deutsche Rechtschreibung. Auf Grundlage der amtlich erlassenen Bestimmungen bearb. 8. (VIII, 232 S.) Nürnberg 886, Korn'sche Buchh. *

— Verordnungen u. Entschließungen f. den Unterrichtsbetrieb in den deutschen Schulen des kgl. bayer. Reg.-Bez. Oberfranken. (Oberfränkische Schul- u. Lehrordnung.) Zum Gebrauch f. Schulbehörden u. Lehrer systematisch zusammengestellt. gr. 8. (VI, 122 u. Anh. 60 S.) Ebd. 898. Kart. n. 2. 20

— Verordnungen u. Entschließungen f. den Unterrichtsbetrieb in den Volksschulen des kgl. bayer. Reg.-Bez. Oberfranken. (Oberfränkische Schul- u. Lehrordnung.) Zum Gebrauche f. Schulbehörden u. Lehrer systematisch zusammengestellt. 2. Aufl. Bearb. v. Th. Wolfrum. (XII, 343 S.) gr. 8. Ebd. 906. Geb. in Leinw. n. 4. —

— Wechsellehre. 3. Aufl. 6.—8. Taus. (32 S.) gr. 8. Nürnberg 902. C. Koch. n. — 30

Seyfferth, R.F.(Hrsg.), s. Abhandlungen, Staatswissenschaftliche.

Seyfferth, Wilh., einige Worte in Bezug auf die Verhandlungen der 2. Kammer der sächs. Ständeversammlung über das Decret, die sächs.-baiersche Eisenbahn betreff. gr. 8. (22 S.) Leipzig 847, Hirschfeld.

Seyffertitz, J. B. v., s.: Telephon-Adressbuch für Bayern.

Seyffertiz, August Gottlob Fhr. von A. S. 187/17

Exercitatio iuris civilis ad modestini casus enucleatos. Präs. Johann Florens Rivinus.
Leipzig (Titius) 2. X. 1727. 55 S.

Gew.: Jakob Heinrich Gf. von Flemming. 32522

Seyffertiz, Gottl. Adolph Fhr. von A. S. 80/29

Exercitatio juris publici de regali imperialique Augustorum Germaniae Augustarumque coronatione.
Präs. Johann Jakob Mascov.
Leipzig (Titius) 2. IX. 1723. 70 S.

Gew.: Jakob Heinrich Gf. von Flemming. 32523

Seyfried, Busengefühl. 8. Bregenz, Brentano.

Seyfried, ..., die geistl. Communion. Ein Neujahrsgeschenk f. fromme Katholiken. 8. Augsb. 822. Bolling. 1 gr.

Seyfried, ..., poet. Schriften. 2 Bde. 8. Feldkirch (Augsb. 809. v. Jenisch u. St. 1 of bei Wagner in Insbr.

Seyfried, poetische Schriften. 2 Bde. 8. Augsb. Stage. 809.

Seyfried, A., üb. das Fundament u. d. Zweck der peinl. Strafen. 8. Würzburg, Stahel. 799.

Seyfried, Ant., Bei uns dahoam. Gedichte in altbayer. Mundart. Mit (eingedr. Holzschn.-)Illustr. von E. Fröhlich, M. Heil, Oberländer u. A. 8. (IV, 120 S.) München 877, Braun und Schneider. cart. * 1 50

Seyfried, Ant., altboarische G'schichtln und G'sangln. gr. 8. (III, 90 S.) München 869, Fleischmann. [Ackermann.] *

Seyfried, Christian (Isny) A. S. 1192/26

Iris di luvii, Gen. IX, 13. seq.
Präs. Georg Albert Hamberger.
Jena (Gollner) 1706. 56 S.

Diss. 18. VII. 1696. 32525

Seyfried, Christian (Isny) A. S. 301/4

Tentamen historicum de vita et meritis Pauli Fagii.
Präs. Jakob Wilhelm Feuerlin.
Altdorf (Meyer) 25. IV. 1736. 32 S.

W. v.: Präs. 32526

von Seyfried, Ernst [Hauptm. a. D. aus Stockach in Baden]: Geognostische Beschreibung des Kreuzbergs in der Rhön ... M. 1 Karte u. 1 Taf. Profile. (Aus: Jahrb. d. Kgl. Preuss. geol. Landesanst. u. Bergak. zu Berlin, 1896.) Berlin, A. W. Schade's Buchdr., 1897; 38 S., 1 Bl., 1 Taf., 1 Kt. 8.
Strassburg, Math.-naturw. Fak., Inaug.-Diss. v. 1897

Seyfried, Eug. v., Gesetze und Verordnungen über die Verwaltung der freiwilligen Gerichtsbarkeit, } s. Justizgesetze für das Großherzogth. Baden.

Seyfried, E. v., die Gesetze und Verordnungen über die Verwaltung der freiwilligen Gerichtsbarkeit und über das Notariat im Großherzogth. Baden. 8. (VIII und 338 S.) Karlsruhe 865, Braun'sche Hofbuchh. *

Seyfried, E. v., das Reichsgesez über die Beurkundung des Personenstandes und die Eheschließung mit den für das Großherzogthum Baden erlassenen Vollzugsvorschriften nach amtl. Quellen bearb. gr. 8. (XLIV, 291 S.) Mannheim 876, Bensheimer. * ℳ 6,50.; geb. * 8 —
Ausg. auf Schreibpap. * ℳ 8,50.; geb. * 10 —

Seyfried, Eugen von: Das Strafgesetzbuch f. d. Dt. Reich, s. Justizgesetze f. d. Großherzogthum Baden.

Seyfried, Ferd. Ritter v., Rückschau in das Theaterleben Wiens seit den letzten 50 Jahren. 8. (X und 335 S.) Wien 864. (Helf.) *

Seyfried, Ferdinand Ritter von (Red.), s. Wanderer, Der.

Seyfried, Franz Xaver

Seyfried, Frz. Xav., d. 4e Gebot Gottes 4. Augsburg, Wolf. 729.

Seyfried, Gabriel (Nürnberg) A. S. 301/1

Dissertatio historica de Iohannis Hussi martyris, ortu, educatione, studiis, doctrina, vita, morte, et scriptis. Präs. Wilhelm Seyfried (Bruder). Ed. 3.
Jena (Ehrich) 1729.

Diss. IX. 1698. 32528

Seyfried, Georg

Seyfried, Geo., das Nöthigste aus der deutschen Sprachlehre. Ein Handbüchlein für Schüler einer 2n u. 3n Elementarklasse. 12. Passau 834. Winkler. (Pustet.) 1 1/2 gr — 2e, verb., verm. u. mit e. Anhange von 140 Sätzen über gemeinnützige Kenntnisse verseh. Aufl. 8. Ebd. 836. 1/8 Thlr — 3e verb. u. verm. Aufl. gr. 12. Ebd. 838. 1/8 Thlr

Seyfried, Geo., das Nöthigste aus d. deutsch. Sprachlehre, nebst e. Anh. üb. gemeinnütz. Kenntnisse. Ein Handbüchl. e. 2. u. 3. deutschen Schulklasse. 2., verb. u. verm. A. 8. (8½ B.) 836., u. 3., verb. u. verm. Aufl. gr. 12. (5 B.) Passau 838, (Pustet'sche Buchh.) à

Seyfried, Geo., das Nöthigste aus d. deutschen Sprachlehre nebst e. Anhange über gemeinnützige Kenntnisse. Ein Handbüchlein für Schüler einer 2. u. 3. deutschen Schulklasse. 7. verb. u. verm. Aufl. 8. Passau 846, Pustet. 4 ngr

Seyfried, Geo., das Nöthigste aus der deutschen Sprachlehre nebst einem Anh. über gemeinnützige Kenntnisse. Ein Handbüchlein für Schüler einer 2. und 3. deutschen Schulklasse. 8. verb. u. verm. Aufl. 8. (152 S.) Passau 848, Ambrosi. — 9. verb. u. verm. Aufl. 8. (152 S.) Passau 850, Elsässer & Waldbauer. 4 ngr

Seyfried, Geo., das Nöthigste aus der deutschen Sprachlehre, Geographie, bayerischen Geschichte, Naturgeschichte, Naturlehre, Himmelskörperlehre, Zeitrechnung, Körper- u. Seelenlehre, so wie vom Kopf- u. Tafelrechnen. Ein Handbüchlein für deutsche Schulen. 10. Aufl. 853. (152 S.) — 11. Aufl. 855. (160 S.) — 12. Aufl. 856. (160 S) — 13. verb. rc. Aufl. Passau 858. Elsässer u. Waldbauer. 8. (192 S.) 4 ngr

Seyfried, Geo., das Nöthigste aus der deutschen Sprachlehre, Geographie, bayerischen Geschichte, Naturgeschichte, Naturlehre, Himmelskörperlehre, Zeitrechnung, Körper- u. Seelenlehre, so wie vom Kopf- und Tafelrechnen. Ein Handbüchlein für deutsche Schulen. 14. Aufl. 860. — 15. Aufl. 861. — 16. verb. u. verm. Aufl. Passau 863. Elsässer & Waldbauer. 8. (192 S.) 4 ngr

Seyfried, Geo., das Nöthigste aus der deutschen Sprachlehre, Geographie, deutschen Geschichte, Naturgeschichte, Himmelskörperlehre, Zeitrechnung und Körperlehre, sowie vom Kopf- und Zifferrechnen. Ein Handbüchlein für deutsche Schulen. Umgearb. von Aug. Wild. 29. verm. und verb. Aufl. (312 S.) 1881; 30. verm. und verb. Aufl. 8. (316 S.) Passau 882, Waldbauer's Buchh. * — 52

Seyfried, Geo., das Nötigste aus der deutschen Sprachlehre, Geographie, deutschen Geschichte, Naturgeschichte, Himmelskörperlehre, Zeitrechnung und Körperlehre. Ein Handbüchlein für deutsche Schulen. [Mittel- und Oberklasse.] Umgearb. von Aug. Wild. 31. verm. und verb. Aufl. 8. (304 S.) Passau 886, Waldbauer. * 52 Pf.; geb. **

Seyfried, Geo. Das Nötigste aus der deutschen Sprachlehre, Geographie, Geschichte, Naturgeschichte u. Naturlehre. Ein Handbüchlein f. deutsche Schulen. [Mittel- u. Oberklassen.] Neu bearb. von Johs. Krober. 32. Aufl. 8. (267 S.) Regensb. 890, Coppenrath's Verlag. * — 60; cart. * — 75

Seyfried, Geo., das Nötigste aus der deutschen Sprachlehre, Geographie, Geschichte, Naturgeschichte u. Naturlehre. Ein Handbüchlein f. deutsche Schulen. (Mittel- u. Oberklasse.) Neu bearb. v. Eustachius Großmann. 33., verm. u. verb. Aufl. 8. (299 S.) Regensburg 894. A. Coppenrath's Verl. n. — 60

Seyfried, Geo., das Nötigste aus der deutschen Sprache (Sprachlehre, Rechtschreiben u. Aufsatz) u. den Realien. Ein Handbüchlein f. deutsche Schulen. (Mittel- u. Oberklasse.) Neu bearb. v. Eustachius Großmann. 34., verm. u. m. Berücksicht. der neuen Lehrordng. verb. Aufl. 8 (340 S.) Regensburg 899. A. Coppenrath's Verl. n. — 60

Seyfried, Georg v[on]. Der Schützling. Novelle. (69 S.) 8. Aarburg, Buchdr. Aarburg, 1901.
Schweizer Familien-Bibliothek. Band 4. 111 S. (fr. —.20.) S. 33—101. — *S. 103—111 enth. als Anhang:* Ein Schiffbruch im Eise.

Seyfried, Georg Karl (Hersbruck) Altd. Thl. 17/2

Chrysostomus ergodioctes h. e. pastoralis theologiae monita ex Ioh. Chrysostomi de sacerdotio libris. 1. Präs. Johann Balthasar Bernhold. Altdorf (Meyer) 31. V. 1729. 24 S.

Gew.: Gustav Philipp Moerl, Georg Jeremias Hoffmann, Joachim Negelaein, Johann Herdegen. W. v.: Präs., Johann Friedrich Roeder (Opp.), Johann Adam Strobel (Opp.), Johann Ulrich Tresenreuter (Opp.), Johann Paul Hammer, J. W. Muncker. 32529

Seyfried, Georg Karl (Hersbruck) Altd. Thl. 17/7

Disquisitio exegetica ex epist. ad. Rom. VIII. v. 2. de beata mortuorum resuscitatione. Präs. Johann Balthasar Bernhold. Altdorf (Meyer) 21. IV. 1732. 24 S.

W. v.: Präs., Johann David Baier. 32530

Seyfried, Heinrich Wilhelm

Seyfried, H. W., preuß. Annalen merkwürdiger Gegenstände, Anekdoten u. Schriften. 1r Bd. 8. Berlin, Pauli. 790. Rthlr. •

— dramat. Apologie u. Replik. 8. Altona 785.

Seyfried, Heinrich Wilhelm, s. Beiträge, Frankf., z. Ausbreitung ...

TLANTLAQUATLAPATLI, Julie Caroline, gebohrne *von Ipsilischnipsilischnipsi* (d. i. *Heinr. Wilh. Seyfried*), Blumengärtchen. 6(!) Bde. Berlin 1789—90. 12⁰. Höchst selten, besonders cplt.!
Critik der Titel. Halle 1804. 8⁰. S. 168; Weller, Lex. Ps. p. 567.

Vgl. Tlantlaquatlapatli.

SEYFRIED, Heinr. Wilh. (1755—1800), Dramatische Brille für Deutschland. Bd. I. Stück 1. (einz.?). Hamburg, Herolds Wwe., 1784. 8⁰.
Cat. Monath IV. 1785. 8⁰. p. 571. — Sehr selten!

BRUCHSTÜCKE moralischen und satyrischen Inhalts (von *Heinr. Wilh. Seyfried*). Frankfurt und Leipzig 1783—84. 8⁰. Rar!
Anon.-Lex. I. p. 280 (nach Kayser u. Meusel).

Vgl. Bruchstücke ...

– s. Chronik von Berlin.

– s. Dramaturgie, Frankfurter.

Seyfried, Hnr. Wlh., Edelskampf u. Rache; e. Geschichte d. menschl. Herzens. 8. Berl. 788.

– s. Eschke, E. A.: Flora.

Etwas zum Thee und Kaffee für Deutschlands Jünglinge und Mädchen (von *Heinr. Wilh. Seyfried*). Hamburg 1784.
Anon.-Lex. II. p. 72 (nach Kayser).

Vgl. Etwas ...

— dramat. Faustin f. Hamburg. 8. Hamb. 784, 85.

— Flora f. d. Jahr 1785; od. poet. Taschenbuch f. Freunde d. Musen. 1s Bochen. 12. Hamb. 784.

SEYFRIED, Heinrich Wilhelm (1755—1800), Gallerie der Engel, oder: Sammlung solcher Gemählde, welche man sehr häufig und sehr sparsam antrift. (Wochenschrift.)

Für euch, ihr Damen und ihr Herrn,
Die die Gemählde sehen gern
Für Euch nur zeichnete ich sie!
Besuchet meine Gallerie!

3 Bdchn. (= Quartale à 13 Stücke). Mit 2 Titelkpfrn. (zu 1 u. 2, letzteres sign. J. F. Giegel fec.). Berlin. Bei Petit und Schöne (unter der Stechbahn) 1788, 88, 89. 8°. (In Warmbrunn, Reichsgräfl. Schaffgotsch'sche Majoritätsbibl.; hübsch. Expl. in gleichzeit. Ppbdn.)

— Gallerie d. Engel, e. Gegenstück z. Gallerie d. Teufel, 3 Qtle. 8. Berlin, Schöne. 788-89.

– s. Geschichte des heil. Martins.

– s. Guckkasten, Berliner.

LAUF, Der, der Welt, oder Beschreibung der merkwürdigsten Begebenheiten .... (verfasst von *Heinr. Wilh. Seyfried*). Berlin 1788. Schöne.
Anon.-Lex. III. p. 11 (nach Meusel u. Kayser). — Rar!
Vgl. L a u f , ...

— Liebe! e. Vorspiel mit Gesängen rc. 8. Osnabr. 786.

— der Neujahrstag. Posse. 8. Berl. 790. Reimer. 9 K

— dramat. Pantheon, für Schauspieldirectoren u. Schauspieler rc. 1r Bd. 1s St. 8, Berlin, Pauli. 790.

MEINE Reise nach dem Monde, oder Geschichte des Quartzerkienschen Staates .... (von *Heinr. Wilh. Seyfried*). Berlin 1793—94.
Anon.-Lex. III. p. 362 (nach Meusel). — Selten!

– s. Schmausereien, Poetische.

— Schröder und Fleck, Duodrama. 8. Berlin, Schöne. 788.

– s. Spiegel ohne Quecksilber.

— die Thronfolge. Familiengemälde. 8. Berl. 786. (Warschau, Wilke). 12 K

Seyfried, Hnr. Wlh., die ohnmächtige u. zur Ruhe gesetzte Wolke. Ein Nachspiel. 8. Frankf. a. M. 783.

— ein dramat. Wort. 8. Berl. 788. Schöne. 7 K

– s. Xenomaldophyquiarks.

Seyfried, Ignaz von s. Albrechtsberger: Schriften.

Seyfried, Ignaz von. Ludwig van Beethoven's Studien im Generalbass, Contrapunkt und in der Compositionslehre. 2. Ausgabe von Henry Hugh Pierson. (Edgar Mannsfeldt.) Leipzig, Hamburg und New-York 1853.

Seyfried, Johann Friedrich (Leisnig) A. S. 185/21

Dissertatio de clerico clericum non decimante ad cap. IIX. de decimis. Präs. Kaspar Heinrich Horn. Ed. 2. Wittenberg (Gerdes) 1719. 54 S.

W. v.: Präs. 32534

SEYFRIED, JOH. HEINR. Poliologia, Das ist: Accurate Beschreibung Aller vornehmsten Städte, Vestungen ... in Asia, Africa, America, Sowohl was ihre Erbauung ... Regierungs-Form, als auch Kriegs- und Friedens-Freud und Leid, auch andere Begebenheiten betrifft ... Zum drittenmal verbessert herausgegeben. Nürnberg. Buggel 1709. 12°. *Kupfertitel*, Titel, 21 Bl., 579 S. Pgt. der Zeit mit Rsch. und goldgepreßtem Supralibros auf dem Vorderdeckel.

Sabin kennt nur die ersten beiden Auflagen, die jeweils in zwei Teilen die Städte der ganzen Welt behandeln, während in vorliegender Ausgabe nur 3 Erdteile behandelt werden. — Geographisches Lexikon in alphabet. Reihenfolge (S. 400.01 New York).

Seyfried, Joh. Mich., d. pomologische Knabenfreund. Od. fassl. u. gründl. Anleit. z. Obstbaumzucht. Verf. f. d. Lehrer u. alle Diejen., welche d. edle Obstbaumzucht gründl. erlernen, od. Andern v. ders. Unterricht ertheilen wollen. (Mit Holzschn.) 8. Innsbruck, 1832. (Augsburg, Kollmann; Regensburg, Manz). — 17½

Seyfried, Johann Simon (Fürth) A. S. 217/12

Dissertatio historico-politica de fatis et rationibus legum Mosaicarum generalibus. Präs. Johann Fries. Jena (Müller) I. 1707. 64 S. 32535

Seyfried, Johann Simon [Praes.], s. Hauck, Johann Heinrich: De jure primogeniturae, consuetudine introducto.

Seyfried, Josef Ritter von

v. Seyfried, Ritter Jos., Arioban. Oper in 3 A. Nach d. Französ. d. Hoffmann. 8. Wien 804. Wallishausser. 6 K

— Dichter u. Tonkünstler durch Ungefähr; kom. Oper in 1 A. Wien 810. Wallishausser.

— die Ehemänner nach der Mode; komische Oper in 3 A.; nach d. französ. Lustspiele. 8. Wien 804. Wallishausser.

— die amerikanische Familie. Operette in 1 Aufz.; aus d. Französ. d. Bouilly. 8. Wien 810. Wallishausser. 6 K

— das befreite Jerusalem; große Oper in 5 A. Nach d. Französ. des Baour-Lormian. 8. Wien 815. Wallishausser. 6 K

— Joconde, od. d. Abentheurer; kom. Oper in 3 A. Nach d. Französ. d. Etienne. 8. Wien 815. Wallishausser. 10 K

— Johann v. Paris; kom. Oper in 2 A.; nach d. Französ. 2e A. 8. Wien 813. 3e A. 825. Wallishausser. 8 K

v. Seyfried, Jos., Ritter, s. Jugendfreund, der.

— Nephtali, od. die Macht des Glaubens. Oper in 3 A. Nach d. Französ. 8. Wien 813. Wallishausser. 8 K

v. Seyfried, Jos. Ritter, s. Piave, F. M., Ernani.

— Rosamunde; Oper in 3 Aufz. Nach d. Französ. Wien 810. Wallishausser. 8 K

Seyfried, Jos. v. (Hrsg.), s. Der Sammler, ein Unterhaltungsblatt.

— Saul, König in Israel; in 3 A. Nach d. Französ. 8. Wien 811. Wallishausser. 10 K

Seyfried, Josef Ritter von, s. Vestalin, Die.

v. Seyfried, Ritter Jos., die vornehmen Wirthe; kom. Oper in 3 A. Nach d. Französ. 8. Wien 813. Wallishausser. 10 K

Seyfried, Josef Elias, s. Geschichte der ständ. Gerichtsbarkeit ...

Seyfried, J. E. v., zur Geschichte bayerscher Landschaft. u. Steuern bearb. Urkunden und Beylagen. 2 Thle. gr. 8. München. (Krüll in Landshut.) 800.
Vgl. Geschichte, ...

— stat. Nachrichten üb. die ehemal. geistl. Stifte, Augsburg, Bamberg, Constanz, Eichstädt, Freysing, Passau, Regensburg, Salzburg u. Würzburg rc. herausgegeben von J. E. v. Aretin. gr. 8. Landshut, Krüll. 804.

Seyfried, Jos. Elias, († d. 19. Aug. 1803.) von der Stimmung u. d. Einsichten d. Publikums ꝛc. 8. . . . 800.

Seyfried, Karl, Diss. inaug. jurid. de jure Testamentorum secund. codicem Napoleonis. 4maj. Heidelb. 809. Mohr.

Seyfried, Karl Heinrich, s. Ballieder.

Seyfried, K. H., s. Blinde, die sehende.

Seyfried, Karl Hnr., s. Blumen u. Früchte f. Zeichner.

ENTFÜHRUNG, Die. Eine Erzählung vom Verfasser der Fündlinge *(Karl Heinr. Seyfried)*. Pirna 1802. 8°. 144 S. (2 Mk. Taussig, Prag, 1907.)

Seyfried, Karl Hnr., s. 1) Florian Wilhelm Tell. 2) Fündlinge. 3) Fündlinge, jüngere. 4) Geschichte, der Gräfin v. Salens. 5) Lesage, der lahme Teufel. 6) Lückenbüßer.

Seyfried, Karl Heinrich, s. Vernes: Empf. Reisen.

PAUL SIEGMUND SEYFRIED, Denkmal der Freundschaft dem verewigten Herrn Georg Adam Dillinger bestverdienten Diakon an der Haupt- und Pfarrkirche zu St. Sebald errichtet im Namen des Pegnesischen Blumenordens. Nürnberg den 28. Januar 1805. 4°

Seyfried, (Car. Franc. Frid.) Rud. (geb. Glatz 9. 4. 1824): De diabete. Berolini (1849). (32 S.) 8°
Berlin, Med. Diss. v. 26. März 1849

Seyfried, Salomon Friedrich (Freiberg/Sa.) A. S. 739/28

De contumace non appellante.
Präs. Kaspar Heinrich Horn.
Wittenberg (Gerdes) 25. X. 1703. 48 S. 32539

Seyfried, Samuel Sigismund (Freiberg/Sa.) A. S. 211/16
Dissertatio inauguralis juridica de eo, quod justum est circa arbores turbine dejectas, (Wind-Brüche).
Präs. Kaspar Heinrich Horn.
Wittenberg (Gerdes) (24. IV.) 1716. 67 S.
32540

Seyfried, Sigismund Jakob

Seyfried, Sig. Jac., commentatio analyt. practica in epist. Pauli ad Colossenses. 8. Altdorf, Monath. 769.

Seyfried, Sigismund Jakob (Hersbruck) A. S. 271/9

Usus particulae hyper in quaestione vexatissima de baptismo pro mortuis ex 1. Corinth. XV. 29.
Präs. Johann Balthasar Bernhold.
Altdorf (Meyer) 5. V. 1736. 8 S. 32541

Seyfried, Thdr., fachkundlicher Anhang f. Metallarbeiter zu dem Lesebuche f. gewerbliche Fortbildungsschulen, s.: Mertel, Geo.

Seyfried, Wilhelm [Praes.], s. Seyfried, Gabriel: De Iohannis Hussi martyris, ortu, educatione, studiis, doctrina, vita, morte, et scriptis.

Seyfried, Wilhelm Philipp (Frankfurt/M.) A. S. 29/14

Dissertatio inauguralis iuridica de incongrua matrimonii ad morganaticam vulgo Der Ehe zur lincken Hand ad statum nostrum Germanicum applicatione.
Giessen (Lammers) VI. 1749. 32 S.

Gew.: Stadt Frankfurt/M.
W. v.: Johann Balthasar Koelbele, I. C. Pistor.
32542

Seyler, Dr. Georg, Pastor zu Annaburg. Einige Blätter zur Erinnerung für seine Freunde. 8. (88 S.) Berlin 866, (Buchh. des Missions-Vereins.)

Seyler, Alfred, a. Aachen: Die mittelalterliche Plastik Regensburgs. München 1905: C. Wolf & Sohn. (115 S.) 8°
München, Phil. Fak., Ref. Riehl, Diss. v. 7. Juli 1905
[Geb. 28. Juli 80 Aachen; Wohnort: Aachen; Staatsangeh.: Preußen; Vorbildung: Kaiser Wilhelm-Gymn. Aachen Reife O. 98; Studium: Aachen T.H. 1, München 3, Berlin 2, München 5 S.; Rig. 13. Febr. 05.]

SEYLER, Andreas: Abhandlung vom Anbau der unächten Acacie und des Bohnenbaumes. – Ulm 1799 Stettin.

— Anweis. zur Vermehrung u. Verbesser. d. Viehstandes durch Anbau der Futterkräuter. gr. 8. Memming. 801.

— systemat. Verzeichniß seiner Naturaliensamml., lateinisch u deutsch. 8. Kempten 810.

Seyler, Daniel Ge., s. Seyler, Ge. Daniel.

Seyler, David Gottlieb (Ragewitz) A. S. 1261/14

Dissertatio inauguralis medica de praestantia medicamentorum simplicium et Galenicorum prae chymicis.
Präs. Justus Vesti.
Erfurt (Grosch) 24. VII. 1713. 16 S.

W. v.: Präs. 32543

Seyler, Eman[uel]. Agrarien und Exkubien, eine Untersuchung über römisches Heerwesen. Gänzlich umgearbeitete und vervollständigte Ausgabe. IV + 159 S. 8. München, Selbstverlag des Verfassers, Comm. Max Poessl, 1902. [M. 4. 80]

Seyler, Eman., Agrarien. 902. Erm. Pr. 1.80. (KBB 82.) Jetzt: Berlin, Vossische Buchh.

Alt-Nürnberg und die Grafen von Abenberg-Zollern. Beiträge z. Vorgeschichte Nürnbergs u. z. Geschlechtskunde d. Hohenzollern. Von Eman. **Seyler**, Hauptm. a. D. Mit 1 Pl.-Skizze. Nürnberg: Selbstverl.; Willmy in Komm. 1910. 68 S. 8°

Seyler, Eman., Burgställe. Eine Untersuchg. üb. röm. Heerwesen. (114 S. m. Abbildgn.) gr. 8. Berlin 903. Vossische Buchh. n. 2. 50

— die Drususverschanzungen bei Deisenhofen. Mit 22 Skizzen u. 1 Uebersichtskarte. 2., umgearb. Aufl. gr. 8. (IV, 90 S.) 1900. n.n. 2. 50
1. Aufl. (IV, 92 S.) 900. n. 3.—, aus dem Handel gezogen.
München: Selbstvlg.; M. Poessl in Komm.
Jetzt: Berlin: Vossische Buchhdlg.

— Die Houbirg u. die Ringwälle der böhmischen Mark. Mit e. Uebersichtskarte. (54 S.) gr. 8.
Nürnberg: Selbstvlg.; Willmy in Komm. 1909.

— Der Römerforschung Irrtümer in der Alisofrage. (18 S.) gr. 8. Ebd. 907. — 50

Der Römerforschung Leistungen und Irrtümer von Eman. **Seyler**, Hauptm. a. D. Nürnberg: Selbstverl.; F. Willmy in Komm. 1907. (49 S.) 8°

Die Mönchsfabel von der Fossa carolina von Eman. **Seyler**, Hauptm. a. D. Nürnberg: Selbstverl.; F. Willmy in Komm. 1907. (20 S.) 8°

— Die Osterstufe u. die Barigilden. (17 S.) gr. 8. Ebd. 907. — 50

Terra limitanea in Fortsetzung von 'Agrarien u. Exkubien', eine zweite Untersuchung über röm. Heerwesen von Eman. **Seyler**, Hauptm. a. D. Mit 1 Uebersichts-Karte. *München: Selbstverl.; M. Poessl in Comm.* 1901. (82 S.) 8°

(B) — Terrae limitaneae. 901. (KBL 82.) Jetzt: Berlin, Vossische Buchh. Erm. Pr. 1. 20

Seyler, Emil: Die Frau des XX. Jahrhunderts und ihre Krankheiten. M. bes. Berücks. d. Frage d. „Frauenemancipation" u. d. Berechtigung einer „Frauenbewegung". — Leipzig: Borggold 1900. 234 S. 8°

Seyler, Emil [pract. Arzt aus Prenzlau]: Zur Casuistik der Hodensarcome .... Greifswald, Druck v. Julius Abel, 1887; 30 S. 8°. Greifswald, Med. Fak., Inaug.-Diss. v. 10. Mai 1887.

Seyler, Emil, zur Casuistik der Hodensarcome. Diss. Greifswald 1887, Jul. Bindewald. 8°. 30 S.

— Kinderhygiene vom medizinisch-pädagogischen Standpunkte. gr. 8. (IV, 99 S.) Ebd. 899. n. 2.40

Seyler, F. G., Dr. Martin Luther's kleiner Katechismus, frageweise erklärt. 8. (VII, 36 S.) Leipzig 890. Deichert Nachf. n. — 30

Seyler, Felix Hoppe-
s. Hoppe-Seyler.

Seyler, Ferdinand Aufgaben zum Uebersetzen ins Lateinische für Secunda. 4 (S. 3—22). Progr. Johannes-G. Breslau 1889 (166)

Seyler, Ge. Daniel

Seyler, D. G., u. Schulz, alte u. neue poln. u. preuß. Chronik. 4. Erfurt 762. Meißner.
Vgl. Chronik...

(Seyler, G. D.) Leben Stanislai I., Königs von Pohlen. (536, 321) 8. Stockholm 1737. — 8. ib. 1741. — 8. Magdeburg 1742.

— Leben Friedrich Wilhelms des Großen, Churfürsten zu Brandenburg etc. mit Medaillen u. Münzen, mit K. Fol. Danzig. 730.

Seyler, Ge. Dan.: Leben und Thaten Friedrich Wilhelms des Grossen, Churfürsten zu Brandenburg etc. Franckfurt u. Leipzig [1730].

— histor. Nachr. v. wahrsag. Münzen, nebst accurat. Abrissen. 4. Frankf. 733.

— Nachrr. v. wahrsag. Münzen. 4. Nürnb. Zeh. 765.

— triga orationum inauguralium. 4. Danzig. 736.

Seyler, Georgius: Dissertatio exegetica in epistolae Paul. ad Romanos caput quartum. Halae (1824): Ruff. 60 S. 8° (4°)
Halle-Wittenberg, Phil. Diss. v. 11. Sept. 1824
Geb. [Celle 2. 6. 1800]
Im Buchhandel Halle: Ruff 1824. Rigorosum war am 13. März. Verteidigung und Druck des Diploms unterblieben.

Seyler, G., Dissert. exeget. in epist. Pauli ad Romanos caput IV. 4. Halle 824. (Grunert.) 1/2 ℳ

Seyler, G., die Freiheit, welche uns der Sohn Gottes bringt, u. Blicke auf unsre nächste Vergangenheit u. Zukunft. Zwei Predigten. 8. (1½ B.) Wittenberg 851. (Halle, Schwetschke u. Sohn.)

Seyler, Georg Hoppe-
s. Hoppe-Seyler.

Seyler, Gotthold

Seyler, Ghold., vom Bekenntnisse der Kirche. Beiträge zur Lösg. e. Zeitfrage. gr. 8. (118 S.) Nürnberg 873. Löhe. n. 2. 50

Seyler, Gotthold, aus Streitau: Ueber die Erhaltung der Krümmungslinien bei Orthogonal-Projektion. Passau 1903: Passavia. (24 S.) 8° [F.]
Erlangen, Phil. Diss. v. 14. Juli 1903

Seyler, Gotthold, Gymn.-Assist.: Ueber die Erhaltung der Krümmungslinien bei Orthogonal-Projektion. Passau 1902: A.-G. Passavia. (24 S.) 8° [F.]
Passau, k. humanist. G, P 1902°

Seyler, Ghold, Materialien zu e. Revision u. Reform d. Bekenntnißstandes der protestantischen Kirche im Deutschen Reiche. gr. 8. (XXXVII, 551 S.) Gotha 874. F. A. Perthes. n. 9. —

—— Protestantenverein und Pastoralconferenz in Bayern. 8. (36 S.) Gütersloh 872, Bertelsmann's Verlag. *

—— von der pastoralen Rede. [Casualrede.] Eine Abhandlung aus dem Gebiete der prakt. Theologie. gr. 8. (79 S.) Ebendas. 872. *

Seyler, Gustav Adalbert

Seyler, Gust. A., Abriß der Sphragistik. Ein Versuch. gr. 8. Wien 884. (Berlin, Mitscher & Röstell.) n. 3. —

Seyler, Gust. A., abgestorbener bayr. Adel, s.: Siebmacher's, J., grosses u. allgemeines Wappenbuch. VI. 1.

Seyler, Gust. A., Adelsbuch des Königr. Bayern [1820—1875]. Nach amtl. Quellen im Anschluss an das gleichbetitelte Werk des Ritters Carl Heinr. v. Lang bearb. gr. 8. (VIII, 98 S.) Nürnberg 877, Bauer und Raspe. * 2 —

Seyler, Gust. A., Bericht üb. d. Thätigkeit des Vereins Herold in d. ersten 25 Jahren s. Bestehens (1869—1894). gr. 4. (62 S. m. 3 Abb.) Berlin 894. (J. A. Stargardt.) n. 1. —

— Berufswappen, s.: Siebmacher's, J., grosses u. allgem. Wappenbuch.

Chronik des Vereins Herold 1869—1909, bearbeitet von GUSTAV A. SEYLER, Schriftführer von 1889—1909. Berlin 1909. Gedruckt bei Julius Sittenfeld, Hofbuchdrucker. 8°. (345)

Seyler, Gust. A. Geschichte der Heraldik [Wappenwesen, Wappenkunst u. Wappenwissenschaft]. Nach den Quellen bearb. Mit 520 eingedr. Abbildgn. und 14 Taf. Abth. A. des Siebmacher'schen Wappenbuches. 4. (X, 872 S.) Nürnb. 885—89, Bauer u. Raspe. * 66 —; geb. * 70 —

Seyler, Gust. A., Geschichte der Siegel, s. Bibliothek, illustr., der Kunst- u. Kulturgeschichte. 6.

Seyler, Gust. A., Geschichte der Siegel. Leipzig o. J. [1894.] 8.
Ist: »Ill. Bibl. d. Kunst- u. Kulturgesch.«. . . . . (D.)

— illustr. Handbuch der Ex-Libris-Kunde. gr. 8. (VIII, 88 S.) Berlin 895. J. A. Stargardt. Kart. n. 2. —

Seyler, Gust. Adalb., das heraldische Lehensrecht. Eine Untersuchung. Fest-Schrift zur Eröffnung der kaiserl. Universität Strassburg überreicht vom „Herold", Verein für Heraldik, Sphragistik und Genealogie zu Berlin im Mai 1872. gr. 8. (31 S.) Berlin 872, (Mitscher und Röstell.) *

Seyler, Gust., Personal-Matrikel d. Ritter-Cantons Rhön-Werra aus d. J. 1660—1785. Nach dem Originale im Besitze d. histor. Vereines v. Unterfranken. (Aus: „Archiv d. histor. Vereines v. Franken.") gr. 8. (53 S.) Würzburg 871. (Stahel.) 1. 20

— das grollende Rauschen in den Falten d. alten Kaisermantels auf der Hofburg zu Wien." Fliegender Literatur-Bericht üb. d. Malers u. Literaten L. Clericus zu Berlin Brochüre das Wappen d. deutschen Kaisers u. die deutschen Reichsfarben. 8. (12 S.) Ebend. 871. n. — 40

— **Register, s.: Lisch, G. C. Frdr., Urkunden u. Forschungen zur Geschichte des Geschlechts Behr.**

— **Register, s.: Urkunden u. Forschungen zur Geschichte d. Geschlechts Behr.**

— Wappen der deutschen Souveraine u. Lande, s.: Siebmacher's, J., grosses u. allgemeines Wappenbuch.

— 1871 bürgerliche Wappen, s.: Siebmacher's, J., grosses u. allgemeines Wappenbuch. V, 7.

Seyler, Gust. A., 1528 bürgerliche Wappen, s.: Siebmacher's, J., grosses u. allgem. Wappenbuch. V, 8.

— **2000 bürgerl. Wappen, s.: Siebmacher's, J., grosses u. allgemeines Wappenbuch.**

—— bürgerliches Wappenbuch, s. Siebmacher's, J., grosses und allgemeines Wappenbuch.

— **s.: Wappenbuch v. den Ersten, genannt „Codex Soffken".**

Seyler, Gustav A[dalbert]: Moderne Wappenkunst. Winke für Staats- und städtische Behörden . . . Künstler u. s. w. Frankfurt a. M. 1885. 8⁰

Seyler, Heinrich, aus Dresden: Über die Dimethylanilinphtaloylsäure. *Greifswald 1898: C. Sell.* (30 S.) 8⁰
Greifswald, Phil. Diss. v. 19. Dez. 1898

Seyler, Jean Egide (Gilles): Prakt. Lehrplan für die Primärschulen des Kantons Wiltz. Luxemburg: V. Bück [1864]. – 12 S. 8⁰

Seyler, Johann Gottlob (Ragewitz) A. S. 799/46

Dissertatio juridica inauguralis, de incestus praescriptione. Präs. Hugo Franz Hunold. Erfurt (Grosch) 23. IX. 1720. 16 S. 32545

Seyler, Joan. Car. Paulus (geb. Haynau in Schles. [illegible]): De hydrophobia. Berolini (1855). (32 S.) 8⁰
Berlin, Med. Diss. v. 7. Sept. 1855

Seyler, Sophie Friederike, geb. Sparmann, († d. 22. Nov. 1789.) — die Familie auf d. Lande; ein Schspl. 8 Braunschw. 770. . . . (Vergl. F. S. Hensel.)

— Hüon u. Amande; ein romant. Singspl. in 5 Aufz. 8. Flensb. 789. ... Auch unt. d. T: Oberon, oder König d. Elfen. N. A. 8. Hamb. 792. Herold. 6 K

Seymour, Karl, der gute Bruder, s. Karl.

Seymour, Käthe; od.: wie Andere glücklich zu machen. 16. (128 S. m. e. Holzschntaf.) Cleveland 871. (Philadelphia, Schäfer & Koradi.) geb. n. 1. –

Seymour, A. M., a general english and german Glossary etc. Revised and augmented by J. G. Flügel. — Allgem. engl.-deutsch. Glossarium, od. Samml. veralteter u. unverständl. Wörter u. Redensarten engl. u. schott. Dichter, von Chaucer bis z. gegenwärt. Zeit. Durchges. u. verm. v. J. G. Flügel. Lex.-8. ($13\frac{1}{2}$ B.) Leipzig 835, E. Fleischer. *

Seymour, C. A. E., a general English and German Glossary etc. Revised and augmented by Dr. J. G. Flügel. — Allgemeines Englisch-Deutsches Glossarium, oder Sammlung veralteter u. unverständlicher Wörter u. Redensarten englischer u. schottischer Dichter, von Chaucer bis zur gegenwärtigen Zeit. Durchgesehen u. vermehrt von Dr. J. G. Flügel. Lex.-8. Leipzig 835. E. Fleischer. n. $1\frac{1}{3}$ ℛ︎

Seymour, C. A. E., Institutor and alumnus, or twelve dialogues written for the improvement of youth. 8. Berlin, Dümmler. 820.

Seymour, Jul. Euf., d. gehörige Verhalten in d. ehelichen Leben, in Briefen. 8. Berlin, Rüdiger. 759.

SEYMOUR, J. S., Das gehörige Verhalten im ehelichen Leben, in einer Reihe von Briefen entworfen. Aus d. Engl. 2 Thle. Berlin 1759. 8⁰.

Seymour, Mary, s.a. Corbet - Seymour, Mary.

Seymour, Mary, Chaucer stories, hrsg. v. Clem. Klöpper, — Shakespeare stories, hrsg. von Clem. Klöpper, } s.: Schulbibliothek, französische u. englische.

Seymour, William Henry: Zur Kenntniss der Erscheinungsform und klinischen Bedeutung der Urticaria factitia. *Berlin (1898): G. Schade.* (29 S.) 8⁰
Berlin, Med. Diss. v. 31. Jan. 1898

Der Seymour Anzeiger: 1872 – 1873
Democratic weekly; supported Tilden. Edited by H. Engelhardt, & published by Karl Kroll, 1872, edited by Philipp, & published by Davison & Shields, 1873
Seymour, IN

Seypold, Robertus (*geb. Malitsch bei Jauer 22. 9. 1820*): De prognosi. Vratislaviae (1847). (24 S.) 8⁰
Breslau, Med. Diss. v. 31. Dez. 1847 [vielmehr 3. Jan. 1848]

Seyppel, Germanus Eduard (geb. Trier 28. [illegible]): De condylomatibus historia morbi cariosis adnexa. Berolini (1840). (18 S.) [illegible]
Berlin, Med. Diss. v. 18. Sept. 1840

Seyppel, Karl Maria

Seyppel, C. M., der Blick in's Jenseits. Eine kitzliche Geschichte in 25 Bildern. gr. 8. (15 S.) Düsseldorf 879, Sauernheimer und Comp. * 1 —

SEYPPEL u. Bär, Der Blick in's Jenseits, eine kitzliche Geschichte in 32 Bildern. (c. 1900.) (Mk. 1,50.) (1 Mk. E. Demuth, Straßb. i. E., c. 1902.)
Confiscirt gewesen.

Seyppel, C. M., mein Buch. Mit Randzeichnungen und einer poet. Widmung von Friedr. v. Bodenstedt. hoch 4. (29 Bl. mit 3 S. Text.) Düsseldorf 884, F. Bagel.
geb. mit verrostetem Schloss * 12 —

Seyppel, C[arl] M[aria], mein Buch. Mit facs. Gedichten von Carmen Sylva und Randzeichnungen von C. M. S. gr. 4. (29 Bl. auf modrigem Cartonpap.) Düsseldorf (885), F. Bagel.
geb. mit rostigen Eisenbeschlägen und Schloß *

Seyppel, C. M. Mein Buch. Mit facsimil. Gedichten von Carmen Sylva u. Randzeichngn. gr. 4. Düsseld. 885. Frankf. a. M., Jaeger's Verlag. geb. * 12 —
—— dass. — Mit Randzeichngn. u. e. poet. Widmg. von Friedr. v. Bodenstedt. hoch 4. Ebd. 884. geb. * 12 —

Seyppel, C. M., s.: Columbus, Chrph., Loggbuch.

—— Er, Sie, Es. II. aegypt. Humoreske. Nach der Natur abgemalt und niedergeschrieben 1302 Jahre vor Christi Geburt durch C. M. S., Hofmaler und Poët der seligen Majestät König Rhampsinit III., Memphis, Pyramidenstrasse No. 36, Ite Etage. Meldung beim Portier. 4. (IV, 42 S. mit Illustr.) Ebendas. 883. geb. * 5 —

—— Er, Sie, Es. 2. aegypt. Humoreske. 4. Düsseld. 883. Bonn, Strauss. geb. * 5 —

Seyppel, C. M., s.: Lanze, e., s. den heiligen Rock in Trier 1891.

— deutsche Märchen m. Bildern f. Jugend u. Volk. gr. 8. (187 S. m. 7 Chromolith.) Düsseldorf 887. F. Bagel. geb. n. 4. 50

Seyppel, Carl Maria. Deutsche Märchen m. (5 farb.) Bildern für Jugend u. Volk. 2. Aufl. gr. 8. (III, 187 S.) [Düsseld. 889, F. Bagel.] Bonn, Strauß. geb. 2 50

—— §. 11. Vom Stammtisch und vom Kneipkonfrater, — vom Spitz zum Affen bis zum — Kater. Kneip-Episteln mit 140 (eingedr.) Illustr. gr. 8. (88 S.) Oberhausen 882, Spaarmann. * 2 —

—— die Plagen. III. aegypt. Humoreske. Aufgeschrieben und abgemalt bei dem Auszuge der Juden aus Aegypten von C. M. S., Hofmaler und Poet der sel. Majestät König Rhampsinit III., Memphis, Krokodilenstrasse, Villa Seyppel. Sprechstunde: 6—7 Vormittags. 4. (42 S.) Düsseldorf 884, F. Bagel. Bonn, Strauß.

—— Rajadar u. Hellmischu. Altägyptischer Gesang m. 80 Bildern nach dem Leben. 4. (21 Bl. m. 2 S. Vorrede.) Berl. 889, S. Fischer Verlag. * 3 —

—— Roi-Reine-Prince. Recit humoristique égyptien. Peint et écrit d'après nature, l'an 1302 avant la naissance de J. C. par C. M. S., peintre et, poète à la cour de feu sa Majesté le roi Rhampsinit III. Memphis rue des Pyramides No 36. 1er étage. S'adresser au concierge [il est poli, il est gracieux, il est ..... dans l'escalier]. 4. (II, 42 autogr. S.) geb. *
Düsseldorf: Bagel 1886 (Bonn: Strauß)

—— schlau, schläuer, am schläusten. Aegyptische Humoreske, niedergeschrieben und abgemalt 1315 Jahre vor Christi Geburt von C. M. S., Hofmaler und Poet Seiner Majestät des Königs Rhampsinit III., Memphis, Mumienstraße Nr. 35, 3. Etage, 4 × klingeln. 1.—3. Aufl. hoch 4. (III, 40 lithogr. S.) Ebendas. 882,83. geb. * 4 —
—— dass. — 4. und 5. Aufl. hoch 4. (III, 40 lithogr. S.) Ebendas. 884. geb. * 5 —

— Schmidt u. Smith in Afrika. Hottentottisches Blaubuch m. 118 Kritzeleien. (2. Aufl.) gr. 8. (80 S.) Düsseldorf 887. F. Bagel. cart. (Bonn, Strauß) 2. 40

Seyppel, Carl Maria, Schmidt und Smith in Lüderitzland. Hottentottisches Blaubuch. gr. 8. (80 S. mit 118 Kritzeleien.) Düsseldorf 885, F. Bagel. cart. * 3 50

—— sharp, sharper, sharpest. A humourous tale of Old-Egypt. Penned down and depicted in the year 1315 a. C. by C. M. S., courtpainterand poet laureate of his majesty king Rhampsinit III., and done into the english tongue by two mummies of the old dynasty. Memphis, 75 Mummies Arcade. [Ring three times.] 4. (II, 40 S.) Ebendas. 885. geb. * 6 —

—— vom Storchnest bis zur Schule. Gereimt und gemalt für dich, mein liebes Kind. 4. (32 S. mit eingedr. Chromolithogr.) Düsseldorf 881, A. Bagel's Verlag. geb. 2 75

Seyppel, C. M., paradiesische Zustände auf der Düsseldorfer Ausstellung. Ein lustig Büchlein. 12. (55 S.) Düsseldorf (902). Schmitz & Olbertz. n. — 50

Seyrich, Ant., deutsches Liederbuch. Eine ausgewählte Sammlung von 140 zwei- und dreistimm. Liedern und Gesängen und 70 zweistimm. Chorälen zum Gebrauche beim Gesangunterricht in untern Realschulklassen, sowie in Ober- und Mittelklassen der Bürger- und Volksschulen. 8. (150 S.) Mittweida 872, Schulze. *

Seyrich, A., deutsches Liederbuch. Eine ausgewählte Sammlung von 140 zwei- und dreistimmigen Liedern und Gesängen und 70 zweistimmigen Chorälen zum Gebrauche beim Gesangunterricht in unteren Realschulklassen, sowie in Ober- und Mittelklassen der Bürger- und Volksschulen. 2. Aufl. 8. (150 S.) Mittweida 877, Polytechn. Buchh. * 1 —

Seyrich, A., deutsches Liederbuch. Eine ausgewählte Sammlung von 180 zwei- und dreistimmigen Volksliedern, Gesängen und 80 Chorälen. 3. verm. und verb. Aufl. gr. 8. (VI, 183 S.) Mittweida 887, Polytechn. Buchhandlung. * 1 —

Seyrich, F. A., Liederbuch f. Lebensbilder II. Zusammengestellt u. componirt. 8. (16 S.) Dresden 874. Pierson. n. — 20

Seyrich, Georg Johannes [Diaconus zu St. Pauli in Chemnitz]: Die Geschichtsphilosophie Augustins nach seiner Schrift De civitate Dei. . . . Chemnitz, Druck v. W. Adam, 1891; 1 Bl., 69 S., 1 Bl. 8°
Leipzig, Phil. Fak., Inaug.-Diss. v. [15. Mai] 1891

Seyrich, Geo. Johs., die Geschichtsphilosophie Augustins nach seiner Schrift de civitate dei. Diss. gr. 8. (69 S.) Chemnitz 891. (Leipzig, G. Fock.) n. 1. 20

Seyrich, Joh. Ghlf. De nominibus Germanorum gentilitiis, ex Caesarum antiquis diplomatibus ... Illustrata. Dresdae 1726. 4. . . . . (b.)

Seyrich, Karl Arno: Ueber die Einwirkung des Ziehprozesses auf die wichtigsten, technischen Eigenschaften des Stahls. 1911. 70 S. 4⁰ ¶ Auch als: Mitteilungen über Forschungsarbeiten auf d. Gebiete d. Ingenieurwesens. H. 119. 1912.
Dresden, Dr.-Ing.-Diss. v. 20. 7. 1910

Seyring, Adrian, Handfibel, allen guten Kindern, welche bald lesen lernen wollen, gewidmet. 2. verm. Aufl. 8. Schleusingen 843, Glaser. n. 1/12 ß

—— Wandfibel. 31 Taf. Fol. Schleusingen 844, Glaser. *

Seyring, Friedrich [aus Potsdam]: Die Abhängigkeit der Sprüche Salomonis Cap. I—IX von Hiob auf Grund des Sprachlichen und Realen. . . . Halle a. S., Hofbuchdr. v. C. A. Kaemmerer & Co. 1889; 56 + 1 S. 8°
Halle, Phil. Fak., Inaug.-Diss. v. [19. Okt.] 1889

Führer durch die Litteratur des evang. Religions-Unterrichts an höheren Schulen. '(1880—1895.)' Zsgest. v. Dr. Friedrich Seyring, Oberl. ... in Hamburg-Eilbeck. *Berlin: Reuther & Reichard 1896.* (XII, 101 S.) 1 Bd 8. [96. 3059

Seyring, Friedrich: Die alt-israelitische Religion in den „Heldengeschichten" des Richterbuchs. 45 S. 8.
Progr. Realschule in Eilbeck zu *Hamburg* 1902 (820).

Seyring, Frdr., die alt-israelitische Religion in den „Heldengeschichten" des Richterbuchs. Progr. gr. 8. (II, 30 S.) Hamburg 902. (Herold.) n. 2.—

— vom evangelischen Religionsunterricht an höheren Schulen, s.: Vollmer, Hans.

Seysenegg, Erich v. Tschermak Edler v.
s. Tschermak Edler v. Seysenegg. [10. 17730 4

Seyss: Ueber die Idee des karolingischen Kaisertums. 8 S.–Znaim, Progr. 1858

Seyss, Emil
und Tschochner, *Albert: Ansprachen an den Lehrkörper und die versammelte Schuljugend anlässl. des Hinscheidens I. Maj. der Kaiserin Elisabeth.* 8 (S. 74—76).
Progr. K. k. deutsches Staats-G. *Olmütz* 1899.

Seyss, Emil: *Festrede zur Feier des 50jährigen Jahrestages des Regierungsantrittes Sr. Maj. des Kaisers Franz Josef I.* 8 (S. 63—66). Progr. K. k. deutsches Staats-G. *Olmütz* 1898.

Seyß-Inquart, Emil: Exzellenz Doktor Wilhelm Ritter von Hartel. Gedenkrede, gehalten in der Vollversammlung des Vereines „Deutsche Mittelschule für Nordmähren in Olmütz" am 7. April 1907. S. 3—11. 8. K. k. deutsches Staats-Gymn. *Olmütz* 1907. Progr.

Seyss,(M.)Em.: Ueber die poetische Composition der Eumeniden von Aischylos. 43 S. 8°. – Villach RG., Progr. 1873.

Seyss,(Max)Emil, über die poetische Composition der Eumeniden von Aischylos. gr. 8. (42 S.) Villach 873. (Wien, Pichler's Wwe. und Sohn.) * — 90

Seyss, Emil Über den Plural der Substantiva abstracta in Vergils Aeneis. 15 S. 8. Progr. G. *Iglau* 1882.

Seyß, Emil: Hofrath Prof. Dr. Karl Schenkl †. Nachruf, gehalten am 4. November 1900 in der Vollversammlung des Vereines „Deutsche Mittelschule für Nordmähren in Olmütz". (Umschlagtitel: . . . Nachruf.) S. 3—6. 8.
Progr. K. k. deutsches Staats-Gymn. *Olmütz* 1901.

—: Schillerfeier des k. k. deutschen Staatsgymnasiums. S. 56 bis 59. 8. Progr. K. k. deutsches Staats-Gymn. *Olmütz* 1905.

Seyß, Emil: [Weihe des Doppelbaues des k. k. deutschen Staatsgymnasiums und der k. k. Lehrerbildungsanstalt.] S. 59—62. 8.
Progr. K. k. deutsches Staats-Gymn. *Olmütz* 1902.

Seyss, Emil *Einleitende und Schlussworte bei der Grillparzerfeier am 21. Januar 1891.* 8 (S. 69 u. 70).
Progr. K. k. deutsches Staatsg. *Olmütz* 1891.

Seyß, Emil: [Worte zur Feier des Abschieds aus dem alten Schulgebäude.] S. 63—64. 8. K. k. deutsches Staats-Gymn. *Olmütz* 1902. Progr.

Seyssel d'Aix, Camilla Gräfin [Wirkl. Name]
s. Cressieux, C [Pseud.]

Seyth, Adyr, Gloria in excelsis Deo! Gedanken üb. Gott u. Welt. (XI, 118 S.) 8. Dresden 910. E. Pierson. 2.—; geb. n 3. —

Seyth, Adyr. Traumeskinder. Erzählende Dichtgn. 8. (VII, 138 S.) Dresd. 891, Pierson. * 2 —

Seyth, Adyr (Frl. Ida Thies), Tropfen im Meere. Ein Märchen f. Erwachsene. (III, 230 S.) 8. Dresden 904. E. Pierson. n. 3. —; geb. n. 4. —

Seytter, H., Bilder aus der Pflanzenwelt f. ihre Freunde, f. die Jugend u. die Schule. Mit 101 großen (eingedr.) Holzschn. gr. 16. (VIII, 423 S.) Stuttgart 873. Kunstverlag. geb. 6. —

Seytter, H., Bilder aus der Pflanzenwelt für ihre Freunde, für die Jugend und die Schule. gr. 16. (VIII, 425 S. mit 101 großen eingedr. Holzschn.) Stuttgart 873, H. Müller. geb.

Seytter, Wilhelm

Seyther, Wilh., f.a.Rübezahl, Kuno.

Seytter, W., kurzgefaßte Deklinationslehre f. den Schulgebrauch u. zum Selbstunterricht. 8. (32 S.) Eßlingen 893. [W. Langguth.] Stuttgart, Bonz & Co. n. — 25

Seytter, W., Materialien zur Heimatkunde. Im Anschluß an Stuttgart u. Umgebg. bearb. 8. (IV, 170 S.) Stuttgart 890. Paulus. n. 2. —

Seytter, Wilh., s.: Realienbuch, deutsches.

Seytter, W., Sammlg. v. Verkehrs- u. Geschäfts-Formularen, s.: Barth, Fr.

—— Die formalen Stufen des Unterrichts, dargestellt nach Herbarts grundlegender Lehre u. ihrem Ausbau durch die Ziller'sche Schule. gr. 8. (103 S.) Stuttg. 889, Lut. * 1 20

Unser Stuttgart. Geschichte, Sage u. Kultur d. Stadt u. ihrer Umgebung. in Einzelbild. dargeboten. Der Jugend Stuttgarts gewidmet von Wilhelm Seytter. *Stuttgart: M. Kielmann (1903).* (VIII, 744 S.) 4°(8°) [F.]

— unser Stuttgart. Geschichte, Sage u. Kultur der Stadt u. ihrer Umgebung, in Einzelbildern dargeboten. Der Jugend Stuttgarts gewidmet. (VIII, 744 S. m. Abb.) Lex.-8. Stuttgart (903. 904). M. Kielmann. n. 9. —;

Uebersichtskarte der Bodenkultur des Königreichs Württemberg f. Schule u. Haus von Wilhelm Seytter: Massst. 1 : 500,000. *Stuttgart: Hobbing & Büchle (1901); Leipzig: Lith. Gebr. Lissel.* (1 Kartenbl. 35×47 cm.) 8° [kol.] [01. 486

—— Übungsschule f. d. Unterricht in d. deutschen Sprache, s. Reiff, M.

(Wilhelm) Seytter- (A[ugust]) Hummel's Volksschul-Atlas zum Unterricht in der Erdkunde. 8., von Wilhelm Seytter umgearb. u. verb. Aufl. d. Kleinen Volksschulatlas von A[ugust] Hummel. Mit 18 Haupt- u. 14 Nebenkarten auf 22 Kartenseiten. Biberach a. d. R. [1906]. (22 Kartenseiten.) 4° [Umschlagt.]

SEYWALD, Josephus: De Romani pontificis oraculo infallibili. — (1872) 100 S. 8° (Handschr.) Diss. 279
Diss. Wien, Univ.

Seywang, Carl, kann ich mein Leben nicht billiger einrichten? gr. 8. (VIII, 88 S.) Reval 901. (Kluge & Ströhm.) n. 2.—

Sézanne, Fréd., die drei Königinnen, s.: Bibliothek, Europäische, 298 u. 299. Bd.

— Rouget de l'Isle, s.: Novellen-Sammlung. 72. Bdchn.

Sezavniczky (Sezavnitzky), M.

Sezavnitzky, M., selectae Dissert. ex historia ecclesiast. P. Natalis Alexandri Doct. Pat de schismate graecorum. 8maj. Wien 777. Gerold. 12 gr.

Sesavniczky, M., selectae dissertationes ex historia eccl. P. Natalis Alexandri de Schism. graecor. 8. maj. Vien. Gerold. 780.

Seze, de, Vertheidigung Ludwigs XVI., a. d. Franz. von R. Hommel. 8. Leipz. Dyk. 793.

— — dass. in e. and. Uebersetz. 8. Hamb. Herold. 793.

Die Sezession am Pregel. Harmlose Gesänge mit Federzeichn. nach berühmten Meistern. *[Königsberg i. Pr. 1903: R. Schenk Nachf.]* (11 S.) 8° [F.] [03. 13476 10

Seznání, rozbiráni, skládáni, zachowáni a čistěni ručnice s hladkou hlawni a komorni puſſky. Stručné a pochopitelné poučeni pro sprostého wojina. 8. (50 S.) Rastatt 854, Hanemann.

Aus d. Frauenklinik u. d. Hebammenschule d. Univ. Perugia. Die Placenta marginata und ihre Entstehung. Von Dr. P[asquale] Sfameni, Prof. Mit 11 Abb. Berlin: Karger 1908. 70 S. 8°
(Monatsschrift f. Geburtshilfe u. Gynäkologie. Bd 28, Beil. H.)

Sfintescu, E., deutsch-rumänisches Konversationsbuch, s.: Connor.

Sfondrati, Augustiniana ecclesiae Rom. doctrina. 4. Fcft. Andreä 704.

Sfondrati, Coel., Cursus philosophicus. 8. Augsburg. Wolf.

— Innocentia vindicata. fol. ibid. 744.

— Quintena Mariana. 8. ibid. 744.

Legation des Kardinals (Francesco) Sfondrato 1547–1548. Im Auftr. d. K. Preuss. Hist. Inst. in Rom bearb. von Walter Friedensburg. Berlin: A. Barth 1907. (XLVIII, 733 S.) 8°
— Nuntiaturberichte aus Deutschland. Abt. 1, Bd 10. (07. 9137

Sfontano, H. P., Briefe über d. Unauflöslichkeit d. Ordensgelübde. 8. Carlsruhe, Macklot. 771.

Sfantano, Priam., menschenfreundl. Gedanken üb. die Unauflöslichkeit der Ordensgelübde. 8. Basel 771. Schweighäuser. 2 gr

Sforza, Maria Galeazzo, Herzog von Mailand, von J. F. Keppler, 8. Wien, (Leipzig) 793, Frister. (Beygang) 18 ggl.

Sforza Mar Galeazzo, Herzog v. Mailand. 8. Wien 793. Frister. (Leipz., Sommer). 12 gr

Sforza (Maria Galeazzo) Herzog v. Mayland, Geschichte v. Keppler. 8. Wien, Sammer. 795.

Sforza, s. Pallavicino, Kardinal.

Sforza's, G., Papst Nicolaus' V. Heimat, Familie u. Jugend. Lucca, [Giusti, 1884]. Deutsche Ausg. von H. Th. Horak. Mit 5 Stammtaf. gr. 8. (II, 291 S.) Innsbruck 887. Wagner. n. 7. 20

Sgalitzer, Jul., s.a. Ságody, Jul.

Sgalitzer, Jul., s.: Gesetzentwurf e. ungarischen Civilprocessordnung.

Sgalitzer, Jul., s.: Zeitschrift f. ungar. öffentl. u. Privatrecht.

Sgambati, Scipion, Lebenswandel nach d. Beyspiel Jesu Chr. 4. Augsb. Wolf. 731.

Giovanni Sgambati. Requiem für gemischten Chor (grossen u. kleinen Chor), Bariton-Solo, Orchester u. Orgel. Text d. Messe u. deutsche Uebers. nebst e. analyt. Einführung u. allgem. Einl. von Dr. Fritz Volbach. Mainz [usw.]: Schott [1909]. 46 S. 8°

Sganzin, M. J., Grundsaetze der Strassen-, Brücken-, Kanal- u. Hafen-Baukunde; nach den an d. polytechn. Schule zu Paris gehalt. Vorlesn., a. d. Franz. übers. u. mit Zusätzen versch. v. H. F. Lehritter u. G. H. Straus. 2 Thle. gr. 8. (44 B. u. 13 Stndr. qu. Fol. u. gr. 4.) Regensburg 832, Pustet. 4 13

Sganzini, C(arlo). Zur Grundlegung der realistischen Theorie der doppelten Buchhaltung. Wissenschaftliche Beilage zum 9. Jahresbericht der Städtischen Handelsakademie St. Gallen (pro 1907/08). II+68 S. 8. (St. Gallen, Honegger, 1908.)

Sgaslik, Hans, Referendar: Die Auflage. Breslau 1906: Th. Schatzky. (62 S.) 8°
Breslau, Jur. Fak., Ref. Leonhard-Beyerle, Diss. v. 8. März 1906
[Geb. 11. Dez. 78 Bosatz b. Ratibor; Wohnort: Ratibor; Staatsangeh.: Preußen; Vorbildung: Gymn. Ratibor Reife O. 99; Studium: Breslau 8 S.; Rig. 29. Nov. 05.]

21 Meilen vom Südpol [The Heart of the Antarctic]. Die Geschichte d. brit. Südpol-Expedition 1907/09 von (Ernest) H. Shackleton. Mit e. Beschreibung d. Reise z. magnet. Südpol [Account of the first journey to the south magnetic pole] von Prof. T[annat] W[illiam] Edgeworth David. Übers. u. bearb. von Frederick Becker. Bd 1–3. Berlin: Süsserott (19[09–]10). 8°
1. 2. [1909.]
3. Die wissenschaftl. Resultate d. Expedition von Prof. Edgeworth David [u. a.] (1910.) (10. 1491) 10

— Dem Südpol am nächsten, s.: Bücher, bunte.

Shadbolt, Sydney, Mondscheinweben od. Ella's Reise in's Feenland. Deutsch m. freier Benutzg. d. Engl. v. Emma Biller. Mit 23 (Holzschn.-)Illustr. v. Jos. Bligh. 16. (165 S.) München 883. Stroefer. geb. n. 3. —

Shadow, the, of Lord Byron, or the voice of Akropolis to the British-Nation. gr. 8. (1⅓ B.) Stralsund 835, Loeffler. •

Shadwell, Arth., England, Deutschland u. Amerika, s.a. Wirtschaftsprobleme, moderne. II.

England, Deutschland und Amerika. Eine vergleich. Studie ihrer industriellen Leistungsfähigkeit (Industrial efficiency) von Arthur Shadwell. Ins Deutsche übertr. von Felicitas Leo. Berlin: C. Heymann 1908. (XX, 624 S.) 8°
— Wirtschaftsprobleme, Moderne. Bd 2. (08. 44.. 4

Shaffner, Tal. P., the telegraph manual: a complete history and description of the semaphoric, electric and magnetic telegraphs of Europe, Asia, Africa, and America, ancient and modern. Mit 625 Illustr. Lex.-8. (851 S. mit eingedr. Holzschn. nnd 11 Stahlst.) New-York 859. Berlin, Springer's Verlag. •

Shaftesbury, des 7. Grafen, Leben, s. Familienbibliothek, Calwer.

Shaftesbury, Graf, Vertheidigungs-Rede im englischen Oberhause für die Benutzung von Theatern zu Abend-Gottesdiensten. Elberfeld 860. Bädeker in Comm. 8. (23 S.) n. 2 ngr.

Shaftesbury, Anthony Ashley Cooper Earl of

Shaftesbury, ein Brief üb. den Enthusiasmus. Die Moralisten, s.a. Bibliothek, philosophische.

[Anthony Ashley Cooper Earl of] Shaftesbury. Ein Brief über den Enthusiasmus. Die Moralisten. Ins Deutsche übertr. u. eingeleitet von Dr. Max Frischeisen-Köhler, Privatd. Leipzig: Dürr 1909. XXXI, 212 S. 8°
(Philosophische Bibliothek. [Neue Ausg.] Bd 111.)

Shaftesbury, A. A. C., characteristicks of men, manners, opinions etc. III Vol. gr. 8. Basel. 790.

Shaftesbury, Anthony Ashley Cooper Earl of. Characteristicks oder Schilderungen von Menschen, Sitten, Meynungen, und Zeiten, a. d. Engl. . . . Leipzig 1768. Ü: *Wichmann, Christian August.* (BrMm) (Ky) (MGI)

Shaftesbury, Graf A. A. C., Charakteristik, od. Schilderungen von Menschen, Sitten, Meinungen u. Zeiten; aus d. Engl. (v. Chr. A. Wichmann). 8. Leipz. 768. (Brockhaus). 8 gr

— Charakteristik, od. Schilderungen v. Menschen, Sitten, Meinungen und Zeiten, a. d. Engl. 8. Leipz. Heinsius. (Gleditsch). 768.

Shaftesbury, the right honourable Anthony Earl of, An inquiry concerning virtue or merit, hrsg v. Jul. Ruska, s.: Schriftsteller, englische, aus dem Gebiet der Philosophie usw.

[Anthony Ashley Cooper Earl of] **Shaftesbury**. Die Moralisten [The Moralists]. Eine philos. Rhapsodie. Übers., eingeleitet u. mit Anm. von Karl Wolff. Jena: Diederichs 1910. XLVI, 182 S. 8° [10. 3373

— u. Locke, Reise-Gespräche, a. d. Engl. 8. Marburg, Krieger. (Freyburg, Müller.) 785.

Shaftesbury, A. A. C. E. of.
Selbstgespräch, oder Lehre für einen Autor; a. d. Engl. [Hamburg 1766.] Ü: *Schmid, Christian Heinrich.* (ML)

Shaftesbury, A. A. C. E. of.
Die Sittenlehre, oder philosophische Gespräche, die Natur betreffend; a. d. Engl. Berlin 1745. Ü: *Spalding, Johann Joach.* (JL) (MGT)

— d. Sittenlehrer, od. philosoph. Gespräche, d. Natur u. Tugend betreff. 8. Berl. Haude. 745.

Shaftesbury, A. A. C. E. of.
Unterredung mit sich selbst, oder Unterricht für Schriftsteller: a. d. Engl. . . . Magdeb. 1738. Ü: *Venzki, Georg.* (ML)

— Unterredung mit sich selbst, od. Unterricht f. Schriftsteller, a. d. Engl. 8. Magdeburg, Seidel. 738.

Shaftesbury, A. A. C. E. of.
Untersuchung über die Tugend. A. d. Engl. Berlin 1747. Ü: *Spalding, Johann Joach.* (JL) (MGT)

— Untersuchung üb. die Tugend, s.a. Bibliothek, philosophische.

[Anthony Ashley Cooper III. Earl of] **Shaftesbury**. Untersuchung über die Tugend [A general treatise of morality]. Ins Deutsche übertr. u. mit e. Einl. vers. von Paul Ziertmann. Leipzig: Dürr 1905. (XV, 122 S.) 8°
= **Bibliothek**, Philosophische. [Neue Ausg.] Bd 110. [05. 8760

— Versuch üb. Verdienst u. Tugend, neu bearb. v. Diderot. a. d. Franz. 8. Leipz. Dyk. 780.

Shaftesbury, A. A. C. E. of.
Philosophische Werke. A. d. Engl. Leipzig 1776—79. Ü (Bd. 1): *Hölty, Ludwig Heinrich Christoph.* (Bd. 2 u. 3): *Voss, Johann Heinrich.* (ML) (Ky) (GGr) (JL) (Rotermund, Gel. Hannover. Bremen 1823.) Ü (Bd. 2. 3): *Benzler, Johann Lorenz.* (MGT)

— philosoph. Werke; aus d. Engl. (v. Hölty u. J. H. Voß L) 3 Thle. 8. Leipz. 776, 77. Weygand. 3 ₰ 20 gr

Shaftesbury's, Graf, Lebensbeschreibung, s.: Familien-Bibliothek, Calwer.

Shaineanu, L. Les Jours d'Emprunt ou les Jours de la Vieille. Diss. Leipzig 1889. 23 S.

Shalvya, Satya Kama, s.: Führer, der, im Geistigen.

Shakal, der schöne Geist. Fragment e. Biographie aus d. 14n Jahrhund. von d. Araber Albezor; aus d. Arab. ins Latein., dann ins Französ. u. endlich ins Deutsche übers. u. mit Anmerkk. geziert v. Hans Görge: (Jh. Thdr. Benj. Helfrecht). 8. Dintenstadt (Leipz.) 799. Fr. Fleischer. 18 gr

Shakespear, s. Shakespeare

Shakespeare, s. Aßmann, C.
Francke, C. L. W.
Gerth, C. A. F.
Lichtenstein, Sigmund.
Müller.
Trahndorff, K. F. E.
Urbach, Richard.

—— zur Genesis der Shakespeare-Dramen, s. Vitzthum v. Eckstädt, K. F. Graf, Shakespeare und Shakspere.

—— dramatische Kunst, s. Ulrici, Herm.

—— die Quellen des, s. Simrock, Karl.

Shakspeare, Spiel in Versen in 1 Aufzug von C. Lebrün. 8. Mainz, Kupferberg. 818.

Shakspeare. (Ganze Figur.) Nach Roubillac's Statue u. d. verlässigsten Urbildern in Stahl gest. v. Ed. Schuler. (½ Imp.-Fol.) Mit e. Charakteristik d. Dichters v. Gust. Pfizer. Imp.-Fol. (1½ B.) Stuttgart 838, S. G. Liesching.

Shakespeare in Deutschland am Tage seiner Jubelfeier. Ein dramatischer Scherz und — Ernst in einem Vorspiel und 2 Akten. Würzburg 864. Richter. 16. (32 S.) 5 ngr

Shakespeare, sein Entwickelungsgang in seinen Werken, s. Dowden, Ed.

Shakespeare und seine Freunde oder das goldene Zeitalter des lustigen Englands. Nach dem Engl. von Wilibald Alexis Georg Wilhelm Heinrich Häring. Berl. 1839. V: *Williams, Robert Folkestone.* (GGr IX, 473)

Shakspeare u. seine Freunde, od. das gold. Zeitalter d. lustigen Englands. N. d. Engl. v. W. Alexis. 3 Bde. gr. 8. (57½ B.) Berlin 839, Duncker u. Humblot.

—— Eine neue Studie, s. Fulda, Karl.

Shakespeare, Biographie, s.: Koch, M.

—— sein Leben und seine Werke, s. Kriebitzsch, K. Th.

Shakespeare, William. Bilder u. Gestalten. Illustr. von H. M. Paget u. Walt. Paget. qu. gr. 8. (12 S. m. 6 farb. Bildern.) [Münch. 890.] Nürnb., Stroefer. Mit Goldschn. * 1 50

Unser **Shakespeare**. Beiträge zu e. wissenschaftl. Shakespeare-Kritik. (Red.: Dr. Theodor Eichhoff.) 1. *Halle a. S.: M. Niemeyer 1903.* 8° [F]
[03. 8113

Shakespeare, William, s. a.: Bacon-Shakespeare.

Also sprach [William] **Shakespeare.** Ein Brevier. Gesammelt u. eingeleitet von Rudolf Presber. Berlin: Concordia [1906]. (168 S.) 8° 07. 11167

– Antonius und Kleopatra.

—— dass. — s. a. Bibliothek ausländischer Klassiker.

Shakespeare's, Will., Antonius und Kleopatra, s. a. Meyers Volksbücher.

—— Antonius und Kleopatra, s. a. Museum.

—— dass. — s. a. Repertoirstücke der deutschen Bühne.

— Antonius u. Kleopatra, s. a. Universal-Bibliothek.

—— Antonius und Cleopatra. Auf Grundlage der Tieck'schen Uebersetzung neu bearb. und für die Bühnen eingerichtet von F. A. Leo. 8. (144 S.) Halle 870, Barthel. * 2 —

—— Antonius und Cleopatra. Tragödie in 5 Aufzügen, frei übers. und bearb. von Frz. Dingelstedt. 8. (X, 157 S.) Wien 879, Gerold's Sohn. *

— dasselbe, s. a. Bibliothek der Gesamtlitteratur.

[F.] Antonius und Cleopatra. Ein Trauersp. v. William Shakespeare. Nach d. Schlegel-Tieckschen Übs., bericht. nach d. Ausg. d. Shakespeare-Vereins. *Halle a. d. S.: O. Hendel (1895).* (104 S.) 1 Bd 8.
= Bibliothek d. Gesamtlitteratur d. In- u. Auslandes. No 870. 871.

— Antonius u. Kleopatra. Trauersp. in 5 Akten. Nach Baudissins Uebersetzg. f. die deutsche Bühne bearb. v. Eug. Kilian. 8. (103 S.) Leipzig 898. Breitkopf & Härtel. n. 1. —

— Antony and Cleopatra, s.: Sammlung englischer Schriftsteller.

—— As you like it, s. Sammlung Shakespeare'scher Stücke.

— Bilder u. Gestalten. Illustriert v. H. M. Paget u. Walt. Paget. qu. gr. 8. (12 S. m. 6 farb. Bildern.) München 890. Stroefer. Mit Goldschn. n. 1. 50

Bildwerke.

Heath, Ch., Shakspeare's Frauenbilder, s. Heath.

Heine, H., Shakspeare's Mädchen u. Frauen, s. Heine.

Pracht-Stahlstiche, zwölf, als Titelkupfer zu Shakspeare's sämmtl. dramat. Werken in allen Ausgaben. 16. Leipzig 840. [Berlin, Klemann.] * 16 Gr. Lex.-8. * 20 Gr.

Retzsch, Mor., Gallerie zu Shakspeare's dramat. Werken, s. Retzsch.

Ruhl, Ludw. Sigism., Skizzen zu Shakspeare's dramat. Werken, s. Ruhl.

Stahlstiche zu Shakspeare's dramat. Werken in 1 Bde. 3 Lfgn. (16 Blätt.) Lex.-8. Stuttgart 839, [Scheible, Rieger u. Sattler.] * 1 Thlr. 14 Gr.

—— dass. zu d. Ausg. v. Schlegel u. Tieck. 3 Lfgn. 8. (16 Blätt.) Ebds. 839. * 1 Thlr. 14 Gr.

—— dass. z. Taschenausg. (14 Blätt.) Ebds. 839. * 1 Thlr. 4 Gr.

— Blumenlese aus Shakespeare's Werken. Eine Mustersammlg. der edelsten Gedanken d. großen Dichters. Mit beigefügtem Originaltext. gr. 16. (156 S.) Magdeburg 872. Harder. n. 2. —

—— deutscher Bühnen- und Familien-, s. Devrient, Ed. und Otto.

— Julius Caesar, hrsg. von Alfr. v. d. Velde, s.: Authors, English.

— dasselbe, hrsg. v. Carl Winderlich, s.: Authors, English.

—— dass. — s. a. Authors, English, for the use of schools.

— Julius Cäsar, s. a. Bibliothek ausländ. Klassiker. —

— dasselbe, s. a. Classiker f. den Schulgebrauch.

— dasselbe, s. a. Dürr's deutsche Bibliothek. 5. Bd.

— dasselbe, s. a. Erläuterungen zu den ausländischen Klassikern.

— dasselbe, s. a. Hempel's Klassiker-Bibliothek.

—— dass. — s. a. Hölder's Classiker-Ausgaben.

— dasselbe, s. a. Klassiker-Ausgaben, illustr., Minerva.

– – s.a. Masterpieces of English literature. 2.

— dasselbe, s. a. Meister-Werke unserer Dichter.

—— dass. — s. a. Meyer's Volksbücher.

—— dass. — s. a. Museum.

— dasselbe, hrsg. v. Gust. Wack, s.: Perthes' Schulausgaben engl. u. französ. Schriftsteller.

—— dass. — s. a. Rauch's English Readings.

— dasselbe, hrsg. v. Max Friedr. Mann, s.: Reformbibliothek, neusprachliche. 5. Bd.

—— dass. — s. a. Repertoir des herzogl. Meiningen'schen Hof-Theaters.

— dasselbe, s. a. Sammlung deutscher Dichtungen u. Prosawerke.

— — erklärt von Sievers, s. Sammlung englischer Schriftsteller.

—— dass. — s. a. Sammlung Shakespeare'scher Stücke.

—— dass. — Wörterbuch, s. Schmid, E.

— dasselbe, hrsg. v. E. Wasserzieher, s.: Schulausgaben, deutsche.

— dasselbe, s. a. Schulausgaben classischer Werke.

— dasselbe, hrsg. v. Emil Penner, s.: Schulbibliothek, französische u. englische, B. 15. Bd.

— dasselbe, hrsg. v. J. Breme, s.: Schülerbibliothek, englische.

— dasselbe, s. a. Teubner's Sammlung deutscher Dicht- u. Schriftwerke f. höhere Töchterschulen.

— dasselbe, ed. by Frederic W. Moormann, s.: Teubner's school texts. I.

— dasselbe, s. a. Textausgaben französischer u. englischer Schriftsteller.

— dasselbe, s. a. Theater-Bibliothek, classische.

——, Julius Caesar. A Tragedy, s. Theatre, British.

— — s.a. Universal-Bibliothek.

— dasselbe, hrsg. von E. v. Sallwürk, s.: Velhagen & Klasing's Sammlung deutscher Schulausgaben. 26. Lfg.

— dasselbe, s.a. Volksbibliothek d. Lahrer Hinkenden Boten.

Shakspeare, W., Caesar Julius. A Tragedy. gr. 8. Götting. 777. Dieterich. 6 ℳ

Shakespeare, W. Julius Cäsar: oder die Verschwörung des Brutus, ein Trauerspiel in sechs Handlungen ... Mannheim 1785. Ü: *Dalberg, Wolfgang Heribert Reichsfreih. v.* (GGr) (Ky) (Kn) (MGT) (BrMm) (JL)

— Dass., aus d. Engl. übers. (v. Wolfg. Her. v. Dalberg). 8. Manh. 785. Schwan u. G. 8 ℳ

— Julius Caesar. (Campe's Edition.) 1/212. Nurnberg and New-York 836. Fr. Campe and Comp. 1/4 ℳ

—— Julius Cäsar. Grammatisch und sachlich zum Schul- und Privatgebrauch erläutert von J. Hoffa. 8. (IV und 130 S.) Jena 848, Mauke.

Shakespeare's Julius Cäsar, übers. v. Eduard Vollbehr. Ploen, Progr. 1853. 8°

— — übersetzt von Ed. Vollbehr. Kiel 853. Akademische Buchhdlg. gr. 8. (2 Bl., 108 S.) n. 16 ngr.

— Julius Caesar. Grammatisch und sachlich zum Schul- u. Privatgebrauch erlautert u. mit einem ausführlichen Worterbuche versehen von Jordan Bucher. Berlin (856.) Renger. 8. (IV, 131 S.) 10 ngr.

— — mit sprach- und sachanmerkungen begleitet von E. Meyer. Hamburg 857. Nolte u. Kohler. 8. (XVI, 154 S.) n. 18 ngr.

—— Julius Caesar. Erklärt von Thdr. Jancke. gr. 8. (IV und 96 S.) Köln 861, Du Mont-Schauberg'sche Buchh. *

— Julius Cäsar. Eine historische Tragödie. Uebersetzt von Adph. Kolb. Stuttgart 861. Schaber. 16. (IV, 126 S.) 10 ngr.

— — Für den Schulgebrauch erklärt von L. Riechelmann. Leipzig 867. Teubner. gr. 8. (VII, 123 S.) 12 ngr.

—— Julius Caesar annoté par Charles Graeser. 8. (III, 84 S.) Leipzig 870, Brockhaus. * — 80

— Julius Caesar. Ad textum, qualem Nicol. Delius constituit, anglicum, in senarios latinos transtulit Th. Jos Hilgers. gr. 8. (V, 91 S.) Dessau 872. Reissner. n. 1. 20

—— Julius Cäsar. Zur Uebersetzung in's Deutsche bearb. für höhere Schulen und Töchterschulen, mit Anmerkungen versehen von Heinr. Klose. 2. Aufl. 8. (48 S.) Mannheim 875, Schneider. *

— dasselbe, zur Uebersetzg. in's Deutsche bearb. f. höhere Schulen u. Töchterschulen, m. Anmerkgn. versehen v. Heinr. Klose. 2. Aufl. 8. (48 S.) Straßburg 875. Schneider. n. 1. —

— Julius Caesar. Für den Schulgebrauch erklärt von L. Riechelmann. 2. Aufl. gr. 8. (XI, 123 S.) Leipzig 879. Teubner. 1. 80

— dasselbe. Trauerspiel in 5 Aufzügen. Wortgetreu aus dem Engl. in deutsche Prosa übers. nach H. R. Mecklenburg's Grundsätzen v. R. T. 3 Hfte. 32. (187 S.) Berlin 884. H. R. Mecklenburg. à n. — 25

— Julius Caesar. Mit Anmerkgn. v. E. Fritsche. 8. (XII, 108 S.) Hamburg 885. O. Meissner's Verl. 1. 20

— dasselbe. Erklärt v. E. W. Sievers. 3. Aufl. 8. (VIII, 131 S.) Salzwedel 885. Klingenstein. n. 1. —

— Julius Caesar. Für den Schulgebrauch hrsg. v. L. Proescholdt. 8. (84 S.) Gera 889. Schlutter. geb. n. — 60

— dasselbe. Mit Anmerkgn. v. E. Fritsche. 2. (Titel-) Ausg. 8. (XII, 108 S.) Hamburg 889. O. Meissner's Verl. n. — 60

—— dass. — Student's Tauchnitz edition. Nr. 32. Mit deutschen Erklärungen von Imman. Schmidt. gr. 8. (XVI, 168 S.) Lpz. 891, Tauchnitz. * 1 —; cart. * 1 10

Shakespeare, William, Julius Caesar. Ein Trauerspiel. Für den Schulgebrauch herausgeg. von Alois Hruschka. 16. (100 S.) Cart. —.25
Wien: Tempsky 1893.

— dasselbe, Bühnenbearbeitg. v. Heinr. Jantsch, s.a. Bibliothek der Gesammtlitteratur d. In- u. Auslandes.

[J.] Bühnen-Bearbeitung des William Shakespeare'schen Trauerspiels Julius Caesar. M. vollständ. Scenarium unter Zugrundelegg d. neuen Systems e. Regie-Partitur v. Heinrich Jantsch, ... Dir. ... d. Jantsch-Theaters in Wien. *Halle a. S.: O. Hendel (1898).* (XVI, 156 S.) 1 Bd 8.
— Bibliothek d. Gesamtlitteratur d. In- u. Auslandes. No 1160. 1161.
[98. 6980

— dasselbe, hrsg. v. R. Proetzsch, s.a. Shakespeare-Schulausgabe.

[William] Shakespeare's Julius Caesar. 7. Aufl. durchges. u. mit einer Einl. neu hrsg. von Prof. R[einhold] Proetzsch, Oberl. zu Potsdam. Danzig: A. Scheinert 1899. (94 S.) 8°
= Shakespeare. Schulausgabe. 1.

Julius Cäsar. Ein Trauerspiel von William Shakespeare. Für d. Schulgebr. hrsg. von Dr. F[riedrich] Zurbonsen, Oberl. zu Münster i. W. *Münster i. W.: Aschendorff 1901.* (136 S.) 8° [J.]
— Ausgaben, Aschendorffs, f. d. deutschen Unterricht. [3.]

— dasselbe, hrsg. v. H. Schmitt, s.a. Schöningh's Ausgaben ausländ. Klassiker. 1.

(William) Shakespeares Julius Cäsar. Nach d. Schlegelschen Übers. hrsg. u. mit Einl. u. Anm. vers. von Dr. H[einr.] Schmitt, Dir., Neumünster. Paderborn: F. Schöningh 1901. (VI, 206 S.) 8°
= Ausgaben, Schöninghs, ausländ. Klassiker mit Erl. 1.

(William) Shakespeares Julius Cäsar. Nach d. Schlegelschen Übers. hrsg. u. mit Einl. u. Anm. versehen von Dr. H[einrich] Schmitt, Dir. zu Neumünster. 2. Aufl. *Paderborn: F. Schöningh 1903.* (213 S.) 8° [J.]
— Ausgaben. Schöninghs, ausländ. Klassiker mit Erl. 1.

— dasselbe, s.a. Schöningh's Textausgaben alter u. neuer Schriftsteller. Nr. 16.

Julius Caesar. Ein Trauerspiel von William Shakespeare. *Paderborn: F. Schöningh [1903].* (84 S.) 8° [J.]
— Textausgaben, Schöninghs, alter u. neuer Schriftsteller. [16.]

— dasselbe, s.a. Handbibliothek, Cottasche.

Julius Cäsar. Trauerspiel in 5 Aufz. von William **Shakespeare**. Übers. von August Wilhelm v. Schlegel. Mit e. Einl. von Max Koch. *Stuttgart & Berlin: J. G. Cotta Nachf. [1903].* (104 S.) 8° [F.]
— **Handbibliothek**, Cotta'sche. No 80. [04. 1970

[William] **Shakespeares** Julius Cäsar, erkl. von J[akob] Stoffel, Seminarl. zu Weißenfels. Langensalza: H. Beyer & Söhne 1904. (70 S.) 8°
= Dramen, Deutsche, u. Epische Dichtungen f. d. Schulgebr. erl. 10.

— dasselbe, ein Trauerspiel. Hrsg. v. Frdr. Ballauff. (56 S.) gr. 8. Leipzig 904. Dürr'sche Buchh. n. — 70

—— dass. — s.a. Graeser's Schulausgaben classischer Werke.

— dasselbe, mit Einleitg. u. Anmerkgn. versehen v. Jos. Resch. (Graesers Schulausgaben klass. Werke.) 13.—15. Taus. (X, 70 S.) 8. Leipzig (905). B. G. Teubner. — Wien, K. Graeser & Co. n. — 50

[William] **Shakespeares** Julius Cäsar. Nach d. Schlegelschen Übers. hrsg. u. mit Einl. u. Anm. versehen von Dr. Heinrich Schmitt, Dir. zu Neumünster. 3. Aufl. Paderborn: F. Schöningh 1905. (213 S.) 8° [F.]
— **Ausgaben**, Schöninghs, ausländ. Klassiker mit Erl. 1. [07. 14485

— Julius Cäsar. Uebersetzung v. A. W. Schlegel, rev. v. Herm. Conrad. Mit Einleitg. u. Anmerkgn. (XXXV, 147 S.) 8. Stuttgart 906. Deutsche Verlags-Anstalt. Geb. n. 1. 50

(F) **Shakespeare, W.**, Julius Cäsar. Herausg. von Josef Resch. [Graesers Schulausgaben klassischer Werke. Heft 4.] 8°. (X, 70 S.) K —.50
Wien: Graeser 1906.

— dasselbe, hrsg. v. K. Grosch, s.a. Schriftsteller, englische u. französische, der neueren Zeit.

Julius Cæsar. A tragedy by William **Shakespeare**. With introd. and explanat. notes ed. by Prof. K[arl] Grosch. (Ausg. B.) [Text.] Berlin & Glogau: C. Flemming 1907. 8°
— **Schriftsteller**, Englische u. franz., d. neueren Zeit. Bdch. 47. [08. 4385

— Julius Caesar. A tragedy. Für den Schulgebrauch hrsg. v. Aug. Sturmfels. (147 S.) 8. Leipzig 907. G. Freytag. — Wien, F. Tempsky. Geb. 1. 50
(Freytags Sammlung französ. u. engl. Schriftsteller.)

— dasselbe. Ein Trauerspiel. Für den Schulgebrauch hrsg. v. Alois Hruschka. 2. Abdr. der 1. Aufl. in neuer Rechtschreibg. (100 S.) kl. 8. Ebd. 906. Geb. — 60

— dasselbe, s.a. Freytag's Schulausgaben klassischer Werke f. den deutschen Unterricht.

Shakespeare, W., Julius Cäsar. Trauerspiel. Von A. Hruschka. [Freytags Schulausgaben klassischer Werke für den deutschen Unterricht.] 8°. (100 S.) geb. K —.70
Wien: Tempsky 1907.

– Coriolan(us).

— dasselbe, hrsg. v. Osk. Thiergen, s.: Authors, English.

— dasselbe, s.a. Bibliothek der Gesamt-Litteratur d. In- u. Auslandes.

—— Coriolan, s.a. Bibliothek ausländischer Klassiker.

— dasselbe, s.a. Freytag's Schulausgaben klassischer Werke f. den deutschen Unterricht.

— Coriolanus, s.a. Hempel's Klassiker-Bibliothek.

— dasselbe, s.a. Hölder's Classiker-Ausgaben f. den Schulgebrauch.

—— Coriolanus, s.a. Meisterwerke unserer Dichter.

— dasselbe, s.a. Meyer's Volksbücher.

—— dass. — s.a. Museum.

—— Coriolanus, s.a. Sammlung Shakespeare'scher Stücke.

—— dass. — s.a. Schulausgaben classischer Werke.

— dasselbe. Hrsg. v. Emil Penner, s.: Schulbibliothek, französische u. englische, B. 19. Bd.

—— s.a. Universal-Bibliothek.

— Coriolan u. Julius Cäsar. 8. Manh., Schwan u. G. 9 ℳ

— Coriolan. Für den Schulgebrauch bearb. v. E. Fritsche. gr. 8. (III, 127 S.) Leipzig 885. O. Wigand. 1. 80

Shakespeare, Williame, Coriolanus. Ein Trauerspiel. Für den Schulgebrauch herausgegeben von Wilhelm Swoboda. 16. (143 S.) Cart. —.35
Prag: Tempsky 1894.

Shakespeare, Williame, Coriolanus. Ein Trauerspiel. Für den Schulgebrauch herausgegeben von Wilhelm Swoboda. 8. (143 S.) Geb. —.35
Prag: Tempsky 1895.

— dasselbe, hrsg. v. J. Schunck, s.a. Schöningh's Ausgaben ausländischer Klassiker. III.

[William] **Shakespeare's** Coriolan. Ein Trauerspiel in 5 Aufz. Mit ausführl. Erl. f. d. Schulgebr. u. d. Privatstud. von L[udw.] Schunck, Oberl. in Inowrazlaw. *Paderborn: F. Schöningh 1901.* (168 S.) 8° [F.]
— **Ausgaben**, Schöninghs, ausländ. Klassiker mit Erl. 3. [01. 8033

Shakespeare, William, Coriolanus. Historisches Drama in 5 Aufzügen. Für den Schulgebrauch hrsg. v. Fr. Hölscher. (Aschendorffs Ausgaben f. den deutschen Unterricht.) (172 S.) 8. Münster 904. Aschendorff. Geb. in Leinw. n. 1. 05

— dasselbe, hrsg. v. E. Nader, s.a. Graeser's Schulausgaben klassischer Werke. 3. Hft.

Coriolanus. Ein Trauerspiel von William **Shakespeare**. Nach d. Übers. von L. Tieck bearb. u. mit Einl. u. Anm. versehen von Schulrat Dr. Engelbert Nader. 6.–8. Taus. Leipzig: B. G. Teubner [1906]. (XI, 90 S.) 8° [F.]
(Graesers Schulausgaben klassischer Werke.) [07. 10388

— Coriolanus, Für den Schulgebrauch hrsg. v. Gust. Krüger. (224 S.) 8. Leipzig 909. G. Freytag. — Wien, F. Tempsky. Geb. 1. 80
(Freytags Sammlung französ. u. engl. Schriftsteller.)

—— Cymbeline, s.a. Bibliothek ausländ. Klassiker.

– – s.a. Hempel's Klassiker-Bibliothek.

– – s.a. Meyer's Volksbücher.

– – s.a. Museum.

—— dass. — s. Universal-Bibliothek.

— Cymbeline. (Campe's edition.) $^{1}/_{2}$12. Nurnberg and New-York 839. Fr. Campe and Comp. $^{1}/_{4}$ ₰

—— Cymbelin. Schauspiel in 5 Acten. Uebers. von Aug. Bürck. 8. (XXIII und 216 S.) Wien 851, Gerold, Verlag.

—— König Cymbeline. Für die deutsche Bühne bearb. von Ernst Rommel. (Als Mscr. für die Bühnen gedr.) 12. (V und 89 S.) Hannover 860, Lohse. *

—— Cymbelin. Drama in 5 Aufzügen. Mit freier Benutzung der Schlegel-Tieck'schen Uebersetzung für die deutsche Bühne bearb. von A. v. Wolzogen. 8. (123 S.) Leipzig 872, Cnobloch. [Halle, Gesenius.] * 1 50

— ausgewählte Dichtungen. V. Bd. Hamlet, Prince of Denmark. Erklärt v. H. Fritsche. Neu hrsg. von Herm. Conrad. Text u. Anmerkgn. 8. Berlin, Weidmann. Geb. 8. 70 (I–V.: 10. 80)
Text. (LXXXII, 164 S.) 905. n. 2. —
Anmerkungen. (182 S.) 905. n. 1. 60

—— kleinere Dichtungen, s. Classiker des In- und Auslandes.

— dramatická díla. Nákladem Musea kr. Českého. I—VIII. Prag 855—58. Rziwnatz in Comm. Jeder Thl. n. 10 ngr.
I. Život a smrt krále Richarda III. Přeložil Fr. Doucha. (2 Bl., 140 S.)
II. Hamlet, princ Dánský. Přeložil J. J. Kollor. (2 Bl., 139 S.)
III. Král Lear. Přeložil L. Celakovský. (2 Bl., 128 S.)
IV. Cymbelin. Přeložil J. C. (4 Bl., 128 S.)
V. Veselé ženy Windsorské. Přeložil J. Malý. (2 Bl., 96 S.)
VI. Koriolanus. Přeložil Fr. Doucha. (2 Bl., 184 S.)
VII. Antonius a Kleopatra. Přeložil J. C. (2 Bl., 128 S.)
VIII. Král Jindřich VI. Díl I. Přeložil J. B. Malý. (4 Bl., (96 S.)

— dramatická díla. Nákladem Musea král. českeho. IX—XVII. Prag 859—63. Rziwnatz in Comm. 8. Jeder Thl. n. 10 ngr.
IX. Král Jindřich V. Přeložil J. Č. (115 S.)
X. Julius Caesar. Přeložil Fr. Doucha. (111 S.)
XI. Kupec Benátský. Přeložil Jos. J. Kolar. (95 S.)
XII. Král Jindřich IV. Díl I. Přeložil Ladislav Čelakovský. (111 S.)
XIII. Král Jindřich VI. Díl 2. Překlad J. Malého. (IV, 112 S.)
XIV. Král Richard II. Přeložil Fr. Doucha. (IV, 120 S.)
XV. Veta za vetu. Přeložil J. Čejka. (2 Bl., 100 S.)
XVI. Večer tříkrálový aneb Cokoli chcete. Přeložil Fr. Doucha. (V, 104 S.)
XVII. Král Jindřich VI. Díl 3. Přeložil J. B. Malý. (IV, 116 S.)

—— Dramen, s. a. Schul-Ausgabe.

— Dramen. In deutscher Uebertragung von F. Jencken. I—VI. Mainz 853—55. Janitsch. 16. n. 2 ₰. 28 ngr.
Inhalt: I. Hamlet. (XVI, 203 S.) n. 18 ngr.
II. Julius Cäsar. (141 S.) n. 14 ngr.
III. Romeo und Juliet. (154 S.) n. 14 ngr.
IV. Othello. (196 S.) n. 14 ngr.
V. König Lear. (196 S.) n. 14 ngr.
VI. Macbeth. (127 S.) n. 14 ngr.

— Dramen. Uebers. von Carl Heinichen. 1. u. 2. Heft. Bonn 858. Marcus. gr. 12. Jedes Heft n. 15 ngr.
Inhalt: 1. Heft: Cymbeline. (4 Bl., 164 S.)
2. Heft: Koriolanus. (4 Bl., 172 S.)

— Dramen. Uebersetzt von C. Heinichen. 3—5. Heft. Bonn 859—61. Marcus. 12. Jedes Heft n. $7^{1}/_{2}$ ngr.
Inhalt: 3. Heft: Wintermährchen. (VI, 146 S.)
4. Heft: Antonius und Cleopatra. (VI, 175 S.)
5. Heft: Macbeth. (VII, 110 S.)
1. u. 2. Heft jetzt ebenfalls nur à n. $7^{1}/_{2}$ ngr.

—— Dramen. Nr. 1—25. 16. Leipzig 865—67, Ph. Reclam jun. à Nr. * 2 Ngr. *
Inhalt:
Nr. 1. Romeo und Julie. Trauerspiel in 5 Akten. Uebers. von Ernst Ortlepp. (94 S.)
„ 2. Julius Cäsar. Trauerspiel in 5 Akten. Uebers. von Leop. Petz. (90 S.)
„ 3. König Lear. Trauerspiel in 5 Akten. Uebers. von Leop. Petz. (115 S.)
„ 4. Macbeth. Trauerspiel in 5 Akten. Uebers. von Ludw. Hilsenberg. (71 S.)
„ 5. Othello, der Mohr von Venedig. Trauerspiel in 5 Akten. Uebers. von Ernst Ortlepp. (102 S.)
„ 6. Die Kunst eine böse Sieben zu zähmen. Lustspiel in 5 Akten. Uebers. von Karl Simrock. (79 S.)
„ 7. Hamlet, Prinz von Dänemark. Trauerspiel in 5 Akten. Uebers. von Friedr. Köhler. (114 S.)
„ 8. Der Kaufmann von Venedig. Schauspiel in 5 Akten. Uebers. von Alex. Fischer. (77 S.)
„ 9. Antonius und Cleopatra. Trauerspiel in 5 Akten. Uebers. von Wilh. Lampadius. (106 S.)
„ 10. König Richard der Zweite. Trauerspiel in 5 Akten. Uebers. von Thdr. Oelckers. (82 S.)
„ 11. Der Sturm. Schauspiel in 5 Akten. Uebers. von Friedr. Köhler. (66 S.)
„ 12. Die lustigen Weiber von Windsor. Lustspiel in 5 Akten. Uebers. von Karl Simrock. (82 S.)
„ 13. Der Dreikönigsabend oder Was ihr wollt. Lustspiel in 5 Akten. Uebers. von Friedr. Köhler. (76 S.)
„ 14—16. König Heinrich VI. 3 Thle. Trauerspiel in 5 Akten. Uebers. von Adph. Böttger. (260 S.)
„ 17. König Richard III. Trauerspiel in 5 Akten. Uebers. von Ernst Thein. (108 S.)
„ 18. Die beiden Edeln von Verona. Schauspiel in 5 Akten. Uebers. von Friedr. Köhler. (67 S.)
„ 19. Coriolan. Trauerspiel in 5 Akten. Uebers. von Leop. Petz. (126 S.)
„ 20. Der Sommernachtstraum. Dramatisches Gedicht in 5 Akten. Uebers. von Alex. Fischer. (65 S.)
Nr. 21. 22. König Heinrich IV. Schauspiel in 5 Akten. Uebers. von Thdr. Mügge. 2 Thle. (165 S.)
„ 23. König Heinrich V. Trauerspiel in 5 Akten. Uebers. von Heinr. Döring. (99 S.)
„ 24. König Heinrich VIII. Historisches Schauspiel in 5 Akten. Uebers. von Ernst Susemihl. (95 S.)
„ 25. Viel Lärm um Nichts. Lustspiel in 5 Akten. Uebers. von Alex. Fischer. (76 S.)

— Dramen. Eine Auswahl f. das deutsche Haus v. Ludw. L. C. Wattendorff. 2. Aufl. der Ausg. von A. Hager. 5 Bde. 12. Freiburg i/B. 903. Herder. Geb. in Leinw. à n. 2. 60
1. Romeo u. Julia. — Hamlet. — Julius Cäsar. (XIII, 505 S. m. 1 Bildnis.)
2. Der Kaufmann v. Venedig. — Was ihr wollt. — Der Sturm. — Ein Sommernachtstraum. (V, 409 S.)
3. König Johann. — König Richard II. — König Heinrich IV. (1. u. 2. Tl.) (V, 499 S.)
4. König Heinrich V. — König Heinrich VI. (2. u. 3. Tl.) König Richard III. — König Heinrich VIII. (V, 698 S.)
5. Wie es euch gefällt. — Macbeth. — König Lear. — Coriolanus. (V, 523 S.)

—— ausgewählte Dramen. 1.—4. Bd. gr. 8. Berlin, Weidmann'sche Buchh.
Inhalt:
Bd. 1. Coriolanus. Erklärt von Alex. Schmidt. (254 S.) 878. ℳ 2,25.
„ 2. The Merchant of Venice. Erklärt von H. Fritsche. (142 S.) 878. ℳ 1,20.
„ 3. Henry V. Erklärt von Wilh. Wagner. (181 S.) 878. ℳ 1,50.
„ 4. King Lear. Erklärt von Alex. Schmidt. (239 S.) 879. ℳ 2,25.

—— ausgewählte Dramen. 5.—7. Bd. gr. 8. Berlin, Weidmann'sche Buchh.
Inhalt:
Bd. 5. Hamlet, prince of Denmark. Erklärt von H. Fritsche. (283 S.) 881. ℳ 2,40.
„ 6. The tempest. Erklärt von L. Riechelmann. (XX, 116 S.) 881. ℳ 1,20.
„ 7. Julius Caesar. Erklärt von Alex. Schmidt. (176 S.) 882. ℳ 1,80.
1—4. Bd. Ebendas. 1878,79. ℳ 7,20.

—— dass. — Für Schulen. Mit Einleitungen, erklärenden Anmerkungen und Abriss der Shakespeare-Grammatik. Bearb. und hrsg. von Karl Meurer. I—III. 8. Köln, Roemke und Comp. à *
Inhalt:
I. The Merchant of Venice. (105 S.) 880.
II. Julius Caesar. (105 S.) 881.
III. Macbeth. (114 S.) 882.

Shakespeare, ausgewählte Dramen für Schulen. Mit Einleitungen etc. von Carl Meurer. I—III. 8. Köln 880—82. Leipzig, H. Bredt. à Heft * 1 —

— ausgewählte Dramen. 2. u. 7. Bd. 8. Ebd. n. 3. 80
2. The merchant of Venice. Erklärt v. H. Fritsche. 2. Aufl., bearb. v. L. Proescholdt. (XXX, 105 u. 61 S.) 905. Geb. u. geh. n. 1. 80
7. Julius Caesar. Erklärt von Alex. Schmidt. Neue Ausg., durchgesehen u. erweitert v. Herm. Conrad. (114 u. 113 S.) 903. Geb. u. geh. n. 2. —

— s. a. Dramen, Pseudo-Shakespere'sche.

— dasselbe. Erklärt v. Jacob Heussi. 2. (Titel-)Aufl. gr. 8. (VIII, 307 S.) Leipzig 872. Frohberg. n. 3.

— a midsummer night's dream, s. a. Readings, english.

—— A Midsummernight's Dream, Wörterbuch, s. Schmid, E.

Shakespeare, W., Midsummer-Night's Dream, s. a. Theatre, the British, No. 22.

— Midsummer-Night's Dream. (Campe's edition.) 1/2 12. Nurnberg and New-York 839. Campe and C. 1/4 ₰

— **Midsummer-Night's Dream. 16. the same 841. 1/4 ₰**

—— a Midsummer-Night's-Dream. Illustrated with 24 silhouettes by P. Konewka. Woodcuts engraved by A. Vogel. gr. 4. (III, 88 S.) Heidelberg 869, Bassermann'sche Verlagsh. [Frankfurt, Völcker.] cart. (*M. 16.)

—— a Midsummer Night's Dream. School-edition, in which all those words and expressions are omitted, that cannot with propriety be read. With memoirs and German notes edited by C. Fr. de Wickede. gr. 8. (82 S.) Altenburg 875, Pierer. *

Shakespeare, Will., der Dreikönigsabend oder Was ihr wollt, s.: Museum.

—— der Dreikönigsabend, } s. Universal-Bibliothek.
—— die beiden Edlen von Verona, }

— **König Eduard III., s. a. Universal-Bibliothek.**

—— Eduard der Dritte. Trauerspiel in 5 Aufzügen. Nach der Uebersetzung von Ludw. Tieck frei bearb. von Aug. Hagen. 8. (IV, 136 S.) Leipzig 879, Brockhaus. *

—— Ende gut Alles gut, s. Bibliothek ausländ. Klassiker.

– – s. Hempel's Klassiker-Bibliothek.

– – s. Meyer's Volksbücher

– – s. Museum.

—— Ende gut, alles gut, s. Universal-Bibliothek Nr. 890.

(— —) Ergänzungsband, s. Chasles und Guizot, William Shakespeare 2c.

(— —) Ergänzungsband zu allen englischen Ausgaben und zur Schlegel-Tieckschen Uebersetzung von Shakespeare's dramatischen Werken. Enthltd. die von J. Payne Collier in einem alten Exemplare der Folio-Ausgabe von 1632 aufgefundenen und herausgegebenen handschriftlichen Bemerkungen und Textänderungen in übersichtlich vergleichender Zusammenstellung bearb. u. übers. von Jul. Frese. Berlin 853. Besser's Verlhdlg. Lex.-8. (XXIII, 564 Sp.) n. 1 ₰ 6 ngr.

— s.: Familien-Shakspeare.

— Gedichte in 1 Bdchn., neu übersetzt von A. Schumacher u. F. v. Bauernfeld. 16 Wien 827, Gollinger.

— Gedichte. Deutsch von Wilh. Jordan. Berlin 861. G. Reimer. 8. (LV, 422 S.) n. 1 ₰ 20 ngr.

—— Gedichte. Deutsch von Karl Simrock. 8. (XXVI und 376 S.) Stuttgart 867, Cotta'sche Buchh.

— **Gedichte, in's Deutsche übertr. durch Alfr. v. Mauntz. gr. 8. (XVI, 362 S.) Berlin 894. Weimar, E. Felber. n. 5. —; geb. in Leinw. n. 6. —**

— Gedichte, in's Deutsche übertr. durch Alfr. v. Mauntz. (Neue [Titel-] Ausg.) gr. 8. (XVI, 362 S.) Berlin (894) 895. W. T. Bruer. n. 5. —; geb. n. 6. —

— zwei Gedichte, Venus u. Adonis, Tarquin u. Lucrezia; aus dem Engl. von H. C. Albrecht. gr. 8. Halle 783. Gebauer. 1 ₰ 6 ℊ

— Geist, von Ch. H. S. 1e Sammlung. 8. Altona, Eckhardt. 779.

— Geist, von Ch. H. S(chütze). 1e Samml. 8. Altona 780. Eckhardt. 10 ℊ

— Geist, od. Samml. aller in seinen Werken vorkommenden ausgezeichneten 2c. Stellen u. Scenen, in d. Originalsprache mit deutscher Uebersetzung v. R. Mayer. 1e Lieferg. (A. u. d. T.: The Beauthies of Shakespear. Vol. I.) 8. Dresd. 825. Hilscher. (Leipz., Focke). 6 ℊ

— Genius. Eine Samml. gehaltvoller Stellen, erhabener Sprüche, meisterhafter Scenen, humorist. Züge u. treffender Charakter-Schilderungen aus dessen dramat. Werken. 2 Thle. 12. Wien 821. Armbruster. Druckp. 1 ₰ 16 ℊ Velinp. 2 ₰ 8 ℊ

— two Gentlemen of Verona. (Campe's edition.) 1/2 12. Nurnberg and New-York 840. Fr. Campe. 1/4 ₰

—— Gleiches mit Gleichem, s. Bibliothek ausländischer Klassiker. — Universal-Bibliothek.

Shakespeare, William — Die Griechen vor Troja. Schauspiel in 5 Aufzügen von — —. (Troilus and Kressida) ins Deutsche übertragen und für die moderne Bühne frei bearbeitet von Dr. Adolf Alex. Beck. Wien, 1856. Jahn W. und Löwer. Als Manuskript gedruckt und Eigenthum des Autors Dr. Adolf Alex. Beck in Wien. (87 S. 8.)

– Hamlet (, prince of Denmark / Prinz von Dänemark).

—— Hamlet, s. a. Bibliothek ausländischer Klassiker.

— Hamlet, s. a. Bühnen-Repertoir, Nr. 116.

— dasselbe, hrsg. von Alex. v. Wellen, s.: Graeser's Schulausgaben klassischer Werke. 50. Hft.

– – s. a. Hempel's Klassiker-Bibliothek.

— dasselbe, s. a. Klassiker-Ausgaben, illustr., „Minerva".

— **dasselbe, s. a. Litteraturwerke des Vereins Minerva.**

—— dass. — s. a. Meyer's Volksbücher.

—— dasselbe. s. a. Museum.

—— dass. — Erläuterungen, s. Prölß, Rob.

—— dass. — Umrisse hierzu, s. Retzsch, M.

— Hamlet, Prinz von Dänemark, s.a. Universal-Bibliothek Nr. 2444.

— dasselbe, s.a. Velhagen & Klasing's Sammlung deutscher Schulausgaben.

— Hamlet, Prinz v. Dänemark. Trspl. in 5 A. Aus d. Engl. von Fr. Ldw. Schröder. gr. 8. Hamb. 778. 3e A. 804. (Hahn in Hannov.) 6 gr

— Dass. 8. (Manh. 781. Schwan u. G.) 8 gr

— the same, with explanatory notes. 8. Götting. 784. (Vandenhöck u. R.) 10 gr

— Dass. Nebst Brockmanns Bildn. als Hamlet. 8. Berl. ... 3e A. 795. Voß. 10 gr

— Dass. in 5 A., neu übers. v. A. W. v. Schlegel. gr. 8. Berl. 800. Reimer. 16 gr

— the same, with explanat. notes, the whole being carefully printed from S. Johnson's and G. Steeven's edit. of Shaspeare's Works. 12. Wien 800. Sammer. 1 Thlr

— Hamlet, Prince of Danemark publ. by K. Wagner. gr. 8. Braunschw. 802. Schulbuchh. 12 gr

— Dass., in 5 A. gr. 8. Zürich 805. Orell. 12 gr

— Dass., für d. deutsche Theater bearb. von J. Schütz. gr. 8. Lpz. 806. u. 819. (Aue in Altona). 16 gr

— the same, with a selection of the most important notes. 12. Leipz. 812. Er. Fleischer. 1 Thlr

— Dass., übers. v. A. Klingemann. 8. Leipz. 815. Brockhaus. 18 gr

— Hamlet, Prince of Denmark. A. Tragedy. N. Aufl. 8. Braunschw. 823. Schulbuchh.

—, Hamlet, Prince of Denmark. 32. ... Nurnberg 829, Campe.

—, Hamlet, e. Tragödie in 5 Akt. Uebers. v. J. B. Mannhart. Lex.-8. (10 B.) Sulzbach 830, v. Seidel.

Shakespeare, W. Hamlet, in deutscher Übertragung. Hamburg 1834. Ü: *Jencken, Ferd. Edward.* (BrMm)

—, Hamlet, in deutscher Uebertragung. gr. 8. (14 B.) Hamburg 834, [Perthes-Besser u. Mauke.]

—, Hamlet, übers. v. R. J. L. Samson v. Himmelstiern. gr. 12. (12 B.) Dorpat 837, Kluge.

— dass. übersetzt von Aug. Wilh. v. Schlegel. 8. (10½ B.) Berlin 844, G. Reimer. *

— dass. Tragödie. Erste Ausg. London, gedruckt bei N. L. (Nicolaus Ling) u. John Trundell. 1603. Uebers. v. A. Ruhe. gr. 8. (5¾ B.) Inowraclaw 844. (Berlin, Mittler u. Sohn.) *

— Hamlet, Prince of Denmark. Grammatisch u. sachlich z. Schul- u. Privatgebrauch erläutert v. J. Hoffa. 8. (10¾ B.) Braunschweig 845, Westermann. *

Shakespeare, (Shakspeare, Shakspere), William, († den 23. April 1616), Hamlet, a tragedy. Mit Sprache u. Sachen erläut. Anmerkungen f. Schüler höherer Lehranstalten u. Freunde des Dichters von Carl Ludw. Wilh. Francke. (VIII u. 152 S.) Leipzig 849, W. Engelmann. ¾ Thlr

— Hamlet übers. von A. W. Schlegel. 16. (218 S. und 1 Stahlst.) Berlin 850, G. Reimer. *
Vgl.: Familien-Shakspeare.

— Hamlet, prince of Denmark. — Hamlet, Prinz von Dänemark. Deutsch durch Friedr. Köhler. 16. (VI und 226 S.) Leipzig 855(56,) Ph. Reclam jun.

— Hamlet, Prinz von Dänemark. Tragödie. Deutsch von Edm. Lobedanz. Leipzig 857. Brockhaus. 16. (XV, 208 S.) n. 24 ngr

— Hamlet. Hrsg. von Carl Elze. gr. 8. (LXIV und 272 S.) Leipzig 857. [Altona, G. Mayer's Verlag.] *
Hieraus einzeln:

— — A tragedy. Edited and revised by Karl Elze. (Text-Ausgabe.) Ebend. 857. gr. 8. (2 Bl., 103 S.) 7½ ngr

— Hamlet, Prince of Denmark, a tragedy. With copious English explanatory notes by Otto Fiebig. Leipsic 857. Thomas. 8. (VII, 231 S.) 24 ngr

— Hamlet, Prinz von Dänemark. Deutsch von Herm. v. Blehwe. Hamburg 862. Boyes & Geisler. 8. (V, 217 S.) n. 1 Thlr

— Hamlet. Leipzig 862. B. Tauchnitz. 16. (142 S. u. 1 Holzschntaf.) geb. n. 20 ngr

— Hamlet englisch u. deutsch. Neu übersetzt u. erklärt v. Max Moltke. (In ca. 8 Liefgn.) 1. Liefg. Leipzig 869. Theile. Lex.-8. (S. 1—40.) n. 10 ngr
Schreibp. n. 15 ngr

— Hamlet englisch und deutsch. Text von 1603 und 1604. Quellen — Varianten — Noten — Excurse — Commentar — Literatur — Glossar. Hrsg. von Max Moltke. (In 15 Lfgn.) 1.—4. Lfg. Lex.-8. (à 2½ Bog.) Leipzig 871, Deutsche Volksbuch. à Lfg. * 1 —

— dass. — Erklärt von Jacob Heussi. 2. (Titel-)Aufl. gr. 8. (VIII, 307 S.) Leipzig (868)72, Frohberg. * 3 —

— Hamlet, Prinz von Dänemark. In wort- und sinngetreuer Prosa-Uebersetzung von C. Hackh. Mit einleitenden krit. Studien, der Amleth-Sage nach Saxo Grammaticus, und einer kurzgefaßten Zusammenstellung von Urtheilen über die Tragödie Hamlet, insbesond. über den so räthselhaften Charakter des Prinzen Hamlet, von Johnson, Goethe, Herder, Börne, Gervinus, Kreyßig, Vischer u. A. gr. 8. (LXXII, 160 S.) Stuttgart 874, Aue. M 4.; geb. * 5 —
Vgl.: Stedefeld, G. F.

— Hamlet, Prinz von Dänemark. Trauerspiel. Englisch u. deutsch, nach der Uebersetzung v. A. W. v. Schlegel, hrsg. von Max Moltke. Edition Lenz. 64. (319 S.) Leipzig 879. Lenz. 1.50; geb. n. 2.25; in Liebhaberbd. n. 2.50

— Hamlet, Prince of Denmark. 2. (Titel-)Aufl. gr. 8. (103 S.) Leipzig (857)887, Barsdorf. cart.

Shakespeare, Will., Hamlet, prince of Denmark. Mit Einleitg. u. Anmerkgn. v. Fritsche. gr. 8. (164 S.) Leipzig 891. A. Neumann's Verl. n. 1.80

— Hamlet. Trauerspiel. gr. 8. (64 S. m. 13 Illustr.) Berlin 894. Literatur-Verein Minerva. n. — 50; geb. in Leinw. n. 1. —

[William] Shakespeare. Hamlet. Nach d. Übs. v. A[ug.] W[ilhelm] v. Schlegel u. L[udwig] Tieck hrsg. v. Eduard Cossmann. *Paris: Didot [1898].* (4 Bl., 199 S.) 1 Bd 8. [98. 4303

— dasselbe. Ein Trauerspiel. Auf Grund der Schlegelschen Übersetzg. f. den Schulgebrauch hrsg. v. M. Schmitz. 12. (182 S.) Leipzig 899. G. Freytag. Kart. n. — 90

— dasselbe. 2. Tl. Für den Schulgebrauch hrsg. v. Frdr. Ulrich. 12. (121 S.) Leipzig 899. G. Freytag. Kart. n. — 60

SHAKESPEARE, William

(F) William Shakespeare. Hamlet, Prinz von Dänemark. Ein Trauerspiel. Auf Grund der Schlegel'schen Übersetzung für den Schulgebrauch herausgegeben von Dr. M. Schmitz. (Freytags Schulausgaben und Hilfsbücher für den deutschen Schulunterricht.) Wien und Prag. 1899. Tempsky. 8°. 182 S. Geb. fl. —.45

— Hamlet, Prinz v. Dänemark. Übers. von A. W. v. Schlegel. (Pantheon-Ausg. Revision u. Erneuerg. des Textes, Einleitg. u. Erläutergn. v. Rud. Fischer.) 16. (XXXI, 191 S. m. Titelbild.) Berlin (902). S. Fischer Verl. Geb. in Ldr. m. Goldschn. n. 2. 50

Hamlet. Ein Trauerspiel in 5 Aufz. von William Shakespeare. Für d. Schulgebr. hrsg. von Dr. Ferdinand Hoffmann, Prof. in Gera. *Münster i. W.: Aschendorff 1902.* (208 S.) 8° [F.]
= Ausgaben, Aschendorffs, f. d. deutschen Unterricht. [19.] [03. 3010

— dasselbe, f.a. Shakespeare-Bühne neue. 1.

Hamlet von William Shakespeare. Übers. von Ludwig Seeger, mit Vorw. u. Verbesserungen von Hermann Türck. *Berlin: F. Dümmler 1903.* (171 S.) 8° [F.]
= Shakespeare-Bühne, Neue. 1. [03. 9183

— Hamlet, s.a. Bibliothek der Gesamt-Litteratur d. In- u. Auslandes.

Hamlet, Prinz von Dänemark. Ein Trauerspiel in 5 Aufz. von William Shakespeare. Nach d. Übers. von A. W. v. Schlegel u. L. Seeger f. d. deutsche Bühne bearb. von C. W. Schmidt. *Halle a. d. S.: O. Hendel [1903].* (131 S.) 8° [F.]
= Bibliothek d. Gesamtlitteratur d. In- u. Auslandes. No 1737. 1738. [04. 1382

— dasselbe, hrsg. v. Ernst Wasserzieher, s.a. Schöningh's Ausgaben ausländischer Klassiker. VI.

(William) Shakespeares Hamlet. Trauerspiel in 5 Aufz. Mit Einl. u. Anm. f. d. Schulgebr. u. d. Privatstudium von Dr. Ernst Wasserzieher, Dir. zu Neuwied. *Paderborn: F. Schöningh 1904.* (158 S.) 8° [F.]
= Ausgaben, Schöninghs, ausländ. Klassiker mit Erl. 6. [04. 3016

— dasselbe, s.a. Schöningh's Textausgaben alter u. neuer Schriftsteller.

Hamlet. Trauerspiel in 5 Aufz. von William Shakespeare. *Paderborn: F. Schöningh [1904].* (124 S.) 8° [F.]
= Textausgaben, Schöninghs, alter u. neuer Schriftsteller. 20. [04 6310

— Hamlet, Prinz v. Dänemark. Trauerspiel. (595 S.) 5,2×3,9 cm. Leipzig 907. H. Schmidt & C. Günther. Geb. in Ldr. m. Goldschn. 1. 50

— dasselbe. Auf Grund der Schlegelschen Übersetzg. f. den Schulgebrauch hrsg. v. M. Schmitz-Mancy. 2. Aufl. (182 S.) kl. 8. Leipzig 908. G. Freytag. — Wien, F. Tempsky. Geb. — 85
(Freytags Schulausgaben u. Hilfsbücher f. d. dt. Unterricht.)

— dasselbe. Uebers. von Aug. Wilh. v. Schlegel. (Neudr.) (120 S.) 16. Leipzig (910). Ph. Reclam jun. Geb. in Leinw. — 60

— König Heinrich VIII., s.a. Bibliothek ausländ. Klassiker.

— — s.a. Hempel's Klassiker-Bibliothek.

— König Heinrich VIII., s.a. Meyer's Volksbücher.

— — s.a. Museum.

— dasselbe, s.a. Universal-Bibliothek.

— König Heinrich VIII., übers. v. Wolf, Graf v. Baudissin. gr. 8. Hamb. 818. Fr. Perthes. 16 gr Velinp. 1 ₰

—— König Heinrich VIII. Schausp. In d. Deutsche übertr. v. S. H. Spiker. 8. (11 B.) Berlin 837, Cranz. (?) •

Das Drama König Heinrich der Achte [King Henry the Eight] von Francis Bacon [B. of Verulam]-[William] Shakespeare. (Gedichtet 5 Jahre nach d. Tode d. Schauspielers William Shakspere.) Nach d. Orig.Dr. von 1623 neu übers., erl. u. eingeleitet von Edwin Bormann. Leipzig: Selbstverl. 1902. 146 S. 8° A 10. 1369

— König Heinrich III., s. Bibliothek ausländ. Klassiker.

— König Heinrich V., s.: Bibliothek der Gesamt-Litteratur d. In- u. Auslandes.

— —, s. Bibliothek ausländischer Klassiker.

— — s. Hempel's Klassiker-Bibliothek.

— — s. Museum.

Shakespeare, William, König Heinrich V., s.: Universal-Bibliothek.

— König Heinrich VI., s.: Bibliothek ausländ. Klass.

— — s. Hempel's Klassiker-Bibliothek.

— — s. Museum.

— König Heinrich VI., s. Universal-Bibliothek.

— König Heinrich IV., s.a. Bibliothek der Gesamt-Litteratur d. In- u. Auslandes.

— — s.a. Bibliothek ausländischer Klassiker.

— — s.a. Hempel's Klassiker-Bibliothek.

— dasselbe, s.a. Meyer's Volksbücher.

— — s.a. Museum.

— dasselbe, s.a. Universal-Bibliothek.

— dasselbe, s.a. Velhagen & Klasing's Sammlung deutscher Schulausgaben.

— Heinrich IV. Schspl. nach d. Engl., von Fr. Ldw. Schröder. 8. Wien 783. Kurzböck. 4 gr

— König Heinrich IV. In 2 Theilen, übers. von Hnr. Voß. Mit Erläuterungen. gr. 8. (Stuttg. 822.) Leipz., Brockhaus. 12 gr

— Heinrich IV. 1. Tl. Für d. Schulgebrauch hrsg. v. Frdr. Ulrich. 12. (128 S.) Leipzig 898. G. Freytag. Kart. n. — 60

Shakespeare, William, Heinrich der Vierte. I. Theil. Für den Schulgebrauch herausgegeben von Dr. Friedr. Ulrich. 16 (128 S.) Geb. —.30
Wien: Tempsky 1898.

— King Henry the Eighth. A Tragedy. (Campe's edition) 1/2 12 Nurnberg and New-York 837. Campe and C. 1/4 ß

[William] **Shakespeare**: King Henry v. Parallel texts of the first and third quartos and the first folio. Ed. by Ernest Roman. Marburg: N. G. Elwert 1908. (VIII, 198 S.) 8°
— **Shakespeare reprints**. 3. (cd. 7893)

— King Henry IV., s.a. Sammlung Shakespeare'scher Stücke.

—— King Henry IV. Drama in two Pts. — Mit krit., histor., besond. aber mit erklär. Noten f. den Gebr. in höhern Lehranstalten, v. Fr. C. Feller. gr. 8. (15½ B.) Leipzig 830, Baumgärtner.

- First part of King Henry IV. Ausg. f. Studenten. Hrsg. v. Gust. Krüger. (196 S.) 8. Ebd 907. Geb. 2.50

— the tragicall Historie of Hamlet, Prince of Denmarke. London 1603. — The first. Edit. of the Tragedy of Hamlet. 16. Leipz. 825, E. Fleischer.

—— the tragicall historie of Hamlet, prince of Denmarke. Edited according to the first printed copies, with the various readings, and critical notes by F. H. Stratmann. gr. 8. (VI, 119 S.) Crefeld 869, Gehrich und Comp. * 3 —

— Historien. Deutsche Bühnen-Ausg. von Frz. Dingelstedt. 1—3. Bd. Berlin 867. G. Reimer. 8. (VI, 469 S.) Jeder Bd. 15 ngr
1. 2. Bd. König Heinrich der Sechste. 2 Thle.
3. Bd. König Richard der Dritte.

—— Imogen. [Cymbelin.] Romant. Schauspiel in 5 Akten, mit freier Benutzung der Herzberg'schen Uebers. für die deutsche Bühne bearb. von Heinr. Bulthaupt. Ouverture, Entr'actes und die zur Handlung gehörige Musik von Alb. Dietrich. gr. 8. (XVII, 92 S.) Oldenburg 885, Schulze'sche Hofbuchh. *
geb. mit Goldschn. *

— Imogen. (Cymbelin.) Romantisches Schauspiel in 5 Acten. Für die moderne Bühne bearb. v. Carl Groß. Musik v. Rud. Raimann. schmal 8. (95 S.) Wien 894. Huber & Lahme. n. 1.20

— König Johann, s. Bibliothek ausländ. Klassiker.

— — s. Hempel's Klassiker-Bibliothek.

— — s. Museum.

—— dass. — s. Universal-Bibliothek.

– King John, s.a. Sammlung Shakespeare'scher Stücke.

— King John. 16. Nürnberg 841, Fr. Campe. 1/4 ß

Shakespeare, W. Die Irrungen, für die Bühne ... Zwickau 1824. Ü: *Jariges, Carl Friedrich.* (Hitzig)

— die Irrungen. Ein Lstspl., übers. von Beauregard Pandin. Mit Kpf. 16. Zwickau 824. Schumann. 9 gr ohne Kpf. 8 gr

— der Kaufmann von Venedig, s.a. Bibliothek ausländ. Klassiker.

— — s.a. Bühnen-Repertoir. 13. 14.

— der Kaufmann v. Venedig, s.a. Erläuterungen zu den ausländ. Klassikern.

— dasselbe, s.a. Freytag's Schulausgaben klassischer Werke f. den deutschen Unterricht.

— dasselbe, s.a. Hempel's Klassiker-Bibliothek.

— der Kaufmann v. Venedig, s.a. Klassiker-Bibliothek, illustr., Minerva.

— dasselbe, s.a. Litteraturwerke des Vereins Minerva.

— der Kaufmann v. Venedig, s.a. Meyer's Volksbücher.

— dasselbe. s.a. Museum.

—— der Kaufmann von Venedig, s.a. Repertoir des herzogl. Meiningen'schen Hof-Theaters.

— — s.a. Theater-Bibliothek, classische. —

— dasselbe, s.a. Universal-Bibliothek.

— der Kaufmann von Venedig, u. wie es euch gefällt. 8. Manh., Schwan u. G. 9 gr

Shakespeare, William. Der Kaufmann von Venedig oder Liebe und Freundschaft. Ein Lustspiel ... Prag 1778. V: *Fischer, Franz Joseph.* (GGr)

— der Kaufmann von Venedig, oder Liebe u. Freundschaft. fürs Theater eingerichtet von F. J. Fischer. 8. Prag 778. Gerle. 4 gr

— der Kaufmann von Venedig, übers. von J. H. Voß. Mit Erläuterungen. gr. 8. Leipz. 818. Brockhaus. 21 gr Hbg. Pr. 12 gr

—— der Kaufmann v. Venedig. Orig.-Text m. gegenübersteh. deutsch. Uebertragung v. Alex. Fischer. Hoch-4. (11 B. u. vielen Holzschn.) Stuttgart 837, [Scheible, Rieger u. Sattler.]

Shakspeare, Will., der Kaufmann v. Venedig. Schausp. in 5 Aufz. Für d. Darstell. eingerichtet v. C. A. West. gr. 8. (6½ B.) Wien 841, Wallishausser. Thlr.

— Kaufmann von Venedig. Englisch-deutsche Ausgabe mit 27 Scenen u. Vignetten in feinstem Holzstich. Die deutsche Uebertragung von Alex. Fischer. gr. Lex.-8. Pforzheim 843, Dennig, Finck u. Co. (Stuttg., Scheible, R. u. S.) 5/8 ß

—— Kaufmann von Venedig. Englisch-deutsche Ausgabe. Die deutsche Uebertragung v. Alex. Fischer. gr. Lex.-8. (5½ B. mit 27 Scenen u. Vign. in Holzst.) Pforzheim 843. [Stuttgart, Rieger'sche Vrlgsb.] —
Vgl.: Bühnen-Repertoir.

—— der Kaufmann von Venedig. Schauspiel in 5 Akten. Für die Darstellung eingerichtet von Ernst Possart. 8. (115 S. mit 5 eingedr. Decorations-Plänen.) München 881, Abf. Ackermann. *

— der Kaufmann v. Venedig. Lustspiel. gr. 8. (46 S. m. 14 Illustr.) Berlin 894. Litteratur-Verein Minerva. n. —40; geb. in Leinw. n. — 90

Shakespeare, William, Der Kaufmann von Venedig. Für den Schulgebrauch herausgegeben von Julius Seifert. 8. (104 S.) Geb. —.30
Prag: Tempsky 1894.

— dasselbe, hrsg. von Alex. v. Weilen, s.a. Graeser's Schulausgaben classischer Werke. 59.

(F) Graesers Schulausgaben classischer Werke. Unter Mitwirkung mehrerer Fachmänner herausgegeben von Prof. J. Neubauer. LIX.
Enthält:

SHAKESPEARE, William

Der Kaufmann von Venedig. Lustspiel in 5 Acten von William Shakespeare. Uebersetzt von August Wilhelm von Schlegel. Herausgegeben und mit Einleitung und Anmerkungen versehen von Dr. Alexander v. Weilen. 1. Tausend. Wien. [1899.] Graeser. Gr.-8°. XII, 66 S. fl. —.25

Das Lustspiel Der Kaufmann von Venedig [The Merchant of Venice] von Francis Bacon [B^n of Verulam]-[William] Shakespeare. Nach d. Folio-Ausg. von 1623 neu übers. u. eingeleitet von Edwin Bormann. Leipzig: Selbstverl. 1002. 02 S. 8° A 12. 13406

Der Kaufmann von Venedig [The merchant of Venice] von William Shakespeare. Auf Grund d. Schlegelschen Übers. f. d. Schulgebr. hrsg. von Dr. M[ax] Schmitz-Mancy, Prof. in Crefeld. *Münster i. W.: Aschendorff 1902.* (141 S.) 8° [F.]
— Ausgaben, Aschendorffs, f. d. deutschen Unterricht. [20.] [03. 3011

—— dass. — s.a. Bibliothek der Gesamt-Litteratur des In- und Auslandes.

Der Kaufmann von Venedig [The Merchant of Venice]. Ein Märchen in 5 Aufz. von William Shakespeare. Nach d. Übers. von A. W. Schlegel u. K. Simrock f. d. deutsche Bühne bearb. von C. W. Schmidt. *Halle a. d. S.: O. Hendel [1903].* (88 S.) 8° [F.]
— Bibliothek d. Gesamtlitteratur d. In- u. Auslandes. No 1698. [04. 1363

— dasselbe, hrsg. v. J. A. Kilb, s.a. Schöningh's, Ferd., Ausgaben ausländischer Klassiker.

Der Kaufmann von Venedig [The Merchant of Venice] von William Shakespeare. Nach d. Schlegelschen Übers. hrsg. u. mit ausführl. Erl. versehen von Dr. J[ohann] A. Kilb. Paderborn: F. Schöningh 1905. (168 S.) 8° [F.]
— Ausgaben, Schöninghs, ausländ. Klassiker. 10. [07. 10730

— dasselbe, s.a. Schöningh's Textausgaben alter u. neuer Schriftsteller.

Der Kaufmann von Venedig [The merchant of Venice] von William Shakespeare. Paderborn: F. Schöningh [1900]. (82 S.) 8° [F.]
— Textausgaben, Schöninghs, alter u. neuer Schriftsteller. 40. [07. 14900

— Komödie der Irrungen, s.a. Bibliothek ausländischer Klassiker.

— die Komödie der Irrungen, s.a. Hempel's Klassiker-Bibliothek.

— — s.a. Museum.

— die Komödie der Irrungen, s.a. Universal-Bibliothek.

— die Komödie der Irrungen. Lustspiel in 3 Aufzügen. Nach Schlegel's Uebersetzung f. die Darstellung neu eingerichtet v. Feod. Wehl. 8. (72 S.) Altona 879. Verlags-Bureau. 1.50

Shakespeare's Königs-Dramen. E. Cyklus seiner bedeutendsten (in Travestien). König Lear od. d. Gigerl-Königin. Othello. Der Kaufmann v. Venedig. Hamlet. 2. Aufl. 8. (40 S.) Berlin (896). M. Böhm. 1.50

—— die Kunst einen Trotzkopf zu brechen, s. Bibliothek ausländ. Klassiker.

(—) Kunst über alle Künste ein bös Weib gut zu machen. Eine deutsche Bearbeitung von Shakespeare's the Taming of the Shrew aus dem Jahre 1672. Neu herausg. mit Beifügung des englischen Originals und Anmerkungen von Rhold. Köhler. Berlin 864. Weidmann. 8. (XLIII, 268 S.) n. 1 ₰ 10 ngr

– Die Kunst, eine böse Sieben zu zähmen, s.a. Bibliothek ausländischer Klassiker.

— die Kunst eine böse Sieben zu zähmen, s.a. Universal-Bibliothek.

—— dass. — Deutsch von Friedr. Bodenstedt. 8. (VIII und 164 S.) Berlin 865, v. Decker'sche geheime Ober-Hofbuchdruckerei.

– Viel Lärm um nichts, s.a. Bibliothek der Gesamt-Litteratur des In- und Auslandes.

— Viel Lärmens um Nichts, s.a. Bibliothek ausländischer Klassiker.

– – s.a. Hempel's Klassiker-Bibliothek.

– – s.a. Meyer's Volksbücher.

– – s.a. Museum.

— viel Lärmen um Nichts, s.a. Theater-Bibliothek, classische.

—— Viel Lärm um Nichts, s.a. Universal-Bibliothek.

—— viel Lärmen um Nichts (übers.) von Adf. Böttger. 16. (III und 159 S.) Leipzig 850, O. Klemm. —

— viel Lärm um Nichts. Lustspiel in 4 Akten. Für die deutsche Bühne bearbeitet von Karl v. Holtei. gr. 8. (71 S.) Halle 878. Herrmann in Comm. (Leipzig, Opetz.) n. — 80

— King Lear, hrsg. v. A. Sturmfels, s.: Authors, English.

— King Lear, hrsg. von Alfr. v. d. Velde, s.: Authors, English.

— dasselbe, s.a. Bibliothek der Gesamt-Litteratur d. In- u. Auslandes.

– – s.a. Bibliothek ausländischer Klassiker.

– – s.a. Hempel's Klassiker-Bibliothek.

— dasselbe, s.a. Klassiker-Ausgaben, illustr., Minerva.

– – s.a. Masterpieces of English literature.

—— dass. — s.a. Meyer's Volksbücher.

– – s.a. Museum.

— dasselbe, hrsg. v. E. Wasserzieher. s.: Schulausgaben, deutsche.

— König Lear, s.a. Taschenbibliothek d. ausländ. Klassiker.

— König Lear, s.a. Universal-Bibliothek.

— König Lear; Trspl. 8. Manh., Schwan u. G. 9 K

— King Lear, Macbeth, Romeo and Julio, Campe's edition. 12. Nürnb. u. Newyork, Campe u. Comp. 6 gr

Shakespeare, W. König Lear. Ein Trauerspiel. Hamburg 1778. Ü: *Schröder, Friedrich Ludwig.* (BrMm)

— König Lear; e. Trspl., bearb. von Jh. Chr. Bock. 8. Hamb. 780. Leipz. 794. Compt. für Liter. 5 gr

— Dass. 8. Insbr. 780. Wagner. 4 gr

— Dass., von F. L. Schröder. 8. Hamb. 785. (Hannov., Hahn). 6 gr

— the King Lear. A Tragedy, with explanatory annotations by Küchler. 8. Zeitz 794. Webel. 4 gr

— Dass., übers. von Jh. Hnr. Voß d. Sohne. gr. 12. Jena 806. Frommann. 20 gr

— Dass., übers. von Hnr. Voß. Mit Erläuterungen. gr. 8. Lpz. 819. Brockhaus. 1 Thlr. 4 gr Hbg. Pr. 12 gr

— König Lear. Trauerspiel in 5 Aufzüg. Neu übers. u. für die deutsche Bühne frei bearb. von J. B. von Zahlhas. 8. Bremen 824, Heyse.

Shakespeare, W. König Lear, für die Bühne übersetzt . . . Zwickau 1824. Ü: *Jariges, Carl Friedrich von.* (Hitzig)

— Dass., übers. v. Beauregard Pandin: (K. F. v. Jariges). Mit 1 Kpf. 16. Zwickau 824. Schumann. 9 gr ohne Kpf. 8 gr

—— König Lear. Deutsch u. mit e. Abhandl. üb. dies. Trauerspiel v. Ernst Schick. 8. (15 B.) Leipzig 833, André.

—— King Lear. A Tragedy, in 5 acts. With notes original and selected, by Sam. Weller Singer. gr. 12. (7 B.) Francfort o. M. 834, Schmerber.

—— König Lear. Trauersp. in 5 Aufz. — Für d. Darstell. eingerichtet v. C. A. West. gr. 8. (3¾ B.) Wien 841, Wallishausser.

Shakespeare, Will., König Lear. Deutsch von Friedr. Bodenstedt. Berlin 865. v. Decker. 8. (VIII, 161 S.) 15 ngr

—— König Lear. Uebersetzt von Ed. Tiessen. 16. (IV, 152 S.) Stettin 871, v. der Nahmer. * 1 50
Vgl.: Stark, C.

— dasselbe. Tragödie in 5 Aufzügen. Für die Darstellg. bearb. v. Ernst Possart. gr. 16. (IX, 115 S.) München 875. A. Ackermann. — 60; Ausg. auf starkem Pap. 1. 50

Shakespeare, William, König Lear. Eine deutsche Bühnen-Ausg. mit dramaturgischen, scenischen und schauspielerischen Anmerkungen von Max Koch. 8. (IV, 184 S.) Leipzig 879, Fernau.

[William] **Shakespeare**: King Lear. Parallel texts of the first quarto and the first folio. Ed. for the use of the univ. classes, &c. by Wilhelm Vietor. Rev. ed. Marburg: N. G. Elwert 1892. (IV, 178 S.) 8°
— **Shakespeare reprints.** 1. [08. 7892]

Shakespeare, William, König Lear. Illustr. Ausg. gr. 8. (63 S.) Berlin (895). Leipzig, Verl. d. Litteraturwerke „Minerva". Geb. in Leinw. 1. 20

— König Lear. E. Trauerspiel. Für d. Schulgebrauch hrsg. v. Ernst Regel. 12. (127 S.) Leipzig 898. G. Freytag. Geb. n. — 70

Shakespeare, William, König Lear. Ein Trauerspiel. Für den Schulgebrauch herausgegeben von Dr. Ernst Regel. 8. (127 S.) Geb. —.35
Prag: Tempsky 1898.

— dasselbe, hrsg. von Alex. v. Weilen, s. a. Graeser's Schulausgaben classischer Werke. 60.

SHAKESPEARE, William
(F) König Lear. Trauerspiel in 5 Acten von William Shakespeare. Uebersetzt von Heinrich Voss. Herausgegeben und mit Einleitung und Anmerkungen versehen von Dr. Alexander v. Weilen. I. Tausend. Wien. [1899.] Graeser. Gr.-8°. XIII, 91 S. fl. —.25

— dasselbe, hrsg. v. L. Schunck, s. a. Schöningh's Ausgaben ausländischer Klassiker.

[William] **Shakespeares** König Lear. Trauerspiel in 5 Aufz. Nach d. Öchelhäuser'schen Volksausg. mit ausführl. Erl. f. d. Schulgebr. u. d. Privatstud. von L[udwig] Schunck, Oberl. *Paderborn: F. Schöningh 1903.* (168 S.) 8° [F.]
— **Ausgaben**, Schöninghs, ausländ. Klassiker mit Erl. 5. [Ri. 115]

— dasselbe, s. a. Schöningh's Textausgaben alter u. neuer Schriftsteller.

König Lear. Ein Trauerspiel von William Shakespeare. *Paderborn: F. Schöningh [1903].* (VIII, 105 S.) 8° [F.]
— **Textausgaben**, Schöninghs, alter u. neuer Schriftsteller. 7.

König Lear. Ein Trauerspiel in 5 Aufz. von William **Shakespeare**. Für d. Schulgebr. hrsg. von Heinrich Kuhnlein, Gymn.L., Münster i. W.: Aschendorff 1904. (166 S.) 8° [F.]
— **Ausgaben**, Aschendorffs, f. d. deutschen Unterricht. [43.] [05. 1588]

— Der Liebe Lohn verloren und die beiden Edelleute von Verona, s. Bibliothek ausländischer Klassiker.

— der Liebe Mühe ist umsonst, oder d. Wintermährchen. 8. Manh. Schwan u. G. 9 gr

— Liebes Leid u. Lust, s.: Hempel's Klassiker-Biblioth.

— s. Museum.

— Verlorene Liebesmüh, s. Meyer's Volksbücher.

—— verlorne Liebes-Müh', s. Universal-Bibliothek Nr. 756.

— The life and death of King Richard II. Für den Schulgebrauch hrsg. v. Ph. Aronstein. (172 S.) 8. Leipzig 909. G. Freytag. — Wien, F. Tempsky. Geb. 1. 50
(Freytags Sammlung französ. u. engl. Schriftsteller.)

— König Lokrin, s. a. Shakespeare-Bühne, neue. IV.

König Lokrin [The lamentable tragedie of Locrine]. Ein Trauerspiel in 5 Aufz. von William **Shakespeare**. Deutsche Übers. mit literaturhist. Einl. u. Anm. von Alfred Neubner. Berlin: H. Paetel 1908. (LI, 138 S.) 8° [F.]
— **Shakespeare-Bühne**, Neue. 4. [08. 9015]

— Loves labour's lost, ed. by William Henry Hudson, s.: Diesterweg's neusprachliche Reformausgaben. 10

— Macbeth.

— dasselbe, hrsg. v. Osk. Thiergen, s.: Authors, English.

—— dass. — s. a. Bibliothek der Gesamt-Litteratur des In- und Auslandes.

— Macbeth, s.a. Bibliothek ausländischer Klassiker.

— dasselbe, s.a. Bücher-Schätze.

— dasselbe, hrsg. v. Vikt. Langhans, s.: Graeser's Schulausgaben klassischer Werke. 15. Hft.

— dasselbe. s.a. Hausbibliothek.

— dasselbe, s.a. Hempel's Klassiker-Bibliothek.

—— Macbeth erläut. u. gewürd., s. Hiecke, R. H.

— dasselbe, s.a. Klassiker-Ausgaben, illustr., Minerva.

— dasselbe, hrsg. v. Th. Mass, s.: Meisterwerke, englische.

— dasselbe, s.a. Meyer's Volksbücher.

— — s.a. Museum.

— dasselbe, erklärt v. Gust. Wack, s.: Perthes' Schulausgaben engl. u. französ. Schriftsteller.

—— Macbeth, s.a. Rauch's English Readings.

—— dass. — Umrisse hierzu, s. Retzsch, M.

—— Macbeth. Erklärt von L. Herrig, s. Sammlung engl. Schriftsteller.

—— Macbeth, s. Sammlung Shakespeare'scher Stücke.

— dasselbe, s.a. Schöningh's, Ferd., Textausgaben alter u. neuer Schriftsteller.

— dasselbe, hrsg. von K. Deutschbein, s.: Schriftsteller, engl. u. französ., der neueren Zeit. 12.

— dasselbe, hrsg. v. Veit Valentin, s.: Schul-Ausgaben, deutsche.

—— dass. — s.a. Schulausgaben classischer Werke.

— dasselbe, hrsg. v. Emil Penner, s.: Schulbibliothek, französ. u. engl., B. 9. Bd.

— dasselbe, hrsg. v. E. Schmid, s.: Shakespeare-Schulausgabe. IV.

— s. auch G. Stephani

— — s.a. Theater-Bibliothek, classische.

— dasselbe, s.a. Universal-Bibliothek.

— dasselbe, hrsg. von E. v. Sallwürk, s.: Velhagen & Klasing's Sammlung deutscher Schulausgaben.

— the same, with explanatory notes selected from Dr Johnson's and Mr. Steeven's commentaires. gr. 8. Götting. 778. Dieterich. 6 gr. 8. Ebd. 8 gr.

— Dass. Trspl. v. F. J. Fischer, fürs Theater eingerichtet. 8. Prag 778. Gerle. 4 gr.

— Dass., nach d. Engl. von H. L. Wagner. 8. Frankf. 779. Gebhardt u. K. 8 gr.

— Dass., nach d. Engl. von G. A. Bürger. 16. Götting. ... 2e A. 784. Dieterich. 4 gr. Mit 12 Kpf. 12 gr.

— Dass., in 5 A.; aus d. Engl. von J. J. Eschenburg. gr. 8. Zürich 800. Orell. 12 gr.

— Macbeth. Trspl., bearb. von Fr. v. Schiller. 8. Tübing. 801. 2e A. 810. v. Cotta. 14 gr.

— the same, with notes. 12. Leipz. 806. Er. Fleischer. 16 gr.

— Dass., übers. von J. F. W. Möller. 8. Hannov. 810. Hahn. 16 gr.

— the same, with german notes by J. G. Chr. Fick. 8. Erlang. 812. Heyder. 9 gr.

Shakspeare, W., Macbeth, a tragedy with a selection of explanatory and histor. notes from the most eminent commentators. 8. Berl. 815. Nauck. 12 gr.

— Macbeth. Uebers. v. S. H. Spiker. 8. Berl. 826, Duncker u. Humblot.

— Macbet. Tragedia, recata conalcune variazioni in versi italiani da W. E. Frye. gr. 8. Manheim 827, Schwan u. G. –

— Macbet. Tragedy recata con alcune variazioni in versi italiani de W. E. Frye. 8. Manh. 828. Schwan u. G. 20 gr.

——, Macbeth, übers. v. Karl Lachmann. 8. (8 B.) Berlin 829, Reimer.

——, Macbeth. 32. ... Nurnberg 830, Campe.

——, Macbeth, a Tragedy; sprachl. u. sachl. erläut. f. Schüler v. Carl Ludw. Wilh. Francke. 8. (10½ B.) Braunschweig 833, G. C. E. Meyer.

——, Macbeth, aus d. Folioausg. v. 1623 abgedr. mit d. Varianten d. Folioausg. v. 1632, 1664 u. 1687 u. krit. Anmerkn. z. Text hrsg. v. N. Delius. gr. 8. (6 B.) Bremen 841, [Schünemann's Vrlsbuchh.]

—— Macbeth übers. von Aug. Jacob. 8. (123 S.) Berlin 848, G. Reimer.

— Macbeth. Ein Trauerspiel. Zur Vorstellung auf dem Hoftheater zu Weimar eingerichtet von Schiller. (Neue Aufl.) Stuttgart 855. Cotta. 8. (3 Bl., 120 S.) 7½ ngr.

—— Macbeth. Erklärt von Wilh. Wagner. gr. 8. (L, 116 S.) Leipzig 872, Teubner. 1 80

— dasselbe, übers. u. kritisch beleuchtet v. Gg. Meßmer. 8. (183 S.) München 875. literar.-artist. Anstalt. n. 2. –

— Macbeth. Für den Schul- u. Privatgebrauch hrsg. u. mit Anmerkungen, sowie mit einem Auszug aus Holinshed's History of Scotland versehen von Adf. Ey. 8. (92 S.) Hannover 879. Meyer. n. 1. —

— dasselbe. Metrisch übers. von G. Meßmer. 2., vielfach verb. Aufl. mit gegenüberstehd. Orig.-Text [Globe edition]. 8. (VIII, 193 S.) München 879. Literar. artist. Anstalt. n. 3. —

— Macbeth. Trauerspiel in 5 Aufzügen. Wortgetreu nach H. R. Mecklenburg's Grundsätzen aus dem Engl. in deutsche Prosa übers. v. R. T. 1. Hft. 32. (64 S.) Berlin 884. H. R. Mecklenburg. n. — 25

— Macbeth, nach der Folio v. 1623 u. den Varianten der anderen Folios hrsg. v. Albr. Wagner. 8. (IV, 95 S.) Halle a/S. 890. Niemeyer. n. 1. 20

— Macbeth. Students' Tauchnitz edition. Mit deutschen Erklärgn. v. Imman. Schmidt. gr. 8. (XX, 157 S.) Leipzig 893. B. Tauchnitz. n. 1. —; kart. n. 1. 10

— Macbeth. Für d. Schulgebrauch hrsg. v. Ernst Regel. 12. (98 S.) Leipzig 898. G. Freytag. Geb. n. — 60

— dasselbe, hrsg. von J. Hense, s.a. Schöningh's Ausgaben ausländ. Klassiker. II.

(William) Shakespeares Macbeth. Nach d. Oechelhäuserschen Volksausg. hrsg. u. mit Einl., Anm. u. Anh. versehen von Prof. Dr. J[osef] Hense, Dir., Paderborn. Paderborn: F. Schöningh 1901. (VI, 127 S.) 8°
= Ausgaben, Schöninghs, ausländ. Klassiker mit Erl. 2.

— dasselbe. Tragödie in 5 Akten, übers. von Frdr. Thdr. Vischer. Schulausg. Mit Einleitg. u. Anmerkgn. hrsg. v. Herm. Conrad. 8. (208 S.) Stuttgart 901. J. G. Cotta Nachf. n. 1. —; geb. in Leinw. n. 1. 20

Macbeth. Ein Trauerspiel in 5 Aufz. von William Shakespeare. Für d. Schulgebr. hrsg. von Prof. Dr. E[duard] Teichmann, Oberl. in Aachen. Mit 1 Karte. *Münster i. W.: Aschendorff 1902.* (122 S.) 8° [J.]
— Ausgaben. Aschendorffs, f. d. deutschen Unterricht. [17.] [02. 3008]

— dasselbe, s.a. Bibliothek, kleine. Nr. 81.

Macbeth. Von W[illiam] Shakespeare. Hrsg. von Dr. Karl Macke. Hamm i. W.: Breer & Thiemann [1903]. (100 S.) 8°
= Bibliothek, Kleine. No 81.

— Macbeth. Für den Schulgebrauch hrsg. v. Ernst Regel. 1. Aufl. 2. Abdr. in neuer Rechtschreibg. (92 S.) kl. 8. Leipzig 905. G. Freytag. — Wien, F. Tempsky. Geb. n. — 60

(William) Shakespeares Macbeth. Auf Grundlage d. Oechelhäuserschen Volksausg. hrsg. u. mit Einl., Anm. u. Anh. vers. von Prof. Dr. J[osef] Hense, Dir. zu Paderborn. 2., verb. Aufl. Paderborn: F. Schöningh 1906. (VI, 128 S.) 8° [J.]
— Ausgaben, Schöninghs, ausländ. Klassiker mit Erl. 2. [06. 1040]

— dasselbe. Ein Trauerspiel in 5 Aufzügen. Nach der Übersetzg. v. Schiller f. die Schul- u. Volksbühne bearb. (80 S.) 8. Rixheim 906. (Regensburg, A. Coppenrath's Verl.) 2. 50

[William] Shakespeare's Macbeth. Erkl. von Hermann Conrad. [Text.] Anmerkungen. Berlin: Weidmann 1907. 2 Bde 8°
(Weidmannsche Sammlung franz. u. engl. Schriftsteller.) [07. 11778]

— dasselbe. A tragedy. Für den Schulgebrauch hrsg. v. Geo. Kohlmann. (188 S.) 8. Leipzig 908. G. Freytag. — Wien, F. Tempsky. Geb. 1. 40

— dasselbe ed. by Frederic W. Moorman, s. a. Teubner's, B. G., school texts.

[William] Shakespeare. Macbeth. Ed. by Frederic W[illiam] Moorman, Leeds, with the assistance of H[einrich] P[aul] Junker. Text. Notes. With a frontispiece and a map of Scotland. Leipzig & Berlin: B. G. Teubner 1908. 2 Bde 8°
— School texts, Teubner's. 3. [08. 7894]

— Maß f. Maß, s.a. Hempel's Klassiker-Bibliothek.

— — s.a. Museum.

—— Maß für Maß, s.a. Universal-Bibliothek.

— Maß für Maß. Schspl., übersetzt von Fr. Edw. Schröder. 8. Leipz., Köhler. 8 gr

— Measure for Measure. 16. Nürnb. 841, Fr. Campe. 1/4 ₰

— dramatische Meisterwerke. Illustr. Ausg. 2 Bde. gr. 8. (8, 48, 64, 63, 64, 46 u. 49, 46, 64, 54, 41 u. 50 S. m. Bildnis.) Leipzig 898. Verlag d. Literaturwerke „Minerva". Geb. in Leinw. 9. —

— Merchant of Venice, hrsg. v. F. Ost, s.: Authors, English.

— merchant of Venice, hrsg. von Emil Penner, s.: Authors, English.

—— dass. — s.a. Bibliothek ausländ. Klassiker.

— dasselbe, ed. by William Henry Hudson, s.: Diesterweg's neusprachliche Reformausgaben. 8.

— — s.a. Masterpieces of English literature.

—— dass. — s.a. Rauch's English Readings.

— dasselbe, ed. by Rich. Kahle, s.: Reformbibliothek, neusprachliche.

— Merchant of Venice, s.a. Sammlung englischer Schriftsteller.

—— dass. — s. Sammlung Shakespeare'scher Stücke.

—— dass. — Wörterbuch, s. Schmid, E.

— dasselbe, ed. by H. Remus, s.: Schriftsteller, englische u. französische. der neueren Zeit.

— dasselbe, hrsg. v. O. E. A. Dickmann, s.: Schulbibliothek, französische u. englische. B. 11.

—— Merchant of Venice. A Comedy in 5 acts. Correctly given, from the text of Johnson and Steevens. — Der Kaufmann v. Venedig, mit krit., hist. u. erläut. Anmerkn., nebst e. deutschen Wortregister; hrsg. v. L. Lion. gr. 8. (9 B.) Göttingen 830, (Vandenhoeck u. Ruprecht.)

— the Merchant of Venice. (Campe's Edition.) 1/2 12. Nurnberg and New-York 835. Campe and Comp. 1/4 ₰

—— Merchant of Venice. — Der Kaufmann v. Venedig, Schausp. in 5 Akten. Mit untergelegtem krit. Comment., e. Einleit. u. e. Anh., enth.: histor. Erläutern. d. Stücks u. e. Biographie d. Dichters in engl. Sprache, nebst e. vollständ. Phraseologie. Ein Lehrb. d. engl. Sprache z. Schul- u. Privatgebr. f. Anfänger sowohl als Geübtere. Von J. Eckenstein. gr. 12. (12 B.) Braunschweig 836, G. C. E. Meyer sen.

—— Merchant of Venice. Für den Schulgebrauch bearb. von R. Müller. 16. (VIII, 84 S.) Goslar 869, Schönpflug. — 60

— dasselbe. Purified a. arranged for the use of schools by A. Zimmermann. 16. (70 S.) Berlin 873. Renger. — 75

– dasselbe. Für den Schulgebrauch erklärt v. L. Riechelmann. gr. 8. (XVI, 118 S.) Leipzig 876. Teubner. 1. 80

— the merchant of Venice. A comedy. Für den Schulgebr. hrsg. v. Imman. Schmidt. 1. Tl.: Einleitg. u. Text. 2. Tl.: Anmerkgn. u. Wörterverzeichnis. 8. (XXXIII, 196 S.) Ebd. 896. Geb. u. geh. n. 1. 80; Ausg. f. Mädchenschulen n. 1. 80

Shakespeare, W. Musterstücke aus [dessen] Dramen. Englisch und Deutsch ... Frankf. a. M. 1835. H: *Berly, Carl Peter.* (BrMm)

—— Twelfth-night, s.a. Sammlung Shakespeare'scher Stücke.

—— twelfth nights; or, what you will. Student's Tauchnitz edition. Mit deutschen Erklärungen und einem Anhang [enthaltend: Metrik — Grammatik — krit. Material] von Herm. Conrad. gr. 8. (XXIV, 171 S.) Leipzig 887, B. Tauchnitz. *M 1.40.; cart. *

-- Othello.

—— dass. — s.a. Bibliothek ausländ. Klassiker.

— Othello, s.a. Hempel's Klassiker-Bibliothek.

— Othello, s.a. Klassiker-Ausgaben, illustr., Minerva, Hft. 73—75.

Shakespeare's, Will., Othello, der Mohr von Venedig, s.a. Meyer's Volksbücher.

– – s.a. Museum.

—— Othello. Erklärt von E. W. Sievers, s. Sammlung englischer Schriftsteller, hrsg. von Herrig.

—— dass. — s.a. Universal-Bibliothek Nr. 2383.

— Dass., u. Romeo u. Julie. 8. Manh., Schwan u. G. 9 K

— Othello, the moor of Venice, with notes for the ase of lectures by Gli. Miller. gr. 8. Halle 794. Kümmel. 10 K

Shakespeare, W. Othello, der Mohr von Venedig; ein Trauerspiel in fünf Akten ... Wien 1800. Ü: *Schubart, Ludwig Albrecht.* (GGr) (will)

— Othello; Trspl., bearb. von L. A. Schubart, mit Melod. 8. Wien 800. Leipz. 802. Breitkopf u. H. 18 K

— Dass., übersetzt von Jh. Hnr. Voß d. Sohne. 8. Jena 806. Frommann. 20 K

—— Othello, the Moor of Venice. 1/2 12. (4 1/2 B.) Nurnberg 836, Fr. Campe.

—— Othello. Trauersp. in 5 Aufz. — Für die Darstell. eingerichtet v. C. A. West. gr. 8. (8 1/4 B.) Wien 841, Wallishausser.

—— (Shakespeara) Othello, maurenin Benátský. Truchlohra w pateru gednánj prelozena od Jak. Bud. Malého. gr. 8. (10 1/2 B.) W Praze 843, (Kronberger'sche Buchh.) *

—— Othello, der Mohr von Venedig. Aus dem Engl. in's Hebräische übertragen von J. E. S. Hrsg. und mit einer krit. Einleitung versehen von Peter Smolensky. gr. 8. (XXXV, 200 S.) Wien 874, Brüder Winter. *

— Othello, the Moore of Venice. Für den Schulgebrauch eingerichtet u. erklärt v. Curt Wunder. 8. (180 S.) Döbeln 891. (C. Schmidt.) Geb. n. 1. 20

— Othello, der Mohr v. Venedig, s.a. Bibliothek der Gesamtlitteratur.

Othello, der Mohr von Venedig. Ein Trauerspiel in 5 Aufz. von William Shakespeare. Nach d. Übers. von Schlegel-Tieck u. Wilh. Jordan f. d. deutsche Bühne bearb. u. inszeniert von C. W. Schmidt. Halle a.d.S.: O. Hendel [1904]. (102 S.) 8°
(Bibliothek d. Gesamtlitteratur d. In- u. Auslandes. No 1781. 1782.)

— Othello, s.a. Textbibliothek, englische.

[William] Shakespeare's Othello (The Tragedy of Othello the moore of Venice) in Paralleldruck nach der ersten Quarto u. ersten Folio mit d. Lesarten der zweiten Quarto u. e. Einl. hrsg. von M. M. Arnold Schröer. Heidelberg: Winter 1909. XVI, 211 S. 8°
(Englische Textbibliothek. 14.)

—— Perikles, s.a. Bibliothek ausländischer Klassiker.

—— Pericles, s.a. Universal-Bibliothek.

—— Perikles, Fürst von Tyrus. Schauspiel in 5 Aufzügen. Für die deutsche Bühne frei bearb. von Ernst Possart. Musik von Karl Perfall. gr. 8. (VI, 126 S.) München 888, (Fritsch.) *

—— plays, arranged by Fölsing, s. Schul-Ausgabe Shakspearescher Dramen.

— Plays with the corrections and illustrations of various commentators; to which are added notes by S. Johnson and G. Steevens, with a glossarial index. XXIII Vols. gr. 8. Basel 800—802. Thurneisen. (Levrault in Strassb.) 23 ℔
60 Stück Kpf. zu diesem Werke. Basel, Thurneisen. 5 ℔

— the Plays, accurately printed from the text of G. Steevens's last edition with a selection of the most important notes. 16 Vol. gr. 12. Leipz. Gerh. Fleischer. 804–10. (à 1 Rthlr.)

— the Plays, accurately printed form the text of M. Steevens last edition, with a selection of the most important notes. Vol. XVII—XX. Leipz. Gerh. Fleischer. 811—13. (à 1 Rthlr.)

Shakespeare's, Will., Plays in 7 Volls. Accurately printed from the Text of the corrected copy left by the late Ge. Steevens, with glossarial notes and a sketch of the life of Shakespeare. With plates. 12. London. (Leipzig, Fr. Fleischer.) 811. 3

— Plays, Accurately printed from the text of M. Steevens last edition, with a selection of the most important notes. XX Vol. With engraveries. 8. Wien 814. Ant. Doll. 20 ℔

— the Plays of accurately printed from the text of M. Steevens. Last edition with historical and grammatical explanatory Notes in German by J. M. Pierre. Vol. I. contain. the Merchant of Venice. 8. Frankf. 831. Sauerländer. 8 ggr
Vol. II. cont. king Lear. 12. ibid. 832. 8 ggr

—— Plays. Accurately printed from the text of Steevens last. Edit., with histor. and grammat. explanatory notes in german, by J. M. Pierre. Vol. I—V. gr. 12. Francfort o. M., Sauerlaender.
Vol. I. The Merchant of Venice. (5 B.) 830. 8 Gr.
- II. King Lear. (5 B.) 832. 8 Gr.
- III. Hamlet, Prince of Denmark. (7 B.) 833. 8 Gr.
- IV. King Henry IV. Part. 1. (5½ B.) 834. 8 Gr.
- V. King Henry IV. Part. 2. (6 B.) 835. 9 Gr.

—— Plays, accurately printed from the text of Steevens' last edit., with histor. and grammat. explanatory notes in German. By J. M. Pierre. Vol. VI—VIII. gr. 12. Frankfort o. t. M., [Sauerländer's Verl.] à 9 Gr.
Vol. VI. Julius Caesar. (5 B.) 836.
- VII. The Tempest. (4 B.) 839.
- VIII. Romeo and Juliet. (5¼ B.) 840.
Vol. I—V. Ebendas. 1830—35. 1 Thlr. 17 Gr.

—— Plays in 37 parts. 16. (203¼ B.) Leipzig 843, 44, Bernh. Tauchnitz jun. à 3 Ngr.
A. u. d. Ttln.:
Part. 1. Measure for measure.
- 2. The comedy of errors.
- 3. Much ado about nothing.
- 4. Love's labour's lost.
- 5. Midsummernight's-dream.
- 6. Merchant of Venice.
- 7. As you like it.
- 8. Taming of the shrew.
- 9. All's well that ends well.
- 10. Twelfth-night: or, What you will.
- 11. The winter's tale.
- 12. King John.
- 13. The life and death of King Richard II.
- 14., 15. King Henry IV. 2 Parts.
- 16. King Henry V.
- 17—19. King Henry VI. 3 Parts.
- 20. King Richard III.
- 21. King Henry VIII.
- 22. Troilus and Cressida.
- 23. Titus Andronicus.
- 24. Coriolanus.
- 25. Romeo and Juliet.
- 26. Timon of Athens.
- 27. Julius Caesar.
- 28. Macbeth.
- 29. Hamlet.
- 30. King Lear.
- 31. Othello.
- 32. Antony and Cleopatra.
- 33. Cymbeline.
- 34. Pericles.
- 35. The Tempest.
- 36. The two Gentlemen of Verona.
- 37. Merry Wives of Windsor.

Shakspeare, Will., choicest Plays, s.a. Treasures.

— choicest Plays: Romeo and Juilet. Midsummer-Nights Dream. Julius Caesar. Macbeth. breit 8. Stuttg. 833. (832) Hoffmann. 18 ggr

—— choicest Plays. 8. (18⅞ B.) Hall 844, Haspel.
Inhalt: Romeo and Juliet. Midsummer-Night's Dream. Julius Caesar. Macbeth.

—— Doubtful Plays, s. Collection of British Authors.

—— historical plays for the use of families and schools arranged by A. Philippi. Vol. I. containing: King John. gr. 16. (109 S.) Düsseldorf 848, Schaub'sche Buchh.

— Plays and poems.

—— the same in 7 Vols., s. Collection of british Authors. Vol. 40—46.

— Plays and Poems, accurately printed from the text of the corrected copies, left by the late S. Johnson, G. Steevens, Js. Reed and Edm. Malone. With notes, crit. histor., and explanatory, selected from the most eminent commentators etc. To which will be edded: A Supplement, by Lewis Tiek. A new edition; in one Vol. gr. Lex.-8. Leipz. 830. (833.) Fr. Fleischer. Pränum.-Pr. 3 ℛ 16 ggr
Subscr.-Pr. 4 ℛ 16 ggr

Shakspeare, Will., Plays and Poems accurately printed from the text of the corrected copies, left by the late Sam. Johnson, G. Steevens, Is. Reed, and Edm. Malone. With notes, crit., histor., and explanat., selected from the most eminent commentators; Malone's various readings; Johnson's preface; a life of the poet, by Alex. Chalmers; Shakspeare's Will., with his autograph, from the original; a chronology of his plays; a list of the remark. edits. of his works; an inquiry into the plays ascribed to him; some account of his various portraits, and a copious glossary. A new edit., in one Vol. Lex.-8. (70⅝ B. u. 1 Stahlst. v. E. Schuler, darst.: S's. Denkmal in d. Shakspeare-Gallerie in London.) Leipsic 833, E. Fleischer.

—— Plays and Poems with notes crit., histor. and explanatory, selected from the most eminent commentators by the late Edmond Malone. With Johnsons preface, a life of the poet by A. Chalmers and a copious glossary. A new edit. in one Vol. Lex.-8. (70¼ B. u. 13 Stahlst.) Leipsic 840, E. Fleischer. (Frankf. a. M., J. Baer.) * 4 Thlr., hrbgs. Pr. *

Shakespeare, The plays and poemes of William, printed from the text of J. Payne Collier, Esq. F. S. A. With the life and portrait of the poet. Complete in seven volumes. (7 Bde.)
8. Leipzig 1843—1844.

—— s. Plays, pseudo-Shakespearian.

— select Pays. Vol. I. Timon of Athen. Mit 1 Kpf. 16. Zwickau 821. Schumann. 9 ggr ohne Kpf. 8 ggr

—— select Plays, adapted for the use of youth. gr. 12. 15 B.) Frankfort o. t. M. 840, Broenner.

—— select Plays. Adapted for the use of youth. 12. (15⅛ B.) Francfort on M. 846, Broenner. *.

—— Readings from, s. Bandow, K.

— s. Retsch, Mor., Gallerie.

– König Richard III.

—— daſſ. — ſ.a. Bibliothek der Geſamt-Litteratur des In- und Auslandes.

—— König Richard III., ſ.a. Bibliothek ausländiſcher Klaſſiker.

—— daſſ. — ſ.a. Genée, Rudolf.

—— daſſelbe, ſ.a. Hempel's Klaſſiker-Bibliothek.

—— König Richard III., ſ.a. Klaſſiker-Ausgaben, illuſtr., Minerva.

– – s.a. Meyer's Volksbücher.

– – s.a. Museum.

—— daſſ. — ſ.a. Theater-Bibliothek, claſſiſche. — Univerſal-Bibliothek.

— Richard III; e. Trſpl., für d. Manheimer Bühne bearb. von Frhrn. v. Gemmingen. gr. 8. Manh. 778. Schwan u. G. 6 ggr

—— König Richard III. Uebersetzt von Ed. Tiessen. 16. (IV, 160 S.) Stettin 871, v. der Nahmer. *

Shakespeare, William, König Richard der Dritte. Für den Schulgebrauch herausgegeben von Walter Hübbe. 8. (143 S.) Geb. .40
Prag: Tempsky 1897.

— König Richard III. Für den Schulgebrauch hrsg. v. Walt. Hübbe. 12. (143 S. m. 1 Stammtaf.) Leipzig 898. G. Freytag. Geb. n. — 80

— King Richard II., s.a. Sammlung Shakespeare'scher Stücke.

—— King Richard II. 16. (IV und 140 S.) Brunswick 850, Westermann.

—— King Richard II. Mit Einleitung und Erklärungen hrsg. von Noiré. 16. (128 S. mit 1 Tab. in qu. 4.) Mainz 868, v. Zabern.

— King Richard III., s. Masterpieces of English literature.

— König Richard II.

— dasselbe, s.a. Bibliothek der Gesamt-Litteratur d. In- u. Auslandes.

—— König Richard II., s.a. Bibliothek ausländischer Klassiker.

—— dass. — s.a. Collection of British and American standard Authors.

— König Richard II., s.a. Hempel's Klassiker-Bibliothek.

— — s.a. Museum.

—— Richard II. Erläuterungen, s. Prölß, Rob.

Shakespeare's William, Richard II., s.a. Velhagen & Klasing's Sammlung deutscher Schulausgaben.

— dasselbe, s.a. Universal-Bibliothek.

Shakespeare, William. Richard der zweyte. In 5 Akten für hiesige Theater adoptirt. Prag 1777. B: *Fischer, Franz.* (Oskar Teuber, Geschichte des Prager Theaters, II, 16) (Hdschr. Mitth. von Erich Mennbier, Wien)

— Richard der Zweite, Heinrich der Vierte u. Heinrich der Fünfte. Uebersetzt von R. J. L. Samson v. Himmelstiern. 2 Bde. gr. 8. (XLVI u. 447 S.) Riga 848, Kymmel. 2 ℛ

— König Richard II., hrsg. v. Karl Warnke, s.a. Schöningh's Ausgaben ausländischer Klassiker. Nr. VII.

[William] Shakespeares König Richard II. [King Richard II]. Nach d. Schlegelschen Übers. hrsg. u. mit Einl. u. Erl. versehen von Dr. Karl Warnke, Prof. Paderborn: F. Schöningh 1904. (143 S.) 8°
= Ausgaben, Schöninghs, ausländ. Klassiker mit Erl. 7.

— dasselbe, s.a. Schöningh's Textausgaben alter u. neuer Schriftsteller.

König Richard II. [King Richard II.]. Ein hist. Trauerspiel. Von William Shakespeare. Paderborn: F. Schöningh [1904]. (92 S.) 8° [F.]
= Textausgaben, Schöninghs, alter u. neuer Schriftsteller. 26. 05. 1059

– Romeo und Julia (auch: Julie [dt.])

—— Romeo und Julia, s.a. Bibliothek der Gesamt-Litteratur des In- und Auslandes.

—— Romeo und Julie, s.a. Bibliothek ausländischer Klassiker.

— dasselbe, s.a. Elzevier-Ausgaben, illustr.

— Romeo u. Julia, s.a. Hempel's Klassiker-Bibliothek.

— dasselbe, s.a. Klassiker-Ausgaben, illustr., Minerva.

— Romeo u. Julia, s.a. Klassiker-Bibliothek, illustr.

— dasselbe, s.a. Litteraturwerke des Vereins Minerva.

—— dass. — s.a. Meyer's Volksbücher.

— Romeo u. Julia, s.a. Museum.

—— dass. — Umrisse hierzu, s. Retzsch, M.

—— dass. — s.a. Theater-Bibliothek.

—— dass. — s.a. Universal-Bibliothek Nr. 2372.

— Romeo u. Julie, aus d. Engl. übers. (von Cph. Fr. Bretzner). 8. Leipz. 796. (Aue in Altona). 9 ℊ

Shakespeare, W. Romeo und Julie a. d. Engl. . . . Berlin 1797. Ü: *Schlegel, Caroline & August Wilh. von Schlegel.* (GGr) »Leipz. 1796.« Ü: *Bretzner, Chph Frdr.* (Ky)

— Romeo u. Julie, übersetzt mit Erläuterungen von J. H. Voß. gr. 8. Leipz. 818. Brockhaus. 1 ℛ Hbg. Pr. 12 ℊ

—— Romeo u. Julie. Trauersp. in 5 Aufz. Zur Darstell. eingerichtet v. C. A. West. gr. 8. (5¼ B.) Wien 841, Wallishausser.

— Romeo u. Julia übers. von A. W. Schlegel. 16. (164 S. m. 1 Stahlst.) Berlin 849, G. Reimer. In Engl. Einb. m. Goldschn. n. 1 ℛ

– Romeo und Julia. Tragödie. Deutsch von Edm. Lobedanz. Leipzig 855. Brockhaus. 16. (VII, 166 S.) n. 24 ngr.

— Romeo und Julia. Eine kritische Ausgabe des uberlieferten Doppeltextes mit vollstandiger Varia Lectio bis auf Rowe. Nebst einer Einleitung über den Werth der Textquellen und den Versbau Shakespeare's. Von Tycho Mommsen. Oldenburg 859. Stalling. Lex.-8. (XI, 371 S.) n. 3 ℛ 10 ngr.

—— Romeo und Julie. Drama in 5 Aufzügen. Ins Deutsche übertragen von C. G. L. 16. (VIII, 181 S.) Wien 870, Braumüller. geb. *

— Romeo u. Julia. Uebers. von A. W. v. Schlegel. Mit Heliographien u. Holzschn. nach Ferd. Piloty. 2. Aufl. Imp.-4. (116 S.) Berlin 890. Grote. geb. m. Goldschn. n. 12. —

— Romeo u. Julie. Trauerspiel. gr. 8. (48 S. m. 14 Illustr.) Berlin 894. Literatur-Verein Minerva. n. — 40; geb. in Leinw. n. — 90

Romeo und Julia [Romeo and Juliet]. Trauerspiel in 5 Akten von William **Shakespeare**. Uebers. von August Wilhelm v. Schlegel. Berlin: Bong & Co. [um 1900]. (156 S.) 8°

William **Shakespeare**. Romeo und Julia. Trauerspiel in 5 Akten. Übers. von August Wilhelm v. Schlegel. Bildschmuck von Marold. Berlin-Gr.Lichterfelde: P. Langenscheidt [1904]. (157 S.) 8°
— **Mignon**, Bibliothek. [Jg.] 1, [Bd] 3. [07. 12049

— Romeo u. Julia. Trauerspiel in 5 Akten. (476 S.) 5×8,6 cm. Leipzig 909. H. Schmidt & C. Günther. Geb. in Ldr. m. Goldschn. 1. 50

— dasselbe. Übers. von A. W. v. Schlegel, überarb. u. m. e. Einleitg. versehen v. Max J. Wolff. (145 S.) kl. 8. Leipzig (910). C. F. Amelang. Geb. in Leinw. 1.—; auf Dünndr., geb. in Ldr. 2.—; Luxusausg., auf holländ. Büttenpap., geb. in Kalbldr. m. Goldschn. 7.50; auf Japan-Perg., geb. in Kalbldr. m. Goldschn. 10. —

— Romeo a Julie. Přeložil J. Čejka. Prag 861. Rziwnatz in Comm. 8. (2 Bl., 112 S.) n. 10 ngr.

—— Romeo and Juliet, s. Masterpieces of english literature.

—— Romeo and Juliet. Erklärt von J. Heussi, s. Sammlung engl. Schriftsteller, hrsg. von Herrig.

— s. a. Sammlung Shakespeare'scher Stücke.

—— the same, s. Theatre, British.

— Romeo and Julie. A Tragedy. 8. Gera 792. Rothe. 12 gr

——, Romeo and Juliet. 32. ... Nurnberg 830, Campe.

Shakspeare, Will., Romeo and Juliet. A Tragedy in 5 acts. Mit erklär. Noten, e. Erläuterung u. e. Wörterbuche v. F. E. Feller. gr. 12. (6½ B. u. Titkpfr.) Leipzig 833, Baumgärtner. Thlr

—— Romeo and Juliet. A Tragedy. Mit Sprache u. Sachen erläut. Anmerkn. v. Ed. Winter. gr. 12. (9½ B.) Braunschweig 840, Leibrock.

Shakspeare's, Will., Romeo and Juliet. Grammatisch u. sachlich zum Schul- u. Privatgebrauch erläutert v. J. Hoffa. 8. (9⅛ B.) Braunschweig 845, Westermann. Thlr. *

—— Romeo and Juliet. 16. (115 S. mit 1 Holzschntaf.) Leipzig 864, B. Tauchnitz. geb. mit Goldschn. *

Ein neues Drama von [William] Shakespeare. Der älteste, bisher nicht gewürdigte Text von Romeo and Juliet hrsg. u. erl. von Theodor Eichhoff. *Halle a. S.: M. Niemeyer 1904.* (IV, 93 S.) 8° [F. u. Ant.]
— Shakespeare, Unser. 3. [04. 9613

— Schauspiele, erläutert, s. Frz. Horn.

— Schauspiele, übers. v. Cph. Mt. Wieland. N. Aufl., umgearb. von J. J. Eschenburg. 13 Bde. (13r Bd. N. A. 782.) gr. 8. Zürich 775—77. Neue ganz umgearb. Ausg., mit krit. Anhängen versehen. 12 Bde. gr. 8. Zürich 798 - 806. Orell. Schrbp. mit Titelvign. 20 Rthlr 16 gr Hbg. Pr. 10 Rthlr

— Schauspiele, übersetzt von G. Eckert. 22 Bde. 8. Manh. 780—88. Schwan u. G. (a. Löffler). 8 Rthlr

— Schauspiele, von J. J. Eschenburg, mit kritischen Anhängen und Titelvignetten, 12 Bde. gr. 8. Zürich, Orell F. u. Comp. 798–806. (1r–4r à 1 Rthlr. 12 gr. 5r–12r à 1 Rthlr. 20 gr.)

— Dass., ohne d. Anhänge u. Vign. 12 Bde. kl. 8. Ebd. 11 Rthlr 8 gr Hbg. Pr. 8 Rthlr (Inhalt: Der Sturm. — Die lustigen Weiber von Windsor. — Der heil. drei Königabend. — Viel Lärmen um Nichts. — Ein Sommernachtstraum. — Der Liebe Mühe ist umsonst. — Der Kaufmann von Venedig. — Wie es euch gefällt. — Ende gut, alles gut. — Zähmung eines bösen Weibes. — Das Wintermährchen. — Die Komödie der Irrungen. — Macbeth. — König Johann. — König Richard II. — König Heinrich IV. 1r Thl. — König Heinrich IV. 2r u. 3r Thl. — König Richard III. — König Heinrich VIII. — Troilus u. Kressida. — Timon v. Athen. — Koriolanus. — Julius Cäsar. — Antonius u. Kleopatra. — Cymbeline. — Titus Andronikus. — König Lear. — Romeo u. Julie. — Hamlet. — Othello.)

— Schauspiele; aus d. Engl. übersetzt von Heinrich u. Abraham Voß. 3 Thle. (Enth.: Cymbeline. — Macbeth. — Wintermährchen. — Coriolan. — Antonius u. Kleopatra. — Die lustigen Weiber zu Windsor. — Die Irrungen). gr. 8. Tübing. 810—15. v. Cotta. 6 Rthlr

— Schauspiele, übers. von Jh. Hnr. Voß u. dessen Söhnen Heinr. u. Abrah. Voß. Mit Erläuterungen. 1r—3r Bd. (Enthält: Der Sommernachtstraum. — Der Sturm. — Romeo u. Julie, von Jh. Hnr. Voß. — Viel Lärm um Nichts, v. Hnr. Voß. — Der Kaufmann v. Venedig, v. Jh. Hnr. Voß. — Maß für Maß, v. Abrah. Voß. — Was ihr wollt. — Der Liebe Müh umsonst. — Wie es euch gefällt. — König Lear. — Die gezähmte Keiferin. — Timon v. Athen). gr. 8. Leipz. 818—19. Brockhaus. 9 Rthlr Schrbp. 12 Rthlr Velinp. 13 Rthlr 12 gr 4r—8r Bd., übers. von J. H. Voß u. dessen Söhnen H. u. A. Voß. Mit Erläuterungen. (Enth.: König Johann. — König Richard II. — König Heinrich IV. — König Heinrich V. — König Heinrich VI. — König Richard III. — König Heinrich VIII. — Troilus u. Kressida. — Coriolan. — Othello. — Julius Cäsar. — Die Irrungen. — Antonius u. Kleopatra. — Hamlet. — Die lustigen Weiber zu Windsor. — Cymbeline. — Ende gut, alles gut.) gr. 8. Stuttg. 822—27. Metzler. (à 3 Rthlr) 25 Rthlr 16 gr 9r (u. letzter) Bd. (Enth.: Wintermährchen, von H. Voß. — Die beiden Veroneser, v. Demselben. — Macbeth. — Titus Andronikus). gr. 8. Stuttg. 829. (Brockhaus in Leipz.) 3 Rthlr

— Dieselbe Ausg. alle 9 Bde. gr. 8. Stuttg. u. Leipz. 818—29. Brockhaus. Hbg. Pr. 9 Rthlr

Shakspeare, W., Schauspiele, frei bearb. von Meyer. 16—29s Bdch. Mit Kpf. 12. Gotha 824—31. Hennings. à Bdch. 4 gr (Enth.: Das Leben Shakspeare's. — Macbeth. — Othello. — Der Sturm. — Die Irrungen. — Julius Cäsar. — Timon v. Athen. — Titus Andronikus. — König Johann. — Pericles, Fürst v. Tyrus. — Die beiden Veroneser. — Maß für Maß. — Der heil. drei Königsabend. — König Lear. — Viel Lärmen um Nichts. — Romeo u. Julie. — Der Kaufmann v. Venedig. — Ende gut, alles gut. — König Richard III. — König Heinrich VI. 1r Thl. — König Heinrich VI. 2r Thl. — König Heinrich VI. 3r Thl. — König Heinrich V. — König Heinrich IV. 1r u. 2r Thl. — Cymbeline. — Troilus u. Kressida. — König Heinrich VIII. — Hamlet. — König Richard II. — Coriolan. — Das Wintermährchen. — Antonius u. Kleopatra. — Die Zähmung d. Zänkischen. — Wie es euch gefällt. — Die lustigen Frauen von Windsor. — Ein Sommernachtstraum. — Der Liebe verlorene Mühe.)

—— Schauspiele, übersetzt u. erläut. v. Adelb. Keller u. Mor. Rapp. 37 Stücke. gr. 16. (336¾ B.) Stuttgart 843—46, Metzler'sche Buchh. à 3¾ Ngr. 3

A. u. d. Tιln.:

Stück 1. Othello.
" 2. Timon von Athen.
" 3. Cymbelin.
" 4. Titus Andronicus.
" 5. König Lear.
" 6. Perikles.
" 7. Verwechslungsstück.
" 8. Troilus und Cressida.
" 9. Viel Lärm um Nichts.
" 10. Coriolan.

- 11. Vergeltungsrecht.
- 12. Julius Cäsar.
- 13. Verlorne Liebesleiden.
- 14. Antonius und Cleopatra.
- 15. Makbeth, heroische Tragödie.
- 16. König Johann, histor. Schauspiel.
- 17. König Richard II., histor. Trauerspiel.
- 18., 19. König Heinrich IV. 2 Thle.
- 20. König Heinrich V.
- 21—23. König Heinrich VI. 3 Thle.
- 24. König Richard III.
- 25. König Heinrich VIII., histor. Schauspiel.
- 26. Gebrochner Trutzkopf, Lustsp. nebst dem Fragment: Der versoffene Kesselflicker.
- 27. Ende gut alles gut, oder gelohnte Liebesleiden.
- 28. Ein Mährchen beim Kamin.
- 29. Die Freunde von Oporto.
- 30. Die boshaften Windsorerinnen.
- 31. Dreikönigsabend, od. wie ihr wollt.
- 32. Seesturm.
- 33. Ein Traum der Johannisnacht.
- 34. Romeo und Giulietta.
- 35. Venediger Handelschaft. Romant. Comödie.
- 36. Nach Belieben. Pastorales Schausp.
- 37. Amleth der Däne. Trag. Schausp.

—— sämmtl. Schauspiele, frei bearb. v. Mehreren u. hrsg. v. (Jos.) Meyer. 52 Bdchn. Jed. mit Titkpfr. 12. ... Gotha 824—34, Hennings u. Hopf. à 4 Gr.

Bd.	Bd.
1. Das Leben Schakspeare's nebst Literaturgesch. u. Beurtheil. seiner dramat. Werke.	27. Troilus u. Kresida.
2. Macbeth.	28. König Heinrich VIII.
3. Othello.	29., 30. Hamlet, Prinz v. Dänemark.
4. Der Sturm.	31. König Richard II.
5. Die Irrungen.	32. Coriolan.
6. Julius Cäsar.	33. Das Wintermährchen.
7. Timon v. Athen.	34. Antonius u. Cleopatra.
8. Titus Andronikus.	35. Die Zähmung der Zänkischen.
9. König Johann.	36. Wie es euch gefällt.
10. Perikles.	37. Die lustig. Frauen v. Windsor.
11. Die beiden Veroneser.	38. Ein Sommernachtstraum.
12. Maaß für Maaß.	39. Der Liebe verlorene Mühe.
13. Der heil. drei Königsabend, od. was ihr wollt.	40. Locrine.
14. König Lear.	41. Der Londoner Verschwender.
15. Viel Lärm um Nichts.	42. Thomas Lord Cromwell.
16. Romeo u. Julie.	43. Geo. Green, d. Feldhüter v. Wakefield.
17. Der Kaufmann v. Venedig.	44. Arden v. Feversham.
18. Ende gut Alles gut.	45. Sir John Oldcastle.
19. König Richard III.	46. Die Puritanerin.
20. König Heinrich VI. 1. Abthl.	47. Schön Emma.
21. König Heinrich VI. 2. Abthl.	48. Der lustige Teufel von Edmonton.
22. König Heinrich VI. 3. Abthl.	49. Merlins Geburt.
23. König Heinrich V.	50. Ein Trauerspiel in Yorkshire.
24. König Heinrich IV. 1. Abthl.	51., 52. Shakspeare sämmtl. Gedichte übers. v. R. E. Schneider als Supplementbde.
25. König Heinrich IV. 2. Abthl.	
26. Cymbeline.	

Shakespeare, William

Shakespeare's Sämmtliche Schauspiele. Frei bearb. von Josef Meyer. Bdchn 11.
Gotha: Henning 1827. 15o S. 8°

11. Die beiden Veroneser.

—— sämmtl. Schauspiele. — Supplement zu allen Ausgaben, enth. d. zweifelhaften Stücke. Uebers. v. Heinr. Döring. 2 Bde. gr. 12. (..B. u. 10 Kpfrt.) Erfurt 840, Hennings u. Hopf. Thlr.
Inh.: Der londoner Verschwender. — Thomas Lord Cromwell. — Der Feldhüter v. Wakefield. — Arden v. Feversham. — Sir John Oldcastle. — Die Puritanerin. — Schön Emma. — Der lustige Teufel v. Edmonton. — Merlin's Geburt. — Ein Trauersp. in Yorkshire.

– Schauspiele fürs Prager Theater, bearb. von F. J. Fischer. 8. Prag 778. Gerle. 16 ℛ

Shakespeare, William. Vier Schauspiele. Uebers. von Ludwig Tieck. Stuttgart und Tübingen 1836. Ü: *Baudissin, Wolf Graf.* Vgl. G. Freytag, Ges. Werke, 16, 140. — Dasselbe gilt für das ‚nach ... L. Tieck' von A. Hagen frei bearbeitete Trauerspiel Sh.'s, ‚Eduard der Dritte' (1879), das in obiger Übers. an erster Stelle abgedrückt ist. (DARP)

—— vier Schauspiele: (Eduard III. — Leben u. Tod d. Thomas Cromwell. — Sir John Oldcastle. — Der Londoner verlorne Sohn), übers. v. Ludw. Tieck. gr. 8. (23½ B.) Stuttgart u. Tübingen 836, Cotta'sche Buchh.

Shakespeare, f. Deutsche bearbeitet. 1r Thl. 8. Altona, Verlagsgesellschaft.

Shakspeare, für Deutsche bearb. 1r Thl., enth.: der König Johann. 8. Hamb. 796. (Herold jun.) 10 ℛ

Shakespear f. Deutsche bearbeit. 1r. enth. d. König Johann. 8. Hamb. Vollmer. 796.

Shakespeare, William. Fragmente einer Übersetzung. Mitgeteilt von Julius Elias. Hamburg u. Leipzig 1893. Ü: *Regis. Joh. Glob.* (Berl)

Shakespeare, William, in deutscher Ausgabe. Hrsg., zum Tl. neu übers. v. Frdr. Gundolf. (Plan u. Ausschmückg. v. Melch. Lechter.) 1.—5. Bd. Lex. 8. Berlin, G. Bondi. Subskr.-Pr. à 6.—; geb. in Leinw. 7.50; in Ldr. 12.50; Luxusbd. in Schweinsldr. 17.50; Einzelpr. à 8.50, 10.—; 15.— u. 20.—
1. Coriolanus. Julius Caesar. Antonius u. Cleopatra. (409 S.) 908.
2. Romeo u. Julia. Othello. Der Kaufmann v. Venedig. (382 S.) (909.)
3. König Johann. König Richard II. König Heinrich IV., 1. Tl. (324 S.) (909.)
4. König Heinrich IV, 2. Tl. König Heinrich V. König Heinrich VI., 1. Tl. (358 S.) (910.)
5. König Heinrich VI., 2. Tl. König Heinrich VI., 3. Tl. König Richard III. (403 S.) (910.)

Shakespeare f. Schulen. Ausgewählte Dramen. Mit Einleitgn., erklär. Anmerkgn. u. Abriss der Shakespeare-Grammatik bearb. u. hrsg. von Karl Meurer. I—III. 2. (Titel-)Aufl. 8. Lpz. 890, H. Bredt. à * 1 —; * 3 —
I. The merchant of Venice. (105 S.)
II. Julius Caesar. (105 S.)
III. Macbeth. (111 S.)

— — Shakespeare-Almanach. Hrsg. v. Gottlob Regis. Berlin: Verlag von Veit u. Comp. 1836. Gr. 8°. (3 Mk. 50 Pfg., Orig.-Cartonbd., F. Waldau, Fürstenwalde, 1910.)
Vortit., Tit., 1 Bl. Inh., 358 S., 2 unbez. Bll. Inh.: W. Shakespeare's sämmtliche lyrische Gedichte: 1. Sonnette (S. 5—158). 2. Der verliebte Pilger (S. 159—189). 3. Einleitung zu W. Shakespeare's lyr. Gedichten. 4. Anmerkgn. zu den Sonnetten. 5. Anmerkgn. zum Verliebten Pilger. 6. Nachtrag.

[William Shakespeare:] Shakespeare-Brevier. Von H. Siegfried. *Berlin & Leipzig: Schuster & Löffler 1903.* (176 S.) 8° [F.] [04. 9379

Shakespearedramen. (Romeo u. Julia, Othello, Lear, Macbeth). Nachgelassene Uebersetzgn. von Otto Gildemeister, hrsg. v. Heinr. Spies. (XV, 524 S.) 8. Berlin 904. G. Reimer. n. 7. —; geb. in Halbfrz. n. 9. —

Shakspere-Primer. Julius Caesar, the Merchant of Venice, King Richard II., Macbeth, Hamlet, in gekürzter Form m. Anmerkgn. Hrsg. v. Broder Carstens. Mit e. Kopie u. e. Abbildg. (in Holzschn.). 8. (XVI, 156 S.) Hamburg 889. O. Meissner's Verl. n. 1. 60

Shakespeare reprints. I. 12. Marburg 886. Elwert's Verl. n. 2. 50; geb. n. 3. —
King Lear. Parallel texts of the first quarto and the first folio with collations of the later quartos and folios. Edited by Wilh. Vietor. (VI, 247 S.)

Shakespeare reprints. II. gr. 8. Marburg i/E. 890. Elwert's Verl. n. 4. — (I. u. II.: n. 6. 50)
Hamlet. Parallel texts of the first and second quarto and the first folio. Edited by Wilh. Vietor. (II, 319 S.)

Shakespeare reprints. 1. Rev. ed. Marburg: N. G. Elwert 1892. 8° [08. 7891

— reprints. General editor: Wilh. Viëtor. III. gr. 8. Marburg 908. N. G. Elwert's Verl. 3. —
III. King Henry V. Parallel texts of the first and third quartos and the first folio. Ed. by Ernest Roman. (VIII, 198 S.)

Shakespeare-Schulausgabe. Sammlung Shakespearescher Stücke. Für Schulen hrsg. v. E. Schmid. I, III, IV, XIII. 12. Danzig, L. Saunier. Kart. à n. — 80
I. Julius Caesar. 6., verb. Aufl. (92 S.) 891. — III. The merchant of Venice. 4., verb. Aufl. (88 S.) 891. — IV. Macbeth. 3., verb. Aufl. (88 S.) 891. — XIII. King Lear. (122 S.) 892.

Shakespeare-Schulausgabe. Sammlg. Shakespearischer Stücke. Für Schulen hrsg. v. E. Schmid. I u. II. 12. Danzig, A. Scheinert. Kart. à n. — 80
I. Julius Caesar. 7. Aufl., durchgesehen u. m. e. Einleitung neu hrsg. v. R. Proetzsch. (94 S.) 899; Wörterbuch. 3. Aufl. (39 S.) (900.) n. — 25
II. A midsummernight's dream. 3. Aufl., durchgesehen u. m. e. Einleitung neu hrsg. v. R. Proetzsch. (75 S.) 900.

— dasselbe, IV. Macbeth. Wörterbuch. 12. (17 S.) Ebd. (901). n. — 25

– Ein Sommernachtstraum.

—— dass. — s. a. Bibliothek der Gesamt-Litteratur des In- und Auslandes.

—— ein Sommernachtstraum, s. a. Bühnen-Repertoir.

— dasselbe, s. a. Elzevior-Ausgaben, illustr. 20.

— dasselbe, s. a. Hempel's Klassiker-Bibliothek.

— dasselbe, s. a. Klassiker-Ausgaben, illustr., Minerva.

— ein Sommernachtstraum, s. a. Klassiker-Bibliothek, illustr., Bd. 13.

—— dass. — s. a. Meyer's Volksbücher.

— dasselbe. s. a. Museum.

—— dass. — s. a. Theater-Bibliothek, classische.

— Sommernachtstraum von Adf. Böttger. 18. (121 S.) Leipzig 848, O. Klemm. ¾ ₰

— Sommernachtstraum übers. von A. W. Schlegel. 16. (117 S. m. 1 Stahlst.) Berlin 852, G. Reimer. In Engl. Einb. m. Goldschn. n. 1 ₰

– ein Sommernachtstraum. Uebers. von Carl Abel. Leipzig 855. Keil. 16. (2 Bl., 108 S.) n. 15 ngr.

—— ein Sommernachts-Traum. Deutsch von A. W. v. Schlegel. Mit 24 Schattenbildern von Paul Konewka. (in eingedr. Holzschn.). 1. Aufl. 1869. *ℳ 16.; 2. Aufl. 1873, und 3. Aufl. hoch 4. (90 S.) Heidelberg 875, Bassermann'sche Verlagsh.
geb. in Callico mit Goldschn. *
geb. in Saffian mit Goldschn. *

— ein Sommernachts-Traum. Deutsch von A. W. v. Schlegel. Mit 24 Schattenbildern von Paul Konewka. 4. Aufl. gr. 4. (VII, 90 S.) München 878. Bassermann. geb. m. Goldschn. n. 12. —

—— ein Sommernachtstraum, übers. von Aug. Wilh. v. Schlegel. (Feine Ausg.) Fol. (46 S. mit 34 Illustr. von Jul. Heppner. Ausgeführt in 6 chromolithogr. Vollbildern und 28 Tondr.-Bildern von Ernst Nister's Kunstanstalt in Nürnberg.) München 888, Stroefer. geb. mit Goldschn. *
Wohlf. Ausg. *

— ein Sommernachtstraum. Uebers. von Aug. Wilh. v. Schlegel. Mit 12 Heliograv. u. 19 Holzschn. nach Originalen v. Edm. Kanoldt u. W. Volz. gr. 4. (V, 82 S.) Leipzig 891. C. F. Amelang. Geb. in Leinw. m. Goldschn. n. 20. —

— ein Sommernachtstraum. Uebers. v. Aug. Wilh. v. Schlegel. Mit 12 Heliogravüren u. 19 Holzschn. nach Originalen v. Edm. Kanoldt u. W. Volz. 2. [Titel-] Ausg. gr. 4. (V, 82 S.) Leipzig (891) 895. C. F. Amelang. Geb. in Leinw. m. Goldschn. n. 10. —

Ein Sommernachtstraum [A Midsummer Night's Dream]. Von W[illiam] Shakespeare. Uebers. von August Wilhelm v. Schlegel. Mit Ill. Leipzig, Berlin, Wien, Stuttgart: Bong & Co. [um 1900]. (141 S.) 8°

— ein Sommernachtstraum. Übers. von A. W. v. Schlegel. (Pantheon-Ausg. Textrevision, Einleitg. u. Anmerkgn. v. Greg. Sarrazin.) gr. 16. (X, 122 S. m. Bildnis.) Berlin 902. S. Fischer, Verlag.
Geb. in Ldr. m. Goldschn. n. 2. —; orh. Pr. n. 2.50

— dasselbe. Für den Schulgebrauch hrsg. v. Max Lederer. (100 S.) kl. 8. Leipzig 909. G. Freytag. — Wien, F. Tempsky. Kart. — 60
(Freytags Schulausgaben u. Hilfsbücher f. d. dt. Unterricht.)

— dasselbe. s. a. Universal-Bibliothek.

Ein Sommernachtstraum [A midsummer night's dream]. Lustspiel in 3 Aufz. von William Shakespeare. Nach d. Schlegel-Tieckschen Übers. f. d. Bühne eingerichtet von Dr. Ludwig Weber. Einrichtung mit sämtl. Regiehinweisen auf d. Musik v. Felix Mendelssohn-Bartholdy. Leipzig: Reclam jun. [1909]. 79 S. 8°
(Bühnen-Shakespeare. Bd 22.)
(Universal-Bibliothek. 5159.)

— Ein Sommernachtstraum. Übers. v. A. W. v. Schlegel m. Bildern v. Arth. Rackham. (Textrevision v. Rud. Fischer.) (VII, 132 S. m. Abb. u. 36 farb. Taf.) Lex. 8. München 909. F. Bruckmann.
Geb. in Japan-Einbd. 28.—; in Perg. 32. —

– Sonette.

— — Deutsch von F. A. Gelbcke, s. Bibliothek ausländischer Klassiker.

— — Sonnette, übersetzt von K. Lachmann. 12. Berlin, Reimer. 820.

—— Sonette in deutscher Nachbildung von Friedr. Bodenstedt. gr. 8. (VII und 246 S.) Berlin (861) 62, Decker'sche geheime Ober-Hofbuchdruckerei. 2 Thlr.; geb. *

—— dass. — gr. 16. (VII und 246 S.) Ebendas. (861) 62. geb. **

— Sonette in deutscher Nachbildung von Friedr. Bodenstedt. 2., vielfach verb. Aufl. der Volksausg. Berlin 866. v. Decker. 16. (XI, 246 S. mit photogr. Portr.) 18 ngr.; cart. 22½ ngr.; geb. mit Goldschn. n. 1 ₰

—— dass. — Uebersetzt von Herm. Frhr. v. Friesen. br. 8. (VII, 154 S.) Dresden 869, Burdach. *

—— dass. — deutsch von Benno Tschischwitz. 16. (XVIII, 156 S.) Halle 870, Barthel. *
geb. mit Goldschn.

—— dass. — übersetzt von Otto Gildemeister. Mit Einleitung und Anmerkungen. gr. 8. (XXXII, 181 S.) Leipzig 871, Brockhaus. *
geb. mit Goldschn. *

—— Sonette in deutscher Nachbildung von Friedr. Bodenstedt. 4. Aufl. 16. (XII, 275 S.) Berlin 873, v. Decker'sche Geh. Ober-Hofbuchdr. ℳ 3.; geb.

—. Sonette. Uebersetzt, eingeleitet und erläutert von Otto Gildemeister. 2. Aufl. gr. 8. (XXXII, 181 S.) Leipzig 876, Brockhaus. * ℳ 2,40.; geb. *

— Sonette in deutscher Nachbildung v. Frdr. Bodenstedt. 5. Aufl. 16. (XI, 275 S.) Berlin 892. R. v. Decker. n. 3. —

— Sonette. Ins Deutsche übertr. v. Alex. Neidhardt. Mit Titelzeichng. v. Wilh. Müller-Schönefeld. 2. Aufl. 12. (199 S.) Leipzig 902. Jena, E. Diederichs. n. 4. —; geb. n. 5. —

— Sonette. Uebers. v. Max J. Wolff. (XIX, 162 S.) 8. Berlin 903. B. Behr's Verl. n. 2. 50; geb. n. 3. 50

— Sonnette. Umdichtung v. Stef. George. (IV, 154 S.) 8. Berlin 909. G. Bondi. 3.—; geb. in Leinw. 4. —

— dasselbe. Übertr. v. Eduard Saenger. (Jubiläums-Ausg. 1609. 1909.) (82 S.) gr. 8. Leipzig (909). Insel-Verlag. 4.—; geb. 5. —

—— Sonnets, s.a. Library, English.

— Sonnets. (83 S.) Lex. 8. Leipzig 910. E. Rowohlt. Geb. in Pappbd. 3.80; in Perg. 9. —

—— Southampton-Sonette. Deutsch von Fritz Krauß. 8. (XXIII, 246 S.) Leipzig 872, Engelmann. ℳ 3,75.; geb. *

— Stories, hrsg. v. J. Lang, s.: Jugendlesebücher, fremdsprachliche, illustrierte.

—— stories, f. Schulen bearb., s. Seamer, M.

— Sturm, s.a. Bibliothek ausländ. Klassiker.

— der Sturm, s.a. Bücherei, allgemeine, Nr. 5.

— Sturm, s.a. Element, K. J.

— der Sturm, s.a. Hempel's Klassiker-Bibliothek.

— der Sturm, s.a. Meyer's Volksbücher.

— der Sturm, s.a. Museum.

— s. auch Sturm, der.

— dasselbe, s.a. Universal-Bibliothek.

— der Sturm, u. der Sommernachtstraum. 8. Manh., Schwan u. G. 9 gr

— der Sturm. Schspl., bearb. von Ldw. Tieck. 8. Berl. 796. (Leipz., Nauck). 12 gr

—— Sturm. Historisch beleuchtet von K. J. Element. gr. 8. (7½ B.) Leipzig 846, [Carl Engelmann jun.] —

—— Supplement zu den Werken des Dichters, s. Bibliothek, Cotta'sche, der Weltlitteratur, 100. Bd.: Koch, M., Shakespeare.

(— —) Supplement-Band. A. u. d. T.: Beiträge und Verbesserungen zu Shakespeare's Dramen nach handschriftlichen Aenderungen in einem von J. Payne Collier Esq. aufgefundenen Exemplare der Folio-Ausgabe von 1632 für den deutschen Text bearb. u. herausg. von F. A. Leo. Berlin 853. Asher u. Co. 8. (XXVI, 341 S.) n. 1 ℛ. 20 ngr.

— Supplemente, od. alt-engl. Theater, übersetzt von Tiek. 2 Bde. s. Theater.

— Supplemente zu allen Ausgaben, enth. die zweifelhaften Stücke. Uebers. von H. Döring. 2 Bde. 12. Erfurt 841, Hennings u. Hopf. ⅔ ℛ

— zwölf Scenen aus seinen Schauspielen. Mit Portraits. 8. Zürich 808. Orell. 2 ℛ

— The winters tale, ed. by William Henry Hudson, s.: Diesterweg's neusprachliche Reformausgaben.

— Winter's Tale. 16. Nürnberg 841, Fr. Campe. ¼ ℛ

* — — Tarquin u. Lukrezia. Ein episches Gedicht. Deutsch nebst einer Einleitung von Benno Tschischwitz. Halle, Schwabe, 1875. 8⁰. 81 SS.

— the tempest, hrsg. v. Osk. Thiergen, s.a. Authors, English.

— the tempest, s.a. Hamann's Alb., Schulausgaben.

— the tempest, s.a. Sammlung Shakespeare'scher Stücke.

— Tempest (Campe's edition.) ½ 12. Nurnberg and New-York 840. Campe and Comp. ½ ℛ

Shakespeare, William, the tempest, hrsg. v. Albr. Wagner, s.a. Textbibliothek, englische. VI.

[William] Shakespeare's Tempest nach der Folio von 1623 m. d. Varianten d. andern Folios u. e. Einl. hrsg. von Albrecht Wagner. *Berlin: E. Felber 1900.* (XXV, 108 S.) 8°
= Textbibliothek, Englische. 6. [00. 11,65 5

The Tempest by (William) Shakspere. Mit Anm. z. Schulgebr. hrsg. von Dr. Oskar Thiergen, Prof. zu Dresden. [Nebst] Anm. u. Wörterbuch. *Bielefeld & Leipzig: Velhagen & Klasing 1901.* 3 Bde 8°
= Sammlung, Velhagen & Klasings, franz. u. engl. Schulausgaben. English authors. Lfg 79 B. [01. 1066,

— Testament. Photolith. Abdr. d. Originals in natürl. Größe nebst beigefügter Uebertragg. d. Textes. Ursprünglich veröffentlicht als Beigabe zum Jubiläums-Bande d. Jahrbuchs der Deutschen Shakespeare-Gesellschaft, 1889. Fol. (11 S.) Weimar 889. (A. Huschke.) Kart. n. 6. —

— Theater, übersetzt von Voß. 1r u. 2r Bd. gr. 8. Tübingen, Cotta. 810 u. 12.

— — dass. 3r Bd. gr. 8. Ebend. 815.

– Timon von Athen. s.a. Bibliothek ausländischer Klassiker.

— Timon v. Athen. Schspl., übers. von Glo. Regis. Mit 1 Kpf. 16. Zwickau 821. Schumann. 9 gr ohne Kp. 8 gr

– Titus Andronicus, s. Bibliothek ausländischer Klassiker.

— Titus Andronicus, s.: Hempel's Klassiker-Bibliothek.

– s. Museum.

– – s. Universal-Bibliothek. 869.

– König Heinrich VI. Tod, s. Universal-Bibliothek.

— The tragedy of Julius Caesar, ed. by William Henry Hudson, s.: Diesterweg's neusprachliche Reformausgaben. 9.

—— Tragedy of Hamlet. Edited by Karl Elze. gr. 8. (XVI, 258 S.) Halle 882, Niemeyer. *

— The tragedy of Macbeth, hrsg. v. H. Dhom, s.: Klassiker-Bibliothek, französisch-englische.

— the tragedy of King Richard II., hrsg. v. Ed. Paetsch, s.: Authors, English.

– – s.a. Collection of British and American standard authors.

—— the Tragedy of King Richard II. Für den Schulgebrauch erklärt von L. Riechelmann. gr. 8. (VII, 150 S.) Leipzig 869, Teubner.

— dasselbe, hrsg. v. H. Fernow, s.a. Schriftsteller, engl. u. französ. der neueren Zeit.

The tragedy of King Richard II. By William **Shakespeare**. With introd. and explanat. notes ed. by Prof. Dr. H[ans] Fernow. [Text.] Glogau: C. Flemming [1906]. 8°
— **Schriftsteller**, Englische u. franz., d. neueren Zeit. Bdch. 37. B. [07. 4296

— The tragedy of King Richard III., hrsg. von E. Paetsch, s.a. Authors, English.

The tragedy of King Richard III. by William Shakspere. Mit Anm. z. Schulgebr. hrsg. von Eduard Paetsch, Prof., Potsdam. Neubearb. von Dr. Oskar Thiergen, Prof. zu Dresden. [Nebst] Anmerkungen [&] Wörterbuch (von Paul Poppe). Bielefeld & Leipzig: Velhagen & Klasing 1901. 3 Bde. 8°
= Sammlung, Velhagen & Klasings, franz. u. engl. Schulausgaben. English authors. Lfg 25 B.

— Ein Trauerspiel in Yorkshire, s.a. Shakespeare-Bühne, neue.

Ein Trauerspiel in Yorkshire (A Yorkshire tragedy) von William **Shakespeare**. Übers. u. mit e. einführenden Vorw. von Alfred Neubner. Berlin: O. Elsner 1907. (IX, 49 S.) 8° [F.]
— **Shakespeare-Bühne**, Neue. 2. [07. 6333

—— Troilus und Cressida, s.a. Bibliothek ausländ. Klassiker.

– – s.a. Hempel's Klassiker-Bibliothek.

– – s.a. Museum.

– – s.a. Universal-Bibliothek. 818.

— Troilus u. Kressida, übers. von Beauregard Pandin: (K. F. v. Jariges). gr. 12. Berl. 823. Duncker u. H. 18 gr

Shakespeare, W. Troilus und Cressida . . . Berlin 1824. Ü: *Jariges, Carl Friedrich von.* (Hitzig)

* **SHAKESPEARE**, William (1564—1616). — Venus u. Adonis, Tarquin u. Lukrezia. Zwei Gedichte von —. Aus d. Englischen übersezt (!) (von Heinr. Christoph Albrecht, geb. 1762, † 1800). Mit beigedrucktem Original (links). HALLE, bey Joh. Jac. Gebauer, 1783. Gr. 8°. (Auch in Dresden und im British Museum.) (15 Mk. Adolf Weigel, 1906.)
XVIII—305 S. Erste, seltene deutsche Uebersetzung, deren Verfasser sich unter der Vorrede nennt. — Anon.-Lex. IV. p. 81 (nach Meusel, Schröder u. Kordes).
Orig.: Venus and Adonis. Vilia mixetur vulgus: mihi flauus Apollo Pocula Castalia plena ministret aqua. London Imprinted by Richard Field . . . . 1593. 4°. 27 Bl. Rariss. — u. ö. — Lucrece. London Printed by Richard Field, for John Harrison . . . . 1594. 4°. 47 Bl. Rariss. — u. ö.

— Venus u. Adonis. Uebersetzt von Ferd. Freiligrath. 8. (73 S.) Düsseldorf 849, Schaub. n. 1/2 rthl

§ * — — Venus u. Adonis. Uebers. von Ferd. Freiligrath. Düsseldorf, W. G. Scheller, 1849. 8°. 74 SS. (3 Mk. Adolf Weigel, 1908; 1 Kr. Halm & Goldmann, 1904.)

— — Venus und Adonis. Tarquin u. Lukrezia. Uebers. von Joh. Heinr. Dambeck (1774—1824). Engl. u. deutsch.) Leipzig, Brockhaus, 1856. Gr. 8°. VII—237 SS.
Goedeke VII, 21, 27, 14.

Shakespeare, Will., Venus u. Adonis. Ein ep. Gedicht. Deutsch nebst e. Einleitg. v. Benno Tschischwitz. 8. (81 S.) Halle 875. Schwabe. n. 1. 20

[Francis] Bacon-[William] Shakespeare's Venus und Adonis. Ein buchstäbl. genauer Wiederabdr. d. ältesten Orig.-Ausg. v. J. 1593, verbunden m. d. ersten wort- u. sinngetreuen Uebs. u. Erläuterg. Nebst mehr als 100 Bildertaf. . . . (Hrsg.: Edwin Bormann.) Leipzig: E. Bormann's Selbstv. 1899. (XIII S., 1 Bl., 277 S., 1 Taf. 1 Erl.-Bl.) 1 Bd 8°

– Die beiden Veroneser, s. Hempel's Klassiker-Bibliothek.

Die beiden Veroneser, s. Museum.

— der Londoner Verschwender, u. Leben u. Tod Cromwells. 8. Manh., Schwan u. G. 9 gr

Shakespeare, W. Versuch einer gebundenen Uebersetzung des Trauerspiels von dem Tode des Julius Cäsar. Berl. 1741. Ü: *Borck, Caspar Wilhelm von.* H: *Lamprecht, Jac. Friedrich.* (Waniek, Pyra. Leipzig 1897. S. 100.) (GGr) (Bibl. d. litt. Verein. Stuttgart 218, 449—450.) (BrMm)

— Viola, s.a. Deinhardstein.

—— Viola. Lustsp. in 5 Aufz. Nach: Was Ihr wollt. Für die Bühne bearb. v. Deinhardtstein. gr. 8. (8 B.) Wien 841, Wallishaußer.

— Vorschule, herausg. u. mit Vorreden begleitet von Ldw. Tieck. 1r Thl. (Enth.: Die wunderbare Sage vom Pater Baco; Schspl. von Robert Green. — Arden v. Feversham, eine Tragödie. — Die Hexen in Lancashire, v. Thomas Heywood). gr. 8. Leipz. 823. Brockhaus. 2 rthl 18 gr 2r Thl. (Enth.: Die schöne Emma, e. Schspl. — Der Tyran, oder die Jungfrauentragödie, e. Trspl. v. Massinger. — Die Geburt des Merlin, oder d. Kind hat seinen Vater gefunden, e. Schspl. von W. Shakspeare u. W. Rowlay). gr. 8. Ebd. 829. 2 rthl 12 gr

— Walpurgisnacht, s. Bibliothek ausländ. Klassiker.

—— Walpurgisnachtstraum, s. Bibliothek ausländischer Klassiker.

— was ihr wollt, s.a. Bibliothek der Gesamt-Litteratur d. In- u. Auslandes.

—— Was ihr wollt, s.a. Bibliothek ausländ. Klassiker.

– – s.a. Hempel's Klassiker-Bibliothek.

— dasselbe, s.a. Meyer's Volksbücher.

— dasselbe, s.a. Repertoire d. herzogl. Meiningen'schen Hoftheaters.

— Was Ihr wollt, s.a. Theater, classisches, des Auslandes.

— was ihr wollt, s.a. Universal-Bibliothek.

—— was ihr wollt (übers.) von Adf. Böttger. 16. (III und 156 S.) Leipzig 849, O. Klemm. —
Vgl.: Familien-Shakespeare.

— die lustigen Weiber v. Windsor, s.a. Bibliothek der Gesamt-Litteratur d. In- u. Auslandes.

—— die lustigen Weiber von Windsor, s.a. Bibliothek ausländ. Klassiker.

– – s.a. Hempel's Klassiker-Bibliothek.

— dasselbe, s.a. Klassiker-Ausgaben, illustr., Minerva.

—— die lustigen Weiber von Windsor, s.a. Meyer's Volksbücher.

—— dass. — (Operntext), s. Mosenthal, S. H.

– – s.a. Museum.

—— dass. — s.a. Theater-Bibliothek, classische.

— dasselbe, s.a. Universal-Bibliothek.

— s. auch Weiber, die.

Shakespeare, W. Die lustigen Weiber zu Windsor. Ein Lustspiel . . . Göttingen 1786. Ü: *Bürger, Gottfried August.* (BrMm)

— die lustigen Weiber zu Windsor. Lstspl. 16. Götting. 786. Dieterich. 4 gr Dass., mit 12 Chodowieckischen Kupf. 12 gr

— die lustigen Weiber von Windsor. Neu u. getreu übersetzt. gr.8. Königsb. 826. Univers.-B. 18 gr

— die lustigen Weiber v. Windsor. Lustsp. in 4 Aufzgn. Für d. Aufführg. bearb. v. Leo Ackermann. 16. (83 S.) München (898). Rubinverlag. n. 1. —

Shakespeare, William, Werke im englischen nach den besten Quellen berichtigten Text. Mit krit. und erläut. Anmerkungen von Herm. Ulrici. I. Bdchn.: Romeo und Julie. 8. (X und 200 S.) Halle 853, Pfeffer. Thlr. *

— Werke. Herausg. u. erklärt von Nicol. Delius. 1. Bd. Tragedies. 1—6. Stück. Elberfeld 854, 55. Friderichs. Lex.-8. n. 4 Thlr.
1. Bd. 1. Stück. Hamlet, prince of Denmark. (3 Bl., 166 S.) n. 24 ngr
2. Stück. Othello, the moor of Venice. (147 S.) n. 22 ngr
3. Stück. King Lear. (152 S.) n. 20 ngr
4. Stück. Macbeth. (135 S.) n. 18 ngr
5. Stück. Timon of Athens. (100 S.) n. 18 ngr
6. Stück. Titus Andronikus. (119 S.) n. 18 ngr

Shakespeare, Will., Werke. Herausg. u. erklärt von Nicol. Delius. 2. Bd. Tragedies. 1—6. Stück. — 3. Bd. Histories. 1—5. Stück. — 4. Bd. Histories. 1—5. Stück. — 5. Bd. Comedies. 1—3. Stück. Elberfeld 855—58. Friderichs. Lex.-8. Jedes Stück n. 16 ngr
2. Bd. 1. Stück. Romeo and Juliet. (124 S.)
2. - Cymbeline. (142 S.)
3. - Troilus and Cressida. (128 S.)
4. - Coriolanus. (139 S.)
5. - Julius Caesar. (101 S.)
6. - Antony and Cleopatra. (140 S.)
3. Bd. 1. - King John. (104 S.)
2. - King Richard II. (105 S.)
3. 4. - King Henry IV. Part I. II. (113; 119 S.)
5. - King Henry V. (125 S.)
4. Bd. 1—3. - King Henry VI. Part 1—3. (99; 130; 133 S.)
4. - King Richard III. (138 S.)
5. - King Henry VIII. (124 S.)
5. Bd. 1. - Two gentlemen of Verona. (82 S.)
2. - The comedy of errors. (72 S.)
3. - Love's labour's lost. (97 S.)

Shakspere's, (William), Werke. Hrsg. und erklärt von Nicol. Delius. 3. Bd. 5 Stücke. 4. Bd. 5 Stücke. 5. Bd. 7 Stücke. 6. Bd. 7 Stücke. 7. Bd. 3 Stücke. Lex.-8. Elberfeld 857—61, Friderichs. [Jedes Stück * 16 Ngr., 7. Bd. 2. Stück jedoch * 1 Thlr. 2 Ngr.] *
Inhalt:
Bd. 3. Stück 1. King John. (104 S.)
" 3. " 2. King Richard II. (105 S.)
" 3. " 3., 4. King Henry IV. 2 Parts. (232 S.)
" 3. " 5. King Henry V. (125 S.)
" 4. " 1—3. King Henry VI. 3 Parts. (IX and 362 S.)
" 4. " 4. King Richard III. (XVI und 138 S.)
" 4. " 5. King Henry VIII. (124 S.)
" 5. " 1. Two gentlemen of Verona. (82 S.)
" 5. " 2. The comedy of errors. (72 S.)
" 5. " 3. Love's labour's lost. (97 S.)
" 5. " 4. All's well that ends well. (108 S.)
" 5. " 5. A midsummer-night's dream. (85 S.)
" 5. " 6. The taming of the shrew. (99 S.)
" 5. " 7. The merchant of Venice. (98 S.)
" 6. " 1. Much ado about nothing. (86 S.)
" 6. " 2. The merry wives of Windsor. (96 S.)
" 6. " 3. Twelfth-night: or, what you will. (89 S.)
" 6. " 4. As you like it. (102 S.)
" 6. " 5. Measure for measure. (103 S.)
" 6. " 6. The winter's tale. (122 S.)
" 6. " 7. The tempest. (87 S.)
" 7. " 1. Pericles. (100 S.)
" 7. " 2. Poems. (227 S.)
" 7. " 3. Biographische Nachrichten. Index. (120 S.)
1. und 2. Bd. à 6 Stück. Ebendas. 1854—56. * 7 Thlr. 6 Ngr.

— Werke. Herausg. und erklärt von Nicol. Delius. Elberfeld 859, 60. Friderichs. Lex.-8.
5. Bd. 4. Stück: All's well that ends well. (108 S.) n. 16 ngr
- 5. - A midsummer-night's drream. (85 S.) n. 16 ngr
- 6. - The taming of the shrew. (99 S.) n. 16 ngr
- 7. - The merchant of Venice. (98 S.) n. 16 ngr
6. Bd. 1. Stück: Much ado about nothing. (86 S.) n. 16 ngr
- 2. - The merry wives of Windsor. (96 S.) n. 16 ngr
- 3. - Twelfth-night: or, what you will. (89 S.) n. 16 ngr
- 4. - As you like it. (102 S.) n. 16 ngr
- 5. - Measure for measure. (103 S.) n. 16 ngr
- 6. - The winter's tale. (122 S.) n. 16 ngr
- 7. - The tempest. (87 S.) n. 16 ngr
7. Bd. 1. Stück: Pericles. (100 S.) n. 16 ngr
- 2. - Poems. (227 S.) n. 1 Thlr. 2 ngr
- 3. - Biographische Nachrichten. Index. (120 S.) n. 16 ngr

—— Werke. Hrsg. und erklärt von Nicol. Delius. Neue Ausg. Mit dem Portr. des Dichters. 7 Bde. und Nachtrag. Lex.-8. Elberfeld 864, Friderichs.
à Bd. 2 Thlr. und Nachtrag 1 Thlr.

Inhalt:

Bd. 1. 1. Hälfte. Hamlet. — Othello. — King Lear. (452 S.)
» 1. 2. Hälfte. Macbeth. — Timon of Athens. — Titus Andronicus. (330 S.)
» 2. Romeo and Juliet. — Cymbeline. — Troilus and Cressida. — Coriolanus. — Julius Caesar. — Antony and Cleopatra. (785 S.)
Bd. 3. King John. — King Richard II. — King Henry IV. Part 1. — King Henry IV. Part 2. — King Henry V. (566 S.)
» 4. King Henry VI. Part 1. — King Henry VI. Part 2. — King Henry VI. Part 3. — King Richard III. — King Henry VIII. (624 S.)
» 5. Two gentlemen of Verona. — Comedy of errors. — Love's labour's lost. — All's well that ends well. — A midsummer night's dream. — The taming of the shrew. — The merchant of Venice. (641 S.)
» 6. Much ado about nothing. — The merry wives of Windsor. — Twelfth night, or, what you will. — As you like it. — Measure for measure. — A winter's tale. — The tempest. (685 S.)
» 7. Pericles. — Poems. — Biographische Nachrichten. — Index. (512 S.)
Nachträge und Berichtigungen. (65 S.)

Shakspere's, William, Werke. Hrsg. und erklärt von Nicol. Delius. Neue Ausg. 2. und 3., revid. Aufl. Ster.-Ausg. 1. Bd. 24 Lfgn. und 2. Bd. 16 Lfgn. Lex.-8. (1088; VII, 858 S.) Elberfeld 868—72, Friderichs.
à Lfg. — 40 Pf. *

Shakespeare, William, Werke. Hrsg. und erklärt von Nic. Delius. 4. Aufl. 2 Bde. Lex.-8. (1088; 858 S. mit Portr. in Stahlst.) Elberfeld 876, Friderichs. * 16 —
Einzelne Stücke à * — 80

—— Werke. Für Haus und Schule deutsch mit Einleitungen und Noten bearb. von Arth. Hager. 1.—5. Bd. 8. Freiburg i. Br., Herder'sche Verlagsh. ℳ 15,60.; geb. * 20 60

Inhalt:

Bd. 1. Romeo und Julia. — Hamlet. — Julius Cäsar. (467 S.) 877. ℳ 2,40.; geb. *ℳ 3,40.
» 2. Der Kaufmann von Venedig. — Was ihr wollt. — Der Sturm. — Ein Sommernachtstraum. (430 S.) 877. ℳ 2,40.; geb. *ℳ 3,40.
» 3. König Johann. — König Richard II. — König Heinrich IV. — König Heinrich V. — Die lustigen Weiber von Windsor. (612 S.) 878. ℳ 3,60.; geb. *ℳ 4,60.
» 4. König Richard III. — König Heinrich VI. [Anhang.] — König Heinrich VIII. — Macbeth. (574 S.) 878. ℳ 3,60.; geb. *ℳ 4,60.
» 5. König Lear. — Othello. — Coriolanus. — Antonius und Kleopatra. — Troilus und Cressida. — Timon von Athen. — Wintermärchen. — Wie es euch gefällt. (594 S.) 879. ℳ 3,60.; geb. *ℳ 4,60.

—— Werke. Für Haus und Schule deutsch mit Einleitungen und Noten bearb. von Arth. Hager. 6. (Schluß-)Bd. [Jugenddramen. Maß für Maß. Cymbelin. Viel Lärm um Nichts. Ende gut, Alles gut. Epische und lyr. Dichtungen. Biographie.] 8. (470 S.) Freiburg i. Br. 880, Herder'sche Verlagsh. 2 40
geb. * 3 40

1.—5. Bd. Ebendas. 1877—79. ℳ 15,60.; geb. *ℳ 20,60.

— Werke. Hrsg. u. erklärt von Nic. Delius. 5. [Ster.-] Aufl. 2 Bde. gr. 8. (XIX, 1088 u. III, 858 S.) Elberfeld 882. Friderichs. n. 16. —

— dasselbe. Vorrede zur 5. [Ster.-]Aufl. gr. 8. (XIX S.) Ebend. 882. n. — 50

— dasselbe. Übers. von Schlegel u. Tieck. 1. Bd. 8. Elberfeld 882. Loll's Nachf. geb. n. 1. 50
Julius Cäsar. Romeo u. Julia. Der Kaufmann v. Venedig. König Richard II. Der Dreikönigsabend. (72, 67, 71, 78 u. 71 S.)

Shakspere's Werke. Hrsg. und erklärt von Nic. Delius. 5. Aufl. 2 Bde. Lex.-8. Elberfeld 882. Berlin, Wiegandt und Schotte. *ℳ 16.—; geb. * 20 50
Jedes einzelne Stück [80 Pf.] * — 50

—— Werke. Übers. von A. W. v. Schlegel und Ludw. Tieck. 8 Bde. 8. (382; 380; 379; 349; 355; 401; 338; 346 S.) [Elberfeld 884, Loll's Nachf.] Berlin, Friedberg und Mode. geb. * 12 —

Shakespeare's, William, Werke. Uebers. v. Schlegel u. Tieck. M. e. biograph. Einleitg. v. Rob. Prölß. 12 Bde. 12. (XXXIX, 218; 239, 255, 219, 192, 240, 183, 221, 220, 231, 256 u. 248 S. m. Bildnis.) Leipzig 895. G. Fock Verlag. Geb. in 4 Leinw.-Bde. n. 6. —; feine Ausg. auf starkem Papier, geb. in 4 Halbfrz.-Bde. n. 9. 50

— dasselbe. Eingeleitet u. übers. v. A. W. Schlegel, Fr. Bodenstedt, N. Delius, O. Gildemeister, F. A. Gelbcke, G. Herwegh, P. Heyse, H. Kurz u. A. Wildbrandt. Illustr. Pracht-Ausg. m. 830 Holzschn.-Illustr. v. Sir John Gilbert. Nebst Shakespeare's Portr. u. Lebensabriß. 8. Aufl. 1.—49. Lfg. Lex.-8. (1.—3. Bd. XVIII, 506; III, 531 u. III, 495 S. u. 4. Bd. S. 1—104.) Stuttgart 895—898. Deutsche Verlags-Anstalt.
à Lfg. n. — 50

Shakespeare's, William, Werke. Hrsg. u. erklärt v. Nic. Delius. 6. (Ster.-) Aufl. 2 Bde. Lex.-8. (III, 1088 u. III, 858 S.) Berlin-Carlshorst 898. H. Friedrich. n. 16. —

Shakespeare, William, Werke. Übers. von Aug. Wilh. v. Schlegel u. Ludw. Tieck. Neue Prachtausg. in 2 Bdn. Mit beinahe 400 Abbildgn. v. L. Berwald, Hans Mützel, Rich. Edler, H. Sprenger. 50.—60. Tauf. gr. 8. (523 u. 527 S.) Leipzig (901). O. Maier. Geb. in Leinw. n. 4. —

— Werke, s. a. Klassiker-Bibliothek, goldene.

(William) Shakespeares Werke in 12 Tlen. Übers. von A[ugust] W[ilhelm] v. Schlegel u. L[udwig] Tieck. Mit e. biogr. Einl. von Rudolph Genée. T. 1—12 [in 4 Bden]. Berlin, Leipzig, Wien, Stuttgart: Bong & Co. [1908]. 12 Bde 8° [F.]

1. König Johann. König Richard II. König Heinrich IV. T. 1. Mit e. biogr. Einl. von R. Genée.
2. König Heinrich IV. T. 2. König Heinrich V. König Heinrich VI. T. 1.
3. König Heinrich VI. T. 2. König Heinrich VI. T. 3. König Richard III.
4. König Heinrich VIII. Romeo u. Julia. Ein Sommernachtstraum.
5. Julius Cäsar. Was ihr wollt. Der Sturm.
6. Hamlet, Prinz von Dänemark. Der Kaufmann von Venedig. Wie es euch gefällt.
7. Der Widerspänstigen Zähmung. Viel Lärmen um nichts. Liebes Leid u. Lust.
8. Coriolanus. Die Komödie d. Irrungen. Die beiden Veroneser.
9. Die lustigen Weiber von Windsor. Das Wintermärchen. Titus Andronicus.
10. Antonius u. Kleopatra. Maß für Maß. Timon von Athen.
11. König Lear. Troilus u. Kressida. Ende gut, alles gut.
12. Othello. Macbeth. Cymbelin.

(Goldene Klassiker-Bibliothek.) [08. 6584

Shakespeares Werke. Neue ill. Ausg. in 2 Bden. Uebers. von August Wilhelm v. Schlegel u. Ludwig Tieck. Mit Vorw. u. Einl. von Prof. Dr. Karl Macke u. Ill. von Prof. W. v. Kaulbach u. a. Bd 1. 2. 12. Aufl. Berlin: Herlet [1909]. 8°

—— dass. Ergänzungsband, s. Chasles, Ph., und F. Guizot, William Shakespeare. — Ergänzungsband. — Supplement-Band.

William Shakespeares ausgewählte dramatische Werke, in A[ug.] W[ilh.] v. Schlegels bericht. Übers., z. T. in eigener Übertragung, mit Einl. u. erl. Anm. hrsg. von Dr. Immanuel Schmidt, Prof. zu Lichterfelde. (1. [einz.] Macbeth.) *Berlin: W. Gronau 1892.* (96 S.) 8° [F.] [00. 10670

— dramatische Werke, s. a. Bibliothek, Cotta'sche, der Weltlitteratur.

—— dass. — Gallerie zu Shakspeare dramat. Werken, } s. Retzsch, M.
—— dass. — Outlines to Shakspeare, }

—— dass. — Esquisses en traits des drames de Shakspeare, s. Ruhl, L. S.

— dasselbe, s. a. Volks-Bibliothek, Cotta'sche.

— dramatische Werke. 1r—9r Bd. 1e Abtheil., neu bearb. von A. W. v. Schlegel. gr. 8. Berl. 797—810. (Reimer). 5 ℛ 4 ℊ Schrbp. 10 ℛ Velinp. 15 ℛ 20 ℊ (Enthalten: 1r Bd. Romeo u. Julie. — Ein Sommernachtstraum. 12 ℊ 2r Bd. Julius Cäsar. — Was ihr wollt. 12 ℊ 3r Bd. Der Sturm. — Hamlet. 16 ℊ 4r Bd. Der Kaufmann von Venedig. — Wie es euch gefällt. 12 ℊ 5r Bd. König Johann. — König Richard II. 12 ℊ 6r Bd. König Heinrich IV. 1r u. 2r Thl. 16 ℊ 7r Bd. König Heinrich V. — König Heinrich VI. 1r Thl 16 ℊ 8r Bd. König Heinrich VI. 2r u. 3r Thl. 16 ℊ 9r Bd. König Richard III. 12 ℊ)

— dramatische Werke, 1r-9r Bd. 1ste Abtheil. neu bearb. von A. W. Schlegel. gr. 8. Berlin, Unger. 797—810. (I. a) Romeo u. Julie, b) e. Sommernachtstraum 12 gr. II. a) Julius Cäsar, b) was ihr wollt 12 gr. III. a) der Sturm, b) Hamlet 16 gr. IV. a) d. Kaufm. v. Venedig, b) wie es euch gefällt 12 gr. V. a) König Johann, b) König Richard II. 12 gr. VI. König Heinrich IV. 1r 2r 16 gr. VII. a) König Heinrich V., b) König Heinrich VI. 1r 16 gr. VIII. König Heinrich VI. 2r 3r 16 gr. IX. 1. König Richard III. 12 gr.)

Schreibp. (I—V. à 1 Rthlr. VI—VIII. à 1 Rthlr. 8 gr. IX. 1. 1 Rthlr.)

Velinp. (I-V. à 1 Rthlr. 16 gr. VI-VIII. à 2 Rthlr. IX. 1. 1 Rthlr. 12 gr.)

— dramat. Werke, übers. v. A. W. v. Schlegel. N. Aufl. 9 Bde. gr. 8. Berl. 821—23. Reimer. (1r—5r Bd. à 1 ℛ 6r—8r Bd. à 1 ℛ 8 ℊ 9r Bd. 1e u. 2e Abtheil. 1 ℛ 12 ℊ) compl. 10 ℛ 12 ℊ Dass. Neue wohlfeile Ausgabe, ergänzt u. erläut. von Ldw. Tieck. 9 Bde. 8. Ebd. 825—33. Ebd. Subscr.-Pr. 4 ℛ 16 ℊ Weiß P. 5 ℛ 20 ℊ Velinp. 8 ℛ 4 ℊ Supplemente, v. L. Tieck, s. Theater, altenglisches.

—— dramat. Werke. Uebers. v. Aug. Wilh. v. Schlegel, ergänzt u. erläut. v. Ludw. Tieck. 9 Bde. 8. Berlin 825, 26, 30—33, Reimer. à 16 Gr., wß. Pap. 20 Gr., Vlnp. 1 Thlr., zusamm. gen. 4 Thlr. 16 Gr., wß. Pap. 5 Thlr. 20 Gr., Vlnp.

Bd. 1. König Johann. — König Richard II. — König Heinrich. IV. (21 B.)
: 2. König Heinrich V. — König Heinrich VI. 1—3. Thl. (22 B.)
: 3. König Richard III. — König Heinrich VIII. — Sommernachtstraum. — Viel Lärm um Nichts. (22 3/4 B.)
: 4. Heilige-Drey-Königs-Abend, od.: Was ihr wollt. — So wie es euch gefällt. — Der Kaufmann v. Venedig. — Der Sturm. (20 1/8 B.)
Die Pag. 319 u. 20 fehlen aus Versehen in diesem Bde., den Schluß desselben bildet Pag. 321 auf dem beigefügten 1/8 Bogen.
: 5. Coriolanus. — Julius Cäsar. — Antonius u. Cleopatra. — Maaß für Maaß. (24 1/2 B.)
: 6. Titus Andronicus. — Hamlet, Prinz v. Dänemark. — Der Widerspenstigen Zähmung. — Die Comödie d. Irrungen. (21 3/4 B.)
: 7. Ende gut, alles gut. — Die beiden Veroneser. — Timon v. Athen. — Troilus u. Cressida. (23 3/4 B.)
: 8. Die lustigen Weiber v. Windsor. — Das Wintermährchen. — Othello. — König Lear. (24 1/4 B.)
: 9. Cymbeline. — Liebes Leid u. Lust. — Romeo u. Julia. — Macbeth. (27 1/8 B.)

—— dramat. Werke, übers. v. Aug. Wilh. v. Schlegel. 9. Thl. 2. Abthl. (König Heinrich VIII.) 8. (11 B.) Berlin 830, Reimer. 8 Gr., Vlnp.
1—8. Bd. u. 9. Bd. 1. Abthl. Neue Aufl. Ebendas. 1821—23. 10 Thlr. 12 Gr.

— dramat. Werke, übers. u. erläutert von J. W. O. Benda. 19 Bde. gr. 8. Leipz. 825, 26. Göschen. 5 ℛ 12 ℊ In 8. Velp. 13 ℛ 8 ℊ Schrbp. 11 ℛ 8 ℊ Enthalten: 1r Bd.: Der Sturm. — Der Sommernachtstraum. 2r Bd.: Die lustigen Weiber von Windsor. — Die beiden Veroneser. 3r Bd.: Maß für Maß. — Viel Lärmen um Nichts. 4r Bd.: Der Kaufmann von Venedig. — Die verlorne Mühe. 5r Bd.: Wie es euch gefällt. — Die Zähmung d. Zänkischen. 6r Bd.: Romeo u. Julie. — König Johann. 7r Bd.: Der heilige drei Königsabend. — Die Komödie der Irrthümer. 8r Bd.: Das Wintermährchen. — Ende gut, alles gut. 9r Bd.: Julius Cäsar. — Antonius u. Kleopatra. 10r Bd.: König Lear. — Timon von Athen. 11r Bd.: Macbeth. — Cymbeline. 12r Bd.: Coriolan. — Troilus u. Kressida. 13r Bd.: Hamlet, Prinz von Dänemark. — König Richard d. Zweite. 14r Bd.: König Heinrich d. Vierte. 1r u. 2r Thl. 15r Bd.: König Heinrich d. Fünfte. — König Heinrich d. Sechste. 1r Thl. 16r Bd.: König Heinrich d. Sechste. 2r u. 3r Thl. 17r Bd.: König Richard d. Dritte. — König Heinrich d. Achte. 18r Bd.: Titus Andronikus. — Perikles, Fürst v. Tyrus. 19r Bd.: Othello, der Mohr von Venedig. — Ueber Shakspeare.

Shakspeare, Will., dramat. Werke, übers. v. Phil. Kaufmann. 1—3. Thl. 8. Berlin, Nicolai. Thlr.
Thl. 1. König Lear. — Macbeth. (20 B.) 830. 20 Gr.
: 2. Othello. — Cymbeline. (23 1/2 B.) 832. 1 Thlr.
: 3. Die beiden Veroneser. — Die lustigen Weiber v. Windsor. — Viel Lärmen um Nichts. (27 B.) 835. 1 Thlr. 8 Gr.

—— dramat. Werke, übers. v. Phil. Kaufmann. 4. Thl. (Verlorne Liebesmüh. — Ende gut, Alles gut, od. gewonnene Liebesmüh. — Die Irrungen.) 8. (26 1/2 B.) Berlin 836, Nicolai'sche Buchh. * 1 1/2 Thlr., Vlnp. Thlr. *
1—3. Thl. Ebendas. 1830—35. *3 Thlr. 12 Gr., Vlnp. *5 Thlr. 4 Gr.

—— dramat. Werke. 37 Bdchn. 32. Leipzig 836, 37. [Berlin, Klemann.] à 1/6 Thlr. 6 1/6 Thlr., hrbgs. Pr.
A. u. d. Titln.:

Bdchn. 1. König Lear. Trauersp. in 5 Akt. Uebers. v. Leop. Petz. (88 S.)
: 2. Der Sturm. Schausp. in 5 Akt. Uebers. v. Th. Mügge. (104 S.)
: 3. Timon v. Athen. Trauersp. in 5 Akt. Uebers. v. E. Ortlepp. (120 S.)
: 4. Die beiden Edlen v. Verona. Schausp. in 5 Akt. Uebers. v. Alex. Fischer. (120 S.)
: 5. Othello d. Mohr v. Venedig. Trauersp. Uebers. v. E. Ortlepp. (168 S.)
: 6. Julius Cäsar. Trauersp. Uebers. v. L. Petz. (136 S.)
: 7. Viel Lärm um Nichts. Lustsp. in 5 Akt. Uebers. v. A. Fischer. (140 S.)
: 8. Der Kaufmann v. Venedig. Schausp. in 5 Akt. Uebers. v. demf. (116 S.)
: 9. Romeo u. Julie. Trauersp. in 5 Akt. Uebers. v. E. Ortlepp. (144 S.)
: 10. Die Irrungen. Lustsp. in 5 Akt. Uebers. v. Karl Simrock. (92 S.)
: 11. Macbeth. Trauersp. in 5 Akt. Uebers. v. Ludw. Hilsenberg. (112 S.)
: 12. Der Sommernachts-Traum. Dramat. Gedicht in 5 Akt. Uebers. v. A. Fischer. (112 S.)
: 13. Was ihr wollt. Lustsp. Uebers. v. A. Fischer. (128 S.)
: 14. Coriolan. Trauersp. Uebers. v. L. Petz. (192 S.)
: 15. Hamlet, Prinz v. Dänemark. Trauersp. Uebers. v. K. Simrock. (176 S.)
: 16. Die Kunst eine böse Sieben zu zähmen. Lustsp. Uebers. v. K. Simrock. (132 S.)
: 17. Ende gut Alles gut. Lustsp. in 5 Akt. Uebers. v. Th. Delckers. (144 S.)
: 18. Das Wintermährchen. Schausp. in 5 Akt. Uebers. v. Wilh. Lampadius. (144 S.)
: 19. Verlorne Liebesmühe. Lustsp. in 5 Akt. Uebers. v. Ernst Susemihl. (152 S.)
: 20. Troilus u. Kressida. Trauersp. in 5 Akt. (176 S.)
: 21—23. Heinrich VI. Trauersp. in 5 Akt. Uebers. v. A. Böttger. 3 Thle. (432 S.)
: 24. Titus Andronicus. Trauersp. in 5 Akt. Uebers. v. Th. Delckers. (116 S.)
: 25. Antonius u. Cleopatra. Trauersp. in 5 Akt. Uebers. v. W. Lampadius. (176 S.)
: 26. König Johann. Histor. Schausp. in 5 Akt. Uebers. v. E. Susemihl. (120 S.)
: 27. König Heinrich V. Trauersp. in 5 Akt. Uebers. v. Heinr. Döring. (160 S.)
: 28. König Richard II. Trauersp. in 5 Akt. Uebers. v. Th. Delckers. (132 S.)
: 29., 30. König Heinrich IV. Schausp. Uebers. v. Th. Mügge. 2 Thle. (... S.)
Bdchn. 31. Perikles Fürst v. Tyrus. Schausp. Uebers. v. H. Döring. (... S.)
: 32. König Heinrich VIII. Histor. Schausp. Uebers. v. E. Susemihl. (... S.)
: 33. König Richard III. Trauersp. Uebers. v. E. Thein. (188 S.)
: 34. Maaß f. Maaß. Lustsp. Uebers. v. H. Döring. (156 S.)
: 35. Wie es euch gefällt. Lustsp. Uebers. v. E. Thein. (148 S.)
: 36. Cymbeline. Schausp. Uebers. v. K. Simrock. (160 S.)
: 37. Die lustigen Weiber v. Windsor. Lustsp. Uebers. v. K. Simrock. (160 S.)

Supplementband. — A. u. d. T.: Shakspeare's Frauengestalten. Charakteristiken v. Mrs. Jameson. Nach d. 3. Aufl. übertr. v. Levin Schücking. (2 Hfte.) 16. (22 1/4 B.) Bielefeld 840, Velhagen u. Klasing. * 16 Gr.

— dramatische Werke. 37 Bdchn. 32. Leipz. 836,37. G. Wigand. 6 1/6 ℛ cart. 6 2/3 ℛ — 1s Bdchn. A. u. d. T.: König Lear. Trauerspiel in 5 Akten. Uebersetzt von Leop. Petz. n. 1/6 ℛ — 2s Bdchn. A. u. d. T.: Der Sturm. Schauspiel in 5 Akten. Uebersetzt von Theod. Mügge. n. 1/6 ℛ — 3s Bdchn. A. u. d. T.: Timon von Athen. Trauerspiel in 5 Akten. Uebersetzt von Ernst Ortlepp. n. 1/6 ℛ — 4s—12s Bdchn. 4, 7, 8, 12: Die beiden Edlen von Verona. Schauspiel in 5 Akten. — Viel Lärm um Nichts. Lustspiel — Der Kaufmann von Venedig. Schauspiel. — Der Sommernachts-Traum. Dramatisches Gedicht. Sammtlich übersetzt von Alexander Fischer. — 5 u. 9: Othello der Mohr von Venedig. Trauerspiel — Romeo und Julia. Trauerspiel. Beide übersetzt von Ernst Ortlepp. — 6: Julius Cäsar. Trauersp. Uebers. v. Leop. Petz. — 10: Die Irrungen. Lustsp. Uebers. von Karl Simrock. — 11: Macbeth. Trauersp. Uebers. von Edw. Hilsenberg. à n. 1/6 ℛ — 13s—20s Bdchn. 13: Was ihr wollt. Lustsp. Uebers. v. Alex. Fischer. — 14: Coriolan. Trauersp. Uebers. v. Leop. Petz. — 15: Hamlet, Prinz von Dänemark. Trauersp. Uebers. von Karl Simrock. — 16: Die Kunst eine böse Sieben zu zähmen. Lustspiel. Uebers. von Simrock. — 17: Ende gut Alles gut. Lustsp. Uebers. v. Theod. Oelckers. — 18: Das Wintermährchen. Schausp. Uebers. von Wilh. Lampadius. — 19: Verlorne Liebesmühe. Lustsp. Uebers. von Ernst Susemihl. — 20: Troilus u. Kressida. Trauerspiel. à n. 1/6 ℛ — 21s—32s Bdchn. 21—23: Heinrich der Sechste. Trauersp. Uebers. von Ad. Böttger. 3 Thle. — 24: Titus Andronicus. Trauersp. Uebers. von Theod. Oelckers. — 25: Antonius u. Cleopatra. Trauersp. Uebers. v. Wilh. Lampadius. — 26: König Johann. Histor. Schausp. Uebers. von Ernst Susemihl. — 27: König Heinrich der Fünfte. Trauersp. Uebers. von Heinr. Döring. — 28: König Richard der Zweite. Trauersp. Uebers. v Theod. Oelckers. — 29, 30: König Heinrich der Vierte. Schausp. Uebers. von Theod. Mügge. 2 Thle. — 31: Perikles Fürst von Tyrus. Schausp. Uebers. von Heinr. Döring. — 32: König Heinrich der Achte. Histor. Schausp. Uebers. von Ernst Susemihl. à n. 1/6 ℛ — 33s—37s Bdchn. 33: König Richard der Dritte. Trauersp. Uebers. von Ernst Thein. — 34: Maaß für Maaß. Lustsp. Uebers. von Heinr. Döring. — 35: Wie es euch gefällt. Lustsp. Uebers. v. Ernst Thein. — 36: Cymbeline. Schausp. Uebers. von Karl Simrock. — 37: Die lustigen Weiber von Windsor. Lustsp. Uebers. von Karl Simrock. à n. 1/6 ℛ

— dramatische Werke. Englisch-deutsche Prachtausg. Mit 1000 Scenen u. Vignetten von F. Groß. Die deutsche Uebertragung von Alexand. Fischer. 1r Bd. 1e—11e Lfrg. schmal gr. 4. Stuttg 837; Pforzheim, Dennig, Finck u. C. à Lfrg. n. 1 1/2 ℊ

— dramatische Werke, übersetzt von Ernst Ortlepp. 6 Bde. in 12 Thln. 1r Bd. 1r Thl. (Inhalt: Macbeth. — Die beiden Veronesen. — Hamlet.) Mit Shakspeare's Bildniß in Stahlstich. 16. Stuttgart 838. Rieger u. Comp. 1/4 ℛ

— dass. 2r—8r Thl. (Inhalt: Hamlet. — Der Sturm. — Julius Cäsar. — Der Kaufmann v. Venedig. — Die Irrungen. — Wie es euch gefällt. — Timon v. Athen. — Ein Sommernachtstraum. — König Lear. — Viel Lärmen um Nichts. — Ende gut, Alles gut. — Der heil. Dreikönigsabend, oder: Was ihr wollt. — Coriolan. — Troilus u. Cressida. — Cymbeline. — Die gezähmte Widerspenstige. [Womit Bd. 1 — 4 complet]) (Mit 1 Stahlstich zum 4n Thl.) 16. Stuttgart 838, 39. Rieger u. C. à 1/4 ℛ (Der Stahlstich wird mit n. 1/12 ℛ berechnet.)

— dass. 9r—14r Thl. oder 5r—7r Bd. (Inhalt: Othello, der Mohr v. Venedig. — Verlorne Liebesmüh. — Die lustigen Weiber von Windsor. — Das Wintermährchen. — König Johann. — König Richard der Zweite. — König Heinrich der Vierte. — König Heinrich der Fünfte. — König Heinrich der Sechste. — König Richard der Dritte. — König Heinrich der Achte.) Mit 16 in Stahl radirten Kunstblättern. 16. Ebd. 839. 9r—16r Thl. oder 5r—8r Bd. n. 1 1/3 ℛ

— dass. 15r u. 16r Thl. 8r Bd. (Inh.: Antonius u. Cleopatra. — Maas für Maas. — Titus Andronicus. — Romeo u. Julia.) 16. Ebd. 839. Alle 16 Thle. n. 4 ℛ

—— dramat. Werke, übers. v. Ernst Ortlepp. 16 Thle. 1. Aufl. 838, 39 u. 2. A. 16. (à 290 1/4 B. u. 41 Stahlst., incl. S's. Portr.) Stuttgart 841, 42, [Rieger, Scheible u. Sattler.] à

Thl. 1. Antonius u. Cleopatra. — Maas f. Maas. — Timon v. Athen.
„ 2. Der Kaufmann v. Venedig. — Die Komödie d. Irrungen. — Der Sturm.
„ 3. Titus Andronikus. — Romeo u. Julia.
„ 4. Othello. — Verlorne Liebesmüh.
„ 5. Macbeth. — Julius Cäsar. — Der heil. Dreikönigsabend, od.: Was ihr wollt.
„ 6. Hamlet. — Ein Sommernachtstraum.
„ 7. König Lear. — Viel Lärmen um Nichts.
„ 8. Die lustigen Weiber v. Windsor. — Das Wintermährchen.
„ 9. König Johann. — König Richard II.
„ 10. König Heinrich IV. 2 Thle.
„ 11. König Heinrich V. — König Heinrich VI. 1. u. 2. Thl.
„ 12. König Heinrich VI. 3. Thl. — König Richard III.
„ 13. König Heinrich VIII. — Troilus u. Cressida.
„ 14. Cymbeline. — Die bezähmte Keiferin.
„ 15. Coriolan. — Die beiden Edelleute v. Verona.
„ 16. Wie es euch gefällt. — Ende gut, Alles gut.

—— dramat. Werke, übers. v. Aug. Wilh. v. Schlegel u. Ludw. Tieck. 12 Bde. 8. (251 B.) Berlin 839, 40, G. Reimer. * 5 Thlr., Vlnp. *

Bd. 1. König Johann. — König Richard II. — König Heinrich IV. 1. Thl.
„ 2. König Heinrich IV. 2. Thl. — König Heinrich V. — König Heinrich VI. 1. Thl.
„ 3. König Heinrich VI. 2. u. 3. Thl. — König Richard III.
„ 4. König Heinrich VIII. — Romeo u. Julie. — Ein Sommernachtstraum.
„ 5. Julius Cäsar. — Was ihr wollt. — Der Sturm.
„ 6. Hamlet, Prinz v. Dänemark. — Der Kaufmann v. Venedig. — Wie es euch gefällt.
„ 7. Der Widerspenstigen Zähmung. — Viel Lärmen um Nichts. — Die Comödie d. Irrungen.
„ 8. Die beiden Veroneser. — Coriolanus. — Liebes Leid u. Lust.
„ 9. Die lustigen Weiber v. Windsor. — Titus Andronicus. — Das Wintermährchen.
„ 10. Antonius u. Cleopatra. — Maaß für Maaß. — Timon v. Athen.
Bd. 11. König Lear. — Troilus u. Cressida. — Ende gut, Alles gut.
„ 12. Othello. — Cymbeline. — Macbeth.

Hierzu: Supplementband. — A. u. d. T.: Shakspeare's Frauengestalten. Charakteristiken v. Mrs. Jameson. Nach d. 3. Aufl. übertr. v. Levin Schücking. (2 Hfte.) 8. (22 1/4 B.) Bielefeld 840, Velhagen u. Klasing. * 20 Gr.

— dramatische Werke, übersetzt von Aug. Wilh. v. Schlegel und Ludw. Tieck. Neue Ausgabe. 12 Bde. kl. 8. Berlin 839—41. Reimer. à n. 5/12 ℛ Velinp. 2/3 ℛ

—— dies. — Nachträge. Uebers. v. Ernst Ortlepp. 4 Bde. 1. Aufl. 840. u. neue A. 8. (à 63 B. u. 40 Stahlst.) Stuttgart 842, 43, [Scheible, Rieger u. Sattler.] à 3/4 Thlr.

Bd. 1. Der Londoner verlorene Sohn. — Leben u. Tod d. Thomas Cromwell. — Die Geburt d. Merlin. — Sir John Oldcastle. — Ein Trauerspiel in Yorkshire.
„ 2. Perikles, Fürst v. Tyrus. — Eduard III. — Der lustige Teufel v. Edmonton. — Lokrine.
„ 3. Arden v. Feversham. — Shakspeare's vermischte Gedichte. — Shakspeare's Leben. — Ueber Shakspeare's Werke. — Nachwort z. 3. Supplementband.
„ 4. Einleitung. — Geistreiche Charaktere. — Leidenschaftliche und phantast. Charaktere. — Seelenvolle Charaktere. — Historische Charaktere.

Auch als Nachträge zu: Shakspeare's Werken übers. v. Schlegel u. Tieck, u. And. zu betrachten.

—— dies. — Nachträge. Uebers. v. Ernst Ortlepp. 4 Bde. 16. (60 1/4 B.) Ebds. 840.

— dramatische Werke. Uebersetzt von Er. Ortlepp. Neue, durchaus verb. Aufl. in 16 Theilen (Liefg.) mit 16 Stahlst. 16. Stuttgart 842, 43, Scheible, Rieger u. Sattler. n. 3 ℛ

— Nachträge dazu. Uebersetzt von Er. Ortlepp. Neue Aufl. 4 Bde. 12. Ebend. 842, 43. 2 ℛ — Dies. zu Schlegel's u. a. Uebersetzungen. 4 Bde. mit 40 Stahlstichen. 3 ℛ

—— dramatische Werke übers. von Aug. Wilh. v. Schlegel u. Ludw. Tieck. 3. Aufl. 12 Bde. 8. (285¾ B.) Berlin 843, 44, G. Reimer. à * 10 Ngr. Velinp. à *

Inhalt:

Bd. 1. König Johann. König Richard II. König Heinrich IV. 1. Thl.
" 2. König Heinrich IV. 2. Thl. König Heinrich V. König Heinrich VI. 1. Thl.
Bd. 3. König Heinrich VI. 2. u. 3. Thl. König Richard III.
" 4. König Heinrich VIII. Romeo u. Julie. Ein Sommernachtstraum.
" 5. Julius Cäsar. Was ihr wollt. Der Sturm.
" 6. Hamlet, Prinz von Dänemark. Der Kaufmann von Venedig. Wie es euch gefällt.
" 7. Der Widerspenstigen Zähmung. Viel Lärmen um Nichts. Die Comödie der Irrungen.
" 8. Die beiden Veroneser. Coriolanus. Liebes Leid u. Lust.
" 9. Die lustigen Weiber von Windsor. Titus Andronicus. Das Wintermährchen.
" 10. Antonius u. Cleopatra. Maaß für Maaß. Timon von Athen.
" 11. König Lear. Troilus u. Cressida. Ende gut, Alles gut.
" 12. Othello. Cymbeline. Macbeth.

— dramatische Werke übersetzt von Aug. Wilh. v. Schlegel u. Ludw. Tieck. 12 Bde. 16. 1. König Johann. König Richard II. König Heinrich IV. 1. Thl. (333 S. m. 1 Stahlst.) — 2. König Heinrich IV. 2. Thl. König Heinrich V. König Heinrich VI. 1. Thl. (368 S. m. 1 Stahlst.) — 3. König Heinrich VI. 2. u. 3. Thl. König Richard III. (421 S. mit 1 Stahlst.) — 4. König Heinrich VIII. Romeo u. Julia. Ein Sommernachtstraum. (344 S. m. 1 Stahlst.) — 5. Julius Cäsar. Was ihr wollt. Der Sturm. (306 S. m. 1 Stahlst.) — 6. Hamlet, Prinz von Dänemark. Der Kaufmann von Venedig. Wie es euch gefällt. (366 S. m. 1 Stahlst.) — 7. Der Widerspänstigen Zähmung. Viel Lärmen um Nichts. Die Comödie der Irrungen. (294 S. m. 1 Stahlst.) — 8. Die beiden Veroneser. Coriolanus. Liebes Leid u. Lust. (360 S. m. 1 Stahlst.) — 9. Die lustigen Weiber von Windsor. Titus Andronicus. Das Wintermährchen. (332 S. m. 1 Stahlst.) — 10. Antonius u. Cleopatra. Maaß für Maaß. Timon v. Athen. (372 S. m. 1 Stahlst.) — 11. König Lear. Troilus u. Cressida. Ende gut, Alles gut. (400 S. m. 1 Stahlst.) — 12. Othello. Cymbeline. Macbeth. (396 S. m. 1 Stahlst.) Berlin 850. 51, G. Reimer. (à n. ⅓ Thlr.) n. 3 Thlr.

Shakespeare's, William, dramatische Werke übersetzt v. Aug. Wilh. v. Schlegel u. Ludw. Tieck. 4. Octav-Ausg. 12 Bde. 8. Ebd. 851. 52. (à n. ½ Thlr.) n. 6 Thlr.

Shakespeare, Will., dramatische Werke übersetzt von Aug. Wilh. v. Schlegel und Ludw. Tieck. Neue Ausg. in 9 Bdn. Berlin 853, 54. G. Reimer. 16. (1. Bd.: 491 S.; 2. Bd.: 539 S.; 3. Bd.: 536 S.; 4. Bd.: 492 S.; 5. Bd.: 448 S.; 6. Bd.: 468 S.; 7. Bd.: 518 S.; 8. Bd.: 536 S.; 9. Bd.: 556 S.) n. 3 Thlr. 18 ngr.

—— dramatische Werke übers. von Aug. Wilhelm v. Schlegel und Ludw. Tieck. Neue Ausg. 9 Bde. gr. 16. Berlin 853—55, G. Reimer. [1. (491 S.) 2. (539 S.) 3. (536 S.) 4. und 5. (940 S.) 6. (468 S.) 7. (518 S.) 8. (536 S.) 9. (556 S.)]

—— dass. — übers. von Dens. 5. Octav-Ausg. 1—8. Bd. 8. Ebds. [Bd. 1. 2. (744 S.) 3—6. (1508 S.) 7. und 8. (709 S.) 856. à * 15 Ngr.] *

—— dramatische Werke, übers. von Aug. Wilh. v. Schlegel und Ludw. Tieck. 5. Oktav-Ausg. 9—12. Bd. (Schluß.) 8. (1654 S.) Berlin 857, G. Reimer. à Bd. * 15 Ngr. *
1—8. Bd. Ebendas. 1856. * 4 Thlr.

—— dass. — Stahlstiche. 3 Lfgn. gr. 16. (9 Stahlst.) Ebds. 854—55. *

—— dramatische Werke, übers. und erläutert von Adelb. Keller und Mor. Rapp. 2. (Titel-)Ausg. 37 Lfgn. gr. 16. Stuttgart 854, Metzler'sche Buchh. Verlags-Conto. à Lfg. 2 Ngr.

Inhalt:

Lfg. 1. Othello, ein bürgerl. Trauerspiel. (XIX und 184 S.)
" 2. Timon von Athen ein bürgerl. Trauerspiel. (123 S.)
" 3. Cymbelin ein dramat. Mährchen. (182 S.)
" 4. Titus Andronicus ein heroisches Trauerspiel. (119 S.)
" 5. König Lear ein heroisches Trauerspiel. (191 S.)
" 6. Pericles, Fürst von Tyrus, ein dramat. Mährchen. (116 S.)
" 7. Verwechslungsstück ein griech. Lustspiel. (95 S.)
" 8. Troilus und Cressida ein heroisches Schauspiel. (167 S.)
" 9. Viel Lermen um Nichts ein Lustspiel. (144 S.)
" 10. Coriolan ein histor. Trauerspiel. (180 S.)
" 11. Vergeltungsrecht ein romant. Schauspiel. (148 S.)
" 12. Julius Cäsar eine histor. Tragödie. (124 S.)
" 13. Verlorne Liebesleiden ein pastorales Scherzspiel. (153 S.)
" 14. Antonius und Cleopatra ein histor. Trauerspiel. (168 S.)
" 15. Mac Beth eine heroische Tragödie. (135 S.)
" 16. Gebrochener Trutzkopf ein Lustspiel nebst dem Fragment der versoffene Kesselflicker. (148 S.)
" 17. Ende gut alles gut oder gelohnte Liebesleiden. Ein romant. Schauspiel. (152 S.)
" 18. Ein Mährchen bei'm Camin. Romantisches Schauspiel. (152 S.)
" 19. Die Freunde von Oporto. Ein span. Lustspiel. (116 S.)
" 20. Die boshaften Windsorerinnen ein engl. Lustspiel. (136 S.)
" 21. Dreikönigsabend oder wie ihr wollt ein Lustspiel. (134 S.)
" 22. Seesturm ein Zauberspiel. (116 S.)
" 23. Ein Traum der Johannisnacht Zauberspiel. (100 S.)
" 24. Romeo und Giulietta ein romant. Trauerspiel. (160 S.)
" 25. Venediger Handelschaft eine romant. Comödie. (136 S.)
" 26. Nach Belieben ein pastorales Schauspiel. (136 S.)
" 27. Amleth der Däne, tragisches Schauspiel. (199 S.)
" 28. König Johann ein histor. Schauspiel. (119 S.)
" 29. König Richard II. ein histor. Trauerspiel. (131 S.)
" 30., 31. König Heinrich IV. histor. Trauerspiel. 2 Thle. (302 S.)
" 32. König Heinrich V. histor. Schauspiel. (144 S.)
" 33—35. König Heinrich VI. histor. Schauspiel. 3 Thle. (406 S.)
" 36. König Richard III. ein histor. Trauerspiel. (174 S.)
" 37. König Heinrich VIII. ein histor. Schauspiel. (148 S.)

— dramatische Werke übersetzt und erläutert von Adelb. Keller und Mor. Rapp. 8 Bde. 2. (Titel-)Ausg. Stuttgart (843—46.) 854. Metzler. 16. 2 Thlr. 14 ngr.

Inhalt: 1. Bd.: Othello ein bürgerl. Trauerspiel. (XIX, 185 S.) — Timon von Athen ein bürgerl. Trauerspiel. (123 S.) — Cymbeline ein dramat. Mährchen. (182 S.) — Titus Andronicus ein heroisches Trauerspiel. (119 S.)

2. Bd.: König Lear ein heroisches Trauerspiel. (191 S.) — Pericles, Fürst von Tyrus, ein dramat. Mährchen. (116 S.) — Verwechslungsstück ein griech. Lustspiel nach dem Plautus. (95 S.) — Troilus und Cressida ein heroisches Schauspiel. (167 S.) — Viel Lermen um Nichts ein Lustspiel. (144 S.)

3. Bd.: Coriolan ein histor. Trauerspiel. (180 S.) — Vergeltungsrecht ein romant. Schauspiel. (148 S.) — Julius Cäsar eine histor. Tragödie. (124 S.) — Verlorne Liebesleiden ein pastorales Scherzspiel. (153 S.) — Antonius und Cleopatra ein histor. Trauerspiel. (169 S.)

4. Bd.: Mac Beth eine heroische Tragödie. (135 S.) — Gebrochener Trutzkopf ein Lustspiel nebst dem Fragment der versoffene Kesselflicker. (148 S.) — Ende gut alles gut oder Gelohnte Liebesleiden. Ein romant. Schauspiel. (152 S.) — Ein Mährchen bei'm Kamin. Romant. Schauspiel. (158 S.)

5. Bd.: Die Freunde von Oporto. Ein span. Lustspiel. (116 S.) — Die boshaften Windsorerinnen ein engl. Lustspiel. (136 S.) — Dreikönigsabend oder wie ihr wollt ein Lustspiel. (134 S.) — Seesturm ein Zauberspiel. (116 S.) — Ein Traum der Johannisnacht Zauberspiel. (100 S.)

6. Bd.: Romeo und Giulietta ein romant. Trauerspiel. (160 S.) — Venediger Handelschaft eine romant. Comödie. (136 S.) — Nach Belieben ein pastorales Schauspiel. (136 S.) — Amleth der Däne tragisches Schauspiel. (102 S.)

7. Bd.: König Johann ein histor. Schauspiel. (119 S.) — König Richard der zweite ein histor. Trauerspiel. (131 S.) — König Heinrich der vierte 1. u. 2. Thl., histor. Schauspiel. (148; 154 S.) — König Heinrich der fünfte histor. Schauspiel. (144 S.)

8. Bd.: König Heinrich der sechste 1—3. Thl., histor. Schauspiel. 126; 142; 138 S.) — König Richard der dritte ein histor. Trauerspiel. (174 S.) — König Heinrich der achte ein histor. Schauspiel. (148 S.)

—— dramatische Werke übers. von Aug. Wilh. v. Schlegel und Ludw. Tieck. 6. Octav-Ausg. 12 Bde. 8. (4662 S. mit Portr. in Stahlst.) Berlin 863—65, G. Reimer. à Bd. * 15 Ngr. * 6 —

Inhalt:

Bd. 1. König Johann. Richard II. Heinrich IV. 1. Thl.
" 2. Heinrich IV. 2. Thl. Heinrich V. Heinrich VI. 1. Thl.
" 3. Heinrich VI. 2. und 3. Thl. Richard III.
" 4. Heinrich VIII. Romeo und Julia. Ein Sommernachtstraum.
" 5. Julius Cäsar. Was ihr wollt. Der Sturm.
" 6. Hamlet. Der Kaufmann von Venedig. Wie es euch gefällt.
" 7. Der Widerspenstigen Zähmung. Viel Lärmen um Nichts. Die Comödie der Irrungen.
" 8. Die beiden Veroneser. Coriolanus. Liebes Leid und Lust.
" 9. Die lustigen Weiber von Windsor. Titus Andronicus. Das Wintermährchen.
" 10. Antonius und Cleopatra. Maaß für Maaß. Timon von Athen.
" 11. König Lear. Troilus und Cressida. Ende gut, Alles gut.
" 12. Othello. Cymbeline. Macbeth.

— dramatische Werke nach der Uebersetzung von Aug. Wilh. Schlegel u. Ludw. Tieck sorgfältig revidirt u. theilweise neu bearb., mit Einleitungen u. Noten versehen, unter Redact. von H. Ulrici herausg. durch die deutsche Shakespeare-Gesellschaft. (In 12 Bdn.) 1—10. Bd. Berlin 867. G. Reimer. gr. 8. (VIII, 527 S., 445 S., 499 S., 428 S., 372 S., 462 S., 391 S., 405 S., 421 S., 441 S.) Jeder Bd. n. 20 ngr.

— dasselbe nach der Uebersetzg. v. Aug. Wilh. Schlegel u. Ludw. Tieck sorgfältig. rev. u. theilweise neu bearb., m. Einleitgn. u. Noten vers., unter Red. v. H. Ulrici hrsg. durch die deutsche Shakespeare-Gesellschaft. 11. u. 12. Bd. gr. 8. (498 u. 466 S.) Berlin 871. G. Reimer à n. 2. —

—— dramatische Werke. Uebersetzt von Friedr. Bodenstedt, Ferd. Freiligrath, Otto Gildemeister, Georg Herwegh, Paul Heyse, Herm. Kurz, Adolf Wilbrandt u. a. Nach der Textrevision und unter Mitwirkung von Nicol. Delius. Mit Einleitungen und Anmerkungen. Hrsg. von Friedr. Bodenstedt. (In 38 Bdchn.) 1.—14. Bdchn. 8. Leipzig 867, Brockhaus. à Bdchn. 5 Ngr. cart. à Bdchn. 7½ Ngr.

Inhalt:

Bdchn. 1. Othello, der Mohr von Venedig. Uebers. von Friedr. Bodenstedt. (XVI und 149 S.)
„ 2. König Johann. Uebers. von Otto Gildemeister. (XII und 98 S.)
„ 3. Antonius und Kleopatra. Uebers. von Paul Heyse. (VIII und 148 S.)
„ 4. Die lustigen Weiber von Windsor. Uebers. von Herm. Kurz. (XXIV und 127 S.)
„ 5. Viel Lärmen um Nichts. Uebers. von Adf. Wilbrandt. (VIII und 112 S.)
„ 6. König Richard II. Uebers. von Otto Gildemeister. (X und 105 S.)
„ 7. Macbeth. Uebers. von Friedr. Bodenstedt. (XVI und 103 S.)
„ 8. 9. König Heinrich IV. 1. und 2. Thl. Uebers. von Otto Gildemeister. (XXII und 252 S.)
„ 10. Romeo und Julia. Uebers. von Friedr. Bodenstedt. (XIV und 120 S.)
„ 11. Coriolanus. Uebers. von Adf. Wilbrandt. (VIII und 144 S.)
„ 12. Timon von Athen. Uebers. von Paul Heyse. (VIII und 109 S.)
„ 13. König Heinrich V. Uebers. von Otto Gildemeister. (XIV und 120 S.)
„ 14. Der Kaufmann von Venedig. Uebers. von Friedr. Bodenstedt. (X und 98 S.)

Shakespeare's dramatische Werke. Uebersetzt von Friedr. Bodenstedt, Nicol. Delius, Otto Gildemeister, G. Herwegh, P. Heyse, Herm. Kurz, Adf. Wilbrandt. Nach der Textrevision und unter Mitwirkung von Nicol. Delius. Mit Einleitungen und Anmerkungen. Hrsg. von Friedr. Bodenstedt. 15.—38. Bdchn. 8. Leipzig 869—72, Brockhaus. à Bdchn. cart. à Bdchn.

Inhalt:

Bdchn. 15—17. König Heinrich VI. Uebersetzt von Otto Gildemeister. 3 Thle. (XX, 109 S. mit 1 Tab. in qu. 4.; X, 122; XII, 118 S.)
„ 18. Ein Sommernachtstraum. Uebersetzt von Friedr. Bodenstedt. (VIII, 83 S.)
„ 19. König Richard III. Uebersetzt von Otto Gildemeister. (XXVI, 152 S.)
„ 20. König Lear. Uebersetzt von Geo. Herwegh. (XIV, 139 S.)
„ 21. König Heinrich VIII. Uebersetzt von Otto Gildemeister. (XX, 124 S.)
„ 22. Titus Andronicus. Uebersetzt von Nic. Delius. (XII, 98 S.)
„ 23. Was ihr wollt, oder heiliger Dreikönigsabend. Uebersetzt von Otto Gildemeister. (X, 117 S.)
„ 24. Die beiden Veroneser. Uebersetzt von Geo. Herwegh. Mit Einleitungen und Anmerkungen. (XIV, 98 S.)
„ 25. Hamlet, Prinz von Dänemark. Uebersetzt von Friedr. Bodenstedt. (XV, 152 S.)
„ 26. Verlorene Liebesmüh. Uebersetzt von Otto Gildemeister. (VII, 122 S.)
„ 27. Zähmung einer Widerspenstigen. Uebersetzt von Geo. Herwegh. (XI, 110 S.)
„ 28. Der Sturm. Uebersetzt von Friedr. Bodenstedt. (VIII, 90 S.)
„ 29. Die Komödie der Irrungen. Uebersetzt von Geo. Herwegh. (XI, 78 S.)
„ 30. Das Wintermärchen. Uebersetzt von Otto Gildemeister. (XII, 117 S.)
„ 31. Perikles, Fürst von Tyrus. Uebersetzt von Nicol. Delius. (XII, 98 S.)
„ 32. Julius Cäsar. Uebersetzt von Otto Gildemeister. (X, 111 S.)
„ 33. Maß für Maß. Uebersetzt von Friedr. Bodenstedt. (X, 113 S.)
„ 34. Ende gut, alles gut. Uebersetzt von Geo. Herwegh. (XII, 116 S.)
„ 35. Cymbelin. Uebersetzt von Otto Gildemeister. (XII, 137 S.)
„ 36. Troilus und Cressida. Uebersetzt von Geo. Herwegh. (VII, 144 S.)
„ 37. Wie es euch gefällt. Uebersetzt von Geo. Herwegh. Mit Einleitung und Anmerkungen. (VIII, 109 S.)
„ 38. William Shakespeare. Ein Rückblick auf sein Leben und Schaffen. Von Friedr. Bodenstedt. (IV, 170 S.)

—— dass. — Für die deutsche Bühne bearb. von Wilh. Oechelhäuser. 1.—15. Bd. gr. 8. Berlin 870—74, Alb. Cohn. [Weimar, Huschke.] à Bd. *ℳ 1,50. * 22 50

Inhalt:

Bd. 1. Grundsätze für die Bühnen-Bearbeitung. König Richard III. (LII, 152 S.)
„ 2. Wie es euch gefällt. (112 S.)
„ 3. Hamlet, Prinz von Dänemark. (191 S.)
„ 4. König Heinrich VI. (144 S.)
„ 5. König Richard II. (126 S.)
„ 6. Ein Sommernachtstraum. (109 S.)
„ 7. König Lear. (157 S.)
„ 8. Die Zähmung einer Widerspenstigen. (101 S.)
„ 9. 10. König Heinrich IV. 1. und 2. Thl. (137; 150 S.)
„ 11. König Heinrich V. (120 S.)
„ 12. Die lustigen Weiber von Windsor. (143 S.)
„ 13. Was ihr wollt. (128 S.)
„ 14. Romeo und Julia. (147 S.)
„ 15. Macbeth. (151 S.)

—— dramatische Werke. Nach den Schlegel-Tieck'schen Uebersetzungen für die deutsche Bühne bearb. von Wilh. Oechelhäuser. 16.—25. (Schluß-)Bd. gr. 8. Weimar, Huschke. à Bd. * 1 25
compl. geb. in 7 Bde. * 24 —

Inhalt:

Bd. 16. Coriolanus. (160 S.) 875.
„ 17. Othello. (155 S.) 877.
„ 18. König Johann. (130 S.) 877.
„ 19. Der Kaufmann von Venedig. (131 S.) 877.
„ 20. Julius Cäsar. (146 S.) 877.
„ 21. Antonius und Cleopatra. (153 S.) 877.
„ 22. König Heinrich VIII. (142 S.) 877.
„ 23. Cymbelin. (159 S.) 877.
„ 24. Viel Lärmen um Nichts. (119 S.) 878.
„ 25. Ein Wintermährchen. (139 S.) 878.

—— dass. — übers. von Aug. Wilh. v. Schlegel und Ludw. Tieck, durchgesehen von Mich. Bernays. (Neue Ausg.) 12 Bde. 8. (XVI, 330; 365; 404; 340; 304; 373; 304; 367; 341; 381; 419; 146 S.) Berlin 871—73, G. Reimer.
à Bd. * 80 Pf. * 9 60

Shakespeare's dramatische Werke und Sonette in neuen Orig.-Uebersetzungen von F. Dingelstedt, W. Jordan, L. Seeger ꝛc. In 10 Bdn. 10. Bd. gr. 8. (584 S.) Hildburghausen [Leipzig] 871, Bibliograph. Institut. à Bd. 2 25
10 Bde. geb. ** 22 —

Die Stücke einzeln:

Von W. Jordan:
Macbeth. 50 Pf. — Romeo und Julie. 60 Pf. — König Lear. 80 Pf. — Cymbelin. 75 Pf. — Richard der Dritte. 75 Pf. — Othello. 75 Pf.

(Von H. Viehoff:)
Richard der Zweite. 60 Pf. — Titus Andronicus. 50 Pf. — Julius Cäsar. 60 Pf. — Coriolan. 75 Pf. — Heinrich der Vierte. ℳ 1,30. — Heinrich der Fünfte. 60 Pf. — Heinrich der Sechste. ℳ 1,80. — Heinrich der Achte. 60 Pf.

Von Ludwig Seeger:
Hamlet. 90 Pf. — Timon von Athen. 70 Pf. — König Johann. 60 Pf.

Von Karl Simrock:
Wintermärchen. 70 Pf. — Viel Lärmens um Nichts. 60 Pf. — Der Liebe Lohn verloren. Die beiden Edelleute von Verona. ℳ 1,40. — Gleiches mit Gleichem. 60 Pf. — Perikles. 50 Pf. — Walpurgisnachtstraum. 50 Pf. — Die Kunst einen Trotzkopf zu brechen. 50 Pf. — Die lustigen Weiber von Windsor. 60 Pf. — Der Kaufmann von Venedig. 50 Pf. — Antonius und Cleopatra. 75 Pf. — Ende gut, Alles gut. 60 Pf. — Triolus und Cressida. 70 Pf.

Von Fr. Dingelstedt:
Der Sturm. 50 Pf. — Komödie der Irrungen. 50 Pf. — Was ihr wollt. 50 Pf. — Wie es euch gefällt. 60 Pf.

Shakespeare's, Will., dramatische Werke. Uebersetzt v. Frdr. Bodenstedt, Nicol. Delius, Otto Gildemeister ꝛc. Mit Einleitgn. u. Anmerkgn. Hrsg. v. Frdr. Bodenstedt. 2. Aufl. 9 Bde. 8. (LXXIV, 537; L, 517; LV, 534; XLVII, 455; LIX, 469; LXII, 428; XLIX, 497; XLV, 510 u. XLVI, 556 S.) Leipzig 873. Brockhaus. 19. ; geb 27. —

—— dramatische Werke. Uebersetzt von Aug. Wilh. v. Schlegel und Ludw. Tieck. Erste illustr. Ausg. mit Einleitungen und Anmerkungen von Rich. Gosche und Benno Tschischwitz. 8 Bde. in 47 Lfgn. 8. Berlin 874, Grote'sche Verlagsh.
à Lfg. 50 Pf. * 22 —
geb. *ℳ 30.; roth Lnwd. * 34 —
geb. in Hlbfrz. oder Hlbpergament * 40 —

—— dass. — Uebersetzt von A. W. Schlegel, Fr. Bodenstedt, N. Delius, F. A. Gelbcke, O. Gildemeister, G. Herwegh, P. Heyse, H. Kurz und A. Wilbrandt. Mit 830 Illustr. (in eingedr. Holzschn. und Holzschntaf.) von John Gilbert. 4 Bde. in 48 Lfgn. Lex.-8. (XVIII, 506; 533; 495; 482 S.) Stuttgart 874—76, Hallberger. à Lfg. 50 Pf. 24 —
geb. 40 —

—— dass. — Uebersetzt von Aug. Wilh. v. Schlegel und Ludw. Tieck. Hrsg. von Rich. Gosche und Benno Tschischwitz. Erste illustr. Ausg. Mit eingedr. Holzschn. und Holzschntaf. 2. verb. Aufl. 50 Lfgn. oder 8 Bde. 8. Berlin 875, Grote'sche Verlagsh.
à Heft 50 Pf. 22 —
geb. in Leinw. * ℳ 30. und * 34 —
geb. in Halbfrz. oder Halbpergament * 40 —

Inhalt:

Bd. 1. Biographie. — König Johann. — König Richard II. — König Heinrich IV. — König Heinrich V. (LXXVI, 600 S.)
" 2. König Heinrich VI. — König Richard III. (XXXVI, 527 S.)
" 3. König Heinrich VIII. — Sommernachtstraum. — Romeo und Julia. — Julius Cäsar. — Was ihr wollt. (XL, 575 S.)
" 4. Der Sturm. — Hamlet, Prinz von Dänemark. — Der Kaufmann von Venedig. — Wie es euch gefällt. — Der Widerspenstigen Zähmung. (XXXVI, 588 S.)
" 5. Viel Lärmen um Nichts. — Die Comödie der Irrungen. — Die beiden Veroneser. — Coriolanus. — Liebes Leid und Lust. (XXVIII, 560 S.)
" 6. Die lustigen Weiber von Windsor. — Titus Andronicus. — Das Wintermärchen. — Antonius und Cleopatra. (XVIII, 491 S.)
" 7. Maß für Maß. — Timon von Athen. — König Lear. — Troilus und Cressida. (LXIV, 511 S.)
" 8. Ende gut, Alles gut. — Othello. — Cymbeline. — Macbeth. — Anmerkungen. Register. Citaten- und Sentenzen-Register. Inhalts-Uebersicht. (XXXII, 570 S.)

— dasselbe. 1. illustr. Ausg. 2. verb. Aufl. 1—30. Lfg. 8. (à 6 B.) Ebend. 875. 76. à — 50

Shakespeare, William, dramatische Werke. Nach der Uebersetzung von Aug. Wilh. Schlegel und Ludw. Tieck, sorgfältig revid. und theilweise neu bearb., mit Einleitungen und Noten versehen, unter Redact. von H. Ulrici, hrsg. durch die deutsche Shakespeare-Gesellschaft. 12 Bde. 2. aufs neue durchgeseh. Aufl. gr. 8. (V, 526; 447; 498; 428; 372; 462; 391; 407; 421; 441; 497; 466 S.) Berlin 876,77, G. Reimer.
à Bd. * ℳ 2. *

— dasselbe, nach der Uebersetzung von Aug. Wilh. Schlegel u. Ludw. Tieck, sorgfältig rev. u. theilweise neu bearb., mit Einleitung u. Noten versehen, unter Red. von H. Ulrici, hrsg. durch die deutsche Shakespeare-Gesellschaft. 4—12. Bd. 2., aufs neue durchgeseh. Aufl. gr. 8. (428, 372, 462, 391, 402, 421, 441, 497 u. 466 S.) Berlin 877. 78. G. Reimer. à n. 2. —

Shakespeare's Dramat. W e r k e . Uebers. von Fr. Dingelstedt, W. Jordan, L. Seeger, K. Simrock, H. Viehoff. 10 Bde. Leipzig: Bibliogr. Institut o. J. (Vorrede zu Bd. 1 ist von 1878.) 8°

Bd. 1 enth. Sh's Biographie von Rud. Genée, Bd. 10 die Sonette, übers. von F. A. Gelbcke.

—— dramatische Werke. Uebers. von Friedr. Bodenstedt, Nic. Delius, Otto Gildemeister, Geo. Herwegh, Paul Heyse, Herm. Kurz, Adf. Wilbrandt. Nach der Textrevision und unter Mitwirkung von Nic. Delius. Mit Einleitungen und Anmerkungen. Hrsg. von Friedr. Bodenstedt. 3. Aufl. 38 Bdchn. oder 9 Bde. 8. Leipzig 878,79, Brockhaus.
à Bdchn. 50 Pfg.; cart. à Bdchn. — 75
compl. ℳ 19.; geb. in Leinw. 27 —

Inhalt:

Bd. 1. Ein Sommernachtstraum. Uebersetzt von Friedr. Bodenstedt. (VIII, 83 S.) — Das Wintermärchen. Uebersetzt von Otto Gildemeister. (XII, 117 S.) — Die lustigen Weiber von Windsor. Uebersetzt von Herm. Kurz. (XXIV, 127 S.) — Die beiden Veroneser. Uebersetzt von Geo. Herwegh. (XIV, 98 S.) — Viel Lärmen um Nichts. Uebersetzt von Adf. Wilbrandt. (VIII, 112 S.)
" 2. Die Komödie der Irrungen. Uebersetzt von Geo. Herwegh. (XIV, 98 S.) — Was ihr wollt oder Heiliger Dreikönigsabend. Uebersetzt von Otto Gildemeister. (X, 117 S.) — Der Sturm. Uebersetzt von Friedr. Bodenstedt. (VIII, 90 S.) — Zähmung einer Widerspenstigen. Uebersetzt von Geo. Herwegh. (XI, 110 S.) — Verlorene Liebesmüh. Uebersetzt von Otto Gildemeister. (122 S.)
Bd. 3. Maß für Maß. Uebersetzt von Friedr. Bodenstedt. (X, 113 S.) — Perikles, Fürst von Tyrus. Uebersetzt von Nic. Delius. (XII, 98 S.) — Der Kaufmann von Venedig. Uebersetzt von Friedr. Bodenstedt. (X, 98 S.) — Wie es euch gefällt. Uebersetzt von Geo. Herwegh. (VIII, 109 S.) — Ende gut, alles gut. Uebersetzt von Geo. Herwegh. (XII, 116 S.)
" 4. König Johann. — König Richard der Zweite. — König Heinrich der Vierte. 1. und 2. Thl. Uebersetzt von Otto Gildemeister. (XII, 98; X, 105; XII, 120; X, 132 S.)
" 5. König Heinrich der Fünfte. — König Heinrich der Sechste. 1., 2. und 3. Thl. Uebersetzt von Otto Gildemeister. (XIV, 120; XX, 109; X, 122; XX, 118 S.)
" 6. König Richard der Dritte. — König Heinrich der Achte. Uebersetzt von Otto Gildemeister. (XXIV, 152; XX, 124 S.) — Hamlet. Prinz von Dänemark. Uebersetzt von Friedr. Bodenstedt. (XV, 152 S.)
" 7. Antonius und Kleopatra. Uebersetzt von Paul Heyse. (VIII, 148 S.) — Othello, der Mohr von Venedig. Uebersetzt von Friedr. Bodenstedt. (XVI, 140 S.) — Titus Andronicus. Uebersetzt von Nic. Delius. (98 S.) — Julius Cäsar. Uebersetzt von Otto Gildemeister. (X, 111 S.)
" 8. Romeo und Julia. Uebersetzt von Friedr. Bodenstedt. (XIV, 120 S.) — Cymbelin. Uebersetzt von Otto Gildemeister. (XII, 137 S.) — Timon von Athen. Uebersetzt von Paul Heyse. (VIII, 109 S.) — Coriolanus. Uebersetzt von Adf. Wilbrandt. (VIII, 144 S.)
" 9. König Lear. Uebersetzt von Geo. Herwegh. (XIV, 139 S.) — Troilus und Cressida. Uebersetzt von Geo. Herwegh. (X, 144 S.) — Macbeth. Uebersetzt von Friedr. Bodenstedt. (XVI, 103 S.) — B o d e n s t e d t, Friedr., William Shakespeare. Ein Rückblick auf sein Leben und Schaffen. (170 S.)

—— dass. — Uebers. von Friedr. Bodenstedt, Nic. Delius, Otto Gildemeister, Geo. Herwegh, Paul Heyse, Herm. Kurz, Adf. Wilbrandt. Nach der Textrevision und unter Mitwirkung von Nic. Delius. Mit Einleitungen und Anmerkungen. Hrsg. von Friedr. Bodenstedt. 4. Aufl. 9 Bde. 8. Leipzig 880, Brockhaus.
ℳ 19.—.; geb. 27 —

Inhalt:

Bd. 1. Ein Sommernachtstraum. Uebers. von Friedr. Bodenstedt. (VIII, 83 S.) — Das Wintermärchen. Uebers. von Otto Gildemeister. (XII, 117 S.) — Die lustigen Weiber von Windsor. Uebers. von Herm. Kurz. (XXIV, 127 S.) — Die beiden Veroneser. Uebers. von Geo. Herwegh. (XIV, 98 S.) — Viel Lärm um Nichts. Uebers. von Adf. Wilbrandt. (VIII, 112 S.)
" 2. Die Komödie der Irrungen. Uebers. von Geo. Herwegh. (XIV, 98 S.) — Was ihr wollt oder Heiliger Dreikönigsabend. Uebers. von Otto Gildemeister. (X, 117 S.) — Der Sturm. Uebers. von Friedr. Bodenstedt. (VIII, 90 S.) — Zähmung einer Widerspenstigen. Uebers. von Geo. Herwegh. (XI, 110 S.) — Verlorne Liebesmüh. Uebers. von Otto Gildemeister. (122 S.)
" 3. Maß für Maß. Uebers. von Friedr. Bodenstedt. (X, 113 S.) — Perikles, Fürst von Tyrus. Uebers. von Nic. Delius. (XII, 98 S.) — Der Kaufmann von Venedig. Uebers. von Friedr. Bodenstedt. (X, 98 S.) — Wie es euch gefällt. Uebers. von Geo. Herwegh. (VIII, 109 S.) — Ende gut, alles gut. Uebers. von Geo. Herwegh. (XII, 116 S.)
" 4. König Johann. — König Richard der Zweite. — König Heinrich der Vierte. 1. und 2. Thl. Uebers. von Otto Gildemeister. (XII, 98; X, 105; XII, 120; X, 132 S.)
" 5. König Heinrich der Fünfte. — König Heinrich der Sechste. 1., 2. und 3. Thl. Uebers. von Otto Gildemeister. (XIV, 120; XX, 109; X, 122; XX, 118 S.)
" 6. König Richard der Dritte. — König Heinrich der Achte. Uebers. von Otto Gildemeister. (XXIV, 152; XX, 124 S.) — Hamlet, Prinz von Dänemark. Uebers. von Friedr. Bodenstedt. (XV, 152 S.)
" 7. Antonius und Kleopatra. Uebers. von Paul Heyse. (VIII, 148 S.) — Othello, der Mohr von Venedig. Uebers. von Friedr. Bodenstedt. (XVI, 140 S.) — Titus Andronicus. Uebers. von Nic. Delius. (98 S.) — Julius Cäsar. Uebers. von Otto Gildemeister. (X, 111 S.)
" 8. Romeo und Julia. Uebers. von Friedr. Bodenstedt. (XIV, 120 S.) — Cymbelin. Uebers. von Otto Gildemeister. (XII, 137 S.) — Timon von Athen. Uebers. von Paul Heyse. (VIII, 109 S.) — Coriolanus. Uebers. von Adf. Wilbrandt. (VIII, 144 S.)
" 9. König Lear. Uebers. von Geo. Herwegh. (XIV, 139 S.) — Troilus und Cressida. Uebers. von Geo. Herwegh. (X, 144 S.) — Macbeth. Uebers. von Friedr. Bodenstedt. (XVI, 103 S.) — Bodenstedt, Friedr., William Shakespeare. Ein Rückblick auf sein Leben und Schaffen. (170 S.)

Shakespeare, Will., dramatische Werke, übers. von A. W. v. Schlegel u. L. Tieck. Min.-Ausg. Nr. 1—7. 16. Berlin 882. G. Reimer. à n. — 40

1. Julius Cäsar. (114 S.)
2. Hamlet, Prinz v. Dänemark. (218 S.)
3. Der Kaufmann v. Benedig. (104 S.)
4. König Lear. (144 S.)
5. Othello. (148 S.)
6. Romeo u. Julia. (164 S.)
7. Ein Sommernachtstraum. (117 S.)

Shakespeare's, Will., dramatische Werke, übers. von Aug. Wilh. v. Schlegel und Ludw. Tieck. 12 Bde. Mit je 1 Titelkpfr. (Neue Ausg.) 12. Berlin 888, G. Reimer. * 9 60
In 6 Leinwbdn. * 14 —
In 6 Halbfrzbdn. * 15 50

Inhalt:

Bd. 1. König Johann. — Richard II. — Heinrich IV. 1. Thl. (XV, 330 S.)
" 2. Heinrich IV. 2. Thl. — Heinrich V. — Heinrich VI. 1. Thl. (365 S.)
" 3. Heinrich VI. 2. und 3. Thl. — Richard III. (404 S.)
" 4. Heinrich VIII. — Romeo und Julia. — Ein Sommernachtstraum. (340 S.)
" 5. Julius Cäsar. — Was ihr wollt. — Der Sturm. (304 S.)
" 6. Hamlet. — Der Kaufmann von Venedig. — Wie es euch gefällt. (373 S.)
" 7. Der Widerspenstigen Zähmung. — Viel Lärmen um Nichts. — Die Comödie der Irrungen. (304 S.)
" 8. Die beiden Veroneser. — Coriolanus. — Liebes Leid und Lust. (367 S.)
" 9. Die lustigen Weiber von Windsor. — Titus Andronicus. — Das Wintermärchen. (341 S.)
" 10. Antonius und Cleopatra. — Maaß für Maaß. — Timon von Athen. (381 S.)
" 11. König Lear. — Troilus und Cressida. — Ende gut, Alles gut. (416 S.)
" 12. Othello. — Cymbeline. — Macbeth. (416 S.)

— dasselbe, übers. von A. W. v. Schlegel u. L. Tieck. Mit Lebensbeschreibg., Einleitgn. u. Anmerkgn. hrsg. v. R. Gosche u. B. Tschischwitz. (Neue Ausg.) 8 Bde. 8. (LXXVI, 557; XXXVI, 495; XL, 539; XXXVI, 559; XXVIII, 529; XVIII, 463; LXVI, 479 u. XXXII, 540 S.) Berlin 889. G. Grote. geb. in Leinw. n. 16. —; in Halbfrz. n. 20. —

Shakespeare's, William, dramatische Werke, neu rev. Uebersetzg. v. Schlegel u. Tieck. Mit e. litterarhistorisch-biograph. Einleitg. 4 Bde. 8. (XIX, 582; 793; 719 u. 612 S.) Stuttgart 889. Cotta Nachf. geb. n. 7. —

— f. Schulen. Ausgewählte Dramen. Mit Einleitgn., erklär. Anmerkgn. u. Abriss der Shakespeare-Grammatik bearb. u. hrsg. v. K. Meurer. I—III. 2. (Titel-) Aufl. 8. Leipzig 890. H. Bredt. à n. 1. —
I. The merchant of Venice. (105 S.) — II. Julius Caesar. (105 S.) — III. Macbeth. (111 S.)

—— dramatische Werke. Uebersetzt v. Friedr. Bodenstedt, Nicol. Delius, Otto Gildemeister, Geo. Herwegh, Paul Heyse, Herm. Kurz, Adf. Wilbrandt. Mit Einleitgn. u. Anmerkgn. Hrsg. von Friedr. Bodenstedt. 5. (Titel-)Aufl. 9 Bde. 8. (VII, VIII, 88; XII, 117; XXIV, 127; XIV, 98; VIII, 112; XI, 78; X, 117; VIII, 90; XI, 110; VII, 122; X, 113; XII, 98; X, 98; VIII, 109; XII, 116; XII, 98; X, 105; XII, 120; X, 132; XIV, 120; XX, 109; X, 122; XII, 118; XXIV, 152; XX, 124; XV, 152; VIII, 148; XVI, 140; XII, 98; X, 111; XIV, 120; XII, 137; VIII, 109; VIII, 144; XIV, 139; X, 144; XVI, 103; III, 170 S.) Lpz. 890, Brockhaus. 19 —; geb. 27 —; auch in 38 Bdchn. à — 50; cart. à — 75

Shakespeare's, William, dramatische Werke. Uebersetzt von Aug. Wilh. v. Schlegel u. Ludw. Tieck, durchgesehen von Mich. Bernays. 2. Abdr. 12 Bde. 12°. (XXX, 330; 365; 404; 343; 304; 378; 304; 367; 341; 381; 419; 494 S.) Berl. 891, G. Reimer. 9 60
geb. in 6 Leinw.-Bde. 14 —; in 6 Hlbfrzbde. 15 50

— dasselbe in 12 Bdn. Uebers. v. Schlegel u. Tieck. 12. (178, 208, 215, 304, 240, 256, 280, 194, 226, 195, 228 u. 236 S. m. Bildn.) Stuttgart (891). J. G. Cotta Nachf. In 6 Leinwbdn. n. 6. —

—— dass. — Uebers. von Aug. Wilh. v. Schlegel u. Ludw. Tieck. Im Auftrag der deutschen Shakespeare-Gesellschaft hrsg. u. m. Einleitgn. versehen v. Wilh. Oechelhäuser. Lex.-8. (XII, 943 S. m. 1 Portr.) Stuttg. 891, Deutsche Verlags-Anstalt. geb. in Leinw. * 3 —
Feine Ausg. m. Portr. in Lichtdr. geh. * 5 —
geb. in Halbfrz. * 7 —

— dasselbe. 12 Bde. Uebers. v. Schlegel u. Tieck. 12. (178, 208, 215, 304, 240, 256, 280, 194, 226, 195, 228 u. 236 S.) Stuttgart 892. J. G. Cotta Nachf. In 6 Leinw.-Bde. geb. n. 6. —

— dasselbe nach der Uebersetzung v. Aug. Wilh. Schlegel, Phpp. Kaufmann u. Voß, rev. u. teilweise neu bearb., m. Einleitgn. versehen u. hrsg. v. Max Koch. 12 Bde. 8. (280, 312, 320, 404, 340, 368, 352, 280, 375, 232, 332 u. 332 S. m. Bildnis.) Stuttgart 893. J. G. Cotta Nachf. In 6 Leinwbdn. n. 12. —

— dasselbe. Uebers. v. Schlegel u. Tieck. 8. (III, 396; III, 385; III, 343; III, 388; III, 375; III, 328; III, 292 u. III, 347 S.) Leipzig 895. Th. Knaur. In 4 Schthog.-Bde. geb. n. 6. 50; geb. in Halbleinw. 12. —; in 4 Bde. 8. —; in Leinw. 12. —; in 4 Bde. 8. —; in Halbfrz. Leinw., biegsam 15. —; in 4 Bde. 11. —; in Halbfrz. 15. —; 18. — u. 21. —; in 4 Bde. 11. —; 12. — u. 15. —; in Halbkalbldr. 30. —; in 4 Bde. 20. —; in Halbsaffian 30. —; in 4 Bde. 20. —; in Halbjuchten 30. —; in 4 Bde. 20. —

— dasselbe. Uebers. von Aug. Wilh. v. Schlegel u. Ludw. Tieck. Im Auftr. der deutschen Shakespeare-Gesellschaft hrsg. u. m. Einleitgn. vers. v. Wilh. Oechelhäuser. M. 104 Illustr. nach Orig.-Kartons v. Wold. Friedrich, Fr. Greve u. F. Grotemeyer u. d. Portr. W. Shakespeare's m. Fcsm. 20. (3., illustr.) Aufl. gr. 8. (XII, 944 S.) Stuttgart 895. Deutsche Verlags-Anstalt. Geb. in Leinw. n. 6. —; feine Ausg. in Halbfrzbd. n. 10. —

— dramatische Werke. Uebers. v. Aug. Wilh. v. Schlegel u. Ludw. Tieck. Hrsg. v. Alois Brandl. (In 10 Bdn.) 1. u. 2. Bd. 8. (76, 331; 462; 416; 414; 508 u. 465 S. m. Bildn. u. 1 Fksm.) Leipzig 897—898. Bibliograph. Institut. Geb. in Leinw. à n. 2. —; in Halbsaffian à n. 3. —

SHAKESPEARE, William
(F) Shakespeares Dramatische Werke. Uebersetzt von Aug. Wilh. von Schlegel und Ludwig Tieck. Herausgegeben von Alois Brandl. VII. u. VIII. Bd. Leipzig und Wien. 1899. Bibliographisches Institut. 8°. VII. Bd. 349 S., VIII. Bd. 410 S. Geb. à fl. 1.20

SHAKESPEARE, William
(F) Shakespeares dramatische Werke. Uebersetzt von Aug. Wilh. von Schlegel und Ludwig Tieck. Herausgegeben von Alois Brandl. IX. u. X. Bd. Leipzig und Wien. 1899. Bibliographisches Institut. 8°. 392 u. 397 S. Geb. à fl. 1.20

— dasselbe, übers. v. A. W. v. Schlegel u. L. Tieck. Mit Lebensbeschreibg, Einleitgn. u. Anmerkgn. hrsg. von Rich. Gosche u. Benno Tschischwitz. 3. Aufl. 8 Bde. (LXXVI, 559; XXXVI, 495; XL, 539; XXXVI, 559; XXVIII, 529; XVIII, 463; LXIV, 481 u. XXXII, 540 S.) 8. Berlin 902. G. Grote. Geb. in Leinw. n. 16. —; in Halbfrz. n. 20. —

— dasselbe. Uebers. von Aug. Wilh. v. Schlegel u. Ludw. Tieck. Im Auftrag der deutschen Shakespeare-Gesellschaft hrsg. u. m. Einleitgn. versehen v. Wilh. Oechelhäuser. Nebst W. Shakespeares Portr. u. Fcsm. 30. Aufl. Lex.-8. (XII, 948 S.) Stuttgart (902). Deutsche Verlags-Anstalt. Geb. in Leinw. n. 3. —

W[illiam] Shakespeares dramatische Werke. Uebers. von August Wilhelm Schlegel u. Ludwig Tieck. Rev. von Hermann Conrad, [Prof.]. Bd 1–5. Stuttgart & Leipzig: Deutsche Verl.-Anst. (1905). 5 Bde 8° [F.] [05. 13616]

Shakespeare's, William, dramatische Werke. Uebersetzt von Aug. Wilh. v. Schlegel u. Ludwig Tieck. Im Auftrag der deutschen Shakespeare-Gesellschaft hrsg. u. m. Einleitungen versehen v. Wilh. Oechelhäuser. 34. Aufl. Auf Veranlassung des Hrsg. rev. von Herm. Conrad. (XVI, 1032 S. m. Bildnis.) gr. 8. Stuttgart 906. Deutsche Verlags-Anstalt. Geb. in Leinw. n. 4. —; feine Ausg., geh. n. 5. —; geb. in Halbfrz. n. 7. —

— dasselbe, übers. v. Aug. Wilh. Schlegel u. Ludw. Tieck. Rev. v. Herm. Conrad. 5 Bde. (XV, 375; III, 688; III, 532; III, 501 u. III, 595 S.) 8. Ebd. (905). n. 10. —; geb. n. 15. —; in Liebhaberhalbfrz. n. 20. —

— Dramatische Werke. Uebers. von Aug. Wilh. v. Schlegel u. Ludw. Tieck. Im Auftrag der deutschen Shakespeare-Gesellschaft hrsg. u. m. Einleitgn. versehen v. Wilh. Oechelhäuser. 37. Aufl. Auf Veranlassg. des Hrsgs. rev. v. Herm. Conrad. (XVI, 1032 S. m. Bildnis.) gr. 8. Stuttgart (910). Deutsche Verlags-Anstalt. Geb. in Leinw. 4. —; feine Ausg., geh. 5. —; geb. in Halbfrz. 7. —

— poetische Werke in Einem Bande. Aus d. Engl. übertragen von Jul. Seybt. 1e Lfrg. Königin Mab. — Alastor. — Der entfesselte Prometheus. Lex.-8. Leipzig 840. Engelmann. n. 2/3 ß

– Sämtliche Werke.

— dasselbe, s.a. Universal-Bibliothek.

— sämmtl. Werke übers. v. A. W. von Schlegel ergänzt u. erläut. von L. Tieck. 9 Bde. 8. Berlin 826, Reimer. 4 Rthl. Fein Pap. 5 Rthl. — Velinp.

— sämmtl. Werke ins Deutsche übersetzt. 16. Wien 826—27, Sollinger. 43 Bdchen mit Vign.

— sämmtl. Werke in Einem Bande. (2 Lfrgg.) schmal gr. 4. Schneeberg 834, 36. Schumann. 7 1/3 ℛ (Leipzig, Baumgärtner.) 5 ℛ

—— sämmtl. Werke in Einem Bande. Im Verein mit Mehreren übers. u. hrsg. v. Jul. Körner. gr. 4. (116 1/2 B. u. S's. Bildn.) Schneeberg (834—) 836, Schumann.

Außer dem Hrsgeb. haben noch Heinr. Döring, G. N. Bärmann, Beauregard Pandin, G. Regis u. Karl Richter an dieser Uebersetzung gearbeitet.

Shakspeare's, Will., sämmtl. Werke in 1 Bde. Im Verein mit Mehreren übers., u. hrsg. v. Jul. Körner. (15 Lfgn.) Lex.-8. (59 3/8 B., 40 Holzschn. u. S's. Port., Stahlst.) Leipzig 838, Baumgärtners Buchh. à 1/3 Thlr.
5 Thlr., hrbgs. Pr. Thlr. *

— sämmtliche Werke in Einem Bande. Im Verein mit Mehreren übersetzt, u. herausg. v. Jul. Körner. Mit 40 Holzschnitten verm. Ausg. 1e—12e Lfrg. Lex.-8. Leipzig 838, 39. Baumgärtner's Buchh. à 1/3 ℛ

— sämmtl. Werke. In neuen Uebersetzungen von A. Böttger, H. Döring, Alex. Fischer, L. Hilsenberg, W. Lampadius, Th. Mügge, Th. Oelckers, E. Ortlepp, L. Petz, K. Simrock, E. Susemihl, E. Thein. Ausgabe in Einem Bande. (In 4 Lfrgg.) Lex.-8. Leipzig 838. G. Wigand. n. 2 2/3 ℛ Velinp. 4 ℛ

— dass. Supplement, enthaltend: Shakspeare's Leben von A. Chalmers. — Charakteristik der Shakspeare'schen Dramen von William Hazlitt. — 37 Umrisse zu d. 37 Shakspeare'schen Dramen u. Portrait Shakspeare's. Lex.-8. Ebd. 838. n. 1 1/3 ℛ

— dass. Ausgabe in Einem Bde. (In 10 Lfrgg.) Mit 12 Prachtstahlstichen. Lex.-8. Ebd. 840. Alle 10 Lfrgg. n. 3 1/3 ℛ

— dass. Ausg. in 12 Bdn. Mit 37 Umrissen nach berühmt. Meistern u. d. Portrait Shakspeare's in Stahlst. 16. Ebd. 839. n. 3 1/3 ℛ

— dass. Ausgabe in 12 Bänden. (Neue Ausg. ohne Bilder.) 16. Leipzig 839. G. Wigand. 3 ℛ

—— sämmtl. Werke. In neuen Uebersetzn. v. A. Böttger, H. Döring, Alex. Fischer, L. Hilsenberg, W. Lampadius, Th. Mügge, Th. Oelckers, E. Ortlepp, L. Petz, K. Simrock, E. Susemihl, E. Thein. Ausg. in 1 Bde. (4 Lfgn.) Lex.-8. (57 B.) Leipzig 838, (u. 842.) [Berlin, Kleinann.] *

—— dass. in 1 Bde. (10 Lfgn.) Lex.-8. (57 B. u. 12 Stahlst.) Ebds. 840. *

Diese Ausgabe unterscheidet sich von der vorhergehenden nur durch die neu hinzugekommenen Stahlstiche.

Supplement hierzu: Shakspeare's Leben v. A. Chalmers. — Charakteristik d. Shakspeare'schen Dramen v. William Hazlitt. — 37 Umrisse zu d. 37 Shakspeare'schen Dramen u. Portr. Shakspeare's in Stahlst. Lex.-8. (6 3/4 B.) Ebds. 838. 1 Thlr. 8 Gr.

—— sämmtliche Werke. (Dramen und Gedichte.) Deutsche Volks-Ausg. Neu durchgesehen und mit einer Biographie, Einleitungen zu sämmtl. Stücken und einem Spruchregister hrsg. von Max Moltke. 40 Lfgn. gr. 8. (2150 Sp. mit Shakespeare's Bildn. in Holzschn. und gegen 300 eingedr. Holzschn.) Leipzig 866, Shakespeare-Verlag. à Lfg. * 1 Ngr.

—— dass. — 2. Aufl. (3. Abdr.) In 15 Lfgn. gr. 8. (2150 Sp.) Ebendas. 866. *

— sämmtliche Werke. Englischer Text, berichtigt u. erklärt von Dr. Benno Tschischwitz. Nebst historisch-krit. Einleitgn. I. Hamlet, Prince of Denmark. Halle 869. Barthel. gr. 8. (XLVIII, 193 S.) n. 1 ℛ

— sämmtliche Werke. Uebersetzt v. A. W. Schlegel, Fr. Bodenstedt, N. Delius ꝛc. Mit 830 Illustr. (in eingedr. Holzschn. u. Holzschntaf.) v. Sir John Gilbert. 45 Lfgn. Lex.-8. (1. Bd. XVIII, 506; 2. Bd. 528, 3. Bd. 495 u. 4. Bd. 479 S.) Stuttgart 874—76. Hallberger. à — 50

— dasselbe 2. Aufl. 1. Lfg. Lex.-8. (1. Bd. XVIII u. S. 1—56.) Ebend. 875. — 80

— dasselbe. Für Haus u. Schule deutsch m. Einleitgn. u. Noten bearb. v. Arth. Hager. 1. Bd. [Romeo u. Julia. Hamlet. Julius Cäsar.] 8. (467 S.) Freiburg i/Br. 877. Herder. 2. 40

—— sämmtliche Werke. Eingeleitet und übers. von A. W. Schlegel, Fr. Bodenstedt, N. Delius, F. A. Gelbcke, O. Gildemeister, G. Herwegh, P. Heyse, H. Kurz und A. Wilbrandt. Mit 830 Illustr. (in eingedr. Holzschn. und Holzschntaf.) von Sir John Gilbert, nebst dem Portr. und der Biographie Shakespeare's. 2. und 3. Aufl. 4 Bde. in 60 Lfgn. Lex.-8. (XVIII, 506; 533; 495; 482 S.) Stuttgart 877, [Hallberger.] Deutsche Verlags-Anstalt. à Lfg. * 50 Pf. *
geb. in Leinw. *

—— sämmtliche Werke. Eingeleitet und übers. von A. W. v. Schlegel, Fr. Bodenstedt, N. Delius, F. A. Gelbcke, O. Gildemeister, G. Herwegh, P. Heyse, H. Kurz und A. Wilbrandt. Illustrirt von John Gilbert. 4. und 5. Aufl. 60 Lfgn. oder 4 Bde. Lex.-8. (XVIII, 506; 528; 495; 479 S. mit eingedr. Holzschn. und Portr. in Holzschn.) Stuttgart 881—86, [Hallberger.] Deutsche Verlags-Anstalt. à Lfg. * 50 Pf. *
geb. in Leinw. *

— dasselbe. Übersetzt v. Schlegel u. Tieck. 8 Bde. 8. (382, 380, 379, 349, 355, 401, 338 u. 346 S.) Berlin 884. Friedberg & Mode's Sep.-Cto. geb. n. 12. —

—— sämmtliche Werke. Uebersetzt von A. W. v. Schlegel und Ludw. Tieck. Bevorwortet und eingeleitet von Karl Sachs. (Englisch-deutsche Parallel-Ausg.) Nr. 1—16. 12. Leipzig 884, M. Schäfer. à Nr. — 60

Inhalt:

Nr. 1. Julius Cäsar. (XX, 140 S.)
" 2. Romeo und Julie. (XV, 168 S.)
" 3. König Heinrich VIII. (XII, 176 S.)
" 4. König Lear. (XX, 188 S.)
" 5. Othello. (XV, 184 S.)
" 6. Hamlet. (XXXIX, 214 S.)
" 7. Macbeth. (XX, 133 S.)
" 8. Ein Sommernachtstraum. (XVIII, 117 S.)
" 9. König Johann. (XXXII, 140 S. mit 2 Tab.)
" 10. König Richard II. (XV, 150 S.)
" 11. 12. König Heinrich IV. 1. und 2. Tl. (XXI, 163; 175 S.)
" 13. König Heinrich V. (XIII, 177 S.)
" 14—16. König Heinrich VI. 1.—3. Tl. (XIX, 149; 172; 162 S.)

—— sämtliche Werke, übers. von A. W. v. Schlegel und Ludw. Tieck, in englisch-deutscher Parallel-Ausg. Bevorwortet und eingeleitet von Karl Sachs. Nr. 17—37. 12. Leipzig 885, 86, M. Schäfer. à Nr. 60 Pf. 12 60

Inhalt:

Nr. 17. König Richard III. (XII, 99 Doppels.)
" 18. Cymbelin. (XX, 198 Doppels.)
" 19. Coriolanus. (XII, 100 Doppels.)
" 20. Antonius und Cleopatra. (XVI, 196 Doppels.)
" 21. Timon von Athen. (XX, 136 Doppels.)
" 22. Troilus und Cressida. (XX, 188 Doppels.)
" 23. Der Sturm. (XXX, 124 Doppels.)
" 24. Der Kaufmann von Venedig. (XXX, 142 Doppels.)
" 25. Das Wintermärchen. (XVIII, 176 S.)
" 26. Viel Lärm um Nichts. (XVIII, 150 S.)
" 27. Die beiden Veroneser. (X, 124 S.)
" 28. Die lustigen Weiber von Windsor. (XVI, 158 S.)
" 29. Die bezähmte Widerspenstige. (XXII, 148 S.)
" 30. Wie es Euch gefällt. (XVIII, 148 S.)

" 31. Der heil. Dreikönigs-Abend. (XXII, 144 S.)
" 32. Ende gut, Alles gut. (XIV, 162 S.)
" 33. Die Komödie der Irrungen. (XVIII, 102 S.)
" 34. Liebes Leid und Lust. (XVI, 152 S.)
" 35. Maß für Maß. (XX, 158 S.)
" 36. Titus Andronikus. (XX, 140 S.)
" 37. Perikles. (XVI, 138 S.)
Nr. 1—16. Ebendas. 1884. à Nr. 60 Pf.

— sämmtliche Werke. Eingeleitet u. übers. v. A. W. Schlegel, Fr. Bodenstedt, N. Delius, F. A. Gelbcke, O. Gildemeister, G. Herwegh, P. Heyse, H. Kurz u. A. Wilbrandt. Illustrirt v. John Gilbert. 5. Aufl. 60 Lfgn. od. 4 Bde. Lex.-8. (XVIII, 506, III, 531, III, 495 u. IV, 479 S. m. eingedr. Holzschn. u. 1 Holzschn.-Bildniß.) Stuttgart 884. 86. Deutsche Verlags-Anstalt. à Lfg. n. — 50; cplt. geb.: n. 40. —

— sämmtliche Werke. Eingeleitet u. übers. v. A. W. Schlegel, Fr. Bodenstedt, N. Delius ꝛc. Illustr. v. J. Gilbert. 6. Aufl. 60 Lfgn. = 4 Bde. Lex.-8. (1. Bd. VIII, 506 S.; 2. Bd. 531 S.; 3. Bd. 495 S.; 4. Bd. IV, 479 S.) Stuttgart 888—890. Deutsche Verlags-Anstalt. à Lfg. n. — 50; cplt.: n. 30. —; geb. n. 40. —

— sämmtliche Werke. Eingeleitet u. übers. v. A. W. Schlegel, Fr. Bodenstedt, N. Delius ꝛc. Illustr v. John Gilbert. 7. Aufl. 60 Lfgn. Lex.-8. (1. Bd. XVIII, 507 S., 2. Bd. III, 531 S., 3. Bd. III, 495 S., 4. Bd. IV, 479 S.) Stuttgart 893. 894. Deutsche Verlags-Anstalt. à Lfg. — 50 (kplt. geb. in 4 Leinw.-Bdn.: n. 40. —)

— sämmtliche Werke. Eingeleitet u. übers. v. A. W. Schlegel, Fr. Bodenstedt, N. Delius, O. Gildemeister, F. A. Gelbcke, G. Herwegh, P. Heyse, H. Kurz u. A. Wildbrandt. Illustr. Pracht-Ausg. m. 830 Holzschn.-Illustr. v. Sir John Gilbert. Nebst Shakespeares Portr. u. Lebensabriß. 8. Aufl. 50.—60. (Schluß-)Lfg. Lex.-8. (4. Bd. IV u. S. 105—479.) Stuttgart 899. Deutsche Verlags-Anstalt. à n. — 50; (kplt. geb. n. 40. —)

– Sämtliche dramatische Werke.

—— dass. — [a. Volksbibliothek, Cotta'sche.

—— sämmtl. dramat. Werke. Uebers. v. A. Böttger, H. Döring, Alex. Fischer, L. Hilsenberg, W. Lampadius, Th. Mügge, Th. Oelckers, E. Ortlepp, L. Petz, A. Simrock, E. Susemihl, E. Thein. 12 Bde. 16. (238½ B., 37 Umrisse u. S's. Portr., Stahlst.) Leipzig 839. [Berlin, Klemann.] *

—— dass. 12 Bde. (Neue Ausg.) 16. Ebds. 840.
Beide Ausgaben sind in der Uebersetzung übereinstimmend, letztere unterscheidet sich von der vorhergehenden nur durch den Mangel der Stahlstiche.

—— sämmtl. poet. Werke nebst dess. Leben. Neu übers. 3 Bdchn. 16. (20¼ B. u. S's. Bildn., Holzschn.) Wien 839, Sammer.

—— sämmtl. dramat. Werke. Uebers. v. Aug. Wilh. v. Schlegel u. Ludw. Tieck. — A. u. d. T.: Shakspeare's sämmtl. Gedichte. Im Versmaße d. Orig. übers. v. Emil Wagner. 8. (16 B.) Königsberg 840, Bon.

—— dass. (zu d. Ausgaben bei Scheible, Rieger u. Sattler, und Klemann, vgl. oben). 16. (15¾ B.) Ebds. 840. à
Inhalt: Sonette. — Venus und Adonis. — Der leidenschaftl. Pilger. — Klage eines Liebenden. — Tarquin u. Lucretia.

— dass. (zu den Ausgaben bei Rieger u. Comp. und Wigand.) (Inhalt: Sonette. — Venus u. Adonis. — Der leidenschaftliche Pilger. — Klage eines Liebenden. — Tarquin u. Lucretia.) 16. Königsberg 840. Bon. à 5/12 ₰

— sämmtliche dramatische Werke. In neuen Uebersetzungen von A. Böttger, H. Döring, Alex. Fischer, L. Hilsenberg, W. Lampadius, Th. Mügge, Th. Oelckers, E. Ortlepp, L. Petz, K. Simrock, E. Susemihl, E. Thein. (Neue) Ausg. in 1 Bde. Lex.-8. Leipzig 842, Geo. Wigand. n. 2 ₰

Shakespeare's sämmtliche dramatische Werke. Uebers. von A. Böttger, H. Döring, Alex. Fischer, L. Hilsenberg, W. Lampadius, Th. Mügge, Th. Oelckers, E. Ortlepp, L. Petz, E. Simrock, E. Susemihl, E. Thein. Neue Kabinets-Ausg. 37 Bdchn. (in 12 Bdn.) 16. (3603 S. und 12 Stahlst.) Berlin 848, Klemann.
Einzelne Bde. à

—— dass. — Uebers. von Aug. Wilh. von Schlegel und Ludw. Tieck. 12 Bde. 16. Berlin 850—51, G. Reimer. à Bd. * 10 Ngr. *

Inhalt:
Bd. 1. König Johann. König Richard II. König Heinrich IV. 1. Thl. (333 S. und 1 Stahlst.)
" 2. König Heinrich IV. 2. Thl. König Heinrich V. König Heinrich VI. 1. Thl. (368 S. und 1 Stahlst.)
" 3. König Heinrich VI. 2. und 3. Thl. König Richard III. (421 S. und 1 Stahlst.)
" 4. König Heinrich VIII. Romeo und Julia. Ein Sommernachtstraum. (344 S. und 1 Stahlst.)
" 5. Julius Cäsar. Was ihr wollt. Der Sturm. (306 S. und 1 Stahlst.)
" 6. Hamlet, Prinz von Dänemark. Der Kaufmann von Venedig. Wie es euch gefällt. (366 S. und 1 Stahlst.)
Bd. 7. Der Widerspänstigen Zähmung. Viel Lärmen um Nichts. Die Comödie der Irrungen. (294 S. und 1 Stahlst.)
" 8. Die beiden Veroneser. Coriolanus. Liebes Leid und Lust. (360 S. und 1 Stahlst.)
" 9. Die lustigen Weiber von Windsor. Titus Andronicus. Das Wintermährchen. (332 S. und 1 Stahlst.)
" 10. Antonius und Cleopatra. Maaß für Maaß. Timon von Athen. (372 S. und 1 Stahlst.)
" 11. König Lear. Troilus und Cressida. Ende gut, Alles gut. (400 S. und 1 Stahlst.)
" 12. Othello. Cymbeline. Macbeth. (396 S. und 1 Stahlst.)

—— dass. — Uebers. von Aug. Wilh. von Schlegel und Ludw. Tieck. 4. Octav-Ausg. 12 Bde. 8. Berlin 851—52, G. Reimer. [1. (357 S. mit Portr. in Stahlst.) 2. (387 S.) 3. (440 S.) 4. (362 S.) 5. (324 S.) 6. (390 S.) 7. und 8. (709 S.) 9. (365 S.) 10. (400 S.) 11. und 12. (903 S.) à Bd. * 15 Ngr.] Thlr. *

Shakspeare's, (William), sämmtliche dramatische Werke. Uebersetzt von A. Böttger, H. Döring, Alex. Fischer, L. Hilsenberg ꝛc. 12 Bde. 16. (2980 S. mit 12 Stahlst.) Leipzig 857, Ph. Reclam. Thlr. *

—— dass. — 12 Bde. 2—6. Aufl. 16. (2980 S. mit 12 Stahlst.) Ebendas. 858—59. 1 Thlr. 15 Ngr.; geb. *

— sämmtliche dramatische Werke. Uebersetzt von A. Böttger, H. Döring, Alex. Fischer, L. Hilsenberg, F. Köhler, W. Lampadius, Th. Mügge, Th. Oelkers ꝛc. (Neue Stereot.-Aufl.) 12 Bde. Leipzig (858.) Reclam jun. 16. (232; 229; 242; 250; 259; 243; 258; 241; 238; 250; 262; 276 S. u. 12 Stahlst.) 1 ₰. 15 ngr

—— sämmtliche dramatische Werke in neuen Orig.-Uebersetzungen von Friedr. Dingelstedt, W. Jordan, L. Seeger, K. Simrock und H. Viehoff. 9 Bde. gr. 8. (5038 S.) Hildburghausen 867,68, Bibliographisches Institut. à Bd. 22½ Ngr. 6
geb. *

Inhalt:
Bd. 1. König Johann, von Seeger. Richard II., von Viehoff. Heinrich IV., 1 und 2, von Viehoff.
" 2. Heinrich V., von Viehoff. Heinrich VI., 1—3, von Viehoff.
" 3. Richard III., von Jordan. Heinrich VIII., von Viehoff. Pericles, von Simrock. Titus Andronicus, von Viehoff.
" 4. Die Komödie der Irrungen, von Dingelstedt. Die beiden Edelleute von Verona, von Simrock. Der Liebe Lohn verloren, von Simrock. Die Kunst einen Trotzkopf zu brechen, von Simrock. Die lustigen Weiber von Windsor, von Simrock.
Bd. 5. Romeo und Julie, von Jordan. Der Kaufmann von Venedig, von Simrock. Ende gut, Alles gut, von Simrock. Der Walpurgisnachtstraum, von Simrock.
" 6. Viel Lärmens um Nichts, von Simrock. Wie es euch gefällt, von Dingelstedt. Was ihr wollt, von Dingelstedt. Troilus und Cressida, von Simrock.
" 7. Gleiches mit Gleichem, von Simrock. Hamlet, von Seeger. Othello, von Jordan. Macbeth, von Jordan.
" 8. König Lear, von Jordan. Cymbeline, von Jordan. Wintermärchen, von Simrock. Der Sturm, von Dingelstedt.
" 9. Timon von Athen, von Seeger. Julius Cäsar, von Viehoff. Antonius und Cleopatra, von Simrock. Coriolan, von Viehoff.

Shakespeare's sämmtliche dramatische Werke. Deutsche Volksausg. Mit Einleitungen u. s. w. hersg. von Max Moltke. 12 Bde. in 24 Liefgn. Leipzig 867,68. Gebhardt. gr. 16. (2739 S.) Jede Liefg. n. 2½ ngr.; compl. geb. n. 3 ₰ 14 ngr.

—— sämmtliche dramatische Werke. Uebers. von A. Böttger, H. Döring, Alex. Fischer rc. 12 Bde. 15. Aufl. 16. (2980 S. mit 12 Stahlst.) Leipzig 867, Ph. Reclam jun. geb. *

— sämmtliche dramatische Werke. Uebersetzt v. A. Böttger, H. Döring, Alex. Fischer u. A. 19. Aufl. In 12 Bdn. m. 12 Stahlst. 16. (232, 228, 242, 250, 259, 243, 258, 241, 238, 250, 262, 276 S.) Leipzig 873. Ph. Reclam jr. n. 4. 50; geb. n. 6. —

—— sämmtliche dramatische Werke. Uebersetzt von Schlegel, Benda und Voß. 3 Bde. gr. 16. (856; 944; 862 S.) Leipzig 876, Ph. Reclam jun. * ℳ 4,50.; geb. *

— sämmtliche dramatische Werke. Deutsche Volksausgabe. Mit Einleitungen hrsg. von Max Moltke. 12 Bde. (231, 200, 204, 226, 242, 248, 228, 218, 223, 256 u. 202 S.) Leipzig 881. 82. Gebhardt. à — 50

—— sämtliche dramatische Werke. Übers. von Aug. Wilh. v. Schlegel und Ludw. Tieck. 12 Bde. 8. (281; 293; 217; 192; 120; 236; 130; 208; 189; 233; 259; 208 S.) Berlin 886, Warschauer. geb. in 4 Bde. 6 —
geb. in 6 Bde. 7 50

—— sämtliche dramatische Werke in neu rev. Uebersetzg. von Schlegel u. Tieck. Mit e. litterarhistorisch-biograph. Einleitg. 4 Bde. 8. (XIX, 582; 793; 719; 612 S.) Stuttg. 889, Cotta Nachf. geb. * 7 —

Shakespeare's, William, sämtliche dramatische Werke in 12 Bdn. Uebers. von Schlegel u. Tieck. 12°. (178; 208; 215; 304; 240; 256; 280; 194; 226; 195; 228; 236 S.) Stuttg. 892, Cotta Nachf. geb. in 12, resp. 6 Bdn. * 6 —

— sämtliche dramatische Werke in 12 Bdn. Übers. v. A. W. v. Schlegel u. L. Tieck. Mit e. biograph. Einleitg. v. Rud. Genée. 8. (XXIV, 220, 248, 261, 227, 200, 249, 216, 211, 227, 238, 266 u. 256 S.) Berlin (898). Leipzig, Verlag v. Hempel's Klassiker-Ausgaben. In 3 Leinw.-Bd. 7.50; in 4 Leinw.-Bd. 8.—; auf holzfreiem Pap. 9.—

— dasselbe. Mit Shakespeares Bildnis u. e. Einleitung: Shakespeares Leben u. Werke v. Max Mendheim. 12 Bde. 12. (256, 239, 255, 219, 192, 240, 183, 224, 220, 231, 256 u. 248 S.) Leipzig (900). M. Hesse.
In 3 Halbleinw.-Bdn. n. 5.—; in 4 Leinw.-Bd. n. 6.—; in 4 Halbfrz.-Bdn. n. 9.50; in 4 Liebh.-Halbfrz.-Bdn. n. 12.50

— theatralische Werke, v. C. M. Wieland. 8 Bde. gr. 8. Zürich, Orell. 762–66.

– theatralische Werke, v. J. J. Eschenburg, 15 Bde. gr. 8. Ebend. 775–82.

— von A. W. v. Schlegel noch unübersetzte Werke. 1r Bd. Cymbeline, u. Ende gut, alles gut, übers. von G. W. Keßler. gr. 8. Berl. 809. (Dümmler). 1 ₰ 12 ℊ Velinp. 2 ₰ 16 ℊ 2r Bd. 1) Viel Lärmen um Nichts, übers. v. G. W. Keßler. 2) Ein Wintermährchen, übers. v. L. Krause. gr. 8. Ebd. 810. 1 ₰ 12 ℊ Velinp. 2 ₰ 16 ℊ 3n Bdes 1e Hälfte. Die lustigen Weiber v. Windsor, übers. v. H. K. Dippold. gr. 8. Ebd. 810. 1 ₰ Velinp. 1 ₰ 8 ℊ

— von A. W. Schlegel noch unübersetzte Werke, 1r Band Cymbeline, und Ende gut alles gut, von G. W. Keßler. gr. 8. Berlin, Hitzig. 809. Velinp.

— — ders. 2r Bd. a) viel Lärmen um Nichts v. G. W. Keßler, b) ein Wintermährchen von L. Krause. gr. 8. Ebend. 810 Velinp.

— — ders. 3n Bds. 1e Hälfte, d. lustigen Weiber v. Windsor v. H. K. Dippold. gr. 8. Ebend. 810. Velinp.

— die Widerspänstige, s. a. Theater, classisches, des Auslandes.

—— die Widerspänstige. Lustsp. in 4 Aufz. Mit Benutzung einiger Theile d. Uebersetz. d. Grafen Baudissin, v. Deinhardtstein. gr. 8. (7⅓ B.) Wien 839, Wallishausser.

—— Wie es euch gefällt, s. a. Bibliothek ausländ. Klassiker.

– wie es euch gefällt, s. a. Hempel's Klassiker-Bibliothek.

— wie es euch gefällt, s. a. Meyer's Volksbücher.

— dasselbe, s. a. Universal-Bibliothek.

— wie es euch gefällt, s. a. Handbibliothek, Cottasche.

Wie es euch gefällt [As you like it]. Lustspiel in 5 Aufz. von William Shakespeare. Übers. von August Wilhelm v. Schlegel. Mit e. Einl. von Max Koch. *Stuttgart & Berlin: J. G. Cotta Nachf. [1903].* (90 S.) 8° [J.]
— Handbibliothek, Cotta'sche. No 81. [04. 1973]

— Wie es Euch gefällt! Ein Lustspiel in 5 Aufzügen. Für die deutsche Bühne bearb. v. Thdr. Ling. (83 S.) 8. Ulm 907. Gebr. Nübling. 1. 50

— de lostgen Wiewer von Windsor, en't Plattdietsche äwersett von Rob. Dorr. Met 'nem Bärword von Klaus Groth. gr. 8. (XXIV, 136 S.) Liegnitz 877. Kaulfuß. n. 2. —; feinere Ausg. n. 2. 50; geb. n. 3. 50

— Wintermärchen, s. a. Bibliothek der Gesamt-Litteratur d. In- u. Auslandes.

— Wintermärchen, s. a. Bibliothek ausländ. Klassiker.

— das Wintermärchen, s. a. Hempel's Klassiker-Bibliothek.

— dasselbe, s. a. Meyer's Volksbücher.

—— dass. — s. a. Museum.

— dasselbe, s. a. Repertoire d. herzogl. Meiningen'schen Hof-Theaters.

— Wintermärchen. Uebersetzung von Aug. Wilh. v. Schlegel u. Ludw. Tieck. Mit 14 Photogr. nach Orig.-Gemälden von Leop. Bode. Fol. (III, 91 S.) Frankfurt a/M. 881. Keller. geb. m. Goldschn. n. 38. —

—— das Wintermährchen, s. a. Universal-Bibliothek.
Vgl.: Hick, Geo.

Das Wintermärchen [The winter's tale]. Schauspiel in 5 Aufz. von William Shakespeare. Nach d. Übers. von Dorothea Tieck f. d. Aufführung eingerichtet von Eugen Kilian. Leipzig: Reclam [1908]. 101 S. 8°
(Bühnen-Shakespeare. Bd 20.)
(Universal-Bibliothek. 5026.)

— eine Winternachtsmähr. Uebers. von Carl Abel. Berlin 854. J. Springer. 8. (2 Bl., 122 S.) n. 12 ngr

—— the merry Wives of Windsor. ⅟₂12. (3⅛ B.) Nurnberg 836, Fr. Campe.

Shakespeare, Will., works. s. a. Asher's collection of english authors.

Shakespeare, W., Works. Compl. in 7 Vol., Tauchnitz edit., s. Collection of british Authors.

– Dasselbe. Schulausgabe v. E. Schmidt, s. Sammlung Shakespeare'scher Stücke.

Shakespeare, Will., works. Ed. with a prefatory memoir, critical notes, and introductory notices, by W. Wagner and L. Proescholdt. Part 1—15. 8. (1. Bd. XII, 335; 2. Bd. 411; 3. Bd. V, 319; 4. Bd. 420 S. u. 5. Bd. S. 1—224.) Hamburg 879—82. Grädener & Richter. à — 50; cart. à n. — 60

— dasselbe. Separate editions. (In 30 parts.) 1—19. 8. Ebend. 879—82. à n. — 50; cart. à n. — 60
1. The Tempest. (VI, 73 S.)
2. The two gentlemen of Verona. (VI, 68 S.)
3. The merry wives of Windsor. (V, 83 S.)
4. Measure for measure. (V, 87 S.)
5. The comedy of errors. (V, 57 S.)
6. Much ado about nothing. (V, 81 S.)
7. Love's labour 's lost. (V, 90 S.)
8. A midsummer-night's Dream. (V, 68 S.)
9. The merchant of Venice. (V, 83 S.)
10. As you like it. (VII, 93 S.)
11. The taming of the shrew. Ed. by L. Proescholdt. (IX, 94 S.)
12. All 's well, that ends well. (VII, 105 S.)
13. Twelfth night; or what you will. (94 S.)
14. The winter's tale. Ed. by L. Proescholdt. (VII, 109 S.)
15. The life and death of King John. Ed. by L. Proescholdt. (98 S.)
16. The tragedy of King Richard II. (110 S.)
17. 18. King Henry IV. 2 parts. (116 u. 120 S.)
19. King Henry V. (119 S.)

— dasselbe. Ed. with critical notes, and introductory notices by W. Wagner and L. Proescholdt. Part 16—23. 8. (5. Bd. S. 225—355, 6. Bd. 343 S. u. 7. Bd. S. 1—320.) Hamburg 883—86. J. F. Richter. à — 50

dasselbe. Separate editions. Nr. 20—25. 8. Ebend. à — 50; cart. à — 60
20. King Henry VI, ed. by L. Proescholdt. (105 S.) 883.
21. dasselbe. 2. part. (121 S.) 884.
22. dasselbe. Part 3. (115 S.) 884.
23. King Richard III. (150 S.) 886.
24. King Henry VIII. (123 S.) 886.
25. Troilus and Cressida. (135 S.) 886.

Shakespeare's, William, works, edited with critical notes, and introductory notices by W. Wagner and L. Proescholdt. Part 24—33. 8. (7. Bd. S. 321—409; 8. Bd. 368 S.; 9. Bd. 292 S.; 10. Bd. 318 S.) Hamburg 888—890. Verlagsanstalt u. Druckerei, A.-G. à — 50

— dasselbe. Separate editions. Nr. 26—29, 31—34. 8. Ebd. 887—890. à n. — 50; cart. à n. — 60
26. The history of Coriolanus. (140 S.)
27. The history of Titus Andronicus. Edited by L. Proescholdt. (VIII, 93 S.)
28. Romeo and Juliet. Edited by L. Proescholdt. (126 S.)
29. Timon of Athens. Edited by L. Proescholdt. (101 S.)
31. Macbeth. Edited by L. Proescholdt. (96 S.)
32. Hamlet. Edited by H. Fernow. (167 S.)
33. King Lear. Edited by L. Proescholdt. (150 S.)
34. Othello, the moor of Venice. Edited by H. Fernow. (136 S.)

Shakespeare, Will., works. Edited with critical notes, and introductory notices by W. Wagner and L. Proescholdt. Parts 34—39. 8. (XI. Bd. III, 415 u. XII. Bd. V, 340 S.) Hamburg 891. Verlagsanstalt u. Druckerei, A.-G. à n. — 50

— dasselbe. Separate editions. Nr. XXXV—XXXIX. 8. Ebd. à n. — 50; kart. à n. — 60
XXXV. Antony and Cleopatra. Edited by L. Proescholdt. (143 S.) 890.
XXXVI. Cymbeline. Edited by H. Fernow. (135 S.) 890.
XXXVII. Pericles. Edited by L. Proescholdt. (108 S.) 890.
XXXVIII. Venus and Adonis. The rape of Lucrece. Edited by H. Fernow. (117 S.) 891.
XXXIX. Sonnets and poems. Edited by L. Proescholdt. (114 S.) 891.

Shakespeare's, Will., works. Complete edition. Vol. I. 8. (168 S.) Leipzig 885. Huth. n. 1. —; Einbd. n.n. — 50

Shakspeare, Will., complete Works, Printed from the text of the most renowned editors, with nearly 270 engravings, accounts historical and explanatory of each play, a copious and elaborate glossary, and the authors life. (11 Lfgn.) Lex.-8. (100¾ B.) Leipzig 837—39, Baumgärtner.

Shakespeare, William, complete works. The text regulated by the old copies and by the recently discovered folio of 1632, cont. early manuscript emendations. With notes, selected and original, a new and copius glossary, and the poets life. (6 Parts.) 4. (XX und 1060 S. mit Portr. in Stahlst.) Leipzig 853, Baumgärtners Buchh. à Part * 20 Ngr. Thlr. *

— the complete works. The text regulated by the old copies and by the recently discovered folio of 1632, containing early manuscript emendations. With notes, selected and original, a copious and almost new glossary, the poet's life and portrait. Leipzig 854. Baumgärtner. 4. (XX, 1060 S.) n. 4 ℛ.

Shakespeare. Will., complete works. The text regulated by the old copies and by the folio of 1632, containing early manuscript emendations. With notes, selected and original, a copious and almost new glossary, the poet's life and portrait (in Stahlst.) New edit. (Titel-Ausg.) 4. (XX und 1060 S.) Leipzig (853)64, Zander.

— the dramatic Works, the last containing select explanatory notes, published by K. Wagner. 8 Vol. gr. 8. Braunschweig, Schulbuchhdl. 799.

Shakspeare, dramatic works, printed from the text of Johnson, Steevens and Reed. With appendix. 2 vols. Leipz. 1824—26. Hfzbde. Roy. 8. (20 Fr.) 6. —

Shakspeare, dramatic Works; from the text of Johnson and Steevens. 1 Voll. gr. 12. London 824, Black.

— dramatic Works. in 1 Vol. Roy. 8. 3 Rthl. 18 gr. Appendix cont.: The Life of the Author, by A. Skottowe. gr. 8. Leips. 826, E. Fleischer.

—— dramatic Works. Part. I. Cont.: As you like it, and: All's well, that ends well. gr. 12. (9 B.) Jena 828, Schmid.

— dramatic Works, with notes original and selected; by S. W. Singer. X Vols. gr. 12. Francfort o. M., Schmorber. Drckp. 4 Thlr. 4 Gr., f. Drckp. 12 Thlr., Vlnp. m. S's. Bildn. Thlr. 20 —

Auf Druckpap. einzeln a. u. d. Tiln.:

Vol. I. Tempest. — Two Gentlemen of Verona. — Merry Wives of Windsor. — Twelfth Night. (16 B.) 829. 9 Gr.
- II. Measure for Measure. — Much Ado about Nothing. — Midsummer-Night's Dream. — Love's Labours lost. (16½ B.) 829. 9 Gr.
- III. Merchant of Venice. — As you like it. — All's well that ends well. — Taming of the shrew. (17½ B.) 830. 9 Gr.
- IV. Winter's tale. — Comedy of Errors. — Macbeth. — King John. (17½ B.) 830. 9 Gr.
- V. King Richard II. — King Henry IV. p. 1. 2. — King Henry V. (21½ B.) 831. 12 Gr.
- VI. King Henry VI. p. 1–3. (15⅚ B.) 831. 9 Gr.
- VII. King Richard III. — King Henry VIII. — Troilus and Cressida. (18 B.) 832. 18 Gr.
- VIII. Timon of Athens. — Coriolanus. — Julius Caesar. — Antony and Cleopatra. (21 B.) 833. 21 Gr.
- IX. Cymbeline. — Titus Andronicus. — Pericles. — King Lear. (21½ B.) 834. 21 Gr.
- X. Romeo and Juliet. — Hamlet. — Othello. (20 B.) 834. 21 Gr.

— dramatic Works, from the text of Johnson, Steevens, and Reed. With a biograph. Memoir, summary remarks on each play, copious glossary, and various notes. 8. (52½ B. u. S's. Bildn., Kpfrst.) Francfort o. M. 830, Jügel.

— dramatic Works, from the Text of Johnson, Steevens, and Reed. With a biograph. Memoir, summary remarks on each play, copious glossary, and variorum notes. Embell. with a Portrait of Shakspeare. Lexicon-8. Frankf. 830. Jügel. (Leipz., Michelsen) 5 ℛ 8 ngl

— dramatic Works, from the text of Johnson and Steevens. Complete in one Vol. gr. 12. London 831. Black Young et Young. 3 ℛ 12 ngl

— dramatic Works, with notes. 1. Lfg. gr. 12. (10 B.) Frankfort o. t. M. 836. [Leipzig, Kersten.]

— dramatic Works. Printed from the text of the correct copies of Steevens and Malone. With a life of the poet, by Charles Symmons etc. A new edit. gr. 12. (36½ B. u. 6 Illustr.) London and Berlin 837, [Asher and Comp.] *

— dramatic Works. With a life and glossary. 32. (3106 Seit. u. 53 Illustr.) London and Berlin 838, [Asher and Comp.]

Shakspeare's, Will., dramatic Works X Vol. With notes original and selected by Sam. Weller Singer. 2. edit. gr. 12. (183 B.) Halle o. S. 842, 43, Kersten. à * 15 Ngr. *

— the same in 37 Numbers. 2. edit. gr. 12. Ebds. 842—44.

A. u. d. Ttln.:

No. 1. Tempest. (3¾ B.) 5 Ngr.
- 2. Two gentlemen of Verona. (3½ B.) 5 Ngr.
Nr. 3. Merry wives of Windsor. (4¼ B.) 6 Ngr.
- 4. Twelfth night or what you will. (4 B.) 5 Ngr.
- 5. Measure of Measure. (4½ B.) 6 Ngr.
- 6. Much Ado about Nothing. (4 1/12 B.) 5 Ngr.
- 7. Midsummer-Nights Dream. (3½ B.) 5 Ngr.
8. Love's Labour's lost. (4½ B.) 6 Ngr.
- 9. Merchant of Venice. (4 B.) 5 Ngr.
- 10. As you like it. (4½ B.) 6 Ngr.
- 11. All's well that ends well. (4¾ B.) 6 Ngr.
- 12. Taming of the shrew. (4½ B.) 6 Ngr.
- 13. Winter's tale. (5 B.) 6 Ngr.
- 14. Comedy of errors. (3 B.) 5 Ngr.
- 15. Macbeth. (4½ B.) 6 Ngr.
- 16. King John. (4½ B.) 6 Ngr.
17. King Richard II. (4¾ B.) 6 Ngr.
18. King Henry IV. Part. 1. (5¼ B.) 6 Ngr.
- 19. King Henry IV. Part. 2. (5¾ B.) 7 Ngr.
- 20. King Henry V. (5½ B.) 7 Ngr.
- 21. King Henry VI. Part. 1. (4¾ B.) 6 Ngr.
- 22. King Henry VI. Part. 2. (5½ B.) 7 Ngr.
- 23. King Henry VI. Part. 3. (5 B.) 6 Ngr.
- 24. King Richard III. (6½ B.) 7½ Ngr.
- 25. King Henry VIII. (5½ B.) 7 Ngr.
- 26. Troilus and Cressida. (6 1/12 B.) 7½ Ngr.
- 27. Timon of Athens. (4 5/12 B.) 6 Ngr.
- 28. Coriolanus. (6¼ B.) 7½ Ngr.
- 29. Julius Caesar. (4¼ B.) 6 Ngr.
30. Antony and Cleopatra. (6¼ B.) 7½ Ngr.
- 31. Cymbeline. (6 1/12 B.) 7½ Ngr.
- 32. Titus Andronicus. (3 11/12 B.) 5 Ngr.
- 33. Pericles Prince of Tyre. (4¾ B.) 6 Ngr.
- 34. King Lear. (6¾ B.) 7½ Ngr.
- 35. Romeo and Juliet. (5¾ B.) 7 Ngr.
- 36. Hamlet Prince of Denmark. (7½ B.) 8 Ngr.
- 37. Othello the moor of Venice. (6½ B.) 7½ Ngr.

— dramatic Works. 37 Numbers. 16. (138¼ B.) Leipsic 842, 43, Brothers Schumann. à 3 Ngr.

A. u. d. Ttln.:

Nr. 1. Tempest. With the life of Shakspeare.
- 2. Two gentlemen of Verona.
- 3. Merry wives of Windsor.
- 4. Twelfth night; or, what you will.
- 5. Measure for Measure.
- 6. Much Ado about Nothing.
- 7. Midsummer-Night's Dream.
- 8. Love's Labour's lost.
- 9. Merchant of Venice.
- 10. As you like it.
- 11. All's well that ends well.
- 12. Taming of the shrew.
- 13. Winters tale.
- 14. Comedy of Errors.
- 15. Macbeth.
- 16. King John.
- 17. King Richard II.
- 18. King Henry IV. 1. Part.
- 19. King Henry IV. 2. Part.
- 20. King Henry V.
- 21. King Henry VI. 1. Part.
- 22. King Henry VI. 2. Part.
- 23. King Henry VI. 3. Part.
- 24. King Richard III.
- 25. King Henry VIII.
- 26. Troilus and Cressida.
- 27. Timon of Athens.
- 28. Coriolanus.
- 29. Julius Caesar.
- 30. Antony and Cleopatra.
- 31. Cymbeline.
- 32. Titus Andronicus.
- 33. Pericles.
- 34. King Lear.
- 35. Romeo and Juliet.
- 36. Hamlet.
- 37. Othello.

— the same in XXXVII Numbers. 2. edit. Tempest. ⅙ ℛ — Two gentlemen of Verona. ⅙ ℛ — Merry wives of Windsor. 6 ngl — Twelfth night or what you will. ⅙ ℛ — Measure for Measure. 6 ngl — Much Ado about Nothing. ⅙ ℛ — Midsummer-Nights Dream. ⅙ ℛ — Love's Labour's lost. 6 ngl — Merchant of Venice. ⅙ ℛ — As you like it. 6 ngl — All's well that ends well. 6 ngl — Taming of the shrew. 6 ngl — Winter's tale. 6 ngl Comedy of errors. ⅙ ℛ — Macbeth. 6 ngl — King John. 6 ngl — King Richard II. 6 ngl — King Henry IV. Part. I. 6 ngl — King Henry IV. Part. II. 7 ngl — King Henry V. 7 ngl — King Henry VI. Part. I. 6 ngl — King Henry VI. Part. II. 7 ngl — King Henry VI. Part. III. 6 ngl — King Richard III. ¼ ℛ — King Henry VIII. 7 ngl — Troilus and Cressida. ¼ ℛ — Timon of Athens. 6 ngl — Coriolanus. ¼ ℛ — Julius Caesar. 6 ngl — Antony and Cleopatra. ¼ ℛ — Cymbeline. ¼ ℛ — Titus Andronicus. ⅙ ℛ — Pericles Prince of Tyre. 6 ngl — King Lear. ¼ ℛ — Romeo and Juliet. 7 ngl — Hamlet Prince of Denmark. 8 ngl — Othello the moor of Venice. ¼ ℛ gr. 12. Halle 843—45, Kersten.

— dramatic Works. With a life, and glossary. VIII Vol. 16. (182 B.) Leipsic 844, Brothers Schumann.

— the same. No. 35. Romeo and Juliet. Tragedy in 5 acts. 3. edit. 8. (3¼ B.) Halle o/S. 845, Kersten. Thlr.

— the same. No. 36. Hamlet, Prince of Denmark. Tragedy in 5 acts. 3. edit. 8. (11⅛ B.) Ebds. 845.

— an Appendix to Shakespeare's Dramatic Works etc. etc. Contents: The Life of the Author by Aug. Skottowe; His Miscellaneous Poems; A critical Glossary, compiled after Nares, Drake, Ayscough, Hazlitt, Douce and others. With Shakspeare's Portr. taken from the Chandos Picture, and engraved by C. A. Schwerdgeburth, Roy.-8. Leipz. 826. Er. Fleischer. Subscr.-Pr. 1 ℛ 8 ngl

— — dramatical Works. Printed from the text of Johnson and Steevens. 5 Vol. 8. London, A. Black. 821.

— — dramatical Works. (in 1 Vol.) gr. 8. London, Bohte. 821.

— poetical Works. Campe's edition. ½ 12. Nurnberg and New-York 837. Campe and Comp. ⅓ ℛ

Geflügelte Worte und volksthümlich gewordene Aussprüche aus [William] Shakespeare's dramatischen Werken. Zsgest. von F[riedrich] A[ugust] Leo. *Weimar 1892: R. Wagner.* (108 S.) 8°(4°)
Aus: Jahrbuch d. Deutschen Shakespeare-Ges. Bd 27. [illegible] 11

— Goldene Worte aus Shakspeare's dramatischen Werken. Ausgewählt v. Jul. Wolff. gr. 8. (X, 270 S.) Berlin 872. Lipperheide. n. 3. —; geb. m. Goldschn. n. 4. 50

— die Zähmung der Keiferin, s.: Meyer's Volksbücher.

— der Widerspenstigen Zähmung, s.a. Bibliothek der Gesamt-Litteratur d. In- u. Auslandes.

— der Widerspenstigen Zähmung, s.a. Hempel's Klassiker-Bibliothek.

— dasselbe, s.a. Klassiker-Ausgaben, illustr., Minerva.

— — s.a. Museum.

— der Widerspenstigen Zähmung, s.a. Repertoirstücke der deutschen Bühne.

Shakespeare, der Widerspenstigen Zähmung, s.a. Theater-Bibliothek, classische.

— dasselbe, s.a. Universal-Bibliothek.

— der Widerspenstigen Zähmung. Lustspiel in 4 Akten u. 1 Vorspiel. Nach der Uebersetzg. v. Wolf Graf Baudissin (Schlegel-Tieck) f. die deutsche Bühne bearb. v. Rob. Kohlrausch. gr. 8. (XIV, 120 S.) Minden i. W. 892. J. C. C. Bruns' Verl. n. 2. —

— der Widerspenstigen Zähmung. Lustsp. in 5 Akten u. e. Vorspiel. Nach Baudissins Uebersetzg. f. d. deutsche Bühne bearb. v. Eug. Kilian. gr. 8. (VIII, 104 S.) Oldenburg 898. Schulze. n. 1. 20; geb. n. 2. —

— der Widerspenstigen Zähmung, s.a. Meisterwerke, die, d. deutschen Bühne, Nr. 25.

Der Widerspenstigen Zähmung ⟨The Taming of the shrew⟩. Lustspiel in 5 Akten, e. Vorspiel u. Nachspiel von William **Shakespeare**. Nach d. Schlegel-Tieckschen Übers. f. d. deutsche Bühne bearb. von Dr. Karl Zeiß. Leipzig: Hesse (1903). XXIX, 58 S. 8°
(Die Meisterwerke d. deutschen Bühne. 25.) [illegible]

— Der Widerspenstigen Zähmung, s.a. Shakespeare-Bühne, neue. VIII.

Der Widerspänstigen Zähmung (The Taming of the shrew) von William **Shakespeare**, nach d. Schlegel-Tieckschen Übers. f. d. Bühne eingerichtet von Dr. Ludwig Weber. Berlin: H. Paetel 1909. XXIV, 161 S. 8°
(Neue Shakespeare-Bühne. 8.)

Shakspeare-Album, s.a. Kaulbach, Wilh. v.

Shakespeare-Album. [Fotografien von Heinrich Graf. Berlin um 1860.] 67 Taf. 8°.

Shakspeare-Album. Sämmtliche Costümfiguren aus dem Shakspearefest, veranstaltet am 23. April 1864 von der Künstler-Gesellschaft „Malkasten" in Düsseldorf. Photographirt und hrsg. von Gebr. G. und A. Overbeck. 64 Photogr. auf 16 Taf. Lex.-8. Düsseldorf 864. Leipzig, Hinrichs'sche Sortimentsh. In Carton. Einzelne Blatt (4 Photogr. in Visitenkarten-Format enth.) *
Einzelne Photogr. *

Inhalt:

Shakspeare. — Urania. — Herold. — König Johann. — Richard II. — Gemahlin Richard's II. — Heinrich IV. — Heinrich V. — Falstaff. — Pistol. — Bardolph. — Nym. — Poins. — Heinrich VI. — Bischof. — Eduard IV. — Söhne Eduards. — Richard III. — Anna Boleyn. — Heinrich VIII. — Cardinal Wolsey. — Julius Cäsar. — Cassius. — Brutus. — Volumnia. — Coriolan. — Virgilia. — Marcius (Virgilias Sohn). — Antonius. — Cleopatra. — Marc Anton. — Banco. — Macbeth. — Lady Macbeth. — Romeo und Julia. — Pater Lorenzo. — Hamlet. — Horacio. — Marcellus. — Ophelia. — Brabanzio. — Desdemona. — Othello. — Jago. — Ferdinand und Miranda. — Caliban. — Cordelia. — Lear. — Porzia. — Bassanio. — Antonio. — Shylock. — Titania und Zettel. — Mondschein. — Thisbe. — Wand. — Löwe. — Lysander. — Hermia. — Sebastian und Viola. — Narr. — Malvolio. — Junker Tobias und v. Bleichenwang. — Page.

Shakespeare-Almanach, s. Shakespeare, William: Shakespeare-Almanach.

Shakespeare-Brevier, s. Shakespeare, William: Shakespeare-Brevier.

Shakespeare-Büchlein, Das, des armen Mannes in Toggenburg vom Jahr 1780; mitgetheilt von Ernst Götzinger. [Weimar 1876.] V: *Bräcker, Ulr.* (Cat. d. Stadtbibl. Zürich. Zürich 1864—97.)

Shakespeare-Bühne, neue. Hrsg.: Erich Paetel. I. Hamlet. Uebers. v. Ludw. Seeger, mit Vorwort u. Verbessergn. v. Herm. Türck. (VIII, 171 S.) gr. 8. Berlin 903. [F. Dümmler's Verl.] H. Paetel. n. 2. 50; geb. n. 3. 50

Shakespeare-Bühne, neue. Hrsg.: Erich Paetel. II—IX. gr. 8. Berlin-Wilmersdorf, H. Paetel. 16. 25
Leschtsch, A., Richard III. Eine Charakterstudie. (34 S.) 908. (V.) 1. —
Limberger, Rich., Polonius. Eine Studie zur Ehrenrettg. Shakespeares. (41 S.) 908. (VII.) 1. —
Neubner, Alfr., mißachtete Shakespeare-Dramen. Eine literarhistorisch-krit. Untersuchg. (XI, 197 S.) 907. (III.) 4.—; geb. 5. —
Pfleiderer, Wolfg., Hamlet u. Ophelia. Eine psycholog. Studie. (93 S.) 908. (VI.) 1. 50
Poritzky, J. E., Shakespeares Hexen. Ein literarhistor. Kulturbild. (56 S.) 909. (IX.) 1. 50
Shakespeare, William, König Lokrin. Ein Trauerspiel in 5 Aufzügen. Deutsche Übersetzg. m. literarhistor. Einleitg. u. Anmerkgn. v. Alfr. Neubner. (LI, 138 S.) 908. (IV.) 2.75; geb. n 3. 75
— Ein Trauerspiel in Yorkshire. Übers. u. m. e. einführ. Vorwort v. Alfr. Neubner. (IX, 49 S.) 907. (II.) 1.50; geb. 2. 25
— Der Widerspenstigen Zähmung. Nach der Schlegel-Tieckschen Übersetzg. f. die Bühne eingerichtet v. Ludw. Weber. (XXV, 159 S.) 909. (VIII.) 3. —

Shakspeare, the college, in which nothing is added to the original text, but those words and expressions are omitted which cannot with propriety be read before young students. With copious english explanatory notes by Otto Fiebig. Vol. I.: Hamlet, prince of Denmark, a tragedy. gr. 8. (VII und 231 S.) Leipzig 857, Thomas.

Shakspeare-Gallerie, Illustrationen zu Shakspeare's dramat. Werken. Nach Zeichnungen Engl. u. Franz. Künstler in Chemitypie ausgeführt von C. Piil. Mit Text in Engl. u. Deutscher Sprache. 10 Lfgn. Lex. 8. (182 S. u. 33 Taf.) Leipzig 847, Friedlein's graph. Anstalt. (à n. 1/3 ₰) n. 3 1/3 ₰

Shakspeare-Gallerie. Illustrationen zu Shakspeare's dramatischen Werken nach Zeichnungen englischer und französischer Künstler. Nebst 1 Portr. u. Facsim. Shakspeare's (in Stahlst.). Mit begleitendem Texte, enthaltend: eine kurze Analyse sämmtlicher Stucke, die zu den dramatischen Scenen gehörigen Stellen in englischer und deutscher Sprache, und eine Biographie Shakspeare's. 2. wohlfeile Ausgabe. Leipzig 863. Schrag's Verlag. Lex.-8. (161 S. u. 40 Holzschnitaf.) 1 ₰ 15 ngr.

Shakespeare-Galerie. Charaktere und Scenen aus Shakespeare's Dramen. Gezeichnet von Max Adamo, Heinr. Hofmann, Haus Makart, Friedr. Pecht, Fritz Schwoerer, A. und H. Spiess. 36 Blätter in Stahlst. Gest. von Bankel, Goldberg, Raab, Schultheiss u. a. Mit erläut. Texte von Friedr. Pecht. 12 Lfgn. 4. (378 S. mit 36 Stahlst.) Leipzig 870—76, Brockhaus. à Lfg. *M. 4. *
geb. in Lnwd. mit Goldschn. **
geb. in Leder mit Goldschn. **
Pracht-Ausg. in Imp.-Fol. auf chines. Papier *
geb. in Leder mit Goldschn. **]

Shakespeare-Galerie. Charaktere u. Scenen aus Shakespeare's Dramen. Gezeichnet v. Max Adam, Heinr. Hoffmann, Hanns Makart u. A. 36 Blätter in Stahlst. Gest. v. Bankel, Goldberg, Raab u. A. Mit erläut. Text v. Frdr. Pecht. 2.—12. (Schluss-)Lfg. 4. (334 S. m. 33 Stahlst.) Leipzig 871—75. Brockhaus. à n. 4. —

Shakespeare-Galerie. 36 Blätter in Stahlst. Gezeichnet von Max Adamo, Heinr. Hofmann, Hanns Makart, Frdr. Pecht, Fritz Schwoerer, Aug. u. Heinr. Spiess. Mit erläut. Text von Frdr. Pecht. 2. Aufl. hoch 4. (X, 368 S.) Leipzig 882. Brockhaus. n. 48. —; geb. in Leinw. n.n. 56. —; in Ldr. n.n. 62. —; Prachtausg. n. 84. —; geb. in Ldr. n.n. 105. —

Shakspeare-Galerie, neue. Die Frauen u. Mädchen in Shakspeare's dramatischen Werken. In Bildern engl. Künstler mit Erläuterungen. 45 Lfgn. schm. 4. (25½ B. u. 45 Stahlst.) Leipzig 846, Brockhaus u. Avenarius. à * 8 Ngr.; Compl. in engl. Einbd. *

Shakspeare-Galerie, neue. Die Frauen u. Mädchen in Shakspeare's dramat. Werken. 7—45. Lfg. 4. (168 S. u. 39 Stahlst.) Leipzig 847, Brockhaus. Subscr.-Pr. à n. 8 ngl (cmpl. in Engl. Einb. n. 13 ₰)

Neue **Shakspeare(!)-Galerie.** Die Mädchen und Frauen in Shakspeare's(!) dramatischen Werken. Leipzig, Brockhaus & Avenarius 1848.
188 S. 45 Taf. in Stahlst. 4°

Shakspeare-Galerie, neue. Die Mädchen und Frauen in Shakspeare's dramatischen Werken. In Bildern u. Erläutergn. 2. Aufl. Leipzig 857. Brockhaus. Lex.-8. (X, 180 S. u. 45 Stahlst.) n. 12 ₰.

Shakespeare-Galerie, neue. Die Mädchen u. Frauen in Shakespeare's dramatischen Werken. In Bildern u. Erläuterungen. 3. Aufl. Leipzig 866. Brockhaus. hoch 4. (45 Stahlst. mit XII, 180 S.) n. 12 ₰;
geb. mit Goldschn. n. 13 ₰;
in Leder geb. mit Goldschn. n.n. 14 ₰

Shakespeare-Geburtstags-Buch, das. 16. (VII, 227 S.) [München 877, Patzig.] Dresden, Pierson. (*M. 3.)

— dasselbe. (Neue Aufl.) 16. (VII, 277 S.) Dresden 882. Pierson. geb. m. Goldschn. n. 2. 40

Shakespeare-Geburtstag-Buch, das. 1.—4. Aufl. 16. (VII, 277 S.) Dresden 882,83, Pierson. geb. mit Goldschn. *

Shakespeare-Geburtstag-Buch, das. 5. Aufl. 16. (V, 277 S.) Dresden 884. Pierson. geb. m. Goldschn. n. 3. —

Shakespeare-Geburtstag-Buch, das. 5. Aufl. gr. 16. (VII, 277 S.) Dresden 898. E. Pierson.
Geb. in Leinw. m. Goldschn. n. 3. —

Deutsche **Shakespeare-Gesellschaft.** (Satzungen, Inhalt der bisher erschien. Bände d. Jahrbuchs, Mitglieder-Verz.) *(Weimar 1899.)* (84 S.) 4° [Kopft.] [04, 2930

Shakespeare-Gesellschaft, s. Jahrbuch.

Shakespeareiana. Verzeichniss von Schriften von und über Shakespeare. Zur Feier des 300jährigen Jubiläums am 23. April 1864. Wien 864. Czermak. gr. 8. (16 S.) 2 ngr.

Shakespeare-Kalender. 1892 u. 1893. 12. (à Jahrg. 12 Blatt in Farbendr.) [Münch.] Nürnb., Stroefer. à Jahrg. * 1 —
Frühere Jahrgg. erschienen u. d. T.: Im Jahres-Laufe (s. d.).

Shakespeare-Kalender. Für d. J. 1910. Illustriert v. Hans Printz. (26 S. m. 12 farb. Taf.) Lex. 8. Wien, W. Munk. 6. 50

Shakespeare-Lesebuch, s. Meurer, Karl.

Shakespeare-Lexikon, s. Schmidt, Alex.

Shakespeare-Litteratur, s. Reichel, E.

Shakespeare-Literatur, Die, in Deutschland. Cassel 1852. H: *Balde, Ernst.* (Hdschr. Mitth. Friedrich Müller, München)

Shakspeare-Literatur, die, in Deutschland. Vollständiger Catalog sämmtlicher in Deutschland erschienenen Uebersetzungen W. Shakspeare's sowohl in Gesammt- als Einzel-Ausg., aller bezügl. Erläuterungs- u. Ergänzungsschriften, wie endlich aller mit ihm in irgend einer Beziehung stehenden sonstigen literar. Erscheinungen. Von 1762 b. Ende 1851. Supplement zu allen Uebersetzungen u. Erläuterungsschriften W. Shakspeare's. 8. (44 S.) Cassel 852, Balde. n. ¼ ₰

Shakespear-Museum. Zeitschrift für Geschichte und Pflege des Shakespear-Studiums und Shakespear-Cultus. Organ für Frage und Antwort, für Rede und Gegenrede in Shakespear-Sachen. Ein literarisch-dramaturg. Erörterungs- und Verständigungs-Blatt für Shakespear-Forscher und Shakespear-Freunde. Hrsg. von Max Moltke. 1. Bd. 24 Nrn. (Bog.) Lex.-8. Leipzig 870, Shakespeare-Verlag. pr. 6 Nrn. *

Shakespeare-Mythus, der, s. Morgan, A.

Shakespeare-Perlen, s. Keller, Th.

Shakespeare-Primer, s. Shakespeare, William: Shakespeare-Primer.

Shakespeare reprints, s. Shakespeare, William: Shakespeare reprints.

Shakespear's Beruf u. Triumph, (v. Nikl. Vogt). 8. Leipz., Gräff. 12 gr.

Shakspeare's Beruf u. Triumpf. 8. (Leipz. 792. Wienbrack). 2 gr.

Shakespeare's christmas and other stories by „Q" (A. T. Quiller-Couch), s. Collection of British authors. 3860.

Shakspeare's Vorschule. Hrsg. u. mit Vorreden begl. v. Ludw Tieck. 2. Bd. gr. 8. (26 B.) Leipzig 829, Brockhaus.
Inh.: Die schöne Emma, e. Schausp. — Der Tyrann, od. d. Jungfrauentragödie, e. Trauersp. v. Ph. Massinger. — Die Geburt d Merlin, od. d. Kind hat seinen Vater gefunden, e. Schausp. v. W Shakspeare u. W. Rowley.
1. Bd. Ebendas. 1823. 2 Thlr. 12 Gr.

Shakespeare-Schulausgabe, s. Shakespeare, William: Shakespeare-Schulausgabe.

Shakespearestudien, s. Ludwig, Otto. — Rümelin, Gust.

Shakspeare, s. Shakespeare

Shakspere, s. Shakespeare

Shaler, N. S., S. D., Elementarbuch der Geologie f. Anfänger. Autoris. Uebersetzg. von C. v. Karczewska. (308 S. m. Abbildgn.) gr. 8. Dresden 903. H. Schultze. n. 3. —; geb. n. 4. —; erhöht. Pr. n. 3. 60; geb. n. 4. 50

Ⓑ **Shaler,** N. S., Elementarbuch d. Geologie. 903. (KBL 84.) Jetzt: Stuttgart, Franckh.

Shams i Fachrii, Ispahânensis, lexicon persicum, i. e. libri Mi'jâr i G'amâlî pars IV, quam ad fidem codicis Petropolitani recognitam annotatione critica adhibitis coterorum lexicographorum testimoniis instructam indicibus locuplotissimis auctam addito eiusdem ut videtur auctoris carmine Marghûb al Qulûb inscripto, auspiciis imperialis literarum universitatis Petropolitanae ed. Carolus Salemann. Fasc. I.: textum ot indices continens. Lex.-8. (III, 195 S.) Casani 887. (Leipzig, K. F. Koehler's Antiquar.) n.n. 5. —

Shand, James, a. Edinburgh in Schottland: Ueber Borolanit und die Gesteine des Cnoc-na-Sroine-Massivs in Nord-Schottland. Stuttgart: E. Schweizerbart 1906. (S. 413 bis 453). 8° (Aus: Neues Jahrbuch f. Mineralogie Beil.-Bd 22.)
Münster, Phil. Fak., Ref. Buß, Diss. v. 12. Dez. 1906
[Geb. 29. Okt. 82 Edinburgh; Wohnort: Broughty-Jerry; Staatsangeh.: England; Vorbildung: George Watsons College Edinburgh bis Juli 00; Studium: St. Andrews (Schottland) 10, Münster 2 S.; Rig. 25. Juli 06.]

Shands, H(ubert) A(nton): Massinger's 'The Great Duke of Florence' und seine Quellen. Halle a. S. 1902: C. A. Kaemmerer & Co. (81 S.) 8°
Halle, Phil. Diss. v. 1902

Shandy

— des Herrn Tristrams, Leben u. Meinungen, aus d. Engl. 9 Thle. 8. Berlin, Lange. 774.

Shandys, Tristram, Leben und Meynungen, aus dem Engl. 9 Theile, zweyte Aufl. 8. Berlin, 774. Lange. (Reimer)
Dasselbe Buch, 9 Theile, mit Kupf. zweyte Aufl. 8. Hamburg, 776. Bohn.

— — dasselbe, neu verdeutscht, m. Kpf. 3 Bde. 8. Leipzig, Linke. 801. Schreibpap.

— — dieselbe Ausgabe m. 1 Kpf. 8. Ebend. (Hahn in Hannov.) 810. Druckpap.

Shandy, Tristram, Leben u. Meinungen, von neuem verdeutscht. 3 Bde. wohlf. Ausg. mit 1 K. 8. Hannov. Gebr. Hahn. 810.

— — Gentleman, the life and opinions, by Lor. Sterne. (Yorick.) 6 Vol. gr. 8. Altenb. Richter. (Akad. Bhdl. in Jena.) 772.

— — 2 Vol. gr. 8. Basel, E. Thurneisen.

Shandy, Tristram, the life and opinions, by Lor. Sterne. (Yorick.) II Vol. gr. 8. Gotha, Ettinger. 792.

— — 4 Vol. m. 4 Kpf. 12. Wien, Sammer. 798. Postpap.

— — 4 Vol. 8. Gotha, Steudel. 805. (à 10 gr.) Schreibpap. (à 12 gr.)

— Tristram, la Vie, et les opinions de, trad. l'anglois. 12. Paris. (Rottmann à Berlin.) 777.

Sharman, John Henry, a collection of useful expressions chiefly idiomatic in german and english. — A. u. d. T.: Samml. nützl., grösstenth. eigenthüml. Ausdrücke in deutsch. u. engl. Sprache. gr. 8. (2 B.) Neuwied 832, (Fürstl. Wied. Hof-Buchh.?)

Sharman, John Henry, eigenthümliche Redensarten Deutsch u. Englisch, mit den Abkürzungen, die in der engl. Conversations-Sprache gebräuchlich sind. 2. Aufl. 12. Carlsruhe 843, Nöldeke. 1/6 ꝑ

Sharp, die merkwürdigsten engl. Criminalfälle, s.: Bibliothek, Europäische, 690—693. Bd.

The other boy. By Evelyn **Sharp**. Mit Anm. z. Schulgebr. u. e. Wörterbuch versehen von F. Mersmann. [Text.] Anmerkungen. Wörterbuch. Paderborn: F. Schöningh [1907]. 3 Bde 8°
— **Schülerbibliothek**, Englische. Bdch. 2. [07. 11743

Sharp, Frank Chapman, the aesthetic element in morality and its place in a utilitarian theory of morals. gr. 8. (III, 131 S.) Berlin 893. Mayer & Müller. n. 3. —

Sharp, Frank *Chapman* [aus Brooklyn N. Y.]: Das ästhetische Element in der Moral ... Berlin, Druck v. H. S. Hermann, 1892; 42 S., 1 Bl. 8.
Berlin, Phil. Fak., Inaug.-Diss. v. 1. Aug. 1892

(**Sharp,** Jer.), neuer Beitrag zur natürlichen Magie, mit 68 Figuren. Berl. 788. 8.

Sharp, Rob., de infinitivo Herodoteo. Dissertatio inauguralis. 8. (45 S.) Leipzig 880. Simmel & Co. n. 1. —

Architects of English literature. By R[obert] Farquharson **Sharp**. Auswahl. Mit Anm. [= Anhang] z. Schulgebr. hrsg. von Dr. O[tto] Hallbauer, Prof. zu Holzminden. [Nebst] Wörterbuch. Mit 6 Portr. *Bielefeld & Leipzig: Velhagen & Klasing 1903.* 3 Bde 8°
= **Sammlung**, Velhagen & Klasings, franz. u. engl. Schulausgaben. English authors. Lfg 88 B. [03. 13900

Sharp, R., Farquharson, Architects of English literature, hrsg. v. O. Hallbauer, s. a. Authors, English.

Sharp, Samuel: Eine critische Untersuchung des gegenwärtigen Zustandes der Wundarzney. (A critical Enquiry into the present state of surgery. Dt.) 288 S., gbd.

Rostock u. Leipzig: Koppe 1756

Sharp, William, s. a. Macleod, Fiona.

Sharp, William, a fellowe and his wife, s.: Howard, Blanche Willis.

Sharpe, R. Bowdler, a review of recent attempts to classify birds; an adress, delivered before the second international ornithological congress on the 18th of may, 1891. gr. 8. (90 S. m. Abbildgn.) Budapest 891. (Berlin, R. Friedländer & Sohn.) n. 7. 50

Sharpe, Samuel

Sharpe's, Sam., Geschichte Egypten's von der ältesten Zeit bis zur Eroberung durch die Araber 640 (641) n. Chr. Nach der 3. verb. Originalaufl. deutsch bearb. von H. Jolowicz. (Durchges. von Alfr. v. Gutschmid.) 2 Bde. Mit 1 (lith.) Karte (in 4.) u. 3 (lith.) Plänen (in 8.). Leipzig 857, 58. Teubner. gr. 8. (XVI, 276; XIII, 342 S.) Jeder Bd. n. 2 ₰.

Sharpe's, Sam., Geschichte Egyptens von der ältesten Zeit bis zur Eroberung durch die Araber 640 (641) n. Chr. Nach der 3. verb. Orig.-Aufl. deutsch bearb. von H. Jolowicz. Revidiert und berichtigt von Alfr. v. Gutschmid. 2 Bde. 2. (Titel-) Ausg. gr. 8. (XXIX und 618 S. mit 1 ill. Tab. in Fol. und mit 1 Karte in Kpfrst. und 3 lithogr. Plänen in gr. 8. und qu. 4.) Leipzig (857,58)62, Teubner.

Sharpe, Samuel, Geschichte des hebräischen Volkes und seiner Literatur. Mit Bewilligung des Verf. berichtigt und ergänzt von H. Jolowicz. gr. 8. (XII, 187 S.) Leipzig 869, C. F. Winter'sche Verlagsh. *

Shaw, Albert

Shaw, Alb., Icaria. Ein Beitrag zur Geschichte des Kommunismus. Autoris. Ausg. Deutsch von M. Jacobi. 8. (VII, 139 S.) Stuttgart 886, Lutz. *

Shaw, Bernard, der Amateursozialist. Roman. Aus dem Engl. übers. v. Wilh. Cremer. (388 S.) 8. Berlin 908. [Dr. F. Ledermann.] Heilbrunn & Co. 6.—; geb. 7.50

— dasselbe. (Volks-[Titel-]Ausg.) (388 S.) 8. Ebd. 909. 3.—; geb. 4.—

— Der Arzt am Scheideweg. Komödie in 5 Akten. (Autoris. Übertragg. v. Siegfr. Trebitsch.) 1.—3. Aufl. (177 S.) 8. Berlin 909. 10. S. Fischer Verl. 2.50; geb. n 3.50

— Major Barbara. Komödie in 3 Akten. Deutsch v. Siegfr. Trebitsch. (250 S.) 8. Ebd. 909. 3.—; geb. n 4.—

Kapitän Braßbounds Bekehrung [Captain Brassbound's conversion]. Ein Abenteuer in 3 Akten von Bernard **Shaw**. Deutsch von Siegfried Trebitsch. Berlin: S. Fischer 1908. (148 S.) 8° [F.] [08. 6096

— Cashel Byrons Beruf. Roman. Aus dem Engl. übers. v. Alfr. Brieger. (Übers. nach der 1. verb. Londoner Ausg.) (404 S.) 8. Berlin 908. [Dr. F. Ledermann.] Heilbrunn & Co. 6.—; geb. n 7.50

— dasselbe. (Volks-[Titel-]Ausg.) (404 S.) 8. Ebd. 909. 3.—; geb. 4.—

Candida. Ein Mysterium in 3 Akten von Bernard **Shaw**. Deutsch von Siegfried Trebitsch. 2. Aufl. Stuttgart & Berlin: J. G. Cotta Nachf. 1905. (135 S.) 8° [F.] [04. 3718 II

Candida. Ein Mysterium in 3 Akten von Bernard **Shaw**. Deutsch von Siegfried Trebitsch. 3. verb. Aufl. Stuttgart & Berlin: Cotta 1910. 128 S. 8° [10. 13252

— Cäsar u. Cleopatra. Eine histor. Komödie. Deutsch v. Siegfr. Trebitsch. (196 S.) 8. Berlin 904. S. Fischer, Verl. n. 3.—; geb. n. 4.—

— Cäsar u. Cleopatra. Eine histor. Komödie. Deutsch v. Siegfr. Trebitsch. 2. Aufl. (196 S.) 8. Berlin 907. S. Fischer, Verl. 3.—; geb. n 4.—

Shaw, Bernard, drei Dramen. Candida. — Ein Teufelskerl. — Helden. Übertr. v. Siegfr. Trebitsch. 8. (XX, 383 S.) Stuttgart 903. J. G. Cotta Nachf. n. 4.—; geb. in Leinw. n. 5.—

Kleine Dramen von Bernard **Shaw**. (Wie er ihren Mann belog. Blanco Posnets Erweckung. Zeitungsausschnitte.) Deutsch von Siegfried Trebitsch. Berlin: S. Fischer 1910. 167 S. 8° [10. 6730

Die Ehe. Eine Diskussion von Bernard **Shaw**. Deutsch von Siegfried Trebitsch. Berlin: S. Fischer 1910. 176 S. 8° [10. 13543

Essays von Bernard **Shaw**. (Übertr. von Siegfried Trebitsch.) Berlin: S. Fischer 1908. (370 S.) 8° [08. 13643

Essays von Bernard **Shaw**. (Übertr. von Siegfried Trebitsch. 2. Aufl.) Berlin: S. Fischer 1908. 370 S. 8° [09. 8184 II

— Frau Warrens Gewerbe. Ein Drama in 4 Aufzügen. Deutsch v. Siegfr. Trebitsch. 1. u. 2. Aufl. (à 138 S.) 8. Ebd. 906. n. 2. 50; geb. n. 3. 50

Bernard **Shaw**. Frau Warrens Gewerbe (Mrs. Warrens Profession). Ein Drama in 4 Aufz. Deutsch von Siegfried Trebitsch. 2. Aufl. Berlin: S. Fischer 1907. (138 S.) 8° [F.] [08. 8331

— Frau Warrens Gewerbe. Ein Drama in 4 Aufzügen. Deutsch v. Siegfr. Trebitsch. 3. Aufl. (188 S.) 8. Ebd. 908. 2.50; geb. n 3.50

— Die törichte Heirat. Roman. Aus d. Engl. übers. v. Wilh. Cremer. (Übers. nach der 1. Ausg.) (574 S.) 8. Berlin 908. [Dr. F. Ledermann.] Heilbrunn & Co. 6.—; geb. n 7.50

— dasselbe. (Volks-[Titel-]Ausg.) (574 S.) 8. Ebd. 909. 3.—; geb. 4.—

Shaw, Bernard. Helden. Komödie in drei Aufzügen. Deutsch von Siegfried Trebitsch. 2. Aufl. 134 S. 8. Stuttgart und Berlin, J. G. Cotta Nachfolger, 1905. (M. 2.—, [geb. 3.—])
1. Aufl. in: Shaw, B'. Drei Dramen…. 1903

— Helden. Komödie in 3 Aufzügen. Deutsch v. Siegfr. Trebitsch. 3. Aufl. (184 S.) 8. Stuttgart 909. J. G. Cotta Nachf. 2.—; geb. 3.—

Heuchler (Widower's houses). Komödie in 3 Akten von Bernard **Shaw**. Deutsch von Siegfried Trebitsch. Berlin: S. Fischer 1906. (96 S.) 8° [F.] [08. 7893

— Heuchler. Komödie in 3 Akten. Deutsch von Siegfr. Trebitsch. (96 S.) 8. Berlin 907. S. Fischer, Verl. n. 2.—; geb. n. 3.—

— Ein Ibsenbrevier. Die Quintessenz des Ibsenismus. Deutsch v. Siegfr. Trebitsch. (204 S.) kl. 8. Berlin 908. S. Fischer, Verl. 2.50; geb. n 3.50

Ein Ibsenbrevier. Die Quintessenz des Ibsenismus [The quintessence of Ibsenism] von Bernard **Shaw**. Deutsch von Siegfried Trebitsch. 2. Aufl. Berlin: S. Fischer 1908. (204 S.) 8° [08. 6383

— John Bulls andere Insel. Komödie in 4 Akten. Deutsch v. Siegfr. Trebitsch. (292 S.) 8. Ebd. 909. 3.50; geb. n 4.50

— Künstlerliebe. Roman. Aus dem Engl. übers. v. Alfr. Brieger u. Wilh. Cremer. (554 S.) 8. Berlin 908. [Dr. F. Ledermann.] Heilbrunn & Co. 6.—; geb. n 7.50

— dasselbe. (Volks-[Titel-]Ausg.) (554 S.) 8. Ebd. 909. 3.—; geb. 4.—

Der Liebhaber. (The Philanderer.) Komödie in 4 Akten von Bernard **Shaw**. Deutsch von Siegfried Trebitsch. Berlin: S. Fischer 1908. (135 S.) 8° [F.] [08. 6047

— Mensch u. Uebermensch. Eine Komödie u. e. Philosophie. Deutsch v. Siegfr. Trebitsch. (448 S.) 8. Ebd. 907. n. 4.—; geb. n. 5.—

Mensch und Übermensch [Man and superman]. Eine Komödie u. e. Philosophie von Bernard **Shaw**. Deutsch von Siegfried Trebitsch. 2. Aufl. Berlin: S. Fischer 1907. (448 S.) 8° [F.] [07. 11761

Mesallianz. Von Bernard **Shaw**. Deutsch von Siegfried Trebitsch. Berlin: S. Fischer 1910. 173 S. 8° [11. 11634

Der Schlachtenlenker. Komödie in 1 Aufzug von Bernard Shaw. Deutsch von Siegfr. Trebitsch. *Berlin: S. Fischer 1904.* (99 S.) 8° [04. 6709

Sozialismus für Millionäre. Von Bernard **Shaw**. Deutsch von Gustav Landauer. Berlin: Concordia [1907]. (63 S.) 8° [F.] [07. 12168

Ein Teufelskerl (Der Teufelsschüler). [The Devil's Disciple.] Hist. Komödie in 3 Akten von Bernard **Shaw**. Deutsch von Siegfried Trebitsch. 2. Aufl. Stuttgart & Berlin: J. G. Cotta Nachf. 1905. (158 S.) 8° [F.] [06. 3719 II

— der verlorene Vater. Komödie in 4 Akten. Deutsch v. Siegfr. Trebitsch. (192 S.) 8. Berlin 906. S. Fischer, Verl. n. 2.50; geb. n. 3.50

Der verlorene Vater (Man kann nie wissen) (You never can tell). Komödie in 4 Akten von Bernard **Shaw**. Deutsch von Siegfried Trebitsch. 2. Aufl. Berlin: S. Fischer 1907. (192 S.) 8° [07. 10390

Shaw, Bernard, ein Wagnerbrevier. Kommentar zum Ring d. Nibelungen. Deutsch v. Siegfr. Trebitsch. (219 S.) kl. 8. Berlin 908. S. Fischer, Verl. 2.50; geb. n 3.50

Ein Wagnerbrevier. Kommentar z. Ring d. Nibelungen von Bernard **Shaw**. Deutsch von Siegfried Trebitsch. 2. Aufl. Berlin: S. Fischer 1908. (219 S.) 8° [08. 6098

Shaw, D., Vergleich. d. verschied. Arten d. Unterweis. in der Religion u. Tugend, von d. n ält. Völkern an bis auf uns. Zeit. n, a. d. Engl. gr. 8. Leipz. Junius. (Gleditsch.) 777.

Shaw, H., Encyclopädie der Verzierungen, s. Ornamenten-Buch, das.

Shaw, H. G., Thierstudien. 6 Blatt Hundeköpfe in Farbendr. qu. Fol. Leipzig 889. Baldamus, Sep.-Cto. n. 7.50; einzelne Blätter à 1.80

Shaw, John: Anleitung zur Anatomie, nebst deren Anwendung auf Pathologie und Chirurgie. Mit einem Anhange über die Verfertigung anatomischer Präparate. Ein Taschenbuch bei'm Zergliedern. (A Manual of anatomy, containing rules for displaying the structure of the body...and their application to pathology and surgery; to which are added observation on the art of making anatomical preparations. Third edition. Dt.) 502 S., gbd., 2 Taf.

Weimar: Landes-Industrie-Comptoir 1823

Shaw, (John,) Bemerkk. über d. Seitenkrümmung d. Rückgrats rc., s. Chirurg. Handbibliothek, VIIr Bd. 2. u. VIII. 2e Abtheilung.

Shaw, Robert

Shaw, R., Reise nach der Hohen Tatarei, Yârkand und Kâshghar und Rückreise über den Karakoram-Paß, s. Bibliothek geographischer Reisen und Entdeckungen.

Shaw, Rob., Reise nach der Hohen Tatarei, Yarkand u. Kâshghar u. Rückreise üb. den Karakoram-Paß. Autoris. vollständ. Ausgabe f. Deutschland. Aus dem Engl. v. J. E. A. Martin. Mit 14 Illustr. (in eingedr. Holzschn. u. auf 10 Holzschntaf., wovon 7 color.) u. 2 (lith.) Karten (in gr. 4.) gr. 8. (XXV, 420 S.) Jena 872. Costenoble. n. 11.—

Shaw R, eine Reise nach der hohen Tatarei usw. 2. Auflage. Jena 1876

Shaw, Thomas: Reisen oder Anmerkungen, verschiedene Theile der Barbarey und der Levante betreffend. Nach der zweyten engländischen Ausgabe ins Deutsche übersetzt und mit vielen Landcharten und andern Kupfern erläutert. Leipzig 1765. 422 S. 4°. [D 650

Shaw, Thomas. Reisen oder Anmerkungen verschiedene Theile der Barbarey . . . betreffend; a. d. Engl. . . . Leipz. 1765. Ü: *Merk, Joh. Hnr.* (ML) (EngG)

Shaw, Thom., Reisen u. Anmerkungen üb. Theile d. Barbarey u. Levante. gr. 4. Leipz. Breitkopf u. H. 765.

Shaw, Vero, das illustrirte Buch vom Hunde. Unter Mitwirkung der hervorragendsten Züchter und Kynologen. Nebst einem Anhang über medicin. und chirurg. Behandlung der Hundekrankheiten von W. Gordon Stables. Deutsch von R. v. Schmiedeberg. 80 Lfgn. gr. 4. (VIII, 696 S. mit 28 Taf. in Farbendr. und zahlreichen schwarzen eingedr. Abbild.) Leipzig 883,84, C. Twietmeyer. à Lfg. *M 1,50. * geb. *

— Einiges üb. Pflege u. Aufzucht der Hunde. Aus dem Engl. 8. (56 S.) Blasewitz 886. Wolff. n. —50

Shaw, Vero, einiges üb. Pflege u. Aufzucht d. Hunde. Aus d. Engl. 2. Aufl. 8. (56 S.) Dresden-Blasewitz 897. Charlottenburg, G. Reuter. n. —50

Shaw, Vero, Einiges üb. Pflege u. Aufzucht der Hunde. Aus dem Engl. 3., vollständig umgearb. u. ergänzte Aufl. (53 S.) 8. Wien (906). Huber & Lahme Nachf. —60

Shaw, W. N., Einführung in das physikalische Praktikum, s. Glazebrook, R. T.

Shaw, William A. Lenzburg Castle. Edited by W. A. Shaw, Litt. D. ... [With 2 Illustrations and 45 Plates.] IV + 49 p. 4. Aarau, H. R. Sauerländer & Co., 1907. [geb. fr. 12.—]

Shawano County Wochenblatt : Jan. 15, 1885 – June 7, 1901.
Weekly. Independent, 1886–92; Democratic, 1893–1901. Title varies: SHAWANO COUNTY DEMOKRAT, 1884–85. United with SHAWANO VOLKSBOTE, to form VOLKSBOTE-WOCHENBLATT. Circulation: 1895, 1108; 1900, 1400.
Edited & published by H. Grosser, 1885–1886; by Dr. L. C. Bold, 1886–92; edited by Dr. L. C. Bold & published by Shawano Printing Association, 1893–99; edited & published by Dr. L. C. Bold, 1900–01.
Shawano, WI

Shawl, der, Lustsp. in 2 Aufz., s. Edmund u. Blanka, oder Maria.

Shdanow, A., recherches sur l'orbite intermédiaire de la comète de Faye dans la proximité de Jupiter en 1841, s.: Mémoires de l'académie impériale des sciences de St.-Pétersbourg.

Shea, Daniel *William* [aus Portsmouth, New-Hampshire]: Zur Brechung und Dispersion des Lichtes in den Metallen ... Berlin, Buchdr. v. G. Schade, *1892*; 36 S., 1 Bl., 1 Taf. 8.
Berlin, Phil. Fak., Inaug.-Diss. v. 31. Mai 1892

Shea, John Gilmary, Geschichte der katholischen Missionen unter den Indianer-Stämmen in den Vereinigten Staaten. 1529—1860. Aus dem Engl. übers. von J. Roth. Mit 6 Stahlst. Würzburg 863. Etlinger. 8. (668 S.) n. 2 ₰ 15 ngr.

Shearman, e. Vorlesung f. junge Männer üb. Keuschheit, s.: Graham, Sylvester.

Sheboygan Amerika : Feb. 21, 1903 – 1941.
Republican, daily, except Sunday, Nov. 1932 – Dec. 1935; weekly, Jan. 4, 1936 – 1941. (Ayer, 1937–41 states that it was Non-partisan). For semi-weekly edition, see SHEBOYGAN ZEITUNG. Absorbed NATIONAL DEMOKRAT. Circulation: 1935, 2150; 1940, 1900. Edited by A. O. Heyer, 1903–1904, Oscar F. Huhn, 1904–33; by Walter Knippel, 1934–41; published by Sheboygan Publishing Co., 1932–36; by Press Publishing Co., 1937–41.
Sheboyganc, WI

Sheboygan Republikaner : Oct. 1851 – 1857.
Democratic. Weekly. Followed by NATIONAL DEMOKRAT. Edited & published by Alfred Marschner & Hans Andreas Rudolph Rehmann [also given as Reichmann]
Sheboyganc, WI

Sheboygan Tribun : Aug. 14, 1874 – Dec. 1881
Independent weekly, supported Tilden, even printing a "Tilden Beilage zur Sheboygan Tribun" [also issued with BARSENICK'S VOLKSBLOTE (?)]. Place of publication varies: Fond du Lac, 1874 – Apr. 1875. United with SHEBOYGAN ZEITUNG, to form ZEITUNG UND TRIBUN. Circulation: 1880, 1100. Edited & published by Alfred Marschner, 1874–81
Sheboygane, WI

Sheboygan Volksblatt : Jan. 1895 – 1905
Labor weekly [issued later, semi-weekly]. Sub-title: Den Interessen des arbeitenden Volkes gewidmet. Circulation: 1900, *1050*, 1905, *2400*.
Edited by Edmund Deuss, 1905; published by Sheboygan Volksblatt Co., 1895–1905.
Sheboygane, WI

Sheboygan Zeitung : June 1860 – Sept. 1872. Sheboygane, WI
Republican weekly. Circulation: 1871, 840 (est.). Edited & published by August Pott.

Sheboygan Zeitung : June 1880 – June 1927.
Weekly, 1880–98; semi-weekly, 1899–1906; semi-weekly edition of AMERIKA, 1907–27. Republican. For daily edition, see TÄGLICHE SHEBOYGAN ZEITUNG. Absorbed SHEBOYGAN TRIBUN, 1882. Title varies: 1) ZEITUNG UND TRIBUN, 1882–95; 2) SHEBOYGAN ZEITUNG UND NATIONAL DEMOKRAT, Apr. 29 – June 1927. Merged with NATIONAL DEMOKRAT. Circulation: 1905, 2300; 1915, 1442; 1920, P. O. Statement, 1569; 1925, 1368; 1930, 1625. Edited & published by A. W. Pott, 1880 – Dec. 1904; published by Sheboygan Publishing Co., 1904–27; edited by A. O. Heyer, 1903–06, by Oscar F. Huhn, 1907–1927. Jubiläums-Ausgabe, 1928.
Sheboygane, WI

Tägliche Sheboygan Zeitung : 1899 – 1905
Daily, evening except Sunday, an edition of SHEBOYGAN ZEITUNG. Republican. Circulation: 1900, 650; 1905, 1250. See *Ayer, 1899–1905*, at subscription rate of 5 dollars per year.
Sheboygane, WI

Sheddachbauten, die, Parallel- od. Sägedachbauten. Eine Zusammenstellg. der wichtigsten Constructionen dieser Dächer in Holz u. Eisen, m. den f. die Ausführg. nöth. Details u. Berechngn. Für Ingenieure, Baumeister u. Industrielle jeder Branche hrsg. v. der Red. d. „Pract. Maschinen-Constructeurs". Mit 19 (eingedr.) Holzschn. u. 2 autogr. Taf. (in Imp.-Fol.) gr. 8. (70 S.) Leipzig 877. Baumgärtner. n. 2. —

Sheddachbauten, die. Parallel- oder Sägedachbauten. Eine Zusammenstellg. der wichtigsten Konstruktionen dieser Dächer in Holz u. Eisen, m. den f. die Ausführg. nöt. Details u. Berechnungsangaben, sowie zwei vollkommen durchgerechneten Beispielen u. e. Anh. üb. Windträger. 2. Aufl., bearb. v. Ottom. Schmiedel. (IV, 136 S. m. 75 Abbildgn. u. 4 photol. Taf.) gr. 8. Berlin (904). W. & S. Loewenthal. n. 4. —

Shedlock, John South

Shedlock, J. S., die Klavier-Sonate, ihr Ursprung u. ihre Entwickelung. Aus d. Engl. übers. v. Olga Stieglitz. 8. (VII, 185 S.) Berlin 897. C. Habel. n. 4. —

Sheehan, Michael, Hibernus: De fide artis rhetoricae Isocrati tributae. *Bonnae 1901: C. Georgi.* (48 S.) 8°
Bonn, Phil. Diss. v. 5. Aug. 1901

Sheehan, Mich., de fide artis rhetoricae Isocrati tributae. Diss. gr. 8. (48 S.) Bonnae 901. (Leipzig, Buchh. G. Fock.) n. 1. 50

Sheehan, Patrick Augustin

Sheehan, Patricio A., mi nuevo coadjutor, s.: Herder, las buenas novelas. V.

Sheehan, Patrick A., Lukas Delmege. Ein moderner Seelsorger-Roman. Autoris. Uebersetzg. aus dem Engl. v. Ant. Lohr. 1. u. 2. Taus. (372 S.) gr. 8. München (903). [Allgemeine Verlags-Gesellschaft.] Regensburg, F. Habbel. n. 4. —; geb. n. 5. —

Sheehan, P. A., der Erfolg des Mißerfolgs. Autoris. Übersetzg. aus dem Engl. v. Osk. Jacob. 8. (655 S.) Steyl 902. Missionsdruckerei. Geb. in Leinw. n. 6. —

— mein neuer Kaplan. Erzählg. aus dem irischen Priesterleben. Genehmigte Uebersetzg. v. J. Nemo. 8. (392 S.) Köln (901). J. P. Bachem. n. 4. 50

Mein neuer Kaplan. Erzählung aus d. irischen Priesterleben von Rev. P. A. **Sheehan**. Genehm. Uebers. von J. Nemo. 2. Aufl. *Bonn: J. P. Bachem [1901].* (392 S.) 8° [F.]

Mein neuer Kaplan [My new curate]. Erzählung aus d. irischen Priesterleben von Rev. P[atrick] A. **Sheehan**. Genehm. Uebers. von J. Nemo [d. i. Johanna Theodore Connemann]. 4. Aufl. Köln: J. P. Bachem [1904]. (396 S.) 8° [F.] 106. 979

Mein neuer Kaplan [My new Curate]. Erzählung aus d. irischen Priesterleben von Rev. P[atrick] A[ugustin] **Sheehan**. Genehm. Uebers. von J. Nemo [d. i. Johanna Theodore Connemann]. 7. Aufl. Köln: Bachem [1908]. 396 S. 8° 10. 12642

Sheets, William Esq. [Pseud.], s.a. Schöpfer, Georg Karl Ludwig

† **Sheets**, Will., (Geo. C. L. Schöpfer,) Leben u. Thaten d. berücht. ungar. Räubers Joseph Schoberi. Nach seinen eigenen Erzähln. bei seiner Anwesenheit in London bearb. A. d. Engl. übers. 2 Thle. 8. (26 B.) Nordhausen 837. [Leipzig, Literar. Museum.] 2 Thlr., brdgs. Pr.

Sheets, Esq., William, Leben und Thaten des berüchtigten Ungarischen Raubers Joseph Schoberi. Nach seinen eigenen Erzählungen bei seiner Anwesenheit in London bearbeitet. Aus d. Engl. übersetzt. 2 Thle. 8. Nordhausen 837. Fürst. 2 ₰

Sheff, Harry

–Ein Bankdirektor. Kriminal-Erzählung. 'Carly Hauk'. Eine wahre Gesch. aus Neu-Mexiko. Mit 3 Vollbild. Berlin: A. Weichert [1899]. (96 S.) 8⁰
= Wochen-Bibliothek. Weichert's. Bd 71.

Shef, Harry, e. Bankdirektor. „Carly Hauk", } s. Weichert's
— der neue Tric, } Wochen-Bibl.

SHEFF, Harry
(F) Der neue Tric. Eine Artisten-Geschichte und Anderes von Harry Scheff. Mit 8 Vollbildern. [Weichert's Illustrirter Familienschatz Bd. 65.] Wien. [1899.] In Comm. Derflinger & Fischer. 8°. 93 S. fl. —.15

Wenn man fensterln geht... Eine österr. Dorfgeschichte von Harry Sheff. Berlin: Berliner Roman-Verl. [1904]. (48 S.) 8° [F.]
= Geschichten, Intime. 55.

Sheib, E. The public schools i/th. Unit. States of America. Diss. Leipzig 1877. 38 S.

Sheil, Richard Lalor

Sheil, (R.,) Evadne, od. die Bildsäulen. Trsp. in 5 Aufz. aus d. Engl. v. Th. Hell. 8. Dresd. 822, Arnold.

Sheil, R., Evadne, od. d. Bildsäule. Trspl. in 5 A., nach d. Engl. von K. G. Th. Winckler. 8. Dresd. 822. Arnold. 12 gr.

Shellds, Francis W., die leitenden Principien bei Entwurfen von Eisen-Constructionen mit praktischen Bemerkungen uber derartige Bauten. Aus dem Engl. von Fritz B. Behr. Berlin 861. Behr. gr. 8. (VI, 44 S. u. 5 lith. Taf.) n. 20 ngr.

Shek, Adb., allgemeines Gesetzbuch üb. Vermögen f. das Fürstenth. Montenegro. In die deutsche Sprache übertr. u. m. e. Einleitg. versehen. gr. 8. (LXXIV, 191 S.) Berlin 898. C. Heymanns Verl. n. 5. —

Shelby County Anzeiger: 1891–1916?
Democratic weekly. Circulation: 1900, 1052; 1905, 1350; 1910, 1285; 1915, 837. Edited & published by C. F. Clement, 1891–95; by Ambrose Wirtz, 1896–1900; by Joseph Meyer, 1901; edited by George Schleyer, 1902; by F. F. Gehrken, 1903; by Werner Hager, 1904; by Fred. W. Boeke, 1905–06; by Frank Sieverding, 1907–08; by L. P. Brandt, 1909–12; by A. J. Cluver, 1913–15, published by Peter E. Sherman, 1902–12; by Hugo J. Anthoney, 1913–15; edited & published by Meyer & Heutrich, 1916.
Sidney, OH

Sheldon, Miß Anna, Galanterien der großen Welt in England; aus d. Engl. 2 Bde. 8. Leipz. 789. Weygand. 1 rthl. 16 gr.

SHELDON, Miss Anne. — Galanterien der grossen Welt in England. Nach der eigenhändigen Beschreibung der Miß *Anna Sheldon* in zwey Bänden. Mit Titelvignette. Leipzig, Weygand, 1790. 8⁰. (2 Rthlr. Scheible, vor 1875.)
648 fortl. gez. S. (incl. Tit.). — Rar!
Orig.: Authentic and interresting memoirs of Miss Ann Sheldon (now Miss Archer), a lady, who figured during several years on highest line of public life. 2 vols. London 1787. 8⁰. (80 xr. E. Taussig, Prag, 1872; jetzt theurer!)

Sheldon, Charles Monroe

Richard Bruce. Von [Charles M.] Sheldon. Autor. Übers. von Emmy v. Feilitzsch. *Kassel: E. Rottger [1899].* (220 S.) 8° [F.]
= Volksbücherei. Bd 8. [... 7483 4

— in Seinen Fußstapfen. Eine Erzählg. frei nach dem Engl. Mit Vorwort von Ad. Stöcker. 1.–3. Aufl. 8. (à IV, 168 S.) Basel 899. 901. Kober. n. 1. —; geb. in Leinw. n. 1. 60

— dasselbe. „Was würde Jesus thun?" Treu u. ohne Kürzgn. übers. v. E. Pfannkuche. 1. u. 2. Aufl. gr. 8. (à IV, 244 S.) Göttingen 900. Vandenhoeck & Ruprecht. Kart. n. 1. 60; geb. in Leinw. n. 2. —

In Seinen Fußtapfen. 'Was würde Jesus thun?' Von Charles M. Sheldon. Treu u. ohne Kürzungen übers. von E. Pfannkuche. 3. Aufl. *Göttingen: Vandenhoeck & Ruprecht 1903.* (244 S.) 8° [F.] [03. 1404 7

Sheldon, Ch. M., in Seinen Fußstapfen. Eine Erzählg., frei nach dem Engl. Mit Vorwort v. Adf. Stöcker. 4. Aufl. (176 S.) 8. Basel 908. Kober. 1.—; geb. in Leinw. 1.60

Sheldon, Charles M., seines Bruders Hüter od. Das Amt e. christl. Haushalters. (261 S.) 8. Herborn 906. Buchh. des nass. Colportagevereins. n. 1. 40; in Bibliotheksbd. n. 1. 80; eleg. geb. n. 2. —

— Malcom Kirk. Unser Glaube ist der Sieg, der die Welt überwunden hat. Einzig berecht. Übertragg. v. G. Holtey-Weber. 8. (III, 306 S.) Leipzig (900). E. Sonnenhol. n. 2. —; geb. in Leinw. n.

— Die Kreuzigung des Philipp Stark. Deutsche Uebertragg. v. P. Cremer. 2. Aufl. (224 S.) 8. Bielefeld (910). Verlagsanstalt der Anstalt Bethel. 1,80; geb. 2. 80

Eine Woche aus Robert Hardy's Leben. (Ein Traum u. dessen Folgen) und für Christus u. d. Kirche. 2 Erzähl. von Charles M. Sheldon. Berecht. deutsche Ausg. bearb. von P. Garve. *Kassel: E. Rottger [1900].* (176 S.) 8° [F.]
= Volksbücherei. Bd 9. [... 7486 4

SHELDON, NORMAN LINDSAY. Ueber neue Umwandlungsprodukte des Dibromanhydro-p-oxy-pseudocumylalkohols. Heidelberg, 1900. J. Hörning. (45 S.) Diss.

Sheldon, Samuel [aus Middlebury, Vt. U. S. A.]. Wechselströme und Electrolyte .... Leipzig, Druck v. Metzger & Wittig, 1888, 19 S. 8⁰
Würzburg, Phil. Fak., Inaug.-Diss. v. 1888

Sheldon, Samuel, Wechselströme und Electrolyte. Diss. Würzburg 1888, Stahelsche Univ.-Buchh. 8⁰. 19 S

Shelford R., Blattidae, s.: Fauna, die, Südwest-Australiens.

— On a small collection of Blattidae in the naturhistorischen Museum zu Wiesbaden. (S. 27—38 m. 1 Taf.) gr. 8. Wiesbaden (908). J. F. Bergmann. 1.—
Sonderabdruck aus: „Jahrbb. d. nass. Ver. f. Naturkde."

Shelley, C. P. B., die Messmaschine von Whitworth, s. Goodeve, T. M.

Shelley's, Percy Bysshe, Leben, s. Druskowitz, H.

Shelley, Percy Bysshe, die Cenci, s.: Universal-Bibliothek.
Dass. s.: Meyer's Volksbücher.

— die Cenci. Trauerspiel in 5 Aufz. Aus d. Engl. nebst e. Lebensskizze des Dichters von Felix Adolphi. gr. 12. Stuttgart 837; Pforzheim, Dennig, Finck u. Comp. 1 rthl.

—— die Cenci. Trauersp. in 5 Aufz. A. d. Engl. nebst e. Lebensskizze d. Dichters v. Felix Adolphi. gr. 12. (9½ B.) Stuttgart 837, [Scheible, Rieger u. Sattler.]

Die Cenci. Eine Tragödie in 5 Aufz. von Percy Bysshe Shelley. Übers. u. mit e. Vorbemerkung versehen von W. Oetzmann. Mit d. Bilde d. Dichters. *Halle a. d. S.: O. Hendel [1904].* (80 S.) 8° [F.]
(Bibliothek d. Gesamtlitteratur d. In- u. Auslandes. No 1748.)

Shelley, Percy Bysshe, die Cenci, s. a. Bibliothek der Gesamtlitteratur...

—— einige Dichtungen, s. a. Dichtungen.

— einige Dichtungen. Deutsch v. Fd. Pröffel. Mit d. Leben des Dichters u. dem Bildn. desselben. 8. Ebend. 841. 3/4 ℳ geb. n. 1 ℳ

Shelley's, P. B., ausgewählte Dichtungen, s. a. Bibliothek ausländischer Klassiker.

Shelley's ausgewählte Dichtungen. Aus dem Engl. v. Adf. Strodtmann. 8. (361 S.) Leipzig 886. Bibliograph. Institut. n. 1. —

— Sämtliche Dichtungen. In Einzelübertraggn. hrsg. v. Geo. Hellm. Neuendorff. Alastor. Mit e. Einleitg. (XVI, 85 S.) kl. 8. Dresden 909. E. Pierson. 1. —; geb. n 2. —

[Percy Bysshe] Shelley's Epipsychidion und Adonais. Mit Einl. u. Anm. hrsg. von Richard Ackermann. *Berlin: E. Felber 1900.* (XXXVIII, 76 S.) 8°
— Textbibliothek, Englische. 5. [00. 11371 5]

Shelley's, Percy Bysshe, Feenkönigin, s. Universal-Bibliothek Nr. 1114.

— lyrische Gedichte, s.: Meyer's Volksbücher.

Shelley, Percy Bysshe: Königin Mab, s. Meyer's Volksbücher.

Shelley, Percy Bysshe, Queen Mab, s. Library, English.

Shelley, Percy Bysshe, Queen Mab. 12. (5 B.) Nürnberg 832, Campe.

Shelley, Percy Bysshe, d. entfesselte Prometheus, s.: Universal-Bibliothek.

Shelley, Percy Bysshe, der entfesselte Prometheus. Lyrisches Drama in 4 Akten. Deutsch v. Albr. Graf Wickenburg. 8. (XXIII, 103 S.) Wien 876. Rosner. n. 3. —

— der entfesselte Prometheus. Ein lyrisches Drama in 4 Akten. Deutsch in den Versmaßen d. Orig. v. H. Richter. 8. (XII, 181 S.) Stuttgart 887. Waag. n. 3. —; geb. n. 4. —; m. Goldschn. n.n. 4. 50

Shelley, Percy Bysshe: Der entfesselte Prometheus [Prometheus unbound]. Lyrisches Drama in 4 Akten. Deutsch von Albrecht Graf Wickenburg. Mit e. Vorw. d. Übers., e. Vorr. d. Dichters u. d. Bilde desselben. Halle a. d. S.: O. Hendel (1902). (96 S.) 8°
(Bibliothek d. Gesamtlitteratur d. In- u. Auslandes. No 1564.)

— der entfesselte Prometheus, s. a. Bibliothek der Gesamtlitteratur...

Percy B(ysshe) Shelley. Prometheus Unbound. A Lyrical Drama in 4 Acts. Erste krit. Textausg. mit Einl. u. Komm. von Richard Ackermann. Heidelberg: C. Winter 1908. (XLIV, 132 S.) 8°
— Textbibliothek, Englische. 13. [08. 9743]

—— gesammelte Schriften. Deutsch bearb. v. Ludw. Herrig u. Ferd. Pröffel. 1. Bdchn. gr. 16. (8 B. u. S's. Bildn.) Braunschweig 840, G. C. E. Meyer sen.

— gesammelte Schriften. Deutsch bearb. von L. Herrig u. F. Pröffel. 1. Liefg. gr. 16. Braunschw. 841, Meyer sen. 1/3 ℳ

Shelley, P. B., a Selection from the Poems, s. Collection of British Authors.

—— poet. Werke in 1 Bde. A. d. Engl. übertr. v. Jul. Seybt. 3 Lfgn. Lex.-8. (23 5/8 B. u. S's. Bildn.) Leipzig 840, Engelmann. *
Inh.: Shelley's Leben. — Königin Mab. Anmerkn. zur Königin Mab. — Alastor, od. d. Geist d. Einsamkeit. — Der entfesselte Prometheus. Lyrisches Drama in 4 Akt. — Die Cenci. Trauersp. in 5 Akt. Gesch. d. Todes d. Familie Cenci. — Hellas. Ein lyr. Drama. — Oedypus Tyrannus, od. Dickfuß d. Tyrann. Eine Tragödie in 2 Akt. — Rosalinde und Helene. Eine moderne Ekloge. — Julian u. Maddalo. Ein Gespräch. — Die Empörung d. Islam. Ein Gedicht in 12 Gesängen. — Kleinere Gedichte: Jugendgedichte und Gedichte aus d. J. 1816—22.

Shelley's, Percy Bysshe, poetische Werke in Einem Bande. Aus d. Engl. übertragen von Jul. Seybt. 2. u. 3. (Schluß-) Liefg. Mit Shelley's Bildn. Lex.-8. Leipzig 842, Engelmann. 2. n. 2/3 ℳ 3. n. 1 1/3 ℳ compl. n. 2 2/3 ℳ In engl. Halbfranzbd. n. 3 ℳ

Shelley's, Percy Bysshe, poetische Werke in einem Bande. Aus dem Engl. von Jul. Seybt. 3. Lfg. (Schluß.) Lex.-8. (11 5/8 B. u. S's. Bildn.) Leipzig 844, [Carl Engelmann jun.] *
1. u. 2. Lfg. Ebendas. 1840. * 1 Thlr. 10 Ngr.

Shelley, Percy Bissche, poetical Works. 32. (580 Seit. u. Bildn.) London and Berlin 837, [Asher and Comp.] *

Shelvoke, G., Reise um die Welt, auf dem Wege durch die große Südsee; aus d. Engl. 8. Bremen 787. Förster. (Müller). 1 ℳ 4 gl.

Shems Ed-Din Abou-Abdallah Moh'ammed, manuel de la cosmographie du moyen age. Traduit de l'arabe: „Nokhbet Ed-Dahr Fi' Adjaib-, Il-Birr Wal-Bah'r“ et accompagné d' éclaircissements par A. F. Mehren. gr. 8. (XX, 443 S.) Leipzig 874. Brockhaus' Sort. n. 11. 25

Shenstone, W. A., Anleitung zum Glasblasen für Physiker und Chemiker. Nach dem Engl. bearb. von H. Ebert. gr. 8. (VII, 86 S. mit 44 in den Text eingedr. Fig.) Leipzig 887, Barth. * 2 —

Shenstone, William. Über Bescheidenheit und Unverschämtheit, a. d. Engl. Dessau u. Leipzig [1788]. V: *Schmid, Christian Heinrich.* (ML) (MGT)

Shenstone, William, Briefwechsel, s.: Percy, Thom.

Shenstone-Grün, oder das neue verlorne Paradies. 3 Thle. 8. Mannh. Schwan. 780.

Shenstone-Grün, od. das neue verlohrne Paradies; eine Geschichte d. menschl. Herzens; geschrieben von d. Eigenthümer des Grün; herausgg. v. Courtn. Melmoth; aus dem Engl. übers. (von Karl Gf. Hermann). 3 Thlchen. 8. Leipz. 790. (Manh., Löffler). 1 ℳ

Shepard, C. U., Untersuchungen über das Entstehen der Hippursäure, s. Meissner, G., und C. U. Shepard.

Sheppard, K. A.: Frauenstimmrecht in Neuseeland. Übers. v. Marie Schloss-Karlsruhe. — Mehn 1909: Kastner & Callwey. 34 S. 8°

Sheppard, N., shut up in Paris, s.: Collection of brit. authors.

Sher, W., Aufzeichnung eines Verlorenen. 8. (126 S.) Leipzig 885, [Lehmann.] Fr. Richter. * 2 —

An die falsche Adresse! Kriminal-Roman von Robert H[arborough] **Sherard.** Neurode: Zehupfennig-Bibliothek 1904. (144 S.) 8° [F.] = **Zehnpfennig-Bibliothek**, Kaufmann's moderne. Jg. 3, Bd 6.

Sherard, Rob. H., an die falsche Adresse, s.a. Kaufmann's moderne Zehnpfennig-Bibliothek. III. 6.

— dasselbe, s.: Klambt's Bücherschatz.

— Oscar Wilde. Die Geschichte e. unglückl. Freundschaft. Mit (6) Portr. u. (2) Fksms. Deutsch von Herm. Frhrn. v. Teschenberg. (VI, 223 S.) 8. Minden (903). J. C. C. Bruns. n. 3. —; geb. in Leinw. n. 4. —

Sherard, Rob. Harborough, das Leben Oskar Wildes. (Übers. v. Max Roden.) 2 Bde. (247 u. 215 S. m. 28 Vollbildern.) 8. Wien 908. [Wiener Verlag.] Berlin, Globus Verlag. à 2. —

— Oscar Wilde, die Geschichte e. unglücklichen Freundschaft. Mit Porträts u. 2 Fksms. Deutsch v. Herm. Freih. v. Teschenberg. 3. Taus. (VI, 228 S.) 8. Minden (909). J. C. C. Bruns. 3.—; geb. 4. —

Sheraton, Thom. (Geb. 1751. Gest. 1806), englische Gebrauchs- u. Luxusmöbel, Stil Ende des 18. Jahrh. Fcsm.-Neudrucke aus dem im J. 1791 u. d. T.: „Cabinet maker and upholsterers drawing book" erschienenen Werke. [Aus: „Engl. Kunstmöbel v. Sheraton, Hepplowhite u. a."] (16 Taf. m. II S. Text.) gr. Fol. Berlin 906. B. Hessling. In Mappe n. 15. —; geb. in Halbleinw. n. 20. —

(()) **Sheraton**, Th., englische Gebrauchs- u. Luxusmöbel. 906. (KBL 34.) Jetzt: Berlin, Ornamentverlag.

Sheraton, Thom., J. Hepplewhite u. a., englische Kunstmöbel, s.: Vorbilder d. Kunsttischlerei.

Sheraton, T. Modell- und Zeichnungsbuch für Ebenisten, Tischler, Tapezierer und Stuhlmacher, und sonst für jeden Liebhaber des guten Geschmacks bei Möblirung und Einrichtung der Putz- und Prachtzimmer. Aus dem Englischen übersetzt und mit Anmerkungen versehen von **Gottfried Traugott Wenzel.** 1 Bd. Text. 1 Bd. Kupfer Leipzig und Dresden 1794. 4°.

Sheraton, T., Modell und Zeichnungsbuch für Ebenisten, Tischler, Tapezierer und Stuhlmacher, und für jeden Liebhaber d. guten Geschmacks b. Meublirung u. Einricht. der Putz- u. Prachtzimmer, a. d. Engl. mit Anmerk. von G. T. Wenzel, m. K. 3 Thle. gr. 4. Leipz. G. Fleischer. 806.

Sherer, Moyle, Bilder aus dem Kriegsleben. A. d. Engl. übers. v. Rud. Lindau. Hrsg. v. Wilh. Ad. Lindau. 8. (21¾ B.) Leipzig 832, Brockhaus.

Sherer, M. Bilder aus dem Kriegsleben. A. d. Engl. übs. v. R. Lindau. Hrsg. v. W. A. Lindau. Leipzig 1832. 338 S.

Sherer, Moyle. Militärische Memoiren, enthaltend die kriegerische Laufbahn des Herzogs von Wellington. Uebertragen von Gustav Nagel. (2 Bde.) 8. Hannover 1835.

Sherer, Moyle, militär. Memoiren, enth. die krieger. Laufbahn d. Herzogs v. Wellington. Uebertr. v. Gust. Nagel. 2 Thle. gr. 8. (à 19½ B.) Hannover 835, 36, Hahnsche Hofbuchh. à * 1⅓ Thlr.

Sheridan, die Entdeckung; Lstspl. 8. Leipz. 771. Jacobäer. 8 gr.

Sheridan, ..., das Glückskind aus Wallis; aus d. Engl. 8. Erfurt 802. (Otto). 20 gr.

Sheridan, Charles Francis.
Geschichte der letzten Staatsveränderung in Schweden; a. d. Engl. Berlin 1781. Ü: *Koch, Carl Chn Balthasar.* (AarF) (Ky) (MGT)

Sheridan, Karl Fr., Geschichte der neuesten Staatsveränderr. in Schweden; aus d. Engl. (von K. Chr. B. Koch). gr. 8. Berl. 781. Mylius.

Sheridan, Philip Henry

Sheridan, Philip H. Von Gravelotte nach Paris. Erinnergn. aus dem deutsch-französ. Kriege. Deutsch von Udo Brachvogel. 8. (115 S. m. Bild d. Verf.) Lpz. 889, Reissner. * 1 50

Sheridan, Richard Brinsley, s. Kommst du mir so ...

Sheridan, R. B., die Lästerschule, s. Theater-Bibliothek.

Sheridan, R. B., die Lästerschule, s.: Universal-Bibliothek.

Sheridan, des jüngeren, Lästerschule. Lustspiel in 5 Aufz. Nach dem Engl., von Schröder. (Nach dem Aufführungs-Expl. des k. k. Hofburg-Theaters.) gr. 12. (116 S.) Wien 847, Wallishausser.

Sheridan's Lästerschule. Eine Uebertragg. ins Deutsche v. G. Humbert. (104 S.) 8. Berlin 904. F. Fontane & Co. n. 2. —; geb. n. 3. —

— die Nebenbuhler, s. Theater-Bibliothek.

Sheridan, R. B., die Nebenbuhler, s. Universal-Bibliothek Nr. 680.

— die Nebenbuhler. — Die Lästerschule, s. Uebungsbuch zum Uebersetzen.

— s. Pizarro.

Sheridan, Rich. Brinsley, Pizzarro, s. Sammlung englischer Schauspiele der neuesten Zeit.

v. Sheridan, Pizarro; übers. v. Geisweiler. gr. 8. London. Leipz., (W. Rauck). 1 gr.

Sheridan, Pizarro v., übers. v. Geisweiler. gr. 8. London. (Sommer in Leipz.)

Sheridan, Richard Brinsley. The Rivals, s. Authors, English. 37.

—— the Rivals, s. Collection of British and American standard Authors.

—— dass. — s. Library, English.

—— dass. — s. Rauch's English Readings.

—— the Rivals. A Comedy in 5 acts. 12. (4 B.) Nurnberg 834, Campe.

Sheridan, Rich. Brinsley, the Rivals, a comedy in 5 acts. Mit besond. Rücksicht auf die grammat. Eigenheiten u. Idiotismen der engl. Sprache bearb. u. m. zahlreichen Beispielen aus älteren u. neueren Musterwerken erläutert von Herm. Croll. gr. 12. ($6\frac{1}{4}$ B.) Hamburg 842, Heubel.

—— the rivals. A comedy. Mit Wort- und Sacherklärungen zum Schul- und Privatgebrauch hrsg. von Reginald Miller. 8. (IV und 87 S.) Leipzig 852. [Berlin, Renger'sche Buchh.]

Sheridan, Rich. Brinsley, († d. 7. Juli 1816), the rivals. A comedy. Mit Anmerkgn. u. Wortregister für den Schulgebrauch eingerichtet v. Louis Simon. 8. (IV u. 96 S.) Leipzig 852, Baumgärtner. $\frac{1}{4}$ ℛ

Sheridan, R. B., the rivals. A comedy. Herausg. und erklart von Carl Meissuer. Göttingen 863. Vandenhoeck & Ruprecht. gr. 8. (IV, 95 S.) n. 10 ngr.

—— the rivals. A comedy in five acts. Für den Schulgebrauch erklärt von L. Riechelmann. gr. 8. (VII und 119 S.) Leipzig 866, Teubner.

—— the Rivals. A comedy in five acts. With explanatory notes for the use of schools by Reginald Miller. 2d edit. gr. 8. (IV, 86 S.) Leipzig 882, Renger'sche Buchh. *

Sheridan, Rich. Brinsley, the rivals. A comedy in 5 acts. Für den Schulgebrauch erklärt v. L. Riechelmann. 2. Aufl. gr. 8. (XVIII, 142 S.) Leipzig 883. Teubner. 1.50

— The school for scandal, erklärt v. Herm. Hartmann, s.: Perthes' Schulausgaben engl. u. französ. Schriftsteller.

— — s. Masterpieces of English literature.

—— the same, s. Pocket-Edition of the most eminent Engl. authors etc.

— the school for scandal, s.: Rauch's English readings.

— the school for scandal, a Comedy, s. Theatre British modern Vol. III.

— the school for scandal, s.: Theatre, English.

— the Shool for scandal. 8. Berl. 796. Unger. 6 gr

—— the school for scandal. A Comedy in 5 acts. 12. ($4\frac{1}{6}$ B.) Nurnberg 833, Campe.

— the school for scandal, a comedy in 5 acts. Accentuirt u. mit grammat. u. erläut. Anmerkk. herausg. vom Prof. Dr Karl Frz. Christ. Wagner. 8. Helmstädt 834. Fleckˑisen. $\frac{1}{2}$ ℛ

—— the school for scandal, a Comedy in 5 acts. (New edit.) 16. ($8\frac{3}{4}$ B.) Leipzig 841, (Renger'sche Buchh.) Thlr.

— the School for Scandal. A Comedy in five acts. (New edit.) 16. Leipzig 841, Volckmar. $\frac{1}{4}$ ℛ

—— the School for scandal. A comedy in 5 actes. 2. edit. revised by E. Amthor. 16. ($6\frac{1}{2}$ B.) Leipzig 846, Renger'sche Buchh.

—— dass. mit Wörterbuch. 16. (9 B.) Ebds. 846.

—— the school for scandal. A comedy in five acts. With a complete vocabulary and explanatory notes for the use of schools by Carl Schmidt. 3. Edition, revised and augmented. 8. (IX und 141 S.) Leipzig 854. [Berlin, Renger'sche Buchh.]
ohne Wörterbuch

— the school for scandal. A comedy in 5 acts. With a complete vocabulary and explanatory notes for the use of schools. 4. edition. Berlin 860. Renger. 16. (VII, 47 S.) $7\frac{1}{2}$ ngr.; mit Wörterbuch (96 S.) 10 ngr.

—— the school for scandal. A comedy. Hrsg. und erklärt von Carl Meißner. gr. 8. (IV und 106 S.) Göttingen 863, Vandenhoeck und Ruprecht's Verlag. *

Sheridan, Rich. Brinsley, the School for Scandal. A comedy in five acts. With a complete vocabulary and explanatory notes for the use of schools by Carl Schmidt. 5th edit. gr. 16. (VII, 143 S.) Berlin 869, Renger'sche Buchh. 1 —

—— the School for Scandal. A comedy in five acts. Mit einer Einleitung und erklärenden Anmerkungen von Otto Dickmann. gr. 8. (XXIX, 106 S.) Leipzig 873, Teubner.

—— the School for Scandal. A comedy in five acts. With a complete vocabulary and explanatory notes for the use of schools by Carl Schmidt. 6th edit. gr. 8. (123 S.) Leipzig 882, Renger'sche Buchh.

Sheridan, R. B., the school for scandal. A comedy in 5 acts. Zum Schul- u. Privatgebr. hrsg. v. Leo Türkheim. Mit Anmerkgn. u. e. Wörterbuch. 8. (VI, 162 S.) München 897. J. Lindauer. n.n. 1.30; kart. n. 1.50

Sheridan, Rich. Brinsl., dramat. Werke, übers. v. A. Fischer, s. Bibliothek engl. Lustspieldichter, 1. Bdchn.

—— dramat. Werke, übers. v. W. Hoffmann, s. Theater, class., d. Auslandes, 21—28. Bdchn.

Sheridan's dramat. Werke, übers. von W. Hoffmann. 2 Lieferr. oder 8 Bdchen. (Enth.: Die Lästerschule. — Das Lager. — Pizarro. — Die Kritiker, oder d. Probe e. Trauerspiels. — Ein Ausflug nach Scarborough. — Die Duenna. — Der St. Patriks-Tag, oder d. Planmachende Lieutenant. — Die Nebenbuhler). 12. Gotha 832. (Reichenbach in Leipz.) 1 ℛ 8 gr

Sheridan, (R. B.,) Works, collected of Th. Moore. 1 Voll. gr. 8. Leipzig 824, E. Fleischer.

Sheridan, R. B., Works, collected of Th. Moore. 1 Voll. gr. 8. Leipz. 825. Er. Fleischer. 1 ℛ 8 gr

Sheridan, Rich. Brinsley, Works. Collected by Thom. Moore. A new edit., compl. in one Vol. With a biograph. sketch. Lex.-8. ($15\frac{1}{4}$ B.) Leipsic 833, E. Fleischer.

Sheridan, Rich. Brinsley, the Dramatic Works, s. Collection of British Authors.

— dramatic works, s. Dür,r's Collection etc.

Sheridan, R(ich.) B(rinsley), dramatic works, s. Standard poets, the, of Great-Britain.

— select dramatic Works, containing: The school for scandal a Comedy: The Rivals, a Comedy: Pizarro, a tragic plays. 18. Paris et Lyon 835. (Leipzig, Hinrichs.) $\frac{5}{6}$ ℛ

Sheridan, Thomas

Sheridan, Thom., üb. die Declamation od. den mündl. Vortrag in d. Prosa u. Poesie, nach d. Engl. R. G. Löbel. 2 Thle. gr. 8. Leipz. 792. Weygand. 1 ₰ 8 gr

— Jonathan Swifts Leben, abgekürzt, a. d. Engl. v. Philippine von Knigge xc. 8. Hannover, Ritscher. (Hahn.) 795.

— englisches Wörterbuch bearb. v. J. C. Gruner. gr. 8. Coburg, Ahl. 791. (Riemann)

Sherlock, Martin. Briefe über verschiedene Gegenstände, a. d. Engl. Leipz. 1782. Ü: *Kunth, Gg Frdr.* (Adel) (Ky) (MGT)

Sherlock, Mart., Briefe über verschied. Gegenstände xc. a. d. Engl. v. Kunth. 2 Thle. 8. Leipz. Weygand. 782.

Briefe, Neue, eines Engländers *(Martin Sherlock)* auf seiner Reise nach Italien .... Aus d. Französ. Leipzig, bey Johann Philipp Haug. 1782. 8°. 223 S.
S. 41—47 enthält der 8. Brief Interessantes über das schmähliche Cicisbeat, bezw. Hahnreithum der Italiener.
— Nicht im Anon.-Lex.

— Lettres d'un voyageur Anglois. II Vol. 8. Bern 780. Typ. Soc. 1 ₰

Sherlock, Thomas

— Abhandl. v. Zweck u. Gebr. d. Weissagungen, a. d. Engl. v. F. E. Rambach. 8. Lemgo, Meyer. 749.

Sherlock, Thomas. Heilige Reden über wichtige Glaubenslehren ... a. d. Engl. ... Braunschw. u. Hildesheim 1756—62. Ü: *Mittelstedt, Matthäus Theod. Christoph.* (Ky) (ML)

Sherlock, Thom., heil. Reden; aus d. Engl. (v. M. Th. C. Mittelstedt). 4 Thle. 8. Braunschw. 756—762. Schröder. 1 ₰ 12 gr

Sherlock, Gerichtliche Verhör // Derer Zeugen // Der Auferstehung // JESU, // Worinnen nicht nur des // Woolstons Einwürffe / die er in seinen // so genannten sechs Discoursen anführet; // sondern auch diejenigen / welche so wohl er / als andere / in andern Schrifften her- //aus gegeben / gantz unpartheyisch // erwogen werden. // Aus dem Englischen übersetzt. // Leipzig. // Verlegts Johann George Löwe 1733. - 7 Blatt (nicht paginiert) Titelblatt und Vorrede. - 159 S.

— gerichtl. Verhör der Zeugen d. Auferstеh. Jesu, wider Wollston, 2 Thle. 8. Leipz. Löwe. 751—63.

— gerichtl. Verhör d. Zeugen d. Auferstehung Jesu, wider Wollston. 8. Leipz. 751. 6e Aufl. v. J. A. Schier übers. 8. Ebd. 763. Löwe. 9 gr

Sherlock, Wil., Abhandlung v. d. Versamml. d. Christen z. öffentl. Gottesdienst, a. d. Engl. v. Rambach. 8. Rostock, Koppe. (Stiller.) 763.

— Betrachtung über die Glückseligk. d. Frommen u. Bestrafung d. Gottlosen in d. künf. Welt, od. v. d. Unsterblichk. d. Seele, a. d. Engl. v. A. W. Franzen. 8. Lübeck, Donatius. (Niemann u. R.) 756.

— Betrachtung des Todes. 8. Braunschweig, Schröder. 767.

— Buch von d. Vorsehung Gottes; aus d. Engl. übers. u. mit e. Vorr. versehen v. Abt Mosheim. 8. Hamb. 763. (Schnuphase in Altenb.)

— geistl. Traktat v. jüngsten Gericht. 8. Lübeck, Donatius. 749.

— Verwahrungsmittel gegen d. Papstthum. 8. Halle, Kümmel. 742.

— auserles. Zeugnisse von d. wicht. Grundwahrheiten der christl. Religion, a. d. Engl. v. F. F. Rambach. 8. Berl. Voss. 745.

Sherman, Frederic David: Ueber das Purkinje'sche Phänomen im Centrum der Netzhaut ... M. 2 Fig. im Text. (Aus: Wundt, Philos. Stud., Bd. XIII Heft 3.) Leipzig: W. Engelmann 1897. 48 S., 1 Bl. 8°
Leipzig, Phil. Fak., Inaug.-Diss. v. [20. Mai] 1897

Sherman, Henry, verbesserte wissenschaftl. Zuschneide-Methode. Hrsg. vom Lehr-Institut für wissenschaftl. Zuschneidekunst H. Sh. gr. 4. (10 S. mit Fig. und 2 Taf.) Berlin 887, R. Kühn. * 20 —

Sherman jun., Penoyer [aus Chicago]: Über einige im Pyridinkern substituierte Chinolinderivate ... München, Druck v. V. Höfling. 1895; 46 S. 8.
München, Phil. Fak., Inaug.-Diss. v. 1895

Sherrill, Miles S(tandish): Aus d. Chemischen Institut d. Universität Breslau. Über die Komplexbildung und einige physiko-chemische Konstanten der Quecksilber-Haloide. *Leipzig: W. Engelmann 1903.* (42 S.) 8° (Aus: Zeitschr. f. physikal. Chemie, Bd 43, H. 6.)
Breslau, Phil. Diss. v. 30. Juli 1903

Sherry, Leben u. Abenteuer Valentin Vox d. Bauchredners. A. d. Engl. v. E. Brinckmeier. 4 Bde. od. 8 Lfgn. gr. 16. (63¾ B. u. 25 Stnt. nach Onwhyn.) Braunschweig 840, G. C. E. Meyer sen. *

Sherry
Leben und Abenteuer Valentin Vox des Bauchredners. Aus dem Engl. von E. Brinckmeier. Bd 1-4. Mit Abb. nach Onwhyn.
Braunschweig: Meyer 1840-41. 8°

Sherry, Leben u. Abenteuer Valentin Vox des Bauchredners. Aus d. Engl. von E. Brinckmeier. 4 Bde. 2. (Titel-)Aufl. 8. (1036 S.) Braunschweig (840) 851, G. C. E. Meyer sen. 1 ₰

Sherry, J. M., Ahasistari's, des Huronenhäuptlings, Treue. Eine Erzählung aus den Indianer-Missionen von Nordamerika. Nach dem Engl. von J. J. Menge. Freiburg i. Br. 861. Herder'sche Verlagsh. 8. (200 S.) 12 ngr

Sherwell, A., Engl. Gasth., s. Stud. z. Alkoholfr.

Sherwood, die Abende im Herrenhause oder Welt und Christenthum. Nach dem Engl. von Gust. Plieninger. 2. Aufl. Stuttgart 862. Belser. 8. (528 S.) 1 ₰ 6 ngr

Sherwood, Mrs., die Abende im Herrenhause oder Welt u. Christenthum. Nach dem Engl. von Gust. Plieninger. Neue, billigere (Titel-)Ausg. der 2. Aufl. Mit 1 Titelkpfr. Stuttgart (862) 69. Belser's Verl. 21 ngr; geb. 27 ngr

Sherwood, Mistr., das Schloß Dudley. A. d. Engl. übers. v. Carl Becker. gr. 12. (3 B., Ttlbild u. lith. Ttl.) Berlin 839, J. A. Wohlgemuth.

—— ausgewählte Erzählungen. Eingeleit. v. Gust. Plieninger. 1—4. Bd. — A. u. d. Ttl.: Roxobel. A. d. Engl. übers. v. Louise Marezoll. 1—4. Thl. 16. (53 B.) Stuttgart 841, Belser'sche Buchh. à

Sherwood's ausgewählte Erzählungen. Eingeleitet von Gust. Plieninger. 5—10. Bd. — A. u. d. Ttl.: Die Abende im Herrenhause. 6 Thle. 16. (75½ B.) Stuttgart 843, Belsersche Buchh. à 7½ Ngr.
1—4. Bd. Ebendas. 1841. 1 Thlr.

Sherwood's, ausgewählte Erzählungen. Eingeleitet v. Gust. Plieninger. 11 u. 12. Bd. A. u. d. T.: Kleinere Erzählungen. Nach d. Engl. von Alb. Döring. 2 Thle. gr. 16. 1. Die schöne Estella. — Juliane Oakley. (167 S.) 2. Clara Lushington. — Freuden u. Leiden der Kindheit. (172 S.) Stuttgart 848, Belser. à ¼ ₰ (12 Bde.: 3 ₰)

SHERWOOD, MRS. *Die Familie Fairschild.* Verfaßt von der Engländerin Mstrs. Scherwood. (!) Zum Heile der lieben Jugend nach der französischen Übersetzung deutsch bearbeitet. [Übers. u. hg. v. Graf v. d. Recke Volmerstein.] Düsselthal, 1839. IV, 425 S. u. 6 Lithogr. v. W. SEVERIN. 8°. Einfacher Hlwd. (benutzt).
★ Erste deutsche Ausg. des berühmten Buches der Verf., „the orginator of the mission-field story for children, a prolific writer . . ." (Muir).

—— die Familie Fairschild. 8. (..B.) Düsselthal 839. (Berlin, J. A. Wohlgemuth.)

—— Frauenwerth. A. d. Engl. 8. (14½ B.) Hamburg 844, Kittler.

— der kleine Heinrich u. sein Träger. Aus d. Engl. übersetzt. gr. 16. (72 S. m. 1 Holzschn.) New-York 851. (Philadelphia, Schäfer & Koradi.) n. ⅓ ₰

—— der Mönch von Cimiés. Frei n. d. Engl. v. Louise Marezoll. 2 Thle. gr. 12. (21½ B.) Reutlingen 840, Enßlin u. Laiblin.

—— die Nonne. Frei n. d. Engl. d. 3. Aufl. v. Louise Marezoll. 2 Thle. gr. 12. (17 B.) Reutlingen 840, Enßlin u. Laiblin.

Sherwood. Изъ записокъ генералъ-майора В—П. Berlin 860. F. Schneider. 8. (40 S.) n. 10 ngr.

Sherwood, Clarence

Sherwood C, kurzer Abriss der Geschichte der Musik und Oper. (98 S) (Schmid M, Kunstgeschichte) Neudamm 1905

Sherwood, Clarence [aus Dresden]: Die neu-englischen Bearbeitungen der Erzählung Boccaccios von Ghismonda und Guiscardo ... Berlin, gedr. bei J. Sittenfeld, 1892; 56 S. 8.
Berlin, Phil. Fak., Inaug.-Diss. v. 15. März 1892

Sherwood, Clarence, Geschichte der Musik u. Oper, s.: Hausschatz des Wissens.

Sherwood, Mary, aus Ballston Spa, New York U. S. A.: Aus der Medicinischen Klinik des Herrn Prof. Eichhorst in Zürich. Polyneuritis recurrens. (S.A. aus: Virchow's Archiv f. pathol. Anatomie u. Physiologie. Bd 123 (S. 166—182).) Berl. (G. Reimer) 1891. 19 S. 8°.
Zürich, Med. Diss. [v. 24. Febr. 1891].

Sherwood, S. Newman, Hülfsbuch f. Engländer zur Erlernung der deutschen Sprache, enthaltend eine Interlinear-Uebersetzung der ersten drei Abende von Campe's Robinson; als erstes Lesebuch bearbeitet. gr. 8. (6½ B.) Lübeck 844, v. Rohden'sche Bh.

Sherwood, S. Newman, engl. Lesebuch nach d. Natursystem d. Sprachunterrichts, od. leichte Einleit. in d. prakt. Kenntniß d. engl. Sprache. Mit e. Anh., enth. d. Hauptregeln u. Ausnahmen bei d. Aussprache, d. Elemente d. Grammatik, e. Samml. v. Vokabeln, Phrasen u. leichten Gesprächen ꝛc. 2., verb. Ausg. gr. 8. (24 B.) Lübeck 839, v. Rohden'sche Buchh.

Sherwood, S. Newman, Nachtrag zum Anhang zu dem engl. Lesebuch. gr. 8. (1 B.) Lübeck 843, v. Rohden'sche Bh. Thlr.

Sherwood, s. Newmann.

Sherzer, Jane B(elle): The Ile of Ladies, herausgegeben nach einer Hs. des Marquis von Bath zu Longleat, dem Ms. addit. 10303 des Britischen Museums und Speghts Druck von 1598. Weimar (1902): R. Wagner Sohn. (46 S.) 8° [Erschien mit dem zur Abhandl. gehörigen Text 1903 bei Mayer & Müller, Berlin.]
Berlin, Phil. Diss. v. 15. Aug. 1902

Sherzer, Jano B., Tho Ile of Ladios, hrsg. nach o. HS dos Marquis v. Bath zu Longloat, dom MS addit 10303 des Britischon Museums u. Speghts Druck v. 1598. (VII, 117 S.) gr. 8. Berlin 903. Mayer & Müllor. n. 3. —

Sheth eques a Bohuslav, Joseph, Praelectiones in evangelium s. Matthaei. Innsbruck, Wagner, 1847. gr. 8°. XXIX u. 960 S., 9 Mk.; fl. 4,20.

Shettley, John, Mister Adam's Sündenfall. Schwank in 3 Akten. 16. (103 S.) München (898). Rubinverlag. n. 2. —

Shew, Joel

Shew, J., die Cholera, ihre Ursachen, Vorbeugung und Heilung. Beweise für die Unwirksamkeit der Arzneibehandlung und für den Vorzug der Wasserkur. gr. 8. (VI, 71 S.) [Berlin 875.] Leipzig, Grieben's Verlag. * 1 —
—— dass. — s. Gesundheit, Wohlstand und Glück.

—— Geburtshülfe, Frauenkrankheiten, Schwangerschaft und Wochenbett. Briefe eines Arztes an gebildete Frauen über die Wasserbehandlung bei der Menstruation und ihren Störungen, der Bleichsucht, den Nerven- und anderen weibl. Krankheiten, bei Unfruchtbarkeit, bei der Schwangerschaft und ihren Beschwerden, bei Fehlgeburt, Entbindung und Stillung ꝛc. Mit zahlreichen Behandlungsfällen. Deutsche Ausg. von E. Weilshäuser. 8. (XVI, 452 S. mit 1 Stml.) [Leipzig 877, Douffet.] Hamburg, Berendsohn. * *M* 5.; geb. * 6 —

Shew, Joel, die Kinder u. ihre naturgemäße Behandlung in gesunden u. kranken Tagen. Ein durch zahlreiche Fälle erläut. Führer für Eltern u. Aerzte. Deutsch bearb. von E. Weilshäuser. gr. 8. (XII, 249 S.) Köthen 880. Schettler's Verl. n. 3. —

Shew, J., die Wasserkur bei Schwangerschaft ꝛc. s. Gesundheit, Wohlstand u. Glück.

— die Wasserkur bei Schwangerschaft, Geburt u. Wochenbett, s.: Gut, das höchste.

Shew, J., die Wasserkur bei Schwangerschaft, Geburt u. Wochenbett. 2., verm. u. verb. Aufl. Hrsg. v. Clara Muche. 8. (100 S.) Leipzig 897. Th. Grieben. n. 1. —; geb. n. 1. 40

Shguanin, O. M., anatomia probalissimi. 8. Col. 718. — 12

Shguanin, Caes., manuale clericor. saecular. 4. Augsb. Wolf. 727.

Shiba, Shunichi: Experimentelle Untersuchungen über die Embolie der Netzhaut und Aderhaut. Leipzig 1905: B. Georgi. (40 S.) 8°
Leipzig, Med. Fak., Ref. Sattler, Diss. v. 29. Jan. 1906

SHIBATA, Kōitsi (Shidsuoka-ken): Ueber die Häufigkeit d. Stillungsvermögens und die Säugungserfolge bei den Wöchnerinnen der kgl. Universitäts-Frauenklinik zu München in den Jahren 1884 bis Ende 1887.- München: Ernst 1891. 19 S.
20.7.1891 - Chr 1891/92,26; Jv 1891/92,210
Diss. Ingolst.-Landsh.-Mchn.

Shibata, K., geburtshülfliche Taschen-Phantome. Mit e. Vorrede v. Frz. Winckel. 16. (III, 7 S. m. 1 Abbildg. u. 8 Steintaf.) München 891. J. F. Lehmann's Verl. Kart. n. 3.—

Geburtshülfliche Taschen-Phantome von Dr. med. K[oitzi] **Shibata.** Mit e. Vorr. von Prof. Dr. Franz v. Winckel. Mit 7 Textill. u. 2 bewegl. Früchten. 2. verm. Aufl. München: J. F. Lehmann 1892. (V, 19 S.) 8°

— dasselbe. Mit 8 Textillustr., e. Becken u. 2 in allen Gelenken bewegl. Früchten. 3., verm. Aufl. 12. (V, 19 S.) Ebd. 895. Geb. in Leinw. n. 3.—

Shibata, K., geburtshülfliche Taschen-Phantome. Mit e. Vorrede von Frz. v. Winckel. Mit 8 Textillustr., einem Becken u. 2 in allen Gelenken beweglichen Früchten. 4. verm. Aufl. 12. (V, 19 S.) München 899. J. F. Lehmann's Verl. Geb. in Leinw. n. 3.—

Shiefferdecker, Ernst Frdr. Paul, der Positionswechsel d. Fötus. Inaugural-Dissertation. gr. 8. (57 S.) Königsberg 872. (Leipzig, Kessler.) n. 2. 50

Shigt-Bôk der Stad Brunswyk ... Braunschweig 1829. V: *Bote, Herm.* (EB)

Y(osai) **Shimodaira,** Experimentelle Beiträge zur Wirkungsweise der Bier'schen Stauungstherapie. Jena: Fischer 1910. 116 S. 8° (Arbeiten aus d. Institut z. Erforschung d. Infektionskrankheiten in Bern. H. 5.)

Shimoyama, Yunichiro, Beiträge zur Kenntniss des japanischen Klebreises, Mozigome. Diss. Strassburg i. Els. 1886, Trübners Buchh. u. Antiqu. (E. d'Oleire). 8° 40 S.

Shindler, Robert (M. A.)

— on certain aspects of recent English literature, s.: Vorträge u. Abhandlungen, neuphilolog. II.

Shindler, Rob. Börne-Samtaler, s. Ekko of engelsk Talesprog.

Shindler, Rob. M. A., conversations enfantines, s.: Echo de conversation anglaise.

Shindler, Rob., Echo of spoken English. 1. part. Children's talk. Phonetic transcription by Herb. Smith. (VIII, 73 S.) 8. Marburg 908. N. G. Elwert's Verl. 1.50; kart. 1.80

Shindler, Rob., s.: Echo der engl. Umgangssprache.

— s.: Ekko af engelsk talesprog.

— s.: Eko af engelska talspråket.

— Glimpses of London, / — Aus der Kinderwelt, } s. Echo d. englischen Umgangssprache.

— quelques mois à Londres, s.: Echo de conversation anglaise.

— poets of the present time. A textbook for foreign students of English literature. 8. (LX, 250 S.) Marburg i/H. 891. N. G. Elwert's Verl. n. 3.—; geb. in Leinw. n. 3.75

— från barnens verld, s.: Eko of engelska talspråket.

Shindo, Sozo, a. Japan: Ueber die quantitative Bestimmung der β-Oxybuttersäure im Harn. München 1907: Kastner & Callwey. (26 S.) 8°
München, Med. Fak., Ref. Müller, Diss. v. 20. März 1907
[Geb. 25. Jan. 79 Nakagen, Kr. Kanagawaken in Japan; Wohnort: Tokio, Japan; Staatsangeh.: Japan; Vorbildung: Gymn. Tokio Reife Mai 94; Studium: Med. Akad. Tokio 10, München 3 S.; Rig. 20. März 07.]

Shingu, Suzuo, appr. Arzt: Aus d. med. Klinik u. d. pathol.-anatom. Inst. d. Univ. zu Marburg. Beiträge zur Physiologie des künstlichen Pneumothorax und seiner Wirkung auf die Lungentuberkulose. Würzburg: Kabitzsch 1908. 36 S. 8° ¶(Aus: Beiträge z. Klinik d. Tuberkulose. Bd 11, H. 1.)
Marburg, Med. Diss. v. 1. Okt. 1908, Ref. Brauer, Beneke
[Geb. 8. Okt. 78 Kioto; Wohnort: Marburg; Staatsangeh.: Japan; Vorbildung: Städt. Vorschule für d. med. Studium Kioto bis 92; Studium: Kioto Prov.-med. Hochsch. 10, Marburg 3 S.; Rig. Aug. 08.] [U 09. 3151

240 Schachaufgaben von W(illiam) A. **Shinkman** in Grand-Rapids. Gesammelt von Max Weiß, Rechtsanw., Bamberg. *Potsdam: A. Stein [1903].* (159 S.) 8°

Körperliche und geistige Entwicklung eines Kindes [Notes on the development of a child] in biographischer Darstellung nach Aufzeichnungen von Milicent Washburn **Shinn.** Mit 1 Portr. d. Verf. Bearb. u. hrsg. von Prof. W[ilhelm] Glabbach u. G. Weber (Wiesbaden). Langensalza: F. G. L. Greßler 1905. (VIII, 645 S.) 8° [F.]

Shinoho, Noboru, appr. Arzt: Ueber die Radikaloperation der Leisten- und Schenkel-Hernie beim Weibe. München 1910: Kastner & Callwey. 66 S. 8°
München, Med. Diss. v. 30. Nov. 1910, Ref. v. Angerer
[Geb. 18. Sept. 80 Iwate; Wohnort: Iwate; Staatsangeh.: Japan; Vorbildung: Gymn. Iwate Reife April 98; Studium: Zikeiiin 8, Tokio 2, München 2 S.; Rig. 30. Nov. 10.] [U 11. 3733

Shinri. Die Wahrheit. Erste dt. Zs. in Japan. Hrsg. v. Hans Haas. Jg. 1—5. Tokyo '00—04.

Ship, the, of stars by Q. (A. T. Quiller-Couch), s.: Collection of British authors.

Shipley, Marie A.: Some more discoverers of their predecessors discoveries. An exposé of the plot. Lucerne 1899. 7 S.

Shipley, Marie A.: The N o r s e c o l o n i z a t i o n in America by the light of the Vatican finds. Lucerne: Printed by H. Keller's Foreign Printing Office (1899). (26 S.) 8°

Shipley, Maria E., lange geprüft. Eine Erzählung für die Frauenwelt. Autoris. Uebersetzung aus dem Engl. von Marie Morgenstern. 8. (V, 388 S.) Basel 881, Schneider. * 4 20 geb. * 5 40

Shipman, Ch., Rettung in höchster Not, s. Erzählungen, neue, für die Jugend.

— im Schneesturme der Felsengebirge Nordamerikas, s.: Volks-Bibliothek, neue.

Grobianus in England. Nebst Neudr. d. ersten Übers. 'The Schoole of Slovenrie' (Friedrich Dedekind: Grobianus [engl.]) ⟨1605⟩ u. erster Herausgabe d. Schwankes 'Grobiana's Nuptials' (Verf.: Roger **Shipman** u. William Taylor) ⟨c. 1640⟩ aus Ms. 30. Bodl. Oxf. Von Ernst Rühl. *Berlin: Mayer & Müller 1904.* (VI, LXXXII, 191 S.) 8°
= Palaestra. 38.

Shipton, Anna, „gerade wie ich". Aus dem Leben e. Kindes. 3. Aufl. 12. (16 S.) Basel 886. Spittler. n. — 8

Shipton, Anna, jetzt gerettet. Eine wahre Erzählung. gr. 16. (64 S.) Basel 877. Spittler. n. — 35

Shipton, Anna, „Sage es Jesu!" Erinnerungen aus Emilie Gosse's Leben. 1.—4. Aufl. gr. 16. (132 S.) Basel 873,74, Spittler. * 70 Pf.; cart. * 1 10
geb. *M 1,60.; mit Goldschn. * 2 —

— „sage es Jesu!" Erinnerungen aus Emilie Gosse's Leben. 4. Aufl. gr. 16. (132 S.) Ebend. 875. n. — 70; cart. n. 1. 10; geb. n. 1. 60; geb. m. Goldschn. n. 2. —

Shipton, Anna, „Sage es Jesu!" Erinnerungen aus Emilie Gosse's Leben. 5. Aufl. 8. (132 S.) Basel 881, Spittler. * — 70
geb. * 1 60

—— „sage es Jesu!" Erinnerungen aus Emilie Gosse's Leben. 6. und 7. Aufl. 8. (132 S.) Ebendas. 885—88. * — 70

Shipton, Anna, sage es Jesu! Erinnergn. aus Emilie Gosses Leben. 9. Aufl. (23.—25. Taus.) 12. (128 S.) Basel 896. Kober. n. — 70; geb. in Leinw. n. 1. 20

Shipton, Anna, Sage es Jesu! Erinnergn. aus Emilie Gosses Leben. 10. Aufl. (26.—29. Taus.) 12. (128 S.) Basel 901. Kober. n. — 70; geb. in Leinw. n. 1. 20

Shipton, Anna, sage es Jesu! Erinnerungen aus Emilie Gosses Leben. 11. Aufl. (30.—32. Taus.) (128 S.) kl. 8. Basel 909. Kober. —70; geb. 1. 20

Shipton, A., der verlorene Segen. 2(2 S. kl. 8. Basel, C. F. Spittler. 1876 1. —

—— von Gott erbeten! [1. Sam. 1, 20.] 1. Aufl. (192 S.) 1875; 2. Aufl. gr. 16. (190 S.) Ebendas. 876. ** — 70
geb. in Leinw. * 1 60

Shipton, Anna, v. Gott erbeten! [1. Sam. 1, 20.] 12. (190 S.) Basel 891. Jaeger & Kober. n. — 80

Shipton, A. Von Gott erbeten! 3. Aufl. In-12°. 190 S. Basel, C. F. Spittler. 1891 1 —
Leinwd. 2 —

Shipton, John: Abhandlung von dem Gebrauch der Fieberrinde im heissen und kalten Brand. Aus dem Engl. 24 S.(S.67 - 90), gbd.

Nürnberg: Seeligmann 1760
(Sammlung verschiedener die Fieberrinde betreffender Abhandlungen und Nachrichten... Th.1)

Shipwreck, The, of the Grosvenor, mit Anmerkungen . . . Leipz. 1795. H: *Timaeus, Johann Jacob Carl.* (MGT)

Shires, (W.,) das Horizontorium. gr. Fol. Neuhaldensleben 824, (Creutz in Magdeburg.)

Shirmunsky, M., Pilocarpin bei Erkrankgn. des Mittelohres u. d. Labyrinthes. Vortrag, geh. in der Section f. Kehlkopf-, Nasen- u. Ohrenkrankheiten auf d. 5. Congress russ. Aerzte in St. Petersburg im Jan. 1894. [Aus: „Monatsschr. f. Ohrenheilkde."] gr. 8. (6 S.) Berlin 895. O. Coblentz n. 1. —

Shirreff, E[mily]: Die intellectuelle Erziehung und ihr Einfluss auf Charakter u. Glück der Frauen. [Intellectual Education and its influence on the character and happiness of the women; 1858.] Nach d. 2. Aufl. d. engl. Originals v. A. v. Metzsch. Autoris. Ausg.—Leipzig: Wiedemann [1863]. XV, 412 S. 8°

Shirreff, E., die intellectuelle Erziehung und ihr Einfluß auf Charakter und Glück der Frauen. Nach der 2. Aufl. des engl. Orig. von A. v. Metzsch. Autoris. Ausg. 8. (XV und 412 S.) Leipzig 863, Wiedemann. [Hartknoch.]

Shirreff, Patrick, die Verbesserung der Getreidearten. Aus dem Englischen in's Deutsche übertragen durch R. Hesse. 8. (71 S.) Halle 880. Hofstetter. n. 2. —

Shitkewitsch, N. A., Monolität der Betonbauten, s.: Forscherarbeiten auf dem Gebiete des Eisenbetons.

Shlips, der. Humoristisch-satyr. Zeitschrift. Organ gegen Wucher, Schwindel und Betrug. 1. und 2. Jahrg. 1879 und 1880. à Jahrg. 52 Nrn. (Bog.) gr. 4. Chemnitz, (Rühl.) à Jahrg. * 4 —
—— dass. — Zeitschrift für öffentl. Kritik. Redact.: E. Pohlan. 3. Jahrg. 1881. 52 Nrn. (Bog.) Fol. Dresden. (Chemnitz, Rühl.) * 4 —
Nicht weiter erschienen.

Das sekundäre Zement. (Cementhyperplasie, Cementhypertrophie, Hypercementitis usw.) von Dr. med. T. **Shmamine** aus Tokio. Dazu 2 Taf., 25 Mikrophotogramme, 4 Zeichn., 4 schemat. Abb. Leipzig: Thieme 1910. 65 S. 4°(8°)
(Deutsche Zahnheilkunde in Vorträgen. [N. F.] H. 13.) 10. 9331

Shooting the rapids, s.: Asher's collection of english authors.

Shore, Thomas Teignmouth

Shore, T. Teignmouth, im Königsgarten. Kinderpredigten. Aus d. Engl. v. Eman. Christen. M. Vorwort v. Emil Frommel. 8. (XI, 191 S.) Bremen 897. C. E. Müller. n. 2. —; geb. n.n. 3. —

Shores, Jeff Henry: Kernsynthesen mit Hülfe von (3, 5)-Dichlorsalicylsäurechlorid. *Bonn 1898: C. Georgi.* (36 S.) 8°
Bonn, Phil. Diss. v. 27. Mai 1898

Shorey, Paul, de Platonis idearum doctrina atque mentis humanae notionibus commentatio. gr. 8. (59 S.) München 884. Th. Ackermann's Verl. Diss n. 1. 40

Short, some, and impartial inquiries into the propriety and equity of the present war in Amerika, with regard to the British aims. gr. 8. Götting. 778. Dieterich. 2 gr

Shorter, Clement, mit Napoleon nach St. Helena, s.: Home, George.

Deutsches **Shorthorn-Herdbuch.** Hrsg. von d. Gesellsch. Deutscher Shorthorn-Züchter. Berlin: P. Parey 1904. (1141 S.) 8°
— **Herdbuch,** Deutsches. Bd 8. 1.6. 3047

Shorthouse, J. Henry

Shorthouse, J. H., Blanche, Lady Falaise, s.: Collection of British authors.

Shorthouse, J. Henry, John Inglesant, s. Collection of British Authors.

Short-Whist, das, u. seine Regeln. Anleitung, es gut zu spielen. gr. 12. (2 B.) Prag 838, Haase Söhne.

Shou, Peryt, das Mysterium der Zentralsonne vom wissenschaftlichen u. geheimwissenschaftlichen Standpunkt, s.: Osiris-Bücher. 12.

— Der Weltentag od. Die grosse Periode des Lichtes (Manvantara), s.: Osiris-Bücher. 11.

Shower, Th., wichtige Betrachtt. üb. das zukünftige Leben; aus d. Engl. 8. Berl. 756. Schmid. 8 ℳ

Shrader, William: Ueber den Ausbreitungswiderstand electrischer Ströme, welche aus der ebenen Endfläche eines Kreiscylinders in einen weiten Raum strömen . . . Strassburg: Univ.-Buchdr. v. J. H. E. Heitz 1891. 38 S. 8°
Strassburg, Math.-naturw. Fak., Inaug.-Diss. v. 1891

Shrewsbury, Lord. Gesammelte Mittheilungen über einige noch lebende ekstatische und stigmatisierte Jungfrauen. Aus dem Engl. übers. Münster 1846. H: *Volk, Wilh. Gust. Werner.* (KN II, 226) (Zeitschr. f. Büch. N. F. 15, 1923, S. 122)

Shrewsbury's, gesammelte Mittheilungen über einige noch lebende ekstatische u. stigmatisirte Jungfrauen. Aus dem Engl. übersetzt. gr. 8. (7⅛ B.) Münster 846, Regensberg.

Shromadzisna, mala, Serskich Spjewow a Pjesnizkow. Sesbjerane a wudate wot f. a. Reichela. 8. (2 B.) Budeschini 842, Reichel. *

Shroop, des Ritters, Begebenheiten, von Toussaint, a. d. Franz. 2 Thle. 8. Leipz. Sommer. Rthlr.

Chinas Urkundenbuch [Shu ching] und Odenbuch [Shih ching]. Von Dr. phil. Theodor Bönner. Berlin: Dr. Bönner 1910. 131 S. 8° [10 5165

Shuckard, W. E., Elements of British Entomology. Cont. a general introduction to the science, a systematic description of all the genera, and a list of all the species of British insects, with a history of their transformation, habits, economy, and distribution, with outline figures of the families and their larvae and pupae, an explanation of the technical terms, and full directions for collecting. Part. I. Illustrated with fifty wood-cuts. gr. 8. London 839; T. O. Weigel. n. 3⅓ ℳ

Shuckford, Samuel. Abhandlung von der Schöpfung und dem Falle des Menschen; a. d. Engl. Hamburg 1764. Ü: *Pistorius, Hermann Andreas.* (MGT) (MI.) »1755« (Ky)

Shukoff, Alexis A. [aus St. Petersburg]: I. Zur Esterbildung aromatischer Säuren. II. Ueber die Ursache der Farbenerscheinungen, welche 1-3-5-Dinitrobenzoësäure mit Alkalien giebt ... Heidelberg, Univ.-Buchdr. v. J. Hörning, 1896; 28 S., 1 Bl. 8.
Heidelberg, Naturw.-math. Fak., Inaug.-Diss. v. [29. Febr.] 1896

Shukovsky, Valent. Persische Grammatik, s. Porta linguarum orientalium.

Shukovski, V., persische Grammatik, s.: Salemann, C.

Shukow, Alexander. Ueber die Stichverletzungen des Diaphragma von der Thoraxhöhle aus, insbesondere ihre Kasuistik. Diss. Med. Basel. [Mit Figuren.] 55 S. 8. [Basel 1903.]

Shukowsky's, W. A., Briefe an Se. kaiserl. Hoh. den Grossfürsten Konstantin Nikolajewitsch. In deutscher Uebertragung von Benj. Cordt. Autoris. Ausg. gr. 8. (XV, 60 S.) Dorpat 881. (Leipzig, K. F. Köhler.) n. 2.50

Shumway, Daniel Bussier [aus Philadelphia]: Das ablautende Verbum bei Hans Sachs. E. Beitr. z. Formenlehre d. Deutschen im 16. Jh. ... Einbeck, Druck d. Buchdr. d. Einb. Zeitg, 1894; 149 S., 1 Bl. 8.
Göttingen, Phil. Fak., Inaug.-Diss. v. [12. März] 1895

Shumway, Daniel Bussier, das ablautende Verbum bei Hans Sachs. Ein Beitrag zur Formenlehre des Deutschen im 16. Jahrh. Diss. gr. 8. (149 S.) Einbeck 894 (Göttingen, Vandenhoeck & Ruprecht.) n. 3. 60

Shunsho, Trill, Dichtu-Dichtin, s.: Miniatur-Bibliothek.

Shurtleff, J. B., der kleine Staatsmann, od. eine kurze u. umfassende Uebersicht der Regierung der Verein. Staaten und der Staaten-Regierungen, auf eine leichte u. faßl. Art dargest. zum Gebr. f. Schulen. 8. (183 S.) New-York 845, Radde. (Leipzig, Köhler.) n. ⅔ ℳ

Shute, R. (Bearb.), s. Aristoteles: Physics, book VII.

Shuttleworth, Arth. E., e. neue Methode der Aschenbestimmung. Diss. gr. 8. (46 S.) Göttingen 899. (Vandenhoeck & Ruprecht.) n. 1. 20

Shuttleworth, Robert James

Shuttleworth, R. J., Notitiae malacologicae oder Beiträge zur näheren Kenntniss der Mollusken. 1. Heft. Lex.-8. (VI und 90 S. mit 9 Stnt.) Bern 856. (Aarau, Sauerländer's Verlag.) *

Shuttleworth, R. J., Notitiae malacologicae oder Beiträge zur näheren Kenntniss der Mollusken. [Nekrolog von R. J. Shuttleworth, von Guthnick. — I. Heft von R. J. Shuttleworth. — II. Heft, Text von P. Fischer.] gr. 8. (90 und 16 S. mit 22 zum Theil color. Stnt.) Bern 878. (Leipzig, Engelmann.) * 12 —

SsI,DHEsRmAoLrFuLWAIMsMsE, DEIrEs, Lebensblätter f. Gebildete in ernsten u. humorist. Lichtbildern. Hrsg. v. J. C. Schneemann. 1. Jahrg. 1840. 52 Nrn. (½ Bog.) gr. Lex.-8. Tharandt. (Leipzig, Drobisch.) *

Si fecisti nega oder die Erklärung des Stadtgerichtsraths Simon vom 18. Okt. 1845. Berlin 1846.

Si quaeris miracula od. vollständiges Antoniusbüchlein, hrsg. v. den Franziskaner-Patres zu Metz. 3. Aufl. (160 S. m. farb. Titelbild.) 16. Metz (907). Verlag des „Sendboten". Geb. in Leinw. — 50

Siacci, F., Ballistik und Praxis. Neue Methode, die Probleme des Schusses zu lösen. Mit Erlaubniß des Verf. auf dienstl. Veranlassung übers. von Günther. gr. 8. (69 S. mit 1 Stnt.) Berlin 882, Voßische Buchh. * 1 50

Siacci, F., sur les principes du tir. gr. 8. (30 S.) Paris 875. Berger-Levrault & Co. n. 1. 50

Siacci, s.: Scheve, v., zur Aufstellg. v. Schußtafeln f. Mörser rc.

SIAECIA, S.: De sententia et re judicata. *Col.*, Metternich. 738. 8. (3 Gr.)

Sianda, Giovanni. Kurzer Begriff der Kirchengeschichte. Augsburg 1770. Ü: *Obladen, Peter.* (MGT)

Sianda, Abt J. A., kurzer Begriff der Kirchengeschichte; herausgg. v. P. P. Obladen. 2 Thle. 8. Augsb. 770. N. Aufl. 785. (Rieger). 20 gr

Sianda, J., Begriff d. allgem. Welt- u. Kirchengesch. 2 Thle. 8. Augsb. Rieger. 785.

— histor. Handbibel, od. auserles. Geschichten des Alt. u. N. Testaments; aus d. Italien. v. B. G. Schäfler. 8. Augsb. 783. Rieger. 9 gr

— histor. Handbibel, od. auserles. Geschichten des Alt. u. N. Testaments, zum Gebr. aller Stände. 8. Linz 814. Haslinger. (Schaumburg u. C.) 16 gr

— lexicon polemicum. III Tmi. 8. maj. ibid. 761.

Sianda, D. Joa., Opuscula ascetica. 8. (III, 256 S.) Romae 870. (Leipzig, Brockhaus' Sortiment und Antiq.) 2 40

Maria Sino oder Die Blinde von Kin-Kiang. Nach d. Franz. (Mit autor. Benutzung e. Uebers. in d. Jahrbüchern d. Kindheitsvereins, 1872.) (Neue Ausg.) *(Düsseldorf: W. Deiters) [1903].* (S. 71–101.) 8° [F.]
— Dramen u. Deklamationen f. kath. Jungfrauen-Vereine. H. 5. [04. 1767]

Siarczyńskiego, F., Wiadomość historyczna i statystyczna o mieście Jarosławin. 8. Lwów 826. Millikowsky. 5/6 Thlr

Siard, die Gemälde der Heiligen. 1e Abtheil. 8. Kempt. 809. Kösel. 16 gr

Siardi, Franz

Siardi, Frz., von dem Rechte der Todesstrafen u. der peinl. Frage. Mit 4 Kpf. gr. 8. Pappenh. u. Ingolst. 781. Stettin in Ulm; a. Schmidt in Leipz. 1 Thlr 4 gr

Sjaroff, Georg, a. Bukarest: Die Rosenkultur und Rosenölindustrie in Bulgarien. Bukarest 1907: A. Baer. (143 S.) 8°
Leipzig, Phil. Fak., Ref. Stieda-Beckmann, Diss. v. 11. Nov. 1907
[Geb. 24. Nov. 79 Bukarest; Wohnort: Philippopel; Staatsangeh.: Bulgarien; Vorbildung: Gymn. Philippopel Reife Juni 00; Studium: Leipzig 10 S.]

Siats, H., Anleitung zu einfachen Untersuchungen landwirtschaftlich wichtiger Stoffe. Zum Gebrauche für Schüler landwirtschaftl. Lehranstalten, sowie für prakt. Landwirte bearb. gr. 8. (VIII, 152 S. mit 62 in den Text gedr. Abbild.) Hildesheim 888, Lax. * 2 50

Siats, H. Anleitung zu einfachen Untersuchungen landwirtschaftlich wichtiger Stoffe. Zum Gebrauche f. Schüler landwirtschaftl. Lehranstalten, f. prakt. Landwirte, Molkereien, sowie auch zu Vorprüfgn. f. marktpolizeil. u. gewerbl. Zwecke. 2. verm. u. verb. Aufl. Mit 102 in den Text gedr. Abbildgn. gr. 8. (VIII, 230 S.) Hildesh. 892, Lax. * 3 60
Als Ergänzung dazu:
—— Anleitung zu einfachen Untersuchungen v. Weinmost u. Wein. gr. 8. (IV, 44 S. m. 11 Abbildgn.) Ebd. 892. * — 80

Siats, H., Anleitg. zu einfachen Untersuchgn. u. Beurteilgn. landwirtschaftlich wichtiger Stoffe. Zum Gebrauche f. Schüler landwirtschaftl. Lehranstalten f. prakt. Landwirte, Molkereien, sow. auch zu Vorprüfgn. f. marktpolizeil. u. gewerbl. Zwecke. 3., verm. u. verb. Aufl. gr. 8. (VIII, 348 S. m. 119 Abb.) Hildesheim 897. A. Lax. n. 4. 50; geb. n.n. 5. —

Siats, H., Anleitung zur einfachen Untersuchg. u. Beurteilg. landwirtschaftlich wichtiger Stoffe. Zum Gebrauche f. Schüler landwirtschaftl. Lehranstalten, f. prakt. Landwirte, Molkereien, sowie auch zu Vorprüfgn. f. marktpolizeil. u. gewerbl. Zwecke. 4. verb. Aufl. gr. 8. (VIII, 396 S. m. 121 Abb.) Hildesheim 908. A. Lax. n. 5. —; geb. n.n. 5. 75

Siats, Anleitung zur einfachen Untersuchung u. Beurteilung landwirtschaftlich wichtiger Stoffe. Zum Gebrauche f. Schüler landwirtschaftl. Lehranstalten, f. prakt. Landwirte, Molkereien, sowie auch zu Vorprüfgn. f. marktpolizeil. u. gewerbl. Zwecke. 5. neubearb. Aufl. (VIII, 343 S. m. 101 Abb.) gr. 8. Hildesheim 910. A. Lax. 4.75; geb. 5. 50

Sibawaihi's Buch über die Grammatik nach d. Ausg. v. H. Derenbourg u. d. Comm. d. Sîrâfî übers. u. erkl. u. mit Auszügen aus Sîrâfî u. and. Comm. vers. von Dr. G[ustav] Jahn, Prof. in Königsberg. Bd 1. 2. *Berlin: Reuther & Reichard 1894–1900.* 4 Bde 8°
1, Hälfte 1. 2. 18(94–)95. 2, Hälfte 1. 2. (1894–)1900. [00. 9786

Sibawaihi's Buch üb. die Grammatik. Nach der Ausg. v. H. Derenbourg u. dem Commentar des Sîrâfî übers. u. erklärt u. m. Auszügen aus Sîrâfî u. anderen Commentaren versehen v. G. Jahn. Mit Unterstützg. der königl. preuss. Akademie der Wissenschaften u. der deutschen morgenländ. Gesellschaft. 1.—6. Lfg. Lex.-8. (S. 1—288, 1—240 u. Erwiderg. an Praetorius 21 S.) Berlin 894. Reuther & Reichard. à n. 4. —

Sibawaihi's Buch üb. d. Grammatik. Nach d. Ausg. v. H. Derenbourg u. dem Commentar d. Sîrâfî übers. u. erklärt u. m. Auszügen aus Sîrâfî u. and. Commentaren vers. v. G. Jahn. M. Unterstützg. d. kgl. preuss. Akademie d. Wissenschaften u. d. deutschen morgenländ. Gesellschaft. 7.—24. Lfg. Lex.-8. (1. Bd. XI u. S. 289—388 u. 241—302 u. 2. Bd. S. 1—688 u. 1—400.) Berlin 895—898. Reuther & Reichard. à Lfg. n. 4. — (1. Bd. kplt. Subskr.-Pr. n. 32. —)

Sibawaihi's Buch üb. die Grammatik. Nach der Ausg. v. H. Derenbourg u. dem Commentar des Sîrâfî übers. u. erklärt u. m. Auszügen aus Sîrâfî u. anderen Commentaren versehen v. G. Jahn. Mit Unterstützg. der königl. preuss. Akademie der Wissenschaften u. der deutschen morgenländ. Gesellschaft. 25.—30. (Schluss-)Lfg. Lex.-8. (1. Bd. S. 301—303, 387—389 u. 2. Bd. XVI u. S. 689—903 u. 401—552.) Berlin (899. 900). Reuther & Reichard. à n. 4. —

Sibb, Rich., wahrer Seelenfriede. 8. Eisenach, Wittekind. 740.

Sibbel, W., Zinseszins- u. Rentenrechnung, s.: Auerbick, A.

Sibbern, Gabriel U. S. Giessen 1746/1

Demation disputationum theologicarum. 2. An deus posteros et filios puniat ob maiorum et parentum suorum flagitia. Präs. Justus Feurborn. Giessen, Leipzig 1746.

Diss. Giessen 1618.

Text fehlt.

Sibbern, Nikolaus Peter

SIBBERN, NIC. PT.. (autor), Diss. theol. de beatitudine in regno gratiae exhibita, seu de actuali salute viatorum. Jenae. 1709. 4. P. [Praes. Jo. Franciscus Buddeus].

Sibbern, Nikolaus Peter: B i b l i o t h e c a historica Dano-Norvegica, sive De Scriptoribus rerum Dano-Norvegicarum Commentarius Historico Literarius. Hamburgi & Lipsiae. 1716. 8°

Sibbern, Nicolaus Peter: Die Gelassenheit im Glauben... [Leichenpredigt auf Margareth Catharin Moldenitten, geb. Schrödern, † 22. Nov. 1721.] — Glückstadt 1722: Kgl. privil. Buchdr. 22 S. 2°

Sibbern, Nikolaus Peter: I d e a historiae literariae Islandorum, breviter delineata. Siehe in: Monumenta anecdota etc. rec. Jo. Carolus Henricus Dreyer. T. 1. Lubecae et Altona. 1760. 4°

SIBBERN, NIC. PT., Schediasma de libris Latinorum ecclesiasticis, in quo praecipui Latinae ecclesiae veteris et moderni Romanae libri liturgici ordine alphabetico enumerantur Praemissa est epistola Conr. Sam. Schurzfleischii. Vitembergae. 1706.

Sibbern-Sibbers, Friedrich, a. Hamburg: Zur Kenntnis aromatischer Glykole. Rostock 1907: H. Winterberg. (65 S.) 8°
Rostock, Phil. Fak., Ref. Stoermer, Diss. v. 23. Juni 1906
[Geb. 10. Aug. 67 Hamburg; Wohnort: Hamburg; Staatsangeh.: Hamburg; Vorbildung: Gymn. Wandsbek Obersekunda-Reife M. 85; Studium: Würzburg 1, Kiel 2, Leipzig 1, Rostock 5 S.; Rig. 15. Juni 06.]

Sibel, Casp., pathologia s. conciones de passione et morte Christi. 4. Francf. Andreä. 706.

Siben, Arnold: Die richterlichen Funktionen des Bundesrates. München 1909: Wild. 66 S. 8°
Heidelberg, Jur. Diss. v. 16. Dez. 1909, Ref. Jellinek
[Geb. 23. Juli 82 Forst b. Deidesheim; Wohnort: Deidesheim; Staatsangeh.: Bayern; Vorbildung: Gymn. Speyer Reife Juli 00; Studium: Bonn 2, München 1, Genf 1, Berlin 1, Heidelberg 1, München 2 S.; Rig. 5. Aug. 09.] [U 10. 2018

Siber's, Adam, Biographie, s.: Kirchner, K.

Siber, C., de concionum circularium antiquitate. Lips. 1727. 4.

Siber, C., s. **Siborne, W.,** Geschichte des Krieges in Frankreich rc.

Siber, Ed. v.: M. Porcius Cato. 47 S. 4°. – Melk OG., Progr. 1872.

Siber, Ern. Frid. Leop. (geb. Pritzwalk 2. 6. 1794): Adumbratio phthiseos hepaticae pathologica. Berolini (1821). (35 S.) 8°
Berlin, Med. Diss. v. 6. Okt. 1821

Siber, F., Gesamt-Ausgabe der am 1. I. 1900 in Kraft getretenen Reichsgesetze, s.: Hentig, Otto.

— s.: **Handhabung,** die, der Gesundheitsgesetze in Preussen.

Siber, F., der Opernfreund. Sammlung der beliebtesten Gesänge aus neuen Opern mit leichter, jedoch den Originalien möglichst getreuer Guitarre-Begleitung. I. Hft. 6 Gesänge aus den Opern: Stradella u. die 4 Haimons-Kinder. qu. Lex.-8. (1½ B.) Stuttgart 846, Wagner'sche Buchh.

Siber, F., s. Orpheon.

Siber, Frz. X., Jahresbericht der ärztl. Praxis, f. d. J. 1824 u. 1825. Gesammelt von dessen assistir. Ärzte Dr. Lengrießer. gr. 8. Münch. 826. Lentner. 12 gl.

Siber, Hans

Siber , Instructionstafel zum Infanterie-Gewehr M/71. 84. Chromolith. qu. gr. Fol. Berlin 887. Liebel. n. 1. 50

Siber, Tafel f. den Unterricht üb. das Gewehr 88, den Karabiner 88 u. das Gewehr 91. 2. Aufl. 67×74,5 cm. Farbendr. Berlin 894. Liebel. n. 1.—

Siber, Tafel f. den Unterricht üb. das Gewehr 88, den Karabiner 88 u. das Gewehr 91. 3. Aufl. 61×74,5 cm. Farbdr. Berlin (899). Liebel. n. 1.—

— dasselbe üb d. Gewehr 98. 52×83 cm. Farbdr. Niedersedlitz (901). Aktiengesellschaft f. Kunstdruck. n. 1.40

Siber, Heinrich

Siber, Heinr., das Buchrechtsgeschäft nach Reichs-Grundbuchrecht. (VIII, 173 S.) gr. 8. Tübingen 909. J. C. B. Mohr. 3.60

Siber, Heinr., Compensation u. Aufrechnung. Ein Beitrag zur Lehre des deutschen bürgerl. Rechts. gr. 8. (VI, 148 S.) Leipzig 899. C. L. Hirschfeld. n. 3.80

Die Passivlegitimation bei der Rei vindicatio als Beitrag zur Lehre von der Aktionenkonkurrenz. Von Dr. Heinrich **Siber,** Prof. Leipzig: A. Deichert 1907. (XI, 264 S.) 8° [07. 13911

Das gesetzliche Pfandrecht des Vermieters, des Verpächters und des Gastwirtes nach dem Bürgerlichen Gesetzbuche für das Deutsche Reich. Von Dr. Heinrich **Siber,** Landrichter, Leipzig. *Jena: G. Fischer 1900.* (92 S.) 8° [J.]
— **Abhandlungen** z. Privatrecht u. Civilprozess d. Deutschen Reiches. Bd 5, H. 2. [00. 7770

Siber, Heinr., der Rechtszwang im Schuldverhältniss nach deutschem Reichsrecht. (VIII, 264 S.) gr. 8. Leipzig 903. [C. L. Hirschfeld.] Tübingen, J. C. B. Mohr. n. 7. 60

Siber, Immanuel

Siber, J., Hilfstafeln zur Berechnung der nach dem Reichs-Erbschaftssteuergesetz vom 3. VI. 1906 f. Erwerbungen v. Todes wegen, sowie f. Schenkungen unter Lebenden anzusetzenden Erbschaftssteuern, nach den einzelnen Prozentsätzen und Progressionen m. Berücksicht. der vorgesehenen Ausnahmen u. unter Anführg. v. Beispielen bearb. v. S., in Verbindg. m. dem Text des Erbschafts-Steuergesetzes u. den Ausführungsbestimmgn. f. die Praxis erläutert v. E. Klein u. G. Weegmann. (94 S.) Lex.-8. Stuttgart, J. Hess. 1907. 3. —; geb. 4. —

Siber, Imman., Tabelle f. Pauschsätze (f. Herstellg. des Schreibwerks und zum Ersatze der Postgebühren) und Rechtsanwaltsgebühren nach d. deutschen Gebührenordng. f. Rechtsanwälte in der ab 1. IV. 1910 geltenden Fassg. 2 Taf. à 52,5×39,5 cm. Stuttgart 910. J. Heß. 1.60

Jo. Mich. Siber Grundzüge einer Geschichte des älteren Medicinalwesens der Stadt Kitzingen. Würzburg 1838. 8.

Siber, Johann (Lichtenstein/Sa.) A. S. 1246/14

Disputatio inauguralis medica, de febre purpurata.
Präs. Ludwig Friedrich Jacobi.
Erfurt (Grosch) 19. XI. 1709. 12 Bl. 32558

Siber, Johann Friedrich (Staufeneck) A. S. 1211/19

Dissertatio inauguralis medica, de ministerio artis naturae salutariter adhibendo.
Präs. Georg Ernst Stahl.
Halle (Henckel) 12. V. 1711. 32 S. 32559

Siber, Jul., Novellen, die e. Spielmann schrieb. (181 S.) 8. München (904). Seitz & Schauer. n. 3. —; geb. m. Goldschn. n. 5. —

⑤ **Siber**, Jul., Novellen. 904. (KBL 34.) Jetzt: München, Verlag d. ärztl. Rundschau.

Siber, Justus Viktor (Schandau) A. S. 1116/4

Dissertatio solennis de medico naturae adiutore.
Präs. Johann Gottfried Berger.
Wittenberg (Gerdes) X. 1702. 4o S. 32561

Siber, Karl Ferdinand (Staufeneck) A. S. 89/21

Scopuli doctrinae vulgaris de indole feudorum universim. Präs. Johann Peter Ludewig.
Halle (Zahn) 7. IX. 1708. 74 S. 32562

Siber, Karl Maximilian (Staufeneck) A. S. 803/19

Dissertatio theologica prima de concordia imperii et sacerdotii seu de jure majestatis circa sacra.
Präs. Johann Wolfgang Jäger.
Tübingen (Reis) VII. 1710. 24 S. 32563

Siber, Ludwig, s. Sieber, Ludwig.

Siber, Martha, Handbuch für den deutschen Unterricht an Mädchenbildungsanstalten. I u. II. gr. 8. Leipzig, B. G. Teubner. Geb. 2. 60
I. Deutsche Grammatik f. d. Mittelstufe der höheren Mädchenschulen. (VI, 70 S.) 910. Geb. 1. —
II. Wegweiser zur Beobachtung d. Muttersprache f. d. Oberstufe. (VIII, 127 S.) 909. Geb. 1. 60

Siber, Max

Siber, M., Gesetz üb. die Versorgung der Personen der Unterklassen des Reichsheeres, der kaiserl. Marine u. der kaiserlichen Schutztruppen (Mannschaftsversorgungsgesetz) vom 31. V. 1906. Mit Genehmigg. des königl. preuß. Kriegsministeriums unter Benutzg. amtl. Quellen erläutert. (VII, 152 S.) 8. Berlin 906. E. S. Mittler & Sohn. Kart. n. 3. —

Siber, M., Gesetz üb. die Versorgg. der Personen d. Unterklassen des Reichsheeres, der kaiserl. Marine u. d. kaiserl. Schutztruppen (Mannschaftsversorgungsgesetz) v. 31. V. 1906. Mit Genehmigg. des königl. preuß. Kriegsministeriums unter Benutzg. amtl. Quellen erläutert. 2., völlig neubearb. Aufl. (VIII, 268 S.) 8. Berlin 910. E. S. Mittler & Sohn. 4. —; kart. 4. 60

Siber, Max, die Hunde Afrikas. Nach dessen Ableben v. seinen Hinterbliebenen hrsg. hoch 4. (88 S. m. Abb.) St. Gallen 899. (Zürich, A. Müller's Verl.) n. 4. —

Die Hunde Afrikas. Von Forstmeister **Max Siber**. Nach dessen Ableben von s. Hinterbliebenen hrsg. (Vorr.: Richard Strebel.) *St. Gallen 1899: Zollikofer.* (88 S.) 4°(8°) [ol. 9480

Siber, Max, s.: Hunde-Stammbuch, schweizerisches.

— der Tibethund. hoch 4. (48 S. m. 40 Abbildgn.) Winterthur 897. (Zürich, A. Müller's Verl.) n. 8. 20

Die Vorbereitung, Leitung und Ausführung des militärischen Invalidenprüfungsgeschäfts. Von [Max] **Siber**, Major. Berlin: E. S. Mittler & Sohn 1905. (44 S.) 8° [F.] [s6. 11749

Siber, Michael, a. Würzburg: Das Prozentverhältnis von Kali und Natron in der Bierasche und der Nachweis einer Neutralisation des Bieres. Würzburg 1906: Memminger. (34 S.) 8°
Würzburg, Phil. Fak., Ref. Medicus, Diss. v. 16. Aug. 1906
[Geb. 4. Juni 81 Würzburg; Wohnort: Würzburg; Staatsangeh.: Bayern; Vorbildung: Gymn. Würzburg Reife Juli 00; Studium: Würzburg 11 S.; Rig. 22. Juni 06.]

Siber, S., Spyridionis Episc. Trimithuntini vita. 4. Lips. Iunius. (Cnobloch.) 718. Rthlr.

Siber, Stefan [aus Dettelbach]: **Statistische Zusammenstellung** der in der Würzburger **Universitätsaugenklinik** gesammelten Fälle von Augenmuskellähmungen aus den Jahren 1879—1897. Beitrag z. Lehre über d. Localisation v. Augenmuskellähmngn überhaupt, spec. über d. Localisation im Oculomotoriuskerngebiet ... Würzburg, P. Scheiner's Buchdr., 1897; 29 S. 8.
Würzburg. Med. Fak., Inaug.-Diss. v. 1897

Siber, Thaddäus

Siber, Thadd., Anfangsgründe der Algebra, Geometrie u. Trigonometrie. Mit 3 Kpfr. gr. 8. Landsh. 819. Krüll.

— Anfangsgründe d. höhern Mathematik, zum Gbr. bei seinen Vorlesungen bearb. Mit 7 Steint. gr. 8. Sulzb. 826. v. Seidel. 16 gr.

Siber, T., Anfangsgründe d. Physik u. angewandten Mathematik. 2te Aufl. m. K. gr. 8. Landshut, Krüll. 815.

Siber, Thadd., Anfangsgründe d. Physik u. angewandt. Mathematik. 3., umgearb. Aufl. gr. 8. (24¼ B. u. 4 Kpfrt.) Landshut 828. [Regensburg, Manz.]

— Fragmente zu einer Geschichte der Meteorologie. (Aus: Archiv f. Chemie und Meteorologie. B. 1, H. 3). 1831.

Siber, Thaddäus. Fragmente zu einer Geschichte der Meteorologie. 5 Stücke. 1831–23?

Siber, T., Prof., Geschichte der Meteorologie. (Brief an Dr. Kastner, Nürnberg). (Aus: Archiv f. Chemie u. Meteorologie. B. 2, H. 3).

— Dasselbe Werk. (Aus einem Briefe des — an den Herausgeber.) Nebst: Vermischte Nachrichten. (Aus: Archiv f. Chemie u. Meteorologie. B. 2, H. 3). 1830.

—— Leben u. Lehrmeinungen berühmter Physiker etc., s. Leben etc.

Siber, Thad., Leitfaden z. Vorlesungen üb. Naturlehre u. angewandte Mathematik. 3 Abtheil. m. K. gr. 8. Passau, Ambrosi. (Mayr. in Salzburg.) 805.

— Leitfaden zu Vorlesungen üb. Naturlehre u. angewandte Mathematik. 3 Abtheill. Mit Kpf. gr. 8. Passau 805. Ambrosi. 1 ℛ 8 gr. (Landsh., Krüll). 1 ℛ 2e Aufl. unt. d. T.: Anfangsgründe d. Physik u. angewandten Mathematik. Mit 5 Kpf. gr. 8. Landsh. 815. 3e A. Mit 4 Kpft. gr. 8. Ebd. 828. Krüll.

— Rede an Prof. Raabs Grabe. 8. Münch. 812.

— Resultate aus denen auf dem Hohen-Peissenberg von 1781—91 und von 1800—1809 angestellten Barometer- und Thermometer-Beobachtungen. (Aus: Archiv f. Chemie u. Meteorol., B. 4, H. 3.) 1831. (S. 5497)

Siber's, Thaddäus, Selbstbiographie bis z. J. 1803. Hrsg. v. M. Rottmanner. gr. 8. (XVIII, 60 S. m. Bildn.) München 896. J. J. Lentner. n. 1. 20

— Aus dem meteorologischen Tagebuche des —. (Aus: Kastners Archiv für Chemie und Meteorologie. B. 2, H. 3). 1830.

— Theorie des Unendlichen, nach Schulz u. Bendavid. 8. Passau 808.

Siber, T., Prof., Ueber den Winter 1829/30; briefliche Mittheilung. (Aus: Kastners Archiv f. Chemie u. Meteorol. B. 1, H. 2. 1830.

Siber, Urban Gottfried

Siber, U. G., de albatis. Lips. 1713. 4.

Siber, Urb. Gottfr. De illustribus Alemannis, imprimis iis, quos Magdeburgum ob nobilitatem gentis a VII retro saeculis ad se recepit atque inde per omnem Europam in publicum orbis commodum diffudit. 4. Lipsiae 1710.

Siber, U. G., de antiquitate doctoratus theologici. Ibid. 1734. 4.

Siber, U. G., de collaribus clericorum tabulatis et planis. Lips. 1710. 4.

Siber, Urb. Gottfr.: Commentatio de collaribus clericorum tabulatis et planis, Von Priesterkragen. Denuo ed. Vitembergae 1754.

— enchiridion S. Sixti II. 4. Lips. Iunius. 725.

— de hirco aquam benedictam bibente. Ibid. 1703. 4.

Siber, U. G. martyres divinitatis Christi testes. Lips. 1710. 4.

Siber, Urb. God., ecclesiae graecae martyrologium metricum. 4. Lips. Iunius. (Cnobloch.) 727.

Siber, U. G., de melodis ecclesiae graecae earumque theologia poëtica. Lips. 1714. 4.

Siber, U. G., de ortu festi cinerum. Lips. 1709. f.

Siber, U. G., de aquae benedictae potu brutis non denegando. Lips. 1712. 4.

Siber, U. G., de templorum condendorum et dedicandorum ritibus. Lips. 1716. 4.

Siber, U. G., de sanctis columnaribus. Lips. 1714. 4.

Siber-Gysi, [Gustav]. Der Monte della Disgrazia. 3680 M. [A.] 8. [Bern 1866.]

Sibergundi, Jh. Rüdgen, Grundriß d. generellen Therapie von d. Standpunkte der rationellen Empirie aus. Mit e. Vorrede (e. histor. Einleit. in d. Therapeutik) v. Dr. Harleß. Mit 2 Steindrucktaf. gr. 8. Essen 827. Bädeker. 1 ℛ 20 gr.

Sibersma, Hero, Abbildung ein. wahren Christen. 8. Basel. 719.

— Evangelium Johannis, erklärt aus Mose und den Propheten. 4. Brandmüller. 720.

Sibersma, Hero. Lehre der Warheit, In ihren vornehmsten Gründen Geistlichen verglichen, und dem Gewissen offenbaret, Zur Erleuchtung, Heiligung und Trost der Seelen ... In Holländischer Sprach zum drittenmal gedruckt, Jetzo ins Hoch-Teutsche gebracht durch Johann Georg Jüngst. Frankfurt a. M., J. Adolph & Ph. Stock, 1709. Kl.8°. *Allegor. Frontispiz gestochen von Jos. Montalegre,* 15 Bl. 862 S., 1 leeres Bl. und 12 Bl.

— Lehre d. Wahrheit z. Erleucht. u. Trost d. Seelen. 8. Frankfurt. 718.

Sibert, H., Aufgaben bei den niederen Verwaltungsdienstprüfungen 1888—1901. (V, 79 S.) 8. Stuttgart '01. W. Kohlhammer. Geb. in Leinw. 1. 20.

Sibert, H., u. O. Schüle, Aufgaben bei den niederen Verwaltungsdienstprüfungen 1888—1910. (V, 115 S.) 8. Stuttgart 911. W. Kohlhammer. 1.20

— das württemb. Gemeinderechnungswesen, s.: Mann, R.

Siberti, M., latein. Schul-Grammatik f. d. unt. Klassen. Als Vorstufe f. d. größere Grammatik v. Zumpt bearb. gr. 8. (15½ B.) Bonn 838, Habicht. *

Siberti, M., Lateinische Schulgrammatik. Für die untern Klassen bearb. 2. Ausg. Neu bearb. und für die mittlern Klassen erweitert v. M. Meiring. gr. 8. Bonn 842, Habicht. n. 7/12 ℛ — 3. Aufl. gr. 8. Ebend. 843. n. 7/12 ℛ — 4. verb. Aufl. 845. n. 7/12 ℛ — 5. verb. Aufl. 846. n. 7/12 ℛ

Siberti, M., Lateinische Schulgrammatik. Für die untern Klassen bearb. Neu bearb. u. für die mittleren Klassen erweitert von M. Meiring. 6. verb. Aufl. gr. 8. (VIII u. 311 S.) Bonn 847, Habicht. n. 7/12 ℛ — 7. fast unveränderte Aufl., verm. mit einem Wörterverzeichnisse zu den Beispielen der Syntax für die untern Klassen. gr. 8. (VI u. 328 S.) Ebd. 848. n. 2/3 ℛ — 8. verb. Aufl., m. einem Wörterverzeichnisse zu den latein. Beispielen der Syntax für die untern Klassen. gr. 8. (VI u. 328 S.) Ebd. 851. n. 2/3 ℛ — 9. verb. Aufl., mit einem Wörterverzeichnisse zu den latein. Beispielen der Syntax für die untern Klassen. gr. 8. (VI u. 328 S.) Ebd. 852. n. 2/3 ℛ

Siberti, M., lateinische Schulgrammatik. Für die untern Klassen bearb. Neu bearb. und für die mittlern Klassen erweitert von M. Meiring. 10. verb. Aufl. ꝛc. 854. — 11. verb. Aufl. ꝛc. 855. — 12. vielfach verb. Aufl., mit einem Wörterverzeichnisse zu den latein. Beispielen der Syntax für die untern Klassen. Bonn 857. Habicht. gr. 8. (V, 303, 25 S.) n. 20 ngr.

Siberti, M., lateinische Schulgrammatik. Für die untern Klassen bearb. Neu bearb. und für die mittlern Klassen erweitert v. M. Meiring. 13—16. verb. u. verm. Aufl. Mit einem Wörterverzeichnisse zu den lateinischen Beispielen der Syntax für die untern Klassen. Bonn 859—63. Habicht. gr. 8. (V, 330 S.) n. 20 ngr.

Siberti, M., lateinische Schulgrammatik. Für die untern Klassen. Neu bearb. u. für die mittlern Klassen erweitert von M. Meiring. 17—20. Aufl. (Bonn 864—66, Habicht) u. 19., verb. Aufl. Mit einem Wörterverzeichnisse zu den latein. Beispielen der Syntax für die untern Klassen, mit einer Beilage gereimter Genusregeln nach Zumpt. Bonn 868. Cohen & Sohn. gr. 8. (IV, 320 S.) n. 20 ngr.

Siberti, M., lateinische Schulgrammatik. Für die untern Klassen bearb. Neu bearb. und für die mittleren Klassen erweitert von M. Meiring. 20. Aufl. 1870. *ℳ 2.; 21. Aufl. (320 S.) 1872, und 22. verb. Aufl. Mit einem Wörterverzeichnisse zu den latein. Beispielen der Syntax für die untern Klassen und einer Beilage gereimter Genusregeln nach Zumpt. gr. 8. (IV, 292 S.) Bonn 875, Cohen und Sohn. * 2 20

Siberti, M., lateinische Schulgrammatik. Für die untern Klassen. Neu bearb. und für die mittlern Klassen erweitert von M. Meiring. 23. verb. Aufl. Mit einem Wörterverzeichnisse zu den latein. Beispielen der Syntax für die untern Klassen und einer Beilage gereimter Genusregeln nach Zumpt. gr. 8. (IV, 392 S.) Bonn 878, Cohen und Sohn. * 2 20

Siberti, M., lateinische Schulgrammatik. Für die untern Klassen bearb. Neu bearb. u. für die mittleren Klassen erweitert von M. Meiring. 24., verb. Aufl., bearb. von J. Fisch. gr. 8. (III, 292 S.) Bonn 880. Cohen & Sohn. n. 2. 20

Siberti, M., lateinische Schulgrammatik. Für die untern Klassen bearb. Neu bearb. u. f. die mittlern Klassen erweitert v. M. Meiring. 25. Aufl., bearb. v. J. Fisch. gr. 8. (IV, 285 u. Beilage 6 S.) Bonn 883. Cohen & Sohn. n. 2. 20

Siberti, M., lateinische Schulgrammatik. Für die untern Klassen. Neu bearb. u. f. die mittlern Klassen erweitert v. M. Meiring. 27., vielfach verb. Aufl., bearb. v. J. Fisch. gr. 8. (III, 262 S.) Bonn 889. F. Cohen. n. 2. 20

[F.] Lateinische Schulgrammatik. F. d. unt. Klassen bearb. v. M. Siberti. Neu bearb. u. f. d. mittl. Klassen erweit. v. Dr. M[atthias] Meiring, Gymnasialdir. 28. Aufl. bearb. v. Prof. Dr. J[ohann] Fisch, Oberl. ... zu Bonn. *Bonn: F. Cohen 1895.* (2 Bl., 256 S.) 1 Bd 8.

Sibeth, Fr. Wilhelm

SIBETH, F. W.: Jur. Aufsätze. *Rostock*, Adler. 8. 1e Samml. 812.

SIEBETH, F. W.: Beiträge zum Naturrecht. *Halle*. 794. Vgl. Beiträge...

Sibeth, Fr. Wlh., Erörterr. aus d. Lehre vom Besitz. 1r Thl. gr. 8. Rostock 800. Stiller. 14 gr.

SIBETH, Fr. W.: Kritik d. gem. u. Mecklenb. Processes in 2 Abthh. *Güstrow*, Ebert. 818. gr. 8. (18 Gr.)

Sibeth, Fr. W., Critik des gemeinen und Mecklenburg. Prozesses. 1ste und 2te Abtheilung. gr. 8. Rostock, Stiller. 818.

— Skizze einer neuen Theorie von Klagen u. deren Bestreitungen. 8. Rostock 798. Stiller. 8 gr. Erster Nachtrag dazu. 8. Ebd. 802. 6 gr.

[Sibeth, Fr. Wilh.]: Skizze einer neuen Theorie der Klagen u. deren Bestreitungen. Rostock 1799.

— Versuch eines Entwurfs des Vernunftrechts. 8. Rostock 790. Koppe. 4 gr.

SIBETH, F. W.: Versuch üb. d. Quasi-Besitz. *Halle*, Renger. B. 806. 8. (16 Gr.)

Sibeth, Johann Jacob: Als bey dem seligen Hintritt ... [Text zur Trauerkantate auf Hans Iversen Loyt, Bürgermeister, † 1765.] — Flensburg 1765: Serringhausen. 2 Bl. 4°

Sibeth, Johann Jacob: Der wahre Priesterschmuck in der Asche ... [Text zum Singgedicht auf Michael Geerkens, Propst, † 13. Juli 1767.] — Flensburg (1767): Serringhausen. 2 Bl. 4°

Sibeth, Johann Jacob: Die Wunder Gottes ... [Text zur Trauermusik auf Anna Christina Magdalena Geerkens, geb. Esmarkin Pröpstin, † 10 Sept. 1767.] — Flensburg (1767): Serringhausen. 2 Bl. 4°

Sibeth, K. Lo., bona Opera in actu justificationis. 4. Rostock. 732.

— vindiciae dicti paulini contra Gerhard. 4. Greifswalde, Löffler. 730.

Sibeth, Karl (Güstrow) A. S. 578/20

Dissertatio inauguralis juridica, de alienatione et omissione minorum valida atque invalida.
Marburg (Müller) 24. II. 1741. 40 S.

Gew.: Clamor Wessell (Onkel).

Sibeth, Karl, († d. 23. Dec. 1823.) s. 1) Etwas üb. Staatsversamml. 2) Grundzüge zu einer Vertheilung d. Staatsbedürfnisse.

Sibeth, Samuel Heinrich (Güstrow) A. S. 1162/3

Problema physico-medicum de ingressu aeris per poros cutis loco disputationis circularis.
Präs. Georg Detharding.
Rostock (Weppling) 8. VIII. 1703. 12 Bl.

32567

Sibiljan, Clemens, Beschreibung von XVII noch unedirten Münzen der Armenisch-Rubenischen Dynastie in Kilikien. Mit Abbildungen. [Aus d. Sitzungsber. 1852 d. k. Akadem. d. Wiss.] Lex. 8. (28 S. mit 3 lithogr. Taf.) Wien 852. (Braumüller.) n. 1/3 ß

Sibiljan, Clemens, Beschreibung von XVII noch unedirten Münzen der armenisch-rubenischen Dynastie in Kilikien. Mit Abbildungen. Lex.-8. (28 S.) Wien 852, (Gerold's Sohn.)
Aus: Sitzungsberichte der k. Akademie der Wissenschaften J. 1852, besonders abgedruckt.

Sibille, s. Sibylle.

Sibiriacoff, A. Zur Frage von den äusseren Verbindungen Sibiriens mit Europa. 76 S. 8. Zürich, Aktien-Buchdr., 1910. [fr. 1.50]

Sibiriak, E. Kreuz und Quer durch Russland. (Interessante Reiselektüre!) 8. Zürich 1900.

Rusaj Rakontoj. Fabeloj al Helenjo de Mamin Sibirjak. Tradukis N. Kabanov. Berlin: Möller & Borel [1909]. 44 S. 8°
(Esperanta Biblioteko Internacia. Nr 4.)

Sibiriaseff, Paul Petrowitsch, Excellenz Witte. Ein Blick in die Geheimnisse der russ. Finanzpolitik. (47 S.) gr. 8. Berlin 904. Herm. Walther. n. 1.—

Sibirien, u. e. Polen, s.: Szymanski, Ad., unter Ansiedlern u. Verschickten.

Sibirzev, N., Text zur allgemeinen geologischen Karte v. Russland. Blatt 72. Wladimir, Nishny-Nowgorod, Murom. Geolog. Untersuchgn. im Bassin d. unteren Oka u. der unt. Kliasma. [Mémoires du comité géologique. Vol. XV, No. 2.] (Deutsch u. Russisch.) gr. 4. (IV, 283 S. m. Abb. u. 1 farb. Karte.) St. Petersburg 896. (Eggers & Co.) n. 12.—

Sibler's zeitgemäße Broschüren. 1. Bd. gr. 8. Innsbruck 906. E. Sibler. n. 1.—
Die Unauflösbarkeit der christlichen Ehe. 7 Vorträge anläßlich der jüngsten Angriffe auf die christl. Ehe, geh. in der Universitätskirche zu Innsbruck. Von Carl Pfistermeister, S. J. (60 S.)

Sibler's zeitgemäße Broschüren. 2. Heft. 16. Innsbruck 908. E. Sibler. —20
Was ist der Modernismus? Vortrag. 2. Aufl. (24 S.)

— Unterrichtsbücher. I. 8. Ebd. (906). Kart. n. 2. 50
Leitfaden der Chemie. Von Ferd. Deutelmoser. (95 S.)

— Unterrichtsbücher. II. 8. Ebd. 908. —80
Landeskunde von Tirol. Zum Gebrauch in Volksschulen. Von A. E. Gelbert. 2. Aufl. (58 S.)

Sibley, N. W., das Handels-, Wechsel-, Konkurs- u. See-Recht Grossbritanniens u. Irlands, s.: Handelsgesetze, die, d. Erdballs. (Goldschmidt, Siegfr., u. V. Schneider.)

Sibly, E., medicinischer Spiegel, a. d. Engl. 8. Leipzig, Hilscher. (Compt. f. Litt.) 795.

Sibly, M., Predigten, s. Sammlung auserles. christl. Predigten.

Sibmacher, Johann, s. Siebmacher, Johann.

Siborne, W. Geschichte des Krieges in Frankreich und Belgien, im Jahre 1815. Nach der zweiten Ausgabe aus dem Englischen ins Deutsche übersetzt von E. Siber. Mit Plänen. (2 Bde.)
8. Berlin, Posen und Bromberg 1846.

Siborne, W., Geschichte des Krieges in Frankreich u. Belgien im Jahr 1815. Mit e. genauen Darstellung der Schlachten von Quatre-Bras, Ligny, Wavre u. Waterloo. Nach d. 2. Ausg. aus d. Engl. v. E. Siber. 2 Bde. gr. 8. Berlin, [Mittler u. Sohn.] [1. (24 B. u. 1 Plan von Quatre-Bras u. Ligny.) 846., 2. (26½ B. m. den Plänen von Waterloo u. Wavre.) 47.]

Siborne, W., Geschichte des Krieges in Frankreich u. Belgien im J. 1815. Mit einer genauen Darstellung der Schlachten v. Quatre-Bras, Ligny, Wavre u. Waterloo. Nach der 2. Ausgabe aus d. Engl. übers. von E. Siber. 2. Bd. Mit den Plänen von Waterloo u. Wavre. (gr. 4.) gr. 8. (424 S.) Berlin 847, Mittler (& Sohn). 2 Bde. 4 ₰

Sibrand, G. F.: Kurtze Nachricht ... Von dem Stettinischen Rechte, des Stadt-Gerichts Fundation und Competence, und absonderlich von dem Rechte der Erbfolge, wenn kein Testament vorhanden ist. Alten-Stettin 1713.

Sibrand, Joachim Heinrich [Praes.], s. Carstens, Gerh. Heinr.: De jurisconsultis, circa decisionem casuum, in materia successionis ab intestato, errantibus.

Sibrand, Joachim Heinrich [Praes.], s. Detharding, Georg Wilh.: De necessaria vulnerum inspectione in crimine homicidii commisso.

Sibrand, Joachim Heinrich [Praes.], s. Detharding, Georg Wilh.: De ισοψηφια, seu jure parium tabularum et votorum, posterior, spec. tract., adj. materia de sorte.

Sibrand, Joachim Heinrich [Praes.], s. Schröder, Ernst Gottlieb: Dissertatio iuridica inauguralis, sistens, iurium singularium decades duas.

Sibrand, Joachim Heinrich [Praes.], s. Sibrand, Johann Sylvester: De isopsephia, seu jure parium tabularum, et votorum prior, generalia praetermittens.

Sibrand, Johann [Praes.], s. Blumenau, David: De velorum submissione vulgo von Segelstreichen.

Sibrand, Johann Sylvester (Königsberg/P.) A. S. 833/10

Disputatio juridica circularis, de isopsephia, seu jure parium tabularum, et votorum prior, generalia praetermittens.
Präs. Joachim Heinrich Sibrand (Vater).
Rostock (Weppling) 7. V. 1721. 26 S. 32573

Sibree, James, Madagascar. Geographie, Naturgeschichte, Ethnographie der Insel, Sprache, Sitten u. Gebräuche ihrer Bewohner. Autoris. deutsche Ausg. Mit einem Titelbilde (in Holzschn.) u. 2 (lith. u. color.) Karten. gr. 8. (XII, 424 S.) Leipzig 881. Brockhaus. n. 8. —; geb. n. 9. 50

Sibthorp, Richard Waldo

—— das Buch Jona. Nach d. Engl. 8. (7⅞ B.) Stuttgart 843, (J. F. Steinkopf.) *

Sibthorp, Richard Waldo, Das Buch Joine. Nach dem Englischen. Stuttgart, Steinkopf in Kommiss., 1843, 8°, 7⅞ Bg., 75 Pf.
Der englische Verfasser war Konvertit.

Sibthorp, Richard Waldo, Warum bin ich katholisch geworden? Ein Rechtfertigungsschreiben an einen Freund. Auch u. d. T.: Mein Rücktritt zur kath. Kirche. Aus dem Engl. nach der 5. sehr verm. Aufl. von E. Willmann. Regensburg, Manz (jetzt Verlagsanst.), 1843, 8°, 123 S., 1 Mk. — Andere Übers.: Landshut 1842.
Nicht leicht hat eine andere der in England so häufigen Konversionen so großes Aufsehen erregt, als der 1842 erfolgte Übertritt des gelehrten engl. Geistlichen Sibthorp. Katholik Bd. 88, S. 295—6.

—— Warum bin ich katholisch geworden? Aus d. Engl. gr. 8. (4 B.) Landshut 842, v. Vogel'sche Vrlagsbuchh.

[Arab.] Diwān ... Abil-Fath Muḥammad Ibn-'Ubaid-Allāh ... [gen.] **Sibṭ-Ibn-at-Ta'āwīdī.** (HalisSax.: R. Haupt) 1903 (1905). (Getr. Pag.) 4°
[Nebent.:] Carmina Muḥammadis 'Ubaidallahi F. dicti Sibṭ Ibn-al-Ta'āwīdhi [!] ex codicibus Bodleianis ed. et vocalibus indicibusque instr. a D[avid] S[amuel] Margoliouth. 07. 7925

Siburg, Bruno, a. Hamburg: Schicksal und Willensfreiheit bei Shakespeare dargelegt am „Macbeth". Halle a. S. 1906: E. Karras. (73 S.) 8° ¶ (Erschien vollst. als: Studien z. engl. Philologie H. 27. 1906.)
Göttingen, Phil. Fak., Ref. Morsbach, Diss. v. 12. Sept. 1906
[Geb. 3. Dez. 80 Ülsen; Wohnort: Hamburg; Staatsangeh.: Preußen; Vorbildung: Realgymn. Lüneburg Reife O. 00; Studium: Göttingen 3, Leipzig 6, Göttingen 3 S.; Rig. 9. Mai 06]

Schicksal und Willensfreiheit bei Shakespeare dargelegt am 'Macbeth' von Bruno **Siburg.** Halle: M. Niemeyer 1906. (XV, 128 S.) 8°
[Ein T. erschien als Inaug.-Diss. Marburg 1905.]
— **Studien** z. englischen Philologie. H. 27. 06. 19593 8

Sibylla oder: Das Ganze der Kartenlegekunst. Berlin (858.) (Streerath u. Co.) 32. (30 S. u. 28 lith. Taf.) n. 15 ngr.

Sibylla oder: Das Ganze der Kartenlegekunst. 32. (30 S. mit 28 lithogr. Karten.) Berlin 859, (Streerath.) *

Sibylla, die gewandte Kartenschlägerin. Oder neuester Schicksalsprophet, worin die Kunst der Wahrsagerei aus den 32 deutschen Spielkarten so deutlich gezeigt wird, daß sich Jedermann selbst in kurzer Zeit ohne fremde Hülfe die Karten legen kann. Nürnberg 839. 8. verb. ebd. 840. mit 7 lithogr. Tab. 8. III. verm. Aufl. 841. 8.
Vgl. Sibylle, ...

Sibylla, Herzogin von Jülich-Cleve-Berg, Briefe, an ihren Gemahl Johann Friedrich den Grossmüthigen, Churfürsten von Sachsen. Aus dem S. Ernest. Gesammt-Archive hrsg. von C. A. H. Burkhardt. Veröffentlicht durch den berg. Geschichts-Verein. gr. 8. (III, 184 S. mit Portr. in Holzschn.) Bonn 869, (Marcus.) 2 50

Sibylla, Anny, in der Schummerstunde od. Wie aus e. Gassenbübchen e. Prinz wurde. Eine Weihnachts-Erzählg. f. Kinder. (114 S.) 8. Leipzig 903. F. Jansa. Geb. in Leinw. n. 1. 50

Sibyllae fragm. librorum etc., s. C. L. *Struve.*

Fragmenta librorum Sibyllinorum, quae apud Lactantium reperiuntur. Ed. C. L. Struve. Regiom. 817. 8. 12 gr.

Sibylle, die, eine englische Geschichte, geschrieben von einem Frauenzimmer, 8. Nürnberg, 770. Monath. 10 sgl.

Sibylle, Daphne. Die geschwätzige Kartenschlägerin, zur angenehmen Unterhalt. 8. (... u. 32 eingedr. Holzschn.) Aschersleben 831. (Leipzig, Central-Comptoir.)

Sibylle, die berühmte Kartenlegerin; welche in diesem Büchlein lehrt, Karten zu legen u. aus den Karten auf 5 verschiedene Arten wahrzusagen. Mit ausführl. Belehrung üb. die Bedeutg. e. jeden Karte beim Zusammentreffen m. e. anderen, mehr als 1000 Aufschlüssen u. Beispielen zum Kartenlegen v. Suleima Venefica. 12. (146 S.) Leipzig (901). E. Fiedler. n. 1. 20

Sibylle, die berühmte Kartenlegerin, welche in diesem Büchlein lehrt, Karten zu legen u. aus den Karten auf 5 verschiedene Arten wahrzusagen. Mit ausführl. Belehrg. über die Bedeutg. e. jeden Karte beim Zusammentreffen m. e. anderen, mehr als 1000 Aufschlüssen u. Beispielen zum Kartenlegen v. Suleima Venefica. (Umschlag: 2. Aufl.) (159 S.) kl. 8. Leipzig (905). E. Fiedler. n. 1. 20

Sibylle, die berühmte Kartenlegerin, welche in diesem Büchlein lehrt, Karten zu legen u. aus den Karten auf 5 verschiedene Arten wahrzusagen. Mit ausführl. Belehrg. über die Bedeutg. e. jeden Karte beim Zusammentreffen m. einer anderen, mehr als 1000 Aufschlüssen u. Beispielen zum Kartenlegen v. Suleima Venefica. 3. Aufl. (157 S.) kl. 8. Leipzig (908). Ficker's Verlag. 1.20

Sibylle, die gewandte Kartenschlägerin. Oder neuester Schicksalsprophet, worin d. Kunst d. Wahrsagerei aus d. 32 deutschen Spiel-Karten so deutlich gezeigt wird, daß sich Jedermann selbst in sehr kurzer Zeit ohne fremde Hülfe die Karten legen kann. 1. u. 2. verb. Aufl. 8. (à 3¼ B. u. 7 Tab.) Nürnberg 839, 40, [Lotzbeck.] à

Vgl. Sibylla, ...

Sibylle, die gewandte Kartenschlägerin ꝛc. 3. Aufl. Mit 7 Tab. 8. Nürnberg 841, Zeh. ¼ ℛ

— dass., f. französ. Spielkarten anwendbar. 8. Ebd. 841. ¼ ℛ

Sibylle die gewandte Kartenschlägerin. Oder neuester Schicksalsprophet, worin die Kunst der Wahrsagerei aus den deutschen Spiel-Karten so deutlich gezeigt wird, daß Jedermann in sehr kurzer Zeit die Karten sich selbst u. Andern legen kann. Ein Gegenstand der Neugierde, ein Trost für Leidende ꝛc. Im Anh.: Das Orakel. Ein neues Gesellschaftsspiel m. 4 lith. Tabellen in 4. 4. verm. u. verb. Aufl. Mit 11 ausführl., lith. Tabellen. 8. (54 S.) Nürnberg 850, Lotzbeck. 9 ngr — Für Französ. Karten. 9 ngr

Sibylle, die neue, od. Weissagungen üb. die großen Ereignisse unserer Zeit u. der nahen Zukunft. I. 1876 u. 1877. gr. 8. (14 S.) Neu-Ulm 876. Stahl. — 10

—— die neue, oder Weissagungen und Gesichte über die großen Ereignisse unserer Zeit und der nahen Zukunft. 1.—8. Aufl. 8. (15 S.) Ebendas. 877. — 10

—— dass. — II. 1877 und 1878. gr. 8. (14 S.) Ebendas. 877. — 10

— die neueste, oder Weissagungen u. Gesichte über die großen Ereignisse unserer Zeit u. der nahen Zukunft. II. 1877 u. 1878. 8. (16 S.) Neu-Ulm 877. Helb's Verl. — 10

Sibylle, die neueste, od. Weissagungen u. Geschichte üb. die großen Ereignisse unserer Zeit u. der nahen Zukunft. 1886 u. 1887. 8. (12 S.) Regensburg 886. Verlags-bureau. n. — 10

Sibylle, Die, der Religion aus der Welt- und Menschengeschichte. München 1813. Cöln 1815. V: *Kornmann, Rupert (Ludwig Anton Moritz).* (MGT) (Ky) (GGr) (ErschDL)

Sibylle, Die schöne. Vom Verfasser des Guido von Sohnsdom. Pirna 1799. V: *Schilling, Friedrich Gustav.* (NN) (MGT) (GGr)

Sibille, die schöne, v. Verf. d. Weib wie es ist (Gustav Schilling). 2 Thlr. 8. Dresden, Arnold. 810.

Sibille, die schöne, v. Gustav Schilling. 2 Thle. 3te verbess. Aufl. 8. Dresd. Arnold. 811.

SIBYLLE, Die, des deutschen Volkes. Teutona (München). 1813. 8⁰. (6 Mk. L. Rosenthal, 1910:)
Interessant u. sehr selten!

— des deutschen Volkes. Ein Schatzkästlein f. Alt u. Jung, zur Erweckung deutschen Sinnes u. Gemeingeistes. 8. Münch. 813. Fleischmann. 2 ℛ

— der, Weissagungen, nebst d. Hirtenliedern d. Virgils u. Pope, v. Jh. Smid. 4. Zurich 762. Luschky.

— der, Weissagungen u. Prophezeihungen, od. Salomonischer Schlüssel z. Zukunft; aus d. schriftl. Nachlasse eines im Jahre 1830 in d. Kloster zu Tschenstochau, auf d. Berge zu Jasnagora in Polen verstorb. Mönchs v. Orden d. heil. Paul des Eremiten ꝛc.; aus d. Poln. ins Deutsche übers. 3e A. 8. Hanau 832. König. 4 ℛ

Sibylle, Die, der Zeit aus der Vorzeit. Oder politische Grundsätze, durch die Geschichte bewährt ... Frankfurt u. Leipzig 1810. 2. ... A. Regensb. 1814. 3. A. 1825. V: *Kornmann, Rupert (Ludwig Anton Moritz).* (MGT) (Ky) (Kn) (GGr)

Sibyllen, s. a. Sybillen.

Sibyllen, die zwölf, u. ihre Weissagungen, welche enthalten wunderbare Andeutgn. der komm. Ereignisse vom Anfang bis zum Ende der Welt. Sammt der Prophezeig. der Königin Nichaula v. Saba, welche sie dem König Salomo gethan u. anderen Vorbedeutgn., Zeichen u. Ermahngn. auf den jüngsten Tag. 8. (48 S.) Reutlingen 874. Fleischhauer & Spohn. — 20

Sibyllen's Talismann, od. Weissagung f. liebende Mädchen; aus d. Handschriften einer alten Zigeunerin ins Leserliche übers. v. Jos. Lerrer. 8. Pesth ... 2e A. 809.

Sibyllentempel, der, der Erläuter. d. Geschichte der Zeit gewidmet. 1s Heft. 8. Nürnb. 796. Raw. 9 ℛ

Sibyllinus liber XIV graece ex Ambrosiano codice, c. poëtica Editoris Angel. Maji interpretatione et dissert. ac notis. Accedit Sibyllinus liber VI et pars octavi cum multa vocum et versuum varietate. 8maj. Mediolani. 817. (Viennae, Volke.)
in charta maj.
in charta vel.

Sibyllinus, Dav., an der Schwelle d. 20. Jahrh. Eine Familienchronik. gr. 8. (VIII, 268 S.) Leipzig 892. Duncker & Humblot. n. 5.—; geb. n. 6.—

Sicard, ..., Lettres sur Odessa. 8. Braunschw. 814. Pluchart. 12 ℛ

Sicard, Roch Ambroise Lucurron. Über die Nothwendigkeit, Taubstumme zu unterrichten ... Leipz. 1798. Ü: *Petschke, August.* (MGT)

Sicard, ..., üb. die Nothwendigkeit Taubstumme zu unterrichten; aus d. Französ. mit Anmerkk. von A. F. Petschke. 8. Leipz. 798. (W. Nauck). 12 ℛ

Sicard, ub. d. Nothwendigkeit Taubstumme zu unterrichten, a. d. Franz. m. Anmerk. v. A. F. Petschke. 8. Lpz. Sommer. 798.

— üb. die Nothwendigkeit Taubstumme zu unterrichten, aus dem Franz. von Petsche. 8. Leipzig, Sommer. 815.

Siccama, J. H., Darstellung der unter der Benennung Roppen in der Provinz Gröningen erfundenen und gebrauchten Methode durch das Feuer leichte und erschöpfte Gründe in reiche Kornfelder und dann in üppiges Grasland umzuwandeln. a. d. Holländ. gr. 8. Lüneburg, Herold. u. Wahlstab. 817.

Siccama, Sibrandus Tetardus

SICCAMA, Sibr. Tetard.: De judicio centumvirali libb. II. *Franck.*, 696. 8, — rec. animadvv. et opuscc., argumentum illustrantibus auxit C. Fr. ZEPERNI *Hal.*, 776. 8.

Siccama, Sib. Tet., de judicio centumvirali. 4. Halae. 725.

— de judicio centumvirali lib. II. c. animadv. Zepernick. 8. maj. Halae, Hendel. 776.

Siccama, Sibr. Tetard., Frisionum leges antiquae ... notis illustratae, ex recensione C. G. de Gärtner. Lipsiae 1730. 4.

Siccardsburg, August Siccard von

Siccardsburg. Das k. k. Hofopernhaus, s. Hofoperntheater, das k. k. in Wien. — Monumental-Bauten, Wiener. — Neubauten, Wiener. — Nüll, Ed. van der.

Siccardsburg, v., s.: Innen-Decorationen, Wiener.

—— l'opéra de la cour, s. Architecture moderne de Vienne.

Sicard v. Siccardsburg, Aug., Der Stand der Ventilationsfrage im Jahre 1865. (Vortr. geh. in der Wiener Bauhütte 16/12 1865.) Wien 1866. Text (29 S.) mit 4 Tfln. 8°. Hiezu noch 10 Tfln. Fol.

Siccardsburg, Aug. v., die Thür- u. Fenster-Verschlüsse nach ihrer technischen Entwickelung in den verschiedenen Ländern bis auf die neueste Zeit. Aus dessen Nachlasse im Auftrage u. m. Unterstützg. d. k. k. Handels-Ministeriums vervollständigt hrsg. v. J. Storck u. G. Gugitz. Unter Mitwirkg. v. Paulik. 50 Taf. in Farbendr. m. Text. 6 Lfgn. [2 Bde.] Fol. (1. Lfg. 9 Chromolith. in Imp.-Fol.) Wien 875. Lehmann & Wentzel. n. 30. —
1. Tischlerarbeiten. n. 20. —
2. Schlosserarbeiten. n. 12. —

Siccardsburg, Aug. v., die Thür- und Fenster-Verschlüsse nach ihrer technischen Entwickelung in den verschiedenen Ländern bis auf die neueste Zeit. Aus dessen Nachlasse im Auftrage und mit Unterstützung des k. k. Handels-Ministeriums vervollständigt hrsg. von J. Storck und G. Gugitz. Unter Mitwirkung von F. Paulik. 6 Lfgn. oder 2 Abthlgn. Fol. Wien 876, Lehmann und Wentzel. à Lfg. * *M* 5. * 30 —

Inhalt:
Abthl. 1. Ansichten und Tischlerarbeiten. (32 Taf. in Farbendr. mit Text.) In Mappe * *M* 20.
» 2. Schlosserarbeiten. (20 Taf. in Farbendr. mit Text.) In Mappe * *M* 12.

Siccardsburg, Aug. v., Die Thür- und Fensterverschlüsse nach ihrer technischen Entwickelung in den verschiedenen Ländern bis auf die neueste Zeit. Vervollständigt und herausgeg. von Stock, Gugitz und Paulik. Wien 1875–77. 52 Tfln. Folio u. Doppelfolio in Farbendruck mit Text.

Sicelius, Christoph Konrad, s. Sickel, Christoph Konrad.

Bericht über die Feier des hundertjährigen Bestehens der Loge „Zum Bienenkorb“ in Thorn am 4., 5. und 6. Oct. 1893 von Sich. Thorn [1893]: Lambeck. 31 S. 8° [Umschlagtit.]
Reden von Winselmann u. Fehlauer: Mahnung, einig zu sein im Streben nach Wahrheit und einander in Liebe zu vertragen. 79.

Sicha, Ant. J., s.: Fromme's pharmaceut. Kalender.

Sicha, Ant. J., s.: Kalender, Fromme's pharmaceut.

Sicha, Anton J. (Red.), s. Zeitschrift d. allgem. österreich. Apothekervereines.

Sicha, Franz [aus Horoměřic in Böhmen]: [Vort.:] Untersuchungen über die Wirkungen des beim hohen Drucke mit Kohlensäure gesättigten Wassers auf einige Mineralien ... Köstritz, C. Seifert's Buchdr., *1891*; 2 Bl., 54 S., 1 Bl. 8.
Leipzig, Phil. Fak., Inaug.-Diss. v. [15. Sept.] 1891

Sicha, Carel, Jak může katolík a ewanjelík wíru swou zakládati na písmo sw. nowého zákona? 16. (36 S.) W Nowém Jičíně 863. (Olmütz, Halauska.) *

Sicha, Karl, Namen u. Schwinden der Slaven. gr. 8. (49 S.) Laibach 886. v. Kleinmayr & Bamberg. n. 1. —

Sichah ben sch'nat tks. uben sch'nat tksa. Ein Gespräch zwischen dem Jahre 560 (1800) und 561 (1801). Ein Neujahrsgeschenk für Liebhaber der Zeitgeschichte. O. O. 1800. V: *Jeitteles, Juda.* (Sartori, Hist. ethnogr. Übersicht der wissensch. Cultur, Geistesthat. u. Literatur des österr. Kaiserst. Wien 1830.)

Sichart, v., Kalender f. alle Jahre, s.: Günther, Ludw., e. Beitrag zur Reform des gregorian. Kalenders.

Sichart, moderne Wohlfahrtseinrichtungen. Mit 70 Taf. Naturaufnahmen, Grundrissen, Schnitte etc., in feinem Lichtdr. u. Photolith. ausgeführt. 4 Lfgn. (82 Taf.) 45×33,5 cm. Stuttgart (908). C. Ebner. 40.—; erm. Pr. 30. —

Sichart, A. v., u. R. v. Sichart, der Feldzug Preußens gegen Hannover im J. 1866. [Aus: „Geschichte der kgl. hannov. Armee“.] Mit 1 Portr. Königs Georg V., 2 Plänen u. e. Anh., Verzeichniß aller Offiziere der hannov. Armee bei deren Auflösg. Juli 1866. gr. 8. (182 S.) Hannover 901. Hahn. n. 2. 40

Sichart, A. v., u. R. v. Sichart, Geschichte der königlich hannoverschen Armee. 5. Bd. 6. Zeitraum von 1803 bis 1816. 7. Zeitraum von 1816 bis 1866. Mit 10 Plänen, 11 Lichtdr.- u. 2 farb. Uniform-Taf. gr. 8. (XIX, 628 S) Hannover 898. Hahn. n. 10. —; geb. n. 12. — (kplt. n. 42. —)
Bd. 1–4 s. Sichart, L. von.

Sichart, Ernst von

Sichart, E., Einzelhaft in Bayern. gr. 8. (50 S.) Heidelberg 875. Weiss. n. 1. 20

Sichart, E., Entwurf e. Gesetzes üb. den Vollzug der Freiheitsstrafen f. das Deutsche Reich. Mit Anmerkgn. gr. 8. (XIX, 57 S.) Berlin 892. J. Guttentag. n. 1. 50

Die Freiheitsstrafe im Anklagestande und ihre Verteidigung. Von Straf-anstalts-Dir. E. v. Sichart in Ludwigsburg. *Heidelberg: C. Winter 1904.* (60 S.) 8°

Sichart, Ernst, über Rückfälligkeit der Verbrecher u. über die Mittel zu deren Bekämpfung. Ansichten u. Erfahrungen eines Praktiker über Strafgesetzgebung. Straf-Rechtspflege u. Strafvollzug. 8. (84 S.) Heidelberg 881. Weiss' Verl. n. 1. 40

Sichart, Karl, a. Oldenburg i. Gr.: Der Kampf um die Grafschaft Delmenhorst ⟨1482—1547⟩. Oldenburg i. Gr. [1908]: G. Stalling. (103 S.) 8° [F.]
Münster, Phil. Fak., Ref. Erler, Diss. v. 31. Jan. 1908
[Geb. 30. Juli 78 Oldenburg; Wohnort: Münster; Staatsangeh.: Oldenburg; Vorbildung: Gymn. Meppen Reife O. 02; Studium: Münster 7 S.; Rig. 31. Okt. 07.]

S(ichart), L. v. Das Gefecht bei Garcia-Hernandez am 23. Juli 1812. Hannover 1862.

[F.] Geschichte der Königlich-Hannoverschen Armee. Vom Gen.-Lt. (L.) v. **Sichart.** (5: v. A. u. R. v. Sichart.) Bd 1. 2. 3, Abth. 1. 2. 4. 5. *Hannover (5: Hannover & Leipzig): Hahn 1866—98.* 6 Bde 8.
1. Erster Zeitraum. 1631 bis 1648. Zweiter Zeitraum. 1648—1705. 1866. (XX, 570 S.)
2. Dritter Zeitraum. 1705 bis 1756. 1870. (XII, 476 S.)
3. Vierter Zeitraum. 1756 bis 1789. Abth. 1. 1870. (X, 599 S.) Abth. 2. 1870. (VII, 581 S.)
4. Fünfter Zeitraum. 1789 bis 1803. 1871. (XI, 822 S.)
5. Sechster Zeitraum v. 1803—1816. Siebenter Zeitraum v. 1816 bis 1866. M. 10 Pl., 11 Lichtdr.- u. 2 farb. Uniform-Taf. 1898. (XIX, 623 S., 10 Pl., 7 Portr., 2 Taf., 4 Portr.-Taf.) [98. 7400

Sichart, L. v., Geschichte der königlich-hannoverschen Armee. 2. Bd., 3. Bd. 2 Abthlgn. und 4. Bd. gr. 8. Hannover, Hahn'sche Buchh. * 26 —
Inhalt:
Bd. 2. 1705—1756. (XII, 476 S.) 870. * M. 6.
" 3. 1756—1789. 2 Abthlgn. (X, 599; VII, 581 S.) 871. à Abthl. * M. 6.
" 4. 1789—1803. (XI, 822 S.) 871. * M. 8.
1. Bd. (1631—1705.) Ebendas. 1866. * M. 6.

(Sichardt, L. v.) Die Militair-Verfassung des Teutschen Bundes. Zunächst in ihrer Anwendung auf das Kgr. Hannover. Hannover 1831. 8°.

v. Sichart, L., Tagebuch des zehnten Deutschen Bundes-Armee-Corps unter dem Befehle des Königl. Hannov. Generals Halkett während des Feldzuges in Schleswig-Holstein im J. 1848. Mit 5 (lith.) Karten u. Plänen (in 4. u. qu. Fol.) gr. 8. (XVIII u. 388 S.) Hannover 851, Hahn. 3⅓ ℛ

Sichart, R. von: Der Feldzug Preußens gegen Hannover ... — Geschichte d. kgl. hannoverschen Armee. Bd. 5, s. Sichart, A. von.

Sichart, R. v., üb. die Verwendung d. Feldshrapnels. gr. 8. (40 S.) Berlin 872. Voss. n. — 80

Gedichte von Sophie von **Sichart.** *Basel, St. Ludwig i. E. & Leipzig: Kattentidt (1896).* (IV, 100 S.) 1 Bd 8. [97. 7609 Ha

Mähren und Sagen aus dem östlichen Winkel des Kreises Osterburg i. d. Altm. (Kröte u. Schmetterling, Märchen) v. Sophie v. **Sichart.** *Osterburg: (Selbstv.); Dr. v. Th. Schulz 1897.* (29 S.) 1 Bd 4.(8.) [97. 7610 Ha

[F.] Mären und Sagen aus dem östlichen Winkel des Kreises Osterburg in der Altmark. Kröte u. Schmetterling. Märchen v. Sophie v. **Sichart,** Kirch Polkritz. 2. verm. Aufl. *Berlin: H. Friedrich 1898.* (29 S.) 1 Bd 8. [98. 420

Mondveilchen '(Lunaria)'. Gedichte v. Sophie von **Sichart.** *Brühl & Köln: Martini 1897.* (27 S.) 1 Bd 8. [97. 7611 Ha

— Mondveilchen. (Lunaria.) Gedichte. 8. (27 S.) Brühl-Köln 897. K. Polkritz b. Hohenberg, Altmark, Selbstverlag. n. — 75

Sichart, Sophie v., Passionsblumen. Gedichte. 8. (38 S.) Dresden 900. E. Pierson. n. 1. —; geb. n. 2. —

Sichel, Emil, aus Frankfurt a. M.: Zur Kenntnis der parasubstituierten Orthonitrobenzaldehyde und ihrer Reduktionsprodukte. *(Berlin 1904: G. Schade.)* (50 S.) 8°
Berlin, Phil. Diss. v. 9. Juli 1904

Sichel, J., Licht im Dunkeln. Gedichte. (IX, 184 S.) 8. Dresden 903. E. Pierson. n. 2. —; geb. n. 3. —

Sichel, Julius

Sichel, J., üb. d. Augenentzündungen, den grauen u. schwarzen Staar. Deutsch bearb. v. Theod. Gross. 1. Bd. gr. 12. (20 B. u. 3 ill. Taf.) Stuttgart 840, Hallberger'sche Vrlsh.

Sichel, Julius, Referendar: Die kriegerische Besetzung feindlichen Staatsgebietes nach den Bestimmungen der Haager Friedenskonferenz. Frankfurt a. M. 1905: Gebr. Knauer. (54 S.) 8°
Marburg, Jur. Fak., Ref. Schücking, Diss. v. 30. Okt. 1905
[Geb. 18. Sept. 81 Frankfurt a. M.; Wohnort: Langenschwalbach; Staatsangeh.: Preußen; Vorbildung: Kaiser Friedr.-Gymn. Frankfurt a. M. Reife O. 00; Studium: Heidelberg 1, Berlin 2, Marburg 3 S.; Rig. 31. Juli 05.]

Sichel, Julius (geb. Frankfurt a. M. 14. 5. 1802): Historiae phthiriasis internae verae fragmentum. Berolini (1825). (31 S.) 8°
Berlin, Med. Diss. v. 26. Febr. 1825

Sichel, Jul., allgem. Grundsätze d. Augenheilkunde betreff., nebst e. Geschichte d. rheumat. Augenentzündung. Uebers. u. hrsg. v. P. J. Philipp. gr. 8. (5 B.) Berlin 834, Hirschwald.

Sichel, Julius, a. Büdingen: Die englische Literatur im Journal étranger. Ein Beitrag zur Geschichte der literarischen Beziehungen zwischen England und Frankreich im 18. Jahrhundert. Darmstadt 1907: G. Otto. (74 S.) 8°
Heidelberg, Phil. Fak., Ref. Neumann, Diss. v. 19. März 1907
[Geb. 5. Febr. 85 Büdingen, Wohnort: Büdingen; Staatsangeh.: Hessen; Vorbildung: Gymn. Büdinger. Reife O. 03; Studium: Heidelberg 8 S.; Rig. 4. Febr. 07.]

Sichel, Max, a. Schlüchtern: Zur Behandlung frischer Harnröhrenverletzungen. Freiburg i. Br.: Speyer & Kaerner 1906. (42 S.) 8°
Freiburg i. B., Med. Fak., Ref. Kraske, Diss. v. 4. Febr. 1900
[Geb. 18. April 80 Schlüchtern, Hessen-Nassau; Wohnort: Freiburg i. B.; Staatsangeh.: Preußen; Vorbildung: Gymn. Ernestinum Gotha Reife O. 00; Studium: Kiel, München, Heidelberg, München; Coll. 26. Jan. 06.]

Sichel, Max, a. Gemünden: Ein Fall von ausgebreiteter Rückenmarks-Degeneration mit Venenthrombosen. Würzburg 1904: F. Freudenberger. (55 S.) 8°
Würzburg, Med. Fak., Ref. v. Rindfleisch, Diss. v. 21. Sept. 1904
[Geb. 19. März 79 Gemünden; Wohnort: Gemünden; Staatsangeh.: Bayern; Vorbildung: Gymn. Würzburg Reife 99; Studium: Würzburg 5, Berlin 2, Würzburg 3 S.; Coll. 8. Juni 04; Approb. 8. Juni 04.]

Sichel, Max, die Geistesstörungen bei den Juden. Eine klinisch-histor. Studie. (V, 81 S.) gr. 8. Leipzig 909. M. W. Kaufmann. 2. —

Sicher wie Jold. Officielles Organ des internationalen Artisten-Vereins Sicher wie Jold. Red.: Wilh. Dalatkewicz. 1. Jahrg. 1899. 24 Nrn. gr. 4. (à ca. 8 S. m. Bildnissen.) Berlin 899. F. Lenz & Co. n. 6. —
Fortsetzung s.: Artisten-Tribüne.

Sicher, Fridolin. Fr' Sichers Chronik. Hrg. von Ernst Götzinger. (Mittheil. z. Vaterl. Gesch. St. Gallen. Neue Folge. Heft 10.) 8. St. Gallen 1885. Huber.

Sicher's, Fridolin, Chronik, s. Mittheilungen zur vaterländischen Geschichte.

Sicher, Karl, die Hühner! Eine hochmoderne trag. Humoreske. (16 S.) kl. 8. Linz 906. (Zentraldruckerei vorm. E. Marcis.) n. — 40

v. Sicherer, (Dr., K. B. Appell.-Rath,) Beiträge zu den im K. B. Regierungsbezirke Schwaben u. Neuburg zur Anwendung kommenden Zehentrechten. gr. 8. Augsburg 844, Kollmann'sche Buchh. ⅛ ℛ

— der Zehent nach gemeinem deutschen u. nach bayerischem Rechte. gr. 8. (5 B.) Neuburg 845, Prechter.

Sicherer, C. A. X. G. F., Gedichte f. Kinder, s. J. F. L. Müller.

Sicherer, C. A. X. G. F., Lorelei. Plaudereien über Holland und seine Bewohner. 2 Thle. gr. 8. (VIII, 274; X, 368 S.) Leiden 870. (Leipzig, Brockhaus' Sortiment und Antiq.) * 10 —

SICHERER, Franz von (Holzen): Conditiones organismo infantili peculiares.- Monachii: Poessenbacher 1831. 24 S.
16.3.1831 - Urk
Diss. Ingolst.-Landsh.-Mchn.

[F.] **von Sicherer,** Friedrich [gepr. Rechtspraktikant u. Hilfsarb. d. Staatsanwaltschaft am Kgl. Landger. Augsburg]: Die gemeindliche Finanz-, Polizei- und Strafgewalt in Bezug auf Verbrauchssteuern und andere örtliche Abgaben nach den Artikeln 40 und 41 der bayerischen Gemeindeordnung für die Landesteile diesseits des Rheins ... München, J. Schweitzer, 1892; IV, 87 S. 8.
Erlangen, Jur. Fak., Inaug.-Diss. v. 1892

Sicherer, Frdr. v., die gemeindliche Finanz-, Polizei- u. Strafgewalt in Bezug auf Verbrauchssteuern u. andere örtliche Abgaben nach den Artikeln 40 u. 41 der bayerischen Gemeindeordnung f. die Landesteile diesseits d. Rheins. gr. 8. (IV, 87 S.) München 893. J. Schweitzer, Verl. n. 1.80

Sicherer, H. v., Das Haus der Grafen von Törring und die Standesherrschaft Gutenzell. Mit 2 geneal. Tabellen. München 1886. 8. Nicht im Handel.

Sicherer, Hermann von

Sicherer, H. de. Das bayer.-griechische Anlehen aus den Jahren 1835, 1836, 1837. Rechtsgutachten. 8°. München 1880.

Sicherer, Herm. v., üb. Eherecht u. Ehegerichtsbarkeit in Bayern. Unter Benützg. amtl. Actenstücke. gr. 8. (67 S.) München 875. Kaiser. n. 2. —

Die reichsständische Eigenschaft des Hauses Fugger. Ein Rechtsgutachten von Hermann v. Sicherer, Prof. zu München. *München 1896: E. Huber.* (95 S.) 8° [F.] [0a. 1509]

Sicherer, Herm. v., die Genossenschaftsgesetzgebung in Deutschland. Kommentar zu dem Reichsgesetze über die privatrechtl. Stellung der Erwerbs- und Wirthschaftsgenossenschaften unter Berücksicht. des bayer. Genossenschaftsgesetzes. gr. 8. (IV, 334 S.) Erlangen 872. Palm und Enke. * 4 80

Sicherer, Herm. v., über die Gesammtbelehnung in deutschen Fürstenthümern. Habilitationsschrift. gr. 8. (VI und 73 S.) München 865, (Kaiser.) *

SICHERER, Hermann von (Eichstätt): Legitimation des Wechselinhabers durch ein dem Protest vorausgegangenes Blankogiro. Ein wechselrechtlicher Versuch.- München: Schurich 1862. 34 S.
29.3.1862 - Urk (Titel: Ad interpretationem articuli XVI codicis cambialis Germanici.); F 49
Diss. Ingolst.-Landsh.-Mchn.

Sicherer, Herm. v., Legitimation des Wechselinhabers durch ein dem Protest vorausgegangenes Blankogiro. Ein wechselrechtlicher Versuch. Inauguralabhandlung. München 862. (Kaiser.) gr. 8. (34 S.) n. 5 ngr.

Sicherer, Herm. von, Personenstand u. Eheschließung in Deutschland. Erläuterung des Reichsgesetzes vom 6. Febr. 1875 über die Beurkundung des Personenstandes u. die Eheschließung. Neue unveränd. (Titel-) Ausg. (In 12 Lfgn.) 1. Lfg. gr. 8. (XVIII, 48 S.) Erlangen 881. Palm & Enke. n. 1. —

Sicherer, Herm. v., Personenstand u. Eheschließung in Deutschland. Erläuterung d. Reichsgesetzes vom 6. Febr. 1875 üb. die Beurkundg. d. Personenstandes u. die Eheschließg. Neue Ausg. 2—12. (Schluß-)Lfg. gr. 8. (S. 49—537.) Erlangen 886. Palm & Enke. à n. 1. —

Sicherer, Hermann von: Ueber das Rechtsstudium in Deutschland sonst und jetzt. Rede beim Antritt des Rektorats der Ludwig-Maximilians-Universität gehalten am 1. Dezember 1888. München: K. Hof- u. Univ.-Buchdr. v. Dr. C. Wolf & Sohn 1888. 22 S. 4°

—— Reichs-Gesetz über die Beurkundung des Personenstandes und die Eheschließung vom 6. Febr. 1875 erläutert, s. Gesetzgebung, die, des Deutschen Reiches mit Erläuterungen. I, 1.

Sicherer, v., Secundogenitur und Primogenitur, s. **Festgabe zum Doktor-Jubiläum von J. J. W. v. Planck.**

— **Staat** u. Kirche in Bayern vom Regierungs-Antritt d. Kurfürsten Maximilian Joseph IV. bis zur Erklärg. v. Tegernsee 1799—1821. Nach amtl. Actenstücken. Lex.-8. (IV, 505 S.) München 873. Kaiser. n. 10. —

Sicherer, Herm. v., Staat u. Kirche in Bayern vom Regierungs-Antritt d. Kurfürsten Maximilian Joseph IV. bis zur Erklärung von Tegernsee. 1799—1821. Nach amtl. Actenstücken. München 1874. Gr. 8°. (M. 10.) Eleg. Hfrzbd.
4 Bll., 330 S., 136 S. Urkunden.

v. Sicherer, Karl, der Fehler d. Erziehung auf d. Lande, in Gesprächen u. in d. Geschichte d. Bauern Jost u. Isidor vorgetragen. 8. Augsb. 807. (Kranzfelder); Inspruck, Wagner. 6 gr.

Sicherer, K. v., der Fehler d. Erziehung auf dem Lande, in Gesprächen u. in d. Geschicht d. Bauern Jost u. Isidor vorgetragen. 8. Inspruck, Wagner. 813.

— das Gebet d. Herrn, in katechet. Gesprächen bearb. 12. Augsb 802. Kranzfelder. 2 gr.

— Katechismus f. die Schullehrer auf d. Lande, welche in den Geiste u. nach d. Absichten d. k. baier. Schulplans arbeiten. 8 Augsb. 817.

— Vorschläge, wie dem auf d. Lande um sich greifenden Uebel d. Unzucht könnten Schranken gesetzt werden. 8. Augsb. 814 Kranzfelder. 2 gr.

Sicherer, Karl Philipp (Heilbronn) (Lizentiat beider Rechte)
Commentatio juridica De assignationibus.
Giessae 1782: Joh. Jac. Braun. 48 S. 4°
dissertationis inauguralis loco.

Sicherer, Otto von

Securis, Das Auge des Menschen in zerlegbaren (farbigen) Abb. (zweifach vergrößert). Kurze, leichtfaßl. Darstellg. d. einzelnen Teile d. Auges u. seiner Funktionen. 2. Aufl. (16 S. u. 2 aufklappb. Modelle.) gr. 8. Eßlingen (910). J. F. Schreiber. Geb. 2. —

Sicherer, Otto v., Hygiene des Auges im gesunden u. kranken Zustande, s.: Bibliothek der Gesundheitspflege. 4. Bd.

v. Sicherer, Otto [Dr. med. Assistenzarzt d. kgl. Univ.-Augenklinik in München]: '(Aus d. bakteriolog. Laboratorium d. hygien. Institutes in München.)' Vergleichende Untersuchungen über verschiedene, mit Leucocytose verbundene, therapeutische Eingriffe bei dem Staphylokokkengeschwür der Hornhaut ... München, Buchdr. Kastner & Lossen, 1895; 65 S. 8.
Munchen, Med. Fak., Hab.-Schr. v. 1896

SICHERER, Otto von (München): Uterus bicornis bicollis. Pyometra und Pyocolpos lateralis infolge von Atresia vaginalis dextra.- Leipzig: Engelhardt 1892. 18 S.,1 Taf.
27.6.1892 - Chr 1892/93,14; Jv 1891/92,211
Diss. Ingolst.-Landsh.-Mchn.

SICHERER, WALTHER VON. Über Abkömmlinge des 1.4-Benzopyranols. (Tübingen). München, 1901. B. Heller. (73 S.)
Diss. Tübingen.

Sicherheit, Gewißheit u. Freude der Erlösung. 8. (24 S.) Gernsbach 884. Christl. Kolportage-Verein. n. — 6

Sicherheit, Gewißheit u. Freude d. Erlösg. 3. Aufl. 12. (32 S.) Gernsbach 894. Baden-Baden, Christl. Kolportage-Verein. n.n. — 10

— dasselbe. 4. Aufl. 12. (32 S.) Lichtenthal bei Baden-Baden 898. Christl. Kolportage-Verein. — 08

Sicherheit, Gewißheit u. Freude der Erlösung. 8. (27 S.) Neumünster (899). Vereinsbuchh. G. Ihloff & Co. n. —10

Sicherheit, Die ungestörte, der katholischen Religion . . . [Görlitz?] [1742.] V: *Ludewig, Joh. Peter.* (Preussische Staatsschriften. Bd. I. Berlin 1877. S. 282.)

Sicherheitsdienst, Der. Unterricht für den Gensdarmen. Darmstadt 1824. V: *Dalwigk, Reinhard Freih. von.* (Ky) (HS)

Sicherheitsdienst. Unterricht f. den Gendarmen. Darmstadt 1825.

Sicherheitsdienst für die Kavallerie. Nach den Allerhöchsten Verordnungen vom 29. Juni 1861 und nach den sonst hergebrachten Formen zusammengestellt durch Generalmaj. z. D. Otto Wilh. v. R. 1.—4. Aufl. 16. (44 S.) Potsdam 869—74, Döring. ** — 25

Sicherheitsdienst für die Kavallerie. Nach den Allerhöchsten Verordnungen vom 17. Juni 1870 u. nach den sonst hergebrachten Formen zusammengestellt von Otto Wilh. v. R. Verb. u. verm. durch H. v. W. 5. Aufl. 16. (46 S.) Potsdam 877. Döring. — 30

Sicherheits-, Kuppel-, Zug- und Geschirr-Haken, Ein neuer. [Aarau 1898.] V: *Nachtweh, Alw.* (Zuwachsverz. d. Bibliotheken in Zürich 1898 ff.)

Sicherheitslampen-Wesen, das, beim Steinkohlenbergbau. Bericht der preuss. Schlagwetter-Commission. Mit einem Atlas von 66 Taf. (in Imp.-4. und Mappe). gr. 8. (VII, 221 S.) Berlin 886, Ernst und Korn. * 24 —

Sicherheitsmaßregeln, über, bei der Aufstellung u. dem Gebrauche von Dampfmaschinen und Dampfkesseln. Vom Directorium des Industrie-Vereins für d. K. Sachsen. Mitth. 1845. 4. (Mit 1 Lithogr.) Leipzig 845, Bamberg. n. 2/3 ℔

Sicherheitsordnung für normalspurige Eisenbahnen Preußens vom 10. Mai 1877. 8. (16 S.) Berlin 877. C. Heymann's Verl. — 25

Sicherheitsordnung für normalspurige Eisenbahnen Preußens vom 10. Mai 1877. 2. Abdr. Berlin 1877

Sicherheits- u. Fremdenpolizei, 1. Heft. 8. Darmstadt, G. Jonghaus. 1905.
1. Schwarz, Gesetz, die Gesinde Ordnung betr., vom 28. IV. 1877, in der Fassung der Bekanntmachungen vom 3. VIII. 1899 u. vom 23. VII. 1902, nebst der zur Ausführg. der Gesinde-Ordng. erlassenen Bekanntmachg. vom 11. VII. 1877, m. Erläutergn. u. e. Sachregister. Amtliche Handausg. Bearb. im Auftrage grossh. Ministeriums des Innern. (46 S.)

Sicherheits- u. Fremdenpolizei. 2. Heft. 8. Darmstadt, Buchh. großherz. Staatsverlags. — 60
Das Reichsvereinsgesetz m. den hessischen Ausführungsvorschr. Amtl. Handausg. Bearb. im Auftrage großherzogl. Ministeriums des Innern. Von Wörner. (25 S.) 909.

Sicherheitsregeln f. elektrische Bahnanlagen, hrsg. v. Verband deutscher Elektrotechniker. (Taschenform.) 12. (14 S.) Berlin 900. J. Springer. — München, R. Oldenbourg. (Ausliefergs. durch Springer.) Kart. n.n. —50

Sicherheitsregeln f. elektrische Hochspannungs-Anlagen, hrsg. v. Verband deutscher Elektrotechniker. 12. (23 S. m. Fig.) Berlin 897. J. Springer. — München, R. Oldenbourg (Ausliefergs. durch J. Springer). Kart. n.n. — 50

Sicherheitsvorschriften für elektrische Bahnanlagen, hrsg. vom Verband Deutscher Elektrotechniker. 2. veränd. Aufl. Berlin: J. Springer 1902. (15 S.) 8°

Sicherheitsvorschriften für elektrische Bahnanlagen, hrsg. vom Verband deutscher Elektrotechniker. Festgesetzt nach den Beschlüssen der Jahresversammlung in Cassel 23.—25. VI. 1904. (16 S.) kl. 8. Berlin 904. J. Springer. Kart. n.n. — 50

Sicherheitsvorschriften für den Betrieb elektrischer Starkstromanlagen, hrsg. vom Verband Deutscher Elektrotechniker. *Berlin: J. Springer 1903.* (12 S.) 8°

Sicherheitsvorschriften f. d. Einrichtung elektrischer Beleuchtung in Eisenbahnwagen. Ausg. von der geschäftsführ. Verwaltg. des Vereins dtscher. Eisenbahnverwaltgn. (19 S. m. Fig.) kl. 8. Berlin (907). (Wiesbaden, C. W. Kreidel.) nn — 25

Sicherheitsvorschriften [des] Verein[s] deutscher Eisenbahnverwaltungen für die Einrichtung elektrischer Beleuchtung in Eisenbahnwagen. Berlin 1910

Sicherheitsvorschriften für die Errichtung elektrischer Starkstromanlagen, hrsg. v. Verband Deutscher Elektrotechniker. 1. Niederspannung. 2. Hochspannung. Festgesetzt nach d. Beschlüssen d. Sicherheits-Kommission zu Jena 1903 u. d. Jahresversammlung in Cassel 1904. Berlin: J. Springer 1905. (44 S.) 8°

Sicherheitsvorschriften für die Errichtung elektrischer Starkstromanlagen hrsg. v. Verband Deutscher Elektrotechniker. 1. Niederspannung. 2. Hochspannung. Festgesetzt nach d. Beschlüssen d. Sicherheits-Komm. zu Jena 1903 u. d. Jahresversammlung in Cassel 1904 u. in Dortmund-Essen 1905. (Ausg. Okt. 1905.) Berlin: J. Springer 1905. (je 45 S.) 8°

Sicherheitsvorschriften für elektrische Hochspannungsanlagen. Herausgegeben vom Verband Deutscher Elektrotechniker. (24 S) Berlin 1898

Sicherheitsvorschriften für elektrische Mittelspannungs-Anlagen, hrsg. vom Verband Deutscher Elektrotechniker. *Berlin: J. Springer; München: R. Oldenbourg 1899.* (31 S.) 8°

— für Starkstrom-Anlagen. Angenommen vom Elektrotechniker-Congress Wien 1899. Red. v. F. Ross. Rev. Ausg. (56 S.) kl. 8. Wien 901. (Weidlingau-Wien, Rittmann & Kalin.) Kart. n.n. 1. —

Sicherheitsvorschriften f. elektrische Starkstromanlagen, hrsg. v. Verband deutscher Elektrotechniker. 12. (24 S.) Ebd. 896. Kart. n.n. — 50

— für elektrische Starkstromanlagen. Herausgegeben vom Verband Deutscher Elektrotechniker. 2. Ausgabe. (28 S) Berlin 1898

— f. elektrische Starkstrom-Anlagen. Hrsg. vom elektrotechn. Verein in Wien. Beraten vom Arbeiterausschusse des Regulativkomitees des ob. Vereines. Red. v. Carl Hochenegg u. Frdr. Wunderer. Angenommen in der XXV. ordentl. Generalversammlg. d. elektrotechn. Vereines in Wien am 20. III. 1907. (136 S.) 19×11,5 cm. Wien 907. (Spielhagen & Schurich.) Kart. nn 1. 50

— dasselbe. Sondervorschriften f. Theater, s.: Sondervorschriften f. die Ausführung u. d. Betrieb v. elektrischen Anlagen in Theatern usw.

Sicherheitsvorschriften für elektrische Strassenbahnen u. strassenbahnähnliche Kleinbahnen. Hrsg. v. Verband Deutscher Elektrotechn. Festgesetzt nach d. Beschlüssen d. Jahresversammlung zu Stuttgart 1906. Berlin: J. Springer 1906. (32 S.) 8°

Widerruf und Scheckverlust. Ein Nachklang zu der in Budapest abgeh. gemeinsamen Scheckkonferenz d. mitteleurop. Wirtschaftsvereine von e. Teilnehmer (Dr. Bernhard Sichermann, Rechtsanw.). Kassa: A. Maurer in Comm. 1907. (29 S.) 8°

Sichermann, B., s. Widerruf u. Scheckverlust.

Sicherstellung, die, der Ueberlegenheit d. deutschen Reichsheeres von S. v. W. gr. 8. (V, 36 S.) Darmstadt 892. E. Zernin. n. 1. —

Sichertshausen, s.: Preussen. Messtischblätter.

Die **Sicherung** der Bauforderungen. Denkschrift d. Handelskammer zu Magdeburg. Magdeburg 1907: E. Baensch jun. (16 S.) 4° [J.]

Sicherung, die, der Bauforderungen. Denkschr. d. Handelskammer zu Magdeburg. (16 S.) Lex. 8. Magdeburg 907. (Heinrichshofen's Sort.) 1. —

DIE SICHERUNG DES GRUNDEIGENTHUMS durch allgemeine Vermarkung und beweiskräftige Grundkarten. Eine Denkschrift des Rheinisch-Westfälischen Geometer-Vereins. (Berathen und angenommen in der 7. Hauptversammlung des Deutschen Geometer-Vereins und erweitert durch dessen Vorstandschaft.) Düsseldorf 1878. W. Kronenberg'sche Buchdruckerei. 8°.

Sicherungsdienst in Gefängnisanstalten. [Bern 1893.] V: *Zürcher, Em.* (Cat. d. Stadtbibl. Zürich. Zürich 1864—97.)

Sicherungsdienst, der, nach den Grundsätzen der neuen Felddienstanleitung für Unteroffiziere der schweiz. Infanterie und Cavallerie. Bearbeitet von einem Instructionsoffizier. In-16°. III u. 61 S. Luzern, J. L. Bucher. 1879.

Sicherungsdienst, der, nach den Grundsätzen der neuen Felddienstanleitung für Unteroffiziere der schweizerischen Infanterie u. Kavallerie, bearb. von einem Instruktionsoffizier. 3. Aufl. 16. (III, 61 S.) Luzern 880. (Bern, Jenni.) cart.

Sicherungsdienst, der, nach den Grundsätzen der Felddienstanleitung f. schweizerische Truppen. Mit Berücksicht. der durch Bundesrathsbeschluß vom 22. März 1881 eingeführten Dienstvorschrift. Für Unteroffiziere der Infanterie u. Kavallerie bearb. v. e. Instruktionsoffizier. 14. Aufl. 16. (63 S.) Bern 885. Jenni. cart. n. — 90

Sichler, Albert. Bibliographie der schweizerischen Abnormenfürsorge. Von A' S' in Bern (*1*: Bearb. von A' S', Bern). 3 [Teile]. Separatabdruck aus «Eos», Vierteljahrschrift für die Erkenntnis und Behandlung jugendlicher Abnormer.... 8. [Wien, A. Pichler's Wwe. & Sohn.]

([Teil] 1. Bibl' des schweizerischen Blindenwesens.) Sep' aus «Eos»..., [Jahrg. 1,] Heft 4, 1905. S. 269—274.
[Teil] 2. Bibl' des schw' Taubstummenwesens. Sep' aus «Eos»..., [Jahrg. 2,] Heft 1, 1906. 14 S.
[Teil] 3. Bibl' des schw' Idiotenwesens. Sep' aus «Eos»..., [Jahrg. 2,] Heft 2, 1906. S. 127—142.

Sichler, Albert. Schweizerische Eisenbahn-Litteratur (1830—1901). Mit Anhang: Verzeichnis der in der Eisenbahn-Aktensammlung (Bd. 1—8 und neue Folge, Bd. 1—15) abgedruckten Aktenstücke. 1850—1899. XX + 391 + *Anhang* 130 S. 8. 1902. [fr. 5.—]

Ausg. A mit deutschen Titeln: ... Bearb. von Albert Sichler.... Bern, K. J. Wyss. — Bibliographie der Schweizerischen Landeskunde.... Fascikel V9h*1*.
Ausg. B mit französ. Titeln: Littérature des Chemins de fer suisses (1830—1901). Avec appendice contenant l'«Index des pièces contenues dans le Recueil des pièces officielles relatives aux chemins de fer suisses...» Publiée par Albert Sichler.... Berne, K. J. Wyss. — Bibliographie nationale suisse.... Fascicule V9h*1*.

Sichler, Albert. Erziehungs- und Unterrichtswesen.... XVI + 339 S. 8. 1906. [fr. 3.—]

Ausg. A mit deutschen Titeln: ... Hrg. vom Bureau der Centralkommission für schweizerische Landeskunde. Redigiert von A' S'.... Band 1 (1. Hälfte): Allgemeine Litteratur und Pädagogik. Bern, K. J. Wyss, 1906. — Bibliographie der Schweizerischen Landeskunde.... Fascikel V 10c.
Ausg. B mit französ. Titeln: Education et Instruction. Publié par le Bureau de la Commission centrale pour la Bibliographie suisse. Rédigé par A' S'.... Volume 1er (1er cahier): Littérature générale et Pédagogie. Berne, K. J. Wyss, 1906. — Bibliographie nationale suisse.... Fascicule V 10c.

Sichler, Albert. Erziehungs- und Unterrichtswesen. Hrg. vom Bureau der Centralkommission für schweizerische Landeskunde. Redigiert von A' S'.... Band 1 (2. Hälfte): Das Schulwesen im Allgemeinen. XII + 443 S. 8. Bern, K. J. Wyss, 1907. [fr. 4.—]

Ausg. A mit deutschen Titeln. — Bibliographie der Schweizerischen Landeskunde.... Fascikel V 10c.
Ausg. B mit französ. Titeln: Education et Instruction. Publié par le Bureau de la Commission centrale pour la Bibliographie suisse. Rédigé par A' S'.... 1er Volume (2me cahier): Les Ecoles en général. Berne, K. J. Wyss, 1907. — Bibliographie nationale suisse.... Fascicule V 10c.

Sichler, Albert. Erziehungs- und Unterrichtswesen. Hrg. vom Bureau der Centralkommission für schweizerische Landeskunde. Redigiert von A' S'.... Band 3: Lehrmittel (Schulbücher). XIV + 329 S. 8. Bern, K. J. Wyss, 1908. [fr. 3.—]

Ausg. A mit deutschen Titeln. — Bibliographie der Schweizerischen Landeskunde.... Fascikel V 10c.
Ausg. B mit französ. Titeln: Education et Instruction. Publié par le Bureau de la Commission centrale pour la Bibliographie suisse. Rédigé par A' S'.... 3e volume: Livres d'école. Berne, K. J. Wyss, 1908. — Bibliographie nationale suisse.... Fascicule V 10 c.

Sichler, Alb., s.a. Bibliographie d. schweizer. Landeskunde. (Erziehungs- u. Unterrichtswesen.)

Sichler, Alb., s.a. Erziehungs- u. Unterrichtswesen.

Sichler, Albert. Über falsche Interpretation des kritischen Realismus [Wilhelm] Wundts. Sonderabdruck aus dem Archiv für systematische Philosophie. Band 14. Heft 3. 1908. II S. + S. 373—392. 8. Berlin, Georg Reimer.

Sichler, Albert. Über falsche Interpretation des kritischen Realismus (W[ilhelm]) Wundts und Beurteilung von O[scar] Pfisters kritischem Transzendental-Realismus. Von A' S', Bern. Separatabdruck aus dem Archiv für systematische Philosophie Band 13 Heft 1 ([und] 2).... II + 37 S. 8. Berlin, Georg Reimer, 1907.

Sichler, A[lbert]. Ueber den «Tranche ébarbée» und die Stegverhältnisse bei Büchern. (Eine Entgegnung von A. S', Bern.) [Sep.-Abdr. aus: Schweizerische Buchbinder-Zeitung, Jahrg. 19, Nr. 1 u. 2.] 12 S. 8. Bern, Gottfr. Iseli, 1909.

(Sichler, Albert.) Untersuchung über die Tarifierung von Bucheinbänden. Ausarbeitung eines Proportionaltarifes. ([Von] A' S', Bern. Separatabdruck aus dem) Zentralblatt für Bibliothekswesen. Jahrg. 22. Heft 2. Februar 1905. II S. + S. 57—89. 8. (Leipzig, Otto Harrassowitz.)

Sichler, *Karl* Friedrich [aus Wittenberg]: Die Zangengeburten der Halleschen Universitäts-Frauenklinik vom 1. Mai 1887 bis 1. Januar 1894 ... Halle a. S., Druck v. Wischan & Wettengel, 1896; 2 Bl., 39 S., 1 Bl., 1 Tab. 8.
Halle, Med. Fak., Inaug.-Diss. v. 14. März 1896

Sichlern, O. v., k. b. ch. Major z. D. Geschichte des königl. bayer. 5. Chevaulegers-Reg. „Prinz Otto". (1776—1876.) Verfasst zur hundertjährigen Stiftungsfeier. 8. München 1876.

Sichlern, O. v. Geschichte des 5. Chevaulegers-Reg. Prinz Otto. München 1876. 193 S.

Sichling, H[ans], aus Nürnberg: Die Reaktionsgeschwindigkeit bei der elektrolytischen Reduktion. *Heidelberg 1902: J. Hörning.* (35 S.) 8°
Heidelberg, Naturw.-math. Diss. v. 1902

Neutitschein LOR.: Katalog der Lehrerbibl. 899. v. Josef Sichrovsky. 28. **Prag.**

Sichtbare, Die, (Wochenschrift). Prag 19/5 1770—11/5 1771. H: *Pruscha, Vincenz Victorin & Wilh. Webel.* (A. G. Przedak, Geschichte des deutschen Zeitungswesens in Böhmen, S. 39, 40) (Bespr. Neue Litteratur S. 289—294) (BiblPort)

Sichtermann, G., De poenis militaribus Romanorum. Diss. 1708. 28 S. 4°.

Sichtermann, Paul, Bergreferendar aus Herne: Diabasgänge im Flußgebiet der unteren Lenne und Volme. Gießen 1905: v. Münchow. (76, VI S.) 8°
Gießen, Phil. Fak., Ref. Brauns, Diss. v. 16. Juni 1905
[Geb. 15. Sept. 75 Herne; Wohnort: Herne; Staatsangeh.: Preußen; Vorbildung: Gymn. Recklinghausen Reife O. 95; Studium: Würzburg 4, Bergakademie Berlin 2 S.; Rig. 29. Juli 04.]

Sichting, (Car. Guil. Albr.) Otto (geb. Bomst 4. 2. 1841): De meningitide tuberculosa. Berolini (1865). (32 S.) 8°
Berlin, Med. Diss. v. 24. Juli 1865

Sichting, Otto, appr. Arzt, Assistenzarzt b. Feldartill.-Reg. Nr. 33: Über Neigung Syphilitischer zu Blutungen und ein Fall von Syphilis bei einem Hämophilen. Berlin (1908): G. Schade. 29 S. 8°
Berlin, Med. Diss. v. 20. Okt. 1908, Ref. Hildebrand
[Geb. 1. Aug. 81 Wahlstatt; Wohnort: Metz; Staatsangeh.: Preußen; Vorbildung: Stad.-Gymn. Halle Reife M. 01; Studium: Berlin K. W. A. 10 S.; Coll. 19. Okt. 08; Approb. 19. Febr. 08.] [U 09. 109

Sichting, Otto (geb. am 2 Aug. 1844 in Borken Westf.): Therapeutische Wirkungen des Papaverin und Narcein ... Bonn, gedr. bei J. F. Carthaus (1869). 28 S., 1 Bl. 8.
Bonn, Med. Fak., Diss. v. 15 Mai 1869

Sichting, Rudolphus: Dissertatio scorbuti aetiologiam sistens. Halae (1822): Schimmelpfennig. 25 S. 8°
Halle-Wittenberg, Med. Diss. v. 9. Okt. 1822
Geb. Donndorf (Thür.) 19. 1. 1794. V.

Sicilianer(in, s. Sizilianer(in).

Sicius, Rudolf, appr. Arzt: Zur Prognose der Schädelfrakturen. Leipzig 1910: Hoffmann. 96 S. 8°
Kiel, Med. Diss. v. 6. Aug. 1910. Ref. Anschütz
[Geb. 23. Okt. 81 Völklingen; Wohnort: Straßburg i. E.; Staatsangeh.: Preußen; Vorbildung: Protest. Gymn. Straßburg Reife M. 01; Studium: Straßburg 1, Würzburg 2, Tübingen 2, Straßburg 1, Freiburg i. B. 2, Heidelberg 2 S.; Coll. 8. Juni 10; Approb. 15. Jan. 10.] [U 10. 3477

Sick, Dank- u. Sendschreiben mit einigen Beilagen an d. Vorsteher d. Stuttgarter Winzerzunft. 8. Stuttgart, 1836. (Verf.)

Sick, Carl, s. Sick, Karl.

Sick, Christian K. [Referendar]: Die Rechte des Prinzipales aus Art. 56, 59 H. G. B. '(m. Berücks. d. Entwurfes eines H. G. B. 1896.)' ... Hamburg, Druck v. C. Adler, 1896; 75 S. 8.
Erlangen, Jur. Fak., Inaug.-Diss. v. 1896

Sick, Conrad, s. Sick, Konrad.

Sick, Daniel Wilhelm

— Annalen d. österreich. Geschichte, von Kaiser Rudolph I. bis auf Kaiser Karl V. 7 Thle. 8. Linz 796.

Sick, Daniel Wilhelm, s. Annalen d. Geschichte d. Ottoman. Reichs.

— Frage: Ob z. Seligwerden nöthig sei, eine Religion zu bekennen? beantwortet. 8. Linz 785.

Sick, Dan. Wilh., Versuch e. pragmat. Gesch. christl. Religion für jede Glieder der christlichen Kirche. 8. Wien. (Graffé in Weißenf.) 785.

— — dass. 8. Salzb. Mayr. 785.

Sick, Friedrich: Beiträge zur Pneumatotherapie ... Erlangen: Druck d. Univ.-Buchdr. v. Junge & Sohn 1887. 21 S. 8°
Erlangen, Med. Fak., Inaug.-Diss. v. 4. Jul. 1887

SICK, Friedrich (Speyer): Ueber das Scharlachfieber.- Speyer: Kranzbuehler 1854. 34 S. 18.8.1853 - Urk (Titel: De febri scarlatina.); F 68
Diss. Ingolst.-Landsh.-Mchn.

Sick, Fritz, Rübezahls Erheiterungen. Humoristisch-dramat. Phantasien in Prosa, Versen u. Singweisen. gr. 8. (IV, 122 u. Musik-Abth. 48 S.) Reichenberg 884. Schöpfer's Sort. n. 2. 40

Sick, Fritz, Rübezahls Erheiterungen. Humoristisch-dramat. Phantasien in Prosa, Versen und Singweisen. gr. 8. Reichenberg 884, Fritsche. [M 2.40.] * 1 60

Sick, G[corg] F[riedrich]: Ueber die Anthraxkrankheiten der Hausthiere. Nach franz. Originalen bearb. u. mit e. Vorr. Hrsg. von J[oh.] C[hrist.] Ribbe. Berlin u. Stettin 1813. X, 132. S.

Sick, Georg Friedrich, s.a. Anthraxkrankheiten.

— Über die Anthraxkrankheiten der Haustiere, s.a. Ribbe.

Kritische Beleuchtung und Würdigung der europäischen Pestkrankheiten fremden Ursprungs mit absichtlicher Hinweisung auf eine neue, sichere u. rationelle Pesttilgungsmethode, nebst e. komparativen Zusammenstellung der orientalischen Rinder- u. der occidentalischen Menschenpest. Von George Friedrich Sick, Leipzig: Verf. 1822: Deutrich. XXVI, 330 S. 8°

Sick, (G. F.,) krit. Beleucht. u. Würdigung der europ. Pestkrankheiten fremden Ursprungs mit absichtl. Hinweisung auf eine neue, sichre u. rationelle Pesttilgungsmethode rc. Mit 2 ill. Charten. gr 8. Leipz. 822, Hartmann.

— dass. auch Klittner u. Nauck, in Berlin.

Sick, Georg Friedrich, Über Hundswut, s.: Chabert.

(Sick, [George Friedrich]): Nachricht von dem verbesserten Trokar oder Windzapfenspiess, und der Anwendung desselben. O. O. [1804]. 3 S.

— Nachricht von dem verb. Trokar oder Windzapfenspiess für d. Rindvieh, nebst Instrumenten. Berlin 04. Duncker & Humblot. M. 6.–

— Nachr. von d. verbess. Trokar rc. f. Schafe, nebst d. Instrumenten. Berl., (Duncker u. H.) 3 ß Hbg. Pr. 2 ß

Sick G. F.: Ueber die Natur d. Rinderpest u. die Gefahren, mit welchen ganz Deutschland v. dieser verheerenden Pestseuche im Laufe d. gegenwärtigen Krieges bedrohet wird ... Berl. 1813. 57 S.

— üb. die Natur d. Rinderpest, nebst Vorschlag z. Errichtung e Anstalt durch welche das nördl. Deutschland dagegen geschüz werden kann. gr. 8. Potsd. 813. (Horvath).

— Üb. d. Natur d. Rinderpest. gr. 4°. Berl. 21. (Horvath, Potsd.) M. 1.50

— üb. die Schafpocken u. deren Einimpfung als ein Mittel, di Macht d. Krankheit zu vernichten, nebst e. Impfungssystem die Schafpockenseuche gänzlich aus Europa zu verbannen. Mi 1 Kpf. gr. 8. Berl. 803. (Duncker u. H.) (a. Mittle das.) 16 ℊ

Sick G. F.: Ueber die Schafpocken u. deren Einimpfung, als ein Mittel, die Macht dieser Krankheit zu vernichten ... Berl. 1803. 155 S. 1 Tvl.
— — [2. Tit.-Aufl.]. Sst. 1804. 155 S. 1 Tvl.

— Dass. nebst 6 unter des Verf. Aufsicht gearbeiteten Impfnadeln Berl., (Duncker u. H.) 3 ß Hbg. Pr. 2 ß

Sick, George Friedrich: Sendschrift an die... Regierungen... von Deutschland, Dännemark, Holland... üb. die Gefahr der... Rinderpest und die Mittel, den... Verheerungen vorzubeugen. Mit 2 ill. Kt. [Nebst Anh.] Berlin 1815. 84 S.

Sick G. F.: Unterricht f. den Landwirth so wie f. jeden Pferde- u. Viehbesitzer z. Abwendung u. Heilung d. in Kriegszeiten eben so gewöhnlich als häufig vorkommenden Vieh-Krankheiten u. ansteckenden Vieh-Seuchen. Berl. 1807. 126 S.

Sick, Georg Friedrich, Unterricht für den Landwirt zur Abwendung und Heilung der in den Kriegszeiten vorkommenden Viehkrankheiten und Seuchen. gr. 8. Ebd. 07. Nauck. M. —.50

— Unterricht f. d. Landwirth. z. Abwend. u. Heilung d.-in Kriegszeit. vorkommend. Viehkrankheiten, auch im Frieden nützl. gr. 8. Berlin, Realschulbuchhdl. 807.

— Etwas Weniges über den eigentümlichen Charakter der Rinderpest, nebst einem Vorschlage, den Oderbruch und dessen nächste Umgebung vor der Wut dieser Seuche zu schützen. gr. 8. Ebd. 07.

Gustav Rochus Sick

De Luxatione femoris. Berolini (1825:) Petsch. 29 S. 8°

Berlin, Med. Diss. v. 14. Nov. 1825

Sick, Ingeborg Maria, ein Blumenstrauß. Novellen. Autoris. Übersetzg. von Hulda Prehn. (III, 204 S.) 8. Leipzig 907. H. Haessel Verlag. Geb. in Leinw. 3. —

— Der heilige Ehestand, s.: (KBL 33.) Engelhorn's allgemeine Roman-Bibliothek.

Sick, Ingeborg Maria, Jungfrau Else. Berechtigte Uebersetzg. aus dem Dän. von Pauline Klaiber. (357 S.) 8. Stuttgart 906. J. F. Steinkopf. n. 4. —; geb. n. 5. —

— Jungfrau Else. Einzige berecht. Übersetzg. aus dem Dänischen v. Pauline Klaiber. 5. Aufl. (21.–25. Taus.) (342 S.) 8. Stuttgart 910. J. F. Steinkopf. 4.—; geb. in Leinw. 5. —

— Großmutter Ursulas Garten. Roman. Autoris. Übersetzung aus dem Dän. v. Pauline Klaiber. (320 S.) 8. Stuttgart 910. J. F. Steinkopf. 4.—; geb. in Leinw. 5.—

— Das schlafende Haus u. andere Geschichten. (Autoris. Übersetzg. aus dem Dän. v. Pauline Klaiber.) (223 S.) 8. Ebd. 909. 3.20; geb. in Leinw. 4. —

— der Hochlandspfarrer. Autoris. Uebersetzg. aus dem Dän. von Pauline Klaiber. 1.—4. Aufl. (256 S.) 8. Ebd. 903–906. n. 3. —; geb. in Leinw. n. 4. —

— Der Hochlandspfarrer. Berechtigte Übersetzg. aus dem Dän. von Pauline Klaiber. 6. Aufl. (246 S.) 8. Ebd. 909. 3.—; geb. in Leinw. 4. —

Die kleine graue Katze [Den lille graa Kat]. Von Ingeborg Maria **Sick**. Ber. Übers. a. d. Dän. von Pauline Klaiber. Ill. von M. Barascudts. Stuttgart: Krabbe [1906]. 157 S. 8° A 12.654

— Die kleine graue Katze. Berechtigte Übersetzg. aus dem Dän. v. Paul. Klaiber. Illustr. v. M. Barascudts. (157 S.) 8. Stuttgart (908). C. Krabbe. 2.—; geb. in Leinw. 3.—

Sick, Ingeborg Marie. Le Pasteur de la Montagne. Roman danois. Traduit par Rik [= Mme Rose-Isabelle Junod, Neuchâtel. Illustré]. II + 236 p. 8. Bâle, Ernest Finckh, [1906]. (fr. 3.50)

— Von Erde bist du genommen. Autoris. Übersetzg. aus dem Dän. v. Pauline Klaiber. (Einbd. u. Buchausstattg. v. Heinr. Wieynk.) 2. Aufl. (315 S.) 8. Ebd. 909. 4.—; geb. in Leinw. 5. —

Sick, Karl (Christian)

Sick, C., anatomische Befunde bei Humerusluxationen. [Aus: „Jahrbb. der Hamburg. Staatskrankenanstalten" 3. Bd.] gr. 8. (6 S. m. 2 Abbildgn.) Hamburg 894. L. Voss. n. — 75

— dasselbe, s.: Jahrbücher der Hamburgischen Staatskrankenanstalten.

— die Behandlung der Cholera m. intravenöser Kochsalzinfusion. [Aus: „Jahrbb. der Hamburg. Staatskrankenanstalten" 3. Bd.] gr. 8. (15 S. m. 2 Abbildgn.) Hamburg 894. L. Voss. n. 1.—

— dasselbe, s.: Jahrbücher der Hamburgischen Staatskrankenanstalten.

Die Entwickelung der Knochen der unteren Extremität dargest. in Röntgenbildern von Dr. C[arl Christian] **Sick**, Oberarzt in Hamburg-Eppendorf. Mit 58 Röntgenbild. auf 9 Taf. *Hamburg: L. Gräfe & Sillem 1902.* (9 S.) 4°
— Archiv u. Atlas d. normalen u. pathol. Anatomie in typischen Röntgenbildern [9, 2.]
— Fortschritte auf d. Gebiete d. Röntgenstrahlen. Erg.H. 9,[illegible]

Sick, C., die **Entwickelung der Knochen der Extremitäten.** s.: Wilms.

Sick, C., über akute Osteomyelitis des Brustbeins, s.: Jahrbücher d. hamburg. Staatskrankenanstalten.

Sick, C., zwei seltene Tumoren der Mamma (Chondrollpom u. Blutzyste), s.: Mitteilungen aus den hamburg. Staatskrankenanstalten.

Sick, Carl, Untersuchungen über das Ödem. Diss. Strassburg i. Els. 1885, Trübners Buchh. u. Antiqu. (E. d'Oleire). 8°. 32 S.

Sick, Klaus [app. Arzt aus Hamdorf]: Aus d. patholog. Institut zu Kiel. Ein seltener Fall von allgemeiner Tuberkulose ... Kiel, Druck v. C. Böckel, 1892; 20 S., 1 Bl. 8.
Kiel, Med. Fak., Inaug.-Diss. v. [14. Apr.] 1892.

Sick, Conr., üb. Spulwürmer in den Gallenwegen. Diss. gr. 8. (34 S.) Tübingen 901. F. Pietzcker. n.n. — 90

Sick, Konrad, Dr., z. Z. Assistent am Institut für Hygiene und experimentelle Therapie der Universität Marburg i. H.: Aus der medizinischen Klinik der Universität Tübingen. Direktor: Professor Dr. E. Romberg. Untersuchungen über die Saftabscheidung und die Bewegungsvorgänge im Fundus- und Pylorusteil des Magens. Naumburg a. S. 1906: Lippert. (55 S.) 8°
Tübingen, Med. Fak., Hab. Schr. v. 1906

Sick, Paul, die Bedeutung der Krankenpflege u. der Krankenheilung f. Lösung der sozialen Fragen der Gegenwart. Sonder-Abdr. des Vorworts zur 3. Aufl. der „Krankenpflege in ihrer Begründg. auf Gesundheitslehre". gr. 8. (26 S.) Stuttgart 893. J. F. Steinkopf. n. — 50

Sick, *Friedrich Franz* Paul [aus Stuttgart]: Aus d. pharmakolog. Institut d. Univ. Greifswald. Ein Beitrag zur Kenntniss der Aconitwirkung ... Greifswald, Druck v. J. Abel, 1894; 67 S. 8.
Greifswald, Med. Fak., Inaug.-Diss. v. 29. Sept. 1894

Sick, Paul, Beiträge zur Lehre vom Venenkrebs. Mit 2 (lith.) Taf. Abbildgn. Tubingen 862. Laupp. Lex.-8. (VI, 74 S.) n. 24 ngr.

Sick, Paul, Beiträge zur Statistik der Landwirthschaft des Königreichs Württemberg. Mit 30 Tab. u. 6 (lith.) Uebersichtskarten. (Aus den Württ. Jahrbüchern abgedr.) Stuttgart 853. J. B. Müller. (Leipzig, C. F. Winter.) 8. (1 Bl., 226 S.) 1 ℛ. 3 ngr.

Sick, Paul, Beiträge zur Statistik der Landwirthschaft des Königreichs Württemberg. 8. (226 S. mit 30 Tabellen und 6 lithochrom. Uebersichtskarten.) Stuttgart 853. [Leipzig, Winter'sche Vrlgsh.]
Aus dem 2. Heft des Jahrg. 1852 der von dem statist.-topograph. Bureau hrsg. württemberg. Jahrbücher besonders abgedruckt.

Sick, P. Aerztlicher Bericht über die im Kriegsjahr 1870—1871 im Stuttgarter Diakonissenhause behandelten Verwundeten u. Kranken. 8. Stuttgart. 1871.

Sick, Paul v., die Stuttgarter Diakonissen im Kriegsjahr 1870/71. Nach Aufzeichngn. v. Schwestern u. eigenen Erinnergn. (48 S.) 8. Stuttgart 904. J. F. Steinkopf. n. — 30

Sick, Paul, chirurgische Erfahrungen aus dem Ambulatorium der chirurg. Universitätsklinik zu Kiel auf Grund eines Dreijahrsberichts April 1900—1903. (54 S.) gr. 8. Kiel (904). W. G. Mühlau. n. 1. 50

Sick, Paul, Dr., Oberarzt d. chirurg. Universitätsklinik in Kiel: Der Erreger der Strahlenpilzkrankheit. *Greifswald 1900: J. Abel.* (91 S.) 8°
Kiel, Med. Hab.-Schr. v. [19. März] 1900

Sick, Heilungsgesetze in der Natur- u. in der Geisteswelt. Zur Eröffng. d. Vorträge üb. Krankenpflege in d. evangel. Diakonissenanstalt zu Stuttgart, 4. Jan. 1895. gr. 8. (8 S.) Stuttgart 895. J. F. Steinkopf. n. — 30

Sick, Paul, die Homöopathie, am Krankenbette erprobt. 1. Thl.: Die Homöopathie im Diakonissenhause zu Stuttgart. Eine Festschrift zur Feier des 25jährigen Bestehens der genannten Anstalt. gr. 8. (234 S.) Stuttgart 879. J. F. Steinkopf. n. 3. 60

Sick, Paul, die Krankenpflege in ihrer Begründung auf Gesundheitslehre m. besond. Berücksicht. der weibl. Krankenpflege. Mit 27 Holzschn. gr. 8. (548 S.) Stuttgart 884. J. F. Steinkopf. n. 5. —; geb. n. 6. —

Sick, P., die Krankenpflege in ihrer Begründung auf Gesundheitslehre, m. besond. Berücksicht. der weibl. Krankenpflege. Mit 30 Holzschn. 2. Aufl. gr. 8. (596 S.) Stuttgart 887. J. F. Steinkopf. n. 5. —; geb. n. 6. —

— die Krankenpflege in ihrer Begründung auf Gesundheitslehre m. besond. Berücksicht. der weiblichen Krankenpflege. Mit 30 Holzschn. u. 1 Titelbilde v. R. Pelln. 3. Aufl. gr. 8. (596 S.) Ebd. 893. n. 5. —; geb. n. 6. —

— die Krankenpflege in ihrer Begründung auf Gesundheitslehre m. besond. Berücksicht. d. Diakonissen-Krankenpflege. 4. völlig umgearb. Aufl. (VIII, 428 S. m. Bildnis u. 50 Abb.) gr. 8. Ebd. 904. Geb. in Leinw. n. 4. 60

—— Krankenpflege u. soziale Frage. Bei Eröffng. der Vorträge üb. Krankenpflege im Diakonissenhaus zu Stuttgart am 8. Jan. 1890 gesprochen. gr. 8. (12 S.) Ebd. 890. — 15

—— Die Krankenpflege der evangel. Kirche gegenüber derjenigen der römischen. gr. 8. (10 S.) Ebd. 891. — 15

Sick, P. v., s.: Sozial-Politik in der hl. Schrift.

Sick, P. Die Koch'sche Tuberkulose-Behandlung auf Grund von Beobachtungen in der evangelischen Diakonissenanstalt zu Stuttgart. gr. 8. (74 S.) Stuttg. 892, J. F. Steinkopf. * 1 20

Sick, Wilhelm, Referendar, a. Hamburg: Die Fälschung von Unterschriften auf Wechseln. Borna-Leipzig 1906: R. Noske. (VIII, 53 S.) 8°
Erlangen, Jur. Fak., Ref. Sehling, Diss. v. 15. Juni 1906
[Geb. 17. Sept. 79 Hamburg; Wohnort: Hamburg; Staatsangeh.: Hamburg; Vorbildung: Gymn. Hamburg Reife M. 98; Studium: München 3, Rostock 1, Kiel 2 S.; Rig. 3. Mai 06.]

Sickel, 100 Confirmations-Scheine mit Bibelsprüchen und Liederversen. 2 Hälften. qu. 4. (100 Holzschntaf.) Halle 872, Anton. In Umschlag à Hälfte von 50 Taf. *ℳ 1. * 2 —

Sickel, 100 Confirmations-Scheine mit Bibelsprüchen und Liederversen. 2 Hälften. 100 Nrn. 2. Aufl. Fol. (Cart.) Halle 884, Anton. à Hälfte *ℳ 2. * 4 —

Sickel, 100 Confirmations-Scheine m. Bibelsprüchen u. Liederversen. 2 Hälften. 3. Aufl. 4. Halle 886. Anton. à n. 1. —

Schutzvorrichtungen gegen das Herausfliegen der Webschützen. Bearb. von A. **Sickel**, Techn. Aufsichtsbeamter in M.-Gladbach. Mit 18 Abb. *Berlin: A. Seydel 1903.* (12 S.) 4°(8°)
Aus: Gewerbl.-Techn. Ratgeber. Jg. 2, H. 16–15.
— **Schriften** d. Vereins deutscher Revisions-Ingenieure. No 7.

Sickel, C. A., die Grubenzimmerung. Nebst einem Vorwort von M. F. Gätzschmann. 1. und 2. Abthl. gr. 8. Freiberg, Engelhardt. à Abthl. *ℳ 8. * 16 —
Inhalt:
Abthl. 1. [Allgemeiner Theil und Streckenzimmerung.] (III, 125 S. mit 6 lithogr. Taf. in qu. gr. Fol.) 872.
„ 2. [Schachtzimmerung, Ausbau von Maschinenräumen und Grubenausbau in Eisen.] (IV, 134 S. mit 9 lithogr. Taf. in gr. Fol.) 873.

Sickel, Carl, s. Sickel, Karl.

Sickel, Chr. Fr., Geschichte d. Herrschaft Deutsch-Wartenberg in Niederschlesien vom Jahre 1443 an. 8. Deutsch-Wartenb. u. Glogau 820.

Christoph Konrad Sickel

Tomus exercitationum praxeos casualis clinico-medicae, cura atque diligentia debita observatos casus clinico-medicos, ex praxi proprio enatos ... ex 73 historiis morborum...consignatis, constans in 8 exercitationes divisis. Acc. adhuc sciagraphia generalis una cum ind. ... Auctore Christoph[oro] Conrado Sicelio, alias Sickel. Exercitatio 1-8. Francofurti & Lipsiae: Griesbachius 1748. 878 S. 1 Bd 8°
Exercitatio 1-8[u.d.T.]: Praxis casualis clinico-medica. 1744-48.
1: 1744. 6: 1747.
2-4: 1745. 7.8: 1748.
5: 1746.

Sickel, Fr. Chr., Florilegium Plantinum. 8. Bremen 794 Müller.

— Sinngedichte; Versuch u. Probe. 8. Oldenb. 794

Sickel, Gustav Adolf Friedrich (Vgl. Gustav Adolph)

Sickel, G. A. F., leicht verständl. Anweis., Flächen u. Körper z. berechnen. Ein Leitfaden f. Oekonomen, Gärtner u. alle Diejen., welche d. Feldmesskunst auf e. leichte u. fassl. Art selbst erlernen wollen. Mit 1 Taf. 8. Quedlinburg, 1824. Basse. — 10

Sickel, Gust. Ad. Friedr., Ephoral-Reden. 8. (11⅞ B.) Magdeburg 843, Creutz'sche Buchh. —

GUSTAV Adolph (d. i. *Gust. Adolph Friedr. Sickel*), Eros. Betrachtungen über die Liebe. Deutschlands gebildeten Jünglingen u. Jungfrauen gewidmet. (Vign.) Quedlinburg und Leipzig 1823, bei Gfr. Basse. 8°.
199 SS. (incl. 6 Bll. Vorst.). Zahm.

Sickel, Gust. Ad. Fr., Erzählungen. 8. Leipz. 823.

Sickel, Gust. A. Friedr., Erziehungslehre f. gebild. christl. Mütter. In Vorlesn. gr. 8. (24½ B.) Magdeburg 835, Heinrichshofen.

Sickel, G(ust.) A(d.) F(riedr.), Erziehungslehre für gebildete christliche Mütter. In Vorlesungen. 2., verb. Aufl. gr. 8. (VIII und 388 S.) Magdeburg 850, Heinrichshofen'sche Buchh.

— prakt. Formenlehre, mit Anwend. auf das Elementarzeichner u. einer Anweis. z. Flächen- u. Körperberechnung. Mit 8 Taf. in Steindr. 8. Quedlinb. 824. Basse. 20 ℊ

Sickel, Gust. Ado. Friedr., Grundriß d. christl. Halieutik, od. einer auf Psychologie u. Bibel begründ. Anweisung, durch Predigten die Menschen f. d. Reich Gottes zu gewinnen. Nach den Bedürfnissen d. Zeit für Candidaten d. Predigtamtes u. jüngere Prediger bearb. gr. 8. (25½ B.) Leipzig 829, Schwickert.

—— gemeinnützl. Kenntnisse, od. d. Mensch nach sein. körperl. u. geistigen Beschaffenheit, sein. Bedürfnissen, Vergnügungen, Staats- u. Religionsverhältnissen. Ein Lehrb. f. höh. Töchterschulen u. zur Selbstbelehrung. gr. 8. (20½ B.) Magdeburg 831, Heinrichshofen.

—— Lebensbilder in Erzählungen für d. reif. weibl. Jugend gebild. Stände. gr. 12. (10½ B.) Magdeburg 834, Heinrichshofen.

Sickel, Gustavus Adolphus Friedericus: • Quatuor de Gallii doctrina, qua cranium ingenii animique indolum interpretem praedicat, quaestiones philosophicae; sive Argumentatio quod Dr. Gallii medici Vindobonensis... de cranio animi ingeniique indolum interprete doctrina neque materialismo faveat, neque libertati, qua hominibus ad agendum opus est, repugnet, sed magis exculta et ad firmiora principia reducta vel arti paedagogicae, vel judicio de criminibus in foro a judice ferendo, summae utilitati esse possit. 6 Bl. 4° (2°)

Halle-Wittenberg, Phil. Diss. v. 15. Dez. 1821

Geb. [Athenstedt (Kr. Halberstadt) 11. 4. 1799]

Verf. erlebte das goldene Dr.-Jubiläum 1879 als Gymnasialdirektor a. D. (in Stargard in Pommern) in Berlin?

— prakt. christliche Religionslehre zunächst für Seminaristen u. Elementarschullehrer. 1r Thl. A. u. d. T.: christl. Glaubenslehre. 8. Halberstadt 823, Vogler.

—— kleine Schulreden, bei verschied. Veranlassungen gehalt. 8. (7 B.) Magdeburg 833, Creutz.

Gst. Adf. F. Sickel's Versuch e. Erziehungsseelenl. f. Aeltern u. Erzieher, welche nützl., glückl. u. gute Menschen bilden wollen. *Halle*, Ruff. 825. gr 8° 1⅌ 6ℊ

— Versuch einer Erziehungsseelenlehre für Eltern und Erzieher. gr. 8. Halle 826. (Grunert.) 1¼ ⅌

Sickel, Gust. Ad. Fr., Versuch e. Erziehungs-Seelenlehre, für Eltern u. Erzieher, welche nützliche, glückliche u. gute Menschen bilden wollen. gr. 8. Halle 826. Fr. Ruff.

—— die Weihnachtsabende. Ein Leseb. f. artige Kinder zur Bildung d. Herzens. 8. (8½ B., 12 ill. Abbild. u. Titvign.) Neuhaldensleben 830, Eyraud.

Sickel, (G.,) Weihnachts-Abende für die Jugend. 8. Halberst. 827. (Brüggemann.) 8 gr. Mit 12 Kupf. 16 gr. ill.

Sickel, Heinrich Friedrich Franz

Sickel, Heinr. Fried. Frz., Abriß d. christl. Lehre z. Gebr. in d. obern Classen d. Gymnasien u. d. Realschulen, insbesond. in Schullehrer-Seminarien. gr. 8. (24 B.) Gotha 838, Henning'sche Buchh.

— vollständ. u. gründl. Anweis. z. Tafelrechnen, f. Lehrer u. Lernende. 8. Magdeb. 827. Heinrichshofen. 1 ⅌

Sickel, (H. F. F.,) vollst. Anweis. z. Kopfrechnen, nebst einigen Uebungsaufgaben. 8. Magdeb 823, Heinrichshofen. Rthlr.

Sickel, Hnr. Fr. Frz., vollständ. theoret.-prakt. Anweis. zur Anfertigung kleiner schriftl. Aufsätze, zunächst f. Land- u. Bürgerschulen. 8. Magdeb. 826. Rubach. 1 ⅌ 6 ℊ

—— die Bedeutsamkeit d. wechselseit. Schul-Einrichtung f. uns. ungetheilten Volksschulen, ein Beitr. z. Beantwort. e. pädagog. Streitfrage. 8. (1¼ B.) Erfurt 839, Müller'sche Bh.

—— der Christenglaube u. d. Christenpflicht, od. vollständ. bibl. Erklär. d. kleinen luther. Katechismus. Ein Handb. f. Schullehrer u. e. Erbauungsb. f. gläub. Christen. 8. (23 B.) Eisleben 841, Reichardt.

— Handbuch d. verschied. Dichtungsarten, s. J. C. A. Heyse.

— Handbuch d. Realkenntnisse f. Lehrer an Land- u. Bürgerschulen. 1r Thl.: Kleines Lehrbuch d Erdbeschreibung u. Geschichte. 8. Magdeb. 821, Rubach.

— dass. 2r Thl.: Leitfaden z. ersten Unterr. in d. Erdbeschreibung u. Geschichte. 8. Ebd. 821, Ebd.

— dess. 3r Thl. Naturgeschichte f. Schulen u. z. Selbstunterricht. 8. Magdeburg 822, Rubach. 22 gr., mit 96 Abbildd. 1 Rthl. 10 gr. ill.

Sickel, Heinr. Friedr. Frz., allgem. Handbuch d. Realkenntnisse f. Lehrer an Land- u. Bürgerschulen u. zum Selbstunterr. 3. Thl. — A. u. d. T.: Vollständ. theoret.-prakt. Anweis. zur Anfertigung kleiner schriftl. Aufsätze, zunächst f. Lehrer, welche d. Stylübungen in Land- u. Bürgerschulen, so wie in d. untern Klassen d. Gymnasien zu leiten haben. 2., verm. u. verb. Aufl. 8. (30 B.) Magdeburg 832, Rubach. Thlr. 1 6

1. Thl. 1821. 18 Gr.; 2. Thl. m. 96 Abbild. 1822. 1 Thlr. 10 Gr., ill. 1 Thlr. 22 Gr. Ebendas.

— Handbuch der Schulmeisterklugheit, oder vollständ. Anweisung zu einer treuen und umsichtigen Verwaltung des Schulamtes, zunächst für Seminaristen und angehende Landschullehrer. 8. Erfurt 833. Keyser. 1 ⅌

—— Handbuch d. Schulmeisterklugheit, od. vollständ. Anweis. zu e. treuen u. umsicht. Verwaltung d. Schulamtes, zunächst f. Seminaristen u. angeh. Landschullehrer. 8. (22 B.) Erfurt 833, [Winkler.]

— Jesus Christus gestern und heute und derselbe auch in Ewigkeit. Drei Predigten. gr. 8. Erfurt 840. Hilsenberg. ¼ ⅌

—— Jesus Christus gestern u. heute u. derselbe auch in Ewigkeit. Drei Pred. gr. 8. (3¼ B.) Erfurt 840. [Leipzig, Hartung.]

—— bibl. Leitfaden z. Erklärung d. kleinen luther. Katechismus, enth. eine nach d. fünf Hauptstücken geord. Samml. d. wichtigsten Beweisstellen u. geeigneter Liederverse. 8. (7 B.) Eisleben 841, Reichardt.

Sickel's, H. F. F., Leitfaden der Geographie. Bearb. von Herm. Otto v. Schleinitz. 4., völlig umgearb. und verm. Aufl. gr. 8. (IV und 106 S.) Leipzig 849, [Baensch.]
Ausg. mit 7 lithogr. und ill. Karten

Die 5. Aufl. hiervon s. Schleinitz, H. O. v.

Sickel's, H. F. F., Leitfaden der Geographie. Bearbeitet von Herm. Otto v. Schleinitz. 4. völlig umgearbeitete, sehr vermehrte Aufl. gr. 8. (IV u. 106 S.) Leipzig 849, Rubach. (Baensch.) ¼ ⅌: Ausg. m. 7 lith. u. color. Karten ⅓ ⅌ (5. Aufl. s.: v. Schleinitz, H. O.)

—— kurzer Leitfaden zum ersten Unterr. in d. Erdbeschreibung u. Geschichte. Für Land- u. Bürgerschulen. 2., verb. Aufl. 8. (3½ B.) Magdeburg 829, Rubach.

— Leitfaden z. ersten Unterr. in d. Naturkunde. 8. Magdeb. 823, Rubach.

—— Leitfaden zum ersten Unterrichte in der Naturkunde. 3., umgearb. Aufl. von A. B. Reichenbach. Mit 85 Abbildungen. 8. (IV und 99 S. mit 8 Stnt.) Leipzig 849, [Baensch.]
Die 5. Auflage vgl.: Reichenbach, A. B.

—— Leitfaden zum Unterr. in d. deutschen Satz- u. Schriftlehre f. reif. Schüler, mit besond. Rücksicht auf Verstandesbildung bearb. Ein Anh. zu jeder deutsch. Schulgrammatik. gr. 8. (12½ B.) Magdeburg 832, Heinrichshofen.

Sickel, Heinr. Friedr. Frz., pädagogische Literatur-Zeitung, s. Literatur-Zeitung.

– Predigt üb. Matth. 19, 13—15. am 22n Sonntag nach Trinitat. in d. heil. Geist-Kirche zu Magdeburg gehalten. gr. 8. Magdeb. 823. (Heinrichshofen). 3 gr

—— Predigten üb. evangel. Pericopen u. einige freie Texte. gr. 8. (15 B.) Halberstadt 833, Helm.

— der neueste deutsche Schulfreund rc., s. Zerrenner.

– Vorlegeblätter z. Tafelrechnen; mit besond. Berücksichtigung der neuen preuß. Scheidemünze. 8. Magdeb. 822. Heinrichshofen. 16 gr

Sickel, *Aug. Friedr.* Hermann [aus Halberstadt]: Joh. Phil. Lor. Withofs Metrik und Sprache ... (Enth. nur e. Theil d. eingereichten Diss.: Zu J. Ph. L. Withofs Leben, Werken u. Sprache.) Leipzig-R., Druck v. O. Schmidt, 1895; 70 S., 2 Bl. 8.
Leipzig, Phil. Fak., Inaug.-Diss. v. [8. Okt.] 1895

Sickel, Johann Conrad: De variis principum Saxoniae controversiis pacto Numburgico a 1554 transactis, s. Arndt, Gottfr. Aug.

Sickel, J. Conr.: Diocletianus et Maximinus, s. de vita et constitutt. Caj. Aur. Val. Diocletiani et M. Aur. Val. Maximiani Exerc. I. II. *Lpz.* 792—93. 4.

Sickel, Joh. Conr. Diocletianus et Maximinus, s. de vita et constitutionibus Diocletiani et Maximini exercitationes II. 4. Lipsiae 1792—93.

Sickel, Jh. Konr., Diocletianus et Maximinianus s. de vita et Constitutionibus C. Aurelii Valerii Diocletiani et M. Aurelii Valerii Maximi. Exercitationes II. 4. Leipz. 792 u. 793.

Sickel, Johann Konrad (Leipzig) A. S. 165/27

De Neratio Prisco iurisconsulto exercitatio.
Präs. Christoph Gottlob Richter.
Leipzig (Saalbach) 25. IX. 1788. 76 S.

W. v.: Präs. 32577

Sickel, Johann Konrad [Praes.], s. Richter, Stephan Karl: De vi militiae veterum Germanorum heribannariae in jure Germanico privato conspicua exercit. prima.

Sickel, Jul., et H. de Saussure, Catalogus specierum generis Scolia, s. Saussure, H. de.

Sickel, K. Friedrich

Sickel: Beiträge zur Erklärung des Thukydides. 11 S. –Rossleben, Progr. 1863

Sickel — Bruchst. einer Einleit. in d. Homerischen Gesänge. 9 S.
Rosleben, Progr. 1838

Sickel, C. Friedr. — Über die homerischen Gleichnisse. Fortsetzung [von 1838]. 8 S.
Roßleben, Progr. 1847

Sickel: Quaestionum Homericarum part. I. 14 S. – Roßleben, Progr. 1854.

Sickel, Carl, die Pflicht des Selbststillens u. die Nachtheile der Ernährung Neugeborner durch Ammen, aus der Natur u. Moral nachgewiesen. Mit e. Vorw. v. J. Ch. G. Jörg. 8. (5½ B.) Leipzig 842, Gebr. Reichenbach. * –

Sickel, R., Repertorium üb. die in d. J. 1802 bis mit 1834 erschien. Sammlungen jurist. Aufsätze u. rechtl. Entscheidungen. 2 Bde. (Mit e. Vorw. v. Karl Friedr. Günther.) gr. 8. (47¾ B.) Leipzig 835, Gebr. Reichenbach.

Sickel, Theodor (Ritter von)

Sickel, Th., Acta regum et imperatorum Karolinorum digesta et enarrata. Die Urkunden der Karolinger. 2 Bde. gr. 8. **Wien 867, Gerold's Sohn.** *

Inhalt:
Bd. 1. Lehre von den Urkunden der ersten Karolinger [751—840]. (XVIII und 433 S.)
» 2. Regesten der Urkunden der ersten Karolinger [751—840]. (448 S.)

Sickel, Th., Alcuinstudien. I. [Aus: „Sitzungsber. d. k. Akad. d. Wiss."] Lex.-8. (92 S.) Wien 875. Gerold's Sohn in Comm. n. 1. 40

Sickel Theodor Ritter von, Dr.: Beiträge und Berichtigungen zur Geschichte der Erwerbung Mailands durch Franz Sforza. 1. Teil. Ar. 11. 189 . . . . vgr.
Separatabdruck

Sickel, Theod., Beiträge zur Diplomatik. I.: Die Urkunden Ludwig's des Deutschen bis zum J. 859. Lex.-8. (76 S.) Wien 861, (Gerold's Sohn.) **
Aus: Sitzungsberichte der k. Akademie der Wissenschaften, Jahrg. 1861, besonders abgedruckt.

—— Beiträge zur Diplomatik. II.—V. Lex.-8. Wien, (Gerold's Sohn.) **

Inhalt:
II. Die Urkunden Ludwig's des Deutschen in den J. 859—876. (75 S.) 862. ** 11 Ngr.
III. Die Mundbriefe, Immunitäten und Privilegien der ersten Karolinger bis zum J. 840. (103 S.) 864. * 16 Ngr.
IV. —— dass. — (73 S.) 864. ** 10 Ngr.
V. Die Immunitätsrechte nach den Urkunden der ersten Karolinger bis zum J. 840. (102 S.) 865. * 15 Ngr.
I. (Ebendas.) 1861. ** 10 Ngr.

—— Beiträge zur Diplomatik. VI. Lex.-8. (109 S. mit 4 photogr. Taf.) (Ebendas.) 877. * 5 20
—— dass. — VII. Lex.-8. (100 S.) (Ebendas.) 879. * 1 60
I—V. (Ebendas.) 1861—65. *ℳ 6,20.
Vorstehende Schriften sind aus: Sitzungsberichte der k. Akademie der Wissenschaften, besonders abgedruckt.

Sickel, Th., Beiträge zur Diplomatik. VIII. Lex.-8. (56 S.) Wien 882, (Gerold's Sohn.) ** — 90
Aus: Sitzungsberichte der k. Akademie der Wissenschaften, besonders abgedruckt.
I.—VII. (Ebendas.) 1861—79. **ℳ 13.

Sickel, Th. R. v., römische Berichte. I u. II. [Aus: „Sitzungsber. d. k. Akad. d. Wiss."] Lex.-8. Wien (C. Gerold's Sohn). n. 6. 80
I. (141 S.) 895. n. 3. —. — II. (154 S. in 2 Taf.) 896. n. 3. 80

Sickel, Th. R. v., römische Berichte. III—V. gr. 8. Wien (C. Gerold's Sohn). n. 6. —
III. (141 S. m. 1 Taf.) 899. n. 3. 40. — IV. (40 S.) 900. n. 1. —. — V. (68 S.) 901. n. 1. 60.
Sonderabdrucke aus: „Sitzungsber. d. k. Akad. d. Wiss."

— diplomatum imperii tomus I. [hrsg. v. K. Pertz] besprochen. gr. 8. (80 S.) Berlin 873. Vahlen. n. 2. —

Sickel, Th[eodorus, seit 1884 Ritter v.]: 1. * Ducatus Burgundiae quo modo et quo jure delatus est ad gentem Valesiam? 16 S. 4° (2°) 2. Geschichte des Genter Aufstandes unter Graf Lodewyk van Maele.
Halle-Wittenberg, Phil. Diss. v. 16. Aug. 1850
Geb. [Aken (Kr. Kalbe) 18. 12. 1826]
Ms. 2 fehlt. Die 1. Diss. ersch. unter gleichem Titel: Zum 16. Aug. 1900 hrsg. v. E[rnst] Dümmler. Berlin 1900: Mittler. 21 S. 8° [mit Vita] (Als Ms. für Freunde gedr.) — Verf. erlebte die Diplomerneuerung 1900 als Geheimer Hofrat und ordentlicher Professor der Geschichte in Wien

Sickel, Thdr., Frankreich und Burgund um die Mitte des 15. Jahrh. Ein Vortrag. Wien 858. Gerold. gr. 8. (34 S.) n. 8 ngr.

Sickel, Th., zur Geschichte des Concils von Trient. Actenstücke aus österreich. Archiven. 3 Abthlgn. Lex.-8. Wien, Gerold's Sohn. à Abthl. *M 5,60. * 16 80
Inhalt:
Abthl. 1. 1559—1561. (VIII, S. 1—216.) 870.
" 2. 1561, Septbr.—1563, März. (S. 217—472.) 871.
" 3. März bis December 1563. (S. 473—651.) 872.

— Jeanne d'Arc. (Abdr. aus der historischen Zeitschrift.) München 860. (Wien, Gerold.) gr. 8. (60 S.) n. 12 ngr.

Sickel, Th. v., s.: Kaiserurkunden in Abbildungen.

—— über Kaiserurkunden in der Schweiz. Ein Reisebericht. gr. 8. (VII, 103 S.) Zürich 877, Höhr. * 2 25

—— das Lexicon Tironianum der göttweiger Stiftsbibliothek. Lex.-8. (30 S.) Wien 861, (Gerold's Sohn.) *
Aus: Sitzungsberichte der k. Akademie der Wissenschaften, Jahrg. 1861, besonders abgedruckt.

— s.: Liber diurnus romanorum pontificum.

—— die Lunarbuchstaben in den Kalendarien des Mittelalters. Lex.-8. (51 S.) Wien 862, (Gerold's Sohn.) * *
aus: Sitzungsberichte der k. Akademie der Wissenschaften, besonders abgedruckt.

—— s. Pflugk-Harttung, Jul. v.

— das Privilegium Otto I. f. die römische Kirche vom J. 962, erläutert. M. o. Fcsm. Lex.-8. (V, 182 S.) Innsbruck 883. Wagner. n. 6. —

Sickel, Th. v., Prolegomena zum Liber diurnus I. Lex.-8. (76 S. mit 1 Taf.) Wien 888, (Tempsky.) * 1 60
Aus: Sitzungsberichte der k. Akademie der Wissenschaften, besonders abgedruckt.

Sickel, Th. Prolegomena zum Liber diurnus. II. Lex.-8. (94 S.) Wien 889, (Tempsky). * 1 60
Aus: Sitzungsber. d. k. Akad. d. Wiss., besond. abgedr. — I. Ebd. 1888. * 1 60.

— das Reformations-Libell d. Kaisers Ferdinand I. vom J. 1562 bis zur Absendung nach Trient. [Aus „Archiv f. österreich. Geschichte."] Lex.-8. (96 S.) Ebend. 871. n. 1. 50

Sickel, Thdr., die Ambrosianische Republik und das Haus Savoyen. Beitrag zur Geschichte Mailands im XV. Jahrhundert. Lex.-8. (78 S.) Wien 856, (Gerold's Sohn.) *
Aus: Sitzungsberichte der k. Akademie der Wissenschaften 1856, besonders abgedruckt.

—— s. Schrifttafeln aus dem Nachlasse von U. F. v. Kopp.

—— die Texte der in den Monumenta graphica medii aevi enthaltenen Schrifttafeln, s. Monumenta graphica.

—— das Vicariat der Visconti. Lex.-8. (90 S.) Wien 859, (Gerold's Sohn.) *
Aus: Sitzungsberichte der k. Akademie der Wissenschaften, Jahrg. 1859, besonders abgedruckt.

Sickel, Wilhelm

Sickel, Wilh., die Bestrafung d. Vertragsbruches u. analoger Rechtsverletzungen in Deutschland. gr. 8. (182 S.) Halle 876. Buchh. d. Waisenh. n. 4. —

Sickel, Wilh., de fontibus a Cassio Dione in conscribendis rebus inde a Tiberio usque ad mortem Vitellii gestis adhibitis. gr. 8. (40 S.) Göttingen 876. Peppmüller. n. 1. —

Zu der am 17. Oct. 1896 ... stattfindenden ... Einführung des neuen Rectors ... ladet ein d. z. Rector Emil Mannkopff. Doctor u. ord. Prof. d. Med. ... Dem beigefügten Jahresbericht ist vorausgeschickt: Zur Geschichte des Bannes von W. Sickel, Doctor u. ord. Prof. d. Rechte. Marburg, C. L. Pfeil'sche Univ.-Buchdr., 1896; 1 Bl. ...

Sickel, W[ilhelm]: Festschrift zur 100jährigen Jubelfeier des Herzogl. Franciseums zu Zerbst. 1903. Geschichte des Herzoglichen Franciseums Zerbst. 1803 bis 1903. *Zerbst: (Fr. Gast's Hofbuchh.)* 1903. 1 Bl., 168 S., 3 Abb. 8. M. 1.50.
Progr. Herz. Franciseum *Zerbst* 1903.

[S.] Geschichte der St. Trinitatis-Kirche zu Zerbst. Festschr. z. 200j. Jubelfeier d. Einweihg am 16. Okt. 1696. Im Auftr. d. Gemeindekirchenr. vf. v. Dr. W[ilh.] Sickel, Oberl. ... *Zerbst: Kommv. v. F. Gast; (H. Zeidler's Buchdr.)* 1896. (58 S., 3 Taf.) 1 Bd 8.

Sickel, Wilh., Geschichte der deutschen Staatsverfassung bis zur Begründung des constitutionellen Staats. [In 3 Abtheilungen.] 1. Abth. A. u. d. T.: Der Freistaat. gr. 8. (VIII, 206 S.) Halle 879. Buchh. d. Waisenhauses. n. 3. 60

Sickel, Wilhelm: Herzogliches Francisceum zu Zerbst. Katalog der Lehrerbibliothek. T. 1. Griechische und lateinische Schriftsteller. *Zerbst 1898: O. Schnee.* (V, 58 S.) 8°
Zerbst, herz. Francisceum, OP 1898 (723)

Sickel, Wilhelm, Dr.: Herzogliches Francisceum zu Zerbst. Katalog der Lehrerbibliothek. T. 2. A. Erklärungsschriften u. Abhandlungen zu d. griech. u. lat. Schriftstellern. B. Klassische Altertumswissenschaft. *Zerbst 1899: O. Schnee.* (58 S.) 8° ¶ [Forts. d. P-Beil. 1898.]
Zerbst, herz. Francisceum, OP 1899 (720)

Sickel, *Wilhelm* [Dr.]: Liste der Primaner von 1803 bis 1836 ... vervollständigt v. Berichterstatter (Dir. *Gottl.* Stier) ... (Vgl. P 1887 S. 1—16 '(1836—1886)'.) Zerbst, Druck v. O. Schnee, 1892; I—VI S. 4.
Zerbst, herz. Francisceum, OP 1892 (681)

Sickel, [illegible]

— de possessione legitima. Dissertatio inauguralis. gr. 8. (50 S.) Berlin 872. (Puttkammer & Mühlbrecht.) n. — 80

Sickenberg, E., die Kunstreiterfamilie, s.: Familien-Bibliothek.

Sickenberg, Fr. Jos., neuer Rechnungs-Faullenzer zum richtigen Gebrauch beim Ein- u. Verkauf etc. Nebst e. Anh. mit Geldreforedirungen u. e. vollständ. Getreidereduktion. 8. Würzb. 808.

Sickenberg, Fr. Josef, s. Rechnungshelfer, Der.

Sickenberger, Adolf

Die Determinanten in genetischer Behandlung. Eine Einführung in die Lehre von den Determinanten. — Von Adolf Sickenberger, G.-P. — 1885, München, F. Straub. — S. 1—80.
Progr. München, K. Maximilians-Gymnasium

Sickenberger, Adf., die Determinanten in genetischer Behandlung. Eine Einführg. in die Lehre v. den Determinanten. gr. 8. (IV, 80 S.) München 885. (Th. Ackermann's Verl.) n. 1. 20

Sickenberger, A., die Determinanten in genetischer Behandlung zur Einführung f. Anfänger. 2. Abdr. gr. 8. (VII, 80 S.) München 887. Th. Ackermann's Verl. n. 1. 60

— Geometrie. 1. Tl. Planimetrie. 1. u. 2. Aufl. 4. (Autogr.) München 887. (Th. Ackermann's Sort.) n.n. 1. 25
1. 5. Lateinklasse. (28 S.) n.n. — 50. — 2. 1. u. 2. Gymnasialklasse. (32 S.) n.n. — 75.

Sickenberger, Ad., Lehrbuch der Arithmethik, s.: Hauck. H.

— u. C. W. Bauschinger, Leitfaden der kaufmänn. Algebra als Grundlage des kaufmänn. Rechnens, m. der Reihenlehre u. deren Anwendg. auf die Zinseszins-, Annuitäten- u. Versicherungsrechngn., nebst e. vierstell. Logarithmen- u. Zinsfaktorentafel, zum Schulgebrauch u. Selbstunterricht. (Sammlung kaufmänn. Lehrbücher.) gr. 8. (VIII, 131 S.) Leipzig (900). Dr. L. Huberti. Geb. in Leinw. n. 2. 75

— u. C. W. Bauschinger, Leitfaden der kaufmännischen Arithmetik u. systemat. Buchführung. E Auszug aus d. Hauck'schen Lehr- u. Übungsbüchern. gr. 8. (III, 188 u. III S.) Nürnberg 898. F. Korn. Geb. in Leinw. n. 2. 50

Sickenberger, Adf., Leitfaden der Arithmetik nebst Uebungsbeispielen. gr. 8. (VI, 162 S. m. 1 Steintaf.) München 874. Th. Ackermann. n. 1. 60

Sickenberger, Adf., Leitfaden der Arithmetik nebst Uebungsbeispielen. 2. Aufl. gr. 8. (XII, 180 S. m. 1 Steintaf.) München 877. Th. Ackermann. n. 1. 60

—— Leitfaden der Arithmetik, nebst Uebungsbeispielen. 3. umgearb. Aufl. (VI, 188 S. mit 1 Holzschntaf.) 885; 4. Aufl. gr. 8. (IV, 192 S.) München 888, (Th. Ackermann's Verlag.) * 1 60

Sickenberger, Adf., Leitfaden der Arithmetik m. Übungsbeispielen. 5. Aufl. gr. 8. (VII, 196 S. m. Fig. u. 1 Taf.) München 892. Th. Ackermann's Verl. n. 1. 60; geb. in Leinw. n. 2. —

— Leitfaden d. Arithmetik nebst Übungsbeispielen. 7., unveränd. Aufl. gr. 8. (VII, 196 S. m. 1 Taf.) München 898. Th. Ackermann. n. 1. 60; geb. n.n. 2. —

Sickenberger, Adf., Leitfaden d. Arithmetik nebst Übungsbeispielen. 8. unveränd. Aufl. gr. 8. (VII, 196 S. m. 1 Taf.) München 900. Th. Ackermann. n. 1. 60; geb. in Leinw. n.n. 2. —

Sickenberger, Adf., Leitfaden d. Arithmetik nebst Uebungsbeispielen. 9. verm. Aufl., v. Alex. Schmid. (VI, 196 S. m. 1 Taf.) gr. 8. München 904. Th. Ackermann. n. 1. 60; geb. n. 2. —

Sickenberger, Adf., Leitfaden der Arithmetik nebst Übungsbeispielen. 10. verm. Aufl., bearb. v. Alex. Schmid. (VI, 205 S. mit 1 Taf.) 8. München 909. [Th. Ackermann.] Nürnberg, C. Koch. Geb. nn 2. —

— Leitfaden der elementaren Mathematik. 1.–3. Tl. gr. 8. Ebd. 888. a n. 1. 20
1. Algebra. (IV, 76 S.) — 2. Planimetrie. (IV, ?? S. m. eingedr. Fig.) — 3. Stereometrie. Trigonometrie. (III, 76 S. m. eingedr. Fig.)

— Leitfaden der elementaren Mathematik. 1. Tl. Algebra. 2. Aufl. gr. 8. (VII, 75 S.) Ebd. 892. n. 1. 20; kart. n.n. 1. 35

— Leitfaden der elementaren Mathematik. 3 Tle. gr. 8. Ebd. n. 3. 90; kart. n.n. 4. 35
1. Algebra. 3., unveränd. Aufl. (VII, 75 S.) 891. n. 1. 20; kart. n. 1. 35
2. Planimetrie. 3. Aufl. (VI, 123 S. m. Fig.) 896. n. 1. 50; kart. n. 1. 65
3. Stereometrie — Trigonometrie. 2. Aufl. (IV, 103 S. m. Fig.) 895. n. 1. 20; kart. n. 1. 35

— Leitfaden der elementaren Mathematik. 1.—3. Tl. gr. 8. Ebd. n. 3. 90; kart. n.n. 4. 35
1. Algebra. 4., unveränd. Aufl. (VII, 75 S.) 900. n. 1. 20; kart. n.n. 1. 35
2. Planimetrie. 4. Aufl. (VI, 123 S. m. Fig.) 900. n. 1. 50; kart. n.n. 1. 65
3. Stereometrie. — Trigonometrie. 3. Aufl. (IV, 103 S. m. Fig.) 900. n. 1. 20; kart. n.n. 1. 35

— Leitfaden der elementaren Mathematik. 2. u. 3. Tl. gr. 8. Ebd. n. 2. 70; kart. n.n. 3. —
2. Planimetrie. 5. Aufl., bearb. v. Alex. Schmid. (VI, 123 S.) 904. n.n. 1. 50; kart. n.n. 1. 65
3. Stereometrie — Trigonometrie. 4. Aufl. Bearb. v. Alex. Schmid. (V, 104 S. m. Fig.) 901. n. 1. 20; kart. n.n. 1. 35

— Leitfaden d. elementaren Mathematik. 1.—3. Tl. 8. Nürnberg, C. Koch. 4. 35
1. Algebra. 5. Aufl., bearb. v. Alex. Schmid. (IV, 77 S.) München 909. nn 1. 35
2. 7. Aufl., bearb. von Alex. Schmid. (IV, 126 S. m. Fig.) 911. nn 1. 65
3. Stereometrie — Trigonometrie. 5. Aufl. Bearb. von Alex. Schmid. (VI, 107 S. m. Fig.) München 907. 1. 20; kart. n 1. 35

Sickenberger, Adolf [Prof. u. Rekt.]: Die Königliche Luitpold-Kreisrealschule in München. Nach Mitteilgn d. Bauleitg u. d. Fachlehrer zsgest. München, k. Hof- u. Univ.-Buchdr. v. C. Wolf & Sohn, 1892; 31 S., 6 Pl., 4 Taf. 8.
München, k. Luitpold-Kreis-R, P 1892*

—— vierstellige logarithmisch-trigonometrische Tafel zum Schul- und Handgebrauch. gr. 8. (8 S.) Ebendas. 888. * — 40

— vierstellige logarithmisch-trigonometrische Tafel, zum Schul- u. Handgebrauch zusammengestellt. 2., verm. Aufl. 12. (20 S.) Ebd. 890. n. — 40

—— Vierstellige logarithmisch-trigonometrische Tafel zum Schul- und Handgebrauch zusammengestellt. 2. verm. Aufl. 8. (20 S.) Ebd. 891. * — 40

— vierstellige logarithmisch-trigonometrische Tafel zum Schul- u. Handgebr. 3. Aufl. 12. (20 S.) Ebd. 897. n. — 40

Sickenberger, Adf. Übungsbuch zur Algebra. 1. u. 2. Abtl. gr. 8. Münch. 890, Th. Ackermann's Verlag. * 8 —
1. Abtl. 1. u. 2. Stufe d. Rechnungsarten einschliesslich der linearen Gleichgn. m. 1 u. mehreren Unbekannten. (IV, 102 S.) * 1 90.
2. Abtl. 3. Stufe der Rechnungsarten, quadrat. Gleichgn., Reihen, Kombinatorik. (IV, 136 S.) * 1 80.

— Übungsbuch zur Algebra. 1. u. 2. Abtlg. gr. 8. Ebd. n. 3. 20
1. 1. u. 2. Stufe d. Rechnungsarten einschliessl. d. linearen Gleichgn. m. 1 u. mehreren Unbekannten. 2. Aufl. (V, 106 S.) 894. n. 1. 20
2. 3. Stufe d. Rechnungsarten, quadrat. Gleichgn., Reihen. 2., unveränd. Aufl. (III, 128 S.) 898. n.n. 2.

— Übungsbuch zur Algebra. 1. u. 2. Abtlg. Bearb. v. Alex. Schmid. gr. 8. Ebd. n. 3. —
I. 1. u. 2. Stufe der Rechnungsarten einschliesslich der linearen Gleichungen m. e. u. mehreren Unbekannten. 4. Aufl. (V, 106 S.) 903. n. 1. 20
II. 3. Stufe der Rechnungsarten, quadratische Gleichungen, Reihen. 3. verm. Aufl. (III, 128 S.) 903. n. 1. 80

— Uebungsbuch zur Algebra. 1. Abtlg. 8. Ebd. n. 1. 20; kart. n. 1. 35
1. u. 2. Stufe der Rechnungsarten einschliesslich der linearen Gleichungen m. e. u. mehreren Unbekannten. 5. Aufl. Bearb. v. Alex. Schmid. (V, 106 S.) 906.

— Übungsbuch zur Algebra. 2 Abtlgn. 8. Ebd. 911. nn 3. 35
I. 1. u. 2. Stufe der Rechnungsarten einschließlich der linearen Gleichungen m. 1 u. mehreren Unbekannten. 6. Aufl., bearb. v. Alex. Schmid. (VII, 108 S.) nn 1. 35
II. 3. Stufe der Rechnungsarten, quadratische Gleichgn., Reihen. 5. Aufl., bearb. v. Alex. Schmid. (III, 128 S.) 2. —

Sickenberger, Hermann

Sickenberger, Herm., Atom oder Substanz. 1. Teil einer Einleitung in die Geschichte der Menschheit. Freising 1885. 8°, 24 S., Progr. der Realschule

Sickenberger, Herm., Atom oder Substanz? Die Schöpfung u. ihre Urkunde. Erster u. zweiter Teil einer Einleitung in die Geschichte der Menschheit. Freising, Fellerer, 1884—1886, 24 u. 49 S., à 50 Pf. Zwei Programme zum Jahresberichte der kgl. Realschule zu Freising.

Sickenberger, Herm., deutsche Geschichte f. Schule u. Haus. Mittelalter. gr. 8. (XVI, 444 S. m. Abb.) Augsburg 895. Literar. Institut v. Dr. M. Huttler. n. 3. —

Sickenberger, Hermann „Grundsätze für Geschichtschreibung, vierter Teil einer Einleitung in die Geschichte der Menschheit". pg. 3—35. 8°. Anton Fellerer.
Freising, Progr. 1887/88

Sickenberger, Herm., Leitfaden der Geschichte f. Mittelschulen. I. Tl. Alte Geschichte. gr. 8. (VII, 136 S.) Bamberg 892. C. C. Buchner Verl. Kart. n.n. 1.80

Sickenberger, Hermann „Der Mensch und seine Geschichte, dritter Teil einer Einleitung in die Geschichte der Menschheit". pg. 3—34. 8°. Anton Fellerer.
Freising, Progr. 1886/87

Sickenberger, Hermann „Die Schöpfung und ihre Urkunde, zweiter Teil einer Einleitung in die Geschichte der Menschheit". pg. 3—49. 8°. Anton Fellerer.
Freising, Progr. 1885/86

Sickenberger, Herm., Wiederherstellung d. katholischen Bekenntnisses in Deutschland, s.: Jugend- u. Volksbibliothek, geschichtl. 1.

Sickenberger, Josef

Sickenberger, Jos., s.: Festgabe, Alois Knöpfler zur Vollendung d. 60. Lebensjahres gewidmet.

— Fragmente und Homilien des Cyrill von Alexandrien zum Lukasevangelium, s.: Texte u. Untersuchungen zur Geschichte der altchristlichen Literatur. III. 4. 1.

Grundriss der Einleitung in das neue Testament. Von Joseph **Sickenberger**. Als Ms. gedruckt. Breslau: Nischkowsky 1910. 00 S. 8°
(10. 18036 2

Die Lukaskatene des Niketas von Herakleia untersucht von Joseph Sickenberger. Dr. theol. *Leipzig: J. C. Hinrichs 1902.* (v, 118 S.) 8°
— Texte u. Untersuchungen z. Geschichte d. altchristl. Literatur. 22, 4

Sickenberger, Josef (Red.), s. Studien, Biblische.

SICKENBERGER, Joseph: Titus von Bostra, Studien zu dessen Lukashomilien.- Leipzig: Prigs 1900. 50 S.- Vollständig erschienen als: Texte und Untersuchungen zur Geschichte der altchristlichen Literatur. N.F.Bd.6,H.1.
10.3.1900 - Chr 1899/1900,10; Jv 1900/1901,231 (Prom.-Dat.: 1901)
Diss. Ingolst-Landsh.-Mchn.

Titus von Bostra. Studien zu dessen Lukashomilien von Joseph **Sickenberger**. Dr. theol. *Leipzig: J. C. Hinrichs 1901.* (VII, 267 S.) 8°
— Texte u. Untersuchungen z. Geschichte d. altchristl. Literatur. Bd 21, H. 1.
(01. 4537

Sickenberger, Jos., s.: Zeitschrift, biblische.

Extremer Antiprotestantismus im katholischen Leben und Denken. Von Dr. Otto **Sickenberger**, Lycealprof. *Augsburg: Th. Lampart 1904.* (175 S.) 8° [F.]
— **Sickenberger**: Krit. Gedanken über d. innerkirchl. Lage. 2.

Kritische Gedanken über die innerkirchliche Lage. Vorgelegt dem kath. Klerus u. den gebildeten Katholiken Bayerns. Von Dr. Otto **Sickenberger**. *Augsburg: Lampart & Co 1902.* (119 S.) 8° [F.]

Sickenberger, Otto, kritische Gedanken üb. die innerkirchliche Lage. Vorgelegt dem kathol. Klerus u. den gebildeten Katholiken Bayerns. 2. Aufl. gr. 8. (VI, 105 S.) Augsburg 902. Lampart & Co. n. 1.50

Kritische Gedanken über die innerkirchliche Lage. Vorgelegt dem kath. Klerus u. den gebildeten Katholiken Bayerns. Von Dr. Otto **Sickenberger**, Prof. in Passau. 2. Aufl. *Augsburg: Lampart & Co. 1903.* (VI, 105 S.) 8° [F.]
(03. 1374

Kritische Gedanken über die innerkirchliche Lage. Vorgelegt dem kath. Klerus u. den gebildeten Katholiken Bayerns. Von Dr. Otto **Sickenberger**, Lycealprof. 1. 2. *Augsburg: Lampart & Co. 1903–04.* 2 Bde 8° [F.]
[1.] 2. Aufl. 1903.
2 — Extremer Antiprotestantismus im kath. Leben u. Denken. 1904.
(03. 13935

Sickenberger, Otto, den Priestern die Freiheit der Kinder Gottes! Offener Brief an den Erzbischof von München-Freising. (16 S.) 8. Augsburg 910. Verlag „Das neue Jahrhundert". (Nur direkt.) — 20
Sonderabdruck aus: „Das neue Jahrh."

[F.] **Sickenberger**, Otto [Dr. phil.]: Ueber die sogenannte Quantität des Urtheils. E. log. Studie als Beitr. z. Lehre v. d. Subjektsformen d. Urtheils. München, Ch. Kaiser, 1896; 3 Bl., 217 S. 8.
München, Phil. Fak., Inaug.-Diss. v. 1895

Falsche Reform? Offener Brief an Seine Gnaden Herrn Dr. Paul Wilhelm v. Keppler, Bischof von Rottenburg. Als Antwort auf seine am 1. Dez. 1902 in d. Klerusconferenz zu Rottenburg geh. Rede: 'Wahre u. falsche Reform'. Von Dr. Otto **Sickenberger**, Lycealprof. *Augsburg: Lampart & Co. 1903.* (27 S.) 8° [F.]
(03. 659

— Veritas et Justitia? Ein letztes Wort zur 3. Aufl. der Reformrede Bischof Kepplers v. Rottenburg. 1. u. 2. Aufl. (28 S.) gr. 8. Ebd. 903. n. — 40

Der Zölibatszwang und Bischof Keppler ... Von Dr. Otto **Sickenberger**. Würzburg: Memminger [1910]. 26 S. 8°
A 12. 2561 5

Sicker, Eugenius, Berolinensis: Quaestiones Plautinae praecipue ad originem duarum recensionum pertinentes. ⟨cap. 1—4⟩. [Berolini] (1906: G. Schade.) (72 S.) 8° (Kap. 5—8 soll später erscheinen.)
Berlin, Phil. Fak., Ref. Vahlen, Diss. v. 26. Sept. 1906
[Geb. 5. Aug. 82 Berlin; Wohnort: Berlin; Staatsangeh.: Preußen; Vorbildung: Sophien-Gymn. Berlin Reife O. 01; Studium: Berlin 4, Heidelberg 1, Berlin 5 S.; Rig. 23. Juli 06.]

Sicker, Geo., Grundzüge der Kartenkunde, s.: Hobbing & Büchle's Karten-Vordrucke (im Anhang: Karten u. Pläne).

Karte von Ostpreussen unter Mitwirkung von Dr. Franz Zuhlke, Dr. Alois Bludau u. Dr. Albert Zweck gezeichnet von Georg **Sicker**. Masst. 1:300,000. Bl 1–4. *Stuttgart: Hobbing & Buchle 1901; G. Sicker, Leipzig.* (4 Kartenbl. je 43×59 cm.) gr. 2° [kol.]
1 Litauen 2. Masuren u Barten
3. Samland u. Natangen 4 Oberland u Ermeland.

Sicker, Geo., das nordwestl. Samland, s.: Bühlke, F.

Sickermann, Christian, aus Qualenbrinck: Über Salzbildung und Veresterung der m-Nitrobenzaldoxime wie der p-Chlorbenzophenonoxime und p-Tolylphenylketoxime. *Roßwein i. S. (1903): A. Haubold.* (60 S.) 8°
Leipzig, Phil. Diss. v. [31. Juli] 1903

Sickert, J. J. Albumblätter. Erinnerungen an Eilsen. 1. Heft enthält Trachten der Landleute aus dem Fürstenthum Bückeburg und Umgegend in 6 Genrebildern, entworfen und lithographiert von J. J. Sickert. Altona o. J. (um 1850)
6 Taf. in kol. Lithogr. 4°

Sickingen, Erichs von, Geist, sein Herumwanken und seine Erlösung, eine Geschichte des zwölften Jahrhunderts, mit 1 Kupf. 8. Königsberg, 795. Nicolovius. 27 sgl.

Sickingen, Franz v., s. Ullmann, H.

Sickingen, F. v. Geschichte aus dem 16. Jahrh. Gotha 1794. Frankf. 1798. V: *Buddeus, Gg Carl Immanuel.* (Pr)

v. Sickingen, Franz; Geschichte des 16n Jahrhund. 8. Erfurt 798. Eßlinger. (Schäfer). 16 gr

Sickingen, Franz von. [Weimar 1799.] V: *Meusel, Johann Georg.* (BB) [1779] (MGT)

v. Sickingen, Franz; dramat. Gedicht in 5 A. 8. Leipz. 808. (Aue in Altona). 1 rl

Sickingen, Franz von,. Ein dramat. Gedicht in 5 Aufz. 8 Lpz. Jacobäer. 808.

Sickingen, Franz von, histor. Drama von Jul. Graf von Soden. Neue unveränd. Ausgabe. gr. 8. Leipzig, Jacobäer. 819. Rthlr.

Sickingen, Franz von. Historische Tragödie in 5 Akten. Als Bühnen-Manuscript gedruckt. Berlin. Druck von Duncker u. Weidling, 1858. V: *Lasalle, Ferdinand.* (Hdschr. Mitth. Friedrich Müller, München)

v. Sickingen, Ritter Fr., s. Schweickhardt.

Sickingen, Frz. Schweickhardt v., Darstellung d. Erzhrzgth. Oesterreich unter der Ens, durch umfass. Beschreib. aller Burgen, Schlösser, Herrschaften, Städte, Märkte, Dörfer, Rotten rc. rc. topograph.-statist.-genealog.-histor. bearb., u. nach den bestch. vier Kreis-Vierteln alphabet. gereihet. (1. Reihe.) Viertel unterm Wienerwald. 7 Bde. gr. 8. Wien, (Schmidl sel. Wtwe. u. Klang.) [1. (21 B. u. 4 Kpfr.) 2 Thlr. 6 Gr., Vlnp. 3 Thlr., 2. (26½ B. u. 3 Kpfr.), 3. (20¼ B. u. Titkpfr.) 831., 4. (19 B. u. 4 Kpfr.), 5. u. 6. (36¼ B. u. 8 Kpfr.) 832, 33., 7. (17½ B. u. 4 Kpfr.) 833. à 2 Thlr., Vlnp. 3 Thlr.] 14 Thlr. 6 Gr., Vlnp. (2. Reihe.) Vgl. Darstellung d. Erzhrzgth. Oesterreich rc.

Sickingen, Frz. Xav. v., Darstellung d. k. k. Haupt- u. Residenzstadt Wien. 3 Abthln. gr. 8. (60¾ B. u. 50 gest. Ansichten, incl. 7 qu. gr. Fol.) Wien 832, (Schmidl sel. Wtwe. u. Klang.)

Sickingen, Karl Graf von

Sickingen, vom Kriege u. Fehdschaften. 8. Mannheim, Löffler. 788.

Sickingen, Graf von: „Versuche über die Platina", deutsch bearbeitet von G. A. Suckow, Mannheim 1782. — Vorh.: Preuß. Oberbergamt Dortmund — F. k. 7.

Vgl. V e r s u c h e...

— über die Platina, a. d. Franz. von Suckow. gr. 8. Mannheim, Akad. Buchhdl. 782.

SICKINGEN - Hohenberg, Ferdinand. Abhandlung über d. Notwendigkeit d. Gesetzkunde f. d. Kreisamtsdienst. Wien 1789.

Sickinger, Der Lucasbruder Gregor. Festspiel. Solothurn 1881. V: *Amiet, Jac.* (Cat. d. Stadtbibl. Zürich. Zürich 1864—97.)

Sickinger, Anton [Dr., Prof.]: Beitrag zum Verständnis der Xenophontischen Anabasis und der altgriechischen Elementartaktik. Bruchsal, Druck v. D. Weber, 1893; 1 Bl., 19 S. 4. Bruchsal, grossh. G, MP 1893 (599)

Sickinger, A., Beitrag zum Verständnis der Xenophontischen Anabasis u. der altgriechischen Elementartaktik. gr. 4. (19 S.) Leipzig 893. G. Fock. n. — 80

Sickinger, Zu Alfred Mauls 70. Geburtstag. 13 S., 8°. [1898]

Sickinger, Körperbewegung, Rhythmus und Musik. Mannheim 1902, 32 S., 8°.

Sickinger, A., Körpererziehung und deutsches Schulturnen, m. besond. Berücksichtigung d. Maulschen Turnmethode, Vortrag, Bühl (Baden) 1899, 30 S., 8°.

Sickinger, Eine Lebensfrage für Jung-Mannheim. Mannheim 1906, 12 S., 8°.

Sickinger, A[nton]. Mehr Licht und Wärme den Sorgenkindern unserer Volksschule! Ein Vermächtnis [Johann] Heinrich Pestalozzis. Vortrag, gehalten bei der von der Pestalozzigesellschaft und dem Lehrerverein Zürich am 8. Januar 1905 ... in Zürich veranstalteten Pestalozzifeier. [Mit 1 Figur.] (Separat-Abdruck aus: Schweizerische Lehrerzeitung 1905, Nr. 3—5.) 32 S. 8. Zürich, Orell Füssli, 1905. [fr. —.50]

Sickinger, über A. Mauls Methode des Turnunterrichts, Nürnberg 1903, 30 S., 8°.

— Organisation grosser Volksschulkörper nach der natürlichen Leistungsfähigkeit der Kinder. Vortrag, geh. auf dem I. internationalen Kongress für Schulhygiene in Nürnberg am 7. IV. 1904. (35 S.) gr. 8. Mannheim 904. J. Bensheimer's Verl. n. — 80

Sickinger, A., De linguae Latinae apud Plutarchum et reliquiis et vestigiis. Diss. 1 87 S.

Sickinger, das Mannheimer Schulsystem in hamburgischer Beleuchtung. Eine Klarstellung. (36 S.) 8. Mannheim 910. J. Bensheimer's Verl. — 50

Preußisches oder Badisches Schulturnen? Eine Klarstellung von A[nton] **Sickinger**, Stadtschulrat. Karlsruhe: G. Braun 1903. (32 S.) 8° [Umschlagt. J.]

— der Unterrichtsbetrieb in grossen Volksschulkörpern sei nicht schematisch-einheitlich, sondern differenziert-einheitlich. Zusammenfassende Darstellg. der Mannheimer Volksschulreform. (VIII, 172 S.) Lex.-8. Mannheim 904. J. Bensheimer's Verl. n. 3. 20

Sickinger, A., Wie sind die Leibesübungen unserer Schuljugend zeitgemäß auszugestalten?, Bühl (Baden) 1906, 37 S., 8°.

Sickinger, A.: Wie sucht unser heutiges Schulturnen seinen erziehlichen und gesundheitlichen Aufgaben gerecht zu werden? Bühl 1894. 23 S.

Sickinger, A., Wörterverzeichnis zu Xenophon's Anabasis Buch I. Zur Einführg. in die griech. Prosalektüre zusammengestellt. gr. 8. (VI, 57 S.) Berlin 890. Grote. cart. n. 1. —

— dasselbe zu Xenophon's Anabasis Buch IV. gr. 8. (52 S.) Ebd. 892. Kart. n. — 60
Die Wörterverzeichnisse zu Buch II u. III sind noch nicht erschienen.

— dasselbe zu Xenophon's Anabasis Buch I. Zur Einführg. in die griech. Prosalektüre zusammengestellt. 2. unveränd. (Titel-)Aufl. gr. 8. (VI, 57 S.) Berlin 892. G. Grote. Kart. n. — 60

— Wörterverzeichnis zu Xenophons Anabasis Buch I. zur Einführg. in die griech. Prosalektüre zusammengestellt. 5. verb. Aufl. (VI, 57 S.) gr. 8. Berlin 903. G. Grote. n. — 60

— Wörterverzeichnis zu Homer's Odyssee Buch I, 1—324. Zur Einführg. in die Homerlektüre zusammengestellt. gr. 8. (30 S.) Karlsruhe 892. G. Braun. n. — 35

— dasselbe zu Homer's Odyssee Buch VI. gr. 8. (27 S.) Ebd. 893. n. — 35
Die Wörterverzeichnisse zum II.—V. Buch sind noch nicht erschienen.

Sickinger, Joseph [aus Mainz]: Zur operativen Behandlung der Struma bei der Basedow'schen Krankheit ... Mainz, E. Herzog, *1893;* 35 S. 8.
Strassburg, Med. Fak., Inaug.-Diss. v. 1893

Sickinger, Konrad

Sickinger, Conr., Anreden am weißen Sonntag. Ein geistl. Andenken an die Feier der ersten heil. Communion. 1. Aufl. (IV, 159 S.) 1878; 2. verb. und verm. Aufl. 8. (VII, 167 S.) Kempten 879, Kösel'sche Buchh. 1 35

Sickinger, C., Anreden am weißen Sonntag. Ein geistl. Andenken an die Feier der ersten heil. Communion. 3., verm. Aufl. Enthält 15 Anreden vor, 10 nach der heil. Communion u. 3 Taufreden. 8. (VIII, 312 S.) Kempten 887. Kösel. 2. —

Sickinger, Conr., Anreden am weißen Sonntag. Ein geistl. Andenken an die Feier der ersten hl. Communion. 4. Aufl. (Enth. 15 Anreden vor, 10 nach der hl. Communion u. 3 Taufreden.) Neu hrsg. v. Petrus, O. Cap. 8. (VIII, 312 S.) Kempten 900. J. Kösel. 2. —; geb. in Leinw. n. 2. 60

— Canossa im Lichte der Wahrheit. Eine populär-histor. Studie. 8. (III, 58 S.) Ebend. 880. — 60

— Du sollst Vater u. Mutter ehren. Praktische Erklärung der Pflichten der Kinder gegen ihre Eltern. 16. (222 S.) Dülmen 879. Laumann. 1. —; geb. 1. 50

— du sollst Vater u. Mutter ehren. Praktische Erklärg. der Pflichten der Kinder gegen ihre Eltern. 2., verb. Aufl. 16. (268 S.) Dülmen 887. Laumann. n. 1. —

— folge Mir nach! Vollständiges Unterrichts- u. Andachtsbuch zum heiligen Kreuzweg unseres Herrn Jesu Christi, nebst den gewöhnlichen Andachtsübungen. 16. (428 S. mit 1 Stahlst.) Einsiedeln 879. Benziger. — 85

Sickinger, C., Forderungen und Sünden d. Arbeiterstandes. gr. 8. (IV, 94 S.) Mainz 873. Kirchheim. 1. —

— Gebetbuch f. Männer. Unterrichts- u. Gebetbuch zur Führg. e. christl. Lebens. 16. (VIII, 375 S. m. farb. Titel u. 1 Stahlst.) Dülmen 888. Laumann. n. 1. —; geb. n. 1. 50

Sickinger, Konr., Gebetbuch für Männer. Unterrichts- u. Gebetbuch zur Führg. e. christl. Lebens. 3. Aufl. (VIII, 320 S. m. farb. Titel u. 1 Stahlst.) 16. Dülmen (904). A. Laumann. Geb. in Leinw. n. 1. —

Gebetbuch für Männer. Unterrichts- u. Gebetbuch ... von Konrad **Sickinger**, Dechant. Ausg. II. 4. Aufl. Dülmen: A. Laumann 1906. (VIII, 320 S.) 8° [(5)] [ob. 335 G]

Gebetbuch für Männer. Unterrichts- und Gebetbuch ... von Konrad **Sickinger**, Dechant. Ausg. II. 5. Aufl. Dülmen. A. Laumann 1906. (VIII, 320 S.) 8° [(5)] [ob. 335 G]

Sickinger, Conr., Gott und seine Eigenschaften. Populäre Kanzelvorträge zur Erbauung und Belehrung für Geistliche und Laien. gr. 8. (VI, 200 S.) Mainz 876, Kirchheim.

Sickinger, Conr., das höchste Gut! Gebet- u. Andachtsbuch f. alle Verehrer d. allerheil. Altarssakramentes. 16. (V, 544 S. m. Farbentitel u. 1 Stahlst.) Salzburg 884. Pustet. 1. 20; geb. n. 1. 85; n. 2. 25; n. 2. 70 u. n. 4. —

—— die Heiligen Gottes als Vorbilder des christlichen Volkes. Betrachtungen auf die vorzüglichsten Heiligenfeste des Kirchenjahres für Geistliche und Laien. gr. 8. (VII, 479 S.) Ebendas. 877.

—— die Jubilar-Bischöfe von Mainz, von den ältesten Zeiten bis auf Wilhelm Emmanuel, Frhrn. v. Ketteler, in kurzen Lebensbeschreibungen. 8. (23 S.) Ebendas. 875.

— christliche Kinderzucht. Sechs zeitgemäße Vorträge für christliche Müttervereine u. die Fastenzeit. gr. 8. (86 S.) Dülmen 880. Laumann. n. 1. 50

Sickinger, Conr., christliche Kinderzucht. Sechs zeitgemäße Vorträge f. christl. Mütter-Vereine u. die Fastenzeit. gr. 8. (86 S.) Dülmen 893. A. Laumann. 1. 50

— die katholische Kirche u. der Arbeiterstand, s.: Compaß für das katholische Volk.

Sickinger, Konrad, Die kathol. Kirche als das sichtbare Reich Gottes auf Erden. Populäre Betrachtungen über die Stiftung, Einrichtung, Kennzeichen, Bestimmung u. Erhaltung der kathol. Kirche. Mainz, Kirchheim, 1877, gr. 8°, VIII, 228 S., 2 Mk.

— die großen Kirchenfeste der katholischen Kirche. Kanzelvorträge auf das Weihnachtsfest, Epiphanie, Charfreitag, Ostern, Christi Himmelfahrt u. Pfingsten, für Geistliche u. Laien. gr. 8. (V, 139 S.) Luxemburg 880. Brück. 1. 50

Sickinger, Conr., die Communal-Schulen. Mainz 870. Kirchheim. 8. (IV, 75 S.) n. 5 ngr

— die Kunst brave Kinder zu erziehen. Ein Volksbuch für Eltern, Geistliche u. Lehrer. 16. (344 S.) Dülmen 878. Laumann. n. 1. —; geb. n. 1. 50

—— die Kunst, brave Kinder zu erziehen. Ein Buch für Eltern, Geistliche und Lehrer. 2. verm. und verb. Aufl. 12. (377 S.) Ebendas. 886. *M 1.—.; geb. * 1 50

— Leben des hl. Joseph, s.: Champeau.

Sickinger, Konrad, Majestät u. Schönheit der kath. Kirche in der Gegenwart. Würzburg, Woerl, 1877. 8°, 25 S., 20 Pf. (Kompaß f. d. kath. Volk Bd. 5.)

— Majestät u. Schönheit der katholischen Kirche in der Gegenwart, s. o. Compaß für das katholische Volk.

— die Marien-Feste. Betrachtungen auf alle Feste der Herz-Mariä-Bruderschaft für Geistliche u. Laien. gr. 8. (VII, 258 S.) Passau 877. Bucher. 1. 50

— Reisebilder aus Italien, s. d. Woerl's Reisebibliothek.

—— Reisebilder aus Italien. 1. und 2. Thl. gr. 16. Würzburg 879, Woerl. geb. in 1 Bd. *
Inhalt:
Thl. 1. Vom St. Gotthard bis Rom. (V, 256 S.) *M 3.
" 2. Rom. (VI, 406 S.) *M 4.

—— Reisebilder aus Italien. 3. (Schluß-)Thl.: Von Neapel bis zum Brenner. 12. (IV, 367 S.) Würzburg 880, Woerl. geb. * 4 —
1. und 2. Thl. Ebendas. 1879. geb. *M 7.

Sickinger, Konr., Reisebilder aus Italien. (1. Vom St. Gotthard bis Rom. 2. Rom. 3. Von Neapel bis zum Brenner.) 3., bill. Volks-(Titel-)Ausg. 12. (480 S. m. Abbildgn. u. 1 Karte.) Würzburg 894. L. Woerl. n. 2. —

—— s. Rolfus, Herm., kirchengeschichtliches.

— Savonarola. Sein Leben u. seine Zeit. Eine historische Studie. gr. 8. (87 S.) Ebend. 877. n. 1. —

—— Sonntags-Predigten. Praktische Kanzelvorträge auf alle Sonntage des Kirchenjahres für Kirche und Haus. gr. 8. (VI, 344 S.) Luxemburg 881, Brück. * 3 50

Sickinger, Konr., Sonntags- u. Festtagspredigten. (VIII, 572 S.) gr. 8. Hamm (908). Breer & Thiemann. 6. —

— Trauer-Rede auf Papst Pius IX. [1846—1878]. Nebst einer Beigabe: Officieller Nekrolog auf Pius IX. von Mercurelli. 8. (16 S.) Dülmen 878. Laumann. — 25

—— Versöhnung und Gnade. Kanzelvorträge über das Buß- und Altarssakrament. gr. 8. (298 S.) Regensburg 875, Manz.

— die Verwilderung der Jugend, s.: Compaß für das katholische Volk.

— sicherer Weg zu einer glücklichen Ehe. Ein Unterrichtsbuch für Braut- u. Eheleute. 16. (176 S.) Dülmen 878. Laumann. — 60

— sicherer Weg zu e. glücklichen Ehe. Ein Unterrichtsbuch f. Braut- u. Eheleute. 2. Aufl. 12. (216 S.) Dülmen 886. Laumann. n. — 60; geb. n. 1. —

Sickinger, Conr., sicherer Weg zu e. glücklichen Ehe. Ein Unterrichtsbuch f. Braut- u. Eheleute. 3. Aufl. 12. (216 S.) Dülmen 893. A. Laumann. — 60

Sickinger, Conr., sicherer Weg zu e. glücklichen Ehe. E. Unterrichtsbuch f. Braut- u. Eheleute. 4. Aufl. 16. (288 S.) Dülmen, A. Laumann. 1898. Geb. n. — 75

—— das alte Zunftwesen und die moderne Gewerbefreiheit. gr. 8. (VIII, 196 S.) Mainz 875, Kirchheim.

Sickinger, W., Maria, die Blume v. Nazareth, s.: Kölble, W.

Sickler, Friedrich Karl Ludwig

Sickler, Fr. Karl Ldw., Progr. De Aeneae in Italiam adventu fabuloso, sive de vera et genuina ejus mythi indole atque natura. Pars In. 4. Meining.817. (Keyssner). 4 gr.

Sickler, F. K. L., u. C. Reinhardt, Almanach aus Rom, s. Almanach.

Sickler, F., und Reinhardt, C. Almanach aus Rom für Künstler und Freunde der bildenden Kunst. Mit Kupfern in 4° und einer Charte. 2. Jahrg. 3 Bde. Leipzig 1810. 1811. 4°.

— Anastasia od. Griechenl. in der Knechtschaft unter d. Osmanen seit der Schlacht bei Kassowa 1389 und im Befreyungskampfe seit 1821. Eine Zeitschrift in freyen Heften. 1s 2s Heft. Mit 1 Steindruck. 8. Hildburghausen, Kesselring. 821. à 12 Gr.

Sickler, (F. K. L.,) Anastasia od. Griechenland in d. Knechtschaft, unter den Osmanen seit der Schlacht bei Kossowa 1389 u. im Befreiungskampfe seit 1821. 3s u. 4s Heft. 8. Hildburgh. 822—23, Kesselring. 3s Heft 16 gr. 4s Heft. 14 gr.

Sickler, F. C. L., Animadversionum in Horatii aliquot carmina. Specim. I. Progr. Hildburgh. 813. 4. (12 S.) Specim. II. Ibid. 814. 4. (12 S.)

— Auflösung der Hieroglyphen oder der sogenannten Sternbilder in dem Thierkreise von Tentyra. Mit 1 Abbild. 4. Hildburghausen, Kesselring. 820.

— Auflösungs- u. Erklärungs-Versuch der 10 hieroglyph. Gemälde auf einem ägypt. Mumienkasten in d. k. k. Antiken-Kabinet zu Wien, nach J. v. Hammer's Darstell. 4. Leipz. 821. Brockhaus ... (Aus d. Isis abgedr.)

rien-Feier. Mit 3 Kpf. u. 1 Musikblatt. gr. 8. Weimar 812. Landes-Ind.-Compt. 12 gr.

Sickler, F. K. L., Beschreibung eines sehr merkwürdigen neuentdeckten griech. Grabmals bei Cumä, mit 3 Basreliefs üb. die Bacchische Mysterien-Feyer. Mit 3 Kupf. u. 1 Musikblatt. gr. 8. Weimar, Landes Industrie Comt. 812.

Sickler, Fr. Karl Ldw., italien. Bibliothek z. Beförder. des Studiums der italien. Sprache in Deutschland. 1s Bdchen. moral. Erzähll. mit deutschen Erläuterr. 8. Hildburgh. 813. (Er. Fleischer; a. Taubert in Leipz.) 12 gr — Dass. italien. Ebd. 12 gr

Sickler, D. F. C., italienische Bibliothek z. Beförderung des Studiums d. italien. Sprache in Deutschland. 1s Bdch. moral. Erzählungen mit deutschen Erläuterungen. 8. Hildburgshausen, Hanisch. 813.

— Commentatio philosophico-philologica exhibens philosophiae Aristotelae cum transcendentali recentiori consensum. 8. maj. Ienae, Acad. Buchhdl. 799.

— de Amaltheae Etimo et de cornutis deorum imaginibus Jovisque Cretensis natalibus. 4. Hildburghausen 822, Kesselring.

—— Die vorzüglichsten Führten-Abdrücke urweltlicher Thiere in buntem Sandstein, aus den Sandsteinbrüchen der Umgegend von Hildburghausen; treu nach der Natur gezeichnet und lithographirt von C. Kessler. Heft 1. Hildburghausen 1836. Fol. Mit 7 Tafeln und 1 Karte.

Sickler, Fr. Karl Ludw., die vorzüglichsten Führten-Abdrücke urweltl. Thiere in Sandstein etc., s.a. Kessler, C.

Sickler, Frdr. C. Ludw. Friedrich V., geborener Churfürst von der Pfalz. 4. Hildburghausen 1834.

Sickler K. L.: Allgemeine Geschichte d. Obstkultur v. den Zeiten d. Urwelt an bis auf die gegenwärtigen herab. Bd. 1. Frankf. a. M. 1802. (64) 507 S. 2 Tvl. 1 Kt.
(Bis zu Konstantin dem Grossen).

Vgl. Sickler, Joh. Volkmar.

—— Rom's polit. Geschichte u. Alterthuemer in XIII Tafeln; v. denen VI Tafn. die Hauptmomente d. polit. Geschichte, v. der Erbauung d. Stadt an bis z. Untergange d. Reichs, u. VII Tafn. die Grundzüge d. Culturgeschichte, od. d. ersten Anlage, Vergroesserung etc. mit genauer Angabe d. Hauptstellen aus d. Classikern, zum Nachlesen, u. einiger d. vorzuegl. literar. Hilfsmittel, zum Nachschlagen, enthalt. Zur leicht fassl. Uebersicht, Nachhilfe u. Unterstuetzung d. Gedaechtnisses f. Gymnasiasten. qu. gr. Fol. (7 B.) Hildburghausen 831, Kesselring.

— Geschichte d. Wegnahme u. Abführ. vorzügl. Kunstwerke aus d. eroberten Ländern in die Länder d. Sieger; e. Beitr. zur Kunst- u. Kulturgeschichte. 1r Thl. Geschichte der von d. Griechen, Persern u. Römern erbeuteten Kunstwerke 2c. Nebst tabellar. Uebersichten. 8. (Jena) 803. (Ettinger in Gotha). 1 rthl. 8 gr.

Der Gesundbrunnen zu Liebenstein. Eine Schilderung von Friedrich [Karl Ludwig] Sickler. Gotha: Ettinger 1801. IV,86 S. 8°

— Handbuch der alten Geographie, für Gymnasien u. zum Selbstunterricht. Mit steter Rücksicht auf die numismatische Geographie u. die neusten bessern Hülfsmittel bearb. Nebst 5 lithogr. Chärtchen. gr. 8. Cassel 824, Bohné.

Sickler, Friedr. Karl Ludw., Handbuch d. alten Geographie f. Gymnasien u. zum Selbstunterr.; mit steter Ruecksicht auf d. numismat. Geographie, so wie auch auf d. neuesten besseren Huelfsmittel bearb. u. mit Huelfe e. genauen Index als e. ausfuehrl. geograph. Woerterbuch zum Nachschlagen eingerichtet. 2 Thle. 2., sehr verm. u. bericht. Ausg. gr. 8. (82¼ B. u. 7 lith. Kaertchen, gr. 8. u. gr. 4.) Cassel 832, Bohné.

— die Herkulanensischen Handschriften in England, und meine, nach erhaltenem Ruf und nach Auftrag der englischen Regierung, im Jahr 1817 zu ihrer Entwickelung gemachten Versuche. Mit 1 Steinabdruck. gr. 8. Leipzig, Brodhaus. 819.

— Nachtr. zu obiger Schrift: Humphry Davy's Versuche, die herkulan. Handschriften in Neapel mit Hülfe chem. Mittel zu entwickeln. gr. 8. Leipz. 819. Brockhaus. 10 Gr.

— die Hieroglyphen in dem Mythus des Aesculapius, nebst 2 Abhandlungen über Dädalus und die Plastik unter den Canandern, mit 1 Hieroglyphentafel. 4. Meiningen, Keyßner. 819.

Sickler, Friedrich Karl Ludwig, s. H o m e r u s : Hymnus an Demeter.

— I d e e n zu einem Vulkanischen Erd-Globus, od. zu e. Darstellung aller auf d. Oberfläche unsereres Erdkörpers verbreit. ehemal. u. jetzigen Vulkane ꝛc. Mit 1 Hemisphärencharte. (Aus den allgem. geograph. Ephemeriden besond. abgedruckt.) gr. 8. Ebend. 812.

S i c k l e r's, F., Kadmus oder Forschungen in den Dialekten des semitischen Sprachstammes zur Entwickelung des Elements der ältesten Sprache und Mythe der Hellenen. Abth. I. Erklär. der Theogonie des Hesiod. Hildburgh. 818. 4. 1 rthl.

— K a d m u s, oder Forschungen in den Dialecten des semitischen Sprachstammes. 1ste Abth. 4. Göttingen, Dietrich. 818.

— Leitfaden zum Unterricht in der alten Geographie f. Schüler in den obern Classen der Gymnasien, durchgängig mit d. Bezeichnung der richtigen prosod. Aussprache der geograph. Namen versehen u. zur Erklärung des schon bekannt gemachten Schul-Atlas in 18 Blättern eingerichtet. gr. 8. Cassel 826, Bohné.

— Progr. De Monumentis aliquot graecis, e sepulcro Cumaeo recenter effosso erutis, sacra Dionysiaca etc. illustrantibus, cum fig. aen. III. 4maj. Weimar 812. Industr.-Compt. 12 Gr.

— die heilige Priestersprache der alten Aegyptier als ein dem semitischen Sprachstamme nahverwandter Dialekt aus histor. Monumenten erwiesen. 3 Theile. 4. Hildburgh. 822—26, Kesselring.

Sickler, Friedrich Karl Ludwig: Die heilige P r i e s t e r s p r a c h e der alten Aegyptier, als ein mit dem semitischen Sprachstamme nahverwandter Dialekt aus historischen Monumenten erwiesen. Theil IV. [Progr.] Hildburghausen o. J.

Sickler, Friedrich Karl Ludwig, s. P t o l e m a e u s Pelus.

— Rom u. Latium, s. Burton.

— Schul-Atlas, s. Schul-Atlas.

— Schul-Atlas der alten Geographie, mit histor.-erläut. Randanmerkk., insbesond. zu d. Handbuche u. Leitfaden der alten Geographie gehörig; zum Gebrauch in Gymnasien. 4 Lieferr. gr. Fol. Cassel 824—26. 2e Aufl. qu. gr. Fol. (18 lith. Bl.) Ebd. 829. Bohné. 2 Thlr.

—— Schulatlas d. alten Geographie, mit histor.-erläut. Randanmerkn., insbesond. zu d. Handbuche u. Leitfaden d. alten Geographie gehörig. Zum Gebr. in Gymnasien. 2. Aufl. qu. gr. Fol. (18 lith. Bl.) Cassel 829, Bohné.

—— Schulatlas d. alten Geographie, mit histor. erläut. Rand-Anmerkn., insbesond. zu dem Handb. u. Leitfaden d. alt. Geograph. gehörig. Zum Gebr. in Gymnasien. 3. u. 4. Aufl. Lith. qu. ½ Roy.-Fol. (à 18 Bl.) Cassel 836, 39, Bohné. à Thlr.

S i c k l e r, F. C. L., Schul-Atlas der alten Geographie mit histor.-erläut. Rand-Anmerkgn. insbesond. zu dem Handbuche u. Leitfaden der alten Geographie gehörig. 5., verm. Aufl. Fol. (21 Bl.) Cassel 845, Bohné.

Sickler, Fr. Karl Ldw., Sendschreiben an den Geh. Hofrath und Ritter, Prof. Dr. J. F. Blumenbach zu Göttingen, über die höchst merkwürdigen, vor einigen Monaten erst entdeckten Reliefs der Fährten urweltlicher großer u. unbekannter Thiere in den Heßberger Sandsteinbrüchen bei d. Stadt Hildburghausen. Zur nähern Bestimmung des urweltl. Zustandes unseres Landes für alle Freunde d. Naturkunde öffentlich bekannt gemacht. Mit mehren lithogr., nach der Natur genomm. treuen Zeichn. gr. 4. Hildburghausen 834. Kesselring. n. 1⅓ Thlr.

— Thoth, od. die Hieroglyphen d. Aethiopen u. Aegypter. Zur Ankündigung einer größern Schrift unter dems. Tit. 4. Hildburgh. 819. (Meiningen, Keyßner). 6 Gr.

— de Typis symbolicis in numis veterum. Pars I. De Typis homonymis. Programm. 4. Hilburgh. 825, (Kesselring.)

Sickler, Johann Volkmar, s. A b b i l d . aller Obstsorten.

— Abhandl. über Obstbäume, s. Abhandlung.

Sickler, Johann Volkmar, s. A u g u s t , Kurfürst: Obstgartenbüchlein. (Vgl. O b s t g a r t e n b ü c h l e i n .)

— Beschreib. e. Dresch-, Stoß- u. Stampfmaschine, als Beitr. zur Maschinerie in d. Landwirthschaft. Mit 1 Kpf. 8. Erfurt (u. Gotha) 800. Hennings. 8 Gr.

Sickler, Jh. Volkm., Beschreib. d. gemeinnütz. Schäferschen Waschmaschine u. der Methode, wie die Wäsche darin behandelt wird, verbess. u. hrsgg. Mit 2 Kpf. gr. 8. Rudolst. 809. Hofbuchh. 10 Gr.

Sickler, Jh. Volkm., († d. 31. März 1820.) die Bienenzucht, od. prakt. Unterricht mehrerer Bienenväter, wie man einen Bienenstand anlegen ꝛc. 2 Bde. 8. Erf. (u. Gotha) 808—810. Hennings. 1 Thlr. 20 Gr. (Vergl. Landwirthschaft, die deutsche).

Sickler, Johann Volkmar, s. B u t r e t , C.: Unterricht . . .

Sickler, Johann Volkmar, s. C a l v e l , Steph.: Anweisung zur Erziehung, . . . der Obstbäume. (Vgl. A n w e i s u n g . . .)

– s. F r u c h t g a r t e n , D. deutsche.

— G a r t e n h a n d l e x i k o n f. Unerfahrne in d. Gartenkunst, u. Besitzer kleiner Gärten, wozu sie keinen Kunstgärtner halten wollen, mit K. 8. Erfurt, Hennings. 811.

— Gartenhandlexicon für Unerfahrne in d. Gartenkunst, u. Besitzer kleiner Gärten, wozu sie keinen Kunstgärtner halten wollen. Mit Kpf. 8. Erfurt u. Gotha 811. 2e Aufl. 812. 3e A. neu bearb. v. Weise. Mit 3 Kpf. 8. Ebd. 829. Hennings. 2 Thlr.

Sickler, Joh. Volkm., Garten-Handlexicon zum Selbstunterr. f. Unerfahrne in d. Gartenkunst, u. Besitzer kleiner Gärten, wozu sie keinen Kunstgärner halten. 3. Aufl. neu bearb. v. J. Chr. G. Weise. 8. (21 B., 12 Kpfr. u. 1 Tab.) Gotha 829, Hennings.

— Gartenmagazin, s. Gartenmagazin, Allg. dt.

– s. G a r t e n - M e m o r a n d u m .

– s. G a r t e n s c h a t z , Deutschlands.

— allgem. Geschichte d. Obstcultur, von d. Zeiten d. Urwelt bis auf die gegenwärtigen. 1r Thl. von d. Urwelt bis zu Konstantin d. Großen. Mit 1 Obstkarte u. 2 Kpf. gr. 8. Frankf. a. M. 802. Jäger. 2 Thlr. 20 Gr.
Vgl. Sickler, Friedr. Karl Ludwig.

Sickler, Johann Volkmar, s. K a b i n e t , Pomologisches.

Sickler, Joh. Volkm., Die deutsche Landwirthschaft in ihrem ganzen Umfange nach den neuesten Erfahrungen, bearb. von einer Gesellschaft practischer Oeconomen, herausg. von J. V. Sickler. Bd. 1—18. Erfurt 1802—12. 8. . . . . (D.)
—, — Th. 5. sieh: I. F. Wolstein, Deutscher Feldbau. 1805.
—, — Bd. 14—17. a. u. d. T.: Weisse, Ökonom. Technologie. Bd. 1—4. Erfurt 1811—12. 8.
—, — Bd. 18. sieh: I. C. Gotthardt, Deutschlands Manufactur- und Handelspflanzen. 2. Aufl. 1817.

— die deutsche Landwirthschaft in ihrem ganzen Umfange nach d. neuest. Erfahrungen bearb. v. e. Gesellsch. Oekonomen. 13 Bde. 8. Ebend. 802—10. (1r—4r à 1 Rthlr. 5r 16 gr. 6r 7r à 1 Rthlr. 8r 18 gr. 9r 1 Rthlr. 10r 20 gr. 11r 16 gr. 12r 13r à 1 Rthlr.)
(Desselben 1r 2r 3r Band auch unter dem Titel: Gartenschatz. 3 Bde. — Desselben 4r—13r Bd. a. u. d. Tit.: Feldbau. 10 Bde. — Desselben 6r—10r Bd. a. u. d. Tit.: Wolstein Kunst Pferde, Rindvieh, Schaafe rc. zu erziehen rc. 6 Bde. — Desselben 9r 10r Bd. auch unter dem Titel: Bienenzucht. 2 Bde. — Desselben 11r Bd. a. u. d. Tit.: Günthers Teich- und Fischereywirthschaft. — Desselben 12r 13r Bd. a. u. d. Tit.: Weinbau. 2 Bde. —).

Sickler, J. Volkm., die deutsche Landwirthschaft in ihrem ganzen Umfange. 18r Bd.
Auch unter dem Titel:
Gotthardt, J. C., Deutschlands Manufactur- und Handelspflanzen rc. 2te Aufl. 8. Gotha, Hennings. 817.

— der deutsche Obstgärtner, s. Obstgärtner.

— der vollkommene Orangeriegärtner, od. vollständ. Beschreibung d. Limonen, Citronen u. Pomeranzen, od. d. Agrumi in Italien u. ihrer Cultur, mit illum. K. gr. 4. Weimar, Landes Ind. Comt. 816.

— d. vollkomm. Orangerie-Gärtner, od. vollständ. Beschreib. d. Limonen, Citronen u. Pomeranzen, od. d. Agrumi in Italien u. ihrer Cultur. Mit ill. Kpf. gr. 4. Weimar, 1816. (Leipzig, Voigt u. Günther.) (2. 15) — 20

Sickler, Johann Volkmar (Hrsg.), s. Wolstein, Joh. Frdr.: Die Kunst, . . . Pferde, Rindvieh . . . u. d. sämtl. Federvieh . . . selbst zu erziehen.

— — J. B. Trommsdorff, und J. C. Weise, ökonom.-technologisches Wörterbuch, oder Unterricht in der Oekonomie, d. ökonom. Technologie und ökonom. Baukunst nach alphabet. Ordnung. 1r — 4r Theil. M. K. gr. 8. Erfurt und Gotha, Hennings. 817 — 21. (1r Bd. 4 Rthlr. 2r Bd. 3 Rthlr. 12 Gr. 3r Bd. 3 Rthlr. 4r Bd. 2 Rthl.)

Sickler, (K. V., u. J. B.,) Trommsdorf, ökonom. technolog. Wörterbuch. 5r Thl., fortgesetzt v. J. C. Weise. Mit Kpf. gr. 8 Gotha 822, Hennings.

Sickler, J. V., Trommsdorf, J, B. und Weise, J. C. G.: „Oekonomisch-technologisches Wörterbuch, oder Unterricht in der Oekonomie, ökonomischen Technologie und der ökonomischen Baukunst", 7 Bände, Erfurt und Gotha 1817—1826 (Hennings).

Sickler, Jh. Volkm., Trommsdorf u. Weise, ökonomisch-technologisches Wörterbuch. 7 Bde. gr. 8. Gotha 827. (Hennings u. Hopf in Erfurt.) 20 ℛ

Sickler, Wilhelm Ernst Chr. August

Guil. Ern. Chr. Aug. Sickler diss. inaug. exhibens novum ad historiam luis venereae additamentum. Jenae 1797. 8.

Sickmann, F., Beiträge zur **Hymenopteren-Fauna** der Insel Spiekerooge, s. Abhandlungen, hrsg. vom naturwissenschaftlichen Verein zu Bremen.

Sickmann, Johannes, approb. Arzt aus Wellingholzhausen i. Han.: Aus d. pathol. Institute zu Kiel. Über **Vorkommen** von Carcinom bei Syfilitischen. *Kiel 1901: H. Fiencke.* (18 S.) 8°
Kiel, Med. Diss. v. [18. März] 1901

Sickmann, Johann Rudolf

Sickmann, J. R., Enumeratio stirpium phanerogamicar. circa Hamburgum sponte crescentium. 8 maj. (5 1/4 B.) Hamburgi 830, Meissner.

Sickmann, Wilh., der christliche Soldat in seinem Leben und seinem Gebete. Lehr- und Gebetbüchlein für kathol. Soldaten. 16. (144 S.) Dülmen 888, Laumann'sche Verlagsh. geb. * — 50

Sickmann, Wilh., der christliche Soldat in s. Leben u. s. Gebete. Lehr- u. Gebetbüchlein f. kathol. Soldaten. 4. Aufl. 24. (144 S.) Ebd. 897.
Geb. in Leinw. n. — 50

Sickmann, Wilh., der christliche Soldat in seinem Leben u. seinem Gebete. Lehr- u. Gebetbüchlein f. kathol. Soldaten. 5. Aufl. 24. (144 S.) Dülmen 899. A. Laumann.
Geb. in Leinw. n. — 50

Siclosy, Jos., auf Stahl- u. Eisenrad, s.: Eckstein's humorist. Bibliothek.

Sicul, Christoph Ernst, NEO-ANNALIUM LIPSIENSIUM // PRODROMUS // Oder // Des mit dem 1715ten Jahre // Neu-angehenden // Leipziger // Jahr-Buchs // Erste Probe. // Die andere Auflage // Aufs neue // durchsehen und verbessert // von // Christoph Ernst Sicul. // Mit Allergnädigsten PRIVILEGIO. // Verlegts der Autor, 1719. // In Leipzig unterm Schwartzen Bret // zu finden. - Es ist nur der erste Band des ganzen Werkes.

Siculus, Flaccus

Siculi Flacci, Liber de conditionibus agrorum. Cum notis ed. J. C. Schwarzius. Coburg. 711. 4.

Siculus, Petrus

Siculi, Petri, historia Manichaeorum seu Paulicianorum. Textum graecum Matthaei Raderi recognovit et de integro latine vertit D. Jo. Car. Lud. Gieseler. gr. 4. Göttingae 846. Vandenhoeck et Ruprecht. n. 3/4 ℛ

Siculi, Petri, **Historia Manichaeorum seu Paulicianorum. Textum graecum Matthaei Raderi recognovit et de integro latine vertit Jo. Car. Lud. Gieseler. gr. 4.** (9 B.) Gottingae 849. Vandenhöck et Ruprecht. * —

Siculi, Petri, **historia** Manichaeorum etc. Appendix, s. Appendix.

Sid Lazar, der Wanderer. Ein Reiseroman, v. F. C. Seder. 8. Wien, Kupfer u. W. 811.

[Russ.] Šidar. Nravstvennyja zadači XX věka. *Berlin: G. Stejnic 1901.* (61 S.) 8°
(Auf d. Umschl.: Schidar, Die moral. Aufgaben d. XX. Jahrh.) (02. 3970

Siddhi-kûr, Märchen. Kalmükisch. X. Erzählung. (Als Probe einer Gesammt-Ausg.) **Festgruss aus Oesterreich an die XX. Versammlung deutscher Philologen, Schulmänner und Orientalisten zu Frankfurt a. M. vom 24—27. Septbr. 1861 von B. Jülg. Fol.** (6 S.) Wien 861. (Leipzig, Voss.) *

Siddhi-kûr. — **Die Märchen des Siddhi-kûr. Kalmükischer Text mit deutscher Uebersetzung und einem kalmükisch-deutschen Wörterbuch. Hrsg. von B. Jülg. Lex.-8.** (XVI und 223 S.) Leipzig 866, Brockhaus' Sortiment und Antiquarium. *

— **Kalmükische Märchen. Die Märchen des Siddhi-kûr oder Erzählungen eines verzauberten Todten. Ein Beitrag zur Sagenkunde auf buddhist. Gebiet. Aus dem Kalmük. übers. v. B. Jülg. Lex.-8.** (VI und 69 S.) Leipzig 866, Brockhaus' Sortiment und Antiquarium. *

Siddi-Kür, 9 Märchen, s. Märchen-Sammlung, mongolische.

Siddons, Wilhelm Wallace,
oder der Held aus dem Hochlande; a. d. Engl. Leipzig 1796. Ü: *Pöschmann, Georg Friedrich.* (Ky)

Siddons, Wilhelm Wallace, od. der Held aus d. Hochlande; aus d. Engl. (v. G. F. Pöschmann). 2 Thle. 8. Leipz. 796. (Fischer u. Fuchs). 16 ℊ

Siddon's, G. A., Rathgeber in der Kunst des Schleifens und Polirens, s. a. Schauplatz der Künste, neuer rc., 82. Bd.

Siddon, G. A., prakt. u. erfahrener englischer Rathgeber für alle diejen. Künstler u. Professionisten, welchen ihren Arbeiten aus Holz, Metall, Horn, Schildpadd, Elfenbein, Leder, Pappe rc. durch Schleifen, Poliren, Färben, Beitzen, Lackiren rc. die höchste Schönheit u. Vollendung zu verleihen streben. Aus d. Engl. v. Chr. H. Schmidt. Mit 6 Steintaf. 8. Weimar 835. Voigt. $1\frac{3}{4}$ ℳ — Vgl. Schauplatz d. Künste u. W. 82r Bd.

Siddon G A, das Schleifen, Polieren und Putzen. 3. und 4. Auflage. (Schauplatz der Künste und Handwerke 82) Weimar 1861. 75

Siddon's, G. A., Ratgeber in d. Kunst des Schleifens, Polierens u. Färbens der Metalle, der Steinarten, des Holzes, Elfenbeins, Horns u. Glases, sow. d. Lackiergn. f. Kunstschlosser u. Kunstschmiede, Klempner rc., sow. f. Dilettanten im Kunstgewerbe u. f. jede Haushaltung. 5., verm. u. verb. Aufl. von Ernst Röthling. gr. 8. (XII, 288 S.) Weimar 897. Leipzig, B. F. Voigt. 4. —

Siddur. –

Sidur. Die alten Gebete der Israeliten. Hebräisch u. Deutsch u. durch Anmerkk. erläutert von M. J. Landau. 8. Leipzig 840. Fritzsche. $\frac{3}{4}$ ℳ

—— Tephilath Israel oder Gebetbuch der Israeliten. Text allein; eine gedrängte Ausgabe. gr. 8. (11⅝ B.) Prag 841, Haase Söhne, Verlags-Expedition. *

Siddūr hegjōn lēb. Königsberg 1845.

—— Gebetbuch f. Israeliten. gr. 12. (14⅙ B.) Königsberg 846, Samter. *

—— dass., mit Angabe der einschlag. gesetzl., bisher noch nicht gedruckten, Bestimmungen vom Pri Megadim u. e. neuen Commentar v. C. Landshut über die Abfassungszeit einzelner Gebete rc. mit Anmerkungen vers. u. hrsg. v. Hirsch Edelmann. gr. 12. (24⅓ B.) Königsberg 846, Samter.

(Siddur.) סידור שפת אמת והוא סדר תפלות מכל השנה. **Gebetbuch der Israeliten für das ganze Jahr. Mit Uebersetzung jüdischer Typen. Nebst: תחנות לבנות ישראל. gr. 8. (40⅓ B.) Krotoschin 845 (46,) Monasch u. Sohn. ***

Siddur, Tefillath Jisrael. (In hebraischer Sprache.) 3. Aufl. Berlin 860. Gerschel. gr. 8. (IV, 301 S.) n. 8 ngr.

Siddur Tefillath Jisrael. (Ohne Uebersetzung.) 7. verm. und verb. Aufl. 8. (IV, 314 S.) Breslau 886, Koebner. geb. * — 80

Siddur Tefillath lisrael. 7. Aufl. 8. Bresl. 886, Jacobsohn u. Comp. geb. * — 80

[Hebr. u. D.] Tefillat Jisraēl [**Siddur**]. Israel's Gebete. Das Gebetbuch d. Synagoge in poet. Verdeutschung von Dr. J. Goldschmidt, Rabbiner zu Offenbach. Mainz 1902: J. Wirth. (XV S., 388 gez. Bl.) 8° [05.0609]

Siddur Kōl Jakob. Gebete Israels. Für den Schulgebrauch neu geordnet und sorgfältig durchgesehen vom israelitischen Religionslehrerverein „Esra" in Wien. 2., verbesserte Auflage. Wien 1903. Josef Schlesingers Buchhandlung. Geb. K 1.05.

Siddy, s. e. Rätsel.

Siddy, Rätsel, Eine moderne Liebesgeschichte in Versen. 8°. (80 S.) Wien, Konegen. 1887.

Siddy, Sommerfäden. 8. (103 S.) Dresden 893. E. Pierson. n. 1. 50; geb. n. 2. 50

Sidel, Friedrich [Praes.], s. Fischer, Johann Christian: Philosophumena de obligatione hominis ad religionem, vulgo Verpflichtung der Menschen zum Gottesdienst.

Sidel, Georg

Sidel, Geo., die Königin Marie Antoinette, e. Heldin im Kampfe d. Revolution u. Gegenrevolution. 8. (532 S.) Weißenburg 898. R. Ackermann. n.n. 3. 50

Siderer, Ioannes Christophorus: De consilio, quo Xenophon libros, qui Cyri disciplina inscribuntur, composuerit.
Halle-Wittenberg, Phil. Diss. v. 28. Juni 1820
Geb. [Harsleben (Kr. Halberstadt) 25. 8. 1785]
Ms. fehlt. Titel nach dem Diplom. Verf. wurde abwesend promoviert.

Siderer, (Director Dr.,) Lehrbuch der Zahlenrechnung. 1. u. 2. Abthl. 8. (Mit 1 lith. Taf.) Halberstadt 845, 46, Lindequist u. Schönrock. à $\frac{7}{12}$ ℳ

Moral ohne Religion. Eine Beleuchtung d. Grunddogmas d. 'Gesellschaft f. ethische Cultur'. Von Paul v. **Siders**. *Berlin: Germania (1897).* (44 S.) 8° [F.]
— **Flugschriften**, Kathol., z. Wehr u. Lehr. No 119. [00. 13000]

Sidersky, David

Sidersky, D., die Dichten der Zuckerlösungen bei verschiedenen Temperaturen berechnet. (Deutsch und französisch.) (47 S.) Lex. 8. Braunschweig 908. F. Vieweg & Sohn. n.n 2. 75

Internat. Ausstellung f. Spiritusverwerthung u. Gährungsgewerbe. Wien, 1904. Die Entstehungsgeschichte der Landwirthschaftlichen Brennereien in Frankreich von D[avid] **Sidersky**, Ingen. Paris 1904: Impr. de la Bourse de Commerce. (46 S.) 4°
[Nebent.:] La Genèse des distilleries agric. en France. Rapport présenté par D. Sidersky. [05. 8,68]

Siderurgica, Glisenti & Comp. Gewehr-Mitrailleuse mit Benutzung des Gases. System Cei-Rigotti. Mit Taf. Brescia [illegible]. 4 S.

Henry **Sidgwick**. Die Methoden der Ethik [The Methods of ethics]. Nach d. 7. engl. Aufl. übertr. von Dr. Constantin Bauer. Bd 1. 2. Leipzig: Klinkhardt 1909. 8°
(Philosophisch-soziolog. Bücherei. 17. 18.) [11. 1286] 5

Sidgwick, Henry, die Methoden der Ethik, s. a. Bücherei, philosophisch-soziologische. XVII.

Sidgwick, Nevil Vincent, über Acetondipropionsäure u. ihre Derivate. Diss. gr. 8. (37 S.) Tübingen 901. F. Pietzcker. n.n. 1. —

Sidi, I[sak]: Das Legalitätsprinzip im Strafprozessrechte. München 1908: Wolf. 64 S. 8°
Heidelberg, Jur. Diss. v. 18. Febr. 1909, Ref. v. Lilienthal

Commandit-Actiengesellschaft E. Sidler & Cie. in Luzern. (10. **Jahresrechnung 1900.)** [3 S.] 4. (1901.)

Commandit-Actiengesellschaft E. Sidler & Cie. in Luzern. (11. **Jahresrechnung 1901.)** [3 S.] 4. (1902.)

Commandit-Actiengesellschaft E. Sidler & Cie. in Luzern. (12. Jahresrechnung 1902.) [3 S.] 4. (1903.)

Sidler, Émile. Recherches sur la condensation de la toluquinone avec l' éther acétylacetique. (Genève) Winterthur, 1890.

Sidler, Ernst, med. pract. aus Zug: Aus dem pathologischen Institut der Universität Zürich. Untersuchungen an Kaninchenohren nach Injektionen verschiedenartiger Flüssigkeiten in ihre Venen. Mit besonderer Berücksichtigung der verursachten Gefässalteration und der darauf folgenden Leukocytenemigration. Zür. Orell Füssli Dr. 1895. 39 S. 8°.
Zürich, Med. Diss. [v. 3. Juli 1895].

Sidler. Franz [aus Luzern]: Aus dem Hygiene-Institut der Universität Zürich. Untersuchungen über die gebräuchlichsten, in der Schweiz fabrikmässig hergestellten Milchpräparate, pasteurisierte, sterilisierte und kondensierte Milch mit besonderer Berücksichtigung der chemischen Zusammensetzung, des Keimgehaltes, der Gerinnungsfähigkeit und Verdaulichkeit „in vitro". (S.-A. aus „Archiv für Hygiene". Bd. 47. H. 4. München (auf d. Umschlag u. Titel: Zürich.) 1903. 88 S. 8°. [12. IX. 03.]
Zürich. Phil. Diss. II S. 1903/1904

Sidler, Georg (Josef)

- Zur Dreiteilung eines Kreisbogens. Bern 1876.
Progr.

Sidler. G[eorg] J[oseph], d'Unterstrass près Zurich: Sur les inégalités du moyen mouvement d'Uranus dues à l'action perturbatrice de Neptune. Zur. Zurcher et Furrer Impr. 1854. 26 S., 1 Bl. 8°.
Zürich, Phil. Diss. v. 13. Sept. 1854.

Sidler G.: Die Theorie d. Kugelfunktionen. Progr. Bern 1861. 71 S. 4°.

Sidler, G. J. Trisection eines Kreisbogens und die Kreisrectification. Bern 1873.

Sidler, Geo., über die Wurflinie im leeren Raume. gr. 4. (52 S. mit eingedr. Holzschn.) Bern 865, (Dalp'sche Buchh.) *

Sidler, Joseph, med. prakt., von Grosswangen (Luzern): Ueber pericarditische Pseudo-Lebercirrhose. (Aus der medizinischen Klinik der Universität Zürich. Direktor Prof. Eichhorst.) Bern 1907. 83 S. 8°. [28. IX. 07.]
Zürich. Med. Diss. 1907/08.

Sidler, Otto: Die Gült nach Luzerner Recht. Luzern 1897. 149 S. 8°.
Bern. Jur. Diss. 1897/98.

Sidler, [Otto]. Zum Steuergesetz. Referat gehalten am liberalen Parteitag in Reiden (10. September 1905) von Redaktor Dr. S'. Auf Beschluss des Parteitages veröffentlicht. Beilage zum «Luzerner Tagblatt». 8 S. 4. [Luzern, H. Keller, 1905.]

Sidler, Wilh., zur Entwickelungsgeschichte der modernen Meteorologie. (I.) gr. 4. (24 S.) Einsiedeln 877. Benziger. n. 1. 20

— Zur Entwicklungsgeschichte der modernen Meteorologie, I und II. Einsiedeln 1877 und 1878.
Progr.

Sidler, Wilhelm. Das ehemalige Gebiet des Stiftes Einsiedeln, als Einleitung zur Geschichte von E' verfasst von P. W' Sidler OSB. Sonderabdruck aus (Odilo) Ringholz, Geschichte des fürstl. Stiftes Einsiedeln, Band 1. [Mit Illustrationen, Kartenskizzen im Text und ... Karten.] II + 24 S. 4. Einsiedeln *etc.*, Benziger & Co. A. G., 1902.
Ausg. A: [Mit ... 3 Karten.] [fr. 4.50]
Ausg. B: [Mit ... 2 Karten.]

[Sidler, Wilhelm.] Karte des ehemaligen Stiftsgebietes Einsiedeln. 1 : 50,0000 (*d. i.* 50,000). [Bearb. von P. W' Sidler OSB.] Zu [Odilo] Ringholz: Geschichte des Stiftes Einsiedeln. 1 Bl. fol., *auf Papyrolin, zus.-gefaltet mit Titel* 8. [Einsiedeln *etc.*, Benziger & Co. A. G.,] 1902.
Titel auf dem Blatt: Das Gebiet des Stiftes Einsiedeln. Zu Ringholz: G' des St' E'. Masstab ... Verhältnis 1:50,000 ... 531/382 mm. — *Auch in:* Ringholz, O', G' des fürstlichen Benediktinerstiftes ... E' ... Band 1. Eins' ... (1902—)1904.

Jahresbericht über die Lehr- und Erziehungsanstalt des Benediktiner-Stiftes Maria Einsiedeln i. J. 1871/72. Mit einem Programme: Der Kalender von P. Wilh. Sidler. 43 Stn. gr. 4. Einsiedeln, Gebr. Benziger. 1872. 1. —

Sidler, P. Wilhelm. Die Schlacht am Morgarten. ([Mit Illustrationen, 1 Tafel, 12 Karten, sowie] Anhang: A. Exkurse [und] B. Aktenstücke.) XII + 248 + 44* S. gr.-8. Zürich, Orell Füssli, 1910. [fr. 7. —, geb. 10. —]

Sidler-Haas, J[ohann]. Erinnerungsblätter für die tit. Mitglieder der Gesellschaft zu Safrun in Luzern. Bearb. nach authentischen Quellen vom Gesellschaftsmitglied J. S'-H' auf das Zunftessen im Jahre 1906. 3. verbesserte und vermehrte Aufl. [Illustriert.] 67 S. 8. Luzern, Räber & Cie., 1906.

Über hereditär-syphilitische Augenhintergrundsveränderungen. Von Dr. [Ernst] Sidler-Huguenin, Privatd. in Zürich. Mit 2 Farbentaf. *Hamburg & Leipzig: L. Voss 1902.* (256 S.) 8°
= Beiträge z. Augenheilkunde. H. 51. [M. 6,—]

Sidler-Huguenin, [Ernst]. Über die hereditär-syphilitischen Augenhintergrundsveränderungen, nebst einigen allgemeinen Bemerkungen über Augenerkrankungen bei angeborener Lues. Aus den Journalen der kantonalen Universitäts-Augenklinik in Zürich, aus den Kranken-Beobachtungen von Herrn Prof. Dr. [Otto] Haab und aus den eigenen Protokollen gesammelt.... Habilitationsschr. Med. Univ. Zürich. (Sonder-Abdruck von: Beiträge zur Augenheilkunde ... hrg. von Prof. Dr. R[ichard] Deutschmann.... Heft 51.) [Mit 2 Tafeln nebst Erklärungen.] IV + 256 S. 8. Hamburg und Leipzig, Leopold Voss, 1902. [im Buchh. M. 10. —]

Sidler-Huguenin, d. Spätorfolge d. Glaukombehandlg. bei 70 Privatpatienten v. Prof. Dr. Haab, s.: Beiträge zur Augenheilkunde, Hft. 32.

Sidlo, Thom., die Bacterien-, Impf- und Pest-Frage. Fortsetzung zu: Ueber einige Krankheitsfälle und deren Stellung zum Blattern-, Masern-, Scharlach- und Diphtheritis-Contagium. 2. Vortrag, gehalten im wissenschaftl. Verein der k. k. Militär-Aerzte zu Wien am 15. März 1879. gr. 8. (36 S.) Wien 879, Teplitz und Deuticke. *

Sidna, Ludw., Histörchen. Gedichte. gr. 8. (87 S.) Leipzig 898. (J. Werner.) n. 1. 50

Sidnei et Silli, ou la bienfaisance et la reconnaissance. Histoire angloise, suivie d'odes anacreontiques par l'auteur de Fanny. 8. Leipz. 766. Weidmann. 6 gr

Sidney [Sachliches OW]

Sidney. Lustsp. v. Gresset. 8. Brandenb. Haller 767.

Sidney. Ein Trauerspiel in fünf Aufz. Köln [Breslau] 1788. V: *Fessler, Ignaz Aurel.* (GGr) (Ky) »Sydney« (Wr)

Sidney; Trspl. (v. Ign. Feßler). 8. Bresl. 788. W. G. Korn. 6 gr

Sidney, der Miß Charlotte, Geschichte, s. die Schule für Töchter.

— u. Eduard; od. was vermag die Liebe? Schausp. v. Vandemer. 8. Hannov. Hahn. 792.

Sidney, Lorenzo oder die Macht der Religion, s. Lorenzo.

— u. Silly, od. Wohlthätigkeit u. Dankbarkeit; eine engl. Gesch. 8. Hamb. Hertel. 766.

Sidney und Silly. Ein Drama in fünf Aufz ... O. O. 1777. V: *Gugler, Frz Xav. Freih. von* [?] nicht: *Gemmingen, Otto Freih. von.* (Flaischlen, Gemmingen. Stuttgart 1890. S. 55 ff. 142 ff.) »Wien 1772« (GGr) (ADB 8, 557)

— u. Silly. Drama in 5 A. v. Frhrn. v. G. 8. Augsb. 777. v. Jenisch u. St. 4 gr

— u. Silly. Drama in 5 Akt. 8. Augsb. Stage. 777.

SIDNEY, William, König der Karayben, ein Roman. Berlin, Wilh. Oehmigke d. Jüng., 1803. 8°. (¾ Rthlr.)
Anz. d. Verlegers. — Fehlt bei Kayser unter Romanen.

Sidney [Verfasser]

Sidney, Algernon: „On Government", London 1698. — Neue verm. Auflage 1763. — Ins Deutsche übersetzt, mit Anmerkungen, 2 Teile, von Chr. Dan. Erhard, Leipzig 1793. Ein Auszug daraus, von Ludwig Heinrich Jacob, Erfurt 1795.

Sidney, Alg., Betrachtungen über die Regierungsformen ic. a. d. Engl. v. Ch. D. Erhard. 2 Bde. gr. 8. Leipz. Weygand. 793.

— — dasselbe in e. Ausz. v. L. H. Jacob. 8. Hamb. Vollmer. 795.

Sidney, Edwin, das Leben Rowland Hill's. N. d. 3. engl. Orig.-Ausg. übers. v. L. J. Werner. Eingeführt durch J. Chr. Fr. Burk. gr. 8. (20¼ B. u. Hill's Bildn.) Stuttgart 841, J. F. Steinkopf.

(Sidney, Edwin.) Rowland Hill's (1745–1833) kurze Lebensgeschichte. (Auszug aus der von E. S. herausgegebenen, von L. J. Werner in's Deutsche übersetzten Lebensbeschreibung. [Mit Anhang:] Die Heimkehr des verlornen Sohnes. Aus R. Hill's Dorfgesprächen. Hrg. von dem St. Gallischen Verein für Verbreitung christlicher Erbauungsschriften. Nro. 18.) 8. St. Gallen 1844.

Sidney's, Sir Philip, Astrophel and Stella u. Defence of poesie, nach den ältesten Ausgaben, m. e. Einleitg. üb. Sidney's Leben u. Werke hrsg. von E. Flügel. gr. 8. (VI, CII, 112 S.) Halle 889. Niemeyer. n. 6. —

Sidney, Sam., Australien. Geschichte und Beschreibung der drei Australischen Kolonien: Neu-Süd-Wales, Victoria und Süd-Australien. Nach der 2. Aufl. des engl. Originals übers. von Carl Volckhausen. 854. 1 ₰. 6 ngr. — 2. (Titel-) Ausg. Hamburg 857. O. Meißner. gr. 8. (VI, 416 S.) 1 ₰.

Sidobré, Antoine

Sidobré, D. A., de variolis et morbillis. 12. Geneve de Tournes. 749.

Antonii Sidobré, Tractatus de variolis et morbillis. Coloniae Agrippinae: Metternich 1765. 183 S. 8°

Sidon, J. M., üb. d. heutzutage überhandnehm., in seinen nachtheil. Folgen wenig erkannte u. mit Unrecht sogen. unschuld. Vergnügen d. Tabakrauchens. Worte, z. Beherzig. f. d. Jugend überh., u. f. d. studir. insbesond. vorgetragen. gr. 8. (3⅛ B.) Prag 837, (Kronberger u. Rziwnatz.)

Sidon, J. M., über das heutzutage überhandnehmende, in seinen nachtheil. Folgen wenig erkannte und mit Unrecht sogenannte unschuldige Vergnügen des Tabakrauchens. Worte, zur Beherzigung für die Jugend überhaupt, und für die studirende insbesond. vorgetragen. gr. 8. Prag 837. (Kronberger u. Weber.) ⅓ ₰

Sidonia, die Zauberin. Schausp. in 4 A. v. Hch. Zschokke. 8. Berl. Maurer. 798.

Gräfin Sidonie von Montabaur oder die Geheimen aus Griechenland. Von der Verf. der Geisterseherin Seraphine von Hohenacker.
Cöthen: Aue 1798. 326 S. 8°

— **Gräfin v. Montabour,** od. die Geheimen Griechenlands. Vom Verf. der Geisterseherin (K. A. Seidel). 2 Thle. Mit Kpf. 8. Cöthen 798. Aue. 2 ₰

Sidonie das Opfer einer unnatürlichen Mutter. Braunschw. 1799. V: *Kerndörffer, Hnr. Aug.* (NN) (Ky) (MGT) (GGr)

Sidonie, das Opfer einer unnatürlichen Mutter, (von H. A. Kerndörfer). 8. Braunschw. 800. Schröder. 16 ₰

SIDONIE (ps.), Amor auf dem Lande. Dorfgeschichten. (Sep.-Abdr. aus dem „Kaviar".) Mit Illustrationen. (c. 1900?) 8°. 148 S. (2 Mk. J. Taussig, Prag, 1904, ohne Angabe von Ort u. Jahr.)

SIDONIE. Amor auf dem Lande. Ca. 1909. 8°.
Verb. Rostock 23. 9. 09. M. 34/09.

Sidonius, C. Sollius Apollinaris, recensuit Paul Mohr. 8. (XLVIII, 394 S.) Leipzig 895. B. G. Teubner. n. 4. —

Sidonii, G. S. A., epistulae et carmina, s.: Monumenta Germaniae historica.

†(Sidons, C.,) s. (Sealsfield.)

Sidons, (C.,) die vereinigten Staaten v. Nordamerika, nach ihrem polit., religiösen u. gesellschaftl. Verhältnissen betrachtet. Mit e. Reise durch d. westl. Theil v. Pensylvanien, Ohio ic. 2 Bde. gr. 8. Stuttg. 827, v. Cotta.

Sidorf, Andr., s. Werke des Mittelalters im Rheinland u. Westphalen.

Sidori, K., Geschichte d. Juden in Sachsen, mit besond. Rücksicht auf ihre Rechtsverhältnisse. Zum Theil nach archival. Quellen bearb. Mit e. Vorr. v. Friedr. Bülau. 8. (11 B.) Leipzig 840, C. L. Fritzsche.

v. Sidorowicz, (S. Frz. Ritter,) die mit dem k. k. allgem. Krankenhause vereinte k. k. Gebäranstalt f. zahlende Schwangere, Gebärende u. Wöchnerinnen zu Wien, in ihren Ergebnissen u. Leistungen während der Jahre 1822 bis einschließl. 1825. Mit 2 Steintaf. gr. 8. Wien 826, Gerold.

v. Sidorowicz, Ritter S. Frz., die mit dem k. k. allgem. Krankenhause vereinte k. k. Gebäranstalt f. zahlende Schwangere, Gebärende u. Wöchnerinnen zu Wien, in ihren Ergebnissen u. Leistungen während d. Jahre 1822 bis einschließl. 1825. Mit 2 Steintaf. gr. 8. Wien 826. (Gerold). 1 ₰ Hlbpr. 16 ₰

Sidow, Albrecht v., Capitain etc. Das Planzeichnen, die Anwendung der Messinstrumente und das militärische Aufnehmen und Croquiren. Mit 8 Kupfern. 8. Berlin 1838.

Sidow, Hans: Bauregeln und Baugesetze. Ein Beitrag zur Baugeschichte. 1909. 52 S. 8°
Hannover, Dr.-Ing.-Diss. v. 25. 1. 1909

Das Buch Sidrach. Nach d. Kopenhagener mittelniederdeutschen Hs. v. J. 1479 hrsg. von H[ermann] Jellinghaus. Tübingen: Litt. Ver. in Stuttgart 1904. (XII, 240 S.) 8°
= Bibliothek d. Litterar. Vereins in Stuttgart. 235.

Sidrén, Diss. symptomatum febrilium. resp. D. Weser. P. II. Lps. 8°. (Anxietas.) resp. H. Sparschuch. P. III Delirium.
1768

Sidur, s. Siddur.

Sidus nobilissimum in ... Ecclesiae Zodiaco positum ... Breslau 1726. V: *Beyer, Hugo.* (Kat. d. Druckschr. üb. Breslau. Breslau 1903. S. 262.)

Sidus, Novum, obscurato Marte in Bambergensi hemisphaerio ab Astraea accensum ... Bambergae 1763. V: *Väth, Caspar.* (Jes)

Sidus, Novum a sole, in Ecclesia oriens per montes Bambergae refulgens ... Bambergae [1734]. V: *Brentano, Joseph.* (Jes)

Sie an Ihn, eine Reihe von Originalbriefen, von Fr. von Oertel, 8. Leipzig, 791. Weidmanns. 1 Rthl. 8 ggl.

Sie bekehren sich aber nicht recht. Eine Predigt. Germantown 1749. V: *Zubly, Joh. Joach.* (Seidensticker, German Printing in America. Philad. 1893.)

Sie dähte käme. 16. (2 S.) Kaiserslautern 889. Gotthold. n. — 10

SIE oder Du: oder Erörterung der Frage, in wie weit die Sprache des gefälligen Umganges auch in der Ehe beyzubehalten sey? Leipzig 1786. 8°.
Ehestandsalmanach I. p. 296.

Sie, üb. Du, od. Erörterung d. Frage, in wie weit die Sprache des gefälligen Umganges auch in d. Ehe beizubehalten sey? 8. Heidelb. 787. Pfähler.

Sie erdrückt uns! Roman aus d. Zeit d. Frauenwahlrechts v. *.*. (157 S.) 8. Leipzig (909). W. Fiedler. 2. —

Sie fehlen alle; ein Schauspiel. Erlangen 1783. V: *Reck, Johann Jacob Christian von.* (Ky) (MGT) (GGr)

Sie fehlen alle. Schausp. 8. Erlang. Palm. 783.

— finden sich als Schauspieler, v. Kapf. 8. Bresl. Gehr. 796.

Sie haben es aufgehalten; nebst einem Traume, die von Berlepschische Rechtssache betreffend. Wolfenbüttel 1797. V: *Müller, Gotthelf Friedrich.* (Ky) (MGT)

Sie haben es aufgehalten. Träume üb. die Berlep'sche Rechtssache (v. Gtthlf. Fr. Müller). 8. Wolfenb. 797. Albrecht. 4 gr.

Sie hört nicht. Schwank in 1 Akte. 12. (15 S.) Regensb. 887, (Habbel). * — 40

Sie u. ich, oder Verirrung u. Rückkehr, s.a. Beaufort d'Auberval, Alphonse Aimé

Sie und Ich, oder Verirrung und Rückkehr. Nach dem Französischen. Berlin 1802. V: *Beaufort d'Auberval, Alphons Aimé.* B: *Müchler, Carl Friedrich.* (Streisandkat. 24) (BGE VII², 299)

Sie u. Ich, od. Verirrung und Rückkehr. Nach d. Franz. von Karl Müchler. 2 Thle. m. Kpf. 8. Berlin, Himburg. 804.

Sie u. Ich, od. Verirrung u. Rückkehr; aus d. Französ. (v. K. Müchler). 2 Thle. 8. Berl. 804. (Reimer). 2 ℛ

— kann's nicht über's Herz bringen. Schausp. v. Vulpius. 8. Weißenf. Severin. 788.

Sie kanns nicht übers Herz bringen, ist jetzt Verlag d. Weygandschen Buchh. in Leipzig.

Sie kommt! Wien [1854]. V: *Jüngling, Johann Baptist.* (EB)

— lebt in der Einbildung. Lustsp. in 3 Akt. v. Steffani dem jüng. 8. Augsb. Stage. 786.

— meint's so böse nicht. Lustsp. von Leonhardi. 8. Hamburg, Herold. 788.

Sie sind zu Hause, Lustspiel in 1 Akt, nach Desaugiers bearbeitet. 8. Wien, Wallishauser. 808.

Sie sollen ihn nicht haben den freien deutschen Rhein. [Berlin 1897.] V: *Becker, Nic.* (Berl)

SIE studieren. Ein Lesebuch, zur Beherzigung aller Studierenden (von *Carl Aug. Seidel*). Mit grosser figurenreicher Titelvignette (einen Commers im Freien darstellend, „Landesvater" u. e. freie Scene). Frkf. 1782. 8°. 362 S. (10 Mk. 50 Pfg., unbeschn., Frdr. Klüber, 1897:)
Höchst pikanter Roman von sittengeschichtl. Wert; bietet den genauesten Einblick in das damal. Studentenleben. Anon.-Lex. IV. p. 82 (nach Kayser, Meusel, Otto).

Sie studiren. Ein Pendant z. Briefwechsel dreier Freunde. 8. Frankf. 782. Herrmann. 20 gr.

SIE that Recht, ihn zu heirathen, oder Geschichte der Miss Petworth. 2 Thle. Leipzig 1775. 8°. (3 Mk. Jos. Baer & Co., 1894.) Zahm.

Sie waren es dennoch; v. Carol. Pichler. 8. Wien, Pichler. (Gerh. Fleischer in Leipz.) 806.

SIE waren Schwestern, oder stille Wasser sind tief. (Leipzig, Taubert; c. 1810?) 8°. (2 gr.)
Selten gewordenes Volksschriftchen.

Sie wissen, was sie wollen! Eine Vertheidigungsschrift in Sachen der „protestantischen Freunde." Als Rechts-Gutachten abgefaßt von einem sächsischen Juristen. 8. (2 B.) Leipzig 846, Friese. Thlr. *

Sie wollen's nun alle lesen, ein Gespräch zwischen einigen Bürgern üb. das neue Berliner Gesangbuch. 8. Züllichau 781. (Frommann in Jena). 2 gr.

Sieb, Das politische. Wien 179? V: *Huber, Franz.* (Ky) (MGT)

Chronik von Stadt und Festung Spangenberg. Bearb. von Wilhelm Siebald ... Neu bearb. u. hrsg. von Wilhelm Voigt. Marburg: O. Ehrhardt (1902). (38 S.) 8° [F.] [illegible]

Siebdrat, Aemil. Otto, Azimuthal- und Höhen-Tabellen für die Breitengrade 48 bis 54 und die nördlichen und südlichen Declinationen der Gestirne bis zum 30. Grade berechnet. Mit erläuterndem Text u. mehreren Hülfstafeln. Leipzig 856. Fischer u. Kürsten. gr. 8. (2 Bl., 88 S.) 15 ngr.

Siebdrat, Gustav Albert

Siebdrat, (Gust. Alb.), Aufschlüsse über die Kunst d. Schnellrechnens. Ein Buch für Geschäftsleute, sowie für Lehrer u. Freunde der Rechenkunst. Mit 4 Taf. gr. 8. (VIII u. 90 S.) Leipzig 847, Hinrichs. ½ ℛ

Siebdrat, Gust. Alb., s. Chr. Glo. **Biener**, systema processus.

Siebdrat, Gust. Albe., criminalist. Jahrbücher rc., s. Jahrbücher.

Siebdrat, Gust. Alb., neue Jahrbücher für sächs. Strafrecht, s. Jahrbücher.

Siebdrat, Gust. Alb., s. Jahrbücher f. Sächs. Strafrecht.

—— und G. F. Held, Criminalgesetzbuch etc., s. Criminalgesetzbuch.

Siebdrat, Gust. Alb., das Strafgesetzbuch für das Königr. Sachsen vom 11. Aug. 1855 mit den damit in Verbindung stehenden Gesetzen bis zum Schlusse des J. 1861 und einem durchlaufenden Commentare zum Handgebrauche beim gerichtl. Verfahren, sowie für Universitätsstudien. 2 Lfgn. 8. (XVI und 356 S.) Leipzig (861)62, Hinrichs'sche Verlagsh. [1. Lfg. * 20 Ngr., 2. * 28 Ngr.] Thlr. *

Siebdrat, Karl Wilhelm, s. Karls pädagog. Reise ins Bad.

Siebdrat, Karl Wlh., de licentia poëtica merito suspecta, commentatio. 4. Leipz. 804.

– s. Theocritus: Epithalamium.

Siebdrat, K. W. De vitiis quibusd. orationis auctor. vet. Graecor. et Lat. minime dissimulandis. 10 S. . . . . . .

Eisleben, Progr. 1828

Siebdrat, O., die Freierprobe. Schwank in 1 Vorspiel, 2 Akten u. 1 Nachspiel. Nach e. Erzählg. v. C. Cramer. 8. (III, 53 S.) Dresden 902. Holze & Pahl. n. 1.20

Siebdrat, Theodor

Siebdrat, Thdr., General-Repertorium der königlich sächsischen Landesgesetze u. der Reichsgesetze. Abgeschlossen Mitte Aug. 1879. gr. 4. (III, 218 S.) Dresden 879. Meinhold & Söhne. n. 7. —

Siebdrat, Thdr., General-Repertorium der königl. sächsischen Landesgesetze u. der Reichsgesetze. Nachtrag. Abgeschlossen Ende Juli 1885. gr. 4. (III, 30 S.) Dresden 885. Meinhold & Söhne. n. 1. 20 (Hauptwerk u. Nachtrag: n. 8. 20)

Siebdrat, Thdr., General-Repertorium der königl. sächsischen Landesgesetze u. der Reichsgesetze. 2. Aufl. Abgeschlossen Ende Septbr. 1892. gr. 4. (III, 289 S.) Dresden 892. C. C. Meinhold & Söhne. n. 7. 50

General-Repertorium der Königlich Sächsischen Landesgesetze und der Reichsgesetze. Bearb. von Theodor Siebdrat, Polizeidir. a. D. 3. Aufl. Abgeschlossen Anfang Dez. 1900. *Dresden: C. C. Meinhold & Söhne 1901.* (292 S.) 4° [01. 186

Siebdrat, Theod.: Das Gerichtsverfassungs-Gesetz in der vom 1. Jan. 1900 an geltenden Fassung. Mit Anm. u. Verweisungen auf Entscheidungen des Reichsgerichts. 2. Aufl. Leipzig 1898.

(Meinholds Juristische Handbibliothek. Red. von Hallbauer. Bd 38a.)

– Gerichtsverfassungsgesetz, s.a. Justiz-Gesetze für das Deutsche Reich.

– – s.a. Meinhold's jurist. Handbibliothek.

—— Gesetz, betr. die Abänderung von Bestimmungen des Strafgesetzbuchs für das Deutsche Reich vom 15. Mai 1871 und die Ergänzung desselben. Vom 26. Febr. 1876. Uebersicht der in Folge des Wechsels der Geldwährung veränderten Bestimmungen des Reichsstrafgesetzbuchs. Nachtrag zur 2. Aufl. der Bandausg. des Reichsstrafgesetzbuchs. 8. (24 S.) Dresden 876, Meinhold und Söhne.
Hauptwerk. Ebendas. 1875. * ℳ 1,50.

Siebdrat, Thdr., Strafgesetzbuch für das deutsche Reich sammt den damit in Verbindung steh. älteren und gleichzeit. Gesetzen und Verordnungen und mit Verweisung auf die bei dessen Anwendung zu berücksicht. Bestimmungen. Nebst einem ausführl. Sachregister. gr. 8. (V, 205 S.) Dresden 871, Meinhold und Söhne. * 1 20

—— dass. — sammt den damit in Verbindung steh. Gesetzen und Verordnungen und mit Verweisung auf die bei dessen Anwendung zu berücksicht. Bestimmungen und Entscheidungen. Nebst einem Verzeichniß sonst. strafrechtl. Vorschriften, einem Verzeichniß der Auslieferungsverträge und einem ausführl. Sachregister. 2. Aufl. 8. (VI, 216 S.) Ebendas. 875. * 1 50

— dasselbe, Nachtrag. Gesetz, betr. die Abänderung von Bestimmungen d. Strafgesetzbuchs f. das Deutsche Reich vom 15. Mai 1871 u. die Ergänzung desselben. Vom 26. Febr. 1876. Uebersicht der in Folge d. Wechsels der Geldwährg. veränd. Bestimmgn. d. Reichsstrafgesetzbuchs. 8. (24 S.) Ebend. 876. — 30

Siebdrat, Th., Strafgesetzbuch für das Deutsche Reich nebst Einführungsgesetz. Mit Einleitung, Paragraphenüberschriften, Zuständigkeitsangaben, Anmerkungen und Sachregister. 3. Aufl. gr. 16. (IV, 132 S.) Dresden 880, Meinhold und Söhne. geb. * 1 —

Siebdrat, Thdr., Strafprozeßordnung, s. Justiz-Gesetze für das Deutsche Reich.

— die Strafprozeß-Ordng. u. das Gesetz, betr. d. Entschädigg. der im Wiederaufnahmeverfahren freigesproch. Personen, | s.: Meinhold's jurist. Handbibliothek.

Siebdrath, Emanuel

Siebdrath, Eman., s.: Baugewerksmeister, der praktische.

Siebdrath, Eman., der Hochbau. Ein Hand- u. Nachschlagebuch aus der Praxis f. dio Baupraxis. Unter Benutzg. v. C. Schwatlo's Kostenberechngn. f. Hochbauten, Osthoff's Kostenberechngn. f. Ingeniourbauten u. unter Mitwirkg. v. E. Wegener u. Osk. Schado. 3. Aufl. (XVI, 1452 S. m. Abbildgn. u. Taf.) gr. 8. Leipzig 903. J. J. Arnd. n. 22. —; geb. in Leinw. n. n. 25. —

Siebe, Josephine

— Oberheudorfer Buben- u. Mädelgeschichten. 16 heitere Erzählgn. Mit 4 farb. Vollbildern u. zahlr. Textillustr. v. Carl Schmauk. 2. Aufl. (V, 230 S.) 8. Stuttgart (910). Levy & Müller. Geb. in Leinw. 3. 50

— Durchgerungen. Roman (aus dem Leipz. Musikleben). (200 S.) 8. Leipzig 905. [E. Bolz.] P. List. n. 2. 50; geb. n. 3. 50

Siebe, Josephine, Durchgerungen. Roman. 2. [Titel-] Aufl. (200 S.) 8. Leipzig [905] (907). P. List. 2.50; geb. 3. 50

— Der Edelweißbub. Eine Geschichte f. Kinder v. 9–12 Jahren. 2., neubearb. Aufl. Mit 4 Aquarellen u. zahlreichen Textillustr. v. Hans Hammer. (184 S.) 8. Leipzig (910). Turm-Verlag. Geb. in Leinw. 3. —

— Lustige Fahrten ins Blaue hinein. 10 heitere Erzählgn. f. die Jugend. Mit 6 farb. Vollbildern v. Fritz Bergen. (224 S.) 8. Stuttgart (910). Levy & Müller. Geb. in Leinw. 3. 50

— Im Hasenwunderland. Ein fröhl. Kinderbuch. Mit Buchschmuck v. Jos. Mauder. (III, 166 S. m. z. Tl. farb. Abb. u. 12 farb. Vollbildern.) Lex. 8. Ebd. (910). Kart. 4. —

— deutsche Jugend in schwerer Zeit. Erzählung für die reifere Jugend. (VII, 140 S.) 8. Gotha (904). F. E. Perthes. Geb. in Leinw. n. 2. —

— Deutsche Jugend in schwerer Zeit. Erzählung f. die reifere Jugend. 2., neubearb. Aufl. Mit 4 Aquarellen u. zahlreichen Textillustr. v. Ernst Liebermann. (222 S.) gr. 8. Leipzig (910). Turm-Verlag. Geb. in Leinw. 3. —

Siebe, Josephine, stille Kämpfer. Roman. 8. (116 S.) Dresden 901. E. Pierson. n. 2. —; geb. n. 3. —

— Kleinstadtkinder. Buben- u. Mädelgeschichten. (181 S. m. 4 farb. Vollbildern.) 8. Nürnberg (910). E. Nister. Geb. in Leinw. 3. —

— s.: Lebensfluten.

— Das goldene Mädchenbuch, s.: Glaß, Luise.

Osterwasser. Novelle von Josephine **Siebe**. (Berlin: F. Schulze [1906].) (9 S.) 8° [Umschlagt. Text stenogr.]
= **Zehnpfennigbücher**, Schulzes. No 49, [1.] [07. 9710]

— „Otti". Sommertage aus dem Leben e. Kindes. Ein Buch f. Kinder u. Kinderfreunde. (144 S.) 8.
Gotha: F. E. Perthes 1906.

Ⓑ — „Otti". 906. (KVL 34.) Jetzt: Leipzig, Turm-Verlag. Erm. Pr. 1.50

— Im Paradiesgärtlein. Ein Buch f. Kinderfreunde. 1.—3. Taus. (152 S.) 8. Leipzig (910). Turm-Verlag. Geb. in Leinw. 2. —

— s.: Ludwig Richter-Buch.

— wie Lenchen e. Heimat fand. Eine Erzählg. für die Jugend. Mit 4 Bildern v. Wilh. Claudius. (139 S.) 8. Ebd. (904). Geb. in Leinw. n. 2. —

Ⓑ — Wie Lenchen e. Heimat fand. 904. (KVL 34.) Jetzt: Leipzig, Turm-Verlag. Erm. Pr. 1. 50

Siebe, Josephine, Bärbelis Wunderbett. Ein Geschichtenbuch f. Kinder u. Kinderfreunde. (131 S.) 8. Gotha 906. F. E. Perthes. Geb. in Leinw. n. 2. 40

Ⓑ **Siebe**, Josephine, Bärbelis Wunderbett. 906. (KVL 34.) Jetzt: Leipzig, Turm-Verlag. Erm. Pr. geb. 1. 50

Siebe, Max: Ueber den anatomischen Bau der Apostasiinae. Mit 1 Taf. Heidelberg: Heidelb. Verlagsanst. u. Druckerei 1903. (63 S.) 8°
Heidelberg, Naturw.-math. Diss. v. 1903

Das Lied im Herzen. Gedicht von [Karl Adolf] Beatus. Musik von Siebeck. [Gera] o. J. 1 Bl. 8° [Kopftit.]
Ohne Noten: „Tief unten aus des Herzens Grunde, . . ." 3.

Siebeck, Adolf [Hermann], Apotheker a. Straßburg i. E.: Über einige organische Eisensalze. Wattenscheid 1908: C. Busch. (51 S.) 8°
Straßburg, Math.-naturwiss. Fak., Ref. Schaer, Diss. v. 17. Febr. 1908
[Geb. 19. Aug. 77 Opladen (Reg.-Bez. Düsseldorf); Wohnort: Straßburg i. E.; Staatsangeh.: Preußen; Vorbildung: Gymn. Bochum Reife f. Obersekunda O. 95; Studium: Tübingen 3, Straßburg 9 S.]

Siebeck, August (David Heinrich)

Siebeck, Aug. Dav. Hnr., Erzähll. f. die Jugend Mit 1 Kpf. 8. Lpz. 822. Kollmann.

Siebeck, Aug. (Dav. Heinr.), Erzählungen für d. Jugend. 2., mit neuen Erzähln. u. neuen Kpfrn. verm. Aufl. 8. (16 B. u. 4 ill. Kpfr.) Leipzig 829, Kollmann. Thlr.

Siebeck, Aug., lehrr. Erzählungen f. d. Jugend u. ihre Freunde. 1. Aufl. (14 B. u. ohne Kpfr.) 835., u. neue Ausg. 8. (14 B. u. 4 ill. Kpfr.) Leipzig 836, Knöfel. (?) à

Siebeck, Aug., kleine Compositionslehre f. Freunde u. Freundinnen der Tonkunst. Leicht faßlich dargestellt, mit ausführl. Beispielen u. nöthigen Uebungsaufgaben f. den Selbstunterricht versehen. gr. 8. (VIII u. 252 S.) Tübingen 850, Laupp. 1 1/3 ℛ︀

—— kurzer Leitfaden z. Seelenlehre f. Kinder. Zur Beförder. d. Selbsterkenntniß bearb. 8. (3 1/2 B.) Leipzig 835, Kollmann.

— Seelenlehre f. Kinder. 8 Lpz. 822, Kollmann.

—— Seelenlehre f. Kinder, deren Freunde u. Lehrer. 2., verm. u. verb. Aufl. 8. (28 B.) Leipzig 833, Kollmann.

— kleine Synonimick für Kinder od. sinnverwandte Wörter d. deutschen Sprache zu Denkübungen benutzt. 8. Leipzig 824, Kollmann.

—— Vorschläge zur Verbesserung des Elementarunterrichtes im Clavierspiel. Aus den Imperativen der Musik und Pädagogik abgeleitet, sowie aus Erfahrung entlehnt. (XII und 44 S.) Tübingen 847, Laupp'sche Buchh.

— Vorschläge zur Verbesserung des Elementarunterrichtes im Clavierspiel. Aus den Imperativen der Musik u. Pädagogik abgeleitet, sowie aus Erfahrung entlehnt. (XII u. 44 S.) Ebd. 848. 1/3 ℛ︀

—— was ist v. dem Soldatenspiel d. Kinder zu halten? Ein Gespräch zwischen zwei Jugendfreunden. 8. (3 B.) Leipzig 832, Kollmann.

Siebeck, Friedrich Hermann

Siebeck, Friedericus Hermannus *(geb. Eisleben 31. 10. 1819)*: De superficiebus conicis cuilibet superficie[!] circumscriptis. Vratislaviae (1845). (31 S.) 8°
Breslau, Phil. Diss. v. 29. Nov 1845

Siebeck, Gustav: Ueber einige Derivate des Diacetonalkamins. Halle 1877. Gebauer-Schwetschke. 32 S. 8°
Halle-Wittenberg, Phil. Diss. v. [2. Aug.] 1877
Geb. Gera (Reuss) 11. 9. 1852. V.
Ersch. auch in: Zeitschrift f. d. ges. Naturwissenschaften. Bd 50. Berlin 1877. S. 65—92.

Siebeck, Gust., Gruss an die Mansfelder. 6 heitere Lieder f. 4stimmigen Männerchor. Lex.-8. (1 1/4 B.) Eisleben 846, Reichardt. * -

—— der kirchliche Sänger-Chor auf dem Lande u. in kleinen Städten, eine Folge einfacher dreistimmiger Lieder u. Gesänge zum gottesdienstl. Gebrauche an allen evangel. Kirchenfesttagen für Sopran, Alt u. Bariton (Baß). 4 Hfte. qu. gr. 4. Eisleben 844, Reichardt. à * 10 Ngr. *

Inhalt:
Hft. 1. 4 Passions- u. 3 Ostergesänge. (2 B.)
" 2. 2 Bußtags-, 2 Himmelfahrtsfest- u. 4 Pfingst-Gesänge. (2 1/4 B.)
" 3. 7 Gesänge z. Gebrauch an Dank- u. Kirchweihfesten, am Reformationsfeste u. bei der Feier zum Gedächtniß d. Verstorbenen. (3 1/4 B.)
" 4. 2 Advents-, 4 Weihnachts- u. 2 Neujahrsgesänge. (2 1/4 B.)

Siebeck, Hermann: A r i s t o t e l e s. Stuttgart: F. Frommann 1899. (142 S.) 8⁰
= Klassiker, Frommanns, d. Philosophie. [Bd] VIII.

Aristoteles. Von H e r m a n n **Siebeck**. 2., neubearb. Aufl. *Stuttgart: F. Frommann 1902.* (151 S.) 8°
= Klassiker, F r o m m a n n s, d. Philosophie. Bd 8. [02. 5390 3

Aristoteles. Von Herman **Siebeck**. 3. neubearb. Aufl. Stuttgart: Frommann 1910. 157 S. 8°
(Frommanns Klassiker d. Philosophie. 8.) [10. 10376

Siebeck, Herm., Aristoteles, s. Frommann's Klassiker der Philosophie. VIII.

Siebeck, H., Der Begriff des Bewusstseins in der alten Philosophie. S.-A. s. a. 27 S.

Programm Sr. Kgl. Hoheit dem Grossherzoge ... Ludewig IV ... zum 25. Aug. 1891 gewidmet von Rector und Senat der Landesuniversität. — Beiträge zur Entstehungs-Geschichte der neueren Psychologie. Von Dr. Hermann **Siebeck, Prof.** d. Philos. ... Giessen, C. v. Münchow, Univ.-Dr., 1891; 34 S., 1 Bl. 4.

Siebeck, Herm., über das Bewusstsein als Schranke der Natur-Erkenntniss. Programm zur Rectoratsfeier der Universität Basel. gr. 4. (28 S.) Basel 878. (Gotha, F. A. Perthes.) n. 1. --

— Zur Chronologie der platon. Dialoge. S.-A. 1885. 82 S. —.80

Siebeck, Hermannus: • De doctrina cognitionis Platonica. 93 S. 8° (4°)
Halle-Wittenberg, Phil. Diss. v. 22. Dez. 1863
Geb. [Eisleben 28. 9. 1842]
Verf. disputierte am 2. Aug. 1872 pro impetratis honoribus
Er erlebte die Diplomerneuerung 1913 als D. theol., Geheimer Hofrat und ordentlicher Professor der Philosophie in Giessen.

Siebeck, Hermannus: De doctrina idearum qualis est in Platonis Philebo. Halis (1872): Heynemann. 30 S. 8°
Halle-Wittenberg, Phil. Hab.-Schr. v. 6. Dez. 1872
Lateinische Wiedergabe eines Teils der deutsch eingereichten Arbeit: Platos Lehre von der Materie. 46 Bl. 2°

Siebeck, Hermannus: Aristotelis et Herbarti doctrinae psychologicae quibus rebus inter se congruant. Halis Saxonum (1872): Heynemann. 23 S 8°
Halle-Wittenberg, Phil. Diss. pro impetratis honoribus v. 2. Aug. 1872
Geb. Eisleben 28. 9. 1842. V.
Verf. war am 22. Dez. 1863 promoviert worden.

Siebeck, Herm., über musikalische Einfühlung. (20 S.) Lex.-8. Leipzig 906. R. Voigtländer. n. — 60
Sonderabdruck aus: „Ztschr. f. Philos. u. philos. Kritik".

Ⓑ **Siebeck,** Herm., üb. musikal. Einfühlung. 906. (KBl. 31.)
Jetzt: Leipzig, F. Meiner.

Siebeck, Herm., Geschichte der Psychologie. 1. Tbl. 1. und 2. Abthl. gr. 8. Gotha, F. A. Perthes. *
Inhalt:
Abthl. 1. Die Psychologie vor Aristoteles. (XVIII, 284 S.) 880. * M 6.
» 2. Die Psychologie von Aristoteles bis zu Thomas von Aquino. (XI, 531 S.) 884. * M 11.

Siebeck, Herm., s.: Glogau, Gust., d. Vorstadium u. d. Anfänge d. Philosophie.

Goethe als Denker. Von H e r m a n n **Siebeck**. *Stuttgart: F. Frommann 1902.* (244 S.) 8°
— Klassiker, F r o m m a n n s, d. Philosophie. 15. [02. 4819

Goethe als Denker. Von Herman **Siebeck**. 2. neubearb. Aufl. Stuttgart: Frommann 1905. 247 S. 8°
(Frommanns Klassiker d. Philosophie. 15.) [10. 3179

— Goethe als Denker, s. Frommann's Klassiker der Philosophie. XV.

— Grundfragen zur Psychologie u. Aesthetik der Tonkunst. (VII, 103 S.) 8. Tübingen 909. J. C. B. Mohr. 2.—; geb. 3. —

— Christoph Helwig als Didaktiker, s.: G i e s s e n, die Universität. von 1607—1907.

Siebeck, Herm., Lehrbuch der Religionsphilosophie. gr. 8. (XIV, 466 S.) Freiburg i/B. 893. J. C. B. Mohr. n. 10. —; geb. in Halbfrz. n.n. 12. 50

— üb. die Lehre vom genetischen Fortschritte der Menschheit. Akademische Festrede; zur Feier d. Stiftungsfestes der großherzogl. hess. Ludewigs-Universität am 1. Juli 1892 geh. gr. 4. (19 S.) Gießen 892. C. v. Münchow. n. 1. 35

Siebeck, H., Platon als Kritiker aristotelischer Ansichten. 3 Tle. I. Der Parmeni II. Der Philebus. III. Der Sophista. S.-A. s. a. 28, 16, 18 S. -

Siebeck, H.: Das Problem des Wissens bei Socrates und der Sophistik. 14 S. – Halle R. , Progr. 1870

-- Quaestiones de philosophia Graec. duae. 1872.

Siebeck, Herm., quaestiones duae de Philosiphia Graecorum. gr. 8. (48 S.) Halle 874. Barthel. 1. 20

Zur Religionsphilosophie. 3 Betrachtungen. Von Herman **Siebeck**. Der Fortschritt d. Menschheit. Religion u. Entwicklung. Naturmacht u. Menschenwille. Tübingen: J. C. B. Mohr 1907. (IV, 79 S.) 8° [F.]
Erschien z. Teil in: Zeitschrift f. Philosophie. 1904. [07. 2660

S i e b e c k, das Traumleben der Seele. (Slg. wissenschaftl. Vortr. 279) Berlin 1877

—— das T r a u m l e b e n der Seele, s. S a m m l u n g gemeinverständlicher wissenschaftlicher Vorträge.

—— Untersuchungen zur Philosophie der Griechen. 8. (XIII, 289 S.) Ebendas. 874. * 6 —

Siebeck, H., Untersuchgn. zur Philosophie der Griechen. 2., neu bearb. Aufl. gr. 8. (VIII, 279 S.) Freiburg i/Br. 888. J. C. B. Mohr. n. 7. —

— das W e s e n der ästhetischen Anschauung. Psychologische Untersuchgn. zur Theorie d. Schönen u. der Kunst. gr. 8. (VII, 215 S.) Berlin 875. Dümmler's Verl. n. 4. —

— s.: Zeitschrift f. Philosophie u. philosoph. Kritik.

Siebeck H, über Zweck und Wesen des wissenschaftlichen Studiums. (Zeit- und Streitfragen, Deutsche 182) Berlin 1883

— über W e s e n u. Zweck d. wissenschaftlichen Studiums, s. Zeit- u. Streit-Fragen, deutsche.

Siebeck, Oskar: Das A r b e i t s s y s t e m der Grundherrschaft des deutschen Mittelalters. Seine Entstehung u. seine sociale Bedeutung. Tübingen 1904: H. Laupp jr. (III, 59 S.) 8⁰
[Aus: Zeitschr. f. d. ges. Staatswiss., Erg. H. 13.]
Leipzig, Phil. Diss. v. 1904

Siebeck, Oskar, Der Frondienst als Arbeitssystem. Seine Entstehung und seine Ausbreitung im Mittelalter. gr. 8⁰. Tübingen, Lauppsche Buchhdlg., 1904. (Zeitschr. f. die ges. Staatswiss., Ergänzungsheft 13.) (92 S.)

Die Organisation des deutschen Buchhandels und seine Bücherpreise in der wissenschaftlichen Literatur. Vortrag geh. in d. Dienstagsgesellsch. zu Tübingen 1903 von Dr. **Paul Siebeck**, Verlagsbuchh. Als Ms. gedr. *(Tübingen: [Selbstverl.] 1903.)* (IV, 51 S.) 8° [04. 3090

Die Organisation des deutschen Buchhandels und seine Bücherpreise in der wissenschaftlichen Literatur. Vortrag geh. zu Tübingen 1903 von Paul **Siebeck**. 2. durchges. Abdr. Als Ms. gedr. (Tübingen 1904: Laupp.) IV, 54 S. 8° A 11.10,6 7

Siebeck, Richard, Medizinalpraktikant in Heidelberg: Versuche über den Kreislauf in der Peripherie. Freiburg i. Br. 1907: C. A. Wagner. (19 S.) 8°
Heidelberg, Med. Fak., Ref. Krehl, Diss. v. 1908
[Geb. 10. April 83 Freiburg i. B.; Wohnort: Würzburg; Staatsangeh.: Württemberg; Vorbildung: Gymn. Tübingen Reife M. 01; Studium: Tübingen 3, Freiburg i. B. 3, Berlin 1, Tübingen 3 S.; Coll. 22. Okt. 07; Approb. 13. Febr. 08.]

Siebeck, Rudolf

— d. Decameron od. zehn Darstell. vorzügl. Formen u. Charakterverbindungen aus d. Gebiete d. Landschaftsgartenkunst. Mit ausführl. Erklär. Imp.-Fol. u. 8. Leipzig, 1855. Arnold. (26. 20) 6. — col. 15. —

Siebeck, Rud., das Decameron oder zehn Darstellungen vorzüglicher Formen und Charakterverbindungen aus dem Gebiete der Landschaftsgartenkunst mit ausführlichen Erklärungen. 10 Liefgn. Leipzig 856. Arnold. Imp.-Fol. Jede Liefg. von 4 lith. u. color. Taf. u. 1—1½ Bgn. Text in 8. n. 2 ℛ 20 ngr.

— Das Decameron o. zehn Darstellungen vorzüglicher Formen u. Charakterverbindungen aus dem Gebiete d. Landschaftsgartenkunst. M. ausführlichen Erklärungen. 2. Ausg. Sst. 1864. 12 kol. Tvl. St. Fol.

Siebeck, Rud., die Elemente der Landschafts-Gartenkunst in einem Plane dargestellt und durch die bestimmenden Motive erläutert. Ein Leitfaden zum Studium für Gärtner und kunstsinn. Laien. 4 Lfgn. qu. gr. Fol. (16 Stnt. mit Text VIII und 64 S. in gr. 8.) Leipzig 860. 61. [Dresden, Schrag'sche Verlagsanstalt.] à Lfg. * 1 Thlr. 4 Ngr. *
ill. à Lfg. * 1 Thlr. 15 Ngr. *
In Carton schwarz *
In Carton ill. *

—— Entwürfe zu Garten- und Parkanlagen verschiedenen Charakters in mannigfaltigen Situationen. (In 2 Sammlungen.) 1. Sammlung: 20 (lithogr. und ill.) Pläne zur Anwendung bei günstigen Verhältnissen. Imp.-Fol. Mit Text. (76 S. in gr. 8.) Leipzig 861. [Dresden, Schrag'sche Verlagsanstalt.] *
Aus: Die bildende Gartenkunst in ihren modernen Formen etc., besonders abgedruckt.

Siebeck, Rud., die bildende Gartenkunst in ihren modernen Formen. Auf 20 ill. Taf., mit ausführl. Erklärung und nöthigen Beispielen, übereinstimmend mit der vorausgehenden fassl. Theorie der bildenden Gartenkunst dargestellt. 1—6. Lfg. Imp.-Fol. (14 Bl. Text und 12 ill. Stnt.) Leipzig 851—52, Voigt. à Lfg. * 1 Thlr. 20 Ngr. *

— die bildende Gartenkunst in ihren modernen Formen. Auf 20 color. Taf. mit ausführlicher Erklärung u. nöthigen Beispielen, übereinstimmend mit der vorausgehenden fasslichen Theorie der bildenden Gartenkunst. 7—10. (letzte) Liefg. Leipzig 853. Fr. Voigt. qu. gr. Fol. Jede Liefg. (à 2 Bl. Text u. 2 lith. u. color. Taf.) Subscr.-Pr. n. 1 ℛ. 20 ngr.
1—10. Liefg.: n. 20 ℛ.

—— dass. — 2. Ausg. gr. 8. (203 S. Erklärung der Taf., 48 S. und 20 ill. Stnt. in Imp.-Fol.) Ebds. 855—56. *

— — 2. Ausg. Ebend. 856. qu. gr. Fol. (VIII, 176 S., 20 lith. u. color. Taf. u. 76 S. Erklärung dazu.) n. 15 ℛ.

— d. bildende Gartenkunst in ihren modernen Formen. Auf 20 col. Taf. Mit ausführl. Erklär. u. nöthigen Beispielen, übereinstimmend mit d. vorausgeh. fassl. Theorie, d. bild. Gartenkunst dargestellt. 10 Lief. Imp.-Fol. u. gr. 8. Leipzig, 1851—53. 2. Ausg. 1856 u. 57. Schrag's Verl. à 1. 15 cplt. 15. — Pracht-Ausg. 20. —

—— die bildende Gartenkunst in ihren modernen Formen. Auf 20 ill. Taf. Mit ausführl. Erklärung und den nöthigen Beispielen, übereinstimmend mit der vorausgehenden fassl. Theorie der bildenden Gartenkunst. Wohlfeile Ausg. 10 Lfgn. Imp.-Fol. (20 ill. Stnt. mit Text VIII und 175 S. in gr. 8.) Leipzig 860. [Dresden, Schrag'sche Verlagsanstalt.] à Lfg. * 1 Thlr. *
cplt. cart. *

Siebeck, Rud., die bildende Gartenkunst in ihren modernen Formen auf 20 color. Tafeln. Mit ausführlichen Erklärungen und den nöthigen Beispielen, übereinstimmend mit der vorausgehenden fasslichen Theorie der bildenden Gartenkunst. (10 Liefgn.) Leipzig 861. (Dresden,) Schrag's Verlag. gr. Fol. (VIII, 175 S. in gr. 8. u. 20 lith. u. color. Taf.) n. 10 ℛ

— — 2. Abth.: Die harmonische Gestaltung disharmonischer Verhältnisse. Auf 20 Taf. mit ausführlicher Erklärung und nöthigen Beispielen der am meisten vorkommenden u. schwierigsten Fälle nebst einer kurzgefassten Erläuterung der bei Bildung und Beurtheilung von Gartenanlagen nothwendigen aesthetischen Begriffe sowie einer Abhandlung über das Harmonische und die Kunst. 10 Liefgn. Ebend. 861. gr. Fol. Jede Liefg. (à 4 lith. Taf. u. 16 S. Text in gr. 8.) n. 1 ℛ 4 ngr.; color. n. 1 ℛ 15 ngr.

—— dass. — 2. Abthl.: Die harmonische Gestaltung disharmonischer Verhältnisse. Auf 20 Taf. mit ausführl. Erklärung und nöthigen Beispielen der am meist vorkommenden und schwierigsten Fälle nebst einer kurzgefassten Erläuterung der bei Bildung und Beurtheilung von Gartenanlagen nothwendigen aesthet. Begriffe sowie einer Abhandlung über das Harmonische und die Kunst. (In 10 Lfgn.) 1—3. Lfg. Imp.-Fol. (6 Stnt. mit Text S. 1—48 und Erklärung der Taf. S. 1—32 in gr. 8.) Ebendas. 861. 62. à Lfg. * 1 Thlr. 4 Ngr. *
ill. à Lfg. * 1 Thlr. 15 Ngr. *

Siebeck. Rud., acht colorirte Gartenpläne m. erläut. Text. Chromolith. Fol. mit Text. gr. 8. (48 S.) Berlin 874. Wiegandt, Hempel & Parey. n. 6. —

— Ideen z. kleinen Gartenanlagen auf 24 col. Plänen. Mit ausführl. Erklär. u. e. prakt. Anleit. üb. d. Verwendung d. Blumen z. Ausschmückung d. Gärten, mit Angabe d. Höhe, Farbe, Form, Blüthezeit u. Cultur derselben. 13 Lief. gr. 8. Leipzig, 1857—59. Fr. Voigt. à — 20

— Ideen zu kleinen Gartenanlagen auf 24 (lith. u.) color. Plänen (in Fol.). Mit ausführlichen Erklärungen u. einer praktischen Anleitung über die Verwendung der Blumen zur Ausschmückung der Gärten, mit Angabe der Höhe, Farbe, Form, Blüthezeit und Cultur derselben. (In 12 Liefgn.) Leipzig 857, 58. Fr. Voigt. gr. 8. (Text: 382 S. u. 68 S. Erklärung der Taf.) Jede Liefg. Subscr.-Pr. n. 20 ngr.

— Ideen zu kleinen Garten-Anlagen. 24 color. Pläne mit ausführlichen Erklärungen u. einer praktischen Anleitung: Die Verwendung der Blumen und Gesträuche zur Ausschmückung der Gärten mit Angabe der Höhe, Farbe, Form rc. derselben. 13. (letzte) Liefg. Leipzig 860. Fr. Voigt. gr. 8. (XIV, S. 383—555 u. 1 Bl. Erklärgn.) n. 20 ngr.

—— die Theorie der bildenden Gartenkunst in ihren Hauptsachen leichtfasslich dargestellt. Ein Leitfaden zum Studium für Gärtner und kunstsinnige Laien. gr. 8. (175 S.) Leipzig 861. [Dresden, Schrag'sche Verlagsanstalt.] *
Aus: Die bildende Gartenkunst in ihren modernen Formen etc., besonders abgedruckt.

Siebeck R.: Die Theorie d. bildenden Gartenkunst in ihren Hauptsachen leichtfassl. dargestellt . . . Leipz. 1862. 174 S. (Sartr.).

—— die Verwendung der Blumen und Gesträuche zur Ausschmückung der Gärten mit Angabe der Höhe, Farbe, Form, Blüthezeit und Cultur derselben. gr. 8. (XII und 555 S.) Leipzig 860, Fr. Voigt.

Siebeck, Walter, appr. Arzt a. Gießen: (Aus der chirurgischen Klinik in Gießen.) Über einen Fall von operativ geheilter Colitis ulcerosa chronica. Gießen 1904: I. Weinert. (27 S.) 8°
Gießen, Med. Fak., Ref. Poppert, Diss. v. 9. Sept. 1904
[Geb. 21. Okt. 78 Basel; Wohnort: Gießen; Staatsangeh.: Hessen; Vorbildung: Gymn. Karlsruhe Reife O. 99; Studium: Gießen 5, Berlin 2, Gießen 3 S.; Coll. 6. Aug. 04; Approb. 25. März 04.]

Siebeker, Christoph Adam (Wrexen) A. S. 189/13

Dissertatio iuris naturalis de civitatum origine.
Präs. Karl Friedrich Krumholz.
Jena (Krebs) IV. 1711. 32 S. 32581

Siebeking, Hugo Beiträge zur Geschichte der grofsen Kirchenspaltung. 20 S. Progr. Ann. Rg. Dresden 1881.

Siebel, A.: Ein Beitrag zur geom. und algebr. Auflösung der cubischen Gleichungen. 1866. 8°
Diss. Göttingen

Siebel, A., Bauartikel-Fabrik: Kataloge. Abt. A. Asphaltprodukte usw. 1907 ff. Düsseldorf-Rath und Metz

Siebel, A., Bauartikel-Fabrik: Kataloge. Abt. B. Zerlegbare Holzhäuser und Baracken. 1907 ff. Düsseldorf-Rath und Metz

Siebel, Georg. Bilder aus dem kirchlichen Leben der evangelisch-reformierten Kirche in der deutschen Schweiz. Beobachtet und dargestellt von G' S'.... [Umschlag illustriert.] 48 S. 8. Hamburg, Gustav Schloessmann, 1910. [M. —.80]

Siebel, unsere Christuskirche in Wort u. Bild. Eine Predigtgabe an seine Gemeinde. (160 S.) 8. Hamburg 904. G. Schloeßmann. Geb. in Leinw. n. 3.—

[S.] Glaube, Hoffnung, Liebe. Abschieds-Predigt üb. 1. Kor. 13, 13 geh. in d. St. Marienkirche zu Uelzen ... 1897 v. Georg Siebel, Pastor ... (Uelzen: C. Beckers Buchdr. [1897.]) (11 S.) 1 Bd 8.

Siebel, Geo., Glaube, Hoffnung, Liebe. Abschieds-Predigt üb. 1. Kor. 13, 13, geh. in d. St. Marienkirche zu Uelzen am 12. Sonntage nach Trinitatis 1897. 8. (11 S.) Uelzen 897. (H. Starcke.) — 30

Siebel, Gerh., s. 1) Gög v. Rheine. 2) Städtchens Verkehr.

Siebel, Jakob Gustav

Siebel, J. G. Die Gemeinschaftspflege auf dem Lande. Referat, erstattet auf der 2. Pfingstkonferenz in Gnadau. gr. 8. (22 S.) Kassel 890, Röttger. — 15
Aus: Verhandlgn. d. 2. Pfingstkonferenz, besonders abgedruckt.

Siebel, Jak. Gust., der gläubige Kaufmann u. sein Gewissen. (14 S.) 8. Barmen 906. E. Müller. — 10

— Die mod. Weltanschauung u. wir gläubigen Kaufleute. Referat, geh. auf d. Konferenz d. Verbandes gläub. Kaufleute, Bezirk III (Westdeutschland), in Bielefeld am 22. XI. 1908. (12 S.) gr. 8. Leipzig 909. M. Költz. nn — 10

Siebel, Johanna. Die Odendahls. Roman in zwei Büchern. VI + 220 u. VI + 224 S. 8. Zürich, Rascher & Co., 1910. [je fr. 4.—, geb. 5.—; geb. in 1 Bde. 8.—]

Siebel, Johanna, Parabeln u. Gedichte. (155 S.) 8. Straßburg 906. J. Singer. n. 3.—; geb. n. 4.—

Siebel, Carl, Arabesken. Iserlohn 861. Bädeker. 16. (2 Bl., 143 S.) 22½ ngr.

Siebel's, Carl, Dichtungen. Gesammelt von seinen Freunden. Hrsg. von Emil Rittershaus. 8. (XI, 265 S.) Berlin 877. Grote. cart. n. 3.—; geb. n. 4.—

Siebel, Carl, Dichtungen zur Shakespeare-Feier des Künstlervereins Malkasten in Düsseldorf. gr. 8. (30 S.) Barmen 864, W. R. Langewiesche jun.

Siebel, Carl, Gedichte. Leipzig 856. O. Wigand. 8. (VIII, 168 S.) 24 ngr.

— Gedichte. 2. verm. Aufl. 859. (XII, 260 S.) — 3. veränd. Aufl. Iserlohn 863. Bädeker. 16. (VII, 294 S.) 1 ₰

Siebel, Carl, Gruß aus Rheinland. Neue Blüthen rhein Dichtkunst. 1.*Aufl. 1866. u. 2. Aufl. Elberfeld 867. Reinhardt. gr. 16. (III, 234 S. mit 1 Photolithogr.) geb. mit Goldschn. n. 1 ₰ 15 ngr.

—— Jesus von Nazareth. Ein Gedicht. gr. 16. (109 S.) Leipzig 856, O. Wigand.

—— Lyrik. gr. 16. (XII und 114 S.) Elberfeld 867, Reinhardt. geb. mit Goldschn. *

—— Tannhäuser. 2., verb. Aufl. Ein Sohn der Zeit. Aphorismen aus der Gegenwart. Dichtungen. 16. (132 S.) Iserlohn 858, Bädeker. 22½ Ngr.; geb.

Siebel, Karl Arthur, aus Düsseldorf, Referendar bei d. Kgl. Staatsanwaltschaft zu Düsseldorf: Die Unfall-Haftpflicht im Fabrikbetriebe nach dem 1. Januar 1900. Ein Beitrag zur Lehre vom Schaden u. Schadenersatz. Düsseldorf 1899: A. Bagel. (84 S.) 8°
Erlangen, Jur. Diss. v. 4. Mai 1899

Die Unfall-Haftpflicht im Fabrikbetriebe nach dem 1. Januar 1900. Ein Beitrag z. Lehre v. Schaden u. Schadenersatz von Dr. jur. Karl Arthur Siebel. Düsseldorf: J. Baedeker in Komm. 1899. (84 S.) 8°

Siebel, R., u. W. Wellner, Jubiläum der Tierwelt. Zum Andenken d. Errettg. durch Vater Noah vor 6000 Jahren. Text v. S. Illustr. v. W. 4. (16 farb. Taf.) Lahr 895. M. Schauenburg. Kart. 1.20

Siebel, Rudolf, appr. Arzt a. Wermelskirchen, Rheinprovinz: Klinisches und Genetisches über Hydramnion. Marburg 1907: R. Poettcke Nachf., Anklam. (48 S.) 8°
Marburg, Med. Fak., Ref. Ahlfeld, Diss. v. 8. Juni 1907
[Geb. 6. Juni 81 Wermelskirchen; Wohnort: Tambach i. Thür.; Staatsangeh.: Preußen; Vorbildung: Volkssch., Realprogymn. Lennep, Gymn. Barmen Reife O. 01; Studium: Gießen 1, Marburg 3, Prag 1, Berlin 1, Marburg 3 S.; Coll. 22. März 07; Approb. 2. Febr. 07.]

Siebel, Walth. Alfr., Fleiß u. Maßhalten im Beruf. Referat, geh. auf d. 3. Konferenz gläub. Kaufleute u. Fabrikanten v. Rheinland-Westfalen am 20. XI. 1904 zu Essen a. d. Ruhr. (2. Aufl.) (15 S.) 8. Leipzig 908. (M. Költz.) nn — 10

Siebel, Walth. Alfr., die Missionsaufgabe gläubiger Kaufleute u. Fabrikanten. Referat, geh. auf der 2. Konferenz gläub. Kaufleute u. Fabrikanten am 10. u. 11. II. 1903 zu Berlin, Wilhelmstraße 34. (23 S.) 8. Cottbus (903). (Leipzig, M. Költz.) n. — 10

Siebel, Wilhelm [aus Aachen]: Ueber das Schicksal von Fremdkörpern in der Blutbahn .... (Sep.-Abdr. a. d. Archiv für pathol. Anatomie u. Physiologie hrsg. v. R. Virchow) Berlin, Druck u. Verl. v. Georg Reimer, 1886; 21 S. 8°.
Würzburg, Med. Fak., Inaug.-Diss. v. 1886.

Siebeling, Waldemar: Beitrag zur Frage der Eliminierbarkeit von Methoxylgruppen aus Phenoläthern. (Berlin 1910: G. Schade.) 52 S. 8°
Berlin, Phil. Diss. v. 15. Juni 1910, Ref. Gabriel
[Geb. 10. Sept. 86 Berlin; Wohnort: Steglitz; Staatsangeh.: Preußen; Vorbildung: Wilhelms-Gymn. Berlin Reife M. 05; Studium: Berlin 10 S.; Rig. 10. Mai 10.] [U 10. 203

Siebelis, C. G., s. Siebelis, Karl Gottfried.

Siebelis, Johannes

Siebelis, J., In Aeneidis ab Hofmanno Peerlkampio editae librum I. adnotationes. 1845. 29 S. 4°.

Siebelis, Joh., Griechische Formenlehre für Anfänger. Mit einem Anhange über die homerischen Formen. 8. (IV u. 106 S.) Bautzen 849, Helfer. 9 ngr

Siebelis, Joh., griechische Formenlehre für Anfänger. 2., zum Theil umgearb. Aufl. gr. 8. (VII und 119 S.) Hildburghausen 866, Kesselring'sche Hofbuchh. *

Siebelis, Joh., griechische Formenlehre für Anfänger. 3. durchgeseh. Aufl. gr. 8. (VII, 119 S.) Hildburghausen 879, Kesselring'sche Hofbuchh. *

Siebelis, J., griechische Formenlehre für Anfänger. 4. Aufl. Durchgesehen, verb. und verm. von Max Kleemann. 8. (IV, 160 S.) Hildburghausen 885, Kesselring'sche Hofbuchh. * 1 —

Siebelis, Joannes, Quaestiones Lucretianae. 8maj. Lipsiae 844. (Serig.) n. 1/3 ₰

Siebelis, J., Quaestiones Lucretianae. Gel. 1844. 60 S.

Siebelis, Johannes (Hrsg.), s. Siebelis, Karl Gottfried: Kurze Lebensbeschreibung.

Siebelis, Johs., Tirocinium poeticum. Erstes Lesebuch aus latein. Dichtern. Für die Quarta von Gymnasien zusammengestellt und mit kurzen Erläuterungen versehen. 1. Aufl. (VI und 70 S.) 1852. und 3., durch mehrere Lesestücke erweiterte Aufl. gr. 8. (VIII und 94 S.) Leipzig 855, Teubner.

Siebelis, Johs., tirocinium poeticum. Erstes Lesebuch aus lateinischen Dichtern. Für die Quarta von Gymnasien zusammengestellt u. mit kurzen Erläuterungen versehen. 3. Aufl. 855. — 4. verb. Aufl. Leipzig 858. Teubner. gr. 8. (VIII, 95 S.) 7½ ngr.

Siebelis, Johs., tirocinium poeticum. Erstes Lesebuch aus lateinischen Dichtern. Für die Quarta von Gymnasien zusammengestellt und mit kurzen Erläuterungen versehen. 5. Aufl. 861. — 6. Aufl. Leipzig 863. Teubner. gr. 8. (VIII, 97 S.) 7½ ngr.

— Tirocinium poeticum. Erstes Lesebuch aus lateinischen Dichtern. Für die Quarta von Gymnasien zusammengestellt u. mit kurzen Erläuterungen versehen. 7. u. 8. Aufl. Leipzig 865. Teubner. gr. 8. (VIII, 92 S.) 7½ ngr.

Siebelis, Johs., Tirocinium poeticum. Erstes Lesebuch aus latein. Dichtern. Für die Quarta von Gymnasien zusammengestellt und mit kurzen Erläuterungen versehen. 8.—10. Aufl. besorgt von Rich. Habenicht. gr. 8. (VIII, 91 S.) Leipzig 869—73, Teubner. — 75

—— Tirocinium poeticum. Erstes Lesebuch aus latein. Dichtern. Zusammengestellt und mit kurzen Erläuterungen versehen. 11. und 12. Aufl., besorgt von Rich. Habenicht. gr. 8. (VIII, 91 S.) Leipzig 876,78, Teubner.

Siebelis, Joh., Tirocinium poeticum. Erstes Lesebuch aus latein. Dichtern. Zusammengestellt und mit kurzen Erläuterungen versehen. 13. und 14. Aufl., besorgt von Rich. Habenicht. gr. 8. (VIII, 91 S.) Leipzig 881,83, Teubner.

Siebelis, J., tirocinium poeticum. Erstes Lesebuch aus latein. Dichtern. Zusammengestellt u. m. kurzen Erläutergn. versehen. In 8.—14. Aufl. besorgt von R. Habenicht. 15. Aufl., besorgt v. F. Polle. gr. 8. (VI, 91 S.) Leipzig 887. Teubner. — 75

Siebelis, Johs. Tirocinium poeticum. Erstes Lesebuch aus latein. Dichtern. Zusammengestellt u. m. kurzen Erläuterungen versehen. 16. Aufl., besorgt v. Friedr. Polle. gr. 8. (VI, 91 S.) Lpz. 891, Teubner. — 75

Siebelis, Johs., Tirocinium poeticum. Erstes Lesebuch aus latein. Dichtern. Zusammengestellt u. m. kurzen Erläutergn. versehen. 18. Aufl., besorgt v. Otto Stange. (VI, 98 S.) gr. 8. Leipzig 904. B. G. Teubner. Geb. in Leinw. n. 1. 20; m. Wörterbuch, bearb v. A. Schaubach. (VI, 98 u. IV, 47 S.) n. 1. 60

— dasselbe. Wörterbuch dazu, s.: Schaubach, A.

—— Wörterbuch zu Ovid's Metamorphosen. gr. 8. (IV und 370 S.) Leipzig 867, Teubner. -

Siebelis, Johs., Wörterbuch zu Ovid's Metamorphosen. 2. Aufl. Besorgt von Friedr. Polle. gr. 8. (VI, 378 S.) Leipzig 874, Teubner.

— Wörterbuch zu Ovids Metamorphosen. 3. Aufl. Besorgt von Frdr. Polle. gr. 8. (V, 397 S.) Leipzig 879. Teubner. 2. 70

— Wörterbuch zu Ovids Metamorphosen. 4. Aufl. Besorgt v. Frdr. Polle. gr. 8. (IV, 396 S.) Leipzig 885. Teubner. 2. 70

— Wörterbuch zu Ovids Metamorphosen. 5. Aufl. Besorgt v. Frdr. Polle. gr. 8. (V, 396 S.) Ebd. 893. 2. 70

Siebelis, Karl Gottfried

Siebelis, Car. Godofr., Additamenta ad Disputationes quinque, quibus periculum factum est ostendendi, in vet. Graec. Roman. doctrina religionis ac morum plurima esse, quae cum Christiana consentiant amicissime, neque humanitatis studia per suam naturam vero religionis cultui quidquam detrahere, sed ad eum alendum conservandumque plurimum conferre. 8. (6¼ B.) Lipsiae 842, Kummer. -

— üb. Amtstreue; e. Rede. 8. Bautzen 807.

— die Bibel, die beste Grundlage der Erziehung unsrer Kinder. Ein Beitr. z. Feier des dritten Jahrhundertfestes d. Reformation. 8. Zittau 817. Schöps. 5 ℊ

Siebelis, M. C. G., Ostendere conatus, in veterum Graecorum Romanorumque d trina religionis ac morum plurima esse, quae cum christiana consentiant amicissime, ne humanitatis studia per suam naturam vero religionis cultui quidquam detrahere, sed eum alendum conservandumque plurimum conferre. Pr. 1834. 86 S. 4°. 1

Siebelis, Car. Godofr., Disputationes quinque, quibus periculum factum est ostendendi, in vet. Graec. Romanor. doctrina religionis ac morum plurima esse, quae cum Christiana consentiant amicissime, neque humanitatis studia per suam naturam vero religionis cultui quidquam detrahere, sed ad eum alendum conservandumque plurimum conferre, iterum edid, mult. locis auxit. Appendicis loco additus est libellus Stimmen aus d. Zeiten d. alten griech. u. röm. Classiker. 8. (18 B.) Lipsiae 837, Kummer.

Siebelis, Karl Gf., Erziehungslehren d. Bibel. Eine Volksschrift, s. Erziehungslehren.

— Ἑλληνικα, seu antiquissimae graecorum histor. res insigniores usque ad primam olympiadem, cum geograph. descript.; e. scriptoribus graecis colleg., digess. et usui secundae classis scholar. accomm. 8. Leipz. 800. Ed. alt. corr. 815. Barth. 15 ℊ

— Hellenica latine reddita. 8. ibid. 803.

Siebelis, Carl Gottfried.

Kurze Lebensbeschreibung . . . von ihm selbst abgefasst. Bautzen 1843. H: *Siebelis, Johann.* (BrMm)

Siebelis, Karl Gttfr., Rectors am Gymnasium zu Budissin, Lebensbeschreibung. gr. 8. Bautzen 843, Weller. 1/4 ₰

Siebelis, C. G., Nonnulli veterum scriptorum loci tractantur. Pr. 1826. 18 S. 4°.

— Progr. Ad Pausaniae locum I. 27, 5 de vocabulis ἄγαλμα ξόανον et ἀνδρίας apud Pausaniam. 4. Bautzen 818.

— *Πανήγυριν εἰς τὸ ἐν Βουδίσσῃ γυμνάσιον διὰ τὴν παλλιγγενεσίαν τῆς τῶν χριστιανῶν ἐκκλησίας καὶ παιδείας τὴν πρὸ τριακοσίων ἐτῶν ἀρχομένην προεῖπε καὶ τοὺς βουλομένους τῶν ἐκεῖ ἐρωμένων ἐκάλεσε.* 8. Leipz. 817.

Siebelis, C. G., s. Pausanias, Beschreib. v. Griechenland. - Graeciae descriptio.

De Aeschyli Persis diatribe. Auctore CAROLO GODOFREDO SIEBELIS. Lipsiae 1794. Sumtibus Sommeri. 8°.

Siebelis, Karl Gf., de Aeschyli Persis diatribe. 8maj. Leipz. 794. (List in Berl.) 12 gr Schrbp. 18 gr
Vgl. Aeschylus.

Siebelis, Karl Gottfried, s. Phanodemus, . . .

– s. Philochorus: Librorum fragmenta.

Siebelis, C. G., Quaestio de Pausaniae Periegetae patria et aetate et qualis scriptor esse videatur hic Pausanias. Progr. Budiss. 819. 4.

Siebelis, M. C. G., Disputatio de Rhiano. Pr. 1829. 24 S. 4°.

Siebelis, C. G., Schulschriften. 4. Dresden, Walther. 817.

– s. Seneca: Von d. Wohltaten.

— Stimmen aus den alten Zeiten der alten griechischen und römischen Klassiker. P. 1832. 36 S. 4°.

—— Stimmen aus den Zeiten d. alten griech. u. röm. Classiker. Eine zuerst 1832 zu Budissin erschien., jetzt durch Zusätze verm. Schrift. 8. (5 B.) Leipzig 837, Kummer.

Siebelis, C. G., Symbolae criticae et exegeticae ad graviores plurium scriptor. locos, antiquae Graeciae historiam et geographiam spectantes. Lips. 803. 2 Vol. 8. 1 rthl. 12 gr.

Siebelis, Carl Gtfr., kleines griech. Wörterbuch in etymolog. Ordnung, zum Gebr. f. Schulen. gr. 8. (27¼ B.) Leipzig 833, Weidmann.

Siebell, J. H., und H. Klietsch, vollständiges und allgemein nützliches bamberger Kochbuch, s. Klietsch, H.

Siebelt, Agnes, s. a.: Silesia.

— auf schiefer Ebene. Jugend-Erzählg. aus dem Leben. Illustriert v. Gust. Olms. (65 S.) kl. 8. Frankenstein 903. Neu-Weißensee, H. W. Th. Dieter. — 20

Siebelt, Agnes, auf schiefer Ebene. Jetzt: Freiburg i/B., Geschäftsstelle des Charitas-Verbandes.

Sieben, böse. Satiren auf unsere Zeit. 16. (67 S.) [Würzburg 876, Gätschenberger.] Dresden, Pierson.

Sieben, die böse. Von d. Verf. v. „Thedis blanker Knopf". Autoris. Übersetzg. von H. v. R. (61 S. m. 3 Abb.) kl. 8. Berlin 911. Deutsche ev. Buch- u. Traktatgesellschaft. -- 40

Sieben, Die Zahl, oder: Gründliche Untersuchung der geheimnisreichen Zahl Sieben. Frankfurt u. Leipzig (= Nürnberg) 1719. V: *Riederer, Johann Friedrich.* (BGE VI³, 459)

Sieben, Ernst. Ueber die Zusammensetzung des Stärkezuckersyrups, des Honigs und über die Verfälschungen des letzteren. (Freiburg im Breisgau) [Berlin] 1884.

Verhetzte Japaner. Von e. alten 'Chinesen'. (Verf.: F. M. J. Sieben.) Berlin: Deutscher Kolonial-Verl. 1905. (43 S.) 8° [?] bes. 1968

SIEBEN, G. Venus in Uniform. 12 Grisailles. Kommissionsverlag B. G. Battisch in Preßburg. Kupferdruckerei von Robert Auft, Wien (1893). 8°.
Konfisziert.

Sieben, Georg (geb. am 3 Dez. 1855 in Bingen): Untersuchungen über die anomale Dispersion des Lichtes ... Bonn, Druck v. P. Neusser (1879). 2 Bl., 57 S., 1 Bl., 1 Taf. 8. ¶ In Komm. bei Behrendt in Bonn. — Im Auszug abgedr. in Poggendorffs Ann. d. Phys. u. Chem. N. F. VIII 1879 S. 137–157.
Bonn, Phil. Fak., Diss. v. 15 Jan. 1879

Sieben, Gottfried

Sieben, G., Wiener Bilderbuch. 10 Kunstblätter f. die Jugend. In feinstem Farbendr. nach Originalen. Nebst 6 Schwarzdr. zum Selbstbemalen. 1. Bd. 46,5×36 cm. Wien (906). Verlag der „Wiener Bilderbogen". Kart. 5. —

— neues Wiener Bilderbuch. Ein Aufstellbilderbuch f. unsere Kleinen. (Leporellform.) (7 farb. Bl.) 45,5×32 cm. Ebd. (906). Kart. 4. —

Sieben, Gfr., Fin de siècle, s.: Altmann, Wilh.

Sieben, Gfr., das Wettrennen in Kamerun. (Aufstell-Bilderbuch.) qu. gr. Fol. (2 farb. Taf. m. 4 bewegl. Fig.) Eßlingen 890. J. F. Schreiber. n. 2. 50

Sieben, Gfr., das Wettrennen in Kamerun. Aufstellbilderbuch m. 4 beweg. Fig. Farbendr. 4. (8 farb. Taf.) Eßlingen 892. J. F. Schreiber. Kart. n. 1. 50

Sieben, Hubert [app. Arzt aus Bingen a. Rh.]: Aus d. Laboratorium d. pharmakognost. Sammlung in Kiel. Beitrag zur Kenntnis der Wirkung des Jodcyan ... Kiel, Druck v. A. F. Jensen, 1895; 26 S., 1 Bl. 8.
Kiel, Med. Fak., Inaug.-Diss. v. [6. Aug.] 1895

Sieben, Julius. Ueber Dinitrosalicylsäure und über Abkömmlinge der p-Kresotinsäure. Königsberg, 1900 H. Jaeger. (39 S.) Diss. v. 7. Aug. 1900.

Siebenberg, Geo., Ideen zu einer Methodik der Medicin. 8. Münst. 807. Waldeck. (Loessing). 8 gr

Siebenbürgen [Sachliches OW]

Siebenbürgen. *Herausgeg. v. k. k. General-Stab im J. 1827. 2 Bl., 24" H., 27" Br. Massstab: 1 Wr. Zoll = 6,000 Wr. Klftr. Verhältn. 1:432,000.* Aus den vorhandenen Militär-Aufnahmen mit besonderer Rücksicht auf die Strassen zusammengestellt. Auf Stein gravirt.

Großfürstenthum Siebenbürgen. (Transilvania.) Enthält 1.011 Q. Meilen mit 2,074.202 Einwohn. Prag, bei Marco Berra 1855. 1 Bl. 12 Z. hoch, 15 Z. br. Längen- und Breitengrade in 12 Theile getheilt. Das Netz mit halbgradiger Linienentfernung. In der linken unteren Ecke Erklärung der Abkürzungen, in der rechten oberen Ecke Zeichenerklärung und Tabelle der politisch-gerichtlichen Eintheilung

Siebenbürgen u. die österreichische Regierung in den letzten vier Jahren. Leipzig 865. Brockhaus. Lex.-8 (III, 162 S.) n. 1 *ℛ*

Siebenbürgen [Schlagwort]

Siebenbürgen, s.: Hand- u. Reisekarten. 31.

Siebenbürgen — General-Karte des Grossf. — und der im J. 1861 mit dem K. Ungarn ver. Theile. Ausgeführt u. herausg. durch das K. K. milit. geogr. Inst. 1863 (1870). 288,000. 4 Bl.

Siebenbürgen. Hand- u. Reisekarte v. Siebenbürgen. Hrsg. von der Section „Wien" des siebenbürg. Karpathen-Vereins. Ausgeführt im k. u. k. militär-geogr. Institute in Wien. 1:750,000. 49,5×58 cm. Farbdr. Wien 886. Hermannstadt, W. Krafft. n. 1. 70

Siebenbürgen. Honterus, Joh., Chronographia Transylvaniae. D. älteste Karte d. von d. Sachsen bewohnten Theile Siebenbürgens. Erschienen zu Basel 1532. (Nach dem Original im National-Museum zu Budapest.) 37,5×55,5 cm. Fksm.-Dr. Wien 898. Hermannstadt, W. Krafft. n. 1. —

Siebenbürgen, Karte des Grossfürstenthumes. Vierte, nach den neuesten Quellen berichtigte Auflage. gr. Fol. Hermannstadt. Theodor Steinhausen. 1861. 1 fl. 30 kr.
auf Lwd. aufgezogen und in Lwd.-Decke 2 fl. 30 kr.

Dass. 3. Aufl. Ebda. 1860.

Siebenbürgen — Marschrouten-Karte des Grossf. — 576,000. (Milit. geogr. Inst. in Wien 1869). 1 Bl.

Siebenbürgen — Topographische Special- und Post-Karte des Grossf. — etc. Wien, Verl.-Eig. von Jos. Bermann. 1855. 4 Bl.

Strassenkarte des Grossfürstenthums Siebenbürgen, v. k. k. milit.-geogr. Inst. Wien. Fol.

Siebenbürgen, – Strassen-Karte des Grossfürstenthums Siebenbürgen. (Herausg. v. d. K. K. Oesterr. General-Quartiermeisterstabe.) 1:432,000. 5 Bl.

Siebenburgen, Hypsometrische Uebersichtskarte von: kl. Folio. Wien. k. k. Schulbücherverschleiss (ausschl. Debit von Artaria & Comp.) 1868.

Siebenbürgen — Generalkarte von — Nach geometrisch gemessenen Karten und andern zuverlässigen Hülfsmitteln verjüngt, und graduirt von Herrn A. von Wenzely etc. Herausgegeben von F. A. Schraembl. 1789. 1 : 500,000. 2 Bl.

Siebenbürgen [Verfasser]

Siebenbürgen, F., s. Pilenko.

Siebenbürgen, Ludwig [approb. Arzt aus Pye (Prov. Hannover)]: Bronchiektasie und die Behandlung derselben mit Carbolinjectionen .... Wurzburg, Becker's Univ.-Buchdr., 1884; 36 S. 8"
Würzburg Med. Fak., Inaug.-Diss. v. 1884

Siebenbürger, Hugo. 1. Einige Derivate des m-Aminothiophenols; 2. Eine neue Bildungsweise des o-Phenylendiazosulfids. Diss. Phil. Basel. 35 S. 8. Basel, K. J. Wyss, 1908.

Siebendrei. Christus der Fisch der freien Geister. Berlin-Leipzig: C. Wigand 1908. 78 S. 8°

Siebendrei, s. a. Christus, der Fisch der freien Geister.

SIEBENE, Die Entlarvte Böse, Das ist Kurtze Lebens: Beschreibung Einer liederlichen und bösen Frauen, Denen heut zu Tage über alle Massen liederlichen und bösen Weibs-Personen zu Besserung und der gantzen Welt zum Abscheu wohlmeinend an den Tag geleget. Mit TKpfr. (ein Satyr reisst einem hässlichen alten Weibe die jugendliche Maske ab, unten gestoch.: „Der Schein betriegt.") LEIPZIG. In Commission zu finden am Schwartzen Brete, 1719. 8°. 49 S. (incl. Tit. u. 1 Bl. Vorr.). Sehr derb. (In Berlin: an Yv 1206.)
— — Dasselbe. O. O. 1720. 8°.

— — Dasselbe. Mit Titelkpfr. O. O. Im Jahr 1723. 8°. 48 S.

— — Dasselbe. O. O. 1727. 8°.

— — Dasselbe. Leipzig, b. Dav. Richtern. 8°. (O. M. V. 1736. F 1 a.)
Sämmtlich sehr selten!

Siebeneck, Friedrich

Siebeneck. Das neue deutsche Binnenschiffahrtsgesetz nebst dem Gesetz der Flößerei. Mannheim 1895.

Siebeneck, Frdr., Gesetz-Sammlung f. den rheinischen Schiffahrts-Verkehr. Ein Handbuch f. Schiffer, Kaufleute, Juristen, überhaupt f. alle diejenigen Industriellen u. Gewerbetreibenden, welche direkt od. indirekt m. der Schiffahrt in Verbindg. stehen. (VIII, 499 S. m. 1 Karte u. 1 Taf.) 8. Mannheim 905. Dr. H. Haas. Geb. in Leinw. n.n. 4. 50; ermäss. Pr. 3. —

Siebeneck, F., Gesetzsammlung für den Rheinischen Schiffahrts-Verkehr. Ein Handbuch für Schiffer, Kaufleute, Juristen, überhaupt für alle diejenigen Industriellen und Gewerbetreibenden, welche direkt oder indirekt mit der Schiffahrt in Verbindung stehen. [2. Aufl.] Mannheim, 1906. 499 S. mit 2 Karten.

Siebeneicher, Fritz: Die Rechtsstellung desjenigen, dem der Niessbraucher die Ausübung des Niessbrauches übertragen hat. *(Berlin [1898]: „Gutenberg".)* (59 S.) 8° [J.]
Erlangen, Jur. Diss. v. 1898

Siebeneicher, Carl. Über Methyl-o-Phenantrolin-Metallverbindungen. Diss. Phil. [II.] Univ. Zürich von K' S'.... 48 S. 8. Zürich – Buchdr. Kreis, Basel – 1907.

Siebengartner, Mark., kathol. Apologetik, s.: Koch, A. A.

— Die erste Entwicklung des Kindes, s.: Zeitfragen, pädagogische. 18.

Siebengartner, Markus, die Gebetbücher f. Studenten. Eine aszetisch-krit. Studie. (57 S.) Lex. 8. Köln (906). (J. P. Bachem). n. 1. —

— Kinderlektüre u. Jugendschriften. [Sep.-Abdr. aus dem Münchener katechet. Kurs 1905.] (38 S.) 8. Kempten 906. (Regensburg, A. Coppenrath's Sort.) n. — 40

Siebengartner, Markus, Schriften u. Einrichtungen zur Bildung der Geistlichen, s.: Bibliothek der kathol. Pädagogik. XIV.

Siebengebirge [Sachliches OW]

Siebengebirge, das, malerische Ansichten, nach der Natur gezeichnet von C. Hohe, in Stahl gestochen von H. Emden. kl. qu. 16. (7 Blätter.) Bonn 842. (Habicht.) n. 1/3 ℛ Gemalt u. eleg. cart. n. 1 1/2 ℛ

Siebengebirge — Das — nach den Aufnahmen des K. Pr. Generalstabes. 25,000. Berlin bei S. Schropp. 1850. 1 Bl.

Siebengebirge, das, nach den Aufnahmen des Königl. Preuss. Generalstabes. Masstab von 1/2 Meile 1 : 25000. Fol. Lith. (Berlin 851, Schropp & Co.) 1 ℛ

— dass. Mit geognostischer Bezeichnung nach den Angaben des Berghauptmanns v. Dechen. Gestochen von Heinr. Brose. Schrift von F. W. Kliewer. gr. Fol. Lithochrom. Ebd. 851. 1 1/2 ℛ

Siebengebirge [Schlagwort]

Siebengebirge, s.: Bonn.

— s. a.: Geologische Karten, Lasp eyres.

Siebengebirge, s.: Woerl's Reisehandbücher.

Siebengebirge. Karte, offizielle, des Siebengebirges m. Angabe der beliebtesten Wagenfahrten u. Fusswanderungen. 2. Aufl. Hrsg. v. d. Verschönerungs-verein f. das Siebengebirge. 1:25,000. 31×44 cm. Farbdr. Mit Text auf der Rückseite. Frankfurt a/M. (910). L. Ravenstein. — 50

Siebengebirge. Touristenkarte des Siebengebirges u. der benachbarten Gebiete des linken Rheinufers. 1:25,000. 44×46,5 cm. (Autogr.) Nebst: Praktischer Rheinführer der Rheindampfschiffahrt. Sommer 1900. 12. (24 S.) Düsseldorf 900. Schmitz & Olbers. n. — 30

Zur **Siebengebirgsfrage**. Offene Antwort an d. Vorstand d. Verschönerungs-Vereins f. d. Siebengebirge. Köln 1901: Kölner Verl.-Anst. 56 S. 8° III. 9109 5

Das Siebengestirn. Meisterwerke deutscher Novellistik. [1.] Leipzig & Berlin: F. Moeser [1909] 8°

Siebengestirn, das. 1.—5. Folge. Meisterwerke deutscher Novellistik. Buchschmuck v. Frdr. Seyffert. (V, 221; 264; 214; 209 u. 179 S.) 8. Leipzig (908—10). F. Moeser Nachf. à Bd. 2.—; geb. in Leinw. 2.80; in Geschenkbd. 3.50

Siebengestirn, alchymist., d. i., 7 auserlesene Traktätlein v. Steine d. Weisen. 8. Frankf. a. M. 756. (Fr. Fleischer in Leipz.) 5 ℳ — Dass. 8. Wien 772. Kraus. 10 ℳ

— — dasselbe. 8. Leipzig, Sommer. 756.

Siebengestirn gevatterlicher Wiegen-Lieder für Frau Minna von Winterfeld. Polnisch Neudorf . . . 1827. . . .
V: *Hoffmann*, *genannt von Fallersleben*, *Aug. Heinrich.* (GGr)

Siebenhaar, A., Rundreise durch die Innere Mission. Mit 101 Bildern. (IV, 204 S.) 8. Leipzig 906. H. G. Wallmann. n. 1.25; geb. n. 2. —

Siebenhaar, A., was liest unser Volk u. was soll man ihm zu lesen bieten? Vortrag, geh. am 8. Octbr. 1890 auf der Diözesanversammlg. in Rochlitz. gr. 8. (23 S.) Leipzig 890. (Wallmann.) n. — 20

Siebenhaar, C. F. H. De fabulis, quae media aetate de P. Virgilio M. circumferebantur. 8 S. . . . .
Berlin, F. W., Progr. 1837

Siebenhaar, C. F. H. Quam indolem potestatemque habeant veterum proverbia ad educationem atque institutionem pertinentia. 10 S. . . . .
Berlin, F. W., P 1827

SIEBENHAAR, DAV. CHR. (autor), De paralysi thoracis (diss.). Halae ad Salam. 1763. 4. P. [Praes. Frid. Chr. Juncker].

Siebenhaar, Ed., Archiv für deutsches Wechselrecht, s. Archiv.

Siebenhaar, E. und Tauchnitz, T. (Herausgeber): „Archiv für deutsches Wechselrecht", Band 1—5; Fortsetzung: „Archiv für deutsches Wechsel- und Handelsrecht", Band 6—12, Leipzig 1851 bis 1863. — Vorh.: Com. Bibl. Hamburg.

Siebenhaar's, Ed., Archiv für deutsches Wechselrecht u. Handelsrecht. Neue Folge. Red. von Dr. Frhr. von Bernewitz. 1. Bd. 4 Hfte. (à 6—8 Bgn.) Leipzig 870. B. Tauchnitz. gr. 8. Jedes Heft n. 20 ngr.

Siebenhaar's, Ed., Archiv f. deutsches Wechselrecht und Handelsrecht. Neue Folge. Red. von v. Bernewitz. 2—6. Bd. à 4 Hfte. (à 6—8 B.) gr. 8. Leipzig 870—74. B. Tauchnitz. à Hft. n. 2. —

—— s. Gesetzbuch, das bürgerliche, für das Königr. Sachsen.

— Ideen üb. e. Abfassung e. deutschen bürgerlichen Gesetzbuchs. Das deutsche Recht im Lichte der Vernunft u. Wahrheit. gr. 8. (52 S.) Dresden 874. Zahn's Verl. n. 1. 20

Siebenhaar, Ed., Commentar zu dem bürgerlichen Gesetzbuche für das Königreich Sachsen und zu der damit in Verbindung stehenden Publicationsverordnung vom 2. Januar 1863. Leipzig 864. Hinrichs. Lex.-8.
1. Bd.: Die Publicationsverordnung, der allgemeine Theil und das Sachenrecht bearb. von Ed. Siebenhaar und Geo. Siegmann. (XIV, 434 S.) n. 2 ℛ 24 ngr.

— Commentar zu dem bürgerlichen Gesetzbuche für das Königreich Sachsen u. zu der damit in Verbindung stehenden Publicationsverordnung vom 2. Januar 1863. 4—9. Heft. Leipzig 865. Hinrichs'sche Verlagsh. Lex.-8. n. 5 ℛ 6 ngr.
4. u. 5. Heft. [2. Bd.] Das Recht der Forderungen bearb. von Karl Magnus Pöschmann. (IX, 374 S.)
6—9. Heft. [3. Bd.] Das Familien-, Vormundschafts- u. Erbschaftsrecht bearb. von Ed. Siebenhaar. Ein- u. Ausführungsverordnung u. provisorische Gerichtsordnung mit erläut. Anmerkungen von G. Siegmann. Vollständiges Sachregister von J. Winzer. (VIII, 507 S.)

—— Commentar zu dem bürgerlichen Gesetzbuche für das Königr. Sachsen und zu der damit in Verbindung stehenden Publicationsverordnung vom 2. Jan. 1863. 2. vollständig umgearb. Aufl. 3 Bde. gr. 8. Leipzig 869, Hinrichs' Verlag. *
Inhalt:
Bd. 1. Die Publicationsverordnung, der allgemeine Theil und das Sachenrecht bearb. von Ed. Siebenhaar und Geo. Siegmann. (XVI, 495 S.)
„ 2. Das Recht der Forderungen bearb. von Karl Magn. Pöschmann. (VIII, 404 S.)
„ 3. Das Familien-, Vormundschafts- und Erbschaftsrecht, bearb. von Ed. Siebenhaar, mit vollständ. Sachregister von J. Winzer. (VIII, 521 S.)

—— dass. — Neue wohlfeile (Titel-)Ausg. der 2. Aufl. in 10 Lfgn. Lex.-8. (XVI, 495; VIII, 404; XVI, 521 S.) Ebendas. (869)71. à Lfg. *ℳ 2. *

Siebenhaar, E., Commentar zur deutschen Civilprozeßordnung. gr. 8. (816 S.) Leipzig 877. Fues. n. 14. —

— Correalobligationen nach römischem, gemeinem u. sächsischem Rechte. 3 Abthlgn. Römisches Recht. Leipzig 867,68, Roßberg'sche Buchh. gr. 8. [1. Abthl. (VII, u. S. 1—134.) 25 ngr., 2. Abthl. (IV u. S. 135—284) n. 22½ ngr., 3. Abthl. (VI u. S. 285—424.) n. 20 ngr.] n. 2 ℛ 7½ ngr.

—— Lehrbuch des sächsischen Privatrechts. 8 Lfgn. gr. 8. (VII, 898 S.) Leipzig 871, Roßberg'sche Buchh. à Lfg. *ℳ 1,50. *

— Lehrbuch d. sächsischen Privatrechts. gr. 8. (VII, 898 S.) Leipzig 872. Roßberg. n. 14. —

— ausführliches Wort- und Sachregister zu dem bürgerlichen Gesetzbuch für das Königreich Sachsen. Leipzig 863. Roßberg. 8. (90 S.) n. 10 ngr.

— vollständiges Wort- u. Sachregister zur Gewerbe-Ordnung für den norddeutschen Bund. Leipzig 869. Gerbe. 8. (62 S.) 7½ ngr.

Siebenhaar, E., vollständiges Wort- und Sachregister für das Wochenblatt für merkwürdige Rechtsfälle, s. Wort- und Sachregister.

Siebenhaar, Friedrich Julius (Übers.):

s.: Bampfield, R(obert) W(illiams): Über die Krankheiten des Rückgrathes und des Brustkorbes. (An Essay on the distortion and diseases of the spine and chest. Second edition. Dt.) Leipzig: 1831

Siebenhaar, Friedrich Julius, s. B i b l i o t h e k d. ausländ. Literatur f. Medicin. Bd. 12.

Siebenhaar, Friedr. Jul., die ostind. Cholera, ihre Verhütung u. erste Behandl. Ein Sendschreiben an sein. Vater, Superint. M. S. Fr. Siebenhaar. gr. 8. (2½ B.) Leipzig 831, [Klinkhardt.]

Siebenhaar, Friedrich Julius: Die orthopädischen Gebrechen des menschlichen Körpers oder practische Anweisung, die Verdrehungen und verkrümmungen des Rumpfes und seiner Gliedmaaßen zu verhüten oder frühzeitig zu erkennen. 118 S., gbd., 4 Taf.

Dresden: Wagner 1833

Siebenhaar, Friedr. Jul., die orthopäd. Gebrechen d. menschl. Körpers, od. Anweis., die Verdrehungen u. Verkrümmungen d. Rumpfes u. seiner Gliedmaaßen zu verhüten u. sie frühzeitig zu erkennen, f. d. gebild. Stände u. insbesond. f. sorgs. Eltern u. Erzieher. 2., verb. Aufl. 8. (8¼ B. u. 4 Stnt.) Leipzig 841, Nauck.

—— Gesundheitsregeln. Ein Buch z. Unterr. f. d. Schuljugend u. z. Belehr. f. alle Nichtärzte. Bevorw. v. Chrstn. Traug Otto. 8. (8 B. u. 4 Stnt.) Leipzig 841, Engelmann.

—— der Hahnemannianer als Geschichtschreiber u. Critiker. Als Erwiderung auf M. Müller's Abhandl: „Zur Geschichte d. Homöopathie 2c. 1831." gr. 8. (3½ B.) Leipzig 831, Nauck. 8 Gr., f. Pap.

Siebenhaar, Friedrich Julius (Bearb.u.Hrsg.):

s.: Handbuch, Enzyklopädisches, der gerichtlichen Arzneikunde für Aerzte und Rechtsgelehrte. Bd 1 - 2. Leipzig: 1838 - 1840

— und Friedr. Gust. **Lehmann**, die Kohlendunstvergiftung, ihre Erkenntniss, Verhütung und Behandlung. Eine monographische Skizze, zum Gebrauche für ausübende Aerzte, Medicinalbeamte u. Gerichtsärzte. Dresden 858. Adler u. Dietze. gr. 8. (VII, 160 S.) n. 24 *ngr.*

— s. Leichsenring, C. D., die physikal. Exploration der Brusthöhle.

Siebenhaar, Friedrich Julius (Hrsg.):

s.: Magazin für die Staatsarzneikunde.

Siebenhaar, Friedr. Jul., die krankhaften Seelenstörungen, deren Ursachen und Verhütung. Ein populärer Vortrag am 14. April 1855 in dem „Verein für's Leben" gehalten. Dresden 855. am Ende. 8. (48 S.) n. 6 *ngr.*

Siebenhaar, F. J., offenes Sendschreiben an Herrn Prof. Dr. Zenker in Dresden. Dresden. 861. (Adler &) Dietze in Comm. gr. 8. (20 S.) n. 3 *ngr.*

—— terminolog. Wörterbuch d. medicin. Wissenschaften. (3 Hfte. gr. 8. (47½ B.) Dresden u. Leipzig 841, 42, Arnoldische Bh

Siebenhaar, Friedrich Otto

Siebenhaar, Friedr. Otto, Altar- u. Canzelreden, mit Bezug auf d. kirchl. Verhältnisse im Muldenthale gehalten. gr. 8 (5 B.) Penig 838. (Leipzig, Kollmann.)

—— de fide et spe in altera etiam vita mansuris. Dissert exeget.-philos. 8maj. (3 B.) Penigae 839. (Lipsiae, Kollmann.)

Siebenhaar, Friedr. Otto, die christliche Hausandacht. Predigt am 20. S. p. Trin. 1854 über Col. 3, 14—17 gehalten. Zwickau 855. Verlhdlg. d. Volksschriften-Vereins. 8. (16 S.) 1½ *ngr.*

Siebenhaar, Friedr. Otto, der religiöse Indifferentismus, die Krankheit unserer Zeit. Ein Cyclus von Reden an Geistliche u. Schullehrer. gr. 8. (6¼ B.) Leipzig 842, Thomas.

—— Predigten über Luthers Leben. gr. 8. (7 B.) Leipzig 846, Thomas.

Siebenhaar, Frdr. Otto, die Stellung der Superintendenten nach dem „Entwurfe einer Kirchenordnung für die evangelische Kirche im Königreich Sachsen." Eine Stimme aus der Kirche. Penig 860. (Leipzig. Kollmann.) gr. 8. (32 S.) n. 5 *ngr.*

Siebenhaar, German, pr. Arzt: Ein Fall von Melanosarkom des Rectums. Bamberg 1910: Gärtner. 22 S. 8°
Erlangen, Med. Diss. v. 18. Mai 1910, Ref. Hauser
[Geb. 24. April 78 Scheßlitz; Wohnort: Neunkirchen a. B.; Staatsangeh.: Bayern; Vorbildung: Gymn. Fürth Reife 00; Studium: Erlangen 10 S.; Coll. 27. Dez. 09; Approb. 22. März 06.] [U 10. 824

SIEBENHAAR, Johann (Staffelstein): De spondyli neoplasmatibus. (Titel nach der Urkunde) 22.7.1662 - Urk; Chr 1662/63
Diss.Ingolst.-Lnadsh.-Mchn.

Siebenhirten, Die. [Breslau 1804.] V: *Hallmann, Chn Gottlieb.* (Nowack, Schles. Schriftst.-Lex. Breslau 1836—43. V, 64.)

Siebenhorn, Konrad (ps.), H ö l l e n b r i e f e a n s e i n e l i e b e n F r e u n d e i n D e u t s c h l a n d. Hrsg. von Ferdinand F u c h s m u n d (ps.). Königsberg 1843. 8°. (8 Mk. Rudolf Hönisch, Lpz., 1912.)
Satire gegen Friedr. Wilhelm IV. Selten! — Die Pss. von Weller nicht enthüllt.

v. Siebenh—r, Fr. Wlh., die Kettenbrücke üb. die Eger bei Saaz. Mit örtl. Bemerkk. u. Anzeigen. Mit 1 Abbild. u. Freudenruf bei d. Grundlegung, v. Al. J. Dostal. 8. Leipz. 827. Centr.-Compt. 10 *gr.*

Siebenhüner, Arthur, Referendar aus Bautzen: Die zivilrechtliche Gründerverantwortlichkeit. *Borna-Leipzig 1901: R. Noske.* (51 S.) 8°
Leipzig, Jur. Diss. v. 1904

Siebenhüner, Otto: B e r i c h t über die Jubelfeier des 175 jähr. Bestehens der Lausitzer Prediger-Gesellschaft zu Leipzig am 14., 15. und 16. Juni 1892. Zum 176. Stiftungsfeste vf. u. hrsg. Leipzig: Dr. v. Pöschel & Trepte 1892. (23 S.) 8°

Siebenkapell- oder heil. Grabkirche, Die, am Stadtsaggen zu Innsbruck. Historischer Versuch nach archivalischen Quellen. [Innsbruck 1846.] V: *Lang, Johann.* (MARGR)

Siebenkees, Johann Christian

Siebenkees, Joh. Chr.: Abhandlung von Stipendien und den Rechten derselben. Nürnberg 1786.

— Abhandl. von Stipendien, den Rechten u. der Geschichte derselben. 8. Nürnb. 786. Schneider u. W.

Siebenkees, Jh. Chr., Abhandl. v. letzten Willen nach gemeinen u. Nürnberger Rechten. 8. Nürnb. 791. Schneider u. W.

SIEBENKEES, J. Ch.: Abhandl. vom letzten Willen nach gem. u. Nürnberg. Rechten. *Nürnb. u. Jena,* Schneider. 792. 8. (1 Thl.)

Siebenkees, J. Ch. Ueber das Armenwesen im fränkischen Kreise und einige verwandte Gegenstände. 8. *Nürnberg, Schneider et Weigel.* 1791

Siebenkees, Joh. Chr.: Beyträge zum teutschen Recht. Th. 1—6. Nürnberg u. Altdorf 1786—90.

Siebenkees, J. Ch.: Beytr. z. deutschen Recht. (Forts. v. Nr. 331.) *Nürnb.*, Monath. 786—91. 6 Thle. 8. (2 Thl. 5 Gr.)

Siebenkees, Johann Christian A. S. 110/25

Dissertatio inauguralis de capitibus quibusdam successionis coniugum ab intestato ex iure Norimbergensi. Altdorf (Meyer) 2. VI. 1778. 24 S.

Gew.: Stadt Nürnberg. 32584

— Diss. de capitibus quibusdam successionis conjugum ab intestato ex jure Norimbergensi, 4. Nürnb. 778. Bauer u. W. 2 gr

(Siebenkees, J. Chr.) Kleine Chronik der Reichs-Stadt Nürnberg. 8. Altorf 1790. 2. Ausg. (378) 8. M. 1 Plan. Nürnberg 1851. 4,00.

Vgl. C h r o n i k , Kleine,...

Siebenkees, Jo. Chr.: D e d u k t i o n s b i b l i o t h e k von Deutschland s. H o l z s c h u h e r , Christoph Siegmund u.: D e d u k t i o n s b i b l i o t h e k...

— v.. d. Erbfolge die ab intesto geschiehet, od. de successione ab intestato, sowohl f. d. Gelehrten, als den Bürger. 8. Nürnberg, Schneider u. W. 788.

— Erläuterung d. Heraldik, a. e. Commentar üb. Gatterers Abriß dieser Wissenschaft, in. K. Fol. Ebend. 789.

Siebenkees, Johann Christian, s. E r l ä u t e r u n g e n der Heraldik.

– s. G e h e i m n i ß d. Posten.

(v. Siebenkees, J. C.): Vom Handlohn der Erbgüter, besond. nach Nürnberg. Rechten, ein Beitrag zum deutsch. Cameralrecht. *Nürnberg*, Grattenauer. 793. 8. (16 Gr.)

Vgl. H a n d l o h n...

— über d. Hauptgesetz d. deutschen Rechtschreibung und über Sprachfehler bayerscher Schriftsteller. 8. Nürnb. Wittwer. 808.

Siebenkees, Joh. Chrstn., über d. Hauptgesetz d. deutschen Rechtschreibung u. üb. Sprachfehler baierscher Schriftsteller. 2., verm. Aufl. 8. (12 B.) Nürnberg 831. [Berlin, Bade.]

– s. H e u m a n n , J.: Geist der Gesetze u. dess. Apparatus.

Siebenkees, J. Ch.: Ueber d. Intestat-Erbfolge nach Nürnberger Rechten. *Nürnberg*, Schneider. 787. 8. (12 Gr.)

— von d. Intestat-Erbfolge nach Nürnberg. Rechten. 8. Nürnb. 788. Schneider u. W. 12 gr

— jurist. Magazin. 2 Bde. 8. Jena 782 u. 83. (Schmid). 2 ℛ

— juristisches Magazin. 2 Bde. 8. Jena, Cuno. (Stahl.) 782. 83.

— neues juristisches Magazin. 1r Bd. 8. Ansbach, Haueisen. 784.

– s. M a l b l a n c , Jul. Fr.: Jurist. Bibliothek.

— Materialien z. Nürnberg. Gesch. 4 Bde. 8. Nürnb. Schneider u. W. 792—95. (à 1 Rthlr. 8 gr.)

Siebenkees, J. Ch., Nachr. v. Nürnberg. Armenschulen und Schulstiftungen. 8. Nürnb. Schneider u. W. 793. Rthlr.

— Nachrr. v. Nürnberg. Armenschulen- u. Schulenstiftungen. 8. Nürnb. 794. Schneider u. W. 6 gr

— Nachrichten von Armenstiftungen in Nürnberg. 3 Stücke. 8⁰. Nürnberg, Schneider u. W., 1792—94. — Fortgesetzt. Nachrichten. 8⁰. Ebd. 1795.

— histor. statistische Nachrichten, a. d. alten und neuen Geschichte Nürnbergs. 4 Bde. 8. Ebend. (à 1 Rthlr. 8 gr.)

— Nachr. v. Nürnberg. Stipendien. 8. Ebend. 794.

– s. R e c h e n b u c h , Gemeinnütz., zum Unterricht in Stadt- u. Landschulen.

(v. Siebenkees, J. C.:) Von den Rechten der Nürnberg. Eigenherrschaften. *Nürnb.*, Grattenauer. (Eichhorn.) 798. 8. (4 Gr.)

Vgl. R e c h t e n , Von den,...

– s. S p r ü c h w ö r t e r , Deutsche.

— de studio chronologico iuris praesertim germanici. 8. Nürnb. Bauer. 778.

– s. T y r o f : Wappenbuch.

Vorschlag, wie mancher deutsche Staat ohne neue Steuern sich ein beträchtliches Kapital zur Abzahlung seiner Schulden verschaffen kann (v. J. C. Siebenkees). 8⁰. (Nürnberg), Monath u. K., 1796.

Vgl. V o r s c h l a g ,...

Siebenkees (Siebenkäs), Johann Philipp

Siebenkees, (eigentl. Siebenkäs,) Jh. Ph. († d. 25. Juni 1796.) anecdota graeca e praestantissimis Italicarum bibliothecarum codicibus descripta, et praefat. est Jh. Adm. Götz. 8maj. Nürnb. 798. Stein. 20 gr

— Grundriß e. Anführ. z. Studium der röm. Statistik, z. Gebrauch seiner Vorlesungen. 8. (Altdorf) 793.

Siebenkees, J. P., Grundrifs einer Ausführung zum Studium der römischen Statistik. Altdorf. 795. 8.

Siebenkees, J. P., Handbuch der Archäologie, oder Anleitung zur Kenntnifs der Kunstwerke des Alterthums und zur Geschichte der Kunst der alten Völker. Nürnb. 799. 800. 2 Thle. 8. Ebend. 810. 2 Thle. 8. 2 rthl.

Siebenkees, Jh. Ph., Handbuch d. Archäologie, od. Anleit. z. Kenntniß d. Kunstwerke d. Alterthums u. zur Geschichte der Kunst der alten Völker. 1e u. 2e Abtheil. gr. 8. Nürnb. 810. Stein. 2 ℛ

— Lebensbeschreib. der Bianca Capello de Medici; aus d. Urkunden bearb. 8. Gotha 789. Ettinger.

— Dass. engl. 2e A. 815. Bremen, Kaiser. 16 gr. Schrbp.

Siebenkees, J. F., Leben Blanca Capello ins Engl. von Lüdger, s.a. Capello.

Siebenkees, Joh. Phlpp, Von der Religion der alten Deutschen. Altdorf 1781.

Siebenkees. Johann Philipp, s. Religion der deutschen und nord. Völker.

— s. Strabo: Geograph.

— üb. d. Tempel u. die Bildsäule d. Jupiters zu Olympia, vom Phidias, nach d. Pausanias. gr. 8. Nürnb. 795. Stein.

Siebenkees, J. P., Ueber den Tempel und die Bildsäule des Jupiters zu Olympia; ein antiqu. Versuch. 1795. 106 S. 1.50

— s. Theophrastus: Characteres.

— Versuch e. Geschichte d. venetian. Staatsinquisition. 8. Nürnb. 791. Stein. 10 gr.

Siebenkreuzerlaterne, Die, zur Beleuchtung der moralischen Betrachtungen des Herrn F. J. G. Baschand, Doktorn der Vignetten. Gedruckt auf Kosten des Unsinns. [177*.] V: *Pollinger, Anton Peter.* (BGE VII[8], 300) (Boehm. Litt. 1779) (GGr VI/725, Nr. 9/13) (BiblPort)

Sieben-Kreuzer-Liederbüchlein. E. Sammlg. v. Kirchenliedern m. e. Messandacht f. d. Schuljugend. Hrsg. v. kath. Pressverein d. Diöcese Linz. 3. Aufl. (20.—30. Tauf.) 16. (120 S.) Linz 897. Verl. d. kathol. Pressvereines. n.n. — 12

Siebenlist, August

Siebenlist, Aug., Schopenhauer's Philosophie der Tragödie. gr. 8. (XV, 427 S.) Pressburg 880. Stampfel. n. 10. —

Siebenlist, Aug., Emerich Madách' Des Menschen Tragödie. Einführende Worte. 8. (45 S.) Wien 892. L. Weiss. n. — 90

Siebenlist, Ottilie, Gespenster der Erinnerg. schmal 8. (97 S.) Zürich 897. Leipzig, Verlag d. literar. Bulletin A. v. Stern. n. 2. —

Siebenlist, W., Lehr- und Übungsstoff für den Sprachunterricht in der Volksschule, sowie zum Privatunterrichte für solche Schüler, die für eine Präparanden-, Latein- oder Realschule vorbereitet werden wollen. [Sep.-Ausg. des nach der vorgeschriebenen neuen Rechtschreibung bearb. sprachl. Teiles des „Engelbrecht'schen Inbegriffes".] 18. verm. Aufl. gr. 8. (V, 217 S.) Bamberg 886, Buchner'sche Buchh. *

Siebenmann, Friedrich

Siebenmann, F., neue botanische u. klinische Beiträge zur Otomykose. Mit 1 Taf. [Aus: „Knapp-Moos' Ztschr. f. Ohrenheilkde."] gr. 8. (48 S.) Wiesbaden 888. Bergmann. n. 1. 20

A. d. anatom. Inst. im Vesalianum zu Basel. Die Blutgefässe im Labyrinthe des menschlichen Ohres. Nach eig. Untersuchgn an Celloidin-Korrosionen u. an Schnitten v. Dr. F[riedr.] **Siebenmann,** Prof. ... in Basel. M. 11 Taf. in Farbendr. *Wiesbaden: J. F. Bergmann 1891.* (3 Bl., 33 S., 1 kl. Bl., 11 Taf. m. je 1 Erl.-Bl.) 1 Bd 2.(4.) (97. 206

Siebenmann, [Friedrich]. Über Ertaubung im Verlaufe von acuter Osteomyelitis und von septischen Prozessen im allgemeinen. Separat-Abdruck aus Zeitschrift für Ohrenheilkunde... Band 54. Heft 1.... II + 16 S. 8. Wiesbaden, J. F. Bergmann, [1907].

Siebenmann, F., die Fadenpilze Aspergillus flavus, niger u. fumigatus; Eurotium repens [u. Aspergillus glaucus] u. ihre Beziehungen zur Otomycosis aspergillina. Medicinisch-botan. Studien auf Grund experimenteller Untersuchgn. Mit Vorwort v. Alb. Burckhardt-Merian. Mit 3 (Lichtdr.-)Taf. gr. 8. (VII, 72 S.) Wiesbaden 883. Bergmann. n. 4. 60

Siebenmann, Friedrich. Grundzüge der Anatomie und Pathogenese der Taubstummheit. Von D[r] F' S', o. ö. Professor ... in Basel. VI + 100 S. 8. Wiesbaden, J. F. Bergmann, 1904. [M. 3. 60]

Siebenmann, F., üb. d. centrale Hörbahn u. üb. ihre Schädigg. durch Geschwülste d. Mittelhirns, speciell d. Vierhügelgegend u. d. Haube. [Aus: „Zeitschrift f. Ohrenheilkde."] gr. 8. (67 S. m. 7 Abb. u. 3 Tab.) Wiesbaden 896. J. F. Bergmann. n. 2. 40

— die Korrosions-Anatomie d. knöchernen Labyrinthes d. menschlichen Ohres. Imp.-4. (VIII, 53 S. m. 10 lith. Taf. u. 10 Bl. Erklärgn.) Ebd. 890. n. 20. —

Mittelohr und Labyrinth. Von Prof. Dr. F[riedrich] **Siebenmann** in Basel. Mit 66 Abb. Jena: G. Fischer 1897. (131 S.) 4°(8°)
— Sinnesorgane. Abt. 2, 2.
— **Handbuch** d. Anatomie d. Menschen. Bd 5, Abt. 2, 2. [06. 1101

— die Schimmelmycosen des menschlichen Ohres. Medicinisch-botan. Studien auf Grund experimenteller Untersuchgn. 2., verm. Ausg. von: Die Fadenpilze Aspergillus u. Eurotium. Mit 26 Abbildgn. auf 4 Taf. gr. 8. (VII, 118 S.) Ebd. 889. n. 3. —

Siebenmann, Fr[iedrich]. Der Luftkurort Seewis ... im Prättigau .... [Mit 1 Kärtchen und 1 Tafel.] 8. Zürich (1880).

— Sinnesorgane, s.: Brunn, A. v.

— üb. Spontanheilung v. Empyem der Highmorshöhle. [Aus: „Monatsschr. f. Ohrenheilkde."] gr. 8. (2 S.) Berlin 892. O. Coblentz. n. 1. —

Siebenmann, F[riedrich]. Die Therapie der Mittelohreiterung in den Händen des praktischen Arztes. [Mit Figuren.] Separatabdruck aus dem Correspondenzblatt für Schweizer Aerzte 1908, Nr. 2. II + 15 S. 8. Basel, Benno Schwabe, 1908. [fr. 1. —]

Siebenmann, F., s.: Verhandlungen der deutschen otologischen Gesellschaft.

Siebenmann, Fritz. prakt. Zahnarzt aus Basel: Ueber Verkalkung der Herzmuskulatur. ⟨Aus dem pathologisch-anatomischen Institut Basel. Vorsteher: Prof. Hedinger.⟩ Basel 1908. 32 S. 8°.
Basel Med Diss 1908/09

Siebenmann, Fritz. Ueber Verkalkung der Herzmuskulatur. Diss. Med. Basel. *Kopftitel:* Aus dem pathologisch-anatomischen Institut Basel... 32 S. 8. Basel, Friedrich Reinhardt, 1909.

Siebenpfeiffer, Carl, siehe: Skizzen aus dem Buchhändlerleben.

Siebenpfeiffer, Philipp Jakob

Siebenpfeiffer, (Ph. J.) Baden-Baden od. Rudolph u. Helmina, episches Gedicht in 12 Gesängen. 8. Zweybrücken 824. (Carlsruhe, Marx.)

Siebenpfeiffer, Ph. J., Baden-Baden, od. Rudolph u. Helmina, episches Gedicht in 12 Gesängen. 8. Zweybrücken 824. Ritter. 1 fl

Siebenpfeiffer, Philipp Jakob: Vom Hambacher Fest 1832. Rede. München–Gern: Nationalverein 1910. 22 S. 8°
(Vorkaempfer deutscher Freiheit. H. 3.)

Siebenpfeiffer, J., vom Hambacher Fest 1832, s.a. Vorkämpfer deutscher Freiheit.

— üb. die Frage unserer Zeit, in Beziehung auf Gerechtigkeitspflege. gr. 8. Heidelb. 823. Groos. 1 ℛ 12 gℊ 2e wohlf. A. gr. 8. Ebd. 831. 18 gℊ

Siebenpfeiffer, Phil. Jak., über d. Frage uns. Zeit in Beziehung auf Gerechtigkeitspflege. Neue, wohlf. Ausg. gr. 8. (18½ B.) Heidelberg 833, Groos.

Siebenpfeiffer, Ph. J. Ueber Gemeindegüter und Gemeindeschulden. 8°. Mainz, Kupferberg, 1818.

Siebenpfeiffer, Phil. Jak., Handbuch d. Verfassung, Gerichtsordnung u. gesammt. Verwaltung Rheinbayerns. 5 Bde gr. 8. (181⅝ B.) Speyer 831—33, Neidhard's Buchh.

Siebenpfeiffer, (Phil. Jak.), Handbuch der Verfassung, Gerichtsordnung u. gesammten Verwaltung der Pfalz. Fortgesetzt v. Luttringshausen. 2 Bde. gr. 8. Speyer, Neidhard's Buchh. *
Inhalt:
Bd. 1. Buch 1. Staatsrecht. (29¼ B.) 845. * 1 Thlr. 20 Ngr.
„ 2., 3. Gerichtsordnung u. Rechtspflege. — Verwaltungspolizei. (26½ B.) 845. * 1 Thlr. 20 Ngr.
„ 2. Volkswirthschaft. (54 B.) 846. * 2 Thlr. 5 Ngr.

—— dass. Register. gr. 8. (5½ B.) Ebds 846.

Siebenpfeiffer u. J. G. A. Wirth, Reden, gehalten zu Hambach bei dem Nationalfest der Deutschen am 27. Mai 1832. Ein Erinnerungsblatt, veröffentlicht am 50jährigen Gedenktage 27. Mai 1882. gr. 8. (20 S.) Kaiserslautern 882. Rohr. — 25

Siebenpfeiffer u. J. G. A. Wirth, Reden geh. bei dem Nationalfest der Deutschen zu Hambach, am 27. Mai 1832. Ein Erinnerungsblatt, veröffentlicht am vierzigjähr. Gedenktage 27. Mai 1872. gr. 8. (20 S.) Kaiserslautern 872. Röhr. — 25

—— Rheinbayern, eine vergl. Zeitschr. f. Verfass. ꝛc., s. Rheinbayern.

—— der Westbote. Eine Zeitschr. ꝛc. (1. Jahrg. 1831.)
Kam nicht in den Buchhandel.

Siebenritt, J., s. Siebentritt, J.

Siebenrock, Dismas (geb. Sigmaringendorf 24. 8. 1828): De anatomia chirurgica flexurae cubitalis, singulari venaesectionis ratione habita. Berolini (1856). (28 S.) 8°
Berlin, Med. Diss. v. 14. Okt. 1856

Siebenrock E. von: Über das Trocknen von feuchtem Äther (mit 1 Textfigur). S. 118. IIb. 545 . . . . vgr.
Separatabdruck

SIEBENROCK, Friedrich
Ueber den Bau und die Entwicklung des Zungenbein-Apparates der Schildkröten. Von Friedrich Siebenrock. (Mit 2 Tafeln und 2 Abbildungen im Texte.) (Annalen des k. k. naturhistorischen Hofmuseums. Separatabdruck aus Bd. XIII, Heft 4.) Wien. 1899. [In Comm.] Hölder. Lex.-8°. Paginirt S. 425—437. fl. 1.40

Siebenrock, Frdr., Beschreibg. u. Abbildg. v. Pseudomydura umbrina Siebenr. u. üb. ihre systematische Stellung in der Familie Chelydidae. (7 S. m. 1 Fig. u. 1 Doppeltaf.) gr. 8. Wien 907. A. Hölder. — 95
Sonderabdr. a.: „Sitzungsber. d. k. Akad. d. Wiss."

Siebenrock, Frdr., die Brillenkaimane v. Brasilien. (11 S. m. 9. Fig.) 4. Wien 905. (A. Hölder.) n. 1. 50
Sonderabdruck aus: „Denkschr. d. k. Akad. d. Wiss."

Siebenrock, F., Die Schildkrötenfamilie Cinosternidae m. [Aus: Sitzungsber. d. k. Akad. d. Wiss., mathem.-naturw. Klasse. Bd. CXVI.] Gr.-8°. (ill. 78 S. mit 2 Karten und 2 Tafeln.) †
Wien: A.Hölder 1907. K 3.—

Siebenrock, F., Ergebnisse einer zoologischen Forschungsreise von Dr. Franz Werner nach Ägypten und im ägyptischen Sudan. IV. Krokodile und Schildkröten. [Aus: Sitzungsber. d. k. Akad. d. Wiss., math.-naturw. Klasse.] Gr.-8°. (ill. 23 S.) † K 1.—
Wien: Hölder 1906.

Ueber einige fossile Fische aus Bosnien. Von Friedrich Siebenrock. (Mit 2 Tafeln.) (Separat-Abdruck aus „Wissenschaftliche Mittheilungen aus Bosnien und der Hercegovina", VII. Bd. 1900.) Wien. 1900. In Comm. Gerold's Sohn. Lex.-8°. 12 S. K 1.50

— über einige fossile Fische aus Bosnien, s.a. Mitteilungen, wissensch., aus Bosnien u. der Hercegovina. VII.

Siebenrock, F., Über partielle Hemmungserscheinungen bei der Bildung einer Rückenschale von Testudo tornieri Siebenr. [Aus: Sitzungsber. d. k. Akad. d. Wiss., mathem.-naturw. Klasse.] Gr.-8°. (ill. 6 S.) † K —.30
Wien: Gerold 1904.

Über den Kehlkopf und die Luftröhre der Schildkröten. Von Friedrich Siebenrock. (Mit 3 Tafeln.) Aus den Sitzungsberichten der kaiserl. Akademie der Wissenschaften in Wien. Mathem.-naturw. Classe; Bd. CVIII. Abth. I. Juli. 1899. Wien. 1899. In Comm. Gerold's Sohn. 33 S. fl. —.70

Siebenrock, Frdr., zur Kenntniss d. Kopfskelettes der Scincoiden, Anguiden u. Gerrhosauriden. [Aus: „Annalen d. k. k. naturhistor. Hofmuseums".] Lex.-8. (34 S. m. 2 Taf.) Wien 892. A. Hölder. n. 4.—

Siebenrock, Frdr., zur Kenntniss des Rumpfskeletes der Scincoiden, Anguiden u. Gerrhosauriden. [Aus: „Annalen des k. k. naturhistorischen Hofmuseums".] Lex.-8. (25 S. m. 4 Abb. u. 1 Taf.) Wien 895. A. Hölder. n. 2. 40

— das Kopfskelet d. Schildkröten. [Aus: „Sitzungsber. d. k. Akad. d. Wiss."] gr. 8. (84 S. m. 6 Taf.) Wien 897. (C. Gerold's Sohn.) n. 2. 90

— Krokodile u. Schildkröten, s.: Ergebnisse e. zoologischen Forschungsreise v. Dr. Franz Werner nach Aegypten.

— zur Osteologie des Hatteria-Kopfes. [Aus: „Sitzungsberichte der k. Akad. d. Wiss."] Lex.-8. (19 S. m. 1 Taf.) Wien 893. (F. Tempsky.) n. — 60

— Schildkröten v. Brasilien. (28 S. m. 5 Fig., 3 Taf. u. 3 Bl. Erklärgn.) 4. Ebd. 904. n. 3. 50
Sonderabdruck aus: „Denkschr. d. k. Akad. d. Wiss."

— Schildkröten des östlichen Hinterindien. (20 S. m. 2 Taf.) gr. 8. Ebd. 903. n. — 80
Sonderabdruck aus: „Sitzungsber. d, k. Akad. d. Wiss."

Schildkröten von Madagaskar und Aldabra. Gesammelt von Prof. Dr. A. Voeltzkow. Bearb. von F[riedrich] **Siebenrock** in Wien. Mit 3 Taf. *(Frankfurt a. M.: M. Diesterweg in Komm. 1903.)* (S. 241—258.) 4°
— Abhandlungen hrsg. von d. Senckenbergischen naturforschenden Gesellschaft. Bd 27, H. 2, [4.] [04. 2070

Siebenrock, Fr., Schildkröten v. Madagaskar u. Aldabra. Jetzt: Frankfurt a/M. (Viktoria-Allee 7), Senckenberg. naturforsch. Gesellschaft.

— Schildkröten v. Ostafrika u. Madagaskar, s.: Reise in Ostafrika. II, 1.

Siebenrock, F., Über einige zum Teil seltene Schildkröten aus Südchina. [Aus: Sitzungsber. d. k. Akad. d. Wiss., mathem.-naturw. Klasse. Bd. CXVI.] Gr.-8°. (ill. 36 S. mit 1 Doppeltafel.) †
Wien: Hölder 1907. K 1.70

— Schildkröten aus Süd- u. Südwestafrika, gesammelt v. R. Pöch u. J. Brunnthaler. (28 S. m. 2 Fig. u. 4 Taf.) gr. 8. Wien 910. A. Hölder. 2. 50

— Schildkröten aus Süd- und Südwestafrika, gesammelt von Dr. R. Pöch und J. Brunnthaler (mit 1 Taf. und 2 Textfiguren). S. 119. I. 709 . . . . 2.50
Separatabdruck

Siebenrock, Frdr., über zwei seltene u. e. neue Schildkröte des Berliner Museums. (7 S. m. 1 Taf.) gr. 8. Wien 903. (A. Hölder.) n. — 50
Sonderabdruck aus: „Sitzungsber. d. k. Akad. d. Wiss."

Siebenrock, F., Über zwei seltene und eine neue Schildkröte des Berliner Museums. [Aus d. Sitzungsber. d. k. Akad. d. Wiss.] Gr.-8°. (7 S. mit 1 Tafel) † K —.50
Wien: Gerold 1904.

Siebenrock, Friedrich, Das Skelet der Agamidae. Mit 6 Tafeln. Gr.-8. (108 S.)
Wien: Gerold 1895.

Siebenrock, Friedrich: Das Skelett der Agamidae (mit 6 Taf.)
Separatabdruck aus: Sitzungsberichte d. Kais. Akademie d. Wissensch. in Wien. Bd. 104. I. S. 1089.

— das Skelet v. Brookesia superciliaris Kuhl. [Aus: „Sitzungsber. d. k. Akad. d. Wiss."] Lex.-8. (48 S. m. 4 Taf.) Ebd. 893. n. 1. 70

— das Skelet der Lacerta Simonyi Steind. u. der Lacertidenfamilie überhaupt. [Aus: „Sitzungsber. d. k. Akad. d. Wiss."] Lex.-8. (88 S. m. 4 Taf.) Ebd. 894. n. 2. 80

Siebenrock, Friedrich, Das Skelet von Uroplates fimbriatus Schneid. Mit einer lithogr. Tafel und 2 Abbildungen im Texte. (Aus den Annalen des k. k. Naturhistor. Hofmuseums.) Lex-8. (20 S.) In Comm. 1.—
Wien: Hölder 1893.

Synopsis der rezenten Schildkröten, mit Berücks. der in hist. Zeit ausgestorbenen Arten. Von F[riedrich] **Siebenrock**, Kustos. Jena: Fischer 1909. S. 427–618. 8° [Umschlagt.]
(Zoologische Jahrbücher. Suppl. 10, H. 3) [oo. 7073

— Synopsis der rezenten Schildkröten, s. a. Jahrbücher, zoologische. X. Suppl. 8.

Siebenrock, F., Zur Systematik der Schildkröten-Gattung Podocnemis Wagl. [Aus: Sitzungsber. d. k. Akad. d. Wiss.] Gr.-8°. (14 S. mit 1 Tafel.) † K —.50
Wien: Gerold 1902.

— zur Systematik der Schildkrötenfamilie Trionychidae Bell, nebst Beschreibung e. neuen Cyclanorbis-Art. (40 S. m. 18 Fig.) gr. 8. Wien 902. (A. Hölder.) n. 1. 30

Zur Systematik der Schildkrötenfamilie *Trionychidae* Bell, nebst der Beschreibung einer neuen *Cyclanorbis*-Art (mit 18 Textfiguren). S. 111. I. 807 . . . . 1.30
Separatabdruck

Siebenrock, F., Die südafrikanischen Testudo-Arten der Geometrica-Gruppe s. l. [Aus: Sitzungsber. d. k. Akad. d. Wiss., mathem.-naturw. Klasse.] Gr.-8°. (18 S. mit 5 Tafeln.)
Wien: Gerold 1904.

— über die Verbindungsweise des Schultergürtels m. dem Schädel bei den Teleosteoren. Eine morpholog. Studie. Lex.-8. (S. 105–141 m. 3 Taf.) Wien 901. A. Hölder. n. 4. —
Sonderabdr. aus: „Annalen d. k. k. naturhist. Hofmuseums".

— über Wirbelassimilation bei den Sauriern. [Aus: „Annalen d. k. k. naturhistor. Hofmuseums".] Lex.-8. (6 S. m. 2 Fig.) Ebd. 892. n. — 80

SIEBENROCK, Friedrich
Der Zungenbeinapparat und Kehlkopf sammt Luftröhre von Testudo calcarata Schneid. Von Friedrich Siebenrock. (Mit 1 Tafel.) (Aus den Sitzungsberichten der kaiserl. Akademie der Wissenschaften in Wien. Mathem.-naturw. Classe; Bd. CIX. Abth. I. Mai 1900.) Wien. 1900. In Comm. Gerold's Sohn. Gr.-8°. 8 S. K —.50

Siebenrock, J. F., mein Glauben u. Hoffen. 16. (9 B.) Baden 846, Zehnder. •

Siebenrock, Jos., Im Dorf, s. Familien-Bibliothek.

Siebenrock, Jos. Die Karlsruher Oper, s. Harder, Wilh. Das Karlsruher Hoftheater.

Siebenschein, Rud., u. Bikt. Lichtenstern, das Strafrecht der direkten Personalsteuern. Nach dem Gesetze vom 25. X. 1896, R. G. B. Nr. 220 systematisch dargestellt. (VII, 229 S.) gr. 8. Wien 904. Manz. n. 5. —; geb. n. 6. —

Siebenstern, Alban, Indianer- und Seegeschichten. 1.—12. Bdchn. 8. (Mit je 1 Titelbild.) Regensburg 885, Verlags-Anstalt, vorm. G. J. Manz. à Bdchn. ℳ 1.—.
Inhalt:
Bdchn. 1. Der Kriegszug nach dem Goldthale. Eine Erzählung aus dem mexikan. Indianerleben. Für die Jugend bearb. (154 S.)
" 2. Die Gefangenen der Apachen und ihre Befreier. Eine Erzählung aus Neu-Mexiko und dem angrenzenden Indianergebiete. Für die Jugend bearb. (160 S.)
" 3. Waldläufer und Goldsucher. Eine Indianergeschichte aus den Wildnissen Sonoras. Für die Jugend bearb. (157 S.)
" 4. Auf der Spur der Osagen. Eine Erzählung aus dem Leben der Missouriindianer. (159 S.)
" 5. Der rote Seeräuber. Eine Erzählung aus dem nordamerikan. Seemannsleben des vorigen Jahrhunderts. (160 S.)
" 6. Riff und Krater oder die Kolonie. Eine Geschichte aus dem Stillen Weltmeere. (158 S.)
" 7. Tanipucko, der letzte Nachkomme der Kaziken. Eine Erzählung aus Mexiko. (160 S.)
" 8. Kreuz und Tomahawk. Erzählung aus der Blütezeit der span. Missionen in Neu-Kalifornien. (160 S.)
" 9. Die Nordpolfahrer. Eine Erzählung aus der Eisregion. (159 S.)
" 10. Mahtochiga, der Häuptling der Schwarzfußindianer. Erzählung aus dem Leben der Missouristämme. (156 S.)
" 11. Der Sonnentiger. Erzählungen aus den Kriegen Chiles gegen die Aucasindianer. (160 S.)
" 12. Zwischen den Klippen. Eine Erzählung aus dem Seeleben. (151 S.)

Siebenstern, Alban, Indianer- u. Seegeschichten. 1—12. Bdchn. (Mit je 1 Titelbild.) 8. Regensburg 885. 86. Verlags-Anstalt. à 1. —
1. Der Kriegszug nach dem Goldthale. Eine Erzählg. aus dem mexikan. Indianerleben. (154 S.)
2. Die Gefangenen der Apachen u. ihre Befreier. Eine Erzählg. aus Neu-Mexiko u. dem angrenz. Indianergebiete. (160 S.)
3. Waldläufer u. Goldsucher. Eine Indianergeschichte aus den Wildnissen Sonoras. (157 S.)
4. Auf der Spur der Osagen. Eine Erzählg. aus dem Leben der Missouriindianer. (159 S.)
5. Der rote Seeräuber. Eine Erzählg. aus dem nordamerikan. Seemannsleben d. vorigen Jahrhunderts. (160 S.)
6. Riff u. Krater od. die Kolonie. Eine Geschichte aus dem Stillen Weltmeere. (158 S.)
7. Tanipucko, der letzte Nachkomme der Kaziken. Eine Erzählg. aus Mexiko. (160 S.)
8. Kreuz u. Tomahawk. Erzählung aus der Blüthezeit der span. Missionen in Neu-Kalifornien (160 S.)
9. Die Nordpolfahrer. Eine Erzählg. aus der Eisregion. (159 S.)
10. Mahtochiga, der Häuptling der Schwarzfußindianer. Erzählung aus dem Leben der Missouristämme. (156 S.)
11. Der Sonnentiger. Erzählg. aus den Kriegen Chiles gegen die Aucasindianer. (160 S.)
12. Zwischen den Klippen. Eine Erzählg. aus dem Seeleben. (151 S.)

Siebenstern, Christian Friedrich Sendimir von

Siebenstern, C. F. S. v., helles Licht und gerader Weg zu d. Naturgeheimnissen. 4. Cassel, Cramer. 725.

Chrysostomi Ferd. v. Sabor [d. i. Christian Friedr. Sendimir v. Siebenstern]: Practica naturae vera, oder Sonnenklare Beschreibung derer Natur-Geheimnisse, bestehend in wahrer Praeparation des lapidis universalis; samt einem kurtzem Anh. vom antimonio und dessen sonderbaren Kräfften. o. O.: 1721. Getr. auf Kosten der Rosencreutzer-Brüderschafft. 39 S. 1 Kpfr. 4°
Nach Kl. 2636 gibt es mehrere Ausg.

Siebentrieb, Ferd., der Knaben Kriegszug. Eine drollige Geschichte in Bildern für muntere Knaben. qu. 4. (16 S. mit 8 ill. Stnt. in Tondr.) Stuttgart 853, Thelius.

Siebentritt, E., Mirza Ascalon. Nach arab. Sprüchen aus dem Delta. 16. (16 S.) Königsberg 888. Bon's Buchh. n.n. — 50; geb. n.n. 1. —

Siebentritt, J.

—— der preussische Geschworene. Enthltd. die auf den Geschworenen-Dienst bezüglichen gesetzlichen Vorschriften der Verordnung vom 3. Januar 1849 u. des Gesetzes vom 3. Mai 1852 erläutert durch Entscheidungen des königl. Obertribunals. Nebst prakt. Anleitung zur Beantwortung der Schuldfragen. Danzig 868. (Kasemann.) 16. (32 S.) n. 5 ngr.

Siebentritt, J., der deutsche Schöffe u. Geschworene. 16. (45 S.) Danzig 881. Kasemann. n. — 50

Sieber. Dr. Ludwig S', geboren ... 1833, gestorben den 21. Oktober 1891. [Mit Porträt-Tafel.] 8. Basel 1891.

Sieber: Uebersicht der staatlichen Gestaltung Europas seit dem Untergange des weströmischen Reiches bis gegen die Mitte des 7. Jhrh. 11 S.–Salzburg, Progr. 1852

Sieber, Albert, Bischof Ivo von Chartres und seine Stellung zu den kirchenpolitischen Fragen seiner Zeit. Inaugural-Dissertation. gr.8. (41 S.) Braunsberg 885. (Königsberg i. Pr., Koch's Antiqu.) **

Sieber, Alb., die öffentlich rechtliche Stellung der Dampfschiffunternehmungen in der Schweiz. gr. 8. (136 S.) Zürich 892. Alb. Müller's Verl. n. 3. —
Zürich, Jur.Diss.

Sieber, C. G. B., Rede bei der ehel. Einsegnung d. Hrn. J. N. Rehlreber mit Dem. Projahn, d. 17. Aug. 1787 gehalten. gr. 8. Stendal 787. Franzen u. Gr. 2 gr.

— Trauerrede bei d. Sarge seiner geliebten Schwester, Frau S. Sieber, gehalten d. 11. April 1788. Stendal 788. Franzen u. Gr. 2 gr.

Sieber, Carl, s. Sieber, Karl.

Sieber, Chr. L., Predigt üb. die Pflichten christl. Unterthanen gegen ihre christl. Landesobrigkeit, üb. das Evangelium vom Zinsgroschen. gr. 8. Dresd. 793. Arnold. 6 gr.

Sieber, Eduard, Rechtspraktikant a. Germersheim: Beitrag zur Lehre vom Gefahrübergang beim Kauf nach römischem Recht und nach Bürgerlichem Gesetzbuch. Rostock 1904: Adlers Erben. (96 S.) 8°
Rostock, Jur. Fak., Ref. Matthiass, Diss. v. 15. Okt. 1904
[Geb. 15. Dez. 79 Germersheim a. Rh.; Wohnort: München; Staatsangeh.: Bayern; Vorbildung: Gymn. Colmar i. E. und München Reife M. 97; Studium: München 3, Leipzig 1, München 6 S.; Rig. 22. Okt. 03.]

Sieber, Elisabeth, Rittmeisters Fränzchen, s.: Solo-Scene.

Sieber, Ferdinand

Sieber, Ferd., kurze Anleitung zum gründl. Studium des Gesanges. In alphabet. Ordnung abgefaßt und „allen Freunden eines edlen Gesanges" gewidmet. 8. (84 S.) Leipzig 851(52,) Hinze. *

Sieber, Ferd., kurze Anleitung zum gründlichen Studium des Gesanges. (Abc der Gesangskunst.) 2., verm. u. verb. Aufl. Leipzig 865. Matthes. 8. (VIII, 90 S.) 15 ngr.

—— Aphorismen aus dem Gesangsleben. (Didaktisches, Humoristisches, Polemisches.) 8. (103 S.) Leipzig 865, Matthes.

Sieber, Ferd., die Aussprache des Italienischen im Gesange. Ein Leitfaden für den deutschen Sänger, Gesanglehrer und Musiker. gr. 8. (VIII und 31 S.) Nürnberg 860, W. Schmid. *

Sieber, Ferd., die Aussprache des Italienischen im Gesange, nebst einer Terminologie der musikalischen Ausdrücke, für den deutschen Sänger, Gesanglehrer u. Musiker. 2., verm. Aufl. gr. 8. (VIII, 46 S.) Regensburg 880. Coppenrath. n. 1. —

Sieber, Ferd., Handbuch des deutschen Liederschatzes. Ein Catalog von 10,000 auserlesenen, nach dem Stimmumfange systemat. geordneten Liedern, nebst einer reichen Auswahl von Duetten und Terzetten. gr. 8. (X, 226 S.) Berlin 875, C. Simon. *
geb. und durchschossen **

Sieber, Ferd., Katechismus der Gesangskunst, s.a. Weber's illustr. Katechismen. 12. Bd.

Sieber. Katechismus der Gesangskunst. — (Aus: „J. J. Weber's Illustrierte Katechismen" Nr. 12.) Leipzig 1871.

— Katechismus der Gesangskunst Mit vielen in den Text gedr. Notenbeispielen. 3., verb. Aufl. 8. (XVI, 192 S.) Leipzig 878. Weber. cart. n. 1. 50

Sieber, Ferd., Katechismus der Gesangskunst. Mit vielen in den Text gedr. Notenbeispielen. 4. Aufl. 8. (XVI, 198 S.) Leipzig 885. Weber. geb. n. 2. 40

Sieber, Ferd., Katechismus der Gesangskunst. Mit vielen in den Text gedr. Notenbeispielen. 5., verb. Aufl. 12. (XIV, 200 S.) Leipzig 894. J. J. Weber. Geb. in Leinw. n. 2. 50

Sieber, Ferd., praktisches Lehrbuch zur Selbst-Erlernung der italienischen oder doppelten Buchführung. Nebst gründlicher Anweisung über die Führung u. den Abschluß der Bücher. Berlin 863. (Th. Grieben.) gr. 8. (IV, 116 S.) n. 15 ngr.

Sieber, Ferd., praktisches Lehrbuch der Buchführung. Zur Selbst-Erlernung. 1. Thl.: Die italienische oder doppelte Buchführung nebst gründl. Anweisung über die Führung und den Abschluß der Bücher. 2. verm. und verb. Aufl. gr. 8. (IV, 151 S.) Berlin 870, Grieben. [Heilbronn, Gebr. Henninger.]
2. Thl. Einfache Buchführung. [Ebendas.] *M 1.

Sieber, Ferd., vollständiges Lehrbuch der Gesangskunst zum Gebrauche für Lehrer und Schüler des Sologesanges. (In 2 Lfgn.) 1. Lfg. gr. 8. (IV und S. 1—202.) Magdeburg 856, Heinrichshofen'sche Buchh. *

—— vollständiges Lehrbuch der Gesangskunst zum Gebrauche für Lehrer und Schüler des Sologesanges. 2. Lfg. gr. 8. (XVI und S. 203—561.) Magdeburg 858, Heinrichshofen'sche Buchh. *
1. Lfg. Ebendas. 1856. * 1 Thlr.

Sieber, Fr., Hülfsbuch z. 2n Cursus der französ. Sprachlehre J. Fr. Sanguin's, bestehend in e. französ. Uebersetzung der darin vorkomm. deutschen Uebungsstücke. gr. 8. Nürnb. 824. Monath u. K.

Sieber, (Fr. W.) zwölf Bußvermahnungen bei der allgem. Beichte vor unzahlreich. Gemeinden auf dem Lande. 8. Wittenberg 824, Zimmermann.

— Christus der Wiederhersteller aller menschl. Glückseligkeit. Ein Versuch zu einer Christologie für seine Katechumenen. 8. Wittenb. 824, Zimmermann.

Sieber, Franz: G e s c h i c h t e der Stenographie in Basel. (Mit 12 autogr. Taf.) Nach authent. Quellen bearb. Basel: C. Sallmann 1895. (160 S.) 8°

Sieber, F. Geschichtstafeln zu Gabelsberger's Leben und der Entwicklung seines Werkes, 1789 —1889. Nebst einer statistischen Uebersicht üb. die Verbreitung seines Stenographie-Systems. In-8°. 48 S. Basel, Buchdr. Kreis. 1890. 1 —

Franz Wilhelm Sieber

Ueber die Begründung der Radicalcur ausgebrochener Wasserscheu. Ein Vorw. von F[ranz] W[ilhelm] Sieber. München: Fleischmann 1820. VIII S., S. 10-128. 8°

Sieber (F. W.). Herbarium florae creticae . . . Vindob. 1820. fol.

Sieber, Franz Wilhelm: K a r t e von Jerusalem und seiner nächsten Umgebungen. Prag 1818.

— Karte von Jerusalem u. seinen nächsten Umgebungen. Geometrisch aufgenommen. Fol. Leipz. 823. (Fr. Fleischer). 1 ß 16 gr Velinp. 2 ß

Sieber, Frz. Wlh., üb. ägyptische Mumien, ihre Entstehung, Zweck u. Bereitungsart, nebst Verzeichniß meiner auf einer Reise durch Creta, Aegypten u. Palästina gesammelten Alterthümer, Natur- u. Kunstprodukte. gr. 8. Wien 820. Gräffer. (Fleischmann in Münch.) 9 gr (Liebeskind in Leipz.) 12 gr

Sieber, (F. W.) Reise von Cairo nach Jerusalem u. wieder zurück, nebst Beleuchtung einiger heiligen Orte. Mit 3 Kpfr. gr. 8. Prag 824, Neureuter. (Leipz., Fr. Fleischer.)

— Reise von Cairo nach Jerusalem u. wieder zurück, nebst Beleucht. einiger heil. Orte. Mit 3 Kpf. gr. 8. Prag 826. Neu:

— Reise nach der Insel Kreta im griech. Archipel im J. 1817. 2 Bde in gr. 8. Mit 14 Kupfertaf. u. Charten in 8. u. Fol. Leipz. 822, Fr. Fleischer.

Sieber, F. W.: Reise nach der Insel Kreta im griechischen Archipelagus im Jahre 1817. Mit Kupfern und Karten. Bd. 1. 2. Leipzig u. Sorau 1823. 2 Bde. (XIV, 548; IV, 328 S.) 8°. [G 755

Sieber, Franz Xaver

Sieber, Frz. Xav., Jesus Christus, der wahre lebendige in das Reich des ewigen Lichtes und in die glückseligen Wohnungen des ewigen Friedens führende Leuchtstern. Ein Lehr- u. Gebetbuch zur kirchl. u. häusl. Erbauung für frommgläub. u. gutgesinnte kathol. Christen. 6. stark verm. u. verb. Aufl. (Mit Titelbild.) 8. Augsburg 842. (Regensburg, Manz.) 2/3 ß — 7. stark verm. u. verb. Aufl. gr. 8. Ebend. 843. 2/3 ß — 8. Aufl. ... 9. stark verm. Aufl. Mit 1 Stahlst. gr. 12. Augsburg 845, Herzog. (Regensb., Manz.) 2/3 ß

Sieber, Frz. Xav., Jesus Christus, der wahre lebendige in die ewigen Lichtwohnungen führende Leuchtstern. Ein Lehr- u. Gebetbuch f. kathol. Christen, welche in die ewigen Lichtwohnungen einst eingelassen u. aufgenommen zu werden vor Allem suchen. Nebst einer frommen Mitgabe. Mit 1 Stahlst. 13. stark verm. u. verb. Aufl. gr. 8. (560 S.) Augsburg 850, Herzog. (Regensburg, Manz.) 3/4 ß

—— Jesus Christus, der wahre lebendige in die ewigen Lichtwohnungen führende Leuchtstern. Ein vollständ. Gebetbuch für kathol. Christen. Auszug aus dem größern Werke „Leuchtstern." 12. (15 1/6 B. u. 1 Stahlst.) Augsburg 844, Herzog. (Regensburg, Manz.) -

Sieber, Frz. Xav., der Ruf in's Land der Seligen. Ein Gebet- und Erbauungsbuch für katholische Christen, auch besonders für jene, welche sich gern befleißen, die Seligen zu verehren rc. Mit 1 Stahlst. 16. Aufl. Augsburg 854. (Regensburg, Manz.) 8. (VIII, 424 S.) 12 1/2 ngr.

Sieber, Frz. Xav., der Ruf in's Land der Seligen. Ein Gebet- u. Erbauungsbuch für kathol. Christen, auch besonders für jene, welche sich gern befleißen, die Seligen zu verehren u. um ihre Fürbitte bei Gott anzurufen pflegen; wie auch für die Kranken u. überhaupt für Alle, welchen es wahrhaft Ernst ist, in's Land der Seligen einst glücklich zu gelangen. 17. Aufl. Augsburg 866. Kranzfelder'sche Buchh. 16. (XVI, 463 S. mit 1 Stahlst.) 12 ngr.

Sieber, Frz. Xaver, die rufende Stimme, od. Anweis. zu ein gottsel. Lebenswandel u. zu ein. glücksel. Tode. Ein Andachtsb z. kirchl. u. häusl. Erbau. f. frommgläubige u. gutgesinnte kathol. Christen rc. 4., verm. u. verb. Aufl. 8. (30 B. u. Titkpfr.) Augsburg 840. (Regensburg, Manz.) Thlr.

Sieber, Friedrich, prakt. Arzt in Buttenheim: Ueber die durch Syphilis und Tuberkulose erzeugten Schädelzerstörungen. *Erlangen 1900: A. Vollruth.* (36 S.) 8°
Erlangen, Med. Diss. v. 24. Juli 1899

Sieber, Fritz Walther: Ueber C y s t e n n i e r e n bei Erwachsenen. Leipzig 1905: A. Pries. (108 S.) 8°
Leipzig, Med. Fak., Ref. Trendelenburg, Diss. v. 30. Okt. 1905

Sieber, Georg *(geb. Ober-Schreibendorf in Schles. 9. 1. 1857)*: Haltung Sachsens gegenüber Heinrich IV. von 1083—1106. Breslau (1883). (74 S.) 8° *[Im Buchhandel 1883 bei Görlich & Coch in Breslau.]*
Breslau, Phil. Diss. v. 21. [vielmehr 23.] Mai 1883

Sieber, Georg Bonifaz

Programm. Von G. B. Sieber, P. — Motto: „Für den Menschen ist es passend, auf die Seele mehr als auf den Körper Rücksicht zu nehmen; denn eine recht vollkommene Seele verbessert ihrer Hülle schlechte Beschaffenheit; der Hülle Stärke aber ohne Verstand macht die Seele um nichts besser." Democrit. — 1829. Ebend. S. 3—7.
Progr. Straubing.

Sieber, Gottfried

Sieber, Gfr., s.: Zola's, Emil, Mädchen- u. Frauengestalten.

Sieber, Gustav A[dolf]. Eine neue Heilmethode! Die Krankheiten der Verdauungsorgane, des Mundes, Schlundes und der Zähne, des Magens, Darmkanals und Bauchfells, der Leber und Gallenwege. Symptome und Behandlung mittelst meiner arzneilosen Heilweise durch Kräutermischungen und Diätkuren, gegründet auf eine 20jährige Praxis. Ein zuverlässiger Ratgeber für Kranke, Rekonvaleszenten und Gesunde. VIII + 116 S. 8. (Basel, E. Buchmann-Schurter, 1905.) [fr. 3. —]

Sieber, Hans, a. Meiningen: Die Verwendung des Tripelspiegels bei der Messung der Lichtgeschwindigkeit nach der Methode von Foucault. Leipzig: Barth 1908. 26 S. 8°
Jena, Phil. Diss. v. 25. Sept. 1908, Ref. Straubel
[Geb. 14. Juli 83 Sonneberg; Wohnort: Jena; Staatsangeh.: Sachsen-Meiningen; Vorbildung: Realgymn. Meiningen Reife O. 03; Studium: Leipzig 2, Jena 7 S.; Rig. 4. Juli 08.] [U 09. 2225

Sieber, Hans (geb. Berlin 8. 7. 1858): Ueber den Zusammenhang von Chorea und Gelenkrheumatismus. Berlin (1882). (42 S.) 8°
Berlin, Med. Diss. v. 28. Febr. 1882

Sieber, Hans Friedrich [aus München]: Zur vergleichenden Anatomie der Arterien der Bauch- und Beckenhöhle bei den Haussäugetieren. Mit 6 Tafeln und 19 Textfiguren. Dresden (a. d. Umschlag: Zürich.) 115 S. 8°. [30. IV. 04.]
Zürich. Phil. Diss. II. S. 1903/1904.

Sieber, Hans Friedrich. Zur vergleichenden Anatomie der Arterien der Bauch- und Beckenhöhle bei den Haussäugetieren. Diss. Phil. [II.]Univ. Zürich. Mit 6 Tafeln und 19 Textfiguren. 116 S. 8. Zürich (Buchdr. Arthur Schönfeld in Dresden), 1903.

Sieber, Heinrich, Assistenzarzt an d. chirurg. Abt. d. Augusta-Hosp. in Berlin: Aus d. Kgl. Universitäts-Frauenklinik Tübingen. Ueber die Drainage der Beckenbauchhöhle auf Grund von 315 diesbezügl. Fällen aus der Frauenklinik Tübingen. *Tübingen: F. Pietzcker 1903.* (91 S.) 8°
Tübingen, Med. Diss. v. 1903

Abriss der alten Geschichte von H[ermann] **Sieber**. *[Breslau: F. Hirt 1900.]* (16 S.) 8° [Kopft. F.]
— **Realienbuch**, F. Hirts. No 10. [01. 10058

Abriß der alten Geschichte von H[ermann] Sieber. 8. Aufl. *[Breslau: F. Hirt 1903.]* (16 S.) 8° [Kopft. F.]
— **Realienbuch**, F. Hirts. No 10. [04 2733

Abriß der alten Geschichte von H[ermann] **Sieber.** (9. Aufl. Breslau: F. Hirt [1905].) (16 S.) 8° [Kopft. F.]
— **Realienbuch**, F. Hirts. No 10. [06. 10900 2

Sieber, H., Abriß der alten Geschichte, } f. a. Hirt's, Ferd., Realienbuch.

Geschichte von H[ermann] **Sieber.** Mit 2 Abb. 4., verb. Aufl., in d. neuesten amtl. Rechtschreibung. Breslau: F. Hirt 1903. (80 S.) 8° [F.]
— **Nowack**, Hugo: Der Unterricht in d. Realien. T. 2. [06. 4060

Geschichte. Ausg. f. ev. Schulen, bearb. von H[ermann] **Sieber**. Grössere Ausg. ⟨B⟩. 7., nach d. neuesten Bestimmungen umgearb. Aufl. *Breslau: F. Hirt 1899.* (94 S.) 8° [F.]
— **Realienbuch**, F. Hirts. No 5. [01. 10053

Geschichte. Ausg. f. ev. Schulen, bearb. von H[ermann] **Sieber**. Größere Ausg. ⟨B⟩. 8., durchges. ⟨Ster.⟩ Aufl. Breslau: F. Hirt 1901. (94, 16 S.) 8° [F.]
— **Realienbuch**, F. Hirts. H. 5. [06. 4084

Geschichte. Ausg. f. evang. Schulen bearb. von H[ermann] **Sieber.** Größere Ausg. ⟨B.⟩ 9., nach d. neuen Rechtschreibung geänderte Aufl. Breslau: F. Hirt 1905. (94, 16 S.) 8° [F.]
— **Realienbuch**, F. Hirts. No 5. [06. 913

Geschichte. Ausg. f. evang. Schulen, bearb. von H[ermann] **Sieber**, Sem.Lehrer. 10. Aufl. (Mit e. Bilderanh. u. 3 Karten.) Breslau: F. Hirt 1908. (94, 16 S.) 8° [F.]
— **Realienbuch**, F. Hirt's. No 5. Größ. Ausg. ⟨B.⟩ [08. 6984

Geschichte, Ausg. f. Simultan-Schulen, bearb. von H[ermann] **Sieber.** Größere Ausg. ⟨B⟩. 5., durchges. Aufl. Breslau: F. Hirt 1900. (94 S.) 8° [F.]
— **Realienbuch**, F. Hirts. H. 20. [06. 4088

Geschichte. Ausg. f. Simultan-Schulen. Bearb. von H[ermann] **Sieber.** Größere Ausg. ⟨B.⟩ 6., nach d. neuen Rechtschreibung geänd. Aufl. Breslau: F. Hirt 1904. (94, 16 S.) 8° [F.]
— **Realienbuch**, F. Hirts. No 20. [06. 917

Sieber, H., Geschichte, f. a. Hirt's, F., Realienbuch.

Kleine Geschichte. Nach d. Allerh. Bestimmungen f. ev. Schulen bearb. von H[ermann] **Sieber.** SA. aus d. Kleinen Ausg. ⟨C⟩ in 1 Bde. Breslau: F. Hirt 1895. (32 S.) 8° [Umschlagt. F.]
— **Realienbuch**, F. Hirts. No 31. [06. 4093 2

Kleine Geschichte. Nach d. Allerh. Bestimmungen f. ev. Schulen bearb. von H[ermann] Sieber. 2., durchges. **Aufl., gedr. in der vom K. Preuß. Kultusmin. angeordn. neuen Rechtschreibung.** *Breslau: F. Hirt 1902.* (36 S.) 8° [Umschlagt. F.]
Aus: F. Hirts Realienbuch, Kleine Ausg.
— **Realienbuch**, F. Hirts. No 31.

Sieber, H., f.: Hirt's, F., Realienbuch.

— f.: **Ratgeber zur Vorbereitung auf die zweite Lehrerprüfung.**

— Stoffe für den Unterricht in den Realien, } f. Hirt's, F., Realienbuch.

— der Unterricht in den Realien, f.: Nowack, H.

Sieber, J., das Recht der Expropriation, m. besond. Berücksicht. der schweizerischen Rechte. 8. (IX, 265 S.) Zürich 889. Orell Füssli Verl. n. 4. 50

Sieber, J. G., Geschichte u. Kritik d. deutschen Schullesebücher, f.: Krumbacher, C. J.

Sieber, J. G., vaterländ. Lesebuch, f.: Lange, Karl.

— u. **G. Stephan, Leseschule. Fibel zum vaterländ. Lesebuche. (A.) (121 S. m. Abb.) gr. 8. Leipzig 910. J. Klinkhardt. Geb. — 60**

— dasselbe. (B.) (98 S. m. Abb.) gr. 8. Ebd. 910. Geb. — 50

Sieber, J[acob]. Das Staatsbürgerrecht im internationalen Verkehr, seine Erwerbung und sein Verlust. 2 Bände. gr.-8. Bern, Stämpfli & Cie., 1907. [*zus.* fr. 24. —, geb. 30. —]
Band 1. XX + 618 S. — Band 2. ⟨Beilagen.⟩ XII + 410 S.

Sieber, Jakob Gottlieb

Sieber, Jac. Gtl, Abhandlung v. d. Macht d. Reichsstände und Gerichtsherren, selbst Recht zu sprechen. 8. Goslar. (Vandenhök u. R. in Götting.) 773.

Sieber, Jak. Gtl., († d. 18. Jan. 1794.) Abhandl. von der Macht d. Reichsstände u. Gerichtsherrn, selbst Recht zu sprechen. 8. Götting. u. Kiel 774. 2e Aufl. (blos neues Titelbl.) 785. (Vandenhoeck u. R.) 16 ß

— Abhandl. von d. Nothwendigkeit, den Appellaten vor Abänderung des vorigen Erkenntnisses zu hören, nach d. gemeinen u. [illegible]prozeß. 4. Götting. 761.

Sieber, Jak. Gll.: „Abhandlung von den Schwierigkeiten, in den Reichsstädten die Reichsgesetze von 1731 wegen der Missbräuche bey den Zünften zu vollziehen", Goslar 1772 (Hechtel).

Sieber, Jakob Gottlieb (Ülzen) A. S. 572/24a

Dissertatio iuridica inauguralis an ex confirmatione hypothecae iudex ad id quod interest teneatur. Göttingen (Schulz) IV. 1758. 28 S.

Gew.: Den Staatsräten von Braunschweig-Lüneburg.
32585

Sieber, Jac. Gottl.: De contumaciae ante litis contestationem in causis civilibus a reo commissae effectibus praesertim ad ius Brunsvico-Luneburgicum commentatio. Gottingae 1757.

Sieber, Jakob Gottlieb (Ülzen) A. S. 87/23

Observationes iuris communis et Brunsvico-Luneburgici de demonstratione in possessorio momentaneo et de remediis contra sententias in caussis possessoriis quoad effectum suspensivum haud admittendis. Göttingen (Schulz) 1759. 60 S.

Gew.: Burkard Christian Fhr. von Behr.
32586

— Commentatio de nullitatis querela ex processus vitio orta, praesertim ad jus Brunsvico-Luneburgicum. 4. Götting. 757.

Sieber, Jac. Gottl.: De nullitatis querela ex processus vitio orta praesertim ad ius Brunsvico-Luneburgicum commentatio. Gottingae 1758.

SIEBER, Jac. Gli.: Sendschreiben von d. Nutzbarkeit d. Erlernung des kammergerichtl. Prozesses aus verschied. Hof- u. Gerichts-Ordnungen gezeiget. *Götting.*, Vandenhöck u. Ruprecht. 761. 4. (2 Gr.)

SIEBER, Jac. Gll.: Vers. e. Anleit. z. gerichtl. Process. *Gött.*, Bossiegel. 761. 1r Th. N. A. 775. 8. (1 Thl.)

— Versuch e. Anleit. z. gerichtl. Proceß. 8. Götting. 761. 2e A. 775. Vandenhöck u. R. 1 ß

Zur Geschichte des Reichsmatrikelwesens im ausgehenden Mittelalter (1422-1521). Von Dr. phil. Johannes **Sieber**. Leipzig: Quelle & Meyer 1910. 106 S. 8°
(Leipziger Historische Abhandlungen. H. 24.) [illegible]

Sieber, Joh., zur Kenntniss der nordböhmischen Braunkohlenflora. Lex.-8. (35 S. mit 5 lithogr. Taf.) Wien 880, (Gerold's Sohn.) *
Aus: Sitzungsberichte der k. Akademie der Wissenschaften, besonders abgedruckt.

Sieber, Johann Gottfried [Praes.], s. B o s e , Johann Georg: Selecta capita fideicommissorum familiae.

Sieber, Johann Gottfried [Praes.], s. K e y s e r , Heinrich Johann: De argentariis.

Sieber, Johann Gottfried (Leipzig) A. S. 1328/29

Dissertatio de Xiccone Polentono cancellario Patavino historiae litterariae saec. XV. in Italia instauratore. Präs. Johann Erhard Kapp. Leipzig (Langenheim) 19. XII. 1733. 7 Bl., 66 S.

Gew.: Johann Dietrich von Schoenberg. 32587

Sieber, Josef Beirût-Baalbek-Damaskus. Eine Reiseerinnerung. (19.—28. August 1890.) (Umschlagtitel: ... eine Reiseerinnerung. 8 (S. 3—42, 1 Karte).
Progr. K. k. Staats-Ober-G. *Leitmeritz in Böhm.* 1892.

Sieber, Josef Mitteldeutsche Bruchstücke. 27 S. 8. G. *Leitmeritz* 1883.
Progr.

Sieber, Josef: Katalog der Lehrer-Bibliothek des k. k. Staatsgymnasiums in Leitmeritz. I. Theil: Encyklopädie. Philosophie und Ästhetik. 1900. (Umschlagtitel: ... Lehrerbibliothek, 1. Theil.) 8 (S. 27—32).
Progr. K. k. Staats-Oberg. *Leitmeritz in Böhm.* 1900.

Sieber, Josef:
Vom Ladoga-See (Umschlagtitel: ... Reisebilder). 8 (S. 3—26). **Progr.** K. k. Staats-Oberg. *Leitmeritz i. Böhm.* 1900.

Sieber, Josef: Ein Streifzug durch Finnland. Helsingfors—Ikaalinen, Tammerfors, Kangasala—Nyslott, Punkaharju, Imatra. 8 (S. 3—45, 1 S. unp., 3 Karten).
Progr. K. k. Staats-Oberg. *Leitmeritz i. Böhm.* 1897.

Sieber, Jos., üb. Trimethylenimin, e. neue Synthese v. β-Picolin u. üb. Diaethylendiamin. Diss. gr. 8. (36 S.) Breslau 891. (L. Köhler.) n. 1. —

Sieber sen., Carl, der projectirten Gößnitz-geraer Eisenbahn Nützlichkeit, Nothwendigkeit und Rentabilität beleuchtet. gr. 8. (20 S.) Ronneburg 859, Hofmeister. *

Sieber, Ludwig (Hrsg.), s. C a r p e n t a r i u s , Gg.: Informatorium bibliothecarii Carthus. domus Vallis b. Margarethae in Basilea minori.

Sieber, Ludwig s. Erasmus, (Desiderius). Das Testament des E.... Basel 1889 — Fabricius Montanus, Johannes. Joannis Fabricii Montani... de Wilhelmo Thellio elegia. Basel 1886 — Fichet, Guillaume. Guillermi Ficheti... epistola. Basileae 1887.

(Sieber, Ludw., Bibliothekar), Der Fischraigel. E baselditsch Jagdgschichtli vom Ludwig in der Iseburg. 16 Stn. 8. O. O. u. Verl. 1872.

(Sieber, Ludwig.) Inventarium über die Hinterlassenschaft des [Desiderius] Erasmus vom 22. Juli 1536. ([Mit Vignetten. Hrg. von] L. S.) 8. [Basel 1889.]

Siber, Dr. L., Der Kasper vo Binze. E haimelig Gschichtli, wo der Franz vo K o b e l l z' Minche ersunne und der Baslerbeppi am Rhisprung (Dr. L. S i b e r) us em Oberhairischen ins Baselditsch ibersetzt hat. 15 Stn. 8. Basel, Schwighuserei. 1874

(Siber, Dr. Ludwig), 'S Liebes-Exame. E lustig Hirothsgschichtli, wo der Franz vo Kobell z' Minchen ersunne und der Baslerbeppi am Rhisprung us em Oberbairischen ins Baselditsch übersetzt hat. 15 Stn. 16. Basel, Schwighuserei. 1873.

(Sieber, Ludwig.) Das Mobiliar des (Desiderius) Erasmus. Verzeichniss vom 10. April 1534. ([Mit Vignetten. Hrg. von] L. S.) 8. [Basel 1891.]

Sieber, Ludwig. Neue Nachrichten über das Erdbeben von 1356. Vorgetragen in der Zusammenkunft der historischen und der antiquarischen Gesellschaft den 11. Oktober 1874. (Mit 2 Beilagen.) [SA.] 8. [Basel 1875.]

Sieber, Ludwig. Karl Friedrich Zelter (1758–1832) und der deutsche Männergesang. [Progr.] 8. Basel 1862.

Sieber, Max: Ueber A n t i s e p s i s in der Geburtshülfe ... Erlangen: Aug. Vollrath. k. b. Hofbuchdr. (1887). 12 S. 8°
Würzburg, Med. Fak., Inaug.-Diss. v. 1887

Sieber N. und Smirnow A. [illegible]
im [illegible] vgr.
Separatabdruck

Sieber, Oskar

Sieber, Osk., d. Ergebnisse d. im Königr. Sachsen in d. letzten 60 Jahren u. seit der ersten allgem. Aufnahme v. J. 1834 vorgekomm. Viehzählgn., s.: Zeitschrift d. k. sächs. statist. Bureaus.

Sieber, Philipp

Sieber, Ph., die Forsten des regierenden Fürstenhauses Reuß j. L. in der Zeit vom 17. bis zum 19. Jahrh. Ein Beitrag zur Geschichte des deutschen Waldes. gr. 8. (VII, 171 S.) Berlin 902. J. Springer. n. 3.—

Sieber, Richard: Über die B e f e s t i g u n g des Rectums nach Nikoladoni, ein Beitrag zur Technik der Mastdarmoperationen. Breslau 1900: Bresl. Genossenschafts-Buchdr. (31 S.) 8°
Breslau, Med. Diss. v. 24. Febr. 1900

Sieber, Samuel

Sieber, Sam., Arznei der Seele f. Kranke u. Leidende jeder Art, doch auch f. Gesunde. 6. Aufl. m. e. zeitgemäßen Anh. 16. (48 S.) Breslau 872. Goerlich. n. — 20

—— die Wunderschau in der heiligen Nacht, oder die Wanderung des Christen zum Ziele des wahren Heiles. Ein religiöses Betrachtungsbuch für Jedermann. 5. Aufl. 8. (X, 358 S. mit 1 Stahlst.) Wien 869, Sartori.

Sieber, Sam., die Wunderschau in der heiligen Nacht, oder die Wanderung des Christen zum Ziele des wahren Heiles. Ein religiöses Betrachtungsbuch für Jedermann. 6. Aufl. 8. (XII, 358 S. mit 1 Stahlst.) Regensburg 879, Manz.

Sieber, Wilhelm [aus Landshut]: Über Abkömmlinge des Anhydroformaldehyd-p-Toluidins ... München, Buchdr. v. J. Fuller, 1897; 28 S., 2 Bl. 8.
Erlangen, Phil. Fak., Inaug.-Diss. v. 14. Juli 1897

SIEBER, WILHELM. Ueber die Darstellung von Zinkalkylen und die Einwirkung von Zinkmethyl auf Paranitrobenzoylchlorid. (Freiburg im Breisgau) Reichenberg, *n. d.* [1883 ?].

Sieber, (Gust. Eduard.) Guil. (geb. Berlin 31. 10. 1814): De signis graviditatis haud raro fallacibus. Berolini (1838). (31 S.) 8°
Berlin, Med. Diss. v. 25. Sept. 1838

Sieber, Guil., de signis graviditatis haud raro fallacibus. Dissert. inaug. med.-obstetritia. 8maj. (2 B.) Berolini 838, (Wolff et Comp.?)

Sieber, Wlh., de signis graviditatis haud raro fallacibus. Dissert. inaug. medico-obstetritia. 8maj. Berolini 838. (Wolg.) 1/6 ₰

Sieberer, Karl, a. Eßlingen: Die Pleurotomarien des schwäbischen Jura. Stuttgart: E. Schweizerbart 1907. (63 S.) 4° ¶(Aus: Palaeontographica Bd 54.)
Tübingen, Naturw. Fak., Ref. Koken, Diss. v. 16. Dez. 1905
[Geb. 25. Febr. 77 Eßlingen; Wohnort: Tübingen; Staatsangeh.: Württemberg; Vorbildung: Volksschullehrer, Oberrealsch. Eßlingen Reife Sommer 02; Studium: T.H. Stuttgart 2, Univ. Tübingen 5 S.; Coll. 16. Dez. 05.]

Sieberer, Karl, Die Pleurotomarien des schwäbischen Jura. ⟨S. 1–68. Taf. 1–5.⟩ Stuttgart: E. Schweizerbart 1907. (68 S.) 4° [Umschlagt.] = **Palaeontographica.** Bd 44, Lfg 1. [07. 7760

Sieberer, M.: Die Lektüre der griechischen Klassiker in ihrer Beziehung auf die religiös-sittliche Bildung der Gymnasialjugend. 10 S.– Kremsmünster, Progr. 1854.

Sieberg, Aug., der Erdball, seine Entwicklung u. seine Kräfte. Gemeinverständlich dargestellt. 57 Bildertaf. in Schwarz- u. Mehrfarbendr., 1 Karte u. 410 S. Text m. 254 Abb. (XVI, 894 S.) Lex. 8. Esslingen (908). J. F. Schreiber. 15.—; geb. in Leinw. 18.—; auch in 20 Lfgn. à — 75

Sieberg. August: Japanische Erdbebenstudien. ([S.-A.] Die Erdbebenwarte. No 3 u. 4.) Laibach 1902. 6 S. 8°. [B 6544

Sieberg, Aug., Handbuch der Erdbebenkunde. Mit 113 Abbildgn. u. Karten im Text. (XVIII, 362 S.) gr. 8. Braunschweig 904. F. Vieweg & Sohn. n. 7.50

Sieberg, August: W e t t e r b ü c h l e i n. Eine erste Einführung in die atmosphärischen Vorgänge. Mit zahlr. Abb. u. Kt. Stuttgart: Kosmos (1910). 104 S. 8°

Sieberg, N., Geschichte der Pfarre und der Pfarrkirche St. Jakob in Aachen. kl. 8. (200 S. mit Abbild. der neuen Kirche und 1 Taf.) Aachen 884, Creutzer. *

Sieberg, Victor: B e i t r ä g e zur Statistik der Cervixmyome ... Marburg: Buchdr. O. Ehrhardt 1891. 47 S., 1 Bl. 8°
Marburg, Med. Fak., Inaug.-Diss. v. [11. Jun.] 1891

Sieberger, Josef: Über die L e m n i s c a t e. Aachen 1864. 18 S. 4°. Schul-/Univ.-Schrift

Sieberger, Joseph, Resultate der in den Jahren 1872—77 und theilweise früher an der meteorologischen Station zu Aachen angestellten Beobachtungen.
(Im Programm der Realschule erster Ordnung zu Aachen, für Ostern 1877 bis Ostern 1878.) Aachen 1878. (9481)

Sieberger, Jos. Resultate der in den Jahren 1872—77 und teilweise früher an der meteorologischen Station zu Aachen angestellten Beobachtungen. Ein Beitrag zur Klimatologie Aachens. 46 S. — Zur Klimatologie Aachens. II. Teil. XXXV S.
Progr. Rg. *Aachen* 1878. 1885.

Sieberger, J., Und dennoch bewegt sich die Erde! Widerlegung der nach Dr. C. Schöpffer „unwiderleglichen Beweise" für das Feststehen der Erde. Saarlouis. 854. Stein. 8. (41 S.) 7½ ngr.

Siebern, Heinrich

— **u. H. Brunner, die Bau- u. Kunstdenkmäler im Kreise Grafsch. Schaumburg, s.: Bau- u. Kunstdenkmäler, die, im Reg.-Bez. Cassel. III.**

Siebern, Heinr., s.: Kunstdenkmäler, die, der Prov. Hannover.

Das Königliche Schloss in Celle ... Bearb. von Heinrich **Siebern.** Mit 17 Taf. u. 15 Textabb. Hannover: Prov.-Verwaltung 1907. (IV, 35 S.) 4°
Aus: Kunstdenkmäler d. Prov. Hannover. Bd 3. [08. 14131

— Das königl. Schloss in Celle. Hrsg. v. der Prov.-Kommission z. Erforschg. u. Erhaltg. der Denkmäler in d. Prov. Hannover. (IV, 85 S. m. 15 Abb. u. 17 Taf.) Lex. 8. Hannover 907. (Th. Schulze.) Geb. in Leinw. 2.50
Sonderabdr. a.: „Die Kunstdenkmäler d. Prov. Hannover".

Siebers, Ernst [aus Stollberg]: Ein Fall von supravaginaler Amputation des myomatös vergrösserten Uterus. Torsion des Uterus.... Jena, Druck v. B. Engau, 1888; 36 S. 8°
Jena, Med. Fak., Inaug.-Diss. v. [20. Dez.] 1888

Siebert, biblische Geschichte, s. **Geschichte,** biblische.

Siebert, Gebr.: Haupt-Catalog für das Geschäftsjahr 1895—1896 über Leinenstoffe usw. Königsberg i. Pr. (1896)

Die Collection der Königlichen Hoflieferanten Gebrüder **Siebert** zu Königsberg i. Pr. auf der Ersten Ostpreussischen Ausstellung für Volkswohlfahrt und Gesundheitspflege zu Insterburg, 22. Juni–6. Juli 1902. Mit e. Anh.: Prakt. Winke über sachgemässe Wäschebehandlung u. Flecken-Reinigungsmittel. Kalendarium f. 1903. *(Königsberg i. Pr. 1902: Ostpr. Dr. u. Verlagsanst.)* (24 S.) 8° [J. u. Ant.]

Siebert, Leitsätze zur Beantwortung der Frage: „Was kann seitens der kirchl. Organe zur Bekämpfg. der Alkoholgefahr in der Gemeinde geschehen?" Umschlag: Die evangelische Kirche im Kampfe gegen den Mißbrauch geistiger Getränke. Vortrag, geh. in der Synode der Diözese Hanau am 13. IX. 1906.) (18 S.) gr. 8. Berlin 906. Mäßigkeits-Verlag. n. — 30

Siebert und Lorenz, erstes Lesebuch für kathol. Schulen, s. Lorenz.

Siebert, üb. d. Streifzug Thielmanns im Feldzuge 1813. M. e. Skizze. Nach Acten d. k. u. k. Kriegs-Archives. [Aus: „Mittheilgn. d. k. u. k. Kriegs-Archives".] gr. 8. (III, 32 S.) Wien 895. L. W. Seidel & Sohn. n. 1. 60

Siebert, A., das Königreich Bayern. Kupferstich u. illum. Imp.-Fol. Nürnberg 841. (Leuchs u. Co.) 2/3 ß

Siebert, A., das Königreich Bayern 1850. Maasstab 1 : 855,000. 2. bericht. Aufl. gr. Fol. Kpfrst. u. color. Nürnberg 850, Leuchs & Co. in Comm. 1/2 ß

— Europa und das Osmanische Reich in Asien im Maaßstab von 1/20.000.000, Uebersichts- und Entfernungs-Karte für Gymnasien u. höh. Bürgerschulen. Kupferstich u. illum. Fol. (Nebst Uebersichts- u. Entfernungstaf.) Ebend. 841. n. 1/6 ß

Siebert, A., ist die Feuerbestattung gerechtfertigt? Im Auftrage der bern. Genossenschaft f. Feuerbestattg. bearb. gr. 8. (12 S. m. 1 Längsschnitt.) Bern 893. A. Siebert. n. — 10

— das Erzherzogthum Oesterreich. gr. Fol. Kpfrst. u. color. Ebd. 850, in Comm. n. 2/3 ß

— Post- u. Schul-Karte v. Kurhessen nach der v. Humbertschen Karte in 4 Bl. bearb. Imp. Fol. Kpfrst. u. color. Cassel 849, Luckhardt. n. 1/3 ß

— Special-Atlas vom Preuss. Staat in 7 (lith. u. col.) Blättern. Imp.-Fol. Nürnberg 845 — 49, Leuchs & Comp. in Comm. n. 4 ß

Siebert, A., Specieller Uebersichts- und Reise-Atlas von Deutschland Nr. 2—13. Nürnberg, Leuchs u. Co., 1842—49. Roy.-Fol. Kpfrst. u. kolor. (7 1/3 ß)

Nr. 2. Das Königreich Bayern. 1842.
„ 3. Die Schweiz. Nebst Höhen-Profilen u. farbigen Abbildgn. der Wappen der Schweiz. 1842.
„ 4. Das Königreich Württemberg, das Grossherzogthum Baden u. die Fürstenthümer Hohenzollern-Hechingen u. Sigmaringen, nebst dem Königl. Bayerschen Regierungs-Bezirk Pfalz. 1843.
„ 5. Grossherzogthum u. Kurfürstenthum Hessen, Herzogthum Nassau, Fürstlich-Waldeck'sche Länder, Fürstenthum Birkenfeld, Landgrafschaft Hessen-Homburg u. freie Stadt Frankfurt. (Nebst: Mainz, Taunus-Bahn, Frankfurt, Kreis Schaumburg u. 2 Vignetten.) 1844.
„ 6. Königreich Sachsen, Grossherzoglich und Herzoglich Sächsische, Fürstlich Schwarzburgische und Reussische, auch Anhaltische Länder. (Nebst: Dresden, Leipzig u. 2 Vignetten.) 1845.
„ 7. Preussischer Staat. Nr. 1. Die Provinz Westphalen und die Rheinprovinz. (Mit den Plänen von Köln, Koblenz u. Münster. Nebst 2 Vignetten.) 1845.
„ 8. Preussischer Staat. Nr. 2. M. 1 : 855000. — Die Provinz Sachsen. 1846. (Mit den Grundrissen von Magdeburg, Erfurt u. Halle, u. Vignetten.) 1846.
„ 9. Preussischer Staat. Nr. 3. M. 1 : 855000. — Die Provinz Brandenburg. 1847. (Mit den Grundrissen von Berlin u. Potsdam. 1847.)
„ 10. Preussischer Staat. Nr. 4. M. 1 : 855000. — Die Provinz Pommern. 1847. (Mit dem Plan von Stettin.) 1847.
„ 11. Preussischer Staat. Nr. 5. Die Provinz Westpreussen. 1848.
„ 12. Preussischer Staat. Nr. 6. Die Provinz Ostpreussen. 1848.
„ 13. Preussischer Staat. Nr. 7. Die Provinz Schlesien. 1849.

— spezieller Uebersichts- u. Reiseatlas von Deutschland. Bl. 8—13. Preussischer Staat. Nr. 3 u. 4. Die Provinz Sachsen u. die Provinz Brandenburg. Nr. 5. Die Prov. Pommern. Nr. 6. Die Provinzen West- u. Ostpreussen. Nr. 7. Die Provinz Schlesien. Ebd. 847 — 849, in Comm. Nr. 8 — 12. à n. 1/2 ß Nr. 13: n. 2/3 ß

— die Provinz Westphalen und die Rheinprovinz. Nr. 1. Preuß. Staat. Maaßstab = 1 : 855,000 Blatt 7 des speziellen Uebersichts- und Reiseatlas von Deutschland. Fol. Ebend. 845. 1 ß

Siebert, Adam: Aus Spangenbergs Urzeit. Ein Märchen. Der Stadt Spangenberg z. 600jähr. Stadtjubiläum . . . gewidmet. Gelsenkirchen: Stadt Spangenberg 1909. 45 S. 8°

Siebert, Adolf

Siebert, Adf. Zwei Fälle v. Sclerodermie. Diss. gr. 8. (37 S.) Gött. 889, (Vandenhoeck u. Ruprecht). * 1 —

Siebert, Alb.

Siebert, A., Über eine bankmäßige Ausgestaltung der Finanzverwaltung im Großherzogtum Baden. Dresden, 1905. 64 S. [Jg 64

Siebert, Alb., über e. bankmässige Ausgestaltung der Finanz-Verwaltung im Grossherzogt. Baden. (VIII, 64 S.) gr. 8. Dresden 906. O. V. Böhmert. n. 1. 60

Siebert, A., Geschichts- u. Notizentafel zu dess. Post- u. Reise-Karte von Mittel-Europa, enth. die an d. verschied. Orten vorgefall. Schlachten u. merkwürd. Ereignisse, die Geburts- u. Todestage berühmter Männer, die Merkwürdigkeiten u. Seltenheiten d. Natur u. Kunst. gr. Imp.-Fol. Nürnberg 841, Leuchs u. Comp.*

Siebert, A., Geschichts- u. Notizentafel zu A. Sieberts Post- u. Reise-Karte von Mittel-Europa. Imp.-Fol. Nürnberg 845, Leuchs u. Comp. *

Siebert, Alb., Post-Reise- und Notizen-Karte von Mittel-Europa mit den Hauptverbindungsstrassen zu Lande und zu Wasser durch ganz Europa und genauer Angabe aller Schnellposten, Extraposten, Diligencen etc. Nach den zuverlässigsten Quellen bearb. u. gez. 4. bericht. Aufl. Nürnberg, Leuchs & Co. in Comm., 1866. Imp.-Fol. Kupferst.

Siebert, Albert, Das neue deutsche Schulturnen und die preußische Landes-Turnanstalt, 4 S., Gr.-8°.

Siebert, Albert, aus Berlin: Untersuchungen zu Walter Scotts Waverley. *Berlin (1902): E. Ebering.* (72 S.) 8°
Jena, Phil. Diss. v. (8. Febr.) 1902

Siebert, Alb., Untersuchungen zu Walter Scotts Waverley. (73 S.) gr. 8. Berlin 903. E. Ebering. n. 2. —

Siebert, Frl. Anna, s. a. Rheinau, Klara.

Dagos Erlebnisse. Eine Affengeschichte. Nach A. F. Johnston aus d. Engl. übertr. von Clara Rheinau [d. i. Anna Siebert]. Mit 4 Kunstdruckbild. von W. Rohm. Cöln: J. P. Bachem [1904]. (112 S.) 8° [F.]
— Jugend-Erzählungen, Bachems. Bd 25. [06. 830

Gefesselt. Frei nach d. Engl. bearb. von Klara Rheinau [d. i. Anna Siebert]. Kevelaer: Butzon & Bercker [1905]. (90 S.) 8° [F.]
— Vergangenheit, Aus, u. Gegenwart. Bdch. 48. [06. 4546

Ein dunkles Geheimnis. Roman von Klara Rheinau [d. i. Anna Siebert]. Kevelaer: Butzon & Bercker [1905]. (95 S.) 8° [F.]
— Vergangenheit, Aus, u. Gegenwart. Bdch. 52. [06. 4510

Siebert, Anna (Hrsg.), s. Sainte-Foi, Charles: Ernste Stunden f. junge Mädchen.

Siebert, Anton

Siebert, Ant., Bildung, Aufklärung, Humanität u. Dichtgn. 3. Aufl. Sigmaringen 865. (Tappen.) gr. 16. (IV, 196 S.) n. 15 ngr.

Siebert, Ant., Kanzelvorträge auf die Sonn- und mehrere Festtage des Kirchenjahres. 2 Bde. 8. (X und 819 S.) Schaffhausen 859, Hurter'sche Buchh. [1. Bd. 22 1/2 Ngr., 2. Bd. 27 Ngr.]

Siebert, Ant., fünf Kapuziner-Predigten als Nachtrag zum „geistlichen Sturmbock"; nebst einer Predigt über die Vereine der heiligen Kindheit und der Verbreitung des Glaubens. Regensburg 856. Pustet. 8. (IV, 150 S.) 7 1/2 ngr.

— geistlicher Sturmbock oder Kapuziner-Predigten für Stadt und Land zur Bekehrung oder zum Davonlaufen. 853. — 2. Aufl. Regensburg 856. Pustet. 8. (288 S.) 15 ngr.

SIEBERT, Arthur (Neustadt b.Coburg): Ueber Nervendehnung und Ischias.- Neustadt b.Coburg: Patzschke 1895. 38 S.,1 Bl.
28.2.1895 - Chr 1894/95,21; Jv 1894/95,208
Diss. Ingolst.-Landsh.-Mchn.

Siebert, August, s.a. Kornfeger, August.

Siebert, Aug., († Kornfeger,) Adnotationes clinicae. Part. I. 4. (1 1/2 B.) Jenae 846, Luden.

—— klinische Beiträge. I. Reihe. Aus d. Latein. von e. seiner Schüler. 8. (2 1/4 B.) Jena 846, Luden.

Siebert, Aug., Blumengärtnerei, s.: Vilmorin.

Siebert, Aug., † (Kornfeger,) zur Genesis u. Therapeutik d. epidem. Cholera u. üb. deren Verhältniss z. Morbus miliaris, nach eigenen, in Eger u. München gesammelten Erfahrn. gr. 8. (11 B.) Bamberg 837, Dresch.

—— zur Genesis u. Therapeutik d. rothen Ruhr u. üb. deren Verhältniss z. Erysipelas. gr. 12. (8 B.) Bamberg 839, Dresch.

Siebert, Grundriß d. Physik. E. Hülfsbuch f. d. Unterr. an höh. Lehranst., insbes. f. den Gebrauch am kgl. Kadettenkorps. gr. 8. (V, 225 S. m. 207 Abb.) Berlin 898. E. S. Mittler & Sohn. n. 3. —; geb. in Halbldr. n.n. 3. 50

Siebert, A., Grundriß der Physik. Für den Unterricht an höheren Lehranstalten, insbesondere f. den Gebrauch am königl. Kadettenkorps bearb. 2., verm. u. verb. Aufl. (VI, 500 S. m. 322 Abbildgn. u. 1 farb. Taf.) gr. 8. Berlin 910. E. S. Mittler & Sohn. 6.—; geb. n 6. 60

— s. Jahresbericht über die Fortschritte d. Pharmacie ꝛc.

Siebert, Aug. Kapital — Geist — Arbeit. Betrachtungen. gr. 8. (19 S.) Heidelb. 891, Siebert. * — 40

—— Schönlein's Klinik u. deren Gegner, die Dr. Dr. Conradi, Scharlau u. Lehrs. Eine Reclamation der pract. Medicin. gr. 8. (7 B.) Erlangen 843, Enke, Vrlgsh. * -

—— Kritik der Gegensätze in der Medicin. Ein Nachtrag zur Aeskulap- u. Paradies-Schlange. gr. 8. (2¹/₄ B.) Jenae 842, Mauke.
Aus: Häser's Archiv f. die gesammte Medizin, besond. abgedruckt.

Siebert, August [pr. Arzt u. Zahnarzt aus Haina '(Kurhessen)']: Über einige Mikroorganismen des Haarbodens ... Würzburg, P. Scheiner's Buchdr., 1894; 15 S. 8.
Würzburg, Med. Fak., Inaug.-Diss. v. 1894

Siebert, Aug., Mittheilungen aus der medicinischen Klinik zu Jena. Vom 1. April 1846 bis 31. August 1847. [Abdruck aus Haeser's Archiv, X. Bd.] gr. 8. (78 S.) Jena 848, Mauke. 12 ngr

— der Palmengarten zu Frankfurt a. M. hoch 4. (VIII, 124 S. m. 40 Abb., 1 Grundplan u. 12 Taf.) Berlin 895. P. Parey. Geb. in Leinw. n. 5. —

Siebert, Aug., das hydrodynamische Problem der pulsirenden Kugeln von Bjerknes, verallgemeinert für mehrfach ausgedehnte Räume. Inaugural-Dissertation. gr. 8. (77 S.) Göttingen 883, (Vandenhoeck und Ruprecht's Verlag.) *

Siebert, A(ugust): Die Schlange des Aeskulap und die Schlange des Paradieses. Eine Remonstration im Interesse der freien Wissenschaft gegen die Restauration des Dr.Johann Nepomuk von Ringseis. 86 S., gbd.

Jena: Mauke 1841
aus: Haeser's Archiv für die gesammte Medizin, Bd 2, H.2

— Technik der medicin. Diagnostik. (In 3 Bänden.) 1. Bd. (in 3 Liefg.) u. 2. Bd. 3 Liefg. Lex.-8. Erlangen 843—45, Enke. à n. 2 ℳ

Siebert, Aug., Technik der medicinischen Diagnostik. 3. Bd. A. u. d. T.: Diagnostik der Krankheiten des Unterleibes. Lex.-8. (XII und 400 S.) Erlangen 855, Enke's Vrlgsh. *
1. Bd. und 2. Bd. 1. Lfg. Ebendas. 1843—45. * 2 Thlr. 20 Ngr.

Siebert, August, s. Zeitschrift f. Staatsarzneikunde.

Siebert, Bruno, ethische, religiöse u. politische Abhandlungen. (28 S.) 8. Dresden (907). E. Pierson. — 50

Siebert, Bruno, Gedichte. (VII, 57 S.) 8. Dresden 905. E. Pierson. n. 1. 50; geb. n. 2. 50

— Macharatius. Schauspiel in 4 Aufzügen. (III, 98 S.) 8. Ebd. (908). 1. 50

Siebert, Carl, s. Siebert, Karl.

Siebert, Conrad, s. Siebert, Konrad.

Siebert, Daniel

Siebert, D., Joseph Haydn; eine Festgabe zur Erinnerung an den 100. Todestag des vaterländischen Tondichters. 8°. (51 S.)
Wien: Schulbüchervlg. 1909. K —.80

Siebert, Dan., Franz Schubert, s.: Bilder aus d. Leben österreichischer Tonkünstler. I.

Siebert, Emil, Blitze u. Blitzlichter, s.: Grethlein's praktische Hausbibliothek.

Siebert, Erasmus

Siebert, Erasm., Josua's Gebet u. dessen neueste Erklärer. Mit besonderer Berücksichtigung der Sonnenverfinsterungs-Hypothese des Dr. G. Barzilai. Referat über Josua 10, 12—14 zum Zwecke der Discussion vorgetragen in einer Pastoral-Conferenz der Diöcese Wittstock. Wittstock u. Kyritz 869. Kühn. gr. 8. (III, 62 S.) n. 6 ngr.

Siebert, Erasm., Grundvorstellungen in der altdeutschen Götter-Sagenwelt. Eine mythologische Untersuchung. 8. (V, 84 S.) Elberfeld 877. Friederichs in Comm. n. 1. 20

Siebert, E., Grundwesen u. Grundton d. Kampfes zwischen dem evangelischen Deutschland u. der römischen Papstkirche, s.: Streitschriften, freundschaftliche.

Siebert, E. Der Kampf zwischen dem evangel. Deutschland u. der röm. Papstkirche. — Was will die römische Papstkirche m. der Trierer Rockausstellung?, s. Streitschriften, freundschaftliche.

Siebert, Erasmus, gesammelte Predigten. gr. 8. (VI, 256 S.) Remscheid 887, Krumm. geb. * fein geb. mit Goldschn. *

Was will die römische Papstkirche mit der Trierer Rockausstellung? Vortrag geh. zu Remscheid 1891 von Pastor [Erasmus] Siebert. Barmen: D. B. Wiemann (1891). (30 S.) 8° [F.]
= Streitschriften, Freundschaftliche. No 38. [ᵗᵃ· ¹⁸⁴⁹]

Siebert, Ernst, prakt. Arzt aus Neukirchen: Ein Fall von partieller Inversion des Uterus bedingt durch ein submucöses Myom. *Leipzig 1900: B. Georgi.* (39 S.) 8°
Leipzig, Med. Diss. v. (28. Juli) 1900

Siebert, *Hermann Ferdinand Wilhelm* Ernst [aus Berlin]: Ein Kommentar zu Giacomo Leopardis „Pensieri". t. Tl ... [Erschien vollst. als No 6 von: Berliner Beitr. z. german. u. roman. Philol., Roman. Abt.] Berlin, C. Vogts Buchdr., *1895;* 33 S., 1 Bl. 8.
Berlin, Phil. Fak., Inaug.-Diss. v. 15 Aug. 1895

Ein Kommentar zu Giacomo Leopardis 'Pensieri'. Von Dr. Ernst Siebert. *Berlin: C. Vogt 1896.* [S. 1—33 erschien als Berl. Diss. 1895.] (112 S.) 1 Bd 8.
= Beiträge, Berliner, z. germanischen u. roman. Philologie. [No] XI: Roman. Abt. No 6.

Siebert, Ernst: Das Mannkönigsschießen und die Schützenglide zu Schweidnitz von ihrer Entstehung bis auf die neueste Zeit. Schweidnitz, C. F. Stuckart, 1839, 54 S.

Siebert, Ernst, das Mannkönigschießen u. d. Schützengilde zu Schweidnitz, von ihrer Entsteh. bis auf d. neueste Zeit. Eine histor. Skizze. gr. 8. (3¹/₂ B.) Schweidnitz 839. (Breslau, Fr. Aderholz.)

Siebert, Er., das Mannkönigschießen und die Schützengilde zu Schweidnitz, von ihrer Entstehung bis auf die neueste Zeit. Eine histor. Skizze. gr. 8. Schweidnitz 839. (Breslau, Weinhold.) 1/4 ℳ

Siebert, Ernst: Rückblick und Ausschau. Neu-Babelsberg 1909: Imberg & Lefson. S. 19. 20. 4°
Nowawes, RPG i. E. P 1909 (131)

SIEBERT, Ernst (Walsheim): Das Sarcom, insbesondere seine Lokalisation in der Mamma.- Leipzig-Reudnitz: Hoffmann 1903. 32 S.
12.2.1903 - Chr 1902/03,24; Jv 1902/03,316
Diss.Ingolst.-Landsh.-Mchn.

Siebert, Erwin, über den Phtalylacetessigester u. über einige Kondensationen desselben m. mehrwertigen Phenolen zu Cumarinderivaten. Diss. (61 S) gr. 8. Tübingen 904. F. Pietzcker. n.n. 1.20

Eugen **Siebert**. Der Apotheker. T. 1. Der Fluch d. Apothekerlaufbahn ... T. 2. Die Lösung d. Fluches ... Berlin: H. Walther 1907. (64 S.) 8° [F.] (07. 1809)

Siebert, F., Anleit. z. Rechnen, od. Lehrbuch d. Zahlenwissenschaft, worin außer dem Gewöhnlichen auch Decimalbrüche, Wurzelausziehen, Maaße, Gewichte u. Münzen, Buchstabenrechn., Logarithmen u. Gleichungen vom ersten Grade vorgetragen sind. gr. 8. Gießen 815. Heyer. 1 ℳ 8 ℊ

Siebert, (F.,) Anleitung zum Rechnen, oder Lehrbuch der Zahlenwissenschaft, worin außer dem Gewöhnlichen, auch Decimalbrüche, Wurzelausziehen, Maaße, Gewichte u. Münzen, Buchstabenrechn., Logarithmen u. Gleichungen vom ersten Grade vorgetragen sind. gr. 8. Gießen 825, Heyer.

Siebert, Fr. Albert, Archiv f. die Volksarzneikunde. 3 Hfte. Mit Kpf. 8. Halberst. 803. Groß. 1 ℳ 3 ℊ

— Provinzialblätter f. d. Volksarzneikunde. Halberstadt 1802—03. 2 Bde.

— Prüfg d. bisher. ärztl. Handlgsweise b. nicht selbst stillenden Müttern. Halberstadt 1801.

— Prüfung der bisher. ärztl. Handelsweise bei nicht selbst stillenden Müttern. Oder, wenn sollen eigentl. Mütter ihren Säugling, wenn sie ihn nicht selbst stillen dürfen, der Amme übergeben? 8. Halle 802. Renger. 8 ℊ

Siebert, Franz: Vierundzwanzig Fälle von Placenta praevia beobachtet an der Greifswalder geburtshülflichen Klinik und Poliklinik. Greifswald 1899: H. Adler. (28 S.) 8°
Greifswald, Med. Diss. v. 21. März 1899

Siebert, Franz: Die rechtliche Natur des Wiederkaufsrechtes. Rostock 1903: C. Hinstorff. (121 S.) 8°
Rostock, Jur. Diss. v. [27. Febr.] 1904

Siebert, Friedrich

Siebert, Frdr., ein Buch f. Eltern. 2 Tle. 8. München (903). Seitz & Schauer. à n. 1.50; geb. in Leinw. à n. 2.50; in 1 Leinw.-Bd. n. 5.—
I. Den Müttern heranreifender Töchter. (128 S.)
II. Den Vätern heranreifender Söhne. (120 S.)

— dasselbe. Den Müttern heranreif. Töchter u. Vätern heranreif. Söhne. (Volksausg. 1.—10. Tauf.) (240 S.) 8. Ebd. (906). n. 1.—; geb. n. 1.80

Siebert, Frdr., ein Buch f. Eltern, den Vätern heranreif. Söhne, den Müttern heranreif. Töchter. Wohlfeile [Titel-]Ausg. (240 S.) 8. München [903] (909). E. Reinhardt. 1.80

— ein Buch f. Kinder. Gespräche üb. Entstehg. v. Pflanzen, Tieren u. Menschen. (176 S. m. Abbildgn.) 8. Ebd. (904). n. 3.—; geb. in Leinw. n. 5.—

Siebert, Friedrich [cand. med. aus München]: Die Eintrittsstellen der hinteren Wurzeln ins Rückenmark und ihr Verhalten bei Tabes dorsalis ... München, Buchdr. Kastner & Lossen, 1895; 34 S., 2 Taf. 8.
München, Med. Fak., Inaug.-Diss. v. 1895

— **Die Fortpflanzung in ihrer natürlichen u. kulturellen Bedeutung. 1.—3. Tauf. (VII, 227 S.) 8. Ebd. (908). 1.80**

Siebert, F[riedrich]: Die sexuelle Frage und der Sinn des Lebens. Brackwede: Breitenbach 1907. 47 S. 8°
(Flugschriften d. Deutschen Monistenbundes Sonderh. [3.])

— Die sexuelle Frage u. der Sinn des Lebens, s. a. Flugschriften des deutschen Monistenbundes.

Siebert, Friedr. Zum Gedächtniss an Dr. Albert Wigand, weil. Geh. Regierungsrath, Prof., Dir. etc. Rede. gr. 8. (16 S. m. Portr. u. 1 Ansicht.) Marb. 889, Elwert's Verlag. * — 50

— **Jahrbuch der Therapie, s.: Müller, Frz. C.**

Sexuelle Moral und Sexuelle Hygiene. Ein Wegweiser von Dr. F[riedrich] **Siebert**, Arzt. Frankfurt a. M.: J. Alt 1901. (159 S.) 8° [F.] (07. 1816) 10

— **s.: Praxis, deutsche.**

Siebert, Fr. Der ärztliche Ratgeber in Bild und Wort. Atlas und Hausbuch für Gesunde und Kranke. Unter Mitwirkung von Privatdozent Dr. G[ustav] Brühl, Berlin, ... Prof. Dr. O[tto] Haab, Zürich, ... Privatdozent Dr. med. et phil. Gust[av] Preiswerk, Basel, ... hrg. von Dr. med. Fr. S(-München). Mit 245 farbigen Abbildungen auf 74 Tafeln und 481 schwarzen Abbildungen im Text. XVI + 1024 S. 8. München, J. F. Lehmann, [1905]. [geb. M. 22.—, in 2 Bdn. 24.—]

— s. a. Ratgeber, der ärztliche.

Siebert, Frdr., die Reorganisation d. Apothekerwesens. Vortrag im aerztl. Verein zu Marburg am 11. Novbr. 1874. gr. 8. (23 S.) Marburg 875. Ehrhardt. n. — 60

— s.: Schwarz-Weiß-Rot.

— unseren Söhnen! Aufklärung üb. die Gefahren des Geschlechtslebens. (160 S.) 8. Straubing 907. C. Attenkofer. n. 1.80

Ⓑ — Unseren Söhnen. 907. (KVL 34.) Jetzt: Leipzig, R. Ehlert.

Siebert, Frdr., über Trichinenkrankheit und ihre Vermeidung. 1—5. Aufl. Jena 863, 64. Neuenhahn. 8. (14 S.) 2 ℊ

— **Ueber die Voraussetzungen zur Möglichkeit e. sexuellen Moral. Nationale Erziehg. u. sexuelle Aufklärg. Vortrag in der psycholog. Gesellschaft u. im Verein deutscher Studenten zu München. (54 S.) gr. 8. München 909. Verlag der ärztl. Rundschau. 1.80**

Siebert, Frdr., welsch oder deutsch? Askese od. Mannszucht? Eine Auseinandersetzg. üb. sexuelle Moral m. Hrn. Dr. F. W. Foerster u. den Modernen. (31 S.) gr. 8. Leipzig 908. J. A. Barth. — 60

Siebert, Frdr., wie sag' ich's meinem Kinde? III. (prakt.) Tl. zu „Ein Buch f. Eltern". II. Aufl. Gespräche üb. Entstehg. v. Pflanzen, Tieren u. Menschen. (III, 172 S.) 8. München (904). Seitz & Schauer. n. 3.—; geb. n. 5.—

— **Wie sag ich's meinem Kinde? Gespräche üb. Entstehg. v. Pflanzen, Tieren u. Menschen. (Ein Buch f. Eltern III. Tl.) 11.—13. Tauf. (VII, 143 S. m. Abbildgn.) 8. München (908). E. Reinhardt. 1.80**

Siebert, Georg

Siebert, G., kurzer Abriss der Geschichte der Chemie. gr. 8. (V, 128 S.) Wien 886. Pichler's Wwe. & Sohn. n. 1. 50

Siebert, G., Lehrbuch der Chemie u. Mineralogie f. höhere Lehranstalten. 3 Tle. gr. 8. Braunschweig 901. F. Vieweg & Sohn. n. 3. 60; Einbde. à n.n. — 25
1. Einleitung in die Chemie u. Mineralogie. Mit 100 eingedr. Abb. (VIII, 101 S.) n. 1. —
2. Anorganische Chemie. Mit 91 eingedr. Abb. u. 1 Spektraltaf. (VI, 144 S.) n. 1. 50
3. Organische Chemie. Mit 32 eingedr. Abb. (VI, 110 S.) n. 1. —

Siebert, Geo., Leitfaden für den Unterricht in der Chemie. gr. 8. (VI, 168 S.) Leipzig 877. Teubner. 1. 80

Siebert, G., s.: **Portraits** berühmter Naturforscher.

Siebert, Georg, a. Coepenick (Kr. Teltow): Untersuchungen über an Apology for Lollard doctrines, einen Wycliffe zugeschriebenen Traktat. Charlottenburg 1905: E. Broditz. (48 S.) 8°
Königsberg, Phil. Fak., Ref. Kaluza, Diss. v. 25. Sept. 1905
[Geb. 21. Febr. 82 Cöpenick, Kr. Teltow; Wohnort: Charlottenburg; Staatsangeh.: Preußen; Vorbildung: Oberrealsch. Charlottenburg Reife M. 01; Studium: Berlin 7 S.; Rig. 17. Juli 05.]

Siebert, G. Spektroskopische Untersuchungen. 17 S. Rsch. *Wiesbaden* 1879.
Progr.

Siebert, Gotthard, appr. Arzt a. Zerbst: Ueber das Verhältnis von Depigmentierungen zu Hautaffektionen mit besonderer Berücksichtigung der Psoriasis. Leipzig 1908: B. Georgi. (42 S.) 8°
Leipzig, Med. Fak., Ref. Hoffmann, Diss. v. 30. Juli 1908
[Geb. 6. Nov. 75 Zerbst; Wohnort: Leipzig; Staatsangeh.: Anhalt u. Preußen; Vorbildung: Realgymn. Leipzig Reife O. 97; Studium: Neuere Sprachen Freiburg i. B. 1, München 3, Berlin 1, Halle 4 S.; Med. Leipzig 10 S.; Coll. 8. Aug. 08; Approb. 20. Jan. 08.]

Siebert, Gustav. Beiträge zur Wundheilung unter dem feuchten Blutschorf. Diss. Vet.-Med. Bern. 34 S. 8. Rees, Wwe. Wilh. Ressing, 1909.

Siebert, Gust., die Respiration des Frosches im Verhältniss zur Circulation. Inaugural-Dissertation. 8. (32 S. m. 1 Steintaf.) Königsberg 880. Hartung. n. 1. 10

Siebert, Gustav, sprachliche Untersuchung der Reime des provenzalischen Romans Flamenca. Diss. Marburg 1886, N. G. Elwertsche Univ.-Buchh. 8⁰. 100 S.

Siebert, Hans, appr. Arzt: Über Gangrän nach Lokalanästhesie. Berlin 1910: G. Schade. 29 S. 8°
Berlin, Med. Diss. v. 18. Febr. 1910, Ref. Bier
[Geb. 26. April 82 Berlin; Wohnort: Berlin; Staatsangeh.: Preußen; Vorbildung: Realgymn. Bützow Reife O. 02; Studium: Halle, Jena, Berlin zus. 10 S.; Coll. 12. Febr. 10; Approb. 18. Febr. 10.] [U 10. 97

Siebert, Hans: Aus d. chir. Univ.-Klinik zu Königsberg i. P. Multiple primäre Karzinome auf gleichem Boden. Königsberg i. P. 1907: Kümmel. 30 S. 8°
Königsberg, Med. Diss. v. 2. Sept. 1908, Ref. Lexer
[Geb. 19. Febr. 78 Pagelkau Wpr.; Wohnort: Allenberg; Staatsangeh.: Preußen; Vorbildung: Gymn. Konitz Reife O. 02; Studium: Berlin 2, Königsberg 8 S.; Coll. 18. Nov. 07; Approb. 15. Aug. 08.] [U 09. 2383

Was muß man von der Pflege und Abrichtung der Papageien wissen? Von Hans **Siebert**. Berlin: H. Steinitz (1904). (77 S.) 8° [F.]

Siebert, Hermann [Prof. Dr.]: Beiträge zur deutschen Einheitsbewegung. Festrede z. Feier d. Geburtsfestes d. Kaisers u. Königs, geh. im Realgymn. zu Cassel. Cassel, Druck v. C. Richartz, 1895; 3–14 S. 4.
Cassel, st. RG, OP 1895 (411)

Beiträge zur vorreformatorischen Heiligen- und Reliquienverehrung. Von Dr. theol. Hermann **Siebert**. Freiburg im Br.: Herder 1907. (XI, 64 S.) 8° [F.]
— **Erläuterungen** u. Ergänzungen zu Janssens Geschichte d. deutschen Volkes. Bd 6, H. 1.

Siebert, Hermann: Zwei Festreden. I. Rede zur hundertjährigen Gedenkfeier des Geburtstages Kaiser Wilhelms des Grossen. II. Rede zur Sedanfeier am 2. September 1897. *Cassel (1898): W. Schlemming.* (19 S.) 4°
Cassel, st. RG, OP 1898 (423)

Die Nienburger Hängebrücke und ihr Einsturz am 6. Dezember 1825. Von Hermann **Siebert**, Dr. phil. *Cöthen: P. Schettlers Erben 1900.* (18 S.) 8° [F.]
— **Beiträge** z. Anhaltischen Geschichte. Heft 4.

Siebert, Hermann [Oberl. Dr.]: Rede zur Gedächtnis-Feier am 18. Oktober 1888. Cassel, Druck v. K. Gosewisch, 1890; S. 3–9; 4°
Cassel, st. RG, OP 1890

Siebert, H., Rede zur Gedächtnis-Feier am 18. Oktbr. 1888 geh. — Inhalts-Angabe v. Torquato Tasso's befreitem Jerusalem von W. Wittich. gr. 4. (24 S.) Cassel 890. (Leipzig, Fock.) n. — 80

Das Tanzwunder zu Kölbigk und der Bernburger heil'ge Christ. Festschrift, dem Verein für Geschichte und Altertumskunde zu Bernburg anlässlich seines 25jährigen Bestehens am 2. Dezember 1902 gewidmet von HERMANN SIEBERT. Bernburg 1902. Druck von A. Meyer. 8°.

Das Tanzwunder zu Kölbigk und der Bernburger Heil'ge Christ. Festschrift, dem Verein f. Gesch. u. Altertumskunde zu Bernburg anläsal. s. 25jähr. Bestehens ... 1902 gewidmet von Dr. phil. **Hermann Siebert**. *Leipzig: R. Siebert 1902.* (18 S.) 8° [F.]

Siebert, Herm., üb. einige aromatische Thionylamine u. üb. die Einwirkung v. Thionylchlorid auf Säureamide. Diss. gr. 8. (86 S.) Rostock 893. (Berlin, R. Siebert.) n. 1. —

Siebert, Herm. Über Walter von der Vogelweide. 32 S. Rg. *Cassel* 1882.
Progr.

Die selbständige Anfertigung des Aufsatzes. Theoret. u. prakt. Lehrbuch z. Selbstunterr. f. Lernende u. z. Benutzung f. Lehrende. In moderner u. gemeinverständl. Weise dargest. von Johannes **Siebert**, Lehrer in Berlin. *Aachen: C. H. Georgi [1903].* (58 S.) 8° [F.]
— **Hilf dir selbst!** No 31.

[F.] **Siebert,** Johannes *Carl Ludwig* [aus Lietzow (Pomm.)]: Metrik und Rhythmik in Tannhäusers Gedichten ... [Erschien vollst. als No 5 von: Berliner Beitr. z. german. u. roman. Philol., German. Abt.] Berlin, C. Vogt's Buchdr., 1894; 38 S., 1 Bl. 8.
Berlin, Phil. Fak., Inaug.-Diss. v. 3. März 1894

Siebert, Johs., Tannhäuser. Inhalt u. Form seiner Gedichte, s.: **Beiträge**, Berliner, zur germanischen u. romanischen Philologie.

Siebert, Johann Ernst

Siebert, Jh. Er., Lehrbuch der allgem. Geschichte für Kriegsschulen u. die untern Klassen der Gymnasien des Dorpat'schen Lehrbezirkes. gr. 8. Reval 846, Kluge. (Eggers.) 18 ngl

Siebert, Joh. Ernst, Lehrbuch der allgem. Geschichte für Kreisschulen und die unteren Classen der Gymnasien des dorpat'schen Lehrbezirks. 2., verb. Aufl. gr. 8. (VIII und 215 S.) Reval 848, Kluge.

Siebert, Johann Heinrich, Arzt a. Frankfurt a. M.: Über Fremdkörper und Rinolithen in der Nase. Würzburg 1909: Staudenraus. 34 S. 8°
Würzburg, Med. Diss. v. 1. Sept. 1909, Ref. Enderlen
[Geb. 12. Mai 68 Mainz; Wohnort: Bielefeld; Staatsangeh.: Preußen; Vorbildung: Gymn. Kassel Reife M. 89; Studium: Würzburg 36 S.; Coll. 11. Juni 09; Approb. 17. Febr. 08.] [U 10. 4365

Siebert, John, die Brüder Boismann. Erzählung aus Revals Belagerg. im J. 1570. (III, 139 S.) 8. Reval 910. F. Kluge. 2.50; geb. in Leinw. 3. 50

— Heise Pattiner. Eine Erzählg. aus Plettenbergs Zeit. (146 S.) 8. Ebd. 908. 2.20; geb. in Leinw. 3. 50

Siebert, Josef

Fortsetzung der Geschichte des k. k. Hus.-Reg. Nr. 9 Fürst Franz zu Liechtenstein. 1866 bis 1870. (Von J. Siebert.) Mit 1 Tfl. Wien 1882. .91 S. 4°

Siebert, Josef Bernhard: Die Lage der Arbeiterschaft in der Rheinischen Braunkohlenindustrie. Bonn: Georgi 1910. 251 S. 8°
(Ersch. auch als Buch ebd.)
Bonn, Phil. Diss. v. 8. Juni 1910, Ref. Schumacher

Siebert, Julius [aus Neukirchen, Prov. Hessen-Nassau Über das Auftreten von Diabetes nach Kontusionen des Rückenmarkes. . . . Würzburg, k. Universitätsdr. v. H. Stürtz, 1889; 18 S. 8°
Würzburg, Med. Fak., Inaug.-Diss. v. 1889

(Aus Behringswerk (in Marburg).) Ultramikroskopische Bakterien-Photogramme. Von Dr. **K. Siebert**. (Mit 10 Abb.) Berlin: A. Hirschwald 1905. (S. 55–58.) 8°
— Beiträge z. experimentellen Therapie. H. 10, 4.

— **experimentelle Beiträge zu e. Adsorptionstheorie der Toxinneutralisierung, s.: Biltz, Wilh.**

Siebert, Karl, Dortmund: Die Bedeutung und das Wesen der **Aktienzeichnung.** Dortmund 1907: W. Crüwell. (74 S.) 8° [J.]
Rostock, Jur. Fak., Ref. Lehmann, Diss. v. 20. Jan. 1907
[Geb. 22. Juni 71 Frankfurt a. M.; Wohnort: Dortmund; Staatsangeh.: Preußen; Vorbildung: Gymn. Frankfurt a. M. Reife O. 90; Studium: Münster 6 S.; Rig. 13. Dez. 06.]

Siebert, Carl [aus Cassel]: Beitrag zur Kenntniss des Lobelins und Lupanins. . . . Marburg, Buchdr. F. Sömmering, 1891; 63 S. 8°
Erlangen, Phil. Fak., Inaug.-Diss. v. 1891

Siebert, Carl [aus Marburg]: Ueber die Bestandtheile von Scopolia atropoides, Anisodus luridus, Solanum nigrum, Lycium barbarum und Atropa belladonna. Ein Beitrag zur Kenntniss der Solanaceen-Alcaloide. . . . Marburg, Buchdr. Fr. Sommering, 1889; 2 Bl. + 47 + 1 S. 8°
Erlangen, Phil. Fak., Inaug.-Diss. v. 1889

Georg Cornicelius. Sein Leben u. s. Werke von Karl **Siebert**, Dr. med. et phil. Mit 30 Taf. Straßburg: J. H. E. Heitz 1905. (XII, 199 S.) 8°
Ein T. erschien als Inaug.-Diss. Freiburg i. B. 1905.
— **Studien** z. deutschen Kunstgeschichte. H. 63. [05. 4431]

Siebert, Karl, aus Treysa (Kr. Ziegenhain): **Einwirkung** von Phenol und p-Kresol auf o-Nitrobenzaldehyd bei Gegenwart von Salzsäure. *Marburg 1903: R. Friedrich.* (38 S.) 8°
Marburg, Phil. Diss. v. [14. Sept.] 1903

Siebert, Karl, Dr. med. a. Windecken: Die künstlerische Entwicklung von Georg Cornicelius. Freiburg i. B. 1905: U. Hochreuther. (51 S.) 8°
Freiburg i. B., Phil. Fak., Ref. Puchstein u. Sutter, Diss. v. 15. Febr. 1905
[Geb. 25. Aug. 58 Windecken bei Hanau; Wohnort: Freiburg i. B.; Staatsangeh.: Preußen; Vorbildung: Gymn. Hanau; Studium: Freiburg 8 S.; Rig. 30. Nov. 04.]

— die künstlerische Entwicklung v. Georg Cornicelius. Diss. (52 S.) 8. Freiburg i/B. 905. (Lorenz & Waetzel.) n. 1.—

Siebert, Frl. Klara, s. Rheinau, Klara.

Siebert, Klara, die Frau. Dramatische Dichtg. in 8 Aufzügen. (29 S.) kl. 8. Mannheim (909). J. Gremm. —50; auf bess. Pap. —80

Siebert-Ritter, Klara, die Hirten auf dem Felde, s.: Dilettantenbühne, katholische.

— **Die Kinder Bethlehems, s.: Dilettantenbühne, katholische.**

Siebert, Conrad, prakt. Arzt, z. Z. Einj.-Freiw. Arzt im 2. Bat. Gren.-Reg. Kronprinz (1. Ostpr.) No 1: Aus d. Universitäts-Laboratorium f. med. Chemie u. experimentelle Pharmakologie zu Königsberg i. Pr. Ueber die nach Benzaldehyd- und Benzoesäuredarreichung im Harn auftretenden reducierenden Stoffe. *Königsberg i. Pr. 1901: O. Kümmel.* (43 S.) 8°
Königsberg, Med. Diss. v. 29. Juli 1901

Siebert, Kurt: Aus der Königl. chirur. Universitäts-Klinik zu Königsberg i. Pr. (Dir. Prof. Dr. E. Lexer.) Über „retrograde Incarceration" des Darms. Königsberg i. Pr. 1907: Karg & Manneck. (27 S.) 8°
Königsberg, Med. Fak., Ref. Lexer, Diss. v. 29. Mai 1907
[Geb. 14. März 81 Marienwerder W.-Pr.; Wohnort: Königsberg i. Pr.; Staatsangeh.: Preußen; Vorbildung: Gymn. Marienwerder Reife M. 99; Studium: Breslau 4, Würzburg 2, Königsberg 4 S.; Coll. 2. März 07; Approb. 26. Jan. 07.]

Siebert, L., die deutsche Geschichte in Fragen u. Antworten f. Kinder von 10—12 Jahren. 8. (VII, 99 S.) München 888. Th. Ackermann. n. 1. 20

Siebert, L. A. Plan der Stadt **Wertheim.** 1 : 4000. Wertheim 1880 und 1893. Je 1 Bl. L.

Siebert, Lucas, Statistik der Resectionen, welche von Geh. Hof-R. Prof. Dr. F. Ried in der chirurgischen Klinik zu Jena von 1846—1867 ausgeführt worden sind. gr. 8. (63 S.) Jena 868, Dufft. *

Siebert, Lucas, Statistik der Resectionen, welche vom Geh. Hof-R. Prof. Dr. F. Ried in der chirurgischen Klinik zu Jena von 1846—67 ausgeführt worden sind. Jena 868. Mauke's Verl. gr. 8. (63 S.) n. 12 ngr.

Siebert, M., Adreßbuch von München u. der Vorstadt Au. gr. 8. (17¼ B. u. 1 Plan der Stadt.) München 842, Literar.-artist. Anstalt.

—— **Adreßbuch von München 1845. Zugleich als Supplement zu der Aufl. von 1842 dienend. gr. 8. (11¾ B.) Ebds. 845.** * —

Siebert, M., s. a. Adreßbuch v. München.

Siebert, M., das Königr. Bayern topograph.-statist. in lexicograph. u. tabellar. Form dargest. (10 Lfgn.) 4. (76 B.) München 840, Franz. *

Siebert, Margaretha, geb. Schneider, Blumenschule. Anweisung zum Selbstunterrichte im Anfertigen von Kunstblumen. Mit zahlreichen Musterzeichnungen (Holzschn.) im Text. Fulda 855. Maier in Comm. 8. (62 S.) 10 ngr.

Siebert, Margar., Rahel Hake. Ein Roman. (383 S.) 8. München 908. R. Piper & Co. 5.—; geb. 7.—

— Aus dem Leben des jungen Martin Wigelandt. Roman. (171 S.) 8. München 909. R. Piper & Co. 2.40; geb. in Leinw. 3. 60

— Allerlei Liebe. 8 Erzählgn. 1. u. 2. Aufl. (870 S.) 8. Stuttgart 907. Deutsche Verlags-Anstalt. 4.—; geb. 5.—

Siebert, Margarete: Die Madonnendarstellung in der altniederländischen Kunst von Jan van Eyck bis zu den Manieristen. Straßburg 1906: J. H. E. Heitz. (VI, 36 S.) 4° ¶(Erscheint vollst. als: Zur Kunstgeschichte des Auslandes H. 41.)
Heidelberg, Phil. Fak., Ref. Thode, Diss. v. 2. Juli 1906
[Geb. 6. April 74 Berlin; Wohnort: Heidelberg; Staatsangeh.: Preußen; Vorbildung: Gymnasialkurse für Frauen Berlin Reife M. 00; Studium: Berlin 4, Heidelberg 2, München 2 S.; Rig. 25. Juli 05.]

Die Madonnendarstellung in der altniederländischen Kunst von Jan van Eyck bis zu den Manieristen. Von Margarete **Siebert**. Strassburg: J. H. E. Heitz 1906. (VIII, 48 S.) 4°(8°)
— **Kunstgeschichte,** Zur, des Auslandes. H. 41. [06. 1063]

Marie. Ein Roman von Margarete **Siebert**. Berlin: Gebr. Paetel 1905. (251 S.) 8° [F.] [05. 14410

Siebert, Nikolaus Maximilian (Frankfurt/M.) F, n/1

Mansueti terra haeredes Matth. V. 5. Dissertatio theologica. Sectio prior. Präs. Kaspar Jakob Huth. Erlangen (Camerarius) 3. IX. 1750. 46 S.

W. v.: Präs. 32588

Siebert, O., bautechnische Regeln u. Grundsätze. Zum Gebrauche bei Prüfg. v. Bauanträgen u. Ueberwachg. v. Bauten in polizeil. Hinsicht zusammengestellt. (X, 270 S. m. 88 Fig.) 8. Berlin 903. J. Springer. Geb. in Leinw. n. 6. —

Anthropologie und Religion in ihrem Verhältnis zu einander. Von O[tto] Siebert. *Langensalza: H. Beyer & Söhne 1902.* (14 S.) 8°
= Magazin, Pädagogisches. H. 183.

Siebert, Otto: Über die Einwirkung von Brom auf p-Aethylphenol. *Marburg 1898: (R. Friedrich).* (49 S.) 8°
Marburg, Phil. Diss. v. [30. Juli] 1898

Entwickelungsgeschichte des Menschengeschlechts. geschichtsphilosophische Rückblicke und Ausblicke. Von Dr. Otto **Siebert** in Fermersleben. *Langensalza: H. Beyer & Söhne 1903.* (16 S.) 8°
— Magazin, Pädagogisches. H. 200. [03. 8700 3

Siebert, O., Rudolf Eucken u. das Problem der Kultur. (16 S.) Langensalza '07, H. Beyer & Söhne. —. 20.
„Magazin, pädagogisches", H. 322.

Siebert, Otto, Geschichte der neueren deutschen Philosophie seit Hegel. E. Handbuch zur Einführg. in das philosoph. Studium d. neuesten Zeit. gr. 8. (VIII, 496 S.) Göttingen 898. Vandenhoeck & Ruprecht. n. 7. 50; geb. in Leinw. n. 8. 50

— Geschichte der neueren deutschen Philosophie seit Hegel. Ein Handbuch zur Einführg. in das philosoph. Studium der neuesten Zeit. 2. verm. u. verb. Aufl. (X, 598 S.) gr. 8. Göttingen 905. Vandenhoeck & Ruprecht. n. 10. —; geb. in Leinw. n. 11. —

Der Mensch in seiner Beziehung auf ein göttliches Prinzip. Von Dr. Otto **Siebert**, Fermersleben. Langensalza: H. Beyer & Söhne 1904. (21 S.) 8°
— Magazin, Pädagogisches. H. 239. [04. 8009

Siebert, Otto, die Metaphysik u. Ethik des Pseudo-Dionysius Areopagita. (Im systemat. Zusammenhange dargestellt.) Diss. gr. 8. (75 S.) Jena 894. (H. Pohle.) n. 1. —

Die Religionsphilosophie in Deutschland in ihren gegenwärtigen Hauptvertretern. Rudolf Eucken als Festgabe zu s. 60. Geburtstage überreicht von Dr. Otto **Siebert**. Langensalza: H. Beyer & Söhne 1906. (IV, 176 S.) 8° [06. 6361 3

— Arthur Schopenhauer, s.: Bücher der Weisheit u. Schönheit.

Was jeder Gebildete aus der Geschichte der Philosophie wissen muss. Ein kurzer Abriss d. Geschichte d. Philosophie im Anschluss an Rud. Hayms philos. Vorlesungen hrsg. von Dr. Otto **Siebert**. Langensalza: H. Beyer & Söhne 1905. (XVI, 318 S.) 8° [06. 6360 3

— Was jeder Gebildete aus der Geschichte der Philosophie wissen muss. Ein kurzer Abriss der Geschichte der Philosophie, im Anschluss an Rudolf Hayms philosoph. Vorlesgn. hrsg. 2. Aufl. (XVI, 326 S.) kl. 8. Langensalza 907. H. Beyer & Söhne. Geb. in Leinw. 2. 50

— Rudolf Euckens Welt- u. Lebensanschauung. (VIII, 72 S.) gr. 8. Langensalza 904. H. Beyer & Söhne. n. 1. 20

Das Wiedererstarken des religiösen Lebens und sein Einfluß auf die Literatur von Dr. Otto **Siebert**. Stuttgart: M. Kielmann [1906]. (29 S.) 8° [Umschlagt. F.] [06. 15989 3

Siebert, P[aul]: [Bericht über seine Einführung als Direktor der Anstalt.] S. 27—34. 4.
Progr. Städt. Gymn., Realschule u. Vorschule *Stolp* 1905 (176).

Siebert, Paul, Bibelkunde f. höhere Schulen. (IV, 48 S.) gr. 8. Leipzig 906. B. G. Teubner. Kart. n. — 60

Siebert, Paul, Bibelkunde f. höhere Schulen. 2. Aufl. (IV, 48 S.) 8. Leipzig 909. B. G. Teubner. Geb. — 60

— Glaubens- u. Sittenlehre f. höhere Schulen. (IV, 31 S.) 8. Ebd. 910. Kart. — 60

— Hilfsbuch f. den evangelischen Religionsunterricht an höheren Mädchenschulen, s.: Marx u. Renker.

— u. Hans Bahr, Hilfsbuch f. den Religionsunterricht an höheren Schulen. 1. u. 2. Tl. gr. 8. Ebd. Geb. n. 3. 30
1. Biblische Geschichte des Alten u. Neuen Testamentes. Für die unteren Klassen aller höheren Schulen hrsg. v. B. Mit 2 Karten. (VIII, 172 S.) 906. Geb. n. 2. —
2. Das Reich Gottes im Alten u. Neuen Testament. Für die mittleren Klassen aller höheren Schulen hrsg. v. B. Mit 2 Karten. (V, 96 S.) 906. Geb. n. 1. 30

— u. Hans Bahr, Hilfsbuch f. den Religionsunterricht an höheren Schulen. 3. Tl. gr. 8. Ebd. Geb. 2. 40
3. Kirchengeschichte (3. Aufl.), Bibelkunde (2. Aufl.), Glaubens- u. Sittenlehre. Für die oberen Klassen aller höh. Schulen hrsg. v. S. (VI, 149; IV, 48 u. IV, 31 S.) 910.

— — dasselbe, Ergänzung, s.: Bahr, Hans, Erläuterungen zu den biblischen Geschichten des Alten u. Neuen Testamentes.

Kirchengeschichte und Bibelkunde. Für d. oberen Klassen aller höh. Schulen hrsg. von P. Paul **Siebert**. Leipzig & Berlin: B. G. Teubner 1907. (142, 47 S.) 8° [F.]
= **Siebert**: Hilfsbuch f. d. Religionsunterr. an höh. Schulen. T. 3. [07. 1608

Kirchengeschichte für höhere Schulen von P. Paul **Siebert**, Oberl. Leipzig & Berlin: B. G. Teubner 1904. (142 S.) 8° [F.] [04. 13990

Kirchengeschichte für höhere Schulen von P. Paul **Siebert**, Dir. 2. Aufl. Leipzig & Berlin: B. G. Teubner 1907. (145 S.) 8° [F.] [07. 14795

— Kirchengeschichte f. höhere Schulen. 3. Aufl. (IV, 149 S.) gr. 8. Leipzig 910. B. G. Teubner. Geb. 1. 60

Siebert, Paul, Referendar in Halberstadt: Das Wiederkaufsrecht nach dem Gemeinen Recht und dem Bürgerlichen Gesetzbuche. *Borna-Leipzig 1902: R. Noske.* (VII, 79 S.) 8°
Leipzig, Jur. Diss. v. 1902

***Siebert**, Paul:* Die ältesten Zeugnisse über das Christentum bei den römischen Schriftstellern. Charlottenburg, Buchdr. „Gutenberg", 1897; 1—32 S. 4.
Charlottenburg, k. Kaiserin Augusta-G, P 1897 (69)

Siebert, Ph., u. F. Menz, genau berechnete u. zuverläss. Reductions-Tabellen mehrer im großen deutschen Zoll-Vereine vorkomm. Münzen, dann Rabatt u. Zinsen-Berechnn. auf e. Jahr in preuß. Gelde, in Gulden u. in kurhess. Gelde, zu ¼—5 Proc. gr. 4. (1½ B.) Fulda 836, (Müller'sche Buchh.)

Siebert, Richard

Siebert, Rich., kleinere Abhandlungen u. Editionen zur Geschichte Anhalts im Mittelalter. I. gr. 8. (S. 201—204, 309—312, 478—480, 574—576, 493—498, 183—194 u. 200—202.) Zerbst 902. (Leipzig, R. Siebert.) n. 1. —
Sonderabdruck aus: „Mitteilgn. d. Ver. f. anhalt. Geschichte".

Siebert, Richard, Pastor: Rudolf Euckens geschichtsphilosophische Ansichten. Halle a. S. 1909: Buchdr. d. Waisenhauses. 73 S. 8° (Ersch. auch als Buch b. Mühlmann, Halle.)
Erlangen, Phil. Diss. v. 21. Juli 1909, Ref. Falckenberg
[Geb. 10. Jan. 69 Berlin; Wohnort: Berlin-Rixdorf; Staatsangeh.: Preußen; Vorbildung: Gymn. z. Grauen Kloster Berlin Reife O. 89; Studium: Berlin 6 S.; Rig. 4 Febr. 09.]

Die Bedeutung der Geschichtsphilosophie in Rudolf Euckens Weltanschauung. Von Dr. Richard **Siebert**, Pastor. Halle a. S.: Mühlmann 1909. 73 S. 8°
[Erschien auch als Inaug.-Diss. Erlangen 1909 u. d. T.: R. Euckens geschichtsphilos. Ansichten.]

— über das Feldrügegericht zu Meinsdorf bei Zerbst. 8. (18 S.) Dessau 902. (Leipzig, R. Siebert.) n. — 80
Sonderabdruck aus: „Unser Anhaltland".

— Lehnbuch Graf Albrechts I. v. Anhalt u. seiner Nachfolger (1307—1470). gr. 8. (S. 49—93.) Zerbst 900. (F. Gast.) n.n. 1. —

Siebert, Richard: P r e d i g t e n über das Vaterunser. 2. durchges. Aufl. Halle a. S.: Mühlmann 1907. 62 S. 8°

Siebert, Rich., Reform der Volksbildung. Beiträge zur Socialreform. I. gr. 8. (63 S.) Hannover 894. Manz & Lange. n. — 60

— Register zu den Zerbster Schöffenbüchern (1323—1400). gr. 8. (S. 585—687.) Leipzig 902. (R. Siebert.) n. 2. —
Sonderabdr. aus: „Mitth. d. Ver. f. anhalt. Geschichte".

— das älteste Schöffenbuch der Stadt Zerbst, s.: Neubauer, Ernst.

— das zweite Schöffenbuch der Stadt Zerbst. Bis zum J. 1400 inklusive. gr. 8. (S. 547—673.) Zerbst 900. (F. Gast.) n.n. 1. —
Sonderabdr. aus: „Mittign. d. Vereins f. anhalt. Geschichte".

Siebert, Rich., Untersuchungen üb. d. Nienburger Annalistik u. die Autorschaft der Annalista Saxo. E. Beitrag zur Kritik d. deutschen Geschichtsquellen d. Mittelalters. Nebst e. Stammtaf. Diss. gr. 8. (84 S.) Rostock 896. Berlin (NW., Kirchstr. 27), Selbstverlag. n. 3. —

Siebert, Rich., 11 ungedruckte Mönchen-Nienburger Urkunden (1035—1361), aus e. im herzogl. Haus- u. Staatsarchiv zu Zerbst befindlichen Nienburger Copiale hrsg. gr. 8. (S. 183—194.) Zerbst 901. (F. Gast.) n. — 80

SIEBERT, Rudolf (Darmstadt): Ueber einen Fall von Krebs des Oberschenkels und des Kniegelenks. Mit 1 Taf.- München: Gredinger 1885. 20 S., Taf.
27.2.1885 - Urk (Titel: De femoris carcinomate.); Chr 1884/85,21
Diss. Ingolst.-Landsh.-Mchn.

Siebert, Selmar: H a m b u r g nebst dessen nächster Umgebung und Altona. Grösstenteils nach Dr. Peters Vermessung entw., gez. und gestochen. 1:20 000. Hamburg. 1850. 1 Bl. Fol.

Siebert, Theodor [Kammerger.-Ref. aus Frankfurt a. O.]: Kann nach gemeinem Rechte der Stellvertreter mit sich selbst kontrahieren? ... Frankfurt a. O., Druck v. P. Beholtz, 1896; 71 S. 8.
Erlangen, Jur. Fak., Inaug.-Diss. v. 1896

Siebert, Thdr., Katechismus d. Athletik. Mit 38 Abb. 8. (VIII, 222 S.) Weißenfels 898. (M. Lehmstedt.) Geb. in Leinw. n. 5. —

Siebert, Thdr., der Kraftsport. 2. Aufl. des Katechismus der Athletik. (VII, 334 S. m. Abbildgn.) 8. Leipzig 907. [A. Kade.] Alsleben, Th. Siebert. 8.—; geb. 4. —

Siebertus, Theodorus: • De quibusdam locis Propertianis. 45 S. 2°
Halle-Wittenberg, Phil. Diss. v. 20. Juni 1868
Geb. Poley (Anhalt-Bernburg) 25. 1. 1841. V.

Siebert, Theodor: Aus dem Königl. physiologischen Institut zu Königsberg i. Pr. Über absolute Muskelkraft. *(Königsberg i. Pr. 1898): L. Krause & Ewerlien.* (26 S.) 8°
Königsberg, Med. Diss. v. 4. Juni 1898

— über absolute Muskelkraft. Diss. gr. 8. (29 S.) Königsberg 898. (W. Koch.) n. — 80

— Nach welchem System soll ich trainieren? Kurze Schilderung der dafür in Frage komm. Trainiermethoden u. ihrer Erfinder. (85 S. m. Bildnissen.) gr. 8. Alsleben 910. Th. Siebert. — 80

— Trainir-Tabelle „Sei stark". 59,5×45 cm. Mit Abbildgn. u. Text am Rande. Ebd. (910). Gebrochen in gr. 8. — 50

— Der Weg zur Kraft. Eine prakt. Schule zur Erlangg. außergewöhnl. Muskel- u. Körperkraft. Erfolgreichste Methode, nach der die berühmtesten Ringkämpfer u. Athleten ausgebildet worden sind. (71 S. m. Abbildgn. u. 1 Tab.) 8. Ebd. (910). 1. —

Siebert, V., System d. Natur, nach eigenen Grundsätzen dargestellt. gr. 8. Cassel 816. (Leipz., Schmidt). 18 gr.

Siebert, Vincent: U n t e r s u c h u n g e n über die physiologischen Wirkungen des Apomorphin. Diss. Dorpat 1871. 71 S. 8°

Siebert, Walter [aus Berlin]: Ueber Arthrodese im Acromioclaviculargelenk ... Berlin, Druck v. E. Ebering, *1897;* 31 S. 8.
Berlin, Med. Fak., Inaug.-Diss. v. 12. März 1897

Fieber im Spätstadium der Syphilis. Von Dr. W[alter] **Siebert**, Marinestabsarzt. ⟨Aus d. Seemannskrankenh. u. Inst. f. Schiffs- u. Tropenkrankh. in Hamburg.⟩ Mit 1 Taf. Leipzig: J. A. Barth 1907. (33 S.) 8°
— **Archiv** f. Schiffs- u. Tropenhygiene. Bd 11, Beih. 4. fol. 947

Siebert, Walther [Kammerger.-Ref. aus Frankfurt a. O.]: Das pignus in causa judicati captum und das Vollstreckungspfand der Civilprozess-Ordnung ... Frankfurt a. O., Druck v. P. Beholtz, 1897; 70 S. 8.
Erlangen, Jur. Fak., Inaug.-Diss. v. 1897

Siebert, Werner: Über Azofarbstoffe der Triphenylmethanreihe und deren Lackbildungsvermögen. [1906.] 69 S. 8°
Darmstadt, Dr.-Ing.-Diss. v. 27. 7. 1906

Siebert, Werner, a. Osnabrück: Zur Kenntnis der Modifikationen des Arsens und Antimons. (Berlin 1905: W. R. Saling.) (42 S.) 8°
Berlin, Phil. Fak., Ref. Fischer, Diss. v. 23. Dez. 1905
[Geb. 24. März 83 Osnabrück; Wohnort: Berlin; Staatsangeh.: Preußen Vorbildung: Askan. Gymn. Berlin Reife M. 01; Studium: Berlin 8 S. Rig. 14. Dez. 05.]

Siebert, Wilhelm: Die pathologisch-anatomischen Befunde im Nervensystem beim Altersblödsinn und deren Abgrenzung gegen die pathologische Anatomie der progressiven Paralyse. *Leipzig: G. Fock (1897).* (32 S.) 8°
Leipzig, Med. Diss. v. 25. Sept. 1897

Siebert, Wilhelm, a. Cassel: Heinrich Heines Beziehungen zu E. T. A. Hoffmann. ⟨Teildruck.⟩ Marburg 1908 (Darmstadt: C. F. Winter). (52 S.) 8° ¶ (Erscheint vollst. als: „Beiträge zur deutschen Literaturwissenschaft" b. N. G. Elwert, Marburg 1908.)
Marburg, Phil. Fak., Ref. Elster, Diss. v. 10. Febr. 1908
[Geb. 27. Febr. 80 Cassel; Wohnort: Cassel; Staatsangeh.: Preußen; Vorbildung: Realgymn. Cassel Reife O. 00; Studium: Marburg 4, Grenoble 1, Berlin 1, Marburg 5 S.; Rig. 30. Jan. 07.]

Heinrich Heines Beziehungen z. E. T. A. Hoffmann. Von Dr. Wilhelm **Siebert**. Marburg: N. G. Elwert 1908. (VIII, 109 S.) 8°
— **Beiträge** z. deutschen Litteraturwissenschaft. No 7. fol. 11398 4

Siebert, Wilh., über Appius Claudius Caecus mit besonderer Berücksichtigung seiner Censur und der des Fabius und Decius. gr. 8. (III und 111 S.) Kassel 863, (Freyschmidt.) • Diss.

Siebert, Wilh., Ehestandsbüchlein od. allerlei Altes u. Neues üb. die Ehe. Ein kurzer aber sicherer Wegweiser zu häusl. Glück u. Frieden. 8. (64 S.) Cassel 892. G. Klaunig. n. 1. —

Siebert, Wilh., die geographischen Entdeckungen u. Kolonisationen in unserem Jahrhundert u. unsere jetzige Kenntniß der Erdoberfläche. Eine Vorlesg. geh. am 29. Jan. 1873 in der Aula d. Gymnasiums zu Hohenstein. 8. (54 S.) Kassel 874. Hühn. n. 1. —

Siebert, Wilhelm [Oberl. Dr.]: Entwurf eines Griechischen Lese- und Übungsbuches für die Untertertia der Gymnasien und Progymnasien im Anschluss an die Schulgrammatik von Koch. Erste Hälfte. Osterode Ostpr., gedr. i. d. F. Albrecht'schen Buchdr., 1889; 1 Bl., 80 S. 8°
Hohenstein i. Ostpr., k. G, OP 1889 (5)

Siebert, Wilhelm [Dr. Oberl.]: Entwurf eines Griechischen Lese- und Übungsbuches für die Untertertia der Gymnasien und Progymnasien im Anschluss an die Schulgrammatik von Koch. Zweite Hälfte. (Forts. d. P-Beil. 1889. Dass. mit Anh. u. Wörterverz. VII, 249 S. Osterode 1890.) Osterode Ostpr., gedr. in d. F. Albrecht'schen Buchdr., 1890; 1 Bl., S. 81–166, 1 Bl. 8°
Hohenstein in Ostpreussen, k. G. OP 1890

Siebert: Ueber das römische Exil. 30 S.–Hohenstein, Progr. 1872.

Siebert, W., üb. das römische Exil. 4. (32 S.) Königsberg 873. (Berlin, Calvary & Co.) n. 1. —

Siebert, W. Katalog der Schülerbibliothek des kön. Gymnasiums zu Hohenstein. 8. Progr. Hohenstein 1877.

Siebert, W., griechisches Lese- u. Übungsbuch f. die Untertertia der Gymnasien u. Progymnasien im Anschluss an die Schulgrammatik v. Koch. gr. 8. (VII, 249 S.) Osterode i/Ostpr. 890. (Minning.) n. 1. 50

Siebert, Wilh., Vade mecum in gereimten Sprüchen. gr. 8. (74 S.) Göttingen 902. (O. Carius.) n. 1. —

Siebert, Wilhelm: Wirbelströme in massiven Polschuhen. 1908. 70 S., 11 Taf. 8°
¶ Auch bei d. Druckerei-Gesellschaft Hartung & Co. in Hamburg.
Braunschweig, Dr.-Ing.-Diss. v. 23. 7. 1907

Siebert-Ritter, Klara, s. Siebert, Klara.

Sieberth, Otto, aus Gräfenthal: Die Mikroorganismen der kranken Zahnpulpa. Erlangen 1900: F. Junge. (66 S.) 8°
Erlangen, Phil. Diss. v. 28. Febr. 1900

Sieberth, Otto, die Mikroorganismen der kranken Zahnpulpa. Diss. gr. 8. (V, 66 S.) Erlangen 900. (Nürnberg, M. Edelmann.) n. 1. 50

Siebertz, Paul, politisch-soziales Abc-Buch, s. Nachschlagewerk, geschichtliches. II.

Siebertz, P., Politisch-soziales Abc-Buch. Ein Handbuch f. die Mitglieder u. Freunde der Zentrumspartei. Auf Grund authent. Quellenmaterials bearb. 1. Bd. 8. (IX, 368 S.) Stuttgart, Süddeutsche Verlagsbuchh. 1900 2. 25.
Nachschlagewerk, geschichtl., sozialpolit. u. apologet. II. 1.

Siebertz, Paul, Albanien u. die Albanesen. Landschafts- u. Charakterbilder. Gesammelt. Federzeichnungen von Ida v. Lasser-Schmalix. (274 S. m. 16 Vollbildern.) 8. Wien 910. Manz. 4. 30

— Brodwucher? Eine populäre Zurückweisung sozialdemokrat. Hetzreden zur Getreidezoll-Frage. Unter Zugrundelegg. der neuesten Erhebgn. bearb. gr. 8. (31 S.) Kempten 901. J. Kösel. n.n. — 45

— geschichtlicher Führer, s.: Nachschlagewerk, geschichtl.

— ringende Mächte. Schauspiel in 5 Akten. Unter Zugrundelegg. des Romans „Quo vadis" v. H. Sienkiewicz bearb. 12. (159 S.) Kempten 901. J. Kösel. 1. 50

— dasselbe, s.: Dilettantenbühne, katholische.

— s.: Nachschlagewerk, geschichtliches, sozialpolitisches u. apologetisches.

— s.: Revue, katholische.

Siebertz, Paul, wer stört den konfessionellen Frieden? Eine aktenmäß. Darstellg. (195 S.) 8. Regensburg 903. Verlagsanstalt vorm. G. J. Manz. n. 1. —

[Siebigk, C. A. Museum berühmter Tonkünstler. Breslau 1801.]
Vgl. Siebigke, Ant. Ludw. Leop.

Siebigk, Ferdinand

—— das Herzogthum Anhalt. Historisch, geographisch und statistisch dargestellt. 2 Abthlgn. gr. 8. (VII und 715 S. mit 1 Tab. in Fol.) Dessau 867, Aue'sche Buchh. *

Siebigk, Ferd., ein Bild aus Dessaus Vergangenheit. Vortrag gehalten im literarischen Verein zu Dessau. Dessau 864. Aue. gr. 8. (54 S.) 6 ngr.

Siebigk, Ferd., Katharina der Zweiten Brautreise nach Rußland 1744–1745. Eine histor. Skizze. 8. (IV, 203 S.) Dessau 873. Barth. n 3. —

Siebigk, Ferd., das Anhaltische Reichscontingent in den Türkenkriegen von 1684 bis 1689. Ein Beitrag zur Geschichte des Anhaltischen Militärs aus archivalischen Quellen. Dessau 854. Baumgarten u. Co. gr. 8. (64 S.) n. 10 ngr.

Siebigk, Ferd., Herzog Leopold Friedrich's von Anhalt Wirken in Stadt u. Land. Festschrift dargebracht am 10. Aug. 1867. Dessau 867. Aue'sche Buchh. gr. 8. (29 S.) n. 4 ngr.

Siebigke, Anton Ludwig Leopold, Vgl. Siebigk, C. A.

Siebigke, (Prof. in Bresl.) Ant. Ldw. Leop., († d. 11. April 1807.) Museum deutscher Tonkünstler, in Kupfern u. schriftl. Abrissen, od. Museum deutscher Gelehrten. 2r Thl. 8. Bresl. 801. . . . (Wo ist der 1e Thl. zu finden?)

Siebin, F. J., der Schwerdtharfner des Spessarts, deutsche Gesänge. 8. Aschaffenb. 820. Knodé. 16 ℊ

Siebing, F. J., der Schwerdtharfner des Spessarts, deutsche Gesänge. 8. Aschaffenburg, Knode. 820.

Siebinger, Jos., Abriß der Weltgeschichte für untere Gymnasialklassen u. f. Bürgerschulen. (1. Abth.) gr. 12. (IV u. 252 S.) Wien 849, Gerold. ⅔ ℳ

Siebke: Alte Äcker in dem Kirchspiele Bornhöved, Kreis Segeberg. Ein Beitrag zur Hochäckerfrage. Kiel. 1893. 8°

Siebke, H.: Topographisches und Statistisches über Bargteheide. Bargteheide, den 18. Jan. 1887. 8°

Siebke, Otto: Beitrag zur Casuistik von Zwillingsgeburten mit weit auseinanderliegenden Terminen. Bonn 1898: J. Bach Wwe. (20 S.) 8°
Bonn, Med. Diss. v. [27.] Juli 1898

Siebler-de Ferry, P.: Die Donauthalbahn. Mit 17 Illustrationen nach photographischen Aufnahmen vom Verfasser und 1 Karte. (Europäische Wanderbilder. No. 227 u. 228.) Zürich [1894]. 51 S. 8°. [E 6277

Siebler-De Ferry, P., die Donauthalbahn, s.a. Wanderbilder, europäische.

Sieblist, die Fürsorgeerziehung nach dem sächsischen Gesetz vom 1. II. 1909. s.: Bibliothek des Verwaltungsbeamten.

Sieblist: Die revidierte Landgemeindeordnung für das Königreich Sachsen. Textausg. mit d. Entscheid. d. Kgl. Sächs. Oberverwaltungsgerichts u. sonst. wicht. Entscheid. u. Anm. nebst e. ausführl. Sachreg. Nossen 1910. 8°

— Die revidierte Landgemeindeordnung f. das Königr. Sachsen, s.a. Bibliothek des Verwaltungsbeamten.

Sieblist, Konrad, a. Konstantinopel, Referendar in Annaberg im Erzgebirge: Die Haftung der Gastwirte für eingebrachte Sachen (nach dem Bürgerlichen Gesetzbuch für das Deutsche Reich). Borna-Leipzig 1904: R. Noske. (IX, (66 S.) 8° [F.]

Leipzig, Jur. Fak., Diss. v. 8. Dez. 1904

[Geb. 23. Apr. 80 Konstantinopel; Wohnort: Annaberg i. E.; Staatsangeh.: Sachsen; Vorbildung: Gymn. Bromberg Reife O. 99; Studium: Marburg 2, Leipzig 5 S.; Rig. 26. Febr. 03.]

Fachwörterbuch der französischen Sprache für Post, Telegraphie und Fernsprechwesen von O[tto] **Sieblist**. 2. stark verm. u. verb. Aufl. d. Wörterbuchs z. Lehrbuch d. franz. Sprache f. d. deutschen Post- u. Telegraphenbeamten. Leipzig & Berlin: B. G. Teubner 1907. (VI, 332 S.) 8° [F.] (08. 3280

Sieblist, O., Lehrbuch der französischen Sprache f. die deutschen Post- u. Telegraphenbeamten. Zum Selbstunterricht in der französ. Umgangs-, Schrift- u. Amtssprache, sowie zur Vorbereitg. auf die Assistenten- u. Sekretärprüfgn. der Reichs-Post- u. Telegraphenverwaltg. In 2 Thln. u. e. alphabet. Wörterbuche. gr. 8. Leipzig 901. B. G. Teubner. Geb. in Leinw. n. 8. 50
1. (einführender) Thl. (XII, 238 S.) n. 3. —
2. (ausführender) Thl. (VIII, 295 u. 38 S.) n. 3. 35
Wörterbuch. (IV, 171 S.) n. 2 15

Lehrbuch der französischen Sprache für die deutschen Post- und Telegraphenbeamten. Von O[tto] **Sieblist**, Ober-Postrat. Zum Selbstunterr. ... In 2 T. nebst e. alphab. (Fach-)Wörterbuche. 2. verb. Aufl. T. 1. Leipzig & Berlin: B. G. Teubner 1906. 8° [F.] (07. 4307

— **Lehrbuch der französischen Sprache f. die deutschen Post- u. Telegraphenbeamten.** Zum Selbstunterricht in der französ. Umgangs-, Schrift- u. Amtssprache, sowie namentlich z. Vorbereitg. auf d. Assistenten- u. Sekretärprüfgn. der Reichs-Post- u. Telegraphenverwaltg. In 2 Tln. nebst e. Fachwörterbuch u. e. Postlesebuch. 8. Ebd. Geb. in Leinw. à 3. —
1. (Einführ.) Tl. 3., verb. Aufl. (XIV, 285 u. Schlüssel 50 S.) 910.
2. (Ausführ.) Tl. 2., verb. Aufl. (X, 243 u. Schlüssel 38 S.) 910.

Sieblist, Otto. Die Post im Auslande. Eine Darstellg. der Posteinrichtgn. d. Auslandes, nach amtl. Quellen bearb. 1. u. 2. unveränd. Aufl. gr. 8. (XIV, 450 S. m. 1 Tab.) Berl. 892, Springer. * 7 —; geb. * 8 —

Sieblist, Otto, die Post im Auslande. Eine Darstellung d. Posteinrichtgn. des Auslandes, nach amtl. Quellen bearb. 8., gänzlich umgearb. Aufl. gr. 8. (XII, 442 S.) Berlin 900. J. Springer. n. 7. —; geb. in Leinw. n. 8. —

Sieblist, Otto. Die Post im Auslande. Eine Darstellung der Posteinrichtungen des Auslandes, nach amtlichen Quellen bearb. von O' S' ... (Bern). 4., umgearbeitete und vermehrte Aufl. XII + 487 S. 8. Berlin, Julius Springer, 1909. [M. 7. —]

— **Post, Telegraphie u. Fernsprechwesen, s.: Kaufmann, d. deutsche.**

— **Englisches Postlesebuch m. Amtsbriefsteller. Mit e. Wörterverzeichnis als Beiheft.** (VI, 148 u. 28 S.) 8. Leipzig 908. B. G. Teubner. Geb. in Leinw. u. geh. 2. 40

— **Französisches Postlesebuch m. Amtsbriefsteller.** (VI, 202 S.) 8. Ebd. 910. Geb. in Leinw. 2. 40

Siebmacher, Johann

Sibmacher, Joh., Entwürfe für Goldschmiede [aus dem J. 1590]. Mit einem Vorwort von Otto v. Schorn. Hrsg. vom bayr. Gewerbemuseum in Nürnberg. gr. 4. (8 S. mit 12 photozinkograph. Taf.) Nürnberg 879, Korn'sche Buchh. * 3 —

—— **Kreuzstich-Muster.** 36 Taf. der Ausg. v. 1604. Photolith. qu. 4. Berlin 886. E. Wasmuth. Geb. in Leinw. n. 8. —

—— newes **Mobelbuch** in Kupffer gemacht, darinnen allerhand Arth Newer Möbel von Dün, Mittel vnd Dick außgeschnidener Arbeit, auch andern Künstlichen Netzwerck zu gebrauchen, mit vleiß inn Druck verfertigt, Nürnberg 1604. (Kreuzstich-Muster.) qu. 4. (38 Bl. in Facs.-Druck.) Berlin 880, Wasmuth. geb. * 3 —

Sibmacher's, Hans, Stick- u. Spitzen-Musterbuch. Nach der Ausg. vom Jahre 1597 in facs. Copien herg. vom k. k. österreich. Museum. Mit einem Vorworte, Titelblatt u. 35 (lithogr.) Musterblättern. Wien 866. Gerold's Sohn. qu. 4. n. 2 ꝛ 20 ngr.

— **Stick- u. Spitzen-Musterbuch.** Nach der Ausg. vom Jahre 1597 in facsimilirten Copien hrsg. vom k. k. österreich. Museum. Mit einem Vorworte (3 S.), Titelblatt u. 35 Musterblättern. Neue Aufl. qu. 4. Wien 877. Gerold's Sohn. n. 8. —

—— **Stick- und Spitzen-Musterbuch.** Nach der Ausg. vom J. 1597 in facs. Copien hrsg. vom k. k. österreich. Museum. Mit einem Vorworte, Titelblatt und 35 (photolithogr.) Musterblättern. 3. Aufl. qu. gr. 8. (VIII S.) Wien 882, Gerold's Sohn. * 8 —

--- Stick- u. Spitzen-Musterbuch. 35 (photolithogr.) Taf. der Ausg. vom J. 1597. qu. 4. Ebd. 887. geb. * 3 —

Sibmacher's, Joh., neues Stick- u. Spitzen-Musterbuch in 60 Blättern. Nach der Ausg. vom J. 1604. Hrsg. v. J. D. Georgens. Photolith. qu. 4. (58 Taf.) Berlin 874. Wasmuth. In Mappe. n. 12. —

—— **neues Stick- und Spitzen-Musterbuch.** In 60 (photolithogr.) Blättern. Nach der Ausg. vom J. 1604 hrsg. von J. D. Georgens. qu. 4. (1 Bl. Text) Berlin 881, Wasmuth. In Leinw.-Mappe * 12 —

—— Erneuert und vermehrtes Wappenbuch ... herausg. von R. Helmers. Th. 1—6. und General-Register. Nürnberg 170[4]5. Fol. . . . . (D.)

—— Grosses Wappenbuch herausg. von Weigel. Nürnberg 1734. Fol.
Hierzu Supplement 1—12. Ebda o. J. Fol. . . . . (D.)

—. Johann Siebmachers allgemeines grosses und vollständiges Wappenbuch in welchem aller Hohen Potentaten Fürsten, Grafen, Herren und Stände, ingleichen der freyen Staaten und Reichsstädte ... Wappen Schilde, Helme und Kleinodien in sechs Theilen abgebildet sind. Nebst einer Vorrede Johann David Köhlers ... Nürnberg, im Verlag der Raspischen Buchhandlung 1772. [Nebst 12 Supplementen.]
Vortit., Titelkupfer, Tit., 5 Bl., 32 S., 9 Zwischentit., 21 Bl. Register; 620 Taf. in Kupferst. — Supplemente: 12 Tit., 19 Bl. Register; 361 Taf. in Kupferst. 2°.

Siebmacher, Joh., sonst Weigel, **großes und vollständiges** Wappenbuch. 6 Thle u. 12 Suppl. Fol. Nürnb. Raspe. 772—806. (1r—6r à 2 Rthlr. 1s—12s Suppl. à 2 Rthlr.)

Siebmacher, Jh., (sonst Weigel,) **großes u. vollständ. Wappenbuch.** Nebst e. Vorrede v. Jh. Dav. Köhler ꝛc. 6 Thle. u. 12 Supplemente. Fol. Nürnb. 777—806. Bauer u. R. 36 ꝛ
Die 12 Supplemente apart 24 ꝛ

Siebmacher's, J., grosses und allgemeines Wappenbuch in einer neuen vollständig geordneten und reich verm. Aufl. hrsg. von Otto Titan v. Hefner. Muster-Vorlage. 4. (8 S. und 3 Stnt. in Tondr.) Nürnberg 853, Bauer und Raspe. *

[Siebmacher, Johann.] Grosses und allgemeines Wappenbuch in einer neuen, vollständig geordneten und reich vermehrten Auflage mit heraldischen und historisch-genealogischen Erläuterungen. Nürnberg, Bauer u. Raspe 1855—1956.
82 Bde. 4°.
Bd. A: Geschichte der Heraldik (Wappenwesen, Wappenkunst und Wappenwissenschaft) . . . 1885—89. Tit., X + 672 S. m. 520 Abb.; 14 Taf.
Bd. I, 1, 1: Die Wappen der Souveraine der deutschen Bundesstaaten . . . 1856. Tit., 49 S., 2 Bl.; 115 Taf.
1, 2: Wappen der deutschen Souveraine und Lande. Neue Folge . . 1909. Tit., 1 Bl., 142 S.; 141 Taf. — 1, 3: Desgl. 1916. Tit., 112 S.; 122 Taf. — 1, 4: Desgl. 1921: Tit., 100 S.; 95 Taf. — 1, 5: Desgl. [1927], 4 S.; 16 Taf.
I, 2: Die Wappen der ausserdeutschen Souveraine und Staaten . . . 1870. Tit., 2 Bl., 50 S.; 162 Taf.
I, 3: Hoher Adel Deutschlands:
3, 1: Die mediatisierten Fürstengeschlechter in Deutschland . . . 1878. Tit., 95 S.; 213 Taf.
3, 2: Die erlauchten Grafengeschlechter in Deutschland . . . 1878. Tit., 2 Bl., 77 S.; 129 Taf., IV + 70 S.; 72 Taf.
3, 3a: Die Fürsten des Heiligen Römischen Reiches . . . 1887. 2 Bde. m. 292 S.; 391 Taf.
3, 3b: Die durch deutsche Bundesfürsten in den Fürstenstand erhobenen Geschlechter . . 1888. Tit., 1 Bl., 60 S.; 107 Taf.
3, 3c: Die europäischen Fürstengeschlechter nicht Römisch-Kaiserlicher oder Deutsch-bundesfürstlicher Extraktion . . . 1894. 4 Bde. Tit., III + 309 S.; 416 Taf.
I, 4: Städtewappen . . . 1885. 2 Bde 4, 1: Tit., 2 Bl., 124 S.; 155 Taf. — 4, 2: Tit., 1 Bl., S. 125—378; Taf. 156—335.
I, 5: Bistümer und Klöster. 3 Bde.
5, 1: Bistümer . . . 1881. 2 Bde. Tit., 1 Bl., 172 S.; 249 Taf. Anhang IV + 30 S.; 36 Taf.
I, 5, 2: Klöster . . . 1882. Tit., 1 Bl., 126 S.; 182 Taf.
I, 6: Flaggen . . . 1878. Tit., IV + 27 S.; 92 Taf.
I, 7: Berufswappen . . . 1898. Tit., IV + 116 S.; 161 Taf.
I, 8 A: Die Siegel der deutschen Universitäten in Deutschland, Österreich und der Schweiz . . . 1906. Tit., 3 Bl., 30 S.; 51 Taf.

— — Abthl. A., s. Seyler, Gust. A. Geschiche der Heraldik.

—— grosses und allgemeines Wappenbuch in einer neuen vollständig geordneten und reich verm. Aufl. hrsg. und mit herald. und histor.-genealog. Erläuterungen begleitet von Otto Titan v. Hefner. 1—29. Lfg. oder 1. Bd. 1—6. Heft., 1. Bd. 4. Abthl. 1. Heft, 2. Bd. 1—9. Heft, 2. Bd. 5. Abthl. 1. und 2. Heft, 3. Bd. 1. Heft, 4. Bd. 1. Abthl. 1. Heft, 5. Bd. 1—5. Heft und 5. Bd. 2. Abthl. 1. Heft. hoch 4. Mit vielen Stnt. in Tondr. und lithogr. und gemalten Titeln. Nürnberg 854—56, Bauer und Raspe. à Lfg. * 1 Thlr. 18 Ngr. •

Siebmacher's, J., grosses und allgemeines Wappenbuch in Verbindung mit Mehreren neu hrsg. und mit histor. genealog. und herald. Notizen begleitet von Otto Titan v. Hefner. 30—66. Lfg. oder 1. Bd. 2. Abthl. 1—7. Heft, 1. Bd. 3. Abthl. 2. und 3. Heft, 1. Bd. 4. Abthl. 3. und 4. Heft; 2. Bd. 3. Abthl. 1—4. Heft, 3. Abthl. 1. Heft; 3. Bd. 1. Abthl. 2—5. Heft, 3. Bd. 2. Abthl. 1—4. Heft, 3. Bd. 6. Abthl. 1. Heft, 4. Abthl. 1. und 2. Heft; 4. Bd. 2. Abthl. 1. und 2. Heft; 5. Bd. 2. Abthl. 2—5. Heft; 6. Bd. 1. Heft, 6. Bd. 1. Abthl. 2. Heft; 7. Bd. 1. und 2. Heft. gr. 4. (XXVIII und 496 S. mit 674 Stnt. in Tondr. und 9 lithochrom. Titeln.) Nürnberg 857—61, Bauer und Raspe. à Lfg. * 1 Thlr. 18 Ngr. •
1—29. Lfg. Ebendas. 1854—56. * 46 Thlr. 12 Ngr.

Siebmacher's, J., grosses und allgemeines Wappenbuch in einer neuen vollständig geordneten und reich verm. Aufl. mit herald. und historisch-genealog. Erläuterungen versehen und in Verbindung mit Mehreren hrsg. von Otto Titan v. Hefner, fortgesetzt von Alfr. Grenser. 67.—70. Lfg. oder 3. Bd. 2. Abthl. 5.—7. Heft. und 4. Bd. 3. Abthl. 1. und 2. Heft. gr. 4. (76 S. mit 72 Stnt. in Tondr.) Nürnberg 862—68, Bauer und Raspe. à Lfg. * 1 Thlr. 18 Ngr. *
1.—66. Lfg. Ebendas. 1854—61. * 105 Thlr. 18 Ngr.

Siebmachers, J., grosses und allgemeines Wappenbuch in einer neuen und vollständig geordneten und reich verm. Aufl. mit herald. und histor.-genealog. Erläuterungen. Neu hrsg. von R. v. Mülverstedt, A. M. Hildebrandt, Hauptm. Heyer v. Rosenfeld, Lieutn. Grützner, Gautsch u. A. 71.—134. Lfg. gr. 4. (1000 S. mit 989 Stnt. und color. Titelbl.) Nürnberg 869—75, Bauer und Raspe.
Lfg. 71—111. à * ℳ 6.; Subscr.-Pr. à * ℳ 4,80. *
Lfg. 112—134. à * ℳ 7,50.; Subscr.-Pr. à * ℳ 6. *
1.—70. Lfg. Ebendas. 1854—68. * ℳ 336.

Siebmacher's, J., grosses und allgemeines Wappenbuch in einer neuen vollständig geordneten und reich verm. Aufl. mit herald. und historisch-genealog. Erläuterungen. Neu hrsg. von v. Mülverstedt, A. M. Hildebrandt, Meyer v. Rosenfeldt etc. 135.—181. Lfg. gr. 4. (988 S. mit 821 Stnt.) Nürnberg 876—79, Bauer und Raspe. Subscr.-Pr. à Lfg. *
Einzelpr. à Lfg. *

Siebmacher's, J., grosses und allgemeines Wappenbuch in einer neuen vollständig geordneten und reich verm. Aufl. mit herald. und historisch-genealog. Erläuterungen neu hrsg. 182.—235. Lfg. gr. 4. (1258 S. mit 966 Stnt.) Nürnberg 880—84, Bauer und Raspe. Subscr.-Pr. à Lfg. *
Einzelpr. à Lfg. *

Siebmacher's, J., grosses und allgemeines Wappenbuch in einer neuen vollständig geordneten und reich verm. Aufl. mit herald. und historisch-genealog. Erläuterungen neu hrsg. 236.—296. Lfg. gr. 4. (1900 S. mit 979 Stnt.) Nürnberg 885—88, Bauer und Raspe. Subscr.-Pr. à Lfg. *
Einzeln à Lfg. *
Die nachstehenden abgeschlossenen Monographieen sind auch als Einzelausgaben erschienen:
Blažek, Konrad, der Adel von Oesterreich-Schlesien. (VIII, 148 S. mit 1 Uebersichtskarte und 80 Taf.) 885. geb. * ℳ 36.—. (4. Bd. 11. Abthl.)
—— der abgestorbene Adel der Preussischen Provinz Schlesien. 1. Thl. (129 S. mit 90 Taf.) 887. geb. * ℳ 40.—. (6. Bd. 8. Abthl.)
—— Preussische Grafen und Freiherren. (55 S. mit 34 Taf.) 886. geb. * ℳ 16.—. (7. Bd. 2. Abthl. Ergänzungsbd.)
Gritzner, M., die Fürsten des Heiligen Römischen Reiches. 2 Bde. (292 S. mit 391 Taf.) 887. geb. * ℳ 170.—. (1. Bd. 3. Abthl. Reihe III A.)
Hefner, O. T. v., K. Gautsch und L. Clericus, Städtewappen. 2 Bde. (378 S. mit 335 Taf.) 885. geb. * ℳ 136.—. (1. Bd. 4. Abthl.)
Hildebrandt, Ad. M., und Gustav A. Seyler, zweitausend bürgerliche Wappen. (VIII, 93 S. mit 100 Taf.) 888. geb. * ℳ 40.—. (5. Bd. 3. Abthl.)
Meraviglia-Crivelli, Rud. Johann Graf, der böhmische Adel. (XVI, 296 S. mit 144 Taf.) 886. geb. * ℳ 66.—. (4. Bd. 9. Abthl.)

—— 17. Lfg. neue Aufl., s. Gritzner, Max. Grundsätze d. Wappenkunst.
Die nachstehenden abgeschlossenen Abtheilungen sind auch als Einzelausgaben erschienen:
Blažek, Konrad. Der abgestorbene Adel der Preuss. Provinz Schlesien. II. Thl. (6. Bd. 8. Abthl. II. Reihe.) (156 S. m. 90 Taf.) 890. geb. * 40 —. 1. Thl. Ebd. 1887. geb. * 40 —.
Gritzner, Maxim. Die durch deutsche Bundesfürsten in den Fürstenstand erhobenen Geschlechter. (1. Bd. 3. Abthl. III. Reihe B.) (60 S. m. 107 Taf.) 888. geb. * 48 —.
Seyler, Gust. A. Zweitausend bürgerliche Wappen. (5. Bd. 4. Abthl.) (VIII, 91 S. m. 100 Taf.) 890. geb. * 40 —.

Siebmacher's, J., grosses u. allgemeines Wappenbuch, in e. neuen vollständig geordneten u. reich verm. Aufl. m. herald. u. historisch-genealog. Erläutergn. neu hrsg. 297.—350. Lfg. gr. 4. (1747 S. m. 907 Steintaf.) Nürnb. 889—92, Bauer u. Raspe.
Subscr.-Pr. à Lfg. * 6 —; Einzelpr. à * 7 50

Siebmacher's, J., grosses u. allgemeines Wappenbuch, in e. neuen vollständig geordneten u. reich verm. Aufl. m. herald. u. historisch-genealog. Erläutergn. neu hrsg. 325.—378. Lfg. gr. 4. (1597 S. m. 967 Steintaf. u. 1 genealog. Taf.) Nürnberg 891—894. Bauer & Raspe. Subskr.-Pr. à n. 6. —;
Einzelpr. à n. 7. 50

Siebmacher's, Joh., grosses u. allgem. Wappenbuch, in e. neuen vollst. geordn. u. reich verm. Aufl., mit herald. u. historisch-genealog. Erläutergn. neu hrsg. 379.—429. Lfg. gr. 4. (1273 S. m. 57 Stamm- u. 932 Steintaf.) Nürnberg 895—898. Bauer & Raspe. Subskr.-Pr. à Lfg. n. 6. —; Einzelpr. à Lfg. n. 7.50;
Einzelpr. d. 423. Lfg. n. 10. —

Siebmacher's, J., grosses u. allgemeines Wappenbuch, in e. neuen vollständig geordneten u. reich verm. Aufl. m. herald. u. historisch-genealog. Erläutergn. neu hrsg. 430.—473. Lfg. gr. 4. (1076 S. m. 5 farb. Titeln, 2 Stamm- u. 795 Steintaf.) Nürnberg 898—902. Bauer & Raspe. Subskr.-Pr. à n. 6.—; Einzelpr. à n. 7.50

Siebmacher's, J., grosses u. allgemeines Wappenbuch, in e. neuen vollständig geordneten u. reich verm. Aufl. m. herald. u. historisch-genealog. Erläutergn. neu hrsg. 474.—517. Lfg. (1146 S. m. 8 farb. Titeln, 3 Stamm- u. 772 Steintaf.) gr. 4. Nürnberg 902—906. Bauer & Raspe. Subskr.-Pr. à n. 6. —; Einzelpr. à n. 7. 50

Siebmacher's, J., grosses u. allgemeines Wappenbuch in e. neuen vollständig geordneten u. reich verm. Aufl., m. herald. u. historisch-genealog. Erläutergn. 518—540. Lfg. (551 S. m. 4 farb. Titeln u. 410 Taf.) Lex. 8. Nürnberg 907—10. Bauer & Raspe.
Subskr.-Pr. à 6.—; Einzelpr. à 7. 50

-- dasselbe. 4. Bd. 15. Abth. (28 Hfte.) gr. 4. Ebd. 887—893. n. 210. —; in 4 Bde. geb. n. 224. —
Wappenbuch d. Adels v. Ungarn, sammt den Nebenländern der St. Stephans-Krone. (Hft. 1—7 unter Mit-Red. von Iván v. Nagy.) Nach Orig.-Quellen bearb. v. Géza Csergheő de N.-Tacskénd. (775 S. m. 504 Taf.)

— dasselbe. 1. Bd. 3. Abth. C. gr. 4. Ebd. 894. n. 172. 50; geb. n. 184. —
Die europäischen Fürstengeschlechter nicht römisch-kaiserlicher od. deutsch-bundesfürstlicher Extraction. Bearb. v. M. Gritzner. 3 Bde. (III, 309 S. m. 416 Taf. u. 1 farb. Titelbl.) Bd. 1 u. 2. à n. 60. —; geb. à n. 64. —; Bd. 3. n. 52. 50; geb. n. 56. —

— dasselbe. 4. Bd. 15. Abth. (Suppl.-Bd.) gr. 4. Ebd. 894. n. 45. —; geb. n. 48. —
Der Adel v. Ungarn sammt den Nebenländern der St. Stephans-Krone. (Suppl.-Bd.) Bearb. von Géza v. Csergheö u. Jos. v. Csoma. (150 S. m. 102 Taf.)

— dasselbe. 6. Bd. 8. u. 9. Abth. gr. 4. Ebd. 894. n. 75. —; geb. n. 81. —
8. Der abgestorbene Adel der preussischen Prov. Schlesien. 3. Thl. Bearb. u. illustr. v. C. Blažek. (180 S. m. 108 Taf.) n. 45. —; geb. n. 48. —
9. Ausgestorbener preussischer Adel. Prov. Pommern, bearb. von G. A. v. Mülverstedt, illustr. v. A. M. Hildebrandt. (III, 222 S. m. farb. Titel u. 73 Taf.) n. 30. —; geb. n. 33. —

— dasselbe. V. Bd. 5. Abth. gr. 4. Ebd. 895. n. 37. 50; geb. n. 40. —
2000 bürgerl. Wappen. Hrsg. v. Gust. A. Seyler. (X, 87 S. m. farb. Titel u. 100 Taf.)

— dasselbe. I. Bd. 7. Abth. gr. 4. Ebd. 898. n. 60. —; geb. n. 62. —
Berufswappen. Bearb. v. Gust. A. Seyler. (116 S. m. farb. Titel u. 161 Taf.)

— dasselbe. III. Bd. 11. Abth. u. IV. Bd. 12. Abth. gr. 4. Ebd. 898. n. 182. 50; geb. n. 194. —
III, 11. Der Adel der russischen Ostseeprovinzen. Von M. Gritzner. 1. Abth. Die Ritterschaft. (V, 520 S. m. farb. Titel, 52 Stamm- u. 217 Steintaf.) n. 92. 50; in 2 Bde. geb. n. 100. —
IV, 12. Der Adel von Siebenbürgen. Begonnen von Const. Reichenauer v. Reichenau, fortges. von D. Géza v. Csergheö, zu Ende gef. von Osk. v. Bárczay. (293 S. m. farb. Titel u. 212 Steintaf.) n. 90. —; geb. n. 94. —

— dasselbe. III. Bds. 11. Abth., IV. Bds. 10. u. 13. Abth., V. Bds. 6. Abth, VI. Bds. 10. Abth. u. VII. Bds. 3. Abth. a - d. gr. 4. Ebd. n.n. 345. 55; geb. n. 368. —
III. 11. Der Adel der russ. Ostseeprovinzen. 2. Thl. Der nichtimmatrikulirte Adel. Bearb. v. Max Gritzner. (IV, 280 S. m. farb. Titel u. 187 Taf.) 901. n. 79. —; geb. n. 84. —; (vollständig geb. n. 184. —)
IV. 10. Der mährische Adel, von Heinr. Edler v. Kadich, fortgesetzt u. zu Ende geführt v. Conr. Blažek. (IV, 321 S. m. farb. Titel u. 215 Steintaf.) 899. n. 90. —; geb. n. 94. —
13. Der Adel v. Kroatien u. Slavonien. Von Ivan v. Bojničič. (250 S. m. farb. Titel u. 176 Steintaf.) 899. n. 75. —; geb. n. 80. —
V. 6. Bürgerliches Wappenbuch, hrsg. von Gust. A. Seyler. (105 S. m. farb. Titel u. 100 Steintaf.) 901. n. 37. 50; geb. n. 40. —
VI. 10. Ausgestorbener mecklenburgischer Adel, bearb. von G. A. v. Mülverstedt. (V, 144 S. m. farb. Titel u. 79 Taf.) 902. n. 34. —; geb. n. 38. —
VII. 3. Ausgestorbener preussischer Adel. Suppl., bearb. von G. A. v. Mülverstedt. a. Provv. Ost- u. Westpreussen. (IV, 41 S. m. 27 Taf.) 900. n. 11. 25; kart. n. 12. —. — b. Prov. Brandenburg. (23 S. m. 11 Taf.) 901. n. 5. 75; kart. n. 6. —. — c. Prov. Pommern. (9 S. m. 5 Taf.) 901. n. 1. 80; kart. n. 2. —. — d. Prov. Sachsen. (36 S. m. 26 Taf.) 901. n. 11. 25; kart. n. 12. —; (a—d in 1 Bd. n. 30. —; geb. n. 32. —).

Siebmacher's, J., grosses u. allgemeines Wappenbuch, in e. neuen vollständig geordneten u. reich verm. Aufl. m. herald. u. historisch-genealog. Erläutergn. neu hrsg. III. Bds. 1. Abtlg. 2. Bd.; IV. Bds. 5. u. 14. Abtlg. u. VI. Bds. 1. u. 11. Abtlg. gr. 4. Nürnberg, Bauer & Raspe. n. 297. 50; geb. n. 318. —
III. 1. 2. Bd. Der preussische Adel. Freiherren u. Grafen. (Nachträge u. Verbessergn.) Bearb. von G. A. v. Mülverstedt. (43 S. m. 30 Taf.) 906. n. 12.50; kart. n. 13. —
IV. 5. Oberösterreichischer Adel. Von Alois Frhr. v. Starkenfels, abgeschlossen von Joh. Evang. Kirnbauer v. Erzstätt. (III, 797 S. m. farb. Titel, 2 Stamm- u. 166 Steintaf.) 885—904. n. 82. 50; in 2 Bde. geb. n. 90. —
14. Der Adel in Galizien, Lodomerien u. der Bukowina. Begonnen von Frdr. Heyer v. Rosenfeld, fortgesetzt u. beendet von Ivan v. Bojničič. (IV, 271 S. m. 317 Taf. u. 1 farb. Titelbl.) 905. n. 135. —; in 2 Bde geb. n. 142. —
VI. 1. Abgestorbener bayrischer Adel. Von Gust. A. Seyler. II. Tl. (III, 183 S. m. 108 Taf.) 906. n. 45. —; geb. n. 48. —
11. Ausgestorbener anhaltischer Adel. Von G. A. v. Mülverstedt. (VII, 98 S. m. farb. Titelbl. u. 55 Taf.) 905. n. 22. 50; geb. n. 25. —

— dasselbe. I. Bds. 1. Abth. II. Tl. I. Bds. 8. Abtlg.; V. Bds. 7. u. 8. Abtlg. u. VI. Bds. 12. u. 13. Abtlg. Lex. 8. Ebd. 210.—; geb. 226. —
I. 1, II. Wappen der deutschen Souveraine u. Lande. Von Gust. A. Seyler. Neue Folge. (142 S. m. 141 Taf.) 909. 60.—; geb. 65. —
I, 8. Die Siegel der deutschen Universitäten in Deutschland, Oesterreich u. d. Schweiz. Von Erich Gritzner. Mit Zeichngn. v. Hans Gritzner. (VI, 59 S. m. 51 Taf. u. farb. Titelbl.) 906. 22.50; geb. 25. —
V, 7. 1871 bürgerliche Wappen. Von Gust. A. Seyler. (106 S. m. farb. Titel u. 100 Taf.) 908. 37.50; geb. 40.—
V, 8. 1528 bürgerliche Wappen. Von Gust. A. Seyler. (94 S. m. farb. Titelbl. u. 100 Taf.) 909. 37.50; geb. 40.—
VI, 12. Der abgestorbene Adel der sächsischen Herzogthümer. Von G. A. v. Mülverstedt. (IV, 118 S. m. farb. Titel u. 88 Taf.) 907. 37.50; geb. 40. —
VI, 13. Ausgestorbener Adel der Fürstenthümer Schwarzburg, zugleich Entwurf e. Lexicons des früheren Schwarzburgischen Adels. Von G. A. v. Mülverstedt. (IV, 52 S. m. farb. Titelbl. u. 28 Taf.) 908. 15.—; kart. 16.—

Siebmacher, J., Wappen-Büchlein, darinnen vieler Fürsten vnd Herren, auch andere Wappen, gantz zierlich in Kupfer gestochen, denen Malern, Bauleuten, Petschaftstechern etc. zu Nutz aufs New in Truck geben durch Ad. M. Hildebrandt. qu. 8. (19 Taf. m. 5 S. Text.) Berlin 893. J. A. Stargardt. n. 4. —

Siebmann, F., Elementarbuch der englischen Sprache. Für den Schulgebrauch und zum Selbstunterricht bearb. Berlin 857. Moeser. gr. 8. (67 S.) n. 7½ ngr.

Siebmann, F., Elementarbuch der englischen Sprache. Für den Schulgebrauch u. zum Selbstunterricht bearb. 2. verm. u. verb. Aufl. Berlin 861. Moeser. gr. 8. (83 S.) 7½ ngr.

Siebmann, Fr. Siegm., s. Cervantes Erzählungen.

Siebmann, Fr. Sgm., s. Staatsverfassung Spaniens.

Siebner, Eduard O.: Über Kondensation ..., s. Hornbostel, Erich von

Siebold, Hausbuch, s.: Schmalenbach, Th.

Siebold: Milcheiweiß Plasmon. Berlin (Um 1903)

Siebold, Adam Elias von

— Abhandl. üb. den neuen von ihm erfund. Geburtsstuhl. Mit 3 Kpft. gr. 4. Weimar 804. Ind.-Compt. 18 gr.

v. Siebold, Ritter Adm. Elias, Annalen der klin. Schule an d. Entbindungsanstalt zu Würzburg. 1r Bd. 1s Hft. Mit Kpf. gr. 8. Leipz. 807. (Aue in Altona). 20 gr.

Siebold, Ad. Elias v., Annalen d. klinischen Schule an d. Entbindungsanstalt zu Würzburg, m. K. 1r Bd. 1s H. gr. 8. Leipzig, Jacobäer. 807.

— Beobacht. u. Heilung einer merkwürd. Milchversetzung, oder eines Abscesses im Wochenbette. gr. 8. Frankf. 825. Varrentrapp. 4 gr.

Siebold, Adam Elias v., ausführl. Beschreibung d. Heilquellen zu Kissingen u. ihrer Wirkungen, besond. bei Frauenzimmerkrankheiten, nebst e. gleichzeit. Abhandl. üb. die zum Behuf d. Nachcur wicht. Quellen zu Bocklet u. Brückenau. gr. 8. (25½ B.) Berlin 828, Dümmler.

— Beschreib. einer vollkomm. Extirpation der scirrhösen, nicht prolabirten Gebärmutter. Mit 1 Kpftaf. gr. 8. Frankf. 824 Varrentrapp. 12 gr.

— de diagnosi conceptionis et graviditatis saepe dubia. 4. maj. Wirceb. Köl. 798.

— üb. d. Gebärmutterkrebs, dessen Entstehung u. Verhütung Ein Beitr. z. Diätetik des weibl. Geschlechts u. zur Beherzigung f. Frauen u. Gatten ꝛc. gr. 8. Berl. 824. Dümmler. 16 gr.

— Geschichte d. Hebammenschule zu Würzburg, ein Programm. gr. 4. Würzb. 810. Stahel. 10 Gr.

— Handbuch zur Erkenntniß d. Frauenzimmerkrankheiten. 1r Bd. gr. 8. Frankf. 811. 2e A. 821. 2r Bd. 1r u. 2r Abschn. 814. 2e A. 823 u. 2r Bd. 3r Abschn. 826. gr. 8. Ebd., Varrentrapp. 10 Thlr. 2 Gr. 2r Bd. 3r Abschn. A. u. d. T.: Krankheiten d. Wöchnerinnen. 826. 3 Thlr. 14 Gr.

Siebold, A(dam) Elias von: Handbuch zur Erkenntniß und Heilung der Frauenzimmerkrankheiten. 2.sehr verm.Ausg. Bd 1 - 2/1-3, gbd.

Frankfurt am Main: Varrentrapp 1821 - 1826

— Handbuch zur Erkenntniß u. Heilung d. Frauenzimmerkrankheiten 1r u 2r Bd. 1r u. 2r Abschn. 2e Aufl. 821 u. 23. 6 Rthl. 12 gr. u. 2r Bd. 3r Abschn. A. u. d. T.: Handb. z. Erkenntniß d. Krankheiten d. Wöchnerinnen. 826. 3 Rthl. 14 gr. gr. 8. Frankf., Varrentrapp. 80 8

Siebold, A(dam) Elias von: Handbuch zur Erkenntniß und Heilung der Frauenzimmerkrankheiten. Bd 1/1-4 - 2/1-2: 2.sehr verm.Ausg. Bd 2/3: 1.Ausg. Bd 1 - 2, gbd.

Wien: v.Haykul u.Lechner 1829

Siebold, A(dam) Elias von (Hrsg.):

s.u. Journal für Geburtshülfe, Frauenzimmer- und Kinderkrankheiten. Bd 1 - 8. Frankfurt am Main: 1815 - 1828

— Journal f. Geburtshülfe, Frauenzimmer- u. Kinderkrankheiten. 1r Bd. u. 2n Bdes 1s Stück. gr. 8. Ebend. 813—16. (1r Band 3 Rthlr. 12 gr. 2n Bdes 1s Stck. 1 Rthlr. 8 gr.)

— Journal für Geburtshülfe, Frauenzimmer- u. Kinderkrankheiten. 2n Bds. 2s St. und 3n Bds 1s und 2s Stück. gr. 8. Frankfurt a. M., Varrentrapp. 816 — 820. (II. 2s 20 Gr. III. 1s 20 Gr. 2s 1 Rthlr. 8 Gr.)

— Journal für Geburtshülfe, Frauenzimmer- u. Kinderkrankheiten. 3r Bd. 3s bis 7r Bd. 1s u. 2s Stck. Mit Kupfr. gr. 8. Frankf. 822 — 27, Varrentrapp. (III. 3s 1 Rthl. 16 gr. IV. 1s 1 Rthl. 8 gr. IV. 2s 3s 2 Rthl. 8 gr. V. 1s 1 Rthl. 4 gr. V. 2s 3s 2 Rthl. 8 gr. VI. 1s 2s 3 Rthl. VI. 3s 1 Rthl. 6 gr. VII. 1s 2 Rthl. 8 gr. VII. 2s 2 Rthl 16 gr.).

— Register zu dessen 6 ersten Bänden. gr. 8. Ebd. 827. Ebd.

— ist es schädlich, das Mittelfleisch bei d. Geburt zu unterstützen? (Aus dessen Journal f. Geburtshülfe &c. abgedr.) gr. 8. Frkf. 824. Varrentrapp. 6 Gr.

— über ein bequemes und einfaches Kissen zur Erleichterung der Geburt und Geburtshülfe. 2te mit Zusätzen vermehrte Aufl. mit 1 Kupfer. gr. 8. Berlin, Dümmler. 818.

— Lehrbuch der theoret. - prakt. Entbindungskunde z. Gebrauch bei Vorlesungen für Aerzte, Wundärzte u. Geburtshelfer. 2 Bde. gr. 8. Leipz. 803 u. 4. Jacobäer. 2 Thlr. 12 Gr. 2e Aufl. (1r Thl. Theoret. Entbindungskunde. gr. 8. Nürnb. 810. 3e verbess. mit d. Literatur u. andern Zusätzen sehr verm. Ausg. 812. 4e A. 824. 2r Thl. Prakt. Entbindungskunde. 2e verb. Ausg. 810. 3e A. 821.) gr. 8. Ebd. Schrag. 6 Thlr.

— theoret. u. prakt. Entbindungskunde, z. Gebrauche f. Vorlesungen. 2 Bde. gr. 8. Leipzig, Jacobäer. 803—805. (1r 1 Rthlr. 8 gr. 2r 1 Rthlr. 4 gr.)

Siebold, (Adam) Elias von: Lehrbuch der theoretisch-praktischen Entbindungskunde zu seinen Vorlesungen entworfen. Bd 2: Praktische Entbindungskunde. 276 S., gbd.

Leipzig: Jacobäer 1804

— Lehrbuch d. theoret. prakt. Entbindungskunde zu seinen Vorlesungen für Aerzte, Wundärzte und Geburtshelfer entworf. 1r Bd. theoret. Entbindungskunde. 2te verb. Ausg. gr. 8. Ebend. 808.

v. Siebold, (Ritter, A. E.,) Lehrbuch der theoretisch-prakt. Entbindungskunde. 1r Thl. — A. u. d. T.: Lehrbuch der theoret. Entbindungskunde, zu seinen Vorlesungen, f. Aerzte &c. 4e verb. mit der Literatur u. andern Zusätzen verm. Ausg. gr 8. Nürnb. 824, Schrag.

— Lehrbuch d. Hebammenkunst, als Leitfaden z. Unterricht für Hebammen u. zur Belehr. für Mütter. gr. 8. Würzb. 808. Stahel. 2 Thlr. 2e Aufl. unt. d. T.: Lehrbuch der Hebammenkunst z. Unterricht f. Hebammen überhaupt u. zunächst für Schülerinnen d. Großherzogl. Hebammenschule zu Würzburg. gr. 8. Ebd. 813. 3e Aufl. unt. d. T.: Lehrbuch der Geburtshülfe z. Unterrichte f. Hebammen &c. Mit 1 Kpf. gr. 8. Ebd. 819. 4e A. 822.

— — Lehrbuch der Geburtshülfe zum Unterrichte für Hebammen. 3te Aufl. mit 1 Kupf. gr. 8. Würzburg, Stahel. 820.

—— Lehrbuch d. Geburtshülfe, zum Unterr. f. Hebammen. 5., verm. Aufl. Nach d. Tode d. Verf. († 12. Juli 1828) besorgt v. Ed. K. J. v. Siebold. gr. 8. (29 B. u. 1 Kpfr.) Würzburg 831, Stahel.

Siebold, Elias von (Hrsg.), s.u. Lucina.

— Lucina, eine Zeitschrift z. Vervollkommnung d. Entbindungskunst. 1r—4r Bd. (à 3 Stcke.) Mit Kpf. gr. 8. Leipz. 802—7. (Rühle in Altona). (à 16 Gr.) 8 Thlr. 5r u. 6r Bd. (à 3 Stück). gr. 8. Marb. 809—11. Krieger. (à 16 Gr.) 4 Thlr.

— Lucina, e. Zeitschrift z. Vervollkommnung d. Entbindungskunst, m. K. 4 Bde zu 3 Stck. gr. 8. Leipzig, Jacobäer. 807. (à 16 gr.)

—— Oratio ad inaugurandum Institutum obstetricium universitatis Regiae litterarum Berolinensis die 1. Maji 1818 habita. Berolini (1818): Starck. 10 S. 4°

De Paediometro commentarius, quod ad audiendam orationem... invitat Elias de Siebold. Berolini 1818: Reimer. VIII, 12 S. 4°

—— Über praktischen Unterricht in der Entbindungskunst nebst e. systematischen Uebersicht seiner praktischen Uebungen am Phantom. Nürnberg: Verl. d. Grattenauerischen Buchh. 1803. X, 196 S. 8°

— üb. prakt. Unterricht in d. Entbindungskunst, nebst einer systemat. Uebersicht seiner prakt. Uebungen am Phantom. gr. 8. Nürnb. 803. (Leipz., Lauffer). 16 Gr.

— über prakt. Unterricht in der Entbindungskunst. N. Ausg. gr. 8. Leipzig, Lauffer. 818.

Siebold, A(dam) Elias (von): Versuch einer pathologisch-therapeutischen Darstellung des Kindbettfiebers, nebst Schilderung desjenigen, welches im Februar, März und April 1825 in der Gebäranstalt der Königlichen Universität zu Berlin geherrscht hat. 184 S., gbd.

Frankfurt am Main: Varrentrapp 1826

— ein paar Worte an meine Zuhörer üb. einige Gegenstände d. Geburtshülfe. 8. Würzb. 799. Stahel. 10 Gr.

— über Zweck und Organisat. d. Klinik in e. Entbindungsanstalt. gr. 4. Bamberg, Göbhard. 806.

— üb. Zweck u. Organisation der Klinik in einer Entbindungsanstalt, gr. 4. Bamb. 806. (Heyse in Frankf.) 6 Gr.

Siebold, Alexander Frhrr. von

Siebold, Alex. Frhr. v., Denkwürdigkeiten aus dem Leben u. Wirken von Ph. Fr. v. Siebold, zur Feier s. 100jähr. Geburtstages zusammengest. v. s. ältesten Sohne. Würzburg d. 17. Febr. 1896. Lex.-8. (26 S. m. Bildn.) Würzburg 896. L. Woerl. n. 1.—

[Ant. u. Japan.] Der Eintritt Japans in das europäische Völkerrecht. Von Alexander Frh. v. Siebold. *Berlin: Kisak Tamai 1900.* (49 S.) 8° [03. 663, 11

Siebold, Alex. Frhr. v., der Eintritt Japans in das europäische Völkerrecht. gr. 8. (III, 49 S.) Berlin 900. (Leipzig, Woerl's Reisebücher-Verl.) 1. 20

— die Flottenfrage in ihrer Beziehg. zu Deutschlands Weltpolitik. gr. 8. (24 S. m. 3 Karten.) Ebd. 897. n. — 50

— der ewige Krieg u. die Friedenskonferenz. 1.—4. Aufl. 8. (à 40 S.) München 899. A. Schupp. n. — 50

[Japan. u. Ant.] ... Ph. Fr. v. Siebold's letzte Reise nach Japan 1859–1862 ... Von seinem ältesten Sohne Alexander Frh. v. Siebold ... *Berlin: Kisak Tamai 1903.* (130 S.) 8° [03. 1375

— Ph. Fr. v. Siebold's letzte Reise nach Japan 1859—1862. gr. 8. (IX, 130 S. m. Abbildgn. u. 2 Taf.) Berlin 903. (Leipzig, Buchh. G. Fock.) n. 2.—; geb. n. 3.—

Siebold, Alexander Frhrr. von (Hrsg.), s. Siebold, Philipp Franz von: Nippon. 2. Aufl.

Siebold, Carl ..., s. Siebold, Karl ...

Siebold, Eduard Kaspar Jakob von

Siebold, Ed. Casp. Jac. v. (Hrsg.), s. a. Abbildungen a. d. Gesammtgebiete d. theoret.-prakt. Geburtshülfe. . .

v. Siebold, Ed. Casp. Jak., Abbildn. aus d. Gesammtgebiete der theoret.-prakt. Geburtshülfe, s. Maygrier.

Siebold, Eduard Kasp(ar) Jak(ob) von: Abbildungen aus dem Gesammtgebiete der theoretisch-praktischen Geburtshülfe, nebst beschreibender Erklärung derselben. Nach dem Französischen von (Jacques Pierre) Maygrier bearb. und mit Anmerkungen versehen. 254 S., gbd., 68 Taf.

Berlin: Herbig 1829

Siebold, Eduard Kasp(ar) Jak(ob) von: Abbildungen aus dem Gesammtgebiete der theoretisch-praktischen Geburtshülfe, nebst beschreibender Erklärung derselben. Mit theilweiser Beibehaltung der Abbildungen von (Jacques Pierre) Maygrier. 2. umgearb. und verm. Aufl. 393 S., gbd., 86 Taf.

Berlin: Herbig 1835

v. Siebold, Ed. Casp. Jac., Abbildungen aus dem Gesammtgebiete der theoretisch-prakt. Geburtshülfe, nebst beschreibender Erklärung derselben. 2. umgearb., u. im Text wie in d. Abbildungen um die Hälfte verm. Aufl. 89 Kupfertafeln mit 345 einzelnen Abbild. nebst Text. Wohlf. Ausg. 1.—10. Liefg. Mit 90 Taf. gr. Lex.-8. Berlin 841, Herbig. à n. 1/2 Thlr.

Siebold, Ed. Casp. Jac. v., Abbildungen aus d. Gesammtgebiete d. theoret.-prakt. Geburtshülfe, nebst beschreib. Erklär. ders. 2. umgearb. u. verm. Aufl. Wohlf. Ausg. (10 Lfgrn.) gr. Lex.-8. (90 Kpfrt. m. 345 Abbild. u. 25 1/2 B. Text.) Berlin 841, Herbig. à * 1/2 Thlr. *

Siebold, Eduard Kasp(ar) Jak(ob) von: Anleitung zum geburtshilflichen technischen Verfahren am Phantome als Vorbereitung zur künftigen Ausübung der Geburtshülfe. 184 S., gbd.

Berlin: Enslin 1828

v. Siebold, Ed. Casp. Jac., über die Anwendung der Schwefel-Aether-Dämpfe in der Geburtshülfe. Aus d. 3. Bd. d. Abhandl. d. Kön. Gesellsch. d. Wiss. zu Göttingen. gr. 4. (27 S.) Göttingen 847, Dieterich. n. 8 ngr

Siebold, Ed. Casp. Jac. v., geburtshülfliche Briefe. Braunschweig 862. Vieweg & Sohn. gr. 8. (XIV, 214 S.) n. 1 Thlr

—— de circumvolutione funiculi umbilicalis, adjectis duobus casibus rarioribus. Commentat. obstetricia. 4 maj. (3 B. u. 1 Stnt. gr. Fol.) Gottingae 834, Dieterich.

— Comment. exhibens disquisit., an ars obstetricia sit pars chirurgiae. 4 maj. Gotting. 824. (Dieterich). 18 gr

Siebold, (E. C. J.,) Comment. exhibens disquisit. an ars obstetricia sit pars chirurgiae. 4 maj. Gottingae 825, Dieterich.

—— die Einrichtung d. Entbindungsanstalt an d. Kgl. Universität zu Berlin, nebst e. Ueberblicke d. Leistungen ders. seit d. J. 1817. gr. 8. (8 1/2 B.) Berlin 829, Th. Enslin

Siebold, Ed. Casp. Jac. v., die akademische Entbindungsanstalt zu Göttingen in ihrer Wirksamkeit seit der Gründung derselben 1792 bis zum Schluß des J. 1855. Abdruck aus d. Nachrichten von der G.-A.-Univers. u. d. K. Gesellsch. d. Wissensch. zu Göttingen. Göttingen 856. Dieterich. 8. (16 S.) n. 2 ngr

—— über Fissuren am Kopfe Neugeborner bei natürl. Geburt, nebst e. beobacht. Falle dieser Art. gr. 8. (1 1/2 B. u. 1 Abbild.) Frankfurt a. M. 832, Varrentrapp. Aus dess. „Journal f. Geburtshülfe etc." abgedruckt.

Siebold, Eduard v., Geschichte der Geburtshülfe, 3. Bd., s.: Dohrn, Rud.

Siebold, Ed(uard) Kasp(ar) Jak(ob) von (Hrsg.):

s.: Journal für Geburtshülfe, Frauenzimmer- und Kinderkrankheiten. Bd (9) - 16.
Frankfurt am Main: (1829) - 1833
Leipzig: 1835 - 1837

Siebold, Eduard Kasp(ar) Jak(ob) von: Lehrbuch der Geburtshülfe. Zum Gebrauch bei academischen Vorlesungen und zum eigenen Studium. 676 S., gbd.

Berlin: Enslin 1841

— Lehrbuch der Geburtshülfe. Zum Gebrauche bei academ. Vorlesungen u. zu eigenem Studium. gr. 8. Ebend. 842. 3 Thlr

—— Lehrbuch der Geburtshülfe. Zum Gebrauche bei academ. Vorlesungen und zu eigenem Studium. 2., verm. und verb. Aufl. Lex.-8. (X und 386 S. mit 108 in den Text eingedr. Holzschn. grösstentheils nach Originalzeichnungen.) Braunschweig 854, Vieweg und Sohn. *

Siebold, E. v., und G. Kaufmann, Lehrbuch der Hebammen-Kunst, s. Lehrbuch.

Siebold, Eduard Kaspar (Jakob von): Lehrbuch der gerichtlichen Medicin. Zur Grundlage bei academischen Vorlesungen und zum Gebrauch für gerichtliche Aerzte und Rechtsgelehrte. 511 S., gbd.

Berlin: Enslin 1847

—— zur Lehre von der künstlichen Frühgeburt. gr. 4. (4 B.) Göttingen 842, Dieterichsche Buchh. *

— Nexum jurisprudentiam inter et medicinam exhibens. Commentat. 4. (2 B.) Marburgi 831, Elwert.

Ed[uardus] Casp[arus] Iac[obus] de Siebold: De Scirrho et carcinomate uteri adiectis tribus totius uteri exstirpationis observationibus. Berolini (1826:) Starck. 48 S. 4°

Berlin, Med. Diss. v. 29. März 1826

— de scirrho et carcinomate uteri adjectis tribus totius uteri extirpationis observationibus. Accedit tabula aenea. 4maj. Berl. 826. Dümmler. 12 ℛ

Siebold, Eduard Kaspar Jakob von, s. S o l a y r e s de Renhac: Commentatio.

— Verfahren bei einer Arsenik-Vergiftung, siehe: W ö h l e r, F.

Siebold, E(duard) Kasp(ar) Jak(ob) von: Versuch einer Geschichte der Geburtshülfe. Bd 1 - 2, gbd.

Berlin: Enslin 1839 - 1845

Siebold, Ed. Casp. Jac. v., Versuch e. Geschichte der Geburtshülfe. 2. Aufl. 1. u. 2. Bd. gr. 8. Tübingen 901. F. Pietzcker. n. 19. —; geb. in Leinw. n. 21. —
1. (XVI, 868 S.) n. 7. —; geb. n. 8. —
2. (XVIII, 802 S.) n. 12. —; geb. n. 13. —

— s. Zeitschrift für Geburtskunde.

Siebold, Elias von, s. S i e b o l d , Adam Elias von

Siebold, Georg Christoph

Siebold, Ge. Ch., Doloris faciei, morbi rarioris, atque atrocis, observationibus illustrati adumbratio. 46 pp. Wirceb. 1795. Diatribe I Annexus est de instituti clinici ratione ad tirones sermo academicus. 4°. Diatribe II, 24 pp. Wirceb. 1797. 4°. (J. der Erfind. X, 103. Salzb. med. chir. Zt. 1796, I, 410. 1798, I, 113. A. L. Z. 1797, n. 192.)

— doloris faciei, morbi rarioris atque atrocis, observationibus illustrati adumbratio. Diatr. I., II. 4. Würzb. 795—797. Rienner. 9 ℛ

— dem Andenken Ignaz Nebers ꝛc. Mit dess. Portr. gr. 8. Nürnb. 797. Pech. (v. Seidel in Sulzb.) 6 ℛ

Siebold, Geo. Cph., († d. 15. Jan. 1798.) de cubilibus sedilibusque usui obstetricio inservientibus. 4maj. Götting. 790. Dieterich. 8 ℛ

— systemat. Darstell. der Manual- u. Instrumental-Geburtshülfe, nach Streits Anleit. gr. 8. Würzb. 794. Rienner. 4 ℛ

Siebold, G. C., Comm. de effectibus opii in corpus animale sanum, maximo respectu habito ad ejus analogiam cum vino. 83 pp. Gott. 4°. Prämiirt. Gött. Anz. 1790 S. 281.
1789

— Comment. de effectibus opii in corpus animale etc. 4maj. Götting. 789. Dieterich; (a. Vandenhöck u. R.) 8 ℛ

— vorläufige Nachr. von der gegenwärt. Einricht. des Klinikums an d. Julius-Hospital zu Würzburg. gr. 8. Würzb. 795. Rienner. 3 ℛ

— de instituti clinici ratione, ad tirones sermo academicus. 4. Würzb. 795.

— super recentiorum quorundam sententia, quâ fieri neonati a matribus syphilitici dicuntur, cogitata quaedam ac dubia proponit. 4. Würzb. 791.

— üb. d. angebl. Verminid. d. Gewichts d. Frucht im Mutterleibe d. d. amnische Feuchtigkeit. 4. Würzburg, Rienner. 796.

Holl. Pap.

Siebold, Gottfried von: Versuch einer neuen Methode, die scirrhöse oder carcinomatöse Gebärmutter mit oder ohne Vorfall auszurotten. 48 S., gbd., 4 Taf.

Würzburg: Becker 1827

Siebold, G. v., Versuch e. neuen Methode, d. scirrhöse od. carcinomatöse Gebärmutter mit u. ohne Vorfall auszurotten. gr. 4. (6 B. u. 4 Stnt.) Würzburg 827, (Stahel.)

Siebold, Heinrich Frhrr. von

Siebold, Henry v., notes on japanese archaeology with especial reference to the stone age. With 12 photogr. plates. Fol. (III, 21 S.) Yokohama 879. (Stuttgart, Wittwer.) cart. n. 40. —

Siebold, Heinr. Frh. v., Ph. Fr. v. Siebold, der Erforscher Japans, sein Leben u. Wirken. Nach der japan. Denkschrift des S. Kure dargestellt. (79 S. m. Abb.) gr. 8. Leipzig 909. Woerl's Reisebücherverl. 1. —

Siebold, Heinrich Frhrr von (Hrsg.), s. S i e b o l d , Phil. Frz. v.: Nippon. 2. Aufl.

Siebold, H. v., ethnologische Studien über die Aino auf der Insel Yesso, s. Zeitschrift für Ethnologie.

Siebold, Johann Bartholomäus (Barthel) von

Siebold, J. B. (Hrsg.), s. A n z e i g e n , Neue Würzburger gelehrte.

v. Siebold, Jh. Barth., († d. 28. Jan. 1814.) artist.-literar. Blätter von u. für Franken. Ir Jahrg. Jan.—Juni u. Juli No. 1—4. 4. Würzb. 808.

Siebold, Johann Bartholomäus von (Hrsg.):

s.: Chiron. Eine der theoretischen, praktischen, literarischen und historischen Bearbeitung der Chirurgie gewidmete Zeitschrift. Bd $1/_{1-3}$, $2/_{1-2}$, $3/_{1}$. Nürnberg u. Sulzbach: 1803 - 1812

Einige Erinnerungen an Deutschlands operirende Militär- Ärzte über die wichtigsten Momente, welche bei Amputationen, und nachher beim Verbande beherzigt werden müssen. Von Johann Barthel von Siebold. (Würzburg 1813.) 2 Bl. 8° [Kopft.]

Geschichte und gegenwärtige Einrichtung des chirurgischen Clinicums im Julius-Spitale zu Würzburg. Hrsg. von Johann Barthel von Siebold. Würzburg: Stahel 1814. 103 S. 8°

Historia systematis salivalis physiologice et pathologice considerati. Acc. ex eadem ductu corollaria chirurgica. Ienae: Libraria academica 1797. XII, 172 S. 8°

Würzburg, Med. Diss. v. 3. Febr. 1797

— historia system. salvialis physiolog. et patholog. c. tab. 4maj. Jena 797. (Hennings in Neisse). 1 ⁄ 12 ℛ

Siebold, Johann Bartholomäus von (Comm. u. Ed.):

s.: La Faye, Georges de: Instrumentarium chirurgicum. Pars prior. Wirceburgi: 1800

Siebold, Johann Bartholomäus von (Vorr.):

s.: Langenbeck, Konrad Johann Martin: Über eine einfache und sichere Methode des Steinschnittes. Würzburg 1802

(Siebold, Johann Bartholomäus von): Carl Caspar v. Siebold's Leben und Verdienste. Entworfen...von dem nächsten seiner Schüler. 47 S., gbd., Abb.

Würzburg: Bonitas 1807

Siebold, Johann Bartholomäus von (Hrsg.):

s.a. Sammlung seltener und auserlesener chirurgischer Beobachtungen und Erfahrungen. Bd 1. Rudolstadt: 1805

— Sammlung seltner und auserles. chirurg. Beobachtungen und Erfahrungen, m. K. 1r. 2r. Bd. 8. Rudolstadt, Klüger. 805—807. (I. 1 Rthlr. 12 gr. II. 3 Rthlr.)

— Sammlung seltner u. auserles. chirurg. Beobachtungen u. Erfahrungen. IIIr Bd. mit 3 K. gr. 8. Rudolst. Klüger. 812.

— Samml. seltener u. auserles. chirurg. Beobachtt. u. Erfahrr. 3 Bde. Mit Kpf. 8. Rudolst. 805—12. 7 ß (Hildebrand in Arust.) 5 ß

Siebold, Justus Friedrich (Frankenhausen)
U.S. Erfurt 1717/2

Dissertatio inauguralis juridica, de clausula codicillari testamento nunquam proficua.
Präs. Johann Philipp Treiber.
Erfurt (Grosch) 18.IX.1717. 24 S. 32589

Siebold, K., über die Verwendung von Terrakotten am Geison u. Dache griechischer Bauwerke, s.: Dörpfeld, W.

Siebold, Karl, approb. Arzt aus Bethel b. Bielefeld: Aus d. Kgl. Psychiatr. u. Nervenklinik d. Universität Kiel. Klinischer und anatomischer Beitrag zur Lehre von der Aphasie. *Kiel 1903: (E. Siedhoff, Bielefeld).* (25 S.) 8°
Kiel, Med. Diss. v. [1. Apr.] 1903

Ein Beitrag zur Lösung der Frage des Kleinwohnungswesen von K(arl) Siebold, Reg.Baumeister a. D. Bethel (b. Bielefeld): Anst. Bethel 1906. (22 S.) 4° [Kopft.] 07. 9394 6

Siebold, K., Viventi satis. Ein Beitrag zur Lösung der Frage des Kleinwohnungswesens. Bethel bei Bielefeld, 1906. 22 S. mit 1 Taf. [Le 77

Siebold, Carol. de, de finibus inter regnum animale et vegetabile constituendis. Dissertatio. 4 maj. (2 B.) Erlangae 815, (Blaesing.) -

Siebold, Karl Kaspar von

— Diss. Historia morbi intestini recti. 4. Herbipoli 772. — Diss. de insolito maxillae superioris tumore aliisque ejusdem morbis. 4. ibid. 776. — Historia Lithotomiae in eodem homine bis factae, cum ejus restitutione. 4. ibid. 778. — Comparatio inter sectionem caesaream et dissectionem cartilaginis et ligamentorum pubis, in partu ob pelvis angustiam impossibili suscipiendas, Mit 2 Kpftaf. 4. ibid. 779. — De amputatione femoris, cum relictis duobus carnis segmentis... ibid. 782. — Diss. inaug. de Vesicae urinariae calculo. Mit 4 Kpf. 4. Würzb. 785. — Historia tumoris et haemorrhagiae alveolaris chronicae, feliciter sanatae cum epicrisi. 4. ibid. 788. — Diss. Observationes circa tetanum ejusque species praecipuas, una cum adjectis quibusdam animadvers. 8. ibid. 792. — De scirrho carotidis ejusque cura. 4. ibid. 793. — Diss. sistens tentamen evolvendi notionem de sanitate hominis. 8. ibid. 794. — Diss. de intussusceptione membranae urethrae internae ex prolapsu ejusdem, observat. singularis anat. chirurg. ibid. 795.

Siebold, K. Ca, Academia et universa patria novo ornamento aucta. 8. maj. Bamb. Göbhard. 804. -

Siebold, K(arl) Kaspar von: Praktische Beobachtungen über die Kastrazion. 58 S., gbd.

Frankfurt am Main: Varrentrapp & Wenner 1802

— prakt. Beobachtungen über die Castration. gr. 8. Frankfurt. (Aue in Cöthen.) 802. -

Siebold, Karl Kaspar [Praes.], s. Billing, Johann Heinrich Friedrich: Menorrhagia seu uteri haemorrhagia.

Collectio observationum medico- chirurgicarum. Auctore Carolo Casparo [von] Siebold. Fasc. 1. [Bamberg:] Goebhardt 1769. 8°.
Fasc. 1: 1769.

— collectio observationum medico-chirurgicarum, cum fig. Fasc. I. 4. Bamb. 769. (Wesché in Frankf.) 8 ß

Carl Caspar [von] Siebold, Parotidis scirrhosae feliciter extirpatae Historia. Erfurti: Keyser 1781. 12 S. 8°

Siebold, Karl Kaspar [Praes.], s. Klett, Johann Christian: Tentamen evolvendi notionem de sanitate hominis.

Siebold, Car. Casp., resp. Franc. Widnmann, Obs. med. circa tetanum ejusque species praecipuas. 55 pp. Wirceb. 8°.
1792

Siebold, Diss. Observ. med.-chir. circa tetanum ejusque species praecipuas etc. Wurceb. 4°. Salzb. med. chir. Zt. 1794, IV, 121.

1794

— Rede v. d. Vortheilen, welche d. Staat d. öffentliche anatom. Lehranstalten gewinnt, m. K. gr. 4. Nürnb. Grattenauer. 788. -

Siebold, K. K., Rede von den Vortheilen, welche der Staat durch öffentliche anatomische Lehranstalten gewinnt. Mit Kupf. gr. 4. Nürnberg. 788. Jetzt Eichhorn. -

Siebold, Karl Kaspar (von): Chirurgisches Tagebuch. 192 S., gbd., Abb.

Nürnberg: Grattenauer 1792

— chirurg. Tagebuch. Mit 6 Kpf. gr. 8. Nürnb. 792. (Eichhorn). 16 ß

C[arl] C[aspar von] Siebold: Tractatus de vesicae urinariae calculo. [Resp.:] Ioannes Iacobus Hartenkeil. Bambergae & Wirceburgi: Goebhardt 1785. 144 S. 4°
Würzburg, Med. Diss. v. 1785

Siebold, Karl Theodor (Ernst) von

Siebold, C. Th. v., Gedächtnissrede auf ihn, s.: Hertwig, R.

Siebold, Carl Thdr. v., über die Band- und Blasenwürmer nebst einer Einleitung über die Entstehung der Eingeweidewürmer. gr. 8. (IV und 115 S. mit 30 eingedr. Holzschn.) Leipzig 854, Engelmann. -

Siebold, Carl Theod. v., Beiträge z. Naturgeschichte d. wirbellosen Thiere, s. Schriften d. naturforsch. Gesellschaft in Danzig, 3. Bd. 2. Hft.

Siebold, C. Th. E. v., Beiträge zur Parthenogenesis der Arthropoden. Mit 2 lith. (u. chromolith.) Taf. (in qu. 4.) gr. 8. (VIII, 230 S.) Leipzig 871. Engelmann. 4. 80

- Ueber die Fadenwürmer. (4. Nachtrag). 1854. [Krabbes Saml.].

Siebold u. Lori, Fauna der Süsswasserfische von Mittel-Europa mit einer Anleitung zum Bestimmen. Passau 1878. 8°.

Siebold, C. Th v., Ueber die Fische des Ober-Engadins. Samaden 1863. (S. 5461)

— und Stannius, Handbuch der Zootomie. 2. Aufl. Berlin, (Leipzig,) Veit u. Co. Lex.-8.
2. Thl.: Handbuch der Anatomie der Wirbelthiere von Herm. Stannius.
1. Buch: Zootomie der Fische. 854. (VI, 270 S.) n. 1 ₰. 20 ngr
2. Buch: Zootomie der Amphibien. 856. (3 Bl., 271 S.) n. 1 ₰. 20 ngr
1. Thl. ist noch nicht erschienen.

—— u. Stannius, Lehrbuch der vergleichenden Anatomie. 1. Abthlg. Wirbellose Thiere. Von v. Siebold. 1. u. 2. Hft. gr. 8. (26 B.) Berlin 845, Veit u. Comp. *

—— dass. 2. Abthlg. Wirbelthiere. Von Stannius. 1. u. 2. Hft. Lex.-8. (31¼ B.) Ebds. 845. *

— — dass. 2. Abthl. Wirbelthiere. Von Stannius. 1. u. 2. Hft. Lex.-8. Ebend. 845, 46. n. 2⅙ ₰

Siebold, C. Th. v., und (H.) Stannius, Lehrbuch der vergleichenden Anatomie. I. Thl.: Wirbellose Thiere von C. Th. v. Siebold. 3. (letztes) Heft. gr. 8. (XIV und S. 417—679.) Berlin 848, Veit und Comp. *
1. Thl. 1. und 2. Heft. Ebendas. 1845. * 2 Thlr. 15 Ngr. (2. Thl. Wirbelthiere. 1. und 2. Heft. * 3 Thlr. 5 Ngr.)

—— Mittheilungen über die Speichelorgane der Biene. Imp.-4. (16 S. mit 1 Stnt. in qu. Fol.) Nördlingen 872, Beck'sche Buchh. (ℳ 1,50.) *
Aus: Bericht über die Verhandlungen der 18. Wanderversammlung deutscher Bienenwirthe, besonders abgedruckt.

v. Siebold, Carol. Thdr., Observationes quaedam entomologicae de Oxybelo uniglume atque Miltogramma conica. Commentatio. 4 maj. Erlangae 841. (F. Enke.) n. ¼ ₰

—— Observationes quaedam entomologicae de oxybelo uniglume atque miltogramma conica. gr. 4. Stuttgart 871, Enke. *

Karl Theodor Ernst von Siebold

Observationes quaedam de salamandris et tritonibus. Berolini (1828): Petsch. 32 S. 4°
Berlin, Med.Diss.v.22.April 1828

Siebold, C. Th. E. de, Observationes quaedam de Salamandris et Tritonibus. 4 maj. (4½ B. u. 1 Kpfrt.) Berolini 828, (Dümmler.)

Siebold, C. Th. E. v., über Parthenogenesis. Vortrag in der öffentlichen Sitzung der k. Akad. der Wissensch. am 28. März 1862 zur Feier ihres 103. Stiftungstages gehalten. München 862. (Franz.) 4. (25 S.) n. 10 ngr

—— wahre Parthenogenesis bei Schmetterlingen und Bienen. Ein Beitrag zur Fortpflanzungsgeschichte der Thiere. gr. 8. (VII und 144 S. mit 1 Kpfrt.) Leipzig 856, Engelmann.

Siebold C. T. v.: Ueber die Perlenbildungen chinesischer Süsswasser-Muscheln, als Zusatz zu dem vorhergehenden Aufsatze. (1857). 10 S. 2 Tvl. (Sertr.). P.
(Indb. i F. Hague: Ueber die natürliche ... Bildung ... Se ovenfor).

v. Siebold, Karl Thdr., über die Spermatozoiden der Locustinen, s. Acta nova phys.-med. Acad. Caes. Leopold. Carol. XXI. Prs. 1.

—— die Süsswasserfische von Mitteleuropa. Lex.-8. (VIII und 431 S. mit 64 eingedr. Holzschn. und 2 farb. Stnt.) Leipzig 863, Engelmann. *

Siebold, Carl Thdr. Frhr. v., s.: Zeitschrift für wissenschaftl. Zoologie.

Siebold, M., Bestimmung d. Zeitdauer d. Schwangerschaft. 8. Bern, Huber & Co. 1875.

Siebold, M. Kurze Geschichte u. Beschreibung der Anstalten Bethel, Sarepta, Nazareth, Wilhelmsdorf u. Arbeiterheim bei Bielefeld. 12. (VI, 304 S. m. Abbildgn. u. e. Plan.) Bielef.-Gadderbaum 889, Schriften-Niederlage der Anstalt Bethel. cart. * 1 25

Siebold, M., kurze Geschichte u. Beschreibung der Anstalten Bethel, Sarepta, Nazareth, Wilhelmsdorf u. Arbeiterheim. 2. Aufl. 12. (VI, 313 S. m. 52 Bildern u. 1 Plan.) Bielefeld-Gadderbaum 894. Schriften-Niederlage der Anstalt Bethel. Geb. in Leinw. n. 1. 50

Siebold, M., kurze Geschichte u. Beschreibung der Anstalten Bethel, Sarepta, Nazareth, Wilhelmsdorf u. Arbeiterheim bei Bielefeld. 3. Aufl. 12. (XII, 303 S. m. Abbildgn., 1 Taf. u. 1 Karte.) Bethel bei Bielefeld 898. Buchh. der Anstalt Bethel. Geb. in Leinw. n. 1. —

Siebold, M., ist die Bibel Gottes Wort? 8. (28 S.) Barmen 882. Wiemann. n. — 20

v. Siebold, Mariane Theod. Charl., geb. Heiland, s. Heidenreich.

Siebold, Philipp Franz von

Siebold, P. F., e. Schüler Gutenbergs. Dramatisches Gedicht in 5 Acten, nebst e. Vorspiel. 8. (11, 117 S.) Hamburg 892. G. F. Herbst. n. 2. 50

Siebold, Phil. Frz. de, Catalogus librorum et manuscriptorum Japonicorum annexa enumeratione illorum, qui in museo regio hagano servantur. Libros descripsit J. Hoffmann. Fol. (11 B. u. 16 Stnt.) Lugduni-Batavorum 845. (Leipzig, Friedr. Fleischer.) *

Siebold, Phil. Frz. v., urkundliche Darstellung der Bestrebungen von Niederland und Russland zur Eröffnung Japan's für die Schifffahrt und den Seehandel aller Nationen. Bonn 854. (Matz.) 4. (34 S. u. 1 lith. Karte in Fol.) n. 1 ₰.

Siebold, Phil. Frz. v., Erwiederung auf W. H. de Vriese's Abhandlung: Botan. Oorsprong van den Ster-anijs des Handels. Mit Bezug auf die v. J. Hoffmann mitgeth. Angaben chines. u. japan. Naturgeschichten. gr. Lex.-8. (1¼ B. u. 1 lith. Bl.) Leiden 837. (Leipzig, Fr. Fleischer.) *

— et J. G. Zuccarini, Florae Japonicae familiae naturales, adjectis generum et specierum exemplis selectis. II sectiones. [Abgedr. aus d. Abhandlungen d. II. Cl. d. k. Akad. d. Wiss. IV. Bd. 2 u. 3. Abth.] gr. 4. (218 S. m. 3 lith. Taf.) (München 851, Franz.) n. 1 ₰ 26 ngr

— Fauna Japonica, sive Descriptio animalium, quae in itinere per Japoniam, jussu et auspiciis superiorum, qui summum in India Batava imperium tenent, suscepto, annis 1823—1830 collegit, notis, observationibus et adumbrationibus illustravit. Conjunctis studiis C. J. Temminck et H. Schlegel pro vertebratis atque W. de Haan pro invertebratis elaborata. Regis auspiciis edita. Lfrg. I. Chelonii. II—IV. Crustacea. V. Ophidii. VI. Saurii et Batrachii. VII. Crustacea. Dec. IV. (Mit Steintaf.) Fol. Lugduni Batav. 833—40 (Amsterdam, Müller et Comp.; Leipzig, Fr. Fleischer.) (à n. 6⅔ ₰) 46⅔ ₰

— Fauna Japonica. Animalia vertebrata elaborantibus C. J. Temminck et H. Schlegel. Aves. Fascic. I. II. Fol. maj. (Mit à 10 Steindrucktaf.) Lugduni Batavorum 845, Arnz et Comp. (Leipzig, Fr. Fleischer.) à n. 8½ ₰

v. Siebold, Ph. Fr., Fauna Japonica. Animalia vertebrata elaborantibus C. J. Temminck et H. Schlegel. Aves. Fasc. III—VIII. gr. Fol. (10 B. Text m. 60 lith. u. col. Taf.) Lugduni Batav. 847—49. (Düsseldorf, Arnz & Comp. Leipzig, Fr. Fleischer.) à n. 8½ ℳ (VIII fascl. n. 68 ℳ)

— ead. Crustacea elabor. W. de Haan. Decas V. Fol. (Mit 7 Steintaf., wovon 3 in doppelter Grösse.) Leiden 842. (Leipzig, Fr. Fleischer.) (à) n. 6⅔ ℳ

—— Fauna Japonica. Crustacea elaborante W. de Haan. Decas 6 et 7. Fol. (XIII und III S. mit 18 Stnt. in Fol. und Imp.-Fol.) Lugduni-Batav. 851. (Lipsiae, Fr. Fleischer.) à Decas *
Crustacea. Decas 1—5. Ibid. 1833—38. à Dec. * 6 Thlr. 20 Ngr.

— ead. Mammalia. Decas 1—3. Mit à 10 Steindr. Fol. maj. Ebend. 844. à n. 8½ ℳ

— ead. Pisces, elaborantibus C. J. Temminck et H. Schlegel. Decas I—XIII. Mit 132 Kupfertaf. Fol. Ebend. 843—46. à n. 8½ ℳ

— dass. Pisces elaborantibus C. J. Temminck et H. Schlegel. Decas XIV—XV. Fol. maj. (S. 237—268 u. 20 lith. u. color. Taf.) Ebd. 847. à n. 8½ ℳ (XV fascli. n. 127½ ℳ)

Siebold, Phil. Frz. v., Flora Japonica, sive plantae, quas in Imper. Japonico collegit, descripsit, ex parte in ipsis locis pingendas curavit. Regis auspiciis edita. Sect. I., cont. Plantae ornatui vel usui inservientes. Digessit J. G. Zuccarini. (Cent.) Tom. I. (20 Fasc.) Fol. (100 Stnt. u. 49⅓ B. Text u. verziert. Dedicationsbl.) Lugduni Bat. 835—41. (Lipsiae, Voss.) à Fasc. * 2⅓ Thlr. *
Fein ill., Vlnp. à F. * 4⅔ Thlr. *

— Flora Japonica. Sectio I. Plantae ornatui vel usui inservientes. Digessit J. G. Zuccarini. Vol. II. Fasc. 1—5. Fol. maj. (Mit 16 color. Kupfertaf. u. 13 Steintaf.) Lugduni Batavorum 842, 44. (Lipsiae, Voss.) à n. 4⅔ ℳ — Schwarz à n. 2⅓ ℳ

Siebold, Ph. Fr. de, Flora Japonica sive plantae quas in imperio Japonico collegit, descripsit, ex parte in ipsis locis pingendas curavit. Sectio I. continens plantas ornatui vel usui inservientes. Digessit J. G. Zuccarini Vol. II. ab auctoribus inchoatum relictum ad finem perduxit F. A. Guil. Miquel. Fasc. 6—10. gr. Fol. (22 Stnt. mit Text S. 45—91.) Lugduni Batavorum 870. (Leipzig, Voss.)
à Fasc. ** ℳ 6. **
color. à Fasc. ** ℳ 12. **
Vol. I. 1835—41. * ℳ 140.; color. * ℳ 280. — Vol. II. Fasc. 1—5. 1842—44. à * ℳ 6.; color. à * ℳ 12.

Siebold, Phil. Frz. v., et J. G. Zuccarini, Plantarum, quas in Japonia collegit Ph. Fr. de Siebold genera nova, notis characteristicis delineationibusque illustrata. Fasc. I. 4maj. (33 S. und 5 Stnt.) (München 851, Franz.) *
Aus: Abhandlungen der 2. Classe der kgl. Akademie der Wissenschaften 3. Bd., besonders abgedruckt.

—— Isagoge in bibliothecam Japonicam et stud. literar. Japonicarum. Fol. (7½ B.) Lugduni Bat. 841. (Lipsiae, Fr. Fleischer.) *
Aus: Desr., Thesaurus linguae Japonicae etc. besond. abgedruckt.

v. Siebold, Ph. Fr. Karte vom Japanischen Reiche, nach Originalkarten und astronomischen Beobachtungen der Japaner. Die Inseln Kiusiu, Sikok und Nippon. Leyden 1840. 1 Bl. c. I.. Fl.

(—) 文字千 — Tsián Dsû Wén, sive mille literae ideograph. Opus Sinicum origine cum interpretatione Kooraïana, in peninsula Kooraï impressum, in lapide exaratum a Sinensi 章成郭 Ko Tsching Dschang et reddit. curante Ph. Fr. de S. Fol. (7 lith. B.) Lugduni Batav. 833, ex offic. lith. editor. (Lipsiae, Fr. Fleischer.)
Hiervon wurden 125 Expl. abgedruckt.

— Tsián Dsü Wén, sive mille literae ideographicae. Opus Sinicum origine cum interpretatione Kooraiana, in peninsula Kooraï impressum, in lapide exaratum a Sinensi Ko Tsching Dschang. (Annexo systemate scripturae Kooraianae.) Fol. Lugd. Bat. 834. (Asterdam, Müller et C. n.

— s. Moniteur, le, des Indes-Orientales.

v. Siebold, Ritter Ph. Fr., Nippon. Archiv zur Beschreibung von Japan und dessen Neben- und Schutzländern: Jetzo mit den südlichen Kurilen, Krafto, Kooraï und den Liukiu-Inseln, nach japanischen und europäischen Schriften und eigenen Beobachtungen bearbeitet. Ausgegeben unter dem Schutze Sr. Maj. des Königs der Niederlande. (1e—8e Lfrg. Heft.) Nebst 134 Steintaf., zum Theil color., Schrifttafeln u. Text in 4. Leyden 832—40. Amsterdam, Müller u. Comp. (Leipzig, Fr. Fleischer.) (à Hft. n. 8½ ℳ) 68 ℳ — Ausg. in Fol. (illum. à Heft 14 ℳ) n. 112 ℳ

—— Nippon. Archiv z. Beschreibung v. Japan u. dess. Neben- u. Schutzländern: Jezo mit den südl. Kurilen, Krafto, Kooraï u. d. Liukiu-Inseln, nach japan. u. europ. Schriften u. eigenen Beobachtn. bearb. Ausgegeb. unt. d. Schutze Sr. Maj. d. Königs d. Niederlande. 1—4. Hft. (Lfg.) Fol. (66 B., 63 Stnt. Fol. u. Imp.-Fol., u. 2 Bog. Schrfttaf.) Leyden 832—35. (Leipzig, Fr. Fleischer.) 1. Ausg. mit schw. Abbildn. à Hft. 8 Thlr. 12 Gr., 2. Ausg. mit Abbild. Imp.-Fol. theilweise ill. à H.

—— Nippon. Archiv z. Beschreib. v. Japan u. dess. Neben- u. Schutzländern: Jezo mit d. südl. Kurilen, Krafto, Kooraï u. d. Liukiu-Inseln, nach japan. u. europ. Schriften u. eigenen Beobachtn. bearb. 5—12. Hft. (Lfg.) Fol. (150 Stnt., 96½ B. Text, 10 B. Schrifttaf. u. 2 Kart.) Leyden 835—42. (Leipzig, Fr. Fleischer.)
I. Ausg. m. schw. Abbild. à H.
2. — m. ill. Abbild. Imp.-Fol.
1—4. Hft. Ebendas. 1832—35. 1. Ausg. à * 8½ Thlr., 2. Ausg. à * 14 Thlr.

—— Nippon. Archiv zur Beschreibung von Japan u. dessen Neben- u. Schutzländern etc. Sect. 13—15. Fol. (27½ B. u. 60 Stnt.) Leiden 844, 45. (Leipzig, Friedr. Fleischer.) à * 8 Thlr. 15 Ngr. Prachtausg. in Imp.-Fol. ill. à *

—— Nippon. Archiv zur Beschreibung von Japan und dessen Neben- und Schutzländern. Sect. 16—20. Fol. (376 S. und 78 Stnt. mit 8 lithogr. Karten in Imp.-Fol.) Leyden 848—51. (Leipzig, Fr. Fleischer.) à Sect. *
Pracht-Ausg. in Imp.-Fol. ill. à Sect. *

Siebold, Ph. Fr. v., Nippon. Archiv zur Beschreibg. v. Japan u. dessen Neben- u. Schutzländern Jezo m. d. südl. Kurilen, Sachalin, Korea u. d. Liukiu-Inseln. Hrsg. v. s. Söhnen. 2 Bde. 2. Aufl. Lex.-8. Würzburg 897. L. Woerl. à n. 8.—; geb. à n. 10.—
1. (XXXV, 421 S. m. Abb., 1 Taf. u. 1 farb. Karte.)
2. (VII, 432 S. m. Abb.)

von Siebold, Philipp Franz: Nippon. Archiv zur Beschreibung von Japan und dessen Neben- und Schutzländern: Jezo mit den südlichen Kurilen, Sachalin, Korea und den Liukiu-Inseln. Herausgegeben von seinen Söhnen (Alexander Freiherr von Siebold und Heinrich Freiherr von Siebold). 2 Aufl. Bd. 1. 2. Würzburg u Leipzig 1897. 2 Bde. XXXV, 421; VII, 342 S. 8°. II 300

—— Wa Kan won seki sjo gen zi ko. Thesaurus linguae Japonicae, sive illustr. omnium, quae libris recepta sunt, verbor. ac diction. loquelae tam Japonicae quam Sinensis, addita synonymar. literar. ideograph. copia. Opus Japonicum in lapide exaratum a Sinensi Ko Tsching Dschang. Fol. (69 B. u. 2 artist. Bl.) Lugduni Bat. 835, 41. (Lipsiae, Fr. Fleischer.) **
Hiervon wurden nur 100 Expl. gedruckt.

增新
(一) 篇玉林字 — Sin Zoo Zi Lin Gjŏk Ben, novus et auctus literar. ideographicar. thesaurus, sive collectio omnium literarium Sinensium secundum radices disposita, pronuntiatione Japonica adscriptâ, opus Japonicum in lapide exaratum a Sinensi 章成郭 Ko Tsching Dschang et reddit. curante Ph. Fr. de S. Fol. (46 lith. B.) Lugduni Batav. 834, ex offic. lith. editor. (Lipsiae, Fr. Fleischer.)
Von diesem Werke wurden nur 100 Expl. abgezogen.

— Sin Zoo Zi Lin Gjŏk Ben, novus et auctus literarum ideographicarum thesaurus, sive Collectio omnium literarum Sinensium secundum radices disposita, pronuntiatione Japonica adscriptâ, opus Japonicum in lapide exaratum a Sinensi Ko Tsching Dschang. Fol. Lugd. Batav. 834. (Amsterdam, Müller et Comp.) n. 23½ ₰ (Leipzig, Fr. Fleischer.) n. 36 ₰

Die Einführung des Motors in die deutsche Segelfischerei. Berichte über d. Versuche d. deutschen Seefischereivereins mit Motor-Fischkuttern u. Motorbooten in d. Ostsee von **Siebolds**, Fischmeister, u. Block, Oberlotse. Mit 14 Abb. u. 1 Ausschn. aus d. deutschen Admiralitäts-Karte. Berlin: O. Salle 1907. (136 S.) 4°(8°)
= Einführung, Die, d. Motors in d. deutsche Segelfischerei. [2.]
= **Abhandlungen** d. Deutschen Seefischerei-Vereins. Bd 8a. (08. 1903

Sieboldt, Johann Elias (Frankenhausen) A. S. 190/2

De feudificatione in fraudem creditorum facta.
Präs. Peter Müller.
Jena (Ehrich) 1712. 24 S.

Diss. V. 1687. 32593

Siebörger, Kaisa, s.: Botschaft, die gute.

Sieboth, C., † (C. Sporn,) Aurana die Berg-Fee, od.: das Kreuz üb. d. Walde. Eine Geister-Erzähl. mit Volkssagen durchwebt. 8. (14 B.) Nordhausen 838. [Leipzig, Literar. Museum.] 1 Thlr., hrbgs. Pr.

Sieboth, C., Aurana die Berg-Fee, oder: das Kreuz über dem Walde. Eine Geister-Erzählung mit Volkssagen durchwebt. 8. Nördlingen 838. Fürst. 1 ₰

— — Die Herberge zur wilden Bache, oder: Des Meisters Fehlschuß. Eine Räuber- und Wildschützen-Erzählung aus dem Anfange des vorigen Jahrhunderts. 2 Bde. Ebd. 1842. 8°.

— — Der Pfad der Nacht oder: Der Räuberhäuptling als Bauchredner. Eine der schauerlichsten Räuber-Erzählungen aus dem letzten Viertel des 17. Jahrh. 2 Bde. Ebd. 1841. 8°.
192 u. 208 SS. Ziemlich zahm.

Sieboth, C., † (C. Sporn,) das wilde Roß, oder des zürnenden Geschickes Sühne. Eine Rittergeschichte. 2 Bde. 8. (25 B.) Nordhausen 842, [Leipzig, Literarisches Museum.]

Sieboth, C., das wilde Roß, oder: Des zürnenden Geschickes Sühne. Eine Rittergeschichte. 2 Bde. kl. 8. Nordhausen 842, Fürst. 1½ ₰

— die Siegwarts-Kapelle, od.: Wer verzweifelt an seinem Glück?! 2 Bde. 8. (29½ B.) Nordhausen 838. [Leipzig, Literar. Museum.] 2 Thlr. 4 Gr., hrbgs. Pr.

Sieboth, C
Die Siegwarts-Kapelle. Oder: Wer verzweifelt an seinem Glück?! Bd 1.2.
Nordhausen: Fürst 1838. 8°

SPORN, Carl (d. i. C. *Sieboth,* Cantor), Vesania die Wahnsinnige, oder der Racheschwur. Eine Räuber-Erzählung. 2 Bde. Nordhausen, Fürst, 1838. 8°. 28½ Bogen.
A. G. Schmidt, Gallerie etc.: „Hat auch unter seinem wahren Namen geschrieben."

— das Waldhuhn und das Orakel in den Ardennen. Eine Familiengeschichte. 2 Thle. 8. (24 B.) Nordhausen 837. [Leipzig, Literar. Museum.] 1 Thlr. 16 Gr., hrbgs. Pr.

Siebourg, Leonhard [aus Crefeld]: Aus d. med. Klinik zu Bonn. Zur Casuistik der Kryptogenetischen Septicopyaemie ... Bonn, Hauptmann'sche Buchdr., 1893; 32 S., 2 Bl. 8.
Bonn, Med. Fak., Inaug.-Diss. v. [18. Febr.] 1893

Akropolis und Forum Romanum. Wandgemälde in d. Aula d. Gymn. zu M.Gladbach von Max Roeder in Rom. Erl. u. gewürdigt von Gymn.-Dir. Prof. Dr. M[ax] **Siebourg**. M.Gladbach: F. Kerlé 1908. (16 S.) 8° [08. 13703

Siebourg, M., Hermann v. Beckerath, der Reichsfinanzminister d. J. 1848. Vortrag, geh. am 6. Jan. 1890 im Handwerker- u. Bildungs-Verein zu Crefeld. gr. 8. (30 S.) Crefeld 890. Kramer & Baum. n. — 50

Siebourg, M[ax]: [Bericht über seine Einführung als Direktor der Anstalt.] S. 22—30. 4. **Progr.** Gymn. *M. Gladbach* 1908 (580).

Siebourg, Maximilianus [Crefeldensis]: De Sulevis campestribus fatis .... Bonnae, typ. C. Georgi univ. typogr., 1886; (nur Titelbl., Vita u. Thesen) 8°.
Bonn, Phil. Fak., Inaug.-Diss. v. 10. Aug. 1886.

Siebourg, Maximilianus [Crefeldensis]: De Sulevis campestribus fatis. .. Bonnae, typ. Caroli Georgi univ. typogr., 1886; 40 S. + 1 Bl. 8°. [vgl. 1885/86 Bonn Nr. 67.]
Bonn, Phil. Fak., Inaug.-Diss. v. 10. Aug. 1886.

Siebourg, Max [Dr.]: Kants Lehre von der Causalität nach seiner zweiten Analogie der Erfahrung. Crefeld, Druck v. Kramer & Baum (1890); S. 3--12; 4°
Crefeld, G, OP 1890

Siebrand, Karl Ehrenfried [Pseud.],
s. Steinbach, Christoph Ernst

Siebrecht, Dr., s. Zeitschrift für die gesammte Heilkunde.

Geschichte der Familie Siebs ⟨von ca. 1750–1910 excl.⟩. Von Benno Eide **Siebs**. o. O. u. J. [1910]. 9 S. 8° [10. 16921 7

Siebs, Emil: Zwei Fälle von freiem Cysticercus des Gehirns Göttingen 1900: Dieterich. (27 S.) 8°
Göttingen, Med. Diss. v. [20. Nov.] 1900

Siebs, Emil, zwei Fälle v. freiem Cysticercus des Gehirns. Diss. gr. 8. **Göttingen 900. (Vandenhoeck & Ruprecht.) n. — 60**

Siebs, Theodor

Siebs, Thdr., die Assibilirung der friesischen Palatalen. gr. 8. (49 S.) Tübingen 886. Fues. n. 1. 60

Siebs, Thdr., deutsche Bühnenaussprache. Ergebnisse d. Beratgn. zur ausgleich. Regelg. d. deutschen Bühnenaussprache, d. v. 14.—16. IV. 1898 im Apollosaale d. kgl. Schauspielhauses zu Berlin stattgefunden haben. Im Auftrage d. Kommission hrsg. gr. 8. (96 S.) Köln 898. A. Ahn. n. 2. —

Siebs, Thdr., deutsche Bühnenaussprache. Ergebnisse der Beratgn. zur ausgleich. Regelung der deutschen Bühnenaussprache, die vom 14.—16. IV. 1898 im Apollosaale des königl. Schauspielhauses zu Berlin stattgefunden haben. Im Auftrage der Kommission hrsg. 3. Aufl. (103 S.) gr. 8. Köln 905. A. Ahn. n. 2. 40

Siebs, Thdr., deutsche Bühnenaussprache. Nach den Beratgn. zur ausgleich. Regelg. der deutschen Bühnenaussprache, die im April 1898 in Berlin unter Mitwirkg. von Graf v. Hochberg, Frhr. v. Ledebur, Tempeltey, Sievers, Luick, Siebs, u. nach den ergänz. Verhandlgn., die im März 1908 in Berlin m. der Genossenschaft deutscher Bühnenangehöriger stattgefunden haben. Auf Veranlassg. des deutschen Bühnenvereins u. der Genossenschaft deutscher Bühnenangehöriger bearb. 8. u. 9. Aufl., gänzlich umgearb., den Gesang berücksichtigend u. m. kurzem Aussprachewörterbuch versehen. (232 S.) gr. 8. Köln 910. Bonn, A. Ahn. 5. —

An Felix Dahn! Prolog z. Festaufführung d. Schauspiels 'Deutsche Treue' im Breslauer Stadttheater am 9. Febr. 1904, dem 70. Geburtstage d. Dichters. Von Theodor **Siebs**. *Breslau (1904): W. G. Korn.* (10 S.) 8° [F.] [04. 4634 2

Zur Einführung der neuen Rechtschreibung. Ein Wort an alle, bes. an d. Behörden. Von Theodor **Siebs**, Prof. *Breslau 1903: (W. G. Korn).* (14 S.) 8° [F.] [03. 3304 9

— Flurnamen, s.: Abhandlungen, germanistische, X

Siebs, Thdr., die altfriesische Gerichtsverfassung, sprachwissenschaftl. Beiträge, s.: Heck, Phpp.

Siebs, Thdr., Geschichte der friesischen Litteratur. 2. völlig umgearb. Aufl. gr. 8. (III, 34 S. m. 1 Fig.) Strassburg 902. K. J. Trübner. n. 1. —
Sonderabdruck aus: „Paul's Grundriss der germ. Philologie".

Siebs, Theodor [Dr. phil. aus Bremen]: Zur Geschichte der englisch-friesischen Sprache .... Halle a/S., Druck v. Ehrhardt Karras, 1888; 1 Bl. + 36 S. + 1 Bl. 8°
Breslau, Phil. Fak., Hab.-Schr. v. 30. Jun. [handschr.] 1888

Siebs, Th., zur Geschichte der englisch-friesischen Sprache. I. gr. 8. (VIII, 414 S.) Halle a/S. 889. Niemeyer. n. 10. —

— zur Geschichte der englisch-friesischen Sprache. Hab.-Schr. Breslau 1888, Wilhelm Koebner. 8°. 36 S.

— Grundzüge der Bühnenaussprache. Nach den Ergebnissen der Beratgn. zur ausgleichend. Regelg. der deutschen Bühnenaussprache, die unter Mitwirkg. d. Herren Graf v. Hochberg, Frhr. v. Ledebur, Tempeltey, Sievers, Luick, Siebs im April 1898 zu Berlin stattgefunden haben. Kleine Ausg., auf Veranlassg. des deutschen Bühnenvereins als Auszug bearb. gr. 8. (64 S.) Köln 900. A. Ahn. n. 1. 50; erh. Pr. n. 2. 40

Grundzüge der Bühnenaussprache. Nach d. Ergebnissen d. Beratungen z. ausgleich. Regelung d. deutschen Bühnenaussprache ... im April 1898. Kleine Ausg., auf Veranlassung d. deutschen Bühnenver. als Ausz. bearb. von Theodor **Siebs**, Dr. phil., Prof. zu Breslau. 2. Aufl. *Berlin, Köln, Leipzig: A. Ahn 1904.* (67 S.) 8° [04. 7807

— Grundzüge der Bühnenaussprache. Nach den Ergebnissen der Beratgn. zur ausgleich. Regelung der deutschen Bühnenaussprache, die unter Mitwirkg. der Herren Graf v. Hochberg, Frhr. v. Ledebur, Tempeltey, Sievers, Luick, Siebs im April 1898 zu Berlin stattgefunden haben. Kleine Ausg., auf Veranlassung des deutschen Bühnenvereins als Auszug bearb. 3. Aufl. (68 S.) gr. 8. Ebd. 905. n. 1. 60

Grundzüge der Bühnenaussprache. Nach d. Ergebnissen d. Beratungen z. ausgleich. Regelung d. deutschen Bühnenaussprache, die unter Mitw. d. Herren Graf v. Hochberg [u. a.] ... im April 1898 zu Berlin stattgefunden haben. Kleine Ausg., auf Veranlass. d. deutschen Bühnenver. als Ausz. bearb. von Theodor **Siebs**, Prof., Breslau. 4. Aufl. Cöln a. Rh.: A. Ahn [1905]. (67 S.) 8° [08. 16337

Siebs, Thdr., Helgoland u. seine Sprache. Beiträge zur Volks- u. Sprachkunde. Mit 1 Karte v. Helgoland. (319 S.) 8. Cuxhaven 909. A. Rauschenplat. Geb. in Leinw. 3. —

Greifswalder Lied. '(Preisgekrönt.)' Wort u. Weise v. Theodor **Siebs**. *Greifswald: J. Abel 1897.* (4 Bl.) 1 Bd 4. [97. 6839

— s.: Lustspiele, Sylter.

— s.: Mitteilungen der schlesischen Gesellschaft f. Volkskunde.

— s.: Schlesien's volkstümliche Ueberlieferungen.

— Die friesischen Standesverhältnisse in nachfränkischer Zeit, s.: Heck, Philipp.

— westfriesische Studien. [Aus: „Abhandlgn. d. k. preuss. Akad. d. Wiss. zu Berlin".] gr. 4. (61 S.) Berlin 895. (G. Reimer.) n. 3. 50

Siebs, Theod. [aus Bremen]: Der Vocalismus der Stammsilben in der altfriesischen Sprache .... Halle a. S., Druck v. E. Karras, 1885; 2 + 41 + 1 S. 8°.
Leipzig, Phil. Fak., Inaug.-Diss. v. 3. Nov. 1885.

Siebs, Theod., der Vocalismus der Stammsilben in der altfriesischen Sprache. Diss. Leipzig 1885. 8°. 41 S.
Sonder-Abdruck aus: Beiträge zur Geschichte der deutschen Sprache und Literatur, hrsg. von Herm. Paul und Wilh. Braune. 11. Band 2. Heft. Halle 1885, Max Niemeyer. 6 M.

— s.: Wort u. Brauch.

Sieburg, E., praktisches Sprachbuch f. Volksschulen, s.: Behling, D.

Sieburg, Emil: Ist die Jodwasserstoffsäure ein 'irrespirables' Gas? Würzburg 1904: F. Staudenraus. (31 S.) 8°
Würzburg, Med. Diss. v. 1904

Sieburg, Erich, Leben u. Sterben. Gedichte. (50 S.) 8. München 905. Süddeutscher Freier Verlag. n. 1. 50

Verlorene Spiele. 3 Studien von Erich **Sieburg**. Berlin-Leipzig: C. Wigand 1900. (58 S.) 8° [08. 3610

Sieburg, Erich, verlorene Spiele. 3 Studien. (58 S.) 8. Leipzig 906. Modernes Verlagsbureau. 2. —

Sieburg, Erich: Volk und Drama. Betrachtungen z. deutschen Theater d. Gegenwart. Herne 1910: Kartenberg. 37 S. 8°
Herne, OR i. E. m. Reform-PG P 1910 (522) [S 10. 415

Sieburg, Erich, aus Duisburg a. Rh.: Die Vorgeschichte der Erbförster-Tragödie von Otto Ludwig. *Berlin (1903): E. Ebering.* (58 S.) 8°
Berlin, Phil. Diss. v. 24. März 1903

— Wahn u. Schuld. (VII, 206 S.) 8. Straßburg 908. J. Singer. 3. —

Sieburg, Felix, Referendar am Kgl. Landgericht I Berlin: Das Aussonderungsrecht ⟨mit Ausschluß des Verfolgungsrechts⟩. Borna-Leipzig 1906: R. Noske. (VI, 67 S.) 8° [F.]
Breslau, Jur. Fak., Ref. Fischer-Gretener, Diss. v. 12. Nov. 1906
[Geb. 2. April 84 Posen; Wohnort: Berlin; Staatsangeh.: Preußen; Vorbildung: Friedrich-Wilhelms-Gymn. Posen Reife O. 02; Studium: Heidelberg 1, Berlin 3, Breslau 2 S.; Rig. 27. Juni 05.]

Sieburg, Richard, Bergreferendar: Über transversale Schieferung im thüringischen Schiefergebirge. Halle a. S. 1909: (G. Schade, Berlin). 38 S. 4° ¶ (Aus: Zeitschr. f. prakt. Geol. Jg. 17.)
Halle, Phil. Diss. v. 8. Juni 1909, Ref. Walther
[Geb. 26. Juli 79 Seesen; Wohnort: Halle a. S.; Staatsangeh.: Braunschweig; Vorbildung: Oberrealsch. Halle a. S. Reife M. 00; Studium: Halle 3, Klausthal Bergakad. 3 S.; Rig. 28. Jan. 09.] [U 09. 1707

Sieburger's Eisenbahn-Tapeten-Wandkarte. Neue verb. Aufl. 13 Blatt, 12' lang und 21" breit. Ausg. Nr. 1. Auf braunem Papier. Prag 867. (Leipzig, Hinrichs'sche Buchh.) *
Ausg. Nr. 2 auf weissem Grund mit ill. Grenzen. *
Ausg. Nr. 3 auf farbigem Grund mit Grenzen. *

Sieburgh, L. J.: Ueber Congenitale und erworbene Defekte der Brustmuskeln . . . Im Haag, Süd-Holländ. Buch- u. Handelsdr. (1890). 42 S. 8°
Heidelberg, Med. Fak., Inaug.-Diss. v. 5. März 1890

Siebzehnhundertdreiundneunzig—1851. Skizzen aus einem vielbewegten Leben. Leipzig 1859. V: *Zirges*. (Meyer, Friedr., Heine-Bibliothek. Leipzig 1905. S. 103.) (Mitth. Grolig.)

Siechbett, Das, in zwey Gesängen. Altona 1752. V: *Öst, Johann Heinrich*. (MGT)

Siechenhaus. Das S' zu Sanct-Jacob (bei Basel). (Njbl.) s. [Wackernagel. Wilhelm].

(Siechenhaus. Das S' zu St. Jakob an der Sihl....) Njbl. s. [Denzler, Johann Caspar].

Siecher, Rich., Erläuterungen zu Shakespeares König Richard III, s.: König's, Wilh., Erläuterungen.

Siechmüller. Beschreibung des Waisenhauses zu Baireuth. *Baireuth*. 1736

Siechthum, Das, unsrer jetzigen Jugend und frühe Hinsterben neugeborener Kinder . . . Grimma 1836. V: *Bauer, A. R. Edwin*. (Haan S. 10) (Zeitschr. f. Büch. N. F. 15. 1923, S. 122)

Siechthum, das, unsrer jetzigen Jugend u. frühe Hinsterben neugebor. Kinder. Ursachen desselb. u. Mittel dagegen. Eine Preisschr. gr. 12. (3⅓ B.) Grimma 836, Verlags-Comptoir.

Sieck, H., Passionspredigten. (152 S.) 8. St. Louis, Mo. 909. (Zwickau, Schriften-Verein.) Geb. in Leinw. 2. 20

(F) **Sieck**, R.. Die Blume im Lied. [Gerlachs Jugendbücherei Nr. 16.] 8°. (117 S.) geb. K 3.—
Wien: Fromme 1906.

Sieck, Rud., sechs Landschaften. (6 farb. Bl.) 51,5×43,5 cm. München (909). A. Langen. In Mappe 15.—

[S.] Ueber die Bedeutung der Grimmschen Märchen für unser Volksthum. Rede geh. . . . am 15. März 1895. Von Dr. Ernst **Siecke**, Prof. . . . in Berlin. *Hamburg: Verlagsanst. u. Dr. A.-G. 1896.* (38 S.) 8.
= Sammlung gemeinverständl. wiss. Vorträge. N. F., Ser. 11. H. 253.
[96. 7801]

Siecke, E., Beiträge zur genaueren Erkenntnis der Mondgottheit bei den Griechen. 4. (27 S.) Berlin 885, Gaertner's Verlag. *

Siecke, Ernst, mytholog. Briefe. I. Grundsätze der Sagenforschung. II. Uhland's Behandlung der Thor-Sagen. gr. 8. (VII, 268 S.) Berlin 901. F. Dümmler's Verl. n. 4. —; geb. n. 5. —

Siecke, Ernst. Indra's Drachenkampf (nach dem Rig-Veda). 18 S. 4. **Progr.** Lessing-Gymn. *Berlin* 1905 (06).

Siecke, Ernst, Indra's Drachenkampf (nach dem Rig-Veda). Progr. (18 S.) Lex.-8. Berlin 905. Weidmann. n. 1. —

Drachenkämpfe. Untersuchungen z. indogerman. Sagenkunde von Ernst **Siecke**. Leipzig: J. C. Hinrichs 1907. (123 S.) 8°
— **Bibliothek**, Mythologische. Bd 1, H. 1. [07. 8073]

— Götterattribute u. sogenannte Symbole. Nebst Abhandlgn.: 1. Über die mytholog. Anschaugn. der Litauer (Letten). 2. Über die Naturgrundlage der röm. (altital.) Religion. Mit 20 Zeichngn. v. Frz. Stassen. (VIII, 313 S.) gr. 8. Jena 909. H. Costenoble. 10.—; geb. n 11. —

Hermes der Mondgott. Studien z. Aufhellung d. Gestalt dieses Gottes von Ernst **Siecke**. Leipzig: J. C. Hinrichs 1908. (97 S.) 8°
— **Bibliothek**, Mythologische. Bd 2, H. 1. [08. 12943]

— Nachträge zur Abhandlung „Hermes der Mondgott", s.: Bibliothek, mythologische. II, 2.

Siecke, Ernst, die Judenfrage und der Gymnasiallehrer. Ein Beitrag zur Richtigstellung der öffentl. Meinung. 1.—3. Aufl. gr. 8. (28 S.) Berlin 880, F. Luckhardt. *

Siecke, Ernst, die Liebesgeschichte d. Himmels. Untersuchungen zur indogerm. Sagenkunde. gr. 8. (VII, 181 S.) Strassburg i/E. 892. K. J. Trübner, Verl. n. 3. 50

— Mythus, Sage, Märchen in ihren Beziehungen zur Gegenwart. (Vortrag, geh. am 13. II. 1906 zu Berlin.) (29 S.) 8. Leipzig 906. J. C. Hinrichs' Verl. n. — 50

Siecke, Ernst. De Niso et Scylla in aves mutatis. 18 S. **Progr.** Fr. G. *Berlin* 1884

—— **de Niso et Scylla in aves mutatis.** gr. 4. (18 S.) Berlin 884, Gaertner's Verlag. *

— Max Müller's mytholog. Testament. S.-A. 1902. 27 S.

— die Urreligion d. Indogermanen. Vortrag, geh. im Verein f. Volkskunde. gr. 8. (38 S.) Berlin 897. Mayer & Müller. n. — 80

Siecke, [illegible]

Siecke, *Robert* Karl *Julius* [aus Berlin]: Zur Therapie des Morbus Basedowii ... Berlin, Buchdr. v. G. Schade, *1892*; 30 S., 1 Bl. 8.
Berlin, Med. Fak., Inaug.-Diss. v. 20. Aug. 1892

Siecke, Reinhard, Referendar in Hannover: Was bedeutet das Zugehen bei den empfangsbedürftigen Willenserklärungen? ⟨B.G.B. § 130⟩. Borna-Leipzig 1905: R. Noske. (VIII, 68 S.) 8° [F.]
Rostock, Jur. Fak., Ref. Matthiaß, Diss. v. 12. Nov. 1905
[Geb. 12. Juni 79 Hannover; Wohnort: Weidenbrück b. Gütersloh; Staatsangeh.: Preußen; Vorbildung: Gymn. Hannover Reife O. 98; Studium: Freiburg i. B. 3, Bonn 1, Göttingen 2 S.; Rig. 29. April 05.]

Sieckel, Johann Christoph

— Beschr. d. kaiserl. Reichsstadt Nordhausen. 8. Nordhausen, Groß. 753.

Sieckel, Ioh. Chr., Compendium oeconomiae curatorum et tutorum theoretico-practicum. 8. Quedlinb. Schwan. (Ernst.) 749.

Sieckel, Jh. Cph., († ...) Gedanken von dem dreifachen Zustande des Lebens der Gläubigen. 8. Quedlinb. 750. Schwan. (Ernst). 3. ℛ

— Nachr. v. Poltergeistern. 5 Thle. 8. Quedlinb. Reußner. (Ernst.) 761.

Sieckel, Otto: Die ocularen Symptome bei Erkrankungen des knöchernen Schädels. Marburg 1906: J. Hamel. (25 S.) 8°
Marburg, Med. Fak., Ref. Bach, Diss. v. 26. Juli 1906

Sieckmann, Hermannus Eduardus, Mindensis: De comoediae Atticae primordiis. Gottingae 1906: Huth. (61 S.) 8°
Göttingen, Phil. Fak., Ref. Leo-Schwartz, Diss. v. 5. Nov. 1906
[Geb. 31. Mai 85 Minden i. W.; Wohnort: Minden; Staatsangeh.: Preußen; Vorbildung: Gymn. Minden Reife O. 03; Studium: Göttingen 2, Berlin 1, Göttingen 4 S.; Rig. 26. Juli 06.]

Sieckmann, Carl: Die rechtliche Natur der Klage auf die einzelne fällige Leistung aus der Reallast. Minden 1898: J. C. C. Bruns. (48 S.) 8°
Erlangen, Jur. Diss. v. 14. Mai 1898.

Siècle de Louis XIV. III Vol. 12. Berne, Soc. Typ.

Siecle de Louis XIV. Publié par M. [Joseph Du-Fresne] de Francheville ... Berl. 1751. V: *Voltaire, Franç. Marie Arouet de.* (Milchs) (BrMin)

— de Louis XV. précis du: II Vol. ibid.

Siècle, le nouveau. Une farce en un acte de M. Kotzebue, trad. de l'allem. p. de Brea. 8. Halberst. Dölle. (Gross.)801.

Siècle: Le XXme Siècle — Das XXste Jahrhundert v. Das XXste Jahrhundert.

Siedamgrotzcky, Oskar

Siedamgrotzcky, Osk. (geb. Düben an d. Mulde 22. 1. 1848): Ueber Parametritis und ihre Ausgänge. Berlin (1872). (32 S.) 8°
Berlin, Med. Diss. v. 3. Aug. 1872

Siedamgrotzky, G. A.: Berg- und Hüttenmännische Exkursionskarte, s. Holzapfel, Eduard

Siedamgrotzky, Flötzkarte des Aachener Steinkohlen-Beckens. Worm- und Eschweiler-Mulde, unter Angabe der übrigen Lagerstätten nutzbarer Mineralien, sowie der im Betrieb stehenden Berg- und Hüttenwerke. Hrsg. unter Mitwirkung der königl. Bergbehörde von den grösseren Steinkohlen-Werken des Aachener Bezirks. 1:20,000. 7 Bl. Chromolithogr. Imp.-Fol. Aachen 881, M. Jacobi.
In Futteral * 12 —

Siedamgrotzky, Plan der Städte Aachen und Burtscheid. 1:5000. Chromolithogr. Imp.-Fol. Aachen 877, M. Jacobi. 8 —

Siedamgrotzky, Kurt, Medizinalpraktikant a. Dresden: Ein seltener Fall von Myxosarkoma uteri beobachtet in der Frauenklinik zu Jena. Jena-Ziegenhain 1906: Thür. Verlagsdruckerei. (39 S.) 8°
Jena, Med. Fak., Ref. Franz, Diss. v. 29. Okt. 1906
[Geb. 16. Sept. 81 Thorn; Wohnort: Cassel; Staatsangeh.: Hessen; Vorbildung: Gymn. Bromberg Reife O. 01; Studium: Jena 4, Gießen 1, Jena 1, München 2, Jena 2 S.; Coll. 3. Aug. 06; Approb. 3. Apr. 07.]

— u. V. Hofmeister, Anleitung zur mikroskopischen u. chemischen Diagnostik der Krankheiten der Hausthiere f. Thierärzte u. Landwirthe. Mit 50 (eingedr.) Orig.-Holzschn. gr. 8. (VIII, 192 S.) Ebend. 876.
n. 4. —

Siedamgrotzky, O., u. v. **Hofmeister,** Anleitung zur mikroskopischen u. chemischen Diagnostik der Krankheiten der Hausthiere f. Thierärzte u. Landwirthe. 2. Aufl. Mit 56 Orig.-Holzschn. gr. 8. (IV, 227 S.) Dresden 884. G. Schönfeld's Verl. n. 4. 50

Siedamgrotzky, O., s.: Archiv für wissenschaftl. u. prakt. Thierheilkunde.

— die Fleischbeschau-Gesetze u. Verordnungen f. das Königr. Sachsen, s. a. Handbibliothek, Leipzig. jurist.

— Fleischbeschau-Gesetze und -Verordnungen des Königreichs Sachsen. Leipzig 1900. Rossberg. M. 1.00

Siedamgrotzky, O., über Fleischvergiftungen, s. a. Vorträge für Thierärzte. III, 2.

— Über Fleischvergiftungen. (42 S.) Jena 80. Dege & H. (Düreelen, Wiesbaden.) M. 1.50

Siedamgrotzky, O., s.: Haubner's, G. C., landwirtschaftliche Tierheilkunde.

— u. Schlegel, Zur Kenntnis der seuchenartigen Cerebrospinalmeningitis der Pferde. S.-A. Berlin 96. Hirschwald.

Siedamgrotzky, Krankheiten der Sehnen, Sehnenscheiden u. Schleimbeutel, neu bearb. v. Lungwitz, s.: Handbuch der tierärztlichen Chirurgie u. Geburtshilfe. IV, 1.

— Lehrbuch der allg. Therapie der Haussäugetiere, s.: Ellenberger.

Siedamgrotzky, O., über die Leukaemie bei den Hausthieren, s. a. Vorträge für Thierärzte. I, 10.

— Über die Leukämie bei den Haustieren. Mit 1 Tafel. (40 S.) Jena 78. Dege & Hänel. (Düreelen, Wiesbaden.) M. 1.50

— die Schlachtviehversicherungs-Gesetze u. Verordnungen f. d. Königr. Sachsen, s.: Handbibliothek, Leipzig. jurist.

Siedamgrotzky, O., Sehnen, Sehnenscheiden u. Schleimbeutel, s.: Handbuch d. thierärztl. Chirurgie u. Geburtshilfe, IV, 1.

Siedamgrotzky, Otto, über die Structur und das Wachsthum der Hornscheiden der Wiederkäuer und der Krallen der Fleischfresser. gr. 8. (50 S. mit 4 Stnt.) Dresden 871, Schönfeld's Verlag. *

Siedamgrotzky, O., die Veterinärpolizei-Gesetze und Verordnungen für das Königr. Sachsen, enthaltend: das Reichsgesetz, betr. die Abwehr und Unterdrückung von Viehseuchen vom 23. Juni 1880, nebst den dazu gehör. Verordnungen; das Reichsgesetz, betreffend die Maßregeln gegen die Rinderpest vom 7. April 1869, nebst revid. Instruction vom 9. Juni 1873, und das königl. sächs. Rinderpestgesetz vom 30. April 1868; das Reichsgesetz, betreffend die Beseitigung von Ansteckungsstoffen bei Viehbeförderungen auf Eisenbahnen vom 25. Februar 1876, nebst Ausführungsverordnung; sowie gemeinfaßl. Belehrung über die in den Gesetzen aufgeführten Viehseuchen. Zum prakt. Gebrauche für Verwaltungsbeamte, Gemeindevorstände, Thierärzte und Landwirthe zusammengestellt. 8. (VIII, 198 S.) Dresden 881. Schönfeld's Verlagsb. geb. *

— die Veterinärpolizei-Gesetze u. Verordnungen f. das Königr. Sachsen. Zum Gebrauche f. Verwaltungsbeamte, Gemeindevorstände, Thierärzte u. Landwirthe zusammengestellt. 2., umgearb. Aufl. 12. (VII, 234 S.) Dresden 893. G. Schönfeld's Verl. Geb. n. 3. —

— d. Veterinärpolizei-Gesetze u. Verordnungen f. d. Königr. Sachsen. Zum Gebr. f. Verwaltungsbeamte, Gemeindevorstände, Thierärzte u. Landwirthe zusammengest. 3., umgearb. Aufl. Mit e. Anh.: Gemeinfaßliche Belehrg. üb. d. Schweineseuche, Schweinepest u. d. Rothlauf d. Schweine. 8. (VIII, 246 S.) Dresden 896. G. Schönfeld. Geb. n. 3. —

— Das Veterinärwesen im Königreich Sachsen. Sammlung der Gesetze und Verordnungen, die sich auf die Ausübung der Tierheilkunde beziehen: 1. Die Organisation der Veterinär-Polizei. 2. Ausübung der Tierheilkunde. Tierärzte. 3. Arzneiwarenhandel und Apothekenwesen. 4. Tierzucht. 5. Transport und Haltung von Tieren. 6. Fleischbeschau. 7. Abdeckerei. 8. (VIII. u. 192 S.) Dresden 93. Schönfeld. Geb. M. 6.—

Siedamgrotzky, [Otto]: Ueber das Vorkommen der Tuberkulose bei Rindern im Königreiche Sachsen im Jahre 1889.

Aus: Bericht über d. Veterinärwesen in Sachsen. 1889.

Siedamgrotzky, Otto, s. V o r t r ä g e f. Tierärzte.

Siede, Erich, aus Elbing: Zur Kenntnis des Carbofenchonons. *Göttingen 1903: Dieterich.* (62 S.) 8°
Göttingen, Phil. Diss. v. [30. Jan.] 1904

Siede, Johann Christian

SIEDE, J(oh.) C(hrn.), (geb. 19. Octob. 1765 zu Magdeburg, Fürstl. Anhalt-Cöthenscher Geschäftsträger u. Geh. Rath zu Berlin, † am 14. Juni 1806 deselbst; „Direktor der Handlungsakademie" nennt er sich unter d. Vorr. zu Th. 3 des folgenden Werkes). — A l t a r d e r G r a z i e n, von —. Erstes—Viertes Opfer (= 4 Bde.). Mit 4 Titelkpfrn. („Mit Chursächs. Privilegio".) Berlin 1791, 91, 92, 96. bey Carl Matzdorff (4 mit d. Nebentitel: N e u e r A l t a r d e r G r a z i e n, in Erzählungen von *J. C. Siede*, Verf. der ländlichen Gemälde u. Erzählungen; u. der Urnen edler Liebenden. Ebd., bei Christian Gottfried Schöne.) 8°. (In Warmbrunn.) (3 Mk. 50 Pfg., A. Bielefeld. v o r 1885; jetzt theurer!)

I: Titelkpf. (S i n t z e n i c h sc.), gestoch. Tit., XVI—264 S. II: Titelkpf. (S i n t z e n i c h sc.), gestoch. Tit., Nebentit., 1 Bl. Vorr., 252 S. III: Titelkpf. (unsign.), gestoch. Tit., Nebentit., 1 Bl. Vorr., 259 S. IV: Titelkpf. (Carlo D o l a pinx., F. R a m b e r g sc.), Drucktit., XIII (incl. 2ter Tit.), 1 S. Inh., 352 S.

Enth. außer G e d i c h t e n u. k l e i n e n d r a m a t. S z e n e n eine Reihe stellenweise etwas freier u. lüsterner R o m a n e u. E r z ä h l u n g e n: Therese v. Wertheim; das Mädchen vom Tollhause; Joseph u. Wilhelm Stürmer; Amanda od. Undankbarkeit u. Edelmuth; Zora, die Tochter des Mandarins; die Geschichte mit dem Hute; D i e L i e b e d e r g r o ß e n F r a u (diese Geschichte einer Herzogin, genannt Cäcilie, Gemahlin eines 4mal so alten Mannes, Th. IV, S. 300—352, unvollendet, auch als S o n d e r d r u c k ersch., mit veränd. Titel, 1798; s. weiter unten). — Allg. dtsch. Bibl. 104, 143; 111, 95. Neue alleg. dtsch. Bibl. 2, 932, 34. Alle 4 Theile bereits selten! (Vielleicht noch Th. 5 erschienen, weil am Ende von Bd. 4 die Forts. der letzten Erzählung versprochen wird. Goedeke hat auch V, 517, 21, 15: „N e u e r A l t a r d e r G r a z i e n. Berlin 1797.")

— d. kleine nützliche B u c h f. d. Jahre d. Mannbarwerdens in Bezieh. auf Temperament, Geist rc., ein Lesebuch f. Aeltern und junge Leute beyderley Geschlechts. 8. Leipz. Kleefeld. (Wauer.) 797.

DIANA, D i e s c h ö n e, B e r l i n's e r s t e s ö f f e n t l i c h e s M ä d c h e n. Vom Mann im grauen Rocke, Verfasser der „Raritäten von Berlin" *(Johann Christian Siede,* geb. 1765, † 1806). 2 Thle. Mit 2 Titelvignetten. Berlin, Schöne, 1794 bis 1796. 8°. (11 Mk. W. Koebner, Breslau, c. 1885; 12 Mk. List & Francke, Leipzig, c. 1888.)

1: XVI—160 S. 2: V—253 S. — Sehr selten und im Preise steigend!

Vgl. D i a n a , ...

Eduard und Emilie, oder die Scherze der Liebe. (Lüsterner Roman von *Joh. Chrn. Siede.*) Cythere (Magdeburg, Creutz), o. J. (1790?). 12°.

Sehr selten! — Zuerst gedr. mit d. Namen Siede's u. d. Tit.: Emilie oder verrathene Geheimnisse. Ein Gemälde von —. 2 Thle. Magdeb., Creutz, 1789. 8. VIII—232 SS.

— — Dasselbe, tit.: E d u a r d u n d E m i l i e. Oder T ä n d e l e i e n d e r L i e b e. Magdeburg, 1790. Bei Joh. Adam Creutz. 8°.

232 SS. (6 Mk. Lesser, Breslau.) — Bibliogr. de l'amour III. p. 148.

Vgl. E d u a r d und Emilie.

Eduard der W a i d m a n n, eine Erzählung zur nähern Kenntniß des menschlichen Herzens (von *Joh. Chrn. Siede*). Th. (1). Görlitz, bei Hermsdorf u. Anton, 1794. 8°.

Merkw. überspanntes Opus, zum Theil pikant. 367 S. Ein 2. Theil scheint nicht erschienen zu sein. — Auch m. d. Tit.: S i e d e, Joh. Chrn., D i e T y r a n n e y d e r L i e b e, in Erzählungen zur nähern Kenntniß etc. Th. 1. (Meusel VII. p. 494.)

Siede, J. C., vaterländ. Eichen. 8. Magdeb. Creutz. 791. Rthlr.

Emilie oder d i e v e r r a t h e n e n G e h e i m n i s s e. Ein (pikantes) Gemälde (von *Joh. Chrn. Siede*, 1765—1806). 2 Thle. Magdeburg 1789. 8°.

Goedeke V, 517, 21, 1. Das Anon.-Lex. II. p. 21 hat „1788" (nach Kayser). — 2 weitere Ausgaben (ohne Theilesangabe) s. unter: E d u a r d u n d E m i l i e.

Vgl. E m i l i e...

— — L ä n d l i c h e E r z ä h l u n g e n u n d G e m ä l d e. Braunschweig 1796. 8°.

Citirt Kayser ohne Angabe der Jahrzahl mit dem Druckort „Berlin". — Neue Allg. dtsch. Bibl. 31, 372.

Vgl. E r z ä h l u n g e n, ...

Gemälde d e s p h y s i s c h e n M e n s c h e n, o d e r d i e G e h e i m n i s s e d e r M a n n b a r k e i t, d e s G e s c h l e c h t s T r i e b e s u n d d e s E h e b e t t e s (von *Joh. Chrn. Siede*). 4 Thle. Berlin, Schöne, 1794 bis 98. 8°. Cplt. äusserst selten und sehr gesucht! (In München fehlt Th. 2.) (10 frcs., cplt., W. Hausknecht, St. Gallen, v o r 1900; jetzt viel theurer!)

Vgl. G e m ä l d e...

— — Dasselbe. Ebend. 1805. Gr. 8°. (3 fl. Scheible in e. alten Cat.; jetzt viel theurer!)
Vgl. H a y n, H., Bibl. Germanor. gynaecol.

MEINE G e s c h i c h t e, e h' i c h g e b o h r e n w u r d e. Eine anständige Posse (vielmehr frivol-satyr. Roman eines E m b r y o) vom Mann im grauen Rocke *(Joh. Christian Siede).* Berlin, 1795, bei Chrn. Frdr. Himburg. 8°. (40 Mk., fleckiges Expl., Max Harrwitz, c. 1903; 40 Mk., etwas fleckig, E. Frensdorff, 1907; 30 Mk., Leihbibl.-Expl., Adolf Weigel, 1906; 20 Mk. A. Buchholz, München, 1908.)

X—356 S. „Dem . . . . weiland Hrn. H a n s H o l z m e i e r, izt Knochenmann . . . . gewidmet." Sehr selten!

— — Dasselbe. (Neudruck.) Hrsg. von Dr. S. R a h m e r. Berlin, E. Frensdorff, 1904. (Neudrucke literarhist. Seltenheiten, herausgegeben von Fedor v o n Z o b e l t i t z, No. 2.) 356 Seiten. (Brosch. Mk. 4—; eleg. geb. 5,50.)

Siede, J. Ch. [mutmaßl. Verf.], s. a. G e s c h i c h t e , Meine, eh' ich gebohren wurde.

— d. preuß. Gesetztafeln, od. kl. nöth. Buch d. Bürgers und Landmanns z. Kenntniß d. Landesgesetze rc. 8. Berlin, Schöne. 805.

Siede, die preuß. Gesetztafeln, od. kleines nöthiges Buch z. Kenntniß d. Landesgesetze. 2te Aufl. 8. Berlin, Schöne. 815.

SIEDE, J. Ch.: D. preuss Gesetztafeln, od. kl. nöth. Buch d. Bürgers u. d. Landmanns z. Kenntniss derer Landesgesetze, deren Uebertretung ihnen Unglück u. Strafe zuzieht. Aus d. allgem. Landrecht gezogen. *Berl.*, Schöne. (805. 15.) 821. 8. (12 Gr.)

— Handbuch f. die äußere Bildung, ob. Regeln des Anstandes rc. Nebst Anh. 16. Berl. 791. Schöne; (a. Hahn in Hannov.) 10 gr

Handbuch für praktische Welt- und Menschenkenntniß, vom Verfasser des Weltmannes (von *Joh. Chrn. Siede*, geb. 1765, † 1806). Berlin, C. G. Schöne, 1797. 8⁰. (In München: Ph. pr. 1124r.) 8 Bll. u. 144 S.

Vgl. Handbuch...

Siede, J. C. und Volbeding, J. C.: „Journal für Handlung und Gewerbe", 2 Stücke, Berlin 1792 (Schöne).

Siede, J. C. und Vollbeding, J. C.: „Journal für Handlung und Gewerbe", 2 Stücke, Berlin 1797 (Schöne).

— patriot. Katechismus zum Unterr. in Bürger- u. Landschulen 8. Berl. 799.

Siede, Johann Christian, s. Kunst zu quälen.

— Liebe und Ehe, oder Vergnügen ohne Ehe, welches ist das Beste? Geschildert und abgewogen von einem Wahrheitsfreunde. 2 Thle. Berlin 1810. 8⁰. (6 Mk. Scheible, vor 1895; jetzt theurer!)

— vernünftige u. bewährte Mittel für die Erlangung e. schönen Gorge. 2 Bdchen. 12. Berl. 795.

NONNE und Aebtissin im Wochenbette oder die Frucht der Schwärmerey, eine Geschichte einzig in ihrer Art. Vom Mann im grauen Rocke *(Joh. Christian Siede)*. Meissen, bei Karl Friedr. Wilh. Erbstein (1797). 8⁰. 2 Bll. u. 504 SS. (4 Rthlr. Scheible, vor 1875; 10 fl. Gilhofer & Ranschburg, Wien, c. 1888; jetzt noch theurer!)
Fehlt im Anon.-Lex.

RARITÄTEN von Berlin und merkwürdige Geschichten einiger Berlin'schen (!) Freudenmädchen (von *Joh. Christian Siede*, geb. 19. Oktob. 1765 zu Magdeburg, Fürstl. Anhalt-Cöthenscher Geschäftsträger und Geheimer Rath zu Berlin, † das. 14. Juni 1806). 5 Thle. (Auf Tit. von 3—4: „vom Mann im grauen Rocke".) Th. (1). Mit Titelvgn. Berlin, 1792. In Karl Matzdorffs Buchhandlung. Th. 2—5: Berlin 1794—99. Bei Christian Gottfried Schöne. 8⁰. (In Berlin, Magistratsbibl.) (36 Mk., schönes cplts. Expl., W. H. Kühl, Berlin, c. 1880; Th. 1—2 (1792—94): 36 Mk., mit Lesespuren, Karl W. Hiersemann, Lps., 1894; Th. 1—4 (1792—98): 60 Mk., alte Ldrbde. mit Rückenvergoldung, Adolf Weigel, Lpz., 1907.)
Cplt. äusserst selten und sehr gesucht! 284, 311, 286, 306, 320 Seiten. — In einem alten Cat. der ehemal. J. F. Schmidt'schen Leihbibl. in Dresden waren unter Nr. 954 ebenfalls 5 Thle., aber „1792—1800". — Nur die beiden ersten Theile sollen von Siede verfaßt sein. — Goedeke V, 517, 21, 5.

— — Dasselbe, Th. 2—4, sub. tit.: Biographieen einiger merkwürdigen Berlinischen Freudenmädchen. Ebd., bei Christian Gottfried Schöne, 1794, 1798, 1798. 8⁰. (Bd. 3—4: 10 Kronen [Bd. 3 beschädigt], Halm & Goldmann, Wien, 1904.)
Th. II: 3 Bll. u. 311 S. Inh.: Elisa. — Nantchen. — Finette. — Sabine. — Die schwarze Luise. III: 286 SS. (excl. Vorst.). Inh.: Hannchen Müller. — Rebecka. — Amalie Holdern. — Florentine. — Jahnchen, od. die Avantüriere. IV: 306 SS. (excl. Vorst.). Inh.: Justchen. — Robespierreus Juliette. — Barbara Dhein.

— patriotisches Schulbuch, oder katechet. Unterricht in d. bürgerl. Pflichten, 12. Berlin, Braunes. 801.

— — Die Selbstgeständnisse und Leiden der großen Frau, oder ihr geheimes Tagebuch. (Memoiren einer hohen, unglücklich vermählten Dame.) Hrsg v. —. Berlin, 1798. Verlegt u. gedr. bei Müller u. Mylius. 8⁰. (15 Mk. M. x Harrwitz, 1906.)
VI- 153 S., 1 S. Druckf. Vorher unvollständig in Siede's Altar (s. ob.) der Grazien, Th. 4.) — Das (zahme) Opus ist eine unerträgliche Jeremiade, deren Heldin endlich an der Schwindsucht stirbt. (Scheint auf wirklichen Vorgängen zu beruhen.) Fehlt bei Kayser unter Romanen.

Vgl. Selbstgeständnisse, Die,...

Siede, Johann Christian, s. Siehe, J. D.: Etwas über das Verkohlen des Torfs.

— Tagebuch f. die Jugend, oder fromme Entschlüsse guter Kinder, m. 1 K. 8. Hannover, Hahn. 810.

— die Tyranney der Liebe, in wahren Erzählungen zur nähern Kenntniß des menschlichen Herzens geschrieben, 1r Theil, Eduard den Waldmann enthaltend, 8. Görlitz, 794. Hermsdorf. 1 Rthl.

— — Die Ueberschattung vom Nicodemus-Bilde. Eine Klosterscene. Rom (Meissen, Erbstein) 1809. 8⁰. (10 fl. Gilhofer & Ranschburg, c. 1888; 8 Kr. Halm & Goldmann, 1904; jetzt theurer!)
Komischer Weise hat Weller im Lex. Ps. p. 73: Bilde, Nicodemus, als Verfasser!

UMARMUNGEN, Die zärtlichen, in der Ehe und Plaisanterieen mit Maitressen, geschildert und abgewogen von einem Wahrheitsfreunde, dem Mann im grauen Rocke (d. i. *Joh. Chrn. Siede*). 2 Thle. Berlin, 1795. Bei Chr. Gottfr. Schöne. 8⁰. XVI, 453 u. IV —208 S. (6 Mk. L. M. Glogau Sohn, Hamburg, 1888; 20 Mk. E. Frensdorff, 1909.)
— — Dasselbe. 2 Thle. Ebd. 1795—99. 8⁰. (10 Mk., Th. 2 in 2ter Auflage, Frdr. Klüber, München, ca. 1905.)

— der treue Unterthan aus Religion u. Vernunft; e. Volksbuch. 8. Berl. 798.

— Versuch eines Leitfadens für Anstand, Solidität, Würde u. männl. Schönheit, der aufwachsenden männl. Jugend geweiht 8. Dessau 797. Tänzer. 8 gr. Schrbp. 10 gr.

— Dass. in Rücksicht auf weibl. Jugend bearb., als 2r Thl. des Obigen. 8. Dessau 797. Tänzer. 8 gr. Schrbp. 10 gr.

Siede, J. C.: Der Wegweiser bei Prozessen und bei gerichtlichen Angelegenheiten die keine Prozesse sind. Berlin 1800.

— Wegweiser b. Prozessen u. b. gerichtl. Angelegenheiten d. keine Prozesse sind, f. d. Bürger und Landmann. 8. Berlin, Schöne. 805.

Siede, (J. C.) der Wegweiser bei Prozessen u. bei gerichtl. Angelegenheiten, die keine Prozesse sind, bei Testamenten, Sterbefällen. Dritte Aufl. 8. Berlin 815, Nauck. Ist der Preis. Rthlr

Siede, J. Ch.: D. Wegweiser b. Processen u. b. gerichtl. Angelegg. d. keine Proc. sind, b. Testam., Sterbefällen, Erbschafts-, Vormundsch. u. Hypothekens. A. d. Ger.-Ordn. *Berl.*, Schöne. (...) 3e A. 815. 8. (8 Gr.)

WELTMANN, Der, und die Dame von feinem und grossem Ton. Ein Versuch (von *Joh. Chrn. Siede*, 1765—1806). Halle 1790. 8⁰. 240 S. Selten! (4 Mk. 50 Pfg. Friedr. Klüber, 1896.)

— d. Weltmann u. d. Dame v. großen und feinen Ton. 8. Halle, Gebauer. 790.

— s. Wie wird man schön?

— — Wilhelmine, das Schweizermädchen, oder das Naturmal. 2 Thle. Ebd. 1796. 8⁰.

— — Dasselbe. Ebd. 1820. 8⁰.
Goedeke V, 517, 21, 7.

Siede, Johann Christian, s. Wilhelmine Sterner.

Ueber die Würde u. Keuschheit des Jünglings u. des Mannes, wie nöthig es ist, solche zu erhalten. Von einem Weibe. Mit TKpf. von Haas. Berlin, Schöne, 1816. 8°. 3 Bll. u. 176 S. (2 Mk. W. H. Kühl, Berlin, vor 1885; jetzt theurer!)

ZEICHEN und Werth der Männerkeuschheit. Ein Wort zu seiner Zeit an edle Jünglinge und Mädchen von einem Weibe (vielmehr von *Joh. Chrn. Siede*). (Bd. 1.) Mit Titelkpfr. Berlin 1794, bey C. G. Schöene (so!). 8°. 164 S. (12 Mk. E. Frensdorff, Berlin, 1909.)
Vgl. Zeichen...

— — Dasselbe. Mit Titelkpfr. Ebd., o. J. u. Drucker. 8°. (12 Kr. Halm & Goldmann, Wien, 1907.)

— — u. Werth der Männerkeuschheit. Ein Wort zu seiner Zeit für edle Jünglinge u. Mädchen von einem Weibe *(Joh. Chrn. Siede?)*. Bd. 2 (viel seltener als der ebenfalls für sich selbständ. Bd. 1). Berlin, 1795, bei Christian Gottfr. Schöne. 8°.

Siede, Julius

Siede, Jul., syntaktische Eigentümlichkeiten der Umgangssprache weniger gebildeter Pariser, beobachtet in den Scènes populaires von Henri Monnier. Inaugural-Dissertation. gr. 8. (67 S.) Berlin 885, Mayer und Müller. *

Siede, Otto, Handbuch der kaufmännischen Wissenschaft. Ratgeber f. den Handelsstand in allen Fächern der Handelswissenschaft, Buchführg., Kontorarbeit, Münz-, Maß- u. Gewichtskunde, des prakt. Handels-, Bank-, Börsen- u. Verkehrswesens nebst vielen Tabellen. Aus der Praxis f. die Praxis verf. (VII, 586 S.) 8. Elbing 905. Danzig, O. Siede. Geb. in Leinw. n. 4.60

Neueste Schönschrift-Schule. Keine schlechte Handschrift mehr bei Anwendung dieses Selbstunterrichts in deutscher u. latein. Schönschrift. Verf. u. hrsg. von Otto **Siede**, Kalligr. Inst., Elbing & Danzig. Elbing [1908]: O. Siede. (100 S.) 8° [Umschlagt.] [08. 9309]

— neuester Schriftverbesserer. Keine schlechte Handschrift mehr bei Anwendung dieses Schreibunterrichts in deutscher u. latein. Schönschrift. (II, 100 S.) gr. 8. Danzig (906). O. Siede. n. 3.—

Siede, W., s.: Elementarkurs der Mikrologie.

Siedeberg, Gust., die sieben Raben, s.: Danner's, G., deutsche Jugendbühne.

— Rumpelstilzchen, der Kinderfreier, s.: Heidelmann's, A., Kinder-Theater.

Siede(c)k, Oskar

Siedek, Osk.: Die Verbandstage der Feuerbestattungsvereine deutscher Sprache von 1886—1900. Wien: Kainz & Liebhart 1900.

Siedeck, O.* Die Verbandstage der Feuerbestattungsvereine deutscher Sprache in der Zeit von 1886 bis 1900 usw. Wien. Verlag des Verbandes der Feuerbestattungsvereine.

Siedek, Richard

Siedek, Rich., die natürlichen Normalprofile der fliessenden Gewässer. Vortrag, geh. in der Vollversammlg. des österr. Ingenieur- u. Architekten-Vereines am 25. I. 1902. gr. 8. (21 S. m. 2 Taf.) Wien 902. W. Braumüller. n. 1.40
S.-A. aus: Zeitschr. d. österr. Ingenieur- u. Architektenvereins.

Siedek, R., Studie über die Bestimmung der Normalprofile geschiebeführender Gewässer. [Sonderabdruck a. d. „Zeitschrift d. österr. Ingenieur- und Architektenvereines". 1905. Nr. 5 u. 6.] Lex.-8°. (16 S. mit 4 Tafeln) K 3.—
Wien: W. Braumüller 1905.

— Studie üb. e. neue Formel zur Ermittlung der Geschwindigkeit des Wassers in Bächen u. künstlichen Gerinnen. (41 S.) gr. 8. Ebd. 903. n. 1.80
Sonderabdruck aus: „Ztsch. d. österr. Ingenieur- u. Architekten-Ver."

— Studie üb. e. neue Formel zur Ermittlung der Geschwindigkeit d. Wassers in Flüssen u. Strömen. Vortrag, geh. in d. Fachgruppe d. Bau- u. Eisenbahn-Ingenieure am 7. III. 1901. gr. 8. (58 S.) Ebd. 901. n. 1.80
Sonderabdruck aus: „Zeitschrift des österr. Ingenieur- u. Architekten-Vereins".

Siedel, Ernst, Abschiedspredigt, am 19. Sonntage nach Trinitatis in der Kirche zu Tharandt üb. 1. Timoth. I, Vers 12—16 geh. gr. 8. (14 S.) Dresden 891. (J. Naumann.) n. —20

— 40 Amtsjahre in der Kirchfahrt Tharandt. Ein pastoraler Rechenschaftsbericht. 2. Aufl. 8. (18 S.) Ebd. 893. n. — 20

Siedel, E., Arbeit u. Lohn im Reiche Gottes m. Rücksicht auf die sociale Frage. Predigt, am Sonntage Septuagesimä üb. das Evangelium St. Matthäi XX, 1—16 geh. in der Kirche zu Tharand. 1. u. 2. Aufl. gr. 8. (16 S.) Dresden 889. (J. Naumann.) n. —20

Der Bund des Weissen Kreuzes. Ein Aufruf an d. Männerwelt. Ein Mahnwort an d. Erzieher u. Leiter d. Jugend. Auf Veranl. hrsg. von Dr. Ernst **Siedel**, Pfarrer em. 2. verm. Aufl. *Dresden: J. Naumann (1896)*. 8° [J.] [00. 10747]

Siedel, Ernst, der Bund d. Weißen Kreuzes. Ein Aufruf an d. Männerwelt. E. Mahnwort an die Erzieher u. Leiter der Jugend. Auf Veranlassung hrsg. 4. Aufl. 12.—20. Tauf. 8. (58 S.) Dresden 898. J. Naumann. n. 20
Die 1.—3. Aufl. kosteten n. — 50; n. — 40; n. — 30.

Siedel, Ernst, der Bund des Weißen Kreuzes. Ein Aufruf an die Männerwelt. Ein Mahnwort an die Erzieher u. Leiter der Jugend. Auf Veranlassg. hrsg. 5. Aufl. 21.—30. Tauf. 8. (57 S.) Dresden (899). Fr. Richter. n. — 15

Siedel, Ernst, der Bund des Weißen Kreuzes. Ein Aufruf an die Männerwelt. Ein Mahnwort an die Erzieher u. Leiter der Jugend. Auf Veranlassg. hrsg. 8. Aufl. 51. bis 60. Tauf. (61 S.) 8. Dresden (903). C. L. Ungelenk. n.n. — 10

Siedel, Ernst, Konfirmationsreden. In der Kirche zu Tharandt geh. (96 S.) gr. 8. Leipzig 905. F. Jansa. n. 1.—; geb. n. 1.60

— christliche Lebensphilosophie f. Jünglinge. Leitfaden f. den Religionsunterricht in der Fortbildungsschule, zugleich f. den Confirmandenunterricht, die kirchl. Katechismus-Unterredgn., auch für Leiter v. Jünglingsvereinen. Auf Veranlassg. hrsg. 4. verm. Aufl. gr. 8. (4, 303 S.) Ebd. 898. n. 2. 75; geb. n. 3. 50

— Lebenswasser aus d. Heilsbrunnen. Predigten üb. d. Episteln des Kirchenjahres, in d. Kirche zu Tharandt geh. gr. 8. (845 S.) Ebd. 897. n. 3. 60; geb. n 4. 80

— Leitfaden f. den Religionsunterricht in der Fortbildungsschule. Auf Veranlassg. hrsg. gr. 8. (242 S.) Ebd. 893. n.n. 2. 75

— dasselbe. 2., verm. Aufl. gr. 8. (4, 272 S.) Ebd. 894. n. 2. 75; geb. n. 3. 50

— Leitfaden f. den Religionsunterricht in der Fortbildungsschule, zugl. e. Hilfsbuch f. den Confirmandenunterricht u. die kirchl. Katechismusunterredgn., auch f. Leiter v. Jünglingsvereinen. Auf Veranlassung hrsg. 3. Aufl. gr. 8. (4, 272 S.) Ebd. 895. n. 2. 75; geb. n. 3. 50

Siedel, die Mission ein Samariterdienst. Predigt über Evang. St. Lucä 10, 30—37 gehalten am Missionsfeste in Nürnberg, den 15. Juni 1869 in der Kirche zu St. Lorenzen. gr. 8. (13 S.) Nürnberg 869, Raw'sche Buchh. *

— Nachklänge aus dem Heiligthum. Predigten üb. die Evangelien d. Kirchenjahres, in der Kirche zu Tharandt geh. 12 Lfgn. gr. 8. (IV, 807 S.) Ebd. 892. à n. — 50 (kplt. geb. in Leinw. n. 7. 50; in Halbfrz. n. 8. —)

— dasselbe. 2., verm. Aufl. gr. 8. (837 u. IV S.) Ebd. 894. n. 3. 60; geb. n. 4. 80

Die Notwendigkeit der Weissen Kreuz-Arbeit. Vortrag 1899 geh. von Dr. Ernst Siedel, P. em. *Berlin: Weisses Kreuz [1899].* (32 S.) 8° [F.]

Siedel, M. Ernst, Predigt bei der Dankfeier der heimgekehrten Krieger Dom. XX, p. Tr. beim Nachmittagsgottesdienste in der Kirche zu Tharand gehalten. 8. (15 S.) Tharand 871. (Dresden, Naumann.) *

Siedel, Ernst, Predigt über Evangelium St. Matthäi 10, 16—22, am 18. und 19. Sonntage nach Trinitatis 1884 in den Kirchen zu Somsdorf und Tharandt gehalten. gr. 8. (12 S.) Dresden 884, J. Naumann's Buchh. *

Siebel, Ernst, Predigt bei der Friedensfeier zu Tharand. Dom. XXIII d. Trin. den 4. Novbr. 1866 gehalten. gr. 8. (15 S.) Tharand 866. (Dresden, Naumann.) *

— Predigt, am Jubeltage der Luther-Feier den 11. November 1883 in der Kirche zu Tharandt geh. gr. 8. (13 S.) Ebend. 883. n. — 20

Siebel, Ernst, Predigt am Kirchweihfeste, Montag, den 26. Octbr. 1885 in der Kirche zu Tharand gehalten. gr. 8. (13 S.) Dresden 885, (J. Naumann.) *

—— Predigt bei der Lob- und Dankfeier der heimgekehrten Krieger im Abendgottesdienste des Erscheinungsfestes in der Kirche zu Tharand gehalten. gr. 8. (15 S.) Tharand 867. (Dresden, Naumann.) *

Siedel, Ernst, Predigt am Reformationsfeste, den 31. Octbr. 1879, in der Kirche zu Tharandt geh. 8. (14 S.) Tharandt 880. (Dresden, J. Naumann.) n. — 20

—— Predigt, am Reformationsfeste den 31. Octbr. 1884 über 2. Corinther 13, 5 in der Kirche zu Tharandt gehalten. gr. 8. (15 S.) Dresden 884, (J. Naumann's Buchh.) *

—— Predigt, am letzten Sonntage des Kirchenjahres, als am Tage der Todtenfeier, den 21. Novbr. 1880 in der Kirche zu Tharandt gehalten. 8. (13 S.) Tharandt 881. (Dresden, J. Naumann's Buchh.) *

—— Was drängt uns mit solcher Macht, Mission zu treiben? Predigt, am Epiphanienfeste in der Kirche zu Tharandt gehalten. gr. 8. (16 S.) Dresden 882, (J. Naumann's Buchh.) *

Siedel, Ernst, was Pfarrer u. Gemeinde nach 25jährigem gemeinsamen kirchlichen Wandel zu sagen haben. Predigt am Sonntage nach der 25jährigen Amtsjubelfeier Dom. XII. p. Tr. in der Kirche zu Tharand geh. gr. 8. (10 S.) Tharand 876. Dresden, H J. Naumann in Comm. n. — 20

— Weckruf an unser Christenvolk! Predigt, am 1. Landesbußtage über Epheser V, 8—14 geh. in der Kirche zu Tharand. gr. 8. (13 S.) Ebd. 890. n. — 20

— der Weg zur ewigen Jugend. Lebensweisheit f. Jünglinge. Mit e. Lichtdr. nach e. Bilde v. Heinr. Hofmann. 1. u. 2. Aufl. 8. (IV, 395 S.) Ebd. 894. Geb. in Leinw. n. 3. 50; m. Goldschn. n. 4. —

— der Weg zur ewigen Jugend. Lebensweisheit für Jünglinge. Mit e. Lichtdr. nach d. Bilde v. R. Richter „Herr hilf mir". 7. Aufl. 8. (IV, 479 S.) Ebd. 898. Geb. in Leinw. n. 3. 50; m. Goldschn. n. 4. —

— der Weg zur ewigen Jugend. Lebensweisheit f. Jünglinge. Mit e. Lichtdr. nach dem Bilde von R. Richter „Herr, hilf mir". 12.—14. Aufl. (à IV, 478 S.) 8. Dresden (903. 904). C. L. Ungelenk. Geb. in Leinw. n. 3. 50; m. Goldschn. n. 4. —

— der Weg zur ewigen Schönheit. Lebensweisheit f. Jungfrauen. M. e. Lichtdr. nach Schönherr's Bild „Christus vor der Thür". 4., verm. Aufl. 8. (IV, 456 S.) Ebd. 896. Geb. in Leinw. n. 3. 50; m. Goldschn. n. 4. —

— der Weg zur ewigen Schönheit. Lebensweisheit für Jungfrauen. Mit e. Lichtdr. nach Schönherr's Bild „Christus vor der Thür". 7. verm. Aufl. 8. (IV, 460 S.) Ebd. (899). Geb. in Leinw. n. 3. 50; m. Goldschn. n. 4. —

— der Weg zur ewigen Schönheit. Lebensweisheit f. Jungfrauen. Mit e. Lichtdr. nach Schönherr's Bild „Christus vor der Tür". 14.—17. Taus. (IV, 479 S.) 8. Ebd. 906. Geb. in Leinw. n. 3. 50; m. Goldschn. n. 4. —

Siedel, Ernst. Wie einer jung war und jung blieb: Lebenserinnerungen eines alten Seelsorgers von Kirchenrat Dr. E' S' (1820—1908). Aus seinem Nachlass hrg. und ergänzt von A Volck. Mit mehreren Abbildungen [wovon 6 Tafeln]. VIII + 165 S. 8. Dresden, C. Ludwig Ungelenk, 1908. [M. 2. 40]

—— Wie tritt der Christ ins neue Jahr? Predigt, am Neujahrstage in der Kirche zu Tharandt gehalten. gr. 8. (14 S.) (Ebendas.) 882. *

Siedel, Johs., kurze Anleitung für die Bedienung von Dampfkesseln u. Dampfmaschinen in Molkereibetrieben. Im Auftrage der milchwirtschaftl. Centrale f. Mecklenburg-Schwerin zu Güstrow verf. gr. 8. (XXI S.) Güstrow 901. (Opitz & Co.) n. — 60
Sonderabdruck aus: „Jahresber. der milchw. Centralstelle für Meckl.-Schwerin zu Güstrow".

Siedel, Johs., kurze Anleitung zum nutzbringenden Betriebe der Milchwirtschaft. gr. 8. (VI, 175 S. m. 51 Abbildgn. u. einigen Tab.) Graz 891. Leuschner & Lubensky. n. 2. —

— Entwickelungsgang und derzeitiger Stand der genossenschaftlichen Milchverarbeitung im Großherzogtum Mecklenburg-Schwerin. gr. 8. (26 S.) Leipzig 899. M. Heinsius Nachf. n. — 60

Siedel, Johs., Hilfstafeln f. d. Berechng. d. in d. Milch enthalt. Fettmenge, sow. f. d. Bezahlg. nach Kilofettprocenten gr. 8. (V, 25 S.) Bremen 896. Leipzig, M. Heinsius Nachf. n. 1. 20

— u. O. Tretow, Milchwirtschaftlicher Ratgeber. E. Anleitg. zur richt. Lösg. milchwirtschaftl. Berechngn. u. zur Abfassg. der diesbezügl. Korrespondenz. M. e. Anh. v. Vertragsformularen ꝛc. ꝛc. u. 15 in den Text gedr. Fig. gr. 8. (IV, 89 S.) Ebd. 897. 1. 20

Siedel, Johs., u. O. Tretow, milchwirtschaftlicher Ratgeber. Eine Anleitg. z. richt. Lösg. milchwirtschaftl. Berechngn. u. zur Abfassg. der diesbezügl. Korrespondenz. Mit e. Anh. v. Verlagsformularen u. 15 in den Text gedr. Fig. 2. Aufl. (IV, 92 S.) gr. 8. Leipzig 909. M. Heinsius Nachf. 1. 60

— Wahrnehmungen auf milchwirthschaftlichem Gebiete in den Vereinigten Staaten v. Nord-Amerika u. Kanada. Ein Reisebericht. gr. 8. (X, 207 S. m. 8 Plänen u. 87 Abbildgn.) Darmstadt 894. A. Bergsträßer. n. 4. —

Siedel, K. G., die Lehre von der Freiheit bei Kant und Schopenhauer. Eine vergleichende Studie. Diss. Erlangen 1888, Th. Blaesing. 8°. 50 S.

Siedel, Otto, Gustav Frenssen, der Dichter des „Jörn Uhl" als Kulturschriftsteller. Vortrag, geh. am 28. I. 1903 in der Goethe-Gesellschaft zu Leipzig. (16 S.) gr. 8. Leipzig [Ch. Steffen] 903. L. A. Klepzig. n. — 25

Siedel, Otto, Albert Kalthoff u. die Persönlichkeit unserer Dichter. Literarische Studie. (14 S.) gr. 8. Leipzig (909). Leipziger Verlags- u. Kommissionsbuchh. — 40

Siedemann, Mart., Versuch einer Lösung der Frage: Wie lassen sich frühzeitige Todesfälle edler u. gemeinnütz. Menschen mit d. Weisheit u. Güte der göttl. Weltregierung vereinigen? 8. Leutschau 812.

Sieden, A. J. J. A. S. 1339/9

Dissertatio mathematico metaphysica de mundo finito et infinito. Präs. Bernhard Heinrich Rönnberg. Rostock (Adler) 26. VI. 1738. 36 S. 32594

Sieden, Fritz u. G. Kowalewski: Eisbosseln in den schleswig-holsteinischen Marschen. Sonderabdruck aus den Akademischen Turnbundsblättern, Februar–März 1900. Berlin. 1900. 8°

Sieden, Fritz, aus Friedrichstadt: Hydrazone, Osazone und Hydrazonhydrate. *Husum 1903: F. Petersen.* (31 S.) 8°
Kiel, Phil. Diss. v. [30. Jan.] 1904

Siedenburg [Schlagwort]

Siedenburg. s.: Preussen. Messtischblätter.

Siedenburg [Verfasser]

Siedenburg's Sammlung v. Einaktern. Nr. 1 u. 3—7. 8. Linz. Leipzig, L. W. Siedenburg. à n. — 75; Rollenexemplare à n. — 50
1. Die Ansichtskarte. Dramatischer Scherz in 1 Akt. Von Johs. Wendt. (36 S.) Berlin 903.
3. Die Experimentiertante. Lustspiel in 1 Akt. Von Carl Jul. Rodemann. (24 S.) Berlin 903.
4. Die Schweizer Reise. Schwank in 1 Akt. Von Kurt Martin. (32 S.) Berlin 903.
5. Ein toller Streich. Posse m. Gesang in 1 Akt. Von Paul Wilß. Musik v. Carl Schneegaß. (37 S.) Berlin 903.
6. Abschied. Lustspiel in 1 Aufzuge. Von Ludw. Makowski. (25 S.) Linz 904.
7. Die böse Schwiegermutter. Lustspiel in 1 Aufzug. Von Marie Walter. (37 S.) Linz 904.

Siedenburg, Anna, Märchen. 12. (80 S.) Bremen 889. Hollmann. n. 1. 20

—— Scherz und Ernst für häusliche Feste. 12. (36 S.) Ebendas. 888.

Siedenburg, C. D., Dr. Martin Luthers Leben u. Wirken. Abendunterhaltungen einer Familie. Ein Buch für die Jugend u. das Volk. gr. 12. (8 B. u. L's. Bildn. in Stahlst.) Oldenburg 840, Schulzesche Buchh.

Siedenburg, H. A., Handbuch des Gemüse-Baues. Eine auf langjährige Erfahrungen u. Erfindungen gestützte Belehrung über die in den verschiedenen Monaten vorfallenden Verrichtungen u. Arbeiten beim Gemüsebau. Oldenburg 860. Schulze. 12. (47 S.) 7½ ngr

Siedenburg, H. A., Handbuch d. Gemüse-Baues. Eine auf langjähr. Erfahrgn. u. Erfindungen gestützte Belehrg. üb. die in den verschiedenen Monaten vorfall. Verrichtgn. u. Arbeiten beim Gemüsebau. 2. Aufl. 12. (47 S.) Berne 888. B. Bessin. n. — 60

Siedenburg, R., Gabelsberger od. Stolze-Schrey? Vergleichung der beiden verbreitetsten deutschen Stenographie-Systeme. (15 S.) gr. 8. Osterwieck. Wolfenbüttel, Heckner. p — 25

Siedentop, Ludw., lateinische Formenlehre nebst zahlr. Übungsaufgaben zur festen Einprägung der Regeln u. sicheren Beherrschung der Formen. Ein Hilfsbuch f. Schule u. Haus. (128 S.) 8. Leipzig 909. H. Bredt. Geb. 1. 60

Siedentopf, über Eklampsie, s.: Festschrift zur Feier d. 50jähr. Bestehens d. medicin. Gesellschaft zu Magdeburg.

Siedentopf, Emil [aus Jerxheim]: Aus d. med. Klinik zu Bonn. Ueber die Perkussion des Abdomens. . . . Bonn, Buch- u. Steindr. Joseph Bach Wwe., 1890; 29 + 1 S. + 1 Bl. 8°
Bonn, Med. Fak., Inaug.-Diss. v. [21. Jul.] 1890

Siedentopf, F., und J. Mertens, Anleitung zur rationellen Einrichtung und Bewirthschaftung von Bauerhöfen ꝛc., s. Mertens, J.

Siedentopf, Fr., neuer Erdglobus, von 12 Pariser Zoll im Durchmesser. Nebst e. Anweis. zum Gebr. desselben. Heidelb. 828. (Engelmann). (In e. Kistchen). Subscr.-Pr. 14 fl 16 kr

— die Erdkugel mit bewegl. Meridian, nach d. neuesten Nachr. Für Schulen u. für Jedermann. Nebst e. Anweis., dieselbe auf die einfachste, deutlichste u. faßlichste Weise kennen zu lernen u. zu gebrauchen. Heidelb. 827. (Engelmann.) 1 fl 14 kr

— die Himmelskugel nach neuer Einrichtung, mit den vornehmsten Sternbildern, nach J. E. Bode. Nebst e. faßl. Anleit. zur Himmelskunde u. zum Gebrauch des Globus. Heidelb. 827. (Engelmann). ...

— die Sonnenuhr, nach J. E. Bode. Zum Behuf der Stellung der Uhren nach mittlerer Zeit. Heidelb. 827. (Engelmann). 3 ℳ 8 ₰

Siedentopf, H: Über ultramikroskopische Abbildungen. Vortrag. Leipzig 1909

Siedentopf, H: Über mikroskopische Beobachtungen bei Dunkelfeldbeleuchtung. Leipzig 1908

Siedentopf, H: Dunkelfeldbeleuchtung und Ultramikroskopie. Leipzig 1907

Siedentopf, H: Über einen neuen Fortschritt in der Ultramikroskopie. Vortrag. Braunschweig 1910

Siedentopf, H., über e. Mikrospectralobjectiv nach Engelmann mit ausklappbarem gradsichtigen Gittern nach Thorp u. ausklappbarem Polarisator. gr. 8. (9 S. m. Abb.) Berlin 902. (G. Reimer.) n. — 50

— über e. Mikrospectralphotometer nach Engelmann m. Gitterspectrum. gr. 8. (5 S. m. 3 Abbildgn.) Ebd. 902. n. — 50
2 Sonderabdrucke aus: „Sitzungsber. d. preuss. Akad. d. Wiss."

Siedentopf, H: Paraboloid-Kondensor. Leipzig 1907

Siedentopf, H: Über die physikalischen Prinzipien der Sichtbarmachung ultramikroskopischer Teilchen. Berlin 1904

Siedentopf, H: Über eine neue Quecksilberbogenlampe. Berlin 1904

Siedentopf, H., und R. Zsigmondy: Die Sichtbarmachung und Größenbestimmung ultramikroskopischer Teilchen mit besonderer Anwendung auf Goldrubingläser. Braunschweig 1903.

Siedentopf, H: Über Spiegelkondensoren. Leipzig 1908

Siedentopf, H: Über die Umwandlung des Phosphors in Kardioid-Ultramikroskop. Berlin 1910

Siedentopf, H: Die Vorgeschichte der Spiegelkondensoren. Leipzig 1908

Siedentopf, Henry *Wilhelm Friedrich* [aus Bremen]: Ueber Capillaritätsconstanten geschmolzener Metalle. '(M. 6 Fig. u. 1 Taf.)' ... Göttingen, Druck d. Dieterich'schen Univ.-Buchdr., 1897; 43 S., 1 Taf. 8.
Göttingen, Phil. Fak., Inaug.-Diss. v. [3. März] 1897

Siedentopf, S., Uebungen in deutsch. Schrift. 18 Hft. qu. Fol. Karlsr. 824. Marx. 3 ₰

Siedentopp, O., Liederbuch f. deutsche Schulen, s.: Mühe, W.

Sieder, Alfr., Europa, Afrika, Asien! Beschreibung u. Erlebnisse meiner Ferienreise 1905. (123 S. m. Bildnis.) 8. Mannheim (906). E. Alteter. n. 1. 50

Sieder, Ludwig. Ueber o-Amido-p-Ditolylamin und ein Oxydationsprodukt desselben. (Erlangen) Karlsruhe, 1891. (21 S.)
Diss. Erlangen.

Sieders, E., der Landmann als Baumeister. Mit Abbildd. (auf 2 Blätter). 12. Nordhausen 840. Fürst. 7/12 ℳ

Siedersleben, Ed., die bevorstehende Einführung d. lutherischen kleinen Katechismus als Landeskatechismus in der unirten evangelischen Kirche Anhalts. Ein Beitrag zur Lösg. der Frage, wie diese Einführg. gerecht u. zweckmäßig geschehen könne. Angeschlossen e. Katechismus-Entwurf. gr. 8. (III, 60 S.) Dessau 891. R. Kahle's Verl. n. 1. 20

Siedersleben, Ed., Erklärg. d. Evangelium Johannis, Kap. 4, V. 43 u. 44, s.: Allotria, ernste.

Siedersleben, Ed., Geschichte der Union in der evangelischen Landeskirche Anhalts. gr. 8. (VII, 175 S.) Dessau 894. R. Kahle's Verl. n. 3. —; geb. n. 4. —

Siedersleben, Erich, a. Berlin: Die Schlacht bei Ravenna (11. April 1512). (Berlin: G. Nauck 1907.) (82 S.) 8°
Berlin, Phil. Fak., Ref. Delbrück, Diss. v. 10. Aug. 1907
[Geb. 15. Juli 82 Fürstenwalde a. d. Spree; Wohnort: Berlin; Staatsangeh.: Preußen; Vorbildung: Gymn. Fürstenwalde a. d. Spree Reife O. 03; Studium: Berlin 2, Marburg 1, Berlin 5 S.; Rig. 16. Mai 07.]

Siedersleben, Franz

Siedersleben, Frz., Tante Lottchen od.: Eine Haupt- u. Staatsaktion m. Hindernissen, s.: Mehrakter.

Siedersleben, Frz., Gensdarm Schlunk in der Klemme! Schwank in 1 Akt. Bearb. v. J. F. A. Wolkmann. gr. 8. (28 S.) Berlin (900). A. Hoffmann. — 40

Siedersleben, Frz., der Proletarier-Kinder Weihnachtstraum, s.: Bühne, soziale.

Siedersleben, W., & Co.: Hauptkatalog und Prospekte über landwirthschaftliche Maschinen und Geräthe. Bornburg (1897?)

Siedersleben, W., & Co.: Patent-Berg-Drillmaschine »Saxonia«. Modell 1896. Bernburg 1896

Siedersleben, Wilh., die Maschinencultur in ihrer Anwendung auf den Kartoffelbau. gr. 8. (VII, 31 S.) Berlin 880, [Wiegandt, Hempel und Parey.] Parey. **

Siedhof, Karl Fr. Wilhelm

Siedhof, Karl Fr. Wlh., s. J. Brass, Gradus ad Parnassum.

Siedhof, Carol. F. G., Carmina latina, s. Carmina.

Siedhof, C. F. Guil., de recta latini graecique sermonis pronunciatione Des. Erasmi Roterdami Dialogus. 8 maj. (7¼ B.) Potsdami 832, Vogler.

Siedhof, Carl F. W., Naturgeschichte der Stubenvögel Deutschlands. Anleit. zur Kenntniß, zur Wartung u. zum Fang derselben für Diejenigen, welche sie pflegen und selbst fangen wollen. Nebst 4 Kupfertafeln. gr. 12. Braunschweig 845, Vieweg u. Sohn. n. 1⅓ ℳ

Siedhof C. F. W.: Naturgeschichte d. Stubenvögel Deutschlands. Anleitung z. Kenntniss, z. Wartung u. z. Fang derselben ... Braunschw. 1845. 360 S. 4 Tvl.

——— s. Reland, Hadr., Galatea cum Petri Bosschae notis.

Siedhoff's Verkehrsbüchlein f. Bielefeld u. Umgegend, m. 4 Karten, Kalendarium u. Theaterplan. Sommer 1905 u. Winter 1905/06. (127 u. 125 S.) 16. Bielefeld, E. Siedhoff. à — 10

Siedhoff, Johannes, praktischer Arzt a. Amöneburg: Aus der Gynäkologischen Klinik zu Marburg. Über einen Fall von Hämatometra im verschlossenen Nebenhorne eines uterus bicornis unicollis. Marburg 1906: H. Bauer. (40 S.) 8°
Marburg, Med. Fak., Ref. Opitz, Ahlfeld, Diss. v. 24. März 1906
[Geb. 9. Okt. 69 Büren i. W.; Wohnort: Amoeneburg; Staatsangeh.: Preußen; Vorbildung: Gymn. Arnsberg Reife O. 88; Studium: Marburg 2, Greifswald 2, Marburg 13 S.; Coll. 3. Juni 97; Approb. 24. Mai 97.]

Siedlce, s.: Europa. Liebenow.

Siedler, Die religiös-sittliche Weltanschauung des Philosophen Seneca. Pr. 1863. 28 S. 4°. 6.—

Siedler, Adolf

Siedler, Ad., Abschiedspredigt, gehalten in der Schloßkirche zu Stolp am 17. Oct. 1841. gr. 8. (1¼ B.) Stolp 842, Fritsch.

Siedlerus, Adolphus: De scepticismo. Halis 1827: Ruff. 186 S. 8°
Halle-Wittenberg, Phil. Diss. v. 13. [vielmehr: 14.] Juni 1827
Geb. [Küstrin 12. 2. 1806]
Hall. gekrönte philos. Preisschrift v. 1826. Im Buchhandel: Halle: Ruff 1827.

— H., De Lucii A. Senecae philosophia morali. Diss. 1877. 84 S. 1.—

Siedler, Herm., das klassische Alterthum in der Realschule, eine Aufgabe des deutschen Unterrichts. Fraustadt 854. (Berlin, Mittler u. Sohn.) gr. 4. (26 S.) 7½ ngr.

Siedler, Hermann: Elf patriotische Gedichte. Progr. Fraustadt 1867.

—— der Geist des klassischen Alterthums. Ein Lehr- und Lesebuch für die oberen Klassen höherer Bildungsanstalten, zunächst für Realschulen. 1. Thl. gr. 8. (XVI und 340 S. mit 2 Stnt. und 2 lithogr. Karten in gr. 8. und 4.) Lissa 855, Günther. *

Siedler, Herm., der Geist des klassischen Alterthums. Ein Lehr- und Lesebuch für die oberen Klassen höherer Bildungsanstalten. 2. Thl. gr. 8. (VIII und 328 S.) Fraustadt 858. Berlin, (Mittler und Sohn.) *
1. Thl. Lissa 1855, Günther's Verlag. * 1 Thlr.

—— die Homerischen Jungfrauen, eine Gabe für Deutschlands Jungfrauen. 16. (III und 102 S.) Lissa 856, Günther.

Siedler, H. Zur Concentration des Unterrichts auf Realschulen. Fraustadt, R., 1873. 16 S. 4. Progr.

Siedler, H, Das Wichtigste v. Gebrauche der Casus u der Modi im Latein, z. Einübur u Repetition in d ob Klassen höh Lehranstalten. 1878. 81 S.

Siedler, Herm., das Wichtigste aus der Lehre von dem durch Conjunctionen u. Relativa erweiterten Satze u. von der Construction der Verba im Lateinischen zur Einübung u. Repetition übersichtlich dargestellt. 859. — 2. verb. Aufl. Lissa 860. Günther's Verlag. 8. (43 S.) n. 5 ngr.

Siedler, H., das Wichtigste v. den Modis u. der Construktion der Verba im Lateinischen zur Repetition in den oberen Klassen höherer Lehranstalten. 3. verb. u. verm. Aufl. gr. 8. (59 S.) Leipzig 873. E. Günther. n. — 60

Siedler, H., das Wichtigste aus dem ganzen Gebiete der lateinischen Syntax, zur Einübung und Repetition in höheren Lehranstalten übersichtlich dargestellt. 5. sehr verm. Aufl. gr. 8. (80 S.) Leipzig 888, E. Günther. cart. *

Siedler, H., das Wichtigste aus dem ganzen Gebiete der lateinischen Syntax, zur Einübg. u. Repetition in höheren Lehranstalten übersichtlich dargestellt. 6. Aufl. gr. 8. (92 S.) Leipzig 892. E. Günther. Kart. n. 1.—

Siedler, Johanna, Epheu-Ranken. Novellen u. Erzählungen für die weibliche Jugend. Mit 8 (lith. u.) color. Bildern von Th. Hosemann. Berlin 862. Winckelmann & Söhne. gr. 16. (2 Bl., 291 S.) 1 ℛ

Siedler, Johanna, Festblumen. Erzählungen, Märchen und Sagen für Kinder von 8 bis 12 Jahren. 8. (VII, 346 S. mit 8 lithogr. und color. Bildern von Th. Hosemann.) Berlin 870, Winkelmann und Söhne.

Siedler, Johanna, Festspiel zur Sedanfeier in Mädchenschulen. gr. 8 (34 S.) Berlin 880. Winckelmann & Söhne. n. — 60

Siedler, Johanna: Frühling im Winter, s. Brede, A.

Siedler, Johanna, d. Geigerlein, s. u. Bohm, Carl.

[J.] 2. Aufl. Das Geigerlein. Märchendichtg v. Johanna Siedler. E. Cyklus v. Gesängen m. Deklamation als verbindendem Text f. dreistimm. Chor (zwei Soprane u. Alt), Soli u. Klavier (Violine ad libitum). Mus. v. Carl Bohm. Opus 353. Vollständ. Textb. ... *Breslau: J. Hainauer [1898].* (1 Bl., 17 S.) 1 Bd 8. [98. 12250

Siedler, Johanna, Gruß der Städte. Festspiel zu Kaisers Geburtstag f. Mädchenschulen. gr. 8. (26 S.) Berlin 895. L. Oehmigke's Verl. n. — 50

Siedler, Johanna, Haideblumen. Novellen und Erzählungen für die weibl. Jugend. br. 8. (VII und 280 S. mit 8 lithogr. und ill. Bildern von Th. Hosemann.) Berlin 861, Winckelmann und Söhne. Thlr.

[J.] Heideblumen. Vier Erzählgn f. d. weibl. Jugend. Von J[ohanna] Siedler. *Berlin: Winckelmann & Söhne [1895].* (2 Bl., 210 S.) 1 Bd 8. [97. 509

—— History of English Literature. For the use of ladies' schools and seminaries. Leitfaden für den Unterricht in der engl. Litteraturgeschichte für höhere Töchterschulen und Lehrerinnenseminarien. 8. (VIII, 112 S.) Leipzig 883, Most. geb. *

—— dass. — 2. Aufl. 8. (VIII, 112 S.) Leipzig 884, A. Krüger. geb. *

Siedler, Johanna, history of English literature. For the use of ladies' schools and seminaries. — Leitfaden für den Unterricht in der engl. Litteraturgeschichte für höhere Töchterschulen und Lehrerinnenseminarien. 3. verb. Aufl. 8. (IV, 111 S.) Weimar 888, A. Krüger. geb. *

Siedler, Johanna, history of English literature. For the use of ladies' schools and seminaries. — Leitfaden f. den Unterricht in der engl. Litteraturgeschichte f. höhere Töchterschulen u. Lehrerinnenseminarien. 4. Aufl. 8. (IV, 111 S.) Weimar 890. Würzburg-Schenkenschloss, K. W. Krüger. geb. n. 1. 50

— history of English literature. For the use of ladies' schools and seminaries. Leitfaden f. den Unterricht in der engl. Litteraturgeschichte f. höhere Töchterschulen u. Lehrerinnenseminarien. 5., verb. Aufl. 8. (IV, 111 S.) Würzburg 892. K. W. Krüger. Geb. in Leinw. n. 1. 50

— history of English literature. For the use of ladies' schools and seminaries. Leitfaden f. d. Unterr. in d. engl. Litteraturgeschichte f. höh. Mädchenschulen, Lehrerinnen-Bildungsanst. u. Fortbildungskurse. 6., verb. Aufl. 8. (IV, 114 S.) Würzburg 896. K. W. Krüger. Geb. in Leinw. n. 1. 60

— History of English literature. For the use of ladies' schools and seminaries. Leitfaden f. den Unterricht in der engl. Litteraturgeschichte f. höhere Mädchenschulen, Lehrerinnen-Bildungsanstalten u. Fortbildungskurse. 7. verb. Aufl. 8. (IV, 114 S.) Würzburg 900. K. W. Krüger. Geb. in Leinw. n. 1. 60

Siedler, Johanna, History of English literature. For the use of ladies' schools and seminaries. Leitfaden f. den Unterricht in der engl. Literaturgeschichte f. höhere Mädchenschulen, Lehrerinnen-Bildungsanstalten u. Fortbildungsschulen. 9., durchgeseh. Aufl. (III, 114 S.) 8. Leipzig 906. K. W. Krüger. n. 1. 60; geb. n. 2. —

Siedler, Johanna. Germanias Huldigung. Festspiel zu Kaisers Geburtstag f. Mädchenschulen. gr. 8. (20 S.) Berl. 891, Fr. Schulze's Verlag. * — 30; Schulausg. * — 20

Siedler, Johanna, Germanias Huldigung. Festspiel zu Kaisers Geburtstag f. Mädchenschulen. 2. Aufl. gr. 8. (20 S.) Potsdam 900. A. Stein. — 30

Königin Luise. Dichtung von Johanna **Siedler**. Ein Cyclus von 13 durch Deklamation verbundenen Gesängen f. dreistimm. Chor (zwei Soprane u. Alt), Soli u. Klavier. Komp. von Carl Bohm. [Text.] *Kassel: J. Weber [1900].* (30 S.) 8° [F.] [02. 5058

—— Miranda. Novellen und Erzählungen für Mädchen von 12—15 Jahren. br. 8. (III und 242 S. mit 8 lithogr. und ill. Bildern.) Berlin 860, Winckelmann und Söhne. -

Die heilige Nacht. Weihnachtsfeier f. Mädchenschulen. Dichtung von Johanna **Siedler**. Mus. von A. Klughardt. [Text.] *Kassel: J. Weber [1900].* (19 S.) 8° [F.] [02 5059

—— readings from the best English authors in poetry and prose. For the use of schools and of private students. Lex.-8. (VI, 396 S.) Berlin 886, Winckelmann und Söhne. *

— **Seeröslein, s.: Bohm, Carl.**

Siedler, P., d. Fabrikation d. künstl. Mineralwässer, s.: **Hirsch, B.**

Siedler, Paul [aus Fraustadt]: Ueber den radialen Saftstrom in den Wurzeln ... (Aus: Cohn, Beitr. z. Biologie d. Pflanzen. Bd V.) Breslau, Druck v. R. Nischkowsky, 1892; 2 Bl., 407—441 S., 1 Taf. 8.
Rostock, Phil. Fak., Inaug.-Diss. v. [1. Juli] 1891

SIEDLER, PHILIPP. Über die Einwirkung von Brom auf p-Dioxyditolylmethan. Marburg, 1900. R.Friedrich.(58 S.) Diss.v.22.Dez.1900.

Siedler, Sophie, die Wartburg. Ein Buch für deutsche Mädchen von 14—16 Jahren. gr. 16. (48 S. mit 1 Holzschntaf.) Berlin 876, Oehmigke's Verlag. geh. mit Goldschn. * 1 50

Siedler, Thdr., Leitfaden f. d. künstl. Geflügelzucht. E. prakt. Anleitg. zur Brut u. Aufzucht d. Geflügels auf künstl. Wege. gr. 8. (77 S. m. 1 Bildn. u. 19 Abb.) Göttingen 896. (Vandenhoeck & Ruprecht.) n. — 75; kart. n. 1. —

Siedmogradzka, Henriette v., Anna Marie. Erzählg. 12. (99 S.) Berlin 897. H. Steinitz. n. 1. —

[F.] Die feindlichen Brüder. Erzählg v. Henriette v. **Siedmogrodska**. Ill. v. W. Werner. *Berlin: R. Eckstein Nachf. [1895].* (111 S.) 1 Bd 8. [97. 1350

Durch Schatten zum Licht. Erzählung von Henriette v. **Siedmogrodzka**. *Berlin: H. Steinitz (1901).* (75 S.) 8° [F.] [01. 187

Die zweite Ehe und andere Geschichten. Von Henriette v. **Siedmogrodzka**. *Berlin: H. Steinitz (1902).* (96 S.) 8° [F.] [03. 7716

— Schwester Fanny. Eine Erzählg. aus dem Leben. 8. (82 S.) Ebd. (900). n. 1. —

— Gertrud. Erzählung. 12. (93 S.) Ebd. 899. n. 1. —

Großmütter. Roman von Henriette v. **Siedmogrodzka**. Berlin: H. Steinitz in Komm. [1905]. (118 S.) 8° [F.] [06. 601

[F.] Das Kind der Tänzerin. Erzählg v. Henriette v. **Siedmogrodzka**. Ill. v. W. Werner. *Berlin: H. Steinitz [1896].* (91 S.) 1 Bd 8. [97. 130

Siedmogrodzka, Henriette v., Schön Clärchen u. Frau Clara. Erzählung. 8. (187 S.) Berlin 900. H. Steinitz. n. 1. 50

Siedmogrodzka, Henriette v., aus dem Leben. Novellen. 8. (236 S.) Berlin 886. Issleib. n. 3. —; geb. n. 4. —

— Regina, das Schweizer Maidli u. A. Erzählungen. 8. (79 S.) Ebd. 899. n. 1. —

Henriette v. **Siedmogrodzka**. Der Vormund und sein Mündel. Erzählung. *Berlin: H. Steinitz 1903.* (118 S.) 8° [04. 12368

Siedmogrodzki, Dn. Edw., latein.-deutsches Wörterbuch üb. die Lectiones Latinae, welche Bröder sr. größern latein. Grammatik angehängt hat; zum Schulgebrauch rc. gr. 8. Berl. 827. Voß. 12 gr.

Siedmogrodzki. Josua Rud. Ludov. (geb. Berlin 9. 7. 1800): Sylloge doctrinarum medicarum ex Aureliani libris acutorum morborum excerpta. Berolini (1825). (40 S.) 8°
Berlin, Med. Diss. v. 19. Apr. 1825

de Siedmogrodzki, Rud. Ludov. Christoph. (geb. Erfurt 12. 1807): De cicatrisatione nonnulla. Berolini (1832). (41 S.) 8°
Berlin, Med. Diss. v. 3. Nov. 1832

Siedrer, Herm. (Eduard.) Theod. (geb. Nienburg a. S. 1814): De anthrace sive pustula maligna. Berolini (1839). (48 S.) 8°
Berlin, Med. Diss. v. 9. Aug. 1839

Kritische Bemerkungen über mechanische und operative Therapie. Von Dr. G[ustav] **Siefart**, Berlin-Charlottenburg. *Halle a. S.: C. Marhold 1904.* (24 S.) 8°
= Sammlung zwangloser Abhandlungen aus d. Geb. d. Frauenheilkunde u. Geburtshilfe. Bd 6, H. 4.

Siefart, Gustav [aus Berlin]: Über die therapeutische Wirkung des Diuretins. . . . Berlin, Buchdr. v. G. Schade, *1891;* 30 S., 1 Bl. 8°
Berlin, Med. Fak., Inaug.-Diss. v. 14. März 1891

Siefart, Hans, a. Berlin, Referendar im Bezirk des Kgl. Kammergerichts: Kann zur Sicherung des Eigentumsvorbehaltes an Maschinen eine beschränkt persönliche Dienstbarkeit bestellt werden? Berlin 1908: H. Büttner. (VII, 44 S.) 8°
Erlangen, Jur. Fak., Ref. Siber, Diss. v. 26. Febr. 1908
[Geb. 1. Dez. 81 Berlin; Wohnort: Berlin; Staatsangeh.: Preußen; Vorbildung: Gymn. Pyritz Reife O. 04; Studium: Marburg 4, Berlin 2, Marburg 1 S.; Rig. 10. Dez. 07.]

Siefart, Hugo

Der Begriff der Erwerbsunfähigkeit auf dem Gebiete des Versicherungswesens. Im Auftr. d. Reichs-Versicherungsamts für d. 5. internat. Kongreß f. Versicherungswiss. u. d. 4. internat. Kongreß f. Versicherungsmed. in Berlin 1906 bearb. von H[ugo] **Siefart**, Kais. Reg.R. Berlin: A. Asher & Co. 1906. (XXIV, 166 S.) 8° [06. 10047

Siefart, H., der Begriff der Erwerbsunfähigkeit auf dem Gebiete des Versicherungswesens. Im Auftrage des Reichs-Versicherungsamts für den V. internationalen Kongress f. Versicherungswissenschaft u. den IV. internationalen Kongress f. Versicherungsmedizin in Berlin 1906 bearb. (XXIV, 166 S.) gr. 8. Berlin 906. Behrend & Co. n. 3. —

Siefart, H., Der Begriff der Erwerbsunfähigkeit auf dem Gebiete des Versicherungswesens. Im Auftrage des Reichs-Versicherungsamts f. den V. internationalen Kongress f. Versicherungswissenschaft u. den IV. internationalen Kongress f. Versicherungsmedizin in Berlin 1906 bearb. 2. unveränd. Aufl. (XXIV, 166 S.) gr. 8. Berlin '06, Behrend & Co. 3. —

Siefart, H., der Begriff der Erwerbsunfähigkeit auf d. Gebiete des Versicherungswesens. Im Auftrage des Reichs-Versicherungsamts f. den VIII. internation. Arbeiterversicherungs-Kongress in Rom 1908 neu bearb. 3., veränd. u. verm. Aufl. (XXVIII, 211 S.) 8. Berlin 908. Behrend & Co. 4.—
2. Aufl. (XXIV, 166 S.) 906. 3.—

Siefart, Hugo (geb. Berlin 3. 10. 1818). De exsudato tuberculoso. Berolini (1845). (62 S.) 8°
Berlin, Med. Diss. v. 19. Sept. 1845

Siefer, Rob., s. Carlo di Francheci.

Siefert, A., Versuch e. Mordes od. Selbstmordes? Erwürgen u. Erdrosseln. s.: Fälle u. Abhandlungen, gerichtlich-medizinische.

Siefert, Alfr., d. Sage v. Walther v. Hohengeroldseck u. Diepold v. Lützelhardt. 8. (31 S. m. 5 Abb. u. 1 Grundriß.) Lahr 895. J. H. Geiger's Sort. n. —60

Siefert, Augustin, Antrittspredigt. Vorgetragen bei der Feier seiner Installation zu Heddesheim. 8. (16 S.) Mannheim 850, Löffler. 2 ngr

— am Eröffnungsfeste der deutschen Nationalversammlung zu Frankfurt. gr. 8. (15 S.) Mannheim 848, Löffler.

Siefert, Augustin, Festreden bei pfarr- u. dekanatamtl. Gelegenheiten. Darunter acht Reden bei Pfarrinstallationen. gr. 8. (7 B.) Heidelberg 843, Groos.

Siefert, Augustin, Festreden bei pfarr- und dekanamtlichen Gelegenheiten, darunter 11 Reden bei Pfarr-Installationen. 2. Bdchn. gr. 8. (VII und 136 S.) Mannheim 858, Löffler. *
1. Bdchn. Heidelberg 1843, Groos. 15 Ngr.

— Predigt am Eröffnungsfeste der deutschen Nationalversammlung zu Frankfurt. gr. 8. (15 S.) Ebd. 848. 1/12 ₰

Siefert, Aug., Predigt auf d. Fest d. heil. Anna. Vorgetr. in d. Kirche d. kathol. Bürgerhospitals zu Heidelberg. Mit geschichtl. Bemerkn. üb. d. Gründung dies. Hospitals. gr. 8. (1½ B.) Heidelberg 829, Groos.

— Predigt am Geburtstage S. K. H. des Großherzogs Leopold von Baden am 29. August (14. Sonnt. nach Pfingsten) 1847. gr. 8. (14 S.) Heidelberg 847, Groos. 4 ngr

Siefert, Ernst: Ueber den G a s w e c h s e l in den Lungen und Luftsäcken der Vögel . . . Weimar: Druck v. R. Wagner Sohn 1897. 1 Bl., 16 S. 8°
Jena, Med. Fak., Inaug.-Diss. v. [25. Febr.] 1897

Siefert, Ernst, üb. die Geistesstörungen der Strafhaft m. Ausschluss der Psychosen der Untersuchungshaft u. der Haftpsychosen der Weiber. (233 S.) gr. 8. Halle 907. C. Marhold. n. 6.—

Über die unverbesserlichen Gewohnheits-Verbrecher u. d. Mittel d. Fürsorge zu ihrer Bekämpfung. Von Ernst **Siefert.** Halle a. S.: C. Marhold 1905. (26 S.) 8°
= Grenzfragen, Juristisch-psychiatrische. Bd 3, H. 5.

Siefort, Georg [Vimariensis]: De aliqvot Plvtarchi scriptorvm moralivm compositione atqve indole .... (Aus: Commentat. philol. Ien., vol. VI.) Lipsiae, typ. B. G. Tevbneri, 1896; 3 Bl., 51-132 S., 1 Bl. 8.
Jena, Phil. Fak., Inaug.-Diss. v. [26. Juli] 1895

Siefert, Geo., de aliquot Plutarchi scriptorum moralium compositione atque indole, s.a., Commentationes philologae Ienenses.

Siefert, Georg: Plutarchs Schrift περὶ εὐθυμίας. Naumburg a. S. 1908: Sieling. 70 S. 4°
Pforta, k. Landes-S P 1908 (320) [S 08. 453

(Siefert, G[eorg], Dr.): Der Lehrplan des Gymnasium Carolo-Alexandrinum zu Jena in Umrissen und Ausführungen. Neue Aufl. *Jena (1902): G. Neuenhahn.* (37 S.) 4° [F.]
Jena, G Carolo-Alexandrinum, OP 1902 (755)

(Siefert, Georg): Lateinischer Wortschatz der Klassen Sexta, Quinta und Quarta des Grossherzogl. Gymnasiums zu Jena. *Jena 1898: G. Neuenhahn.* (45 S.) 8° [F.]
Jena, G Carolo-Alexandrinum, OP 1898 (714)

Siefert, Georg Gottfried Phil.

Siefert, P., neue Auswahl vorzügl. Stücke aus d. besten franz. Schriftstellern f. obere Klassen. 2 Thle. (h. a. d. Tit. nouveau choix des morceaux les plus intéressans de la littérature françoise etc. Vol. I. Poésie. Vol. II. Prose.) 8. Halle, Weisenbuchh. 800—802. (à 1 Rthlr. 4 gr.)

Siefert, P., neue Auswahl vorzügl. Stücke aus den besten franz. Schriftstellern, f. obere Klassen. 2 Thle. 2te verb. Aufl. Auch unt. d. Titel:
Nouveau Chois de morceaux le plus intéressant de la litterat. française. II Tom. Edit. augmentée. 8. Halle, Waisenhausbuchh. 814 et 15. (à 1 Rthlr. 8 gr.)

Siefert, Geo. Gf. Ph., nouveau choix de morceaux etc., neue Auswahl vorzügl. Stücke aus d. besten französ. Schriftstellern; für d. obern Klassen, mit kurzen histor.-literarisch. Nachrr. üb. die Verfass. 1r od. poet. Thl., 2r od. prosaisch. Thl. 8. Halle 800, 802. 2e A. 814, 15. 3e A. 823. Waisenhaus-B. (à 1 ₰ 8 gr) 2 ₰ 16 gr

— christl. Gesangbuch für Gelehrten- u. Bürgerschulen, zunächst für das Gymnasium Carolinum u. f. die Schule zu Neustrelitz. 8. Neubrandenburg 825, Dümmler.

Siefert, Ge. Gfrd Phil., De veterum Germanorum gentium regibus ad Tac. de mor. Germ. c. 7 § 1. Neo-Brandenburgi 1818. 4.
Gymn.-Progr.

Siefert, G. G. P. Ueber die älteste Sprache und Poesie in Frankreich. Erste Abtheilung. Ratzeburg, G., 1803. 28 S. 4. Progr.

SIEFERT, H.: Führer für die Exkursion am 25. 5. 1898 in die bei Zwieselberg gelegenen Heiligenwaldungen von Rippoldsau und die Staatswaldungen bei Rippoldsau. - Karlsruhe 1898. 17 S., 1 Kt.

Siefert, Otto, Akragas u. sein Gebiet. Ein Beitrag zur Geographie u. Geschichte Siciliens. gr. 4. (13 B.) Hamburg 845, Nestler u. Melle.

Gelon, Tyrann von Gela und Syrakus. Von Otto **Siefert.** Altona. 1867. 4°. Gymn.-Progr.

Siefert, O.(A. B), Gelon, Tyrann v. Gela u. Syrakus. Pr. 1869. 29 S. 4°.

Über Schillers Leben und geistige Entwickelung v. [Otto] Siefert. Siehe in: Die Säcularfeier der Geburt F. von Schiller etc. Altona. 1859. 8°.

Siefert, O.(A. B), Die Sklavenkriege. Ein Beitrag zur Geschichte Siciliens un der Römerherrschaft. Pr. 1860. 40 S. 4°. 1

Siefert, Otto: Die S k l a v e n k r i e g e auf Sicilien. Ein Beitrag zur Geschichte Siciliens unter der Römerherrschaft. Altona. 1860. 4°. Gymn.-Progr.

Siefert, Otto, die Staatserbfolge im Herzogthum Lauenburg. Hamburg 864. (Perthes-Besser & Mauke. gr. 8. (33 S.) n. 5 ngr

Siefert, Otto, Zankle - Messana. Ein Beitrag zur Geschichte Siciliens. gr. 4. (46 S.) (Altona 854, Lehmkuhl und Comp.) *

SIEFERT, Xaver u. BURGER: Die Kulturversuche auf dem Köcherhof im Forstbezirke Ettenheim. - Karlsruhe 1905. 50 S., 18 Tab., 1 Pl.

Siefert, Xav., der deutsche Wald. Sein Werden u. seine Holzarten. Festrede bei dem feierl. Akte des Rektorats-Wechsels an der grossh. techn. Hochschule „Fridericiana" am 18. XI. 1905 geh. v. dem Rektor des J. 1905/1906. (22 S.) Lex.-8. Karlsruhe 905. (G. Braun'sche Hofbuchdr.) n. — 50

Sieffermann, l'oeil humain et ses anomalies fonctionnelles, guéries par le massage avec l'appareil Dion. 8. (43 S. m. Abbildgn.) Strassburg 899. J. Noiriel. n.n. 1. 20

Sieffert, Ambrosius Michael, s. G a u b i u s : Adversar. varii argumenti lib. unus.

Sieffert, A. M., Versuche mit einheim. Farbematerien z. Nutzen d. Färberey. 2 Stck. gr. 8. Altenb. Richter. (Akadem. Handl. in Jena.) 755.

Sieffert, Ambros. Mch., († d. 3. Nov. 1802.) Versuche mit einheim. Farbematerien zum Nutzen der Färberei. 2 Stcke. gr. 8. Altenb. 775, 76. (Hennings in Neisse). 1 ℛ 4 gr

Sieffert, Ambrosius Michael, s. W a l l e r i u s : Anfangsgründe.

Sieffert, Arnd: De permutatione. Berolini (1873). (50 S.) 8°
Berlin, Jur. Diss. v. 11. Jan. 1873

Sieffert, Friedrich: Der B r i e f an die Galater. Von d. 6. Aufl. an neu bearb. Göttingen: Vandenhoeck & Ruprecht 1899. (X, 365 S.) 8°
= Meyer, Heinr. Aug. Wilh.: Krit.-exeget. Kommentar üb. d. Neue Testament. 9. Aufl. Abth. VII.

Sieffert, Frdr., d. Brief an d. Galater, s. a. Kommentar, kritisch-exeget. üb d. Neue Testament, Abt. 7.

Sieffert, Friedrich. Johann Calvins religiöse Entwicklung und sittliche Grundrichtung. Festrede, gehalten am 10. Juli 1909 in der Aula der Universität zu Bonn. 44 S. 8. Leipzig, Rudolf Haupt, 1909. [M. —. 80]

Sieffert, Fr[iedrich]: Die Entwicklungslienie[!] der paulinischen Gesetzeslehre nach den vier Hauptbriefen d. Apostels. *Göttingen 1897.*
in: **Studien, Theologische**, .. B. Weiss zu s. 70. Geburtst. dargebr.
[97. 4. 5

Sieffert, Fr., d. neuesten theologischen Forschungen üb. Buße u. Glaube. [Aus: „Halte, was Du hast".] gr. 8. (28 S.) Berlin 896. Reuther & Reichard. n. — 60

Sieffert, Friedr., über den socialen Gegensatz im Neuen Testament. Rede, beim Antritt des Prorectorats der königl. bayer. Friedrich-Alexanders-Universität Erlangen am 3. Novbr. 1888 gehalten. gr. 4. (25 S.) Erlangen 888, (Blaesing.) *

—— kritisch-exegetisches Handbuch über den Galaterbrief, s. Meyer, H. A. W., kritisch-exeget. Kommentar.

Sieffert, Friedrich: Die H e i d e n b e k e h r u n g im Alten Testament und im Judentum. 2. Taus. Gr. Lichterfelde-Berlin: Runge 1908. 48 S. 8°. Dass. 5. Tsd. Ebda. 1908.
(Biblische Zeit- u. Streitfragen. Ser. 4. H. 3.)

— Die Heidenbekehrung im Alten Testament u. im Judentum, s. a. Zeit- u. Streitfragen, biblische. IV, 3.

Offenbarung und heilige Schrift. Von Friedrich **Sieffert**, Prof. Langensalza: H. Beyer & Söhne 1905. (VIII, 106 S.) 8°
= **Magazin**, Pädagogisches. H. 262.
[06 180 5

— das Recht im Neuen Testament. Rede beim Antritt des Rektorats der Friedrich-Wilhelms Universität zu Bonn, am 18. X. 1899 geh. gr. 8. (24 S.) Göttingen 900. Vandenhoeck & Ruprecht. n. — 60

— s.: Studien, theologische.

Sieffert, Frdr. Ludw., Andeutungen üb. die apologetische Fundamentirung der christlichen Glaubenswissenschaft. gr. 8. (72 S.) Gütersloh 871. Bertelsmann. -- 90

Sieffert, Friedrich Ludwig: N o n n u l l a ad apocryphi libri Henochi originem et compositionem nec non ad opiniones de regno messiano eo prolatas pertinentia. Regimonti Pr. 1867. 31 S.
Schul-/Univ.-Schrift

Sieffert, Friedrich Ludwig: T h e o d o r u s Mopsuestenus Veteris Testamenti sobrie interpretandi vindex. [Habilitationsschrift.] Regimonti 1827.

Sieffert, Fr. L., über d. Ursprung d. ersten kanon. Evangeliums. Eine krit. Abhandl. gr. 8. (12¼ B.) Königsberg 832, Bon.

F.. L.. Sieffert de libera quam dicunt hominum voluntate. ***Berl.*****, Enslin. 824. gr8° 6 gr**

Sieffert, G., Formulaire de thérapeutique positive (homoeopathie) avec un exposé sommaire de la doctrine et de la manière de formuler; suivi d'un répertoire thérapeutique d'après les meilleurs auteurs français et étrangers. gr. 8. (XXXII, 610 S. m. Abbildgn.) Leipzig 899. Dr. W. Schwabe. Geb. in Leinw. n. 12. —

— Médecine homoeopathique d'urgence à l'usage des familles. 8. (IV, 434 S.) Ebd. 900.
Geb. in Halbleinw. n. 4. —

Sieffert, G., das Zahnen, s.: Haus-Bibliothek, homöopathische.

Sieffert, Karl Sigismund (Berlin) A. S. 1268/6

Dissertatio inauguralis medica, de eo, quod nemo aegrotorum moriatur ex morbo.
Präs. Friedrich Hoffmann. Rec.
o.O. 1717. 24 S.

Diss. Halle V. 1717. (Bestimmt falsch, richtig: vor 1685)
32597

Sieffert, O., der Monatsfluß, s.: Haus-Bibliothek, homöopath.

Siefken, Ortgies, Dr.: Der Konstanze-Griseldistypus in der englischen Literatur bis auf Shakspere. *Rathenow 1903: M. Babenzien.* (110 S.) 8°
Rathenow, PG, P 1903 (93)

Siefken, Ortgies, aus Marx (Ostfriesl.): Das geduldige Weib in der englischen Literatur bis auf Shakspere. T. 1: Der Konstanzetypus. *Rathenow 1903: M. Babenzien.* (77 S.) 8°
Leipzig, Phil. Diss. v. [4. Juli] 1903

Sieffen, Th., die amerikanische Buchführung, ihre Verwertg. f. d. Bankgeschäft. 8. (24 S.) Berlin (896). (H. Spamer.) Kart. n. 1. 20

Siefkes, Hermannus, nicht vergeblich. 60 Einzelzüge a. Goßners Mission unt. d. Kols in Ostindien. (X, 45 S.) 8. Friedenau-Berlin 906. Buchh. der Goßnerschen Mission. n. — 40

Siefkes, Hermannus, nicht vergeblich. 60 Einzelzüge aus Goßners Mission unter den Kols in Ostindien. 6.—10. Taus. (VIII, 45 S.) 8. Friedenau-Berlin 910. Buchh. der Goßner'schen Mission. — 20

Sieg [Sachliches OW]

— der in den Naturgesetzen begründete, d. demokrat. Principes über den Alles ruinirenden kirchlichen, politischen u. socialen Ultraegoismus. Deutschland 868. (Zürich, Schabelitz.) 8. (III, 61 S.) n. 8 ngr.

— der in den Naturgesetzen begründete, des demokratischen Principes über den Alles ruinirenden kirchlichen, politischen und socialen Ultraegoismus. 8. (III, 64 S.) Deutschland 868. (Zürich, Schmidt.) * — 80

Sieg, Der, von Bornhöved. Epische Dichtung. Kiel 1847. V: *Esmarch, Carl Bernhard Hieronymus.* (A) (Collin, Anonymer. Kiobenh. 1869.)

Sieg, der, bei Bornhövd. Von einem Schleswig-Holsteiner. (Gedicht.) 8. (30 S.) Kiel 847, Schröder & Co. n. 1/4 ꝑ

Sieg d. Christenthums, s. a. Hagen.

Sieg, der, des Christenthums über d. Heidenthum. Trspl. in 4 A. 8. Halberst. 824. Vogler in Potsd. 14 gr.

Der Sieg des Christentums über den Unglauben. Gespräche über Natur, Staat und Religion zwischen dem Ritter von . . ., einem Katholiken und dem Grafen von N., einem sog. Philosophen unserer Zeiten. Aus dem Französ. übersetzt. Augsburg, Doll, 1823, 8°, 520 S.
Recens. Katholik 1823, Bd. 9, S. 341—48.

Sieg des Christenthums üb. den Unglauben. Gespräche über Natur, Staat u. Religion zwischen einem Katholiken u. e. sogenannten Philosophen unserer Zeiten. Aus d. Französ. übersetzt. 8. Augsburg 823, (Landsh., Krüll.)

Sieg und Danck . . . Breslau 1742. V: *Burg, Johann Friedrich.* (Kat. d. Druckschr. üb. Breslau. Breslau 1903. S. 15.)

— der, der Deutschen über die Dänen. Fliegendes Blatt Nr. 1. 8. (8 S.) Gera 849. (Illgens Erben.) 1 ngr

Sieg, ein dreifacher. 5. Aufl. Ronnenweiler 869. (Barmen, Klein.) 32. (16 S.) 1½ ngr.

Sieg, Der, der Einfalt über den Verstand oder die wahre Geschichte des Glücks in unterhaltenden Erzählungen. Leipzig 1772—73. V: *Hopffgarten, Ludwig Ferd. von.* (RHMBF I, 54)

Sieg der Einfalt üb. d. Verstand, (von L. F. v. Hopfgarten). 4 Thle. 8. Leipz. 772—74. (Brockhaus). 1 ꝑ 10 gr

Sieg, der, der Einfalt über den Verstand, oder die wahre Geschichte des Glücks in unterhaltenden Erzählungen, 4 Theile, 8. Leipzig, 772/74. Feind. 1 Rthl. 13 sgl.

— der Einfalt üb. den Verstand, od. d. wahre Gesch. des Glücks. 4 Thle. 8. Leipz. Junius. (Gleditsch.) 772—74. (I. 10 gr. II. 12 gr. III. IV. 12 gr.)

Sieg, Der Anno 1745 den 7. Junii bei Friedberg . . . erfochtene, wurde in folgender Ode . . . besungen. O. O. [1745.] V: *Förster, Ferd. Chph.* (Zeitschr. f. Büch. X, 5, S. 6.)

Sieg, Der erste, und der letzte der Fridericianischen Cavallerie. Beihft. z. „Milit.-Wochenblatt". Berlin 1885.

— erster, des Lichts über die Finsterniß in der katholischen Kirche Schlesiens. 8. Hannov. 827, Hahn.

Sieg, der, des Evangeliums auf der Südseeinsel Aniwa. (J. Paton, II. Tl.) 1. u. 2. Aufl. 8. (32 S. m. Abbildgn.) Basel 891. 894. Missionsbuchh. n. — 15
s.: Paton, John, Missionar unter den Kannibalen der Südsee.

Sieg, der, des Evangeliums auf der Südseeinsel Aniwa. (J. Paton, 2. Tl.) 3. Aufl. 8. (30 S. m. Abbildgn.) Basel 899. Missionsbuchh. n. — 15

Sieg des Evangeliums in einem Brahmanen-Herzen. In-8°. Basel, Missionsbuchhandlung. 1883.

Sieg, der, des Evangeliums in den Heidenländern. 16. (168 S. mit 4 Holzschnt.) Cincinnati 859. (Philadelphia, Schäfer und Koradi.) geb. *

Sieg und Freiheit. Lied. 8°. Verlag von A. Schierwater in Hamburg, s. a.

Sieg u. Friede, wegen des durch die Königl. Preuss. Waffen hergestellten Friedens, am 24. Jenn. 1746 Sr. Königl. Maj. in Preussen Geburts-Tage, bey den Freuden-Bezeigungen der Stadt Magdeburg. — — — aufgeführet in einer Serenada. Magdeburg. fol.

— der, des Geistes, oder Krieg dem Kriege. Dramatisches Märchen in einem Prologe, Vorspiel und drei Akten Fürst und Volk gewidmet. gr. 8. (VIII, 89 S.) Königsberg i. Pr. 870. Braun und Weber. * 1 —

Sieg des Glaubens. Romantische Tragödie. Leipzig 1827. V: *Schön, Johann.* (Nowack, Schles. Schriftst.-Lex. Bresl. 1836—43. II. 129.) »1828« (WBI.)

Sieg, der, des Glaubens und der Liebe. Aus dem im Jahre 1650 in italien. Sprache erschien. Leben des Grafen Georg von Lesley. (Aus der wohlfeilen kathol. Bibliothek besonders abgedruckt.) 12. Aachen 840, 41, Cremer'sche Buchh. (Lazin.) 1/4 ꝑ

Der Glorreiche Sieg der Preussen über die Russen bei Zorndorf 1758. 9 St. (80.) 4. Halle. (1758.)

Glorreicher Sieg des Zurcherischen Volkes über die Radikalen. Ein Heldengedicht in schweizerischer Mundart. 8. *o. O.* [1839].

— der, des Glückes u. der Liebe in der Melancholie an d. Exempel Carl Lonaini. 8. Frankf. 748.

— der große, der Preußen über die Oesterreicher in der Schlacht bei Königgrätz am 3. Juli 1866. Nach den besten Berichten mit einer Uebersicht der vorhergehenden Kriegsereignisse beschrieben. Celle 866. Schulze'sche Buchh. gr. 8. (16 S.) 1 ngr.

Ein großer Sieg welche die Braunschweig- u. Heßischen Truppen in Amerika bey Neu-York den 31. August gegen die Amerikanischen Truppen durch ihre Tapferkeit erhalten haben.
o. O. 1776. 8 Bl. 8°.
Niedersächsisches Staatsarchiv Wolfenbüttel

— der, d. Großmuth über d. Liebe; Schspl. 8. Gotha 774. Ettinger. 4 gr

Sieg, der, d. Großmuth über d. Liebe. Schsp. 8. Gotha, Ettinger. 784.

Der Grösste Sieg Friedrichs des Zweyten besungen am 73sten Geburtsfeste des Königs. Ode. Breslau 1784. fol.

Sieg, der, der Hannoveraner in der Schlacht bei Langensalza am 27. Juni 1866. Nach Berichten von Augenzeugen. 8. (16 S.) Celle 866, Schulze'sche Buchh.

Sieg, e. üb. den Islam. 8. (24 S. m. Abb.) Basel 896. Missionsbuchh. n. — 10

Sieg, Karls, [bei Mühlberg]. Ein Heldengedicht . . . Wien 1775. V: *Weidmann, Paul.* (GGr)

Sieg, Carls; ein Heldengedicht. 2 Thlr. gr. 8. Wien, Wallishäuser.

Sieg, der, eines Kindes. 64. (16 S.) Elberfeld 878. (Langewiesche.) n. — 12

— der, des Kreuzes. Zeitschrift für Religion u. Kirchengeschichte. Herausgeg. v. B. Wagner. 1r Bd. 4 Hefte. u. 2r Jahrg. 12 Hefte Frankf. 825 — 26. Wesché. 1r Jahrg. 1 Rthl. — u. 2r J. 4 Rthl. —

Sieg, der, des Kreuzes auf Tahiti u. den Gesellschaftsinseln überhaupt. Geschichts-Erzählung zunächst für die Jugend. Aus d. Engl. Mit e. Vorw. von W. Hoffmann. 8. (23½ B. mit Holzschn.) Basel 844, Bahnmaier's Buchh. * 22½ Ngr., geb. *

Sieg, der, des Kreuzes auf Tahiti und den Gesellschaftsinseln überhaupt. Geschichts-Erzählung zunächst für die Jugend. Aus dem Engl. Mit einem Vorworte von W. Hoffmann. 2. (Titel-)Ausg. gr. 16. (VII und 368 S. mit 8 Orig.-Holzschn.) Basel 852, Bahnmaier's Buchh. Thlr.

— der Liebe. Drei Bilder aus dem Leben. Von der Verf. von „Mathildens Genesung". 16. (86 S. mit 4 Bildern auf Cint. in Tondr.) Basel 869, Spittler. cart. — 70

Sieg der Liebe. Zwei Bilder aus dem Leben. Von der Verf. v. „Mathildens Genesung". [Johanna u. Gretchen. — Der reiche Ersatz.] 2. Aufl. gr. 16. (46 S.) Basel 876. Spittler. n. — 20

Sieg der Liebe. Zwei Bilder aus dem Leben. Von der Verf. von „Mathildens Genesung". [Johanna und Gretchen. Der reiche Ersatz.] 3. und 4. Aufl. 12. (46 S.) Basel 877,80, Spittler. *

Sieg, Der, der ehelichen Liebe, eine französische Anecdote. Breslau 1790. V: *Arnaud, Franc Thomas Marie de Baculard d'.* (BGE VII³, 302)

— der ehelichen Liebe. 8. Bresl. 790. Gutsch. 12 gr

Sieg kindlicher Liebe des Printzens Philenus gegen seine Mutter, vorgestellt Traur-Spill . . . Augspurg 1740. V: *Brünner, Andreas.* (JES)

Sieg, Der, des Liebesgottes; eine Nachahmung des Popischen Lockenraubes. Stralsund, Greifswalde u. Leipzig 1753. V: *Uz, Johann Peter.* (ML) (BB) (BGE) (Ky) (JL)

Sieg, der, der Maurerei; im Clavierauszuge. Halle, Hemmerde u. Schw.

Sieg, Der, der Maurerei. Eine Cantate aufgeführt am Johannisfeste in der Freymaurerloge zu den drey Degen in Halle, verf. von einem Bruder derselben, und in Musik gesetzt von Türk. Halle, 24ten Juni 1780. V: *Borrmann, Sam. Gottlob.* (wolfstieg I, 154)

Sieg, Der, der Maurerey. Eine Cantate. Abgehalten in der sehr ehrwürdigen St. Josephsloge in Wien, den 19ten des 3ten Monats 1782. Wien 1782. V: *Borrmann, Samuel Gottlieb.* (wolfstieg I, 154)

Sieg, Der, der Maurerei. Eine Kantate von der St. Josephs-Loge 5782. V: *Alxinger, Johann Baptist von.* (Karl Bulling: Joh. B. v. Alxinger, Leipzig 1914, S. 159) (BIBLPORT)

— der, bei Minden; e. Gedicht. 8. Helmst. 759. 3 gr

Sieg, Der, des Mischmasches: ein episches Gedicht . . . Trossberg [Sorau] 1755. V: *Schönaich, Christoph Otto Frh. von.* (Latendorf, Schönaich. Leipz. 1897. S. 74.) (Waniek, Gottsched. Leipz. 1897. S. 602 f.) (MGT) (Anz. f. d. Alt. 28, 373.) (Schr) (Ky) (Wr)

— der Natur in d. Jahrhundert in dem wir leben, (v. Babette Pradatsch). 8. Prag 789. Schönfeld. 6 gr

Sieg, Der, der Natur, in dem Jahrhunderte, in dem wir leben . . . Prag und Leipzig 1790. V: *Pradatsch, Babette.* (Ky) (MGT)

— der, der Natur in dem Jahrhunderte, in dem wir leben, wer hätte so etwas geglaubt, 8. Prag, 790. Neureutter. 8 gl.

Sieg, Der, der Natur über die Schwärmerey oder die Abentheuer des Don Sylvio von Rosalva. ... Ulm 1764. V: *Wieland, Christoph Martin.* (MGT) (GGr) (Ky) (BrMm) (Grisebach, Weltliteraturkat. Berlin 1898—1900. I, 207.)

— der Natur üb. die Schwärmerei, od. die Abentheuer des Don Sylvio v. Rosalva, (v. Cph. M. Wieland). 8. Ulm 764. Bartholomäi 1 ℛ 8 g N. Aufl. in 2 Bden. Mit Kpf. u. Vign. 8. Leipz. 772. Weidmann. 16 g Holländ. P. 1 ℛ — Dass. ins Engl. übers. (v. ...) gr. 12. Ebd. 774. Andrä. 1 ℛ 6 g — Dass. ins Französ. übers. (von K. G. Walther). 2 Thle. 8. Dresd. 772. Walther. 2 ℛ

Nelsons Sieg und Tod. 8. Lüneburg 1806.

Sieg, Der, des Radicalismus über die katholische Kirche und die Schweiz im allgemeinen. Schaffhausen 1850. V: *Bluntschli, Jonas Carl.* (ADB 47, 34.)

Sieg der Religion, s. Schaubühne v. Lindl.

— der, d. Religion; e. Drama in 3 Akt., mit Gesang. 8. Münch. 812. Lentner. 3 g

Sieg, Kaiser Rudolphs von Habsburg, über Ottokar von Böhmen. Amberg 1763. V: *Barth, Ant.* (JES)

Sieg, Der, der Schauspielkunst. Ein Vorspiel. Braunschweig 1747. V: *Krüger, Joh. Chn*[??]. (Euphorion III, 514)

Der Sieg bei Schleswig. (Potsdam. 1848.) 2 Bl. 8°[Kopft.] Handschriftlich unterzeichnet: E. Curtius.

Sieg. Der S' im Schwaderloo. Neun lebende Bilder nach Entwürfen von Professor Seraphin Weingartner ..., mit verbindender Dichtung von Dr. [Johann Franz] Bucher-Heller, Luzern, aufgeführt von der Zunft zu Safran anlässlich der Begleitung der eidg. Schützenfahne nach St. Gallen ... 17. Juli 1904 [am Eidg. Schützenfest] in St.G'. [Mit Illustrationen und 1 graphischen Tabelle.] *Kopftitel:* Gesellschaft zu Safran [in Luzern]. IV + 16 S. 8. Luzern, Räber & Cie.

Sieg, der, des reinen Sinnes, oder die Schwergeprüften. Ein sittl. Gemälde von W. Aug. Junker. 2 Theile. 8. Freyberg, Craz und Gerlach. 820.

— der, der Sozialdemokraten, oder die Idee: Deutschland als Republik, von einem Parteifreunde. gr. 8. (7 S.) Magdeburg 880. Leuschner. Verklebt — 10

—— der, der Sozialdemokratie als Frucht d. Kartells. Nüchterne Wahl-Betrachtgn. — Judentum u. Antisemitismus. Glossen zu e. lehrreichen Aufsatze. Zwei Abhandlgn. üb. brenn. Fragen v. ***. 1.—3. Aufl. gr. 8. (31 S.) Lpz. 890, H. Beyer. * — 50

Sieg, der, der Socialdemokratie als Frucht des Kartells. Nüchterne Wahl-Betrachtgn. — Judentum u. Antisemitismus. Glossen zu e. lehrreichen Aufsatze. Zwei Abhandlgn. üb. brenn. Fragen v. ***. 1.—3. Aufl. gr. 8. (31 S.) Leipzig 890. Th. Fritsch. n. — 50

Sieg, Der, der Treue. Ein gesungenes Schäferspiel. O. O. u. J. V: *Maria Antonia Walburga Kurfürstin von Sachsen.* (ABJP

Der Sieg der Tugend, ein musikalisches Stück, aufgeführt von einer musikalischen Gesellschaft zu Halle den 6ten Julii 1765, comp. von M. R. 8° [*Almanach od. Taschen-Buch f. Frmr. 1 (1776) Bl. 40.*]

— der Tugend, od. das gefundene Kind. 8. Stendal 784. Franzen u. Gr. 1 ℛ 16 g

— der, der Tugend, oder das gefundene Kind, eine Geschichte in Briefen, 2 Theile, zweyte Aufl. 8. Stendal, 794. Franzen. 1 Rthl. 15 sgl.

— der Tugend u. d. Liebe, oder d. schöne Nürnbergerin. Schspl. 8. Nürnb. 794. Zeh. 6 g

Sieg der Unschuld. Ein Christenlehrgeschenk. Salzburg 1817. V: *Riedhofer, Corbinian Anton.* (Mitth. Prof. H. F. Wagner.)

—— der, der Unschuld, s. Riedhofer, C. A.

— der Unschuld u. des Lasters, in einer Sammlung merkwürdiger u. auffallender Begebenheiten aus d. wirkl. Welt. 8. Leipzig, Barth. 783.

SIEG der Unschuld und des Lasters, in einer Sammlung merkwürdiger und auffallender Begebenheiten aus der wirklichen Welt. (Typ. Ornam. u. Zierleiste.) Leipzig, bey Johann Philipp Haug, 1783. 8°. (4 Mk. Paul Neubner, Cöln, 1891.)

Titel, 2 Bll. Vorr., 1 Bl. Inh., 384 S. — 1. Geschichte d. Gräfin von St. Geran. 2. Marquise von Brinvilliers. 3. Herr von Anglade. 4. Urban Grandier (1634 verbrannt, vgl. Loudun, Bd. IV, S. 266—268. (S. 63—92.) 5. Haushofmeister le Brun. 6. Frau Tiquet. 7. Marquise von Gange. 8. Cinqmars u. von Thou. 9. Don Carlos von Spanien. 10. Alexis Petrowiz, Sohn Peter des Großen. 11. Herzog von Montmorency. 12. Geschichte eines Vatersmörders von (so!) zwey Söhnen und ihrer Mutter. 13. Carl I. von Engelland. 14. Königin Maria von Schottland. — Fast durchgängig auf dem Blutgerüst endende Geschichten in dezenter Darstellung.

Sieg, Der, über die Versuchungen zur Sünde. Schemnitz 1790. V: *Hamaliar, Martin.* (Pk)

Sieg der Wahrheit! Berichtigende und erweiternde Zusätze zu der Schrift: »Die Offenbarung Gottes durch die Vernunft« ... Zeitz 1837. V: *Messerschmidt, Heinr.* (NN)

Sieg der Wahrheit. Eine Erzählung. gr. 8. Berlin 838. Wohlgemuth. 1/4 ℛ

— der Wahrheit. Schaffet, daß euer Schatz nicht verlästert werde. Röm. 14, 16. Eine Erzählung. gr. 8. 838. Halle, Coldiz'sche Buchh. 1/4 ℛ

Sieg der Wahrheit. Religiöse Blätter der Philadelphia. Bornheim 1860. Red: *Kutt, J. J.* (STBFrankf I, 1)

Sieg der Evangelischen Wahrheit, in abgenöthigter Rettung der Schriftmässigen Prüfung des Römisch-Catholischen Glaubensbekenntnisses ... Jena 1725. V: *Fratzscher, Heinrich Wolfgang.* (MI.)

Für den Sieg der histor. Wahrheit in dem Sponheimischen Surrogat- und Successionsstreit. Frankfurt a. M. 1829. 8.

—— der Wahrheit über den Unglauben. Erläutert durch die merkwürd. Bekehrung von zwei grossen Naturalisten. (Von Joh. Phil. Fresenius.) gr. 16. (158 S.) Cincinnati 857. (Philadelphia, Schäfer und Koradi.) geb. *

Sieg, Der, bei Zorndorf, s. Cuno, Christian.

Sieg [Verfasser]

Sieg, A.

Sieg, Geschichte d. Dragoner-Regiments Prinz Albrecht v. Preußen [Litthauisches] Nr. 1. 1867—1881. Mit e. (lith.) Portr., Illustr. in Farbendr., Holzschn. u. e. (lith.) Uebersichtskarte. gr. 4. (VIII, 299 S.) Berlin 883. Mittler & Sohn. n. 12. —

Sieg, Alex., über die zweijährige Dienstzeit bei d. Kavallerie. (31 S.) 8. Berlin 908. Vossische Buchh. — 75

Dornröschens Erwachen. Patriot. Festspiel mit Prolog u. Reigentanz in 1 Akt. Von Arthur Sieg. Lissa i. P.: O. Eulitz [1908]. (20 S.) 8° [F.] [08. 11544

Sieg, Arth., der deutsche Michel u. sein Weib. Roman aus der Ostmark. (99 S.) 8. Dresden 905. E. Pierson. n. 2. —; geb. n. 3. —

— Im Schutze des Thrones, s.: Mädchen-Bühne.

— Schlichte Weisen. Gedichte. (VII, 80 S.) 8. Lissa (908). O. Eulitz. 1. —

Sieg, Emil (H.): Bharadvajaciksha pars prior... Berolini, typ. expr. A. W. Schade, 1891. 2 Bl., XVI, 24 S., 1 Bl. 8°
Berlin, Phil. Fak., Inaug.-Diss. v. 31. Jul. 1891

Sieg, Emil, Bhâradvâjaçikshâ, cum versione latina, excerptis ex commentario, adnotationibus criticis et exegeticis ed. E. S. gr. 8. (XVI, 65 S.) Berlin 892. Speyer & Peters. n. 4. —

Sieg (Emil), Bruchstück e. Sanskrit-Grammatik aus Sängim Agïz, Chinesisch-Turkistan. (26 S. m. 2 Taf.) Lex. 8. Berlin 907. G. Reimer. 1. —

— Neue Bruchstücke der Sanskrit-Grammatik aus Chinesisch-Turkistan. (25 S. m. 1 Taf.) Lex. 8. Ebd. 908. 1. —
2 Sonderabdr. a.: „Sitzungsber. d. preuss. Akad. d. Wiss."

Sieg, Emil, die Sagenstoffe des Ṛgveda u. die indische Itihâsatradition. I. gr. 8. (VI, 150 S.) Stuttgart 902. W. Kohlhammer. n. 6. —

— u. W. Siegling, Tocharisch, die Sprache der Indoskythen. Vorläufige Bemerkgn. üb. e. bisher unbekannte indogerm. Literatursprache. (S. 915—934 m. 1 Taf.) gr. 8. Berlin 908. G. Reimer. 1. —
Sonderabdr. a.: „Sitzungsber. d. k. preuss. Akad. d. Wiss."

Verzeichnis der Bibliotheca Indica und verwandter Indischer Serien nach Werken und Nummern. Von E[mil] Sieg. Leipzig: O. Harassowitz 1908. (23 S.) 8°
Aus: Zentralblatt f. Bibliothekswesen. 1907. Jg. 24, H. 11. [08. 6099

Die Akkumulatoren. Von Dr. E[rich] Sieg, Dir. d. Kölner Akkumulatorenwerke. Mit 56 Abb. *Leipzig: S. Hirzel 1901.* (VI, 112 S.) 4°(8°)
— Handbuch d. Elektrotechnik. Bd 3, Abt. 2. [01. 12339

Sieg, Erich [aus Elbing]: Ueber die Bestimmung von Capillaritätsconstanten an Tropfen und Blasen .... Berlin, Buchdr. v. M. Niethe (1887); 43 S. 8°.
Berlin, Phil. Fak., Inaug.-Diss. v. 19. Febr. 1887.

Sieg, Erich, über die Bestimmung von Capillaritätsconstanten an Tropfen und Blasen. Diss. Berlin 1887, Mayer & Müller. 8°. 43 S.

Sieg, Erich, Tierarzt: Aus d. ambulat. Klinik d. Tierärztl. Hochsch. zu Berlin. ⟨Leiter: Eggeling.⟩ Untersuchungen über das Vorkommen der einzelnen Zuckerarten im Harne von Milchkühen. Berlin 1909: Schumacher. 33 S. 8°
¶(Aus: Archiv f. wissensch. u. prakt. Tierheilkunde. Bd 35.)
Gießen, Veterinär-Med. Diss. v. 11. Jan. 1909, Ref. Frank
[Geb. 13. Dez. 84 Dossoczyn (Schöntal); Wohnort: Heide i. Holstein; Staatsangeh.: Preußen; Vorbildung: Oberrealsch. Graudenz Reife O. 03; Studium: Tierärztl. Hochschulen Berlin 4, München 1, Berlin 2 S.; Rig. 6. März 08.]
[U 09. 1179

Sieg, F., ein Wort üb. den Kanarienvogel, dessen Zucht u. Pflege. 18. verm. u. verb. Aufl. Hrsg. v. F. Klippert. gr. 16. (31 S.) Berlin (893). (Berolina-Versand-Buchh.) — 30

Humoristische plattdeutsche Charakterzüge aus Lithauen von Gustav Sieg. *Heinrichswalde: B. Schmidt [1901].* (65 S.) 8° [F.] [01. 6913 10

Sieg, Gustavus, de Cicerone Germanico Avieno Arati interpretibus. Diss. Halle 1886, Lippertsche Buchh. 8°. 52 S.

Sieg, Gust. (geb. Raczgiewo in Westpr. 12. 10. 1844): Ueber die Todesursachen nach Verletzungen der weichen Schädeldecken. Berlin (1868). (30 S.) 8°
Berlin, Med. Diss. v. 4. Aug. 1868

Sieg, H. Touristen-Karte vom Lippischen Walde. 1 : 40,000. 2. verb. Aufl. Aubel- u. Farbendr. (42,5×40 cm.) Mit Text auf dem Umschlag. Detmold 892, Meyer. * — 60

Geschichte des Thüringischen Ulanen-Regiments No. 6 von 1890–1904. Im Anschluß an d. Bothe- v. Klatte'sche Regiments-Geschichte. Auf Befehl d. Reg.-Kommand. ... zsgest. von (Hans Erich) Sieg, Lt. im Reg. Als Ms. gedr. *Hanau 1903–04: Waisenhaus.* (129 S.) 8° [F.] [04. 6915 4

Sieg, Herm. von der, s. a. Hermann von der Sieg.

Sieg, Herm. v. der, s. a. † Bellebaum, Herm.

Sieg, Herm. von der, Harold d. Zigeunerkönig. Ein histor.-romant. Gemälde aus d. 1. Hälfte d. 17. Jahrh., theilweise unt. d. Grafen, dem nachmal. Fürsten Joh. Moriz v. Nassau. gr. 8. (19¾ B. u. Bildn. d. Fürsten Joh. Moriz.) Siegen 838, [Friedrich'sche Brlgh.]

Sieg, Herm. v. der, Harold der Zigeunerkönig. Ein historisch-romant. Gemälde aus der 1. Hälfte des 17. Jahrhunderts, theilweise unter dem Grafen, dem nachmal. Fürsten Johann Moriz von Nassau. 1. und 2. Aufl. 6 Lfgn. gr. 8. (IV, 347 S.) Neuwied 874, Heuser's Verlag. à Lfg. 60 Pf. 3 60

— Radscha Suma, der Häuptling von Hindostan. 8. Siegen 846, Kogler. 1 ℛ

v. d. Sieg, Herm., Radscha Suma od. der Häuptling in Hindostan. Indisches Sittengemälde. 12. (IV u. 440 S.) Siegen 847, Kogler. 1 ℛ

von der Sieg, Herrm., das Räuberthal, oder die Wolfensteiner, ein Lebensbild Geächteter, nebst einer Novelle: Der Bergknappe. Nebst 1 Bildniß. gr. 12. Siegen u. Wiesbaden 840, Friedrich's Buchh. 1½ ℛ

Sieg, Walther, Vier Zeitbilder, Festsp., Halle a. S., 58 S., 8°.

De eo, quod verum et imaginarium est in Geometrica Infinitorum disputabunt praes. M. *Christianus Gottlob Siegartus* Sag. Sil. et Respond. *Gottlieb Blümelius* Wrat. Sil. Lipsiae ex officina Langenhemiana. 4. 24 S. 1737

Siegbert und Eliane; ein Schauspiel in fünf Akten. Wien 1784. V: *Korompay, Joseph.* (Ky)

Siegbert, H., Oesterreich-Ungarn u. die Freimaurer. Aufklärung d. Ordens der Freimaurer, seiner Institutionen u. deren Bedeutg. in Bezug auf die humanen Bestrebgn. unserer Zeit, sowie insbesondere seiner Stellg. zur Gesetzgebg. u. Regierg. in Oesterreich-Ungarn. In populärer Darstellg. 8. (64 S.) Berlin 875. v. Orlicé. 2. —

Oesterreich - Ungarn und die Freimaurer. Aufklärung des Ordens der Freimaurer, seiner Institutionen und deren Bedeutung in Bezug auf die humanen Bestrebungen unserer Zeit, sowie insbesondere seiner Stellung zur Gesetzgebung und Regierung in Oesterreich-Ungarn. In populärer Darstellung von H. **Siegbert.** Berlin: Deutsche Verl.-Anstalt 1875. 64 S. 8°
cf. FZ. (Wien) 1 (1874) S. 87—88. 23.

Siegbritte, s. Sigbritte.

Siegbritte, Frau, und ihre schöne Tochter . . . Leipzig 1792. V: *Heinse, Gottlieb Heinrich.* (MGT) (Ky) (Collin, Anonymer. Kiobenh. 1869.)

Siége de Brunswig. Plan der Belagerung Okt. 1761. Kupfer. Therbu del., Cöntgen sc. Mit Erklärungen. Mainz. Fol. 8.—
Die berühmte Entsetzung Braunschweigs durch den Herzog Friedrich August von Braunschweig-Lüneburg-Öls im Oktober 1761 gegen die Franzosen unter Prinz Xaver von Sachsen.

Siége de Calais. Tragédie p. M. de Belloy. 8. Amst. (Voss, Berl. a. Pott à Lausanne.) 765.

— — le même. 8. Dresde, Walther. 765.

Die ersten Siege | der | Deutschen über die Dänen | 1864, | die | Erstürmung der Dannevirke | und die | Einnahme Schleswig's. | Oldenburg. | Schnellpressendruck von Büttner & Winter.
4 Bl. n. n., 180 × 110.
LBO Bänkelsängerlit. III, 140.

Die ersten Siege | der | Deutschen über die Dänen | 1864, | die | Erstürmung der Dannevirke | die | Einnahme Schleswig's, | die Erstürmung der | Düppeler Schanzen | und | des Brücken- | kopfes. | Oldenburg. | Schnellpressendruck von Büttner & Winter.
4 Bl. n. n., 182 × 115.
LBO Bänkelsängerlit. III, 139.

Die Siege Friederich des Grossen Königes in Preusen, besungen von C. D. G. 1757. 4. 12 S. (Spruchgedicht.)
O groser König Friederich! wie soll ich Deinen Namen sezen.

Siege, die, bei Leipzig, gefeiert zu Reichenbach d. 31. Oct. 1813. 8. Berl., (Sander). 2 ℊℊ

Siege, die, bei Leipzig, gefeiert zu Reichenbach den 31. Oct. 1813. 8. Berl. Neue Soc. Verlags-Buchh.

Die Siege der heiligen Martyrer. Lebensgeschichten der berühmtesten Martyrer in der heiligen Kirche. Nebst einem Anhange enth.: Das Leben des Redemptoristen P. Caffaro und der Klosterschwester Theresia. Zweite verbesserte Auflage. Mit einem Stahlstiche. Regensburg 1852. 8°
Hrsg.: M.- André **Hugues.**

Siège di Prague (1742). Journal critique d'un lieutenant ingénieur dans l'armée autrichienne devant Prague, publié par Henri Cornet. (XXIII. 68) 4. av. carte. Wien 1864. 3,00.

Siége de Prague (1742). Journal critique d'un lieutenant-ingénieur dans l'armée autrichienne devant Prague, publié d'après un manuscrit de la collection Foscarini à la bibliothèque impér. de Vienne, avec notes et une carte (lithogr. in qu. 4.) par Henri Cornet. Wien 867. Faesy & Frick. gr. 8. (XXIII, 68 S.) n. 1 ℛ

Siége de Prague (1742). Journal critique d'un lieutenant-ingénieur dans l'armée autrichienne devant Prague, publié d'après un manuscrit de la collection Foscarini à la bibliothèque impér. de Vienne, avec notes et une carte (lithogr. in qu. 4.) par Henri Cornet. gr. 8. (XXIII und 68 S.) Wien 867, Tendler und Comp. *

Le siége de Schweidnitz en Silésie par les Prussiens depuis le 7. Août jusqu'au 9. Oct. 1762. 8.

Siegel [Sachliches OW]

Siegel, die, der Mark Brandenburg, nach Urkunden des königl. geh. Staatsarchivs, des Staatsarchivs zu Magdeburg, sowie städtischer u. anderer Archive (von F. A. Vossberg.) 1. Liefg. Berlin 868. (Stargard.) gr. 4. (28 S. mit eingedr. Holzschn. u. 12 Holzschn.-taff.) n.n. 2 ℛ

Siegel, die, der Mark Brandenburg nach Urkunden des königl. geheimen Staatsarchivs zu Magdeburg, so wie der städtischen und anderer Archive. Von F. A. Vossberg. Mit Genehmigung der königl. Archivverwaltung hrsg. vom Verein Herold zu Berlin. 2. Lfg. gr. 4. (III, S. 28—52 mit 11 Taf.) Berlin 887, (Stargardt.) *
1. Lfg. (Ebendas.) 1868. *ℳ 6.—

Siegel, Die, der Hauptorte ... der Kantone St. Gallen, ...
s. Siegel, Die, der Kantone St. Gallen, ...

— Mecklenburgische. 1. Heft: Siegel aus dem 12. u. 13. Jahrh. [Aus: Mecklenburgisches Urkundenbuch.] Schwerin 867. (Stiller'sche Hofbuchh.) 4. (36 S. mit eingedr. Holzschn.) n. 1 ℛ 15 ℊℊ

Siegel, meklenburgische. 2. Heft: Siegel aus den J. 1301 1350. gr. 4. (38 S. mit eingedr. Holzschn.) Schwerin 877, (Stiller'sche Hofbuchh.) * 4 50
Aus: Mecklenburgisches Urkundenbuch, besonders abgedruckt. 1. Heft. (Ebendas.) 1867. *M 4,50.

Siegel, mecklenburgische. 2. Hft. Siegel aus den Jahren 1301—1350. [Aus: „Mecklenburg. Urkundenbuch".] gr. 4. (38 S. m. eingedr. Holzschn.) Schwerin 881. Stiller in Comm. n. 4. 50 (1. u. 2.: n. 9. —)

Siegel des Mittelalters aus den Archiven der Stadt Lübeck. Hrgg. von dem Vereine für Lübeckische Geschichte und Alterthumskunde. Heft 1: Holsteinische und Lauenburgische Siegel des Mittelalters. Gez. v. C. J. Milde. Erläutert v. Masch. Heft 1. Städtesiegel. Mit 6 Tafeln. Lübeck. 1856. 4°

—— des Mittelalters aus den Archiven der Stadt Lübeck. Hrsg. von dem Vereine für lübeck. Geschichte und Alterthumskunde. 2—4. Heft. gr. 4. Lübeck, (v. Rohden'sche Buchh.) à Heft * 24 Ngr. *
Inhalt:
Heft 2. Meklenburgische Siegel des Mittelalters aus den Archiven der Stadt Lübeck. Gezeichnet von C. J. Milde. Erläutert von Masch. 1. Heft. (VI und 24 S. mit eingedr. Holzschn. und 6 Stnt.) 857.
» 3. Holsteinische und lauenburgische Siegel des Mittelalters aus den Archiven der Stadt Lübeck. Siegel adeliger Geschlechter, gezeichnet und erläutert von C. J. Milde. 1. Heft. (VI und 46 S. mit 6 Stnt.) 859.
» 4. Meklenburgische Siegel des Mittelalters aus den Archiven der Stadt Lübeck. Gezeichnet von C. J. Milde. Erläutert von Masch. 2. Heft. (S. 25—48 mit 6 Stnt.) 860.
1. Heft. Ebendas. 1856. * 24 Ngr.

—— des Mittelalters aus den Archiven der Stadt Lübeck. Hrsg. von dem Vereine für Lübeckische Geschichte und Alterthumskunde. 5.—7. Heft. gr. 4. Lübeck, (v. Rohden'sche Buchh.) à Lfg. * 24 Ngr. *
Inhalt:
Heft 5. Holsteinische und Lauenburgische Siegel des Mittelalters. Siegel adeliger Geschlechter, gez. und erläut. von C. J. Milde. 3. Heft. (S. 35—90 mit 6 Stnt.) 862.
» 6. —— dass. — 4. Heft. (S. 91—158 mit 6 Stnt.) 864.
» 7. —— dass. — 5. Heft. (S. 159—200 mit 1 Stnt.) — Lübecker Bürgersiegel des Mittelalters. Gez. und erläut. von C. J. Milde. 1. Heft. (37 S. mit 5 Stnt.) 865.
1.—4. Heft. Ebendas. 1856—60. * 3 Thlr. 6 Ngr.

—— des Mittelalters aus den Archiven der Stadt Lübeck. Hrsg. von dem Verein für Lübeckische Geschichte und Alterthumskunde. 8. und 9. Heft. gr. 4. Lübeck 870,71, (v. Rohden'sche Buchh.) [Grautoff.] à Heft *M 2,40. * 4 80
Inhalt:
Heft 8. 9. Siegel der Holstein-Schauenburger Grafen aus den Archiven der Stadt Lübeck. Gezeichnet und erläut. von C. J. Milde. 1. und 2. Heft. (48 S. mit 1 Tab. in Fol. und 12 Stnt.)
1.—7. Heft. (Ebendas.) 1856—65. *M 16,80.

Siegel des Mittelalters aus den Archiven der Stadt Lübeck. Hrsg. von dem Vereine für Lübeck. Geschichte und Alterthumskunde. 10. (Schluss-)Heft: Lübecker Bürgerspiegel. gr. 4. (VII, S. 49—100 mit 9 Stnt.) Lübeck 879, Grautoff. * 3 50
1.—9. Heft. Ebendas. 1856—71. *M 31,60.

Siegel des Mittelalters von Polen, Lithauen, Schlesien, Pommern und Preussen... Berlin 1854. V: *Vossberg, Frdr. Aug.* (Ky) (Nent)

— rheinische, s.: Publikationen der Gesellschaft f. rheinische Geschichtskunde.

Siegel. Die S' der Kantone St. Gallen, Graubünden, Aargau, Thurgau. (Die S' der Stadt St. Gallen, der Landschaften und Landstädte des Kantons. Von Dr. Hermann Wartmann...; — Die Städte- und Landes-Siegel von Graubünden. Von Anton Sprecher von Bernegg...: — Die Siegel der Städte des Kantons Aargau. Von Placid Weissenbach: — Die Städte-Siegel des Kantons Thurgau. Von Dekan J[ohann] A[dam] Pupikofer.) [Mit 6 Tafeln.] Mittheil. Ant. Ges. Zürich (Band 13. Abtheilung 1. Heft 1). 4. Zürich 1858.
(Die Städte- und Landessiegel der Schweiz. [Serie B] Heft 1.)

Siegel, die, der Hauptorte etc. der Kantone St. Gallen etc., s.a.: Mittheilungen der Antiquar. Gesellschaft in Zürich.

Siegel der badischen Städte in chronologischer Reihenfolge. Hrsg. v. der bad. histor. Kommission. Der erläut. Text von Frdr. v. Weech. Die Zeichngn. v. Fritz Held. 1. Hft. Die Siegel der Städte in den Kreisen Mosbach, Heidelberg, Mannheim u. Karlsruhe. gr. 8. (31 S. m. 51 Taf.) Heidelberg 899. C. Winter. n.n. 10. —

Siegel der badischen Städte in chronologischer Reihenfolge. Hrsg. v. der bad. histor. Kommission. Der erläut. Text v. Frdr. v. Weech. Die Zeichngn. v. Fritz Held. 2. Heft. Die Siegel der Städte in den Kreisen Baden u. Offenburg. (VII u. S. 33—48 m. 41 Taf.) gr. 8. Heidelberg 903. C. Winter, Verl. n.n. 8. —
1. Heft. Ebd. 899. n.n. 10. —.

Siegel der badischen Städte in chronologischer Reihenfolge. Hrsg. v. der bad. histor. Kommission unter Leitg. der Direktion d. grossh. General-Landesarchivs. Der erläut. Text v. Fritz Frankhauser u. Alb. Krieger. Die Zeichngn. v. Fritz Held. 3. Heft. Die Siegel der Städte in den Kreisen Freiburg, Villingen u. Lörrach. (VII u. S. 49—75 m. 67 Taf.) gr. 8. Heidelberg 909. Carl Winter. nn 12. —
1. u. 2. Heft. Ebd. 899. 903. nn 18. —

Siegel und Wappen der Familie von Maltitz, mit Berücksichtigung der verschiedenen Abzweigungen und urkundlichen Daten. Als Handschrift gedruckt. fol.

Siegel und Wappen von Olten ... Olten 1902. V: *Dietschi, Hugo.* (BBullschw 3, 1903)

Siegel, Die Westfälischen, des Mittelalters. Münster 1882. V (I. 1. 2): *Philippi, Gust. Frdr. Dettmar & Gg Tumbült.* (II. 1. 2): *Tumbült, Gg.* (III): *Ilgen, Theod.* (Dn)

—— die westfälischen, des Mittelalters. Mit Unterstützung der Landstände der Provinz hrsg. vom Verein für Geschichte und Alterthumskunde Westfalens. 1. Heft. 2 Abthlgn. Fol. Münster, (Regensberg.)
In Mappe à Abthl. **M 20. ** 40 —
Inhalt:
Abthl. 1. Die Siegel des XI. und XII. Jahrh. und die Reitersiegel, bearb. von F. Philippi. (VIII, 32 S. mit 17 Lichtdr.-Taf.) 882.
» 2. Die Siegel der Dynasten, bearb. von Geo. Tumbült. (VIII, 66 S. mit 24 Lichtdr.-Taf.) 883.

Siegel, die westfälischen, des Mittelalters. Mit Unterstützung der Landstände der Provinz hrsg. vom Verein für Geschichte und Altertumskunde Westfalens. 2. Heft. 2 Abthlgn. Fol. Münster 885, (Regensberg.) à Abthl. **M 15.—. ** 30 —
Inhalt:
Abthl. 1. Tumbült, G., die Siegel der Bischöfe. (VII, 32, 14 S. mit 24 Lichtdr.-Taf.) 885.
» 2. —— die Siegel der Städte, Burgmannschaften und Ministerialitäten. (VII, 48, 23 S. mit 35 Lichtdr.-Taf.) 887.
1. Heft. 2 Abthlgn. Ebendas. 1882,83. à Abthl. **M 20.—.

Siegel, die westfälischen, d. Mittelalters. Mit Unterstützung der Landstände der Provinz hrsg. vom Verein f. Geschichte u. Altertumskunde Westfalens. 3. Heft. Die Siegel d. geistlichen Corporationen u. der Stifts-, Kloster- u. Pfarr-Geistlichkeit Bearb. v. Th. Ilgen. Fol. (36, 76 S. m. 51 Lichtdr.-Taf.) Münster 889, (Regensberg). ** 20 —
1. u. 2. Heft, je 2 Abthlgn. Ebd. 1882—85. ** 70 —.

— die westfälischen, des Mittelalters. Mit Unterstützg. der Landstände der Provinz hrsg. vom Verein f. Geschichte u. Altertumskunde Westfalens. IV. Hft. 1. Abtlg. Fol. Münster 894. (Regensberg.) n.n. 20. — (I—II, 3 u. IV, 1.: n.n. 110. —)
Die Siegel von Adligen, Bürgern u. Bauern des Bist. Münster u. angrenzender Gebiete. Bearb. v. Th. Ilgen. (41 Lichtdr.-Taf. m. IV S. Text.) n.n. 20. —

Siegel, die westfälischen, d. Mittelalters. M. Unterstützg. d. Landstände d. Provinz hrsg. v. Verein f. Geschichte u. Altertumskunde Westfalens. IV. Hft. 2. Abtlg. Fol. Münster 897. (Regensberg.) n.n. 20. —; (I—II, 3 u. IV, 1 u. 2.: n.n. 130. —)
Die Siegel von Adligen, Bürgern u. Bauern d. kurköln. Landesteile u. d. Grafsch. Mark. Von Th. Ilgen. (38 Lichtdr.-Taf.)

— die westfälischen, des Mittelalters. Mit Unterstützg. der Landstände der Provinz hrsg. vom Verein f. Geschichte u. Altertumskunde Westfalens. IV. Hft. 3. (Schluss-)Abtlg. gr. Fol. Münster (Regensberg). n.n. 20. —
Die Siegel v. Adligen, Bürgern u. Bauern der Bistümer Minden, Osnabrück u. Paderborn. Von Th. Ilgen. (44 Lichtdruck-Taf. m. III, 38 u. 75 S. Text.) 900.

Siegel [Verfasser]

Siegel: Instruktion f. d. Ausbildung d. Sanitäts-Mannschaft, insbes. f. d. Unterr. d. Krankenträger b. d. Großhzgl. bad. Division. Karlsruhe 1870.

Siegel: Leitfaden z. Unterr. d. Blessierten-Träger. Karlsruhe 1855.

Siegel: Leitfaden f. d. Unterr. d. Blessierten-Träger b. d. Reiterei u. Artillerie. Karlsr. 1863.

Siegel: Leitfaden f. d. Unterr. d. Blessierten-Träger (Hilfs-Krankenträger) b. d. Großhzl. badischen Truppen. Karlsruhe 1869.

Siegel, ..., gemeinverständl. Rechenbuch nach Thalern, Groschen u. Pfennigen, als auch nach Gulden u. Kreuzern rc. 8. Berl. 797. (Rücker). 20 gr

Siegel, gemeinverständl. Rechenbuch. 8. Berlin, Pauli. 797.

Siegel, Rechenbuch. 8. Berlin. 797. Jetzt Verl. von Rücker.

Siegel, alphabetischer Wegweiser durch die königl. sächsische Einkommensteuergesetzgebung. gr. 16. (25 S.) Dresden 877. Meinhold & Söhne. — 30

Siegel, A. Die württemb. Sanitätszüge i. d. Kriegsj. 1870 u. 71. Stuttg. 1872.

Siegel, Adf., die neuen Bassinbäder [Thermae novae] in Badenweiler. Mit 5 Blättern in Lichtdr. 4. (11 S.) Badenweiler 878. (Freiburg i/Br., Wagner.) n. 3. —

Siegel, Alfr., 50 kalte Eierspeisen. 8. (18 S.) Potsdam (901). (Gropius.) n. 1. —

SIEGEL, ANTON EDUARD: Kurzgefaßte Geschichte des katholischen Gymnasiums zu Pressburg seit der Eröffnung der neu organisierten Anstalt. In: Zweites Programm d. k. k. Gymn. zu Preßburg 1852.

SIEGEL, A(NTON) ED(UARD): Kurz gefaßte Geschichte des k. k. Staats-Gymnasiums in Preßburg vom Jahre 1626-1850. In: Erstes Programm des neu-organisirten k. k. Staats-Gymnasiums zu Preßburg am Schluss des Jahres 1851. Preßburg 1851: Carl Friedrich Wigand, 21-26 S. - 230 mm

Siegel, Aug., üb. die Giftstoffe zweier Euphorbiaceen. Diss. gr. 8. (56 S.) Jurjew (Dorpat) 898. (E. J. Karow.) n. 1. 20

Siegel, August Ludwig: Buenos-Ayres und die dortige Dt. Evangel. Gemeinde. Ein Vortrag. — Bln: Schultze 1855. 18 S.

Siegel, A. L., Moses mit besonderer Beziehung auf seinen Aufenthalt in Egypten. Ein Vortrag, auf Veranstaltung des Evangel. Vereins für kirchl. Zwecke gehalten am 4. Febr. 1856. Berlin 856. W. Schultze. gr. 8. (24 S.) 4 ngr

Siegel, A. L., Rede am Grabe des Herrn v. Hinckeldey, s. Blanck.

Siegel, B., 9 dienstägige Andachten z. d. heil. Antonius v. Padua rc. 8. Augsb. Veit. 798.

— geistl. Wegweiser f. alle Stände. 8. Augsb. Rieger. 774.

Verlags-Verzeichnis von C. F. W. Siegel's Musikalienhandlung (R. Linnemann), Leipzig (1840–1904). Alphab. Verzeichnis. Vollständig Ende 1903. *(Leipzig: C. F. W. Siegel 1904.)* (414 S.) 8°

Siegel, Carl, s. Siegel, Karl.

Siegel, Chr., Festpredigt üb. Offenb. St. Joh. 21 V. 3, geh. bei der Einweihung der Kirche zu Dahlwitz am 17. XI. 1907. (13 S.) 8. Gräfenhainichen (907). (Berlin, G. Nauck.) — 30

Siegel, Ed., Gedichte. Leipzig 854. Hebenstreit. 16. (IV, 128 S.) 22½ ngr

Siegel, Edwin, zur Geschichte d. Posamentiergewerbes m. besond. Rücksichtnahme auf die erzgebirgische Posamentenindustrie. Nach zahlreichen gedr. u. handschriftl. Quellen bearb. gr. 8. (VIII, 126 S. m. 18 Abbildgn.) Annaberg 892. H. Graser's Verl. n. 2. 50; geb. n. 3. —

— dasselbe. 2. [Titel-]Ausg. gr. 8. (VIII, 126 S. m. 18 Abbildgn.) Ebd. 894. Geb. in Leinw. n. 3. —

Siegel, Emil Die „nomina propria" mit besonderer Berücksichtigung der griechischen Formen in der Aeneis. 8 (S. III—XV). Progr. Deutsches Staatsg. *Budweis* 1887.

Siegel, Ernst [aus Walldorf '(i. S.-Mein.)']: Zur Casuistik der Blasenhernien ... Würzburg, Becker's Univ.-Buchdr., 1892; 30 S., 1 Bl. 8.
Würzburg, Med. Fak., Inaug.-Diss. v. 1892.

Siegel, Ernst, Referendar in Berlin: § 810 des Bürgerlichen Gesetzbuchs als Vorlegungsgrund im Prozeß. *Jena: (G. Fischer) 1904.* (71 S.) 8° [J.] ¶ [Erschien vollst. u. d. T.: 'Die Vorlegung von Urkunden im Prozeß' als: Abhandl. zum Privatrecht u. Civilproz. d. Deutschen Reiches, Bd 12, H. 2.]
Halle, Jur. Diss. v. 30. Apr. 1904

Die Vorlegung von Urkunden im Prozeß. Von Dr. Ernst Siegel. *Jena: G. Fischer 1904.* (X, 280 S.) 8°
Ein Teil erschien als Inaug.-Diss. Halle 1904.
Abhandlungen z. Privatrecht u. Zivilprozeß d. Deutschen Reiches. Bd 12, H. 2.
[illegible]

Siegel, Franz

Siegel sen., Frz., die Homöopathie in prinzipieller Uebereinstimmung u. als nothwendiges Supplement der fysiologischen Medizin. Vortrag, geh. in der Versammlung der nordwestböhm. Section des Central-vereins deutscher Aerzte Böhmens in Komotau am 27. Mai 1879. gr. 8. (15 S.) Brüx 879. (Prag, Dominicus.) n. — 50

Siegel, Frz., die Nothwendigkeit der Vereinigung beider Mittelschulen zu Realgymnasien. Brüx 868. Friede. gr. 8. (V, 46 S.) n. 10 ngr

Siegel sen., Fr., zur Reform der Gemeinde-Armenpflege. 16. (29 S.) Brüx 880. (Prag, Dominicus.) * — 40

Siegel, Frz., die Stellung der Homöopathie zur Wissenschaft und zur österreichischen Medizinalverfassung. Prag 859. — Leipzig, Thomas. gr. 8. (2 Bl., 96 S.) n. 12 ngr.

Siegel, Fr., *Med. Doct., Bezirksarzt d. Brüx-Püllnaer Sanitätsbez.* Ueber die Wirkung und den Gebrauch des Püllnaer Bitterwassers. *Böhm.-Leipa* 1857. *Phil. Geržabek.* 19 S. 8°.

Siegel, Frz., fromme Wünsche f. unsere Schulen. gr. 8. (79 S.) Wien 888. Perles. n. 1. 40

Siegel, Franz Ludwig

Siegel, Ludw., die Einführung d. Kirchenreformation in Oschatz im J. 1539 u. d. dritte Säcularfest ders. am 16. Aug. 1839, geschildert. Nebst e. Anh., mehrere, im hies. Rathsarchive befindl., noch ungedr. Briefe Luthers, Spalatins, Jonas's u. Melanchthons enth. (2 Abthln.) 8. (7 B.) Oschatz 839. (Leipzig, Kollmann.) *

Beide Abthln. a. u. f. Tlln. einzeln:

(Abthl. 1.) Oschatz zur Zeit d. Einführung d. Kirchenreformation im J. 1539. Eine Festgabe 2c. Nebst (vorsteh. bemerkten) Anhang. (3½ B.) * 4 Gr.

(— 2.) Beschreibung der beim dritten Säcularfeste d. Einführung d. Kirchenreformation in Oschatz stattgefund. Feierlichkeiten. Zur Erinnerung an d. 16. Aug. 1839. Nebst e. Anh., welcher Luthers Trostschreiben an die vertrieb. Christen aus Oschatz v. 20. Jan. 1533 u. d. Festgesänge v. 16. Aug. 1839 enthält. (3½ B.) * 2 Gr.

Siegel, Frz. Ludw., Oschatz in den Tagen des 7—28. September 1842. Ein Beitrag zur Chronik der Stadt. gr. 8. (4¾ B. u. 1 Plan d. abgebrannten Stadttheile.) Oschatz 842. (Leipzig, Friese.) **

Siegel, Frz. Ldw., Oschatz in den Tagen des 7.—28. Septbr. 1842. Ein Beitrag z. Chronik der Stadt (nebst einem Plane der abgebrannten Stadttheile.) gr. 8. Oschatz 842, Oldecop's Erben. ⅙ ℛ

Siegel, Frz. Ludw., Sachsens Wahlreform, ihr Gang u. ihre Resultate; dem Volke dargelegt. 1. Hft. br. gr. 8. (60 S.) Riesa 848. (Leipzig, C. L. Fritzsche.) ¼ ℛ

—— was wir wollen! Gedicht, allen deutschen Katholiken u. deren freisinnigen Vorfechtern Joh. Ronge u. Rob. Blum gewidmet. 8. (¼ B.) Oschatz 844. (Leipzig, Friese.)

— was wir wollen! Gedicht, allen deutschen Katholiken und deren freisinnigen Vorfechtern Joh. Ronge u. Rob. Blum gewidmet. 8. Oschatz 845. (Leipzig, Friese.) 6 ₰

Geschichte d. Stadt Lichtenau in Hessen u. ihrer Umgebung nebst Nachrichten üb. d. einzelnen Amtsorte u. e. Urkundenbuche. Von G. Siegel, Postverwalter. (Hierzu 3 Kt., 1 Pl. d. Stadt, 2 Siegel- u. Wappentaf., 3 Abb.) *Kassel: (Commr. r. A. Freyschmidt; Dr. v. L. Döll 1897.)* (XVI, 413 S., 1 Bl., 9 Taf.) 1 Bd 8.
· Zeitschrift d. Vereins f. hess. Geschichte u. Landeskunde. Bd 32. (N. F. Bd 22.)
[illegible]

Siegel, Georg Gottlieb (Leipzig) A. S. 61/26

Dissertatio iuris feudalis de simultanea investitura sine consensu vasalli impetrata, Von der Mitbelehnschafft, welche ohne des Lehn=Mannes Einwilligung erlanget wird. Präs. Johann Gottlieb Siegel (Vater). Leipzig (Langenheim) 5. XII. 1743. 32 S.
32598

Siegel, Georg Gottlieb [Praes.], s. Reinhold, Jakob Heinrich: De pacto venditioni adiecto venditori post venditionem de re vendita adhuc disponere permittente. Exercit. jur. civilis.

Siegel, Georg Gottlieb (Leipzig) A. S. 311/18

Dissertatio iuris feudali inauguralis de vera servitute a solo vasallo feudo imposita.
Leipzig (Langenheim) 14. IV. 1744. 36 S.
32599

Siegel, Gideon (Eibenstock) A. S. 183/28

Dissertatio inauguralis iuridica, de iure retentionis uxori vel viduae competente, Germanis: Von dem Zurückbehaltungsrechte, welches Weibern ...
Präs. Christian Wildvogel.
Jena (Heller) 1755. 44 S.

Diss. 10. IV. 1691.
W. v.: Präs. 32601

Siegel, Gottlob Friedrich

Siegel, Gottl. Friedrich (Stuttgart) A. S. 1379/21

Commentatio historico-theologica de lamina pontificiali apostolorum Ioannis Iacobi et Marci.
Präs. Johann Friedrich Cotta.
Tübingen (Cotta) X. 1755. 44 S. 32602

Siegel, Glo. Fr., († d. 4. Febr. 1806.) die Wahrheit u. Göttlichkeit der heil. Schrift auf e. deutl. Art vorgetragen. 8. Weißenf. 773.

Die Preisstellung beim Verkaufe elektrischer Energie. Von Gustav Siegel, Dipl.-Ing. Mit 11 Fig. Berlin: J. Springer 1906. (VII, 192 S.) 8° [illegible]

Siegel, G[ustav]: Die Tarife der Elektrizitätswerke. (Berlin: Springer) 1905. VII, 192 S. 8° ¶ Buchausg. u. d. T.: Die Preisstellung beim Verkaufe elektrischer Energie. 1906. Darmstadt, Dr.-Ing.-Diss. v. 12. 1. 1906

Siegel, Gust., der deutsche Weinhandel im Banne der Chemie. Eine Abhandlg. zum neuen Weingesetze. gr. 8. (28 S.) Mainz 885. Diemer. n. — 50

Siegel, H., Früchte d. Einsamkeit. Ein Nachlaß f. d. Freunde des Heimgegangenen, hrsg. v. K. Kirsch. (Mit Vorr. v. Schumann.) 8. (13½ B.) Leipzig 829, Cnobloch. Thlr.

Siegel, H., s. Leipzig, die Stadt, in hygienischer Beziehung.

Siegel, Heinrich: Bericht der Weistümer-Kommission.
Separatabdruck aus: Sitzungsber. d. Kais. Akad. d. Wissensch. in Wien. Bd. 50. S. 64.

Siegel, Heinrich: Bericht der Weistümer-Kommission (1866).
Separatabdruck aus: Sitzungsber. d. Kais. Akad. d. Wissensch. in Wien. Bd. 53. S. 365.

Siegel, Heinr., Bericht der Weisthümer-Commission. [Aus d. Sitzungsber. der k. Akad. der Wiss.] Wien 867. (Gerold's Sohn.) Lex.-8. (8 S.) n. 2 ngr.

Siegel, Heinr., die beiden Denkmaler des österreichischen Landesrechts und ihre Entstehung. (Aus den Sitzungsber. der k. Akad. der Wissensch.) Wien 860. Gerold in Comm. gr. 8. (25 S.) n. 4 ngr.

Siegel, Heinr., das Deutsche Erbrecht nach den Rechtsquellen des Mittelalters, in seinem innern Zusammenhange dargestellt. Heidelberg 853. Bangel u. Schmitt. gr. 8. (XII, 209 S.) n. 1 ℛ. 5 ngr.

— die Erholung und Wandelung im gerichtlichen Verfahren. Lex.-8. (46 S.) Wien 863, (Gerold's Sohn.) * *
aus: Sitzungsberichte der k. Akademie der Wissenschaften, besonders abgedruckt.

Siegel, Heinr., die Gefahr vor Gericht u. im Rechtsgang dargestellt. [Aus den Sitzungsber. der k. Akad. der Wiss.] Wien 866. Gerold's Sohn. Lex.-8. (49 S.) n.n. 7½ ngr.

— Geschichte des deutschen Gerichtsverfahrens. 1. Bd. gr. 8. (VIII und 285 S. mit 1 Tab. in qu. Imp.-Fol.) Giessen 857, Ricker.

— Geschichte des deutschen Gerichtsverfahrens. 1. Bd. Giessen 858. Ricker. gr. 8. (VIII, 285 S. u. 1 Tab. in Fol.) n. 1 ₰. 20 ngr.

Siegel, Heinr., das Güterrecht der Ehegatten im Stiftslande Salzburg. Ein Beitrag zur Geschichte des deutschen ehel. Güterrechtes. [Aus: „Sitzungsber. d. k. Akad. d. Wiss."] Lex.-8. (36 S.) Wien 882. Gerold's Sohn in Comm. n. — 60

Siegel, Heinr., der Handschlag u. Eid nebst den verwandten Sicherheiten f. e. Versprechen im deutschen Rechtsleben. Eine Untersuchg. [Aus: „Sitzungsber. d. k. Akad. d. Wiss."] Lex.-8. (122 S.) Wien 894. (F. Tempsky.) n. 2. 60

— die Lombarda-Commentare. Eine rechtsgeschichtliche Untersuchung. (Aus den Sitzungsber. der k. Akad. der Wiss.) Wien 862. Gerold in Comm. gr. 8. (15 S.) 3 ngr.

— über den Ordo judiciarius des Eilbert von Bremen mit Berücksichtigung der Ecclesiastica rhetorica. [Aus den Sitzungsber. der k. Akad. der Wiss.] Ebend. 867. Lex.-8. (22 S.) n. 4 ngr.

Siegel, Heinr., die deutschen Rechtsbücher u. die Kaiser Karls-Sage. gr. 8. (84 S.) Wien 899. (C. Gerold's Sohn.) n. — 80
Sonderabdruck aus: „Sitzungsber. d. k. Akad. d. Wiss."

Siegel, Heinr., deutsche Rechtsgeschichte. Ein Lehrbuch. gr. 8. (XII, 474 S.) Berlin 886. Vahlen. n. 9. —; geb. n. 11. —

Siegel, Heinr. Deutsche Rechtsgeschichte. Ein Lehrbuch. 2. durchgearb. Aufl. gr. 8. (XIV, 533 S.) Berl. 889. Vahlen. * 10 —; geb. * 12 —

Siegel, Heinr., deutsche Rechtsgeschichte. E. Lehrbuch. 3., verb. u. verm. Aufl. gr. 8. (XIV, 593 S.) Berlin 895. F. Vahlen. n. 11. —; geb. in Halbfrz. n.n. 13. —

— das pflichtmässige Rügen auf den Jahrdingen u. sein Verfahren. Ein Beitrag zur Geschichte der Rechtsverfolgg. in deutschen Landen. [Aus: „Sitzungsber. d. k. Akad. d. Wiss."] Lex.-8. (58 S.) Wien 891. (F. Tempsky.) n. 1. 20

— die rechtliche Stellung der Dienstmannen in Oesterreich im 12. u. 13. Jahrh. Lex.-8. (54 S.) Wien 883. (Gerold's Sohn.) n. — 80

— [illegible] in Oesterreich im XII. und XIII. Jahrhundert [illegible] .80
Separatabdruck

Siegel, Heinr., die Salzburgischen Taidinge, s.: Weisthümer, oesterreichische.

— das erzwungene Versprechen u. seine Behandlung im deutschen Rechtsleben. [Aus: „Sitzungsber. d. k. Akad. d. Wiss."] Lex.-8. (28 S.) Ebd. 892. n. 1. —

— das Versprechen als Verpflichtungsgrund im heutigen Recht. Eine germanist. Studie. gr. 8. (VIII 159 S.) Berlin 873. Vahlen. n. 3. —

— über einen neuen Versuch „den Charakter u. die Entstehung des ältesten österreichischen Landrechts" festzustellen. [Aus den Sitzungsber. der k. Akad. der Wiss.] Ebend. 867. Lex.-8. (8 S.) n. 2 ngr.

Siegel, Heinrich
Die germanische Verwandschaftsberechnung mit besonderer Beziehung auf die Erbenfolge.
Giessen 1853. 44 S.
Habil. Jur. 1853. vorh. 26.11.
»Thesen« in Δ

Siegel, J. G., Diss. de usu et praestantia graecae linguae. Francof. 746. 4.

Siegel, Jo. Viktor Heinrich

Siegel, Jo. Vict. Hnr., Dissert. inaug. med. de cura neonatorum medica. 4. Götting. 782. Dieterich. 2 gl.

Siegel, Johs., katechet. Leitfaden f. d. bibl. Geschichtsunterricht, s.: Handbibliothek, katechetische, 27. Bdchn.

Siegel, Johs., katechet. Leitfaden f. den bibl. Geschichtsunterricht, s.: Handbibliothek, katechetische. 28.

Siegel, Johann: Markt Tarvis in Ober Kärnten, dessen Umgebung und das Kanaltal. Leipzig 1903: Woerls Reisebücherverlag. 204 S.

Siegel, Joh., Markt-Tarvis, s. a. Woerl's, Leo, Reisehandbücher.

Siegel, Johann Gottlieb [Praes.], s. Beyer, Christian Wilhelm Ernst: De feudo pignoratitio re fundamenti et utilitatis egena vom Pfand-Lehn, als einer ungegründeten und unnützen Sache.

Siegel, Johann Gottlieb [Praes.], s. Christ, Joh. Friedr.: Corrigenda rerum inanium studia 13 philosophiae candidatis qui magistri creantur.

Siegel, Jh. Gtl., († 1755.) Corpus juris cambialis, i. e. vollständ. Samml. aller Wechselordnn. u. Wechselrechte. 2 Thle. Fol. Leipz. 741. (Brockhaus). 4 ₰ 8 gl. 1e bis 4e Fortsetzung, v. J. E. Uhl. Fol. Ebd. 757—786. (2e Fortsetz. 2e A. 785.) (Brockhaus). 2 ₰ 8 gl.

Siegel, J. G., Corpus iuris cambialis, i. e. vollständ. Samml. aller Wechselordn. und Wechselrechte. 2 Thle. Fol. Leipz. Heinsius. (Gleditsch.) 741.
Schreibr.

Siegel, Johann Gottlieb: „Corpus Juris cambialis. Das ist: Vollständige Sammlung derer auf den vornehmsten Handelsplätzen, auch andern Orten in Europa üblichen allerneuesten Wechsel-Ordnungen . . . .", Leipzig 1742 (Heinsius). 2 Teile in 1 Bande, fol. — Vorh.: Bibl. des Oberlandesgerichts Celle — fol. Lc 213 — Com. Bibl. Hamburg und Bücherei der Industrie- und Handelskammer Leipzig. — Uhl, Johann Ludwig (Herausgeber): „Fortsetzung des corpus juris cambialis von Siegel", Forts. 1 und 2, ebenda 1757, 1764, 2. Auflage, ebenda 1772—1786; Forts. 3, ebenda 1771; Fortsetzung 4, ebenda 1786 (nebst einem alphabetischen Hauptinhalt aller Verordnungen). — Vorh.: Bibl. des Oberlandesgerichts Celle — Fol. Lc. 214 — und Bücherei der Industrie- und Handelskammer Leipzig.

Siegel, Johann Gottlieb [Praes.], s. Cotta, Adolph Bonaventura: De jure congrui in Thuringia. Von Gespielde in Thüringen.

Siegel, Johann Gottlieb [Praes.], s. Creuziger, Georg Samuel: De legitimo successore haereditatem omittente actionis funerariae reo.

Siegel, Johann Gottlieb [Praes.], s. Ehrenberg, Joh. Gottfr. Wilh.: De jurisdictione metallica.

Siegel, Johann Gottlieb [Praes.], s. Eilhardt, Traugott Leberecht: De literis feudi reversalibus a simultanee investitis exhibitis. Von Lehns=Reserven derer Mitbelehnten.

— Einleit. zum Wechselrecht überhaupt ꝛc. 4. Leipz. 734. 2e A. 751. 3e v. A. F. Schott verm. Aufl. gr. 8. Ebd. 774. Heinsius.

Siegel, Johann Gottlieb: „Einleitung zum Wechselrecht überhaupt, worinnen aus den neuesten in Europa üblichen Wechsel-Ordnungen gezogene Sätze nach ihrer natürlichen Ordnung zu befinden; zum Gebrauch seiner academischen Fürlesungen herausgegeben", Leipzig 1743. — Vorh.: Com. Bibl. Hamburg und Bücherei der Industrie- und Handelskammer Leipzig. — 2. Auflage, Leipzig 1751, vorh.: Bücherei der Industrie- und Handelskammer Leipzig. — 3. Auflage, vermehrt von August Friedrich Schott, Leipzig 1773, vorh.: Com. Bibl. Hamburg und Bücherei der Industrie- und Handelskammer Leipzig.

Siegel, Johann Gottlieb [Praes.], s. Höltermann, Gottlob Ehrenreich: De testatore suae voluntatis interprete.

Siegel, Johann Gottlieb [Praes.], s. Hoernigk, Karl Ernst: Observationes forenses varii argumenti.

Siegel, Johann Gottlieb [Praes.], s. Hückelhaven, Johann Balthasar von: Selecta juris Rigensium cambialis capita explicata, atque observationibus illustrata exhib.

Siegel, Johann Gottlieb [Praes.], s. Kober, Friedrich Gottlob: De dolo translationem dominii impediente.

Siegel, Johann Gottlieb [Praes.], s. Lindemann, Friedr. Aug.: De legitima ex feudo petenda.

Siegel, Johann Gottlieb [Praes.], s. Lingk, Karl Ludw.: De cautione fideicommissorum nomine praestanda.

Sigelius, Jo. Gottl.: Tractatus de literis investiturarum, von Lehn-Briefen. Lipsiae 1739.

— de literis investiturarum. 4. *Lips.* Klaubart. 739.

Siegel, Johann Gottlieb [Praes.], s. Müller, Karl Christian: Problema an hypotheca tacita in feudo debito feudali contrahatur, sistens.

Siegel, Johann Gottlieb [Praes.], s. Pauli, Christoph Gottlob: De genuino privilegiorum conceptu.

Siegel, Joh. Gli.: Principia juris feudalis. (Ed. II.) *Lips.* (738.) 766. 8.

— pricipia iuris feudalis. 8. ibid. 746.

— Jo. Gottl.: Principia iuris feudalis ex iure imperii, Germanico Longobardico atque electorali Saxonico deprompta et usui fori accommodata. Ed. nova. Lipsiae 1766.

Siegel, Johann Gottlieb (Klosterhaeseler) A. S. 373/17

Dissertatio inauguralis juridica de rescissione emtionis venditionis ex tunc et ex nunc (vulgo ut vocant). Präs. Gottfried Ludwig Mencken.
Wittenberg (Gerdes) 29. VI. 1719. 39 S.

W. v.: Präs. 32603

Siegel, Johann Gottlieb (Klosterhaeseler) A. S. 168/18

Dissertatio inauguralis juridica de rescissione emtionis venditionis ex tunc et ec nunc (vulgo ut vocant). Präs. Gottfried Ludwig Mencken. Rec.
Wittenberg 1737. 39 S.

Diss. 29. VI. 1719.
W. v.: Präs. 32604

Siegel, Johann Gottlieb [Praes.], s. Rudolph, Christian David: De jure pedum, Von Rechte der Füsse.

Siegel, Johann Gottlieb [Praes.], s. Schinck, Johann Christoph: De fundamento judicialis pecuniae depositionis in processu cambiali jure electorali Saxonico admittendae.

Siegel, Johann Gottlieb [Praes.], s. Schmid, Christian Gottfried: De creditoribus societatis privatis socii creditoribus non praeferendis.

Siegel, Johann Gottlieb [Praes.], s. Schuchmann, Jo. Günther: De feudo foemineo proprio.

Siegel, Johann Gottlieb [Praes.], s. Schuler, Heinrich Gottlob: De divisione feudi successionem simultanee investitorum non restringente.

Siegel, Johann Gottlieb [Praes.], s. Siegel, Georg Gottlieb: De simultanea investitura sine consensu vasalli impetrata, Von der Mitbelehnschafft, welche ohne des Lehn=Mannes Einwilligung erlanget wird.

Siegel, Johann Gottlieb [Praes.], s. Steinhaeuser, Johann Adolph: De arbitrio ex iuribus Romanis et Germanicis illustrato Von dem Ausspruch derer Schieds=Richter Nach Römisch=und Teutschen Rechten.

Siegel, Johann Gottlieb [Praes.], s. Teifel, Christian Friedrich: De rerum haereditariarum usucapione.

Siegel, Johann Gottlieb [Praes.], s. Trentsch, Christoph: De indossato reconveniendo.

Siegel, Johann Gottlieb: „Fürsichtiger Wechselgläubiger, das ist: gründlicher Unterricht, was diejenigen, so ihr Geld auf Wechsel sicher zu verleihen begehren, sowol vor, als bey und nach Schliessung des Wechsels zu beobachten haben", Leipzig 1726. — 2. Auflage, welcher viele Anmerkungen und der 2. Teil hinzugefüget, Leipzig 1739, vorh.: Com. Bibl. Hamburg. — 3. Auflage, herausgegeben von August Friedrich Schott, Leipzig 1776, vorh.: Bibl. des Kammergerichts Berlin — Ff. 2220³ — und Bücherei der Industrie- und Handelskammer Leipzig.

Siegel, J. Gli.: Fürsicht. Wechselgläubiger, d. i.: Gründl. Unterr., was diejen., so ihr Geld auf Wechsel sicher zu verleihen begehren, sowohl vor, als auch bey u. nach Schliess. d. Wechsels zu beachten haben. 3. Aufl. m. Anmerkk. hrsg. v. A. F. Schott. *Leipzig*, Schwickert. (739.) 776. gr. 8. (12 Gr.)

Siegel, Johann Gottlieb [Praes.], s. Winckler, Georg Zacharias: De bonis uxoris malitiosae desertricis, Von Vermögen einer Frauen, so den Ehemann bösslich verlässet.

Siegel, Johann Karl Gottlob

Siegel, J. C. G., Anhaltepunkte zum biblisch-christl. Katechumenenunterichte für Lehrende u. Lernende. 8. (1 B.) Leisnig 844. (Leipzig, Klinkhardt.)

Siegel, Joh. Carl Glob., Worte des Glaubens, der Liebe u. der Hoffnung, in 3 Predigten ausgesprochen. gr. 8. (54 S.) Leisnig 847. (Leipzig, Arnold.) baar 1/6 ℛ

Siegel, John, Beiträge zur Kenntnis des Vaccineerregers. (10 S. m. Abbildgn.) Lex.-8. Berlin 904. (G. Reimer.) n. — 50
Sonderabdruck aus: „Sitzungsber. d. preuss. Akad. d. Wiss".

SIEGEL, John (Stade): Zur Kenntniss des primären Pflasterepithelkrebses der Lunge.- München: Straub 1887.20 S.
20.7.1887 - Chr 1887/88,17; Jv 1887/88,216
Diss. Ingolst.-Landsh.-Mchn.

Siegel, John, zur Kenntniss des primären Pflasterepithelkrebses der Lunge. Diss. München 1887, A. Buchholz. 8°. 20 S.

Siegel, d. Mundseuche (Stomatitis epidemica, Maul- u. Klauenseuche d. Menschen). [Aus: „Archiv f. Laryngol."] gr. 8. (29 S. m. 8 Abb. u. 1 farb. Taf.) Berlin 895. A. Hirschwald. n. 1. 60

Untersuchungen über die Ätiologie der Pocken und der Klauenseuche. Von Dr. med. John Siegel. Mit 2 Taf. Berlin: Akad. d. Wiss. 1905. (34 S.) 4°
Aus: Abhandlungen d. Kgl. Preuß. Akad. d. Wiss. 1905. Anh. [05. 18317]

Untersuchungen über die Ätiologie des Scharlachs. Von Dr. med. John Siegel. Mit 1 Taf. Berlin: Akad. d. Wiss. 1905. (14 S.) 4°
Aus: Abhandlungen d. Kgl. Preuß. Akad. d. Wiss. 1905. Anh. [05. 1831]

Untersuchungen über die Ätiologie der Syphilis. Von Dr. med. John Siegel. Mit 2 Taf. Berlin: Akad. d. Wiss. 1905. (15 S.) 4°
Aus: Abhandlungen d. Kgl. Preuß. Akad. d. Wiss. 1905. Anh. [05. 3310]

Siegel, Jos., Karlsbrunn und seine Mineralquellen in Oesterreich-Schlesien. 8. (79 S.) Troppau 886. (Freudenthal, Krommer.) * — 80

Siegel, Julius, Rechtspraktikant a. München: Die Blankettерklärung. Ihre juristische Konstruktion u. ihre Behandlung nach d. mat. Recht u. d. Prozeßrecht. München: J. Schweitzer 1908. (VIII, 69 S.) 8° [J.]
München, Jur. Fak., Ref. v. Seuffert, Diss. v. 15. Juli 1908
[Geb. 14. April 84 München; Wohnort: München; Staatsangeh.: Bayern; Vorbildung: Ludwigs-Gymn. München Reife Juli 02; Studium: München 7, Berlin 1 S.; Rig. 15. Juli 08.]

Siegel, Karl, Rechtsprakt.: Die Abtretung des rechtshängigen Anspruchs nach der deutschen Zivilprozeßordnung. Borna-Leipzig 1910: Noske. VI, 68 S. 8°
Erlangen, Jur. Diss. v. 20. Juni 1910, Ref. Oertmann
[Geb. 23. Sept. 84 Kandel; Wohnort: Kandel; Staatsangeh.: Bayern; Vorbildung: Gymn. Landau Reife 04; Studium: München 6, Erlangen 2 S.; Rig. 23. Febr. 10.] [U 10. 704

Siegel, Carl, Arbitrage-Tabellen f. österr. Credit-Aktien Frankfurt/Hamburg-Berlin. gr. 4. (8 Tab. m. 1 Bl. Text.) Lübeck 894. (Lübcke & Hartmann.) Kart. n. 3. 80

Siegel, Carl, Entwickelung der Raumvorstellung des menschlichen Bewusstseins. Eine psycholog. Analyse. gr. 8. (IV, 52 S.) Wien 899. F. Deuticke. n. 1. 40

Herder als Philosoph. Von Dr. Carl Siegel, Privatd. Stuttgart & Berlin: J. G. Cotta Nachf. 1907. (XVI, 245 S.) 8° [07. 16035

Siegel, Carl, Hermann v. Löhner, s.: Commedia, la divina.

Siegel, Karl, Naturgesetzlichkeit u. Vitalismus, s.: Beilage, wissenschaftliche, zum 22. Jahresbericht der philosoph. Gesellschaft an der Universität zu Wien.

Zur Psychologie und Theorie der Erkenntnis. Von Dr. Carl Siegel, Privatd. zu Brünn. *Leipzig: O. R. Reisland 1903.* (VIII, 180 S.) 8° [03. 9553

Siegel, K., über Raumvorstellung u. Raumbegriff, s.: Beilage, wissenschaftliche, zum 18. Jahresbericht der philosophischen Gesellschaft an der Universität zu Wien.

Siegel, Carl, über die Vertheilung der Liebesgaben. Ein Beitrag zur freiwill. Armenpflege. gr. 8. (VII, 92 S.) Heidelberg 877. C. Winter. n. 2. —

Siegel, Carl [Justizref. aus Stuttgart]: Verwechslungsfälle bei Anstiftung ... Göttingen, Druck d. Dieterich'schen Univ.-Buchdr., 1895; 52 S. 8.
Göttingen, Jur. Fak., Inaug.-Diss. v. [4. Febr.] 1895

Siegel, Karl Christian Friedrich

Siegel, Car. Chrstn. Fred., de artibus, quibus signum crucis in sacris Christianorum materiem praebuit. Comment. theol. 8maj. (3½ B.) Lipsiae 839, C. H. Reclam sen.

—— homilet.-prakt. Bearbeitung d. neu verordn. epistol. Perikopen in d. Kirchenagende d. Königr. Sachsen, als Nachtr. gehörig zu d. neuen Materialien zu Kanzelvorträgen üb. d. Sonn- u. Festtags-Episteln 2c. Nebst e. vollständ. Sachregister üb. d. ganze Werk. gr. 8. (13½ B.) Leipzig 836, C. H. Reclam sen.
Dess., neue Materialien zu Kanzelvorträgen. Ebendas. 1827. 5 Thlr.

Siegel, C. Chr. Frdr., Handbuch der christlich-kirchlichen Alterthümer in alphabetischer Ordnung mit steter Beziehung auf das, was davon noch jetzt im christlichen Cultus übrig geblieben ist. 1r Bd. gr. 8. 1835 u. 1836.

Siegel, Karl Christ. Fr., Handbuch der christlich-kirchlichen Alterthümer, in alphabet. Ordnung, mit steter Beziehung auf das, was davon noch jetzt im christl. Cultus übrig geblieben ist. 4 Bde. gr. 8. Leipzig 835—38. Schumann. 10 ℛ

—— Handbuch d. christl.-kirchl. Alterthümer, in alphabet. Ordn., mit steter Bezieh. auf das, was davon noch jetzt im christl. Cultus übrig geblieben ist. 4 Bde. gr. 8. (138½ B.) Leipzig 835—38, [T. O. Weigel.]

Siegel, Karl Christian Friedrich, s. Magazin von Kasual-, besond. kleinen Amtsreden.

Siegel, Carl Chrstn. Friedr., neue Materialien zu Kanzelvorträgen üb. d. Sonn- u. Festtags-Evangelien. 2 Bde. gr. 8. (85 B.) Leipzig 827, 28, Reclam.

—— Predigt zum Andenken d. verew. Domherrn Tzschirner, gehalt. am Sonnt. Invocavit 1828. (1¼ B.) gr. 8. Leipzig, Reclam.

— Predigt bei Einweihung der Neukirche zu Leipzig. gr. 8. Leipz. 820. (Knobloch). 3 gr.

—— homilet. Rathgeber bei dem Meditiren üb. d. evangel. Perikopen. Zunächst f. angeh. Kanzelredner. 2 Bde. (4 Abthln.) gr. 8. (118 B.) Leipzig 832, 33, Reclam.

—— dass. — Supplementbd. gr. 8. (25¼ B.) Ebds. 834.

Siegel, Karl Chr. Fr., die epistolischen Texte in kirchlich-archäologischer, exegetischer u. besonders homiletisch-prakt. Hinsicht, anbequemt dem neuen Perikopenbuche für das Königreich Sachsen. 1. Bd. in 2 Hften. gr. 8. Leipzig 841, Gebhardt u. Reisland. 1½ ℛ — 2. Bd. 1. u. 2. Hft. u. 3. (letzter) Bd. gr. 8. Ebend. 842, 43. 2½ ℛ Alle 3 Bde. 4 ℛ

— dass. 1. Bd., nebst einem Anhange, enthaltend die gleiche Bearbeitung der älteren epistolischen Abschnitte, wie sie noch jetzt in mehreren Ländern des protestant. Deutschlands unverändert geblieben sind. gr. 8. Ebend. 842. 1½ ℛ

— über die Verherrlichung Gottes in dem Leben und Ende ausgezeichneter edler Menschen. Eine Predigt, gewidmet dem Andenken des als Pastor zu St. Nicolai verstorb. Dr. u. Prof. Johann David Goldhorn. gr. 8. Leipzig 836. Reclam. 1/8 ℛ

Imperfekt audibam und Futur audibo. Von L. **Siegel**. Die Berichte d. Photios über d. fünf ältern attischen Redner. Analysiert von A. Vonach. Ad Aeni Pontem: Wagner 1910. 76 S. 8°
(Commentationes Aenipontanae. 5.) [10. 8,83

Siegel, Ludwig, s. Siegel, Franz Ludwig.

Siegel, Maria Kath.

— unentbehrliches Haus- und Kunstbuch, enth. Anweis. zum Seifensieden, Lichtgießen, . ssigbrauen, Einmachen von Früchten rc. (Aus dem Kochbuche besonders abgedruckt.) 8. Elend. 818.

Siegel. M. K., Baier. Kochbuch rc. 9te Aufl.
Auch unter dem Titel:
Allgemeines Kochbuch für Fleisch- und Fasttage. 2te Aufl. 2 Thle. 8. Regensburg, Daisenberger. 818.

Siegel, (Maria, Kath.,) allgemein anwendbares bewährtes bair. Kochbuch für alle Haushaltungen. 10e Aufl. 8. Regensburg 822. Daisenberger.

Siegel, Mar. Kath., Baier. Kochbuch rc. 10e Aufl. A. u. d. T.: allgem. Kochbuch f. Fleisch- u. Fasttage. 3e A. 2 Thle. 8. Regensb. 822. Daisenberger.

Siegel, Max, das königl. sächsische Gesetz, die Vollziehung des Arrestes in unbewegliches Vermögen betr., vom 27. Januar 1882, u. die zu Ausführung dieses Gesetzes erlassene Verordnung vom 30. Januar 1882, erläutert. Nebst einem Anh., enth. die zu § 811 der Civilprozeßordnung in den übrigen deutschen Staaten getroffenen Bestimmungen. 8. (IV, 126 S.) Leipzig 882. Roßberg. n. 1. 80

—— die gesammten Materialien zu der Rechtsanwaltsordnung vom 1. Juli 1878. 6 Lfgn. gr. 8. Ebendas. 883. [1.—4. Lfg. (S. 1—512.) à *M 2,50.; 5. und 6. Lfg. (VIII, (S. 513—692.) *M 3,60.] * 13 60

Siegel, Michael, Rechtspraktikant a. Arnstein (i. Ufr.): Moderne Judikatsklagen. Beitrag z. Lehre v. Klage- u. Vollstreckungsrecht. E. prozessuale Grenzuntersuchung. Würzburg 1907: A. Boegler. (VI, 64 S.) 8°
Würzburg, Jur. Fak., Ref. Mendelssohn-Bartholdy, Diss. v. 6. Okt. 1907
[Geb. 14 Sept 82 Arnstein; Wohnort: München; Staatsangeh.: Bayern; Vorbildung: Gymn. Schweinfurt Reife Jul 02; Studium: Berlin 1, München 7 S.: Rig. 26. Juni 07.]

— M., Die Proportionalwahl. Mit e. Anh. (Anleitung f. Wahlkommissäre u. Musterprotokoll). [Aus: „Bayer. Gemeindezeitg."] (32 S.) 8. München, J. Schweitzer Verl. 1908. —. 50.

Siegel, Moritz, Versuch einer Käfer-Fauna Krains. 8. (IV und 120 S.) Laibach 866, Wagner.
Aus: Vereinshefte des krainischen Museal-Vereins, besonders abgedruckt.

Der Walldorfer Lehmkrieg. Gedenkblatt z. 100jähr. Anfall Walldorfs an das Herzogtum Sachsen-Meiningen. Von Moritz F. **Siegel**, Meiningen. Hildburghausen 1906: F. W. Gadow & Sohn. (S. 46–78.) 8° [J.]
— **Schriften** d. Vereins f. Sachsen-Meining. Geschichte u. Landeskunde. H. 53. 3. [06. 1166 9

Siegel, Oskar, Anleitung zur Ausführung qualitativer chemischer Analysen. Für Gewerbeschulen, Bergschulen u. landwirthschaftl. Anstalten. gr. 8. (III, 32 S. m. 6 Tab. in qu. gr. 4. u. qu. Fol.) Liegnitz 875. Cohn.

Siegel, Otto, pract. Arzt aus Tucheim: Die **Resultate der Gaumennaht in der Halleschen Chirurgischen Universitäts-Klinik in den Jahren 1895—1902.** *Halle a. S. 1902: C. A. Kaemmerer & Co.* (24 S.) 8°
Halle, Med. Diss. v. 3. Dez. 1902

Siegel, Otto, wie baut man e. Wohnhaus? gr. 8. (80 S. m. Abbildgn.) Berlin (902). H. Steinitz. n. 1. —

Siegel, P[aul], approb. Arzt in Lassan: **Die Ehrlichsche Diazoreaction und die Gruber-Widalsche Agglutinationsprobe in ihrer Bedeutung** bei Typhus abdominalis. *Greifswald 1904: J. Abel.* (41 S.) 8°
Greifswald, Med. Diss. v. 20. Mai 1904

Siegel, Paul, aus Treuen: Aphra Behns **Gedichte und Prosawerke.** *Halle a. S.: M. Niemeyer 1901.* (47 S.) 8° ¶ (Erscheint vollst. in: Anglia, N. F. 13.)
Leipzig, Phil. Diss. v. [16. Dez.] 1901

Siegel, Paul, Geschichte des 1. Train-Bataillons Nr. 12. Im Auftrage d. Bataillons verf. (VII, 250 S. m. 6 [1 farb.] Taf.) gr. 8. Dresden 910. C. Heinrich. 5. —

Siegel, Paul, Referendar beim Kgl. Landgericht zu Hannover: Die Schadensersatzpflicht der Beamten aus rechtswidrigen Amtshandlungen. Meiningen 1904: Keyssner. (82 S.) 8°
Göttingen, Jur. Fak., Ref. Detmold, Diss. v. 22. Nov. 1904
[Geb. 24. Dez. 80 Meiningen; Wohnort: Meiningen; Staatsangeh.: Sachsen-Meiningen; Vorbildung: Gymn. Meiningen Reife O. 00; Studium: Freiburg i. B. 1, Berlin 1, Heidelberg 1, Berlin 1, Göttingen 2 S.; Rig. 22. Juli 04.]

Siegel, R., die Kategorientafel in Herders Metakritik, s.: Beilage, wissenschaftliche, zum 20. Jahresbericht der philosophischen Gesellschaft an der Universität zu Wien.

Siegel, Rudolf, Kammergerichts-Ref.: Die **Schlüsselgewalt der Ehefrau nach bisherigem deutschen Recht und dem Recht des Bürgerlichen Gesetzbuchs für das deutsche Reich.** *Greifswald 1900: J. Abel.* (46 S.) 8° [J.]
Greifswald, Jur. Diss. v. [26. Okt.] 1900

Siegel, Rudolf, Tierarzt a. Geyer i. Sa.: Aus d. anatom. Institut d. Kgl. Tierärztl. Hochschule zu Dresden. Direktor: Med.-Rat Prof. Dr. Baum. Anatomische Untersuchungen über die äußere Haut des Hundes. Mit 26 Abb. Dresden 1907 (A. Schönfeld). (84 S.) 8°
Leipzig, Med. Fak., Ref. Baum, Diss. v. 6. Dez. 1907
[Geb. 17. Okt. 83 Geyer (Sachsen); Wohnort: Dresden; Staatsangeh.: Sachsen; Vorbildung: Realgymn. Annaberg Reife O. 03; Studium: Tierärztl. Hochsch. Dresden 4, Berlin 1, Dresden 4 S.; Coll. 14. Dez. 08; Approb. 30. Mai 07.]

Siegel, Theodor

Siegel, Thdr., die Gewerbe-Ordnung für das Deutsche Reich. 16. (201 S.) Warburg 882, Schilp. * 1 50
—— dass. — Nach der Redaktion des Reichsgesetzes und der Bekanntmachung vom 1. Juli 1883. Mit erläut. geschichtl. und sonst. Anmerkungen, sowie einem ausführl. Sachregister versehen. gr. 8. (VIII, 101 S.) Bernburg 883, Bacmeister. * 1 —

Siegel, Th., die Gewerbeordnung für das deutsche Reich. gr. 8. Bernburg 883. Gotha, Behrend. * 1 —

—— das Unfallversicherungsgesetz vom 6. Juli 1884 mit einer geschichtl. und sonst. zum Verständniß des Gesetzes dienenden Einleitung und sachgemäßen Erläuterungen aus dessen amtl. Unterlagen, sowie mit einem vollständ. leicht orientir. Register versehen. 8. (VIII, 262 S.) Berlin 884, W. und S. Löwenthal. * 1 50

Siegel, Wolfgang [aus Landau (Pfalz)]: **Über Prostatahypertrophie** und deren neueste Behandlungsmethoden ... Würzburg, kgl. Universitätsdr. v. H. Stürtz, 1896; 28 S. 8.
Würzburg, Med. Fak., Inaug.-Diss. v. 1897

Therapeutisches Taschenbuch der Herzkrankheiten. Von Dr. Wolfgang **Siegel**. Mit e. Vorw. von Geh. Med.R. Prof. Dr. F[riedrich] Kraus. Berlin: Fischer's Med. Buchh. 1910. 80 S. 8°
(Fischer's Therapeutische Taschenbücher. 7.) [11. 14216

Therapeutisches Taschenbuch der Lungenkrankheiten. Von Dr. Wolfgang **Siegel**. Mit e. Vorw. von Geh. Med.R. Prof. Dr. F[riedrich] Kraus. Berlin: Fischer's Med. Buchh. 1910. 198 S. 8°
(Fischer's Therapeutische Taschenbücher. 6.) [11. 14217

Siegel, Wolfg., therapeutisches Taschenbuch der Herzkrankheiten, bezw. der Lungenkrankheiten. s. Fischer's therapeutische Taschenbücher. VII u. VI.

Siegel-Treuhoff, Max J., im Geiste der Zeit. Neujahrs-Festspiel. (11 S.) 8. Znaim 903. Fournier & Haberler. n. — 40

Siegelabbildungen. –

Sigelabbildungen zum Urkundenbuch der Stadt u. Landschaft Zürich. Hrsg. von der Stiftg. Schnyder v. Wartensee in Zürich, bearb. v. P. Schweizer u. H. Zeller-Werdmüller. In Lichtdr. hergestellt v. J. Brunner in Winterthur. (In ca. 10 Lfgn.) 1.—3. Lfg. Fol. (à Lfg. 7 Taf. m. 16 S. Text.) Zürich 891 · 895. Fäsi & Beer. In Mappe. à Lfg. n. 3.—

——— z. Urkundenbuch d. Stadt u. Landschaft Zürich. Hrsg. v. d. Stiftg. Schnyder v. Wartensee in Zürich, bearb. von P. Schweizer u. H. Zeller-Werdmüller. In Lichtdr. hergest. v. J. Brunner in Zürich. 3. Lfg. Fol. (8 Taf. m. 14 S. Text.) Zürich 895. Fäsi & Beer. In Mappe n. 3. — (1.—3.: n. 9. —)

——— zum Urkundenbuch der Stadt u. Landschaft Zürich. Hrsg. v. der Stiftg. Schnyder v. Wartensee in Zürich, bearb. v. P. Schweizer u. H. Zeller-Werdmüller. In Lichtdr. hergestellt von J. Brunner in Zürich. 4. u. 5. Lfg. Fol. (16 Taf. u. Text S. 49—85.) Zürich 899. 902. Fäsi & Beer. In Mappe à n. 3. —

——— zum Urkundenbuch der Stadt und Landschaft Zürich. Hrg. von der Stiftung Schnyder von Wartensee in Z', bearb. von Dr. P[aul] Schweizer. In Lichtdruck hergestellt vom Polygraphischen Institut in Z'. Liefg. 6 (entsprechend dem Band 6 des Urkundenbuches). II S. + S. 87—110 + 10 Tafeln. 4. Zürich, Fäsi & Beer, 1905. [in Mappe fr. 3.—]

——— zum Urkundenbuch der Stadt und Landschaft Zürich. Hrg. von der Stiftung Schnyder von Wartensee in Z', bearb. von Dr. P[aul] Schweizer. In Lichtdruck hergestellt vom Polygraphischen Institut in Z'. Liefg. 7 (entsprechend dem Band 7 des Urkundenbuches). II S. + S. 111—128 + 9 Tafeln. 4. Zürich, Fäsi & Beer, 1909. [in Mappe fr. 3.—]

Siegelbuch der 6 Propheten: Micha, Jona, Obadja, Amos, Joel, Hosea, (welches Constantinus M. von Jerusalem nach Rom geschickt 320.) mit ihrer physikal. Anweisung aus dem Propheten-Buch bibl. arranor. libr. XXXV. in ihren 6 illuminirten Siegeln (das Siegel des Propheten Micha hat die Wirkung, gestohlene Sachen wieder herbeizuschaffen), übersetzt von P. Hoffmann. 746. gr. Fol. 1 B.

Siegele, Hermann [app. Arzt aus Bruchsal]: Über den Nervus Accessorius Willisii im Anschl. an e. Fall v. „rechtsseitiger isolirter Accessoriuslähmg" ... Heidelberg, *Druck v. H. Fiencke, Kiel*, 1896; 39 S. 8.
Heidelberg, Med. Fak., Inaug.-Diss. v. [19. Okt.] 1896

Siegel-Cabinet, Vollstaendiges Braunschweig-Lüneburgisches. Braunschw. 1779—89. V: *Praun, Georg Septimius Andreas von.* (ML) (Ky) (JStBbH)

Siegellack-Fabrikant, der, oder gründl. Anweis., rothes, schwarzes, buntes, in allen Farben, biegsames u. Pack: Siegellack auf die einfachste zweckmäß. Weise, sowohl im Großen, als auch für den Hausbedarf zu verfertigen; hrsgg. von e. Manne, der lange diese Fabrikation prakt. betrieben hat. Mit 2 Steindr. u. 40 Recepten. 8. Meißen 829. Goedsche. 10 gr.

Siegellack-Fabrikant, der, od. gründl. Anweisung, rothes, schwarzes, buntes, in allen Farben, biegsames u. Pack-Siegellack auf d. einfachste u. zweckmäß. Weise, sowohl im Großen, als auch f. d. Hausbedarf zu verfertigen. Hrsg. v. e. Manne, der lange diese Fabrikation prakt. betrieben hat. 8. (4½ B. u. 2 Stnt.) Meißen 829. [Leipzig, Rostosky u. Jackowitz.]

Siegellacksfabrikant und Farbenbereiter, d. selbst lehrende. 8. Neuburg. (Joachim in Leipz.) 802.

Siegellacksfabrikant, der selbstlehrende, oder entdeckte Vorschriften u. Handgriffe alle Arten der schönsten Siegellacke auf die beste Art selbst zu bereiten rc. Neue Aufl. mit 1 Kpf. 8. Leipz. 823. Centr.-Compt.

Siegelring, der, des Salomo. Romant. Trauerspiel in 5 Aufzügen. Nach einer Tradition von L. M. Büschenthal. 8. Berlin, Büreau f. Literatur und Kunst. 820.
Auch unter dem Titel:
Büschenthal, L. M., Schriften. 16 Bdchn.

Siegelring, der, des Salomo. Romant. Trauerspiel rc. Berl., Bureau f. Litt., muß noch heißen: Mit dem Bildn. des Verf., auf Schreibp.

Siegemund, Fritz. Eine biograph. Skizze. Berlin 866. Goldschmidt. gr. 8. (IV, 26 S.) 7½ ngr.

Siegemund, Fritz

Siegemund, Fr., Das Jahndenkmal auf dem Turnplatz der Hasenheide zu Berlin, Berlin 1862, 32 S., 8°.

Siegemund, F., deutsches Turn-Liederbuch, s. Engelbach, G.

Siegemund, Fr., Das Turnwesen in der Mark Brandenburg mit vorzüglicher Berücksichtigung Berlins (S. Abdr. a. d. „Jb. d. dtsch. T. W. auf 1863", hrsg. v. Georg Hirth), Leipzig 1863, 68 S., 8°.

Siegemund, Justine

Die chur- brandenburgische Hof- Wehe- Mutter, das ist: Ein höchst- nöthiger Unterricht, von schweren und unrecht stehenden Geburten, in e. Gespräch vorgestellet,... Von Justinen Siegemundin [Siegemund], geb. Dittrichin. Leipzig: Braun 1715. 260 S. 8°

——— d. preuß. und brandenb. Hofwehemutter, od. Unterricht von schweren und unrecht stehenden Geburten, m. K. 4. Berlin, Lange. 756.

——— die Preuß. u. Brandenburg. Hofwehmutter, od. Unterricht von schweren u. unrecht stehenden Geburten. Mit Kpf. 4. Berl. 756. (Reimer). 1 ₰

Siegemund, geb. Diettrich, Justine: Die König-l(ich) Preußische und Chur-Brandenb(urgische) Hof-Wehemutter. Das ist: Ein höchst nöthiger Unterricht von schweren und unrecht-stehenden Geburthen. In einem Gespräch vorgestellet... nun aber mit einem Anhange heilsamer Artzeney-Mittel, und mit denen dißfalls erregten Controvers-Schrifften vermehret. 360 S., gbd., Abb.

Berlin: Voß 1756

Siegemund, Richard

Siegemund, R., d. individuelle u. soziale Aufgabe d. Erziehung u. d. Pädagogik d. Sozialdemokratie. Vortrag, geh. auf d. Jahreskonferenz d. Direktoren u. Lehrer d. Inspektionsbez. Plauen am 24. Septbr. 1895. gr. 8. (29 S.) Netzschkau 896. A. Stein. n. — 50

Siegemund, Rich., ein deutsches Dichterleben, } s.: Aus uns. Väter Tagen, 24 u. 23.
— aus Weimars Blütezeit, }

Siegemund, Rich., Formular- u. Wirtschaftsheft f. die Oberklassen der Mädchenschulen, sowie für Mädchenfortbildungsschulen. hoch 4. (V, 48 S. m. farb. Abbildgn., 1 Beilage u. 12 S. Briefpap.) Leipzig (899). C. G. Naumann. Geb. n. 1. 25

Siegemund, Rich., **Formular- u. Wirtschaftsheft f. die Oberklassen der Mädchenschulen, sowie f. Mädchenfortbildungsschulen.** (Neue Ausg. m. Postscheckordng. nebst Vorlagen.) (V, II S., 2, 48 S. Formulare u. 12 S. Briefpap.) Lex. 8. Leipzig (909). [C.G. Naumann Verl.] A. Kröner. Geb. 1. 25

— u. Fr. **Rochlitz,** Freiheitsjang u. Bürgertreue. 2 Erzählgn. aus der Zeit des Befreiungskrieges. 1. Sänger u. Helden. Von S. — 2. Tage der Gefahr. Von R. Hrsg. v. R. Siegemund. Mit reichem Bilderschmuck (zumeist nach zeitgenöss. Stichen gezeichnet v. R. Trache). (IV, 110 u. 71 S.) 8. Dresden (904). A. Köhler. Geb. in Leinw. n. 2. 80

— Glockenblumen, s.: Konkordia-Jugendschriften

— **aus der Jugendzeit.** Sammlung v. Jugenderinnergn. (Einschreibebuch.) gr. 4. (55 Blatt m. Anh. f. Lichtbilder u. Postkarten.) Leipzig 899. [Vereinigte Dampf-Buchbindereien Baumbach & Co.] Berlin, Graph. Kunst-Verlag. Geb. in Leinw. m. Goldschn. 6. —

Siegemund, Rich., aus junger Kraft. Poesie und Prosa der bedeutendsten seit dem J. 1850 geborenen Schriftsteller und Schriftstellerinnen Deutschlands. gr. 8. (XI, 280 S.) Großenhain 887, Baumert und Ronge. * 5 50
geb. * 7 50

Siegemund, Rich., unser Lieblingsdichter. (Friedrich v. Schiller.) Der deutschen Jugend gewidmet. Bildschmuck v. E. H. Walther. (176 S.) 8. Dresden 906. A. Köhler.

Siegemund, Richard: A. H. Francke's Stellung zur weiblichen Erziehung. — Grossenhain i. S.: Baumert u. Ronge (1889). 33 S. 8°
Leipzig, Phil. Diss. v. 8. April 1889.

— Tage der Gefahr (Die Völkerschlacht bei Leipzig), s.: Rochlitz, Fr.

— Vorbereitungen f. die erbauliche oder unterrichtliche Behandlung v. Lichtbilder-Reihen in Schulen od. Jünglings- u. Jungfrauen-Vereinen. I. Weihnachtsfeier. gr. 8. (8 u. 4 S.) Dresden 900. Verlag des „Apollo". n. 1. —; erm. Pr. n. — 75

Siegemund, Rich., Weihnachtsbuch f. deutsche Frauen u. Jungfrauen. Zeit- u. Streitbilder aus der Gegenwart. 8. (IV, 189 S.) Leipzig 898. H. Beyer. n. 1. 80; geb. in Leinw. n. 2. 60

Siegen [Schlagwort]

Siegen, s.: Arnsberg, Reg.-Bez. — Deutschland. Karte (Abt. Preussen). Uebersichtskarte. — Radfahrerkarten. Strassenprofilkarte. — Sauerland. — Westfalen. Grundkarte.

Siegen, s.: Radfahrerkarten. Strassenprofilkarte. — Rheinprovinz. Liebenow. — Westfalen. Wegekarte.

Siegen [Verfasser]

Siegen, ..., s. Particularrecht, Oldenburgisches, (v. ... Siegen, G. A. H. Grumberg u. ... Strackerjan).

Siegen, Charles: Acker- und Gartenbauverein des Grossherzogthums Luxemburg unter dem Patronate S. K. H. des Grossherzogs Adolph von Luxemburg. Ausserordentliche Acker- und Garten bau-Ausstellung im Juli 1893 zu Luxemburg. Luxemburg: Jos. Beffort [1893]. – 8 S. 12°

Siegen, Ch.: Bericht über die Pasteur'sche Impfung gegen Milzbrand in Herve. Luxemburg 1882. 11 S.

Siegen, Charles: Grossherzoglicher Ackerbau-Verein unter dem hohen Protektorate S. K. H. des Grossherzogs Adolph. Jubiläums-Ausstellung. 1845–1895. Officieller Catalog mit einem Plane der Ausstellungslokalitäten. – Société grand-ducale d'agriculture sous le haut patronage de S. A. R. le Grand-Duc Adolphe. Exposition organisée a l'occasion du cinquantenaire. Catalogue officiel avec plan de l'Exposition. Diekirch: Justin Schroell 1895. – 134, 2 S. 8°

Siegen, H. J., **jurist. Abhandln., vorzügl. d. Zustand deutscher Gesetzgebung u. Rechtspflege betreff.** gr. 8. (22 B.) Göttingen 834, Vandenhoeck u. Ruprecht.

Siegen, Ioan. (geb. Cöln a. Rh. 3. 2. 1830): De pseudacusi. Berolini (1856). (29 S.) 8°
Berlin, Med. Diss. v. 1. Dez. 1856

Siegen, Karl

Siegen K, der Chronist. Notizen zur Zeitgeschichte. I. Leipzig 1885

Siegen, Karl, **Weimars Fürstenhaus, e. Hort der Künste.** Vortrag, geh. in der Leipziger Goethe-Gesellschaft. (20 S.) gr. 8. Leipzig 908. Leipziger Verlags- u. Kommissionsbuchh. — 60
Sonderabdruck aus: „Deut. Frühling".

Siegen, Karl, Martin Greif, s.: Litteraturbilder fin de siècle. 3. Bdchn.

Siegen, Karl, Thüringer Johannisfeier. Allegorisches Festspiel. 8. (16 S.) Weimar 878, [Dittmar's Buchh.] Zuckschwerdt. * — 50

—— Heinrich v. Kleist und der zerbrochene Krug. Neue Beiträge. 8. (XV, 133 S.) [Sondershausen 879, Faßheber.] Leipzig, Beyer. 2 50

—— s. Kleist, Heinr. v. Das Käthchen v. Heilbronn.

Siegen, Carl, Lorbeerkränze. Deutschlands tapfern Kriegern gewunden. 8. (III, 60 S.) Weimar 871. (Kühn.) n. 1. —

Siegen, Karl, der Redakteur, s.: Was willst Du werden.

Siegen, Theodor (geb. am 8 März 1851 in Rolshoven bei Köln): Ueber die pharmakologischen Eigenschaften von Eucalyptus globulus ... Bonn, Druck v. C. Georgi 1873. 46 S., 1 Bl. 8.
Bonn, Med. Fak., Diss. v. 31 Juli 1873

Siegenbeek, D. T., De Athenarum conditione sub imperio triginta tyrannorum. Diss. 1828. 82 S. 4°. 2.

Siegenbeek, D. T., Responsio ad quaestionem literariam, qua expositio postulatur controversiae de falsa legatione Demosthenem inter Aeschinem agitatae. Gekr. Pr. 1824. 67 S. 4°. 1.25

Siegenbeek, Matthijs, lijst van woorden en uitdrukkingen, met het Nederlandsch taaleigen strijdende. gr. 8. (56 S.) Leiden 847, S. & J. Luchtmans (jetzt: Brill). n. 14 ngr

Siegenbeek, M., s. R. *van Ommeren,* Carmina et Oratio.

Siegenbeek, Matthias, Oratio de incrementis, quae literae Neerlandicae per hos L annos ceperunt, habita d. XXIII. Septbr. a. 1847. 8maj. (56 S.) Lugduni-Batav. 847, S. et J. Luchtmans. *

Siegener, Johann (Frankfurt/M.) A.S. 36/7

De ordinibus exercitus Germanici vulgo Denen Sieben Heerschilden. Präs. Heinrich Christian Senckenberg. Giessen (Lammers) 1. XII. 1742. 16 S. 32607

Siegener, Johann (Frankfurt/M.) A.S. 196/2

Disputatio inauguralis de testatorum potestate in lucra coniugalia pactitia ac statutaria. Occasione statutorum Francof. p. V. tit., 4. 5. 7. Giessen (Lammers) II. 1743. 46 S.

Gew.: Stadt Frankfurt/M. 32608

Siegenfeld, s.: Anthony v. Siegenfeld.

Siegenthaler, Ernst [prakt. Arzt in Otelfingen]: Beitrag zu den Puerperalpsychosen. Wien 1898. 57 S. 8°.
Basel. Med. Diss. 1897/98.

Sieger, Deutschlands, auf Englands Rennbahnen . . . Berlin 1855. V: *Gräfe, Carl.* (Ky)

Sieger im Dreikampf. 10. Deutsches Turnfest zu Nürnberg 1903. Nürnberg 1903. 2 S., 8°.

Sieger, zwei. 8. (4 S.) Barmen 874. Wiemann. — 3

Sieger, zwei. 8. (4 S.) Barmen 883. (Wiemann.) — 3

Sieger, Adele: Aus der Frauenwelt. Eine Auswahl v. Beiträgen d. Köln. Volkszeitung. Hrsg. — Cöln: Bachem (1904). 333 S. 8°

Sieger, Alex. v., Über kathol. u. evang. Christentum u. die Vereinigung der Christen. Düsseldorf, Dänzer, 1827, 8°, 178 S.

v. Sieger, (Kaplan) A., üb. kathol. u. evangel. Christenthum u. die Vereinigung der Christen. Ein Versuch. gr. 8. Düsseld. 827. Dänzer. (Barth in Leipz.)

v. Sieger, A., über gemischte Ehen, ein Wort der Liebe an kathol. u. evangel. Christen. gr. 8. Mühlheim a. d. Ruhr 841, Nieten. n. 1/3 ℔

Sieger, Alex. v., Über gemischte Ehen. Ein Wort der Liebe an kath. u. evang. Christen. Mühlheim a. d. Ruhr, Nieten, 1841, gr. 8°, 2. verb. Aufl., 1 Mk.
Kathol. 1841, Bd. 82 S. 106—7.

Sieger, A., De natura fidei et methodo theologiae ad ecclesiae catholicae theologos. Münster, Theissing, 1839, 8°, 78 S., 1 Mk.

—— Theorie d. Glaubens, aus d. Sprachgebrauche, der Natur d. Sache, u. aus christl. Urkunden, zur Verständigung mit d. hermesischen Schule, u. zur Vervollständig. d. „Urphilosophie" entwickelt. gr. 8. (5 B.) Köln 833, Renard u. Dübyen.

Sieger, Alex. v., Urphilosophie, den Systemen der Dogmatisten, Kants, Jakobis, vorzüglich dem Notwendigkeitssysteme von Georg Hermes gegenüber angedeutet. Düsseldorf, Schreiner, 1831, 8°, VIII, 142 S.
Recens. u. warm empfohlen Katholik Bd. 42 (1831), S. 102—8.

—— Vertheidigung der in d. sogen. „Urphilosophie" aufgestellt. Theorie d. Glaubens geg. Pfarr. J. J. Kreutzer. gr. 8. (1 B.) Düsseldorf 832, Schreiner.

Sieger, A. v., über Wallfahrten. Düsseld. 1821. 8.

—ein Wort über Wallfahrten. gr. 8. Düsseld. 827. Dänzer. (Barth in Leipz.)

Sieger, Al. v., das Zeugniß der allgem. Kirche von der Lehre Jesu Christi. Nachdenkenden Christen vorgelegt. 12. (4 1/2 B.) Düsseldorf 845, Roschütz u. Comp.

Sieger, Anton Heinrich Ignaz (Mannheim) A.S. 625/1

Dissertatio juridica, de statuto, legibus imperii repugnante. Heidelberg (Haener) VIII. 1747. 42 S. 32609

Sieger, Bruno: Die Beugung einer ebenen elektrischen Welle an einem Schirm von elliptischem Querschnitt. Leipzig: Barth 1908. 41 S. 8° ¶(Aus: Annalen d. Physik. Folge 4, Bd 27.)
Würzburg, Phil. Diss. v. 14. Okt. 1908, Ref. Wien
[Geb. 2. Sep. 76 Scheinfeld; Wohnort: Würzburg; Staatsangeh.: Bayern; Vorbildung: Industriesch. Augsburg Reife 94; Studium: München Techn. Hochsch., Erlangen; Rig. 17. Juli 08.] [U 09. 4175

Sieger, Bruno Dr. „Die Beugung einer ebenen elektrischen Welle an einem Schirm von elliptischem Querschnitt". pg. 3—41. 8°. Mit Textfiguren. Leipzig, Ambr. Barth.
Würzburg, Progr. 1908/09

SIEGER, Dr. Franz. Verbotene Leidenſchaften. (Äußerer Titel: Unterleibsbeſchwerden bei Frauen.) Leipzig, Oskar Müller, 1904. 2 Bde. 8°.
Verb. d. Ldg. I Berlin 38 J. 1034/12.

v. Sieger, G. Jos., Siona, oder Belehrung, Warnung u. Ermahnung für Aeltern, Mädchen u. Jungfrauen, zunächst dem Bürgerstande gewidmet. (Allgemeine Volksschriften. 1. Bdchn.) gr. 12. Düsseldorf 841, Roschütz u. Co. 1/2 ℔

Sieger, G. Jos. v., allgem. Volksschriften. 1. u. 2. Bdchn. — A. u. d. Ttln.: Siona, od. Belehr., Warn. u. Ermahn. f. Aeltern, Mädchen u. Jungfrauen, zunächst d. Bürgerstande gewid. 2. verm. u. verb. Aufl. — Gregor, od. Belehr. ꝛc. f. Knaben u. Jünglinge. 8. (18 1/4 B.) Düsseldorf 841, 42, [Cöln,] Roschütz u. Comp.

Sieger, Jos(eph) Ferdinand: Die Heilquellen von Topusko in Croatien. 138 S., gbd.

Carlstadt: Prettner 1845

Sieger, Pfarrer M. . . . , Ansichten u. Gefühle bei Lesung der Schrift: „Die Seherin von Prevorst." gr. 8. Heilbr. 831. Drechsler. 2 ℔

Sieger, Robert

Sieger, Rob., die Adria u. ihre geograph. Beziehungen, s.: Vorträge des Vereines zur Verbreitung naturwiss. Kenntnisse in Wien. 41. Jahrg. 10. Hft.

Sieger, Robert: Die Alpen. Mit 19 Vollbildern u. Abb. u. 1 Kt. d. Alpeneinteilung. Leipzig: Göschen 1900. 170 S. 8°

— die Alpen, s.a. Sammlung Göschen. 129

Sieger, Robert: Neue Beiträge zur Statistik der Seespiegelschwankungen. ([S.-A.] Bericht über das Vereinsjahr des Vereins der Geographen an der Universität Wien.) (Wien 1888.) 14 S. 8°. [B 8546

Sieger, Robert: Der Bodensee-Ausflug des X. Deutschen Geographentages in Stuttgart 1893. ([S.-A.] Globus. Bd. 64. Nr. 6.) Braunschweig 1893. 4 S. 4°. [E 530

Sieger, Robert: Zur Entstehungsgeschichte des Bodensees. Mit einer Kartenskizze. ([S.-A.] Festschrift für Ferd. Frhr. v. Richthofen. S. 55—76.) Berlin 1893. 22 S. 4°. [E 527

Sieger, Rob., Geographie des Welthandels, s.: Andree, Karl.

Sieger, Robert: Gletscher- und Seespiegelschwankungen. ([S.-A.] Mittheilungen des Deutschen und Oesterreichischen Alpen-Vereins. 1888.) München 1888. 12 S. 8°. [B 7401

Sieger, Rob., Handelsgeographie, s.: Zehden, Karl.

Sieger, Rob., s.: **Jahresbericht,** geograph. üb. Österreich.

Sieger, Robert: Die Schwankungen der hocharmenischen Seen seit 1800 in Vergleichung mit einigen verwandten Erscheinungen. Inhalt: 1. Das Wansee-Gebiet. 2. Ostarmenische und kleinasiatische Seen. 3. Vermuthliche Ursachen der Schwankungen des Seespiegels ... Gletscher-Veränderungen. 4. Zur Frage allgemeiner Klimaschwankungen. ([S.-A.] Mittheilungen der k. k. Geographischen Gesellschaft in Wien. Bd. 31 Jahrg. 1888.) Wien 1888. (II), 89 S. 1 Tf. 8° [G 1238

Sieger, Robert: Schwankungen der innerafrikanischen Seen. ([S.-A.] Bericht über die 13 Vereinsjahr des Vereines der Geographen an der Universität Wien. S. 41 -60.) (Wien 1887.) 20 S. 8° [I 6585

Sieger, Robert: Eine hydrographische Studie Swedenborg's. ([S.-A.] Nachrichten über Geophysik. Bd. 1.) Wien 1891. 12 S. 8°. [B 8556

Sieger, Robert. Studien über Oberflächenformen der Gletscher. 1. 2. Wien 1896 u 1898. 15; 7 S.
= Berichte über die wissenschaftlichen Unternehmungen des D. u. Ö. Alpenvereins. 7 u. 13. 8°. [Z 151

Sieger, Rob., postglaciale Uferlinien des Bodensees. [Aus: „Schriften d. Ver. f. Gesch. d. Bodensees".] Lex.-8. (19 S.) Lindau 898. (J. Th. Stettner.) n. — 80

Sieger Robert: Wann entstand der Satt el Arab? H. 1885 PN 416 Diss. Wien, Univ. 705

Guilelmus Sieger [Wilhelm Sieger]: De Psoitide ab aliis morbis, quibuscum simile quid habet, accuratius dignoscenda. Berolini (1826:) Brüschcke. 24 S. 8
Berlin, Med. Diss. v. 25. Febr. 1826

Siegerist, Frz., Beschr. und Erklär. d. Staarnadelmessers und Gegenhalters, m. K. 8. Grätz, Ferstl. 782.

Siegerist, Frz., Beschreib. u. Erklär. des Staarnadelmessers u. Gegenhalters. Mit 1 Kpf. 8. Grätz 783. Ferstl.

100 Ausflüge um Berlin mit 12 Ill. u. 20 Karten von Georg **Siegerist.** Berlin: E. Spiro, Wilmersdorf 1907. (176 S.) 8° [J.] [07. 8570

Siegerist, Geo., 100 Ausflüge um Berlin, m. 12 Illustr. u. 20 Karten. 2. durchgeseh. u. verb. Aufl. (176 S.) kl. 8. Berlin 908. (Mickisch, Segler & Co.) 1.50

— **Märkische Wanderfahrten.** Ein- bis dreitäg. Ausflüge in die Mark. Mit 10 Karten. (VI, 97 S.) kl. 8. Ebd. 908. Kart. 1.50

Siegerist, H., Polizeisekretär. Adressbuch des Kantons und der Stadt Schaffhausen mit Feuerthalen, nach dem neuesten amtlichen Material zusammengestellt. In-8°, III u. 123 S. Schaffhausen, Th. Kober (vormals Brodtmann'sche Buchhandlung). 1886. geb. 3 50

Siegerist, Karl. Ein Wort auf die Erklärung der Maschinenbauer. Druck von L. Zahleinger. 1 Bl. Fol.
Flugblatt. Berlin, 17. April 1848.

Siegerist, Moritz. — Gedichte. 8. (56 S.) Grätz. Kommission von August Hesse. Druck von J. A. Kienreich. 1853.

Siegerist-Scheitlin, H[einrich]. Geschichte der Gemeinnützigen Gesellschaft Schaffhausen. 59 S. 8. Schaffhausen, H. Meier & Co., (1901).

Siegerist-Scheitlin, H[ein]r[i]ch. Die landwirtschaftliche Lohnstatistik im Kanton Schaffhausen. Referat, vorgelegt der Schweizerischen statistischen Gesellschaft bei ihrer Jahresversammlung in Schaffhausen. Separatabdruck aus ... der «Zeitschrift für schweizerische Statistik», Jahrg. 1903. 22 S. 4. [Bern, Stämpfli & Cie.]

Siegerland, s.: Bergbau. Gangkarte. — Sauerland.

Siegerlisten des 14. Kreisturnfestes (Kr. VI) Hameln, 3.—5. 7. 1909. Hannover 1909, 15 S., 4°.

Siegers, Johann Hubert Zusammenstellung der bei Malmedy vorkommenden Phanerogamen und Gefäfskryptogamen mit ihren Standorten. 32 S. Progr. *Malmedy* 1885.

Siegers, P., Hochzeitsglocken. Blätter der Erinnerg. m. Dichtersang u. Herzensklang. (128 S.) gr. 8. Leipzig (908). E. Sonnenhol. Geb. in Leinw. m. Goldschn. n. 3. —

Siegert und Langerhanns, der Fuß-Artillerist. Ein Handbuch für den theoret. Unterricht der Fuß-Artillerie. Auf dienstl. Veranlassung bearb. gr. 8. (XX, 915 S. mit 201 in den Text gedr. Holzschn.) Berlin 876, Voßische Buchh. * 6 —
—— —— dass. — 2., bis auf die neueste Zeit ergänzte Aufl. gr. 8. (XXIV, 752 S. mit ca. 200 in den Text gedr. Holzschn.) Ebendas. 879. * 6 —

Siegert u. Langerhanns. Der Fuß-Artillerist. Ein Handbuch f. den theoret. Unterricht der Fuß-Artillerie. S. Z. im dienstl. Auftrage bearb. 3. Aufl., ergänzt u. theilweis umgearb. v. Böttcher. Mit 185 in den Text gedr. Holzschn. gr. 8. (XVI, 674 S.) Berl. 889, Voß. * 6 —

Ländliche Gemeindewasserleitungen. Von Landrat **Siegert**-Uslar. Nebst Anh. über 'Der Windmotor als Betriebskraft für Gemeindewasserversorgungsanlagen' von Reg. u. Landesökon.R. Dr. [Emil] Stumpfe, Dahlem. 2. verb. u. erw. Aufl. Berlin: Deutsche Landbuchh. 1909. 45 S. 8° [10. 10679

Siegert, A., die asiatische Cholera und ihre Heilung durch den inneren Gebrauch des Eises. Nebst einem Anhange, in dem einige erfolgreiche Versuche des Eises in seiner inneren Anwendung gegen verschied. Leiden, wie: Durchfall, gastrisches Fieber, Nervenfieber rc. aufgeführt werden. 8. (95 S.) Schwerin 851, [Hildebrand.] *

Siegert, A., das Eis innerlich gebraucht als Heilmittel der asiatischen Cholera, durch eine Menge von Thatsachen bewiesen. Nebst einem Anhange, in dem einige erfolgreiche Versuche des Eises in seiner inneren Anwendung gegen verschiedene Leiden aufgeführt werden. 2. Aufl. 8. (95 S.) Leipzig 852(53.) Fernau. *

SIEGERT, Adolf: Die Wildschadenersatzpflicht nach Reichs- und Landesrecht unter Berücksichtigung der geschichtlichen Entwicklung derselben. - Düsseldorf 1910. 47 S. - Diss. Univ. Rostock, Jur. Fak. 1910

Siegert, C. Die Sprache Lafontaine's mit besonderer Berücksichtigung der Archaïsmen. Diss. Leipzig 1885. 95 S.

Siegert Eduard: Roger Boyle, Earl of Orrery und seine Dramen. (Zur Geschichte des historischen Dramas in England).
1900 PN 1356 Diss. Wien, Univ

Roger Boyle, Earl of Orrery und seine Dramen. Zur Geschichte d. heroischen Dramas in England von Eduard **Siegert**, Dr. phil. (Wien). Wien & Leipzig: W. Braumüller 1906. (75 S.) 8°
= **Beiträge**, Wiener, z. engl. Philologie. Bd 23. [06 8478

— **Führer durch den deutschen Sprachunterricht in der Volks- u. Bürgerschule.** (VII, 159 S.) 8. Wien 908. A. Pichler's Wwe. & Sohn. 3. —

Siegert, Eduard, Geschichte der Pädagogik, s.: Zenz, Wilh.

Siegert, Emil *Gottfried Carl* [Referendar zu Körlin a/Pers.]: Die im Vollbürgerthum enthaltenen bürgerlichen Ehrenrechte nach deutschem Reichsrecht ... Greifswald, Druck v. F. W. Kunike, 1895; 30 S. 8.
Greifswald, Jur. Fak., Inaug.-Diss. v. 1895.

Siegert, Emil Gust., **zur Erinnerung an das Heimatfest in Mügeln vom 21. bis 24. VII. 1900. 4. (36 S. m. Abbildgn.) Leipzig 900. A. Strauch.** n. — 50
Sonderabdruck aus: „Neue sächs. Kirchengalerie".

Siegert, Erich, Referendar am Kgl. Landgericht zu Königsberg: Die Auflage bei Schenkungen nach römischem u. gemeinem Recht mit Berücksichtigung des Deutschen Bürgerlichen Gesetzbuchs. Königsberg i. Pr. 1906: H. Herrmann. (VI, 87 S.) 8°
Königsberg, Jur. Fak., Diss. v. 9. März 1906
[Geb. 28. April 83 Königsberg i. Pr.; Wohnort: Königsberg; Staatsangeh.: Preußen; Vorbildung: Wilh.-Gymn. Königsberg i. Pr. Reife O. 01; Studium: Königsberg 7 S.; Rig. 16. Dez. 05.]

Siegert, F., über die Aufgaben der Gemeinden im Kampfe gegen die Säuglingssterblichkeit m. besond. Berücksicht. der Versorgung der Städte m. Säuglingsmilch. (S. 49—72.) gr. 8. Bonn 906. M. Hager. n. — 60
Sonderabdruck aus: „Centralbl. f. allg. Gesundheitspfl."

Siegert, F., die Chorea minor, der Veitstanz (Sydenham'sche Chorea, Chorea infectiosa), s.: Abhandlungen, Würzburger, aus dem Gesamtgebiet der prakt. Medizin. VIII, 2.

— s.: Hauptregeln f. die Ernährung u. Pflege des Kindes im ersten Lebensjahre.

Siegert, F., vier Jahre vor u. nach der Einführung der Serumbehandlung der Diphterie. Auf Grund v. 37000 operierten Fällen v. Larynxdiphterie im Kindesalter. Mit 13 Tab. u. 23 Kurven. gr. 8. (62 S.) Berlin 900. S. Karger. n. 1. 60
Sonderabdruck aus: „Jahrbuch für Kinderheilkunde".

— s.: Vorträge üb. Säuglingspflege u. Säuglingsernährung.

Siegert, Felix: Haematometra im verschlossnen Nebenhorn des Uterus. Leipzig 1901: B. Georgi. (54 S.) 8°
Leipzig, Med. Diss. v. (26. März) 1901

Siegert, Ferdinand (cand. med.): Ein Beitrag zur Therapie der Spina bifida. ... Lahr, Ernst Kaufmann, 1889; 42 S. + 1 Bl. 8°
Strassburg, Med. Fak., Inaug.-Diss. v. 1889

Siegert, Franciscus Aemilius: De stenosi oesophagi strictura organica. Halis (1836): Orphanotropheum. 30 S. 8°
Halle-Wittenberg, Med. Diss. v. 11. Nov. 1836
Geb. Halle a. d. S. 7. 2. 1833. V.

Siegert, Georg

Siegert, G., Klytaemnaestra. Trauerspiel in 5 Aufzügen. gr. 8. (128 S.) München 870, Th. Ackermann. * 2 —

Siegert, Geo., Klytaemnestra. Tragödie in 5 Aufzügen. 2. (Titel-) Aufl. 8. (128 S.) München (870)79, Merhoff's Verlag. 1 20

Siegert, Geo., Klytaemnestra. Tragödie. 3. Aufl. Bühnen-Ausg. 8. (96 S.) München 882, Merhoff's Verlag. 1 50

Siegert, G., Kriemhild's Rache. Tragödie in 2 Aufzügen. [2. Thl. der Gesamt-Tragödie „Kriemhild".] 8. (103 S.) München 888. J. A. Finsterlin. n. 1. —
Den 1. Thl. bildet: Siegert, G., Siegfried's Tod. 887. n. 1. —

Siegert, Geo., Siegfried's Tod. Tragödie in 3 Aufzügen. 8. (96 S.) München 887. J. A. Finsterlin. n. 1. —

Siegert, Gottlob

Siegert, G., 66 dreystimmige Choralmelodieen. Ein Beytrag zur Beförderung und Erleichterung des Gesangs in Volksschulen. 4. Breslau, Graß, Barth u. Comp. (Leipz., Barth in Comm.) 820. -

Siegert, (G.,) Einhundert (früher 66) dreistimmig gesetzte Choralmelodien. 2e Aufl. 4. Bresl. (Graß, B. u. C.)

[Festgesang] Dem Br. [Heinr.] Middeldorpf am Tage Seines 25 jährigen Maurer-Jubiläums verehrend gewidmet von sämtlichen Mitgliedern der Loge Horus. Componiert von Siegert. Breslau, den 8. Februar 1839. Text von [Karl Immanuel] Kudrass. [Breslau 1839:] Grass, Barth & Comp. 2 Bl. 4°.
Ohne Noten. „Hochfestlich grüsst heut in der Bruder Kette" .. 358a.

Gesang am Stiftungs-Fest der Loge Horus im Or. zu Breslau am 23. Februar 1826. Von [Johann Gottlieb] Rh[ode]. In Musik gesetzt von [Gottlob] Siegert. Breslau o. J.: Grass, Barth & Co. 2 Bl. 8°.
„Vereinigt zum Bunde ..." 358a.

Gesänge bei der Trauer-Feier zum Gedächtniss Sr. Majestät des hochseligen Königs Friedrich Wilhelm III. in der Loge Horus [in Breslau]. Musik vom Br. [Gottlob] Siegert. Breslau [1840]: Grass, Barth & Co. 2 Bl. 8° [Umschlagtit.]
Ohne Noten. 25.

Cantate zur Feier des Stiftungs-Festes der St. Joh.□ Horus im Orient von Breslau. Text vom Br. [Karl Immanuel] Kudrass. Musik vom Br. [Gottl.] Siegert. [Breslau um 1840.] 2 Bl. 8°. [Umschlagtit.]
Ohne Noten: „Horcht! es ruft zur stillen, heil'gen Stunde ..." 21.

Cantate zum Stiftungsfest der Loge Horus im Orient Breslau. [Von Friedr. Wilh.] Gabriel. Musik v. [Gottlob] Siegert. [Breslau] o. J.: 2 Bl. 8°.
„Durch des Tempels heil'ge Pforten" ... 358a.

Cantate zum Stiftungs-Fest der St. Johannis-Loge Horus [in Breslau]. (Text vom Br. [Karl Immanuel] Kudrass. Musik vom Bruder [Gottl.] Siegert.) [Breslau um 1840.] 2 Bl. 8°. [Umschlagtit.]
Ohne Noten: „Gott, du grosser Welten-Meister ..." 21.

Siegert, Gustav

Siegert, Gust., Bilder aus der Heimatsgeschichte Leipzigs. Für Schule u. Haus. gr. 8. (46 S.) Leipzig 891. R. Voigtländer. n. — 60

Siegert, Gust., s.: Cornelia.

— vaterländische Geschichte f. sächsische Schulen, s.: Andrä, J. C.

— die Heimatsgeschichte Leipzigs in den Schulen Leipzigs. Ein Handbuch f. Lehrer u. Erzieher. gr. 8. (47 S.) Leipzig 892. R. Voigtländer. n. 1. 20

Siegert, G., problematische Kindesnaturen. Eine Studie f. Schule u. Haus. 12. (80 S.) Leipzig 889. Voigtländer. n. 1. —

Siegert, Gust., die Periodicität in der Entwickelung der Kindesnatur. Neue Gesichtspunkte f. Kinderforschg. u. Jugenderziehg. 8. (98 S.) Leipzig 891. R. Voigtländer. n. 1. 20

— das Problem der Kinderselbstmorde. 8. (96 S.) Ebd. 891. n. 1. 20

— Königr. Sachsen, s.: Weber, Hugo.

— Was? Wer? Wann? Wie? 4 Fragen zur sexuellen Aufklärg. der Jugend, f. Haus u. Schule beantwortet. (60 S.) 8. Leipzig 907. Teutonia-Verlag. — 50

Geschichten aus dem oberen Erzgebirge. Von **Hans Siegert**. *Annaberg: Graser 1904.* (150 S.) 8° [F.]
= **Tannengrün.** Bd 4.

Schwarzbeer' von Hans **Siegert**. Annaberg: Graser 1909. (48 S.) 8° [F.]
= **Gedichte** u. Geschichten in erzgebirg. Mundart. H. 24. (08. 17303

Die neie Stroß. Schwank in '1 Aufzug in erzgebirg. Mundart von **Hans Siegert**. *Annaberg: Graser 1904.* (27 S.) 8° [F.]
= **Familien- u. Vereinstheater, Erzgebirgisches.** H. 5. (04. 3893

Ta-Zappen von Hans **Siegert**. Annaberg: Graser 1907. (48 S.) 8° [F.]
= **Gedichte** u. Geschichten in erzgebirg. Mundart. H. 23. (08. 965

Siegert, Hans, A bieser Traum. Schwank in 1 Aufzug in erzgebirg. Mundart. 8. (32 S.) Annaberg 897. Graser. n. — 60

A bieser Traam. Schwank in 1 Aufzug in erzgebirg. Mundart von **Hans Siegert**. 2. Aufl. *Annaberg: Graser 1904.* (29 S.) 8° [F.]
= **Familien- u. Vereinstheater, Erzgebirgisches.** H. 1. (04. 1047

Siegert, Johann Christian

Bundeslied zum 24sten Juni 1858; vom Br. [Joh. Christian] **Siegert.** Halberstadt [1858]: Hörling. 2 Bl. 8⁰ [Umschlagtit.]
Ohne Noten: „Wem lodern die heiligen Kerzen?“ 282.

Festgabe zum 24. Juni, vom Br. [Joh. Christian] **Siegert.** [Halberstadt] o. J.: Dölle. 1 Bl. 8⁰ [Kopftit.]
Lied ohne Noten: „Sehet, Alles verkündet uns Freude . . .“ 282.

Gabe der Liebe zum Bundesfeste, am 24. Juni 1849, vom Br. [Joh. Christian] **Siegert.** Halberstadt [1849]: Wenig. 1 Bl. 8⁰ [Kopftit.]
Lied ohne Noten: „Nur Freude wohnt in unsern Hallen, . . .“ 282.

Gabe der Liebe zur Einweihungsfeier der neuen Bauhütte der ehrw. St. Johannis-Loge z. d. 3 Hammern in Halberstadt, am 24. Jan. 1853, von [Joh. Christian] **Siegert.** [Halberstadt 1853]: Dölle. 1 Bl. 8⁰ [Kopftit.]
Lied ohne Noten: „Naht Euch mit Dank . . .“ 282.

Gabe der Liebe zum Weihefeste der gesetzmässigen, verbesserten und vollk. St. Johannis-Loge zur goldnen Waage in Quedlinburg am 19. Aug. 1846; vom Br. [Joh. Christian] **Siegert.** Quedlinburg [1846]: Franke. 2 Bl. 8⁰ [Umschlagtit.]
Gedicht: „O denkt daran: wie nur ein Herz voll Liebe . . .“ 282.

Lied an die Freude, den Brüdern gewidmet zum 19. Aug. 1853; vom Br. [Joh. Christian] **Siegert.** Halberstadt [1853]: Dölle. 1 Bl. 8⁰ [Kopftit.]
Ohne Noten: „Noch lacht uns Freude überall entgegen, . . .“ 282.

Liederkranz für Brüder-Freimaurer. Hrsg. von J[oh.] C[hristian] Siegert. Halberstadt [1854]: Dölle. X, 124 S. 8⁰ 23.

Siegert, Johann Christoph

Siegert, Joh. Chrph., medicinisch-therapeutisches Wörterbuch oder Repertorium der vorzüglichsten Kurarten, welche in den letzten Decennien von den Aerzten aller Länder in der Praxis angewendet und empfohlen worden sind. (Fortsetzung und Suppl. zu dem medicinisch-chirurgisch-therapeutischen Wörterbuche.) Lex.-8. (VI und 739 S.) Berlin 856, A. Hirschwald. *

Siegert, Jean Fridr. [illegible] (geb. Frankfurt a. M. 1831): Analecta ad organi visus physiologiam. Berolini (1857). (29 S.) 8°.
Berlin, Med. Diss. v. 4. Juli 1857

Siegert, Jean Theophilus Benj. (geb. Angostura in Venezuela 13. 10. 1825): De steatomate ante glandulam pituitariam cerebri sito. Berolini (1849). (33 S.) 4°.
Berlin, Med. Diss. v. 2. Apr. 1849

Siegert, Carl, Grundlagen zur ältesten Geschichte des bayerischen Hauptvolksstammes und seiner Fürsten. Mit 1 (lith.) Karte. München 854. Franz in Comm. gr. 8. (VIII, 357 S.) n. 2 ℛ.

Siegert, Carl Augustus Osw. (geb. Dirsdorf in Schles. 17. 3. 1829): De vinctura gypsea Matthyseniana. Berolini (1855). (29 S.) 8°.
Berlin, Med. Diss. v. 20. Aug. 1855

Siegert, Curt Erich: Die Myomoperationen der Univers.-Frauenklinik zu Freiburg i. Br. vom 1. Oktober 1904 bis 1. März 1908. Emmendingen: Dölter 1910. 78 S. 8°
Freiburg i. B., Med. Diss. v. 1910, Ref. Krönig
[Geb. 21. Dez. 82 Sorau; Wohnort: Sorau; Staatsangeh.: Preußen; Vorbildung: Gymn. Sorau Reife O. 02; Studium: Berlin 1, Marburg 2, Kiel 2, Breslau 2, Freiburg i. B. 4 S.; Coll. 18. Dez. 08.] [U 10. 1005

Siegert, Leo

Siegert (L.). Bericht über die Begehungen der diluvialen Ablagerungen an der Saale im Anschluss an die Konferenz der Direktoren der Deutschen geologischen Landesanstalten im Jahre 1908.
Aus: Jahrb. d. Kgl. Preuss. Geol. Landesanst. f. 1909, Bd 30, T. 2, H. 1.

Siegert, L., zur Kritik des Interglazialbegriffes. (S. 551—565 m. 10 Fig.) Lex. 8. Berlin (N 4, Invalidenstr. 44) 908. Vertriebsstelle der kgl. geolog. Landesanstalt. nn — 50
Sonderabdr. a.: „Jahrb. d. kgl. preuss. geolog. Landesanst."

Siegert, Leo, aus Greiz: **Die versteinerungsführenden Sedimentgeschiebe im Glacialdiluvium des nordwestlichen Sachsens. Mit 8 Textfig.** *Halle a. S. 1898: E. Karras.* (106 S.) 8° ¶ [Aus: Zeitschrift f. Naturwissenschaften, Bd 71, H. 1 u. 2.]
Leipzig, Phil. Diss. v. [19. Okt.] 1898

Siegert, Leo, die versteinerungsführenden Sedimentgeschiebe im Glacialdiluvium des nordwestl. Sachsens. gr. 8. (102 S. m. 8 Fig.) Leipzig 898. Stuttgart, E. Schweizerbart. n. 1. 60
Sonderabdruck aus: „Zeitschr. f. Naturwissenschaft".

Siegert, Max: Aus der deutschen Wirtschaftsgeschichte des 17. Jahrhunderts. *Aue (1900): F. O. Grunert.* (S. 3—23.) 4°
Aue, R m. PG, OP 1900 (596)

Siegert, Oskar (St. Michaelis)
Ueber die Chlorwasserstoffsäure abspaltende Wirkung von Halogenmetallen.
Giessen: W. Keller 1878. 24 S.
Diss. phil. 1878. vorh. 26. 7.

Was muss man von der Völkerkunde wissen? Allgemeinverständl. dargest. von Dr. Oswald **Siegert**. *Berlin: H. Steinitz (1900).* (128 S.) 8° [F.] [illegible]

Siegert, Paul Theodor, Referendar in Kamenz: **Rechtliche Natur und Stellung des Testamentsvollstreckers nach dem BGB.** *Leipzig 1903: E. Hedrich Nachf.* (V, 91 S.) 8° [F.]
Leipzig, Jur. Diss. v. 1903

Siegert, Paul Thdr., rechtliche Natur u. Stellung des Testamentsvollstreckers nach dem BGB. Diss. (VII, 91 S.) gr. 8. Leipzig 903. (B. Franke.) n. 2. —

Siegert, Rudolf, Referendar in Gießen: **Die Wohnungsfürsorge im Großherzogtum Hessen.** Gießen: A. Töpelmann 1907. (VI, 151 S.) 8°
Gießen, Jur. Fak., Ref. van Calker, Diss. v. 26. März 1907
[Geb. 14. März 82 Wesel; Wohnort: Gießen; Staatsangeh.: Preußen; Vorbildung: Gymn. Mulhausen i. E. Reife M. 01; Studium: Freiburg i. B. 2, Heidelberg 2, Gießen 4 S.; Rig. 29. Nov. 06.]

Siegert, Rud., die Wohnungsfürsorge im Grossherzogt. Hessen. Nach jurist. u. nationalökonom. Gesichtspunkten bearb. (VI, 151 S. m. 1 Tab.) gr. 8. Giessen 907. A. Töpelmann. 3. —

Siegert, Wilhelm

Siegert, W., die Förderung der Gesundheit durch Lehrer und Lehrervereine. Vortrag gehalten auf dem fünften deutschen Lehrertage in Görlitz am 4. Juni 1881. gr. 8. (48 S.) Berlin 884, Nicolai'sche Verlagsb. * — 80

Siegert, Wilh., Geschichte d. kgl. preußischen Lehr-Infanterie-Bataillons 1820—1896. Im Auftrage d. Bataillons verf. gr. 8. (174 S.) Berlin 896. E. S. Mittler & Sohn. n. 3. 25; geb. n.n. 4. 25

Siegert, Wilh., das Geschlechtsleben u. seine Verirrungen, s.: **Schönenberger, Frz.**

Siegert, W., s.: **Gesundheitsregeln** f. die Schuljugend.

[F.] Die erste Hilfe in Unglücksfällen und bei plötzlichen Erkrankungen bis zur Ankunft des Arztes. Von W. **Siegert**. M. 35 Abb. . . . *Berlin: W. Möller [1898].* (52 S.) 1 Bd 8. [illegible]

Siegert, W., Kleidung, Schönheit, Gesundheit, s.: **Kiesewetter, Doris.**

— häusliche Krankenpflege. Ein Ratgeber f. d. Familie. gr. 8. (29 S.) Berlin 899. W. Möller. n. — 40

Siegert, Wilhelm: Lebenskunst, s. Schönenberger, Franz.

— die Naturheilkunde, s.: **Schönenberger, Frz.**

Siegert, W., die Naturheilkunde in ihren Anwendungsformen und Wirkungen. Nach den ärztl. Grundsätzen von H. Canitz auf Veranlassung des deutschen Vereins für volksverständl. Gesundheitspflege und für Naturheilkunde bearb. 8. (III, 87 S. mit 9 Fig.) Leipzig 886, Th. Grieben's Verlag. * 1 20

—— dass. — Verb. Aufl. 6. Tausend. 8. (III, 96 S. mit 11 Fig.) Ebendas. 887. * 1 20

—— dass. — 16.—18. Tausend. 8. (V, 101 S.) Berlin 888, Issleib. * 1 20

— die Naturheilkunde in ihren Anwendungsformen u. Wirkungen. Nach den ärztl. Grundsätzen von H. Canitz auf Veranlassg. d. Deutschen Vereins f. volksverständl. Gesundheitspflege u. f. Naturheilkunde bearb. Mit 11 Fig. Verb. Aufl. 19. Tausend. 8. (V, 101 S.) Berlin 889. Issleib. n. 1. 20

Siegert, W. Die Naturheilkunde in ihren Anwendungsformen u. Wirkungen. Auf Veranlassg. d. Berliner Vereins f. volksverständl. Gesundheitspflege u. Naturheilkunde bearb. 4. verb. Aufl. [21.—30. Taus.] 12. (V, 140 S. m. 15 Fig.) Berl. 890, Issleib. 2 —

— d. Naturheilkunde in ihren Anwendungsformen u. Wirkgn. Auf Veranlassg. d. Berliner Vereins f. volksverständl. Gesundheitspflege u. Naturheilkunde bearb. 6., stark verm. Aufl. (31.—42. Taus.) 8. (V, 146 S. m. Abb.) Berlin 894. G. Schuhr. n. 1. 50

[F.] Die Naturheilkunde in ihren Anwendungsformen und Wirkungen. Auf Veranl. d. Berl. Ver. f. volksverst. Gesundheitspflege u. Naturheilkunde bearb. v. W. **Siegert**. 6. stark verm. Aufl. M. zahlr. Abb. . . . *Berlin: W. Möller (1896).* (3 Bl., 223 S., 1 Bl.) 1 Bd 8. [illegible]

[F.] Die Naturheilkunde in ihren Anwendungsformen und Wirkungen, nebst e. Anh. über häusl. Krankenpflege. Von W. **Siegert**. 7. stark verm. Aufl. M. zahlr. Abb. . . . *Berlin: W. Möller (1898).* (2 Bl., 181, 27 S., 1 Bl.) 1 Bd 8. [illegible]

— die Naturheilkunde in ihren Anwendungsformen u. Wirkungen, nebst e. Anh. üb. häusl. Krankenpflege. 7. stark verm. Aufl. Mit zahlr. Abbildgn. gr. 8. (IV, 181 u. 31 S.) Berlin 899. W. Möller. n. 2. —; geb. 3. —

—— Zur Schulgesundheitspflege, s. Cohn, Herm.

—— Die Schulkrankheiten, s. Gesundheits-Bibliothek.

[F.] Die Unkeuschheit, ihre Ursachen, Folgen und wirksame Bekämpfung. Heilg d. Onanie u. ihrer Folgen. E. Mahnwort an d. erwachsene Jugend, an Eltern u. Lehrer. Von W. **Siegert**. Preisschr. d. Deutsch. Bundes d. Vereine f. Gesundheitspflege . . . *Berlin: W. Möller [1896].* (56 S.) 1 Bd 8. [illegible]

[F.] Die Unkeuschheit, ihre Ursachen, Folgen und wirksame Bekämpfung. Heilg d. Onanie u. ihrer Folgen. E. Mahnwort an d. erwachsene Jugend, an Eltern u. Lehrer. Von W. **Siegert**. Preisschr. d. Deutschen Bundes der Ver. f. Gesundheitspflege u. f. arzneilose Heilweise. 3. Aufl. . . . *Berlin: W. Möller [1898].* ([illegible] S.) 1 Bd 8. [illegible]

Die Unkeuschheit, ihre Ursachen, Folgen und wirksame Bekämpfung. Heilung d. Onanie u. ihrer Folgen. Ein Mahnwort an d. erwachsene Jugend, an Eltern u. Lehrer. Von W(ilhelm) Siegert. Preisschrift d. Deutsch. Bundes der Vereine f. Gesundheitspflege u. arzneilose Heilweise. 4. Aufl. *Berlin: W. Möller [1899?].* (48 S.) 8° [F.] (03. 849) 11

— Die Unkeuschheit, ihre Ursachen, Folgen u. wirksame Bekämpfung. Mit besond. Berücksicht. der Onanie. Ein Mahnwort an die erwachsene Jugend, an Eltern u. Lehrer. Preisschrift des deutschen Bundes der Vereine f. Gesundheitspflege u. arzneilose Heilweise. 5. Aufl. (14.—18. Taus.) (47 S.) 8. Berlin, (Bundesvorstand der Vereine f. naturgemäße Lebens- u. Heilweise). — 75; geb. 1. 25

— was junge Leute wissen sollten u. Eheleute wissen müssten, } s.: Schönenberger, Frz.

— Was unsere Söhne wissen müssen, s.: Schönenberger, Frz.

— Was unsere Töchter wissen sollten, s.: Schönenberger, Frz.

Sieges, Wilhelm: Der Abbe Galiani, ein Staatsmann und Volkswirt des XVIII. Jahrhunderts. M.-Gladbach: H. Lapp 1905. (94 S.) 8°
Heidelberg, Phil. Fak., Ref. Gothein, Diss. v. 25. Okt. 1905

Sieges, Wilhelm: Die Zahlung der Geldstrafe durch Dritte. Krefeld 1903: Kramer & Baum. (95 S.) 8°
Erlangen, Jur. Diss. v. 29. Okt. 1903

Siegesallee, Die. Amtlicher Führer durch die Standbildergruppen . . . Berlin 1900. V (Text): *Sternfeld, Rich.* (Berl)

Siegesallee, die. Amtlicher Führer durch die Standbildergruppen. Hrsg. auf Veranlassg. des königl. Unterrichtsministeriums. gr. 8. (84 S. m. Abbildgn.) Berlin (900). M. Oldenbourg. n. — 50

Siegesallee, die, in Berlin. Ein Album v. Orig.-Photographien der 32 Standbilder u. Nebenfiguren. Poetischer Text v. Herm. Walthari. (31 Taf. m. Text auf der Rückseite u. VI S. Text.) qu. Fol. Berlin-Steglitz (903). Neue photograph. Gesellschaft. In Leinw.-Mappe n. 10. —

Siegesallee, die, in Berlin. Ein Album v. Orig.-Photographien der 32 Standbilder u. Nebenfiguren. Poetischer Text v. Herm. Walthari. (V S. u. 32 Doppels.) 27,5×35,5 cm. Berlin-Steglitz (907). Neue Photograph. Gesellschaft. Geb. in Leinw. 3. —

Siegesbeck, Johann Georg

Chronologiae verioris specimen, quo aequinoctium vernum die 21.Martii...1735 contingens, saeculi mundi quinquagesimi octavi initium statuit... Evincit ac demonstrat Jo[hannes] Georgius Siegesbeck. Helmstadii (1735): Drimborn. 31 S. 8°

Herbarium Siegesbeckianum. [Sammler: Johann Georg Siegesbeck.] T.1-15 [nebst hs Reg.] o.O. [um 1735.] 16 Bde 2° [Rückent.]

Siegesbeck, J. G. De systematis Copernicani ruina. Helmstadii 1732. 4.

Siegesbeck, Ioh. G., Botanosophiae verioris brevis sciagraphia. 4. Petersb. Acad. (Hartknoch, Lips.) 737.

Siegesbeck, Johann Georg: De vero systemate cosmico. Helmstadii 1732. 4°

— vaniloquentiae botanicae specim. 4. ibid. 744.

Sieges-Chronik, preußische, 1866 u. feierlicher Einzug der Sieger in Berlin am 20. u. 21. Septbr. Berlin 866. v. Decker. gr. 8. (167 S.) 6 ngr.

Siegesdenkmal, das, auf dem Kreuzberge bei Berlin; nebst Abbild. des Denkmals, 1 Kärtchen der Umgegend desselben u. 1 Vign. gr. 8. Berl. 824. Logier. 8 gr.

Siegesfahrt der «Helvetia» am internationalen Gordon-Bennett-Wettfliegen der Lüfte . . . 1908. Biel 1909. V: *Hofmann, Emil Jakob.* (zuwzür 1910)

Siegesfeierlichkeiten, die, zu Dresden im März 1871. Ein Gedenkbüchlein an die großen Freudentage national. Erhebg. u. Einigg. gr. 8. (42 S.) Berlin 871. Meinhold. n. — 40

— dasselbe. Mit 8 (lith.) Illustr. gr. 8. (42 S.) Ebend. 871. — 75

Sieges-Fest der Deutschen, das, über die grossen Siege der sämmtlich verbündeten Mächte in Frankreich, bei ihrem *Einzuge in Paris,* über die Worte Esaia 13. V. 16., in einer *Dank- u. Sieges-Predigt* vorgestellt. Gehalten am Sonntage Estomihi 1814. — *A. E.:* Zu haben bey Joh. Geo. Bullmann in Augsburg. 8°. 8 S.

Siegesgesang der Debora; eine Übersetzung. Altd. 1779. Ü: *Balbach, Johann.* (MGT)

Siegesgesang am 18. Octbr. 1813. gr. 4. Berl 813. Mittler. 2 gr.

Siegesgesang auf die Schlacht bei Dennewitz . . . Berlin 1813. V: *Schmidt, Martin Heinrich August.* (GGr)

Siegesgeschichte, Die, der christlichen Religion in einer gemeinnüzigen Erklärung der Offenbarung Johannis. Nürnberg 1799. V: *Jung, Johann Heinrich gen. Stilling.* (schstr S. 79)

Sieges-Kämpfe, die, der Ungarn über die Oesterreicher, siehe: Blatt, fliegendes.

Siegeskranz,

— der; ein Spiel für 2 Personen. Mit 1 ill. Plan, 12 Zeichen u. 12 Würfeln, nebst deutscher, französ. u. italien. Erklärung. Wien, Müller, In Etuis. 1 ₰ 8 gr.

Siegeskranz, der christl., lehrreiche Erzähll. u. Lieder, zur Erbauung u. Unterhaltung. 8. Augsb. 827. Doll. 8 gr.

Siegeskronen, die drei, Fides, Spes u. Charitas; e. Drama in 2 A. 8. Münch. 813. Lentner. 3 gr.

Siegeskronen, die drei, od. Fides, Spes u. Charitas. Schausp. in 2 Aufz. 8. Münch. Lentner. 813.

Siegeslauf, der, der Technik. Unter Mitwirkg. v. R. Abt, B. Ambronn, Fr. Barth u. a. hrsg. v. Max Geitel. 3 Bde. (VIII, 656 S. m. 586 Abbildgn. u. 17 Taf.; VIII, 660 S. m. 605 Abbildgn. u. 16 z. Tl. farb. Kunstbeilagen u. VIII, 675 S. m. 845 Abbildgn. u. 17 z. Tl. farb. Kunstbeilagen.) Lex. 8. Stuttgart (908.09.) Union. Geb. in Leinw. à 12.—; auch in 50 Lfgn. à — 60

Siegeslied. An die Preußen. 8. Berlin, Maurer'sche Buchh. 813.

Siegeslied, als Mainz überwunden war, den 22. Jul. 1793. Berlin 1793. V: *Gleim, Joh. Wilhelm Ludw.* (MGT)

Sieges-Lied, Das erhabenste ... Bresl. 1757. V: *Burg, Johann Friedrich.* (Kat. d. Druckschr. üb. Breslau. Breslau 1903. S. 17.)

Siegeslied eines alten Franken, M. M. als er hörte, wie seine tapferen Landsleute dem österreichischen Helden Karl die Jourdanische Armee ... verjagen halfen. Bremen 1796. V: *Müller, Wilhelm Christian.* (MGT) (GGr)

Sieglied, A, am heil. sant Isidoritag. Onna 1797. V: *Primisser, Joh. Fch.* (J. Feder, Ueber die tirolischen Kriegslieder der Jahre 1796 und 1797, S. 32) (GGr VI/659, Nr. 4/5) (BiblPort) (Margr)

Siegeslied des deutschen Kriegers nach d. Schlacht bei Andernach im J. 876. 8. Stuttg. 806. (Leipz., Andrä). 3 gr

Siegeslied der Preußen nach der Schlacht bei Roßbach. Erschalle hohes Siegeslied ... Berlin 1751. V: *Gleim, Joh. Wilh. Ludwig.* (RHMBF I, 47)

Siegeslied der deutschen Soldaten aus dem französischen Kriege 1870/71. O. O. u. J. [1871?]. 2. Aufl. Kiel 1885. V: *Reimers, Franz Christoph.* (Kat. d. Schlesw.-H. Landesbibl. 1. Nachtr. S. 1625) (Zeitschr. f. Büch. N. F. 15. 1923, S. 122)

Sieges-Lieder f. die Versammlungen der deutschen Zeltmission. (III, 125 S.) 8. Basel (905). (Gotha, Missionsbuchh. P. Ott.) n. — 60; geb. n. 1. —

Siegeslieder für die Versammlungen der Zeltmission. 290. bis 300. Taus. - Geisweid i. W.: Deutsche Zeltmission [um 1907]. (63 S.) 8° 08. 9304

Sieges-Lieder für die Versammlungen der Zelt-Mission. 6. verb. Aufl. (Vorr.: Jak. Vetter.) Geisweid (Westf.): Deutsche Zelt-Mission [um 1907]. (VII, 211 S.) 8° [F.] 08. 10011

Sieges-Lieder. 9. Aufl. (Vorr.: Jakob Vetter.) Geisweid: Deutsche Zeltmiss. (1909). 220 S. 8° 10. 447

Siegesmund, Carl. Über die Stärke verschiedener Tuberkuline, gemessen nach der deutschen staatlichen Prüfungsmethode. Aus der Serumabteilung der chemischen Fabrik E. Merck in Darmstadt .... Diss. Vet.-Med. Univ. Zürich ... von K' S'.... Sonderabdruck aus der «Zeitschrift für Hygiene und Infektionskrankheiten». Bd. 66. 30 S. 8. Leipzig, Veit & Comp., 1910.

Sieges-Palmen, Frohe ... Bresl. 1745. V: *Burg, Johann Friedrich.* (Kat. d. Druckschr. üb. Breslau. Breslau 1903. S. 16.)

Sieges-Palmen, Höchst-erfreuliche, des Königs in Hispanien Caroli III. welche S. K. M. in Eroberung der Vestung Gibraltar, wie auch der See-Schlacht, vermittels dero unter dem Commando des Admiral Roocks stehenden Flotte, wider den Französischen Comte de Thoulouse bey Malaga davon getragen, im August-Monat 1704. O. O., Dr. u. J. (Nürnberg, Joh. Ernst Adelbulner, 1704.) Mit großer, gest. Ansicht der Seeschlacht bei Malaga, (Jos. a) Montalegre fec. 15 S. 4°. Kart. 35.—

Siegesplätze, die, der Völkerschlacht, od. Ansichten d. Dörfer bei Leipzig, merkwürdig geworden durch d. Schlacht am 16.—19. Oct. 1813. Aufgenommen u. gestochen von J. J. Wagner, mit histor. Erläuterung von L. Hußelt. 1ste u. 2te Lief. mit 16 Kupf. quer 4. Leipz. Baumgärtner. 814 u. 15. (à 1 Rthlr. 16 gr.)

Sieges- und Dank-Predigt ... Bresl. 1757. V: *Burg, Johann Friedrich.* (Kat. d. Druckschr. üb. Breslau. Breslau 1903. S. 18.)

Siegesstraße, die, in Berlin beim Einzuge d. Kaisers Wilhelm m. den deutschen Truppen am 16. Juni 1871. Unter Betheiligg. der Kommision f. die Ausführg. der Siegesstraße hrsg. v. Karl Eggers. gr. 4. (III, 47 S. m. 17 Photogr.) Berlin 872. R. Hoffmann. In Mappe. n. 18. —; Text apart n. 1. 60

Sieges-Zeichen, Niedergelegte ... Bresl. 1745. V: *Burg, Johann Friedrich.* (Kat. d. Druckschr. üb. Breslau. Breslau 1903. S. 16.)

Siegeszug, der, der sächsischen Armee durch Frankreich. Wahrheitsgetreue Geschichte d. sächs. Antheils im Kriege gegen Frankreich 1870 u. 1871. Nebst Anh.: Beschreibg. d. Truppeneinzuges in Dresden am 11. Juli 1871. Mit Portr. d. Königs Johann u. d. Kronprinzen Albert v. Sachsen (auf e. Holzschntaf.) 16. (77 S.) Leipzig 871. Schneider. — 30

Der Siegeszug der sächs. Armee durch Frankreich 1870–1871. (77) 16 Leipzig 1877. 0,30.

Siegeszug des k. sächsischen [XII.] Armee-Corps in Frankreich 1870. 1871. Fol. 1.—3. Aufl. Weimar 871, Geograph. Institut.

Siegeth, L., des Laien Einführung in die deutschen Reichsjustizgesetze. Ein Handbuch für Jedermann. 8. (VI, 122 S.) Pirna 879. (Leipzig, Friese.) n. 1. —

Siegeth, L., juristische Handbibliothek für Jedermann. 4 Bde. 2. wohlf. Volks-(Titel-)Ausg. 8. Pirna 880. (Leipzig, Friese.) * 4 —

Inhalt:

Bd. 1. Das Verfahren vor den Amtsgerichten und das Mahnverfahren der deutschen Civilproceßordnung, für das große Publikum, insbesondere die Geschäftswelt, ausführlich und leichtfaßlich erläutert und mit Beispielsentwürfen, prakt. Rathschlägen und einem leicht orientir. Register versehen. Ein Handbuch für Jedermann. (XII, 192 S.) * M 1.

- 2. Der Urkunden- und Wechselprozeß der deutschen Civilprozeßordnung, für das große Publikum, die Kaufmanns- und Geschäftswelt unter besond. Berücksicht. der abweichenden Formen, welche durch das amtsgerichtl. Verfahren bedingt werden, ausführlich und leichtfaßl. erläut. mit Beispielsentwürfen, prakt. Rathschlägen, sowie einem leicht orientir. Register versehen. Ein Handbuch für Jedermann. (VII, 112 S.) * 75 Pf.

Bd. 3. Die Stellung des Konkursverwalters nach der deutschen Konkursordnung vom 10. Febr. 1877, unter Mittheilung des gesammten Wortlauts der Letzteren und ihres Einführungsgesetzes und unter stetem Hinweise auf deren Abweichungen von der preuß. Konkursordnung von 1855 nach allen Richtungen hin ausführl. besprochen und leichtfaßl. für den prakt. Gebrauch erläutert. Ein Handbuch für Beamte, Kauf- und Geschäftsleute und Alle, welche mit dem Konkursverfahren zu thun haben, nach authent. Unterlagen des Reichstags-Abgeordneten Arth. Eysoldt, Mitglied der Reichsjustiz-Commission. (VII, 263 S.) * M 1,50.

- 4. Des Laien Einführung in die deutschen Reichsjustizgesetze. Ein Handbuch für Jedermann. (VI, 122 S.) * 75 Pf.

Siegeth, L., allgemeines deutsches Handelsgesetzbuch [ohne das 5. Buch vom Seehandel] in dem Wortlaute, in welchem dasselbe nach der Publikation d. Reichsgesetzes vom 18. Juli 1884, betr. die Kommanditgesellschaften auf Aktien u. die Aktiengesellschaften in Gültigkeit tritt, m. e. geschichtl. Einleitg. u. m. Anmerkgn. üb. die Aendergn., Zusätze u. Streichgn., die es durch die Gesetzgebg. d. Norddeutschen Bundes u. d. Deutschen Reiches erfahren hat u. üb. die Bundes- bez. Reichsgesetze, auf deren Grund diese Aendergn. eingetreten sind, sowie m. e. vollständ. u. ausführl. Sachregister. 8. (VII, 320 S.) Leipzig 884. Verlags-Institut. n. 2. 50; geb. n. 3. —

Siegeth, L., die Rechtsanwaltsordnung vom 1. Juli 1878 m. ihren sämmtl. Unterlagen [allgemeine u. besond. Begründung, Kommissions-Protokolle, Kommissionsbericht u. Berathungen des Reichstags], nebst einem Anh., enth. A. Die authent. [bisher noch nicht veröffentlichten] Protokolle der Kommission des Reichstags für die Berathung der Rechtsanwaltsordnung; B. tabellarisches Verzeichniß der einzelnen Paragraphen der Rechtsanwaltsordnung; C. die Gebührenordnung für die Rechtsanwälte, u. ein ausführliches Wort- u. Sachregister. Unter Mitwirkung v. Eysoldt, Mitglied der Reichs-Justiz-Commission, bearb. gr. 8. (VI, 377 S.) Pirna 879. (Leipzig, Friese.) n. 2. 50

—— die Stellung des Konkursverwalters nach der deutschen Konkursordnung vom 10. Febr. 1877, unter Mittheilung des gesammten Wortlauts der Letzteren und ihres Einführungsgesetzes und unter stetem Hinweise auf deren Abweichungen von der preuß. Konkursordnung von 1855 nach allen Richtungen hin ausführl. besprochen und leichtfaßl. für den prakt. Gebrauch erläutert. Ein Handbuch für Beamte, Kauf- und Geschäftsleute und Alle, welche mit dem Konkursverfahren zu thun haben, nach authent. Unterlagen von Arth. Eysoldt, Mitglied der Reichs-Justiz-Commission. 16. (VII, 263 S.) Pirna 878. (Ebendas.) * 2 —

— der Urkunden- u. Wechselprozeß der deutschen Civilprozeßordnung, für das große Publikum, die Kaufmanns- u. Geschäftswelt unter besond. Berücksicht. der abweichenden Formen, welche durch das amtsgerichtliche Verfahren bedingt werden, ausführlich u. leichtfaßlich erläutert mit Beispielsentwürfen, prakt. Rathschlägen, sowie einem leicht orientir. Register versehen. Ein Handbuch für Jedermann. 8. (VII, 112 S.) Ebend. 878. n. 1. —

—— das Verfahren vor den Amtsgerichten und das Mahnverfahren der deutschen Civilprozeßordnung, für das große Publikum, insbesondere die Geschäftswelt, ausführl. und leichtfaßl. erläutert und mit Beispielsentwürfen, prakt. Rathschlägen und einem leicht orientir. Register versehen. Ein Handbuch für Jedermann. 8. (XII, 192 S.) Pirna 878. (Ebendas.) * 1 50

Siegfeld, Moritz [aus Magdeburg]: Zur Kenntnis der Benziloxime … **Magdeburg,** *Faber'sche Buchdr.*, 1893; 30 S., 1 Bl. 8.
Heidelberg, Naturw.-math. Fak., Inaug.-Diss. v. [3. Febr.] 1893

Prächtiges Sieg- und Freuden-Fest, welches auf den unter Anführung deß Francisci Eugenii Hertzogs von Savoyen Wider den Türckischen Erb-Feind den 16. August 1717 erhaltenen Sieg und Ubergabe der Vestung Griechisch-Weißenburg von J. D. E. Christian August Cardinalen Hertzogen zu Sachsen, J. Kays. Maj. zu fürwehrender allgemeiner Reichs-Versammlung zu Regenspurg bevollmächtigten Principal-Commissario in dero Residentz dem Exempten Reichs-Stifft zu St. Emmeram den 26. Herbst-Monaths 1717 angeordnet und begangen worden. (Regensburg 1717.) Gedr. Titel und 4 große Kupfertafeln, Matth. Steidlein et Andr. Geyer fec. et exc. Qu.-Fol. Kart. 48.—
Nicht bei Vinet, Lipperheide, Jessen, Ritter. Die Kupfer stellen dar: 1. Illumination samt dem vordern Hof von St. Emmeram. 2. Tractament des gesamten Reichs-Tages im Rittersaal. 3. Ball im Löwensaal. 4. Ortographischer Aufzug der Illumination, Sieg- und Freuden-Gerüsts in dem Vorhof von St. Emmeram, 26. September 1717. — Der Herzog Christian August von Sachsen-Weissenfels (1666—1725) war Erzbischof von Gran in Ungarn.

Siegfried [Sachliches OW]

Siegfried ein Singeschauspiel. Strassburg 1779. V: *Hahn, Ludwig Phil.* (GGr)

Siegfried. Singeschausp. 8. Straßb. Stein. 780.

Siegfried; Sgspl. (von Ldw.Ph.Hahn). 8. Straßb. 782. Stein. 6 K

Siegfried, Meister. Eine wahre Geschichte für das Volk. Von dem jüngern Siegfried. gr. 16. (88 S.) Eisleben 852, Reichardt. 6 ngr

Siegfried. Eine Mär in Gesängen von M. 16. (154 S.) Bremen 878, [Kühtmann und Comp.] Fischer. * 2 —

—— Zeitschrift für volksthüml. Dichtung und Wissenschaft. Hrsg. unter Mitwirkung hervorragender Schriftsteller. 1. Jahrg. 1885. 12 Hefte. gr. 8. (à Heft ca. 64 S.) Beerfelden, Meinhard. * 3 —
Einzeln à Heft * — 30

—— dass. — Redig. von Paul Lindenberg. Unter Mitwirkung hervorragender Schriftsteller. 2. Jahrg. 1886. 12 Hefte. gr. 8. (à Heft ca. 68 S.) Ebendas. * 4 —
Einzeln à Heft * — 35

Siegfried. Illustrierter Kalender f. 1887, hrsg. v. P. F. Krell. Lex.-8. (81 S.) Stuttgart, G. Weise. n. 1. —

Siegfried. E. Wochenschrift am Rhein. Hrsg. u. Red. Hans R. Fischer. 1. Jahrg. Juli—Dezbr. 1898. 26 Nrn. (à ca. 12 S.) gr. 4. Mainz (Emmerich-Josephstr. 2, 1), Verlag des „Siegfried". 5. —; einz. Nrn. — 25
Kann auch vierteljährlich bezogen werden.

Siegfried. Ein Heldengedicht in 5 Gesängen. Frei nach dem Nibelungenliede bearb. u. allen Freunden des Humors gewidmet v. Agricola. (70 S. m. Abbildgn.) gr. 8. Berlin (906). Harmonie. n. 2.—; geb. n. 3. —

SIEGFRIED und Agnes, eine (zahme) Rittergeschichte (von *Paul v. Stetten*, 1731—1808). O. O. 1767. 8°. 67 SS. In Versen. (Auch in Darmstadt: E 4652.) Rar!

Siegfried und Agnes; Rittergesch. 8. Augsbg. Stage. 767.

Siegfried und Agnes, eine zahme Rittergeschichte. [Darmstadt] 1767. V: *Stetten, Paul.* (BGE)

— u. Agnes; e. Rittergeschichte, s. P. v. Stetten.

Siegfried u. Chriemhild. Eine äußerst unterhaltende u. abentheuerliche altdeutsche Geschichte. Nach dem Nibelungenliede f. das Volk bearb. v. H. Scherr. 12. (7 B. m. Figuren.) Reutlingen 844, Fleischhauer u. Spohn.

Siegfried der Däne, Graf von Orlamünde; eine Geschichte … Leipzig 1791. V: *Heinse, Gottlob Heinrich.* (Ky) (MGT) »Roman« (Collin, Anonymer. Kiobenh. 1869.)

Siegfried der Däne, Graf v. Orlamünde, (v. Gtl. H. Heinse). 2 Thle. 8, Leipz. 791. Breitkopf u. H. 1 ℛ

— der Däne, Graf von Orlamünde. Gesch. aus dem 12ten Jahrhund. 2 Thle. 8. Leipz. Breitkopf u. H. 791.

SIEGFRIED und Florigunde. Eine wunderschöne Historie etc. (Ohne nähere Angabe im gedr. Bibl.-Cat. d. Vereins f. d. Geschichte Berlins.)

SIEGFRIED und Florigunda. 2ter Theil. (Leipzig, Taubert; c. 1810?) 8°. (1 gr.)
Selten gewordenes Volksbuch.

— der gehörnte, ein Volksroman, 2 Theile, mit Kupf. 8. Altona, 783. Keven. 1 Rthl.

— der gehörnte; ein Volksroman. 2 Thle. m. Kupf. 8. Frankf. Brückner. (Sommer in Leipz.) 783.

—— 1783,* Neue, ganz umgearbeitete und stark vermehrte Ausgabe. Als Volksroman (in die Breite gezogen) von Christian Wilhelm Kindleben, in 2 Teilen. I. Teil 224 S., II. Teil 338 S.

Siegfried, der gehörnte. Eine unterhalt. und abenteuerl. Historie aus der Vorzeit. 1868, und Neue Aufl. gr. 16. (46 S. mit eingedr. Holzschn.) Reutlingen 874, Enßlin und Laiblin. — 10

Der | gehörnte Siegfried. | Eine | unterhaltende und abenteuerliche Historie | aus der | Vorzeit. | (Fig.: *Siegfried kämpft gegen den Lindwurm*, 60 × 78) | Stereotyp-Ausgabe. | Reutlingen. | Druck und Verlag von Enßlin und Laiblin. (= *Reutlinger Volksbücher*, 35).
o. J., 46 S. + 1 Bl. Anzeigen, 162 × 102, U.-Fig. wie Titel-Fig.
UB Tü Dk XI. 235a.
Conrady S. 209–244. – Görres TVb Nr. 15, S. 93–99. – Heitz-Ritter Nr. 597–606, S. 172–173. – Huemer S. 125–135. – Wolfgang Golther: Das Lied vom Hürnen Seyfried . . . Mit einem Anhange: Das Volksbuch nach der ältesten Ausgabe (1726). 2. Aufl. Halle 1911 (= *Neudr. dt. Literaturwerke des 16. u. 17. Jhs.*, 81–82). – E. Schröder: Das Volksbuch vom gehörnten Siegfried. In: Vierteljahrschr. f. Litt.gesch. 5, 1892, S. 480–489. – Verfasserlexikon IV, 1953, Sp. 180–192 (W. Krogmann).

—— der gehörnte Ritter. Eine höchst abenteuerl. Rittergeschichte von G. und B. Dvm. 8. (52 S.) Urfahr-Linz 878, Kraußlich. — 20

—— der gehörnte. Kalender für 1888. Hrsg. von W. Müller-Amorbach und Geo. Volk. 4. (64 S. mit Illustr.) Offenbach, Heß. — 25

Siegfried, der gehörnte. Deutscher Volks-Kalender f. d. J. 1889, hrsg. von W. Müller-Amorbach u. G. Volk. 3. Jahrg. 4. (64 S. m. Illustr.) Offenbach, Heß. n. — 25

Der gehörnte Siegfried. Die heilige Genovefa. Erzählungen f. Jung u. Alt. Mit vielen Ill. *Essen Ruhr: Fredebeul & Koenen [1899].* (99 S.) 8° [F.] = Unterhaltungsbibliothek f. Jung u. Alt. Bd 5. [– 1018]

Der Gehörnte Siegfried. Ein deutsches Volksbuch mit Bildern von Hugo L. Braune. Berlin: Fischer & Franke [1902]. (26 Bl.) 8° [Umschlagt. F.] = Jungbrunnen. 39. [02. 1930]

— u. Genovefa; Ritterschspl. 8. Münch. 783. Lentner. 6 ℛ

— u. Genovefa. Ritterschausp. 8. München, Lentner. 796.

Siegfried, Hans, 1837—1903.

[Basel 1903.] V: *Schinz, Hans.* (Zuwachsverz. d. Bibliotheken in Zürich 1898 ff., 7.)

Siegfried, der hürnen, s. Görres.

Der hörnerne Siegfried[1].
Goed. I, 338.
Eine wunderschöne Historie von dem gehörnten Siegfried, Was wunderlicher Ebentheur dieser theure Ritter ausgestanden, sehr denkwürdig und mit Lust zu lesen.
1726, Braunschweig und Leipzig, 8°. Aus dem Frantzösischen ins Teutsche übersetzt und von neuem wieder aufgelegt.
o. J.*, Dresden, zu haben bei dem Buchbinder H. B. Brückmann, Breitegasse Nr. 63, auf dem letzten Blatte: gedruckt in der J. G. Lehmann'schen Buchdruckerei. 44 S.
In Steinmeyers Besitz. Eine andere Auflage von dieser Nummer in Reinhold Köhler's Besitz.
o. J.* (gedr. in diesem Jahr), Leipzig, Verlag Solbrig.
Nach Golther im 19. Jahrh.
Golther Nr. 15.
Im Besitze Steinmeyers.
o. J.* (um 1805), Leipzig, in der Solbrig'schen Buchhandlung. Ganz umgearbeitet, neu aufgelegt und in ein heilsames Lesebuch verwandelt.
Golther Nr. 34.
o. J.* (zwischen 1805—1812), Berlin, Littfaß. Ganz neue Ausgabe. 64 S.
Vgl. v. d. Hagen-Büsching, Grundriß S. 53.

Siegfried am Lechrain, offenes Sendschreiben an die Staatsmänner in Wien und München. gr. 8. (16 S.) Leipzig 866, (Wagner.)

— v. Lindenberg, s. Lindenberg.

Siegfried von Lindenberg, auch der gehörnte Siegfried genannt. 8. Elbing ... Neumann-Hartmann. $1\frac{1}{2}$ ℛ

Siegfried von Lindenberg.

Eine komische Geschichte. Hamb. 1779. 2. A. Itzehoe 1781—82. V: *Müller, Johann Gottwerth.* (Ky) (MGT) (GGr) (AarK) (EE) (Schr)

Siegfried von Lindenberg, s. Müller, Joh. Gottwerth. 1779 ff.

Siegfried von Lindenberg,

ein Schauspiel in fünf Aufzügen, nach Müllers Roman gleichen Namens frey bearbeitet . . . Frankf. 1790. V: *Bunsen, P. L.* (Ky) (MGT) (GGr)

Siegfried v. Lindenberg; e. Schspl. in 5 Aufz. (v. P. L. Bunsen). 8. Frankf. 790. Brönner. 8 ℛ

Siegfried [Verfasser]

SIEGFRIED Teutonicus (ps.), Alte Burschenherrlichkeit. Illustrierte Poemen etc. gesammelt. 1882.
Weller, Lex. Ps. p. 519.

Siegfried, ..., Anfänge d. christl. Lehre, als eine Anleit. zum größern Katechismus verfaßt. 8. Basel 800. (Neukirch). 1 ℛ

Siegfried, bescheid. Beleuchtung Baumgartens. 4. Altona, Hellmann. 744.

Siegfried, Elend und Erlösung. Ein sociales Zeitgedicht. 8°. s. l. s. a.

Siegfried. Geschichte der Kriegskunst. [Gothaisches Magazin, 2. u. 3. Band.] Gotha 1776–1777.

Siegfried, Onkel (Siegfr. Mühsam), die Killeberger. Nach der Natur aufgenommen. 3. Aufl. 5. u. 6. Tausf. (VIII, 278 u. VIII S.) kl. 8. Leipzig 910. M. W. Kaufmann. 1.50

Siegfried, Onkel, s. Killeberger, die.

Siegfried's Mädchen-Bibliothek. 5 Bdchn. 16. [Leipzig 877, Grunow.] Gera, Griesbach's Verlag. cart. * 7 50
Inhalt:
Bdchn. 1. Goethe, zwei Erzählungen. [Ferdinand. Die schöne Lille.] Aehrenlese: Briefe von Schiller. (VIII, 154 S.)
" 2. Jacobs, Fr., die Katakomben. Erzählung. Aehrenlese: 50 Stellen und Sprüche. (VI, 216 S.)
" 3. Döring, Geo., der Bildschnitzer in Tyrol. Erzählung. Aehrenlese: Beer, Mich., Raphael's Schatten. (VI, 163 S.)
" 4. Platen, die Abassiden. Ein Gedicht in 9 Gesängen. Aehrenlese: Platen, Lebensregeln. (144 S.)
" 5. Kind, Friedr., Van Dyck's Landleben. Malerisches Schauspiel. Aehrenlese: Gespräch über dieses Drama. (169 S.)

Siegfried's illustrirte Mädchenbücher. 1—3. Bd. gr. 8. Leipzig 874—76. Grunow. à n. 7. —
1. Goethe's Erzählungen. Erwachsenen Mädchen zu eigen gemacht v. F. Siegfried. Mit 6 Tondruck-Bildern nach Zeichngn. v. K. Kögler u. H. Merté. (IV, 364 S.)
2. Jean Paul's Erzählungen. Erwachsenen Mädchen zu eigen gemacht v. F. Siegfried. Mit 6 Tondr.-Bildern (u. eingedr. Holzschn.) nach Zeichngn. v. Heinr. Merté. (XII, 384 S.)
3. Wieland's Erzählungen. Erwachsenen Mädchen zu eigen gemacht v. F. Siegfried. Mit 6 Tondr.-Bildern nach Zeichngn. v. Heinr. Merté. (XIV, 391 S.)

Siegfried's illustrirte Mädchenbücher. 2.—4. (Schluß-)Bd. gr. 8. [Leipzig, Grunow.] Gera, Griesbach's Verlag. cart. à Bd. * *M* 7. *
Inhalt:
Bd. 2. Jean Paul's Erzählungen. Erwachsenen Mädchen zu eigen gemacht von F. Siegfried. Mit 6 Tondr.-Bildern (und eingedr. Holzschn.) nach Zeichnungen von Heinr. Merté. (XII, 384 S.) 875.
" 3. Wieland's Erzählungen. Erwachsenen Mädchen zu eigen gemacht von F. Siegfried. Mit 6 Tondr.-Bildern nach Zeichnungen von Heinr. Merté. (XIV, 391 S.) 876.
" 4. Chamisso's und Fouqué's Erzählungen. Erwachsenen Mädchen zu eigen gemacht von F. Siegfried. Mit 6 Tondr.-Bildern nach Zeichnungen von Heinr. Merté. (XVI, 400 S.) 877.

Siegfried, sicheres u. erprobtes Mittel, den Rauch aus Zimmern u. Küchen bei jeder Witterung u. unt. d. nachtheiligsten Umständen zu vertreiben. 8. (2 B. u. 1 ill. Stnt.) Magdeburg 829, Creutz.

—— dass. — Nachtrag hierzu. 8. (¼ B. u. 1 Stnt. Fol.) Ebds. 830.

Siegfried, sichere u. erprobte Mittel, den Rauch aus Zimmern u. Küchen bei jeder Witterung u. unt. d. nachtheiligsten Umständen zu vertreiben. Neue verm. Ausg. 8. (3 B. u. 2 lith. Taf.) Magdeburg 835, Creutz'sche Buchh.

Siegfried. Malerischer Plan und Ansicht der Stadt Zürich und ihrer Umgebung. Zürich 1837. 1 Bl. K.

Ein jungliberales Programm mit bes. Hinblick auf Bayern u. Baden aufgest. von Siegfried. *München: F. Stein 1902.* (34 S.) 8°
= Schriften, Münchner Politische. 2. [03. 1365

Siegfried, A., Haus-Gärtchen für Kinder Gottes. Berlin 858. Schlawitz. 16. (VII, 284 S.) n. 1 *ℛ*. 10 *ngr.*

Siegfried, Adolf

Siegfried, Adf., radicaler Realismus. Eine Untersuchg. üb. den menschl. Verstand u. üb. das menschl. Gemüt. gr. 8. (VII, 145 S.) Leipzig 892. W. Friedrich. n. 2. 40

Siegfried, Albert, prakt. Arzt in Wetzikon (Kt. Zürich, von Zürich): Aus der Universitäts-Augenklinik in Zürich. Die traumatischen Erkrankungen der Macula lutea der Netzhaut. (S.A. aus: Beiträge z. Augenheilkunde. Deutschmann Heft 22. S. 1—57.). Hambg L. Voss 1896. 1 Bl., 56 S. 8°.
Zürich, Med. Diss. [v. 25. Jan. 1896].

Siegfried, Alfred: Ein Beitrag zur Kenntnis des physiologisch-chemischen und pharmakologischen Verhaltens des kieselsauren Natriums, des Kieselfluornatriums und des Fluornatriums. Rostock 1900: Adlers Erben. (105 S.) 8°
Rostock, Med. Diss. v. [5. Nov.] 1900

Neu-Seeland. Eine sozial- u. wirtschaftspolit. Untersuchung von André Siegfried. Übers. u. in einzelnen Teilen erweitert von Dr. Max Warnack. Berlin: Heymann 1909. XVI, 351 S. 8°
(Moderne Wirtschaftsprobleme. Bd 3.) [09. 11187

Siegfried, André, Neu-Seeland, s. Wirtschaftsprobleme, moderne. III.

Siegfried, Anna, einfaches Kochbuch f. Schule u. Haus. 8. (VII, 92 S.) Königsberg 898. Hartung. —75; kart. n. 1. —

Siegfried, Anna, einfaches Kochbuch f. Schule u. Haus. 2. verm. u. verb. Aufl. 8. (VIII, 104 S. m. 9 Abb.) Königsberg 900. Hartung. —75; kart. n. 1. —; geb. in Leinw. 1. 50

Siegfried, Anna, einfaches Kochbuch f. Schule u. Haus. 3. verm. u. verb. Aufl. (IX, 131 S. m. 9 Abbildgn.) 8. Königsberg 908. Hartung. nn 1.05; kart. nn 1. 30

Siegfried, Carl, s. Siegfried, Karl.

Siegfried, Christ. Wilhelm (Sondershausen) A. S. 1147/7

Dissertatio solennis medica. Cautelae nonnullae medicopoliticae in praxi clinico-forensi observandae. Präs. Georg Daniel Coschwitz. Halle (Hilliger) 1. 1726. 47 S. 32611

Siegfried, Ernst

Siegfried, Ern[illegible] Berlin [illegible] De multa quae ἐπιβολή dicitur. Berolini Mayer et Mueller (1876). (79 S.) 8°
Berlin, Phil. Diss. v. [illegible] Aug 1876

Siegfried, Ernst, de multa quae ἐπιβολή dicitur. gr. 8. (79 S.) Berlin 876. Mayer & Müller. 1. 20

Siegfried, F., Walpurgisnacht. Ein Lustspiel. 8. (XI, 200 S.) Leipzig 881. Grunow. n. 3. —

Siegfried, Fritz. Klinische Beiträge zur Kenntnis (*Ausg. A, Titel:* Kenntniss) der Stich- und Schnittverletzungen des Abdomens. 64 S. 8. Aarau, H. R. Sauerländer & Co., [1907].
Ausg. A: Diss. Med. Basel. Vorgelegt von F' S', pr. Arzt.
Ausg. B: Von F' S', pr. Arzt. [fr. 1.80]

Siegfried, Fritz. Zofingen zur Zeit der Helvetik, 1798—1803. ([Mit 2 Tafeln. Sep.-Abdr. aus:] Argovia.... [Band] 32.) 151 S. 8. Aarau, H. R. Sauerländer & Co., 1907. [fr. 3. 20]

Siegfried, G. H., die Kunstbäckerei nach den Anforderungen des heutigen eleganten Geschmacks rc. Nebst e. Anhang über Klären u. Kochen des Zuckers und die leichtern daraus hervorgeh. Zubereitungen, sowie Darstellung der Marmeladen, Obstsäfte, eingemachten Früchte, Gelees, Cremes, des Gefrornen, d. warmen u. kalten Getränke u. der beliebt. Ratafia's. Mit 1 Tafel Abbildd. gr. 8. Stuttgart 837. Erhard. cart. 7/8 *ℛ*

Siegfried, Gottlob, s. Vorschläge zur Referirmethode.

Siegfried, Gustavus Alex(ander): De morbo infantili frequentissimo et casibus nonnullis ozaenae scrophulosae. Halis (1836): Ploetz. 38 S. 8°
Halle-Wittenberg, Med. Diss. v. 13. Aug. 1836
Geb. Więzowno (Polen) 7. 2. 1807. V.

SIEGFRIED, GUSTAV COL. Treuer Spiegel Löblicher Eigenschafften, Eines Christlich-Recht- und Wohldenckenden Herrens, Nebst [illegible] getreuen Unterricht Vor einen [illegible] Diener ... In zweyen Abtheilungen vorgestellet. Schweidnitz, Joh. Chr. Müller, 1725. [illegible] S. Pbd. d. Z. mit altem grünem, goldgepreßtem Papierbezug. (Rücken beschädigt).
[illegible]

Siegfried, H., Gottfried Keller-Brevier. (176 S.) gr. 16. Berlin 903. Schuster & Loeffler. 3. —; geb. 4. —

Siegfried, H., Privat-Brevier Goethe'scher Aussprüche. 16. (V, 292 S.) München 894. C. Rupprecht's Verl. Geb. n. 4. —

— Privat-Brevier Goethescher Aussprüche. 3. Aufl. (V, 292 S) 12. Ebd. 906. n. 3. —; geb. n. 4. —

Siegfried, H., Schopenhauer-Brevier. 12. (211 S.) Berlin 902. Schuster & Loeffler. 3. —; geb. 4. —

— **Shakespeare-Brevier.** (176 S.) 12. Ebd. 908. n. 3. —; geb. n. 4. —

Siegfried, Hans. Die Rinderschädelfunde von Pasquart (Biel) und deren Stellung zu den subfossilen und rezenten Rinderrassen. 4. Zürich, Zürcher & Furrer, 1907.

Ausg. A: Diss. Phil. Bern. ([Mit 4 Tafeln. Sep.-Abdr. aus:] Abhandlungen der Schweiz. palaeontol. Gesellschaft. Vol. 34.) *Kopftitel:* Aus dem Zoologischen Institut der Universität Bern. Direktor: Professor Dr. Th[eophil] Studer. IV + 56 S.

Ausg. B: ([Mit] 4 Tafeln.) II + 56 S. — Abhandlungen der schweizerischen palaeontologischen Gesellschaft. Vol. 34. 1907. (Basel und Genf, Georg & Cie. ..., 1907. [No] 5.)

Siegfried, Hans, die Rinderschädelfunde v. Pasquart u. deren Stellg. zu den subfossilen u. rezenten Rinderrassen. (56 S. m. 4 Taf.) 32×23,5 cm. Zürich 907. (Basel, Georg & Co. — Berlin, R. Friedländer & Sohn.) nn 6. 40

Sonderabdr. a.: „Abhdlgn. d. schweiz. paläontol. Gesellsch."

Siegfried, Heinrich

Siegfried, Heinr., zwei Betrachtungen über die Antisemitenbewegung in Deutschland. gr. 8. (X, 36 S.) Berlin 881, Freund und Jeckel. * — 60

Siegfried, Heinr., das neue preußische Expropriations-Gesetz. Gesetz über die Enteignung von Grundeigenthum. Erläutert unter Benutzung der amtl. Motive sowie der Kommissionsberichte und Verhandlungen der beiden Häuser des Landtages. gr. 8. (174 S.) Berlin 874, Hempel. * 2 —

Siegfried, Heinr.: Gesetz über die Enteignung von Grundeigenthum. Erl. unter Benutzung der amtlichen Motive. Berlin 1874.

Siegfried, Heinr., Grundlinien d. Religionsunterrichts nach d. Gesetzen d. Geistesentwickelung durch d. Schule im Gegensatz z. Kirche. 8. (5 B.) Winterthur 840. (Schaffhausen, Brodtmann'sche Bh.) *

Siegfried, Heinr., an G. H. Lewes eine Epistel. Berlin 856. G. Reimer. gr. 8. (36 S.) 5 ngr

Siegfried, Heinr., Reichsgesetz über die Beurkundung des Personenstandes und die Eheschließung. Mit den amtl. Motiven, sowie den Motiven zu den erfolgten Abänderungen und den Verhandlungen des Reichstages. gr. 8. (184 S.) Berlin 875, Hempel. *

— Reichsgesetz üb. Markenschutz. Erläutert unter Benutzg. der amtl. Motive sowie der Kommissions-Berichte u. Verhandlgn. d. Reichstages. gr. 8. (88 S.) Ebend. 874. n. 1. 50

— Reichsgesetz vom 13. Febr. 1875 üb. die Naturalleistungen f. die bewaffnete Macht im Frieden. Erläutert unter Benutzg. der amtl. Motive u. der stenograph. Berichte d. Reichstages. Mit e. Anh., enth. das Quartierleistungs-Gesetz vom 25. Juni 1868, nebst den die Einführg. desselben in Bayern u. Württemberg betr. Gesetzen vom 9. Febr. 1875, u. das Kriegsleistungs-Gesetz vom 13. Juni 1873. gr. 8. (136 S.) Ebend. 875. n. 2. —

— Schiedsmannsordnung. Als Leitfaden für Schiedsmänner nach den amtlichen Materialien u. Verhandlungen beider Häuser des Landtags bearb. gr. 8. (42 S.) Berlin 879. Burmester & Stempell. cart. n. — 50

Siegfried, H., Schiedsmannsordnung. Als Leitfaden für Schiedsmänner nach den amtl. Materialien u. Verhandlgn. beider Häuser d. Landtags bearb. (Neue [Titel-]Ausg.) gr. 8. (42 S.) Berlin 888. H. W. Mecklenburg. cart. n. — 50

Siegfried, Hermann

Siegfried (Oberst). — Portrait von Herrn Oberst Siegfried. Bern, J. Dalp'sche Buchhandlung. Auf chinesischem Papier vor der Schrift. 1881 Auf Kupferdruckpapier mit der Schrift.

Das Jurassische Bahnnetz vom Standpunkt der militärischen Interessen der Eidgenossenschaft. (Von Oberst Siegfried). 11 Stn. 8. Bern 1872.

Siegfried, H[ermann]. und Fazy, James. Die Bedeutung der Festungswerke von Genf militarisch betrachtet von H. S... und politisch beurtheilt von J. F. 8. Genf 1850.

Siegfried, eidgen. Oberst. Beitrag zur Schiesstheorie angewendet auf das Schiessen mit den schweiz. Handfeuerwaffen. (Lithogr.) gr. 8. Bern 1871.

Siegfried, H. Bericht über die geographischen und cosmographischen Apparate auf der Ausstellung 1878. Zürich 1879.

Siegfried, H. Bericht über die Schiessversuche zur Bestimmung der Visierhöhen der schweiz. Handfeuerwaffen i. J. 1864. Basel 1865.

Siegfried, H[ermann]. Die Grenzen der Schweiz. [S.A.] 8. Brugg [1871].

Siegfried, H., geographische und cosmographische Karten und Apparate, s. Weltausstellung, internationale, 1878 in Paris.

Siegfried, H., Schiessen und Geschütze, s. Handbuch für schweizer. Artillerie-Offiziere.

Siegfried, J. [Pseudon.] s. Zeller, Johanna.

Siegfried, J., Jerusalemer Kinder. Nach dem Leben erzählt. 8. (186 S.) Basel 902. Kober. n. 1. 40; geb. in Leinw. n. 2. 20

— **jüdisches Leben im heutigen Jerusalem.** 8. (181 S. m. Titelbild.) Ebd. 902. n. 1.—; geb. in Leinw. n. 1. 60

Siegfried, Johann Christoph (Berka Werra) A.S. 1260/10

Dissertatio inauguralis medica de motus corporis humani natura, usu et abusu.
Präs. Johann Adolph Wedel.
Jena (Krebs) II. 1715. 28 S.

W. v.: Präs., Peter Justinus May, Georg Balthasar Reichard, Georg Ernst Franck. 32614

Siegfried, J[ohann] J[acob]. Die Berg- und Flussgebiete der Schweiz. (SA.) 8. Brugg 1869.

Siegfried, J. J. Ueber Eigennamen in der schweizerischen Vaterlandskunde. Baden 1844.

Siegfried, J. J. Geschichte der schweizerischen naturforschenden Gesellschaft zur Feier des 50jährigen Jubileums. Zürich 1865. 4.

Siegfried, J. J. Die schweiz. naturf. Gesellschaft und die Gletschertheorie. 1875.

(Siegfried, J[ohann] J[acob].) Die Gletscher der Schweiz nach Gebieten und Gruppen geordnet. Ein Auszug aus dem auf Anordnung des Schweizer Alpenclub in Bearbeitung genommenen Gletscherbuche. Für die Mitglieder des Schw. Alp. als Manuscript gedruckt = Les Glaciers de la Suisse rangés par régions et par groupes. Extrait du Livre des Glaciers.... Manuscrit imprimé à l'usage des membres du Club Alpin Suisse. 8. Zürich = Zurich 1874.

Siegfried, J. J. Die wichtigsten Momente aus der Geschichte der drei ersten Jahrzehnde der schweizer. naturforschenden Gesellschaft. Zürich 1848.

Siegfried, J. J. Geschichtliche Notizen über die Gletschertheorie. 1875.

[Siegfried, Johann Jacob.] Panorama des Baugartens in Zürich. [Mit 1 Tafel.] 8. Zürich 1864.

Siegfried, J. J., die Pflanzen in ihrer Anwend. auf Forst- u. Landwirthschaft, Gartenbau, Gewerbe u. Handel. Mit e. Uebersicht d. Ordnungen u. Familien d. Pflanzenreiches. Für d. Unterr. vorzügl. in schweizer. Schulen bearb. 8. (17½ B.) Zürich 840, Schultheß. *

SIEGFRIED, J. J.: Die Pflanzen in ihrer Anwendung auf Forst- und Landwirthschaft, Gartenbau, Gewerbe und Handel. Mit einer Übersicht der Ordnungen und Familien des Pflanzenreiches. Für den Unterricht vorzüglich in schweizerischen Schulen bearbeitet. - Zürich 1840. 264 S.

Siegfried. J[ohann] J[acob.] Die beiden Scheuchzer (Jakob Sch'. 1672–1733, [und] Johannes Sch', 1684–1738). <SA.> 8. [Zürich 1853.]

Siegfried, J., die Schweiz, geologisch, geographisch u. physikalisch geschildert. 1. Bd. Allgemeine Verhältnisse u. Jura. A. u. d. T.: Der schweizerische Jura, seine Gesteine, seine Bergketten, Thäler u. Gewässer, Klima u. Vegetation. Mit 9 in den Text eingedruckten Profilen u. 2 (lith.) Taf. (in gr. 4.) gr. 8. (XII u. 240 S.) Zürich 851, Orell, Füssli & Co. 1⅓ ß

Siegfried, [Johann] J[acob]. Statistik der schweizerischen Bevölkerung nach den Landessprachen. <SA.> 4. (Bern 1873.)

[Siegfried, Johann Jacob.] Ueber Torf, Schiefer- und Braunkohlen im Kanton Zürich. [Mit Figuren und 2 Tafeln.] <Aus den Neujahrsblättern der Zürcherischen Naturforschenden Gesellschaft besonders abgedruckt. ([Sep.-Ausg. von] Njbl. ... 1851, Stück 53).> 4. [Zürich.]

[Siegfried, Johann Jacob.] (Torf-, Schiefer- und Braunkohlenlager des Kantons Zürich mit ihren Versteinerungen. [Mit Figuren und 2 Tafeln.]) Njbl. Naturf. Ges. Zürich 1851. 4. [Zürich.]

Siegfried, J., schweizerische Vaterlandskunde für obere Schulklassen bearb. Zürich 854. Orell, Füßli u. Co. 8. (IX, 89 S. u. 1 Holzschnitttaf.) 15 ngr

Siegfried, Johann Konrad (Kreuzberg) A. S. 1275/4

Dissertatio medica de apoplexia oder: Von Rührung des Schlags. Präs. Christian Ludwig Wucherer. Jena (Heller) VIII. 1718. 28 S. 32615

Siegfried, Joh. Konr., Erziehung und Unterricht im Leben denkwürdiger Männer. Zürich 855. Höhr in Comm. gr. 8. (VIII, 103 S.) n. 13 ngr

Siegfried, J. K., Leitfaden für den Unterricht in der Arithmetik in schweizerischen Mittelschulen (Sekundar-, Bezirks-, untern Industrieschulen). 8. (III und 216 S.) Zürich 867, Orell, Füßli und Comp. *

—— dass. — Gebrauchsanleitung und Schlüssel. 8. (VIII und 138 S.) Ebendas. 867. *

Siegfried, Johann Samuel

— C. F. W. Wenzel (u. Chr. Ldw. Noack), Blätter aus d. Sächs. Schweiz. 4. Pirna 805.

Siegfried, J. S., vermischte Gedichte. gr. 12. Leipzig, Wolf. (Schmidt.) 801. Rthlr.

Siegfried, J. S., Nadir Amida, König v. Persien. Trspl. in 6 A. gr. 8. Leipz. 807. Hartknoch. 1 ß

SIEGFRIED, Dr. med. Joh. Sam. (geb. am 5. Mai 1775 zu Konigstein; Arzt in Pirna; † am 4. Jan. 1840. — Goedeke V. 452, 24, nach Meusel's Gel. Teutschland 20, 476), Siama u. Galmory. Ein Gedicht in 2 Gesängen. Mit 1 schönen Titelkpfr. (Galmory am Ufer). In Commiss. Leipzig, bey P. Ph. Wolf. 1800. 12⁰. (4 Mk. 50 Pfg., Orig.-Ppbd., O. Rauthe, Friedenau-Berlin, 1908.)

13 Bll. Vorst. u. 110 S. Stellenw. erotisch.

Das Gedicht, welches „Meliphona, Schauspielerinn auf e. deutschen Buehne" gewidmet ist, behandelt „das interessante Schauspiel der Entdeckung einer neuen Welt" u. die damit verbundenen Scenen barbarischer Unmenschlichkeit; es betrifft Peru, „ein Land, das sich von allen übrigen Amerika's durch seine Reichthümer, Clima etc. etc. auszeichnet". Der Stoff ist Robertson's Geschichte v. Amerika, 2. B., 6. Buch entnommen u. poetisch umgeformt.

— — Dasselbe. Zweite Auflage. Mit 8 prächtigen Kupfertafeln (V. H. Schnorr v. Karolsfeld del., W. Böhm, Cl. Kohl, H. Lips, Heinr. Schmidt, Th. Falckeysen sc.). Ebd. 1801. Fol. XII, 38 S. (40 Mk., Orig.-Cart., Max Harrwitz, Nicolassee-Berlin, 1909; 18 Mk., unbeschn., L. Rosenthal, 1910.)

— Siama u. Galmory; e. Gedicht in zwei Gesängen. Mit Kpf. gr. 4. Leipz. 801. Wolf. (Schmidt). 20 gr — Dass. ohne Kpf. 8. Ebd. 802. 16 gr — Dass. mit 6 Kpf. u. e. Anhange, die Schöpfung des Weibes. 8. Ebd. 802.

Siegfried, J. S., Siama u. Galmory; ein Gedicht in 2 Gesängen, u. Adamah od. die Schöpfung des Weibes, mit 6 K. von Mettenleiter. 12. Leipz. J. A. G. Weigel. (in Comm.)

— — Dasselbe, tit.: Taschenbuch f. 1801. Mit 6 Kpfrn. von Mettenleiter. Ebd., o. J. 12⁰. 28 + 228 S. Cart. m. Goldschn. (2 Mk. List & Francke, 1908.)

R. Zinke's Dresdner Nov.-Auct. 1905, no. 1991.

Latein Uebersetzg.: Siama et Galmoris. Carmen e Germanico D *Siegfriedii* in sermonem Latinum translatum a M. Gust. Frid. Hentschio, r. m. cand. Lipsiae 1802. 8⁰. (Vorr. aus Pirna dat.) Vgl. G. Merkel, Briefe an ein Frauenzimmer. 1. Band. Berlin 1800. S. 162 ff. — Goedeke, l. c.

— Siama et Galmoris, carmen e germanico in sermonem latin. translat. G. F. Hentschio. 8. Leipz. 803. Compt. f. Litt. 4 gr

Siegfried, Carl, die Aufgabe der Geschichte der alttestamentlichen Auslegung in der Gegenwart. Akademische Antrittsrede. gr. 8. (20 S.) Jena 876, [Dufft.] Fischer. *

Siegfried, C. Die theologische u. die historische Betrachtung d. Alten Testaments. Vortrag. gr. 8. (28 S.) Frankf. a. M. 890, Diesterweg. * — 40

Aus: Zeitschr. f. prakt. Theologie, besonders abgedruckt.

Siegfried, Carl, the book of Job, s.: Books, the sacred, of the Old Testament.

Siegfried, Carl, **Esra,** Nehemia u. Esther übers. u. erklärt, s.: Handkommentar zum Alten Testament.

—— u. Holtzmann. Exegese, s. Jahresbericht, theologischer.

Festrede gehalten in der Universitätskirche zu Jena zur Akademischen Preisvertheilung am 15. Juni 1895 von D. Carl **Siegfried,** Prof. d. Theol., d. Z. Prorektor. Jena, Univ.-Buchdr. G. Neuenhahn, 1895; 37 S. 4.

— **s.: Jahresbericht, theologischer.**

Siegfried: De inscriptione Gerbitana. 22 S. –Magdeburg D., Progr. 1863

Siegfried, Carl, de inscriptione Gerbitana. Magdeburg 863. (Berlin, Calvary & Co.) 4. (82 S.) n. 15 ngr

Siegfried, Carl, Lehrbuch der neuhebräischen Sprache und Litteratur, s. Strack, H. L.

Siegfried, Karl, die Pestilenz, die im Finstern schleicht. Ein Wort der Warnung an Jedermann, nebst e. Wort der Aufrichtg. f. Solche, welche gefallen sind. 8. (46 S.) Mülheim a/Ruhr 890. Buchhandlg. d. evang. Vereinshauses. n. — 30

Siegfried, Karl, die Pestilenz, die im Finstern schleicht. Ein Wort der Warng. an Jedermann, nebst e. Wort der Aufrichtg. f. Solche, welche gefallen sind. 2. Aufl. 8. (48 S.) Mülheim a. d. R. 892. Buchh. d. evang. Vereinshauses. — 30

Die Pestilenz, die im Finstern schleicht. Ein Wort der Warnung an jedermann nebst e. Wort d. Aufrichtung f. solche, welche gefallen sind. Von Karl Siegfried. 3. Aufl. *Berlin: Bund vom weissen Kreuz 1898.* (46 S.) 8° [F.] [illegible] 3

Siegfried, Karl, die Pestilenz, d. im Finstern schleicht. E. Wort d. Warng. an jedermann, nebst e. Wort d. Aufrichtg. f. solche, welche gefallen sind. 3. Aufl. gr. 8. (46 S.) Berlin 898. (Berlin-Carlshorst, H. Friedrich.) n. — 30

— die Pestilenz, die im Finstern schleicht. Ein Wort der Warng. an jedermann, nebst e. Wort der Aufrichtg. f. solche, welche gefallen sind. 4. Aufl. gr. 8. (46 S.) Berlin 901. (Leipzig, H. G. Wallmann.) n. — 30

— Philo v. Alexandria als Ausleger d. alten Testaments an sich selbst u. nach seinem geschichtl. Einfluss betrachtet. Nebst Untersuchgn. üb. die Graecitaet Philo's. gr. 8. (VI, 418 S.) Ebend. 875. n 9. —

Siegfried, C., Prediger u. Hoheslied, s.: Handkommentar zum Alten Testament, II, III, 1.

Siegfried, Carolus: *De sacrificiorum Hebraeorum Graecorum Romanorum et originis et rituum similitudine. 48 S. 2°
Halle-Wittenberg, Phil. Diss. v. 13. Juli 1859
Geb. [Magdeburg 22. 1. 1830]

Siegfried: Spinoza als Kritiker und Ausleger des Alten Testaments; Beitrag zur Geschichte der alttestamentlichen Kritik u. Exegese. 53 S. Pforta, Progr. 1867.

—— Spinoza als Kritiker und Ausleger des Alten Testaments. Ein Beitrag zur Geschichte der alttestamentl. Kritik und Exegese. gr. 4. (53 S.) Berlin 867, Calvary und Comp. *

Siegfried, C[arl]. Vereinigung des Betreibungs- und Konkursamtes im Kanton Zürich. •Beitrag zu den Gesetzentwürfen betreffend die Durchführung des Bundesgesetzes über Schuldbetreibung und Konkurs und betr' die Einführung des Schweizerischen Zivilgesetzbuches, sowie zur Revision des Rechtspflege- und des Gemeindegesetzes.• Von K. S'.... 24 S. 8. Zürich, Buchh. des Schweiz. Grütlivereins. 1910. fr. —.50
Sozialpolitische Zeitfragen der Schweiz .... Heft 12.

Siegfried, Carl, u. Bernh. Stade. Hebräisches Wörterbuch zum Alten Testamente. Mit 2 Anhängen: I. Lexidion zu den aramäischen Stücken d. Alten Testamentes. II. Deutsch-hebräisches Wörterverzeichnis. gr. 8. (1. Abtl. 480 S.) Lpz. 892, Veit u. Comp. * 15 —

— u. Bernh. Stade, hebräisches Wörterbuch zum Alten Testamente. Mit 2 Anhängen: I. Lexidion zu den aramäischen Stücken d. Alten Testamentes. II. Deutsch-hebr. Wörterverzeichnis. Lex.-8. (VIII, 978 S.) Leipzig 893. Veit & Co. n. 18. —; geb. in Halbfrz. n. 20. —

—— die hebräischen Worterklärungen des Philo und die Spuren ihrer Einwirkung auf die Kirchenväter. gr. 4. (37 S.) Berlin 863, Calvary und Comp. *

Siegfried, Kurt. T. 1. Beiträge zur Kenntnis des Benzoylacetons. T. 2. Eine neue Synthese des αα'-Diphenylpyrons. Leipzig, 1901. Metzger & Wittig. (56 S.)
Diss. v. 5. Febr. 1902.

Siegfried, L., der Rausch. Eine psychologische Studie. 8. (64 S.) Bonn 880. Strauß. n. 1. 50

Siegfried, Leonhard

Siegfried, L., Federzeichnungen aus Holstein, s.: Bibliothek der Gesamtlitteratur d. In- u. Auslandes. 565/566.

— quer durch die Geographie. Erlebnisse e. Radfahrers. (Kleine Ausg. Liebeskind 3.) 16. (IV, 218 S.) Leipzig 894. A. G. Liebeskind. n. 1. —

Siegfried, Louise, [geb. Hellmer], geistliche Lieder gesammelt zum Gebrauch in Kirche und Haus. gr. 8. (VII, 870 S.) Königsberg 868, Gräfe und Unzer. cart. * 4 —

Siegfried, Martin [illegible] Berlin [illegible]: Über [illegible] Fieberbehandlung bei febris recurrens. Beobachtungen aus der propädeutischen Klinik des Kgl. Charité-Krankenhauses zu Berlin. Berlin [illegible]
Berlin, Med. Diss. v. [illegible] Juli 188[illegible]

Siegfried, Mart., wie ist Radfahren gesund? Hygienische Studien auf dem Zweirade. gr. 8. (64 S.). Wiesbaden 895. J. F. Bergmann. n. 1. 20

Siegfried, Max [Dr. phil.]: Über die chemischen Eigenschaften des reticulirten Gewebes ... Leipzig, Druck v. F. A. Brockhaus, 1892; 1 Bl., 24 S. 8.
Leipzig, Phil. Fak., Hab.-Schr. v. 6. Dez. 1892

Siegfried, Max, über die Einwirkung von Dichloräther auf die Dioxybenzole. Diss. Leipzig 1887, Gustav Fock. 8°. 32 S.

Siegfried, Nik. (Pseud.), s. Cathrein, Viktor.

Siegfried, Nik., Actenstücke betr. den preußischen Culturkampf, nebst einer geschichtlichen Einleitung. gr. 8. (XVI, 441 S.) Freiburg i/Br. 882. Herder. n. 4. 50

Siegfried, Nik., durch Atheismus z. Anarchismus. Ein lehrreiches Bild aus d. Universitätsleben d. Gegenwart. Allen, denen ihr Christenthum lieb ist, besonders aber d. angeh. Akademikern gewidmet. 12. (V, 151 S.) Freiburg i/B. 895. Herder. n. 1. —

Siegfried, Nik., durch Atheismus zum Anarchismus, 2. Aufl., s.: Cathrein, Vict.

Siegfried, Paul, 250 Aufgaben f. das Französische. Zur Unterstützung des Klassen-Unterrichts u. des Selbst-Unterrichts. Auf Grund v. 200 Wörtern od. Wortformen. Mit zwei Schlüsseltafeln. 8. (20 S.) Leipzig (Sophienstr. 30) 900. Selbstverlag. n. — 20

Siegfried, Paul s. Rechtsquellen von Bormio. Basel 1905.

Siegfried, Paul Rud., mein Herz. Gedichte. (599 S.) kl. 8. Leipzig 908. Verlag f. Literatur, Kunst u. Musik. 5. —; geb. n 6. —

Siegfried, R., Freyr u. Gerdha. Dramat. Dichtg. in 3 Aufzgn. 8. (44 S.) Leipzig 895. Breitkopf & Härtel. n. 2. —

Siegfried, R., allgemeine Münz-, Maass- u. Gewichtstabelle. 2. Aufl. v. Gloeckner's vergleich. Münz-, Maass- u. Gewichtstabelle sämmtl. Länder der Erde. gr. 8. (V, 50 S.) Leipzig 887. Gloeckner. geb. n. 1. 20

Siegfried, R., Münz-, Mass- u. Gewichtstabelle. 3. Aufl., s.: Gloeckner.

†Siegfried, Reinh. [G. Zapf], Fausts Jugend. Ahasvers Tod. 8. (20 S.) Tachau 888, Holub. * 1 —

Biographie von Prof. R[ichard] Siegfried, Schriftsteller u. Privatgelehrter zu Königsberg i. Pr. [Königsberg i. Pr. 1905: Hartungsche Ztg.] 11 S. 4⁰
Erw. aus: Königsberger Hartungsche Zeitung. 1905, Nr 112.

Siegfried, R[ichard]: Ausblicke auf die künftige preußische Wahlreform. Leipzig 1910. 8⁰

Die schwere Benachteiligung der volkreichsten Landesteile Preußens bei den Landtagswahlen. Von Prof. R[ichard] Siegfried. Mit 5 graph. Tableaux. Berlin-Schöneberg: 'Hilfe' 1908. (IV, 84 S.) 4⁰ (8⁰) [F.] (08.11706 10

Die Börse und die Börsengeschäfte. Ein Handb. f. Bankiers, Juristen u. Capitalisten. Hrsg. von R[ichard] Siegfried. (6. neubearb. u. verm. Aufl.) *Berlin: Haude & Spener 1892.* (XVI, 500 S.) 8⁰
= Börsenpapiere, Saling's. 6. Aufl. Th. 1. (00. 48

Siegfried, R. Die Börse u. die Börsengeschäfte, s.a. Saling's Börsen-Papiere. 1. Thl.

Siegfried, R., s.: Börsen-Papiere, die.

Siegfried, Rich. Ad compositionem librorum Iliadis XVIII ad XXII. 16 S. Progr. *Fürstenwalde* 1881

Siegfried, Richard: *Ueber Friedrich von Hausen, seine Gedichte und seine Bedeutung für die Literaturgeschichte. 70 S. 4⁰ (2⁰)
Halle-Wittenberg, Phil. Diss. v. 3. Aug. 1874
Geb. [Stechow (Kr. Westhavelland) 14. 2. 1847]

Ein Mahnwort zur Statistik der preussischen Landtagswahlen von 1898. Ein Beitrag z. Beleuchtung d. preuss. Wahleinrichtungen. Von R. Siegfried. *Berlin: R. Wrede 1899.* (23 S.) 8⁰ [F.] (01. 4718

— die Proportionalwahl. Ein Votum zur württemb. Verfassungsreform. 2. [Titel-] Ausg. (v.: „S., e. Votum zur württemberg. Verfassungsreform"). gr. 8. (VII, 128 S. m. 1 Tab.) Berlin [898.] 898. Herm. Walther. n. 1.50

—— die Rechte der Aktionäre und der Schutz ihrer Interessen nach dem neuen Aktiengesetz vom 18. Juli 1884. Eine Erläuterung des Aktiengesetzes und zugleich Ergänzung zu Saling's Börsenpapiere. 8. (III, 63 S.) Berlin 884, Haude und Spener'sche Buchh. * 1 —

Siegfried, R., s. Saling's Börsen-Papiere.

Siegfried, R., ein Votum zur württembergischen Verfassungsreform. Wahltechn. Erörtergn. zu den drei Regierungsvorlagen v. 29. VI. 1897. gr. 8. (VII, 132 S. m. 1 Tab.) Berlin 898. H. Walther. n. 1.50

Die preußischen Wahlkreise. Ein Beitrag z. Frage d. preuß. Wahlreform. Von Prof. R[ichard] Siegfried. Mit 2 graph. Tableaux. Jena: G. Fischer 1906. (41 S.) 8⁰ [F.] (06. 4547

Die verschwiegene Wahlurne. Von Prof. R[ichard] Siegfried, Königsberg i. Pr. München: Schweitzer 1906. S. 735–760. 8⁰ [Umschlagt.]
Aus: Annalen d. Deutschen Reichs. 1906, Nr 10. (06. 46074 10

Siegfried, Samuel Albrecht

Siegfried, S. A. Blütter aus der Mappe eines Heimgegangenen. Schriftbetrachtungen. In-8⁰, VIII u. 192 S. Basel, C. F. Spittler. 1886. 2 —

[Siegfried, Traugott.] Alphons Köchlin-Geigy (1821–1893). [Necrolog. SA.] 8. [Basel 1894.]

-Die Trunksucht und ihre Bekämpfung. Zofingen und Thun 1884. 23 S.

Siegfried, Traugott. Das Wirthshaus. Von der Gemeinnützigen Gesellschaft der Stadt Basel ausgeschriebene und gekrönte Preisschrift. In-8⁰. 70 S. Basel, Ferd. Riehm. 1881.

Siegfried, T. Das Wirthshaus. Von der Gemeinnützigen Gesellschaft der Stadt Basel ausgeschriebene und gekrönte Preisschrift. 3. Aufl. In-8⁰. Basel, Riehm. 1883. 70 S. — 75

Siegfried, Walth., Fermont. Ein Roman. Aus nachgelassenen Papieren zusammengestellt u. durch Notizen u. Briefe ergänzt v. e. Freunde. 8. (286 S.) München 893. Dr. E. Albert & Co., Sep.-Cto. n. 4. —; geb. n. 6. —

Siegfried, Walth., Fermont. Ein Roman. Aus nachgelass. Papieren zusammengest. u. durch Notizen u. Briefe ergänzt v. e. Freunde. 2. (Titel-) Aufl. 8. (286 S.) München (893). C. Ruprecht. n. 3. —

Siegfried, Walther. Fermont. Ein Roman. Aus nachgelassenen Papieren zusammengestellt und durch Notizen und Briefe ergänzt von einem Freunde. 3. durchgesehene Aufl. VI + 284 S. 8. Berlin und Leipzig, Schuster & Loeffler, 1902. [M. 3. —]

(B) Siegfried, Walth., Fermont. 902. (KBB 34.)
Jetzt: Berlin, Meyer & Jessen.

Siegfried, Walther. Die Fremde. Novelle. II + 370 S. 8. Leipzig, S. Hirzel, 1904. [M. 4. —, geb. 5. —]

— die Fremde. Novelle. 2. Aufl. (370 S.) 8. Leipzig 905. S. Hirzel. n. 4. —; geb. n. 5. —

Siegfried, Walther. Gritli — Ein Wohlthäter. Novellen. IV + 232 S. 8. Leipzig, S. Hirzel, 1904. [M. 3. —, geb. 4. —]

Siegfried, Walther. Gritli. Novelle. [Mit Titelvignette.] IV + 58 S. 8. Bern, Verein für Verbreitung guter Schriften (**Innentitel:* Haller'sche Buchdr.), März 1910. fr. —. 10
Verein für Verbreitung guter Schriften. Bern, Nr. 76.

Siegfried, Walth., Tino Moralt. Kampf u. Ende e. Künstlers. 2 Tle. in 1 Bd. 8. (IX, 647 S.) Jena 890. Costenoble. n. 7. 50

— Tino Moralt. Kampf u. Ende e. Künstlers. 2 Thle. in 1 Bde. 2. Aufl. 8. (VII, 647 S.) München 896. Ebd. 5. —; geb. 6. 50

Tino Moralt. Kampf u. Ende e. Künstlers. Von Walther Siegfried. 3. Aufl. Berlin & Leipzig: Schuster & Loeffler 1904. (VII, 655 S.) 8⁰ [F.] (05. 8833

— Tino Moralt. Kampf u. Ende e. Künstlerin. 2 Bde. Neue durchgeseh. Ausg. (4. Aufl.) (Titel u. Einbd. zeichnete Lucian Bernhard.) (346 u. 346 S.) 8. Berlin 911. Meyer & Jessen. Kart. 5. —; geb. 7. —

Siegfried, Walther. Adolf Stäbli als Persönlichkeit. [Mit illustriertem Umschlag, 8 Text-Illustrationen und 2 Tafeln.] 60 S. 8. Zürich, Art. Institut Orell Füssli, 1902. [fr. 2.50]

[F.] Um der Heimath willen. Novelle v. Walther Siegfried. *Berlin: Schuster & Loeffler 1898.* (212 S., 1 Bl.) 1 Bd 8. (98. 4304

— um d. Heimath willen. Novelle. 2. Aufl. 8. (212 S.) Berlin 898. Schuster & Loeffler. 3. —;
Jetzt: Berlin: Meyer & Jessen.

Siegfried-Atlas, s. Atlas, topographischer, der Schweiz

Siegfrieden, Jh. Gf., († d. 16. Aug. 1806.) s. Handbuch, militärisches.

Siegfriedskirche, s.a. Sanct-Siegfriedskirche.

Siegfrieds-Kirche, die heilige, nach der 12n Ausg. aus d. Engl. übers. (v. U. L. Gust. S. Kleffel), 5 Bde. 8. Leipz. 801, 2. Reip. 3 ₰ 16 gr.

Siegfrieds-Kirche, Die, nach der zwölften Ausgabe a. d. Engl. übers. Leipzig 1801–02. Ü: *Kleffel, Gustav.* (Ky) [Rostock 180?] (MGT)

Siegfriedswalde, s.: Geolog. Karten (Preussen).

Sieghard und Berthild; eine Klostergesch. in unterhaltenden Briefen. 2 Thle. m. K. 8. Meißen, Erbstein. (Gödsche.) 792—96. (I. 1 Thlr. II. 12 gr.)

Sieghart, Mart., s. Ovid's Klaggesänge.

Geschichte und Statistik des Zalenlottos in Oesterreich. Auf Grund archival. Quellen v. Dr. Rudolf **Sieghart**. *Freiburg i. B., Leipzig & Tübingen: J. C. B. Mohr 1898.* (4 Bl., 115 S.) 8.
— **Studien,** Wiener Staatswissenschaftliche. Bd 1. H. 2.

SIEGHART, Rudolf
Die öffentlichen Glücksspiele. Von Dr. Rudolf Sieghart. Wien. 1899. Manz. Gr.-8°. VII, 410 S. fl. 3.60

Siegheim, Max, Beiträge zur Kenntniss der Retinitis pigmentosa unter besond. Rücksichtnahme auf die Aetiologie. Inaugural-Dissertation. gr. 8. (68 S.) Breslau 886, (Köhler.) * 1 —

Siegin, Fritz. Elementar- und Uebungs-Schule für Blas-Instrumente. Abteilung 1: Die Blech-Instr' in B im 𝄞 Cornet, Flügelhorn, Tenorhorn, Trompete in B. [Mit Melodien.] 63 S. 4. Laupen-Bern, E. Bollmann, (1910). [geb. fr. 3.50]

Siegin, Fritz. Die Basler Knabenmusik 1841—1905. Kleine Chronik und Festschrift anlässlich der Fahnenweihe vom 14. Mai 1905. II + 34 S. 8. (Basel, Gasser & Cie.)

Siegismund's Vademecum der gesammten Litteratur über Occultismus. Alphabetische und systemat. Zusammenstellung der litterar. Erscheinungen in deutscher Sprache auf dem Gebiete der Mystik, Magie, des thier. Magnetismus, Somnambulismus, Hypnotismus, Spiritismus, Spiritualismus, Psychismus, sowie verwandter Fächer von 1800 bis Anfang 1888. gr. 8. (96 S.) Berlin 888, Siegismund. geb. 2 —

Siegismund, A. J., Quaestionum de metathesi Graeca. I. Diss. 1872. 48 S. —.80
— — compl. 100 S. 2.50

Siegismund, J., Epigraphisch-Grammatisches. 1. Pamphylisches. 2. Kyprisches. S.-A. 1876. 19 S. —.80

Siegismund, Werner, bacc. iur., Referendar: Die Haftung des Erben für die Handelsschulden des Erblassers. (§ 27 des Handelsgesetzbuchs.) Borna-Leipzig 1910: Noske. VIII, 61 S. 8°
Leipzig, Jur. Diss. v. 28. Juni 1910
[Geb. 8. Juli 85 Leipzig; Wohnort: Bernstadt i. Sa.; Staatsangeh.: Sachsen; Vorbildung: Gymn. Eisenberg Reife O. 05; Studium: Jena 1, Tübingen 4, Leipzig 3 S.; Rig. 3. Febr. 09.] [U 10. 2892

Siegismund u. Volkening's kurzgefaßte Lehr- u. Lernbücher für Volksschulen. 4 Hfte. 3. Ster.-Aufl. 8. Leipzig 881. Siegismund & Volkening. In 1 Bd. geb. n. — 50
1. **Damm,** Geschichte. (S. 1—39.) Einzelpr. n. — 25
2. — Geographie. (S. 40—69.) Einzelpr. n. — 25
3. **Fricke,** Sprachlehre. (S. 70—84.) Einzelpr. n. — 25
4. **Schröder,** Physik. (S. 85—112 m. eingedr. Holzschn.) Einzelpr. n. — 30

Siegismund und Volkening's kurzgefaßte Lehr- und Lernbücher für Volksschulen. 1.—4. Heft in 1 Bde. 3. Aufl. gr. 8. Leipzig 887, Siegismund und Volkening. * — 60
geb. * — 70

Inhalt:
Heft 1. Damm, Geschichte. (S. 1—39.) Einzelpr. * 25 Pf.; geb. * 30 Pf.
„ 2. —— Geographie. (S. 41—70.) Einzelpr. * 25 Pf.; geb. * 30 Pf.
„ 3. Schröder, Physik. (S. 71—107 mit eingedr. Holzschn.) Einzelpr. * 40 Pf.; geb. * 45 Pf.
„ 4. Fricke, Sprachlehre. (S. 109—125.) Einzelpr. * 25 Pf.; geb * 30 Pf.

Siegl, Ed.: Steht der Erfolg des gegenwärtigen Latein-Unterrichtes an den k.k. Gymnasien mit den gerechten Anforderungen an ihn im richtigen Verhältnisse und wenn nicht, wie liesse sich dasselbe erzielen. 25 S. 8°–
Teschen kth., Progr. 1858.

Siegl, Edith, der Jugend Weihe. Ein Festspiel zum 80. Geburtstage Sr. Maj. des Kaisers. (16 S.) gr. 8. Wien 910. J. Grünfeld. — 85

Siegl, Eduard

Siegl, Ed., Melassen- u. Rüben-Brennerei. Patschkau 866. (Wien, Wallishausser'sche Buchh.) gr. 8. (VIII, 111 S. mit eingedr. Holzschn. u. 2 Holzschntaf.) 1 *Thlr.* 10 *ngr.*

Siegl, Ed., und Ant. Hartmann, Runkelrüben-Spiritusfabrikation, s. Hartmann, Ant.

Siegl, Emil, Garne u. Gewebe aus Flachs auf der Weltausstellung in Chicago, s.: **Bericht,** officieller, der k. k. österr. Central-Commission f. die Weltausstellung in Chicago 1893.

Siegl, Herm., die Formenlehre des französischen Zeitwortes in schulmäßiger Fassung. gr. 8. (52 S.) Wien 881. Klinkhardt. n. — 60

Siegl, H. Zur Gestaltung des französischen Sprachunterrichts an der lateinlosen Realschule. Brünn, R., 1885. 14 S. Progr.

— Ueber „schulmässigen" französischen Sprach-Unterricht nach neueren Anschauungen und einiges andere, was damit zusammenhängt. Wien, R. VII. Bez., 1889. 36 S. Progr.

Siegl, Josef (Maria)

Siegl, Jos., Betrachtungen u. Gebete f. jeden Tag d. Monats. 8. (9 B.) Coblenz 833, (Hölscher.)

—— Gott ist die Liebe! Ein vollständ. Gebet- u. Erbauungsb. f. gebild. kathol. Christen. 1., u. 2., verb. u. verm. Aufl. Mit Approbationen. (à 17½ B. u. 1 Stahlst.) gr. 12. Köln 833, 34, DuMont-Schauberg. à 1 Thlr., Schrb.-Vlnp.

Siegl, Jos., Gott ist die Liebe. Ein vollständ. Gebet- u. Erbauungsb. f. gebild. kathol. Christen. 3., verm. Aufl. Mit Approbat. gr. 12. (17 B., Titkpfr. u. gestoch. u. verz. Ttlbl.) Köln 836, DuMont-Schauberg.
In gepreßt. paris. Einb. *

Siegl, Jos., Gott ist die Liebe. Ein vollständiges Gebet- u. Erbauungsbuch f. gebildete katholische Christen. 5. Aufl. 8. (XIV u. 383 S. m. 1 Stahlst.) Mainz 847, Kupferberg. 18 *ngr*
Auf Postpap. 24 *ngr*

Siegl, Jos., Herr, führe uns nicht in Versuchung! Ein Gebet- und Andachtsbuch für d. gebildete, christkathol. Jugend. Mit 1 Stahlst. Mit e. Vorrede d. Bischofs v. Trier, 2 erzbischöfl. u. 6 bischöfl. Approbationen. gr. 12. Koblenz 835. Hölscher. 1 *Thlr* Velinp. 1⅓ *Thlr* — 2e verm. Ausg. gr. 12. Ebd. 838. 1 *Thlr*

—— **Herr!** laß sie Alle ruhen in Frieden! od. d. Andenken an d. geliebten Verstorbenen, nach d. Grundsätzen d. christkathol. Kirche gefeiert in Betrachtn. u. Gebeten üb. Tod, Unsterblichkeit u. Wiedersehen; zur Beruhigung u. z. Troste. gr. 12. (13 B. u. 1 Stahlst.) Köln 835, Bachem.

Siegl, Josef, s. Hommer, J. v.: Von der Buße.

Siegl, Jos. (Maria), s. Krüger, Dn., der Herr sei mit Dir!

— s. Pfaff, J. L.: Leben und Wirken Winfried's Bonifazius.

Siegl, Jos.(Maria) Spiegel evangel. Vollkommenheit, wie d. Mensch zu näherer Vereinigung mit Gott gelangen kann. Nach d. Werke e. gelehrten Kartheusers aus d. Altkölnischen frei bearb. gr. 12. (28 B. u. 1 Titlbild.) Düsseldorf 839. [Leipzig, Fr. Fleischer.] *

Siegl, Jos.(Maria) Spiegel evangel. Vollkommenheit, wie der Mensch zu näherer Vereinigung mit Gott gelangen kann. Nach dem Werke eines gelehrten Kartheusers aus dem Altkölnischen frei bearbeitet. Mit Titelbild. gr. 12. Düsseldorf 839. Schreiner. n. 1 1/4 ℛ︀

(——) Uebersicht d. amtlich. Geschäftsganges, s. Uebersicht.

Siegl, Julius Ritter von

Siegl, Jul. Ritter v., **Panorama** v. der Cerna Perst in der Wochein [1845 m]. Hrsg. vom österreich. Touristen-Club in Wien. Lith. qu. schmal Fol. Wien 886. (Brotzner & Co.) n. 1. 60

Siegl, J. Ritter v., Panorama vom Schlern. Hrsg. vom Oesterreich. Touristen-Club in Wien. schmal Fol. (2 S. Text.) Wien 887. (Bretzner & Co.) n. 1. 80

Siegl, J. R. v., Rundschau v. der Kassianspitze, 2583 m. Nach der Natur gezeichnet. 48,5×105 cm. Lith. München (904). (J. Lindauer.) n. 2. —

— **Schattenconstructionen** an Umdrehungskörpern m. Rücksicht auf die praktischen Bedürfnisse im Architektur- u. im kunstgewerblichen Fachzeichnen. Mit 1 Fig.-Taf. gr. 8. (29 S.) Wien 886. Hölder. n. 1. —

SIEGL, Karl

(F) Das Achtbuch des Egerer Schöffengerichtes aus der Zeit von 1310 bis 1390. Von Dr. Karl Siegl. [Separatabdruck aus den Mittheilungen des Vereines für Geschichte der Deutschen in Böhmen. Jahrgang XXXIX, S. 227—271, 375—427.] Prag. 1901. Selbstverlag des Vereines für Geschichte der Deutschen in Böhmen. Calve. Gr.-8°. 111 S. K 2.40

Siegl, Karl: Das Achtbuch des Egerer Schöffengerichts. s.Achtbuch.

Siegl, Karl, das Achtbuch II des Egerer Schöffengerichtes vom J. 1391 bis 1668. (112 S. m. 1 Taf.) gr. 8. Prag 903. (J. G. Calve.) n. 2. 40

Siegl, Karl, über das **Emissionsvermögen** von Gesteinen, Wasser u. Eis. (28 S.) gr. 8. Wien 907. A. Hölder. -- 80

Über das Emissionsvermögen von Gesteinen, [illegible] und Eis. S. 126 [illegible]
Separatabdruck

Die Kataloge des Egerer Stadtarchivs. Angelegt von Dr. Karl Siegl
Eger: Stadtgemeinde 1900. (XI, 388 S.) 8° [illegible]

— **die Kataloge des Egerer Stadtarchivs.** gr. 8. (XI, 388 S.) Eger 900. (J. Kobrtsch & Gschihay.) n.n. 5. —; erhöhter Preis n.n. 6. —

Siegl, Karl: Materialien zur Geschichte der Egerer Lateinschule vom Jahre 1300—1629. Nach den Urkunden des Egerer Stadtarchivs. Gesammelt und geordnet von Karl Siegl, Archivar der Stadt Eger. Veröffentlicht von der k. k. Gymnasialdirektion. S. 3—143. 8. K. k. Staats-Obergymn. *Eger (Böhmen)* 1902. Progr.

— **das Salbuch der Egerer Klarissinnen v. J. 1476 im Egerer Stadtarchiv.** (148 S. m. 1 Taf.) gr. 8. Ebd. 905. n. 2. —
Sonderabdruck aus: „Mitteilgn. d. Ver. f. Gesch. d. Deutschen in Böhmen".

— **Untersuchung der Kanalstrahlen v. Sauerstoff.** (6 S.) gr. 8. Ebd. 907. — 30
Sonderabdr. aus: „Sitzungsber. d. k. Akad. d. Wiss."

Die Vermählung der Stammeltern des Sächsischen Königshauses, Albrecht des Beherzten von Sachsen mit Sidonia von Böhmen, zu Eger im Jahre 1450. Eine Geschichte aus Egers Glanzzeit vom kais. Rat Dr. Karl **Siegl**. Eger: Selbstverl. 1910. 25 S. 8°
Aus: Egerer Jahrbuch. 1910 [illegible]

Die Wallensteinfestspiele in Eger am 17. und 18. Juli 1909. (Verf.: Dr. Karl **Siegl.**) Eger: Verein z. Veranstalt. hist. Festspiele (1909). 16 S. 8° [Umschlagt.] A 10.9774

Siegl, Karl: Die Egerer Zunftordnungen. Ein Beitrag zur Geschichte des Zunftwesens. Hrsg. vom Verein für Geschichte der Dtn in Böhmen. — Prag: Selbstverl. des Vereins; Calve i. Komm. 1909. 167, III S.

Siegl, Katharina, die bürgerliche Köchin. Ein vollständ. Kochbuch, enth. 532 Anweisungen, nahrhafte und wohlschmeckende Speisen auf gute und doch sparsame Art zu bereiten, so wie allerhand nützl. und für jede Hauswirthschaft wichtige Mittheilungen und Vorschriften. 1. Aufl. (XXII und 241 S.) 1852. und 2. Aufl. 16. (261 S.) Glogau 855, Flemming's Verlag.

Siegl, Kathar., die bürgerliche Köchin. Ein vollständiges Kochbuch enthaltend 532 Anweisungen, nahrhafte u. wohlschmeckende Speisen auf gute u. doch sparsame Art zu bereiten, sowie allerhand nützliche u. für jede Hauswirthschaft wichtige Mittheilungen u. Vorschriften. 4. Aufl. Glogau 864. Flemming. 16. (XXII, 241 S.) 7½ ngr

Siegl, Katharine, die bürgerliche Köchin. Ein vollständ. Kochbuch, enth. 532 Anweisungen, nahrhafte und wohlschmeckende Speisen auf gute und doch sparsame Art zu bereiten, sowie allerhand nützl. und für jede Hauswirthschaft wicht. Mittheilungen und Vorschriften. 6. Aufl. 16. (XXII, 241 S.) Glogau 871, Flemming. cart. — 75
—— dass. — enth. 560 Anweisungen. 7. und 8. verm. und verb. Aufl. 16. (XIV, 207 S.) Ebendas. 873,74. — 75

Siegl, Katharina, die bürgerliche Köchin. Ein vollständiges Kochbuch, enth. 560 Anweisungen, nahrhafte u. wohlschmeckende Speisen auf gute u. doch sparsame Art zu bereiten, so wie allerhand nützliche u. für jede Hauswirthschaft wichtige Mittheilungen u. Vorschriften. 9., verm. u. verb. Aufl. 16. (XIV, 207 S.) Glogau 877. Flemming. cart. — 75

Siegl, Katharina, die bürgerliche Köchin. Ein vollständ. Kochbuch, enth. 705 Anweisungen, nahrhafte und wohlschmeckende Speisen auf gute und doch sparsame Art zu bereiten, sowie allerhand nützl. und für jede Hauswirthschaft wicht. Mittheilungen und Vorschriften. 11. verm. und verb. Aufl. gr. 16. (XVI, 254 S.) Glogau 888, Flemming. 1 —

Siegl, Katharina, d. bürgerliche Köchin. E. vollständ. Kochbuch, enth. 705 Anweisgn., nahrhafte u. wohlschmeck. Speisen auf gute u. doch sparsame Art zu bereiten, sow. allerhand nützl. u. f. jede Hauswirthschaft wicht. Mittheilgn. u. Vorschriften. 12., verm. u. verb. Aufl. gr. 16. (XVI, 254 S.) Glogau (893). C. Flemming. Geb. in Leinw. 1. —

Siegl, Paul [app. Arzt aus Liebstadt/Ostpr.]: Aus d. Laboratorium d. pharmakognost. Sammlung in Kiel. Beitrag zur Kenntnis der Wirkung des Pikrotoxin. . . . Kiel, Druck v. L. Handorff, 1891; 13 S., 1 Bl. 8°
Kiel, Med. Fak., Inaug.-Diss. v. 6. März] 1891

Siegl, Paul, Beitrag zur Kenntnis der Wirkung d. Pikrotoxin. Diss. gr. 8. (13 S.) Kiel 891. (Gnevkow & v. Gellhorn.) n. — 60

Siegle, D., die Geschäfte der nicht streitigen Gerichtsbarkeit in Württemberg, mit Ausnahme des Inventur- u. Theilungswesens u. der Führung der Handels- u. Standes-Register. Für den Unterrichtskursus der Notariats-Candidaten bearb. gr. 8. (VIII, 264 S.) Stuttgart 881. Kohlhammer. n. 3. —; geb. 3. 60

Siegle, D., die Geschäfte der nichtstreitigen Gerichtsbarkeit in Württemberg m. Ausnahme d. Inventur- u. Teilungswesens u. der Führung der Handels- u. Standesregister. Für den Unterrichtskursus der Notariatskandidaten bearb. 2. Aufl. gr. 8. (VIII, 332 S.) Stuttgart 880. Kohlhammer. n. 3. 60; geb. n. 4. 30

— Gesetze u. Verordnungen üb. das in Württemberg geltende Pfandrecht, die dazu gehörige Führung der öffentlichen Bücher u. die Zwangsvollstreckung in das unbewegliche Vermögen. gr. 8. (VI, 372 S.) Ebend. 885. n. 4. 30

—— das allgemeine deutsche Handelsgesetzbuch nebst dem Württemberg. Einführungsgesetz, die Reichsgesetze über die Genossenschaften, den Marken- und Musterschutz, die allgemeine deutsche Wechselordnung, sowie die Gesetze und Vorschriften über Führung des Handels- rc. Registers, die Wechselstempelsteuer, Reichsstempelabgaben und die Errichtung von Handels- und Gewerbekammern. 8. (VII, 333 S.) Ebendas. 885. * 1 80
geb. * 2 40

—— das württemberg. Notariatssportelgesetz vom 8. Juni 1883 und die Gebührenregulative im Gebiete der freiwilligen Rechtspflege rc. Zum Gebrauch der Gerichte, Notare, Gemeindebehörden rc. bearb. 2. Aufl. (152 S.) 1875. *ℳ 2,50.;

Siegle, D., das württ. Notariatssportelgesetz vom 8. Juni 1883 u. die Gebührenregulative im Gebiete der freiwilligen Rechtspflege rc. Zum Gebrauch der Gerichte, Notare, Gemeindebehörden rc. bearb. 3., völlig umgearb. Aufl. der Sporteltabellen. 8. (VI, 272 S.) Stuttgart 883. Kohlhammer. geb. n. 4. —

Siegle, D., Sammlung von Erbtheilungs-Fällen für Notariatskandidaten und Justizreferendäre mit angehängten Berechnungen über falcid. und trebellian. Quarten und Pflichttheile der Noth-Erben. 16. (VII, 274 S.) Ebendas. 882. geb. *

Siegle, D., Sammlung v. Erbtheilungsfällen, 2. Hft, s.: Merz, L.

Siegle, D., Tabelle über die Gebühren der Gerichte [Gerichtskosten] und Rechts-Anwälte in bürgerlichen Rechtsstreitigkeiten, im Konkursverfahren und in Strafsachen, sowie der Gerichtsvollzieher, nach den Reichsgesetzen vom 18. Juni 1878, 24. Juni 1878 und 7. Juli 1879. Imp.-Fol. Stuttgart 879, Kohlhammer. *

—— Tabelle über die Gebühren der Gerichte [Gerichtskosten] und Rechts-Anwälte in bürgerlichen Rechtsstreitigkeiten, im Konkursverfahren und in Strafsachen, sowie der Gerichtsvollzieher, nach den Reichsgesetzen vom 18. Juni 1878, 24. Juni 1878 und 7. Juli 1878. 2. Aufl. Imp.-Fol. Ebendas. 880.

Siegle, D., Tabellen üb. Notariats-Sporteln, Accise- u. Gant-Sporteln, Erkenngebühren der Gemeinderäthe in Kauf- u. Unterpfandssachen, Weinkauf, Umrechng. zwischen Gulden- u. Markwährung, Zinse aus Sparkassen-Einlagen rc. Zum Gebrauch der Gerichte, Notare, Gemeinde-Beamten, Pfleger rc. 2. völlig umgearb. Aufl 8. (152 S.) Stuttgart 875. Kohlhammer. n. 2. 50

Siegle, Emil, die Behandlung und Heilung der Hals- und Lungenleiden durch Einathmungen mittelst eines neuen Inhalations-Apparats. Stuttgart 864. Kroner. 8. (68 S.) 15 ngr.

Siegle, Emil, die Behandlung u. Heilung der Hals- u. Lungenleiden durch Einathmungen mittelst eines neuen Inhalations-Apparates. 2., verm. Aufl. Stuttgart 865. Kröner. gr. 8. (X, 125 S.) 24 ngr.

Siegle, Emil, die Behandlung der Hals- und Lungenleiden mit Inhalationen. 3. stark verm. Aufl. gr. 8. (XII, 286 S.) Stuttgart 869, Kröner. [Braunschweig, Wreden.] *

SIEGLER, ANTON: Der gute Vater seines Volkes. Kanzelrede am Festtage des heil. Stefan, ersten Königs von Ungarn, gehalten in der Festung Ofen, im J. 1860. Comorn 1860: Gebr. Siegler. 20 S. - gr. 8°

Siegler, Aug., Lehrstoff-Verteilung zum Gebrauche f. die einklassige, sowie die Oberstufe der zwei- u. dreiklassigen Schule. [Im Anschluß an die bibl. Geschichten v. Römheld u. Glebe u. das Lesebuch v. Gabriel u. Supprian Ausg. A u. C] gr. 8. (74 S.) Bielefeld 885. Velhagen & Klasing. n. — 75

Siegler, Aug., Verteilung des Lesestoffes des Lesebuchs mit Bildern von Gabriel und Supprian [Ausg. A. B. und C.]. Im Anschluß an die zum Lesebuch erschienenen Hülfsbücher hrsg. 8. (16 S.) Bielefeld 887. Velhagen und Klasing. *

Siegler, A., Verteilung der Lieder u. Liederverse des evangelischen Schul-Gesangbuches f. den Reg.-Bez. Arnsberg. Nach Maßgabe der Verfügg. der königl. Regierung in Arnsberg vom 25. Dezbr. 1898 hrsg. gr. 8. (18 S.) Essen 894. G. D. Baedeker. n. — 50

Siegler, D. [ehem. frz. Chasseur]. Ein Blick in Frankreichs Fremdenlegion. 8. Nürnberg 1847.

Siegler, Franz (Frankfurt/M.) A. S. 570/18

Dissertatio inauguralis iuridica de eo quod iustum est circa delationem iuramenti litis decisorii tam secundum ius commune quam secundum statut. Francofurtens. p. I. tit. XXXIX.
Präs. Johann Christoph Koch.
Giessen (Braun) IV. 1773. 48 S.

Gew.: Stadt Frankfurt/M. 32618

Siegler, Franz (Frankfurt/M.) U. S. Giessen 1782/2

Dissertatio inauguralis iuridica de eo quod iustum est circa delationem iuramenti litis decisorii tam secundum ius commune quam secundum ius statut. Francofurtens. p. i. tit. XXXIX.
Präs. Johann Christoph Koch. Rec.
Giessen (Braun) 1782. 48 S.

Diss. IV. 1773.
Gew.: Stadt Frankfurt/M. 32619

Siegler, Johann, a. Steinfeld: Über das Verhalten des Schweißes zu Wolle und Baumwolle. Würzburg 1907: Fränkische Gesellschaftsdruckerei. (23 S.) 8°
Würzburg, Med. Fak., Ref. Lehmann, Diss. v. 14. Jan. 1908
[Geb. 8. März 80 Steinfeld; Wohnort: Würzburg; Staatsangeh.: Bayern; Vorbildung: Gymn. Aschaffenburg Reife Juli 01; Studium: Würzburg 10 S.; Coll. 13. März 07; Approb. 16. Jan. 07.]

Siegler, Joh. Eberhard (Frankf. a. M.)
Dissertatio inauguralis juridica de aequitate juris statutarii Francofurtensis circa validitatem matrimonii sine consensu parentum eorumque, qui parentum loco sunt, contracti.
Giessae Jan. 1750: E. H. Lammers u. Joh. Jac. Braun. 136 S. 4°
pro licentia summos in utroque jure honores ... consequendi.

Siegler, Jos., Mariahilf bei Passau. Eine geschichtliche Beschreibung dieses berühmten Wallfahrts-Ortes, besonders für die Wallfahrer verfaßt. Mit einem Gebetbüchlein als Anhang. Passau 862. Elsäßer & Waldbauer. 16. (IV, 204 S. u. 1 Stahlst.) 7½ ngr.

Siegler, Jos., Mariahilf bei Passau. Eine geschichtl. Beschreibg. dieses berühmten Wallfahrts-Ortes, besonders f. die Wallfahrer verf. 2., verm. Aufl. 16. (VI, 182 S. m. Titelbild.) Passau 893. M. Waldbauer. n. — 40

Siegler, Jos., Predigt über die Worte des Herrn: „Gebet dem Kaiser, was des Kaisers, u. Gott, was Gottes ist." Gehalten am 12. Novbr. 1848 zu Vilshofen. 8. (16 S.) Passau 849, Elsäßer & Waldbauer. n. 2 ngr.

Siegler, Jos., die sieben heiligen Sakramente dargestellt in den sieben Worten Jesu am Kreuze. Eine Primizpredigt gehalten am 21. Aug. 1853 in Passau. gr. 8. (16 S.) Passau 853, Elsäßer und Waldbauer. *

Siegler, Carl, pract. Arzt aus Heusenstamm: **Beiträge zur puerperalen Statistik.** Material aus d. J. 1872—1900 aus d. Entbindungsanstalt zu Fulda. *Giessen 1901: v. Münchow.* (54 S.) 8°
Giessen, Med. Diss. v. 1901

Siegler, P. E. (P. C.?)

Siegler, P. C., Anweis. zur Verfertigung künstl. italien. u. and. Blumen u. Früchte. Mit 2 Kpf. 8. Leipz. (824.) Centr.-Compt. 10 gr

— Behandlung u. Verarbeitung des Strohes zu allerhand Künsteleien. Mit 1 Kpf. 8. Leipz. (824.) Centr.-Compt. 6 gr

Siegler P. E.: Behandlung u. Bearbeitung d. Strohes zu allerhand Künsteleien ... Leipz. [1824]. 53 S. 1 Tvl. P.

— der erfahrne Farbenlaborant. 16 Bdchen. A. u. d. T.: alle Arten Saft- u. Lackfarben, so wie die schönsten Carmine zu bereiten. 8. Leipz. (824.) Centr.-Compt. 10 gr

Siegler, Robert: Ternäre Systeme ⟨Löslichkeit der Erdalkalinitrate in Aethylalkohol-Wassergemengen⟩. 1909. 44 S., 1 Taf. 8°
Darmstadt, Dr.-Ing.-Diss. v. 6. 10. 1909

Siegler Edler v. Eberswald, Heinr., s. **Feldzüge d. Prinzen Eugen v. Savoyen.**

Siegler Edler v. Eberswald, H. Span. Successionskrieg. Feldzug 1712. (Mit) Atl. Wien 1889. 8° u. 2°. (Oe 40—14)

Sieglerschmidt, Herm., Ludwig Jacobowski, s.: **Randglossen zur deutschen Literaturgeschichte.** 8. Bdchn.

Aus Licht und Leben. Gedichte von Hermann **Sieglerschmidt.** *Berlin: R. Boll 1900.* (VII, 151 S.) 8° [F.] [iu. 1884

Sieglerschmidt, Herm., de Wenzelao rege romanorum eiusque adversariis et dispositione. Dissertatio inauguralis. gr. 8. (64 S.) Jena 876, (Deistung's Buchh.) *

Sieglerschmidt, Herm., de Wenzelao rege Romanorum eiusque Adversariis et Dispositione. Dissertatio Inauguralis. gr. 8. (64 S.) Jena 876. (Goslar, Stöckicht.) n. 1. —

Sieglerschmidt, Hermann: Die Wirkungsweise und Berechnung selbsttätiger Pumpen-Hubventile. 1907. 77 S., 3 Taf. 8°
¶ Vgl. Zeitschrift d. Vereines deutscher Ingenieure. Bd 52. 1908.
Dresden, Dr.-Ing.-Diss. v. 13. 3. 1907

Sieglerschmidt, Reinhold: Das Klima der Nieder-Guinea-Küste und ihres Hinterlandes. Berlin (1910): Mittler. 59 S. 4° ¶ (Aus: Mitteilungen aus d. dtsch. Schutzgebieten. Bd 23, H. 1.)
Berlin, Phil. Diss. v. 16. Febr. 1910, Ref. Penck
[Geb. 14. Juni 83 Ottensen; Wohnort: Gr.-Lichterfelde; Staatsangeh.: Preußen; Vorbildung: Prinz Heinrichs-Gymn. Schöneberg Reife M. 03; Studium: Berlin 7 S.; Rig. 22. Juli 09.] [U 10. 264

Sieglin, Ernst, s.: Expedition Ernst Sieglin.

Sieglin, H.

Sieglin, die Fischerei-Verhältnisse in Württemberg. Nach d. Erhebgn. d. k. Zentralstelle f. d. Landwirtschaft bearb. [Aus: „Württ. Jahrbb. f. Statistik u. Landeskde."] Lex.-8. (207 S.) Stuttgart 896. (W. Kohlhammer.) n. 1. 50

Sieglin, H., Lehrbuch d. Milchwirtschaft, s.: Schäfer, W.

Sieglin H, die Rinderzucht in Württemberg. Stuttgart 1887

Sieglin, H., die Rinderzucht in Württemberg. gr. 8. (167 S.) Stuttgart 888. Ulmer. n. 2. 50

Sieglin, Ludwig: Die koloniale Rechtspflege und ihre Emanzipation vom Konsularrecht. Heft 1 der Kolonialrechtlichen Abhandlungen hrsg. v. Prof. Dr. Hubert Naendrup a. d. Univ. Münster i. W. Münster 1908: F. Coppenrath. (XIV, 111 S.) 8°
(Nicht für den Austausch, lag nicht vor.)
Leipzig, Jur. Fak., Diss. v. 23. Juli 1908
[Geb. 6. April 83 Haus Füchten (Westfalen); Wohnort: Hohenheim (Württemberg); Staatsangeh.: Preußen; Vorbildung: Karls-Gymn. Stuttgart Reife Juli 00; Studium: Tübingen 3, Berlin 1, Straßburg 2, Münster 1 S.; Rig. 5. Aug. 05.]

Sieglin, Wilhelm

Sieglin, W., Die Chronologie der Belagerung von Sagunt. Diss. 1878. 88 S. 1.50

Sieglin, W., Zwei Dubletten im Livius. I. Die Gesandschaften der Römer an die K thager i. J. 219 u. 218. — II. Zur Chronologie des Winters 218/217. S.-A. 1889. 22 S.

Sieglin, Wilh., die Fragmente d. L. Coelius Antipater. [Aus: „Jahrbb. f. class. Philol." 11. Suppl.-Bd.] gr. 8. (92 S.) Leipzig 879. Teubner. n. 2. —

Sieglin, Wilh., Karte der Entwickelung des Römischen Reiches. Entworfen, gezeichnet und mit Erläuterungen versehen. 1 : 12,000,000. Chromolithogr. qu. gr. Fol. Mit Text. 8. (8 S.) Leipzig 885, Schmidt und Günther. * 1 50
Aus: Duruy-Hertzberg, Geschichte des Römischen Kaiserreichs.

Sieglin, Wilh., s.: Quellen u. Forschungen zur alten Geschichte u. Geographie.

Sieglinde, der Königin, Rhein-Fahrt. Eine nordische Sage nach der jüngeren Edda. gr. 8. (47 S. m. 7 Lith.) Brüssel 848, Vogler. 1/2 ₰

Siegling, Johann Blasius

— Beschreib. eines pharmaceut. Hebers. Mit 2 Kpf. 8. Leipz. 799. (W. Vogel). 4 gr

SIEGLING, Johann Blasius: Etliche Vorschläge, dem Bauholzmangel abzuhelfen und eine zweckmässige Holzcultur auf Leeden und wüsten Flecken zu erziehen. - Erfurt 1795. 66 S., 1 Taf.

Siegling J. B.: Einige Vorschläge dem Bauholzmangel abzuhelfen, vorzüglich durch Einführung d. Lehmbacksteinhäuser ... Erfurt 1795. 66 S. 1 Tvl. P.

Siegling, Jh. Blas., einige Vorschläge dem Bauholzmangel abzuhelfen. Mit 1 Kpft. gr. 8. Erfurt 795. Görling. 6 gr

Siegling, Clara, aus dem Riesengebirge. Zeichenvorlagen. 2 Hfte. qu. 4. (5 Bl. u. 8 Bl. m. 1 Doppelbl.) Leipzig (900). E. Haberland. à n. — 75

Siegling, Paul (Resp.): Diss. Animi vires ... negligendas, s. Birkholz, B. Mich. (Praes.)

Siegling, Wilhelm, a. Erfurt: Die Rezensionen des Caranavyūha. (Leipzig 1906: G. Kreysing.) (52 S.) 8°
Berlin, Phil. Fak., Ref. Pischel, Diss. v. 16. Juni 1906
[Geb. 14. Jan. 80 Erfurt; Wohnort: Berlin; Staatsangeh.: Preußen; Vorbildung: Realgymn. Erfurt Reife O. 98, Ergänzungsprüfung Gymn. Eisleben O. 00; Studium: Halle 2, Heidelberg 1, Leipzig 1, Greifswald 1, Berlin 8 S.; Rig. 29. Jan. 06.]

Siegling, W., Tocharisch, die Sprache der Indoskythen, s.: Sieg, E.

Sieglitz, C., d. Goldwährung u. ihr Einfluß auf uns. Erwerbsleben. gr. 8. (31 S.) Gera 895. A. Nugel's Verlag. n. — 60

Sieglitz, C., der Wechsel u. das Wechselgesetz in der Praxis. Die Banken u. die Börse. [Aus: „Kaufmänn. Korrespondenz".] gr. 8. (38 S.) Brandenburg 879. (Gera, Hahn.) — 75

Sieglitz, C., der Wechsel und das Wechselgesetz in der Praxis. Die Banken und die Börse. gr. 8. Brandenburg 879. Berlin, Spamer. — 75

Sieglitz, Georg: Ein Fall von angeborenem Turmor coccygeus. Heidelberg 1899: J. Hörning. (18 S.) 8°
Heidelberg, Med. Diss. v. 31. Juli 1891

Siegmann, Ritter Fr. Huldr. Karl, († d. 28. Sept. 1833.) über Geschichte u. Umfang d. kursächsisch. Privilegiums wider die Appellation an die Reichsgerichte. gr. 8. Leipz. 789. Göschen. 16 gr

SIEGMANN, F. Hldr. K.: Vers. üb. d. Rechte d. Kaisers bei Streitigkk. d. Reichsstände über ihre Staatsgerechtsame im Verhältn. z. Verfass. d. Reichs im Ganzen. *Leipz.*, Göschen. 787. 8. (20 Gr.)

Siegmann, Frdr., Oktobernacht. Eine dramat. Skizze. (IV, 79 S.) 8. Dresden 905. E. Pierson. n. 2. —

Siegmann, Friedrich Wilhelm, vgl. Siegmann, W.

Siegmann, Fr. Wilh., Aphorismen über den Krieg und die Kriegführung. 16. Dresden 842, Wagner'sche Buchh. (Gottschalck.) n. 2/3 Thlr

Siegmann, F. W. Aphorismen über den Krieg u. die Kriegführung. Dresden 1842. 425 S.

Siegmann, F. W. Handbuch für die Unteroffiziere der Kgl. Sächs. Reiterei. 2. Aufl. Leipzig 1839. 8°. (1. Aufl. 1838.)

Siegmann, Fr. Wilh., Handbuch f. d. Unteroffiziere der k. sächs. Reiterei. 2., verm. u. verb. Aufl. 8. (23 1/2 B. u. 2 Taf. Abbild.) Leipzig 839, Hinrichs'sche Buchh. Thlr. *

—— Taschenbuch für den Dienst im Felde, bearb. für die Subalternoffiziere der k. sächs. Reiterei. 8. (VIII und 230 S. nebst 6 Stnt. mit Abbild. in qu. Fol.) Leipzig 857, Teubner.

Siegmann, F. W., Taschenbuch für Pferdebesitzer und Reiter aller Stände, enthaltend eine Anleitung zur Kenntniß des Pferdes; zur Fütterung, Wartung u. sonstigen Behandlung desselben rc. Nebst 5 (lith.) Taf. m. Abbildgn. Dresden 861. Kuntze. 16. (VIII, 335 S.) 1 Thlr 10 ngr.

Siegmann, Georg

Siegmann, Geo., das königlich sächsische Grund- und Hypothekenrecht. Ein Commentar zu dem Gesetz, die Grund- u. Hypothekenbücher betreffend, vom 6. Novbr. 1843 u. den damit in Verbindung stehenden Gesetzen u. Verordnungen mit Berücksichtigung des Entwurfs eines bürgerlichen Gesetzbuches für das Königreich Sachsen. Leipzig 861. Roßberg. gr. 8. (VI, 408 S.) n. 2 Thlr

— das königl. sächsische Hypothekenrecht, s.: Hypothekenrecht, deutsches.

Siegmann, G., die königl. sächsische Hypothekenordnung. Ein Commentar zu den das Verfahren in Grund- und Hypothekensachen betr. Abschnitten der Verordnungen vom 9. Jan. 1865 und 3. Aug. 1868. gr. 8. (255 S.) Leipzig 872, Roßberg'sche Buchh. * 4 —

Siegmann, G., Commentar zu dem bürgerlichen Gesetzbuche für das Königreich Sachsen, s. Siebenhaar, E.

Siegmann, W., vgl. Siegmann, Friedrich Wilhelm.

Siegmann, W., die Elementartaktik der Reiterei. Mit Abbildungen. gr. 8. (XIV und 250 S. mit 29 Stnt. in qu. Fol.) Leipzig 854, Hinrichs'sche Buchh. *

Siegmann, W., Gedanken über einige kavaleristische Angelegenheiten. gr. 8. (VII, 120 S.) Leipzig 868, C. F. Winter'sche Verlagsh. * 2 40

Siegmann, W.: Die Rechtspflege der Königlich Sächsischen Armee, nebst einem Anhange, einige andere rechtliche und ähnliche Verhältnisse des Militärs betreffend, bearbeitet ... Lpz. 1857.

— Taschenbuch für den Dienst im Felde, bearb. für die Subalternoffiziere der Kgl. Sächs. Reiterei. Nebst 6 (lith.) Taf. Abbildgn. (in Fol.). Leipzig 857. Teubner. gr. 16. (VIII, 230 S.) 1 Thlr.

Siegmar, Rudolph [Pseud.], s.a. Stettner, Johann Friedrich

Siegmar, (R.,) Albrecht Achilles, Markgraf zu Brandenburg, od. ächte Liebe scheut kein Opfer. Nach d. Geschichte romant bearb. Mit 1 Kpf. 8. Nürnb. 826, Zeh.

— Graf Albrecht v. Hohenstein, oder d. Gang nach den Eisenhammer. Nach Schillers Ballade, romant. bearb. mit 1 Kpf. 8. Nürnb. 827, Zeh.

Siegmar, R., (Psdn.), Ritter, Eppelein v. Gailingen, d. furchtbare Raubritter in Franken. Nach der wahren Geschichte romant. bearb. 2 Bde. Mit 2 Kpf. 8. Nürnb. 822, Zeh. 2 Thlr

— die zwölf schlafenden Jünglinge, oder der Zauber-Adler der Geister-Witwe vom Schloß Tripoldstein; eine Ritter- u. Geistergeschichte. 2 Bde. Mit 2 Kupf. 8. Nürnb. 822, Zeh.

Siegmar, Rud., Ullo v. Hohenau u. sein tapferer Sohn, od. die unerwart. Wirkungen d. Vehmgerichts. Eine Rittergesch. 8. (13 B.) Nürnberg 833, Zeh.

— Ritter Usmar v. Hochburg, od. die Folgen d. Weiberraubes. Ein charakterist. Gemälde d. Vorzeit. Mit 1 Kpf. 8. Nürnb. 822. Zeh. 1 Thlr

— Ritter Usmar v. Hochburg, od. d. Folgen d. Weiberraubes. Ein charakterist. Gemälde d. Vorzeit. Mit 1 Kpf. 8. Nürnb. 826, Zeh.

— Veronika, die Nonne mit dem Blutschleier, od. d. furchtbare Erscheinung um Mitternacht im Schlosse Strahlenfels; eine Ritter- u. Geistergeschichte. 2 Thle. Mit 2 Kupfr. 8. Nürnb. 822, Zeh.

Siegmar von der Lenne, (Frz. Lecke,) Monatsrosen. 8. Iserlohn 816.

Siegmayer, J. G.: Geschichtliche Zusammenstellung der merkwürdigsten Anmaaßungen der Päpste über die protestantischen Fürsten u. Völker u. der Einmischungen in die politischen Ereignisse des 18. u. 19. Jahrhunderts. Berlin 1839.

Johann Christian Wilhelm Siegmayer

Ioan(nes) Christ(ianus) Guil(elmus) Siegmayer: De Diabete. Berolini (1827:) Formis Brüschckianis. 43 S. 8°

Berlin, Med. Diss. v. 16. Febr. 1827

Siegmeth, Karl

—— aus der Hegyalja ins Vihorlátgebirge. gr. 8. (41 S. mit 2 Lichtdr.-Beilagen.) Igló 886. (Kaschau, Maurer.) *

Siegmeth, Carl. Les Carpathes orientales ‹versant hongrois›. Les chemins de fer hongro-galiciens et du nord-est de la Hongrie. Par Charles S'. Contenant 24 illustrations [dont 7 planches] et une carte. (L'Europe illustrée. N° 123.) 8. Zurich ([18]89).
A travers la Hongrie, 6e fascicule.

Siegmeth, Carl. The Hungarian Eastern Carpathians. The Hung' North-Eastern Railway and the Hung' and Galician R' Lines. With 24 Illustrations [7 Plates] and a Map. (Illustrated Europe. Nº 117.) 8. Zurich ([18]89).
To and through Hungary. Part 6

Siegmeth, C., the Hungarian eastern Carpathians, s.a.Europe, illustrated.

Siegmeth, Carl. D'Oderberg à Buda-Pest par la vallée de la Vág, Sillein – Galanta, et les villes de mines, Ruttka – Hatvan. Par Charles S'. Contenant 16 illustrations [dont 7 planches] et une carte. (L'Europe illustrée. Nº 126.) 8. Zurich ([18]89).
A travers la Hongrie. 2e fascicule.

Siegmeth, Carl. De Vienne, d'Oderberg et de Budapest dans le Haut-Tátra et dans la région des grottes d'Abauj-Torna-Gömör. Par Charles S'. Avec 60 Illustrations de J[ohann] Weber [dont 10 planches, ainsi qu'un plan] et une carte. (L'Europe illustrée. Nº 127 128. 129.) 8. Zurich ([18]90).
A travers la Hongrie. 3e fascicule.

Siegmeth, Carl. From Oderberg to Budapest through the Valley of the Waag, viâ Sillein and Galanta, and through the Hungarian Mining Towns, viâ Ruttka and Hatvan. With 16 Illustrations by J[ohann] Weber [7 Plates] and a Map. (Illustrated Europe. Nº 120.) 8. Zurich ([18]89).
To and through Hungary. Part 2.

Siegmeth, Carl. From Vienna, Oderberg, and Budapest to the High Tátra and the Cave District of Abauj, Torna, and Gömör. By Charles S'. With 60 Illustrations by J[ohann] Weber [10 Plates, 1 Plan] and a Map. (Illustrated Europe. Nº 121. 122. 123.) 8. Zurich ([18]90).
To and through Hungary. Part 3.

Siegmeth, Karl, kurzgefasster Führer für Kaschau, das Abauj-Torna-Gömörer Höhlengebiet und die ungarischen Ostkarpathen. Im Auftrage des ungar. Karpathenvereines verfasst. 12. (VIII, 161 S. mit 1 Orientirungskarte, dem Plane der Aggteleker Höhle und 16 Illustr.) Kaschau 885, Maurer. geb. *

Siegmeth, Karl, Das Abanj-Torna-Gömörer Höhlengebiet. Mit besonderer Berücksichtung der Umgebung von Torner und der Aggteleker Höhle. (Separat-Abdruck aus dem Jahrbuche XVIII des Ungar. Karpathen-Vereines 1891.) Gr.-8. (74 S.) In Comm. .50
Dasselbe in ungarischer Sprache. Gr.-8. (69 S.) In Comm. --.50
Iglò 1891. (Kaschau: F. Mildner)

— à travers la Hongrie, s.a.l'Europe illustrée.

— to and through Hungary, s.a.Europe, illustrated.

Siegmeth, Carl. Die Ungarischen Ostkarpathen. Die Linien der ungarischen Nordostbahn und der ungarisch-galizischen Eisenbahn Von K' S'. Mit 24 Illustrationen [wovon 7 Tafeln] und einer Karte. (Europäische Wanderbilder. Nº 151.) 8. Zürich ([18]89).
Nach und durch Ungarn Bändchen 6.
Vgl. Wanderbilder, Europ.

— auf die Polonina-Runa. [Aus: „Jahrb. d. Ung. Karpathen-Vereines".] gr. 8. (24 S.) Iglò 888. (Kaschau, Maurer.) n. — 60

Siegmeth, K., siehe: Ungarn in Wort u. Bild.

Siegmeth, Carl. Von Oderberg nach Budapest durch das Waagthal, Sillein – Galanta, und durch die ungarischen Bergstädte. Ruttka – Hatvan. Von K' S'. Mit 16 Illustrationen von J[ohann] Weber [wovon 7 Tafeln] nebst einer Karte. (Europäische Wanderbilder. Nº 166.) 8. Zürich ([18]89).
Nach und durch Ungarn. Bändchen 2
Vgl. Wanderbilder, Europ.

Siegmeth, Carl. Von Wien, Oderberg und Budapest in die Hohe Tátra und in das Abauj-Torna-Gömörer Höhlengebiet. Von K' S'. Mit 60 Illustrationen (von J[ohann] Weber [wovon 10 Tafeln, sowie einem Plane] nebst einer Karte. (Europäische Wanderbilder. Nº 167. 168. 169.) 8. Zürich ([18]89).
Nach und durch Ungarn. Bändchen 3

— von Wien, Oderberg u. Budapest in die hohe Tátra etc., s.a.Wanderbilder, europäische.

Siegmey [Pseud.], s.a.Meyer, Siegbert

†Siegmey, [Siegbert Meyer], Blau oder Roth? Jugendsünden. Orig.-Roman. Mit 2 (chemityp.) Titelbildern von Henry Albrecht. 2 Bde. 8. (195; 185 S.) Jena 879, Costenoble.

—— 1878er Champagnerschaum. Bunte Papierschnitzeln deutscher und österreich. Humoristen. 1. und 2. Abzug. Mit 100 Illustrationen von H. Albrecht, v. Beckendorf, A. Dombi rc. gr. 8. (IV, 80 S.) [Leipzig 878, Hoffmann und Ohnstein.] Hamburg, Berendsohn.

— 1879er Champagnerschaum. Bunte Papierschnitzln deutscher u. österreichischer Humoristen. Unter Mitwirkung von C. Bach, Ost. Blumenthal, Fritz Brentano rc. Mit 140 (zinkogr.) Illustr. von Henry Albrecht, Lacy v. F., Hans Fechtner, Waldschmidt. gr. 8. (95 S.) Leipzig 878. Hamburg, B. S. Berendsohn. n. 1. —

— der schwarze Diamant. Tiefblick auf hohe Gesellschaft. Roman. 8. (IX, 144 S.) Jena 878. Costenoble. 3. —

—— Gulasch. Pikantes Wiener Frühstück. Illustrirt von v. Lacy und H. Albrecht. 8. (106 S. mit chemityp. Illustr.) [Leipzig 878, Hoffmann und Ohnstein.] Hamburg, Berendsohn. *

—— gereimte deutsche Kaiser-Chronik. Das ist kurtze summarische Beschreibung aller teutscher Keiser und was sich jedes Jahr ihrer Regierung in ihren Fürstenthümern und Städten hat zugetragen, aus vielen Chronikas und Historien fleißig zusammengebracht und von Karl dem Großen bis Rudolph II. 1576 durch Chr. Bertholdt von Brandenburg bis anno 1579 geführt, mit 60 Bildern der Kaiser und deren Wahlsprüchen gezieret, frei übertragen und bis Kaiser Wilhelm fortgesetzt. gr. 8. (VII, 111 S.) Leipzig 879, [Hartknoch.] Wartig's Verlag. *

— gereimte deutsche Kaiser-Chronik. Das ist kurtze summarische Beschreibung aller teutscher Keiser u. was sich jedes Jahr ihrer Regierung in ihren Fürstenthümern u. Städten hat zugetragen, aus vielen Chronikas u. Historien fleißig zusammengebracht u. von Karl dem Großen bis Rudolph II. 1576 durch Chr. Bertholdt v. Brandenburg bis anno 1579 geführt, mit 60 Bildern der Kaiser u. deren Wahlsprüchen gezieret, frei übertragen u. bis Kaiser Wilhelm fortgesetzt. gr. 8. (VII, 111 S.) Leipzig 879. Reichenbach'sche Buchh. n. 2. —; geb. 3. —

Siegmey, moderne Cavaliere. Roman aus der Gegenwart in 2 Bdn. gr. 8. (X, 208 u. 240 S.) Berlin 876. Wedekind & Schwieger. n. 8. —

—— feurige Kohlen. Feuilletonistische Nadelstiche. Illustrirt von Gust. Guthknecht. gr. 8. (VIII, 254 S.) Berlin 875, [Denicke's Verlag.] Selbstverlag. *

Siegmey, das Lied vom Buche an die große „Glocke" gehängt. Illustrirt von Domby. gr. 8. (16 S. mit eingedr. chemitpy. Illustr.) Leipzig 877. Denicke. — 60

† Siegmey, [Siegbert Meyer], Mixed-Pickles. Feuilletonistische Sticheleien. gr. 8. (XVI, 112 S.) Berlin 874, Stuhr'sche Buchh. * 1 50

— die neue Odyssee. Tragikomische Irrfahrt durch moderne Culturgebiete. Illustrirt v. Dyffke. gr. 8. (159 S. m. 8 Chromolith.) Berlin 876. Denicke. n. 3. —

— die Päpstin. Höchst seltsame Historie, so im 9. Jahrh. passiret war. Mit possirl. Bildlein (in eingedr. Holzschn.) geschmückt v. Bruder Guthknecht. gr. 8. (119 S.) Berlin 876. Leipzig, Hoffmann & Ohnstein. 4. 50

—— die Päpstin. Höchst seltsame Historie, so im 9. Jahrh. passiret war. Mit possirl. Bildlein (in eingedr. Holzschn.) geschmückt von Bruder Guthknecht. 2. Aufl. gr. 8. (119 S.) Ebendas. 876.

—— dass. — Mit possirl. (chemitpp.) Bildlein geschmückt von Bruder Guthknecht, Berolinensis. 3. Aufl. gr. 8. (118 S.) [Leipzig 879, Hoffmann und Ohnstein.] Hamburg, Berendsohn. *

†Siegmey [Siegbert Meyer], Parzival, der Ritter ohne Furcht und Adel. Eine Festgabe. Mit 12 Zeichnungen (eingedr. Chemigr.) von Henry Albrecht. gr. 8. (39 S.) Leipzig 882, Rosenthal'sche Verlagsb.

—— die Reise durch Berlin in 80 Stunden. Nach Salingré's Gesangs-Posse in lust. Versen. Illustrirt von G. Guthknecht. gr. 8. (86 S. mit eingedr. Holzschn.) Berlin 876, Hofmann und Comp. *

— humoristisches illustrirtes Reise-Brevier. Praktisches Vade-mecum auf dem Bahnhofe, im Coupé, im Hôtel rc., ferner: Humoresken in Poesie u. Prosa mit (chemitpp.) Illustr., Reise-Cassa-Buch, ein Reise-Kalender, ein Kalender pro 1879, eine (lith.) Eisenbahn-Karte von Deutschland. 16. (126 S.) Leipzig 878. C. Zieger. cart. 1. —

—— Ritterschnurren vom Rhein. Illustrirt von Gust. Guthknecht. gr. 8. (VIII, 112 S. mit eingedr. Holzschn.) [Berlin 875, Denicke's Verlag.] Hamburg, Berendsohn. *

— Ritterschnurren vom Rhein. Illustrirt v. Gust. Guthknecht. gr. 8. (VIII, 112 S. m. eingedr. Holzschn.) Berlin 875. Leipzig, Hoffmann & Ohnstein. n. 3. —

— Mirza Schaffy im Frack. Heiteres Ehestandsbrevier, Ballbrevier, Autorenbrevier. Illustr. von verschiedenen Künstlern. 16. (76 S. m. eingedr. Zinkotyp.) Berlin 877. Straßburg, Schultz & Co. n. 1. —

—— Prinz Toll. Peitschenhiebe und Schellengeklirr von Lerncampo. Illustrirt von H. Albrecht. 8. (VII, 88 S.) Leipzig 878, [Hartknoch.] Wartig's Verlag. *
Pracht-Ausg. *

†Siegmey [Siegbert Meyer], die Welt auf Reisen. I. Zu Lande. Humoristisch-darwinolog. Studien über die „Gesellschaft im Grünen". In Versen. Illustrirt von Bertall, C. E. Döpler, Dombi rc. gr. 8. (III, 93 S. mit eingedr. Holzschn.) Berlin 876, Levit. 1 50

Siegmeyer, Johann Gottlieb

Siegmeyer, Joh. Gtli., Betrachtungen üb. d. Natur d. Cholera. Mit Hinweis. auf d. mögl. Heilmittel nach phys. u. chem. Gründen. Als Auszug aus d. Betrachtn. üb. d. Geheimnisse d. Natur, wodurch alle in der, auf Veranlassung der zur Abwehr d. Cholera verord. Schrift: Kurze Anweis. zur Erkenntniß u. Heilung d. Cholera, angegeb. Symptome erklärt sind. gr. 8. (3 B.) Berlin 831, Th. Enslin.

Siegmeyer, Jh. Gli., s. Erzählungen u. Mährchen.

Siegmeyer, J. G. Ueber den Ritter Gluck und seine Werke. Aus dem Französischen [des Abbé Leblond]. Berlin 1823.

— s. Gluck, uber den Ritter.

Siegmeyer, (J. G.,) neues Handbuch für Reisende, Correspondenten u. Postbeamte, in Deutschland u. in den angränzenden Ländern. Nach den neuesten u. besten Materialien bearb. 8. Berlin 824, Schüppel.

Siegmeyer, Joh. Gottl., Neue Post- u. Reise-Karte von Deutschland u. den angrenzenden Ländern. Nach den besten u. zuverlässigsten Hülfsmitteln. Gestochen von P. Guimpel Berlin 1836. Roy-Fol. Kol.

— allgem. Post-Reise-Buch u. vollständ. Meilenzeiger von Europa. gr. 8. Berl. 819. (Schlesinger). 3 ℳ (Auch mit französ. Titel.)

Siegmeyer, J. G., allgemeines Post-Reise-Buch und vollständ. Meilenzeiger von Europa. gr. 8. Berlin. (Halle, Waisenhaus-Buchhdl. in Comm.) 819.

—— 1200 Reise-Routen durch Deutschland rc., s. Langner, C. R. L.

— Theorie der Tonsetzkunst. 4. Berl. 822. Logier. 2 ℳ 18 ℊ

—— Theorie d. Tonsetzkunst, mit Bezugnahme auf d. Theorie v. W. A. Mozart. 2., verb. u. verm. Aufl. 4. (33 B. u. 1 Musikbeil. ½ qu. Fol.) Berlin 834, Logier.

Siegmeyer, Karl: Über die Grundlagen der Ethik in der neueren englischen Philosophie. Giessen 1908: v. Münchow. 75 S. 8°
Gießen, Phil. Diss. v. 9. Nov. 1908, Ref. Siebeck
[Geb. 15. Sept. 67 Hinterweidenthal; Wohnort: Bergedorf; Staatsangeh.: Hamburg; Vorbildung: Gymn. Speyer Reife M. 87; Studium: München 2, Erlangen 1, Utrecht 2, Marburg 1, Gießen 2 S.; Rig. 25. Juli 08.] [U 09. 1135

Siegmeyer, K[arl]: Über die Grundlagen der Ethik in der neueren englischen Philosophie. I. Teil: Bacon. Hobbes. Locke. Shaftesbury. Hutcheson. S. 93—153. 8.
In: Festschrift zur Feier des 25 jähr. Bestehens der Hansaschule. Höhere Staatsschule (Gymn. u. Realschule) *Bergedorf* bei *Hamburg* 1908 (zu 949).
Progr.

Siegmund, vgl. Sigmund.

Siegmund, Der büssende heilige, ... Salzburg o. J. V: *Wimmer, Marian.* (Hr)

Siegmund, König von Burgund. O. O. 1731. V: *Rohrbacher, Paul.* (Jes)

Siegmund, Christoph, Fürstbischof v. Chiemsee, geborn. Graf Reichserbtruchseß v. Waldburg zu Zeil u. Trauchberg rc. Eine biograph. Skizze. 8. Landsh. 815. Thomann. 5 ℊ

Siegmund, den Einsamen! I u. II. (63 u. 66 S.) 8. Leipzig 907. Th. Griében. 3.—; geb. 4.—

Siegmund, A., das Forsthaus. — Rhiem, C., d. Felsenkirche in Oberstein. — Braun, H., Alexander Mentschikoff, d. Günstling Peters des Großen. — Rickmeyer, M., die Eichenhöferin. 12. (48, 16, 24 u. 32 S. m. 4 Farbdr.) Berlin 896. Schriftenvertriebsanstalt. Kart. — 50; Forsthaus allein. (48 S.) — 20

[F.] Das Forsthaus. Von A. Siegmund. *Berlin: Christl. Zeitschriftenver. 1896.* (48 S.) 1 Bd 8.
= Jugend-Bibliothek [d. Christl. Zeitschriftenvereins]. [No 7.] [98. 9318

Siegmund, A., Normallösungen f. den Rechenunterricht in Volksschulen. 2. Aufl. 8. (IV, 23 S.) Halberstadt 887. Meyer. n. — 50

Siegmund, Adolf

Siegmund, Adf. Kraft- u. Arbeitsmaschinen f. das Kleingewerbe. Eine Studie. Hrsg. im Auftrage der Handels- u. Gewerbekammer in Reichenberg. 8. (37 S.) Reichenberg 889, Verlag der Handels- u. Gewerbekammer. Nicht im Handel

Siegmund, A., deutsche Renaissance. Mahnruf e. Deutsch-Oesterreichers. gr. 8. (62 S.) Berlin 889. Claesen & Co. n. 2. —

—— Deutsche Renaissance. Mahnruf e. Deutsch-Oesterreichers. gr. 8. (62 S.) Berl. 889. Heßling u. Spielmeyer. * 2 —

Siegmund Anton: Consolationem ad Polybium abiudicandam a Seneca philosopho esse negatur.
1899 PN 1208 Diss. Wien, Univ. 1554

Siegmund, Anton: Zur Kritik der Tragödie Octavia. I. S. 11 bis 21. 8. Progr Staatsgymn. *Böhm.-Leipa* 1910.
Im wesentlichen die Überarbeitung der Abhandlung: Zur Texteskritik der Tragödie Octavia. *Leipzig u. Wien: F. Deuticke* 1907. 36 S. 8. M. 1,50.

Siegmund, Ant., zur Texteskritik der Tragödie Octavia. (36 S.) gr 8. Wien 907. F. Deuticke. 1. 50

Siegmund, Anton: Thukydides und Aristoteles über die Oligarchie des Jahres 411 in Athen. 31 S. 8. Staatsgymn. *Böhm.-Leipa* 1909. **Prog.**

Siegmund, Arnold. Ueber e. cystische Geschwulst der Leber [Gallengangscystadenom]. Mit 2 Taf. Diss. gr. 8. (28 S.) Gött. 889, (Vandenhoeck u. Ruprecht). * 1 —
Aus: Virchow's Archiv, besonders abgedruckt.

Siegmund, Augustus) Gust. (geb. Magdeburg 20. 7. 1826): De urea excretione nonnulla experimentis illustrata. Berolini (1853). (30 S.) 8°.
Berlin, Med. Diss. v. 20. Aug. 1853

Siegmund, C., Anleitung d. Stahl- u. Kupferstiche, verbunden mit d. Platiniren d. Glases u. Porzellans, auf e. schnelle u. sichere Manier, sowohl unt. als auf die Glasur, auch colorirt auf Porzellan, Steingut ꝛc. überzudrucken u. einzubrennen. 8. (3 B. u. 1 Stnt.) Leipzig 839, Kollmann.

—— Geheimnisse d. Alten bei d. durchsicht. Glasmalerei, nebst d. Kunst, die dazu nöthigen Farben zu bereiten u. einzubrennen. 2., durch Nachtr. verm. Aufl., welche mehrere neue Farben u. Arcana enthält. 8. ($4^{1}/_{4}$ B. u. 1 Stnt.) Leipzig 841, Kollmann.
Hat mit dem vorhergehenden Schriftchen gleichen Inhalt, nur der Nachtrag ist neu.

Siegmund, C., Geheimnisse der Alten bei der durchsichtigen Glasmalerei, nebst der Kunst, die dazu nöthigen Farben zu bereiten und einzubrennen. Praktisch dargestellt. 2. durch Nachtrag verm. Aufl., welche mehrere neue Farben u. Arcana enthält. Nebst Tafel mit Abbild. 8. Leipzig 841, auch 845, Kollmann. $^{1}/_{2}$ ℔ — Der Nachtrag apart $^{1}/_{4}$ ℔

Siegmund, C., der Gelegenheitsredner. Anleitung zur selbstständ. Abfassung von Reden und Toasten in Prosa, nebst einer Reihe von Probebeispielen für alle gesellschaftl. Verhältnisse des bürgerl. Lebens. 8. (VII, 115 S.) Berlin 879, Cronbach. 1 50

Siegmund, C., der Gelegenheitsredner. Anleitung zur selbstständ. Abfassung von Reden und Toasten in Prosa, nebst einer Reihe von Probebeispielen für alle gesellschaftl. Verhältnisse des bürgerl. Lebens. 2. verb. Aufl. 8. (VII, 115 S.) Berlin 883. Cronbach.

Siegmund, C., der Gelegenheitsredner. Anleitung zur selbstständ. Abfassg. v. Reden u. Toasten in Prosa, nebst e. Reihe v. Probebeispielen f. alle gesellschaftl. Verhältnisse d. bürgerl. Lebens. 3., verb. Aufl. 8. (VII, 115 S.) Berlin 887. Cronbach. 1. 50

Siegmund, Chr. Fr., Anleitung z. Erlernung d. franz. Sprache. gr. 8. Nürnberg, Zimmermüller. 769.

— Einleitung z. Erkenntn. d. symbol. Bücher. 1r Bd. 1s Stck. gr. 8. Ebend. 770.

Siegmund, Ferdinand

Siegmund, Ferd., Gedichte in Reichenberger Mundart. 16. (VIII und 88 S.) Reichenberg 865, Schöpfer. *

Siegmund, Ferd., Gedichte in Reichenberger Mundart. 2., verm. Aufl. 16. (VIII, 84 S.) Reichenberg 877. Schöpfer. n. 1. —

Siegmund, Ferd. Gedichte in Reichenberger Mundart. 3. durchges., verb. u. verm. Aufl. 8. (X, 105 S.) Reichenberg 889, Fritsche. * 1 —

—— Aus der Heimat. Ernst u. Scherz aus dem Volksleben der Deutschen in Böhmen. 1. Heft. 11. 8. III. 32 S.) Reichenberg, Schöpfer & Wäge. 1864 (Nur fest oder baar.) 25 kr.

-- Aus der Heimath. Ernst u. Scherz aus dem Volksleben der Deutschen in Böhmen. 2 Hefte. Ebend. 865. br. 8. (64 S.) Jedes Heft n. 5 ngr

Siegmund, Ferd., gemeinnütziges Kräuterbuch. Kurzgefaßte Beschreibung aller als Volksheilmittel bekannten Pflanzen, ihres Gebrauches, Nutzen ꝛc. nebst Anweisung zur Bereitung der wichtigsten Kräutersäfte, Arzneien, Hausmittel ꝛc. Mit einem alphabet. Verzeichnisse der Krankheiten gegen welche sich in diesem Buche erprobte Heilmittel finden. Nach dem neuesten Standpunkte der Wissenschaften und auf Grundlage prakt. Erfahrung bearb. gr. 8. (IV, 383 S. mit 100 Illustr. in eingedr. Holzschn.) Wien 874, Hartleben's Verlag. 4 —

Siegmund, Ferd., gemeinnütziges Kräuterbuch. Kurzgefaßte Beschreibung aller als Volksheilmittel bekannten Pflanzen, ihres Gebrauches, Nutzens, ihrer Wirkung, ihres Anbaues, ihrer Einsammlung und Aufbewahrung, nebst Anweisung zur Bereitung der wichtigsten Kräutersäfte, Arzneien, Hausmittel ꝛc. Mit einem alphabet. Verzeichnisse der Krankheiten, gegen welche sich in diesem Buche erprobte Heilmittel finden. Nach dem neuesten Standpunkte der Wissenschaften und auf Grundlage prakt. Erfahrungen bearb. 2. Aufl. gr. 8. (383 S. mit 100 eingedr. Holzschn.-Illustr.) Wien 880, Hartleben's Verlag. geb.

—— allgemeine illustrirte Kräuterkunde und Volks-Arzneimittellehre. Beschreibung aller Pflanzen, Mineralien, ihres Gebrauches in allopath. und homöopath. Beziehung, ihres Nutzens und ihrer Wirkung sowohl auf den menschl. als thier. Organismus ꝛc. Nebst Anweisung zur apothekermäß. Bereitung der wichtigsten allopath. und homöopath. Arzneien, Kräutersäfte, Hausmittel ꝛc. Nach dem neuesten Stande der Arzneimittellehre bearb. 14 Lfgn. Lex.-8. (VIII, 672 S. mit 150 Abbild. in eingedr. Holzschn.) Brünn 875, Karafiat. à Lfg. * 50 Pf. * 6 —
geb. * 6 80

—— illustrirte Naturgeschichte der drei Reiche. Für das Volk bearb. 3 Abthlgn. in 27 Lfgn. gr. 8. (1294 S. mit eingedr. Holzschn.) Wien 872,73, Hartleben's Verlag.
à Lfg. 50 Pf. 13 50
geb. 15 50

—— durch die Sternenwelt oder die Wunder des Himmelsraumes. Eine gemeinfaßl. Darstellung der Astronomie für Leser aller Stände. 20 Lfgn. gr. 8. (VIII, 952 S. mit 150 eingedr. Holzschn.-)Illustr., 6 Farbendr.-Bildern und 2 Sternkarten.) Wien 878,79, Hartleben's Verlag. à Lfg. 60 Pf.; compl. 10 80
geb. in Leinw. * 12 50

Siegmund, Ferdinand: Durch die Sternenwelt, oder die Wunder des Himmelsraumes. Eine gemeinfaßliche Darstellung der Astronomie für Leser aller Stände. Mit 154 Illustrationen, 6 Farbendruckbildern und 2 Sternkarten. Wien, Pest, Leipzig 1880. (IV) 952 S. 8°. (B 512

—— gemeinnütziges Thierarzneibuch. Fachgemäße Anleitung alle Krankheiten der Hausthiere richtig zu erkennen, zu beurtheilen und zu heilen, nebst prakt. Winken und Rathschlägen durch eine vernünft. Gesundheitspflege viele Krankheiten der Hausthiere zu verhindern. Ein unentbehrl. Hand- und Nachschlagebuch für alle fortschrittsfreundl. Landwirthe und Thierbesitzer überhaupt. Nach dem neuesten Standpunkte der Wiener Schule und mit Berücksicht. der wichtigsten Entdeckungen und Forschungen auf dem Gebiete der Thierheilkunde bearb. gr. 8. (432 S.) Wien 874, Hartleben's Verlag.

— untergegangene Welten. Eine populäre Darstellg. der Geschichte der Schöpfg. u. der Wunder der Vorwelt. Nach den neuesten Forschgn. der Wissenschaft bearb. Mit 12 Abbildgn. in Tondr. u. ca. 200 Text-Illustr. (in Holzschn.) (In ca. 20 Lfgn.) 1—9. Lfg. gr. 8. (S. 1—132.) Ebend. 876. à — 60

— untergegangene Welten. Eine populäre Darstellung der Geschichte der Schöpfung u. der Wunder der Vorwelt. Nach den neuesten Forschungen der Wissenschaft bearb. Mit 288 Illustr. (in Holzschn. u. Tondr. u. einer geolog. (chromolith.) Karte von Europa (in qu. gr. Fol.). 10—18. (Schluß-)Lfg. gr. 8. (XXVIII u. S. 433—836.) Ebend. 877. à — 60

— aus der Werkstätte des menschlichen u. thierischen Organismus. Eine populäre Physiologie für gebildete Leser aller Stände. Nach dem neuesten Standpunkte der Wissenschaft bearb. Mit 500 (eingedr. Holzschn.-)Abbildungen. 20 Lfgn. gr. 8. (VIII, 958 S.) Ebend. 880. 81. à — 60

—— die Wunder der Physik und Chemie. Für Leser aller Stände gemeinfaßlich bearb. 20 Lfgn. gr. 8. (VIII, 960 S. mit 400 Illustr.) Ebendas. 879,80. à Lfg. 60 Pf.; compl. 10 80 geb. * 13 —

Siegmund, Friedrich [Pseud.], s.a. A l b r e c h t, Friedrich

Siegmund, Fr. (Friedr. Albrecht), religiöse Dichtungen allen christkathol. Glaubensgen. gewidm. 8. (2½ B.) Breslau 845, Trewendt.

— zwölf Gedichte, unsrer Zeit gewidmet. 2. Aufl. 8. Leipzig 845. (Köhler.) (Breslau, Trewendt.) 6 ngl

Siegmund, G., Über künstliche Solbäder. Berlin. 1875. 16 S.

Siegmund, Gustav. Gegen den Absolutismus in der Philosophie. Zürich und Winterthur, literarisches Comptoir 1843. 52 S. 8.

Siegmund, Gust., gegen den Absolutismus in der Philosophie. gr. 8. (3¼ B.) Zürich u. Winterthur 843. [Leipzig, Verlagsbureau.] —

Siegmund, Gustav Der Einfluſs und die Geltung der wissenschaftlichen Pädagogik in der Gegenwart. 4 (S. 3—37).
Progr. Ev Oberg. A. B. u. verb. Lehranst. *Bistritz* 1889.

Siegmund, Gustav, Preußen, seine Revolution und die Demokratie. Eine Skizze. Berlin. F. Schneider u. Comp., 1849. 48 S. 8°.

Siegmund, H., u. P. **Juhász**, chemische Analyse der Mineralquelle zu Vöslau. [Aus den Sitzungsber. der k. Akad. der Wiss.] Wien 866. (Gerold's Sohn.) Lex.-8. (9 S.) n. 2 ngr

Siegmund, Joannes *(geb. Thöm... Oberschl. 24. 10. 1815)*: De hydrargyri in ophthalmiatrice usu et effectu topice applicati Vratislaviae 1841. 54 S. 8°
Breslau, Med. Diss. v. 23 Okt 1841

Siegmund, Carl Ludw., die Einreibungscur mit grauer Quecksilbersalbe bei Syphilisformen. Anleitungen nach eigenen Beobachtungen. 3., umgearb. Aufl. 8. (92 S.) Wien 867, Braumüller. *

Siegmund, L., d. Entwicklg. d. schweizer. F i r m e n r e c h t e s seit d. Einführg. d. Obligationenrechtes 1883. [Aus: „Zeitschr. f. schweizer. Recht".] gr. 8. (49 S.) Basel 895. R. Reich. n. — 80

Siegmund, L. Guide des préposés ou registre du commerce de la Confédération Suisse rédigé à la demande du Département Fédéral de justice et police. Traduit de l'allemand à la demande de la même autorité par *Henri Le Fort*, docteur en droit, avocat à Genève. In-8°. LVI, 608 p. Genève et Bâle, H. Georg. 1893. 8 —

Siegmund, L. Handbuch f. die schweizerischen Handelsregisterführer. Im Auftrage d. schweizer. Justiz- u. Polizeidepartementes verf. gr. 8. (LIV, 625 S.) Basel 892, Schweizer. Verlags-Druckerei. * 6 50; cart. ** 7 20; geb. * 8 —

Zur Revision des Schweizerischen Firmenrechtes. Von Dr. L. Siegmund in Basel. *Basel: R. Reich 1897.* (V, 246 S.) 1 Bd 8.

— zur **Revision** d. schweizer. Firmenrechtes. [Aus: „Zeitschr. f. schweizer. Recht".] gr. 8. (V, 246 S.) Ebd. 898. n. 3. 20

Siegmund, Maria, Judith Simon. Roman. (203 S.) 8. Wien 907. C. Konegen. 2. 50

SIEGMUND, Othmar: Untersuchungen über die hauptsächlichen Höhengrenzen in den Niederen Tauern zwischen den Rottenmanner und Radstädter Tauern. — 1902. V, 218 S. Diss. Graz, Univ.

[Umschlagt.:] **Siegmund,** *Paul Rudolf* [Assistenzarzt d. Provinzial-Irren-Anst. Rittergut Alt-Scherbitz]: Beitrag zur Lehre der Urin-Veränderungen bei Geisteskrankheiten, insbes. bei d. progressiven Paralyse der Irren. (M. über 1000 Harnuntersuchgn bei 315 Geisteskranken u. 2 kasuist. selbstbeobacht. Fällen v. Diabetes mellitus u. Glycosuria transitoria bei Dementia paralytica) ... Schkeuditz, Buchdr. v. M. Wachsmuth, 1894; 1 Bl., 16 S., 1 Bl. 8.
Leipzig, Med. Fak., Inaug.-Diss. v. 19. Mai 1894

Siegmund Richard: De codicum Marciani n. 471 et Vaticani n. 909 fide, quibus imprimis Euripidearum fabularum primi ordinis repraesentatur recensio.
II. 1889 PN 587 Diss. Wien, Univ. 1488

Siegmund, Rud. Fortunat. Märchendrama in 5 Akten m. 1 Vor- u. Nachspiel. gr. 8. (134 S.) Lpz. 891, Fock. * 1 80

Siegmund, Traug., ein golden a b c vom heiligen Ehestand, in Dr. Luthers Worten. Allen gottsel. Braut- und Eheleuten und die es werden wollen gewidmet. 16. (40 S. mit eingedr. Holzschn.) Halle 859, (Fricke.) Thlr. ** cart. mit Goldschn. *

Siegmund, Traugott, ein golden abc vom heiligen Ehestand, in Dr. Luther's Worten. Allen gottsel. Eheleuten und die es werden wollen gewidmet. 2. Aufl. 16. (32 S. mit 1 Holzschn. von A. Gaber.) Neu-Ruppin 862, Oehmigke. *

— Elternspiegel. Ein kurzer Unterricht von christlicher Kinderzucht nach Dr. Martin Luther's Rath u. Vermahnung aufgestellt. 2. Aufl. Mit Holzschn. (im Text.) Neu-Ruppin 860. — Berlin 859. W. Schultze. 8. (21 S.) n. 2 ngr

Siegmund, Traug., des Herrn Jesu Geburt und heilige Kindheit für unsere lieben Kinder erzählt. Ein Weihnachtsbüchlein mit schönen Bildern. 4. (32 S. mit eingedr. Holzschn.) Dresden 872, Naumann.

— Martin Luther u. der Reichstag zu Augsburg 1530. Ein deutsches Volksbuch zu Nutz u. Trutz f. den Kampf der Gegenwart. 8. (IV, 173 S.) Hermannsburg 873. Missionshausdr. n. 1. 80

—— Martin Luther und der Reichstag zu Augsburg 1530. Ein deutsches Volksbuch zu Nutz und Trutz für den Kampf der Gegenwart. 8. (IV, 173 S.) Hermannsburg 873. (Leipzig, J. Naumann.) *

—— s. Starke, Chrph., Synopsis bibliothecae exeget. in Vet. et Nov. Testam.

Siegmund, Traug., Worms, Wartburg, Wittenberg. Ein Jahr aus Luthers Leben, vom Lenzmond 1521 bis dahin 1522. 8. (131 S.) [Neu-Erkerode 876, Buchh. der Idioten-Anstalt.] Braunschweig, Buchh. für Evangel. Theologie. * — 80 cart. * 1 —

Siegmund, Traug., Worms, Wartburg, Wittenberg. Ein Jahr aus Luthers Leben vom Lenzmond 1521 bis dahin 1522. 2. Aufl. 8. (131 S.) Braunschweig 883, Wollermann. cart. *

Siegmund, Walt., das Blut als Krankheitsspeicher. (VIII, 19 S.) gr. 8. Dresden (907). E. Pierson. — 50

Siegmund, Wilhelm: S t u d i e n über Chinhydrone.
Separatabdruck aus: Sitzungsber. d. Kaisl. Akad. d. Wissensch. in Wien. Bd. 117. IIb. S. 711.

Siegmund-Schultze [Vater], Friedrich
s. Schultze, Friedrich Siegmund.

Siegmund-Schultze, Fr. 25 F e s t p r e d i g t e n, bei Gustav-Adolf-Vereinsfesten, bei Jahresfesten f. Heidenmission wie f. Anstalten d. inneren Mission, u. an vaterländ. Gedenktagen geh. gr. 8. (VIII, 192 S.) Halle 898. E. Strien. n. 2. 50; geb. n.n. 3. 25

Siegmund-Schultze, Frdr., christliche Grabinschriften, zur Auswahl f. Leidtragende, Bildhauer u. Geistliche zusammengestellt. (2. Ausg.) 12. (VIII, 118 S.) Stuttgart (900). Greiner & Pfeiffer. Kart. n. 1. 50

— Haus u. Gemeinde. 10 Vorträge. 8. (164 S.) Halle 900. E. Strien. Geb. in Leinw. n. 2. 50

Zehn neue Kaiserfestpredigten von 1896 bis 1901 in Breslau geh. von F[riedrich] Siegmund-Schultze, Konsist.R., Magdeburg. *Halle a.S.: E. Strien (1903).* (83 S.) 8° [F.]

Siegmund-Schultze, F., 10 neue Kaiserfestpredigten, von 1896 bis 1901 in Breslau geh. (83 S.) gr. 8. Halle (904). E. Strien. n. 1. 20

Siegmund-Schultze, F., zehn neue Kaiserfestpredigten, von 1896 bis 1901 in Breslau geh. 2. Aufl. (83 u. I S.) 8. Halle (908). Gr. Salze, E. Strien. 1. 50

[F.] Zwölf Kaiserfestpredigten in Görlitz und Breslau gehalten 1889 bis 1896 v. Friedrich Siegmund-Schultze, Kgl. Superint. a. D. ... in Breslau. *Halle a. S.: E. Strien 1896.* (90 S., 1 Bl.) 1 Bd 8.

— 12 Kaiserfestpredigten, in Görlitz u. Breslau geh. 1889 bis 1896. (2. Aufl. d. 6 neuen Kaiserfestpredigten v. Frdr. Siegm. Schultze.) gr. 8. (91 S.) Ebd. 896. n. 1. 35

Friendly Relations between Great Britain and Germany. Souvenir volume of the visit to Germany of representatives of the British christian churches 1909. Ed. ... by F[riedrich] Siegmund-Schultze [Sohn]. Berlin 1910: Hermann. 234 S. 4°

— welcher Geist soll in der christl. Gemeinde walten?, s.a. Predigt-Hausschatz, evangel.

[s.] Welcher Geist soll in der christlichen Gemeinde walten? 2. Tim. 1,7. Gastpred. geh. in d. Elisabethkirche zu Breslau am 18. Nov. 1891 v. F[riedrich] Siegmund-Schultze, Superint. P. pr. *Halle a. S.: E. Strien [1899].* (19 S.) 1 Bd 8.
— Predigt-Hausschatz, Evangelischer. Not.

Siegner, Johann Heinrich (Kassel) A. S. 824/37

Dissertatio inauguralis juridica de emphyteusi.
Präs. Eduard Franz Goclenius.
Rinteln (Enax) VI. 1707. 22 S. 32621

Siegner, [Johann Ulrich]. Der Pfarrer S'. in Teufen ... seinem Geburt-ort sich aufhaltend ..., an sein liebes Vaterland ..., besonders an seine liebe Geburtsgemeinde, und die Gemeinden, bei welchen er Pfarrer war.... 8. *o. O. u. J.* [1830/40].

Siegringen, s.: Körner v. Siegringen.

Siegrist, Albert, med. pract. von Basel: Ueber die Nieren-Exstirpation bei malignen Tumoren. Zür. F. Lohbauer Dr. 1889. 82 S., 1 Bl. 8.
Zürich, Med. Diss. [v. 18. März 1889].

Siegrist, Aug., Beiträge zur Kenntniss v. Wesen u. Sitz der Hemicrania ophthalmica, s.: Mittheilungen aus Kliniken u. medicinischen Instituten der Schweiz.

Siegrist, A[ugust]. Die Blindheit, und die Blinden in Frankreich. ([Referat über den] 2. Hauptbericht von [A] Trousseau und [Hermentaire] Truc[am]) Congrès français d'ophthalmologie 1902. Sonder-Abdruck aus Jahrg. 40, 1902 [von:] Klinische Monatsblätter für Augenheilkunde.... II + 8 S. 8. Stuttgart, Ferdinand Enke.

Siegrist, [August]. Elephantiasis mollis des l. oberen Lides sowie der Schläfen-Wangengegend und Hydrophthalmus congenitus. Mit 3 Fig. auf den Tafeln 19/20. (Separat-Abdruck [aus:] Bericht über die 32. Versammlung der Ophthalmologischen Gesellschaft. Heidelberg 1905.... II S. + S. 359—360. 8. Wiesbaden, J. F. Bergmann, 1906.

Siegrist, A[ugust]. Ueber wenig bekannte Erkrankungsformen des Sehnerven. Mit 54 Figuren auf den Tafeln III—XVII. (Separat-Abdruck aus dem Archiv für Augenheilkunde.... Band 44, Ergänzungsheft....) III S. + S. 178—245. 8. (Wiesbaden, J. F. Bergmann, [1901].)

Siegrist, A[ugust]. Ueber wenig bekannte Erkrankungsformen des Sehnerven. ([Vortrag, gehalten an der 29. Versammlung der Ophthalmologischen Gesellschaft, nebst] Discussion. Separat-Abdruck [aus:] Bericht über die 29. V' der O' G'. Heidelberg 1901 ....) II S. + S. 83—102. 8. (Wiesbaden, J. F. Bergmann, 1902.)

Siegrist, A[ugust]. Festrede bei Eröffnung der neuen Universitäts-Augenklinik in Bern, gehalten am 21. November 1908. [Mit 14 Tafeln.] 19 S. 4. (Basel, Emil Birkhäuser, [1908].)

Siegrist, (August), s.: Festschrift zur Eröffnung d. neuen Universitäts-Augenklinik in Bern.

Siegrist, Dr. med. August [Augenarzt in Basel]: Die Gefahren der Ligatur der grossen Halsschlagadern für das menschliche Auge. Leipzig 1900. 138 S. 7 Taf. 8°. (S.-A. aus Archiv für Ophthalmologie, Bd. 50.)
Basel. Med. Hab.-Schr. 1899/1900.
Keine offizielle Publikation.

Siegrist, (A[ugust]). Lokalanästhesie bei Exenteratio und Enucleatio bulbi. Mit 1 Abbildung. Sonder-Abdruck aus Jahrg. 45, 1907 [von:] Klinische Monatsblätter für Augenheilkunde.... ⟨Neue Folge Band 3⟩ Januar. II S. + S. 106—109. 8. Stuttgart, Ferdinand Enke, (1907).

Siegrist, A[ugust]. Ueber die Notwendigkeit, die Augen der schulpflichtigen Kinder vor dem Schuleintritte untersuchen zu lassen und über die Beziehungen des Astigmatismus zur Myopie. Vortrag gehalten im med.-pharmazeut. Bezirksvereine Bern, am 22. Januar 1907. Separatabdruck aus dem Correspondenz-Blatt für Schweizer Aerzte 1907, Nr. 14. 23 S. gr.-8. [Basel, Schweighauserische Buchdr.]

Siegrist, A[ugust]. (Professor Dr.) Ernst Pflüger †. Nekrolog. Mit 1 Abbildung. Sonder-Abdruck zum Jahrg. 41., 1903 [von:] Klinische Monatsblätter für Augenheilkunde.... II + 9 S. 8. Stuttgart, Ferdinand Enke.

Siegrist, A., ophthalmoskopische Studien (I. Blutg. zwischen Netzhaut u. Glaskörper in d. Maculagegend. II. Traumat. Ruptur v. Ciliararterien. III. Experiment. Untersuchgn. üb. d. Verbreitungsbezirk u. üb. die Möglichkeit gegenseit. Vicariirg. d. Ciliararterien beim Kaninchen), s.: Mitteilungen aus Kliniken u. medicin. Instituten d. Schweiz, III, 9.

Siegrist, [August]. Aus der Universitäts-Augenklinik zu Bern. Mitgeteilt von Professor Dr. S'. II S. [+ 12 Bl. = 15 S.] + Tafel 649—660. 8. Leipzig, Johann Ambrosius Barth, 1906. (*in Carton* M. 5. —)
Stereoskopischer Medizinischer Atlas. Hrg. von Dr. Albert Neisser.... Liefg. 55: Ophthalmologie. Redigiert von Dr. W[ilhelm] Uhthoff.... Folge 10.

Siegrist, A[ugust]. Die Verletzungen der Augen und ihre Behandlung. Vortrag, gehalten an der Versammlung der medizinisch-chirurgischen Gesellschaft des Kantons Bern [den 6. Juli 1906]. Separatabdruck aus dem Correspondenzblatt für Schweizer Aerzte, 1906, Nr. 22. 17 S. gr.-8. [Basel, Schweighauserische Buchdr.]

Siegrist, A[ugust]. Zweck und Methode der Augenuntersuchungen in den Volksschulen. Referat von Dr. A. S'..., gehalten an der Jahresversammlung der schweiz. Gesellschaft für Schulgesundheitspflege am 15. Juni 1902 in Basel. [Mit Figuren.] Separatabzug u. d. Jahrbuch der schweiz. Ges' für Sch'. Jahrg. 3, Teil 1. 18 S. 8. [Zürich, Zürcher & Furrer, 1902.]

Siegrist, G. § 11. Zürich 1898. 20 S.

Siegrist, Hans, Christus u. das Christenthum. Zwei Predigten. 8. (48 S.) Wiborg 878. (Zürich, Schmidt.) n. — 80

Siegrist, Hans, Arzt aus Zezwyl (Aargau): Über Manus valga oder sogenannte Madelung'sche Deformität des Handgelenks. (Aus dem Roentgenlaboratorium von Prof. de Quervain in La Chaux-de-Fonds.) Leipzig 1908. 65 S. 8°. [27. II. 07.]
Bern. Med. Diss. 1907/08.

Siegrist, Hans. Über Manus valga oder sogenannte Madelung'sche Deformität des Handgelenks. Diss. Med. Bern. [Mit Abbildungen.] *Kopftitel:* Aus dem Roentgenlaboratorium von Prof. F[ritz] de Quervain in La Chaux-de-Fonds. 65 S. 8. Leipzig, F. C. W. Vogel, 1908.

Siegrist, Hans, med. pract. von Brugg (Ct. Aargau): Klinische Untersuchungen über Leberkrebs nach Beobachtungen auf der medicinischen Klinik in Zürich. Brugg Fisch Wild Cie Dr. 1887. 150 S., 1 Bl. 8°.
Zürich, Med. Diss. [v. 9. Aug. 1887].

Siegrist: J.: Die Konsumvereine, deren Zweck, Nutzen und Organisation. Ein Beitrag zur Bekämpfung des Alkoholismus. (Von § 14 an in einem Anhang: Tabellarische Zusammenstellung betr. die Konsumvereine der Schweiz.) 8. Luzern. 1894.

Vgl. Sigrist, J.

Siegrist, Josef, chemische Affinität u. Energieprinzip. gr. 8. (22 S.) Stuttgart 902. F. Enke.
Sonderabdruck a.: „Sammlg. chem. u. chem.-techn. Vorträge".

Siegrist, Jos[eph]. Über die Geschwindigkeit der elektrolytischen Abscheidung von Kupfer bei Gegenwart von Schwefelsäure. Ein Beitrag zum Studium der elektrolytischen Reaktionsgeschwindigkeit. Diss. Phil. Basel. [Mit 12 Figuren.] IV + 49 S. 8. Leipzig, Metzger & Wittig, 1901.

Siegrist, Karl Chrph., die evangelische Gemeinde in Säckingen nach 25jährigem Bestand, nebst den von dort aus ins Leben gerufenen Kirchengenossenschaften in Waldshut, Laufenburg und Wehr. Ein Bild vom Felde des Gustav-Adolf-Vereins am Oberrhein. 8. (171 S.) Barmen 882, Klein. *

—— dass. — s. Bruderliebe, evangelische.

Siegrist, Ludwig [Ps. f. Wilhelm von Ploennies]

Siegrist, Ludw., Leben, Wirken u. Ende weil. Sr. Excellenz des oberfürstlich Winkelkram'schen Generals der Infanterie Frhrn. Leberecht vom Knopf. Aus dem Nachlasse eines Offiziers hrsg. Darmstadt 869. Zernin. gr. 8. (III, 172 S.) n. 25 ngr.

Siegrist, Ludw., Leben, Wirken u. Ende weil. Sr. Exc. d. oberfürstlich Winkelkram'schen Generals der Infanterie Frhrn. Leberecht vom Knopf. Aus dem Nachlaß eines Offiziers hrsg. 2., unveränd. Aufl. gr. 8. (VI, 197 S.) Darmstadt 877. Zernin. n. 3. —

Siegrist, R(udolf). In (*Innentitel:* An) den Auen der Aare. 17 S. 8.
Bericht über die Städtischen Schulen, Aarau. Schuljahr 1909/10. Aarau, A. Villiger-Amsler, 1910. (Beilagen: [2].)

Siegrist-Schneider, Frau Ida, die Herstellung v. Konserven, s.: Walter, Julie.

Siegs ..., s. Sieges ...

Siegvolk, G. P., d. v. J. C. allen Creatur. zu predigen befohlene Evangelium v. d. ewigen Erlösung. 8. Frankf. 743.

— Gedanken über Mosheims Gedanken v. d. Höllenstrafe. 8. Freystadt. 743.

Siegwart [Sachliches OW]

Siegwart, Eine Klostergeschichte, s. Lieblingsbibliothek.

Siegwart; eine Romanze. 8. Manh., Schwan u. G.

Siegwart. Eine Klostergeschichte. Leipzig 1776. 2. Aufl. Leipzig 1776—77. V: *Miller, Joh. Martin.* (AarK) (Ky) (EF) (GGr)

— e. Klostergeschichte (v. Jh. Mt. Miller). 3 Thle. 8. Leipz. 776. 2e Aufl. 777. Weygand. 3 ℛ

Siegwart, eine Klostergeschichte, (von J. M. Miller) 3 Theile, mit Kupf. und Vignetten, zweyte verbesserte Aufl. 8. Leipzig, 777. Weygand. 3 Rthl.

Siegwart oder der auf dem Grab seiner Geliebten jämmerlich verfrohrene Kapuciner. Eine abentheuerliche ... Mord- und Kloster Geschichte ... [Mannheim 1777.] V: *Bernritter, Frdr.* (GGr) (MGT) (Ky) (BrMm)

Siegwart, od. der auf d. Grabe seiner Geliebten jämmerlich erfrorne Kapuziner; e. Klostergeschichte (v. Fr. Bernritter). 8. Manh. 777. Schwan u. G. 3 ℛ

SIEGWART und Mariana eine Romanze in Drey Gesängen. Cuba bey Gera, bey H. G. Rothen. 8°.
W. v. Maltzahn III, p. 446, 1064; Goedeke IV, 404. — Rarl

SIEGWART, Der zweyte —. Eine (mehr als) rührende Geschichte. 2 Thle. Wertheim und Leipzig 1780. 8°. 384 S.

— — Dasselbe. Neue, vermehrte u. verbess. Auflage. 3 Thle. Mit 1 Kpf., 3 Titelvign. u. Kpfrn. (Radirungen, Stoessel del. et sc.). Ebd. 1781. 8°. (In Hannover, Stadtbibl.) (5 Mk., famoses Expl., Frdr. Klüber, 1901; 4 Mk. 50 Pfg. L. Rosenthal, 1907.)
VI—208, 176, 150 S. Dieses nirgends citierte thränenreiche Opus, dessen III. Theil auch schauderhafte Reimereien enthält, übertrifft den Miller'schen „Siegwart" womöglich noch an Empfindsamkeit u. Unnatur.

Siegwart [Verfasser]

Siegwart, Emil, a. Hergiswil (Schweiz): Das formelle Grundbuchrecht des Entwurfes für ein schweizerisches Zivilgesetzbuch. Borna-Leipzig 1906: R. Noske. (VIII, 100 S.) 8°
Leipzig, Jur. Fak., Diss. v. 21. Dez. 1906
[Geb. 11. Mai 74 Hergiswyl, Nidwalden (Schweiz); Wohnort: Hergiswyl; Staatsangeh.: Schweiz; Vorbildung: Kantonales Gymn. Zürich Reife M. 99; Studium: Zürich 4, Berlin 1, München 1, Leipzig 4 S.; Rig. 18. Juni 04.]

Siegwart, Eug., Hamlet's Geist, s.: Schütz, A. L.

Siegwart, Franz. Experimentelle Untersuchung der magnetischen Eigenschaften einer Eisenlegierung der Firma Kapito und Klein (in Benrath bei Düsseldorf). Diss. Phil. [II.] Univ. Zürich. [Mit Figuren.] 35 S. 8. Zürich, Gebr. Leemann & Co., 1907.

Siegwart, Hugo, mit dem Dachshund unter der Erde. (VII, 207 S. m. Abbildgn.) 8. Frankfurt a/M. (910). Kern & Birner. 3.50; geb. in Leinw. 4. —

Siegwart, Karl, das Alter d Menschengeschlechtes. Studie. 3. verb. Separat-Ausg. 8. (VIII, 119 S.) Berlin 873. Denicke's Verl. n. 1. 50

Siegwart, Karl, das Alter des Menschengeschlechtes. Studie. 3. verb. Sep.-Ausg. 1873. *ℳ 1,50., und [Neuer unveränd. Abdr.] Lex.-8. (VII, 120 S.) Berlin 874, Denicke's Verlag.

— Klima u. Sklaverei. Des Communisten-Staates 2. Thl. Studie. [Aus: „Deutsche landw. Zeitg."] gr. 8. (IV, 84 S.) Ebend. 878. n. 1. —

—— der Communisten-Staat. Cultur-histor. Studie. 3. verb. Sep.-Ausg. 8. (XV, 41 S.) Ebendas. 873. *

Siegwart, Carl, der Communisten-Staat. Culturhistor. Studie. [Aus der deutschen landwirthschaftl. Zeitg.] 1. Thl. 3., verb. Aufl. 2. Abdr. 8. (70 S.) Leipzig 878. Denicke. n. 1. —

Siegwart, P. B., resp. D. **Sprenger**, Diss. de sympathia, antipathia et curationibus sympatheticis. 26 pp. Lüb. 4°.
1784

Siegwart-Müller, Constantin *s.* Botschaft des Kleinen Rathes des Kantons Luzern ... und Antwort darauf .... Luzern 1840

Siegwart-Müller, (C[onstantin].) Eingabe des Herrn S'-M', gew. Schultheiss des Kantons Luzern, an den Bundesrath zuhanden der h. Bundesversammlung. ⟨Vom 17. Juni 1856.⟩ 8. *o. O.*

Siegwart-Müller, Constantin. Der Kampf zwischen Recht und Gewalt in der Schweizerischen Eidgenossenschaft und mein Antheil daran. 8. Altdorf 1864.

Siegwart-Müller, Const., der Kampf zwischen Recht u. Gewalt in der schweizerischen Eidgenossenschaft u. mein Antheil daran. 3 Bde. Zürich 868. Woerl. gr. 8. (XXXVI, 2934 S. mit 1 Steintaf. in Tondr.) 8 Thlr. 15 ngr.

Siegwart-Müller, (C[onstantin]). Lettre de M. S'-Muller, ancien Avoyer du Canton de Lucerne, au Conseil Fédéral, pour être communiquée à la haute Assemblée fédérale. Du 17 juin 1856. 8. *s. l.*

Siegwart-Müller, Const., Rathsherr Joseph Leu von Ebersoll. Der Kampf zwischen Recht u. Gewalt in der Schweizerischen Eidgenossenschaft. Mit dem (lith.) Bildniß des Rathsherrn Jos. Leu sel. von Ebersoll. Altdorf 863. (Luzern, Gebr. Räber.) Lex.-8. (XV, 1135 S.) n. 3 Thlr. 26 ngr.

Siegwart-Müller, Const., Nothwendigkeit u. Aufrechthaltung der Ehe u. Bestrafung d. Unzucht im Staate. 8. (2½ B.) Luzern 829, Meyer. (Schmidt in Leipz.)

Siegwart-Müller, Const., das Strafrecht der Kantone Uri, Schwyz, Unterwalden, Glarus, Zug und Appenzell. gr. 8. St. Gallen 833. Scheitlin u. Zollikofer. 5/12 Thlr.

—— Tell der Urner. 8. (1 B. u. Titlvign.) Fluelen 826, Z'graggen.
(Lpz.,Schmidt)

Siegwart-Müller. C[onstantin]. Vortrag der Gesandtschaft von Luzern, gehalten auf der ausserordentlichen Tagsatzung zu Zürich den 16. April 1845. 8. (Luzern 1845.)

Siegwart-Müller. C[onstantin]. Votum der Gesandtschaft von Luzern, bei Berathung des Aargauischen Antrages zur Aufhebung und Ausweisung des Jesuiten-Ordens in der Schweiz, abgegeben in der Tagsatzungssitzung vom 20. August 1844 von C. S'-M'. 8. Luzern 1844.
[1. Aufl.] — 2. Aufl.

Siegwart-Müller. C[onstantin]. Welche Garantien muss die Verfassung eines Schweizerkantons dem Christenthume leisten? Mit Rücksicht auf die neuesten Erscheinungen im Vaterlande beantwortet von C. S'-M'. 8. Luzern 1839.

— welche Garantie muß die Verfassung eines Schweizerkantons dem Christenthume leisten? Mit Rücksicht auf die neuesten Erscheinungen im Vaterlande beantwortet. 2e Aufl. gr. 8. Luzern 840. (Meyer.) 1/12 Thlr.

Siegwart-Müller, Konstantin, s. Wie gewisse Leute im Kanton Luzern es . . . meinen.

—— ein Wort üb. Landesgemeinden. 8. (4 B.) Zürich 829, Orell, Füßli u. Comp.

Siegwartbalken. Der S'. Ein neues Deckensystem in armiertem Beton. Speziell geeignet für den Wohnhausbau. Hygienisch — Absolute Feuersicherheit, Schalldämpfung — Grosse garantierte Tragkraft — Zeitersparnis, einfachster Einbau und sofortige Verwendbarkeit — Heizungsboden. Patente in allen Kulturstaaten. Reform im Bauwesen. [Hrg. durch die] Internationale Siegwartbalken-Gesellschaft, ... Luzern ⟨Schweiz⟩. [Mit Illustrationen und 7 Tafeln.] 120 S. 8. (Zürich, Polygraphisches Institut A.-G.,) 1904.

Siegwolf, A. St., über die Arbeiter-Bewegungen der Gegenwart. gr. 8. (39 S.) Frauenfeld 857, [Huber's Buchh.] * ·

Sieh(e) [Sachliches OW]

Siehe aufwärts! oder junge Mädchen und Blumen. Aus dem Engl. übers. Elberfeld 854. Hassel. 16. (162 S. u. 3 Holzschn.) n. 10 ngr.

Siehe das Herz, das die Menschen so sehr geliebt hat. Ein Ruf d. göttl. Heilandes, den Monat Juni der besonderen Verehrg. seines heil. Herzens zu weihen. Von B. M. v. B. 32. (28 S.) Aachen 886. A. Jacobi & Co. — 9

„**Siehe, das ist Gottes Lamm!**" u. „Der Macht hat über diese Plagen." Zwei Predigten über Ev. Joh., Cap. 1, V. 29, u. Offenb. Joh., Cap. 16, V. 9. Gehalten am 14. u. 21. Oktbr. 1849 (von Herm. Frdr. Kohlbrügge). gr. 8. (27 S.) Elberfeld 849, (Iserlohn) Bädeker. n. n. 3 ngr.

Siehe, das ist Gottes Lamm! E. bibl. Bilderbuch. 4. (12 S. m. 6 farb. Bildertaf.) Lahr (894). E. Kaufmann. Kart. — 50

Siehe, dein König kommt zu dir! oder der hl. Kreuzweg als Vorbereitung zur ersten heil. Communion. Von A. R. 24. (64 S. mit eingedr. Holzschn.) Dülmen 881. Laumann. n. — 20

Siehe, deine Mutter! Lebensgeschichte der allersel. Jungfrau u. Gottesmutter Maria. Gegründet auf die Zeugnisse der heil. Schrift und Offenbarungen hochbegnadigter Seelen. (Abdruck aus der „Marienkapelle.") 18. (Mit 1 Lithogr.) Einsiedeln 845, Gebr. Benziger. 1/8 Thlr.

„**Sieh**, deine Mutter!" Neues vollständ. Gebetbuch f. Verehrer der seligsten Jungfrau. Enth.: Morgen-, Abend-, Meß- u. Rosenkranz-Andachten, Betrachtungen u. Gebete auf die Marienfeste ꝛc. Mit einem Anh.: Die Verehrung des heil. Joseph. gr. 16. (VIII u. 312 S., mit 3 Bl. in lith. Farbendr.) Aachen 847, Wengler. n. 1/2 Thlr. Prachtausgabe mit 8 Bl. in lith. Farbendr. n. 1 1/6 Thlr. — Enthaltend: Morgen-, Abend-, Meß-, Beicht-, Communion-, Ablaß- u. Rosenkranz-Andachten, Betrachtungen u. Gebete auf die Marienfeste ꝛc. 2. bedeutend verm. Aufl. Nebst einem Anh.: Die Verehrung des heil. Joseph. 12. (VIII u. 374 S. mit 3 Lithochrom.) Leipzig 850, Wengler. n. 2/3 Thlr.; Pracht-Ausgabe mit 6 Lithochrom. 1 Thlr.

„**Sieh, deine Mutter!**" Neues vollständiges Gebetbuch für Verehrer der seligsten Jungfrau. Enthaltend: Morgen-, Abend-, Meß-, Beicht-, Communion- ꝛc. Andachten, Betrachtungen u. Gebete auf die Marienfeste ꝛc. Nebst einem Anhang: Verehrung u. Anrufung des heiligen Joseph. 3., verm. Aufl. München 859. Kaiser. 24. (VII, 422 S. u. 3 Lithogr. in Farbendr.) 20 ngr.; Ausg. mit 6 Lithogr. in Farbendr. 1 Thlr.

— Deutsches Volk, das war dein Bundestag. Bericht des österr. Generals v. Langenau an den Fürsten v. Metternich. [Frankfurt 1823.] 12. (10 S.) Leipzig 848, Wienbrack. 1 1/2 ngr.

Siehe Deutsches Volk, das war dein Bundestag . . . Leipzig 1848. H: *Wangenheim, Carl August Freiherr von.* (Hauptkat. d. Univ.-Bibl. Tübingen. F. S. 264.)

Siehe, es beginnt zu tagen; die Geschichte einer Menschwerdung; Roman. Berlin 1909. V: *Thomas-Correï, Ella.* (zuwzür 13, 1909, I, S. 114)

Siehe, ich bin mit Dir. Eine Verheißg. f. Confirmirte. (Hrsg. v. Helene Krüger.) 12. (8 S. m. 2 farb. Illustr.) Nürnberg 894. Th. Stroefer. n. 1. —

—— Ich verkündige euch große Freude, denn euch ist heute der Heiland geboren. Vier Chorknaben in Blumen. Chromolithogr. 12. Leipzig 883. (Baldamus.) *

Siehe, ich will dich mit Meinen Augen leiten. Erzählungen f. d. christl. Haus. Lengerich i. W.: Bischof & Klein [1903]. (64 S.) 8° [F.]
— Hinauf die Herzen! No 1.

Sieh mich an! qu. 12. (12 S. auf Pappe m. z. Tl. farb. Abbildgn.) Stuttgart (899). Loewe. Geb. n. 1. —

„Siehe, von nun an werden mich selig preisen alle Geschlechter!" Die allersel. Gottesmutter in den Festen der Kirche u. in unserer Verehrung. 18. (324 S. u. 1 Stnt.) Einsiedeln 845, Gebr. Benziger.

Siehe [Verfasser]

Siehe, Ewald: Ueber Asthenopie. Halle (1868): Plötz. 31 S. 8°
Halle-Wittenberg, Med. Diss. v. 30. März 1868
Geb. Weissagk bei Luckau (Brandenb.) 6. 4. 1844. V.

Siehe, J. D., s. Abhandlung vom ges. Torfwesen ...

Siehe, J. D., kurzer Aufsatz vom Nivelliren mit der gemeinen sogenannten Kanalwage, nebst 2 Kupf. gr. 8. Berlin, Nicolai. 817.

Siehe, etwas üb. d. Verkohlen d. Torfs, m. 1 Vorrede v. J. E. Siede, m. K. gr. 8. Berlin, Schöne. 793.

— etwas üb. das Verkohlen des Torfs; mit e. Vorrede hrsgg. v. J. E. Siede. Mit 3 Kpf. gr. 8. Berl. 793. 2e Aufl. 821. Schöne. 8 gr

[F.] Der Weinstock im Hausgarten. Prakt. Anleitg z. erfolgreichen Kultur reblauswiderständiger Weinreben. Von Walther Siehe, Landschaftsgärtner in Steglitz-Berlin. M. 25 Abb. im Text. *Neudamm: J. Neumann 1896.* (94 S.) 1 Bd 8.
— Büchersammlung, J. Neumanns Gartnerische. Bd 12.

Siehe, Walth., der Weinstock im Hausgarten, s. a. Neumann's, J., gärtner. Büchersammlg., Bd. 12.

Siehr, Albert (geb. Insterburg 22. 10. 1839): Ueber die Behandlung der Intermittens mit Chinoidinum citricum. Berlin [o. J.] (31 S.) 8°
Berlin, Med. Diss.
nachgeliefert v. dem am 20. Aug. 1870 auf Grund gedruckter Thesen promov. Verf.

Siehr, Kurt, Referendar: Die nicht valutierte Grundschuld. Borna-Leipzig 1909: Noske. X, 67 S. 8°
Jena, Jur. Diss. v. 8. Jan. 1910, Ref. Danz
[Geb. 5. Aug. 87 Insterburg; Wohnort: Königsberg i. P.; Staatsangeh.: Preußen; Vorbildung: Gymn. Insterburg Reife O. 05; Studium: Freiburg i. B. 1, Königsberg 2, Berlin 1, Königsberg 3 S.; Rig. 14. Dez. 09.] [U 10. 2199

Siehr, Frl. Linda, s.: Reis, Hans.

Siehr, Paul, prakt. Arzt: Aus d. städt. Krankenanstalt zu Königsberg i. Pr. Zwei Fälle von Paralysis agitans in jugendlichem Alter. *Konigsberg i. Pr. 1899: M. Liedtke.* (38 S.) 8°
Königsberg, Med. Diss. v. 22. Juli 1899

Siehr, Rob. (geb. Tilsit 2. 10. 1803): De cortice radicis granati. Berolini (1829). (55 S.) 8°
Berlin, Med. Diss. v. 5. Juni 1829

Sieht ihn der König wieder? Allegorisches Traumbild in 3 Sonnenwendmärchen aus dem Sachsenwald. Zum 1. April 1892 in Prosa gedichtet vom Verf. der geharnischten Bismarcksonette „Schüttle dich, Germania!" 8. (17 S.) [Düsseld. 892, Bagel.] Frankf. a. M., Jaeger's Verlag. * — 50

Siekaczyński, Valentinus Joseph (geb. Szczebrzeszyn 6. 2. 1806): De morbo croup dicto. Berolini (1830). (43 S.) 8°
Berlin, Med. Diss. v. 5. Nov. 1830

Sieke, Albert: Die Entwicklung des Matropolitenwesens im Frankenreiche bis auf Bonifaz. Marburg 1899: R. Friedrich. (56 S.) 8°
Marburg, Phil. Diss. v. [18. Dez.] 1899

Sieke, K., Lehrbuch d. subalternen Civildienstes, s. a. Lehrbuch.

Sieke, K.: Lehrbuch des subalternen Civildienstes zum Selbstunterrichte für Militär-Versorgungsberechtigte aller Grade, für Referendare [usw.]. 3 Aufl. . . . hrsg. von Friedr. Gust. Schimmelfennig. Berlin 1861.

Sieke, Karl: Appius Claudius Caecus Censor i. J. $\frac{444 \text{ d. St.}}{310 \text{ v. Chr.}}$ . . . . Marburg i. H., Druck v. Gebrüder Gotthelft in Cassel, 1890. 82 S., 1 Bl. 8°
Marburg, Phil. Fak., Inaug.-Diss. v. [21. Jul.] 1890

Sieke, Karl, Prof. Dr.: Heinrich von Kleist im deutschen Unterricht der höheren Lehranstalten. (Höchst a. M. 1907: A. A. Wagner.) (42 S.) 8° [F.]
Höchst a. M., G u. R OP 1907 (490)

Sieker, J. H., warum hat Gott uns so heilig verpflichtet, unseren Kindern, u. so vielen als wir von Außen herbeiziehen können, eine wahrhaft christliche Erziehung zu geben? Predigt geh. am III. Advent 1879 vor der evangelisch-luther. St. Matthäusgemeinde in New-York. 8. (21 S.) Mount Vernon, N. Y. 880. (Dresden, H. J. Naumann.) n. — 35

—— Warum kann ein Christ an den weltüblichen Vergnügungen sich nicht betheiligen? Predigt, gehalten am Sonntage Septuagesimae 1884 vor der Evangelisch-Luther. St. Matthäusgemeinde in New-York. 8. (15 S.) New-York 884. (Dresden, H. J. Naumann.) *

Sieker, J. H., die gesegnete Wirksamkeit der treulutherischen Kirche unseres Landes. Predigt, am 2. Sonntag in der Fasten 1883 vor der evangelisch-luther. St. Matthäus-Gemeinde in New-York. 8. (19 S.) New-York 883. (Dresden, H. J. Naumann.) *

Auf und in der Erde. Gedichte von Otto Sieker. Dresden: Pierson [1908]. VII, 97 S. 8° A 12. 1064

Siekermann, Florenz, aus Brackwede: Zur Kritik der Hypothese des psychophysischen Parallelismus. *Greifswald 1899: F. W. Kunike.* (60 S.) 8°
Greifswald, Phil. Diss. v. 5. Aug. 1899

Siekmann, H., die Quartierleistung, sowie die Naturalleistungen für die bewaffnete Macht im Frieden. Systematisch geordnete Zusammenstellung der die Quartier- und Naturalleistungen für das deutsche Heer im Frieden regelnden gesetzl. Vorschriften, der Ausführungs-Bestimmungen und der ergänzenden und erläut. Erlasse der obersten Verwaltungs-Behörden. gr. 8. (VIII, 176 S.) Berlin 883, Bath. *

Siekmann, H., s. a. Taschen-Kalender f. Beamte d. Militär-Verwaltg.

Siekmann's Taschen-Kalender f. Beamte der Militärverwaltung 1907. Mit Genehmigg. des königl. preuss. Kriegsministeriums hrsg. v. E. Wrobel. 30. Jahrg. 2 Tle. (XLI, 498 u. VIII, 244 S.) 16. Berlin, A. Bath. Geb. in Ldr. u. geh. n. 4. —

Siekmann's Taschen-Kalender f. Beamte der Militärverwaltung 1911. Mit Genehmigung d. königl. preuss. Kriegsministeriums hrsg. v. E. Wrobel. 34. Jahrg. 2 Tle. (XLI, 588 u. IX, 335 u. 84 S.) 16. Berlin, A. Bath. Geb. in Ldr. u. geh. 4.—; Vorzugspreis 3. 20

Sielaff, Adf., deutsche Aufsätze f. die Oberstufe der Volksschule, f. Mittelschulen u. Präparanden-Anstalten. Ein Hilfsbuch f. Lehrer. gr. 8. (XII, 268 S.) Bielefeld 891. Velhagen & Klasing. n. 3. —

— u. Karl Gresens, **Bilder aus der Geschichte der Prov. Pommern.** Zugleich stammesgeschichtl. Ergänzungsheft zur „Deutschen Geschichte" v. H. Weigand u. A. Tecklenburg. gr. 8. (35 S.) Hannover 901. C. Meyer. n. — 30

Sielaff, Adf., d. religiösen Lernstoffe d. evang. Schule, nebst etlichen Anhängen. gr. 8. (51 S.) Neubrandenburg 895. C. Brünslow. n. — 30;
Musikanh. daraus (6 S.) einzeln n. — 10

Sielaff, Adf., die religiösen Lernstoffe der evangelischen Schule nebst etlichen Anhängen. 3. verm. u. verb. Aufl. gr. 8. (68 S.) Neubrandenburg 900. C. Brünslow. n. — 30

Sielaff, Adf., die religiösen Lernstoffe der evangelischen Schule nebst etlichen Anhängen. 5. Aufl. (22.—26. Tausf.) (72 S.) 8. Neubrandenburg 908. C. Brünslow. — 30

Der Verein für Ferienkolonien und Speisung armer Schulkinder in Stettin, eingetragener Verein u. milde Stiftung, in s. 25jähr. Tätigkeit. Bearb. von Rektor Adolf **Sielaff**. Stettin: Selbstverl. d. Ver. 1906. (30 S.) 8°
[F.] [07. 7326 9

Sielaff, Hans, a. Berlin: Über die Alkylierung der Isonitraminfettsäuren. Borna-Leipzig 1905: R. Noske. (31 S.) 8°
Erlangen, Phil. Fak., Ref. Fischer, Diss. v. 1. Dez. 1905
[Geb. 22. April 72 Berlin; Wohnort: Berlin; Staatsangeh.: Preußen; Vorbildung: Leibniz-Gymn. Berlin Reife M. 93; Studium: Berlin 8 S.; Rig. 2. Nov. 05.]

Sielaff, Hermann: Studien über Gregor's VII. Gesinnung und Verhalten gegen König Heinrich IV. in den Jahren 1073—1080. Greifswald 1910: Adler. 116 S. 8°
Greifswald, Phil. Diss. v. 12. Mai 1910, Ref. Bernheim
[Geb. 3. März 85 Schidlitz; Wohnort: Danzig; Staatsangeh.: Preußen; Vorbildung: Städt. Gymn. Danzig Reife M. 04; Studium: Berlin 3, Königsberg 1, Greifswald 4 S.; Rig. 30. April 10.] [U 10. 1643

Sielaff, P[aul]: Meuchen gab dem bei Lützen gefallenen König Gustav Adolf den ersten Ruheplatz u. setzte ihm d. erste Denkmal. Leipzig: Strauch [1909]. 20 S. 8°

Sielaff, P., Meuchen gab dem bei Lützen gefallenen König Gustav Adolf den ersten Ruheplatz u. setzte ihm das erste Denkmal. (20 S. m. 2 Abbildgn.) 8. Leipzig (910). A. Strauch. — 20

Sielaff, W., Luther u. die deutsche Bibel. Ein Vortrag. 16. (46 S.) Wolfenbüttel 878. Zwißler. n. — 50

SIELAFF, Wilhelm: Über Nabelschnurhernien.- München: Knorr & Hirth 1895. 22 S., 1 Bl.
6.7.1894 - Chr 1894/95,19; Jv 1894/95,208 (Prom.-Datum: 1895)
Diss. Ingolst.-Landsh.-Mchn.

Siele, Frz., Zusammenstellung der Monats-, Quartals- u. Semestral-Ausweise v. Banken u. industriellen Gesellschaften, nebst Preis-Tabellen f. Kohle, Eisen, Getreide etc. 12. (151 S.) Berlin 894. Charlottenburg, Knesebeckstr. 84, Selbstverl. In Leinw. kart. n. 3. —

Siele, Carl *Hermann* [aus Crossen a/E.]: Ueber die Chanson „Guibert d'Andrenas". '(Classification d. Handschriften, Analyse u. Quellenuntersuchg.)' ... Marburg, Buchdr. O. Ehrhardt, 1891; 68 S., 1 Bl. 8.
Marburg, Phil. Fak., Inaug.-Diss. v. [22. Febr.] 1892

Sielek, F., Bartholomäus Ringwaldt. Sein Leben u. seine Werke. 8. (48 S.) Frankfurt a/O. 899. H. Andres & Co. n. — 60

Sieler, Albin, Darstellung der Volksschulpädagogik J. G. Fichte's im Zusammenhange mit ihren individuellen, historischen und philosophischen Voraussetzungen. Inaug.-Diss. gr. 8. (90 S.) Jena 889. (Neuenhahn.) n. 1. 30

[F.] Darstellung der Volksschul-Pädagogik J. G. Fichtes im Zshange m. ihren individuellen, histor. u. philos. Voraussetzgn. Von Dr. Albin **Sieler**. *Leipzig: Siegismund & Volkening 1895.* (75 S.) 1 Bd 8.
= **Sammelmappe**, Pädagogische. H. 160. (Reihe 14, H. 4.) [97. 8155

Die Pädagogik als angewandte Ethik und Psychologie. Vortr., geh. in d. amtl. Bezirkslehrerkonferenz zu Altenburg am 25. Mai 1897 v. Dr. Albin **Sieler** in Altenburg. *Langensalza: H. Beyer & Söhne 1898.* (46 S.) 1 Bd 8.
= **Magazin**, Pädagogisches. H. 109. [98. 8855

Persönlichkeit und Methode in ihrer Bedeutung für den Gesamterfolg des Unterrichts. Von Dr. Albin **Sieler**, in Altenburg. *Langensalza: H. Beyer & Söhne 1900.* (44 S.) 8°
= **Magazin**, Pädagogisches. H. 141.

Sielex, Ernst Richard Walter, Referendar: Die Pflichten und die Rechte des Einkaufskommittenten aus § 391 HGB. Borna-Leipzig 1908: Noske. VI, 62 S. 8°
Leipzig, Jur. Diss. v. 6. Nov. 1908
[Geb. 16. Aug. 83 Oschatz; Wohnort: Dresden-N.: Staatsangeh.: Sachsen; Vorbildung: Kgl. Gymn. Dresden-N. Reife O. 02; Studium: Leipzig 7 S.; Rig. 4. Juli 05.] [U 09. 2688

Sielisch, Johannes, a. Klein-Schönebeck: Über die Kondensation von Methyläthylketon mit Oxalester. (Berlin 1905: G. Schade.) (38 S.) 8°
Berlin, Phil. Fak., Ref. Fischer, Diss. v. 9. Dez. 1905
[Geb. 24. Juni 78 Klein-Schönebeck; Wohnort: Berlin; Staatsangeh.: Preußen; Vorbildung: Falk-Realgymn. Berlin Reife M. 98; Studium: Berlin 13 S.; Rig. 30. Nov. 05.]

Sielmann, Jh. Burchard, Diss. inaug. med. de Rhachitidis origine atque natura. 8. Dorpat 822. (67 S.)

Sielmann, Paul;
Einwirkung von Schwefelwasserstoff auf Aldehyde.
Königsberg i. Pr. (1904): Gutenberg-Druckerei. (31 S.) 8°
Königsberg, Phil. Diss. v. 1. Aug. 1904

Sielmann, Richard: Ist bei hochstehendem Kopf und engem Becken der Application der Achsenzugzange oder der Wendung auf den Fuss mit nachfolgender Extraction der Vorzug zu geben? ... Würzburg: Druck d. Ferdinand Röhrl'schen Buchdr. 1888. 25, 1 S. 8°
Würzburg, Med. Fak., Inaug.-Diss. v. 1888

Sielordnung, s. Deich- und Sielordnung für das Fürstenthum Lüneburg.

—— für Ostfriesland, s. Deich- und Siel-Ordnung.

Siem, J. H.

— Anweis., wie man Saatweitzen behandelt, daß kein Brand in dem darnach wechselnden Kern auf d. Felde entstehe 2c. Lübeck, v. Rohden. 8 ß

Siem, J. H., die Kunst, jeder Sorte Korn- u. Franzbranntwein u. Rum, in Zeit von 24 Stunden, jede vom Fasse herrühr. oder zufällig erhalt. Farbe ohne Destillation od. Feuerhitze 2c. mit wenigem Kostenaufwande 2c. zu benehmen. 8. Lübeck 822. (v. Rohden). 2 ß 8 ₰

Siem, Paul, üb. die Wirkung d. Aluminiums u. d. **Berylliums auf den thierischen** Organismus. gr. 8. (55 S.) Dorpat 886. (Karow.) 1. 60

Siem, Paul, über die Wirkung des Aluminiums und des Berylliums auf den thierischen Organismus. Inaugural-Dissertation. gr. 8. (55 S.) Dorpat 886, (Schnakenburg.)

Siemann, warum ruht der Streit über Schul-Emancipation? Auch eine Antwort aus dem Lehrerstande. 8. (3½ B.) Grimma 842, Verlags-Comptoir. *

Siemann, Richard: Elastische Formänderung des Schiffskörpers. [1909.] 16 S., 2 Taf. 4° ¶ Aus: Schiffbau. Jg. 11. 1909/10. Berlin, Dr.-Ing.-Diss. v. 11. 6. 1909

Siemann (Richard), Elastische Formänderung des Schiffskörpers, [M. 3 Taf.] 16 S. 4°
Aus: Schiffbau. Jg. 9, No 8—10.
Berlin, Ing.-Diss. v. 1909

Siemaschko, J. Vorläufige Nachricht über anstehende devonische Schichten im Gouvernement St. Petersburg. (Aus d. Bull. de la Soc. Imp. des Nat.) Moscou. 1845. 8.

Siembt, L. R., Mit gleichen Waffen, s. Jahrbuch deutscher Bühnenspiele.

Siemenroth's Prüfungsbücher f. Eisenbahner. I.—V. Bd. Berlin, F. Siemenroth. Geb. in Leinw. 19.—
Gebhardt, L., die Prüfung zum Zugführer u. Schaffner. Lehr- u. Nachschlagebuch f. die Prüfg. u. den Dienst. Auf Grund der amtl. Prüfungsvorschriften bearb. (XII, 433 S.) 908. (IV. Bd.) Geb. in Leinw. 3.50
— u. J. W. van Heys, die Prüfung zum Lokomotivführer u. Heizer. Lehr- u. Nachschlagebuch f. die Prüfg. u. den Dienst. Auf Grund der amtl. Prüfungsvorschriften bearb. 1. Teil. Die Betriebsvorschriften. Bearb. v. L. Gebhardt. Mit 50 z. Tl. farb. Abbildgn. (X, 237 S.) 908. (I. Bd.) Geb. in Leinw. 2.50
— — dasselbe. Bearb. v. van H. 3. Tl. Die Wagen u. die Bremsen. Mit Beilage: Die schriftl. Lokomotivführerprüfg. Anleitg. zur Anfertigg. der Aufgaben f. die schriftl. Prüfg. zum Lokomotivführer nebst einigen gelösten Aufgaben. (VI, 471 u. 24 S. m. 778 Abbildgn.) (909.) (III. Bd.) Geb. in Leinw. u. geh. 5.— (1—3 zusammen bezogen 11.—)
Heys, J. W. van, die Prüfung zum Lokomotivführer u. Heizer. 2. Tl. Die Lokomotive. Mit 802 Abbildgn. (X, 387 S.) 909. (II. Bd.) Geb. 4.50; (1 u. 2: 7.—)
Hirth, R., Lehrbuch f. den Eisenbahn-Werkführer- u. Werkmeister-Dienst. Nach dem Ableben des Verf. ergänzt u. vollendet durch G. Brandt. Mit 42 Abbildgn. (VII, 336 S.) 909. (V. Bd.) Geb. in Leinw. 3.50

Siemens wider Jooß: Reichsgerichtsentscheidung über Herstellung von Dochtkohlen. Berlin 1893

Siemens, Sir William, als Erfinder u. Forscher, s.: Obach, E.

(Siemens u. v. Teichmann-Logischen.) Bericht über eine auf Allerhöchsten Befehl ausgeführte Reise zweier Artillerie-Offiziere nach England 1868. (Mit) Atl. Berlin 1869. 8° u. 2°.

Siemens, Bibliothek. Ein neuer Mensch im Denken, Fühlen, Handeln. 1.—4. Bd. 8. Leipzig, Ficker's Verl. 4.—
1. Unterrichtsbriefe üb. die Suggestions-Lehre als Grundlage zur Entwicklung der Persönlichkeit zum neuen Menschen im Denken, Fühlen, Handeln. (70 S.) (909.) 1.—
2. Die Suggestion im Dienst des Verkäufers, des Geschäftsmannes, im Verkehr m. der Kundschaft, m. Vorgesetzten u. Untergebenen. (44 S.) (910.) 1.—
3. 4. Erfolgreiche Inserate, Prospekte, Plakate durch Suggestion f. den Privatmann u. Geschäftsmann. Angabe, wie, wo u. wann man inserieren soll. Langjährige Erfahrgn. v. Grossinserenten. Unbezahlbare Winke auch f. den erfahrenen Geschäftsmann, sowie f. jeden, der seine Position zu verbessern sucht. Anh.: Die erfolgreiche Heiratsannonce. (101 S.) (910.) 2.—

Siemens, A., Untersuchungen üb. roten Phosphor. (44 S. m. Fig.) Lex.-8. Berlin 906. J. Springer. n. 2.—
Sonderabdruck aus: „Arbeiten a. d. kais. Gesundheitsamte".

Siemens, Alexander, aus Braunschweig: Elektrolytische Abscheidung wasserzersetzender Metalle aus ihren Salzlösungen. *Göttingen 1904: Dieterich.* (60 S.) 8°
Göttingen, Phil. Diss. v. [22. Apr.] 1904

Siemens, Alex., elektrolytische Abscheidung wasserzersetzender Metalle aus ihren Salzlösungen. Diss. (60 S.) 8. Göttingen 904. (Vandenhoeck & Ruprecht.) n. 1.40

Siemens, C. William, s. Siemens, Sir William.

Siemens, Carl, s. Siemens, Karl.

Siemens, F., Fabrik patentirter Beleuchtungs- und Heiz-Apparate. Preislisten. Dresden (1894)

Siemens, F., s.: Zur Frage d. Reform d. Irrenwesens.

Siemens, Franz Ernst von

Siemens, (F. E.) Beschreibung eines neuen Betriebes des Kartoffelbrennens u. einer neuen Dampfdestillation. Unter höchster Gewinnung an Production, Raum, Zeit u. Feuerung. Mit 7 Abbild. in Steindr. Neue verb. Aufl. 8. Pyrmont. Verf. (Uslar.) 1824.

Siemens, Frz. Ernst v., Beschreibung e. neuen Betriebes d. Kartoffelbrennens, u. e. neuen Dampfdestillation. Unt. höchster Gewinnung an Production, Raum, Zeit u. Feuerung. 3., verm. Aufl. (11 B. u. 10 Stnt.) 829., 4., verm. A. (14½ B. u. 10 Stnt. 4. u. ½ qu. Fol.) 8. Hamburg 835, Herold. à

Siemens, Frz. Ernst v., Verbesserung des v. Siemensschen Verfahrens beim Branntweinbrennen, als Nachtrag zu d. Beschreib. e. neuen Betriebes d. Kartoffelbrennens 2c. 8. (3½ B. u. 4 Stnt.) Hamburg 835, Heroldsche Buchh. *
Hauptwerk mit d. Nachtrag zusamm. nur * 1 Thlr. 8 Gr.

Siemens, Frdr., Bericht üb. die Smoke Abatement Exhibition London, Winter 1881—82. An das königl. sächs. Ministerium des Innern in dessen Auftrage erstattet. gr. 8. (VII, 136 S. m. eingedr. Holzschn.) Berlin 882. Springer. n. 4.—

Die Gasheizung für Wohnräume. Vortr. geh. im Chemiegeb. d. Berl. Gewerbeausstellg 1896 v. Friedrich Siemens. *Berlin: S. Karger 1896.* (23 S.) 1 Bd 8. (96. 7408

Siemens, Frdr., Holzverfahren m. freier Flammen-Entfaltung. Mit 6 lith. Taf. gr. 8. (31 S.) Berlin 885. Springer. n. 2.40

Siemens [F]: Patentirte Regenerativ-Gasöfen. Dresden 1877

Siemens, F., üb. den Verbrennungs-Process, m. specieller Berücksicht. der praktischen Erfordernisse. Vortrag. gr. 8. (19 S.) Berlin 887. Springer. n. —50

—— über den Verbrennungs-Process mit specieller Berücksicht. der praktischen Erfordernisse. Vortrag, gehalten am 18. Decbr. 1886 im Bezirksverein deutscher Ingenieure zu Leipzig. 2. Aufl. gr. 8. (19 S.) Ebendas. 887. *

—— über die Vortheile der Anwendung hoch erhitzter Luft für die Verbrennung im Allgemeinen, sowie im Besonderen in Bezug auf die Verbrennung von Leichen und die Zerstörung organischer Ueberreste. Vortrag, gehalten im Vortragspavillon der allgemeinen deutschen Ausstellung auf dem Gebiete der Hygiene und des Rettungswesens am 11. Septbr. 1883. 8. (40 S. mit Fig.) Berlin 883, Polytechn. Buchhandlung. *
Aus: Gesundheits-Ingenieur, besonders abgedruckt.

Siemens, Friedr. Vorteile der Anwendung hocherhitzter Luft für die Verbrennung im Allgemeinen, sowie im besonderen in bezug auf Verbrennung von Leichen. Berlin. Springer. 1884 und 1887.

—— über die Vortheile der Anwendung hoch erhitzter Luft für die Verbrennung im Allgemeinen, sowie im Besonderen in Bezug auf die Verbrennung von Leichen und die Zerstörung organischer Ueberreste. 2. Aufl. gr. 8. (36 S. mit in den Text. gedr. Abbild.) Ebendas. 887. *

Siemens, Georg

Siemens, G., Darstellung d. Verhältnisse, in welchen d. Amtmann Frz. E. Siemens zu Pyrmont, zu d. Fürstl. Waldeck. Domainen-Cammer zu Arolsen wegen der Pacht d. s. g. Braukampes zu Pyrmont seit d. J. 1808—32 gestanden hat, nach d. Acten, zunächst zum processual. Gebr. bearb. gr. 8. (7½ B.) Hannover 832, (Hahn.) Thlr.

Siemens, Geo., die Elemente des Staatsverbandes. gr. 8. Leipzig 841, Brockhaus. 1⅙ ℛ

Siemens, Geo., Kraftmaschinen u. Kraftübertragung, s.: Sammlung Kösel.

Siemens, Geo., die Lage des Chequewesens in Deutschland. Referat, gehalten im deutschen Handelstage am 15. Decbr. 1882. gr. 8. (24 S.) Berlin 883, Springer. *

—— über d. Mängel uns. heut. Rechtspflege u. die Mittel, dens. abzuhelfen, mit besond. Berücksichtig. d. Königr. Hannover u. der Einführung e. öffentl. u. mündl. Verfahrens daselbst. gr. 8. (5½ B.) Hannover 832, Hahn.

Rede des Reichstagsabgeordneten Dr. G[eorg] v. Siemens, Vorsitz. d. Handelsvertragsvereins, geh. am 8. Mai 1901 zu Magdeburg. *Berlin 1901: J. Belling.* (15 S.) 8°
(Veröffentlichungen d. Ortsgruppe Magdeburg d. Handelsvertragsver.) [os. 8316 10

—— üb. d. ordentl. Strafe u. ihre Abweichungen, so wie üb. richterl. Willkühr. Mit besond. Bezieh. auf d. preuß. Kriminalgesetzbuch. gr. 8. (12¾ B.) Berlin 840, [Dümmler's Bh.]

Siemens, G., das Zettelbankwesen und der Bankgesetz-Entwurf. gr. 8. (37 S.) Berlin 874, Springer's Verlag. *

Siemens, H., das Aktienwesen u. die Aktiengesellschaften. Eine übersichtl. Darstellg. des Wissenswerten f. Bankiers, Kapitalisten, Aktienbesitzer usw. (104 S.) 8. Berlin 905. S. Mode. n. 1.—

Der Geschäftsverkehr mit der Reichsbank im In- und Auslande. Enth. Diskontierungsgeschäfte ... Nebst d. Gebührensätzen u. d. Zweiganstalten d. Reichsbank. Hrsg. von H. Siemens. Berlin: S. Mode 1905. (84 S.) 8° [J.] [o6. 3400

Siemens, Jac. Andresen, Andeutungen betreffend Deutschlands Handelsschifffahrt in besond. Beziehung auf die Elbe. Sachen für handelsgeschäftl. Vortheile. 12. (2⅓ B.) Hamburg 844, Kittler. *

— Fragmente über den Eid. 1. Heft, auf Thatsachen im Seewesen begründet. 12. Ebend. 839. n. ⁵⁄₁₂ ℛ

—— Fragmente über den Eid. 1. Hft., auf Thatsachen im Seewesen begründet. 12. (3⅔ B.) Hamburg 844, Kittler. * -

Siemens, Jac. Andresen, die Insel Helgoland vor ihrem bevorsteh. Untergang. Eine Nationalschr. z. Nutzen ihrer Bewohner u. d. Nordsee-Schiffahrt. gr. 8. (7¾ B., 2 Ansicht. u. 1 Karte.) Helgoland 835. (Hamburg, Hoffmann u. Campe.) *

— der Nordsee-Besen. Das Helgolander Lootsenwesen unterdrückt; die Nordseeschifffahrt gefährdet! Die Reform. 12. Ebend. 844. n. ⅛ ℛ

Siemens, Jac. Andresen, das Reich des Herrn oder des Gesetzes, wie es entsteht. Fragmente über den Eid verschiedentlich begründet. 12. (24⅔ B.) Hamburg 844, Kittler. Thlr.*
Vgl.: Andresen Siemens.

— Deutschlands Seegeltung. In der Handelsmarine eine Kriegsmarine zu erziehen. 8. Ebend. 843. n. ¼ ℛ

Siemens, Johann Daniel (Goslar) A. S. 1318/34

Dissertatio philologica de rationis sufficientis principio. Präs. Jakob Carpzov.
Jena (Werther) 16. V. 1725. 36 S.

Gew.: Johann Philipp Volkmar, Peter Siemens, Christ. Friedrich Plathner, Georg Heinrich Siemens, Erdwin von der Hardt, Justus Heinrich Klemm, Henning Daniel Schmidt, Heinrich Albrecht Herbst. W. v.: Jo. Bernhard Wideburg. 32623

Siemens, Johann Georg

Siemens, Jh. Geo., († d. 3. Oct. 1807.) Bruchstücke, betreff. die Reichsstadt Goslar, u. besond. die gegenwärt. Verbesser. ihres Stadtwesens. 8. Goslar 799.

Siemens, J. G., über die Maxime, s. Maxime.

Siemens, Karl (Georg)

Siemens, C., Anleitung zum Branntweinbrennen, mit besonderer Berücksichtigung des kleineren Brennereibetriebes und der Besteuerung dieses Gewerbes in Württemberg. Mit Holzschn. (im Text). Stuttgart 853. Ebner u. Seubert. gr. 8. (XI, 121 S.) n. 12 ngr.

—— Anleitung zum Branntweinbrennen. 2. Aufl. Stuttgart (1869)

Siemens, C., Anleitung zum Branntweinbrennen, mit besond. Berücksicht. des kleineren Brennereibetriebes. 2. verm. Aufl. gr. 8. (VIII, 109 S. mit 13 eingedr. Holzschn.) Ravensburg [Stuttgart] 870, Ulmer.

Siemens, C., Beiträge zur Obstbenutzung. Mit Abbildgn. (Holzschn.) Stuttgart 860. Ebner & Seubert. gr. 8. (44 S.) n. 8 ngr.

Siemens, Carl, Beschreibung e. neuen Vorrichtung z. Zerkleinern u. Einmaischen d. Kartoffeln. 8. (2½ B. u. 3 Stnt.) Stuttgart 840, Köhler.

Siemens, Karl(Georg), Über Destillirapparate. Stuttgart (1850).

—— Mittheilungen über die eingeführten, eigenthümlichen Neuerungen in der Brennerei, Brauerei und Stärkefabrikation der landwirthschaftlich-technolog. Werkstatt der Akademie Hohenheim. gr. 8. (VII, 71 S. mit 28 eingedr. Abbild. in Holzschn.) Braunschweig 870, Schwetschke und Sohn. *

—— und F. Stohmann, die Zuckerfabrikation, s. Muspratt, Sheridan, Chemie.

—— und H. Grote, die Zuckerfabrikation theoretisch und praktisch dargestellt. 2. verb. Aufl. gr. 4. (III, 260 Sp.) Ebendas. 870. *
Aus: Muspratt-Kerl's techn. Chemie, besonders abgedruckt.

SIEMENS, C., und H. GROTHE.
Zuckerfabrikation (Die) theoretisch und praktisch dargestellt. Zweite Auflage. Braunschweig, 1871. 4to.

Siemens, L., neue Schießmethode für Infanterist und Jäger. 1. Heft. Braunschweig 863. Vieweg & Sohn. 8. (24 S. u. 1 Tab. in Fol.) n. 10 ngr.

— — 2. Heft. Berlin 863. Mittler & Sohn. 8. (39 S.) n. 10 ngr.

Siemens, Otto, über die Amoxacetsäure und einige ihrer Verbindungen. Inaug.-Dissert. Göttingen 861. (Vandenhoeck & Ruprecht.) gr. 8. (42 S.) n. 8 ngr.

Siemens, Otto, über das Gewissen als Stimme Gottes? (12 S.) 8. Leipzig-Dölitz (906). Monist. Centralbuchh., E. Teichmann. —20

— die Methode des Hypnotiseurs Siemens. (31 S.) 8. Magdeburg (905). (Leipzig, O. Siemens.) n. 1. 25

Siemens, R, Die Gesellschaften m. beschränkter Haftung (G. m. b. H.) nach dem Reichsgesetz in der Fassung der Bekanntmachung vom 20. V. 1898. Ein prakt., verlässl. Hilfs- u. Auskunftsbuch f. Kaufleute u. Laien. (X, 154 S.) 8. Leipzig, G. Weigel. 1904. 1. 50; geb. 1. 80.

Siemens, Rud., mit dem Skizzenbuch durch Dorf u. Stadt der Mark Brandenburg. 1. Uckermark u. Oberwarthewinkel. 24 (4farb.) Handzeichngn. in Lichtdr. m. (je 1 Bl.) Text. (VII S.) 20,5×28 cm. Berlin 911. G. Siemens. 4. 50

Siemens, Rudolph. Ueber die Ueberführung der Essigschwefelsäure in die Thioglycolsäure. Jena, 1873.

Siemens, Werner, gesammelte Abhandlungen u. Vorträge. Mit in den Text gedr. Holzschn., 6 (lith.) Taf. u. dem Portr. des Verf. in Stahlst. gr. 8. (VIII, 582 S.) Berlin 881. Springer. n. 14. —

— Ueber die Abhängigkeit der elektrischen Leitungsfähigkeit des Selens von Wärme und Licht. (Auszug aus dem Monatsber. der Königl. Akademie der Wissensch. zu Berlin.) Berlin 1876. (9532)

Siemens, Werner. Wissenschaftliche u. technische Arbeiten. 2. Aufl. 2 Bde. gr. 8. Berl., Springer. * 12 —; geb. * 14 40
1. Wissenschaftliche Abhandlungen u. Vorträge. Mit in den Text gedr. Abbildgn. u. dem (Stahlst.-)Bildnis d. Verf. (VIII, 422 S.) 889. * 5 —; geb. * 6 20.
2. Technische Arbeiten. (X, 601 S. m. 204 Abbildgn.) 891. * 7 —; geb. * 8 20.

Siemens, Werner, Beiträge zur Theorie der Legung und Untersuchung submariner Telegraphen-Leitungen. (Aus dem Monatsber. der Königl. Akad. der Wissensch. zu Berlin.) Berlin 1875. (9531)

Siemens, Werner, kurze Darstellung der an den preussischen Telegraphen-Linien mit unterirdischen Leitungen bis jetzt gemachten Erfahrungen. gr. 8. (31 S.) Berlin 851, Springer. 6 ℳ

Siemens, W: Die elektrische Eisenbahn zu Lichterfelde. Vortrag. Berlin 1881

—— Lebenserinnerungen. gr. 8. (317 S. m. Bildnis in Photograv.) Ebd. 892. * 5 —; geb. in Hlbfrz. * 7 —

— Lebenserinnerungen. 1.—3. unveränd. Aufl. Lex.-8. (317 S. m. Bildnis in Photograv.) Ebd. 892. 893. n. 5. —; geb. in Halbfrz. n. 7. —

— dasselbe. 4. Aufl. (Wohlf. Volksausg.) Mit dem Bildniß des Verf. in Kupferätzg. gr. 8. (298 S.) Ebd. 894. Geb. in Leinw. n. 2. —

Siemens, Werner von: Lebenserinnerungen. Mit dem Bildniss des Verfassers. 4. Aufl. Berlin. 1895. 8°

Siemens, Werner v., Lebenserinnerungen. 5. Aufl. gr. 8. (298 S. m. Bildn.) Berlin 897. J. Springer. Geb. in Leinw. n. 2. —

Siemens, Werner v., Lebenserinnerungen. Mit dem Bildniß des Verf. in Kupferätzg. 3. Aufl. 2. unveränd. Abdr. gr. 8. (317 S.) Berlin 901. J. Springer. n. 5. —; geb. in Halbldr. n. 7. —

— dasselbe. 6. Aufl. (Wohlf. Volksausg.) gr. 8. (298 S.) Ebd. 901. Geb. in Leinw. n. 2. —

Siemens, Wern. v., Lebenserinnerungen. 3. Aufl. 3. unveränd. Abdr. (318 S. m. Bildnis.) gr 8. Berlin 908. J. Springer. 5. —; geb. in Halbldr. n 7. —

— dasselbe. (Volksausg.) 8. Aufl. (298 S. m. Bildn.) 8. Ebd. 908. Geb. in Leinw. 2. —

—— Mémoire sur la télégraphie électrique, suivi d'un rapport fait sur ce mémoire à l'académie des sciences de Paris, dans sa séance du 29 avril 1850. gr. 8. (64 S.) Berlin 851, Springer. *

— Messung der Fortpflanzungs-Geschwindigkeit der Elektricität in suspendirten Drähten. (Auszug aus dem Monatsber. der Königl. Akad. der Wissensch. zu Berlin.) Berlin 1875. (9530)

Siemens, W., Das für die indo-europäische Linie bestimmte automatische Telegraphensystem. 4°. Berlin, Ernst und Korn. 1868. M. 2.—

Siemens, Werner, die electrische Telegraphie. s. Sammlung gemeinverständl. wissenschaftl. Vorträge. 22.

Siemens W. die elektrische Telegraphie. (Samml. wiss. Vorträge 22) Berlin 1866

Die elektrische Telegraphie. Von Dr. Werner v. Siemens. 2. erw. Aufl. hrsg. von Dr. L[eo] Graetz, Prof., München. Berlin: K. W. Mecklenburg 1906. (VII, 77 S.) 8° (07. 11773)

Siemens, Werner, positive Vorschläge zu einem Patent-Gesetz. Denkschrift der Aeltesten der Kaufmannschaft zu Berlin an den k. Staats- und Minister für Handel etc. Grafen v. Itzenplitz. gr. 8. (14 S.) Berlin 869, Bittkow. *

Siemens, Werner, das naturwissenschaftliche Zeitalter. Vortrag, gehalten in der 59. Versammlung deutscher Naturforscher und Aerzte am 18. Septbr. 1886. gr. 8. (20 S.) Berlin 886, C. Heymanns Verlag. *

Das Recht der Angestellten an den Erfindungen. 2 Abhandlungen von Dr.Ing. W[ilhelm] v. Siemens, Geh. Reg.R., [&] Dr. E[mil] Budde, Prof. Berlin: C. Heymann 1908. (60 S.) 8° (08. 1958)

Siemens, Sir (C.) William

Siemens, Wilhelm (Lebensbild), s. Pole, Will.

Der Bathometer, ein Instrument zur Bestimmung der Meerestiefe ohne Lothleine. (Aus den Philos. Transact. of the Roy. Soc., London. Vol. 166.) Unter Mitwirkung des Verfassers veranstaltete deutsche Ausgabe. Berlin 1878.

Siemens, (C.) William, üb. Brennstoff. Ueber Gewinnung v. Eisen u. Stahl durch direktes Verfahren. Vorträge. [Unter Mitwirkg. d. Verf. veranstaltete deutsche Ausg.] Mit Abbildgn. in Holzschn. gr. 8. (70 S.) Berlin 874. Springer's Verl. n. 2. 80

Siemens, (C.) Will., die Eisen- u. Stahl-Industrie in England. Der Bathometer. Vorträge. Unter Mitwirkung des Verf. veranstaltete deutsche Ausg. Mit (eingedr.) Abbildungen in Holzschn. gr. 8. (III, 83 S.) Berlin 878. Springer. n. 2. 80

Siemens, Will., üb. die Erhaltung der Sonnen-Energie. Eine Sammlg. v. Schriften u. Discussionen. Aus dem Engl. übers. v. C. E. Worms. Mit 6 Holzschn. u. 1 lith. Taf. gr. 8. (XI, 156 S.) Berlin 885. Springer. n. 4. —

—— einige wissenschaftlich-technische Fragen der Gegenwart. gr. 8. (III, 105 S. mit 4 lithogr. Taf.) Ebendas. 879. * 3 —

Siemens, Sir Will., einige wissenschaftlich-technische Fragen der Gegenwart. 2. Folge. [Ueber die neuesten Errungenschaften der Wissenschaften. Ueber die elektr. Beleuchtung. Der elektr. Schmelzofen.] gr. 8. (III, 120 S.) Berlin 883, Springer. *
1. Folge. Ebendas. 1879. * ℳ 3.

Siemens, Z. Psychiatrie und Seelsorge. In-8°. 107 S. Oberstrass-Zürich, E. Speidel. 1893. 2 50

Siemens u. Zinn sen., Psychiatrie u. Seelsorge, s. a. Bericht üb. die v. dem „Verein der deutschen Irrenärzte" gepflogenen Verhandlungen u. gefassten Beschlüsse.

Siemens & Co.: Siemens' invertirter Regenerativ-Brenner. Berlin 1887

Siemens & Halske: Thermoelektrischer Apparat zur Messung von Temperaturen bis etwa 600° C. Berlin 1888

Siemens und Halske: Die selbstthätigen Ausschalter. Berlin 1892

Siemens & Halske: Elektrische Bahnen. Berlin 1896

Siemens & Halske, Aktiengesellschaft, electrische Bahnen. — Chemin de fer electriques. — Electric railways. qu. gr. 4. (IV, 129 S. m. Abbildgn.) Berlin 900. (J. Springer.) Geb. n.n. 10. —

Siemens & Halske A.-G: Elektrische Bahnen: Straßenbahnen, Hochbahnen, Untergrundbahnen, Vollbahnen, Grubenbahnen, Materialbahnen, elektrische Fahrzeuge, elektrische Fahrzeugausrüstungen. Berlin 1900.

Siemens & Halske A.G. Elektrische Bahnen. *[Berlin] 1901.* (10 S.) 8° [Umschlagt.] [Text lith.]

Siemens & Halske: Electrische Bahnen in Budapest. (Budapest 1891?)

Siemens & Halske: Electrische Bahnen nach den Systemen von Siemens & Halske. Berlin (1892)

Siemens & Halske: Die Bandlampen. (Berlin) 1893. Beigeb.: Vorschriften über die Behandlung der Bandlampe. Berlin 1893

Siemens und Halske: Elektrische Beleuchtung und Kraft-Uebertragung. Maschinen und Transformatoren. (Berlin 1893)

Siemens & Halske: Elektrische Beleuchtung und Kraftübertragung. Berlin 1893. 1908

Siemens & Halske: Bemerkungen über einige bei Einrichtung und Unterhaltung von Telephon- resp. Microphonbetrieben in Betracht kommende Punkte zur Benutzung bei Projectirung von Anlagen usw. Berlin 1891

Siemens & Halske: Beschreibung der Ampèrestundenzähler. (Coulombzähler.) (Berlin) 1892

Siemens & Halske: Beschreibung und Anweisung zur Behandlung der dynamoelektrischen Maschinen Modell H. Berlin 1888. Beigeb.: Beschreibung und Anweisung zur Behandlung der dynamoelektrischen Maschinen Modell J. Berlin 1888

Siemens & Halske: Beschreibung und Anweisung zur Behandlung der dynamoelektrischen Maschinen Modell L. H. (Berlin) 1893

Siemens & Halske: Beschreibung und Anweisung zum Gebrauch des Bühnenregulators. Berlin. (Um 1891)

Siemens & Halske: Beschreibung und Anweisung zum Gebrauch des elektrodynamischen Spannungszeigers Nr 5803. Berlin 1888. Beigeb.: Spannungszeiger mit großer Skala. Berlin 1889

Siemens & Halske: Beschreibung zum Beleuchtungswagen für landwirthschaftliche und Bauzwecke, eingerichtet für Locomobilbetrieb. (Berlin) 1892

Siemens & Halske: 1. Beschreibung des Jsolationsprüfers Zeichnung Nr 4971. Berlin (1888?) 2. Jnstruktion für Ausführung von Jsolationsmessungen bei Kabeln. Berlin 1888

Siemens & Halske: Beschreibung der Schienensysteme für Dynamo-Maschinen. Berlin 1892

Siemens & Halske: Beschreibung der automatischen Signal-Einrichtungen für Bergwerke. Wien. (Um 1891?)

Siemens & Halske: Beschreibung des Spannungsweckers Nr 5761. (Berlin) 1892

Siemens & Halske: Beschreibung der Zusatz- und Ersatzwiderstände Nr 0.1010 für Bogenlampen. (Berlin) 1892

Siemens & Halske: Börsendrucker, elektrischer Typendruck-Telegraph für centralisirte Nachrichtenvermittelung. Berlin 1890

Siemens & Halske: Differential-Lampe. 3. Aufl. Berlin 1889. Beigeb.: 1. Die Lichteinheit der Amylacetat-Lampe. Berlin 1889. 2. Die Lichtleitungs-Sicherungen. (Berlin 1889?)

Siemens & Halske: Distanzmesser (Ortsbestimmer) mit magnetelektrischer Bewegungsübertragung. Berlin (1879)

Siemens & Halske: Die Doppelmaschinen als Umformer, Zusatz- und Ausgleich-Maschinen. Berlin 1893

Siemens & Halske: Das Drehstromsystem für Beleuchtung und Kraftübertragung. Berlin 1893

Siemens & Halske A.-G.: Druckschriften. Berlin

Nr 7. Gleichstrommaschinen Modell J. 4. Aufl. 1899
Nr 9. Electrodynamometer für Leistungsmessungen. 3. Aufl. 1901
Nr 10. Astatisches Elektrodynamometer zu Spannungsmessungen für Gleichstrom, Wechselstrom und Drehstrom. Zchg. Nr 5807a. 3. Aufl. 1901
Nr 14. Der Jsolationsprüfer O. 808. 5. Aufl. 1901
Nr 19. Gleichstrommaschinen Modell A. 1899
Nr 22. Montage-Meßbrücke Zchg. O. 802. 4. Aufl. 1901
Nr 26. Raps, A: Über Präcisionsinstrumente der Firma Siemens & Halske A.-G. 3. Aufl. 1901
Nr 28. Über elektrische Minenzündung. 1901
Nr 30. Sack, H: Über Spiegelgalvanometer mit feststehendem Magnetsystem und beweglicher Spule und eine diesbezügliche Konstruktion der Siemens & Halske A.-G. 2. Aufl. 1900
Nr 35. Raps, A: Über ein Universalregistririnstrument. Vortrag. 1897
Nr 36. Raps, A: Über ein Universalgalvanometer. Vortrag. 3. Aufl. 1902
Nr 37. Raps, A: Über einen neuen Jsolationsmesser. Vortrag. 2. Aufl. 1899
Nr 43. Braun, G: Die elektrischen Stadtbahnen, Straßeneisenbahnen und die Franz Josef-Elektrische Untergrundbahn zu Budapest. Vortrag. (1903?)
Nr 45. Philippi, W: Elektrisch betriebene Grubenhaspel auf dem Kaiserin Augusta-Schacht des Steinkohlenbauvereins »Gottessegen« zu Lugau. 1897
Nr 47. Walzenblitzableiter für Wechselstromanlagen. Zchg. N. 1701. 2. Aufl. 1899
Nr 48. Die Hefnerlampe. 3. Aufl. 1901
Nr 49. Heise u. Thiem: Versuche über die Entzündlichkeit von Schlagwettern und Kohlenstaub durch Elektrizität 1898
Nr 51. Stobrawa: Der Bügelschleifkontakt für elektrische Bahnen. 1898
Nr 59. Läutewerke und Läutesignaleinrichtungen. 1901
Nr 61. Braun, G: Die elektrische Kleinbahn Düsseldorf-Krefeld. 1899
Nr 62. Görges, H., und Queißer: Seillampe von Siemens & Halske A.-G. 1899
Nr 63. Klingenberg, G: Elektrische Schleppschiffahrtversuche mit dem System Lamb und dem System Köttgen. 1899
Nr 64. Blitzableiter N. 1704. 2. Aufl. 1900
Nr 65. Raps: Über die Anwendung der Elektricität für Kommandozwecke von Siemens & Halske A.-G. Vortrag. 1899
Nr 66. Raps, A: Das Präcisions-Wattmeter. Vortrag. 2. Aufl. 1903
Nr 67. Raps: Über neue Schaltbrettinstrumente für Gleich- und Wechselstrom. Vortrag. 1899
Nr 69. Beschreibung des Hörnerblitzableiters für elektrische Straßenbahnanlagen D. R. P. 91133. 1899
Nr 71. Pfeil, Elektrische Weichen- und Signalstellung. Vortrag. 1899 Nebst Anl.: Verzeichnis der bis Ende 1903 im Betriebe und Bau befindlichen elektrischen Weichen- und Signalstellanlagen System Siemens & Halske. 1904
Nr 72. Bauer, P: Das Electricitätswerk der Stadt Bonn. 1899
Nr 73. Die elektrische Kraft- und Lichtanlage der Transvaal Gold Mining Estates Ltd. in Pilgrimsrest. (Südafrikanische Republik) 1900
Nr 76. Hoest, Ch. G: Das städtische Elektricitätswerk Vesterbro in Kopenhagen. 1900
Nr 78. Dihlmann, C: Die Fabrikneubauten der Siemens & Halske A.-G. am Nonnendamm. 1900
Nr 79. Hoppe, O: Die elektrische Förderanlage der A.-G. Thiederhall zu Thiede bei Braunschweig. 1900
Nr 80. Elektrisch betriebene Gesteinsbohrmaschinen. 1900
Nr 81. Breisig: Universalmeßinstrument für Telegraphen- und Telephon-Leitungen. Vortrag. 1901
Nr 83. Rinkel, R: Der elektrische Versuchsbetrieb auf der Wannseebahn bei Berlin. 1900
Nr 86. Kompensationsschaltung nach Lindeck für thermoelektrische Messungen. 1901
Nr 87. Erlwein, G: Trinkwasserreinigung durch Ozon nach dem System von Siemens & Halske A.-G. 1901
Nr 88. Schrottke, F: Über Drehfeldmeßgeräthe. Vortrag. 1901
Nr 89. Reichel, W: Elektrische Schnellbahnen. 1901
Nr 91. Zappe: Unterirdische Führung von Anschlußleitungen in Stadtfernsprechnetzen der deutschen Reichspost. Vortrag. 1902
Nr 92. Reichel, W: Schnellbahn-Locomotive ausgerüstet mit Motoren für unmittelbare Zuführung von 10 000 V. Hochspannung. 1902
Nr 93. Der elektrische Wasserstands-Fernmelder. 1902
Nr 94. Elektrische Fahrstraßensicherung. D. R. P. 1902
Nr 95. Elektrische Signalflügelkupplung. D. R. P. 1902
Nr 96. Erlwein, G: Ozon-Wasserwerk Wiesbaden-Schierstein System Siemens & Halske A.-G. 1902
Nr 97. Dolezalek, F., und A. Ebeling: Untersuchungen über telephonische Fernleitungen Pupin'schen Systems. 1902
Nr 99. Erlwein, G: Ozon-Wasserwerk Paderborn System Siemens & Halske A.-G. 1902
Nr 120. Elektrische Stellwerke für Weichen und Signale. 1905

Siemens & Halske, A. G: Druckschriften über elektrotechnische Maschinen und Apparate usw. Nr 121. 1905 ff. Berlin

— — die Elektricität im Bergbau. Fol. (74 S m. Abb.) Freiberg 900. Craz & Gerlach. n. 2. —

Siemens & Halske A. G. Die Elektrizität in der Landwirtschaft. *Berlin: P. Parey 1901.* (57 S.) 4°

Siemens & Halske: Elektromotor. Berlin 1889. Beigeb.: Das Elektrodynamometer für schwache Ströme. Berlin 1880 (Ms. gedr.)

Siemens & Halske A.-G: Der Entwurf zu einem electrischen Stadtbahnnetze für Berlin. Berlin (1892 ?)

Siemens & Halske: Flachdecklampen. 3. Aufl. Berlin 1889

Siemens & Halske: Die Funkenchronographen. Berlin 1888

Siemens & Halske: Gebrauchsanweisung des Apparats zur Bestimmung der Leistungsfähigkeit von Drähten. Berlin 1889

Siemens & Halske A.-G: Zum fünfundzwanzigjährigen Gedenktag der ersten elektrischen Bahn 1879 — 31. Mai — 1904. Berlin 1904

Geschäftsbericht von Siemens & Halske, A.-G., in Berlin. Jg. 1 u. 3—11 (1896/97 u. 1898/99—1906/07). Berlin, 1897—1907. [Ck 11

Siemens & Halske: Elektrische Göpel zur Förderung auf einfallender Strecke im Salzwerke Neu-Staßfurt. Berlin 1887

Siemens & Halske: Die elektrische Grubenbahn auf dem Salzwerke Neu-Staßfurt. Berlin 1888

Siemens & Halske A.-G: Elektrische Hoch- und Untergrundbahn in Berlin. Berlin 1902

Siemens & Halske: Jnstruktion über die Behandlung der speciell für die Montage von elektrischen Beleuchtungsanlagen bestimmten kleinen transportablen Meßbrücke. Berlin 1888

Siemens & Halske: Wissenschaftliche und Meß-Jnstrumente. Berlin (1882 ?)

Siemens & Halske A.-G.: Das Kabelwerk am Nonnendamm. Berlin (1901 ?)

Siemens & Halske, Kataloge. A., C., D. und E. Lex.-8. (Mit eingedr. Holzschn.) Berlin 881, Springer. **

Inhalt:

A. Wissenschaftliche und Mess-Instrumente. (23 Bl.) **ℳ 1,20.
C. Telegraphen. (46 Bl.) **ℳ 2,40.
D. Telegraphen-Signal- und Sicherungs-Einrichtungen für Eisenbahnen. (34 Bl. mit 6 Stat.) **ℳ 3.
E. Elektrische Maschinen und Zubehör. (30 Bl.) **ℳ 2.
Katalog B. ist noch nicht erschienen.

Siemens & Halske, Kataloge. A., C., D. u. E. Lex.-8. (Mit eingedr. Holzschn.) Berlin 882. Springer. n.n. 8. 60

A. Wissenschaftliche u. Mess-Instrumente. (23 Bl.) n.n. 1. 20
C. Telegraphen. (46 Bl.) n.n. 2. 40
D. Telegraphen-Signal- u. Sicherungs-Einrichtungen für Eisenbahnen. (34 Bl. mit 6 Steintaf.) n.n. 3. —
E. Electrische Maschinen mit Zubehör. (39 Bl. m. eingedr. Holzschn.) n.n. 2. —

Siemens & Halske, elektrische Kraftübertragung im Bergbau. gr. 8. (76 S. m. Abb.) Berlin 896. (Freiberg, Craz & Gerlach.) n.n. 3. —

Siemens & Halske: Laternen für elektrisches Bogenlicht. Berlin. (Um 1891)

Siemens & Halske: Ueber die elektrischen Laufkrähne des neuen Werkstattsgebäudes auf dem Charlottenburger Werk. (Berlin) 1892

Siemens & Halske: Läute-Signal-Einrichtungen. Berlin 1877

Siemens & Halske: Leitungen für Starkstromanlagen nach den Vorschriften des Verbandes Deutscher Elektrotechniker. Berlin 1902

Siemens & Halske A.-G.: Elektrische Lokomotiven. Berlin 1902
T. 1. Gruben-Lokomotiven.
T. 2. Materialbahn-Lokomotiven.

Siemens & Halske: Maschine zur Trennung magnetischer und unmagnetischer Erze. 2. Aufl. Berlin 1888

Siemens & Halske A.-G.: Elektrische Maschinen und Zubehör. Berlin (1882 ?)

Siemens & Halske: 1. Meßbrücke für sehr kleine Widerstände. Berlin. (Um 1891) 2. Beschreibung und Anweisung zum Gebrauch des regulirbaren Zusatzwiderstandes 5871. Berlin 1888

Siemens & Halske: Messung von galvanischen Elementen mittelst des Torsionsgalvanometers. Berlin 1890

Siemens & Halske: Einige Mittheilungen über Feuertelegraphen- und Signal-Apparate. Berlin 1889. (Ms. gedr.) Beigeb.: Siemens & Halske: Feuermelder und Wächter-Kontrolapparat für feuergefährliche Anlagen. Berlin 1889

Siemens & Halske, s.: Nachrichten v. Siemens & Halske.

Siemens & Halske A.-G: Oberleitungstheile für Stromabnahme mittels Bügels. Berlin (1903 ?)

Siemens & Halske: Oberlichtreflector mit Bogenlampe zur Beleuchtung geschlossener Räume mit zerstreutem Licht. System Hrabowski. (Berlin) 1892

Siemens & Halske: Die Patent-Bleikabel. Berlin 1889

Siemens & Halske: Pausenläutewerke für Bahnübergänge (Construction Hattemer). Berlin 1891. [Beigeb.:] Schienensysteme. Berlin (1891 ?)

Siemens & Halske: Preisliste über Gleichstrom-Maschinen Modell Z G M und G M und Zubehör. Berlin 1902

Siemens & Halske: Preisliste über Specialmotoren für Gleichstrom. Berlin 1902

Siemens & Halske: Preisliste über Trockenelemente. Berlin 1900

Siemens & Halske Aktiengesellschaft: Preislisten 1900/1901. Berlin 1901

Siemens und Halske Aktiengesellschaft. Preislisten 1902. *(Berlin 1902: E. Billig.)* (Getr. Pag.) 8° [Umschlagt.] [e. 1902. 4

Siemens & Halske A.-G: Preislisten über elektrische Maschinen und Apparate. Berlin 1900—1902

Siemens und Halske, Project eines Netzes elektrischer Stadtbahnen für Wien. 1. und 2. Aufl. Chromolithogr. Imp.-Fol. Wien 883, Artaria und Comp. — 80

Siemens & Halske: Regulirwiderstände. Berlin. (Um 1891)

Siemens & Halske A.-G.: Schiffskommando-Apparate. Berlin 1900

Siemens & Halske: Elektromagnetische Sicherheits-Kuppelung. Charlottenburg 1890

Siemens & Halske auf der Jnternationalen Elektrotechnischen Ausstellung zu Frankfurt a. M. 1891. Berlin 1891

Siemens & Halske auf der Jnternationalen Elektrotechnischen Ausstellung zu Frankfurt a. M. 1891. Berichtigter Neudr. Berlin (1891 ?)

Siemens & Halske: Elektrische Signal- und Abstell-Vorrichtung zur Sicherung gegen Unfälle beim Dampfbetrieb. Berlin 1887

Siemens & Halske: Spannungszeiger für elektrolytische Anlagen. Berlin 1889

Siemens & Halske A.-G: Elektrische Spezialanlagen für Gebäude. Berlin-Nonnendamm (1910 ?)

Siemens & Halske: Das Stadtbahn-Projekt. Wien: Lechner'sche k. k. Hof- u. Univ.-Buchhandlung 1886. (27 S.) 8°

Siemens & Halske: Ständer, Bügel, Konsole und Wandarme für elektrische Bogenlichtlaternen. Berlin. (Um 1891)

Siemens & Halske: Telegraphen. Berlin (1882 ?)

Siemens & Halske: D. Telegraphen-Signal- und Sicherungs-Einrichtungen für Eisenbahnen. Berlin (1882 ?)

Siemens & Halske: Telegraphenstrom-Prüfer. Berlin 1891. Beigeb.: Jnstruktion zu Messungen auf Telegraphenlinien mittels des Torsions-Galvanometers. (Berlin 1891 ?) Gebrauchs-Anweisung zu der großen Telephonbrücke Zz. 6941. (Berlin 1891) Beschreibung des elektrodynamischen Stromzeigers Zchg. Nr 5804. (Berlin 1891 ?)

Siemens & Halske: Torsionsgalvanometer. Berlin 1889. Beigeb.: Gebrauchsanweisung zu den Torsionsgalvanometern. Berlin 1892. Gebrauchsanweisung für die zur Prüfung von Torsionsgalvanometern dienenden Normalelemente. Berlin 1890. Gebrauchsanweisung zu den Torsionsgalvanometern mit Widerstandskasten. Berlin 1887

Siemens & Halske: Die Umschalter. Berlin (1892 ?) Beigeb.: 1. Beschreibung des selbstthätigen Maschinenausschalters, Zeichnung Nr 5999, für Reihenschaltungsmaschinen. (Berlin 1892 ?) 2. Selbstthätiger Doppelausschalter zur Sicherung hintereinandergeschalteter Glühlampen. (Berlin 1892 ?) 3. Glühlampen. (Berlin 1892 ?) 4. Der Stromindicator mit Ausschalter und Bleisicherung. (Berlin 1892 ?) 5. Stromzeiger. 3. Aufl. Berlin 1889

Siemens & Halske: Das Universal-Galvanometer. Berlin 1888

Siemens & Halske: Der Universal-Widerstandskasten. Berlin. (Um 1891)

Siemens & Halske A.-G: Die Franz-Josef-Elektrische Untergrundbahn zu Budapest. Budapest 1896

Siemens & Halske: Wassermesser. Berlin 1889

Siemens & Halske: Electrischer Wasserstands-Zeiger-Apparat. Berlin 1889

Siemens & Halske: Die elektrische Zahnradbahn in Barmen. Berlin (1903)

Siemens & Halske, Aktiengesellschaft. Elektr. Central-Anlagen. Th. 1. 2 (in 1 Bde). *Berlin: J. Springer 1900.* 4°

— — elektrische Central-Anlagen. hoch 4. (IV, 354 S. m. Abbildgn.) Ebd. 900. Geb. in Leinw. n.n. 10. —

Siemens & Halske: Elektrische Central-Anlagen. (Berlin 1908)

Siemens-Regenerativofen, Neuer, mit vollkommener Wiedergewinnung der Abhitze und Rückverwandlung der Kohlensäure der Abgase in Brenngas. Dresden (1890)

Siemens-Schuckert-Werke, G. m. b. H., Berlin. (Elektrische Bahnen.) (99 S. m. Abbildgn.) 8. Berlin (905). (J. Springer.) Geb. in Leinw. n.n. 4. —

Siemens-Schuckert-Werke G. m. b. H.: Druckschriften 1: Hausbeleuchtungsanlage mit Benzin- oder Spiritusdynamo. Berlin 1903

Siemens-Schuckert-Werke. Die Elektrizität in der Landwirtschaft. (78 S) 4° Berlin (1904)

Siemens-Schuckert-Werke. Die Elektrizität im Theater. (40 S) Berlin 1907

Siemens-Schuckertwerke G. m. b. H.: Entstäubungspumpen. Berlin 1909

Siemens-Schuckertwerke G. m. b. H: Flammenbogenlampen i. f. mit Prismenglas. (Berlin 1910?)

Siemens-Schuckertwerke G. m. b. H.: Preisliste über offene Bogenlampen mit übereinanderstehenden Effektkohlen, Bezeichnung f. (Berlin) (1910?)

Siemens-Schuckertwerke G. m. b. H: Preisliste über Gummi-Isolierrohre. Berlin 1906

Siemens-Schuckertwerke G. m. b. H: Preisliste über Holophanglas-Schirme für Tantallampen. Berlin 1906

Siemens-Schuckertwerke G. m. b. H: Preisliste über Öltransformatoren. Berlin 1906

Siemens-Schuckertwerke G. m. b. H: Preisliste über Stahldübel System Peschel. Berlin 1906

Siemens-Schuckertwerke G. m. b. H: Preisliste über Steckkontakte und Installationsschalter. Berlin 1906

Siemens-Schuckertwerke, G. m. b. H: Preislisten. 1909 ff. Berlin

Siemens-Schuckertwerke G. m. b. H.: Preislisten über Kleindynamos und Kleinmotoren. Berlin 1906

Siemens-Schuckertwerke, G. m. b. H: Preislisten über elektrische Leitungen usw. Berlin 1907. 1908

Siemens-Schuckert Werke, G. m. b. H. [und] Siemens & Halske, A.-G.: Deutsche Schiffbauausstellung Berlin 1908. Berlin 1908

Siemens-Schuckertwerke G. m. b. H: Technischer Teil des Telegraphenschlüssels. T. 1. 2. Berlin 1908

Siemens-Schuckertwerke G. m. b. H: Veröffentlichungen über elektrische Bahnen. 1906ff. Berlin

Siemens-Schuckertwerke: Wasserrohrreiniger mit elektrischem Antrieb. (Berlin 1902?)

Siemer, Ant., katechetischer Unterricht über den Eid. 12. Münster, Theissing. 818.

Aus meinen Klostertagen. Selbsterlebtes von Heinrich Siemer. Wismar: Bartholdi 1910. 101 S. 8°

Siemer, Heinr., römisch-katholische Unmoral. Eine Warng. f. Gutgläubige. (128 S.) 8. Oranienburg (910). Orania-Verlag. 2. 40

Siemer, J. G. F., bewährtes Schutzmittel, Obstgärten u. Plantagen gegen d. Verheerungen d. Spaniol- u. Baumweißlingraupe zu sichern u. tragbar zu erhalten; auf mehrjähr. Beobacht. u. Erfahr. begründet; nebst noch e. probaten Mittel, Edelreiser u. a. Stämme gegen Vieh- u. Wildfraß zu schützen. 8. (2 B.) Sondershausen 831, Eupel.

Siemerding, L., norddeutsche Skizzen. gr. 8. (115 S.) Halle 875. Pfeffer. n. 2. 50

Siemering, A., ein verfehltes Leben. Preis-Novelle. gr. 8. (96 S.) San Antonio, Texas 876. (Philadelphia, Schäfer & Koradi.) n. 2. —

Siemering, Ernst, a. Tilsit: Studien über Keratine nebst einem Anhang: Versuch zur Darstellung einer jodierten Aminosäure. Würzburg 1904: C. J. Becker. (64 S.) 8° München, Phil. Fak., Ref. Hilger, Diss. v. 14. Sept. 1904 [Geb. 7. Aug. 76 Tilsit; Wohnort: Wiesbaden; Staatsangeh.: Preußen; Vorbildung: Gymn. Tilsit Reife M 95; Studium: München 8 S.; Rig. 20. Mai 04.]

Siemering, Franz [Dr.]: Die Behandlung der Mythen und des Götterglaubens bei Lukrez. Tilsit, gedr. bei H. Post, 1891; 8. 3—18; 4° Tilsit, k. RG, OP 1891 (22)

Siemering, Frz., die Behandlung der Mythen u. d. Götterglaubens bei Lukrez. gr. 4. (18 S.) Tilsit 891. (Leipzig, G. Fock.) n. 1. —

Siemering, Fr. Die Nominal- und Verbalflexion in Notkers Psalmenübersetzung. Ein Beitrag zur Geschichte der Fortentwickelung des Althochdeutschen zum Mittelhochdeutschen. 38 S. Progr. Rg. Tilsit 1876.

Siemering, F., quaestionum Lucretianarum particulae I et II Regimonti Pr. 40 p. 1867 Schul-/Univ.-Schrift

[A.] Die Huldigungsfahrt der deutschen Studenten zum Fürsten Bismarck am 1. Apr. 1895. Hrsg. v. Ausschuss d. deutschen Studentensch. ... (Vf.: W. Siemering.) *Berlin: J. Becker 1895.* (40 S., 1 Portr., 14 Taf.) 1 Bd 4.(8.)

Siemerling, Ernst

Siemerling, E., s.: Archiv f. Psychiatrie u. Nervenkrankheiten.

Einladung zur akademischen Feier des Geburtsfestes S. M. des Königs Wilhelm II von Württemberg auf den 25. Febr. 1895 im Namen des Rektors und akademischen Senats der kgl. Eberhard-Karls-Universität Tübingen. — Beigefügt ist e. Abh.: Kasuistischer Beitrag zur forensischen Beurteilung der traumatischen Epilepsie mit consecutiver Geistesstörung. Von Dr. *Ernst* **Siemerling**, o. ö. Prof. d. med. Fak., Direktor d. psychiatr. Klinik. Tübingen, Druck v. W. Armbruster & O. Riecker, 1895; 2 Bl., 80 S. 4.

— kasuist. Beitrag zur forensischen Beurtheilg. d. traumatischen Epilepsie m. consecutiver Geistesstörg. gr. 4. (80 S. m. Fig.) Tübingen 895. (F. Pietzcker.) n. 2. —

— casuist. Beiträge zur forensischen Psychiatrie. [Aus: „Vierteljahrsschr. f. gerichtl. Med."] gr. 8. (IV, 172 S.) Berlin 897. A. Hirschwald. n. 4. —

Siemerling, E., Bericht über die Wirksamkeit der psychiatr. Universitätsklinik zu Tübingen in der Zeit vom 1. XI. 1893 bis 1. I. 1901, nebst Geschichte ihrer Entstehung. gr. 8. (35 S.) Tübingen 901. F. Pietzcker. n. 1. 50

— zur Erinnerung an Friedrich Jolly. Rede bei der v. der Gesellschaft der Charité-Aerzte, der Berliner Gesellschaft f. Psychiatrie u. Nervenkrankheiten u. dem psychiatr. Verein zu Berlin veranstalteten Gedächtnisfeier, geh. am 25. I. 1904. Mit Anmerkgn. (32 S. m. 1 Bildnis.) gr. 8. Berlin 904. A. Hirschwald. n. — 60

Zur Erinnerung an Eduard Külz. Rede bei d. Uebergabe der v. Verehrern, Freunden, Collegen u. Schülern gestifteten Marmorbüste, geh. . . . im physiol. Inst. d. Univ. Marburg v. Dr. E[rnst] Siemerling, o. Prof. . . . in Tübingen. M. e. Abb. d. Marmorbüste. *Marburg: N. G. Elwert 1896.* (22 S., 2 Taf.) 1 Bd 8. [96. 4077

— Geisteskrankheit u. Verbrechen. Nach e. am 8. I. 1909 geh. Vortrage in der Vereinigg. f. staatswissensch. Fortbildg. (28 S.) 8. Berlin 909. A. Hirschwald. — 80

Siemerling, E., üb. die chronische progressive Lähmung der Augenmuskeln, s.: Archiv f. Psychiatrie u. Nervenkrankheiten.

— s.: Lehrbuch der Psychiatrie.

Der Neubau der psychiatrischen und Nervenklinik der Universität Kiel v. E. Siemerling und G. Lohr. Mit 31 Abb. im Text. Abdruck aus dem klinischen Jahrbuch, Bd. 8. Jena. 1902. 8°.

— Psychiatrie im Wandel der Zeiten. Rede zur Feier des Geburtstages Sr. Maj. des deutschen Kaisers Königs von Preussen Wilhelm II., geh. an der Christian-Albrechts-Universität am 27. I. 1904. (20 S.) gr. 8. Kiel 904. (Lipsius & Tischer.) n. — 60

— Über nervöse u. psychische Störungen der Jugend. Nach e. am 12. XII. 1908 geh. Vortrage im 16. akadem. Diskussionsabend. (31 S.) gr. 8. Berlin 909. A. Hirschwald. — 80

Siemerling, Ernst, anatomische Untersuchungen über die menschlichen Rückenmarkswurzeln. gr. 8. (32 S. mit 2 Taf. in Buntdr.) Berlin 887, Hirschwald'sche Buchh. *

Siemerling, Fr., Andeutungen üb. d. Friedrich-Wilhelms-Seebad bei Putbus auf d. Insel Rügen. 8. (2 B.) Stralsund 832, Löffler.

—— Entschleierung d. Cholera, nebst d. sprechendsten Beweise ihrer Nicht-Contagiosität, u. Angabe d. Heilmittel, so wie des einzig u. allein auf Vernunft basirten Vorbeugungsverfahrens geg. d. Einathmen der Malaria animata (belebten Sumpfluft). 8. (3¼ B.) Hamburg 831, Herold.

—— nordische Immortellen, s. Immortellen.

— Immortellen, in Poesie u. Prosa, am Meeresstrande gesammelt., gr. 8. Stralf., 830. Löffler. 1 ß 8 gr.

Siemerling, (Fr.,) gegen die Infibulation, als ein v. Prof. Weinhold vorgeschlagenes Mittel, die Ueberbevölkerung zu hindern. gr. 8. Stralsund 827, (Leipz., Rein.)

—— Sendschreiben an Deutschlands Aerzte üb. d. Cholera. gr. 8 (1 B.) Rostock 831, [Oeberg.]

Siemerling, H. C. T. F., merkwürdiger Fall einer vieljährigen von der Natur zweymal gehobenen Blindheit eines 90jährigen Greises, und Vorschlag zu einer neuen künstl. Pupillen-Bildung. Mit 1 Kupf. gr. 8. Berlin. (Dümmler in Neubrandenburg.) 818. — 8

Siemerling, Karl Christoph Robert

Siemerling, K. Ch. K., de colica eiusque speciebus. 4. Gött. Dieterich. 778. Diss. •

Siemerling, Otto: Das Präfix 'for(e)'- in der altenglischen Verbal- und Nominalkomposition. Kiel 1909: Fiencke. 134 S. 8°

Kiel, Phil. Diss. v. 21. Okt. 1909, Ref. Holthausen

[Geb. 9. Dez. 87 Flensburg; Wohnort: Flensburg; Staatsangeh.: Preußen; Vorbildung: Oberrealsch. Flensburg Reife O. 06; Studium: Kiel 6 S.; Rig. 12. Juni 09.] [U 10. 2537

Siemerling, Therese, Sonne u. Schatten in e. Frauenherzen. Gedichte. 1. u. 2. Aufl. 8. (VIII, 183 S.) Wiesbaden 887. 888. Wickel. geb. n.n. 5. —

Siemers, Erinnerungs-Blätter an den Brand von Hamburg vom 5. bis 8. Mai 1842. Mit 4 lith. Blättern v. Himmelheber u. Meyer. gr. 4. (4½ B.) Hamburg 842, Bödecker. *

Siemers, G. J. H. Ideen zur näheren Beherzigung der Herren Aktonisten über die Frage: Ist die Fortdauer der Hamburger Asekuranz-Kompagnie zu genehmigen oder nicht? Hamburg 1808

Siemers, Heinrich Ernst (Lübeck) A. S. 130/22

Disputatio inauguralis iuridica de collegiis mercatorum.
Präs. Dietrich Hermann Kemmerich.
Jena (Horn) 8. XII. 1739. 32 S.

Gew.: Stadt Lübeck.
W. v.: Präs., Gottlieb Stoll, Jo. Rudolph Engau, Georg Christ. Stellwag. 32625

Siemers, Joachim Friedrich

Siemers und P. Calais, Den geliebten Bdrn J. F., zu ihrem goldenen Maurerfeste brüderlichst gewidmet, den 13. Sept. 1861. »Jubelfreude füllt die Herzen . . .« (Hamb. 1861.) V (Text): *Pepper, Peter Otto Hch.* Comp: *Schäffer, Johann Heinrich.* (wolfstieg I, 933)

[Autogr.] Die maurerische Emancipation der Juden in Hamburg. [Unterz.: Joachim Friedr.] **Siemers.** 4°
Aus: HZC. 125 (1847) S. 117—158. 193.

Siemers, J. F., Erfahrungen üb. d. Lebensmagnetismus u. Somnambulismus. Commissions-Bericht an d. med. Akademie zu Paris, v. Husson, u. Resultate d. Praxis einiger hamburger Aerzte, so wie d. Verfassers. 8. (20¼ B.) Hamburg 835, A. Campe. (Leipzig, Brockhaus.)

Siemers, Joachim Friedr., s. Urtheil gegen die Aechtheit der maurischen Urkunde.

Siemers, J. F., Vorlesungen über Anthropologie, Physiologie u. Diätetik. Für Gebildete aller Stände gehalten im akadem. Gymnasium zu Hamburg. 8. (XVI u. 475 S.) Leipzig 852, Weber. n. 2 ß

Siemers, Klemens

Siemers, Clem., Abhandlung üb. d. allgem. Eigenschaften d. deutschen Stils, f. Gymnasien. 8. (9⅓ B.) Münster 839, Theissingsche Buchh.

Siemers, Clemens, Abhandlung über die allgemeinen Eigenschaften des deutschen Stils für Gymnasien. 2., verb. Ausg. 8. (11¼ B.) Münster 845, Theissingsche Buchh.

—— die sakramentalische Beichte. Eine theolog. Abhandlung. gr. 8. (7½ B. u. 2 B. Anzeigen.) Münster 844, Theissingsche Buchh. –

Siemers, Clemens, christliche Betrachtungen, s. Bernh. Dieckhoff.

Siemers, C. Ueber die christlich-religiöse Erziehung der studirenden kathol. Jugend. 45 S. . . . . . .
Progr. Münster 1834

Siemers, Clem., über d. christl.-relig. Erziehung d. studirend. kathol. Jugend. gr. 4. (6½ B.) Münster 834, Coppenrath.

Siemers, Clem., Geschichte der christlichen Kirche für kathol. Gymnasien. 1. Aufl. (XIV und 213 S.) 1848. 12½ Ngr. und 2., verm. und verb. Aufl., hrsg. von Aug. Hölscher. 8. (XVI und 308 S.) Münster 852, Theissing'sche Buchh. –

Siemers, Clem., Geschichte der christlichen Kirche für katholische Gymnasien. 3. verm. rc. Aufl. herausg. von Aug. Hölscher. Münster 857. Theissing. 8. (XVI, 357 S.) 20 ngr.

Siemers, Clemens, Geschichte der christlichen Kirche für katholische Gymnasien. 4. Ausg., abermals erweitert u. verb. von Aug. Hölscher. Münster 863. Theissing. 8. (XVI, 384 S.) 22½ ngr.

Siemers, Clemens, Geschichte der christlichen Kirche für katholische Gymnasien u. andere höhere Lehranstalten. 5. Ausg., verm. u. verb. von Aug. Hölscher. Münster 868. Theissing'sche Buchh. 8. (XIX, 395 S.) n. 22½ ngr.

Siemers, Cl., Geschichte der christlichen Kirche für katholische Gymnasien und andere höhere Lehranstalten. 6. verm. und verb. Aufl. von Aug. Hölscher. 8. (XIX, 405 S.) Münster 872, Theissing'sche Buchh. *

Siemers', Cl., Geschichte der christlichen Kirche für katholische Gymnasien und andere höhere Lehranstalten. 7. verm. und verb. Aufl. von Aug. Hölscher. 8. (XIX, 405 S.) Münster 875, Theissing'sche Buchh. * 2 50

Siemers', Cl., Geschichte der christlichen Kirche für katholische Gymnasien u. andere höhere Lehranstalten. 8., verm. u. verb. Aufl. Von Aug. Hölscher. 8. (XVI, 404 S.) Münster 881. Theissing. n. 2. 50

Siemers-Hölscher's Geschichte der christlichen Kirche f. katholische Gymnasien u. andere höhere Lehranstalten. 9., verb. Aufl. gr. 8. (XV, 351 S.) Münster 888. Theissing. n. 2. 50

Siemers' u. Hölscher's Geschichte der christlichen Kirche f. katholische Gymnasien u. andere höhere Lehranstalten. 10., verb. Aufl. gr. 8. (XV, 353 S.) Münster 894. Theissing. n. 2. 50; in Halbldr. geb. n. 3.—

(Klemens) Siemers- (Aug.) Hölschers Geschichte der christlichen Kirche für katholische Gymnasien und andere höhere Lehranstalten. 11. Aufl., neu bearb. u. hrsg. von Professor Gerhard Mersch. *Münster: Theissing 1901.* (XVI, 386 S.) 8° [F.] [01. 13124

[Klemens] Siemers- [August] Hölzschers Geschichte der christlichen Kirche f. kath. Gymn. u. andere höhere Lehranst. Neu bearb. u. hrsg. von Prof. Gerhard Mersch. 12. Aufl. Münster i. W.: Theissing 1905. (XIII, 400 S.) 8° [F.] [06. 3049

Siemers, Clemens, De loco quodam e Catone maiore, ubi de animorum immortalitate agitur. Abhandlung zum 29. Jahresbericht des Gymn. zu Münster, 1818.

—— Religions-Handbuch f. d. mittleren Klassen kathol. Gymnasien. 2 Thle. 8. Münster, Theissing. à 16 Gr.
Thl. 1. Die Glaubenslehre. (17¼ B.) 831.
„ 2. Die Pflichtenlehre. (16½ B.) 832.

—— Religions-Handbuch f. kathol. Gymnasien. 2 Thle.: Die Glaubenslehre. — Die Pflichtenlehre. 2., verb. Ausg. gr. 8. (37¾ B.) Münster 835, Theissingsche Buchh.

—— Religions-Handbuch für kathol. Gymnasien. 2 Thle. Die Glaubenslehre. — Die Pflichtenlehre. 3., verm. u. verb. Ausg. gr. 8. (43 B.) Münster 845, Theissingsche Buchh.

—— Trauerrede auf d. Tod Sr. Päbstl. Heiligkeit Pius VIII., gehalt. am 4. Jan. 1831. 8. ... Münster, Theissing.

Siemers v. Ostermann, F., Erinnerungen an den fernen Westen. 8. (V, 100 S.) Dresden 883. (Pierson.) n. 2.—

Siemes, Tilly, wenn die Saiten klingen. Gedichte. (168 S. m. Bildnis.) kl. 8. Dortmund 908. R. Kessler. 2.—; geb. in Kunstdr. 3.—; in feinem Ldr. 3. 50

Siemiatkowski, Feliks v. [aus Posen]: Ueber die Condensationen von *m*-Nitrozimmtaldehyd mit Acetophenon, Aceton und den drei Nitroacetophenonen. Posen 1897. 36 p. 8°.
Freiburg. Mathem.-naturw. Diss. 1897/98.

SIEMIENSKI, JOHANN J. VON. Ueber einige Phenanthrenderivate. (Erlangen) Dresden, 1881.

Siemieński, Lucian

Siemienski, L., Erzählungen, s. Universal-Bibliothek Nr. 918 und 919.

Siemieński, Lucian, Podania i Legendy Polskie, Ruskie, Litewskie. 8. (11½ B.) Poznań 845, Żupański.

Siemieński, L., poezye, s. Biblioteka pisarzy polskich.

Siemiradzki, Boleslaw von. Über die Abspaltung von Kohlenmonoxyd aus organischen Verbindungen. Diss. Math.-Naturw. Freiburg in der Schweiz. [Mit 1 Figur.] 111 S. 8. Freiburg (Schweiz), St.-Paulus-Druckerei, 1908.

Siemiradzki (Siemiradski), Josef von

Siemiradzki, Jos., e. Beitrag zur Kenntniss der typischen Andesitgesteine. gr. 8. (33 S. m. 1 chromolith. Karte.) Dorpat 885. (Karow.) n. 1. 50

Siemiradzki, Professor, Dr. Josef von, Beiträge zur Ethnographie der südamerikanischen Indianer. Mit 39 Text-Illustrationen (Sep.-Abdruck aus Band XXV II [der neuen Folge Band XVIII] der Mittheilungen der anthropologischen Gesellschaft in Wien.) 4. (170 S.) In Comm. 2.—
Wien: Hölder 1898.

Siemiradzki, Jos. v., monographische Beschreibg. der Ammonitengattung Perisphinctes. gr. 4. (S. 69—352 m. Fig., 8 Taf. u. 8 Bl. Erklärgn.) Stuttgart 899. E. Schweizerbart. n. 44.—
Sonderabdruck aus: „Palaeontographica".

Siemiradski, J. v. Ueber Dislocationserscheinungen in Polen u. den angrenzenden ausserkarpathischen Gebieten. Lex.-8. (8 S.) Wien 889, (Tempsky). * — 30
Aus: Sitzungsber. d. k. Akademie der Wiss., besonders abgedruckt.

— geologische Reisebeobachtungen in Südbrasilien. [Aus: „Sitzungsber. d. k. Akad. d. Wiss."] gr. 8. (17 S. m. 1 Fig. u. 1 Taf.) Wien 898. (C. Gerold's Sohn.) n. — 60

Siemiradzki, Jos., die geognostischen Verhältnisse der Insel Martinique. Inaugural-Dissertation. gr. 8. (39 S. mit 1 Stnt. und 1 chromolithogr. Karte.) Dorpat 884, (Karow.) *

Siemon, s.: Zusammenstellung d. hauptsächlichsten Bestimmgn. üb. d. Verpflegg. d. französ. Armee im Felde.

Siemon, Caesar (geb. Lissa in Posen 31. 10. 1843): Ueber die carcinomatöse Stenose des Oesophagus. Berlin (1868). (31 S.) 8°
Berlin, Med. Diss. v. 12. Aug. 1868

Siemon, (Joh.) Georg (Samuel): Ausgedehnter D e f e c t und teilweise verknöcherter Tumor der linken Grosshirnhemisphäre, Atrophie der rechten Kleinhirnhemisphäre und der linken Olive. . . . Marburg: Druck v. L. Hofer, Göttigen [!], 1893, 70 S., 1 Bl. 8°
Marburg, Med. Fak., Inaug.-Diss. v. 29. Dez. 1893

Siemon, Heinrich: George Eliots Prosastil in der ersten Periode ihres Schaffens 1856—61. Marburg 1910: Noske, Borna-Leipzig. VIII, 106 S. 8°
Marburg, Phil. Diss. v. 17. Febr. 1910, Ref. Viëtor
[Geb. 26. Jan. 86 Herleshausen; Wohnort: Marburg; Staatsangeh.: Preußen; Vorbildung: Realgymn. Eisenach Reife O. 05; Studium: Marburg 1, München 2, Marburg 5 S.; Rig. 4. Aug. 09.] [U 10. 3391

Siemon, (Ernst) Heinr. (geb. Cassel 21. 9. 1858): Zur Statistik der Herniotomie. Berlin (1884). (24 S.) 8°
Berlin, Med. Diss. v. 15. Dez. 1884

Siemon, Johs., Praxis d. Rechenunterrichts. Der Zahlenraum 1—10. (124 S.) gr. 8. Leipzig 909. E. Wunderlich. 1.60; geb. n 2. —

Siemon, Otto: Ueber ein papilläres Kystom mit Sandkörpern. Halle a. S. 1885: Hendel. 32 S. 8°
Halle-Wittenberg, Med. Diss. v. 23. März 1885
Geb. Briesen (Kr. Kottbus) 16. 3. 1860. V.

Siemon, Christian Augustus Otto (geb. Fort Wayne, Ind. 23. [illegible] 1856): Quaestiones de Plutarchi [illegible] Thucydidem legerit. Berolini (1881). (40 S.) 8°
Berlin, Phil. Diss. v. 21. März 1881

Siemon, Paul: Über die Integrale einer nicht homogenen Differentialgleichung zweiter Ordnung. Berlin, R. Gaertners Verlagsbuchh., 1890; 22 S. 4°
Berlin, Luisen-S, OP 1890

Siemon, Paul, Lehr- u. Übungsbuch der Arithmetik u. Algebra, s.: Otto, F..

— Lehr- u. Übungsbuch der Geometrie, s.: Otto, F.

Leitfaden für den physikalischen und chemischen Unterricht an höheren Mädchenschulen. Bearb. von Paul **Siemon**, Oberl., Berlin, u. Prof. Dr. E[rnst] Wunschmann, Oberl., Berlin. Mit 191 Abb. u e. Spektraltafel. *Breslau: F. Hirt 1901.* (309 S.) 8° [F.] [01. 1885

Leitfaden für den physikalischen und chemischen Unterricht an höheren Mädchenschulen. Bearb. von Paul **Siemon**, Oberl., u. Prof. Dr. E[rnst] Wunschmann, Oberl. Mit 200 Abb. u. 1 Spektraltafel. 2. durchges. u. erw. Aufl. Breslau: F. Hirt 1905. (320 S.) 8° [F.] [06. 1006 2

— u. E. Wunschmann, Leitfaden f. den physikalischen u. chemischen Unterricht an höh. Mädchenschulen. Mit 200 Abbildgn. u. 1 farb. Spektraltaf. 3., durchgeseh. u. erweit. Aufl. (335 S.) gr. 8. Breslau 908. F. Hirt. Geb. 3. —

— — Naturkunde f. höh. Mädchenschulen. I.—III. Tl. 8. Ebd. Geb. in Leinw. 8. 60
I. Zoologie, v. S. (255 S. m. 109 Fig. u. 6 farb. Taf.) 910. Geb. 2. 80
II. Botanik, nebst Einführung in die Mineralogie. (208 S. m. 103 Fig. u. 14 farb. Taf.) 910. Geb. 2. 80
III. Physik v. S., Chemie u. Mineralogie v. W. 4. neubearb. Aufl. (280 u. 86 S. m. 192 u. 84 Fig. u. 1 farb. Spektraltaf.) Geb. 3.—; Physik allein, geb. 2.50; Chemie u. Mineralogie, allein, geb. 1. —

Siemon, Paul: Der physikalisch-chemische Unterricht in der höheren Mädchenschule. *Berlin: R. Gaertner 1898.* (27 S.) 4°
Berlin, Dorotheen-S, OP 1898**

Siemon, Pierre, s. Simon.

Siemon, Pierre, radicale Heilung der Brüche oder Abhandlung über die Brüche und Vorfälle, nebst Angabe eines neuen unfehlbaren Mittels, wodurch sie radical geheilt und also alle Bandagen unnütz gemacht werden. Nach dem Französ. bearb. Nebst einem Anhange über Blähungsbeschwerden, Hartleibigkeit und Hämorrhoiden. 7. (Titel-)Aufl. 12. (IV und 108 S.) Quedlinburg 854, Ernst'sche Buchh.

Siemon, Pierre, radicale Heilung der Brüche oder Abhandlung über die Brüche und Vorfälle, nebst Angabe eines neuen unfehlbaren Mittels, wodurch sie radical geheilt und also alle Bandagen unnütz gemacht werden. Nach dem Französ. bearb. Nebst einem Anhang über Blähungsbeschwerden, Hartleibigkeit und Hämorrhoiden. 8., verb. Aufl. gr. 16. (IV und 100 S.) Quedlinburg 857, Ernst'sche Buchh.

Siemon, Pierre, radicale Heilung der Brüche oder Abhandlung über die Brüche und Vorfälle, nebst Angabe eines neuen unfehlbaren Mittels, wodurch sie radical geheilt und also alle Bandagen unnütz gemacht werden. Nach dem Französ. bearb. Nebst einem Anh. über Blähungsbeschwerden, Hartleibigkeit und Hämorrhoiden. 9., verb. Aufl. 8. (IV und 96 S.) Quedlinburg 866, Ernst'sche Buchh.

Siemon, Pierre, radicale Heilung der Brüche od. Abhandlg. üb. die Brüche u. Vorfälle nebst Angabe e. neuen unfehlbaren Mittel, wodurch die Unterleibsbrüche radikal geheilt u. alle Bandagen nutzlos gemacht werden. Nach dem Franz. bearb. Nebst e. Anh. über Blähungsbeschwerden, Hartleibigkeit u. Hämorrhoiden. 9. verb. Aufl. 8. (96 S.) Quedling 873. Ernst. 2. —

Siemon, Pierre, die radikale Heilung der Brüche, nebst Angabe e. neuen unfehlbaren Mittels, wodurch Brüche vollständig geheilt werden. Mit e. Anh. üb. Blähungsbeschwerden, Hartleibigkeit u. Hämorrhoiden. 10. verb. Aufl. Nach den Franz. bearb. 8. (IV, 96 S.) Leipzig (900). Ernst. 1. 50

Siemon, Walter (geb. Schlochau 5. 2. 1828): De echinococco hominis. Berolini (1853). (30 S.) 8°
Berlin, Med. Diss. v. 16. Apr. 1853

Siemon, Wilhelm, approb. Arzt aus Melsungen, z. Z. Assistenzarzt an d. st. Krankenh. in Lüdenscheid i. W.: Aus d. Kgl. Universitäts-Augenklinik zu Marburg. Weitere Beiträge zu den Beziehungen zwischen Gehirn und Auge. 1. Die bei Erkrankungen des Lobus parietalis beobachteten Erscheinungen mit besonderer Berücksichtigung der ocularen Symptome. 2. Die bei Erkrankungen des Corpus callosum beobachteten Erscheinungen mit besonderer Berücksichtigung der ocularen Symptome. *Marburg 1903: (L. Hofer, Göttingen).* (62 S.) 8°
Marburg, Med. Diss. v. 26. Sept 1903

Dass die Lobsprüche eine Hindernis der Tugend seyn, wurde in der Königlichen Deutschen Gesellschaft an dem Verlobungsfeste ihres Mitgliedes, des Hochedelgebohrnen … Herrn Nicolaus Bolz, … mit der Hochedlen … Jungfrauen Sophia Charlotta Brockin erweisslich gemacht von JOHANN HEINRICH SIEMONIS, … Königsberg, 1747. den 2. des Wintermonats. — fol.

SIEMONSEN, L[OR.], Rede nach Aufsetzung des Hahns auf die Kirche zu Huesbye d. 10. Juli 1839 von einem bei der Reparatur des Thurmes beschäftigten Arbeiter gehalten. Flensburg. P.

Siemonsen, Ludwig: Ueber die Constitution des β-Methylallantoins. (1904.) 45 S. 8° ¶ Aus: J. Liebig's Annalen d. Chemie. Bd 333.
Hannover, Dr.-Ing.-Diss. v. 18. 2. 1904

Siemonsen, [Ludwig:] Q u a e s t i o n e s Lucianeae. Hadersleben. 1866. 4°. Gymn.-Progr.

Siems, Aug., Bühnenkünstlerinnen. Roman. 8. (319 S.) Breslau 895. Schles. Verlags-Anstalt. n. 4. —; geb. n. 5. —

Siems, Aug., e. Circusmädchen. Roman. 8. (404 S.) Breslau 890. Schles. Verlags-Anstalt. n. 6,—; geb. n. 6. —

Meine Gemeinde und ich. Gedanken u. Versuche e. Landpastors. Von Fritz Siems, Pastor. Berlin: Deutsche Landbuchh. 1910. 70 S. 8°
(Schriften z. Dorfkirche. H. 1.)

Siems, Fritz, meine Gemeinde u. ich, s.a. Schriften zur Dorfkirche. 1. Heft.

Siems, Magnus, a. Krögerdorf: Über die Vereinbarkeit des Schuldurteils mit der deterministischen Lehre. Oldenburg: F. Schmidt [1908]. (62 S.) 8°
München, Jur. Fak., Ref. v. Birkmeyer, Diss. v. 29. Febr. 1908
[Geb. 6. Febr. 82 Krögerdorf (Oldenburg); Wohnort: Krögerdorf; Staatsangeh.: Oldenburg; Vorbildung: Gymn. Norden Reife O. 02; Studium: Tübingen 1, Leipzig 1, München 2, Berlin 3 S.; Rig. 29. Febr. 08.]

Z. Schwarzen Bär: Der Schwestern Dank. Den Brüdern der Loge zum schwarzen Bär im Namen der Schwestern dargebracht von Schwester Siemsen. [Hannover] o. J.: [Culemann]. 1 Bl. 8° [Kopftit.]
Gedicht: „Ein mildes Licht durchströmt die stillen Hallen, . .“ 215.

Siemsen, A(ugust): Kur-Brandenburgs Anteil an den kaiserlichen Wahl-Kapitulationen von 1689 bis 1742. T. 1. Göttingen 1909: (Hofbuchdr., Weimar). VIII, 62 S. 8°
¶ (Ersch. vollst. als: Quellen u. Studien z. Verfassungsgesch. d. Dtsch. Reiches. Bd 3, H. 3.)
Göttingen, Phil. Diss. v. 21. Sept. 1909, Ref. M. Lehmann
[Geb. 5. Juli 84 Mark b. Hamm; Wohnort: Mark; Staatsangeh.: Preußen; Vorbildung: Gymn. Osnabrück Reife O. 04; Studium: Tübingen 2, München 2, Göttingen 5 S.; Rig. 10. Febr. 09.] [U 10. 1470

Siemsen, August: Kur-Brandenburgs Anteil an den kaiserlichen Wahl-Kapitulationen von 1689 bis 1742. Weimar: Böhlau 1909. XV, 126 S. 8°
(Quellen u. Studien z. Verfassungsgeschichte d. Deutschen Reiches in Mittelalter u. Neuzeit. Bd 3, H. 3.)

[Gedicht.] Am Johannis-Tage 1844 der □ zum Schwarzen Bär vom Br. [Christoph Wilh.] Siemsen. [Hannover 1844.] 4 S. 8° [Kopftit.]
„In ihrer Pracht die Schöpfung stand, . . .“ 215.

Siemsen, Hans, Referendar zu Geestemünde: Die Einlage des stillen Gesellschafters. Göttingen 1906: Dieterich. (84 S.) 8°
Göttingen, Jur. Fak., Ref. Ehrenberg, Diss. v. 30. Juli 1906
[Geb. 21. Juli 80 Hameln; Wohnort: Geestemünde; Staatsangeh.: Preußen; Vorbildung: Gymn. Hameln Reife O. 99; Studium: Tübingen 3, Leipzig 3, Göttingen 2 S.; Rig. 16. Mai 06.]

Siemsen, Karl *Ludwig Wilhelm* [pr. Arzt, aus Schleswig]: Ueber concentrische Gesichtsfeldeinengung bzw. den Verschiebungstypus unter bes. Berücks. v. Unfallverletzten ... Berlin, C. Vogts Buchdr., *1895;* 41 S., 1 Bl., 1 Taf. 8.
Berlin, Med. Fak., Inaug.-Diss. v. 28. Mai 1895

SIEMSSEN, Adolf Christian: Über die sicherste Befestigung und nutzbarste Bepflanzung der Dünen zu Warnemünde. - Rostock 1803

— Diss. diaet.-physica, qua radicum solani tuberosi innocentia juste vindicatur. 8. Rostock 798.

— d. Fische Meklenburgs systemat. verzeichnet. 8. Rostock, Stiller. 794.

— Handbuch z. systemat. Kenntniß d. meklenburg. Land- und Wasservögel. 8. Ebend. 794.

— Magazin f. d. Naturkunde u. Oekonomie Meklenburgs. 2 Bde. gr. 8. Schwerin, Bödner. (Gräff in Leipzig.) 791—792.

Siemssen, A. C.: „Magazin für die Naturkunde und Oekonomie Mecklenburgs“, 2 Bände, Leipzig 1791—1792 (Wienbrack).

Siemssen, Adolf Christian, s. Monatsschrift für Mecklenburg.

Siemssen (A. C.), Vorläufige Nachricht von den Mineralien Mecklenburgs. Schwerin 1792. 8.

— Nachricht von Mecklenburgs Mineralien. 8. Schwerin 792. Bödner. 6 gr (Wienbrack in Leipz.) 7 gr

SIEMSSEN, Adolf Christian: Naturgeschichte des Hausschwammes, des Mauersalzes und des moosartigen Häuserausatzes, nebst Vorschlägen zu deren gänzlicher Vertilgung. - Rostock 1809

— Naturgesch. d. Hausschwammes, d. Mauersalzes rc. 8. Rostock, Stiller. 809.

SIEMSSEN, Adolf Christian: Naturgeschichte der grossen Tannenraupe nebst Anweisungen zu deren Vertilgung. - Schwerin, Leipzig 1794. 35 S.

— Naturgeschichte d. großen Tannenraupe. Schwerin, Bödner. (Gräff in Leipzig.) 797.

Siemssen, A. C. und Ditmar, L. P. F. Systematische Uebersicht der mineralogisch-einfachen Mecklenburgischen Fossilien. Auch unter dem Titel: Neuer Beitrag zur lithographischen Kenntniss der südbaltischen Länder mit besonderer Rücksicht auf Mecklenburg. Rostock u. Leipzig. 1804. 8.

— u. L. P. F. Dittmar, systemat. Uebersicht d. mineralog. einfachen Mecklenburg. Fossilien. 8. Rostock 804. Stiller. (A. u. d. T.: neuer Beitr. zur lithograph. Kenntniß d. südbaltischen Länder rc.)

Siemßen, A. C., systemat. Verzeichn. d. Meklenburg. Conchylien. 8. Schwerin. (Gräff in Leipz.) 794.
Vgl. Verzeichnis, ...

Siemssen, Frider(icus) Christ(ianus) August(us): De diabete. Halae [1829]: Baentsch. 58 S. 8°
Halle-Wittenberg. Med. Diss., nachgeliefert von dem am 31. Dez. 1828 auf Thesen promovierten Verf.
Geb. Hamburg 2. 4. 1806. V.

Siemssen. Frider[icus] Christian[us] August[us]: Theses. Halae (1828): Gebauer. 2 Bl. 8°
Halle-Wittenberg. Med. Thesen v. 31. Dez. 1828

Siemsson, Gustav, aus Kinderfreude i. d. N.: Die Entwicklung der landwirtschaftlichen Verhältnisse dreier Rittergüter Mecklenburgs während des 19. Jahrhunderts. *Halle a. S. 1903: F. Stollberg in Merseburg.* (61 S.) 8°
Halle, Phil. Diss. v. 1903

[F.] Verbrauch an Kalirohsalzen in der Deutschen Landwirtschaft in d. Jahren 1890 u. 1894. Zsgest. im Auftr. d. Deutschen Landw.-Ges., Dünger-(Kainit)' Abt. v. G. Siemssen, Geschäftsführer d. Dünger-... Abt., m. Einl. u. Erläut. v. Geh. Regiergsr. Prof. Dr. [Maximilian] Maercker, Halle a. S. Dazu e. Übersichtskt. *Berlin: Dr. v. Gebr. Unger 1896.* (31 S., 1 Taf.) 1 Bd 8.
= Arbeiten d. Deutschen Landwirtschafts-Gesellschaft. H. 16.

Verbrauch an Kalirohsalzen in der Deutschen Landwirtschaft in den Jahren 1894 und 1898. Zsgest. im Auftr. d. Deutschen Landwirtsch.-Ges. von G. Siemssen. Dazu 1 Übersichtskarte. *Berlin; (Halle a. S.) 1900: O. Thiele.* (30 S.) 8° [F.]
= Arbeiten d. Deutschen Landwirtsch.-Gesellschaft. H. 54. [00. 9316

Verbrauch an Kalirohsalzen in der Deutschen Landwirtschaft in den Jahren 1898 und 1902. Zsgest. im Auftr. d. Deutschen Landw.-Gesellsch. ... von G[ustav] Siemssen, Geschäftsführer. Dazu 1 Übersichtskarte. *Berlin: Deutsche Landw. Ges. 1904.* (XIV, 24 S.) 8° [F.]
= Arbeiten d. Deutsch. Landwirtschafts-Gesellschaft. H. 88. [04 3597

Verbrauch an Kalirohsalzen in der deutschen Landwirtschaft in den Jahren 1900 und 1902 zsgest. von Ökonomierat [Gustav] Siemssen. Dazu 1 Übersichtskarte. Berlin: Deutsche Landw.-Gesellsch. 1903. (XVI, 24 S.) 8° [F.]
= : Arbeiten d. Deutschen Landwirtsch.-Gesellschaft. H. 147. [04. 1315

Siemssen, Herm. Jul.

Siemssen, Herm. J., ein Gedicht- und Liederbuch für praktische Aerzte nebst einem Anh. enth. aerztl. Redensarten. Orig.-Beiträge. 8. (VII und 112 S.) Hamburg 867, O. Meißner.

Siemßen, Herm. Jul., das neue Lied der Nibelungen. Mit vielen Holzschn. nach Zeichngn. v. Chrn. Förster. 3 Lfgn. hoch 4. (1. Bd. VII, 61, u. 2. Bd. IV, 80 S.) Hamburg 871. Richter. à n. 4. —

Siemssen, Herm. Jul., aus meinen Mußestunden. 8. (128 S.) Hamburg 885. O. Meißner's Verl. cart. n. 2. —

Siemssen, Johann August, aus Lübeck: Ueber komplexe Verbindungen mit NH_3- oder amminhaltigen negativen Radikalen. Zürich 1909. 67 S. 8°. [16. II. 10.]
Zürich. Univ. Phil. Diss. II. S. 1909/10.

Siemt, Oswald: Ueber Lateinisches e vor e und i im Pikardischen. Halle a S. 1881: Hendel. 35 S. 8°
Halle-Wittenberg, Phil. Diss. v. [22. Dez.] 1881
Geb. Haugsdorf (Kr. Lauban) 13. 8. 1857. V.

Siemt, *Oswald* [Dr.]: Der Stabreim bei Henry Wadsworth Longfellow. Liegnitz, Druck v. C. Seyffarth, 1897; 43 S. 4.
Liegnitz, st. Wilhelms-R, P 1897 (235)

v. Siemuszowa-Pietruski, S. C., Erziehung der Auerhühner in der Gefangenschaft, s. Acta n. phys.-med. Acad. Caes. Leopold. Carol. XXI. Prs. I.

Siena [Sachliches OW]

Siena, die neue Catharina von, oder die entlarvte Heilige, in der Geschichte einer Nonne und dem wider sie und ihren Gewissens-Rath verhängten Inquisitions-Prozeß, gr. 8. Leipzig, 786. Heinsius. 15 gl.

Siena [Schlagwort]

Siena, s.: Europa. Generalkarte.

Siena [Verfasser]

Siena, Kather. v., der wahre Weg z. christl. Tugend, s. Leitsterne 2c., 9. Bd. 2. Abthl.

Siener, Jos., die Frauenfrage, s.: Universal-Bibliothek.

Siener, Josef: Der gelbe Prinz, s. Ohnesorg, Karl

Siener, Josef: Die Schlangendame. Schwank in 1 Akt. Berlin: Bloch [1908]. 47 S. 8°
(Residenz-Theater. H. 1.)

Siener, Jos., die Schlangendame, s.: Residenz-Theater.

Siener, Josef: Der Strohmann. Schwank in 1 Akt. Berlin: Bloch [1908]. 54 S. 8°
(Residenz-Theater. H. 2.)

— Der Strohmann, s.: Residenz-Theater.

— Ihr Trauring, s.: Bloch's, Eduard, Theater-Korrespondenz.

Sieners, G. K, Zur Geschichte des Nero und des Galba. Pr. 1860. 57 S. 4°. 1.25

Siengalewicz, Zeno v., Atlantis od. des Volkes u. des Königs Frühling. Sozial-romant. Schauspiel in 4 Akten. (VII, 119 S.) 8. Dresden (906). E. Pierson. n. 2. —

— Donaufluten. Roman. (244 S.) 8. Ebd. 903. n. 3. —; geb. n. 4. —

— Sanft Elend. Trauerspiel in 3 Akten. (III, 83 S.) 8. Ebd. 905. n. 1. 50

Siengalewicz, Zeno v., der Verbrüd'rung Frucht u. Blüten. Ein demokratisch-romant. Schauspiel in 5 Akten. (VII, 127 S.) 8. Dresden 908. E. Pierson. 2.—

— der Lieb' verlor'ne Urkund'. Dramatische Dichtung in 3 Akten u. 1 Vorspiele. (III, 123 S.) 8. Ebd. 905. n. 2.—

Sieniawski, (Karl) Emil

Sieniawski, (Carolus) Aemilius *(geb. Wormditt in Ostpr. 26. 3. 1843)*: De interregno, quod fuit in Polonia post Stephani regis discessum. P. 2: De comitiis ad novum regem eligendum anno 1587 in campo Volano habitis. Vratislaviae 1869. (22 S.) 8° *[Vollst. 1869 bei Leitgeber in Posen unt. d. T.: „Das Interregnum u. die Königswahl in Polen v. J. 1587 quellenförmig dargestellt."]*
Breslau, Phil. Diss. v. 26. Jan. 1869

Sieniawski, E., das Interregnum und die Königswahl in Polen vom J. 1587 quellenmässig dargestellt. gr. 8. (XX, 98 S.) Breslau 869. (Posen, Leitgeber und Comp.) *

Sieniawski, Emil Niklot der Obotritenfürst. 8 S. G. *Düsseldorf* 1881.
Progr.

Sieniawski: Die Regierung Sigismund III. in Polen. 15 S. – Schrimm, Progr. 1870.

Sieniawsky. Die Regierung Sigismunds III. in Polen. 2 Teile. 4. Schrimm 1870. 74.

Die zwei schönsten Reisebeschreibungen des Mittelalters u. zwar d. Missionsreisen d. Bischofs Otto von Bamberg nach d. Lande d. heidn. Pommern in d. J. 1125 u. 1127 (1128) auf Grund latein. Quellen dargest. von Prof. Dr. [Emil] **Sieniawski.** Glatz: Selbstverl.; Leipzig: O. Weber in Komm. [1908]. (163 S.) 8° [08. 1823

Sjenica [Schlagwort], s. Serbien.

Sienicki, Tadeusz. Kondensationen von Opian- und Bromopiansäure mit Cyanessigsäure und Derivaten der letzteren. Diss. Math.-Naturw. Freiburg in der Schweiz. 51 S. 8. Freiburg (Schweiz), Gebrüder Fragnière, 1901.

Sienicki, Tadeusz. Kondensationen von Opian- und Bromopiansäure mit Cianessigsäure und Derivaten der letzteren.... S. 109—153. 8. (Freiburg (Schweiz), Gebrüder Fragnière, 1901.) [fr. 1. —]
(Mémoires de la Société fribourgeoise des Sciences naturelles... Chimie. Vol. 1, Fasc. 3....)

Sienkiewicz, Henryk

— Bartel, der Sieger, s.: Bibliothek berühmter Autoren.

Sienkiewicz, Henryk, die dritte Braut, s.: Weltbibliothek.

Briefe aus Afrika [Listy z Afryki]. Von Henryk **Sienkiewicz.** Mit specieller Erlaubniss d. Autors übers. von J. v. Immendorf [d. i. Philippine Gräfin zu Castell-Rüdenhausen]. Oldenburg & Leipzig: Schulze (1902). (VIII, 346 S.) 8° [F.] [08. 10030

— Briefe aus Amerika. Mit specieller Erlaubnis des Verf. aus dem Poln. übers. von J. v. Immendorf. (V, 443 S.) gr. 8. Oldenburg (903). Schulze. n. 4. —; geb n. 5. —

Sienkiewicz, H., um's liebe Brod, s.: Familien-Bibliothek.

Sienkiewicz, Heinr., ums Brod. Zwei Auswanderergeschichten. Autoris. Uebersetzung v. Leonh. Brixen. 8. (VIII, 283 S.) Dresden 892. H. Minden. n. 2. —

Sienkiewicz, Henryk. Ums liebe Brot und Zehn andere Novellen. [Von] Heinrich Sienkiewicz. Mit dem Bilde des Verfassers [Tafel]. 1. Aufl. 551 S. 8. Einsiedeln *etc.*, Benziger & Co. A. G., 1901. [M. 4. — , geb. M. 5. —]

Sienkiewicz. Henryk. Ums liebe Brot. (Erzählung von) Henryk Sienkiewicz. Autorisierte Übersetzung aus dem Polnischen von Jonas Fränkel. VIII + 172 S. 8. Bern, A. Benteli; Leipzig, K. F. Köhler, 1902. [fr. 2. 70 *resp.* M. 2. —]

(F) Sienkiewicz, H., Ums liebe Brot und andere Novellen. [Volksbücherei. Bd 14.] 8°. (VI, 283 S) geb. K 1 50
Graz: Styria 1904.

— ums liebe Brot u. andere Novellen. Aus dem Poln. übertr. v. Theo Kroczek. (VI, 283 S. m. Bildnis.) kl. 8. Graz 904. Styria. Geb. in Leinw. n. 2. 40

— dasselbe, s.: Volksbücherei. Nr. 52. 53.

Der alte Diener und sein Enkelkind [Stary Sluga]. Von Henryk Sienkiewicz Deutsch von Theophil Kroczek. Berlin: Janke [1909]. 140 S. 8°
(Kollektion Otto Janke) [10. 14833

— ohne Dogma. Roman (aus dem Poln.). 2 Bde. 8. (330 u. 354 S.) Stuttgart 892. Deutsche Verlags-Anstalt. n. 5. —; geb. in 1 Bd. n.n. 6. —

Ohne Dogma. Roman in 3 T. von Henryk Sienkiewicz ... übers. von Berthold Bonnin. Mit e. Vorbemerkung u. d. Bilde d. Verf. *Halle a. S.: O. Hendel (1901).* (381 S.) 8° [F.]
(Bibliothek d. Gesamtlitteratur d. In- u. Auslandes No 1475–79.) [01 10346

— dasselbe, s.a. Bibliothek der Gesamtlitteratur.

— ohne Dogma. Roman. 2. Aufl. 8. (602 S.) Stuttgart 901. Deutsche Verlags-Anstalt. n. 4. —; geb. n. 5. —

Ohne Dogma [Bez Dogmatu]. Roman von Henryk Sienkiewicz. Aus d. Poln. übers. u. mit e. Vorw. versehen von Theophil Kroczek. (1. bis 5. Taus.) *Berlin: O. Janke [1903].* (VIII, 405 S.) 8° [F.]
(Kollektion Otto Janke.) [04. 45..

— dasselbe. (3.—5. Aufl. (à 602 S.) 8. Stuttgart 903. Deutsche Verlags-Anstalt. n. 2.50; geb. in Leinw. n. 3.50

Ohne Dogma [Bez Dogmatu]. Roman von Heinrich [Henryk] Sienkiewicz. Vollst. neu ins Deutsche übertr. u. mit einl. Worten versehen von Adam Kotulski. Mit d. Portr. d. Dichters. Berlin: A. Weichert [1900]. (330 S.) 8° [F.] [08. 13891

Ohne Dogma [Bez dogmatu]. Roman von Henryk Sienkiewicz. Deutsch von E. u. S. Wintkoff. Berlin: Globus Verl. [1908]. 612 S. 8° [09. 7388

Sienkiewicz, H., Dorfgeschichten, s. Universal-Bibliothek Nr. 1437.

— die Dritte. Lux in tenebris lucet, s.: Reclam's Unterhaltungs-Bibliothek.

— die Dritte. Lux in tenebris lucet, s.: Universal-Bibliothek.

Die Dritte [Ta trzecia]. Eine heitere Künstlergeschichte von Henryk Sienkiewicz. Übers. von Theophil Kroczek. *Berlin: O. Janke [1903].* (79 S.) 8° [F.]
(Collektion Otto Janke) [04. 4207

Sienkiewicz, Heinr. (Henryk), der Engel u. andere Geschichten. (107 S.) 8. Berlin (903). Globus Verlag. n. — 30

— Erlebtes u. Erträumtes, s.: Deva-Roman-Sammlung.

— Fünf neue Erzählungen, s.: Bücherei, allgemeine.

Vier Erzählungen von Henryk Sienkiewicz. Übers. von Theophil Kroczek. *Berlin: O. Janke [1903].* (82 S.) 8° [F.]
(Collektion Otto Janke.) [04 4514

Auf dem Felde der Ehre [Na polu chwały]. Roman aus d. Zeit König Johann Sobieskis von Henryk Sienkiewicz Deutsch von Theo[phil] Kroczek. (1. bis 15. Taus.) Berlin: O. Janke [1906]. (324 S.) 8° [F.]
(Kollektion Otto Janke) [06. 13387

— auf dem Felde der Ehre. Roman. Aus dem Poln. übers. v. S. Horowitz 2. Taus. (376 S.) 8. Wien 906. Wiener Verlag. n. 2. —; geb. n. 3. —

— dasselbe. Mit 6 Vollbildern v. B. Konrad. (VII, 399 S. m. Bildnis.) 8. Graz 907. Styria. n. 2. 40; geb. in Leinw. m. Goldschn. n. 4. —

— Auf dem Felde der Ehre. Roman aus der Zeit König Johann Sobieskis. (824 S.) 8. Berlin (910). Globus Verlag. Geb. in Leinw. 1. 50

(F) Sienkiewicz, H., Auf dem Felde der Ehre. Geschichtliche Erzählung. [Volksbücherei. Bd. 72.] 8°. (399 S.) geb. K 1.80
Graz: Styria 1910.

— dasselbe, s.a. Volksbücherei.

Sienkiewicz, Heinr., mit Feuer und Schwert. Roman in 4 Bdn. Uebers. von C. Hillebrand. Mit einer Einleitung von Raph. Löwenfeld. 8. (XIV, 207; 228; 241; 185 S.) Berlin 888, Landsberger.

—— Mit Feuer u. Schwert. Roman in 4 Bdn. Uebersetzt v. C. Hillebrand. Mit e. Einleitg. v. Raph. Löwenfeld. 8. (Titel-)Ausg. 4 Tle. in 2 Bdn. gr. 8. (XIV, 207; 228; 241; 185 S.) Berl. 891, Rumbauer. * 3 —; geb. * 3 50; eleg. geb. * 4 —

— mit Feuer u. Schwert. Historischer Roman. Deutsch v. Clara Hillebrand. 2 Bde. gr. 8. (436 u. 437 S.) Leipzig 901. Schulze & Co n. 7. 50; geb. n. 9. —

Mit Feuer und Schwert [Ogniem i mieczem]. Histor. Roman von Henryk Sienkiewicz Nach d. ill. Ausg. aus d. Poln. übers. von S. Horowitz. *Berlin: O. Janke [1907].* (296 S.) 8° [F.]
(Kollektion Otto Janke.) [.4. 45.6

Sienkiewicz, Henryk. Mit Feuer und Schwert. Historischer Roman von Heinrich S'. Nach dem Polnischen übersetzt von E[mma] u. R[udolphine] Ettlinger. Mit Illustrationen von F[ritz] Schwormstädt und P[eter] Stachiewicz. 2 Bände. 8. Einsiedeln *etc.*, Benziger & Co. A. G., 1903. [zus. M. 10. —, geb. 12. —]
Band 1: [Mit 7 Tafeln.] IV + 534 S. — Band 2: [Mit 7 Tafeln.] IV + 502 S.

— mit Feuer u. Schwert. Historischer Roman. 2 Bde. (830 S.) 8. Berlin (906). Globus Verlag.
In 1 Leinw.-Bd. n.n. 1. 50; Geschenk-Ausg. n. 3. —

— dasselbe. Deutsch von Sonja Placzek. (280 S.) kl. 8. Regensburg (906). J. Habbel. Geb. in Leinw. n. 2. —

— Mit Feuer u. Schwert. Historischer Roman. Illustrierte Ausg., aus dem Poln. übersetzt v. St. Bninski. (390 S.) 8. Berlin (909). Schreiter. 2.—; geb. 3.—

Henryk Sienkiewicz. Folget ihm nach! Drei Erzählungen. Aus dem Polnischen übersetzt von C. Hillebrand. Umschlagzeichnung von Benno Mahler. Wien. 1901. Wiener Verlag (Rosner). 8°. 135 S. K 2.40

— drei Frauen, s.: Sammlung Franckh. 25. Bd.

Sienkiewicz, Henryk: Drei Frauen. Eine Künstlergeschichte. Deutsch von K. Grelich. Mit Ill. von R. Gutschmidt. Berlin, Leipzig: Hillger [1909]. 79 S. 8°
(Kürschners Bücherschatz. Nr 681.)

— Drei Frauen, s.a. Kürschner's Bücherschatz.

Am lichten Gestade. Roman von Henryck [!] Sienkiewicz. Aus d. Poln. übertr. von S. Horowitz. *Berlin: O. Janke [1901].* (136 S.) 8° [F.]
(Collection Otto Janke.) [02. 4726

Am sonnigen Gestade. Die Dritte. Hania. 3 Novellen von Henryk **Sienkiowicz.** Übers. von Berthold Bonnin. Mit d. Bilde d. Verf. u. e. Vorbemerkung. *Halle a. d. S.: O. Hendel (1902).* (IV, 248 S.) 8° [F.]
(Bibliothek d. Gesamtlitteratur d. In- u. Auslandes. No 1623–25.) [03. 369

— **dasselbe. Die Dritte. Hania, s.a. Bibliothek der Gesamtlitteratur.**

Am sonnigen Gestade. Drei Frauen. 2 Novellen von Henryk **Sienkiewicz.** Deutsch von Theo[phil] Kroczek. Mit 3 Vollbild. Berlin: A. Weichert [1904]. (95 S.) 8° [F.]
— **Wochen-Bibliothek**, A. Weichert's. Bd 170. [05. 1305

— am sonnigen Gestade. Drei Frauen, s.a. Weichert's Wochen-Bibliothek.

Sienkiewicz, H., Am sonnigen Gestade. Drei Frauen. [Weicherts illustr. Familienschatz. Bd. 170.] 8°. (95 S.) † K —.80
Wien· Derflinger & Fischer 1905.

— **Hanna, s.: Engelhorn's allgemeine Roman-Bibliothek.**

— die Jagd nach dem Glück u. andere Novellen, s.: Roman- u. Novellenschatz. 1. Jahrg. 5. Bd.

Janko, der Musikant und andere Novellen von Heinrich **Sienkiewicz.** Deutsch von Theo Kroczek. *Osnabrück: B. Wehberg 1903.* (303 S.) 8° [F.] [04. 19017

— dasselbe, s.: Volksbücherei. Nr. 54.

Ihm laßt uns folgen u. andere Geschichten. (108 S.) 8. Berlin (903). Globus Verlag. n. — 30

Kohlenzeichnungen. Dorfgeschichten von Henryk **Sienkiewicz.** Übers. von Theophil Kroczek. *Berlin: O. Janke [1903].* (85 S.) 8° [F.]
(Collection Otto Janke.) [04. 4305

— **eine Komödie der Irrungen u. andere Geschichten. Deutsch v. B. W. Segel. 8. (128 S.) Berlin (901). H. Steinitz. n. 1.—**

Sienkiewicz, Henryk. Die Kreuzritter. Historischer Roman aus dem XV. Jahrhundert von Heinrich Sienkiewicz. Nach dem Polnischen übersetzt von E[mma] und R[udolphine] Ettlinger. Illustriert von F[ritz] Schwormstädt. 2 Bände. 8. Einsiedeln *etc.*, Benziger & Co., 1901.
[Band 1.] 2. Aufl. IV + IV + 352 S. [br. M. 4. —, geb. M. 5. —]
Band 2. 1.–5. Aufl. 600 S. [br. M. 6. —, geb. M. 7. —]

— **dasselbe. Histor. Roman aus dem XV. Jahrh. Aus dem Poln. übers. v. E. u. R. Ettlinger. Illustriert von F. Schwormstädt. 2 Bde. gr. 8. Einsiedeln, Verlagsanstalt Benziger & Co. 10.—; geb. in Leinw. 12.—**
1. 1.–3. Aufl. (à IV, 352 S.) 901. 4.—; geb. 5.—
2. 1.–5. Aufl. (600 S.) 901. 6.—; geb. 7.—

— **die Kreuzritter. Histor. Roman. Nach der vom Autor besorgten Volksausg. aus dem Poln. übers. v. S. Horowitz. 8. (362 S.) Berlin (902). O. Janke. n. 2.—**

— **dasselbe. Histor. Erzählg. in 4 Bdn. Deutsch von W. v. Piakowski. 2 Tle. 8. (984 S.) Osnabrück 902. B. Wehberg. 5.—; geb. 6.—**

Die Kreuzritter [Krzyżacy]. Hist. Roman aus d. 15. Jh. von Henryk **Sienkiewicz.** Aus d. Poln. übertr. u. mit e. Vorbemerkung versehen von Theo. Kroczek. Mit d. Bilde d. Verf. 1. vollst. wohlfeile Ausg. *Halle a. S.: O. Hendel (1903).* (IV, 750 S.) 8° [F.]
(Bibliothek d. Gesamtlitteratur d. In- u. Auslandes. No 1678–86.) [03. 19955

— dasselbe, s.a. Bibliothek der Gesamtlitteratur.

— **dasselbe. Historischer Roman aus dem 15. Jahrh. Nach des Verf. Volksausg. aus dem Poln. übertr. v. Theophil Kroczek, m. e. Einleitg. v. Joh Ranftl. Mit 6 Orig.-Bildern v. D. Paulucci. (XXIII, 568 S.) kl. 8. Graz 904. Styria. Geb. in Leinw. n. 3.60**

— dasselbe, s.a. Volksbücherei. 40/44 u. 45/48.

— **dasselbe. 2 Bde. (816 S.) 8. Berlin (906). Globus Verlag. In 1 Leinw.-Bd. n.n. 1.50; Geschenkausg. n. 3.—**

Die Kreuzritter [Krzyżacy]. Hist. Roman von Henryk **Sienkiewicz.** Nach der v. Autor besorgten Volksausg. aus d. Poln. übers. von S. Horowitz. 2. (durchges. u.) verb. Aufl. Berlin: O. Janke [1906]. (383 S.) 8° [F.]
(Kollektion Otto Janke.)

Die Kreuzritter [Krzyżacy]. Roman von Heinrich **Sienkiewicz.** Vollst. neu ins Deutsche übertr. u. mit einl. Worten vers. von Adam Kotulski. Mit d. Bildn. d. Verf. Berlin: A. Weichert [1906]. (363 S.) 8° [F.] [06. 10011

— **Lebenswirbel. Roman. Autoris. Übersetzg. v. M. Norbert. (481 S.) 8. Kempten 911. J. Kösel. 3.—; geb. in Leinw. 4.—**

Junge Leiden [Na marne]. Roman von Henryk **Sienkiewicz.** Deutsch von Wilhelm Thal [d. i. Lilienthal]. Mit Ill. von A. v. Schrotter. *Berlin, Eisenach, Leipzig: H. Hillger [1902].* (127 S.) 8° [F.]
— **Bücherschatz**, Kürschners. No 282. [03. 201

Sienkiewicz, Henryk, junge Leiden, s.a. Kürschner's, Jos., Bücherschatz.

(F) **Sienkiewicz,** H., Der Leuchtturmwächter Lilian Moris. Novellen. [Volksbücherei Nr. 55/56] 8°. (Pag. 168–283) K —.40
Graz: Styria 1904.

— der Leuchtturmwächter. Lilian Moris, s.a. Volksbücherei.

Der Leuchtturmwächter (u. andere Erzählungen). 3 Erzählungen von Henryk **Sienkiewicz.** Übers. von Ad. Horovitz. Berlin: O. Janke [1907]. (133 S.) 8°
(Kollektion Otto Janke.) [07. 17831

Selim Mirza. Eine Erzählung aus d. deutsch-franz. Krieg von Henryk Sienkiewicz. Aus d. Poln. übers. von S. Horowitz. Berlin: Janke 1903. 84 S. 8°
(Kollektion Otto Janke.) [07. 10441

— **Lilian Moris (Durch die Steppen Amerikas), s.: Welt-Bibliothek. 2.**

— **böf pölamas. Kim binom kod?, s.: Volapükabuks.**

— **die Familie Polaniecki. Roman. Autor. Uebersetzg. v. E. u. R. Ettlinger, eingeleitet durch eine litterarhistor. u. biograph. Skizze v. Karl Muth. gr. 8. (VIII, 542 S.) Einsiedeln 899. Verlagsanstalt Benziger & Co. n. 4.—; geb. in Leinw. 5.—**

Die Familie Polaniecki. Roman von H(enryk) Sienkiewicz. Autoris. Uebers. von E[mma] u. R[udolfine] Ettlinger eingeleitet durch e. litterarhist. u. biogr. Skizze von Karl Muth. Mit d. Bildn. d. Verf. *Einsiedeln, Waldshut, Köln a. Rh.: Benziger & Co. 1900.* (VIII, 542 S.) 8° [F.]

Die Familie Polaniecki. Roman von H(enryk) Sienkiewicz. Autor. Uebers. von E[mma] u. R[udolfine] Ettlinger eingeleitet durch e. litterar-hist. u. biogr. Skizze von Karl Muth. Mit d. Bildn. d. Verf. 4. Aufl. *Einsiedeln, Waldshut, Köln: Benziger & Co. 1900.* (VIII, 542 S.) 8° [F.]

Sienkiewicz, H(enryk). Die Familie Polaniecki. Roman. Autorisierte Uebersetzung von E[mma] u. R[udolphine] Ettlinger, eingeleitet durch eine litterarhistorische und biographische Skizze von Karl Muth. Mit dem Bildnis des Verfassers [Tafel]. 6. Aufl. VIII + 542 S. 8. Einsiedeln *etc.*, Benziger & Co. A. G., [1901]. [fr. 5. —, geb. 6. 25]

Die Familie Polaniecki. Roman von Heinrich Sienkiewicz. Deutsch von Theo[phil] Kroczek. Berlin: O. Janke [1907]. (470 S.) 8° [F.] (Kollektion Otto Janke.)

(F) Sienkiewicz, H., Die Familie Polaniezki. Roman. Gr.-8°. (1068 S.) geb. K 6.50, Sonderausgabe geb. K 7.—
Graz: Styria 1907.

Die Familie Polaniecki [Rodzina Polanieckich]. Roman von Henryk Sienkiewicz. Berlin: Globus Verl. [1908]. 656 S. 8°

Sienkiewicz, Heinr., Quo vadis? Histor. Roman. Autor. Uebersetzg. v. J. Bolinski. 2 Bde. 8. (398 u. 442 S.) Lindau 898. J. Lutz. Geb. in Halbleinw. n. 5. —

Quo vadis? Hist. Roman von H[enryk] Sienkiewicz. Autor. Uebers. von J. Bolinski. Ueberarb. u. purgierte Ausg. von H. Feodorowski. Billige Ausg. 10.–17. Taus. (T. 1. 2.) *Lindau i. B.: J. Lutz [1898].* 2 Bde 8° [F.]

Sienkiewicz, Heinrich, Quo vadis? Roman in zwei Bänden. 8. (176 S.) In Original-Leinwandband 1.65
Wien: Hartleben 1898.

— dasselbe, s. a. Collection Hartleben, 6. Jahrg. 11. 12.

— dasselbe. Autoris. Uebersetzg. v. E. u. R. Ettlinger. Mit 17 Orig.-Illustr. v. Alex. Rothaug, 3 Ansichten, 2 Plänen u. 2 Karten. gr. 8. (616 S.) Einsiedeln 899. Verlagsanstalt Benziger & Co. Geb. in Leinw. 6.—

— dasselbe. Histor. Roman. Autoris. Uebersetzg. v. J. Bolinski. Ueberarb. u. purgierte Ausg. v. H. Feodorowski. Billige Ausg. 10.—17. Taus. 8. (378 u. 422 S.) Lindau (899). J. Lutz. Geb. in Leinw. n. 3.60; Salon-Ausg., in 2 Bde. geb. n. 6. —

— dasselbe. Un roman sous Néron, traduit du polonais par la Bonne C. de Baulny née Rouher. Ed. illustrée, contenant 17 gravures originales, 3 vues, 2 cartes et 2 plans. 8. (784 S.) Einsiedeln 900. Verlagsanstalt Benziger & Co. n. 4.80; geb. in Leinw. n. 6.40

Heinrich Sienkiewicz 'Quo vadis'. Hist. Roman aus d. Zeit d. Kaisers Nero. Autor. Uebers. von E[mma] u. R[udolfine] Ettlinger. 7. Aufl. Mit 17 Orig.-Ill. von Alex. Rothaug, 3 Ansichten, 2 Pl. u. 2 Karten. *Einsiedeln, Waldshut, Köln: Benziger & Co. 1900.* (616 S.) 8° [F.]

Heinrich Sienkiewicz. 'Quo vadis'. Hist. Roman aus d. Zeit d. Kaisers Nero. Autor. Uebers. von E[mma] u. R[udolfine] Ettlinger. 11. Aufl. Mit 17 Orig.-Ill. von Alex. Rothaug, 3 Ans., 2 Pl. u. 2 Karten. *Einsiedeln, Waldshut, Köln: Benziger & Co. 1900.* (616 S.) 8° [F.]

'Quo vadis?' Erzählung aus d. Zeit Neros von Henryk Sienkiewicz. Übers. von E. Pathory. Mit e. Vorbemerk. von Dr. Franz Kwest u. d. Bilde d. Verf. *Halle a. d. S.: O. Hendel (1900).* (IV, 523 S.) 8° [F.]
= Bibliothek d. Gesamtlitteratur d. In- u. Auslandes. No 1361–67.

— dasselbe, s. a. Bibliothek der Gesamtlitteratur.

Sienkiewicz, Henryk. Quo vadis. Un roman sous Néron [par] Henri S', traduit du polonais par la Bonne C de Baulny née Rouher. Ed. illustrée, Contenant 17 gravures originales, 3 vues, 2 cartes et 2 plans [sur 24 planches, et couverture illustrée]. 6e éd. 784 p. 8. Einsiedeln, Suisse, Benziger & Co. S. A., 1901. [fr. 6. —, relié 8. —]

— dasselbe. Geschichtl. Erzählg. a. d. Zeit Kaiser Neros. gr. 8. (334 S.) Konstanz (901). C. Hirsch. Geb. in Leinw. 3.—

(F) Quo vadis? Roman in zwei Bänden. Von Heinrich Sienkiewicz. Autorisirte Ausgabe. 11. Auflage. I. Bd. Wien. Pest. Leipzig. [1901.] Hartleben. 8°. 176 S. Geb. K 3.30

— dasselbe. Roman in 2 Bdn. Autoris. Ausg. 11. u. 12. Aufl. 8. (à 160 u. 170 S.) Wien (901. 902). A. Hartleben. In 1 Leinw.-Bd. n. 3.—

— Quo vadis? Histor. Roman aus der Zeit des Kaisers Nero. Aus dem Poln. übers. u. m. Anmerkgn. versehen v. Th. Kroczek. 8. (478 S.) Berlin (902). O. Janke. n. 2.—

Quo vadis? Hist. Roman aus d. Zeit d. Kaisers Nero von Henryk Sienkiewicz. Aus d. Poln. übers. u. mit Anm. vers. von Theophil Kroczek. (2. Aufl.) *Berlin: O. Janke [1902].* (466 S.) 8° [F.] (Collection Otto Janke.)

Sienkiewicz, Henryk. «Quo vadis». Historischer Roman aus der Zeit des Kaisers Nero. (Von) Heinrich Sienkiewicz. Autorisierte Uebersetzung von E[mma] u. R[udolphine] Ettlinger. 13. Aufl. Mit 17 Original-Illustrationen von Alexander Rothaug, 3 Ansichten, 2 Plänen und 2 Karten [= zus. 24 Tafeln]. IV + 616 S. 8. Einsiedeln *etc.*, Benziger & Co. A. G., [1902]. [geb. fr. 7. 50]

— dasselbe. Erzählung aus der Zeit Neros. Deutsch von Clara Hillebrand. Vollständige Ausg. in 2 Bdn. gr. 8. (V, 371 u. 342 S.) Leipzig 902. Schulze & Co. 5.50; geb. in Leinw. 7.—

— dasselbe. Erzählung aus dem Zeitalter Neros. Deutsch v. C. Morèztyn. 1.—10. Tausend. 12. (à 776 S.) Stuttgart 902. Deutsche Verlags-Anstalt. Geb. n. 4. —

— dasselbe. Historischer Roman aus der Zeit des Kaisers Nero. Aus dem Poln. übers. u. m. Anmerkgn. versehen v. Theophil Kroczek. 3. Aufl. (VIII, 466 S.) 8. Berlin (904). O. Janke. n. 2. —

— dasselbe. Aus dem Poln. übertragen v. Paul Wernicke. 2 Tle. in 1 Bde. (723 S.) 8. Osnabrück 904. B. Wehberg. n. 3. —; geb. n. 4. —

— dasselbe. Aus dem Poln. übertr. v. Theophil Kroczek. Mit e. Einleitg. v. Joh. Ranftl. Mit 9 Vollbildern u. 1 Plan-Skizze des alten Rom. (XV, 538 S.) kl. 8. Graz 905. Styria. Geb. in Leinw. n. 3. 60

— dasselbe, s.: Volksbücherei. 73–81

— dasselbe. Historischer Roman. Deutsch v. Sonja Placzek. 1. u. 2. Aufl. (758 S. m. Titelbild.) kl. 8. Regensburg (905. 906.) F. Habbel. n. 1. 60; geb. in Leinw. n. 2. —

Quo vadis? Hist. Roman aus d. Zeit d. Kaisers Nero von Heinrich [Henryk] Sienkiewicz. Mit einl. Worten, ausführl. Namen- u. Sachreg. u. d. Portr. d. Dichters. Autor. Ausg. (Übers. von Adam Kotulski.) Berlin: A. Weichert [1906]. (IV, 160, 194 S.) 8° [Ant. u. F.]

- Quo vadis? Erzählung aus d. Zeitalter Neros. Deutsch v. S. Goldenring. Mit zahlr. Bildern von R. Trache. (655 S.) 8. Reutlingen (906). Enßlin & Laiblin. 2. —; geb. in Leinw. 2.50; bessere Ausg. 3. —; m. Goldschn. 3.75

Sienkiewicz, Heinr. (Henryk), Quo vadis? Historischer Roman aus der Zeit des Kaisers Nero. Aus dem Poln. übers. u. m. Anmerkgn. versehen v. Theophil Kroczek. 4. Aufl. (18.—23. Tauf.) (VIII, 468 S.) 8. Berlin (907). O. Janke. 2.—

— dasselbe. (Wohin gehst du?) Roman. Steno-Autographie v. Rich. Preuss. (Romanbeilage z. Teplitzer Stenografen-Blatt.) (218 S.) gr. 8. Teplitz-Schönau 907. Becker. Geb. 4.—

— dasselbe. Erzählung aus dem Zeitalter Neros. Deutsch v. E. Morstyn. 11.—15. Tauf. (776 S.) kl. 8. Stuttgart 908. Deutsche Verlags-Anstalt. Geb. in Ldr. 4.—

— dasselbe. Historischer Roman. Illustrierte Ausg., aus dem Poln. übers. v. W. Kastner. (320 S.) 8. Berlin (909). Schreiter. 2.—; geb. 3.—

— dasselbe. Erzählung aus dem Zeitalter Neros. Deutsch v. S. Goldenring. Mit zahlreichen Bildern v. R. Trache. 7.—16. Tauf. (655 S.) 8. Reutlingen (909). Enßlin & Laiblin. Geb. in Leinw. 2.50; bessere Ausg. 3.—

— dasselbe. Historischer Roman. Autoris. Übersetzg. v. J. Bolinski. Ueberarbeitete Ausg. v. H. Feodorowski. (2 Tle. in 1. Bde.) (378 u. 422 S.) 8. Berlin (910). Globus Verlag. Geb. in Leinw. 1.50

— dasselbe, s.: Meyer's Volksbücher.

— dasselbe, s.: Sammlung historischer Romane. II.

— dasselbe, s.: Universal-Bibliothek.

— der kleine Ritter (Herr Wolodyjowski). Historischer Roman. Autoris. Übersetzg. v. R. Löwenfeld. 2. Aufl. gr. 8. (571 S.) Leipzig 902. Schulze & Co. n. 5.—; geb. in Leinw. n. 6.—

Der kleine Ritter. (Herr Wolodyjowski.) [Pan Wolodyjowski]. Hist. Roman von Henryk **Sienkiewicz**. Nach d. ill. Ausg. aus d. Poln. übers. von S. Horowitz. Berlin: O. Janke [1905]. (308 S.) 8° [F.]
(Kollektion Otto Janke.)

Sienkiewicz, Heinr. (Henryk), der kleine Ritter (Herr Wolodyjowski). Historischer Roman. (756 S.) 8. Berlin (906). Globus Verlag. Geb. in Leinw. n.n. 1.50; Geschenkausg. n. 3.—

An der Riviera. Marysja. 2 Novellen von Henryk **Sienkiewicz**. Deutsch von Wilhelm Thal [d. i. Lilienthal]. Mit Ill. von A. Lewin. *Berlin, Eisenach, Leipzig: H. Hillger [1903].* (95 S.) 8° [F.]
— **Bücherschatz**, Kürschner's. No 342.

— an der Riviera. Marysja, s. a. Kürschner's, Jos., Bücherschatz.

— gesammelte Romane. (Deutsch v. Clara Hillebrand u. A.) 74 Lfgn. gr. 8. Ebd. à n. —50; auch in 10 Bdn. à n 3.75; geb. in Leinw. à n. 4.50
1. u. 2. Bd. Die Kreuzritter. Historischer Roman. Deutsch v. Clara Hillebrand. (394 u. 484 S.) 901.
3. u. 4. Bd. Mit Feuer u. Schwert. Historischer Roman. Deutsch v. Clara Hillebrand. 2 Bde. (436 u. 437 S.) 901.
5. Bd. Der kleine Ritter. Historischer Roman. Autoris. Übersetzg. v. R. Löwenfeld. 2. Aufl. (571 S.) 902.
6.—8. Bd. Sturmflut. Historischer Roman. Autoris. Übersetzg. v. Clara Hillebrand. 3 Bde. (448, 480 u. 415 S.) 902.
9. u. 10. Bd. Quo vadis? Erzählung aus der Zeit Neros. Deutsch v. Clara Hillebrand. 2 Bde. (V, 371 u. 312 S.) 902.

— sei glücklich, s.: Weber's moderne Bibliothek.

Sintflut [Potop]. Hist. Roman von Henryk **Sienkiewicz**. Nach d. ill. Ausg. aus d. Poln. übers. von S. Horowitz. Berlin: O. Janke [1904]. (396 S.) 8° [F.]
(Kollektion Otto Janke.)

— Sintflut. Historischer Roman. Uebers. v. S. u. E. Winikoff. 2 Tle. in 1 Bd. (848 S.) 8. Berlin (905). Globus Verlag. n. 1.—; geb. n. 1.60

Sintflut [Potop]. Hist. Roman von Henryk **Sienkiewicz**. III. Ausg., aus d. Poln. übers. von A. Bninski. Berlin: Schreiter [1909]. 395 S. 8°

— Sintflut. Historischer Roman. Übers. v. S. u. E. Winikoff. 1. Bd. (848 S.) 8. Berlin (910). Globus Verlag. Geb. in Leinw. 1.50

— Strudel. Roman. (444 S.) 8. Berlin (910). Globus Verlag. Geb. in Leinw. 1.50

Strudel. Roman von Henryk **Sienkiewicz**. Deutsch von Adolf Hess. Berlin: Janke [1910]. 444 S. 8°

Im Strudel. Roman von Henryk **Sienkiewicz**. Aus d. Poln. übertr. von B. Baumgarten. Mit e. Vorbemerkung von Martin Feuchtwanger u. 1 Bilde d. Verf. Halle a. S.: Hendel (1910). IV, 334 S. 8°
(Bibliothek d. Gesamtliteratur d. In- u. Auslandes. Nr 2180–85.)

— Im Strudel, s. a. Bibliothek der Gesamtliteratur.

Studentenliebe. Roman von Henryk **Sienkiewicz**. Aus d. Poln. übers. von Theo[phil] Kroczek. Mit 3 Vollbild. Berlin: A. Weichert [1904]. (96 S.) 8° [F.]
— **Wochen-Bibliothek**, A. Weichert's. Bd 151.

— Studentenliebe, s. a. Weichert's Wochen-Bibliothek.

— Sturmflut. Historischer Roman. Autoris. Übersetzg. v. Clara Hillebrand. 3 Bde. 3. Aufl. gr. 8. (451, 480 u. 415 S.) Ebd. 902. n. 11.25; geb. in Leinw. n. 13.50
1. u. 2. Aufl. 2 Bde. (à 691 u. 670 S.) 900. 10.—; geb. 12.—.

Sienkiewicz, Henryk. Sturmflut. Historischer Roman von Heinrich S'. Nach dem Polnischen übersetzt von E[mma] u. R[udolphine] Ettlinger. Mit Illustrationen von F[ritz] Schwormstädt und P[eter] Stachiewicz. 3 Bände. 8. Einsiedeln *etc.*, Benziger & Co. A. G., 1906. [*zus.* fr. 18.75, geb. 22.50]
Band 1. [Mit 6 Tafeln.] IV + 522 S. — Band 2. [Mit 5 Tafeln.] IV + 621 S. — Band 3. [Mit 6 Tafeln.] IV + 459 S.

— dasselbe. Deutsch von Sonja Placzek. (263 S.) kl. 8. Regensburg (906). J. Habbel. Geb. in Leinw. n. 2.—

— das Urteil des Zeus u. andere Geschichten. Deutsch v. B. W. Segel. 8. (102 S.) Berlin (901). H. Steinitz. n. 1.—

[F.] Das Urteil des Zeus und andere Novellen v. Henryk **Sienkiewicz**. Autoris. Übs. aus d. Poln. v. Helena Majdańska. *Berlin: Rosenbaum & Hart 1895.* (2 Bl., 92 S.) 1 Bd 8.

— Vergebens. Roman. Übers. v. L. A. Hauff. 8. (147 S.) Berlin (901). O. Janke. n. 1.—

Sienkiewicz, Heinr. (Henryk), Werke. Deutsch v. Sonja Placzek. 5.—10. Bd. kl. 8. Regensburg, J. Habbel. à 1.60; geb. in Leinw. à 2.—
5. Die Kreuzritter. Historischer Roman. Deutsch v. Sonja Placzek. (306 S.) (907.)
6. Die Familie Polaniecki. Roman. (409 S.) (908.)
7. An der Quelle u. andere Novellen. (229 S.) (908.)
8. Zersplittert u. andere Novellen. (235 S.) (908.)
9. Auf dem Felde der Ehre. Historischer Roman. (203 S.) (908.)
10. Im Strudel. (910.)

Sienkiewicz, Heinr. (Henryk), gesammelte Werke. 1—3. u. 11. Bd. 8. Graz, Styria. Geb. in Leinw. n. 12.60; Sonderausg. n. 15.60; auch in ca. 65 Lfgn. à n. —40
1. Ums liebe Brot u. andere Novellen. Mit Bild des Dichters u. e. Einleitg. v. J. Manftl. (VII, 283 S.) (906.) Geb. in Leinw. n. 2.—; Sonderausg. n. 2.40
2. 3. Mit Feuer u. Schwert. Historischer Roman. Mit 32 Vollbildern v. W. Konrad. 4 Tle. in 2 Bdn. (635 u. 645 S.) (906.) Geb. in Leinw. n. 7.60; Sonderausg. geb. in Leinw. m. Goldschn. n. 9.20
11. Auf dem Felde der Ehre. Roman aus der Zeit Königs Johann Sobiecki. Mit 6 Vollbildern v. W. Konrad. (395 S.) (906.) Geb. in Leinw. n. 3.—; Sonderausg. geb. n. 2.40; geb. in Leinw. m. Goldschn. n. 4.—
Bd. 4—10 sind noch nicht erschienen.

— Gesammelte Werke. 4.—10. Bd. 8. Graz, Styria. Geb. in Leinw. 26.80; Sonderausg. 31. 70

4.—6. Sturmflut. Historischer Roman. Mit 18 Vollbildern v. B. Konrad u. m. Einleitg. 3 Tle. (XVI, 668, 810 u. 604 S.) (908.) Geb. in Leinw. 10.00; Sonderausg. 13.—

7. Der kleine Ritter. Historischer Roman. Mit 8 Vollbildern v. B. Konrad. (VI, 852 S.) (908.) Geb. in Leinw. 5.—; Sonderausg. 5. 50

8. Die Familie Polaniezki. Roman. Deutsch v. Klara Hillebrand. Mit Einleitg. Mit 8 Vollbildern v. B. Konrad. (VI, 1069 S.) (907.) Geb. in Leinw. 5.20; Sonderausg. 6.—

9. Quo vadis? Historischer Roman aus der Zeit des Kaisers Nero. Mit e. Einleitg. v. Joh. Ranftl. Mit 9 Vollbildern u. e. Plan-Skizze des alten Rom. (XIV, 538 S.) (907.) Geb. in Leinw. 3.—; Sonderausg. 3. 60

10. Die Kreuzritter. Historischer Roman aus dem 15. Jahrh. Nach des Verf. Volksausg. Mit e. Einleitg. v. Joh. Ranftl u. m. 6 Vollbildern v. D. Pauluzzi. (VIII, 568 S.) (907.) Geb. in Leinw. 3.—; Sonderausg. 3. 60

Sienkiewicz, Henryk. Pan Wolodyjowski, der kleine Ritter. Historischer Roman von Heinrich Sienkiewicz. Autorisierte Übersetzung. Aus dem Polnischen von J[ohann] Praun u. E[mma] u. R[udolphine] Ettlinger. Mit Illustrationen [wovon 6 Tafeln] von F[ritz] Schwormstädt und P[eter] Stachiewicz. VIII + 697 S. 8. Einsiedeln *etc.*, Benziger & Co., A. G., 1902. [br. M. 5.—, geb. M. 6.—]

— Herr Wolodyjowski, der kleine Ritter. Historischer Roman. Deutsch v. Sonja Placzek. (183 S.) kl. 8. Regensburg: Habbel 1906

— Zersplittert, s. Universal-Bibliothek Nr. 1637 und 1638.

Sienkiewicz, Leonore, und Vortmann-Sienkiewicz, Thusnelde. Dyologie oder Die Lehre von den zweierlei Menschen. (3 Teile, *in 12 Abschnitten.*) (*zus.* 275 S.) 8. Bern, Im Selbstverlage (Buchdr. Staldor & Siebor), Mitte Juli 1905. [fr. 5. —]

Siennicki, Stanisł. Józ., rzymsko-katolicki kościół świętej Katarzyny męczenicki [X. X. Dominikanów]. W Petersburgu. 1763—1863. 8. (28 S.) Leipzig 864, Gerhard. *

Siep, J. A., Epaphroditus, Philippensium apostolus. Lips. 1711. 4.

Siepe, Franz [aus Fredeburg]: Aus d. Klinik f. Hautkrankheiten u. Syphilis zu Bonn. Ueber extragenital lokalisierte Initialsclerosen ... Bonn, Buchdr. J. Bach Wwe., 1892; 46 S., 1 Bl. 8.
Bonn, Med. Fak., Inaug.-Diss. v. [6. Aug.] 1892

Siepelt, Herm., Turn- u. Reigenlieder f. Mädchen u. Damen, gesammelt u. ausgew., unt. Mitwirkg. v. Vorturnerinnen d. Damenabteilgn. d. Hamburger Turnerschaft v. 1816. 12. (VIII, 120 S.) Hamburg 898. O. Meißner's Verl. Geb. n. 1. —

Siepen, Lorenz: Aus d. patholog. Institut zu Bonn. Ueber die histologischen Vorgange bei der Resorption von Fremdkorpern aus dem Unterhautzellgewebe.... Bonn, Buch- u. Steindr. Joseph Bach Wwe., 1890: 2 Bl. + 40 S. + 2 Bl. 8°
Bonn, Med. Fak., Inaug.-Diss. v. 7. März 1890

Siepen-Hetherington, Edith, englische Koch-Rezepte f. die deutsche Küche. 8. (XII, 96 S.) Berlin 899. F. L. Dames. Geb. in Leinw. n. 2. —

Sieper, E[rnst]: Die Behandlung der deutschen Kolonien im Unterricht der Volksschule. Bielefeld: Helmich [1909]. 25 S. 8°
(Pädagogische Abhandlungen. H. 110.)

Sieper, E., die Behandlung der deutschen Kolonien im Unterricht der Volksschule, s. a. Abhandlungen, pädagogische.

Briefe von Klaus Groth an die Familie Konrad Ferdinand Lange. Von Ernst u. Luise Sieper. Erlangen 1906: Junge & Sohn. (52 S.) 8°
Aus: Festschrift z. 12. Deutschen Neuphilologentag. 1906. [07. 6538 B

Les Échecs amoureux. E. altfranzös. Nachahmg d. Rosenromans u. ihre engl. Übertragg. Von Ernst Sieper. *Weimar: E. Felber 1898.* (VI S., 1 Bl., 251 S.) 1 Bd 8.
= Forschungen, Litterarhistorische. H. IX. [99. 174

Sieper, Ernst, das Evangelium der Schönheit in der englischen Literatur u. Kunst des XIX. Jahrh. 30 Vorträge üb. die Vorbereitg. u. Entwickelg. der aesthet. Kultur in England. (VIII, 377 S.) gr. 8. Dortmund (904). F. W. Ruhfus. n. 7. —; geb. in Halbldr. n. 9. —

Sieper, Ernst [Durchsholz '(Rheinl.)']: Die Geschichte von Soliman und Perseda in der neueren Litteratur ... (Erscheint vollst. in d. Zeitschr. f. vergl. Litteraturgesch.) Weimar, Druck v. G. Uschmann, 1895; 3 Bl., 28 S., 1 Bl. 8.
Heidelberg, Phil. Fak., Inaug.-Diss. v. [25. Okt.] 1895

Die Kulturbeziehungen zwischen Deutschland und England. Trinkspruch auf England ausgebr. von Prof. E[rnst] Sieper auf d. Festbankett d. Stadt München zu Ehren d. Brit. Committee for the Study of Foreign Municipal Inst. München 1907: R. Oldenbourg. (8 S.) 8° [Umschlagt.] [07. 10657

Shakespeare und seine Zeit. Von Dr. Ernst Sieper. Mit 3 Taf. u. 3 Textbild. Leipzig: B. G. Teubner 1907. (140 S.) 8° [F.]
= Natur, Aus, u. Geisteswelt. Bdch. 185. [08. 1771

Sieper, Ernst, Shakespeare und seine Zeit. s. a. Aus Natur und Geisteswelt.

Siepermann, Otto, üb. eine neue Synthese sauerstoffhaltiger organischer Basen. Inaugural-Dissertation. gr. 8. (43 S.) Tübingen 881. (Fues.) n. — 60

Siepermann, Wilh., üb. das aus Diamidomesitylen entstehende Chinon. Inaugural-Dissertation. 8. (24 S.) Tübingen 875. (Fues.) n. — 35

Siepert, Paul, Elementar-Physik mit Chemie für höhere Mädchenschulen, s.: Kleiber, Joh.

— Experimental-Physik und Chemie für die Oberstufe der höheren Mädchenbildungsanstalten, s.: Kleiber, Joh.

Siepert, Paul. Grundzüge der Geologie. Mit 40 Illustrationen. 96 S. 8. Berlin-Leipzig, Hermann Hillger, [1904]. (M. —. 30, im Abt. 6 Bde. 1. 50)
Hillgers illustrierte Volksbücher. Band 11.

Siepert, Paul, Grundzüge der Geologie, s. a. Hillger's illustrierte Volksbücher. 11. Bd.

Die vulkanischen Kräfte des Erdinnern von Dr. phil. Paul Siepert. Mit 41 Ill. Berlin, Leipzig: H. Hillger [1907]. (83 S.) 8° [F.]
= Volksbücher, Hillgers illustrierte. Bd 84. [07. 16133

— Die vulkanischen Kräfte des Erdinnern, s. a. Hillger's, Herm., illustr. Volksbücher.

— Leitfaden der Mineralogie. (III, 52 S. m. 53 Fig.) 8. München 910. R. Oldenbourg. — 60

Siepert, *Friedrich Wilhelm* Paul [aus Berlin]: Petrographische Untersuchungen an alten Ergussgesteinen aus der argentinischen Republik ... (Aus: N. Jahrb. f. Mineral. etc., Beil.-Bd. IX.) Stuttgart, E. Schweizerbart, 1894; 2 Bl., 58 S., 2 Bl., 1 Taf. 8.
Berlin, Phil. Fak., Inaug.-Diss. v. 11. Juli 1894

Siepius, Johann Andreas (Hauteroda) A. S. 1421/26

De non adaequata eruditionis in quatuor facultates divisione. Präs. Johann David Dieterich. Wittenberg (Schlomach) 14. X. 1730.

Gew.: Michael Heinrich Reinhard, Johann Michael Schumann. 32626

Sieplein, Otto Julius. a. Cleveland, Ohio, V. S. A.: Beiträge zur Kenntnis der Mesaconalkylestersäuren und verwandter Mesaconsäureabkömmlinge. Bonn 1906: C. Georgi. (72 S.) 8°
Bonn, Phil. Fak., Ref. Anschütz, Diss. v. 27. Juli 1906
[Geb. 31. Dez. 77 Cleveland, Ohio, Vereinigte Staaten; Wohnort: Grove City Pa.; Staatsangeh.: Vereinigte Staaten; Vorbildung: High School Cleveland Sommer 95; Studium: Case School of applied science, Cleveland 8, Bonn 4 S.; Rig. 25. Juli 06.]

Siepmann, Friedrich [Referendar aus Bochum]: Besitzerwerb des Kindes ... Göttingen, Druck d. Univ.-Buchdr. v. W. F. Kaestner, 1892; 34 S. 8.
Göttingen, Jur. Fak., Inaug.-Diss. v. [2. Aug.] 1892

Siepmann, Frdr., Besitzerwerb d. Kindes. Diss. gr. 8. (84 S.) Göttingen 892. (Vandenhoeck & Ruprecht.) n. — 80

Siepmann, *Heinrich* Gustav [aus Bochum (Westf.)]: Über die Behandlung der Wanderniere ... Berlin, Buchdr. v. G. Schade, *1893*; 28 S., 2 Bl. 8.
Berlin, Med. Fak., Inaug.-Diss. v. 14. Juli 1893

Sier, Rich., Deutschlands Geistes-Helden. Ehren-Denkmäler unserer hervorrag. Führer auf geist. Gebiet in Wort u. Bild. Auf Grund geschichtlicher Unterlagen u. authent. Quellen unter Mitwirkg. zahlreicher Behörden bearb. (208 S.) gr. 4. Berlin (904). Verlagsanstalt Universum Hirschberg & Co. Geb. 8. —

Auch ein ernstes Wort an Deutschlands Reiter. Entgegnung der Seegerschen Schrift: Baucher und seine Künste. (Von v. Sierakowski.) Koblenz 18xx. 46 S.

Sierakowski, v., auch ein ernstes Wort an Deutschlands Reiter, s. a. Wort.

Sierakowski, v., der gute Kamerad, s.: Klaß, v.

Sierakowski, Adamus comes (geb. Waplewo 24. 2. 1846): De singulari nobilitatis in occidentali Prussia hereditario jure. Berolini (1867). (126 S.) 8°
Berlin, Jur. Diss. v. 12. Aug. 1867

Sierakowski, Graf Adam: Das Schaûi. Ein Beitrag zur Berberischen Sprachen- und Völkerkunde. Dresden 1871. IV, 138 S. 8°.

Sierakowski, C. v., Erinnerungen e. Schwerverwundeten an 1868. gr. 8. (34 S.) Berlin 871. Hayn's Erben.

Sierakowski, C. v. Meine Reise durch Elsaß-Lothringen und der Besuch der Schlachtfelder bei Gravelotte und im Ehrenthal. Berlin 1878. 8°. (Aus: Soldatenfreund.)

Sierau, Max: Zur Frage des myxödematösen Irreseins. Hamburg und Leipzig: L. Voß 1906. (15 S.) 8°. (Aus: Jahrbücher der Hamburgischen Staatskrankenanstalten Bd 11.)
Kiel, Med. Fak., Ref. Siemerling, Diss. v. 10. Mai 1906

Sierau, Max, zur Frage des myxödematösen Irreseins, s. a. Mitteilungen aus den hamburg. Staatskrankenanstalten.

Sierbán, Joh., die Hornviehzucht u. deren Nutzbarmachung m. besond. Rücksicht auf die Milchwirthschaft. 2 Thle. 8. Budapest (900). Franklin-Verein. à n. 1. —
1. Die Hornviehzucht. (80 S. m. Abbildgn.)
2. Die Nutzbarmachung des Hornviehs m. besond. Rücksicht auf die Milchwirthschaft. (79 S. m. Abbildgn.)

Sierbán, Joh., praktische Milchwirtschaft, s.: Koerfer, Stef.

Sierck [Schlagwort]

Sierck, s.: Preussen. Messtischblätter.

Sierck [Verfasser]

Sierck, Markus (Alex.)

Sierck, M., Fibel oder Elementarbuch f. den ersten Unterricht im Lesen nach der Lautmethode. 3., verm. Aufl. 8. (10 B.) Kiel 843, Schwers'sche Buchh.

Sierck, M., die Jahreszeiten; od.: die Natur u. d. Menschenleben. Ein Leitfaden f. Stadt- u. Landschulen z. Erkenntniß Gottes aus seinen Werken. In pros. u. poet. Schilderungen nach d. Dichtern d. deutschen Volkes. 8. (25⅓ B.) Kiel 841, Universität-Buchh.

— Lese- u. Erbauungsbuch f. die größere Jugend. 8. Schleswig, Taubst.-Inst.; (a. Gnobloch in Leipz.) 11 gGr.

— Lese- u. Erbauungsbuch für die größere Jugend. 3. Aufl. gr. 12. (15 B.) Kiel 842, Schwers'sche Buchh.

Sierck, (M.,) Lesebuch f. die mittlere Schuljugend. 8. Schleswig 825, Taubst.-Inst.

SIERCK, M[ARC. ALEX.]. Stufenleiter der ersten Leseübungen. Preetz (Kiel). 1820.

— Stufenleiter der ersten Leseübungen. 8. Kiel 820. Akad. B.

Siercks, Hans

Siercks, H., s.: Bildungswesen, das gesamte, im preussischen Landtag.

Das deutsche Fortbildungsschulwesen nach s. geschichtl. Entwicklung u. in s. gegenwärt. Gestalt. Von H[ans] **Siercks.** Leipzig: Göschen 1903. 174 S. 8°
(Sammlung Göschen. 392.) A 18. 1887 11

— Das deutsche Fortbildungsschulwesen, s. a. Sammlung Göschen.

— u. Fr. **Lembke,** lokale Geschäfts- u. Bürgerkunde des Handwerkers, s.: Präparationen f. den Unterricht in der gewerblichen Fortbildungsschule. I. II.

Siercks, H[ans]: Klaus Groth. Sein Leben und seine Werke. Ein deutsches Volksbuch. Mit 1 Kupferdruck. Kiel und Leipzig. 1894. 8°

Siercks, H., Klaus Groth. Sein Leben u. seine Werke. Ein deutsches Volksbuch. Mit e. Kupferdr. 8. (XII, 452 S.) Kiel 899. Lipsius & Tischer. n. 4. —; geb. in Leinw. n. 5. —

Siercks, H[ans] u. Fr. Lembke: Lehrplan und Pensenverteilung für die gewerbliche Fortbildungsschule in Heide. Kiel. 1903. 8°

Siercks, H., s.: Zeitschrift f. das gesamte Fortbildungsschulwesen in Preussen.

Sierenberg, Julius

Sierenberg, Jul., der Post-Repetitor. Taschen-Ausg. der Dienst-Anweisg. Hülfs- u. Merkbuch bei Vorbereitg. auf die (Assistenten- u.) Sekretär-Prüfg. u. zum Gebrauch f. Vorsteher u. Betriebsbeamte. Auf Grund v. Auszügen aus der Allg. D.-Anw. f. P. u. T. u. den übr. amtl. Werken bearb. nach dem Stande v. 1901. gr. 8. (VIII, 247 S.) Berlin 901. Rosenbaum & Hart. n. 3. —; geb. n. 4. —

— dasselbe. 1. Nachtragbogen m. den wichtigeren, neuesten Aendergn. der D.-Anwsgn. f. P. u. T., Oktbr. 1901 bis April 1902. (12 Bl.) gr. 8. Ebd. (902). n. — 50

Sierenberg, Jul., der Post-Repetitor. 2. Nachtragbogen m. den wichtigeren, neuesten Aendergn. der D.-Anwsgn. f. P. u. T., April 02 bis April 03. (8 Bl.) gr. 8. Berlin (903). Rosenbaum & Hart. n. — 50
Hauptwerk Ebd. 901. n. 3. —; 1 Nachtr. — 50.

Sierich, F. Otto, deutsch-samoanisches Taschenwörterbuch. 12. (45 S.) Hamburg 890. (Weitbrecht & Marissal.) n. 1.50

Sierig, Ernst, prakt. Arzt a. Georgenthal in Thüringen: Zur Lumbalanästhesie. Erfurt 1907: Ohlenroth. (65 S.) 8°
Freiburg i. B., Med. Fak., Ref. Krönig, Diss. v. 1908
[Geb. 25. Aug. 79 Grönningen (Kr. Halberstadt); Wohnort: Tambach (Gotha); Staatsangeh.: Sachsen-Koburg-Gotha; Vorbildung: Gymn. Marienburg i. Pr. Reife O. 99; Studium: Berlin 5, Freiburg i. B. 1, Kiel 1, Jena 3 S.; Coll. 26. Juli 07; Approb. 4. Aug. 04.]

Sierig, Ewald, a. Falkenberg: Das landwirtschaftliche Versuchswesen in Deutschland. Merseburg 1905: F. Stollberg. (IV, 97 S.) 8°
Tübingen, Staatsw. Fak., Ref. Leemann, Diss. v. 10. Apr. 1904
[Geb. 19. Juli 72 Falkenberg, Prov. Sachsen; Wohnort: Berlin; Staatsangeh.: Preußen; Vorbildung: Reife-Zeugnis d. Landwirtschaftssch. Dahme; Studium: Berlin 7, Tübingen 1 S.; R. g. 21. Jan. 05.]

Sierig, Ewald, das landwirtschaftl. Versuchswesen in Deutschland. (V, 98 S.) gr. 8. Berlin 905. P. Parey. n. 3. -

Sierig, Karl [aus Tremessen]: Ueber die Beeinflussung der Körpertemperatur durch einige auf die Haut gepinselte Arzeneimittel ... Berlin, C. Vogts Buchdr., *1895*: 31 S. 8.
Berlin, Med. Fak., Inaug.-Diss. v. 30. Juli 1895

Siering, Emil

Siering, E., die Justinuskirche zu Höchst, nebst kurzer Geschichte der Stadt Höchst a. M. Festschrift zur Feier des 1100 jähr. Bestehens der Kirche zu Ehren der hl. Jungfrau u. Marthyrin u. des hl. Bekenners u. Priesters Justinus zu Höchst a. M. 1890. 8. (121 S.) Höchst 890. (Th. Hoefer.) n. — 80

Siering, Emil, Pilgerfahrt der 5. Münchener Carawane nach Jerusalem u. Rom im Frühjahr 1882. 2. Aufl. gr. 8. (VIII, 176 S. m. Holzschn.) Rüdesheim 883. (Wiesbaden, Moritz & Münzel.) n. 2. 50

Siering, Emil, Pilgerfahrt der fünften Münchener Karawane nach Jerusalem und Rom im Frühjahr 1882. Rüdesheim, Meier, 1884, 1°, 102 S., 1,20 Mk.
Recens. von Schüller, Litt. Handw. 1884, 632–633.

Sierk, Markus, s. Sierck, Markus.

Sierke, Eugen, E. G. Lessing als angehender Dramatiker, geschildert nach einer Vergleichung seines „Schatzes" mit dem Trinummus des Plautus. Eine ästhet.-literarhistor. Abhandlung. gr. 8. (55 S.) Königsberg 869, Akadem. Buchh. von Schubert und Seidel.

Schwärmer und Schwindler zu Ende des achtzehnten Jahrhunderts von Eug. Sierke. Leipzig: Hirzel 1874. VI, 462 S. 8°

°[Dasselbe.] 1877.
Recens: L. 1 (1878) S. 16.
Enth. Abhandlungen üb. Swedenborg, F. A. Mesmer, Entdecker des tierischen Magnetismus, den Teufelsbanner Gassner, den Geisterbeschwörer Schrepffer u. den Magier Cagliostro.

Sierke, Eug., kritische Streifzüge. Lose Studienblätter über das moderne Theater. 1. Thl. gr. 8. (XXXIV, 535 S.) Braunschweig 881, Wreden. * 9 —
Fortsetzung ist nicht erschienen.

Sieroka, Otto Über die erziehliche Aufgabe des wissenschaftlichen Unterrichts auf dem Gymnasium. Antrittsrede geh. am 3. Febr. 1885. 8 S. **Progr.** *Allenstein* 1885.

Sieroka, Otto: [Bericht über die Enthüllungsfeier des von der Stadt und dem Kreise Allenstein gewidmeten Denkmals Kaiser Wilhelms des Großen, nebst der Festrede.] S. 20 bis 24. 4. **Progr.** Kgl. Gymn. *Allenstein* 1902 (1).

Sieroka, Otto, de Euhemero. Dissertatio philologica. Königsberg i. Pr. 869. (Nürmberger.) gr. 8. (33 S.) n. 6 ngr.

[Umschlagt.:] Sieroka, Otto [Dr., Dir.]: Die sittlichen Grundlagen des Herrschertums nach Goethes „Iphigenie auf Tauris". Rede z. Einweihg d. Wandgemäldes in d. Aula bei d. öffentl. Schulfeier am Geburtst. Sr. Maj. d. Kaisers u. Königs. Allenstein, Druck v. A. Harich, 1894; 3–8 S. 4.
Allenstein, k. G, P 1894 (1)

Sieroka, Otto Die mythographischen Quellen für Diodors drittes und viertes Buch mit besonderer Berücksichtigung des Dionysios Skytobrachion untersucht. 33 S. **Progr.** *Lyck* 1878.

Sieroka, Otto, die mythographischen Quellen für Diodors 3. u. 4. Buch mit besonderer Berücksichtigung des Dionysios Skytobrachion untersucht. gr. 4. (33 S.) Lyck 878. (Wiebe.) n. 1. —

Sieroka Otto Das Vaterländisch-Erziehliche in Heinrich von Kleists „Prinzen Friedrich von Homburg". Rede bei der öffentlichen Schulfeier der Anstalt am diesjährigen Geburtstage Sr. Majestät des Kaisers und Königs. (Umschlagtitel: ... Rede am Geburtstage Sr. Majestät des Kaisers). 4 (S. 3–8). **Progr.** Kgl. G. *Allenstein* 1891 (1).

Sieroszewski, Wacław

Sieroszewski, Wacław, sibirische Erzählungen, s.: Novellenbibliothek, internationale. Nr. 4.

Korea. Land u. Volk nach eigener Anschauung gemeinverständl. geschildert von W. Sieroszewski; einzig autor. Übers. von Stefania Goldenring, mit 27 Abb. u. 1 Landkarte. Berlin: Continent [1906]. (VII, 302 S.) 8° [07. 11763

(F) Sieroszewski, W., Ol-soni Kisan. Roman aus Korea. [Aus Nord und Ost. III. Bd.] 8°. (VI. 238 S.) K 1.80
Wien: F. Stülpnagel; C. Konegen 1907.

Sieroszewski, Waclaw, Ol-soni Kisan, s. a. Aus Nord u. Ost.

— Powrót (Rückkehr). (In poln. Sprache.) (115 S.) gr. 8. München (903). [Dr. J. Marchlewski & Co.] Etzold & Co. n. 3. —

Sierp, Wilhelm

Sierp, W., Geographie f. die Schulen des Reg.-Bez. Minden. Mit 1 Karte des Regierungsbezirks u. der Prov. Westfalen. 8. (69 S.) Arnsberg 893. J. Stahl. n.n. — 35

Sierp, W., Geographie f. d. Schulen d. Reg.-Bez. Minden. M. e. Karte d. Reg.-Bez. Minden u. d. Prov. Westfalen. 2., verb. Aufl. 8. (68 S.) Arnsberg 897. J. Stahl. n. — 35

Geographie für die Schulen des Regierungsbezirkes Minden, bearb. von Schulrat [Wilh.] Sierp. 3. Aufl. besorgt von Dr. Benkert. Mit 1 Karte. *Arnsberg: J. Stahl 1901.* (92 S.) 8° [F.] [os. 1862 6

Sierp, W., Geographie f. die Schulen des Reg.-Bez. Minden. 4. Aufl., besorgt v. e. prakt. Schulmanne. (87 S. m. 2 farb. Karten.) 8. Arnsberg 908. J. Stahl. —45

Sierpiński, S. Z., Treść Kodexu karzącego polskiego, dla użytku tak mieszkańców jako też dla kandydatów na examina prawne sposobiących się. 16. Warschau 840, Orgelbrand. 1/3 ß

Sierra Leone und das Timméné-Land. 1:600000. Gotha 1883. 1 Bl. c. L. Fl.

Sierra, Martinez, Traumbilder. Melanchol. Symphonie v. Rubén Darío. Lyrische Illustrationen v. Juan R. Jiménez. Aus dem Span. v. O. Lichtenstein. (245 S.) 8. Dresden (906). E. Pierson. n. 3. —

Siersch, A., über das Verhalten von Zink u. Zinkoxyd gegen Kochsalz. [Aus den Sitzungsber. der k. Akad. der Wiss.] Wien 867. (Gerold's Sohn.) Lex.-8. (8 S.) 1½ ngr.

SIERSTORPFF, Caspar Heinrich v.: Einige Bemerkungen über die in dem Winter 1788 und 1789 verfrornen Bäume. - Braunschweig 1790. 32 S.

Sierstorpff, Csp. Heinr. v., einige Bemerk. üb. d. in d. Winter 1788—89 erfrornen Bäume. gr. 8. Braunschweig, 1790. (Vieweg.) — 4

Sierstorpf(f), Kaspar Heinrich von, s. Bemerkungen auf e. Reise durch die Niederlande.

— über die forstmäß. Erziehung, Erhaltung u. Benutzung der vorzügl. inländ. Holzarten. 1r Thl. 1e u. 2e Abtheil. u. 2r Thl. Mit illum. Kpf. gr. 4. Hannov. 794—813. Hahn. 5 ß 12 gr

SIERSTORPFF, Caspar Heinrich v.: Über die forstmäßige Erziehung, Erhaltung und Benutzung der vorzüglichsten inländischen Holzarten ... nebst einigen Beyträgen, welche das Forstwesen überhaupt betreffen. - Hannover 1796 u. 1813. 2 Bd. - Bd. 1: Die Forstbotanik, Naturkunde der Bäume überhaupt und die Beschreibung der Eiche. 286 S. - Bd. 2: Beschreibung der Fichte. 236 S.

SIERSTORPFF, Caspar Heinrich v.: Über einige Insektenarten, welche den Fichten vorzüglich schädlich sind und über die Wurmtrockniß der Fichtenwälder des Harzes. - Helmstädt 1794. 61 S., 4 Abb.

— üb. einige Insektenarten, die den Fichten vorzügl. schädl. sind. Mit 3 Kpf. gr. 8. Helmst. 794. Fleckeisen.

(v. **Sierstorpff, C. H.**) Für die Kunstfreunde, welche meine kleine Gemälde-Sammlung besuchen wollen. Braunschweig 1817. 8°.

Jakob, das Dohlenkind. Eine Geschichte f. große u. kleine Kinder, hrsg. u. ihren Neffen gewidmet von e. kinderliebenden Tante. [Verf.: Klementine Gräfin Sierstorpff, Lubchen.] *[Lübchen: Selbstverl. 1902.]* (22 Bl.) 4° [F.] [04. 133

Siesel, Prosper, appr. Arzt a. Diemeringen ⟨Elsass⟩: Ueber wiederholte Geburten derselben Frau in bezug auf Gewichts- und Längenverhältnisse der Kinder und in bezug auf die Geburtsdauer. Straßburg i. E. 1905: [kein Drucker]. (29 S.) 8°

Straßburg, Med. Fak., Ref. Fehling, Diss. v. 5. Mai 1905

[Geb. 28. April 80 Diemeringen i. Elsaß; Wohnort: Metz; Staatsangeh.: Elsaß-Lothringen; Vorbildung: Gymn. Saargemünd Reife S. 99; Studium: Straßburg 9 S.; Coll. 12. Jan. 05; Approb. 20. Nov. 04.]

[F.] **Sieskind, Jakob** [Kammergerichtsref.]: Zur Lehre von den Bedingungen und Formen, unter welchen der gegenwärtige Umfang des heutigen deutschen Reiches erweitert und eingeengt werden kann ... Berlin, Druck v. C. H. Schulze & C. in Gräfenhainichen, 1897; VI, 38 S., 1 Bl. 8.

Berlin, Jur. Fak., Inaug.-Diss. v. 3. Febr. 1897

Sieskind, Peter: Zur Lehre von der Gehorsamspflicht der deutschen Reichsbeamten. Berlin 1899: (Herrose & Ziemsen, Gräfenhainichen). (VIII, 34 S.) 8°

Berlin, Jur. Diss. v. 22. Juni 1899

Sieskind, Richard: Ein Beitrag zur Klinik der Tumoren im Kleinhirnbrückenwinkel. Heidelberg 1908: Hörning. 36 S. 8°

Heidelberg, Med. Diss. v. 1909, Ref. W. Fleiner

Sieß, Alois

Siess, A., Zu den Epoden d. Horaz. (Ueb. Erfindung, Einrichtung u. Ordnung der] Pr. 1875. 86 S. Graz

Sieß, *Alois*: Katalog der Lehrerbibliothek des II. Staats-Gymnasiums in Graz. (Umschlagtitel: Lehrer-Bibliothek.) 8 (S. 3—30). (Fortsetzung.) 8 (S. 3—25). (Schluſs.) 8 (S. 3—24). Progr. (K. k.) zweites Staats-G. *Graz* 1898. 1899 1900

Siess, A., Die dramat. Kunst des Soph., nachgewiesen am „König Oedipus“ u. im V hältn. zu Aischylos u. Euripides beleuchtet. Pr. 1870. 20 S. 1

Siess, A.: Die dramatische Kunst des Sophokles nachgewiesen am König Oed. und im Verhältnisse zu Aeschylos und Euripides beleuchtet. 20 S. 8° – Marburg i/St. OG., Progr. 1871.

Siess, Anna, ausgewählte Gedichte. 8. (VII, 100 S.) Dresden 901. E. Pierson. n. 1.75; geb. n. 2.75

— u. Anna Wünn, Märchen u. Lieder. Mit Illustr. v. Hedw. Wiesing. 8. (III, 154 S.) Ebd. 901. n. 2.—; geb. n. 2.50

Siess Henriette: De fabularum Sophoclearum aetate.
H. 1905 PN 1840 Diss. Wien, Univ. 1591

Siess, Johannes (Ulm)
Dissertatio inauguralis medica sistens ideam pathematum hypochondriaco-hystericorum cum singulari huc faciente historia morbi.
Gissae Mai 1780: Braun. 34 S. 4°
pro licentia summos in arte salutari honores legitime consequendi.

Siess, L., Sagen aus d. oberen Mühlviertel. 1. u. 2. Bdchn. 8. (à 48 S.) Rohrbach 897. (Linz, Verl. d. kathol. Preßvereines.) à n. — 45

Siess, L., Sagen aus dem oberen Mühlviertel. 1. u. 3.—5. Bdchn. 8. Rohrbach (Linz-Urfahr, Verlag des kathol. Preßvereines). n. 1.05
1. 2. verm. Aufl. (44 S.) 898. n. —45
3—5. (à 16 S.) 899. à n. —20

Siessel, Frz., Neuhaus bei Gais im Pusterthale. Eine geschichtl. Studie. 8. (35 S.) Bozen 901. Buchh. „Tyrolia“ Murr & Co. n. — 50

Vgl. Siessl, Franz.

Zur Entwicklungsgeschichte des Islâms. — Von Franz Siessl, Stdl. — 1878. Kaiserslautern, Herm. Kayser. — S. 3—35.

Progr. Kaiserslautern, K. Gymn.

Sießl, Franz, appr. Arzt a. Neuburg a. D.: Ueber einen Fall von Rektumstenose bei Adnexeiterung. München 1906: C. Wolf & Sohn. (42 S.) 8°

München, Med. Fak., Ref. v. Bollinger, Diss. v. 13. Juni 1906

[Geb. 16. Febr. 81 Kaiserslautern; Wohnort: Neuburg a. D.; Staatsangeh.: Bayern; Vorbildung: Gymn. Neuburg a. D. Reife Juli 99; Studium: München 9 S.; Coll. 13. Juni 06; Approb. 21. Jan. 05.]

Neuhaus bei Gais im Pusterthale. Eine gesch. Studie von Coop. Franz Siessl. *Bozen: 'Tyrolia' 1901.* (35 S.) 8° [F.] [01. 1902

Vgl. Sießel, Franz.

Siesta. (Bibliothek beliebter zeitgenöss. Erzähler.) kl. 8. Berlin, H. Seemann Nachf. à Bd. — 30

Achleitner, Arth., der Forstmesslas. Eine Waldgeschichte aus Steiermark. 5.—10. Aufl. (127 S.) (910.)

— Halali! Geschichteln aus den Bergrevieren. 11.—14. Aufl. (126 S.) (910.)

Bourget, Paul, Monika. Roman. Einzig autoris. Ausg. Aus dem Franz. v. Adele Achard. 6.—10. Aufl. (109 S.) (910.)

Ewers, Hanns Heinz, hochnotpeinliche Geschichten. 5.—10. Aufl. (82 S.) (910.)

Heiberg, Herm., Ulrike Behrens. Erzählung. 3.—7. Aufl. (128 S.) (910.)

Heijermans, Herm., Schande. Erzählungen. Deutsch v. Else Otten. 3.—8. Taus. (101 S.) (910.)

Heinz, M., Leibeigen, s.: Lagerlöf, Selma.

Hoffmann, Osk., die Eroberung der Luft. Kulturroman v. J. 1940. 9.—13. Aufl. (240 S.) (910.)

Hyan, Hans, das Mädchen m. den 1000 Erinnerungen. (Humoristische Erzählgn.) 4.—8. Aufl. (127 S.) (910.)

Lagerlöf, Selma, die Kassette der Kaiserin. Erzählung. (Deutsch v. Milly Stefart.) — Heinz, M., Leibeigen. 3.—7. Aufl. (87 S.) (910.)

Larsen, Carl, die Beichte e. Frau. (Roman.) Aus dem Dän. übers. v. E. E. Luis. 6.—10. Aufl. (134 S.) (910.)

Mann, Franziska, alte Mädchen. Erzählungen. 3.—7. Aufl. (103 S.) (910.)

Maupassant, Guy de, Yvette. Aus dem Franz. von Jean Jaques Hegner. 18.—22. Aufl. (151 S.) (910.)

Meisel-Hess, Grete, Fanny Roth. Eine Jung-Frauengeschichte. 16.—20. Aufl. (134 S.) (910.)

Michaelis, Karin, Liebe. Erzählungen. 3.—7. Aufl. (142 S.) (910.)

Müller, Gust. Adf., Töchter der Sünde. Geschichten aus dem dunkelsten Leben. 6.—10. Aufl. (132 S.) (910.)

Ostwald, Hans, Berliner Nachtbilder. 26.—30. Aufl. (189 S.) (910.)

Roßner, Karl, die Mumienhand. Erzählungen. 5.—10. Taus. (119 S.) (910.)

Saltarino, Signor, Artisten-Geschichten. 3.—7. Aufl. (128 S.) (910.)

Schnitzer, Manuel, die Scheidewand. Erzählungen. 5.—10. Taus. (110 S.) (910.)

Tamm, Traug., im Föhn. 8.—14. Taus. (128 S.) 910.

Wilde, Osc., der glückliche Prinz. Moderne Märchen. Deutsch v. E. Otten. 21.—25. Aufl. (118 S.) (910.)

Siestrzencewicz de Bohusz, Stan., vgl. Bohusz.

Siestrzencewicz de Bohusz, (Archevêque St.,) Histoire du Roy de la Chersonese Taurique. 2e edit. revue. gr. 4. Mit 1 Kupf. u. 3 Ckarten. St. Petersb. 824. (Leipz. Kummer.)

— Precis des recherses histor. sur l'origine des Slaves ou Esclavons et des Sarmates. 2e edit. revue. Mit 1 Kpf. u. 3 Charten. gr. 4. Ebd. 824. (Ebd.)

— Recherches historiques sur l'origine des Sarmates, des Esclavons et des Slaves etc. IV Voll. Ornés de cartes. 8. St. Petersb. 812. (Braunschw., Plüchart). 6 ₰

— Recherches historiques sur l'origine des Sarmates, des Esclavons et des Slaves; et sur les époques de la conversation de ces peuples du christianisme. Edit. populaire. IV Tom. Mit 3 Karten. gr. in-8. St. Petersbourg et Londres 833. Asher. n. 4 ₰

Sietz, Geschichte des 2. lothringischen Infanterie-Regiments Nr. 131. 1881—1906. (70 u. 3 S. m. 25 Abbildgn.) 8. Metz 906 P. Müller. Geb. n. 1.20

Sietze. Post-Cours-Karte von Alt- und Neu-Ostpreussen, West- und Süd-Preussen und Litthauen. 1796. 1 Bl. c. Hz

Sietze, Karl Friedrich Ferdinand, Ausübung oberst richterlicher Gewalt des Staats und Cabinets-Justiz in wesentlicher Differenz dargestellt. (Accedunt: Beilagen zu der Geschichte des Arnoldschen Processes.) Potsdam 1835 Riegel. 8°

Sietze, Carl Fried. Ferd., Beleuchtung der Denkschrift u. des Gesetz-Entwurfs über Benutzung der Privat-Flüsse. gr. 8. (5 1/2 B.) Berlin 843, Jonas's Vrlgsb.

—— Grund-Begriff Preuß. Staats- u. Rechts-Geschichte, als Einleit. in d. Wissenschaft d. Preuß. Rechts. gr. 8. (47 1/2 B.) Berlin 829, Laue.

Sietze, Carl Frid. Ferd., Dissertatio inaug. quaestionem illustrans num veterum Germanorum successionis in alodia ordo fuerit parentelaris? Ps. I. 8 maj. (4 1/2 B.) Regiomonti Pruss. 830. (Fratr. Borntraeger.)

Sieveking, Amalie. Die Freundin der Armen u. Kranken, s.: Hausfreund, Hamburger.

Sieveking, Amalie Wilhelmine. Lebensbild aus der innern Mission. 8. (31 S.) Barmen 881. Wiemann. — 18

Sieveking, Karl. Aus seinem Leben, s. Bilder aus vergangener Zeit, 2. Tl.

Sieveking, s.: Säuglingsmilchküchen, die, der patriotischen Gesellschaft in Hamburg.

Sieveking, Alfred [aus Hamburg]: Der Finder und die gefundene Sache unter bes. Berücks. d. hauptsächlichen materiell-rechtl. Streitfragen ... Erlangen, k. b. Hof- u. Univ.-Buchdr. v. F. Junge, 1896; V, 107 S. 8.
Erlangen, Jur. Fak., Inaug.-Diss. v. 1896

Das deutsche Seerecht ⟨mit Ausschluß d. Seeversicherungsrechtes⟩. Ein prakt. Lehrbuch von Dr. Alfred Sieveking, Rechtsanw. Hamburg: O. Meißner 1907. (VI, 471 S.) 8° [07. 13317

Sieveking, Alfr., das deutsche private See-Recht (m. Ausschluss des See-Versicherungs-Rechtes). Eine kurz gefasste systemat. Darstellg. (Dr. Ludw. Huberti's moderne kaufmänn. Bibliothek.) (154 S. m. 1 farb. Karte.) gr. 8. Leipzig (903). [Dr. L. Huberti.] Verlag d. mod. kaufmänn. Bibliothek. Geb. in Leinw. n. 2.75

Sieveking, Amalie Wilhelmine

— Vide: Arbeit der Frauen...

Sieveking, Amalie: Die Armenpflegerin. Eine Unterweisung f. Frauen u. Jungfrauen, welche in d. Armenpflege thätig sind. Nach d. Aufzeichnungen ... — Potsdam: Engerer Ausschuß d. Evang.-Kirchl. Hülfsvereins (1902). 24 S. 8° (Schriften d. Frauenhülfe. 1.)

Sieveking, Amalie, die Armenpflegerin, s. a. Schriften der Frauenhülfe. 1.

Sieveking, Amalie Wilhelmine, Aufruf an die christl. Frauen und Jungfrauen Deutschlands. gr. 8. (34 S.) Hamburg 850. (Perthes-Besser & Mauke.) n. 1/6 ₰

Sieveking, Amalie Wilhe., erster u. zweiter Bericht üb. d. Leistungen d. weibl. Vereins f. Armen- u. Krankenpflege rc. gr. 8. (à 2 B.) Hamburg 833, 34, (Perthes-Besser u. Mauke.) à

Sieveking, Amalie Wilhelmine, dritter bis siebenter Bericht üb. d. Leistungen d. weibl. Vereins f. Armen- u. Krankenpflege rc. gr. 8. Hamburg, (Perthes-Besser u. Mauke.) [3. (2 1/4 B.) 835., 4. (3 B.) 836., 5. (3 1/2 B.) 837., 6. (4 B.) 838. à * 5 Gr., 7. (4 B.) 839. * 1/3 Thlr.] 8. 1840. *
1. u. 2. Bericht. Ebendas. 1833, 34. 8 Gr.

Sieveking, Amalie Wilhelmine, 10. u. 11. Bericht über die Leistungen des weibl. Vereins für Armen- u. Krankenpflege. gr. 8. (6. u. 4 3/8 B.) Hamburg 842, 43, (Perthes-Besser u. Mauke.) * —

— dass. 12—14. Bericht. gr. 8. Hamburg (Agentur des Rauhen Hauses.) [12. (6 B.), 844. 13. (5 B.) 845. 14. (6 B.) 46. à * 10 Ngr.] *

— dass. 15. Bericht. (Nebst Register vom 1—15. Berichte.) gr. 8. (6 B.) Ebds. 847. *

— 16. Bericht über die Leistungen des weibl. Vereins für Armen- und Krankenpflege. gr. 8. (84 S.) Hamburg 848, (Agentur des Rauhen Hauses.) *

— dass. — 17—20. Bericht. gr. 8. Hamburg, (Perthes-Besser und Mauke.) [17. (87 S.) 18. (102 S.) 19. (93 S.) 20. (90 S.) 849—52. à * 10 Ngr.] *

Sieveking, Amalie Wilhelmine, 21—23. Bericht über die Leistungen des weibl. Vereins für Armen- und Krankenpflege, den Freunden und Beförderern dieser Institutionen hochachtungsvoll gewidmet. gr. 8. (64, 71 und 83 S.) Hamburg 853—56, (Perthes-Besser und Mauke.) à Bericht * 6 Ngr. *

Sieveking, Amalie Wilhelmine, 24—26. Bericht über die Leistungen des weibl. Vereins für Armen- und Krankenpflege. gr. 8. (58, 68 und 64 S.) Hamburg 857. 58, (Perthes-Besser und Mauke.) à Bericht * 6 Ngr. *

Sieveking, Amalia, s. Bunsen, Chr. Carl Josias, Elisabeth Fry.

— Unterhaltungen über einzelne Abschnitte der heil. Schrift. gr. 12. (XVI und 510 S.) Leipzig 854(55,) G. Mayer. *

Sieveking, Amalie Wilhelmine: Vermächtniss für meine jungen Freundinnen, zunächst für diejenigen, welche mich von Angesicht kennen. — Leipzig: Gustav Mayer 1856. 48 S. 8°

— Vermächtniß für meine jungen Freundinnen, zunächst für Diejenigen, welche mich von Angesicht kennen. Separatabdruck aus den Unterhaltungen über die heil. Schrift. 2. unveränd. Separatabdr. Leipzig 856. G. Mayer. gr. 8. (48 S.)

Sieveking, Amalie Wilhelm., Vermächtniß für meine jungen Freundinnen. 3., unveränd. Abdr. aus den Unterhaltngn. über die heil. Schrift. Altona 865. Haendcke & Lehmkuhl. 16. (90 S.) 7½ ngr.

Sieveking, Amalie Wilhelmine, Vermächtniß für meine jungen Freundinnen. 4. unveränd. Abdr. aus den Unterhaltungen über die heil. Schrift. 16. (90 S.) Dresden 885, Dieckmann. geb. mit Goldschn.

Sieveking, A. W. Vermächtnis f. meine jungen Freundinnen. Min.-Ausg. 4. Aufl. Dresd. 885. Lpz., Knaur. geb. m. Goldschn. * 1 50

— Vortrag gehalten in Berlin, den 25. April 1849. [Abgedr. aus dem 17. Bericht über die Leistungen des weibl. Vereins f. Armen- und Krankenpflege.] gr. 8. (36 S.) Hamburg 850. (Perthes-Besser & Mauke.) n. ⅙ ℛ

Sieveking, E., Andeutungen über Ventilation. Anrede an gebildete Nichtärzte. gr. 8. Hamburg 846, Perthes-Besser u. Mauke. ½ ℛ

Sieveking, E. H., der Vertrauensarzt bei Lebensversicherungen. Praktisches Handbuch für Aerzte und Versicherungsbeamte. Deutsch bearb. von R. H. Pierson. Autoris. Ausg. 8. (XII, 132 S. mit 1 Tab. in qu. Fol.) Leipzig 875, Abel. * 4 75

Sieveking, Elis., Blumen am Pilgerwege. 8 (chromolithogr.) Bl. gr. 8. Hamburg 885, Agentur des Rauhen Hauses. In Leinw.-Mappe [* ℳ 8.—.] Einzeln à Bl.

Sieveking, Elis., die Seligpreisungen der Bergpredigt. 8 Bl. Chromolithogr. gr. 4. Hamburg 884, Agentur des Rauhen Hauses. In Leinw.-Mappe * 10 —

Sieveking, Friedrich [Referendar]: Bedeutung und Gültigkeit des Satzes negantis nulla probatio. . . . Leipzig, Druck v. Fischer & Wittig, 1889: 8 Bl. + 69 S. 8°
Göttingen, Jur. Fak., Inaug.-Diss. v. 13. Jun. 1889

Sieveking, F., Bedeutung u. Gültigkeit d. Satzes negantis nulla probatio. Inaug.-Diss. gr. 8. (69 S.) Leipzig 889. (Göttingen, Vandenhoeck & Ruprecht's Verl.) n. 1. 80

Die Hamburger Universität. Ein Wort d. Anregung von Dr. F[riedrich] Sieveking, Präs. Hamburg: O. Meißner 1905. (39 S.) 8° [c3. 13619]

Sieveking, Georg Heinrich

Ueber die Bestimmung des Menschen zur Glückseligkeit, durch Weisheit und Tugend. Vorgelesen in der Versammlung der drey vereinigten Freymaurerlogen in Hamburg, den 5ten Nov., 1774. [Von Georg Heinr. Sieveking.] Hamburg: Bode 1774. 40 S. 8°
Kl. 911 b. Selten. Umarb. in: Sieveking, G. H.: Zwey Reden. 1777 S. 3—28. 65.

Sieveking, G. H., Fragmente über Luxus, Bürgertugend rc. 8. Hamburg, Bohn. 797.

Sieveking, G. H., Fragmente über Luxus. 8. Hamb. 797. Jetzt Verlag von Hoffmann und Campe.

Sieveking, G. H.: Materialien zu ein. vollst. u. systemat. Wechselrechte; mit besond. Rücks. auf Hamburg; (*Hamb.* 792. 4.) mit e. Vorr. u. Anmerkk. v. Ch. U. Dtl. v. Eggers. *Kopenh.*, Arntzen u. Hartier. 802. gr. 8. (18 Gr.)

Sieveking, G. H.: „Materialien zu einem vollständigen und systematischen Wechselrecht, mit besonderer Rücksicht auf Hamburg", mit einer Vorrede und Anmerkungen von Christ. Ulrich Detlev von Eggers, Kopenhagen 1802. — Vorh.: Bibl. des Kammergerichts Berlin — Ff. 520 — und der Industrie- und Handelskammer Leipzig.

— Materialien zum Hamb. Wechselrecht, m. Anmerk. v. C. U. D. v. Eggers. gr. 8. Kopenh. Arntzen und H. (Barth in Lpz.) 802.

— an meine Mitbürger. 8. Hamb. 793.

Sieveking, G. H.: „Ueber den hamburgischen Münzfuss, mit Rücksicht auf Büsch's Grundsätze der Münzpolitik", Hamburg 1789. Bohn.

Zwey Reden, gehalten in den Versammlungen der vier vereinigten Freymaurerlogen in Hamburg. [Von Br. Georg Heinr. Sieveking.] Hamburg 1777: Bode. 46 S. 8°
Recens: Freywillige Beyträge z. d. Hamburg. Nachrichten a. d. Reiche d. Gelehrsamkeit. 1777 S. 777—779.
Kl. 950. Üb. die Bestimmung des Menschen zur Glückseligkeit durch Weisheit u. Tugend u. üb. das Andenken an unsre Tugenden. 193. 368a.

[SIEVEKING, Georg Heinrich] 1751 - 1799
Verkauf von Ländereyen in Amerika.
Hamburg: Treder. 1793. 16 S. 8°.
Harvard University Library Cambridge, Mass.
Verfasserangabe im: Heinrich Sieveking, Georg Heinrich Sieveking, Berlin 1913, S. 365-367.
Palmer: ohne Verfasser.

Geschichte und Stammbaum der Familie Sieveking, Hamburg. Abgeschlossen Ende 1901. (Als Ms. gedr. Aus d. Familienarchiv zsgest. von Dr. Georg Herman **Sieveking**.) (Hamburg 1901: Lütcke & Wulff.) 00 S., 1 Taf. 8° [10. 5001]

Sieveking, H., Die Bedeutung der Arbeiter-Organisationen für Wirtschaft und Kultur. Göttingen, 1905. 18 S.

Sieveking, *Heinrich* [app. Arzt aus Hamburg]: Beiträge zur Kenntniss des Wachsthums und der Regeneration des Knorpels nach Beobachtungen am Kaninchen- und Mäuseohr ... (Sep.-Abdr.) Naumburg a S., G. Pätz'sche Buchdr., 1891; 1 Bl., 15 S., 2 Taf. 8.
Strassburg, Med. Fak., Inaug.-Diss. v. 1891

Sieveking, Heinrich *Johann* [aus Hamburg]: Die rheinischen Gemeinden Erpel und Unkel und ihre Entwickelung im 14. und 15. Jahrhundert ... Leipzig, Duncker & Humblot, 1895; 1 Bl., 46 S., 1 Bl. 8.
Leipzig, Phil. Fak., Inaug.-Diss. v. [31. Dez.] 1895

Die rheinischen Gemeinden Erpel und Unkel u. ihre Entwickelg im 14. u. 15. Jh. Von Heinrich **Sieveking**. *Leipzig: Duncker & Humblot 1896.* (3 Bl., 70 S.) 8.
= **Studien**, Leipziger, aus d. Gebiet d. Geschichte. Bd 2. H. 2.

Genueser Finanzwesen m. bes. Berücks. der Casa Di S. Giorgio ... v. Dr. Heinrich **Sieveking**, Privatd. an d. Univ. Freiburg i. B. (Tl) I.II *Freiburg i. B., Leipzig & Tübingen: J. C. B. Mohr 1898.99.*
= **Abhandlungen**, Volkswirtsch., d. Badischen Hochschulen. Bd 1. H. 3. Bd 3 H. 3. [98. 9906

Grundzüge der neueren Wirtschaftsgeschichte vom 17. Jahrhundert bis zur Gegenwart. Von Heinrich **Sieveking**. Leipzig: B. G. Teubner 1907. (91 S.) 4°(8°) [Kopft.]
= **Grundriss** d. Geschichtswissenschaft. 2, 2. [07. 19774 4

Sieveking, Heinr., auswärtige Handelspolitik, s. a. Sammlung Göschen. 245.

Sieveking H, Auswart. Handelspolitik. (141 S) (Slg. Gösch. 245) 16° Leipzig 1905

Sieveking, H., **Auswärtige Handelspolitik.** 2., verb. Aufl. (142 S.) Leipzig, Göschen. 1910

Die Handlungsbücher der Medici. Von Prof. Dr. Heinrich **Sieveking**. Wien: C. Gerold's Sohn in Komm. 1905. (65 S.) 8°
= **Sitzungsberichte** d. Kais. Akademie d. Wiss. in Wien. Phil.-hist. Kl. Bd 151, 5. [06. 7680 9

Sieveking Heinrich, Dr.: Die Handlungsbücher der Medici. (Bericht über seine mit Unterstützung aus der Savigny-Stiftung unternommene Untersuchung der italienischen Handlungsbücher.) 1. Das Vermögen der Medici. S. 151 5 . . . . 1/2
Separatabdruck

— Die Kernpunkte der Reichsfinanzreform. (47 S.) 8. Berlin 909. K. Curtius. — 60

Sieveking, H., Kompression d. Cervikalmarkes durch e. im Wirbelkanal lieg. Neurofibrom bei e. Fall v. multiplen Neuromen, s.: **Jahrbücher** d. hamburg. **Staatskrankenanstalten.**

Aus Genueser Rechnungs- und Steuerbüchern. Ein Beitr. zur mittelalterl. Handels- u. Vermögensstatistik. Von Heinrich **Sieveking**. — Wien: Hölder in Komm. 1909. 110 S. 8°
(Sitzungsberichte d. Kais. Akad. d. Wiss. in Wien. Phil.-hist. Kl. Bd. 162, Abh. 2.)

— **Aus Genueser Rechnungs- u. Steuerbüchern,** s. **Sitzungsberichte der kais. Akademie der Wissenschaften in Wien.** Philos.-histor. Klasse 162, II.

Sieveking, Heinrich *Johann* [Dr. jur.]: Ausgew. Doktordissertationen d. Leipz. Juristenfakultät. Das Seedarlehen des Altertums. Leipzig, Veit & C., 1893; 48 S. 8.
Leipzig, Jur. Fak., Inaug.-Diss. v. [15. Apr.] 1893

Sieveking, H., üb. Striae distensae cutis. [Aus: „Jahrbb. d. Hamburg. Staatskrankenanstalten" 3. Bd.] gr. 8. (5 S.) Hamburg 894. L. Voss. n. — 75

— dasselbe, s.. **Jahrbücher der Hamburgischen Staatskrankenanstalten.**

Sieveking, Hermann

Sieveking, Herm., Anleitung zu den Uebungen im physikalischen Institut der technischen Hochschule zu Karlsruhe. (IV, 60 S.) 8. Karlsruhe 903. [W. Jahraus, Verl.] F. Gutsch. Geb. in Leinw. n. 2. 40

— **Anwendungen des Mikrophonprinzips,** s.: **Jensen, Chr.**

Sieveking, Hermann, aus Hamburg: Ueber **Ausstrahlung statischer Electricität** aus Spitzen. *Freiburg i. B.: Speyer & Kaerner 1899.* (41 S.) 8°
Freiburg i. B., Phil. Diss. v. 1899

Sieveking, Hermann, Dr.: Beiträge zur Theorie der elektrischen Entladung in Gasen. Freiburg i. B.: Speyer & Kaerner 1906. 71 S., 2 Taf. 8° ¶ Gekürzt in: Annalen d. Physik. Folge 4, Bd 20.
Karlsruhe Te. H., Hab.-Schr. v. 7. 2. 1906

Sieveking, J. H., über das Rechnungs-Verhaltniß zwischen der Nationalbank u. den 5/6 Zinsen der Hafften auf Land u. Zehnten in Danemark. ster 8. Kopenhagen 837. Reitzel. 1/4 ₰

Sieveking, J. P., über einige Derivate des Cuminol's und Cymens. Inaugural-Dissertation. gr. 8. (85 S.) Göttingen 857, (Vandenhoeck und Ruprecht's Verlagsh.) **

Sieveking, Johannes [aus Hamburg]: Das Füllhorn bei den Römern ... München, kgl. Hof- u. Univ.-Buchdr. v. Dr. C. Wolf & Sohn, 1895; 96 S., 1 Bl. 8.
Erlangen, Phil. Fak., Inaug.-Diss. v. 21. Nov. 1894

Sieveking, Joh. Peter: „Von einer Assecuranz für Rechnung eines ungenannten Versicherten", Göttingen 1791. — Vorh.: Bibl. des Kammergerichts Berlin — Fh. 1600.

Sieveking, Jh. Pt., († d. 30. Nov. 1806.) von der Assecuranz für Rechnung eines ungenannten Versicherten. 8. Götting. 791. Dieterich. 8 ₰

Sieveking, Karl, s. Dom. Der deutsche.

Sieveking, der Dom von Leipzig. 4. Hamb. Perthes u. B. 815.

Sieveking, Karl, Geschichte d. platonischen Akademie zu Florenz. 8. Götting. 812. Dieterich, 6 ₰

— s. Reimarus, J. A. H.: Lebensbeschreibung.

Sieveking, Oscar, Erster Sekretär, Hamburg: Trennung des Anspruchs auf eine Vertragsstrafe vom Hauptrecht. Ein Beitrag z. Lehre v. d. Vertragsstrafe. Borna-Leipzig 1908: R. Noske. (VI, 76 S.) 8° [F.]
Jena, Jur. Fak., Ref. Thon, Diss. v. 24. Juli 1908
(Geb. 28. April 68 Hamburg; Wohnort: Hamburg; Staatsangeh.: Hamburg; Vorbildung: Gelehrtensch. d. Johanneums Hamburg Reife O. 86; Studium: Göttingen 3, Berlin 3, Heidelberg 1, Göttingen 1 S.; Rig. 19. Mai 08.]

Sievoking, Ulrich, Referendar: Die **Passivlegitimation bei der hereditatis petitio nach gemeinem Recht und bürgerlichem Gesetzbuch.** *Hamburg 1902: Lütcke & Wulff.* (79 S.) 8°
Rostock, Jur. Diss. v. [5. März] 1902

Sievers, Carl, eine Geschichte. Hamburg 1777—82. V (Th. 1): *Curio, Johann Carl Daniel.* (schr) »1777—82« (Heine, Roman in Dtschld. Halle 1892. S. 7.) (Th. 2.): *Hanker, Garlieb.* (GGr)

Sievers, Carl, eine Gesch. 2 Thle. 8. Hamburg, Reuß. 777—83.

Sievers, der Christ in der Trübsal. Vortrag. gr. 8. (16 S.) Gotha 890, Schloeßmann. n. —40

SIEVERS, A. u. Max SIEVERS: **Dendrologische Mitteilungen über die Folgen des strengen Winters 1887/88 in Livland, Estland und Petersburg. 2. Versuch einer Anleitung zur Naturalisation von Forst- und Parkbäumen in Livland. - Berlin 1889. 32 S.**

Sievers, Anna [Übers.]
s. Reid, Mayne: Der Marone ... 1863.

Sievers, Aug., Predigt am 2. Sonnt. in den Fasten, Reminiscere, zu Goslar gehalten. Goslar 855. Schönpflug. gr. 8. (8 S.) 1⅓ ngr.

Sievers, B., v. den letzten Dingen, s. Uhlhorn, G.

Sievers, Bernh., die Regel d. hl. Augustinus, in symbol. Bildern dargestellt an den Chorstühlen zu Grauhof a. Harz. gr. 8. (37 S.) Hildesheim 898. A. Steffen. n. —60

Sievers, Christian: Ein Fall von Pulsionsdivertikel der Speiseröhre. Kiel 1899: P. Peters. (15 S.) 8°
Kiel, Med. Diss. v. [27. März] 1899

Sievers, E.: Beitrag zur Geschichte der **Celluloidwaren-Jndustrie. Offenbach a. M.** 1903

Abriss der angelsächsischen Grammatik v. Eduard **Sievers.** *Halle a. S.: M. Niemeyer 1895.* (2 Bl., 56 S., 2 Tab.) 1 Bd 8.
= Sammlung kurzer Grammatiken german. Dialekte. Reihe C. Abrisse. No 2. [96. 3051]

Abriss der angelsächsischen Grammatik v. Eduard Sievers. 2. Aufl. *Halle a. S.: Niemeyer 1899.* (2 Bl., 60 S., 2 Tab.) 1 Bd 8.
= Sammlung kurzer Grammatiken german. Dialekte. C. No 2. [illegible]

Abriß der angelsächsischen Grammatik von Eduard **Sievers.** 3. Aufl. Halle: M. Niemeyer 1904. (62 S.) 8°
= Sammlung kurzer Grammatiken german. Dialekte. C. 2. [06. 1634 S]

Sievers, Ed., zur Accent- u. Lautlehre der germanischen Sprachen. [Aus: „Beiträge zur Gesch. der deutschen Spr. u. Lit."] gr. 8. (123 S.) Halle 878. Niemeyer. n. 3. —

— u. Herm. **Guthe,** Amos, s.: Abhandlungen der kgl. sächsischen Gesellschaft der Wissenschaften. Philol.-histor. Klasse 23, III.

Sievers, Eduard, Althochdeutsch antlengen und Verwandtes, s. Festgruss an Otto v. Böhtlingk.

Sievers, Eduard, altnordisch Avenn(i)r, þrenn(i)r, fernir. — s.: Abhandlungen der königl. sächsischen Gesellschaft der Wissenschaften. Phil.-histor. Klasse 25, V.

Sievers, Eduard, s.: Beiträge zur Geschichte der deutschen Sprache **u. Literatur.**

Verzeichnis der Doctoren welche die philosophische Facultät der K. württembergischen Eberhard-Karls-Universität in Tübingen im Decanatsjahre 1886—1887 ernannt hat. Beigefügt ist eine Abhandlung: Oxforder Benedictinerregel herausgegeben von Dr. Eduard Sievers, ord. Prof. d. german. Phil. Tübingen, L. Fr. Fues'sche Buchdr. (Fues & Kostenbader), 1887; IV + XXII + 46 S. 4°.

—— **Oxforder Benedictinerregel, hrsg. gr. 4. (XXII, 46 S.) Halle 887, Niemeyer.** *

—— **Tübinger Bruchstücke der älteren Frostuthingslög, hrsg. gr. 4. (52 S.) Halle 886, Niemeyer.** *

Sievers, Eduard (Bearb.), s.a. Glossen, Die althochdeutschen.

Sievers, Ed., die althochdeutschen Glossen, s.a. Steinmeyer, E.

— **angelsächsische** Grammatik, s.: Sammlung kurzer Grammatiken germanischer Dialecte.

Angelsächsische Grammatik v. Eduard **Sievers.** 3. Aufl. *Halle: M. Niemeyer 1898.* (XIII, 318 S.) 1 Bd 8.
= Sammlung kurzer Grammatiken german. Dialekte. [Bd] III. [98. 10503 H]

—— Grundzüge der Lautphysiologie zur Einführung in das Studium der Lautlehre der indogermanischen Sprachen, s. Bibliothek indogermanischer Grammatiken.

— Grundzüge der Phonetik, } s.: Sammlung kurzer Grammatiken germanischer Dialekte.

— Grundzüge der Phonetik zur Einführung in das Studium der Lautlehre der indogermanischen Sprachen, s.a. Bibliothek indogermanischer Grammatiken. I.

Grundzüge der Phonetik zur Einführung in d. Stud. d. Lautlehre d. indogerm. Sprachen. Von Eduard **Sievers.** 5. verb. Aufl. *Leipzig: Breitkopf & Härtel 1901.* (XVI, 328 S.) 8°
— **Bibliothek indogermanischer Grammatiken.** Bd 1 [illegible]

— **der Heliand u. die angelsächsische Genesis.** gr. 8. (49 S.) Halle 875. Niemeyer. n. 1. 50

— **Heliand, s.: Handbibliothek,** germanistische.

Sievers, Ed., die Murbacher Hymnen. Nach den Handschriften hrsg. gr. 8. (VI, 105 S. mit 2 lithogr. Facs.) Halle 874, Buchh. des Waisenhauses. *

Sievers, Ed. Altgermanische Metrik, s.a. Sammlung kurzer Grammatiken germanischer Dialekte.

— altgermanische Metrik. 2. verb. Aufl. Durchgesehen v. Frdr. Kauffmann u. Hugo Gering. (III, 38 S.) Lex.-8. Strassburg 905. K. J. Trübner. n. 1.—
Sonderabdruck aus: „Paul's Grundriss der german. Philol."

—— **Paradigmen zur deutschen Grammatik. Gotisch, Altnordisch, Angelsächsisch, Altsächsisch, Althochdeutsch, Mittelhochdeutsch. Zum Gebrauch bei Vorlesungen zusammengestellt. hoch 4. (VIII; 30 Blatt auf 25 Taf. in gr. 4.) Ebendas. 874. In Mappe** *

— Proben e. metrischen Herstellung der Eddalieder. gr. 4. (80 S.) Halle 885. (Niemeyer.) n. 3. 60

Rektoratswechsel an der Universität Leipzig am 31. October 1901. 1. Rede des abtretenden Rektors Dr. Paul Zweifel: Bericht über das Studienjahr 1900/1901. 2. Rede des antretenden Rektors Dr. Eduard Sievers: Über Sprachmelodisches in der deutschen Dichtung. *Leipzig (1901): A. Edelmann.* (39 S.) 4°

— metrische Studien. I. Studien zur hebr. Metrik, s.: Abhandlungen der königl. sächs. Gesellschaft der Wissenschaften. Philol.-hist. Cl. 21. I. II.

— metrische Studien. II. III, s.: Abhandlungen der königl. sächs. Gesellschaft der Wissenschaften. Philol.-hist. Klasse. 33. I. II. 33 IV.

— Tatian, s.: Bibliothek der ältesten deutschen Litteratur-Denkmäler.

— Zur Technik der Wortstellung in den Eddaliedern, s.: Abhandlungen der königl. sächsischen Gesellschaft der Wissenschaften. Philol.-histor. Klasse 27. XV.

Sievers, Eduardus: Zum angelsächsischen Vocalismus. *Lipsiae (1900): A. Edelmann.* (S. 1—60.) 4°
Leipzig, Verz. d. Promotionen in d. phil. Fak. 1890—1900

—— s. Wimmer, Ludw. F. A., altnordische Grammatik.

Sievers, Eduard Wilhelm

Sievers, E. W., Shakspeare's Dramen für weitere Kreise bearb. (Nr.) I—IV. 8. Leipzig, W. Engelmann.
Inhalt:
(Nr.) I. Hamlet. (264 S.) 851. 27½ Ngr.
„ II. Julius Cäsar. (110 S.) 851. 15 Ngr.
„ III. König Lear. (157 S.) 851. 22½ Ngr.
„ IV. Romeo und Julie. (150 S.) 852. 15 Ngr.

Sievers, E. W., Shakspeare's Dramen, für weitere Kreise bearb. V. (Bd.): Othello. Braunschweig 853. Westermann. 8. (2 Bl., 132 S.) n. 20 ngr.

Sievers, E. W., Shakespeare's zweiter mittelalterlicher Dramen-Cyclus. M. e. Einleitg. v. W. Wetz. gr. 8. (XXV, 256 S.) Berlin 896. Reuther & Reichard. n. 5.—; geb. n.n. 6.—

Sievers, E. W. Ueber die Grundidee des Shakspeare'schen Drama's Othello. Gotha, Rg., 1851. 15 S. 4. Progr.

Sievers, E. W., De Odrysarum imperio commentatio. 1842. 52 S. 1.2

Sievers, E. W., William Shakspeare. Sein Leben und Dichten. 1. Bd. gr. 8. (XVI und 534 S.) Gotha 866, Besser.

— über die Tragödie überhaupt und Iphigenie in Aulis insbesondere. Gelegenheitsrede. gr. 12. (44 S.) Hamburg u. Gotha 847, F. u. A. Perthes. 8 ngr.

Sievers, Friedrich *Wilhelm Emil Diedrich* [app. Arzt aus Elsfleth]: Aus d. Laboratorium d. pharmakognost. Sammlung in Kiel. Beitrag zur Kenntnis der Wirkung des Triacetonamincyanhydrin ... Kiel, Druck v. A. F. Jensen, 1897; 25 S., 1 Bl. 8.
Kiel, Med. Fak., Inaug.-Diss. v. [22. Juli] 1897

Sievers, Fr[itz]: Über die Wasserversorgung der Flechten. 32 S. 4.
Berecht. Landwirtschaftl. Schule Marienberg mit Realabt. *Helmstedt* 1908 (908). Progr.

Sievers, G. C., de methodo Socratica. 8. Altona, Hammerich. (in Comm.) 813. -

Sievers, G. L. W., die Heilsordnung des alten hannoverschen Landeskatechismus. Winke zur Behandlung desselben. (Abdr. aus dem hannoverschen Volksschulboten.) Hannover 862. Hahn in Comm. 8. (11 S.) n. 1 ngr.

—— Unterricht im christlichen Glauben nach dem kleinen Katechismus Luthers mit Benutzung des alten hannover. Landeskatechismus. 8. (32 S.) Hannover 863, (Hahn'sche Hofbuchh.) *

Sievers, G. L. W., die Civilehe. Vortrag am ersten Tage der luth. Pfingst-Conferenz zu Hannover. 3. Juni 1874. [Aus: „Hannov. Pastoral-Correspondenz."] gr. 8. (19 S.) Hannover 874. Feesche. n. — 25

Sievers, Georg [aus Berlin]: Die politischen Beziehungen Kaiser Ludwigs des Baiern zu Frankreich in den Jahren 1314 bis 1337. III. Abschn., III. Kap. Die dritte Gesandtschaft, Herbst 1336 bis Frühjahr 1337 ... [Erschien vollst. als Heft 2 von: Histor. Stud. veröffentl. v. E. Ebering.] Berlin, C. Vogts Buchdr., *1896;* 32 S., 1 Bl. 8.
Berlin, Phil. Fak., Inaug.-Diss. v. 13. Juni 1896

Die politischen Beziehungen Kaiser Ludwigs des Baiern zu Frankreich in den J. 1314—1337. Von Georg **Sievers,** Dr. phil. *Berlin: E. Ebering 1896.* [S. 1—32 erschien als Berl. Diss. 1896.] (VI S., 1 Bl., 206 S.) 1 Bd 8.
= Studien, Historische. H. II. [97. 4951

Sievers, Georg Ludwig Peter

SIEVERS, G. L. P., Der weibliche Abälino (so!) oder das Mädchen in vielerley Gestalten. Romantisches Schauspiel in fünf Akten. Leipzig 1802. bei Wilhelm Rein. 8°.
Gestoch. Tit., 2 Bll. Vorr. (dat. Braunschweig, im März 1802), 213 S., 1 S. Druckf. — Zahm.

Vgl. Abällino, ...

Sievers, Geo. Ldw. Pt., Auswahl aus d. vorzügl. französ. Schauspielen. (Enth.: 1) Hans v. Krikkrack. 12 gr. 2) Die Narbe an d. Stirn. 16 gr. 3) Die kom. Ehe. 16 gr.) 8. Leipz. 803. Rein. 1 rß 12 gr.

— Betrug für Betrug. Lstspl. 8. Hamb. 805. (Herold jun.) 6 gr.

— Dass., Posse in Versen. 8. Insbr. 793. Wagner. 6 gr.

— der Eilfertige. Originalcharaktergemälde in Versen, in 5 A. 8. Leipz. 814. Cnobloch. 18 gr.

— Er u. Sie. Lstspl. 8. Hamb. 805. Herold jun. 8 gr.

— — Die Kleinstädter. Ein komischer Roman. 2 Thle. Leipzig, Weigel, 1809. 8°. ($2^2/_3$ Rthl.) Rar!

Sievers, Georg Ludwig Peter, s. Lessings Schädel.

Sievers, Geo. Ludw. Pet., Mozart u. Süssmayer, e. neues Plagiat, ersterm zur Last gelegt, u. e. neue Vermuthung, d. Entstehung d. Requiems betreff. gr. 8. (7½ B.) Mainz 829. Schott's Söhne.

— d. Narbe an d. Stirn. Lstspl. in 4 A. 8. Leipz. 802. Rein. 16 gr.

— der Sarg, od. die Zwillingsschwestern. 4 Bde. 8. Hamb. 805—807. N. A. 814. (Herold jun.) 3 rß

— s. Schatzgräber, Der.

— neue Schauspiele. 8. Hamb., (Herold jun.) 1 rß

— neue Schauspiele. 8. Hamb. Vollmer.

Sievers, G. L. P., Schauspieler-Studien. Ein unentbehrliches Handbuch f. öffentl. u. Privat-Schauspieler, so wie f. sämmtl. Kunstfreunde. 8. Braunschw. Liter. Museum. (Leipz. Cnobloch.) 813.

Sievers, Geo. Ldw. Pt., der Schutzgeist Westphalens; eine romant. Dichtung, d. 15. Nov. gewidmet. 8. Cassel 808.

— Treue u. Untreue. Oper in 1 A. 8. Hamb., (Herold jun.) 9 gr.

Sievers, G. L. P., über Madame Valabregue-Catalani, als Sängerin, Schauspielerin und mimische Darstellerin. gr. 8. Leipzig, Brockhaus. 816. (Aus den Zeitgenossen besonders abgedruckt.)

— der Citronenwald. Origin.-Lstspl. in 4 Aufz. 8. Leipz. 809. Weigel. (Arnold in Dresd.) 16 gr.

ZWILLINGSSCHWESTERN, Die, der abentheuerlichste Roman unsres Jahrhunderts (von *Georg Ludw. Peter Sievers*). Hamburg 1805—7.
Anon.-Lex. IV. p. 445 (nach Goedeke u. Meusel).

Sievers, Gottfried

Sievers, Gfried., Hamburg am Schlusse des 17. Jahrh. Eine Studie. 16. (IV, 85 S.) Hamburg 872, Mauke Söhne. *

Sievers, Gottfried (Hrsg.), s. Sievers, Gotthold Reinhold: Studien z. Gesch. d. röm. Kaiser.

Sievers, Gotthold Reinhold

Sievers, G. R., Anleitung zum Uebersetzen aus dem Deutschen in das Französische. 1. und 2. Kursus. gr. 12. (VIII und 96 S.) Hamburg 857, O. Meißner.

—— dass. — 3. Cursus. gr. 12. (VIII und 102 S.) Ebendas. 857.

—— dass. — 4. und 5. Kursus. 2., verm. Ausg. 8. (VIII und 344 S.) Ebendas. 857.

Sievers, Gthold. Rhold., Anleitung zum Uebersetzen aus dem Deutschen in das Französische. 1. und 2. Cursus. 2., verb. Aufl. 8. (IV und 98 S.) Hamburg 865, O. Meißner.

Sievers, G. R. Antoninus Pius. (40) 4. Hamburg 1860.

Sievers. Thebens Befreiung von spartanischer Herrschaft. Pr. 1887. 88 S. 4°.

Sievers, G. R., Commentationes histor. de Xenophontis Hellenicis. Ps. I., qua contin. quaestiones de lib. I et II. 8 maj. (7 B.) Berolini 833, Reimer.

Sievers, G. R., Geschichte Griechenlands vom Ende d. peloponnes. Krieges bis z. Schlacht bei Mantinea. gr. 8. (27 B.) Kiel 840, Universität-Buchh.

Sievers, G. R., zur Geschichte des Nero und des Galba. Hamburg 860. (O. Meissner.) gr. 4. (57 S.) 15 ngr.

Sievers, G. R., Aus dem Leben des Libanius. Pr. 1868. 38 S. 1.25

Sievers, G. R., das Leben des Libanius. Aus dem Nachlasse des Vaters hrsg. von Gfr. Sievers. gr. 8. (VIII, 324 S.) Berlin 868, Weidmann'sche Buchh. *

—— Studien zur Geschichte der römischen Kaiser. Aus dem Nachlasse des Vaters hrsg. von Gfried. Sievers. gr. 8. (VII, 574 S.) Ebendas. 870. *

Sievers, Heinrich

Sievers, Heinr., s.: Handelsgesetze, die, des Erdballs (Handels- u. Seerecht, Wechselrecht, Konkursrecht u. Versicherungsrecht) v. Deutschland.

Sievers, H., das Staatsrecht der freien Hansestadt Bremen, s. Handbuch des öffentlichen Rechts der Gegenwart.

Sievers, Hermann, bacc. jur.: Das kaufmännische Zurückbehaltungsrecht ⟨HGB §§ 369—372⟩. *Leipzig: Roßberg 1904.* (57 S.) 8° [J.]
Leipzig, Jur. Diss. v. 1904

Sievers, Hugo Ernst: Ueber 3 Fälle von Durchbruch tuberkulöser Bronchialdrüsen in die Luftwege. Marburg 1902: H. Bauer. (28 S.) 8°
Marburg, Med. Diss. v. 14. Aug. 1902

Sievers, J., alphabetisches Firmen-Verzeichniss sämmtlicher Kohlengruben im Ober-Berg-Amts-Bezirk Dortmund. 8. (22 S.) Iserlohn 874. Baedeker. n. — 50

Sievers, J. Alphabetisches Firmen-Verzeichniss sämmtl. Kohlengruben im Oberbergamts-Bez. Dortmund. 2. Aufl. 8. (21 S.) Lpz. 890, J. Baedeker. * — 50

Sievers, J., die Flötzlagerung in der Stoppenberger und Horster Mulde. 4. (13 S. mit 6 lithogr. Texttaf. in 4. und 1 lithogr. Taf. Profile in qu. Fol.) Berlin 874, Ernst und Korn. *
Aus: Zeitschrift für Berg-, Hütten- und Salinen-Wesen, besonders abgedruckt.

Sievers, J., Uebersichtskarte der Berg- und Hüttenwerke im Ober-Bergamts-Bezirke Dortmund. 1 : 800,000. Fol. Iserlohn 869, Baedeker. In Carton * 3 50
—— dass. — Nach amtl. Material zusammengestellt und bearb. im J. 1868 und in 2. Aufl. vervollständigt 1871. 1 : 80,000. Fol. Ebendas. 871. * 3 50
—— dass. — 3. und 4. verm. und verb. Aufl. 1 : 80,000. Fol. Ebendas. 873,74. * 4 50

Sievers, J., Uebersichtskarte der Berg- und Hüttenwerke im Ober-Bergamts-Bez. Dortmund. Nach amtl. Material bearb. 1 : 80,000. 2 Bl. Chromolithogr. 5. verb. Aufl. qu. gr. Fol. Iserlohn 878, Bädeker. * 4 50

Sievers, J., Uebersichtskarte der Berg- und Hüttenwerke im Ober-Bergamts-Bez. Dortmund. Nach amtl. Material bearb. 1 : 80,000. 6. verb. Aufl. Chromolithogr. qu. gr. Fol. Iserlohn 883, Bädeker. * 4 50

Sievers, J. Uebersichtskarte der Berg- u. Hüttenwerke im Ober-Bergamts-Bezirk Dortmund. Nach amtlichen Material bearb. 1 : 80,000. 7. verb. Aufl. Chromolithogr. Fol. Lpz. 890, J. Baedeker. * 4 50

Sievers, J. Uebersichtskarte der Berg- und Hüttenwerke im Ober-Bergamts-Bezirk Dortmund. 8. verb. Aufl. Leipzig 1897

—— alphabetisches Verzeichniss sämmtlicher Kohlengruben im Ober-Berg-Amts-Bezirk Dortmund. 1. Aufl. 1869, und 2. Aufl. 8. (23 S.) Iserlohn 873, Baedeker. *

— alphabetisches Verzeichniss sämmtlicher Kohlengruben im Ober-Berg-Amts-Bezirk Dortmund. 2. Aufl. 8. (23 S.) Iserlohn 874. Baedeker. n. — 50

Sievers, J., alphabetisches Verzeichniss sämmtlicher **Kohlengruben im Oberbergamts-Bez.** Dortmund. 3. Aufl. 8. (24 S.) Leipzig 890. J. Baedeker. n. — 50

Sievers, J. Gh., Aufgaben für die Raumlehre auf der Oberstufe der deutschen Volksschule. 8. (78 S. Langensalza 875, Schulbuchh. von Greßler.

Sievers, J. H., allgemeine Geographie in populärer u. unterhaltender Darstellung nach den besten Quellen. Mit 1 (lith.) Mondkarte (in qu. 4.) gr. 8. (320 S.) Zofingen 875. Schauenberg-Ott. n. 3. —

Sievers, J. H., allgemeine Geographie in populärer und unterhaltender Darstellung nach den besten Quellen. gr. 8. Zofingen 875. Zürich, Trüb'sche Buchh. * 3 —

Sievers, J. H., Preussens muthige, siegende Schaar. Lied. gr. 8. (4 S.) Berlin 866, Cohn.

Sievers, Graf Jak. Joh., Denkwürdigkeiten, s. Blum, Carl Ludw., ein russischer Staatsmann.

Sievers, Johannes, a. Berlin: Pieter Aertsen. Ein Beitrag zur Geschichte der niederländischen Kunst im 16. Jahrhundert. Halle an der Saale 1906. (VI, 148 S.) 8°
Halle, Phil. Fak., Ref. Goldschmidt, Diss. v. 26. Juli 1906
[Geb. 27. Juni 80 Berlin; Wohnort: Berlin; Staatsangeh.: Preußen; Vorbildung: Friedr.-Gymn. Berlin Reife O. 01; Studium: München 3, Berlin 5, Halle 3 S.; Rig. 19. Febr. 06.]

Pieter Aertsen. Ein Beitrag z. Geschichte d. niederländ. Kunst im 16. Jh. Von Johannes **Sievers**. Mit 32 Lichtdrucktaf. Leipzig: K. W. Hiersemann 1908. (147 S.) 4°(8°)
= **Monographien**, Kunstgeschichtliche. 9. 1o8. 1896

Sievers, Jh., (Jh. Aug. Karl,) († 1797 oder 1798.) Briefe aus Sibirien. gr. 8. St. Petersb. 796. Logan. 1 ₰ 4 gr (Cnobloch in Leipz.) 1 ₰

Kgl. Museen zu Berlin. Die neuere Kunst im Königl. Kupferstichkabinett. Eine Anleitung z. Benutzung d. Sammlung. (Verf.: Dr. Johannes **Sievers**.) Berlin: G. Reimer 1910. 62 S. 8° 10. 1117

Sievers, Johann August Karl

— De Morbis qui a diversis aeris constitutionibus originem petunt in genere. Helmstadii (1760:) Schnorr. 50 S. 8°
Helmstedt, Med. Diss. v. 20. Okt. 1760

Sievers, Johann Fr. Er.

Sievers, J. F. E., Diss. sistens hypochondriacae atque hystericae dispositionis causas nonnullas praecipuas, quas hodiernis maxime temporibus ad ejusmodi dispositionem inter mortales plurimum conferre solent. Pars I. Helmst. 8°.
1793

— Verzeichniß derjen. Getraide, Gräser, Futterkräuter u. sonst nützl. Gewächse, welche in se. neuen Gartenanstalt zu Helmstädt zum Gebr. für akadem. Vorlesungen ausgesäet u. angezogen sind. 8. (Helmst.) 808.

Sievers, Johann Heinrich

Sievers, J. Hnr., s. Bulwer, Werke.

Sievers, Joh. Heinr., Frühlingsgabe. gr. 8. (1 B.) Schwerin 846, Kürschner'sche Buchh. *

— **Kinder der Zeit. Gedichte. gr. 12. (6 B.) Jena 843, Frommann.**

Sievers, J. H., Was ist zu thun? s. **Hefte, freie, des Leipziger Journals.**

— **Wladyslaw u. Dissepli. Eine tscherkessische Erzählung. 8. (8¾ B.) Leipzig 840, Brockhaus.** *

Sievers, Joseph: U n t e r s u c h u n g e n über nen Gallertkropf (Adenoma gelatinosum gland. thyr.) . . . Würzburg: Paul Scheiner's Buchdr., 1889. 23 S. 8°
Würzburg, Med. Fak., Inaug.-Diss. v. 1889

Sievers, Jürgen Über die erweiterte π Funktion. 24 S. *Frankenberg* 1884. **Progr.**

Sievers, Jürgen, Sammlung theoretisch-praktischer Aufgaben. gr. 8. (III, 86 S. m. 49 Fig.) Leipzig 899. Dürr'sche Buchh. n. 1. 80

Sievers, J., kurzgefaßtes planimetrisches Wiederholungsheft. [Mit 1 lith. Taf.] 8. (IV, 24 S.) Frankenberg 883. Roßberg. n. — 50

v. Sievers, Karl Fr., († d. 1. Aug. 1823.) Entwurf zur Abhelfung der, zeither in Livland stattgehabten, Mißbräuche in Anwendung des Näher- u. Einlösungs-Rechts von Seiten eines minorenn Gewesenen nach erlangter Majorennität. 8. St. Petersb. 806. (54 S.) (Anonym.)

Sievers, L., Schmarotzer-Statistik aus den Sections-Befunden d. pathologischen Instituts zu Kiel vom J. 1877—1887. [Aus dem patholog. Institute zu Kiel.] Inaug.-Diss. gr. 8. (24 S.) Kiel 887. Lipsius & Tischer. n. 1. —

Ludwig Sievers

De Hydrope cerebri acuto infantum. Gottingae (1830:) Dieterich. 44 S. 8°
Göttingen, Med. Diss. v. 28. Dez. 1830

Sievers, Max, approb. Arzt aus Göttingen: **Beitrag zur Statistik der Perityphlitis auf Grund der in den Jahren 1877—1901 in der medizinischen Klinik zu Göttingen beobachteten Fälle.** *Göttingen 1902: L. Hofer.* (34 S.) 8°
Göttingen, Med. Diss. v. [24. Febr.] 1902

Sievers, Max, Beitrag zur Statistik der Perityphlitis auf Grund der in den J. 1877—1901 in der medizinischen Klinik zu Göttingen beobachteten Fälle. Diss. gr. 8. (35 S. m. 1 Tab.) Göttingen 902. (Vandenhoeck & Ruprecht.) n. 1. 20

Sievers, Max: Dendrolog. M i t t e i l u n g e n . . . , s. S i e v e r s, A.

Sievers, O., Quaestiones onomatologicae I. De nominum Graecorum metaplasmis quibusdam Latinis. Diss. 1872. 41 S. 1.

Sievers, Otto

Sievers, O., Demetrius. Geschichtliches Trauerspiel in 4 Aufzügen. Mit Benutzg. d. Schiller'schen Bruchstücks bis zur Verwandlg. im 2. Aufzug. 8. (VII, 136 S.) Braunschweig 888. Goeritz, Verl. n. 2. —

Sievers, Otto. Gedichte. Aus dem Nachlaß d. Dichters hrsg. v. dessen Witwe. 8. (XXIV, 124 S. m. Portr.) Braunschw. 891, Goeritz Verlag. * 2 70; geb. * 3 70

Sievers, Otto, Robert Griepenkerl, der Dichter des „Robespierre". Biographisch-kritische Skizzen. [Mit mehreren bisher ungedruckten Gedichten u. Briefen.] 8. (176 S.) Wolfenbüttel 879. Zwißler. n. 3. —

Sievers, Otto, Jean Paul und seine Anschauung von Welt und Leben, s. Sammlung gemeinverständlicher Vorträge und Abhandlungen.

— Waterloo. Historie in 5 Aufzügen. 8. (IV, 123 S.) Ebd. 889. n. 2. —

Sievers, Paul, a. Verden a. d. Aller: Die Accente in althochdeutschen und altsächsischen Handschriften. (Abschn. A u. B, Typus 1.) (Berlin: Mayer & Müller 1906.) (63 S.) 8°
(Erscheint vollst. als Palaestra H. 57.)
Berlin, Phil. Fak., Ref. Roethe, Diss. v. 30. Juni 1906
[Geb. 6. Mai 81 Syke bei Bremen; Wohnort: Berlin; Staatsangeh.: Preußen; Vorbildung: Domgymn. Verden Reife O. 00; Studium: Freiburg i. B. 1, Marburg 1, Kiel 1, Berlin 7 S.; Rig. 11. Jan. 06.]

Sievers, Paul: Die A c c e n t e in althochdeutscher und altsächsischer Handschriften. Berlin: Mayer & Müller 1909. 136 S. 8°
Ein T. erschien als Inaug.-Diss. Berlin 1906.
(Palaestra. 57.)

Sievers, Paul, Referendar in Braunschweig: Die Selbsthülfe im Besitzrecht des Bürgerlichen Gesetzbuches. Hamburg 1905: Pontt & v. Döhren. (45 S.) 8° [F.]
Leipzig, Jur. Fak., Diss. v. 15. Mai 1905
[Geb. 19. Juni 82 Braunschweig; Wohnort: Braunschweig; Staatsangeh.: Braunschweig; Vorbildung: Gymn. Martino-Katharineum Braunschweig Reife O. 01; Studium: Freiburg i. B. 1, Göttingen 3, Berlin 2 S.; Rig. 6. Juli 04.]

Sievers, Ph. Heinrich Fr.

Sievers, P. H. G., der Kampf gegen den Geist d. Zeit, in Predigten. gr. 8. Hannov. Gebr. Hahn. 814.

Sievers, Ph. Hnr. Fr., zwei Predigten, am 31. Dec. 1809 u. 1. Jan. 1810 gehalten. gr. 8. Hannov. 810. Hahn. 6 gr.

Sievers, Richard, aus Braunschweig: Thomas Deloney. Eine Studie üb. Balladenliteratur d. Shakspere-Zeit. Nebst Neudruck von Deloney's Roman 'Jack of Newbury'. *Weimar 1903: R. Wagner Sohn.* (IV, 32 S.) 8° ¶ (Erscheint vollst. mit d. Neudruck in: Palaestra.)
Berlin, Phil. Diss. v. 12. Aug. 1903

Thomas Deloney. Eine Studie über Balladenlitteratur d. Shakspere-Zeit. Nebst Neudr. von Deloney's Roman 'Jack of Newbury' (The pleasant history of John Winchcomb). Von Dr. Richard **Sievers**. *Berlin: Mayer & Müller 1904.* (VIII, 244 S.) 8°
— Palaestra. 36. [04. 3617 10

Sievers, Roderich, approb. Arzt aus Bremen: Congenitaler **Femurdefekt.** *Leipzig 1904: B. Georgi.* (55 S.) 8°
Leipzig, Med. Diss. v. (13. Jan.) 1904

Sievers, Siegfried, Referendar: Der Schleppzug als nautische Einheit. Lübeck 1909: Rahtgens. 52 S. 8°
Göttingen, Jur. Diss. v. 26. April 1909, Ref. Ehrenberg
[Geb. 30. Mai 86 Lübeck; Wohnort: Lübeck; Staatsangeh.: Lübeck; Vorbildung: Gymn. Lübeck Reife O. 04; Studium: Freiburg i. B. 1, Leipzig 3, Göttingen 2 S.; Rig. 24. Febr. 09.] [U 09. 1292

Sievers, Theodor

— **Ernst u. Laune. Scherze u. Gedichte zum Vortrage am Polterabend. gr. 8. (64 S.) Altona 852. (Lehmkuhl & Co.) n. 8 ngr**

Sievers, Thdr., die deutsche Flotte. 8. (4 S.) Magdeburg 848, (Creutz'sche Buchh.)

Sievers, Theodor: Vermischte Gedichte. Hamburg. 1847. 8°

—— der poetische Hausfreund. Spenden der Muse für die Stunden der Freude und des Leides im Kreise der Familie. gr. 8. (IV und 272 S.) Altona 852, Sievers.

—— der fliegende Holländer, s. Holländer.

Sievers, Thdr., der fliegende Holländer. Neuestes Liederbuch für Seeleute. (3. Aufl.) 32. (128 S.) Altona 865, Verlags-Bureau.

Sievers, Thdr., der fliegende Holländer. Neuestes Liederbuch f. Seeleute. 3. Aufl. 32. (128 S.) Altona 875. Verlags-Bureau. n. — 50

Sievers, Thdr., kein Diebstahl mehr! Sicherheit des Eigenthums durch ein gesetzl. Vorbeugungs-Verfahren. Darstellung, wie ohne Strafen und Vereine der Verarmung zu steuern und die Sicherheit des Besitzes zu erzielen sei. 8. (X u. 67 S.) Magdeburg 847, Quednow in Comm. n. 1/3 rthlr

Sievers, Theodor: Humoristische Vorlesungen und Vorträge. Altona. [1860.] 8°

—— **humoristisch-poetische Wanderbilder in und um Magdeburg. 12. (40 S.) Magdeburg 847, (Quednow.)**

—— **was die Herzen all' beweget, jetzt im deutschen Vaterland. Gedicht. 8. (8 S.) Hamburg 847, (Heller.)**

— **was die Herzen all' beweget, jetzt im deutschen Vaterland. Gedicht. 8. (8 S.) Hamburg 847. (Volksbuchh. in St. Pauli.) 1/24 rthlr**

Sievers, Walter

Sievers, Gualterus, Sargstediensis: De zeugmatis quod dicitur usu Horatiano. Jenae 1907: G. Neuenhahn. (51 S.) 8°
Jena, Phil. Fak., Ref. Goetz, Diss. v. 27. Febr. 1907
[Geb. 8. Jan. 84 Sargstedt; Wohnort: Jena; Staatsangeh.: Preußen; Vorbildung: Gymn. Halberstadt Reife O. 02; Studium: Leipzig 4, Jena 4 S.; Rig. 24. Juli 06.]

Sievers, Wilhelm

Sievers, Wilh., üb. die Abhängigkeit der jetzigen Confessionsverteilung in Südwestdeutschland v. den früheren Territorialgrenzen. Mit e. Karte 1 : 700,000 (in qu. gr. Fol.). gr. 4. (VI, 61 S.) Göttingen 884. Peppmüller. n. 4. —

Sievers, Wilh., Afrika. Eine allgemeine Landeskunde. Mit 154 Abbildgn. im Text, 12 Karten u. 16 Taf. in Holzschn. u. Chromodr. v. E. T. Compton, E. Heyn, W. Kuhnert, G. Mützel, O. Winkler. 10 Hfte. (Allgemeine Länderkunde 1. Bd.) gr. 8. (VIII, 468 S.) Leipzig 891. Bibliograph. Institut. à n. 1. —
(kplt. geb. in Halbfrz.: n. 12. —)

[F.] Afrika. Eine allg. Landeskunde v. Prof. Dr. Wilhelm **Sievers**. M. 154 Abb. i. T., 12 Kt. u. 16 Taf. in Holzschn. u. Chromodruck v. C. T. Compton ... Neuer Abdr. *Leipzig & Wien: Bibliogr. Institut 1895.* (VIII, 468 S.) 1 Bd 4. [09. 1146 2

Sievers, Wilh, Afrika, 2. Aufl., s.: Hahn, Frdr.

Sievers, Wilhelm (Hrsg.), s.a. Afrika

— **Amerika.** Eine allgemeine Landeskunde. In Gemeinschaft m. E. Deckert u. W. Kükenthal hrsg. Mit 201 Abbildgn. im Text, 13 Karten u. 20 Taf. in Schwarz- u. Farbendr. v. R. Cronau, A. Goering, E. Heyn u. A. 13 Lfgn. (Allgemeine Länderkunde 3. Bd.) Lex.-8. (XII, 687 S.) Ebd. 893. à n. 1. —
(kplt. geb. in Halbfrz.: n. 15. —)

Amerika. Eine allgem. Landeskunde. In Gemeinschaft mit Dr. E[mil] Deckert u. Prof. Dr. W[illy] Kükenthal hrsg. von Prof. Dr. Wilhelm **Sievers**. Mit 201 Abb., 13 Karten u. 20 Taf. (In 13 H.) *Leipzig & Wien: Bibliogr. Inst. 18(93–)94.* (XII, 687 S.) 4°(8°) [F.]
— **Länderkunde**, Allgemeine. 3. [04. 1490

Asien. Eine allgem. Landeskunde von Prof. Dr. Wilhelm **Sievers**. Mit 150 Abb., 14 Karten u. 22 Taf. (In 13 H.) *Leipzig & Wien: Bibliogr. Inst. 1892.* (VIII, 664 S.) 4°(8°) [F.]
— **Länderkunde**, Allgemeine. 2. [04. 1489

Dass. Neuer Abdr. Ebda. 1893.

Sievers, Wilh, Asien. 2. Aufl. Mit 167 Abbildgn. im Text, 16 Kartenbeilagen u. 20 Taf. in Holzschn., Aetz- u. Farbendr. v. E. T. Compton, E. Heyne, G. Mützel u. a. (Allgem. Länderkunde. Unter Mitarbeit v. Emil Deckert, Frdr. Hahn, W. Kükenthal u. a. hrsg. v. Wilh. Sievers. 2. gänzlich umgearb. u. erneuerte Aufl.) 15 Lfgn. (XI, 712 S.) Lex.-8. Leipzig 904. Bibliograph. Institut. n. 15. —; Einbd. in Halbldr. n.n. 2. —

Sievers, Wilh., Australien u. Ozeanien. E. allgemeine Landeskunde. M. 137 Abb. im Text, 12 Kartenbeilagen u. 20 Taf. in Holzschn. u. Farbendr. v. E. J. Compton, Th. v. Eckenbrecher, H. L. Heubner u. a. gr. 8. (VIII, 621 S.) Leipzig 895. Bibliograph. Institut.
Geb. in Halbfrz. n. 16. —
Erschien auch in 14 Hftn. à n. 1. —.

Australien und Ozeanien. Eine allgem. Landeskunde. Von Prof. Dr. Wilhelm Sievers. Mit 137 Abb., 12 Kartenbeil. u. 20 Taf. (In 14 H.) *Leipzig & Wien: Bibliogr. Inst. 1895.* (VIII, 521 S.) 4°(8°) [F.]
= Länderkunde, Allgemeine. 5.

— u. Willy Kükenthal, Australien, Ozeanien u. Polarländer. 2. Aufl. Mit 198 Abbildgn. im Text, 14 Karten u. 24 Taf. in Holzschn., Ätzg. u. Farbendr. von E. T. Compton, Th. v. Eckenbrecher, E. Heyn u. a. (Allgemeine Länderkunde. Unter Mitarbeit von Emil Deckert, Frdr. Hahn, W. Kükenthal u. a. hrsg. v. Wilh. Sievers.) Lex.-8. (XII, 640 S.) Leipzig 902. Bibliograph. Institut. n. 16. —; geb. in Halbfrz. n.n. 17. –; auch in 16 Lfgn. à n. 1. —

Sievers, Wilhelm Bemerkungen zur Original-Routenkarte der Venezolanischen Cordillere. (S.-A.) Mittheilungen der Geographischen Gesellschaft in Hamburg. 1885–86. (Hamburg 1887.) 18 S., 1 Krt. 8°. [M 1363

Sievers, Wilhelm Die Cordillere von Merida nebst Bemerkungen uber das Karibische Gebirge Ergebnisse einer, mit Unterstutzung der Geographischen Gesellschaft zu Hamburg 1885–1885 ausgefuhrten Reise Mit einer geologischen Karte in Farbendruck Wien 1888. VIII, 238 S., 1 Krt
= Geographische Abhandlungen Bd. 3. Heft 1. 8°. [A 7373

Sievers, Wilhelm, aus St. Gallen: I. Einwirkung von Tetrachlorkohlenstoff auf Amine und Phenole. II. Aus der Indigogruppe. Uster-Zür. A. Diggelmann Dr. 1893. 49 S., 1 Bl. 8°.
Zürich, Phil. Diss. [v. 6. Nov. 1893].

— d. Erdbeben in Venezuela am 28. Apr. 1894. M. 2 Karten v. L. Friederichsen. [Aus: „Mittheilgn. der geograph. Gesellsch. in Hamburg 1891–92".] gr. 8. (8 S.) Hamburg 895. L. Friedrichsen & Co. n. 3. —

Sievers, Wilhelm Die Hydrographie des ostlichen Indo-China (S.-A.) Zeitschrift fur wissensch Geographie. Jahrg 5 (Weimar 1885 17; 23 S 8° [G 5035

Karte des venezolanischen Gebirgslandes zwischen Coro und Trinidad. Nach eigenen Aufnahmen in d. Jahren 1884/85 u. 1892/93 im Maßst. von 1:1,000,000 bearb. u. gezeichnet von Prof. Dr. W[ilhelm] Sievers. 1890. [Mit 1 Nebenkarte.] (In 2 Bl.) (Hamburg: L. Friederichsen & Co. 1896; Geogr. Anst. Wagner & Debes, Leipzig.) (1 Kartenbl. in 2 Bl. Blattgröße je 50×45 cm.) 8° [lith.] [kol.]
= Mitteilungen d. Geogr. Gesellschaft in Hamburg Bd 12, [Beilage].

Siever's, W., geognostische Karte der venezolanischen Cordillere. 1:1,000,000. Bearb. und gezeichnet von L. Friederichsen. Chromolithogr. Imp.-Fol. Hamburg 888, Friederichsen und Comp. * 4 —

Sievers, Wilhelm Zur Kenntnis des Taunus. Mit einer Karte Stuttgart 1891. 55 S.
= Forschungen zur deutschen Landes- und Volkskunde. Bd 5. Heft 5 8°. [E 1830

Sievers, Wilh., s.: Kolonialreich, das deutsche.

Sievers, Wilh., Allgemeine Landerkunde Unter Mitarbeit . . hrsg. 2. Aufl. Mit etwa 850 Abb. [Bd 1–4.] Leipzig u. Wien 1901—1908. 4° (8°). *[Mit Sondertit.]*

— Allgemeine Länderkunde, kleine Ausg. 2 Bde. Lex. 8. Leipzig, Bibliograph. Institut. Geb. in Leinw. à 10—; auch in 17 Lfgn. à 1. —
1. Mit 19 Textkarten, 18 Profilen im Text, 12 Kartenbeilagen u. 15 Taf. in Holzschn., Ätzg. u. Farbendr. (X, 496 S.) 907.
2. Mit 11 Textkarten, 10 Profilen im Text, 21 Kartenbeilagen, 1 Tab. u. 15 Taf. in Holzschn., Ätzg. u. Farbendr. (VIII, 460 S.) 907.

— s.: Mitteilungen, geographische, aus Hessen.

—— Original-Routenkarte der Venezolanischen Cordillere, bearb. und gezeichnet von L. Friederichsen. 1:1,000,000. Nebst 2 Nebenkarten. 1:400,000. Chromolithogr. gr. Fol. Nebst Text. gr. 8. (8 S.) Ebendas. 888. * 4 —

Sievers, Wilhelm (Hrsg.), s. Philippson, Alfred: Europa.

— s.: Rechts u. links der Eisenbahn.

—— Reise in der Sierra Nevada de Santa Marta. Lex.-8. (VIII, 290 S. mit 8 Abbild. von A. Göring.) (Leipzig 887, Gressner und Schramm. *

Zweite Reise in Venezuela in den Jahren 1892/93 auf Kosten d. Geogr. Gesellsch. in Hamburg ausgeführt v. Dr. Wilhelm Sievers, a. o. Prof. . . . an d. Univ. Giessen. *(Hamburg: L. Friederichsen & C. 1896.)* (4 Bl., 327 S.) 1 Bd 8.
= Mittheilungen der Geogr. Gesellschaft in Hamburg. Bd XII.

Sievers, Wilhelm: Reiseberichte aus Venezuela. VI Das Gebirge zwischen Tovar und Mérida (S.-A.) Mittheilungen der Geographischen Gesellschaft in Hamburg. 1885 S. 81—133.) (Hamburg 1885.) 53 S. 8°. [M 1357

Sievers, W., über Schotter-Terrassen (Mesas) Seen und Eiszeit im nördlichen Südamerika. Hab.-Schr. Würzburg 1887. Wien, Eduard Hölzel. 8°. 24 S.
Sonder-Abdruck aus: Geographische Abhandlungen, hrsg. von Albr. Penck. II, Band 2, Heft. Wien, Eduard Hölzel.

Südamerika und die deutschen Interessen. Eine geogr.-polit. Betrachtung von Dr. Wilhelm Sievers, Prof., Gießen. *Stuttgart: Strecker & Schröder 1903.* (95 S.) 8°

— Süd- u. Mittelamerika. (Allgemeine Länderkunde.) 2. Aufl. Mit 144 Abbildgn. im Text, 11 Karten u. 20 Taf. in Holzschn., Ätzg. u. Farbendr. v. A. Goering, E. Heyn, W. Kuhnert, K. Oenike u. O. Winkler. (XII, 665 S.) Lex.-8. Leipzig 903. Bibliograph. Institut. Geb. in Halbldr. n.n. 16. —; auch in 14 Lfgn. à n. 1. —

— Venezuela. Mit 1 Karte der venezolan. Cordillere, bearb. u. gezeichnet auf Basis der Sievers'schen Forschungen v. L. Friederichsen. gr. 8. (VIII, 359 S.) Hamburg 888. Friederichsen & Co. n. 10. —

Sievers, Wilhelm: Venezuela und die dt. Interessen. — Halle: Gebauer-Schwetschke 1903. 107 S. mit 2 Kt. (Angewandte Geographie. Serie 1, H. 3.)

Sievers, William

Sievers, W. [aus Salzgitter]: Ueber krystallisirte Halogenquecksilbersalze . . . . (Aus: Berichte d. deutsch. chem. Ges. 1888.) Giessen, C. v. Münchow, Univ.-Buch- & Steindr., 1888: 2 Bl. + S. 617 652 + 1 Bl. 8°
Giessen, Phil. Fak., Inaug.-Diss. v. 1888

Offerten-Buch der Maschinen-Fabrik für den Bergbau von Sievers & Co. in Kalk bei Deutz. Nebst Mappe. Cöln. 1870.

Sievert, A. J., Lopodunum Ladenburg 98 bis 1898. Eine 1800 jähr. Stadtgeschichte, zur Erinnerg. an das Gedächtnisfest vom 16. X. 1898 erzählt. gr. 8. (VIII, 109 S.) Karlsruhe 900. W. Jahraus. Kart. n. 4. —

Sievert, Auguste, Bilder aus dem Alltagsleben. Halle 860. Mühlmann. 8. (81 S.) 7½ ngr.

— drei Erzählungen für Kinder von 9—13 Jahren. Halle 864. Buchhdlg. des Waisenhauses. 8. (2 Bl., 175 S.) 20 ngr.

— Gertrud. Eine Erzählung. Halle 860. Mühlmann. 8. (182 S.) 15 ngr.

Sievert, Auguste, ein Waisenkind. Eine Erzählung. 2. Aufl. Halle 864. Mühlmann. 8. (138 S.) 12 ngr.

—— der grüne Winkel. Eine Erzählung. 8. (223 S.) Halle 862, Mühlmann.

Sievert, Fritz, approb. Arzt aus Deuben, Bez. Dresden: Ueber **Polyneuritis** und Korsakow'sche Psychose. *Dresden 1902: J. Rissler.* (59 S.) 8°
Leipzig, Med. Diss. v. (24. Juli) 1902.

Sievert, Fritz. Wo uns der Schuh drückt. Praktische Vorschläge zur Steuerreform. gr. 8. (19 S.) [Düsseld. 890, F. Bagel.] Frankf. a. M., Jaeger's Verlag. * — 50

Uber [!] die philosophisch-pädagogische Lehre Frohschammers. Von G. **Sievert,** Hauptl. in Niederschelden bei Siegen. *Bielefeld: A. Helmich [1895].* (9 S.) 8.
= **Sammlung** pädagogischer Vorträge. Bd VII. H. 12.

Sievert, Gust. 1) Beschreibung des Schulgebäudes [nebst Zeichnungen des Grundrisses und der Façade]. 2) Beiträge zur Geschichte des Stettiner Schulwesens in den letzten achtzig Jahren. 52 S.
Progr. St. Rg. *Stettin* 1881.

Sievert, Hans, Referendar b. d. Kgl. Amtshauptmannschaft **Dresden-A.: Die Rechte** und Pflichten des Genossen nach dem **Reichsgesetz** betreffend die Erwerbs- und Wirtschaftsgenossenschaften. Eine systematische Darstellung. **Dresden** 1907: **M.** Hölzer. (VIII, 56 S.) 8°
Leipzig, Jur. Fak., Diss. v. 16. Dez. 1907
[Geb. 3. Juni 80 Deuben b. Dresden; Wohnort: Dresden; Staatsangeh.: Sachsen; Vorbildung: Kreuzgymn. Dresden Reife O. 99; Studium: Heidelberg 1, Marburg 4, Leipzig 2 S.; Rig. 16. Jan. 04.]

Sievert, Heinrich

—, Beiträge zur Behandlung des Umkehrproblems von Thetafunktionen, deren Charakteristiken aus Dritteln ganzer Zahlen bestehen. 8 (S. 43—60).
In: Festschrift z. 150jähr. Bestehen der Univ. Erlangen dargebracht v Kgl. Neuen G. *Nürnberg* 1893.
Nicht im Tauschverkehr.
Progr.

Sievert, Heinr., Lehrbuch der Elementar-Geometrie z. Gebrauche an Mittelschulen u. beim Selbstunterrichte. I. Tl., 2 Abtlgn. II. Tl. u. III. Tl., 2 Abtlgn. gr. 8. Leipzig 902. A. Deichert Nachf. n. 7. 10
I. 1. Geometrie der Ebene. **1. Abtlg. Kongruenz, Gleichheit u. Ähnlichkeit ebener Figuren. (VI, 179 S. m. Fig.) n. 2 60**
2. Dasselbe. 2. Abtlg. **Harmonische Beziehgn., Pol u. Polare, Potenz- u. Ähnlichkeitsbeziehgn. der Kreise. (III, 37 S. m. Fig.) n. — 90**
II. Ebene Trigonometrie. **Die Winkelfunktionen u. die Berechnung ebener Dreiecke. (V, 54 S. m. Fig.) n. 1. 10**
III. 1. Geometrie des Raumes. **1. Abtlg. Lagenbeziehungen räuml. Gebilde.** Eigenschaften **der einfachen Körper-Oberfläche** u. Rauminhalt derselben. **(VI, 90 S. m. Fig.) n. 1. 60**
2. Dasselbe. 2. Abtlg. **Das Dreikant mit Kugeldreieck.** Sphär. Trigonometrie. **(III, 38 S.) n. — 90**

Sievert, Heinr., Lehrbuch der Elementar-Geometrie **zum Gebrauche an Mittelschulen** u. beim Selbstunterrichte. **1. Tl. Geometrie der** Ebene. I. Abtlg. Kongruenz, Gleichheit u. Aehnlichkeit ebener Figuren. 2. Aufl. (VI, 179 S. m. Fig.) gr. 8. Leipzig 905. A. Deichert Nachf. n. 2. 60; geb. n. 3. —

Sievert, Heinr., Lehrbuch der Elementar-Geometrie zum Gebrauche an Mittelschulen u. beim Selbstunterrichte. I. Tl., 1. Abtlg. II. Tl. u. III. Tl., 1. Abtlg. gr.8. Erlangen. Leipzig, A. Deichert Nachf. 5. 10
I, 1. Geometrie der Ebene. 1. Abtlg. Kongruenz, Gleichheit u. Ähnlichkeit ebener Figuren. 3. Aufl. (VI, 179 S. m. Fig.) **908.** 2. 40
II. Ebene Trigonometrie. Die Winkelfunktionen u. die Berechnung ebener Dreiecke. 2. Aufl. (V, 55 S. m. Fig.) 909. 1. 10
III, 1. Geometrie des Raumes. 1. Abtlg. Lagenbeziehungen räuml. Gebilde. Eigenschaften der einfachen Körper, Oberfläche u. Rauminhalt derselben. 2. Aufl. (VI, 95 S. m. Fig.) 908. 1. 60

Sievert, Heinrich, Prof. Dr.: **Die Parameterdarstellung der** Kurven 3. Ordnung durch **Thetafunktionen. Bayreuth** 1906: L. Ellwanger. (43 S., 1 Taf.) 8°
Bayreuth, k. G P 1906*

[F.] **Sievert,** Heinrich [Dr.]: Über Thetafunktionen, deren Charakteristiken aus Fünfteln ganzer Zahlen bestehen. Nürnberg, Buchdr. v. J. L. Stich, 1891; 31 S. 8°
Nürnberg, k. Neues G, P 1891 •

[F.] **Sievert,** Heinrich [Dr., Prof.]: Über Thetafunktionen, deren Charakteristiken aus Fünfteln ganzer Zahlen bestehen. II. Tl. (Forts. d. P-Beil. Nürnberg, Neues G 1891.) Bayreuth, Druck v. L. Ellwanger, 1895; 36 S. 8.
Bayreuth, k. Humanist. G, P 1895*

Sievert, Heinr., üb. **Thetafunktionen, deren Charakteristiken aus Fünfteln ganzer Zahlen bestehen. I. u. II. Tl. Progr. gr. 8. (31 u. 36 S.) Bayreuth (C. Giessel).** **à — 75**
I. Nürnberg 891. — II. 895.

Sievert, Heinrich, über die Zentralflächen der Enneper'schen Flächen konstanten Krümmungsmasses. Diss. Tübingen 1886, Fues' Sort. 8°. 36 S. mit einer Taf.

Sievert, Heinrich Dr. „Ueber die Zentralflächen der Enneper'schen Flächen konstanten Krümmungsmasses". pg.3-36. 8°. M. 1 Tafel Tübingen, H. Laupp Jr. Schweinfurt, Progr. 1885/86

Sievert, H[einrich], Referendar: Die Zuständigkeit des deutschen Bundesrates für Erledigung von Verfassungs- und Thronfolgestreitigkeiten. Berlin 1905: W. Pilz. (78 S.) 8°
Göttingen, Jur. Fak., Ref. Schoen, Diss. v. 23. Nov. 1905
[Geb. 1. Dez. 80 Grossenmarpe; Wohnort: Detmold; Staatsangeh.: Lippe; Vorbildung: Gymn. Detmold Reife O. 00; Studium: München 2, Berlin 2, Göttingen 3 S.; Rig. 15. Dez. 04.]

Die Zuständigkeit des deutschen Bundesrates für Erledigung von Verfassungs- und Thronfolgestreitigkeiten. Von Dr. iur. H[einrich] **Sievert.** Berlin: Struppe & Winckler 1906. (78 S.) 8°
[Erschien auch als Inaug.-Diss. Göttingen 1905.]

Sievert, Hermann

—— s. **Kittel, A., und J. Emele, Vorlagen für den Unterricht im Fachzeichnen der Uhrmacher.**

Sievert, Herm., Leitfaden für Uhrmacher-Lehrlinge. Anleitung für das Selbststudium der Lehrlinge u. Hülfsmittel zur Ergänzung des Lehr-Unterrichts der Prinzipale, mit Anhang: Zeichen-Unterricht für Uhrmacher. Vom Central-Verbande der deutschen Uhrmacher prämiirt. Mit 64 (eingedr.) Holzschn. u. 5 lith. Taf. gr. 8. (VIII, 264 S.) Berlin 879. Kühl. n. 5. —

Sievert, Herm., Leitfaden für Uhrmacher-Lehrlinge. Anleitung für das Selbststudium der Lehrlinge und Hülfsmittel zur Ergänzung des Lehr-Unterrichts der Principale mit Anhang: Zeichnen-Unterricht für Uhrmacher. Vom Central-Verbande der deutschen Uhrmacher prämiirt. 2. verb. und verm. Aufl. 5 Lfgn. gr. 8. (VIII, 297 S. mit 5 Stnt. und eingedr. Fig.) Berlin 882, Kühl. à Lfg. *ℳ 1.; geb. * 6 —
—— dass. — 3. verm. und verb. Aufl. 5 Lfgn. gr. 8. (VIII, 307 S. mit eingedr. Holzschn. und 3 Stnt.) Ebendas. 883,84. à Lfg. *ℳ 1.; geb. * 6 —

Sievert, Herm., Leitfaden für Uhrmacher-Lehrlinge. Anleitung für das Selbststudium der Lehrlinge und Hilfsmittel zur Ergänzung des Lehr-Unterrichts der Prinzipale mit Anhang: Zeichnen-Unterricht für Uhrmacher. Vom Central-Verbande der Deutschen Uhrmacher prämiirt. 4. verm. und verb. Aufl. gr. 8. (VIII, 312 S. mit 74 Holzschn. und 5 lithogr. Taf.) Berlin 887, Kühl. *ℳ 5.—; geb. *

Sievert, Herm., Leitfaden f. Uhrmacher-Lehrlinge. Anleitg. f. das Selbststudium der Lehrlinge u. Hilfsmittel zur Ergänzg. des Lehrunterrichts der Prinzipale, m. Anh.: Zeichnen-Unterricht f. Uhrmacher. Vom Central-Verbande der deutschen Uhrmacher prämiirt. 5., durchgesch. u. verb. Aufl. Mit 76 Holzschn. u. 5 lith. Taf. Beigefügt: Führer durch die gesammte Uhrmacher-Litteratur. Neue bis 1891 ergänzte Ausg. 3 Lfgn. gr. 8. (VIII, 312 S.) Berlin 892. W. H. Kühl. n. 5. 40; geb. n. 6. 40

Sievert, Herm., Leitfaden f. Uhrmacher-Lehrlinge. Anleitg. f. d. Selbststudium d. Lehrlinge u. Hilfsmittel zur Ergänzung d. Lehrunterrichts d. Prinzipale, m. Anh.: Zeichen-Unterr. f. Uhrmacher. Vom Central-Verbande d. deutschen Uhrmacher prämiirt. 6., durchgeseh. u. verb. Aufl. M. 76 Holzschn. u. 5 lith. Taf. Beigefügt: Die Fachlitteratur d. Uhrmachers. gr. 8. (VIII, 304 S.) Berlin 898. W. H. Kühl. Geb. in Leinw n 6. 50

Sievert, Herm., Leitfaden f. Uhrmacher-Lehrlinge. Anleitung f. das Selbst-Studium der Lehrlinge u. Hilfsmittel zur Ergänzg. des Lehr-Unterrichts der Prinzipale, m. Anh.: Zeichnen-Unterricht für Uhrmacher. Vom Central-Verbande der deutschen Uhrmacher prämiirt. 7. durchgeseh. u. verb. Aufl. Mit 76 Holzschn. u. 5 lith. Taf. Beigefügt: Die Fachlitteratur des Uhrmachers. gr. 8. (VIII, 352 S.) Berlin 902. (W. H. Kühl.) Geb. in Leinw. n. 6. 50

Sievert, Herm., Leitfaden f. Uhrmacher-Lehrlinge. Anleitung zum Selbststudium f. Lehrlinge u. Handbuch f. Lehrmeister. Mit e. Anh., enth. 206 Fragen u. Antworten, e. kurzen Unterricht im Zeichnen u. die Einführg. in das trigonometr. Rechnen nebst 1 Taf. der 5stell. natürl. trigonometr. Zahlen, u. e. Nachtrag (Die Zeitarten-Tabellen der Rad- u. Triebgrössen-Zylindergang-Tabelle). Vom Zentralverbande der deutschen Uhrmacher prämiiert. 8., durchgeseh. u. ergänzte Aufl. Mit 78 Holzschn., 5 lith. Taf. u. dem Bildnis des Verf. (VIII, 334 S.) 8. Berlin 906. (W. H. Kühl.) Geb. in Leinw. n. 6. 50

Sievert H, Leitf. für die Uhrmacherlehre. 9. A. v. R Pleskot. (388 S 5 T) Berlin 1910

Sievert, Hermann: Ueber degenerative Veränderungen der Chorioidea und Retina bei Luxation der Linse in den Glaskörper, nebst einem Beitrag von glashäutiger Neubildung auf der Iris. Freiburg i. B. 1903: K. Henn. (29 S.) 8°
Freiburg i. B., Med. Diss. v. 1903

Sievert, Johannes, approb. Arzt aus Dülmen: Aus d. Kgl. Psychiatr. u. Nervenklinik d. Universität Kiel. Beitrag zur Lehre von den Psychosen bei Infektionskrankheiten. Ein Fall von Psychose bei gonorrhoischer Infektion. *Kiel 1902: (J. Sievert, Dülmen).* (25 S.) 8°
Kiel, Med. Diss. v. [1. Sept.] 1902

Sievert, Johann Jakob (Hamburg) - A. S. 564/27a

Dissertatio iuridica inauguralis de contractu pignoratitio Hamburgensi. Präs. Karl Friedrich Walch. Jena (Strauss) 17. VI. 1769. 60 S.

Gew.: Stadt Hamburg.
W. v.: Friedrich Ernst Gf. von Schönburg, Präs., Justus Christian Ludwig von Schellwitz, Heinrich Gottfried Scheidemantel, Justus Siegfried von Koppenfels, Jo. Christian Karl Fürbringer, Johann Matthias Klefeker. 32627

Sievert, Carl, Beschreibung des Kampfes in Dresden vom 5—9. Mai, seiner Strategie und Taktik. gr. 16. (32 S. mit 1 lithogr. Plane der Stadt Dresden in 4.) Neustadt-Ew. 849. (Berlin, Löwenherz.)

Sievert, Carl, armer Leute Kind. Eine Geschichte, angeblich erzählt von Wlh. Lucifer. 1. Bd. (Mit 1 Titelbilde.) 8. Leipzig 846, Arnold. pro 1. u. 2. Bd. 2 ℳ

— armer Leute Kind. Eine Geschichte, angeblich erzählt vom Wilh. Lucifer. 2. Bd. 8. (232 S.) Leipzig 847, Arnold. 2 Bde. 2 ℳ

Sievert, Karl Siegwart, Erzählungen vom Lande. 1. Bd.: Mühle und Amthof. — Der Vater des Kapellmeisters. — Thorud. — Der Herr Major. — Der Nußknacker, ein Weihnachtsmärchen. — Schildhorn. gr. 8. (174 S.) Berlin 876, Denicke's Verlag. 2 50
Nicht weiter erschienen.
Aus: Deutsche landwirthschaftliche Zeitung, besonders abgedruckt.

Sievert, Schildhorn. Romanze. Mit einem Anhange histor. Anmerkungen. Wohlfeile Ausg. 16. (64 S.) Berlin 855, Huber's Vrlgsh. *

Sievert, Otto, a. Kehl a. Rh., Rechtsprakt. in Mannheim: Die Kompensation im Strafrecht. Leipzig-Borna 1907: R. Noske. (VIII, 71 S.) 8°
Erlangen, Jur. Fak., Ref. Allfeld, Diss. v. 28. Jan. 1907
[Geb. 18. Juli 82 Kehl; Wohnort: Mannheim; Staatsangeh.: Baden; Vorbildung: Gymn. Karlsruhe; Studium: Heidelberg 4, München 4 S.; Rig. 21. Dez. 06.]

Sievert, Paul Gottfr.: Dissertatio inauguralis physico-medica de morbis a motu humorum circulatorio aucto oriundis.
Basel; med. Diss. 1714

Sievert, T., einige Hülfsmittel zum Planlesen beim Kriegsspiel. Mit 5 (lith.) Taf. (in gr. 8. u. qu. Fol.) gr. 8. (16 S.) Metz 875. Deutsche Buchh. 1. 50

Sievert, Theodor, Referendar: Das Konkurrenzverbot des Handlungsgehülfen. *Leck 1901: J. E. Herrmann.* (45 S.) 8°
Rostock, Jur. Diss. v. [10. Dez.] 1901

Sievert, W., der moderne Kunstschlosser. Ein Musterbuch f. den prakt. Gebrauch. 8. (4 S. m. 56 Taf.) Altona 889. (Lorenzen.) n. 6. —

Sievert, Walter, approb. Tierarzt aus Gr.-Germersleben (Prov. Sachsen): Ueber die toxischen Eigenschaften des Hirudins mit Rücksicht auf die Quecksilberhirudinvergiftung. (Aus dem medicinisch-chemischen und pharmakologischen Institut der Universität Bern. Professor Bürgi.) Berlin 1909. 19 S. 8°. S.-A. aus der Zeitschrift für experiment. Pathologie und Therapie. 7. Band. [29. I. 09.]
Bern. Vet.-med. Diss. 1909/10.

Sievert, Walter. Ueber die toxischen Eigenschaften des Hirudins, mit Rücksicht auf die Quecksilberhirudinvergiftung. Aus dem medicinisch-chemischen und pharmakologischen Institut der Universität Bern.... Diss. Vet.-Med. Bern. (Sonder-Abdruck aus der Zeitschrift für experiment. Pathologie und Therapie. Band 7.) 19 S. 8. Berlin, L. Schumacher, 1909.

Sievert, Wilhelm: Das Vorleben des Papstes Urban IV. *Roma 1897: F. Cuggiani.* (57, 27 S.) 8° (In zwei Theilen. — Aus: Römische Quartalschrift für christliche Alterthumskunde und für Kirchengeschichte, Bd 10.)
Münster, Kath.-theol. Diss. v. [5. Aug.] 1898

Sieverts, Adolf, aus Hamburg: Beiträge zur Kenntnis des Pinols. *Göttingen 1898: Dieterich.* (87 S.) 8°
Göttingen, Phil. Diss. v. [14. Jan.] 1899

Sieverts, Adf., Beiträge zur Kenntnis des Pinols. Diss. gr. 8. (87 S. m. 1 graph. Darstellg.) Göttingen 898. (Vandenhoeck & Ruprecht.) n. 2. 40

Sieverts, Adolf, Dr.: Über Okklusion und Diffusion von Gasen durch Metalle. Leipzig: W. Engelmann 1907. (73 S.) 8°
Leipzig, Phil. Fak., Hab.-Schr. v. 24. Juli 1907

Sieverts, Gustav Adolf

Sieverts, Gust. Adph., wer Christum lieb hat, dem ist die Mission eine heilige Herzenssache. Predigt über Joh. 21, V. 17, an dem elmshorner Missionsfeste, am 23. Novbr. 1851 gehalten. gr. 8. (15 S.) Elmshorn 851. (Kiel, Schwers'sche Buchh.) *

Sieverts, Johann Joachim

SIEVERTS, J[OH.] J[OACH.], Beschreibung der Neuhauser Schulen. Ein Beitrag zur Verbesserung des Schulwesens. Nebst einem Steindruck. Altona. 1820.

Sieverts J. J.: Beschreibung d. Neuhauser Schulen ... Altona 1820. 90 S. 1 Tvl.
(= Schriften d. schleswig-holstein. patriot. Gesellschaft. Bd. 2 H. 3 Abth. 2). 731.

Sieverts, J. J., Beschreib. der Neuhauser Schulen, s. Schriften der Schleswig-Holstein. patriot. Gesellschaft, 2r Bd.

— Confirmationshandlung am Sonntage Palmarum 1811. gr. 8. Kiel 811. Hesse. 5 gr

Sieverts, Wilh., die begriffliche Methode im Leseunterricht. (58 S. m. Abbildgn.) 8. Leipzig 903. K. G. Th. Scheffer. — 50

— das 1. Schuljahr. Mit e. Nachwort v. Berth. Otto. (140 S. m. Abbildgn.) gr. 8. Ebd. 905. Geb. n. 2. —

Sievertz, Jo. Bartholomaeus (Eiderstedt) A. S. 1378/18

Dissertatio de usu orationis dominicae apud veteres Christianos. Präs. Johann Georg Walch. Jena (Ritter) X. 1729. 46 S. 32628

Siew, Basja. Ascendierende Nierentuberkulose. Diss. Med. Univ. Zürich. 23 S. 8. Zürich, Hänsler, 1910.

Siew, Benjamin, aus Siady: Über die Einwirkung von Jodkalium und Jodnatrium auf arsenigsaure Salze. *Königsberg i. Pr. (1904): Gutenberg-Druckerei.* (35 S.) 8° Königsberg. Phil. Diss. v. 5. Aug. 1904

Siew, Wilhelm. Ueber Cervixmyome aus dem Basler Frauenspital. (Direktion Prof. Dr. O[tto] v. Herff.) Diss. Med. Basel. 26 S. 8. Basel, Brin & Cie., 1908.

Siewczynski, Hans, Assistent an d. Prov.-Hebammenlehranst.: Aus d. Prov.-Hebammenlehranst. zu Breslau (Dir.: Baumm.) 108 Geburten unter Morphium-Scopolamin. Breslau 1908: Breslauer Genossensch.-Buchdr. 30 S. 8° Breslau, Med. Diss. v. 7. Nov. 1908, Ref. Küstner
[Geb. 3. Dez. 73 Breslau; Wohnort: Breslau; Staatsangeh.: Preußen; Vorbildung: Matthias-Gymn. Breslau Reife O. 95; Studium: Breslau 10 S.; Coll. 30. März 00; Approb. 19. Apr. 00.] [U 09. 576

Mechanismus und Organismus. Ein Versuch z. Erklärung d. Lebenstätigkeit. Von P. H. Siewers, Reg.Baumeister. Essen a. d. R.: G. D. Baedeker 1904. (10 S.) 8° [04. 1857

Siewersen, Franz Matth.

Siewersen, Frz. Mtth., Gedanken an aufgeklärte Christen. 8. Lübeck 783. Iversen. (Brockhaus in Leipz.) 10 gr — Dass. auch unt. folg. Titel: erbaul. Gedanken od. Betrachtt. über Wahrheiten des thätig. Christenthums. 8. Ebd. 788. (Ebd.) 12 gr

Siewersen, F. M., Betracht. üb. Wahrheiten d. Christenthums. 8. Lübeck, Iversen. (Gleditsch in Lpz.) 788.

— einzelne Gedanken an aufgekl. Christen. 8. Ebend. 783.

Siewersen, Franz Matth., s. Paulus: Brief an d. Korinther.

Siewerssen, K. G. H., unser Bettag, gehalten am 27. Juli 1870. Predigt über 2 Chron. 20, 15. gr. 8. (14 S.) Oldenburg 870, Schulze'sche Buchh.

Siewerssen, K. G. H., Predigt üb. 1 Cor. 16, 13 u. 14, vor der Kreissynode Stad- u. Butjadingerland am 12. Juli 1871 zu Stollhamm geh. gr. 8. (13 S.) Oldenburg 871. Schulze. — 30

(Siewert,) Versuch e. Anleit. zur Geschäftsführung der im Königr. Preußen anzustell. Schiedsmänner. Nebst e. Anh. der diesfallsigen Ministerial-Verordn. selbst, u. sonst nöthig. Beiln. gr. 8. ... Danzig 828, Anhuth.

Siewert (Hrsg.), s Zeitschrift f. d. gesamten Naturwissenschaften.

Bajowo. Roman von Elisabeth Siewert. *Berlin: R. Taendler [1903].* (128 S.) 8° [F.] [03. 5197

Siewert, Elisab., die schönen Herbsttage. Roman. (237 S.) 8. Berlin 904. R. Taendler. n. 3. —

— Kinder u. Leute. Novellen. (III, 271 S.) 8. Dresden (906). E. Reißner. n. 3. —; geb. n. 4. —

Siewert, Ernst, Theater in der Kinderstube. Eine Sammlung von Theaterstücken zur Aufführung auf dem Puppentheater. 4. (VIII, 119 S. m. 3 Chromolith.) Eßlingen 880. Schreiber. geb. n. 2. 50

Siewert, Franz

— s.: Donau-Moldau-Elbe-Kanalprojekt, das.

Siewert, F., die zur Vertretung des Handels in Lübeck geschaffenen Einrichtungen der älteren Zeit. Aus Anlaß des 50jähr. Bestehens der Kaufmannschaft u. Handelskammer in Lübeck, im Auftrage der Handelskammer dargestellt. (III, 58 u. XV S.) Lex.-8. Lübeck 903. (Lübcke & Nöhring. — R. Quitzow.) n n. 3. —

Die zur Vertretung des Handels in Lübeck geschaffenen Einrichtungen der älteren Zeit. Aus Anlaß des 50jähr. Bestehens der Kaufmannschaft u. Handelskammer in Lübeck dargest. von F. Siewert. — Lübeck 1903: Rahtgens. 58, XV S. 4° [Umschlagt.:] Zur Feier des 50jähr. Bestehens der Kaufmannschaft u. der Handelskammer in Lübeck.

Siewert, Frz., der Elbe-Moldau-Donau-Kanal als Transitstrasse d. westöstl. Handels, m. bes. Rücksicht auf d. Interessen d. reichsdeutschen Elbgebietes u. d. Handel d. Elbseehäfen Hamburg u. Lübeck. Im Auftrage des deutsch-österreichisch-ungar. Verbandes f. Binnenschiffahrt verf. Lex.-8. (X, 172 S. m. 6 Tab.) Berlin 899. Siemenroth & Troschel. n. 5. —

Siewert, Franz: Ellerbeck und die Fischerei in der Kieler Bucht. (Braunschweig. 1884.) 8°

Siewert, [Franz]: Denkschrift. Die Entwickelung der Industrie in den deutschen Seestädten. Lübeck. 1902. 4°

Geschichte und Urkunden der Rigafahrer in Lübeck im 16. u. 17. Jh. Bearb. v. Dr. Franz Siewert. *Berlin: Pass & Garleb 1897* (a. d. Umschl.: *1899*). (XV, 501 S.) 1 Bl 8.
— Geschichtsquellen, Hansische. N. F. Bd 1. [99. 6913

Siewert, Frz., Geschichte u. Urkunden der Rigafahrer in Lübeck im 16. u. 17. Jahrh., s. Geschichtsquellen, hansische. N. F. I.

Siewert, der deutsche Handel nach den nordischen Reichen m. besond. Berücksicht. d. Ausfuhrhandels der deutschen Elbgebiete u. seiner Förderung durch den Elbe-Trave-Kanal. Im Auftrage der Handelskammer zu Halberstadt verf. Lex.-8. (152 S. m. 2 Tab.) Halberstadt 892. (J. Schimmelburg.) n. 4. —

Siewert, Franz: Die Lübecker Rigafahrer-Compagnie im 16. und 17. Jahrhundert. (Aus: Hans. Geschichtsquellen, II, 1.) Berlin, Druck v. Pass & Garleb, 1896; 1 Bl., XI, 210 S. 8. Rostock. Phil. Fak., Inaug.-Diss. v. [21. Dez.] 1893

Siewert, Friedrich Gotth.

(Siewert, F. Ghf.): Material. z. wissenschaftl. Erklärung. d. neuesten allg. preuss. Landesgesetze. *Halle*, Renger. B. 1—8. H. 800—807. 8. (6 Thl. 14 G.)

Vgl. Materialien...

— Materialien zur wissenschaftl. Erklärung der Preuß. Landesgesetze. 1799 — 1801. Zusammen 8 Hfte. 8. Jetzt Heymann in Berlin. (1s Heft fehlt.) 2s — 8s Heft zusammen 1 5/6 Rthl.

Siewert, Friedr. Gotth.: Das Pfennigzins- und Strohwischrecht. E. Beitr. zum deutschen Privatrechte aus den Statuten der Stadt Danzig. Halle 1802.

Siewert, Fr. Gtthlf., der Rothpfennigzins u. das Strohwischrecht; ein Beitr. zum deutschen Privatrechte aus d. Statuten der Stadt Danzig. 8. Halle 802. Renger. 14 Gr.

Siewert, Fr. Gtthlf., das Rothpfennigzins- u. das Strohwischrecht. Ein Beitrag zum deutschen Privatrechte aus d. Statuten der Stadt Danzig. 8. Halle 802. Jetzt Heymann in Berl. 1/6 Rthl.

Siewert, Carl, Ich u. Du! Gedichte. (128 S.) kl. 8. Leipzig 907. Verlag f. Literatur, Kunst u. Musik. 2.—; geb. n 2.50

Siewert, **Maximilianus** Hermannus: De oxydi chromici quae dicuntur modificationibus. Halis Saxonum (1861): Ploetz. 18 S. 8° (4°)
Halle-Wittenberg, Phil. Hab.-Schr. v. 2. Nov. 1861
Vorher ausführlicher deutsch u. d. T.: Ueber die sogenannten Modifikationen des Chromoxydes. In: Zeitschrift f. d. ges. Naturwissenschaften. Bd 18. Berlin 1861. S. 244—289.

[Siewert, **Maximilianus** Hermannus]: * De acidi sylvinici qualitatibus atque constitutione. 17 Bl., 1 Taf. 4° (2°)
Halle-Wittenberg, Phil. Diss. v. 10. Aug. 1859
Geb. [Marienwerder 10. 11. 1834]
Ersch. deutsch u. d. T.: Ueber die Constitution und die Eigenschaften der Sylvinsäure. In: Zeitschrift f. d. ges. Naturwissenschaften. Bd 14. Berlin 1859. S. 311—337.

Siewert, Max: Die niederdeutsche Sprache Berlins von 1300–1500. Norden 1903: D. Soltau. (58 S.) 8°
Aus: Jahrbuch d. Ver. f. niederd. Sprachforschung. Bd 29.
Würzburg, Phil. Diss. v. 1903

Siewert, Paul, Plautus in Amphitruono fabula quomodo exemplar graecum transtulerit. gr. 8. (86 S.) Leipzig 894. G. Fock. n. 2.—
Diss. Berlin v. 4. Juli 1894.

Siewert, Richard: Ein Fall von Noma, aus der chirurgischen Klinik zu Greifswald . . . Greifswald: Druck v. Julius Abel 1890. 36 S. 8°
Greifswald, Med. Fak., Inaug.-Diss. v. 27. Febr. 1890

Siewertsen, Joh. Volk., Der Schüler Jesu. Eines Ungelehrten, vieljährigen Seemannes Uebungen in gottseligen Gedanken für die Kinder Gottes. Altona. 1831. P.

Sieyès und Napoleon. Ein Beytrag zur Staats- und Erziehungskunde. Heidelberg 1824. V: *Seida und Landensberg, Frz Eug. Jos. Freih. von.* (BrMm)

Sieyes u. Napoleon. Ein Beitrag zur Staats- u. Erziehungskunde. 8. Heidelb. 824. Mohr. 8 Gr.

Sieyès, Emanuel Joseph

Sieyès, Em., collection des écrits. Tom. I. gr. 8. Paris 797. (Vieweg in Braunschw.) 1 Rthl. 12 Gr.

Sieyès, Emanuel Joseph. Europa in Bezug auf den Frieden, eine Rede, a. d. Franz. London [Frankfurt] 1794. Ü: *Knesebeck, Carl Frdr. von.* (Wr) Ü: *Knesebeck, K. F. von.* (Ky)

— Europa in Bezug auf den Frieden; e. Rede; aus d. Französ. (v. K. F. v. d. Knesebeck). 8. Frkf. a. M. 795. Eßlinger. 8 Gr.

— — dass. 8. Stuttg. Mag. f. Lit. 794.

— — dass. 8. Mannh. Löffler. 795.

— Geist aus seinen Schriften, v. K. E. Oelsner; aus d. Französ. v. E. L. Posselt. gr. 8. o. O. (Tübing.) 800. v. Cotta. 6 Gr.

— Geist a. s. Schriften, s. a. Oelsner.

— üb. sein Leben, von ihm selbst geschrieben; aus d. Französ. 8. Leipz. 795. Wolff. (Schmidt). 10 Gr.

— notice sur sa vie. 8. Leipz. 795. Wolff. (Schmidt). 10 Gr.

— opinion sur la constitution. 8. Leipz. 796. Wolff. (Schmidt). 4 Gr.

— opinion sur la jurie constitutionnaire etc. 8. Leipz. 796. Wolff. (Schmidt). 4 Gr.

— des opinions et de sa vie comme homme public, (par J. E. Oelsner). 8. ... 800.

Sieyès, qu'est-ce que le tiers état, s.: Sammlung weltgeschichtlicher Flugschriften.

— Rechte des Bürgers, neu übersetzt von K. Fr. Cramer. 8. Hamb. 801. Vollmer. (Herold jun.) 21 Gr.

Sieyès, Emanuel Joseph: Schriften. Bd. 1., s. Cramer, Karl Friedr.: Menschl. Leben. 12. Stück.

— polit. Schriften, vollständ. gesammelt v. dem deutschen Uebersetzer rc. (K. E. Oelsner). 2 Bde. gr. 8. o. O. (Leipz.) 796. Wolff. (Schmidt). 3 Rthl. 20 Gr. Holl. P. 5 Rthl.

Sieyès, E. J. Politische Schriften, vollständig gesammelt von dem Teutschen Übersetzer . . . [Leipzig] 1796. Ü: *Ölsner, Carl Ernst.* (Ky) (MGT)

Sieyes, Emm., Theorie der Volksvertretung rc., s. a. Bibliothek f. moderne Politik rc., 3. Hft.

Sieyes, Imm.: Theorie der Volksvertretung in der constitutionellen Monarchie. Nach polit. Schriften dargest. von Karl Riedel. Darmstadt 1843.
(Bibliothek f. moderne Politik u. Staatswiss. hrsg. von Riedel. H. 3.)

Sife, ein niassisches Christenmädchen. *(Barmen: Missionshaus 1903.)* (16 S.) 8° [Fr.]
— Missions-Traktate, Kleine. No 38.

Sifferath, Bernh., kurze Unterweisungen über das fünffache Scapulier, das Stationskreuzchen, die frommen Gegenstände, mit denen die päpstl. Ablässe verbunden sind, sowie über die Hauptarten des Rosenkranzes, nebst ausführl. Angabe der vollkommenen und unvollkommenen Ablässe, die mittelst der genannten frommen Gegenstände von den Gläubigen gewonnen werden können. 2. verm. Aufl. 16. (82 S.) Trier 886, Paulinus-Druckerei. * — 40

Das Sankt-Amarintal. Geschichtl. Notizen von Ægidius Sifferlen, Priester. Deutsche Übers. von Fr.-A. Schaller, Priester. Buch 1. Straßburg: F. X. Le Roux & Cie in Komm. 1908. 8° [F.] [08. 10660]

Sifferlen, Eg., das obere Sanct-Amarintal. Felleringen, Odern, Krüt. Kurze geschichtl. Notizen. Aus dem Franz. übers. v. Fr.-A. Schaller. (23 S. m. 1 Taf.) kl. 8. Straßburg 907. F. X. Le Roux & Co. n. — 65

— La vallée de Saint-Amarin. Brèves notes historiques. (Livre I. La ville.) (62 S. m. 1 Fig.) gr. 8. Rixheim 906. (Strassburg, F. X. Le Roux & Co.) 1. —
Sonderabdruck aus: „Revue catholique d'Alsace".

Sifra. Commentar zu Leviticus aus dem Anfange des dritten Jahrhunderts. Nebst der Erläuterung des R. Abraham ben David [Rabed] u. Masoret Ha-Talmud von J. H. Weiss. Zum ersten Male herausg. von Jac. Schlossberg. (In hebräischer Sprache.) Wien 862. (Berlin, Adolf & Co.) Fol. (VIII, 230 S.) n. 5 ₰

Sifra. Commentar zu Leviticus aus dem Anfange des 3. Jahrh. Nebst der Erläuterung des R. Abraham ben David (Rabed) und Masoret Ha-Talmud von J. H. Weiss. Zum ersten Male hrsg. von Jac. Schlossberg. (In hebr. Sprache.) Fol. (VIII und 230 S.) Wien 862. (Berlin, Cohn.) *

Sifrē. Ze sēfer —. Sulzbach (562 =) 1802.

Sifré debé Rab, der älteste halachiche und hagadische Midrasch zu Numeri und Deuteronomium. Nach Druckwerken u. Handschriften herausg., mit kritischen Noten, Erklärungen, Indices u. einer ausführlichen Einleitung versehen von M. Friedmann. 1. Thl. Text, Noten u. Erklärungen enthaltend. Wien 864. (Herzfeld & Bauer.) Lex.-8. (XVIII, 300 S.) n. 1 ₰ 20 ngr.

[Hebr.] Sifrē bi-fenim aḥērim han-niqrā: **Sifrē** zūṭā. Jw"l 'im he'ārōt mim-menni Dōb Hillēl Q'njgsb'rg'r (B[ernhard] Königsberger.) Ḥōb. 1. Frankfurt a. M.: J. Kauffmann 5654 (1894). 8°
[Nebent.:] Sifré suta d. i. eig. Sifré Numeri ⟨in 2. Recension⟩. Zum 1. Male hrsg. von Dr. B. Königsberger. [08. 13458]

Sig, Ludwig: Das Konrad von Würzburg zugeschriebene **Ave Maria.** *Straßburg i. E. 1903: 'Elsässer'.* (81 S.) 8°
Straßburg i. E., bischöfl. G an St. Stephan, P 1903

Sig, Ludwig: Vorgregorianische Bauernkalender. Ein Beitrag zur christlichen Kalenderkunde. 73 S., 1 Bl., 2 Tab. 8.
Bischöfl. Gymn. an St. Stephan *Straßburg i. E.* 1905 (zu 626).
I. Kirchliche Zeitrechnung des Mittelalters. II. Ein nordischer Runenkalender. III. Mitteleuropäische Bauernkalender.
Progr.

Sig, Ludwig: Vorgregorianische Bauernkalender. Ein Beitrag zur christlichen Kalenderkunde. Straßburg 1905: Elsäßer. (73 S.) 8°
Straßburg i. E., Bischöfl. G an St. Stephan P 1905 (626)

Sig, Ludw., vorgregorianische Bauernkalender. Ein Beitrag zur christl. Kalenderkunde. Progr. (75 S. m. 2 Taf.) 8. Strassburg 905. (Agentur v. B. Herder.) n. 1. —

— das geistliche Schauspiel im Elsass. Ein Beitrag zur Geschichte des mittelalterl. Theaters. (48 S.) gr. 8. Strassburg 906. (F. X. Le Roux & Co.) n. 1. —

Sigael, Joh. Sendschreiben an s. Freund Erasmum Germanicum betr. die bevorstehende Ruptur der Türken mit Moskau. 4. s. l. (1711.)

Sigal, Marie [von St. Petersburg]: Ueber Spondylitis tuberculosa des oberen Abschnittes der Wirbelsäule. Verlauf und Endresultate. Bern 1897. 36 S. 2 Tafeln. 8°.
Bern. Med. Diss. 1897/98.

Sigall, A. Ein Blick in die Zukunft. Ein Beitrag zur Lebensversicherung. Berlin 1885.

Sigall, Emil: Der Leibniz-Kantische Apriorismus und die neuere Philosophie. 8 (S. 3—34). **Progr.** K. k. Ober-G. *Czernowitz* 1900.

SIGALL, Emil
Der Leibnitz-Kantische Apriorismus und die neuere Philosophie von Dr. Emil Sigall. (Separatabdruck: „Xenia Czernoviciensia", Festschrift zum Jubiläum der Alma Mater Francisco-Josephina.) Czernowitz. 1900. In Comm. Pardini. Gr.-8°. 34 S. K —.80

Sigall, Emil Platons Ethik im Dialoge Gorgias. 8 (S. 3—40). **Progr.** Gr.-or. Ober-G. *Suczawa* 1892.
Nicht im Tauschverkehr.

Sigall, Emil: Platon und Leibniz über die angeborenen Ideen (I. Theil). 8 (S. 29—53). (II. Theil.) 8 (S. 3—38).
Progr. K. k. Ober-G. *Czernowitz* 1897. 1898.

Sigall, E[mil]: Der Wert des Lebens im Lichte der antiken Philosophie. S. 3—41. 8. **Progr.** K. k. I. Staatsgymn. *Czernowitz* 1907.
1. Die Vorsokratiker. 2. Sokrates. 3. Die Kyniker. 4. Die Kyrenaiker. 5. Platon. 6. Aristoteles. 7. Die Stoiker. 8. Die Epikureer. 9. Skeptiker und Eklektiker. 10. Die Neuplatoniker.

Sigall, *Moses* Konrad von Würzburg und der Fortsetzer seines Trojanerkrieges. 8 (S. 3—45). (Fortsetzung.) 8 (S. 3—46).
Progr. Gr.-Or. Ober-G. *Suczawa* 1893. 1894.
Nicht im Tauschverkehr.

Sigall, *Moses*: Konrad von Würzburg und der Fortsetzer seines Troianerkrieges. (Fortsetzung und Schluſs.) 8 (49 S.). **Progr.** Gr.-or. Ober-G. *Suczawa* 1897.
Nicht im Tauschverkehr.

— Schillers sittliche Weltanschauung. (Festrede). 16. Czernowitz II. St. G. 05.
Progr.

Sigart, G., Glossaire étymologique montois ou dictionnaire du Wallon de Mons et de la plus grande partie du Hainaut. 2e édit. gr. 8. (408 S.) Bruxelles 870. [Frankfurt a. M., J. Baer und Comp.] *

Sigaud de la Fond, (Aignan Joseph): Anweisung zur Experimental-Physik. (Leçons de physique expérimentale. Dt.) Bd 1–2, gbd., 18 Taf.

Dresden: Walther 1774

Sigaud de la Fond, Anweis. zur Experimentalphysik. 2 Thle. Mit Kpf. 8. Wien 780. Trattner. 1 ₰ 12 gr

Sigaud de la Fond, Prof. etc. Anweisung zur Experimental-Physik. Aus dem Französischen. Mit 18 Kupfern. (2 Bde.) 8. Wien 1780.

— üb. mathemat. rc., Kunstkabinets rc., s. Mauchardt.

Sigaud de lafond, Verzeichniß rc., s. Mauchardt, J. D.

Sigaud de la Fond, Joseph Aignan

s.: Sigaud de la Fond, Aignan Joseph

Sigbritte, Frau, u. ihre schöne Tochter; eine Gesch. aus d. Zeiten Karls V. 2 Thle. 8. Leipz. Jacobäer. 791.

Sigbritte, Frau, und ihre schöne Tochter, eine Geschichte aus den Zeiten Carls des Fünften, 2 Theile, mit 1 Kupfer, 8. Leipzig, 792. Jacobäer. 1 Rthl. 15 sgl.

Sigbritte, Frau, und ihre schöne Tochter. Eine Geschichte aus den Zeiten Karl des Fünften. Leipzig 1792. Neue Ausgabe. Leipzig 1817. V: *Heinse, Gottlob Heinrich.* (BGE VII[3], 307)

Sigbritte, Frau, u. ihre schöne Tochter; Geschichte aus d. Zeiten Karl V., (v. Gli. H. Heinse). 2 Thle. 8. Leipz. 792. N. A. 817. (Aue in Altona). 1 ℔ 12 gr

Sigbritte, Frau, und ihre schöne Töchter. 2 Thle. Neue Ausg. 8. Leipzig, Jacobäer. 817.

Sigeboto, Vita Paulinae, s.: Geschichts-Bibliothek, thüringisch-sächsische.

Sigel [Sachliches OW]

Sigel und Abbreviaturen (Correspondenzschriftl. Kürzungen) der Gabelsberger'schen Stenographie. 4. Aufl. (Heliotypie) kl. 8. (32 S.) geb. 20 kr.
Wien: Zwierzina 1882.

Sigel u. Abbreviaturen d. Gabelsberger'schen Stenographie. 7. Aufl. Mit Portr. Wien, bish. V. Zwierzina, nun Edmund Schmid. 20 kr. 1885. Ins. 1828

Sigel und Abbreviaturen der Gabelsberger'schen Stenographie. 8. Auflage. Heliotypie von C. Angerer & Göschl. 12. (Mit Porträts und Biographie Gabelsberger's. 31 S.) Wien, Edmund Schmid. fl. —.20. 1886.

Sigel, sämmtl. u. gebräuchl. Abkürzgn., s.: Marnot, Wilh.

Sigel u. Abkürzungen, stenographische, s. Büchersammlung f. Gabelsberger'sche Stenographen.

Sigel [Verfasser]

Sigel, arithmetischer und geometrischer Anschauungs-Unterricht, verbunden mit dem ersten Unterricht im Zeichnen. Mit 8 (lith.) Figurentaf. Tuttlingen 861. (Kling.) 8. (IV, 136 S.) n. 10 ngr.

Sigel, Predigt am königl. Geburtsfeste den 27. Septbr. 1848, gehalten zu Stuttgart. 8. (8 S.) Stuttgart 848, Metzler. — 2. Aufl. 8. (8 S.) Ebd. 848. — 3. Aufl. 8. (8 S.) Ebd. 848. 1 ngr

Sigel, Albert. Gedichte ... StL, 1863. Enl ed, StL, 1885; StL, 1887.

Sigel, Albert, aus Stuttgart: Ueber die **Konstitution** oxydierter Pseudophenole und deren Umwandlungsprodukte. *Heidelberg 1900: J. Hörning.* (52 S.) 8°
Heidelberg, Naturw.-math. Diss. v. 1900

Sigel, Alb., die württembergischen Sanitätszüge in den Kriegsj. 1870 u. 1871. gr. 8. (53 S. m. eingedr. Holzschn.) Stuttgart 872. Maier. n. 1. —

Sigel, Alb., die Schule u. ihr Einfluß auf die Gesundheit. Vortrag gehalten im Gewerbeverein zu Reutlingen im Janr. 1868. Reutlingen 868. (Kenngott.) gr. 8. (44 S.) n. 5 ngr.

Sigel, C. Chr. Fr., († ...) Abschiedspredigt in Siglingen, am 20. Sonnt. nach Trinit. 1823, u. Antrittspredigt in Grochsen am 21. Sonnt. n. Trinit. gr. 8. Heilbr. 824. Cluß. 3 gr

Sigel, C. Chr. F., Predigt-Buch f. d. häusl. Erbauung üb. alle Sonn- u. Festtags-Evangelien. Nach sein. Tode hrsg. 1. u. 2. Bd. — A. u. d. T.: Predigten üb. d. Evangelien. 2 Bde. gr. 8. (60 B.) Heilbronn 831, Drechsler.
Erschien 1829 u. 30. zuerst in 10 Hftn. u. d. T.: Predigten üb. d. sonn- u. festtägl. Evangelien.
—— dass. 3. Bd. — A. u. d. T.: Predigten üb. d. harmon. Leidens-Geschichte Jesu nach d. vier Evangelien. Nach sein. Tode hrsg. gr. 8. (13½ B.) Ebds. 831.

Sigel, Franz. Denkwürdigkeiten des Generals Franz Sigel aus den Jahren 1848 und 1849. Hrg. von Wilhelm Blos. [Illustriert.] 167 S. 8. Mannheim, J. Bensheimer, 1902. [M. 1. 80]

Denkwürdigkeiten des Generals Franz **Sigel** aus den Jahren 1848 u. 1849. Hrsg. von Wilhelm Blos. (2. unveränd. Aufl.) Mannheim: Bensheimer 1902. 166 S. 8° [09. 1533 7

Sigel, Georg Christian (Kirchheim-Teck) A. S. 1381/7

Exercitatio de religione revelata eiusque necessitate.
Präs. Johann Friedrich Cotta.
Tübingen (Cotta) IX. 1761. 56 S.

5 Resp. 32629

Sigel, Johann Gottlieb, s. Siegel

Sigel, Johann Philipp (Kirchheim-Teck) A. S. 832/6

Dissertationis de potestate imperantium legislatoria pars prior. Präs. Johann Eberhard Roesler.
Tübingen (Reis) IX. 1721. 28 S.

2 Resp. 32630

Sigel, Joseph Friedrich (Vaihingen) A. S. 1380/38

Dissertatio theologica de ecclesia Ruthenica.
Präs. Jeremias Friedrich Reuss.
Tübingen (Sigmund) XI. 1752. 48 S.

4 Resp. 32631

Sigel, Julius, approb. Arzt aus Stuttgart: Aus d. Tübinger Universitäts-Augenklinik. Bemerkungen zu den Blindenstatistischen Arbeiten aus der Tübinger Klinik. *Tübingen: F. Pietzcker 1901.* (26 S.) 8°
Tübingen, Med. Diss. v. 1901

Sigel, Leonh., biblische Geschichten. Der Heil. Schrift nacherzählt in gebundener Form. 1. Tl.: Das Alte Testament. gr. 8. (IV, 877 S.) Kirchheim u. T. 888, (Riethmüller.) * 2 —

Sigel. Otto. aus Vaihingen a Enz (Königreich Württemberg): Ueber die Bestandtheile des Arnicawassers und des ätherischen Arnicaöls. (S.A. aus: Liebig's Annalen der Chemie u. Pharm., Bd 170. S. 345—364). Giessen W. Keller Dr. 1873. 27 S. 8°.
Zürich, Phil. Diss. [v. 30. Jan. 1874].

Sigel, Theophil Friedrich A. S. 1421/25

Disputatio philosophica de libero arbitrio.
Präs. Gottfried Ploucquet.
Tübingen (Schramm) VI. 1752. 24 S. 32632

Sigel, Walth., der gewerbliche Arbeitsvertrag nach dem bürgerlichen Gesetzbuch. (VIII, 192 S.) gr. 8. Stuttgart 903. J. B. Metzler. n. 4. —; geb. in Leinw. n. 4. 50
Tübingen, Staatswiss.Diss.v.1903.

Sigelabbildungen, s.: Siegelabbildungen.

Sigeneger, Hermann: Ueber den β-Cyanpropionsäureester und seine Kondensation mit Oxalester. Urach: Bühler 1908. 40 S. 8°
Tübingen, Naturw. Diss. v. 28. Okt. 1908, Ref. Wislicenus
[Geb. 2. Okt. 84 Urach; Wohnort: Tübingen; Staatsangeh.: Württemberg; Vorbildung: Oberrealsch. Reutlingen Reife Jul. 02; Studium: Tübingen 5, Kiel 1, Tübingen 6 S.; Coll. 28. Okt. 08.] [U 09. 4017

Sigenot, s.a. Dietrich v. Bern.

Sigenot.

1830,* o. O. u. Dr., 8°. 21 S. Aus der ältesten Geschrift guten Freunden zu Lust und Lieb also zum erstenmal ans Licht gestellt in dem kalten Winter 1829 durch Meister Seppen von Eppishusen einen farenden Schueler. Gedruckt am obern Markt, uf Neu yar 1830.
Straßburg Cd 129.179.

Sigenot nach dem alten nürnberger druck von Friederich Gutknecht herausg. von Osk. Schade. Hannover 854. Rümpler. 8. (120 S.) n. 1 ℳ.

Die Impossibilia des **Siger** von Brabant, e. philosoph. Streitschrift a. d. XIII. Jh. Z. ersten Male vollständ. hrsg. u. besprochen v. Dr. Clemens Baeumker. *Münster: Aschendorff 1898.* (VIII, 200 S.) 1 Bd 8.
= **Beiträge** z. Geschichte d. Philosophie d. Mittelalt. Bd II. H. VI. [98. 5171

Sigerist, A., die Lehre von der Ratihabition der Rechtsgeschäfte. Civilistischer Versuch. Diss. Tübingen 1887, Fues' Sort. 8°. VI, 101 S.

Sigerist, Albert, a. Ludwigsburg, z. Z. Med. Prakt. an d. Medizinischen Klinik Tübingen: Ueber inkomplete Formen von Tabes dorsalis (Formes frustes). Tübingen 1906: H. Laupp jr. (22 S.) 8°
Tübingen, Med. Fak., Ref. Romberg, Diss. v. 29. Nov. 1906
[Geb. 8. Sept. 80 Ludwigsburg; Wohnort: Tübingen; Staatsangeh.: Württemberg; Vorbildung: Gymn. Konstanz Reife Sommer 00; Studium: Tübingen 9 S.; Coll. 1. März 06; Approb. 15. Nov. 06.]

SIGERIST, Andreas: Ueber Melanosarcom des Rectums.- München: Schaumberg 1898. 55 S.
25.2.1898 - Chr 1897/98,20; Jv 1897/98,220
Diss.Ingolst.-Landsh.-Mchn.

(Sigerist, Frl. Frieda.) Kochbuch, den Hausfrauen des Arbeiterstandes gewidmet.... Koche mit Gas, gesunde, billige Nahrung. IV + 61 S. 8. Schaffhausen, H. Meier & Cie., 1907.
Ausg. A: ... gew' von der Gasbeleuchtungs-Gesellschaft Aarau.
Ausg. B: ... gew' vom Gaswerk Liestal Aktien-Gesellschaft.

S[igerist]-M[oser], E[d]. Ueber die religiösen Zustände der Stadt Schaffhausen vor und bis zur Einführung der Reformation, m' spezieller Berücksichtigung der Letzteren. Entnommen aus eine alten Quelle. 8. Diessenhofen 1895.

Sigerist-Schelling

Sigrist-Schelling, die Einführung der Progressiv-Steuer oder die Geheimnisse des Steuerbuches der Stadt Schaffhausen. 8. Schaffhausen. 1873.

Sigerist-Schelling, Karl

Sigerist-Schelling, C., ein Abstecher nach Amerika. Eine wahrheitsgetreue Schilderung meiner Reise üb. Stuttgart, Frankfurt, Hamburg, Havre, nach New-York, Philadelphia, Niagarafall, Chicago u. Pepin im Staate Wisconsin u. retour üb. New-York, Liverpool, London, Folkestone, Boulogne u. Paris. 8. (VI, 170 S.) Schaffhausen 879. (Schoch.) n. 1. 60

Sigerist-Schelling, C[arl]. Ein Abstecher nach Amerika. Eine wahrheitsgetreue Schilderung meiner Reise über Stuttgart, Frankfurt, Hamburg..., Chicago und Pepin im Staate Wisconsin und retour über New-York..., Boulogne und Paris. Gewidmet Freunden und Bekannten. 2. Aufl. 8. Schaffhausen im November 1887.

Sigerist-Schelling, C., e. Abstecher nach Amerika. Eine wahrheitsgetreue Schilderg. meiner Reise üb. Stuttgart, Frankfurt, Hamburg, Havre, nach New-York, Philadelphia, Niagarafall, Chicago u. Pepin im Staate Wisconsin u. retour üb. New-York, Liverpool, London, Folkestone, Boulogne u. Paris. 2. Aufl. 8. (VI, 169 S.) Schaffhausen 889. (C. Schoch.) n. 1. 20

Sigerist-Schelling, C[arl]. Auf nach Hohenklingen! Ein Ausflug mit Hindernissen. Humoreske (in Scherz und Ernst) frei nach der Natur bearbeitet. Schaffhausen, im Juli 1898. 8. Schaffhausen.

Sigerist-Schelling, C[arl]. Innert dreissig Tagen von Schaffhausen über Luzern, Luino, Genua... und Brindisi nach Aegypten und Palästina und retour. Ausgeführt im Frühjahr 1891. 8. Schaffhausen 1898.

Sigerist-Schelling, C[arl]. Was ist Wahrheit, Orthodox- oder Reformglaube? Eine romanhafte wahre Geschichte oder ein wahrhaftiger Roman, oder auch Wie das Leben auf mich einwirkte. Ein Vermächtniss. Verfasst und gewidmet allen denkenden Menschen vom Verfasser C. S'-Sch'.... (1. [einziger] Abschnitt: I. Periode.) Schaffhausen, im November 1895. 8. Schaffhausen.

Sigert, Johann Thomas (Tirschenreuth) Altd. Ahg. 3/4

Theses medicae inaugurales de causis procatarcticis. Altdorf (Hessel) 9. X. 1759. 8 S. 32633

Sigert, Luise, Auferstanden! Drama in 1 Vorspiele u. 3 Acten. 8. (III, 68 S.) Wien 892. M. Breitenstein. n. 1. 80

Sigerus, Emil, Almanach d. grösseren siebenbürgischen Heilbäder u. Kurorte. [Aus: „Bielz, Siebenbürgen".] 12. (62 S.) Hermannstadt 903. W. Krafft. n. — 51

— siebenbürgisch-sächsische Burgen u. Kirchenkastelle. 50 Bilder in Lichtdr. m. e. Vorwort u. erläut. Text. II. Aufl. qu. Fol. (7 S.) Hermannstadt 901. J. Drodtleff. In Mappe n. 7. 50

— dasselbe. III. Aufl. 1. Lfg. qu. Fol. (5 Taf. m. 7 S. Text.) Ebd. 901. — 60

Sigerus, Emil, siebenbürgisch-sächsische Burgen u. Kirchenkastelle. 50 Bilder in Lichtdr. m. e. Vorwort u. erläut. Text. III. Aufl. 2.—10. Lfg. (à 5 Taf.) qu. gr. 8. Hermannstadt 901. J. Drotleff. à — 60
(Vollst. in Leinw.-Mappe: 9. —)

Sigerus, Emil, siebenbürg.-sächs. Kirchenburgen. 52 Lichtdr.-Bild., m. e. Vorwort u. erläut. Text hrsg. 4. veränd. u. verm. Aufl. (52 z. Tl. farb. Taf. m. 16 S. Text.) 24,5×34 cm. Hermannstadt 909. J. Drotleff. Geb. in Leinw. 20. —

Sigerus, E., voir: *Europe ill.*

Sigerus, Emil s.a. Hochland. Das siebenbürgische H'. Zürich ([18]89–90)

Sigerus, E., das siebenbürgische Hochland, s.a. Wanderbilder, europäische.

— Siebenbürg.-sächs. Leinenstickereien. 18 Taf. in Farbendr., m. Unterstützg. der „Bodenkreditanstalt", des „allgem. evang. Frauenvereins", d. „siebenbürgisch-sächs. Landwirtschaftsvereins" u. d. „Sebastian-Hann-Vereins f. heim. Kunstbestrebgn." hrsg. (VII S. Text.) 35×25,5 cm. Ebd. (907). In Mappe 8. 50

Sigerus, Emil, s. Pays. – Les pays haut de Transylvanie.

— Siebenbürgen, s.: Bielz, E. A.

— durch Siebenbürgen. Eine Touristenfahrt in 58 Bildern. (50 z. Tl. farb. Taf. m. 17 S. Text.) qu. Lex.-8. Ebd. 905. 10.—; in Mappe dazu n n. 2. 50

Sigerus, Emil, s. Transylvania Highland, The.

Sigerus, E., siehe: *Ungarn in Wort u. Bild.*

Aus alter Zeit. 50 Bilder in Doppelton-Lichtdr. aus siebenbürg.-sächs. Städten mit e. Vorw. u. erl. Text. Hrsg. von Emil **Sigerus**. *Hermannstadt: J. Drotleff 1904.* (4 Bl., 50 Taf.) quer-8° [.4. 508

Sigerus, Carl, *Mitgl. d. Klausenburger Landw.-Vereines.* Wohlgemeinte Rathschläge über den Nutzen der Segregation der Hutweiden, Wälder und Rohrschläge des Forst-Patentes und der Commassation vom Standpunkte der siebenbürgischen Landwirthschaft verfasst und dem löbl. Klausenburger Landwirthschafts-Vereine hochachtungsvoll gewidmet. Mit Vorbehalt der Uebersetzung in die Landessprachen. *Hermannstadt* 1858. In Comm. bei *Samuel Filtsch* in Hermannstadt, *Joh. Gött* in Kronstadt, *Stein* in Klausenburg. 61 S., 8°. Mit 3 Tabellen. 30 kr.

Sigerus, Rob., das Problem der Telepathie (Gedankenübertragg.) in vorurteilsfreier Beleuchtg. (38 S.) gr. 8. Hermannstadt (Schewisgasse 10) 909. Assessor a. D. Sigerus. — 90

Sigfrid od. **Christus**?! Kampfruf an die german. Völker zur Jahrtausendwende v. e. Deutschen. (55 S.) gr. 8. Leipzig 910. Leipziger Verlags- u. Kommissionsbuchh. 1. —

Sigfrid, Wolfgang Christoph (Nürnberg) Altd. Thl. V/6g

Epistolae Paulinae ad Galatas disputatio VII. exhibens genuinam capitis II. a v.17. usque ad finem, lectionem ... Präs. Johann Weinmann.
In: Weinmann: Collegii Galatini hoc est exercitationum biblicarum in divinam apostoli Pauli ad Galatas epistolam pars prior. Altdorf (Scherff) 1647. S. 117-140.

Diss. X. 1742.
Gew.: Ulrich Grundherr, Georg Richter, Johann Gabler, Johann Jodokus Schmidmair, Johann Erasmus Dilherr, Andreas Auer. 32636

Sigg, Arnold, aus Ossingen [Kt. Zürich], pract. Arzt zu Ossingen ...: Aus dem Leichenhause des Cantonsspitals zu St. Gallen. Dr. Hanau. Beiträge zur Lehre von der acuten Miliartuberculose mit anhangsweisen Bemerkungen über Meningitis tuberculosa und die Verbreitungsart einiger anderen krankhaften Processe im Körper. (Mit 4 Abbildungen)'. [S. A. aus: Mittheilungen aus Kliniken u. medicin. Instituten der Schweiz. Bd IV, Heft 4, S. 143–224; die Einleitung v. Dr. Hanau fehlt im S. A.]. [Basel u. Leipz. C. Sallmann] 1896. 1 Bl., 86 S., 1 Doppeltafel, 1 Bl. 8°.
Zürich. Med. Diss. [v. 10. Sept. 1896].

Sigg, Arnold, Beiträge zur Lehre v. d. acuten Miliartuberculose m. anhangsweisen Bemerkgn. üb. Meningitis tuberculosa u. d. Verbreitungsart ein. and. krankhaften Processe im Körper, s. a. Mitteilungen aus Kliniken u. medicin. Instituten d. Schweiz, IV, 4.

Sigg, Ernst. Über Conglomerattuberkulose der Leber. Diss. Med. Univ. Zürich. Mit 1 Textfigur und 4 Tafeln. *Kopftitel:* Aus dem pathologisch-anatomischen Institut Zürich. 52 S. 8. Zürich, Polygraphisches Institut A.-G., 1901.

Sigg, J. H. Die Bedeutung der Versicherungspolice im Kampfe mit dem Alkoholismus. Andelfingen 1883. 7 S.

Sigg, Joh[ann]. Der Brand in Uster am 22. November 1832, erzählt von Joh. Sigg .... 8. Zürich 1833.

Sigg, Johannes, [von Ossingen, Kt. Zürich]: Der verfasser neun angeblich von Demosthenes für Apollodor geschriebener reden. ([S. A. aus:] Jahrbücher f. class. Philologie — Fleckeisen]. Suppl. Bd VI. Heft 2. S. 395—434). [Leipz. B. G. Teubner 1873]. 1 Bl., S. 397—434. 8°.
[Zürich. Phil. Diss. v. 8. März 1873].

SIGG, JOHANN GEORG: Gründlicher Bericht von dem wunderbarlichen Ursprunge und der Verehrung des Marianischen Gnadenbildes unter dem Titul Trösterin der Betrübten. Auf was Weise solche Bildniß nach Wien gebracht, erstlich beym kais. Hofe in die Kammerkapelle, alsdann in der Kirche und Kayserkapelle der W.W. E.E. P.P. Kapuzinern auf dem neuen Markt zur öffentlichen Verehrung übersetzet worden. Bey Gelegenheit einer fünfzigjährigen Jubel-Feyer, auf das neue zum Druck befördert von k. k. Postmeister in Fünfkirchen Herrn Johann Georg Sigg. Fünfkirchen 1777: Mit Englischen Schriften. 36 S. 1 t. - 170 mm

Sigg, Johann Heinrich, von Flaach [Kt. Zürich]: Tetanus traumaticus und Hydrophobie. Zür. E. Kiesling Dr. 1855. 32 S. 8°.
Zürich. Med. Diss. v. 17. März 1855

Siggelkow, Fr. Wilhelm Christoph, s. Handbuch f. die Geistlichkeit.

Siggelkow, F. W. Cph., Handbuch d. meklenburg. Kirchen- und Pastoral Rechts, s. Handbuch.

(**Siggelkow, F. W. Cp.**:) Handb. d. Mecklenb. Kirchen- u. Pastoral-Rechts; besond. f. d. herz. Mecklenb. Schwerin-Güstrow. Lande. *Schwerin*, Bärensprung. (1.—2. Aufl. 780—83.) 3. A. 797. 8. (1 Thl. 8 Gr.)

Siggelkow, F. W. C., Handbuch des Mecklenb. Kirchen- und Pastoral-Rechts. 3te Aufl. 8. Schwerin. Ist jetzt Verlag v. Stiller in Rostock.

(**Siggelkow, F. W. Cp.**:) Ueb. d. Parochial-Verbind., besond. nach Mecklenburg. Gesetzen. *Rostock*, Stiller. 801. (3 Gr.)
Vgl. Parochialverbindungen, ...

Siggelkow, Fr. Wlh. Cph., († d. 30. Jan. 1808.) Poesien. 8. Schwerin 770.

Sighart, Joachim

Sighart, Joach., Albertus Magnus. Sein Leben und seine Wissenschaft. Nach den Quellen dargestellt. Lex.-8. (XVI und 386 S. mit Portr. in Stahlst. und 2 Kunstbl., Tafel und Lehrstuhl, in Farbendr.) Regensburg 857, Manz. Thlr. 1

Sighart, Dr. Joach. (k. Lyceal-Prof. das.), der *Dom zu Freising.* (Von s. Anfängen bis z. Gegenwart.) Eine kunsthistorische Skizze. (Progr.) Freysing, gedruckt bei Frz. Datterer, 1851. 4°. Ppb. m. Beibd.

Sighart, Joach., der Dom zu Freising. Eine kunstgeschichtl. Monographie m. (7) artist. Beilagen (in 4. u. Fol.) 8. (X u. 103 S.) Landshut 852, Krüll. 18 ngr

—— die Frauenkirche zu München. Ihre Geschichte und Schilderung, zunächst vom kunsthistor. Standpunkte aus entworfen. gr. 12. (X und 142 S. mit 6 lithogr. Kunstbeilagen und einem Restaurationsplane.) Landshut 853, Krüll'sche Universitäts-Buchh.

Sighart, J(oach.), Geschichte der bildenden Künste im Königreich Bayern von den Anfängen bis zur Gegenwart. Mit vielen Illustr. (in eingedr. Holzschn.) 2 Abthlgn. Lex.-8. München, Literarisch-artistische Anstalt. [1. Abthl. (VIII und S. 1—288.) 862. * 2 Thlr. 6 Ngr., 2. Abthl. (XII und S. 289—798.) 863. * 3 Thlr.] *

Sighart, Dr. J. (Prof. d. Philos. am Lyceum zu Freising), die mittelalterl. Kunst in der Erzdiöcese München-Freising dargest. in ihren Denkmälern. Mit 1 Architekturkarte u. 17 grav. Taf. Freising, Frz. Datterer, o. J. (Vorw. dat. 1854). 8°. Eleg. Srsb.
VII S., 1 Bl. Inh., 136 S.

— die mittelalterliche Kunst in der Erzdiöcese München-Freising dargestellt in ihren Denkmälern. 8. (XII und 256 S. mit 1 lithogr. und ill. Architekturkarte in 4. und 7 grav. Taf. auf 6 Stnt.) Freising 855, Datterer. *

— die mittelalterliche Kunst in der Erzdiöcese München-Freising dargestellt in ihren Denkmälern. 8. (XII und 256 S. mit 1 lithogr. und ill. Architekturkarte in 4. und 7 grav. Taf. auf 6 Stnt.) Freysing 855(57), Datterer. *

— Leonardo da Vinci und sein letztes Abendmahl. Eine kunst-histor. Skizze. gr. 4. (28 S.) München 867, Bruckmann's Verlag.

Sighart, J., s. Lord's Supper, the.

Sighart, J(oach.), Reliquien aus Rom. Zur Kunstgeschichte u. Volkskunde. Augsburg 865. Kranzfelder'sche Buchh. 8. (III, 211 S.) n. 22½ ngr.

— Von München nach Landshut. Ein Eisenbahnbüchlein. Landshut 859. Krüll. 12. (133 S.) 12 ngr.

— ein Wachstafelbuch aus dem Kloster Polling. gr. 4. (16 S.) München 864, (Franz'sche Buchh.) *
Aus: Abhandlungen der k. bayerischen Akademie der Wissenschaften, besonders abgedruckt.

Sighele, Scipio, Psychologie d. Auflaufs u. d. Massenverbrechen. Autor. deutsche Übersetzg. v. Hans Kurella. 8. (XI, 216 S.) Dresden 897. C. Reissner. n. 4.—; geb. n. 5.—

Sigismund. Novelle. [Leipz. 1848.] V: *Bacheracht, Therese von.* (schr)

Sigismund Rüstig, s. a. Rüstig.

Sigismund Rüstig der bremer Steuermann. Ein neuer Robinson, nach Capitain Marryat frei für die deutsche Jugend bearb. 2 Bde. 8. (30¾ B. mit viel. Holzschn.) Leipzig 843, Teubner. In Lwd. geb.

— dass. (Wohlfeile Ausg.) Mit 94 (eingedruckten) Bildern in 1 Bde. 8. (23 B.) Ebds. 844. In Lwd. geb.

Die Reformation des Kaisers Sigmund [**Sigismund** Kaiser von Deutschland]. Die erste deutsche Reformschrift eines Laien vor Luther. Hrsg. von Dr. Heinrich Werner, Oberl. in Mayen. Berlin: A. Duncker 1908. (LVIII, 113 S.) 8°
= Archiv f. Kulturgeschichte. Erg.H. 3.

Sigismund August, Poloniae regis, epistolae, legationes et responsa, publ. Joh. Burchard Mencke. 8. Lipsiae 1703.

Sigismund Aug. Epistolae, legationes et responsa, nec non Steph. Batorii Epistolar. decas et oratio. E museo H. de Huyssen. Acc. Opusc. duo alia. Rec. J. B. Menckenius. Lips. 703. 8. 12 gr.

Sigismund, das Rechnen d. Kaufmanns, dargest. nach d. gegenwärt. Verhältnissen der europ. als auch d. vorzügl. amerikan. Handelsplätze, u. für die d. Handlung sich widmend. Jünglinge in Preußen, Sachsen, so wie in d. Ländern, welche nach dem 20 u. 24 Fl. Fuß rechnen, mit Berücksichtig. d. schwier. Vorfälle, welche d. Wirklichkeit darbietet, zum Selbstunterr. im Rechnen auf d. sorgfältigste u. umsichtigste bearb. 2 Thle. gr. 8. (17½ B. u. 4 Tab. gr. 4.) Halle 838, Buchh. d. Waisenhauses. Thlr.
M. Morgenbesser „neues kaufm. Rechenbuch rc." wurde bei der Bearbeitung als Grundlage benutzt.

Sigismund, ..., s. Sophokles.

v. Sigismund, Aug., Deutsche Grammatik für Russen. (Text Russisch u. Deutsch.) Nach den Ansichten der neueren Grammatiker und in vergleichender Beziehung zum Russischen. gr. 8. (XVI u. 304 S.) Kiew 851, Zawadzki. n. 1 ₰ 4 ngr Velinp. n. 1 ₰ 14 ngr

Sigismund, Aug., deutsche Grammatik für Russen. (Text Russisch und Deutsch.) Nach den Ansichten der neuern Grammatiker und in vergleichender Beziehung zum Russischen. 3., verb. Aufl. gr. 8. (XII und 295 S.) Kiew 857. (Leipzig, Brockhaus' Sortiment und Antiquarium.) *

Sigismund, Berthold, Asclepias. Bilder aus dem Leben eines Landarztes. Gotha 857. Scheube. 16. (VI, 245 S.) n. 28 ngr.

Sigismund, Berth., Asclepias. Bilder aus dem Leben eines Landarztes. 16. (VI und 245 S.) Gotha 857. [Leipzig, Möller.] *

Sigismund, Berth., die Familie als Schule der Natur, s. Bücher der Natur.

— und E. Klußmann, zum Gedächtniß an Schiller's 100jährige Geburtsfeier, begangen vom Fürstl. Gymnasium zu Rudolstadt am 10. Novbr. 1859. Zwei Reden. Ebend. 859. gr. 8. (34 S.) n. 6 ngr.

— Kind und Welt. Vätern, Müttern und Kinderfreunden gewidmet. I. Die fünf ersten Perioden des Kindesalters. Braunschweig 856. Vieweg. 8. (XIII, 221 S.) n. 1 ₰.

Sigismund's, Berth., Kind u. Welt. Für Eltern u. Lehrer, sow. f. Freunde d. Psychologie m. Einleitg. u. Anmerkgn. neu hrsg. v. Chr. Ufer. 2., verm. Aufl. 12. (XXXVI, 199 S.) Braunschweig 897. F. Vieweg & Sohn. Geb. in Leinw. n. 2.—

Sigismund, Berth., Land und Leute der sächsischen Lausitz, s. Bergson's Eisenbahnbücher.

— Landeskunde des Fürstenthums Schwarzburg-Rudolstadt, im Auftrag der Fürstl. Staatsregierung mit Benutzung amtlicher Hilfsmittel bearb. 1. Thl.: Allgemeine Landeskunde der Oberherrschaft. — 2. Thl.: Ortskunde der Oberherrschaft. Rudolstadt 862, 63. Scheitz in Comm. gr. 8. (X, 226 S.; VIII, 224 S. u. 4 lith. Karten.) Jeder Thl. n. 1 ₰

— Landeskunde des Fürstenthums Schwarzburg-Rudolstadt im Auftrag der Fürstl. Staatsregierung mit Benutzung amtl. Hilfsmittel bearb. 2 Thle. gr. 8. Rudolstadt 862,63, [Schwabe.] à Bd. 1 Thlr.
Inhalt:
Thl. 1. Allgemeine Landeskunde der Oberherrschaft. (X und 226 S. mit 4 lithogr. Karten, wovon 2 in Farbendr.)
„ 2. Ortskunde der Oberherrschaft. (VIII und 224 S.)

— Lebensbilder vom sächsischen Erzgebirge, s. Bergson's Eisenbahnbücher.

— Lebensbilder vom Sächsischen Erzgebirge, s. Lord's, C. B., Eisenbahnbücher.

— Lieder eines fahrenden Schülers. Herausg. von Adf. Stahr. Hamburg 853. Hoffmann u. Campe. 16. (XII, 146 S.) n. 27 ngr.

— Rede bei der in Rudolstadt am 18. October 1863 begangenen Jubelfeier der Schlacht bei Leipzig gehalten. Rudolstadt 863. Müller. gr. 8. (12 S.) n. 4 ngr.

Sigismund's, Berth., ausgewählte Schriften. Hrsg., m. Biographie u. Anmerkgn. versehen v. Karl Markscheffel. 2 Bde. gr. 8. Langensalza 900. H. Beyer & Söhne. à n. 2.25; geb. à n. 3.25; in 1 Bd. n. 5.50
1. Kind u. Welt. Die Familie als Schule der Natur. (XXXVI, 202 S.)
2. Ausgewählte Aufsätze u. Gedichte. (XII, 291 S.)

Berthold Sigismund's Ausgewählte Schriften. Hrsg., mit Biogr. u. Anm. vers. von Karl Markscheffel. *Langensalza: H. Beyer & S. 1900.* (L, 496 S.) 8° [F.]
— **Bibliothek** pädagogischer Klassiker. 39. [01. 553] 3

Schlicht nach seinen verschiedenen Verhältnissen betrachtet, bey Gelegenheit der Feyer seines Geburtstags in der hochw. Freymaurer-Loge Royale Yorck zur Freundschaft [in Berlin] am 20sten July 1796 von [Christian Otto Friedr.?] **Sigismund.** Berlin [1796]: Langhoff. 8 S. 8⁰ [Umschlagtit.] 23. 25.

Ferdinand von Rayski. Ein biogr. Versuch von Ernst **Sigismund.** Dresden W. Baensch 1907. (IV, 86 S.) 8° [F.]
— **Mitteilungen** d. Vereins f. Geschichte Dresdens. H. 20. [07. 466]

Sigismund, F., lateinisches Lesebuch f. Sexta. Mit Wörterverzeichnis. gr. 8. (IV, 156 S.) Leipzig 889. Teubner. n. 1. 20

Sigismund, F., De „haud" negationis apud priscos scriptores usu. Diss. 1889. 46 S.

Sigismund, Fl. Fr., s. Florian Galathee.

Sigismund, F. F., s. Saint-Pierre, Paul u. Virginie.

Sigismund, Friedrich: Das tolle Jahr 1848 in Schwarzburg-Rudolstadt. Weimar 1909: Hof-Buchdr. 8 S. 4°
Weimar, Wilhelm-Ernstisches G OP 1909 (914) [S 09. 444

Sigismund, H. J. C., die Bewegungspartei u. d. Kirchensymbol „im Lichte d. Aufklärung" zunächst f. Hessen u. Altenburg. gr. 8. (4¼ B.) Cassel 840, Fischer. *

Sigismund, Jotta Lebr., kurzer Abriß der empirischen Psychologie und Elementarlehre der Logik. Ein Handbuch für Studirende, sowie ein Leitfaden beim Unterricht. Leipzig 859. Kollmann. 8. (XV, 159 S.) 25 ngr.

Sigismund, Carl, das Insektenbüchlein. Eine kurzgefaßte Zusammenstellung des Wissenwürdigsten aus der gesammten Insektenkunde in prakt. Auffassung. gr. 8. (XV und 189 S.) Zeitz 853. [Leipzig, Hebenstreit.]

Sigismund, Karl, das Insektenbüchlein. Eine kurzgefaßte Zusammenstellung des Wissenswürdigsten aus der gesammten Insektenkunde in praktischer Auffassung. Zeitz 856. Garcke. (Leipzig, Hebenstreit.) gr. 8. (XV, 180 S.) 15 ngr.

—— Natur und Landbau im innigen Zusammenhange, für den prakt. Landwirth dargestellt, mit einem Vorworte von E. A. Roßmäßler. 8. (XI und 148 S.) Leipzig 853, Costenoble. *

Sigismund, Carl, Natur und Landbau im innigen Zusammenhange. Praktische Winke für den deutschen Landwirth. Mit einem Vorwort von E. A. Roßmäßler. 2. (Titel-)Aufl. 8. (XI und 148 S.) Leipzig (853)57, [O. Purfürst.] *

Sigismund, Carl, Natur und Landbau im innigen Zusammenhange. Prakt. Winke für den deutschen Landwirth, mit einem Vorwort von E. A. Roßmäßler. 3. [unveränd.] (Titel-)Ausg. 8. (XI und 148 S.) Leipzig (857)63, G. J. Purfürst.

— Heinrich Steffen und sein Leben in der Natur. Ein Volksbuch. Zeitz 853. Garcke. (Leipzig, Hebenstreit.) 8. (VIII, 158 S.) 15 ngr.

Sigismund, Karl, Wie Steffen durch Benutzung von Natur-Erzeugnissen Millionair geworden. Ein unterhaltendes und belehrendes Lesebuch für Jedermann. 2. Aufl. der Schrift: Heinrich Steffen u. sein Leben in der Natur. Naumburg 856. Garcke. (Leipzig, Hebenstreit.) 8. (VIII, 158 S.) 10 ngr.

Sigismund, Karl Otto Fr.

Sigismund, K. O. F.: Archiv f. Accisebedienten u. Accisanten, z. prakt. Kenntn. d. Accise- u. Zollverfass. in d. Königl. Preuss. Landen diess. d. Weser, nach Anleit. d. in Accise- u. Zollsachen ergang. Landesgesetze, in alphab. Ordn. entw. (*Berlin*, Dieterici. 790.) 2te verm. u. veränd. Ausg. *Berl.*, Matzdorf. 792. 8. (1 Thl. 4 Gr.) 3e A. 1r Th. 801.

Sigismund, K. O. F., Archiv f. Accise-Bedienten und Accisanten. 1r Bd. gr. 8. Berlin, Himburg. 802.

Sigismund, K. F., Archiv für Accisebediente. 1r Band. gr. 8. Berlin. 801. Jetzt Verlag von Reimer.

— Beschreib. des Regierungsbezirks Arnsberg in d. Kön. Preuß. Provinz Westphalen. gr. 4. Arnsberg 819.

Sigismund, (C. O.,) statist.-topograph.-histor. Nachr. den königl. preuß. Regierungs-Bezirk Münster betreff. als Fortsetzung des Versuchs einer topographisch-statist. Darstell. des Reg.-Bezirks Münster 1819. 1s Heft. 4. Hamm 824, Wundermann.

Sigismund, C. O., Versuch einer topographisch-statist. Darstellung des ganzen Bezirks der K. Preuß. Regierung zu Münster in 3. Abtheil. nebst Ortschaftsregister. 4. (Hamm, Schultz und W.) 819.

Sigismund, Martin, Sinnenglück u. Seelenfrieden. 8. (VII, 168 S.) Striegau 890, Wattenbach. * 3 —

Sigismund, Olaf: Untersuchungen über die Rancidität der Butter unt. Berücks. d. Marktverhältnisse zu Halle a. S. . . . Halle a. S., Hofbuchdr. v. C. A. Kaemmerer & C.. 1893. 25 S., 1 Bl. 8⁰
Halle, Med. Fak., Inaug.-Diss. v. 5. Mai 1893

Sigismund, P., zwey Fragen über die Lehre des leidenden Jesu, in 19 Fastenpredigten. 8. Wien. (Doll in Augsburg.) 787.

— — dies. neue Auflage. 8. Grätz, Tusch. 802.

Sigismund, P. ..., s. Franz v. Sales, Brief an den Erzbischof von Bourges.

Sigismund, R., englisch f. Mediziner, s.: Hacless, John.

— französisch f. Mediziner, s.: Olivier, E.

Sigismund, Reinhold

Sigismund, Rhold., die Aromata in ihrer Bedeutung f. Religion, Sitten, Gebräuche, Handel u. Geographie d. Alterthums bis zu den ersten Jahrhunderten unserer Zeitrechnung. gr. 8. (VI, 234 S.) Leipzig 884. C. F. Winter. n. 2. 50

Sigismund, Reinh., Brynhilde. Tragödie in 5 Aufzügen. Den Bühnen gegenüber als Mscr. gedr. gr. 8. (72 S.) Rudolstadt 874. Müller. n. 1. —

— Chriemhilde. Tragödie in 5 Aufzügen. Den Bühnen gegenüber als Mscr. gedr. 8. (94 S.) Ebend. 874. n. 1. —

Sigismund, R., thüringer Rollwagenbüchlein. (E. Sammlg. thüring. Humoresken.) gr. 8. (III, 59 S.) Weimar 897. A. Thiem. n. — 80; kart. n. 1. —

— Thüringer Wald-Blüthen. Gedichte. 8. (250 S.) Saalfeld 873. Wiedemann. 2. 50

— was das Schwarzburger Land erzählt. gr. 16. (IV, 135 S.) Ebend 874. n. 1. —

Sigismunde und Guichard; ein Originaltrauerspiel. Reval u. Wesenberg 1779. V: *Albrecht, Johann Friedrich Ernst.* (Ky) (MGT) (LS)

Sigismundus Hungariae rex ... [Salisburgi 1761.] V: *Wimmer, Marian.* [IIr]

Sigl, Ant., Tara-Schnellrechner. Eine Hilfstabelle zur leichteren und schnelleren Erhebung des Reingewichtes bei Anwendung des neuen allgemeinen österreichischen Zolltarifes. Zum Gebrauche für k. k. Zollbeamte und den Handelsstand. Salzburg (854,) Glonner in Comm. 8. (29 Bl.) n. 4½ ngr.

Sigl, Bened., die Ehre des heil. Antonius von Padua oder Andachten an neun auf einanderfolgenden Dienstagen zu Ehren dieses großen Heiligen, um durch seine Fürbitte bei Gott in unsern Anliegen erhört zu werden. Nebst den gewöhnl. Andachtsübungen eines kathol. Christen. Ein Auszug. Neu umgearb. Ausg. 24. (216 mit 2 Stnt.) Einsiedeln 853, Gebr. Benziger.

Sigl, Bened., Heiliger Antonius von Padua, bitt' für uns! Andachten an 9 aufeinander folgenden Dienstagen zu Ehren dieses großen Heiligen, um durch seine Fürbitte bei Gott in unseren Anliegen erhört zu werden. Nebst Auszug aus dem Buche des Verf. 2., umgearb. Ausg. Einsiedeln 865. (Gebr. Benziger 16. (219 S. mit 2 Steintafl.) 4½ ngr.

SIGL, DOMINIK: Tertium / Seraphico-aureum / numisma, / Oder dritter Seraphischer / Gold-Pfennig, / Das ist: Dritter Orden von der Buß: / Welchen / zu Nutzen deren Weltlichen beyderley / Geschlechts, der H. Vatter Franciscus ein- / gesetzet, / die Heil. Römische Catholische Kirchen / gut geheissen, / bestättiget, / auch mit vielen / Freyheiten, und Indulgentzen be / ehret hat. In vier Theil eingetheilet und verfasset von P. Fr. Dominik Sigl Franziskaner Kapistran. Ordensprovintz. Ofen 1748: Gedr. bey Veronica Nottensteinin. 38, 759, 111 S. - 170 mm

Sigl, Eduard. Über epicaudale und epignathe Teratome. Diss. Vet.-Med. Bern. *Kopftitel:* Aus dem pathologisch-anatomischen Institut der K. thierärztlichen Hochschule in München. — [Mit 6 Figuren.] II + 28 S. 8. Stuttgart, Union Deutsche Verlagsgesellschaft, 1902.

Sigl, Eduard [K. B. Militär-Veterinär]: Aus dem pathologisch-anatomischen Institut der K. thierärztlichen Hochschule in München. Über epicaudale und epignathe Teratome. (S.-A. aus Monatshefte für praktische Thierheilkunde. XIII. Bd. 9./10. Heft.) Mit 6 Abbildungen im Text. Stuttgart 1902. 28 S. 8°.
Bern. Vet.-med. Diss. 1901/1902.

SIGL, Franz (München): Ueber Chorionepitheliom des Hodens ohne Teratombildung.- München: Kastner & Callwey 1910. 18 S., 1 Taf.- S.-Abdr. aus: Annalen der städtischen allgemeinen Krankenhäuser zu München. Bd. 14.
4.1.1911 - Chr 1910/11,24; U 11.5734
Diss. Ingolst.-Landsh.-Mchn.

Sigl, Franz, Geschichte d. Münchner Geisseln in schwedischer Gefangenschaft, hrsg. von *M. J. Stöger.* München 1836. 8°. Hsrsbd.
IV, 220 S., 1 Ill.

Sigl, I. S. de, an Bossuet vero sit Auctor. libr. c. tit. defensio gallicanae declarat. 4. Ingolst. Krüll. 789.

Sigl, Josef

Sigl, J., die „göttliche Mission Preussens" vor 80 Jahren. Ein milder Beitrag zur „Sedanfeier". (Sep.-Abdr. aus dem „Bayer. Vaterland".) 8. Aufl. München 1877. 8°. 15 S. Cart.

Die Schule des Verbrechens — die Loge. Ein milder Beitrag zur Charakteristik der Freimaurer. Von J. Sigl München: Exped. d. Bayer. Vaterland 1869. 36 S. 8° [Umschlagtit.]
aus: Bayer. Vaterland.

[Dasselbe.] 3. Aufl. Ebendas. 1879. 36 S. 8°

[Dasselbe.] 4. erw. Aufl. Ebendas. 1879. 40 S. 8°

[Dasselbe.] 5. Aufl. Ebendas. 1880. 44 S. 8°

[Dasselbe.] 6. erw. Aufl. Ebendas. 1882. 40 S. 8°

[Dasselbe.] 7. mit der Encyklika Leo's XIII. erw. Aufl. Ebendas. 1884. 45 S. 8°

[Dasselbe.] 8. erw. Aufl. Ebendas. 1887. 45 S. 8°

[Dasselbe.] 9. Aufl. Ebendas. 1889. 45 S. 8°
Regest: St. 1790.

Sigl, M., das bayerische Gesetz, die Entschädigg. f. Vieh-Verluste in Folge v. Milzbrand betr. Vom 26. Mai 1892. Mit Anmerkgn. unter Berücksicht. der Motive u. Judikatur, sowie e. Anh., enth. die einschläg. Bestimmgn. d. Reichs-Viehseuchengesetzes vom 23. Juni 1880, d. bayer. Ausführungsgesetzes hiezu vom 21. März 1881, der Instruktion d. Bundesraths zum Reichsgesetze, vom 12. Febr. 1881, u. der sämmtl. zum Vollzuge dieser Gesetze ergangenen Verordngn. gr. 16. (VIII, 60 S.) München 892. J. Schweitzer Verl. n. — 75

Sigl, Otto. Zwei Abenteuer. Novellen. 12. (110 S.) Berl. 890, Alb. Goldschmidt. * — 50

Sigl, Otto: Das königl. bayerische 15. Infanterie-Regiment vor Paris. Neuburg a. D.: Griessmayersche Buchdr. 1898. (2 Bl., 82 S., 2 Taf.) 8°

Sigl, Otto, d. kgl. bayer. 15. Infanterie-Regt. vor Paris. gr. 8. (III, 82 S. m. 1 Taf.) Neuburg 899. Griessmayer. 1. 50

Sigl, O. Das Neuburger Regiment <K. bayer. 15. Infanterie-Regiment> vor Paris. Neuburg a. D. 1899. 86 S.

Sigl, P., geistlicher Wegweiser. 8. Augsburg, Rieger. 774.

Sigl Ud.: Die Flora von Seitenstetten u. Umgebung. 88. Seitenstetten 74. Progr.

Sigla, Veterum philosophorum, et imagines magicae cum catalogo rariorum librorum magico-cabalistico-chemicorum. Herrnstadii 1732. V: *Rothscholz, Frdr.* (Choulant)

Siglen, J. R.

Siglen, Nachrichten von d. somnambülen Zustande eigener Art d. 19jähr. Tochter d. Ludw. Gaier in Großglattbach. 1—3. Hft. 8. Vaihingen a. d. Enz 837. (Stuttgart, Neff.) [1. (26¾ B.) * 1 Thlr., 2. (39 B.) * 1⅓ Thlr., 3. (12½ B.) * ½ Thlr. *

Siglen, J. R., interessante Nachrichten von einer Somnambüle eigener Art in Großglattbach. 3 Abthlgn. 2. (Titel-) Aufl. 8. (426, 624 u. 198 S.) Ulm (837) 848. 49, Fr. Ebner. (1 u. 2: à 1/2 ₰ 3: 6 ngr) 1 ₰ 6 ngr

Sigler, D., ein Blick in Frankreichs Fremden-Legion. Lauter Wahrheit, nicht Dichtung. 12. (104 S.) Nürnberg 847, Riegel und Wießner.

Siglingen [Schlagwort]

Siglingen, s.: Württemberg. Höhenkurvenkarte.

Sigloch, [Daniel], Regierungsbaumeister a. D.: Beschreibung der neuen höheren Mädchenschule. Hamborn 1909: Hoffmann. S. 3—5. 4°
Hamborn, HM P 1909 [121] [S 09. 445

Sigl's Morgengebet. 6.—25. Tausend. 16. (1 S.) Kaiserslautern 889. Gotthold. n. — 10

Sigmaringen [Schlagwort]

Sigmaringen, s.: Alb, schwäbische. Karte. — Deutschland. Uebersichtskarte.

Sigmaringen, s.: Deutschland. Kürschner-Peip.

Sigmaringen, fürstl. Hohenzollern'sches Museum zu, s. L. Lehner, F. A.

Sigmaringen. Karte von Sigmaringen u. Umgebung. 1 : 200,000. Lith. gr. Fol. Tübingen 890. Fues. n. 1. 40; auf Leinw. n. 2. —

Sigmaringen — Plan der Residenzstadt — nach den Erg. der Landesvermessung i. J. 1847. Aufgen. v. Geom. Stiefel. 1 Bl.

Sigmond, D. v. Einführung des Branntweinmonopoles in Ungarn und die zu gewärtigenden finanziellen Erfolge. 8°. Budapest 1887.

SIGMOND, Josef: Der Wald und das Wasser. - Pilsen 1909. 50 Bl. (Hdschr.) - Diss. Hochsch. f. Bodenkultur Wien 1909

Sigmund, vgl. Siegmund.

Sigmund, Christoph, Fürstbischof zu Chiemsee, eine biograph. Skizze. 8. Landshut, Thomann. 815.

Sigmund, A., Ratgeber f. Kapitalsanlage u. Kapitalsverwertung. Mit e. Darstellg. des Börsen-, Bank- u. Versicherungswesens. Ein zuverläss. Leitfaden f. jeden, der sein Kapital gut anlegen will. (144 S.) Lex. 8. Potsdam (910). Bonneß & Hachfeld. 2.25
Sonderabdr. aus: „Das prakt. Buch f. jedermann".

Sigmund Alois: Die Basaltberge bei Schlan und Winařic. (Mit 3 Abb.). 21. Smichow 98.
Progr.

· Die amorphen Einschlüsse der Granitquarze. 16 S. 8. *Landskron* 1881.
Progr.

Sigmund, Alois, die Minerale Niederösterreichs. Mit 8 Orig.-Abbild. u. 3 Profilen nach Grubenkarten im Texte. (XI, 194 S.) Lex. 8. Wien 909. F. Deuticke. 6. —

Sigmund, Alois, die Sammlung niederösterreichischer Minerale im k. k. naturhistor. Hofmuseum. (IV, 30 S.) 8. Wien 903. (Gerold & Co.) n. — 60

Sigmund, Alois Über die Tektonik der Vulkantypen. 16 S. 8.
Progr. G. *Troppau* 1880.

Sigmund, Alois: Verzeichnis der Minerale Niederösterreichs. S. 3 bis 46. 8.
Progr. K. k. Staatsgymn. im XVII. Bezirke von *Wien* (*Hernals*) 1902.

Sigmund, Christoph Friedrich

Sigmund, Cph. Fr., († d. 3. Jan. 1784.) Einleit. zur heilsamen Erkenntniß der symbol. Bücher, welche die Kurfürsten, Fürsten u. Stände d. heil. röm. Reichs, so sich zur Augsburg. Confession bekennen, durch ihre Gottesgelehrten haben anfertigen lassen ꝛc. 1½ Stück. gr. 8. Nürnb. 770. Ammermüller. 20 gr

— nouvelle et facile Grammaire française, od. leichte u. gründl. Anleit. zur Erlernung d. französ. Sprache. gr. 8. Nürnb. 769. Ammermüller. 20 gr

Sigmund, Christoph Friedrich (Tübingen) A. S. 1380/40

Exercitatio de religione gentili.
Präs. Johann Friedrich Cotta.
Tübingen (Cotta) XI. 1761. 28 S.

2 Resp. 32641

Sigmund, G., Klänge d. Herzens. Gedichte. 16. (158 S.) Heilbronn 874. Scheurlen's Sort. 3. —; geb. 4. 60

Sigmund, G., Ringen u. Singen. Gedichte. (132 S.) 8. Stuttgart 905. A. Lu[illegible]g. Geb. in Leinw. n. 2. 50

Sigmund, Jos., das Ende der Zeiten m. e. Nachblick in die Ewigkeit od. das Weltgericht m. seinen Ursachen, Vorzeichen u. Folgen. Für Prediger u. gebildete Laien verf. gr. 8. (VIII, 587 S.) Salzburg 892. A. Pustet. n. 3. —; geb. in Halbfrz. n. 4. 20

Sigmund, Jos., wie steht's m. dem Jenseits? Gibt es eines u. wie schauts dort aus? In drei Büchern f. das gewöhnl. Volk. 1. Buch: Gibt es e. wahres u. eigentliches Fortleben im Jenseits? (132 S.) kl. 8. Innsbruck 905. Vereinsbuchh. & Buchdr. n. — 60

SIGMUND, Joseph Hugo (München): Ueber die Berechnung der Quarta Falcidia, wenn eine und dieselbe Person mehrere Theile derselben Erbschaft erhält. - München: Rösl 1846. 48 S.
12.12.1845 - Urk; F 49 Diss. Ingolst.-Landsh.-Mchn.

Sigmund, Justine, s. Siegemund, Justine.

Sigmund Carl: De coincidentia eiusque usu Plautino et Terentiano. Diss. Wien. Univ.
D: Wien, 1892.
1890 PN 636

Sigmund, Karl Ludwig, Ritter von Ilanor

Sigmund, Carl Ludw., Anweisung zur Einreibungscur mit grauer Salbe bei Syphilisformen. Nach eigenen Beobachtungen. 2., verm. u. verb. Abdr. Wien 859. Braumüller. gr. 8. (VII, 46 S.) n. 10 ngr

Sigmund, C., Dr. Von den Bädern und Badekuren im allgemeinen und von dem Gebrauche der Kaltwasser- und römisch-irischen Bäder insbesondere. 116 Seit. 8°. Basel, Krüsi. 1878.

Sigmund, Ritter v. Ilanor, Carl, über neue Behandlungsweisen der Syphilis, s.: Klinik, Wiener, 1876.

Sigmund Ritter v. Ilanor, Carl Ludw., über neuere Behandlungsweisen der Syphilis. gr. 8. (36 S.) Wien 876, Urban und Schwarzenberg. * 1 20
Aus: Wiener Klinik, besonders abgedruckt.

— Cholera, Pest u. Gelbfieber vor den jüngsten internationalen Sanitätskonferenzen, s.: Klinik, Wiener, 1882.

—— die Einreibungscur mit grauer Quecksilbersalbe bei Syphilisformen. Nach eigenen Beobachtungen. 5. gänzlich umgearb. Aufl. 8. (200 S.) Wien 878, Braumüller. * 3 —

Sigmund, Karl Ludwig: Gleichenberg, seine Mineralquellen und der Kurort. Aerztliche Mittheilungen. 51 S., gbd.

Wien: Tendler & Schaefer } 1840
Grätz: Ludewig

Sigmund, Carl Ludw., Gleichenberg, seine Mineralquellen u. der Kurort, mit Bemerkungen über den Gebrauch des versendeten Wassers. 2. Aufl. 8. (5¼ B.) Wien 846, [Tendler u. Comp.] -

—— die Wiener Klinik für Syphilis. Ein Rückblick auf ihr 25jähriges Bestehen. gr. 8. (53 S.) Ebendas. 877. * 1 —

— die Wiener Klinik für Syphilis. Ein Rückblick auf ihr 25jähr. Bestehen. gr. 8. (53 S.) Wien 878. Braumüller. n. 1. —

Sigmund, Carl Ludw., südliche klimatische Curorte mit besonderer Rücksicht auf Venedig, Nizza, Pisa, Meran u. Triest. Beobachtungen u. Rathschläge. Wien 857. Braumüller in Comm. 8. (2 Bl., 116 S.) n. 15 ngr

— südliche klimatische Curorte mit besonderer Rücksicht auf Pisa, Nizza und die Riviera, Venedig, Meran und Gries. Beobachtungen u. Rathschlage. 2. verm. Aufl. Ebend. 859. 8. (IV, 212 S.) n. 1 ₰ 10 ngr

Sigmund Ritter v. Ilanor, Carl Ludw., südliche klimatische Curorte. Mit Einschluss der Uebergangsstationen. Beobachtungen und Rathschläge aus eigener Anschauung. 3. gänzlich umgearb. und verm. Aufl. [Bade-Bibliothek. Nr. 1.] gr. 8. (VIII, 384 S.) Wien 874. Braumüller. * 6 —

Sigmund, Carl Ludw., Füred's Mineralquellen u. d. Plattensee, f. Aerzte u. Badegäste nach d. vorhand. Hilfsmitteln u eigenen Untersuchn. dargest. gr. 8. (8 B.) Pesth 837, [Hartleben's Vrls.-Expedit.] Thlr.

Sigmund, C., das k. k. chirurgische Operations-Institut in Wien. ... Wien 841, Braumüller u. Seidel. ⅓ ₰

Sigmund, Karl Ludwig (Übers.):

s.: Polya, Joseph: Beobachtungen über die Flechte und ihre Verbindungen, nebst einem neuen specifischen Mittel zu deren Heilung, nämlich: dem "Anthrakokali". (Observationes de herpete, ejus complicationibus et remedio novo "Anthrakokali". Dt.) Nach der lateinischen Handschrift des Verfassers. Leipzig: 1837

Sigmund, Karl (Ludwig): Die Quarantänefrage. 19 S., gbd.

Wien: 1848
aus: Österr.medic.Wochenschrift, Jg.1848, No.41

Sigmund, Karl Ludwig: Die Quarantänereform und die Pestfrage. Beobachtungen und Anträge, geschrieben nach ein•r, im Auftrage der k.k. österreichuschen Staatsverwaltung unternommenen, Bereisung der Donauländer, des Orients und Egyptens. 148 S., gbd.

Wien: Braumüller 1850

—— Recept-Formeln aus der Wiener Klinik für Syphilitische. Eine Sammlung der in der Klinik am häufigsten verordn. und anderer bei dem Unterrichte angeführten Recept-Formeln, nebst ihrer Gebrauchsweise, sowie deren Behandlung und Pflege vener. und syphilit. Krankheiten daselbst geltenden Vorschriften. 2.—4., umgearb., durchgehends verm. und verb. Aufl. 16. (66 S.) Ebendas. 870—74. * 1 20

—— Recept-Formulare aus der Wiener Universitäts-Klinik für Syphilitische. Sammlung der in der Klinik am häufigsten verordneten und anderer bei dem Unterrichte angeführten Recept-Formeln, nebst ihrer Gebrauchsweise, sowie der für Behandlung und Pflege vener. und syphilit. Kranken geltenden Vorschriften. 5. neuerdings umgearb. und verm. Aufl. 16. (84 S.) Ebendas. 876. * 1 20

—— Uebersicht der bekanntesten zu Bade- und Trinkcuranstalten benützten Mineralwässer Siebenbürgens. Nach den neuesten chem. Analysen und ämtl. Erhebungen in den J. 1858 und 1859. Lex.-8. (76 S.) Wien 860, Braumüller's Sortiment. *

—— Uebersicht der bekanntesten zu Bade- und Trinkcuranstalten benützten Mineralwässer Siebenbürgens, nach den neuesten geologischen Aufnahmen, chemischen Analysen und ämtl. Erhebungen. 2. durchgehends umgearb. Aufl. [Bade-Bibliothek Nr. 29.] gr. 8. (VIII, 195 S.) Ebendas. 868. * 3 60

Sigmund, Dr. Karl — Das von mir geübte Verfahren der Einreibungskur mit grauer Salbe bei Syphilis. Von — —. (Aus der Wiener medizinischen Wochenschrift 1856 besonders abgedruckt.) Wien, 1856. Gedruckt bei A. Pichlers Witwe und Sohn. (16 S. 8.)

Sigmund, Karl Ludwig (Hrsg.), s. Vierteljahrsschrift für Klimatologie.

— Vorlesungen über neuere Behandlungsweisen der Syphilis. 2., vielfach verm. Aufl. gr. 8. (160 S.) Wien 880. Urban & Schwarzenberg. n. 3. —

— dasselbe. 3., vielfach verm. Aufl. gr. 8. (200 S.) Ebend. 883. n. 3. —

—— Was vermögen wir gegen die Syphilis als Volkskrankheit jetzt zu thun, s. Vorträge und Abhandlungen, gemeinnützige.

Sigmund, Carl, das Wissenswürdigste vom Baue, Durchbruch und den Krankheiten der Zähne, sowie den Mitteln, sie gesund zu erhalten; zum allgemeinen Besten verfaßt. 8. (47 S. mit 4 Stnt. Abbild. in 8. und 4.) Basel 860. (Bahnmaier's Verlagsb.) *

Sigmund, Lor., das graue Alterthum. In Schilderungen u. Erzählungen für Jung u. Alt. 2. Aufl. Berlin 861. Reymann. 16. (245 S.) 7½ ngr

Sigmund Othmar: Beiträge zur Kenntnis der Höhenregionen in den Ostalpen. 52. (20). Görz R.904.905.
Progr.

Sigmund Dr. Richard: Ein Hilfsbuch der Realien beim philologischen Unterrichte. (14). Teplitz.894.
Progr.

Sigmund Dr. Wilhelm: Beziehungen des Atomgewichtes und der elektrolytischen Dissociation zur physiologischen Wirkung. 42. Karolinenthal R. 02.
Progr.

Sigmund, Wilh., Beziehungen zwischen fettspaltenden u. glycosidspaltenden Fermenten. [Aus: „Sitzungsber. d. k. Akad. d. Wiss."] Lex.-8. (11 S.) Wien 892. (F. Tempsky.) n. — 80

Sigmund Dr. Wilhelm: Über die Einwirkung gasförmiger Körper auf die Pflanzen. Mit 4 Bildertafeln. 21. Prag II. R. 96.
Progr.

Sigmund, Wilh., über e. äskulinspaltendes Enzym u. üb. e. fettspaltendes Enzym in Aesculus Hippocastanum L. (14 S.) gr. 8. Wien 910. A. Hölder. —50

— Über e. salicinspaltendes u. e. arbutinspaltendes Enzym. (11 S.) gr. 8. Ebd. 908. —40
2 Sonderabdr. aus: „Sitzungsber. d. k. Akad. d. Wiss."

Sigmund, Wilhelm: Über fettspaltende Fermente im Pflanzenreiche. Phil. Diss., Prag 1889/90

— üb. fettspaltende Fermente im Pflanzenreiche [II. Mittheilg.] [Aus: „Sitzungsber. d. k. Akad. d. Wiss."] Lex.-8 (8 S.) Ebd. 891. n. —3(
Die I. Mittheilung ist vergriffen.

— Die hydrolytischen Spaltungen und ihre physiologische Bedeutung. 25. Pilsen R. 92.
Progr.

Sigmund von Ilanor, Karl Ludwig, Ritter,
s. Sigmund, Karl Ludwig, Ritter von Ilanor.

SIGMUNDT, Oswald (Spaichingen): Ueber interne Gonorrhoebehandlung und Helmitol.- München: Kastner & Callwey 1903. 33 S.
11.5.1903 - Chr 1902/03,26; Jv 1903/04,333
Diss.Ingolst.-Landsh.-Mchn.

Sigmundt, *Richard* [app. Arzt aus Spaichingen '(Württemb.)']: Ueber Porencephalie m. bes. Berücks. d. klin. Symptome ... Strassburg i. E., Buchdr. C. Goeller, 1893; 77 S. 8.
Strassburg. Med. Fak., Inaug.-Diss. v. 1893

Signa et diagnosis, Mali hypochondriaci veri ac nervosi. Specimen Semiologiae medicinalis criticae ... Rostokii 1795. V: *Weber, August Gottlieb.* (MGT,

Paul **Signac**, von Eugen Delacroix zum Neo-Impressionismus [D'Eugène Delacroix au néo-impressionisme]. Einzige deutsche autor. Uebers. *Krefeld: G. A. Hohns Söhne 1903.* (108 S.) 8° [04.16561 B

Signac, Paul, von Eugen Delacroix zum Neo-Impressionismus. Einzige deutsche autoris. Uebersetzung. (108 S.) 8. Berlin (908). K. Schnabel. 3.—

Das Signal: 1870?—? Dubuque, IA

Signal, Das. Dramatische Episode in 1 Akt. Berlin [1898]. V: *Goldbeck, Eduard.* (Berl)

Signal, das. Zeitschrift f. Weichensteller u. Bahnwärter. 1. Jahrg. April—Dezbr. 1898. 18 Nrn. (Bog.) gr. 4 Berlin, Siemenroth & Troschel. n. 2.25
Kann auch vierteljährlich bezogen werden.

Signal, das. Zeitschrift f. Weichensteller u. Bahnwärter. Organ des Verbandsvereins der Weichensteller u. Bahnwärter zu Frankfurt a. Main. 2. Jahrg. 1899. 36 Nrn. gr. 4. (à ca. 8 S.) Berlin, F. Siemenroth. n. 2.40

Signal: Le Signal
① Organe officiel de la société suisse des agents des trains ④ Das Signal (fusion) ⑤ 7.2.1902—15.6.1902 ⑥ in-2° ⑦ 2× par mois ⑧ Zurich: Imprimerie du Grutli ⑨ Société suisse des agents des trains ⑪ Paul Brandt ⑫ socialiste ⑬ A. Grieder: Adieu. «Signal» no. 52, 27.12.1919 ⑭ Be: L ⑮ Edition allemande: Das Signal.

Signal: Das Signal
① Offizielles Organ des Schweiz. Zugspersonalvereins (7.2.1902–15.6.1902). Offizielles und obligatorischer Organ des Schweiz. Zugspersonalvereins Z.V.P.V.) - Organe officiel et obligatoire de la Société suisse des agents des trains - Organo officiale ed obbligatorio della Società svizzera del personale del treno - Offizielles Publikationsorgan der Krankenkasse des Zugspersonals der SBB - Organe officiel de la Caisse de secours en cas de maladie du personnel des trains des CFF (4.1.1913—27.12.1919) ② Signal (24.1.1903—27.12.1919) ③ Le Signal (Fusion 28.6.1902) ④ Der Eisenbahner (II) ⑤ 7.2.1902—27.12.1919 ⑥ 2° ⑦ monatlich 2× (7.2.1902—15.6.1902); Wochenblatt (28.6.1902—1919) ⑧ Zürich: Grütli-Buchdruckerei ⑩ Schweiz. Zugspersonalverein (SZPV) ⑪ erster Redaktor: Paul Brandt (1902—März 1910) ⑫ sozialdemokratisch ⑬ A. Grieder: Abschied. «Signal» Nr. 52 v. 27.12.1919 ⑭ Be: L ⑮ Französische Ausgabe: Le Signal.

Signalbuch, Allgemeines, zum Gebrauch der Kauffarthei-Schiffe. A. d. Engl. u. Dän. ... Travemünde 1820. V: *Squire, Nathanael & N. Haagen.* (CBH)

Signal-Buch für die Kgl. Hannov. Armee. (Hannover 1840.) 8°.

Signal-Buch zum gemeinschaftlichen Gebrauche der k. k. Kriegsschiffe und der Dampfer des österreichischen Lloyd. (Mit 1 Taf.) 4. Triest 1855.

Signalbuch, internationales. Amtliche Ausg. f. die deutsche Kriegs- u. Handels-Marine. Hrsg. vom Reichsamt d. Innern. 2. Aufl. gr. 8. (XX, 795 S. m. 4 chromolith. Flaggenkarten.) Berlin 884. G. Reimer. geb. n. 11.—

Signalbuch, internationales; Anhang dazu, s. Liste, amtliche, der Schiffe etc.

Signalbuch, internationales. Amtliche Ausg. f. die deutsche Kriegs- u. Handelsmarine. Hrsg. vom Reichsamte des Innern. Neue Ausg. gr. 4. (XX, 289, 415 u. 26 S. m. Fig. m. 11 [6 farb.] Taf.) Berlin 901. G. Reimer. Geb. in Leinw. n. 21.—

Einrichtung und Gebrauch des Internationalen Signalbuchs. Ein Auszug aus d. Internationalen **Signalbuche**. Zur Benutzung in Navigationsschulen u. auf Schulschiffen hrsg. von K[onrad] Herrmann, Rechn.R. Mit 5 Taf. *Berlin: G. Reimer 1904.* (29 S.) 8° [F.] [04.9151

Signalbuch für die Kauffahrteischiffe aller Nationen. Amtliche Ausg. für die Kriegs- und Handels-Marine des norddeutschen Bundes. Hrsg. vom Bundeskanzler-Amte. Lex.-8. (XVIII, 839 S. mit 4 Chromolithogr.) Berlin 870, G. Reimer. geb. * 11 —

Signalbuch für die Reichs-Eisenbahnen in Elsass-Lothringen. 12. (75 S. mit eingedr., zum Theil color. Fig.) Berlin 883, C. Heymann's Verlag. geb. * 2 —

Preußisch-Hessische Staatseisenbahnen. **Signalbuch.** ⟨SB.⟩ Gültig v. 1. Aug. 1907. Ausg. 1907. [Nebst] Erläuterungen. Hannover 1907: Gebr. Jänecke. (80, 3 S.) 8° [F.] [08.4099 B

Signale. Illustr. Fachblatt f. d Zitherwelt. 14. Jahrg. (1898). 12 Nrn. (Bog. m. Abb.) 4. Erding 898. J. Hauser. 2.50; m. 6 Musikbeilagen n. 4.50

Signale. Illustriertes Fachblatt f. die Zitherwelt. 15. u. 16. Jahrg. (1899 u. 1900.) à 6 Nrn. m. 10 Musikbeilagen. 4. (à ca. 8 S. m. Abbildgn.) München, J. Hauser. à Jahrg. n. 4.50

Signale Jg. 1, No 1. (*Elmshorn: Gebr. Brunstedt 1904.*) 8° [F.]

Signale, Berliner. Organ d. Verlages d. freien musikal. Vereinigg. zu Berlin. Hrsg. v. Phpp. Roth. I. Jahrg. 1894. 2. Sem. 2 Nrn. (à ca. 10 S.) gr. 8. Berlin, Kahlenberg & Günther. n. —50
Vorh.unt.d.T.:Zeitschrift der freien musikal.Vereinigung. Semester 1.2. 1894.

— dasselbe. Monatsschrift f. die musikal. Welt. Hrsg.: Phpp. Roth. 2. Jahrg. 1895. 12 Nrn. (Bog. m. Abb.) gr. 8. Ebd. n. 1. —

— dasselbe. Zeitschrift f. d. musikal. Welt. Hrsg.: Phpp. Roth. 3.—5. Jahrg. 1896—1898. à 24 Nrn. (Bog. m. Abb.) gr. 8. Ebd.

Signale, Berliner. Zeitschrift f. die musikal. Welt. Begründet v. Phpp. Roth. Red.: Max Loewengard. VI. Jahrg. 1899. 24 Nrn. gr. 8. (à ca. 16 S.) Berlin (Kahlenberg & Günther). n. 6. —
Fortsetzg. f.: Zeitschrift f. die musikal. Welt.

Signale für die freiwilligen Feuerwehren Deutschlands. Ausgearb. von mehreren Freunden des Feuerlöschwesens. gr. 8. (17 S.) Eschwege 880. Roßbach in Comm. n. — 75

Signale, Hamburger. Allgemeine Musik-Zeitung. Redact. und Hrsgbr.: H. Carly. 1. Jahrg. 1888/89. 24 Nrn. (à Nr. 1 1/2 Bog.) gr. 4. Hamburg. (Leipzig, Steinacker.) 3 —

Signale, Hamburger. Allgemeine Musik-Zeitung. Red.: H. Carly. 1. Jahrg. 1888/89. 24 Nrn. (1 1/2 B.) gr. 4. Hamburg, Verlag der Hamburger Signale. n. 3. —

— dasselbe. Red.: H. Pohle. 2. Jahrg. 1889/90. 24 Nrn. (2 B.) gr. 4. Ebd. n. 3. —

Signale, Hamburger. Allgemeine Musik-Zeitg. Red v. Hugo Pohle. 3. Jahrg. Octbr. 1890—Sptbr. 1891. 24 Nrn. (à ca. 2 Bog.) Lex.-8. Hamburg, Verl. der Hamburger Signale. n. 3. —

— dasselbe. 4. u. 5. Jahrg. Octbr. 1891—Septbr. 1893 à 24 Nrn. (à ca. 2 Bog.) Lex.-8. Ebd. à Jahrg. n. 6. —

Signale für die k. württemb. Infanterie, Reiterei, Artillerie und Pioniere. Stuttgart 1864. 4.

Signale für die deutsche Maurerwelt. Hrsg. von J[os.] G[abr.] Findel. [Jg. 13 ff.:] Begründet von J[os.] G[abr.] Findel. Schriftleitung: [Herm. Merker, Jg. 13 Nr 8 ff.:] Fritz Rackhorst. Jg. 1—16. Leipzig: Findel 1894—1909. 4⁰
[1.] No 1—4 [Getr. Pag.] 1894; [2.] No 1—18 [Getr. Pag.] 1895; [3.] 140 S. 1896; [4.] 128 S. 1897; [5.] 128 S. 1898; [6.] 124 S. 1899; [7.] 124 S. 1900; [8.] 104 S. 1901; [9.] 100 S. 1902; [10.] 100 S. 903; [11.] 100 S. 1904; [12.] 100 S. 1905; [13.] 114 S. 1906; [14.] 116 S. 1907; [15.] 112 S. 1908; [16]. 132 S. 1909. 358.

Signale f. die deutsche Maurerwelt. Begründet v. J. G. Findel. Schriftleitg.: I. V.: Herm. Findel. 13.—16. Jahrg. 1907—1910. à 12 Nrn. (IV, 116; IV, 112; IV, 132 u. IV, 108 S.) Lex. 8. Leipzig, J. G. Findel. à Jahrg. 3. —

—— österreichische, für Theater, Kunst, Literatur, Musik, geselliges Leben, Nationalökonomie, Industrie, insbesond. auch für Geschichte zur Unterhaltung und Belehrung. Redakteur und Eigenthümer: C. J. Kinderfreund. 1. und 2. Jahrg. 1860 und 1861. à Jahrg. 36 Nrn. Wien, Selbstverlag. à Jahrg. *

—— österreichische, für Theater, Kunst, Literatur, Musik, geselliges Leben, National-Oekonomie, Industrie, insbesond. auch für Geschichte zur Unterhaltung und Belehrung. 3. Jahrg. 1862. Redakt.: K. J. Kindermann. 36 Nrn. gr. 4. Wien, Selbstverlag. **

Signale f. die musikalische Welt. (Redakt. Barth. Senff.) 1—5. Jahrg. 1843—47. à 52 Nrn. (1/2 Bog.) gr. 8. Leipzig, Senff. [1. J. * 1 Thlr. 15 Ngr., 2—5. J. à ** 1 Thlr. 25 Ngr.] **

Signale für die musikal. Welt. Redig. von Bartholf Senff. 6—10. Jahrg. 1848—52. à Jahrg. 52 Nrn. (1/2 Bog.) gr. 8. Leipzig, B. Senff. à Jahrg. *
1—5. Jahrg. 1843—47. Ebendas. ** 8 Thlr. 25 Ngr.

Signale für die musikalische Welt. Redig. von Bartholf Senff. 11—14. Jahrg. 1853—56. à Jahrg. 52 Nrn. (1/2 Bog.) gr. 8. Leipzig, Senff. à Jahrg. *

Signale für die musikalische Welt. Redig. von Bartholf Senff. 15—19. Jahrg. 1857—61. à Jahrg. 52 Nrn. (à 1/2—1 Bog.) gr. 8. Leipzig, B. Senff. à Jahrg. *

Signale für die musikalische Welt. Redakt.: Bartholf Senff. 20.—25. Jahrg. 1862—67. à Jahrg. 52 Nrn. (à 1/2—1 Bog.) gr. 8. Leipzig, B. Senff. à Jahrg. *

Signale für die musikalische Welt. Redact.: Bartholf Senff. 26.—32. Jahrg. 1868—1874. à Jahrg. 52 Nrn. (à 1/2—1 Bog.) gr. 8. Leipzig, Senff. à Jahrg. * 6 —

Signale für die musikalische Welt. Redact.: Bartholf Senff. 33.—37. Jahrg. 1875—1879. à Jahrg. 52 Nrn. (à 1/2—1 Bog.) gr. 8. Leipzig, Senff. à Jahrg. *

—— für die musikalische Welt. Redact.: Bartholf Senff. 38.—42. Jahrg. 1880—1884. à Jahrg. 52 Nrn. (à Nr. 1/2—1 Bog.) gr. 8. Leipzig, Senff. à Jahrg. * 6 —

—— für die musikalische Welt. Redact.: Bartholf Senff. 43. Jahrg. 1885. 74 Nrn. (Bog.) gr. 8. Leipzig, Senff. * 6 —

—— dass. — 44. Jahrg. 1886. 75 Nrn. (Bog.) gr. 8. Ebendas. * 6 —

—— dass. — 45. Jahrg. 1887. 72 Nrn. (Bog.) gr. 8. Ebendas. * 6 —

—— dass. — 46. Jahrg. 1888. 70 Nrn. (Bog.) gr. 8. Ebendas. * 6 —

Signale f. die musikalische Welt. Redact.: Bartholf Senff. 47.—50. Jahrg. 1889—1892. à Jahrg. 52 Nrn. (à Nr. 1/2—1 Bog.) gr. 8. Lpz., Senff. à Jahrg. * 6 —

— f. die musikalische Welt. Red.: Bartholf Senff. 53.—56. Jahrg. 1895—1898. à ca. 70 Nrn. (Bog.) gr. 8. Leipzig, B. Senff. à Jahrg. n. 6. —

— für die musikalische Welt. Red.: Bartholf Senff. 57. u. 58. Jahrg. 1899 u. 1900. ca. 70 Nrn. gr. 8. (à ca. 16 S.) Leipzig, B. Senff. à Jahrg. n. 6. —

Signale für die musikalische Welt. Jahrgang 1 ff. [Herausgegeben von Bartholf Senft (Jahrg. 1—58, No. 40); Detlef Schultz (Jahrg. 60, No. 3—65, No. 55), von da ab: Aug. Spanuth.] Leipzig 1843—1906. Berlin-Leipzig 1907 f.

— dasselbe. Begründet von Bartholf Senff. Red.: Eug. Segnitz. 59. u. 60. Jahrg. 1901 u. 1902. à ca. 70 Nrn. gr. 8. (à ca. 16 S.) Ebd. à Jahrg. n. 8. —
Der 59. Jahrg. ist v. R. Kleinmichel redigiert.

— für die musikalische Welt. Begründet v. Bartholf Senff. Red.: Detlef Schultz. 61.—64. Jahrg. 1903—1906. 67. 71. 75. u. 77. Nrn. (VIII, 1264; VIII, 1304; XII. 1344 u. XII. 1360 S.) gr. 8. Leipzig [B. Senff]. Berlin, Signale f. d. musik. Welt. à Jhrg. n. 8. —

— f. die musikalische Welt. Begründ. v. Bartholf Senff. Red.: Aug. Spanuth. 65.—68. Jahrg. 1907—1910. à 52 Nrn. (1886, 1696, 1936 u. 2020 S.) gr. 8. Berlin, Signale f die musikal. Welt. à Jahrg. 8. —

Signale,

— Wiener. Wochenschrift für Theater u. Musik. Hrsg.: Ign. Kugel. Red.: Rud. Leutgeb u. Karl Barkóczy. 1. Jahrg. Oktbr.—Decbr. 1878. 13 Nrn. (à 1—1½ B.) gr. 4. Wien, (Steckler). n. 3. —

—— Wiener. Wochenschrift für Theater und Musik. Hrsgbr.: Ign. Kugel. Redact.: Rud. Leutgeb. 1. und 2. Jahrg. Octbr. 1878—Septbr. 1880. à Jahrg. 52 Nrn. (à 1—1½ Bog.) gr. 4. Wien, (Steckler's Buchh.) à Jahrg. *

—— Wiener. Wochenschrift für Theater und Musik. Hrsgbr.: Ign. Kugel. Redact.: Karl Barkoczi. 3.—7. Jahrg. 1880—1884. à Jahrg. 52 Nrn. (Bog.) gr. 4. Wien, (Edm. Schmid.) à Jahrg. ** 12 —

—— Wiener. Wochenschrift für Theater und Musik. Hrsgbr.: Ign. Kugel. Redact.: Karl Barkóczi. 8. Jahrg. 1885. 52 Nrn. (Bog.) gr. 4. Wien, (Edm. Schmid.) **

—— dass. — Halbmonatschrift für Theater und Musik. Hrsgbr.: Ign. Kugel. Redact.: Karl Barkóczi. 9. Jahrg. 1886. 24 Nrn. (Bog.) gr. 4. Ebendas. ** 8 —

Signalementslehre (System Alphonse Bertillot), enth. I. „Das gesprochene Porträt“ (Portrait parlé). Von R. A. Reiss. II. Identitätsfeststellg. ohne Signalement. Von H. Schneickert. Handbuch f. Polizeibehörden, Gendarmerie- u. Polizeischulen. Deutsche Ausg., bearb. u. erweit. v. Hans Schneickert. (IV, 164 S. m. Abb. u. 7 Taf.) 8. München 908. J. Schweitzer Verl. Geb. in Leinw. 4.50

Optische Signalisierung. Taschenauszug. 8°. (ill. 11 S.)
Preßburg: R.Drodtleff 1905.

Signalisirungs-Vorschriften auf der k. k. privil. ersten Eisenbahn. 8. (32 S.) Linz. Eurich's Buchdruckerei. 1854.

Signalordnung für die Eisenbahnen Deutschlands. Vom 4. Jan. 1875. gr. 4. (8 S. mit eingedr. Holzschn.) Berlin 875, v. Decker's Verlag. *

—— dass. — Nebst dem Rundschreiben des Reichs-Eisenbahn-Amtes an die sämmtl. Bundes-Regierungen [excl. Bayerns]. 1. und 2. Aufl. 8. (22 S. mit eingedr. Holzschn.) Berlin 875, C. Heymann's Verlag. * 40 Pf.; cart. *
Aus: Centralblatt für das deutsche Reich, besonders abgedruckt.

—— dass. — Mit dem Rundschreiben des Reichs-Eisenbahn-Amtes vom 4. Jan. 1875 und Abbildungen (in eingedr. Holzschn.) 8. (28 S.) Berlin 875, Kortkampf. cart. *

—— dass. — 3. Aufl. Große Ausg. mit den color. Signalen (in eingedr. Holzschn.). Durchgesehen im kaiserl. Reichseisenbahn-Amt. gr. 8. (56 S.) cart. *
Berl.: C.Heymann's Vlg.1876.

—— dass. — nebst den Abänderungen vom 12. Juni 1878. 4. Aufl. 16. (15 S.)
Berl.: C.Heymann's Vlg.1878.

— dasselbe, abgeändert durch Bekanntmachung vom 12. Juni 1878. Wortlaut der Signalordnung durchgesehen im Reichs-Eisenbahn-Amt. Mit Einleitung u. alphabetischer Zusammenstellung der Signale u. der Signal-Vorrichtungen. 8. (32 S.) Berlin 878. Kortkampf. n.n. — 30

Signal-Ordnung für die Eisenbahnen Deutschlands vom 4. Jan. 1875. Mit den ergangenen Abänderungen u. Ergänzungen. 5. Aufl. 8. (20 S. mit eingedr. Holzschn.) Berlin 880. C. Heymann's Verl. — 30

— dasselbe, abgeändert durch die Bekanntmachungen vom 12. Juni 1878 u. 3. Juli 1880. Wortlaut der Signal-Ordnung durchgesehen im Reichs-Eisenbahn-Amt. 2. Aufl. 2., vervollständ. Ausg. Mit Einleitung u. alphabetischer Zusammenstellung der Signale u. der Signal-Vorrichtungen. 8. (32 S. m. eingedr. Holzschn.)
Berl.: Kortkampf 1882.

Signalordnung für die Eisenbahnen Deutschlands. Vom 30. Novbr. 1885. Durchgesehen im Reichs-Eisenbahn-Amt. 12. (57 S. mit color. Fig.) Berlin 886, Ernst und Korn. cart. ** ℳ 1.50.; schwarz ** 1 —

—— dass. — Große Ausg. 8. Aufl. gr. 8. (57 S. mit kolor. Abbild.) Ebendas. 886. * 1 50

—— dass. — 7.—9. Aufl. 8. (19 S.) Berlin 886, C. Heymanns Verlag. — 30

—— dass. — 8. (23 S. mit eingedr. Illustr.) Berlin 886, Siemenroth und Worms. — 30

— dasselbe. Durchgesehen im Reichs-Eisenbahn-Amt. 12. (40 S. m. farb. Abbildgn.) Berlin 892. W. Ernst & Sohn. Kart. n.n. 1. —

Signalordnung f. die Eisenbahnen Deutschlands. Vom 5. Juli 1892. Lex.-8. (16 S. m. z. Tl. farb. Abbildgn.) Berl. 892, C. Heymann's Verlag * — 80

—— dass. — 10. Aufl. 8. (28 S. m. z. Tl. farb. Abbildgn.) Ebd. 892. * — 80

— dasselbe. 12. (22 S. m. 40 z. Thl. farb. Abbildgn.) Berlin 893. Siemenroth & Worms. n. — 60

Signalordnung für die Eisenbahnen Deutschlands. Vom 5. VII. 1892. 2. Aufl. 12. (22 S. m. 40 z. Tl. farb. Abbildgn.) Berlin 899. [Siemenroth & Troschel.] Leipzig, Luckhardt's Buchh. f. Verkehrswes. n. — 60

— dasselbe. Mit Abändergn. nach der Bekanntmachg. vom 23. V. 1898. Durchgesehen im Reichs-Eisenbahn-Amt. 12. (40 S. m. z. Tl. farb. Fig.) Berlin 901. W. Ernst & Sohn. Kart. n. 1. 50

Signalordnung f. die Eisenbahnen Deutschlands. Vom 5. VII. 1892. Nach den auf Grund der Artikel 42 u 43 der Reichsverfassg. vom Bundesrate in den Sitzgn. vom 30. VI. 1892 u. 12. V. 1898 gefaßten Beschlüssen Durchgesehen im Reichs-Eisenbahn-Amt. (40 S. m. Abb.) 12. Berlin 904. W. Ernst & Sohn. Kart. n. 1. 50

Signalordnung für die Eisenbahnen Deutschlands. Vom 5. Juli 1892. Nach den ... v. Bundesrate in d. Sitzungen v. 30. Juni 1892 u. 12. Mai 1898 gefaßten Beschlüssen. Durchgesehen im Reichs-Eisenbahn-Amt. Berlin: W. Ernst & Sohn 1905. (40 S.) 8° [F.] [illegible]

—— dass. — s. Betriebsordnung f. die Haupteisenbahnen.

—— dass. — Durchgesehen im Reichs-Eisenbahn-Amt, s. Sammlung v. Bestimmgn. f. die Eisenbahnen Deutschlands.

—— für die Eisenbahnen Oesterreich-Ungarns. Amtliche Ausg. 8. (89 S.) Wien 877, k. k. Hof- und Staatsdruckerei.

—— für die Eisenbahnen Oesterreich-Ungarns. Amtl. Ausg. vom J. 1881. [Unter Einbeziehung des mit Kundmachung des Handelsministeriums vom 19. Febr. 1880, R. G. Bl. Nr. 20, publicirten Nachtrages I.] 8. (41 S. mit eingedr. Fig.) Wien 881, Hof- und Staatsdruckerei. * — 40

—— dass. — Amtliche Ausg. vom J. 1882. [Unter Einbeziehung des mit Kundmachung des Handelsministeriums vom 19. Febr. 1880, R. G. Bl. Nr. 20, publicirten Nachtrages I.] 8. (41 S.) Ebendas. 882. * — 40

Nachtrag II zu der laut Kundmachung des Handelsministeriums vom 10. Februar 1877, R.-G.-Bl. Nr. 10, am 1. Juli in Kraft getretenen **Signal-Ordnung** für die Eisenbahnen mit normalem Betriebe, I. Nachtrag zu den amtlichen Ausgaben aus den Jahren 1881, 1882 und 1884.) kl.-8⁰. (18 S.)
Wien: Hof- u. Staatsdruckerei. 1887.

Signal-Ordnung für die Eisenbahnen Oesterreich-Ungarns mit normalem Betriebe. Amtliche Ausgabe vom Juni 1891. 8. (52 S.)
Wien: Hof-u. Staatsdruckerei 1891.

Signal-Ordnung für die Eisenbahnen Oesterreich Ungarns mit normalem Betriebe. Amtliche Ausgabe vom November 1897. 8. (52 S.) --.15
Wien: Hof- u.Staatsdruckerei 1898.

Nachtr. III. Zu den amtlichen Ausgaben der mit Verordnung des k. k. Handels-Ministeriums vom 10. Februar 1877, R.-G.-Bl. Nr. 10, veröffentlichten Signalordnung für die Eisenbahnen mit normalem Betriebe der im Reichsrathe vertretenen Königreiche und Länder. 8. (2 S.)
Wien: Hof-u.Staatsdruckerei 1898.

(F) Signal-Ordnung für die Eisenbahnen Österreich-Ungarns mit normalem Betriebe. Amtliche Ausgabe vom Jahre 1899. Wien. 1899. Hof- und Staatsdruckerei. 8⁰. 52 S. fl. —.15

— f. die Haupt- u. Lokalbahnen. Amtliche Ausg. (V, 64 S. m. z. Tl. farb. Fig.) 8. Wien 904. (Hof- u. Staatsdruckerei.) n. 1.50

Signal- u. Weichenstellung, electro-pneumatische. Hrsg. v. d. Westinghouse Eisenbahn-Bremsen-Gesellschaft. Lex.-8. (15 S. m. 5 Taf.) Hannover 896. (Schmorl & v. Seefeld Nachf.) n. — 50

Signal-Wörterbuch und Satzcodex zum Uebungsgebrauche der Signal-Abtheilungen des k. k. Heeres. kl. 8. Wien 1873.

Der Signatstern oder Die enthüllten sämmtlichen sieben Grade der mystischen Freimaurerei nebst dem Orden der Ritter des Lichts für Maurer und die es nicht sind aus dem Nachlass des verstorbenen [Joh. Christoph v.] W[öllner] an das Licht des Tages befördert von seinem Freund und Bruder B... [Th. 1]—16. Berlin: Schöne 1803—1821. 8⁰
1. Mit Kupfern. 276 S. 3 Taf. 1803; 2. verb. Aufl. Mit Kupfern u. Holzschn. IV, 276 S. 1811.
2. Mit Kupfern. 281 S. 2 Taf. 1803; 2. verb. Aufl. Mit Holzschn. 281 S. 1812.
3. Handlungen d. freien u. angenommenen Mr.-Br. d. gr. Landes-Loge d. Frmr. zu Berlin. XX, 340 S. 1804.
4. Almanach f. Frmr a. d. J. 5805/6. [Hrsg. von C. W. Cosmann.] 264 S. 1806.
5. Beleuchtungen d. Truggestalten in frm. Hülle. Hrsg. von C. F. Herold. VIII, 475 S. 1809.
6. 7. Tschoudy, Th. H. v.: D. flammende Stern. 2. verm. Aufl. Th. 1. 2. 1810.
1. 242 S.; 2. 264 S.
8. 201 S. 1811; 9. IV, 296 S. 1813; 10. IV, 304 S. 1815; 11. 192 S. 1816; 12. IV, 204 S. 1817; 13. 202 S. 1821; 14. VI, 199 S. 1820; 15. 202 S. 1820; 16. 216 S. 1821.
[3. Aufl. u. d. Tit.:]

Der Signatstern oder Die enthüllten sämmtlichen sieben Grade und Geheimnisse der mystischen Freimaurerei, nebst dem Orden der Magus oder Ritter des Lichts mit allen geheimen Schriftzeichen, mysteriösen Ceremonien, wundervollen Operationen u. s. w. für Maurer und die es nicht sind. 3. durchges. Aufl. mit vielen Abb. Bd. 1. 2. Stuttgart: Scheible 1866. 8⁰
1. 352 S. 1 Taf.; 2. 352 S. 2 Taf.
cf. f. T. 1: AJ. 2 (1805—1806) S. 117—150; f. T. 1. 2: ALZ. 1804 Nr 303; f. T. 1—8: EzJ ALZ. 1818 Nr 91, 92; f. T. 6—8: EzALZ. 1811 Nr 117; f. T. 13—16: Gedanken üb. d. Frmrei. 1823 S. 38—40. Vgl. ferner: Rahul d. Freie üb. Sarsena. 1817 S. 8—9.
Kl. 1957, Tt. 1417. Vollst. Exemplare sehr selten. Bd. 1—5 enth. v. F. L. Schröder geordn. Aktenstücke, Bd. 8—16 eine Zusammentragung aus d. WJ., aus Fesslers Schriften u. andern frm. Werken.

Signatur, die, der evangelischen Kirche in Hessen zu dieser Zeit. Dargestellt von einem hess. Pfarrer. Marburg 867. Elwert'sche Univ.-Buchh. gr. 8. (43 S.) 6 ngr.

Signatura temporis. Berlin, im Novbr. 1848. (Von Heinr. Leo.) 8. (69 S.) Berlin 848 (Schneider & Co.) 6 ngr

Signaturen für Apotheken. Entworfen nach den 8 deutschen Haupt-Pharmacopoeen so wie nach der holländ., dän. und schwed. Pharmacopoe. gr. Fol. (30 Blätter u. 4 S. Text.) Hamburg 847, Tramburgs Erben. 5 ngr

Signaturen behufs Auszeichnung von Plan-Zeichnungen mit einem Anhang von Profil-Zeichnungen, in 14 ill. Stat. qu. gr. 4. Schleswig 858, Linnich's Verlag. *

Signaturen, die gebräuchlichsten, bei Anfertigung v. Feld-Krokis. Nach den neuesten Musterblättern der königl. Landes-Aufnahme zusammengestellt u. gezeichnet f. Offiziere u. Unteroffiziere. 1: 25,000. Steindr., farbig. qu. 4. Mit Erläutergn: auf der Rückseite. Berl. 892, Eisenschmidt. * — 30; Steindr., schwarz * — 25
Phototypie, farbig * — 15

[Umschlagt.:] Die gebräuchlichsten Signaturen bei Anfertigung von Feld-Krokis. Nach d. neusten Musterbl. d. Kgl. Landes-Aufn. zsgest. u. gez. f. Offiz. u. Unteroff. 21.—26. Taus. *Berlin: R. Eisenschmidt [1896].*
1 Doppelbl. 8. [96. 8061]

Signaturen, die gebräuchlichsten, bei Anfertigung v. Feld-Krokis. Nach neuestem Musterblatt m. Zeichen-Erklärg. der kgl. Landesaufnahme 1909 in 1:25000 zusammengestellt f. Offiziere u. Unteroffiziere. 51.—55. Taus. (1 Bl. auf Karton m. Text auf der Rückseite.) 18×24,5 cm. Berlin (909). R. Eisenschmidt. —25; farb. —30

Signaturen, die gebräuchlichsten, f. topographische Arbeiten. Nach den Musterblättern f. topograph. Arbeiten der königl. preuß. Landes-Aufnahme. gr. 8. (1 Steintaf. m. Text.) Köln 884. Warnitz & Co. n. — 40

Signaturen, die gebräuchlichsten für topographische Arbeiten. Nach den Musterblättern für die topograph. Arbeiten der Königl. Preuß. Landes-Aufnahme. gr. 8. (1 Tab. mit 1 Stnt.) Köln 887, Warnitz und Comp. — 40

Signaturen, die gebräuchlichsten, f. topographische Arbeiten. Nach den Musterblättern f. die topograph. Arbeiten der königl. preuß. Landes-Aufnahme. gr. 8. (1 Taf. m. 1 Tab.) Köln 888. Warnitz & Co. n. — 40

Signaturen für Hausapotheken der Tierärzte. Nomenclatur nach der neuesten Pharmacopoea germanica. (17 Bogen.) Dresden 73. Schönfeld. M. 2.80

Signaturen aus Schwaben, Baden und vom Rhein . . . Regensburg 1847. V: *Chownitz (Chowanez), Joseph Julian.* (Th)

— aus Schwaben, Baden u. vom Rhein. Von einem ehemals deutsch-katholischen Vorsteher. gr. 8. (91 S.) Regensburg 847, Manz. 3/8 ₰

Signe u. Habor, od. Liebe stärker als der Tod; a. d. Dänisch. v. Suhm, m. Einleit. u. Erläut. v. W. E. Christiani. 8. Leipz. Weidmann. 778.

Signe u. Habor; od. Liebe stärker als der Tod. Trsp. von Preser. 8. Bresl. Korn d. ält. 785.

Signelau, Eman., der Student von Salamanca. Historischer Roman in fünf Büchern aus der Zeit der spanischen Bürgerkriege. Berlin 863. Reichardt & Co. gr. 8. (912 S.) 2 ₰

Signorelli's, Luca, Biographie u. Charakteristik, s.: Vischer, R.

Signorelli's, Luca, Illustrationen zu Dante's Divina commedia, s.: Kraus, Frz. Xav.

Signorelli, Luca, s.: Meisterbilder fürs deutsche Haus.

Signorelli, Pietro Napoli. Kritische Geschichte des Theaters der alten und neuen Zeit; a. d. Ital. Bern 1783. Ü: *Weber, Frdr. Aug.* (MGT)

Signorelli, P. Nic., krit. Geschichte des Theaters der alten u. neuen Zeit; aus dem Italien. von Werthes, F. A. Weber, Tscherning u. Schübler. 2 Thle. 8. Bern 783. Typogr. Soc. 1 ₰ 16 gr

Signoret, Übertragg. der Gabelsbergerschen Stenographie auf die französische Sprache, s.: Stammbuch d. Gabelsbergerschen Systems.

Sigogne, Emile, wundersame Erzählungen. Autor. Uebersetzg. v. Hedwig Lorsch. gr. 8. (108 S.) Leipzig 895. M. Spohr. n. 1. 80

Sigonio, Carlo

Sigonius, Karl, s. Jh. Ph. Krebs.

Sigonius, Car.: De antiquo iure populi Romani libri 11. Duo de civium Romanorum, tres de Italiae, totidem de provinciarum antiquo iure, reliqui de Romanae iurisprudentiae iudiciis. Ed. huic nov. acc. praeter observationes Latini Latinii, animadversiones Jo. Ge. Graevii, nova diss. Thomasiana de usu vario studii antiquitatum, inprimis in studio iurisprudentiae Romanae. T. 1. 2. Lipsiae et Halae 1715.

— de antiquo jure populi romani c. observat. Latinii et I. G. Graevii. II Tmi. 8. Lps. Kümmel. 715.

Sigonius, C.: De antiquo jure pop. Rom. libb. XI, nempe II. de civv. Romanor, III. de Italiae, totidem de provinciar. antiquo jure, rell. de rom. jurisprudentiae judiciis. Acc. animadvv. Graevii, cur. J. Christ. Franck. II. T. Hal. 718. 8.

Sigonius, K., de republica Hebraeorum lib. VII. ed. a I. Nicolai. 4. Leyden. 701.

Sigorgne, Pet.

— institutiones astronomiae Newtonianae. 8. Tübing. 780. v. Cotta. 20 gr

Sigorgne, Pet., praelectiones astronomiae Newtonianae, mit Vorrede v. Aug. Fr. Bök. 8. Tübing. 769. v. Cotta. 12 gr

Sigourney, L. H., der Bauer und Soldat. — Eine Predigt für gute Kinder über Joh. 21, 15. 32. (64 S. mit eingedr. Holzschn.) Neu-York 862. (Philadelphia, Schäfer und Koradi.) cart. *

Sigourney Courier: 1877—1907.

Weekly. Independent, 1880–'86; Democratic 1887—1901; Independent Democratic, 1902–07. Circulation: 1880, 750; 1890, 900; 1900, 925; 1907, 994. Edited & published by J. C. Starr, 1878–84; by H. J. Mohme, 1885–1907.
Sigourney, IA

Sigrid, die drey Freunde und Alfsol, drey Erzählungen, von Herrn von Suhm, aus dem Dänischen, von C. H. Reichel, mit 1 Kupf. 8. Lpz. 785. Müllers.

Sigrid, die drey Freunde, u. Alfsol; drey Erzählungen, v. Herrn v. Suhm, a. d. Dänisch. von Reichel. 8. Leipzig, Müller. 791. Rthlr.

Sigrist. Miniatur-Ausgabe des Bundesgesetzes über Schuldbetreibung und Konkurs, des Gesetzes betreffend Einführung des obgenannten Gesetzes im Kanton Luzern und des Gebührentarifs zum Schuldbetreibungs- u. Konkursgesetz. Mit ausführl. Wort- u. Sachregister. In-16°. X, 213 S. Luzern, Gebr. Räber. 1892. 1 20

Sigrist, s.: Sammlung grundsätzlicher Entscheide u. Maximen des Obergerichts des Cantons Luzern.

Sigrist, Eug., der gregorianische Choral in ästhetischer Beziehung. Rede, geh. bei der XIII. Generalversammlg. des elsäs. Cäc.-Vereins am 28. VI. 1900 im Union-Saale zu Straßburg. gr. 8. (14 S.) Straßburg 900. (F. X. Le Roux & Co.) n.n. — 15

Sigrist, F., l'abbaye de Marmoutier. Histoire des institutions de l'ordre de Saint Benoît du diocèse de Strasbourg. Tome I. gr. 8. (VII, 348 S. m. 2 Taf.) Ebd. (899). 3. 20

Sigrist, G., Briefe an Schmid üb. seine Ansichten u. Erfahrungen d. Erziehungsinstitute ꝛc. Mit Antworten u. Bemerkk. herausgg. von Jos. Schmid. gr. 8. Wien 811. Schaumburg u. C. 16 gr

[Sigrist, Georg.] Nicolaus von der Flue oder die Lebensgeschichte des seligen Bruder Claus, allen ... Eidsgenossen wieder erzählt und gewiedmet von dem Verfasser des Schweizerseppeli. [Mit Porträt-Tafel und illustriertem Umschlag.] 8. Luzern 1822.

Sigrist, Georg. Bruder Klaus oder des seligen Nikolaus von der Flue ... Lebensgeschichte. Allen ... Eidgenossen wieder erzählt und gewidmet. Hrg. von G. S.... (2. Ausg.) [Mit 3 Tafeln und 1 Karte.] 8. Luzern 1843.

Sigrist, Geo., Bruder Klaus od. des seligen Nikolaus von der Flüe lehrreiche u. wundervolle Lebensgeschichte. 8. (10¾ B., 3 Stnt. u. 1 Karte.) Luzern 843. (Augsburg, Lampart u. Comp.) * 15 Ngr., geb. *

— s. Pistorie, Geo., der heilsame Tröster am Kranken- u. Sterbebette.

Sigrist, Geo., die Weisheit u. das Lob Gottes in dem Munde der Unschuld. Ein Lehr- u. Gebetbüchlein für die lieben Kleinen. 16. (6 B. m. Randzeichn.) Luzern 845, Anich. Thlr. -

Sigrist, Geo., die Weisheit und das Lob Gottes in dem Munde der Unschuld. Ein Lehr- u. Gebetbüchlein für die lieben Kleinen. 2. Aufl. 16. (90 S. mit eingedr. Lith.) Luzern 851. (Kaiser.) n. 6 ngr

Sigrist, J.: Die Konsumvereine, deren Zweck, Nutzen und Organisation. Luzern: Meyer 1884.

Vgl. Siegrist, J.

Sigrist, Jacob, und Grüter, Josef. Festreden an der Schlachtfeier in Sempach am 6. Juli 1903 von Hrn. Oberrichter Dr. Jakob Sigrist in Hochdorf und Hochw. Hrn. Pfarrer Josef Grüter in Ballwil. Auf Anordnung des h. Regierungsrates gedruckt. 28 S. 8. Luzern, Räber & Cie., 1903. [fr. —. 30]

Sigrist, Jak., s.a. Festreden an der Schlachtfeier in Sempach.

Sigrist, Johann

Sigrist, J., kurzer Abriß der Poetik u. Literaturgeschichte f. die Hand der Schüler. (48 S.) 8. Bühl (880). Konkordia. —45

Sigrist, P. Joh., Abriss der römischen Staatsverfassung zur Zeit der Republik. Sarnen 1875. Progr.

Sigrist, Joseph. Die Bedeutung der Segnung der neu erbauten Kirche und ihrer Glocken. Predigt zur Feier des Einzuges in die neue Kirche in Doppleschwand, gehalten am Feste des hl. Kirchenpatrons Nikolaus 1862. 8. Luzern 1863.

Sigrist, (Johann Georg) Josef

Sigrist, Jos., Erinnerungen am Grabe des Hochw. Herrn Sextar und Jubilat Karl Martin Krütli sel. Trauerrede bei seiner Begräbnißfeier am 1. Juli 1863. gr. 8. (16 S.) Luzern 863, Gebr. Räber.

Sigrist, Joh. Geo. Jos., katholisches Hausbüchlein für christliche Familien zum Gebrauche beim häuslichen Gottesdienste. Zur Förderung der Hausandacht hrsg. 12. (189 S. mit 2 Stahlst.) Einsiedeln 862, Gebr. Benziger.

Sigrist, Joh. Geo. Jos., tägliches Lob Gottes. Katholisches Gebet- und Erbauungsbuch für heilsbegier. Seelen. 32. (250 S. mit eingedr. Holzschn. und 1 Stnt.) Einsiedeln 869, Gebr. Benziger. — 30

Sigrist, Giov. Giorgio Gius., quotidiano lodi di Dio. Libro di preghiera e di edificatione por i cristiani cattolici. 24. (320 S. m. 2 Bildern.) Einsiedeln 878. Benziger. — 40

Sigrist, Jos., Vater, verzib uns unsere Schulden! Christkathol. Gebet- u. Andachtsbuch für wahre Büßer. Nebst e. Anhange: Die Tröstungen des Glaubens am Kranken- u. Sterbebette. gr. 8. (21 B., 1 Stahlst. u. chromolith. Ttl.) Luzern 845, Meyer.

Sigrist, Wilh., s. Umrisse von Bildern 2c.

Sigriswyl. Kurort S' a/Thunersee.... Hôtel & Pension Bären.... [Illustrierter Prospect.] 8. Aarau & Lausanne o. J. [1890 99].

SIGRIZ, Adelbert (Straubing): De cholera epidemica.- Monachii: Hübschmann (1830). 1 Bl., 60 S. 16.8.1830 - Urk; F 60
Diss. Ingolst.-Landsh.-Mchn.

SIGRIZ, Friedrich von (München): De aneurismate.- Monachii: Wolf 1835. 32 S. 22.8.1835 - Urk; F 62
Diss. Ingolst.-Landsh.-Mchn.

Siguier, Auguste, Die Größe des Katholicismus. Vollständige Übersetzung aus dem Franz. Herausgegeben u. mit einem Vorwort von einem kath. Geistlichen aus Württemberg. Regensburg, Manz (jetzt Nat. Verlagsanst.), 1843, 8°, 2 Bde, VIII, 416 u. 436 S., 5 Mk.
Recens. Katholik Bd. 90 (1843), S. 289—92. Kath. Litbl. zur Sion 1843, S. 60—1.
Vgl.: Bibliothek guter kathol. Bücher.

Siguier, Auguste, Dasselbe. Die Größen des Katholicismus. Aus d. Franz. Schaffhausen, Hurter (jetzt Regensburg, Verlagsanst.), 1843, gr. 8°, XX, 475 S., 4,50 Mk.

—— die Größen des Katholicismus. Aus dem Franz. übersetzt. 1. Ausg. 843. 1 Thlr. 20 Ngr. u. 2. Ausg. gr. 8. (à 31¼ B.) Schaffhausen 845, Hurter'sche Buchh.

Sigurd och Brynhilda. Saga i tjugufyra Sånger. stor 8. Upsala 836. (Stockholm och Götheborg, Bonnier.)

Sigurd, s.a. Hedenstjerna, A. v.

Sigurd (Ps. v. Hedenstjerna), der Hilfsprediger v. Ovislinge, s.: Bibliothek der Gesamtlitteratur des In- u. Auslandes.

— Humoresken, s.: Sammlung v. besten Werken der Literatur der Gegenwart.

Sigwart, resp. Perrenon, Motus muscularis primarii organon immediatum nervorum vaginae. Tüb. 4°. 1779

Sigwart, August Johann David: Historia gemellorum coalitorum, ... s. Sigwart, Georg Friedr. [Praes.]

Sigwart, Christoph

Sigwart, Chrph., der Begriff des Wollens u. sein Verhältniss zum Begriff der Ursache. 4. (42 S.) Tübingen 879. (Fues.) n. 1. 20

— Beiträge zur Lehre vom hypothetischen Urtheile. gr. 4. (66 S.) Ebend. 871. n. 2. —

Sigwart, Chph., e. Collegium logicum im XVI. Jahrh. Mittheilungen aus e. Handschrift d. k. Universitäts-Bibliothek in Tübingen. Imp.-4. (42 S.) Freiburg i/Br. 890. J. C. B. Mohr. n. 2. —

Sigwart, Chrph., Gedächtnisrede auf den Kanzler der Universität Tübingen Gustav v. Rümelin, k. Württembergischen Geheimenrat, Doktor der Philosophie, der Rechte, der Staatswissenschaften u. der Medicin, gestorben den 28. Oktbr. 1889. Am Tage der akadem. Preisverteilg., 6. Novbr. 1889 in der Aula geh. gr. 8. (18 S.) Tübingen 889. H. Laupp. n. — 60

— dasselbe, s.: Rümelin, Gust., Reden u. Aufsätze.

— die Impersonalien. Eine log. Untersuchg. gr. 8. (78 S.) Ebd. 888. n. 2. —

Sigwart, Chrph., die Lebensgeschichte Giordano Bruno's. gr. 4. (41 S.) Tübingen 880, (Fues.) * 1 60

Sigwart, Chrph., Logik. 1. Bd. Die Lehre vom Urtheil, vom Begriff u. vom Schluss. gr. 8 (IX, 420 S.) Tübingen 873. Laupp. n. 6. —

—— Logik. 2. Bd.: Die Methodenlehre. gr. 8. (VIII, 612 S.) [Tübingen 878, Laupp'sche Buchh.] Freiburg i. Br., Mohr. *
1. Bd. Ebendas. 1873. *M 6.

—— Logik. 1. Bd.: Die Lehre vom Urtheil, vom Begriff u. vom Schluss. 2. durchgeseh. u. erweit. Aufl. gr. 8. (XI, 485 S.) Freib. i. Br. 889, J. C. B. Mohr. * 10 —

— Logik. 2. Bd. Die Methodenlehre. 2., durchgeseh. u. erweit. Aufl. gr. 8. (VIII, 778 S.) Freiburg i/B. 893. J. C. B. Mohr. n. 16. — (kplt.: n. 26. —)

Logik von Dr. Christoph Sigwart, weil. Prof., Tübingen. 3. durchges. Aufl. Bd 1. 2. (Vorr.: Heinrich Maier, [Prof., Tübingen].) *Tübingen: J. C. B. Mohr 1904.* 2 Bde 8°
1. Die Lehre v. Urteil, v. Begriff u. v. Schluß.
2. Die Methodenlehre. [04. 16360 G

Sigwart, Christoph, Logik. 2. Bde. 3. durchgeseh. Aufl. gr. 8. Tübingen 904. J. C. B. Mohr. n. 25. —; geb. n. 30. —
1. Die Lehre vom Urteil, vom Begriff u. vom Schluss. (XXIII, 498 S.) — 2. Die Methodenlehre. (VIII, 799 S.)

Sigwart, Christoph s. Reformatoren. Die vier R.... Stuttgart 1862.

Sigwart, C., die vier Reformatoren, s. Eberle, C. G.

Sigwart, (Chr.), Schleiermacher in seinen Beziehungen zu dem Athenäum der beiden Schlegel. — Geschichte des Klosters u. Seminars Blaubeuren. Blaubeuren 861. (Tübingen, Fues' Sorthdlg.) 4. (43 S.) n. 14 ngr.

Sigwart, Christof: Kleine Schriften. 2 Bde. Tübingen: Mohr (1881).
1: Agrippa v. Nettesheim 1. Paracelsus 25. Giord. Bruno vor d. Inquis.Gericht 49. Thom. Campanella u. s. polit. Ideen 125. Joh. Kepler 182. Schleiermacher 221.
2: Sittliche Grundlagen der Wissenschaft 1. Der Kampf gg. den Zweck 24. Unsere Vorstellungen von räumlichen und zeitlichen Grössen 68. Wollen und Ursache 115. Unterschiede der Individualitäten 212. Ueber die Eitelkeit 260.

—— kleine Schriften. 1. und 2. Reihe. gr. 8. (V, 255; V, 286 S.) Freiburg i. Br. 881, Mohr. à Reihe *M 4,50. * 9 — geb. à Reihe *M 5,50. * 11 —

Sigwart, Chrph. Kleine Schriften. 1. u. 2. Reihe. 8. Freib. i. Br. 889, J. C. B. Mohr. * 5 —; geb. * 7 —
1. Zur Geschichte der Philosophie. Biographische Darstellungen. 2. bericht. u. verm. Ausg. (XII, 307 S.) * 3 —; geb. * 4 —.
2. Zur Erkenntnißlehre u. Psychologie. 2. unveränd. Ausg. (VI, 286 S.) * 2 —; geb. * 3 —.

Sigwart, Chrph., Spinoza's neuentdeckter Tractat von Gott, dem Menschen und dessen Glückseligkeit. Erläutert und in seiner Bedeutung für das Verständniss des Spinozismus untersucht. gr. 8. (VII und 158 S.) Gotha 866, Besser. *

Herrn Dr Eduard Zeller Professor an der Universität und Geheimem Regierungsrathe in Berlin bringt zur Feier seines fünfzigjährigen Doctorjubiläums am 25. August 1886 ihre Glückwünsche dar die philosophische Facultät in Tübingen. Beigefügt ist eine Abhandlung: Vorfragen der Ethik von Prof. Dr. Christoph Sigwart. Freiburg i. B., Akad. Verlagsbuchh. v. J. C. B. Mohr (Paul Siebeck), 1886; 2 Bl. + 48 S. 4°.

Vorfragen der Ethik. Von Christoph Sigwart. 2. Aufl. (Vorr.: Heinrich Meier.) Tübingen: J. C. B. Mohr 1907. (IV, 70 S.) 8° [07. 15930 G

Sigwart, Chrph., Ulrich Zwingli. Der Charakter seiner Theologie mit besonderer Rücksicht auf Picus von Mirandula dargestellt. gr. 8. (VII und 244 S.) Stuttgart 855, Besser.

Sigwart, G. C. L., s. L. Noisette, vollständ. Handbuch der Gartenkunst.

Sigwart, G. C. L., Uebersicht d. im Königr. Württemberg u. in d. angrenz. Gegenden befindl. Mineralwässer u. ihrer Vorkommens-Verhältnisse. gr. 8. (1½ B. u. 1 ill. Karte.) Stuttgart 830, Schweizerbart'sche Buchh. *

Sigwart, Georg, a. Stuttgart: Römische Fasten und Annalen bei Diodor. Ein Beitrag zur Kritik der älteren republikanischen Verfassungsgeschichte. Greifswald 1906: J. Abel. (56 S.) 8° ¶ (Aus: Klio. Beiträge zur alten Geschichte Bd 6.)

Tübingen, Phil. Fak., Ref. Kornemann, Diss. v. 11. Sept. 1906

[Geb. 13. Dez. 81 Kleinsüssen, O.-A. Geislingen; Wohnort: Stuttgart; Staatsangeh.: Württemberg; Vorbildung: Karls-Gymn. Stuttgart Reife M. 00; Studium: Tübingen 8, Berlin 1 S.; Coll. 2. Nov. 05.]

Sigwart, Georg Friedrich

Georgius Fridericus Sigwart: De Aere et alimentis militum, praecipuis hygienis militaris momentis. [Resp.:] Carolus Philippus Diez. Tubingae (1762:) Schramm. 81 S. 8°

Tübingen, Med. Diss. v. Febr. 1762

—— resp. G. F. Engel, Diss. Conspectus pathologiae psychologicae anthropolog. 50 pp. Tub. 4°. 1759

—— Cystotomia lateralis moreauiana nova eademque receptis longe praestantior, quia omnino tutior. [Resp.:] Carolus Ludovicus Fridericus Breyer. Tubingae (1764:) Bauhof & Franck. 32 S. 8°

Tübingen, Med. Diss. v. Sept. 1764

— De Exploratione per tactum, utilissima et summe necessaria artis obstetriciae enchiresi. [Resp.:] Ioh[annes] Iacobus Menner [1738 - 1799]. Tubingae 1761: Schramm. 37 S. 8°

Tübingen, Med. Diss. v. Mai 1761

Geo. Frid. Sigwart (resp. Guil. Frid. Jäger) fragmenta dynamices Hippocratico-Galenicae, sparsis monumentis memoriae prodita. Tubing. 1759. 4. — *Recus. in* Baldinger selecta opusc. Gotting. 1782. pag. 250—276.

Sigwart, G. F., fragmentum I. Cogito. 8. Tub. Heerbrand. 782.

Sigwart, Geo. Fr., († d. 9. März 1795.) fragmentum I. Cogito. 8. Tübing. 782. (Osiander). 6 gr

—— Historia gemellorum coalitorum, monstrosa pulcritudine spectabilium. [Resp.:] Augustus Johannes Davides Sigwart. Tubingae (1769:) Franck. 28 S. 8°

Tübingen, Med. Diss. v. 27. Okt. 1769

Georgius Fridericus Sigwart: Homo in singulari dualis, nec dissyllabum tantum et bipes animal, ut vulgaris fert fama, sed supra vulgi captum totus anceps et duplex, neque vel ibi simplex, ubi videtur simplex et simplicissimus. Novo dichotomiae anatomicae specimine dualistico conspectior factus in epistola. Tubingae [1762:] Schramm. 10 Bl. 8°

[Gratulationsschrift zur Dr. med.-Promotion von Carolus Philippus Diezius viele. Diez, Tübingen, Febr. 1762.]

Sigwart, Imaginatio. 12 pp. Tüb. 4°. 1757

— oratio inauguralis, qua idea medicinae organologicae irenica proponitur. 4. Tübing. 753. v. Cotta. 2 gr

— pentemetrum eruditionis maxime medico-chirurgicae novis principiis mathematicis praemunitum, methodo systematica demonstratum. 4. Paris (Tübing.) 753. v. Cotta. 20 gr

—— Novum Problema chirurgicum de extractione cataractae. [Resp.:] David Mauchartus [Mauchart]. Tubingae (1752:) Erhard. 62 S. 8°

Tübingen, Med. Diss. v. 22. Dez. 1752

— quaestiones medicae Parisinae. Fasc. I. et II. 4. Tübing. 760, 66. Ed. nova (?) 790. v. Cotta.

Sigwart, Georg Friedrich: Quaestiones medicae Parisinae. Fasc.1 - 2, gbd., Abb.

Tubingae: Cotta 1789

— quaest. medicae Parisienses de a. 1742. 4. ibidem. 790.

Sigwart, Georg Friedrich [Praes.], s. Reuss, Christian Theophil: De scabie ovium.

Sigwart, Georg Friedr., Dissertatio oeconomico-medica de Scabie ovium. (Dieselbe Diss. wird auch Reuss zugeschrieben.) 4to. (4 Bog.) Tübingen 768.

Sigwart, Go. Fr., resp. Ge. Fr. Klein, De vi imaginationis in producendis et removendis morbis. 42 pp. Tub. 4°. Epist. ad. cau. Diss. ib. 1769

Sigwart, Hans: Experimentelle Beiträge zur Frage der Identität von Geflügeldiphtherie und Geflügelpocken. Jena 1910. 37 S.
Giessen, Vet.-med. Diss. v. 1910.
Aus: Centralblatt für Bakteriologie. Abt. I. Originale. Bd 56.

Sigwart, Heinrich Christoph Wilhelm

(H.Cp.W.Sigwart's) vermischte philos. Abhandll. 1s Bdch. (1. üb. d. Grund v. d. Wahrh. menschl. Erkenntn. 2. üb. d. sogen. Beweise f. d. Dasein Gottes.) *Tüb.*, Laupp. B. 831. gr 8° 18 gl 2s Bdch. m. d. besond. Tit.: Kritik v. Hegel's Encyklop. d. philos. Wissenschh. nach d. 2n Ausg. *Heidelb.* 827. *Eb.* 831. gr 8° 1 ß

— Antwort auf die Recension meines Handbuches der theoret. Philosophie, in d. Jenaischen Litteratur-Zeitung. gr. 8. Tübing. 820. Osiander. 4 gl

Eb. Antwort auf d. Recens. ms. Handbuchs d. theoret. Philos. in d. Jen. Lit.-Zeit. *Eb.* 821. gr 8° 4 gl

Sigwart, Heinrich Christoph Wilhelm, s. Berzelius, J.: Uebersicht der Fortschritte.

Sigwart, Heinr. Chrstph. Wilh. v., Geschichte der Philosophie vom allgemeinen wissenschaftlichen u. geschichtl. Standpunkt. 1. Bd., enthalt. die 1. Periode u. der 2. Periode 1. Abtheilg. gr. 8. (25 B.) Stuttgart 844, Cotta'sche Buchh.

—— dass. 2. Bd., enthalt. der 2. Periode 2. Abthl. oder 5. Abschnitt. Vom 10. Jahrhundert bis J. Kant. gr. 8. (32⅞ B.) Ebds. 844.

—— dass. 3. (u. letzter) Bd., enth. der 2. Periode 3. Abth. oder 6. Abschnitt. Von J. Kant bis auf die Gegenwart. gr. 8. (29 B.) Ebds. 844.

H. Cp. W. Sigwart's Grundzüge d. Anthropol. *Tüb.*, Laupp. B. 827. gr 8° 18 gl

Sigwart, Hnr. Cph. Wlh., Handbuch der theoret. Philosophie. 8. Tübing. 820. Osiander. 1 ß 12 gl

H. Cp. W. Sigwart's Handb. d. theoret. Philos. *Tüb.*, Osiander. 821. gr 8° 1 ß 12 gl

H. Cp. W. Sigwart's Handb. zu Vorlesungen üb. d. Logik. *Tüb.*, Osiander. (818-24.) 3e durchaus vm. u. vb. A. auch unt. d. T.: d. Logik in Bezieh. auf allgem. Sprachlehre. 835. gr 8° 1 ß 10 gl

Sigwart, Heinr. Chrstph. Wilh., Handbuch zu Vorlesungen üb. d. Logik. 3., verm. u. verb. Aufl. — A. u. d. T.: Die Logik in Beziehung z. allgem. Sprachlehre. gr. 8. (19 B.) Tübingen 835, Osiander'sche Buchh.

H. Cp. W. Sigwart: d. Leibnitz'sche Lehre v. d. prästabilirten Harmonie in ihrem Zusammenhang m. frühern Philosophemen betrachtet. *Tüb.*, Osiander. 822. 8° 18 gl

— Diss de peccato sive malo morali. 4. Tübing. 816.

—— das Problem d. Bösen od. d. Theodice. gr. 8. (10½ B.) Tübingen 840, Osiander'sche Buchh.

—— das Problem v. d. Freiheit u. d. Unfreiheit d. menschl. Wollens. Eine krit. Abhandl. gr. 8. (14½ B.) Tübingen 839, Fues.
Besonderer, mit Vorr. verseh. Abdruck aus: Tübinger Zeitschr. f. Theologie.

—— die Propädeutik d. Geschichte d. Philosophie, od. üb. d. Begriff, d. Methode u. d. Anfang d. Gesch. d. Philosophie. Nebst e. Anh. üb. d. ersten Formen d. griech. Philosophie. gr. 8. (11⅓ B.) Tübingen 840, Laupp'sche Buchh.

—— der Spinozismus, histor. u. philosoph. erläut., mit Bezieh. auf ältere u. neuere Ansichten. gr. 8. (17 B.) Tübingen 839, Osiander'sche Buchh.

—— Vergleichung der Rechts- u. Staats-Theorieen des B. Spinoza u. des Th. Hobbes, nebst Betrachtungen über das Verhältniß zwischen dem Staate u. der Kirche. gr. 8. (10 B.) Tübingen 842, Osiander'sche Buchh.

Sigwart, Heinr. Chrstph. Wilh., die Wissenschaft d. Rechts nach Grundsätzen d. prakt. Vernunft. Ein Entwurf. gr. 8. (13½ B.) Tübingen 828, Osiander.

— die Wissenschaft des Rechts nach Grundsätzen der prakt. Vernunft. Ein Entwurf. gr. 8. Tübing. 829. Osiander. 20 gl

Sigwart, H. C. W., üb. den Zusammenhang d. Spinozismus mit d. Cartesianischen Philosophie, ein philosoph. Versuch. 8. Tübingen, Osiander. 816.

Sigwart, Johann Martin (Calw) A. S. 278/15

Dissertatio de haeresi practica, quae per praecipuos fidei Christianae articulos monstrata.
Präs. Johann Heinrich Maj.
Giessen 1712. 120 S.

Diss. 20. VIII. 1710. 32646

Sigwart, Ludw., Verzeichniss der Pflanzen, welche der Flora Deutschlands angehören, sowie aller derjenigen, welche für die Medicin mehr oder minder wichtige Pflanzen enthalten, nach natürlichen Verwandtschaften zusammengestellt nebst einem Verzeichniss der Familien der Phanerogamen u. der Gefässcryptogamen Württembergs nach demselben Systeme geordnet. Tübingen 861. Laupp. 8. (53 S.) 7½ ngr.

Sigwart, Robert [aus Altglashütte '(Baden)']: Ueber einen Fall von Teratoma Ovarii, ... Fürth, Druck v. J. Paulus, 1893; 31 S. 8.
Erlangen, Med. Fak., Inaug.-Diss. v. [26.] Juli 1893

Sigwart, Walter, approb. Arzt aus Tübingen: Ueber die Einwirkung der proteolytischen Fermente Pepsin und Trypsin auf Milzbrandbacillen. Hierzu 8 Abb., Taf. III. *Braunschweig (1900): A. Limbach.* (19 S.) 8° ¶ (Aus: Baumgarten's Arbeiten, 3.)
Tübingen, Med. Diss. v. 1900

Sihle, Mart. Ein Beitrag zur Statistik der Rectumcarcinome. Diss. gr. 8. (47 S.) Dorpat 889, (Karow). * 1 —

Sihler, Louis v., Ortschafts-Verzeichniß der preußischen Monarchie, enthaltend eine Landwehr-Bataillonsweise geordnete Zusammenstellung sämmtlicher Kreise u. der dazu gehörigen Ortschaften mit Angabe aller Poststationen, welche für jeden der betreffenden Orte maßgebend sind. Nach den von den königl. Landwehr-Bataillonen, Regierungen u. Ober-Post-Directionen erbetenen u. benutzten Mittheilungen bearb. u. herausg. Brieg 863. (Bänder.) gr. 8. (V. 712 S.) n. 3 ℛ

Sihler, W., Arabesken. 1. Bdchn. 8. (16¼ B.) Berlin 828, Laue.

Sihler, W., Gedanken eines Lutheraners bei dem Herannahen der 100jährigen Gedächtnißfeier des Bestehens des nordamerikanischen Staatenbundes. 8. (34 S.) St. Louis, Mo. 876. (Dresden, H. J. Naumann.) n. — 60

Sihler, W., Gespräche zwischen zwei Lutheranern über den Methodismus. St. Louis, Mo. 867. (Dresden, Naumann.) gr. 16. (72 S.) n.n. 8 ngr

—— wider das Gewohnheitstrinken. Epheser 5, 18. Eine luther. Lehr-, Straf- und Lockpredigt. 3. Aufl. 8. (31 S.) St. Louis, Mo. 882. (Dresden, H. J. Naumann.) * — 40

—— Lebenslauf bis zu seiner Ankunft in New-York. Auf mehrfaches Begehren von ihm selbst beschrieben. 8. (162 S.) St. Louis, Mo. 879. (Ebendas.) geb. *

Sihler, W., Lebenslauf als lutherischer Pastor ꝛc. Auf mehrfaches Begehren von ihm selber beschrieben. 2. (Schluß-)Bd. 8. (288 S. mit Portr. und Facs. in Holzschn.) New-York 880. (Dresden, H. J. Naumann.) geb. * 6 —
1. Bd. (Ebendas.) 1879. * ℳ 2,50.

Sihler, W., Predigten üb. die Sonn- u. Festtags-Episteln d. Kirchenjahres auf den Wunsch seiner Synode hrsg. gr. 8. (VI, 635 S.) Dresden 874. H. J. Naumann. n. 9. —

— Predigten über die Sonn- u. Festtags-Evangelien des Kirchenjahres nebst einem Anh. 1. Aufl. n. 3 ℛ 10 ngr u. 2. Aufl. Fort Wayne, Ind. 862. (Brandenburg, Müller.) gr. 8. (VIII, 800 S. mit Portr. in Holzschn.) geb. n. 3 ℛ

—— die Sklaverei im Lichte der heiligen Schrift betrachtet. Mit Genehmigung hrsg. von A. Schlitt. gr. 8. (34 S.) Baltimore 863. (Philadelphia, Schäfer und Koradi.) *

—— Symbolik d. Antlitzes. 8. (20 B.) Berlin 829, Laue.

Sihler, W., Zeit- u. Gelegenheits-Predigten. gr. 8. (VI, 392 S.) St. Louis, Mo. 883. (Dresden, H. J. Naumann.) n. 4. 80

Sihltal s.: Utliberg. — Zürich.

Sihlthaler: Der Sihlthaler
① Publikationsmittel für die Gemeinde des Sihlthales (1896—1918—?). Publikationsmittel für die Gemeinden des Sihlthales - Obligatorisch für die Gemeinde Adliswil (?—1939 cont.) ② Der Sihltaler (?—1939 cont.) ⑤ 25. 3. 1896 (cont.) ⑥ 2° ⑦ wöchentlich 2× (1896—1930—?); wöchentlich 3× (?—1939 cont.) ⑧ Adliswil: Manns & Markwalder (1896—1897). Siegfried Stöckli (1898—1899). Schläpfer & Cie. (1900—?). Th. O. Studer-Schläpfer (?—1915—1939). Gebr Studer (1942 cont.) ⑩ die Drucker ⑪ Jean Hauser (1900—1938) ⑫ freisinnig-demokratisch ⑬ Der Sihltaler 1945. Nr. 131 ⑭ Be: L (15. 12. 1897. 1915—1918. 1954 cont.); Zh: Z (1939 cont.) ⑮ Die Buchdruckerei Schläpfer & Cie. in Horgen und deren Nachfolgerinnen führen den Betrieb in Adliswil als Filiale. Seit 1939 Kopfblatt vom »Anzeiger des Bezirkes Horgen«.

Siim-Jensen, Johannes, s.a. Jensen, Johannes Siim-

Beiträge zur botanischen und pharmacognostischen Kenntnis von Hyoscyamus niger L. Von Dr. J. Siim-Jensen. Mit 6 Taf. *Stuttgart: E. Nägele 1901.* (89 S.) 4°
— Bibliotheca botanica. H. 51. [01. 3103

Sik, Bernardus, s.: Maimonides, Commentarius in Mischnam ad tractatum Taamith.

Sika, Joh. Bapt., der Beichtstuhl, d. i. Anweisung zur Verwaltung des heiligen Bußsakramentes im Geiste der heil. römisch-katholischen Kirche. 2. Abdr. Budweis 860. Hansen. gr. 8. (XX, 391 S.) n. 1 ℛ 20 ngr

Sika, Joh. Bapt., ist die Einziehung und Veräußerung der Kirchengüter zulässig? Die Besoldung des Clerus aus dem Staatsfond räthlich? Und wie könnte der karg dotirten Geistlichkeit aufgeholfen werden? Drei wichtige Fragen der Gegenwart, aufgeworfen und beantwortet. Dem gesammten hochwürdigsten Clerus des Königr. Böhmen in Liebe u. Ehrfurcht geweiht. gr. 8. (47 S.) Prag 848. (Heß.) n. 8 ngr

— konkordát všelikým vinen neštěstím, co Rakousko dílem již sužuje, dílem ještě bude sužovati. Satyrická báseň. Budweis 862. F. Zdarssa. 8. (IV, 124 S.) 12 ngr

Sikemeier, Eduard Willem, Arzt aus Osaka (Japan): Zur Diagnostik der Retroperitonealen Tumoren. *Leiden (Holland) 1900: E. Ijdo.* (176 S.) 8°
Heidelberg, Med. Diss. v. 1900

Sikhim und Ostnipal. Nach Hooker. 680,000. G. M. 1861.

Albertus Magnus und Gerhard von Riehl. Eine Erzählung aus dem 13. Jh. von Franz Siking. Karlsruhe: Braun 1890. XII, 238 S. 8°.
430.

Siking, Frz., Beatrice, s.: Universal-Bibliothek.

— Kaiser Friedrich I. (2. Tl. der Barbarossatetralogie.) Schauspiel in 5 Aufzügen u. 1 Vorspiel. 8. (114 S.) Stuttgart 893. A. Bonz & Co. n. 1. 50

Siking, Frz. (Frau Henriette Strauß), die Geisterharfe, s.: Gabelsberger-Bibliothek. 21. Bd.

Siking, Franz. Ein Kampf mit der „Gartenlaube". In-8°, 54 S. Zürich, Verlags-Magazin (J. Schabolitz). 1887. — 75

Siking, Frz., des Nordlands Königstochter. Eine epische Märchendichtung. 16. (III, 151 S.) Frankfurt a. M. 884, Sauerländer's Verlag. geb. mit Goldschn. *

Siking, Frz., d. Nordlands Königstochter. Eine epische Märchendichtg. 2. Aufl. 16. (XXXI, 151 S.) Frankfurt a/M. 891. Sauerländer. geb. m. Goldschn. n. 3. —

—— die Rose von Urach. Historischer Roman. 2 Bde. gr. 8. (475 S.) Mannheim 883, Nemnich. 8 —
—— dass. — 2 Bde. 2. Aufl. gr. 8. (475 S.) Leipzig 884, Besser. * ℳ 4.; geb. in 1 Bd. * 5 50

Siking, Frz. (Frau Henriette Strauß), die Rose v. Urach. (Schillers dritte Tragödie.) Histor. Roman. 3. Aufl. (XIV, 479 S.) 8. Leipzig 908. M. Altmann. 5.—; geb. 6. 50

— Wolfram v. Eschenbach. Histor. Roman. (XX, 464 S.) 8. Ebd. 907. 5.—; geb. n 6. 50

Sikkel, A. [Arzt aus Utrecht]: Ueber die Wirkung des Oleum ricini ... Freiburg i. B., Univ.-Buchdr. v. Ch. Lehmann, 1892; 70 S. 8.
Freiburg i. B., Med. Fak., Inaug.-Diss. v. 1892

Siklóssy, s.: Optotypi Siklóssy.

(Siklósy.) — Beschreibung der von Dr. C. Siklósy gegründeten u. dirigirten Wasser-Heilanstalt in Ofen, am Fuße des kleinen Schwabenberges. Pest 859. Heckenast. 16. (36 S. u. 1 Holzschntaf.) n. 8 ngr

Siklósy, Josef, Eisenbahngeschichten, s. Universal-Bibliothek Nr. 1845.

Siklósy, Jos., Genrebilder u. Eisenbahngeschichten, s.: Collection Reinhold.

Siklósy, Jos., Londoner Geschichten, s.: Universal-Bibliothek.

Siklósy, Jos., Radfahrergeschichten, s.: Universal-Bibl.

Siklósy, Jos., Radfahrer-Geschichten. 8. (127 S.) Berlin 898. R. Rudow. n. 1.—

Siklósy, Jos., Schiene u. Rad. Skizzen aus dem Eisenbahnleben. 8. (142 S.) Wien 882. Hartleben. 1. 50

Siclosy (a. d. Umschl. **Siklosy**), Josef: Auf S t a h l - und Eisen- r a d . Heiteres aus d. Radler- u. Reiseleben. 1.–3. Taus. Berlin: R. Eckstein Nf. [1898]. (127 S.) 8°
= Bibliothek, Ecksteins Humoristische. No 92.

Sikora, Karl, Welche allgemein bildenden Disciplinen sollen an landwirthschaftlichen Lehranstalten der mittleren und niederen Kategorie in den Lehrplan aufgenommen werden und in welchem Umfange sollen dieselben gelehrt werden? (Aus: „Land- u. forstwirthsch. Unterrichtszeitung des k. k. Ackerbau-Ministeriums".) Internat. land- u. forstw. Congress zu Wien, 1890, Heft 89. gr. 8°. Wien, W. Frick, 1890. 8 S.

Sikora, Mathias Michael

Sikora, M. M., conspect. medicinae legalis legibus Austriaco-provincialibus accommod. 8. maj. Prag, Gerle. (Pott, Lausanne.) 780.

— — idem lib. 8. maj. Lps. F. C. W. Vogel. 780.

Sikora, Mathias Michael: Conspectus medicinae legalis legibus Austriaco-provincialibus accommodatus. Notis auxit Johann Dionis John. 89 S., gbd.
Pragae et Dresdae: Walther 1792

Sikora, Traug., das Lied vom Schweidnitzer Keller zu Breslau. 1—4. Aufl. 12. (16 S.) Breslau 881. Max & Co. — 30

Sikorski: Ueber die Kettenbrüche. 26 S.–Trzemeszno, Progr. 1855

Sikorski, Boleslaus von, Gerichtsreferendar: Die Behandlung des Rechtsirrtums. Ein Beitrag zur strafrechtlichen Schuldlehre. Berlin: R. Trenkel 1908. (89 S.) 8°
Breslau, Jur. Fak., Ref. Gretener-Leonhard, Diss. v. 15. Mai 1908
[Geb. 22. Sept. 84 Wongrowitz (Posen); Wohnort: Wongrowitz; Staatsangeh.: Preußen; Vorbildung: Gymn. Wongrowitz Reife O. 03; Studium: München 1, Berlin 3, Breslau 3 S.; Rig. 24. Juni 07.]

Sikorski, Ignatius *(geb. Posen [28. 6. 1812])*: De variis methodis calculi differentialis. Vratislaviae (1846). (45 S.) 8°
Breslau, Phil. Diss. v. 11. [vielmehr 14.] Juli 1846

Sikorski, Ladislaus (Placidus) de *(geb. Groß-Chelm in Westpr. 5. 10. 1852)*: De fundo dotali non alienando. Posnaniae 1875. (41 S.) 8°
Breslau, Jur. Diss. v. 27. Juli 1875

Sikorski, Stephanus: De Aenea Gazaeo. Vratislaviae: Marcus (1908). 27 S. 8° ¶ (Ersch. vollst. in: Breslauer philol. Abhandlungen. Bd 9, H. 5.)
Breslau, Phil. Diss. v. 24. Okt. 1908, Ref. Foerster
[Geb. 9. Juli 83 Bromberg; Wohnort: Breslau; Staatsangeh.: Preußen; Vorbildung: Matthias-Gymn. Breslau Reife O. 04; Studium: München 1, Breslau 8 S.; Rig. 15. Juli 08.] [U 09. 928

Sikorski, Stephan, de Aenea Gazaeo, s.: Abhandlungen, Breslauer philologische. IX, 5.

Sikorskij (Sikorsky), Ivan Alekséevič

Sikorsky, A. J., die Seele des Kindes, nebst kurzem Grundriss der weiteren psychischen Evolution. gr. 8. (III, 80 S.) Leipzig 902. J. A. Barth. n. 2. 40

Die seelische Entwicklung des Kindes nebst kurzer Charakteristik d. Psychologie d. reiferen Alters. Von Dr. I[van] A[lekséevič] Sikorsky [**Sikorskij**.] 2. verm. u. verb. Aufl. Leipzig: J. A. Barth 1908. VI, 159 S. 8° [10. 1164 7

Siks, Isai. Ueber Pyridyl-Cinnamylketon. Freiburg i. B., 1896.
Diss. Bern. (29 S.)

Bei Fragen zur Produktsicherheit wenden Sie sich bitte an:
If you have any questions regarding product safety,
please contact:

Walter de Gruyter GmbH
Genthiner Straße 13
10785 Berlin
productsafety@degruyterbrill.com